ERNST KRAUS

DIE BAUGESCHICHTE DER ALPEN

I. TEIL

DIE
BAUGESCHICHTE
DER ALPEN

I. TEIL
VOM ARCHAIKUM BIS ZUM ENDE DER KREIDE

VON

PROF. DR. ERNST KRAUS, MÜNCHEN

Mit 138 Abbildungen im Text,
auf 16 Tafeln und 5 Kunstdruckblättern

1951

AKADEMIE-VERLAG BERLIN

MdI der DDR am 15. 8. 1951,
VIII-K2-D-VI-4/51 Nr. 226.

Erschienen im Akademie-Verlag GmbH., Berlin NW 7, Schiffbauerdamm 19
Lizenz-Nr. 156 · 7055/49-8021/49
Satz, Druck und Einband: VEB Leipziger Druckhaus, Leipzig (III/18/203)
Offsetdruck: C. G. Röder, Leipzig
Bestell- und Verlagsnummer: 5039/1

VORWORT

In dem 1936 erschienenen I. Band, „Der alpine Bauplan", des „Abbau der Gebirge" wurde die Frage geklärt, wie sich auf Grund der heute zunehmend gebilligten Unterströmungslehre von O. AMPFERER 1906 die Tatsachen des *gegenwärtig* vorliegenden alpinen Gebirgsbaues insgesamt zu einem befriedigenden Bauplan zusammenfügen lassen. Es entstand die geschlossene Vorstellung von der Wirksamkeit zweier im Nord- und Südteil der Alpen wechselvoll nach der Tiefe hin absaugender „Narben". Deren Tätigkeit hat das bezeichnende Gefüge von je einem „Orogen", dem nordalpinen und dem südalpinen Orogen, geschaffen.

Dankbar darf festgestellt werden, daß die kritischen Besprechungen — von der einen oder anderen, infolge Festhaltens an Rastvorstellungen verständlichen Einstellung abgesehen — durchweg erfreulich aufbauend oder wenigstens aufgeschlossen und abwartend gehalten waren. Selbstverständlich konnte ja zunächst, um den Bauplan überhaupt erst einmal sichtbar zu machen, nur ein erstes Gerippe dieses theoretischen Gebäudes aufgeführt werden. Es blieben noch manche Löcher und Lücken. Vor allem fehlte die geradezu entscheidend wichtige Erprobung an den zahllosen Tatsachen der *Baugeschichte*. Diese wird nunmehr vorgelegt, der Kriegs- und Nachkriegsumstände wegen leider mit erheblicher Verspätung.

Damit verwirklicht sich die 1926 im „Geologischen Archiv" IV ausgesprochene Absicht einer erstmaligen eingehenden Darstellung der alpinen Entwicklungsgeschichte. Wir stützen uns dabei nicht, wie bisher geschah, einseitigauf allgemeine Folgerungen aus den Westalpen und auf deren Verallgemeinerung für das ganze Gebirge. Sondern wir versuchen die großen Wechsel im Streichen, welche die Einzelforschung unzweifelhaft festgestellt hat, *allenthalben* zu berücksichtigen.

Diese Notwendigkeit führte aber so lange nicht zu einer verständlichen Gesamtsynthese, als versucht wurde, den Gedankenresten zu entsprechen, welche von der in Anpassung an die neueren Beobachtungen schon stark zerpflückten Restmasse einer nappistischen Kontraktionstheorie übriggeblieben waren.

Ein neuer Weg zu einem neuen Ziel mußte gefunden werden. Er konnte nicht mehr in scholastischer Herübernahme überkommener Vorstellungen bestehen, die den neueren Beobachtungen nicht mehr entsprachen. Und unser Ziel war auch nicht mehr die Klärung des *heute* vorliegenden Baues als Selbstzweck, sondern die Auswertung von Struktur, Plutogenese, Metamorphose, Sedimenten und ihrer Fazies zur *Aufhellung der allgemeinen Grundsätze des orogenen Werdens.*

Dank schuldet Verfasser den vielen Hunderten von Vorgängern und Kameraden, durch deren schwere Mühen und unablässige Energieleistung bereits ein erstaunlich reiches Wissen von unserem herrlichen Alpengebirge zusammengetragen wurde.

Ist mehr zu danken den unverdrossenen Formern tragfähiger Bausteine, den Baumeistern einzelner solider Pfeiler und Mauern oder den wenigen Architekten, die es schon einmal kühn unternahmen, Planung und Gesamtentwurf unseres alpinen Schöpfergedankens zu erfassen? Vielleicht mehr noch denen, deren Ergebnissen wir *nicht* zustimmen konnten, welche aber anregten zu wertvoller Kritik, und die zur Prüfung zwangen? — Auch ohne Nennung aller Verfassernamen sollte versucht werden, jenem bewundernswerten Schaffen ein Denkmal zu setzen. Möge es der nötigen Würde nicht entbehren. —

Unsere Theorien, aufgebaut auf den *sehr elastischen* Unterströmungsgedanken Otto Ampferers, brauchen, da eine unelastische Theorie sich aus der festen Erdrinde allein nicht ableiten ließ, den Vorwurf zu großer Elastizität und der Problemverschiebung nach der Tiefe zu nicht zu scheuen. Einen freilich verständlichen Vorwurf. Denn noch immer hat sich an der anthropozentrischen Art des Menschen nur wenig geändert. Wie viele Jahrhunderte doch brauchte der Mensch, um entgegen dem scheinbaren Augenschein den eigenen Wohnsitz, die Erde, aus dem Mittelpunkt des Weltalls herauszunehmen! So wird es denn auch — abgesehen von den Selbständigen und zu freier Umstellung Befähigten — erst der geistigen Beweglichkeit der nachrückenden Jugend gelingen, das Neuartige an Hand der Beobachtungen zu prüfen und ebenso selbstverständlich durchzudenken wie einst die nappistische Kontraktionstheorie, die doch nur eine Rastvorstellung gewesen war. —

Dürfen wir im Ernst behaupten, es gäbe nichts, was nicht unserer unmittelbaren Kontrolle durch bisherige, noch immer primitive Methoden zugänglich wäre? Warum dann die unaufhörlichen und doch immer vergeblichen Bemühungen um eine verständliche Deutung aus dem für Fuß und Hammer unmittelbar erreichbaren Forschungsfeld selbst?

Schon zahlreiche der deutschen Fachgenossen haben mehr oder weniger entschieden hieraus die Folgerung gezogen und verwenden die Unterströmungsgedanken, ohne damit aber einem fixen Dogma zuzustimmen, wie dies M. Gignoux in seiner Kritik 1939 für nötig hielt, welche im übrigen die Formel unseres hinabgebauten Orogens richtig wiedergab. Welche ja auch beruht auf vielfältigen Erfahrungen über das schön zweiseitig gebaute Nordalpen-Orogen des westalpinen Bogens. —

Immer neu führt uns die Baugeschichte zu dem Bewußtsein von dem gewaltigen *Abgrund der Zeit*. Immer wieder verfolgt uns der fast schwindelnde Gedanke, daß, je gründlicher die Zusammenschau wird, desto klarer die Folgerung: *Nirgends ist ein archimedischer Festpunkt zu finden*, an welchen auch *räumlich* jene ungeheuere Geschichte gekettet werden könnte. Nicht nur die Falten und Decken, die Brüche und Sedimentationsfelder und Reliefformen bewegen sich. Nein, all dies vollzieht sich über einem noch beweglicheren Untergrund. *Dieser fließt*. Die Erdrinde selbst ist in großen Teilen in Verschiebung begriffen — irgendwohin. Damit ist sie Abbild des rotierenden, sonneumwandernden Erdballes selbst, der mitsamt seinem Sonnensystem irgendwohin rast.

So entfesselt stellt sich uns der Raum; aber auch die Zeit. Denn alles sehen wir begriffen in unaufhörlicher Fortentwicklung.

Von solchem Vagabundieren glauben wir nur dann zu einer gewissen, von unserem Geist geforderten Beharrung zurückzukehren, wenn wir daran gehen, uns jene Festpunkte des Werdens zu erarbeiten, in denen sich der Fluß des räumlichen und zeitlichen Geschehens trifft: *Die allgemeinen Grundsätze nämlich des baugeschichtlichen Werdens* — allgemein, also unabhängig, oder doch nur wenig bedingt von Raum und Zeit.

Damit stellen wir uns, zunächst einmal für unser Alpengebirge, die Aufgabe, solche Grundsätze aus der Vielheit der Erscheinungen und Vorgänge herauszulösen. Um Anker zu werfen und Kritik anzuregen, formulieren wir diese Grundsätze an Ende unserer alpinen Baugeschichte (Band I, II). In einem weiteren Buch wurde danach untersucht, wieweit sich diese baugeschichtlichen Grundsätze auch in anderen gut bekannten Gebirgen der Erde wiederfinden; wieweit sie der Ergänzung und Abänderung bedürfen. Wieweit sich unsere alpinen Erfahrungen als ortsbedingte Besonderheiten erweisen und allgemeinere Auffassungen vom Werden der Erdrinde nötig erscheinen. Mit ihnen beschlossen wir die „Vergleichende Baugeschichte der Gebirge", welche gleichzeitig im gleichen Verlag erscheint.

Diese Werke bringen den derzeitigen Abschluß jahrzehntelanger Bemühung. Sie tragen die harten Spuren unserer Kriegszeiten. Schon der „Alpine Bauplan", 1936 im Verlag Gebr. Bornträger, Berlin, erschienen, wurde mit seiner Restauflage durch Bomben vernichtet, und dem Versuch eines Neudruckes 1943 blieb, da „nicht kriegswichtig", das nötige Druckpapier versagt. Vorliegender Band I war bereits 1943 im Text fertig, durfte aber aus gleichem Grunde nicht erscheinen. Die hiermit verbundene Verzögerung wolle manche Unvollkommenheit entschuldigen. Aber auch der gleichzeitig ausgedruckte Band II sowie die Anwendung der aus dem in der Geologie klassisch gewordenen Alpengebirge gewonnenen Baugrundsätze in der „Vergleichenden Baugeschichte der Gebirge" mußten unter dem Abschluß von ausländischer, neuerer Literatur leiden.

Die äußere Not, unter der die Arbeit geschah, konnte dank der Bemühungen meiner lieben Frau überwunden werden. Das Erscheinen der Bücher vermittelte mein hochverehrter Herr Kollege Professor Dr. H. Stille urd ermöglichte in dieser schönen Ausstattung der Akademie-Verlag Berlin. Ihnen bin ich zu großem Dank verpflichtet.

Möge es die Zeit trotz allem erlauben, daß der freie, internationale Austausch unseres Wissens, der allein das herrliche Ziel einer Baugeschichte unserer gemeinsamen Erde vorantreiben kann, künftig zur Selbstverständlichkeit wird. Möge auch er die Menschen im Frieden verbinden!

München-Obermenzing im Februar 1951.

E. Kraus

INHALTSVERZEICHNIS

EINLEITUNG

Völliges Dunkel umhüllt den Anfang der Geschichte unseres alpinen Erdrindenstückes. So wird es immer bleiben. Nur wird die fortschreitende Forschung die sehr dichte Hülle des Dämmerlichtes um ein Stück gegen jenes Dunkel vorschieben, auch die mehr oder weniger düstere Dämmerung selbst erhellen.

Bei solch tastender Vorfühl-Arbeit handelt es sich keineswegs, wie so viele glauben, nur um eine möglichst genaue Beschreibung des tatsächlich Vorhandenen selbst. Gewiß ist diese Teilarbeit unsere unentbehrliche *Grundlage*; doch bleibt sie immer nur eine *zeitlich bedingte und darum schwankende.* Denn jede derartige Einzelbeschreibung sehen wir in ihrer Güte voll abhängig von gewissen, notwendigen und irgendwie festgelegten *Grundbegriffen*, als da sind: Faltung, Überschiebung, Klüftung, Geosynklinale, Gebirgsbildung, Bewegungsphase, posthume Leistung, Schmelzflußeinschub, Gangbildung, Schmelzflußspaltung, kristalline Schiefer, Druckumwandlung, Tiefenstufe, Sal, Sima; dann Altrelief, Fazies, Übergreifen und Zurückweichen von Wasser-, Eis- oder Wüstenbedeckungen, Hebung und Senkung, jeweilige Höhenlage des Meeresspiegels, Karbonat- und Tonschlammabsatz, Schotterverbreitung, Altklima, Leitwert von Lebewesen, Wanderungsgeschwindigkeit von Tieren, Lebensbedingungen der Vergangenheit und so vieles andere mehr. Je nach dem bereits erreichten Fortschritt in der Entwicklung solcher Begriffe vermögen wir schon dies oder jenes zu erkennen und sachgemäß zu beschreiben. Wäre es doch ein grundlegender Irrtum, wollte man das Verständnis aller dieser Begriffe als ein für allemal *gegeben* ansehen; wollte man nicht anerkennen, daß auch diese Grundlagen noch einer Sicherung bedürfen, indem sich ihr eigentlicher vorausgeahnter Sinn — sachgemäße Arbeit vorausgesetzt — klarer und klarer enthüllt.

Was die verwendeten Bezeichnungen in Wirklichkeit meinen, das ist anfangs meist nur aus *äußerlichen* Kennzeichen, die man in der Gegenwart beobachten kann, oft nur aus Begleiterscheinungen *nebensächlicher* Art, vorausgespürt worden. Darum wird nach solchen äußerlichen Kennzeichen auch im allgemeinen die erste Begriffsbestimmung geschmiedet. *Rastvorstellungen nur sind es*, welche dem Bedürfnis nach einem Verstehenkönnen zunächst genügen müssen.

Das ist aber noch nicht gesicherter Wissensbesitz. Und vor allem: *Nicht wie sie waren, sind die Dinge, sondern wie sie wurden!*

Leichter als ein Vertreter eines nicht betont geschichtlichen Forschungsfeldes sollte der *Erdgeschichtler* erkennen, daß alle äußerlichen Merkmale beschreibender oder beschreibbarer Natur irgendwie Arbeitsergebnis von Kräften, von Antrieben sind, welche früher oder später in längeren oder kürzeren Zeiträumen mit wechselndem Erfolge tätig waren. Daß diese Kräfte nicht unbeeinflußt voneinander arbeiteten, sondern *in allerengster Abhängigkeit von zeitlichen und räumlichen Nachbarereignissen.*

Durch alle Dimensionen des Raumes und der Zeit zittern *die Stoffe*, getrieben von der Peitsche der Kräfte, indem sie die verschiedensten Vermummungen, Wechsel- und Dauergestalten einnehmen, in welchen wir teils die unverkennbaren Entwicklungsstufen von *kürzeren Stoffkreisläufen* erkennen, teils die bezeichnende Tracht, Fazies, Prägung, Bewegungseigenart, welche Belebtes oder Unbelebtes *auf seinem Weg zielstrebiger Erdentwicklung* anzunehmen gewohnt ist.

Erst dann werden unsere Begriffe richtiger, naturentsprechender, erst dann wird mit ihrer Hilfe unsere Beobachtung klarer, unsere Beschreibung, die gelernt hat, worauf es jeweils ankommt, wesentlicher, wenn sie sich des ungeheuren, wechselseitig bedingten Geflechtes der Vorgänge voll bewußt ist, welche nacheinander und Arm in Arm miteinander *durch die Zeit* ablaufen. Nicht das Sein der Gegenwart allein, sondern der Werdegang in der Vergangenheit ist es, der in unserer Vorstellungswelt lebendig *werden muß* — unendlich gefährliches, aber auch beglückendes Feld der Forschung, von dem allein wir naturnahes Verständnis erwarten. Grundbegriffe wie „Geosynklinale", „Gebirge", „Orogen", „Schmelzflußentwicklung" werden *erst dann* mehr als etwas, was der eine so, der andere anders meint, wenn sie für sich und in ihrer wechselreichen Verknüpfung *am tatsächlichen Werdegang der betreffenden Naturgegenstände selbst planvoll geprüft, geläutert und erprobt sein werden.*

Darum genügte uns der im ersten Band des Werkes „Abbau der Gebirge" unternommene Versuch nicht, an der *gegenwärtigen* Erscheinungsform unseres Alpengebirges allein die fremden und eigenen Grundgedanken über den „Abbau der Gebirge" zu erproben und sie so aus dem Kreis der Rastvorstellungen herauszuheben. Wir stellen uns jetzt in dieser alpinen Baugeschichte *die Aufgabe, in die zeitliche Tiefe dessen vorzudringen, was heute als Alpenkörper vor uns steht.*

Jeder allzu frühe Versuch *einseitiger* Formelbildung muß hier schweigen. Erst die Annahme und Verarbeitung einer sehr verwickelten, langdauernden und zeitweilig nach ihren Hauptantrieben wechselvollen *Baugeschichte* wird der alpinen Natur gerecht werden. Mußte doch bisher noch jeder Vertreter eines einseitigen Schemas bei genügender Bewertung aller Feldbeobachtungen immer wieder das Hereinwirken abweichender, seinem Schema nicht entsprechender Grundsätze des Werdens zugeben.

Erwarten wir von einer alpinen Baugeschichte Erfahrungen, welche allgemeine Vorstellungen läutern können, so könnte eingewendet werden: hierzu ist das Alpengebirge zu verwickelt. Dies wäre aber unberechtigt, denn gerade hier hat eine Armee kartierender Geologen unverdrossen durch viele Jahrzehnte Baustein um Baustein bearbeitet und hat versucht, sie dem entsprechenden Platz unserer Erkenntnis einzufügen. Gerade hier wurden überaus wichtige und in anderen Gebirgen der Erde bewährte Erfahrungen gewonnen; ja, es gelang, den Gesamtbau von heute unter wenigen großen Gedanken zu ordnen. Darum mußte unser Band I,

1936, vorher geschrieben werden, weil er die Möglichkeiten zu erproben hatte. Wollten wir, wie jetzt in der „Alpinen Baugeschichte", aus der Verteilungsgeschichte von Magmen und Sedimentfazies auf die Fortschritte der alpinen Tektohistorie schließen, so mußte es vorher gelingen, wenigstens in den großen Grundlinien die Falten zu glätten und die Decken gedanklich an ihren Ursprungsort zurückzuschieben. Erst so waren die Grundlagen für unsere alterdkundlichen Fazieskarten zu gewinnen, welche jetzt für die Einzelzeiten zu zeichnen und miteinander zu vergleichen sein werden.

Über die Anfangsfrage, wieweit bis jetzt unsere Vorstellungen vom Werden der Alpen gediehen sind, kann ein jüngst von R. STAUB vor der schweizerischen Naturforschenden Gesellschaft gehaltener Vortrag (1944) willkommenen Aufschluß geben, wenn auch hier im wesentlichen nur die Leistungen der schweizerischen Alpengeologen berührt wurden.

Nachdem die L. VON BUCHsche Erhebungstheorie verlassen war, sind nach R. STAUB noch immer die einseitige Kontraktionstheorie von SAUSSURE, EDUARD SUESS und ALBERT HEIM, dann die 1906 von O. AMPFERER ausgesprochene Unterströmung und die Plattenrammtheorie ALFRED WEGENERS 1911 zusammen mit Polflucht-Kräften (R. STAUB) teilweise für die neu zu errichtende alpine Gebirgsbildungstheorie heranzuziehen.

Die Bildung der großen Decken als Schubmassen, aber kaum ausnahmsweise durch Übertreibung primärer Falten — eine von den Ostalpengeologen immer vertretene Ansicht, hat nun auch bei den Westalpengeologen Zustimmung gefunden. Faltung sei nur anzusehen als Stauungsfolge in und an den Überschiebungsmassen selbst.

Weit, bis ins Rhät zurück, reicht in den penninischen Decken nach E. ARGAND 1915, in den Bündener Alpen nach R. STAUB und Mitarbeitern die alpine Gebirgsbildung. Das ist kein Vorgang kurzfristiger Phasen, sondern er durchdauerte die Formationen und hatte seinen Höhepunkt im Alttertiär.

Ähnlich L. KOBER nahm auch R. STAUB (für die vorrhätische Zeit) eine starke Aufschmelzung der geosynklinalen Unterkruste an mit dem Aufstieg basischerer Magmen und hochtemperierter Mineralisatoren. Dadurch sei der geosynklinale Gürtel ausgedünnt und faltbar geworden im Gegensatz zur kontinentalen Nachbarschaft, welche dickplattig von den beiden Seiten herandriftete. Dies geschah auf dem Rücken eines allgemeinen Magmazustromes in der Unterlage, hervorgerufen durch die raschere Abkühlung unter der (von unten aber bis zum Aufschmelzen erhitzten!) stark ausgedünnten und spezifisch leichten Lithosphäre. Scheint es denkbar, daß durch solche fragliche Abkühlung ein Massenabstrom nach unten, nicht im Sinne sondern gerade entgegenwirkend dem Tauchgleichgewicht in Gang kam? Widersprechen sich nicht: Aufstieg der basischen Unterlage in gleichem Raum und gleichzeitig mit säkularer Absenkung, Krustenausdünnung und geosynklinaler Sedimenthäufung? Wurde nicht schon 1936 ausgeführt und werden wir weiterhin hören, daß während der geosynklinalen Hauptzeit und Strukturbildung das Oberflächenrelief keinen allgemeinen Aufstieg vornimmt, also auch keine Hochfaltung vorliegt? Ist nicht die Kompliziertheit der alpinen Struktur zu groß, als daß sie durch starre Druckbacken der gegen die magmatisch aufgeweichte

Geosynklinalfüllung vorrückenden Nachbarkontinente erzeugt werden konnte und zwar ohne gleichzeitige, gewaltige Relieferhöhung?

Da scheint uns doch die O. AMPFERERsche Vorstellung, daß die Geosynklinalen Zonen eigener Kraft sind und infolge aktiver Untergrundsabsenkung entstehen, ungleich naheliegender zu sein.

Aber auch dieser Grundgedanke sei nun einmal an Hand eingehender baugeschichtlicher Analyse gründlich geprüft. —

Bei manchen Lesern erregt, wie ich höre, der von mir gebrauchte *Ausdruck „Abbau"* deshalb Anstoß, weil man darunter gewöhnt ist, allein den exogenen Abtrag zu verstehen. Demgegenüber sei schon hier vermerkt, daß die besondere Art der Baugeschichte eines Gebirges, auf die es uns ankommt, und welche nachfolgend an dem klassischen Beispiel der Alpen eingehend darzustellen ist, während der Hunderte von Jahrmillionen eben *beides* zeigt: sowohl die exogene wie auch die endogene Wegnahme oder den Abbau des Reliefs, wobei gleichzeitig unter Abwärtsbewegung die Gebirgsstruktur im „Hinabbau" gewonnen wird.

Es liegt mir daran, *mit „Abbau" das einheitliche Wesen des gebirgsbildenden Gesamtvorganges zu fassen*, mitsamt seinen exogenen *und* endogenen Begleiterscheinungen. Leiten wir doch gerade aus den exogenen Vorgängen (Reliefgeschichte, Abtrag, Sedimentation, Faziesgeschichte) einen großen Teil der endogenen Regungen unserer Geosynklinalen ab.

Wer also jenen so definierten Ausdruck ablehnt, der leugnet damit den hier vertretenen Gesamtbegriff der Gebirgsbaugeschichte.

ÄLTESTE EREIGNISSE
DES ALPINEN ERDRAUMES IM ALLGEMEINEN

Einleitende Grundfrage

Schon die Erfassung einer möglichst langen Vorgeschichte des alpinen Geschehens muß für dessen Deutung grundlegend sein. Sehr stark hat die spätere alpine Bewegung und Umwandlung die Spuren jener Vorgeschichte zerstört, oft bis zur Unkenntlichkeit verändert. Gegenüber der alle Kräfte und Sinne der Forscher in Anspruch nehmenden *alpinen* Gewalttat hat man bislang der Vorgeschichte nicht allzu eingehende Untersuchungen gewidmet, wie wir sie Arbeiten etwa von R. Schwinner, Fr. Heritsch oder der schönen Studie von H. P. Cornelius 1925 verdanken. Nur nebenbei und mehr zusammenhangslos blieben auch die Ausführungen zur alpinen Vorgeschichte in zusammenfassenden Werken.

Und doch knüpfen sich sehr grundlegende Fragen zur Entwicklungsgeschichte der Kontinente, also der Erdrinde überhaupt, an jene Tatsachenreihen; um so mehr, je besser die Vorgeschichte eines gut bekannten Gebirges schon geklärt ist.

Noch immer stehen sich zwei Grundauffassungen allgemeiner Natur gegenüber. Die eine *leugnet das Wachstum der Kontinente* im Laufe geologischer Formationsreihen. Sie behauptet, daß auch die Vorgeschichte eines geosynklinalen Gebirges *rein kontinentaler Natur* sei, daß nicht erst durch die Gebirgsbildung in einem geosynklinalen Ur-Teil oder Relikteil der Erdrinde eine grundsätzlich neue Gesamtlage der Dinge, nämlich die kontinentale, erzielt würde. Daß also gegebenenfalls auch in einem echt kontinentalen Bereich sich einmal eine echte Geosynklinale auftun und daraus ein Gebirge erwachsen könne. Diese Ansicht legt keinen besonderen Wert auf den überaus bezeichnenden *Umschlag in der Zusammensetzung der Schmelzflüsse,* welche im Laufe der Umbildung einer Geosynklinale *immer wieder beobachtet* wird: nämlich auf die Veränderung des pazifischen Alkali-Kalk-Mischmagmas in das nach Sal und Sima getrennte atlantische Magma, das nicht für vorgeosynklinale und geosynklinale Zustände, sondern nur für kontinentale Entwicklungszustände bezeichnend ist.

Dieser Ansicht, welche meines Erachtens neben beachtenswerten Erfahrungen doch sehr wesentliche Ereignisreihen unberücksichtigt läßt, steht meine seit 1926 vertretene Auffassung vom „Wachstum der Kontinente“ gegenüber. Danach stellt das geosynklinale Geschehen der Hauptgebirgsbildung im allgemeinen den Höhepunkt, aber auch den angebahnten Abschluß eines höchst bezeichnenden, jugendlichen Erdrindenzustandes dar, für den bezeichnend sind: dünne Erdrinde, überwiegende Meeresbedeckung, Vorhandensein einer großen Menge des pazifischen Urschmelzflusses, beträchtliche Beweglichkeit bei überwiegender Senkung. Es ist die Eigenart, die heute noch weithin im Westteil des Pazifischen Ozeans vorliegt. Das Endergebnis der Gebirgsbildung ist nicht nur die weitgehende *Spaltung* des salsimatischen Schmelzflusses in der Tiefe zu Sal und Sima, sondern zugleich eine durch langdauernde Senkung erzielte *Verdickung der salischen Erdrinde.* Verdickt durch granitische Ankristallisation unten, durch Sedimenthäufung, Zusammenfaltung und Deckentürmung oben, gewinnt die derart geosynklinal bearbeitete Erdrinde zwei neue Eigenschaften, welche die ganze Folgezeit beherrschen: Erstens das isostatische Steigvermögen der verdickten, aus spezifisch leichtem Stoff bestehenden, darum beim Fehlen eines abwärtigen Zuges für die Dauer *hochschwimmenden* Erdrinde. Zweitens eine weitgehende *Unbeweglichkeit* gegenüber neuen Angriffen der Tiefe. Beides zusammen macht im Grund das aus, *was wir „Kontinent" nennen.* An die Stelle des „orogenen", noch mit weitgehender Umformung zusammenhängenden ist ein neues, das „epirokinetische" Verhalten getreten.

Wie stellt sich nun dieser Grundfrage gegenüber das verhältnismäßig bestbekannte Gebirge der Alpen? Sind sie Gegenbeweis gegen die Theorie vom „Wachstum der Kontinente" oder ein gutes Beispiel für dieselbe?

Dies sei zunächst der Hauptgedanke, mit dem wir an die alpine Baugeschichte gehen. —

Nur an wenigen Orten jenes Erdraumes, aus dem heraus später das alpine Geschehen geboren wurde, erlauben uns erhalten gebliebene Gesteine die ersten, noch ganz schattenhaften und von der Richtigkeit ihrer sehr schwierigen Deutung abhängigen Umrisse erdgeschichtlicher Ereignisse zu erspähen. Wie auf der Erde sonst, so sind es auch hier uralte Gneise, durchsetzt von granitischen Nachschüben, die durch ihre Lage in Kern-Aufragungen ältester Hüllen als archaischen oder algonkischen Alters angesprochen werden müssen. Sie erscheinen in den „altkristallinen Massiven".

Altkristalline Massive

Fünf ausgedehnte Vorlands-Klötze umstehen den Raum der alpinen Geosynklinale: Die tyrrhenisch-hyerische Masse von Maures-Esterel im SW, die französische Zentralplatte im W, die mittelrheinische („oberrheinische") Masse im NW, die Böhmische Masse im NO und schließlich im O die pannonische Masse mit den alten Muralpen als westlichem, der Rhodope als südöstlichem Anhängsel. Kleine Massiv-Inseln, so nördlich von Marseille oder von Dôle, sowie Anzeichen für verschwundene Schwellenrücken (vindelizische Schwelle unter der schwäbisch-bayerischen Hochebene) lassen einen in alten Zeiten ziemlich vollständigen *Rahmen kristalliner Sal-Blöcke* ahnen, in welchen die alpine Geosynklinale eingespannt ist.

Aber auch „*Innenrahmen*" (W. v. SEIDLITZ 1931) mußten beim Werdegang unseres Gebirges weitgehend berücksichtigt werden. Sie liegen am W- und O-Ende der Alpen: Die Massive des Mercantour, Pelvoux—Grd. Rousses—Belledonne im französischen Alpenteil, die östlicheren Muralpen bis zum Rosaliengebirge am Rand der ungarischen Tiefebene. Ihrer Randlage wegen zeigen diese Massen meist nur randliche Beeinflussung durch spätere, hauptsächlich alpidische Kräfte.

Anders die eigentlichen „*Innenmassive*". Von W nach O reihen sich aneinander Montblanc- und Aiguilles rouges-Masse, Aare- und Gotthardt-Masse, daneben eine innere Reihe: Dora Maira- und Ambin-Masse (SW bzw. W Turin), dann

Grand Paradiso, Massengürtel der „alten Gneise" zwischen Meran, Mauls, Brunneck, Sillian, Lienz bis nach Kärnten und schließlich, damit verschmolzen, der westlichere Teil der Muralpenmasse.

Wie die äußeren Massive, etwa der Muralpen, alle Übergänge zeigen von bodenständigem Altbau bis zu scharf unterschobenen Deckenteilen (Schladming), so steigert sich der Erfolg alpiner Kräfte noch an den eigentlichen Innenmassiven. Es muß ein ungeheurer Kampf stattgefunden haben zwischen den ruhenden, ihr Gefüge und ihre Lage in der Waagrechten und Senkrechten verteidigenden Massive einerseits und den alpinen Umbauversuchen andererseits, zu denen ohne Frage auch noch ältere variszische, vielleicht kaledonische Kräfte umformend getreten waren. Alle Übergänge von einer noch bodenständigen, aber bereits von einer oder von beiden Seiten her unterschobenen Masse bis zu völlig entwurzelten, in Linsen oder Gleitbretter umgepreßten Schüblingen finden sich. Soweit diese Massen in der Hauptsache autochthon geblieben waren, wurden sie schon immer als „*alpine Zentralmassive*" geführt. Gehörte aber ein großer Teil von ihnen einer Decke an, so sprach man nicht von „Massiven", sondern von kristallinen Deckenteilen oder Fetzen. So sind die westalpinen penninischen Gneisdecken oder die Granitmassen der unterostalpinen Err-Bernina-Decke nichts anderes als stärker entwurzelte „Zentralmassive". Ihnen schließen sich auch die kristallinen Massen der Silvretta- und Ötztal-Decke an.

Eine dritte Bezeichnungsweise hat man für alte Kerne der Alpen im Osten gewählt und betonte man teilweise diese Eigenart auch für westlichere Massive: Man sagte, sie seien *Intrusionen*, also nicht Antiklinalen, sondern Einschübe von Schmelzflüssen in tiefen-umgewandeltes Nebengestein. Lakkolithe oder Batholithe lägen vor, nicht tektonische Deckenkörper. Beispiele sind besonders die Gneiskerne der Hohen Tauern. Sie stecken mit Schmelzkontakt in älteren Schiefern, ähnlich wie etwa der Aaregranit-(Protogin-)Gneiskern im Serizitschiefer und Gneis des Aaremassivs steckt. Der Puntaiglas-Syenit hier hat Ähnliches im Syenit der Hohen Tauern.

Wir machen nicht den gleich großen Unterschied zwischen plutonischen und tiefentektonischen Vorgängen. Wichtiger erscheint uns die *Bildungszeit* aller dieser Kernkörper und die Tatsache, daß sie bei späteren Bewegungen als „Steine des Anstoßes" weitgehend berücksichtigt wurden. Wichtig wird die Art der in früheren Zeiten der alpinen Bewegungsgeschichte ins Spiel getretenen Schmelzflüsse und danach die Frage, wieweit damals schon kontinentale oder noch ozeanische Zustände geherrscht haben.

Das Alter der altkristallinen Massenkerne

Zum Unterschied zu den Westalpen, in denen uns, westlich vom Brenner, nähere altersbestimmende Merkmale in Gestalt altpaläozoischer Versteinerungen fehlen, können wir sehr wohl, wenigstens an einigen wichtigen Orten

in den Ostalpen

feststellen, daß der Hauptteil des Altkristallins mindestens algonkischen, wenn nicht archaischen Alters ist. Im Osten haben wir nicht nur überhaupt viel ausgedehntere und durch die späteren alpinen Bewegungen weniger verunstaltete Altmassen von hochliegendem, spezifisch leichtem Baustoff. Es liegen hier auch größere Gebirgsteile in der karnischen Hauptkette, in den Kitzbühler Alpen und im Bergland nördlich Graz, deren älterpaläozoische Versteinerungen unter sich und mit dem böhmischen Paläozoikum enge Beziehungen aufweisen.

In all diesen Bergländern läßt sich das Übergreifen von untersilurischen, obersilurischen, devonischen Schichten über mächtige kristalline Gesteinsreihen nachweisen. Ein meist sehr ausgeprägter Sprung in der Gesteinsumwandlung unterscheidet die wenig veränderten Gesteine des Altpaläozoikums von ihrer zumeist in der oberen Tiefenstufe umgewandelten Unterlage, die also entweder kambrisch oder algonkisch sein muß. Namentlich als Ergebnis der aufbauenden Bemühungen von R. Schwinner[1] haben wir aber bemerkenswerterweise heute die Möglichkeit, auch dieses liegende Kristallin noch erheblich unterzuteilen. Dies freilich nicht mehr nach Versteinerungen, wohl aber nach der Überlagerungsfolge, nach den abweichenden Hauptgesteinen, nach der verschiedenen Gesteinsumwandlung.

Über dem Altkristallin ruht schwach umgewandeltes Altpaläozoikum mit NW-streichenden Falten und Schuppen an der Stangalpe (westliche Muralpen), auch Paläozoikum bei Murau-Neumarkt. In den Karnischen Alpen finden wir über Rannach-Phylliten und -Konglomeraten tieferes, wenig umgewandeltes Untersilur. Im Liesing-Paltental geht das tiefere Untersilur mit Graptolithen bis in das obere Tremadoc herab, ebenso in den Karnischen Alpen. Zuunterst liegen Tremadoc-Quarzite und darunter wieder die wahrscheinlich algonkische Reihe der etwas stärker umgewandelten Rannachschichten, welche auf „Altkristallin" übergreifen. Dabei ist freilich, wie so oft, die Oberfläche des Altkristallins als Abscherungsfläche später tektonisch verwendet worden.

Im Grazer Bergland ist das nachweisbare Paläozoikum einschließlich silurischer Schiefer und des mächtigen Devons unter teilweiser Vermittlung der Passailer Phyllite durch Altkristallin von Anger, vom Raabtal und von Radegund unterlagert. Dieses Altkristallin unterscheidet sich scharf durch beträchtlich höhere Gesteinsumwandlung von der paläozoischen Überlagerung, welche, wenigstens in ihrem Heimatgebiet, durchgehend tektonisch gegen unten abgegrenzt ist. Damit zeigt sich, daß jenes Altkristallin älter ist als Ablagerung, Faltung und Umwandlung des Altpaläozoikums (F. Heritsch 1926, 72).

In dem nördlichen Grauwackengürtel der Kitzbühler Alpen usw. steckt noch wenig umgewandelter Dientener Schiefer mit Silur-Versteinerungen. Diese wenigstens teilweise altpaläozoische Gesteinsreihe darf gegenüber der etwas stärker veränderten Quarzphyllit- und Rannach-Quarzit-Reihe als jünger aufgefaßt werden, die ihrerseits wieder mit scharfer Schrägfläche (Diskordanz) über ältere Kristallin-Unterlagen greift.

[1] H. P. Cornelius (Verh. Bu. Wien, 1935) machte zahlreiche Schwierigkeiten namhaft, die R. Schwinner ebenda 1936 beantwortete. Auch in einem noch wenig gefestigten Wissensstand kann man sich nur auf eine aufbauende Zusammenschau stützen. Die Abtrennung des noch zu erwähnenden IIIa von IIIb wird noch zu klären sein. Die Fortsetzung der Wildschönauer Schiefer nach dem Frankenwald glaube ich wegen der Zwischenschaltung der überall zum Vorschein kommenden moldanubisch-vindelizischen Granitschwelle nicht annehmen zu können (A. Wurm, 1929, 33; 1932; ders. „Die Nürnberger Tiefbohrungen" 1929).

Vom altpaläozoischen, nördlichen Grauwackengürtel gelangen wir ohne Unterbrechung südwärts in die Untere Schieferhülle der Hohen Tauern, in der noch eine altpaläozoische Koralle gefunden wurde. Diese Schieferhülle überlagert ihrerseits altkristalline Gneise der unteren Tiefenstufe. Älteste Biotit-Plagioklas-Gneise herrschen in der „Zone der alten Gneise" (P. Termier 1903) wie im Vintschgau, in den Ötztaler Alpen, in der Silvretta. Sie alle sind von einem allerältesten Granit durchdrungen, der offenbar schon mindestens algonkischen Alters war, denn er ist älter als die Glimmerschiefergruppe, die auch schon algonkisch sein muß.

Wir haben es somit für weite Gebiete der Ostalpen mit sehr mächtigen und mannigfachen Gesteinsreihen des „Altkristallins" zu tun, welche mindestens voruntersilurisches, hauptsächlich wohl algonkisches, vielleicht noch archaisches Alter besitzen. Damit kehren die neueren Ergebnisse wieder zurück zu einer ersten Altersauffassung, nachdem vorübergehend durch die Erkennung weitgehendster Gesteinsumwandlungen für *alle* kristallinen Schiefer eine große Unsicherheit hereingekommen war. Wir werden sehen, daß an dieser Unsicherheit unberechtigterweise noch bis heute z. B. für gewisse Gesteine des Tauernkerns festgehalten wird. Vorher noch einen Blick auf die Westalpen!

Das Altkristallin der westlichen Alpen

zeigt die gleiche Tiefen-Tracht der Gesteine wie jenes der Ostalpen. Doch fehlen in den kleineren Massiven des Westens im allgemeinen weithin jene mächtigen Glimmerschiefer- und Phyllit-Massen, auch fehlt das ältere Paläozoikum zwischen Altkristallin und jüngerem Paläozoikum bzw. der Trias. Darum denkt man im allgemeinen an eine durchbewegende und umwandelnde Wirkung der kaledonischen als der nächst-vorvariszischen Gebirgsbildung — ohne freilich irgendeine Sicherheit zu haben, daß hier nicht die Leistung ungleich älterer Umwandlungen und Bewegungen vorliegt, wie dies aus dem Vergleich mit den Ostalpen, mit den mittelrheinischen Massiven oder der Böhmischen Masse wahrscheinlich wird.

Granit des Aiguilles Rouges-Massivs liegt als Geröll bereits in variszisch gefaltetem Karbon, nicht anders als etwa Granitgerölle der südlichen Vogesen bereits im Kulm gefunden werden. Solche Funde lassen schließen erstens auf ein altes Nebengestein, in welchem zweitens ein jüngerer Granit vordrang und erstarrte; drittens auf Hebung und Abtragung des Granitdaches, viertens auf Umlagerung der Gerölle in das Karbon. Man wird mit einem wohl *mindestens schon im Silur* vorhandenen Nebengestein rechnen können.

Ebenso drang Granit im *Montblanc-Massiv* in algonkische oder älterpaläozoische, jedenfalls schon vorkarbonische Schiefer ein, wandelte diese um, nicht aber mehr das Karbon. Für die NO-Fortsetzung von Montblanc—Aiguilles Rouges schloß M. Lugeon 1930 auf eine vorstephanische oder „segalaunische" Hauptbewegung der *Dent de Morcles* (Abb. 7). Stark marmorisierte, durch Granit veränderte und von Hornblendegestein begleitete Kalksteine bilden Mulden (N. Oulianoff, E. Poldini) und sehr verwickelte, vom Granit angefressene Faltungen. Die Abtragungsstoffe liegen bereits in den karbonischen Konglomeraten. Möglicherweise ist auch dieser „orogene Sturm" weit älter als karbonisch. So trennt denn auch N. Oulianoff (Geol. Führer 1934, 121) von der älteren variszischen Faltung eine älteste, nicht näher datierbare Faltung ab, welche den Stoff für die Sandsteine und Konglomerate lieferte, die später zu den kristallinen Schiefern des Massivs umgewandelt wurden. Dabei ist auch das Alter der „älteren variszischen Faltung" durchaus nur der allgemeinen, jedoch nicht näher bewiesenen Ansicht vom karbonischen Alter der Hauptgraniteinschübe angeglichen.

Für das *Aare-Massiv* sprach Alb. Heim (Geol. d. Schweiz II, 127) von prä- oder altkarbonischer Gneisbildung. Die Graniteinschübe haben verschiedenes Alter. Älter als der nach E. Hugi 1921 bereits oberkarbonisch, nach einer jüngervariszischen Faltung eingedrungene Aare-Granit ist der Gasteren-Granit, dann der graue Jungfrau-Gneis, ebenso der Innertkirchner Granitgneis; noch älter der Erstfelder Gneis, dessen Gerölle sich schon im Karbon des Wendenjochs vorfinden. Die Serizitschieferhülle des Aare-Massivs läßt öfter Sandstein- und Konglomeratstrukturen erkennen, dazu neben Granitporphyren, Amphiboliten, Serpentinen auch Quarzporphyrdecken, bei denen man an die Blasseneckporphyre im O denken kann. Eine serizitische Porphyrzone von gegen 2 km Dicke steckt auch in der Schieferhülle des Montblanc. Entsprechend wie im Montblanc-Massiv hat E. Hugi vor eine erste variszische Faltung eine altersmäßig nicht näher bestimmbare, migmatitische und tektonische Verfaltung und Injektion älterer kristalliner Schiefer geschaltet. Die tiefenumgewandelte alte Schieferhülle mißt im N und S rund 8 km Dicke. Der Serizitgneis der Urserenzone dürfte ein stark umgewandelter, altpaläozoischer Paraschiefer sein mit örtlich erkennbarem Sandstein und Quarzkonglomerat.

In gleicher Weise scheidet auch P. Niggli 1934 für das *Gotthard-Massiv* tonigdolomitisch-mergelige und klastische, völlig umgewandelte Sedimente aus, welche bereits mindestens vor der variszischen Faltung nicht allein abgelagert, sondern auch schon mit Granitschmelze durchdrungen waren. Sehr wahrscheinlich gehören auch die Serpentin-Talk-Schiefer, die Eklogite, Amphibolite und die Strahlsteinschiefer basischen Schmelzen an, die älter als karbonisch sind. Jedenfalls wurden alle diese ältesten Gesteine sedimentärer und eruptiver Art lange vor dem Karbon in der Tiefe umgewandelt zu Orthogneisen, Streifengneisen, Stengelgneisen usw. —

Da sich in ganz ähnlicher Weise wie die ostalpinen auch die westlicheren Massive verhalten, kann gesagt werden, daß *die Hauptgesteine unserer altkristallinen Kerne* teils nachweislich, teils sehr wahrscheinlich *ein algonkisches, teilweise* vielleicht schon ein *archaisches Alter* haben. Noch mehr wird dieses hohe Alter aus einer in den Ostalpen weithin möglich gewordenen Teilgliederung des Altkristallins in Einzelgruppen ersichtlich.

Gliederung des Altkristallins

Schon an 100 Jahre alt ist die Gliederung des kristallinen Grundgebirges, in der Hauptsache also der kristallinen Schiefer, nach den 3 Hauptgruppen der Gneis-, der Glimmerschiefer- und der Phyllitgruppe. Unvoreingenommene Erstforschung fand diese Gruppen in der Böhmischen Masse, in Sachsen. Weiter vordringende

Gesteinsforschung hat uns diese Gruppen im wesentlichen kennen gelehrt als die Umprägungsergebnisse in drei verschiedenen Stockwerken der Erdrinde, nicht sie anzusehen als altersverschiedene stratigraphische Einheiten. Darin ist man wohl etwas zu weit gegangen. Denn tatsächlich wurde eben die *Gneisgruppe* im tiefsten Stockwerk umgeprägt, weil sie als stratigraphisch ältestes zutiefst lag, wo zugleich der Anteil vordringender granitischer Schmelzflüsse besonders hoch ist bzw. sein kann. Jünger sind die darüberliegenden und oft durch Ausstrahlungen der Tiefen besonders mineralreichen Gesteine der im Mittelstockwerk umgeprägten *Glimmerschiefergruppe* und am jüngsten, zuoberst liegend im obersten Umwandlungsstockwerk, sowie oft nur von den Quarzgängen der Tiefe noch durchsetzt, die Gesteine der *Phyllitgruppe.*

Von „Gneis"-, „Glimmerschiefer"- und „Phyllit-*Formation*" freilich können wir nicht sprechen, denn jene Altersunterscheidung nach abweichender Tiefenlage gilt nur ganz im Groben. Immerhin gilt sie — und dies ist wohl das Ergebnis der neueren tektonischen Arbeit. Damit wird festgestellt, daß von einer grundstürzenden, das Tiefste völlig nach oben kehrenden Großtektonik in jenen ältesten Zeiten während und nach der Vergneisung, Glimmerschiefer- und Phyllitbildung bis zu jenem Zeitpunkt kaum gesprochen werden kann, an dem jüngere geosynklinale Umwälzungen einen grundlegenden Umsturz zu bringen begannen. Was *vor* der Tiefenumwandlung war, das wissen wir freilich im allgemeinen nicht.

Von der Regel, daß zuunterst als ältester Bauteil eine Gneisgruppe, darüber als im allgemeinen jüngerer eine Glimmerschiefergruppe, zuoberst eine im allgemeinen jüngste Phyllitgruppe das Altkristallin aufbaut, macht nun auch unser Alpengebirge keine Ausnahme. Trotz des variszischen und alpidischen Umsturzes späterer Zeiten läßt sich auch da noch jetzt weithin jene Ur-Lage und Reihenfolge erkennen. Trotzdem auch jüngere, dem Erdmittelalter, ja dem Tertiär angehörige Gesteinsmassen beim späteren Umsturz oft massenhaft in größere Tiefen gerieten und darum dort kristalline Prägungen erhielten, läßt sich doch bei genauerem Zusehen eine Unterscheidung zwischen jenen alten drei Gruppen und den erst später zur Tiefe, teilweise zur granitisierenden Tiefe hinabgebauten Gesteinen mit kristallin gewordener Tracht vornehmen.

Es würde ohne Frage den weiteren Fortschritt unseres Erkennens empfindlich hemmen, wollte man nicht endlich die Meinung verlassen, die Zentralalpen seien *deshalb* in der Hauptsache jung, weil sie wesentlich aus kristallinen Schiefern bestehen, die vielfach ähnlich aussehen wie junge Glanzschiefer im Westen. Wir wollen uns vor Überschätzung der Umwandlungsmerkmale hüten, andererseits das, was außeralpin längst angenommen ist, auch für die Alpen anerkennen. Dazu gehört nämlich die Unterscheidung der archäischen bzw. algonkischen Formationen in den ältesten Kernteilen der Kontinente, einmal nach dem Grad der Gesteinsumwandlung, zum andern nach den mit diesen Sprüngen in der Umwandlung oft einhergehenden, weithin durchschneidenden Schrägflächen (Diskordanzen).

Es ist ein Verdienst von R. Schwinner 1923, 1927, 1929, jenen Grundgedanken in der Alpengeologie Eingang verschafft und durch Verfolgung der Einzelglieder des Altkristallins wenigstens für die Ostalpen den Nachweis der Brauchbarkeit dieser Hauptgliederung erbracht zu haben. Mit einigen Abänderungen bringen wir hier SCHWINNERS Grundgliederung, unterschieden mit römischen Ziffern, ergänzt und vermehrt um die wenig oder gar nicht umgewandelten obersten Gruppen:

V. *Oberkarbon, Perm*: im allgemeinen nicht umgewandelt. Meist klastische Sedimente an den Rändern und in der Mitte der zentralen Ostalpen; auf den Höhen oder in Mulden westalpiner Massive oft mit alpiner Umwandlung.

IV. *Altpaläozoikum* (Untersilur-Unterkarbon): im allgemeinen schwach umgewandelt; meist eupelagische Ablagerungen; weniger- und nur fein-klastisches Sediment; Versteinerungen.

III. Jungalgonkisch-unterpaläozoische Gruppe (mit Kambrium – unterstem Silur) *Quarzphyllit-Quarzit-Gruppe:*
b) Kambrium und unterstes Silur. Wildschönauer Schichten. Blasseneck-Reihe.
a) Jotnische Quarzite und Quarzphyllite.

II. Älter-algonkische, mineralreiche *Granatglimmerschiefer-Gruppe.* Brettstein-Züge, Marmore.

I. Altalgonkische oder archaische *Gneisgruppe:* Schiefergneise mit Amphibolit; Granitplutone.

Wir betrachten kurz die Eigenart und Verbreitung dieser Hauptgruppen, überlassen aber die eingehendere Darstellung dem Studium der angeführten Schriften von ANGEL, ARGAND, BECKE, CLAR, CORNELIUS, GRUBENMANN, HAMMER, HERITSCH, HUGI, HUTTENLOCHER, KOELBL, MOHR, NIGGLI, PREISWERK, REITHOFER, SANDER, Graf SCHMIDEGG, SCHWINNER, R. STAUB, STRECKEISEN, WEGMANN u. a., sowie der Arbeit mit dem Hammer selbst.

ÄLTESTE VORGESCHICHTE

I. AKT DES GEBIRGSABBAUES

Die Gneisgruppe I

Zur Gneisgruppe gehören: der Schladminger und Seckauer Granitgneis mit Einschüben von plutonischem Granitgneis I, die oft injizierten Gneise der südlichen Seetaler, der Sau-, Kor- und Stub-Alpe, vom Rennfeld, — oft von Amphibolit begleitet, des Bachers und des östlichen Bachergebirges. F. HERITSCH gelang es 1925, in den ältesten Gesteinen der Stub- und Gleinalpe eine gewisse Ordnung zu schaffen, eine älteste, die „Gleinalpenkristallisation" (die älteste „M 3" der drei Umwandlungen von H. MOHR 1923) in der untersten und mittleren Tiefenstufe zu unterscheiden und *vorkristalline* Verschuppungen und Verfaltungen zu erkennen, nachdem schon 1921 F. ANGEL und F. HERITSCH für die östlichen Zentralalpen auf mehrere Phasen der Umwandlung und Faltung geschlossen hatten.

Weiter zählen zur alten Gneisgruppe die Berge südlich des Millstätter Sees, die Schobergruppe, der Südrand des Venediger Stockes, die Ötztaler Schiefergneise mit Eklogitentwicklung, der Südteil der Fervall- und Hauptteil der Silvrettagruppe (wieder mit vielen Amphibolitzügen), die B-Gneise (SANDER) und Amphibolite am Außenrand des Zentralgneises der Hohen Tauern, die Südwesttiroler Paragneise (Gürtel der „Alten Gneise").

Wie groß der Anteil z. B. der penninischen Gneismassen der Westalpen an unserer Gneisgruppe ist, kann noch nicht sicher gesagt werden. Jedenfalls gehören die schon oben genannten ältesten Kernteile der verschiedenen Massive dazu. R. STAUB stellte 1948 hierher die Biotit-reichen Gneise von M. Rosa, Gran Paradiso, Cottischer Masse, Streifengneise, ält. Augengneise, jene des Languard, die Ortho- und Paragneise autochthoner Massive.

Sehr zu beachten — weil in späteren kristallinen Gesteinen aus großer Tiefe wiederkehrend — ist die „Gleinalpenkristallisation", welche länger dauerte als die Gebirgsbewegung (Stub- und Gleinalpe). Es ergibt sich, *daß die tektonische Durchbewegung entweder beim Abwärtsgehen oder während der Lage des Gesteins in der Katazone geschah,* und daß ihr nicht auf dem Fuß etwa eine völlige Abkühlung folgte, welche ein während der Faltung vollzogenes Emporsteigen, also eine „Auffaltung" beweisen könnte. Vielmehr senkte sich in der nach Vollzug der tektonischen Bewegung eintretenden Zeit verhältnismäßiger Ruhe entweder das Gestein noch etwas weiter oder es blieb in der gleichen Katazonentiefe, um in ihr auch den Abschluß der „Gleinalpenkristallisation" zu empfangen. *Erst viel später hob sich das Ganze dann allmählich heraus.*

Schon aus diesen ersten Feststellungen können wir also mit Sicherheit schließen, *daß mit dem Faltungsvorgang nicht ein gleichzeitiges Emporsteigen ver-*

bunden ist, daß wir *keine „Auffaltung“ des Gebirges haben, sondern daß sich der tektonische Bau beim Hinabgehen bzw. in großer Tiefenlage entwickelt. Wir haben also in diesem Sinn einen „Hinab-Bau“ oder „Abbau“.*

Wie weit auch die anderen ältesten Gneisgebirge die gleichen Schlüsse erlauben, ist noch nicht genügend untersucht. In der „Tauern“- und in der „Tessiner“ Kristallisation der alpidischen, mesozoischen Faltungsära wiederholen sich jedenfalls die gleichen Erscheinungen und dürften daher angesehen werden als bedeutungsvoll für die orogene Baugeschichte. Wiederholen sich doch auch die bereits in den so ziemlich *fertigen* tektonischen Bau vordringenden Schmelzen der Granite und Tonalite. —

Allgemein ist die Gruppe I hochkristallin und überall von „einem“ ältesten Granit, dem „Granit I“ durchdrungen. Die Gruppe besitzt die Tracht der Muralpengesteine von W. Schmidt. Ihre Gesteine sind bereits durchbewegt, steil gestellt und dann von der Granitschmelze zur Seite gedrückt. Es ist aber nicht mit Bestimmtheit schon hier eine *weitausgreifende* Gebirgsbildung *nachzuweisen* — ohne freilich daß sie ausgeschlossen werden könnte. Jedenfalls stieg im Zusammenhang und im Gefolge kräftig durchbewegender Vorgänge in der Tiefe schon damals Granit als unvollkommen gespaltener, spezifisch leichter Teil der noch ganz *pazifischen Tiefenschmelze* empor.

Erfolgte, wie nicht zu leugnen ist, die Vergneisung in bedeutender Erdrindentiefe, so müssen nach ihrem Abschluß — und zwar vermutlich zusammenhängend mit den gleichfalls später erst durch den fertigen Faltungs- und Gneisbau aufsteigenden Granitschmelzen — die betreffenden Erdrindenteile sich höher und höher *herausgehoben* haben. Denn die darüber lagernde II. Gesteinsgruppe ist nicht mehr in gleich großer Erdrindentiefe umgewandelt worden. Dies ist wohl nicht auf ihre schon ursprünglich geringere Erdrindentiefenlage zurückzuführen, denn II grenzt sich von I durch eine mitunter noch durchaus deutliche Schrägfläche (Diskordanz) ab, deren Entstehung wohl nur auf eine älteste Abtragungszeit zurückgeführt werden kann. Abtragung beweist aber eine *Zeit der Höhenlage.* Sie ist nicht die ersterschließbare, sondern die zweite. Denn schon die aus mergeligen und sandigen Schichten, sowie teilweise aus (basischen) Oberflächenergüssen umgewandelte Gesteinsgruppe I setzt ja für die Zeit vor der Tiefenumwandlung (Vergneisung) bereits eine allererste Hochlage des betreffenden Erdrindenstockwerks voraus.

Es ist recht bemerkenswert, daß ein sehr starker, wenn auch wohl langdauernder *Wechsel von Höhenlage und Tiefenlage schon lange vor dem sicheren Einsetzen eines scharf ausgeprägten und gut nachweisbaren orogenen Betriebes höherer Erdrindenteile zu verspüren ist.* Dieser Wechsel beherrscht, wie wir sehen werden, die orogen-geosynklinale Entwicklungszeit, ist aber — in sehr abgeschwächten Ausmaßen — auch noch dem kontinentalen Entwicklungsabschnitt eines Erdrindenteiles eigen (Ablagerungszyklen!), das heißt er bleibt auch nach dem völligen Verschwinden des pazifischen Urmagmas.

Jenes immer fortdauernde „Auf-und-Ab“ ist somit ein selbständiger Grundsatz und hängt — so sehr er auch hereinregiert — weder mit der Eigenart orogengeosynklinaler Zustände als solcher noch mit Wirkungen des Urmagmas selbst zusammen. Es darf auch nicht verwechselt werden mit den Hauptabschnitten des orogenen Zyklus, also mit dem Wechsel von Tiefbau- und Hochbauzeit. Denn für letztere ist ja (E. Kraus 1927) der bereits vollzogene Umschlag vom pazifischen zum atlantischen Schmelzencharakter des Untergrundes bezeichnend. Dieser Umschlag fehlt aber noch für lange Zeit auch nach dem Algonkium. Immerhin werden, wie wir sehen, die Hauptfortschritte der Gebirgsbildung im Verlauf dieses Wechsels von Auf-und-Ab, und zwar im allgemeinen während des Hinabgehens erzielt, der ja auch zurückgehen muß auf den Eingriff einer übergewaltigen Kraft, nicht anders als die Gebirgsbildung selbst. Weil die Baugeschichte von diesem, die Höhenlage regelmäßig verändernden Kräftespiel beherrscht wird, gliedern wir nach ihm ihren Ablauf.

Wir wollen den zyklisch sich wiederholenden Wechsel von Senkungs- oder Abbauzeit, jeweils gefolgt von einer anscheinend zugehörigen Hebungs- oder Hochbauzeit, sofern damit eine große Faltungsära ihren Abschluß findet, als „*Akt*" in der durch den Gebirgsabbau vollzogenen Erdrindenentwicklung bezeichnen. Im ersten großen Akt (I) des Abbaues der Alpen spielten die ältesten erweisbaren Erdinnenkräfte. *Ihr Arbeitsergebnis ist die Gneisgruppe I.*

Orthoamphibolite der Gleinalpe haben sich als Glieder einer eigenen, atlantischen Natrondifferentiationsreihe erwiesen. Die dortigen, jünger eingeschobenen Granit-Granodioritmagmen stehen mit ihrer pazifischen Differentiationsreihe jener anderen fremd und unvermittelt gegenüber (R. Schwinner 1951, 107). Hieraus dürfte sich ergeben, daß, ähnlich wie etwa in den oberrheinischen Massiven, die variszischen Granite in ältere Gneis-Schollen eingedrungen sind, so auch in den Ostalpen noch ältere Trümmerschollen durch Granit I umschlossen wurden.

Da die atlantische Differentiation i. a. nur in kontinentalen Erdrindenteilen beobachtet wurde, haben wir in jenen Gleinalpenamphiboliten wohl eine uralte Kontinentalscholle vor uns. —

Wir bezeichnen nachfolgend die noch schwer aufzugliedernde Orogenese des Altkristallins als „algomanisch", und zwar im Sinne *allgemein algonkischer* Gebirgsbildung. R. Schwinner möchte neuerdings 1951, 171, um die ostalpine Orogenese kurz vor dem Kambrium anzugeben, statt „algomanisch" den Lokalausdruck „cetidisch" gebrauchen.

II. AKT DES GEBIRGSABBAUES

Die Glimmerschiefergruppe II

Auch die Glimmerschiefergruppe gehört noch der hochkristallinen Tracht der „Muralpengesteine“ an, unterscheidet sich aber nicht nur durch nachträgliche, mit Tiefenumwandlung und Graniteinschüben zusammenhängende Eigenschaften, sondern auch durch grundlegend abweichende Gesteinsvorkommen so weitgehend von der Gruppe I, daß ein entstehungsgeschichtlicher und zeitlicher Schnitt zwischen beiden unvermeidbar ist. Auch die häufig fehlenden Übergänge zwischen beiden Gruppen und die zwischen ihnen liegende Schrägfläche macht eine weitgehende Trennung nötig. R. Staub kam 1948 zu gleichem Ergebnis.

Bezeichnend sind mineralreiche Granatglimmerschiefer mit oft mächtigen Marmor- und Amphibolitzügen. Im Kristallin der zentralen Ostalpen liegen ziemlich tief die Gesteine der Brettsteinreihe: Marmore, Amphibolite, kohlereiche bis echte Graphitschiefer. Höher oben liegen Quarzite bis Paragneise — alles meist der zweituntersten Tiefenumwandlung zugehörig.

Vorkommen: Obere kalkbankreiche Gesteine der Gleinalpe, Almhausreihe, und Rappoltglimmerschiefer in der Stubalpe, Wölzer Tauern mit S- und W-Fortsetzung, Radentheiner Gesteinsreihe am SW-Rand des Mittelkärntner Beckens, Südhang der Koralpe, höhere Teile in Oberkärnten und an der oberen Mur. Hauptteile der unteren Schieferhülle der Hohen Tauern, der Angertalmarmor, die kohligen Riffelschiefer, die Quarzitgruppe von Stark. Tonaleschiefer (Veltlin-Rabbital), Laaser Schichten, Schneebergzug (Ridnaun bei Sterzing-Ob. Passeier-Texelgruppe). Die Glimmerschiefergruppe der Ötztaler Berge ist teilweise eng mit der I. Gruppe verbunden. Eine zweite Teilgruppe der Glimmerschiefer hat hier oft kristalline Kalksteine und Dolomite, kleine Amphibolitlager und ist von vielen Pegmatitgängen durchschwärmt. In der Schweiz dürften nach H. P. Cornelius und R. Staub die Fedoz- oder die penninische Valpellinereihe, „alte Marmore“ der Bellavistaserie (Bernina), der Aig. Rouges, von Gastern und nördlichem Aaregranit hierher zählen, auch zahlreiche Marmor- und Amphibolitzüge mit Glimmerschieferbegleitung in den altkristallinen Massiven. Auf jeden Fall ist aber weithin der Mangel der Gruppe II (auch III, IV) in den altkristallinen Massiven unter dem Oberkarbon bzw. unter der „Casana“-Phyllit-Gruppe in den westlicheren Alpen auffällig.

Nachträglich sind Gruppe I und II durch eine gemeinsame, noch algonkische Gebirgsbildung,

die „algomanische Orogenese“,

sowie durch weitgehende Umwandlung und Granitdurchdringung *zu einer Einheit höherer Ordnung* zusammengeschweißt worden.

Ein überwiegendes Hauptstreichen dieser Gebirgsbildung ist gegen NW und N gerichtet, was R. Schwinner und F. Heritsch zu der Vorstellung brachte, daß in den zentralen Ostalpen nichts als die streichende Fortsetzung ähnlich gerichteter und ähnlich aufgebauter Gesteinsstreifen in der Böhmischen Masse vorliege.

·Auch durch gewisse erdphysikalische Erscheinungen der Jetztzeit seien solche Zusammenhänge wahrscheinlich gemacht.

Demgegenüber können beträchtliche Bedenken nicht unterdrückt werden. Denn in nachprüfbaren Fällen und auch nach R. Schwinner 1923, 156, haben wir ja eine „fast unverwüstliche Hebungstendenz" jener alten Massive. Darum ist es sehr unwahrscheinlich, daß sich quer über ein solches in der ganzen meso- und neozoischen Zeit ein kaum unterbrochenes Streben nach *Senkung* geltend gemacht hat. Ebensowenig halte ich es angesichts der Driftbewegungen großer Sal-Schollen gegeneinander für wahrscheinlich, daß trotz aller früherer und späterer Gebirgsbewegungen und Driftungen noch heute über den Raum der so beweglichen kalkalpinen Nord-Geosynklinale hinweg die gegenseitige Lage algonkischer Gebirgsteilstücke starr die gleiche geblieben sein sollte. Man braucht zudem nur mitten durch die Gesteinszüge der Böhmischen Masse oder der zentralen Ostalpen selbst auf einer geologischen Karte einen ähnlich breiten Streifen zu verdecken, wie er von den nachträglich noch gewaltig eingeengten Nordkalkalpen und ihrer Vortiefe eingenommen wird, um sogleich zu erkennen, daß die Regelmäßigkeiten des Streichens keineswegs groß und aushaltend genug sind, um über so weite Strecken hinweg geradlinige Verlängerungen wahrscheinlich erscheinen zu lassen.

Für eine *weitgehende gegenseitige Verschiebbarkeit der Hauptblöcke*, die damals in der Schmelzunterlage schwammen, spricht neben dem Orogen-fremden Streich-Durcheinander (R. Schwinner 1951, 174) wohl auch die Eigenart des „*Schlingenbaues*", den wir neben westöstlichen, enge und steile Faltenzüge bildenden Bauteilen der Ötztaler Alpen (SO-Teil) nach Graf Schmidegg und W. Hammer beobachten. Es handelt sich um eine Fältelung und Faltung bis zu größten Ausmaßen, mit ungefähr *senkrecht stehenden Achsen*, vergleichbar den senkrecht stehenden Wasserwalzen, die bei Druckunterschieden in der Waagrechten von Ort zu Ort entstehen. Vielfach erscheinen Bilder wie die „Sichelstöcke" der Sudeten (H. Cloos) oder wie ich sie auch in SW-Finnland (Svekofenniden) als Bau mit ungefähr senkrechten Walzachsen beobachten konnte.

Die Schlingenaußenseite wendet sich in den Ötztaler Alpen oft gegen O und N. Da die granitischen Einschubkörper diese Schlingenwendungen mitmachen, ist mit gleichzeitiger oder dem Einschub folgender Schlingenverbiegung zu rechnen.

Man hat eine Art senkrechter Walzen vor sich, anscheinend bedingt durch ganz großzügige, etwa waagrechte Gleitschubvorgänge umfangreicher Gebirgskörper aneinander vorbei in einem zähplastischen Bewegungsstockwerk. Die Vorgänge reichen in ihrem Umfang heran an W. v. Seidlitz' bzw. S. v. Bubnoffs „*Paraphoren*", den über Hunderte, ja Tausende von Kilometern weit ausgedehnten und wohl sehr tief reichenden Zerteilungsspalten der Erdrinde. Nur beziehen sich die Paraphoren zunächst auf das Bruchstockwerk der Erdrinde, nicht, wie offenbar dieser Schlingenbau, auf das mehr plastische Tiefenstockwerk. Beiden Erscheinungen dürfte eine weitgehende Unabhängigkeit von bodenständigen, im Erbgang von vielen Jahrmillionen auftretenden geosynklinalen Eigenarten der Bewegung gemeinsam sein. Wir denken hier an das Aneinandervorbeigleiten kontinentaler Schollenstücke, ähnlich wie für die basischen Sichelstöcke Schlesiens am Rand der russischen Festlandstafel. —

Manchenorts wurden Beobachtungen bekannt, welche *die schärfere Einengung* schon des algomanischen Baues *in der Tiefe* als weiter oben anzeigen. So machte besonders R. SCHWINNER 1923, 52, für die Sölker Tauern darauf aufmerksam, daß die höheren Bergteile freiere, weitere Faltenzüge besitzen, während diese talwärts immer enger werden, in Isoklinalen und Fächer übergehen.

Mit der „algomanischen" oder vielleicht „segalaunischen" Gebirgsbildung dürften Graniteinschübe verbunden gewesen sein, von denen die meisten dieser zähen Körper in Gruppe I steckenblieben, während das saure Ganggefolge oft bis in Gruppe II emporstieg. Schließlich wurden Gruppe I und II zusammen mit ihren Schmelzeinschüben völlig und fast einheitlich in der mittleren Tiefenstufe umkristallisiert: *Gleinalpenkristallisation* von F. ANGEL und F. HERITSCH, „*postalgomanische Kristallisation*" von R. SCHWINNER. Der Sprung in der Umwandlung zwischen I und II dürfte kaum auf nachträgliche tektonische Verschiebung in der Grenzfläche zurückgehen. Es gibt keinen Grund anzunehmen, daß nicht schon vorher einmal die Gneisgruppe I in großer Tiefe, zusammen mit dem Einschub eines ältesten Granits I für sich umgewandelt worden war. Auch spricht wohl nichts gegen die Vorstellung, daß erst später, nach oder während der algomanischen Faltung, vielleicht in Verbindung mit nach oben vordringenden neuen Granitschmelzen, die gemeinsame Tiefenumwandlung von I und II erfolgte.

Ebenso dürfte die untere Schieferhülle der Hohen Tauern nach einer ersten Umwandlung der Gneise, die schon vorher ihre Tracht gewonnen hatten, während der algomanischen Hauptbewegung und zusammen mit dem Einschub der Granite II (Zentralgneis) kristallisiert sein. Der Mineralreichtum der Glimmerschiefergruppe entstammt wohl den vulkanischen Ausläufern zunächst einmal der ältesten Granite.

Auch W. HAMMER konnte für die Ötztaler Alpen Spuren vorkristalliner Durchbewegungen in Gestalt kleiner Falten und helizitisch aufbewahrter Faltenreste der Porphyroblasten, auch in den Amphiboliten, erkennen. Es scheint, daß auch die westalpinen Massive weitgehenden Anteil an dieser algomanischen Bewegung, Umwandlung und Granitschmelzenwirkung gehabt haben.

Graniteinschübe, Alter der Zentralgneise und Bewegungsakte

Ein verwickeltes Zusammensein von Versenkung in größere Erdrindentiefe, Durchbewegung, Schieferung, Tiefenumwandlung, von Graniteinschub, Durchgasung und Mineralneubildung treffen wir in den kristallin gewordenen mittleren Gebirgsteilen der Alpen an. Der Gelände- und Mikroskop-Arbeit mehrfach genannter Verfasser danken wir tiefere Einblicke in gegenseitige Bedingtheiten und damit in gewisse zeitliche Aufeinanderfolgen, soweit dies die angewendeten Methoden und Gedanken erlaubten. In der Hauptsache wurden Arbeiten über den Tauernkern und seine Hülle, dann solche über das Aar- und Gotthard-Massiv wegweisend. Es wurde namentlich auch von BR. SANDER ein besonderer Wert auf die Feststellung gelegt, *ob jeweils die Kristallisation oder die Bewegung länger gedauert hat.* Man versuchte die Vorgänge zeitlich zu trennen, doch sind dieselben gesteinsmäßig für die verschiedenen Zeiten so gleich, daß mangels fossilmäßiger Zeitmarken die Gefahr von Mißgriffen besteht. Umwandlung und Neukristallisation brauchen ja auch nicht mit der Zeit einer großen Gebirgsbildungsphase in jedem Fall zusammenzugehen. Muß doch angenommen werden, daß sehr umfangreiche Durchgasungen, nachgewiesen an so bedeutenden Stoffzufuhren wie von Natrium bei der Albitisierung oder bei Rutilbildung, neben Versenkung in größere Tiefe und neben Erhöhung der bewegenden Druckkräfte gleichfalls imstande sind, bewegend und kristallisierend zu wirken.

Die Unsicherheiten spiegeln sich in der unsicheren Datierung der Hauptereignisse, namentlich auch bezüglich des Einschubalters der Kerngranite wider. Wir kennen zwar mehrere Granitgenerationen und deren Aufeinanderfolge. Es scheint aber weniger beachtet zu werden, daß jeder dieser großen Einschubvorgänge umkristallisierende Durchgasungen gebracht haben kann, und daß Vorgänge, wie die Tauern-Kristallisation, sich *aus sehr verschiedenzeitlichen*, im ganzen aber aus gleichgerichteten und darum nicht weiter unterscheidbaren Teilwirkungen zusammensetzen können. Ebenso schwanken die Vorstellungen je nach der Vorstellung vom Alter der umhüllenden Nebengesteine bzw. ihrer Teile. Dazu kommt, daß die Meinung von der Kurzfristigkeit und Schnelligkeit der Arbeit orogener Phasen in vorgeosynklinalen und geosynklinalen Gebieten keine Geltung hat.

Solche Unsicherheit läßt die große Zurückhaltung der meisten zentralalpinen Arbeiten verstehen. Als zusätzlich auswertbaren Gesichtspunkt verwenden wir — unter möglichster Beachtung der genannten Fehlerquellen — die stärkere zeitliche Trennung der Hauptgraniteinschübe.

Allgemein werden 3 bzw. 4 Hauptgenerationen von Graniten unterschieden, die Granite I—IV. Davon stecken I—III hauptsächlich im „Altkristallin" und können nach Struktur, Zusammensetzung und meist auch Alter voneinander wohl unterschieden werden.

Granit I

ist der älteste Zentralgneis. Er hat die zu zahlreichen Kilometern Dicke angegebene Gneisgruppe I, *und nur diese*, verändert, ist in sie als Granitgneis eingelagert. Es handelt sich um einen meist sehr sauren, echten Granitgneis mit großen, zahlreichen Kalifeldspäten. Er nahm später im allgemeinen durch starke Schieferung (Augengneis), rückschreitende Druckumwandlung und Mineralisierung eine wechselvolle Tracht an. Massive der Münstertaler Gneise, der Glockturmstock-, Aifenspitz- und Birkkogelmasse rechnet W. Hammer 1925, 155, in den Ötztaler Alpen hierher. Ausgehende Aplit- und Pegmatitgänge sind im allgemeinen vergneist. Br. Sander 1921, 177, findet auch sonst in den Tiroler Zentralalpen viel Granit I, so im Tauern-Zentralgneis, in den Seetaler Alpen, in Kor- und Stubalpe kehrt er wieder. Chemisch entspricht er ungefähr den ältesten Schweizer Alpengraniten (abgesehen von den nach Zugehörigkeit im allgemeinen noch ungeklärten Protoginen).

Granit I gehört der pazifischen Schmelzflußsippe an.

Nach ihrer chemischen Zusammensetzung können *die basischen Schmelzflußgesteine*, die später zu Amphiboliten verschiedenster Prägung und mitunter zu

Eklogiten verwandelt wurden und bereits die Gneisgruppe I begleiten, als basische Vorläufer und Abspaltungen der gleichen pazifischen Urschmelze gelten. Sie liegen meist gleichförmig zu den Schiefergneisen, und zwischen beide drängten sich gern die Einschübe und Gänge von Granit I vor.

Jene basischen Eruptivgesteine sind vielfach Lagergänge oder uralte Lava-, wohl auch Tufflager, jedenfalls zumeist sehr oberflächennahe Erstarrungsergebnisse. Damit entsprechen sie ebenso wie durch ihre chemische Zusammensetzung den pazifisch-basischen Lavaergüssen und Flacheinschüben späterer Zeiten, den Diabasen, Proterobasen, Schalsteinen des paläozoischen, den Ophiolithen des mesozoischen Zeitalters. Ebenso wie diese stiegen auch sie bereits in sehr mächtigen ursprünglichen Schichtgesteinen auf, deren Häufung zu vielen Kilometern Mächtigkeit deshalb naheliegenderweise als Folge der Ablagerung unter gleichzeitig fortschreitender Senkung angesehen werden kann, weil ja die oberflächennahe Eigenschaft der Amphibolite nicht nur in den obersten, sondern schon in den tiefsten Teilen der sichtbaren Gneisgruppe vorliegt. Also kann hier bis zu einem gewissen Grad auf eine allerälteste, sedimentsammelnde Absenkungszeit mit ungefähr sich gleichzeitig äußernden Ausbrüchen oder Flacheinschüben von pazifischen Grünsteinschmelzen gerechnet werden.

Wir haben außerdem die einstweilen freilich noch wenig deutlichen Spuren einer ältesten Gebirgsbildung, des *Gebirgsbildungsaktes I*. Denn häufig machen die Schichtfugen der Gneisgruppe den Eindruck, daß sie erst steil gestellt, vielleicht gefaltet wurden, bevor sich in sie steil linsenförmig der Schmelzeinschub ergoß. Die langgestreckte deckenartige Lagerform vieler Granitgneise macht einen solchen Vorgang wahrscheinlich.

Jedenfalls haben wir für die älteste, durch größere Gesteinsmassen belegte Zeit, in gröbsten Umrissen wenigstens, als Reihenfolge der Großereignisse in archaischer oder frühalgonkischer Zeit:

1. Mächtige *Schichtablagerung* (Sedimentgneisgruppe I) unter dauernder *Senkung* des Erdrindenteils und oft wiederholtem Emporsteigen mächtiger pazifischer *Grünsteinschmelzen* basischer Zusammensetzung (Amphibolite).

2. *Gebirgsbildung*, Steilstellung der Schichtmassen und Grünsteinlager, wobei unklar bleibt, ob dies gleichzeitig mit 1. oder später geschah.

3. Jedenfalls überdauerte die *Tiefenkristallisation* die Tektonik, die folglich schon *in der Tieflage abgeschlossen* war.

4. Einschub mächtiger pazifischer *Teilschmelzen saurer* Zusammensetzung, welche zwischen die Schichtmassen emporstiegen als *Granit I*.

Granit II

wird vertreten durch *saure Granite*, die bisher zu Granit I gestellt wurden, welche sich von diesem jedoch durch zwei Hauptmerkmale unterscheiden: Erstens durchsetzen sie den wirklichen Granit I als jüngere Vorschübe, zweitens veränderten und durchaderten sie im Gegensatz zu Granit I auch noch die Glimmerschiefergruppe II. Außerdem scheint Granit II später weniger durchbewegt und umgewandelt zu sein. Auch zählen zu Granit II noch etwas basischere, plagioklasreiche Granite, oft mit Hornblende, die gleichfalls nach ihrer Kristallisation keine der Umwandlung von Granit I ähnliche Verwalzung erfuhren. Aber auch Granit II ist meist noch mit Paralleltextur versehen und umkristallisiert.

Neben gewissen, im Gefüge ähnlichen Biotitgranitgneisen rechnet W. HAMMER 1925 hierher *Granodiorite* des Acherkogels und der Engelwand im Ötztal, Tonalitgneis von Langtaufers, Granodiorite des Münstertals, *Tonalitgneise* des Seekogels im Pitztal und manche Glieder des Tauernzentralgneises. Auch BR. SANDER zählt hierher die tonalitisch-granitischen Hauptgesteine des Tauernkerns. Doch ist schon mehrfach betont worden, daß sich die granodioritischen und tonalitischen Einschübe und Fernwirkungen ohne Frage auf mehrere Zeitabschnitte verteilen, angefangen vom Jungalgonkium bis ins Tertiär. Ihre Abtrennung voneinander ist wegen der wechselvollen späteren Gesteinsveränderungen bis jetzt nur in Einzelfällen gelungen. Daher ist auch die Zuteilung zu Granit II vielfach noch offen.

Außer der ältesten Gesteine durchdringt Granit II, wie gesagt, noch die Glimmerschiefergruppe II, damit auch die untere Tauernschieferhülle. Basische Vorläufer und Abspaltungen von Granitschmelze II sind wohl die umfangreichen Amphibolitlager in der Glimmerschiefergruppe, welche durch ihre überwiegend gleichförmige Einlagerung und ihre chemische Zusammensetzung weitgehend an die Ophiolithlager späterer Tiefbauzustände erinnern. Den basischen Pol dieser Tiefenspaltungen dürften Peridotite u. a. von Lungau-Kraubat darstellen.

Wesentlich deutlicher schon als bei Granit I sehen wir für den Graniteinschub II eine zeitliche und wirkungsmäßige, darum ursächliche *Verknüpfung erstens mit einer allgemeinen Gesteinsumwandlung* („Gleinalpenkristallisation") einschließlich mindestens der Gruppe II und *zweitens mit einer beträchtlichen, der algomanischen Gebirgsbildung.*

Gebirgsbildung, Tiefenumwandlung und Graniteinschub erscheinen dabei auch hier, wieder keineswegs als wesentlich gleichzeitige Leistungen. Vorausgegangen muß eine, nach der Tausende von Metern messenden Mächtigkeit von II erschließbare allgemeine und tiefe Absenkung sein, übergehend in die, vielleicht schon begleitet von der Gebirgsbewegung. Dann erst, gefaltet schon und in großer Tiefenlage, wurden die Gesteinsmassen grundlegend umkristallisiert und abschließend von Granitschmelzen „postalgomanisch" (R. SCHWINNER) durchdrungen.

Da wir uns die Umkristallisation der an der *Erdoberfläche* entstandenen Schichtgesteine und oberflächenvulkanischen Bildungen (Glimmerschiefergruppe II) in der *mittleren* Tiefenstufe nur *durch eine Versenkung* des gefalteten oder in Faltung begriffenen — aber nicht erst später gefalteten! — Gebirgsgefüges vorstellen können, so wurde unter Sedimentation vor und nach, vielleicht auch während der Faltung an dieser Stelle die Erdrinde eingesenkt. Es erscheint für diese algonkischen Vorgänge in der alpinen Vorgeschichte somit zum zweitenmal als notwendiger Schluß: Die algomanische Faltung führte das von ihr ergriffene Gesteinsstockwerk, welches zur Sedimentationszeit sich langsam senkte, keineswegs etwa nach oben — nichts spricht dafür. Sichtbar ist nur, daß die offenbar mit der Durchbewegung wirkungsmäßig zusammenhängende und sich an sie anschließende Gesteinsumwandlung nicht in höherer, sondern in bedeutend tieferer Lage erfolgte als die Sedimentgesteine vorher entstanden waren. Auch die Granitdurchschmelzung verlangt noch eine gewisse Mindesttiefe.

Damit haben wir für einen ohne Frage recht langdauernden, jüngeralgonkischen Zeitabschnitt als neue Reihenfolge der Ereignisse:

1. Mächtige *Schichtablagerung* (Glimmerschiefergruppe II) unter langdauernder *Senkung* des Erdrindenteils und oft wiederholtem Emporsteigen mächtiger pazifischer *Grünsteinschmelzen* basischer Zusammensetzung (Amphibolitlager).

2. Bedeutende *Gebirgsbildung* („algomanisch“) mit weithin ausgeprägten Streichrichtungen. Es bleibt unklar, ob diese schon einsetzte während der Senkung, Sedimenthäufung und Grünsteinförderungen. Jedenfalls gibt es kein Anzeichen für Hebung zwischen jener ersten Senkung und der Tiefenlage, welche aus der der Gebirgsbewegung im wesentlichen schon folgenden Tiefenumwandlung zu folgern ist.

3. Allgemeine *Umkristallisation* („Gleinalpenkristallisation“) in mittlerer Tiefenstufe. Im Zusammenhang mit dieser Umwandlung zur Tracht der Glimmerschiefer und in deren Ausklang steht

4. der Einschub mächtiger pazifischer Teilschmelzen saurer Zusammensetzung, die sehr umfangreich zwischen die Schichtmassen emporstiegen (Granit II).

Wir stellen 4. in den Ausklang der Ereignisreihe, denn sie zeigt uns nicht mehr Senkung, sondern das mächtige Emporsteigen breiter Plutone. Einen nunmehr einsetzenden *allgemeinen Emporstieg der Erdrinde* schließen wir außerdem aus der offenbar nur durch weitgehende Abtragung an der Erdoberfläche entstandenen Schrägfläche (Diskordanz), welche den schon gefalteten, schon umgewandelten und von Granit durchsetzten Gesteinskörper II nach oben hin gegen jüngere Gesteinsmassen abgrenzt.

Damit wiederholt sich, ergänzt und schon klarer geworden, die älteste Ereignisreihe von Akt I mit dem jüngeralgonkischen Akt II.

Wir folgern aus diesen beiden als Vorläuferbildungen der alpinen Gebirgsbildung aussehenden Hauptakten: *Sie vollzogen sich bereits nach dem Bildungsweg des „Abbaues der Alpen“.*

Ein erster Abschnitt der Senkung, der Grünsteinförderung, der faltenden Einengung, der Tiefenlage und Tiefenumwandlung zeichnet sich für die betreffenden Erdrindenstreifen ab. Wir nennen ihn den „Abbau-Abschnitt“. Ein zweiter Hauptabschnitt der Durchdringung mit sauren Plutonen und des Hinstrebens zu schließlicher Hochlage von langer Dauer (Abtragung!) entwickelt sich daraus. Es ist ein „Hebungs-Abschnitt“.

Beide Teil-Abschnitte folgen einander regelmäßig. Sie gehören offenbar zusammen und bilden Teile eines orogenen Aktes mit Ab-und-Auf.

Dabei sei nicht vergessen, daß die endgültige Erreichung der wirklichen epiorogenetischen Hochbauzeit des Gesamtgebirges erfahrungsgemäß erst mit dem Umschlag vom pazifischen zum atlantischen Tiefenmagma verknüpft ist. Wohl dürften bereits die ältesten granitischen und ophiolithischen Schmelzen in den Alpen als erste Spaltungsergebnisse der pazifischen Urschmelze aufgefaßt werden. Auffällig ist beispielsweise das frühe Erscheinen *mediterraner* Teilschmelzen in den Westalpen. Aber von einem endgültigen Umschlag aus den Alkalikalk- in die atlantischen Magmen, welche dann für den kontinentalen Zustand bezeichnend wären, kann im Algonkium des alpinen Erdraumes noch keine Rede sein.

Zur „Tauernkristallisation“

In dem Gedanken, daß die „Tauernkristallisation“ allein mit den Wirkungen des „Zentralgneises“ zusammenhinge, dessen Einschubalter folglich jünger sein müsse als seine jüngsten, noch mit umgewandelten Hüllgesteine, kamen Verfasser wie L. Kober auf karbonisches, andere, welche die Hüllgesteine nach dem penninischen Vorbild im Westen als noch liassisch ansahen, sogar auf jünger-mesozoische Zeit für den Graniteinschub und die Kristallisation.

Aber die *zeitliche* Einheit dessen, was „Tauernkristallisation“ zu nennen ist, kann man nicht nachweisen. Die zeitliche Einheit des „Zentralgneises“ ist widerlegt. Daß im „Tauernfenster“ penninische Gesteine liegen, ist höchst unwahrscheinlich (vgl. Band I S. 187). Daß die obere Schieferhülle teilweise mesozoisches Alter hat, konnte gewiß erwiesen werden. Die Bedeutung dieser Erkenntnis für unsere Frage aber muß als wenig gesichert gelten. Unsicher ist auch, wieweit Tiefenlage und Durchbewegung allein zur Vergneisung führen, wieweit hierzu unbedingt noch Granitintrusion im gleichen Stockwerk gehören *muß*. Daß granitische Einschübe und deren Ausläufer die Tiefenkristallisation weitgehend beeinflussen, vielleicht erst in Gang setzen, ist immerhin wahrscheinlich. Erwiesen aber ist nicht, daß es in der Hauptsache nur einen einzigen derart wirksamen Graniteinschub gegeben hat, und daß dies der letzte, nämlich der jungtonalitische des adriatischen Umkreises gewesen sei. Es gab noch mindestens zwei ältere: den Granit I, dessen Wirkungen mit der Außenfläche der Gneisgruppe I scharf abschneiden, und den Granit II, der nur noch algonkische Gesteine veränderte. Die Aplitgänge haben den Granit bereits geschiefert als Gneis vorgefunden, wurden aber dann später selbst noch geschiefert. Fertig umgewandelte Gneisschollen wurden von einem neuen Granit losgerissen und eingeschlossen. Aufschmelzungen sind vorhanden.

Wenn wir nach solchen Beobachtungen daher noch weitere Granite IV bzw. V, wie sie für die variszische Bewegungszeit in der Schweiz notwendig angenommen werden, und einen Granit V, den Tonalit des adriatischen Umkreises berücksichtigen, so konnte doch wohl im Zusammenhang mit deren Fernwirkungen und mit wiederholter Erdrindensenkung das auch später noch vollzogen oder doch ausgebaut worden sein, was „Tauernkristallisation“ genannt wird. Vgl. S. 497.

Es ist bekannt, daß den bezeichnenden Wirkungen dieser Tauernkristallisation auch der „Tauernzentralgneis“ selbst erlag. Ich halte es für einen Widerspruch diesen selben Zentralgneis dann, wenn er selbst erst verwandelt wurde, als verantwortlichen Ausgang für jene Umwandlung anzunehmen. Ebenso wie so viele andere ältere Gesteine (Schneeberger Gesteinszug und südwärts, mittlere und nordöstliche Ötztaler Alpen — obwohl auch die Albitknotenbildung nicht immer aus der gleichen Granitisationszeit herzurühren braucht!) ist eben auch der Tauernzentralgneis einer oder mehreren jener späteren Umwandlungen erlegen, die mit Tiefenlage zusammen als Fernwirkung der sehr umfangreichen periadriatischen Tonaliteinschübe angesehen werden kann. Daß nicht die alten Granite I und II für die Albitisierung verantwortlich gemacht werden können, ersieht man z. B. für die Ötztaler Alpen aus der Verteilung dieser „Feldspatisierung“, die nach W. Hammer keineswegs mit dem Auftreten jener alten Granite örtlich zusammengeht. Denn die Mehrzahl der in Frage kommenden Graniteinschübe liegt hier im NW und N, auch am Südrand. Die Hauptgegend der Albitknotengneise aber liegt gerade in der Mitte (Langtauferer Tal S, Planail und Matschertal, Hintergrund des Kauner und Pitztals, des Vent- und Gurgltals), auch zwischen Sellrain und Stubaital, wo granitische Einschübe selten sind.

Die mögliche, bedeutende Fernwirkung der von einem Granitherd ausgehenden Lösungen und Dämpfe mag, worauf schon W. Hammer nach Goldschmidt hingewiesen hat, aus der selbständigen „Feldspatisierung" der Glimmerschiefer im Stavangergebiet ersehen werden.

Wenn andererseits mit Annäherung an den „Tauernzentralgneis" die Tauernkristallisation zunimmt (Br. Sander), so braucht da noch nicht der alte (selbst umkristallisierte) Teil des Zentralgneises die Ursache sein, sondern eben der Umstand, daß man sich dem Kern einer Kuppel, also tieferen Erdrindenlagen nähert, von denen aus die späte, tonalitische Durchgasung und Mineralisierung in besonderem Maße vor sich ging. Es wurde auch schon von W. Hammer und Br. Sander ausgesprochen, daß ein bedeutender *Anteil* der oben als Granit II angeführten tonalitischen Gesteine in der Tat sehr jung ist und nur später eine alte Tracht angenommen hat. Von ihnen ebenso wie von den nach der alpinen Gebirgsbildung emporgestiegenen, nicht weiter veränderten Plutonen dürften mit Absenkung jene Fernwirkungen der Albitisierung, Diaphtoritisierung, Floititisierung, Prasinitisierung ausgegangen sein, welche die nachtektonische „Tauernkristallisation" ausmachen. Eine echte Berührungsumwandlung am Granit liegt überhaupt nicht vor. Es fehlen auch einige bezeichnende Kontaktmineralien. — Die jüngeren Vorgänge werden später noch zu erörtern sein.

Das algomanische Gebirge in den Ostalpen

Die räumliche Verbreitung der algonkischen Einengungen und Granitgneismassive hat R. Schwinner 1929 erstmals darzustellen versucht. Wir wiederholen sie in Abb. 1 ohne Änderung, nicht weil sie etwa schon endgültig feststeht, sondern weil sie eine erste Vorstellung vermittelt über diesen, nur sehr teilweise enthüllten und noch unvollständig bekannten Bauplan, dessen Bild sicher deshalb sehr *verzerrt* ist, weil in ihm die bedeutenden variszischen Massenverschiebungen unberücksichtigt blieben. Immerhin sehen wir vielfach geschlungene Faltenzüge, die sich bereits größeren und noch heute bestehenden Massiven anschmiegen.

Besonders fällt die große Scharung der Gesteinszüge im O auf, wo das Rennfeld-Gleinalpen-Streichen von NO, das Streichen der Brettsteinzüge von NW herantritt, um sich dort, wo später der Ammeringgranit aufstieg, in mächtigem Zug vereinigt gegen SO über die Koralpe zu wenden.

Bemerkenswert ist die überwiegend gegen N gerückte Lage der alten Hauptmassive und gleichzeitig die weit überwiegend gegen N gerichtete Ausstrahlung der Abtragungsstoffe des algomanischen Gebirgsreliefs. Es scheint damit angezeigt, daß *weniger der Raum des vorherigen Faltenwurfes, sondern mehr jener der sich anschließenden, großen Schmelzmassenaufstiege zur Hervorbringung eines steileren, höheren, also schuttfördernden Reliefs in der Lage war.* Vielleicht liegt schon hierin ein erstes Anzeichen für unsere so oft zu folgernde Feststellung, daß nicht so sehr *die Faltung* ein relieffördernder Vorgang ist, sondern der starke *Massenzuwachs in der Tiefe.* Schon 1936, Bd. I, haben wir auseinandergesetzt, daß sich der Faltungsvorgang unter Absenkung des Reliefs und nicht unter Neuaufbau von solchem vollzieht. Damit haben wir einen innenbürtigen *„Abbau des Gebirges"*.

Erst nachfolgend und weiträumig hebt sich erfahrungsgemäß ein stark und lang nach abwärts gefalteter Gebirgskörper langsam unter Massenzuwachs (unten) auch über den Meeresspiegel, bildet Hochrelief, das schließlich „abbaufähig" wird im außenbürtigen Sinn, was dann durch Abtragung und Schuttbildung über Schrägflächen wahrgenommen werden kann. Erst im Zusammenhang mit diesem zweiten Bewegungsakt, der natürlich unter Nachfüllung des hochsteigenden Reliefs durch zufließende Schmelzmassen vor sich gehen muß, stehen auch die späteren, großen granitischen Schmelzmasseneinschübe. *Wo sie eintraten, hob sich das Relief.* Wo sie im algomanischen Gebirgskörper hochstiegen, da entstand auch wirklich abtragungsfähiges Hochrelief, abgebildet durch seine nachfolgend zu besprechenden Abtragstoffe. —

Baugeschichtlich ist die Algomanische Kette *der erste Anfang unserer Alpen.* Er ist ihr Rückgrat, ein salischer Gesteinswulst, der — wenn man dies aus der verhältnismäßig geringen, feinschuttliefernden Entwicklung seines Hochreliefs aus Gründen des Tauchgleichgewichtes entnehmen darf — *noch nicht allzutief hinabtauchte* in die dichtere, noch lange nicht voll gespaltene (differenzierte) Urschmelze pazifischer Zusammensetzung. Dieses älteste Gebirgsrückgrat hielt späteren Angriffen der hinabbauenden Tiefe noch keineswegs als Einheit stand. Wir werden sehen, daß es zur variszischen und noch teilweise zur alpidischen Hoch-Zeit der Baugeschichte zerrissen, verdreht, teilweise umgeformt wurde. Doch ist der erste Anfang im Jungalgonkium gemacht. Zum wenigsten als Trümmerwerk wurde dieses Urgebilde dem späteren Gebäude einzementiert.

In den Westalpen

hat 1948 R. Staub neben der notwendigen Abtrennung von Biotitgneis (I) und Marmor-Kalksilikatserien (II) die zur Hauptsache gemeinsame Gebirgsbildung beider betont. Zwar ist die Diskordanz gegen die über beide im allgemeinen scharf hinweggreifende Phyllit-Casanagruppe (epimetamorph) nicht überall kenntlich aber weithin haben wir doch auch in den Westalpen quer zum späteren alpinen Streichen einen uralten Faltenbau.

Diese Erkenntnis der offenbar algomanischen Gebirgsbildung auch im W begrüßen wir als eine weitere Konvergenz der west- und der ostalpinen Auffassungen.

III. AKT DES GEBIRGSABBAUES

Die Quarzphyllit-Quarzitgruppe III

Die dritte, in geringerer Tiefe umgewandelte Gesteinsgruppe hat R. SCHWINNER, dem wir hier folgen, im N und S eines zentralalpinen Schwellengürtels in den Ostalpen untersucht und gegenüber anderen, ähnlichen Bildungen abgegrenzt. Es ergab sich dabei eine recht allgemein durchzuführende Zweiteilung in

IIIb Quarzphyllit-Rannachquarzit-Gruppe, Landeck-Innsbruck-Pinzgau-Ennstaler Phyllit, Wechselschiefer, Südtiroler Quarzphyllit; unten Tuxer Grauwacken, Rannachkonglomerat, Semmeringquarzit: Jotnium.

IIIa „Wildschönauer Schiefer", Blasseneck-Porphyroid-Gruppe, feinkörnige Grauwackenschiefer: Kambrium, unterstes Silur und

Gruppe IIIa(b) im N des zentralalpinen Schwellengürtels

Diese Gesteine liegen im N des Kristallins der Seckauer Tauern unmittelbar übergreifend über den Gneis unter Ausfall seiner Schieferhülle als Rannachreihe: feine und gröbere Konglomerate und einförmige Quarzphyllite (Liesingtal) sind örtlich sehr mächtig. Der Umprägungsglimmer entstand schon *vor oder während der Gebirgsbildung*. Durchgasung von einem Schmelzherd mit Turmalinzufuhr gab es erst nachträglich. Grünschiefer und Marmore findet man selten. Deutlich ist die (nachtektonische) Gesteinsumwandlung oberster Tiefenstufe, höher als in IIIb. *Das Rannachkonglomerat* bildet in den tieferen Teilen vereinzelte schuttkegelartige Lager (W. HAMMER 1924, 7) von locker eingestreuten, zentimetergroßen überwiegend Quarzgeröllen („Restschotter" E. KRAUS 1915), sehr selten von Seckauer Altkristallin. Allgemein sind Übergänge zum „Weißstein", „Plattelquarz" (Leoben-Bruck), „Phyllit- oder Mikroturmalingneis" und nach oben zum Quarzphyllit. R. SCHWINNER schließt aus Lage und Gestein, daß diese hellen, feinklastischen Quarzansammlungen im O durch den meist rötlichen und etwas jüngeren *Semmeringquarzit* fortgesetzt werden. Wie die Rannachgesteine, so liegt auch er ungleichförmig übergreifend auf verschiedensten Teilen des Grundgebirges der Gruppe I, teilweise II, und enthält auch etwas Feldspat, Geröllchen von rötlichem Quarzit, schwarzen kieseligen Schiefern, Granit, aber noch nicht — wie der übergreifende Unter-Buntsandstein — schon Gerölle der Grauwackenzone oder druckgeschieferte Porphyroide.

Diese, dem altkristallinen Grus eingelagerten Quarzrestschotter und Sande des Semmeringquarzits sind nach R. SCHWINNER 1929 gebunden an alte, Altkristallin-Schwellenaufragungen im Raum der Zentralalpen als deren nördlicher Feinschuttfuß. Nach E. SPENGLER 1919, 222; 1920, 249, liegt der Semmeringquarzit schon als Geröll im Präbichlkonglomerat. Weiter nach N schließt sich als feinerkörnige Grauwackenschieferausstrahlung der *Wechselschiefer* an. Die weite Verbreitung der gleichförmig übergreifenden Restschotter und -sande setzt ein erhebliches Bodenrelief voraus. Seine höhere Aufragung haben wir allgemein im S, im algomanischen Bereich der heutigen Zentralalpen zu suchen. Feiner Schutt (Abb. 1) griff aus den Senken immer weiter gegen die Höhen vor, ähnlich wie viel später der Rotliegend-Buntsandstein-Schutt im variszischen Relief.

Den jungalgonkischen Quarzschutt verfolgen wir von dem Ostende der Alpen im Wechselgebiet nördlich am Rand der Zentralalpen entlang nach W bis über das obere Enns- und Murgebiet in die *Radstätter Berge* hinein. Die ebenfalls sehr ein-

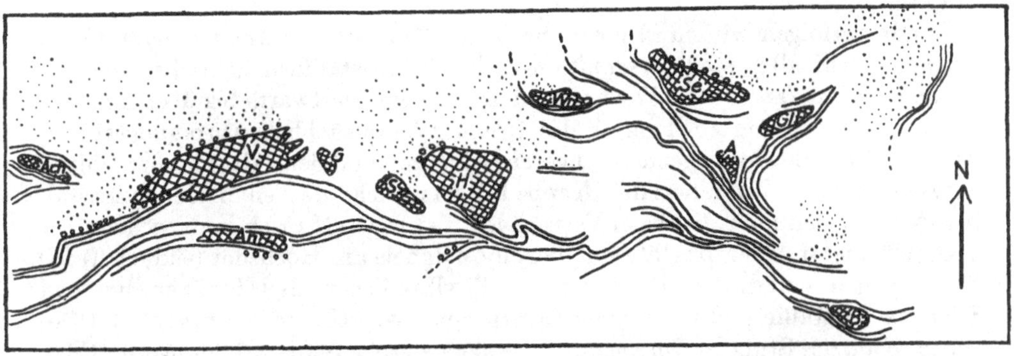

Abb. 1. *Bauplan-Skizze des Algomanischen Gebirges in den Ostalpen.* Schraffiert: Massive (zum Teil später ergänzt). Linien: Faltenzüge. Ringe: Grobschutt. Punkte: Feinschutt der jotnischen Abtragungszeit. *An* Antholzer Gneis. *B* Bacher. *G* Granatspitz. *Gl* Gleinalpe. *A* Ammering. *Ach* Acherkogl. *H* Hochalm — Ankogl. *S* Sonnblick. *Se* Seckauer. *V* Venedigermasse. *W* Wildstelle. Nach R. Schwinner 1929.

förmigen, bis mehrere Kilometer dicken Radstätter Serizitphyllite und -quarzite enthalten gleichfalls wenig Grünschiefer und, wohl in 2 verschiedenen Lagen, grobe Konglomerate. Während das östliche, ältere Vorkommen dem Rannach-Grundkonglomerat entsprechen kann, ist die Hauptmasse weiter im W jünger und wird von R. SCHWINNER ähnlich dem Semmeringquarzit schon zu IIIb gerechnet.

Das Abtragungsrelief der Schwellen versinkt allmählich im Schutt und Sand IIIa, der recht wechselvoll verbreitet ist. Geringe Senkung im Bereich der Bundschuhtäler erbrachte z. B. nur wenig Phyllit III, der erst im S der Krems-Metnitz-Schwelle in der Gurktalschüssel ohne gröberes Geröll wieder anschwillt. Demgegenüber erweist sich das Gebiet der späteren Hohen Tauern schon damals als Hochgebiet. Tiefe Abtragung und örtliche Verbreitung gröberer Schuttlagen gehören zu III. Wie am Seckauer so liegt auch am Hochalmmassiv der Zentralgneis I durch Abtragung frei, bedeckt gleich von IIIa mit den Abtragungsresten der Tuxer Zone. Bei Gastein und im Zillertal sind geröllführende Schiefer verbreitet. Die sogenannte mittlere Schieferhülle („Angertalgruppe", „Hochstegenschichten", mit Porphyroiden, „Tuxer Marmor") wird im allgemeinen zu III gestellt. Die Quarzrestschotter IIIa mit Aplit- und Quarzitgeröllen und seltenem (bereits fertigem!) Zentralgneisgeröll erscheinen in den Tuxer Wacken und weiter im Pfitscher Geröllgneis der Greiner Zunge. Im O des Granatspitzkerns fehlt andererseits die Hochstegenzone III ganz. Die obere Schieferhülle greift mit Kalkphyllit über die verschiedensten, sehr alten Gesteine über. Zur Schuttzeit lag hier offenbar die schuttsammelnde Randsenke weiter im N.

Sie sammelte an ihrem Südsaum gröberklastische Quarzgerölle und Sande in IIIa und IIIb, welche nordwärts nach R. Schwinner allgemein in feinklastisch-pelitische Absätze von meist großer Mächtigkeit übergehen: IIIa in den Quarzphyllit, IIIb in den Wechsel- bzw. Wildschönauer Schiefer und feinen Grauwackenschiefer des nördlichen Grauwackengürtels (Landeck-Kitzbühel). In dieser Beckenentwicklung trifft man öfter Marmorlager, in IIIa mitunter auch Grünsteinlager, in IIIb überwiegend die Porphyroide (Keratophyre) der Blasseneckgruppe.

Damit verfolgen wir im N einer, nach der Feinheit der Abtragungsstoffe zu urteilen, nicht allzu steil zerschnittenen, bereits kristallinen Schwellenzone der Alpen *eine Randsenke* vom Wechsel und Semmering westwärts bis über Landeck hinaus. Südwärts lag auch im W des Brenner hauptsächlich Abtragungsgebiet, denn zwischen den aufliegenden jüngeren Schichten und dem Altkristallin fehlt es entweder ganz an Vertretern der Gruppe III oder solche stecken in dem umkristallisierten, sogenannten „Stubaier Verrucano", der gegen N rasch in die schon über 1 km mächtigen Quarzphyllite mit Porphyroidgneis am Hocheder (südlich Telfs) übergegangen sein dürfte. Die Landecker Phyllite liegen als IIIa über Ötz- und Silvretta-Kristallin und werden überlagert vom „Westtiroler Verrucano" mit Geröllen schon des Stubaier Verrucanos — wohl als grobe Südrandbildung von IIIb.

Den klastischen Rannachhorizont IIIa vermutet R. Schwinner auch in den Quarzkonglomeraten der schweizerischen „Casanaschiefer" (Theobald), als Vertreter der Wildschönauer Schiefer IIIb die Serizitphyllite und Quarzite im Samnaun. Casanaschiefer-Quarzphyllit der Berninadecke, der Errdecke, Antiklinalkerne im Albula-Lappen, vielleicht auch Quarzgerölle westlich St. Moritz Dorf können hierher (letztere unter Umständen aber auch zum Oberkarbon?) zählen. Wahrscheinlich auch die penninische Maloja-Serie (Margnadecke), Teile der Plattadecke, süd- und mittelostalpine Quarzphyllite *verlängern unsere Grauwackengürtel-Trogsenke nach Westen.*

Gruppe IIIa (b) im S und O des zentralalpinen Schwellengürtels

Wenig sichere Teilvorkommen wie unter der Jaggl-Trias im obersten Vintschgau leiten über den zentralalpinen Schwellengürtel südwärts über in eine, der nordalpinen durchaus vergleichbare *zweite Randsenke.* Schon im Bereich der Münstertaler Gneismasse und des Ortlers nehmen die offenbar Gruppe III vertretenden Ablagerungen, oft deutlich lokal ausgebildet (Arkosen) an Mächtigkeit und Geschlossenheit zu. Und wie in der nordalpinen Randsenke gegen N, so *verliert sich hier gegen S das gröbere Korn* in den rasch anschwellenden Quarzphylliten (Ortler-Tonale-Pejo-Gesteine). Neben den hellen Quarziten, gelegentlich Arkosen, kehren die gleichen Muskowit-Quarzitschiefer, auch die dunklen Schiefer und Quarzphyllite überall zwischen Altkristallin — soweit solches überhaupt noch auftaucht — und den zumeist freilich viel jüngeren Hangendschichten wieder. Gröbere Einschaltungen treten in den eintönigen Quarzphylliten, welche z. B. die Unterlage der Dolomitenschüssel bilden, und weiter im O ganz zurück. Auch fehlt es, einstweilen wenigstens, an einer Trennung zwischen IIIa und b. Über die Quarzphyllite des Pustertals ziehen die SW-tiroler und die SO-tiroler Vertreter von III weiter unter das höhere Untersilur der Karnischen Hauptkette hinein, wo sie Grünschiefer (Diabase) führen, und wo durch die Überlagerung des Altpaläozoikums wieder einmal das algonkische bis höchstens noch kambrische Alter der Quarzphyllitgruppe III nachgewiesen werden kann.

Auffallend ist der vielfach geschilderte, *allmähliche Schichtübergang von III nach oben* in die nur noch wenig umgewandelten, schwarzen Tonschiefer der Mauthner Schichten des Untersilurs. Es fehlt hier vielfach an einer nach Umwandlungsgrad und Schrägflächenlage ausgeprägten Ungleichförmigkeit. Porphyroidschiefer (gefältelte Quarzporphyre), sowie mächtige Diabastuffe und -konglomerate werden von H. Schmidt schon ins Untersilur gestellt. Tektonische Verschiebungen brachten hier viel Unklarheit.

Um so klarer ist die *ungleichförmige Auflagerung der Gesteinsgruppe III* vielfach wieder durch Konglomeratfunde Br. Sanders 1914, 326, mit teilweise kristallinen Geröllen in den Trentener Bergen und im Flaggertal, von M. Furlani 1912, 258, unter dem Turntaler Quarzphyllit, von G. Geyer 1901, 17, in gleicher Lage und über dem Granatglimmerschiefer II bei Mauthen im oberen Gailtal. Das Mittelkärntener Becken des Gurk- und unteren Gailtales zeigt allenthalben eine Phyllitunterlagerung (ohne Gerölle), offenbar unserer Gruppe III.

Am Südabfall der Koralpe ist es über dem Koralmgneis I und dem mineralreichen Glimmerschiefer II die Mahrenberger Gesteinsreihe (A. Kieslinger 1924, 1926, 30), deren Phyllite mit Grünschiefern, Porphyroiden und Konglomeraten die Gruppe III vertreten. Sie gleicht weitgehend den Schiefern des Sausalgebirges, der ungarischen Grenze und beiderseits des Plattensees, die andererseits durch Einzelheiten (Serizitalbitquarzit, Arkosen) an die Semmeringquarzite IIIb angeschlossen werden können. Zu dieser allgemeinen Verbreitung gehören auch die unmittelbar wohl der Gneisgruppe I aufgelagerten, später verwalzten Konglomerate und Quarzite, darüber dunkle Phyllite mit Grünschiefer und Marmor der Remschnig-Nordseite, weiterhin die Phyllite, Grünschiefer, Serizitschiefer des Possruck-Nordhanges, über denen ein Quarzkonglomerat vielleicht zu IIIb zu stellen ist.

Trotz mancher Unsicherheiten im einzelnen ist doch an der breit gürtelartigen Verbreitung unserer Gesteinsgruppe III von den Edoloschiefern, in denen der Adamello steckt, bis an die ungarische Ebene und von hier nordwärts bis zum Wechsel und Semmering nicht zu zweifeln.

Wir haben damit nicht allein im N und im S eines zentralalpinen Schwellenstreifens eine erste, randlich meist gröber werdende Verbreitung der Gruppe III erkannt. Es zeichnet sich vielmehr auch schon ein östliches Ende des mittleren Schwellenzuges ab. *Schon im Algonkium ist folglich mit einer ersten Anlage der zentralalpinen Schwelle und ihres östlichen Endes zu rechnen.*

Die Uranlage der nord- und südalpinen Geosynklinale
Jungalgonkischer Alpenabbau

Am Schluß des II. Aktes im Hinabbau der Alpen erfuhren wir von mächtigen Graniteinschüben und von einer allgemeinen Hebung des eingeengten und umgewandelten Gesteinskörpers I und II. Mit den darauf gebildeten Sedimenten III beginnt der III. Bewegungsakt. Aus ihrer Verbreitung und Beschaffenheit ließ sich in der Tat eine allgemeine Heraushebung des bisher gebildeten Erdrindenstückes aus der 2. (mittleren) Tiefenstufe empor an die Wasser- und Lufthülle entnehmen. Der algomanische Baukörper wurde abgetragen. Mit einem Sprung in der Gesteinsumwandlung folgt darüber eine neue Gesteinsreihe. Auf einer Schrägfläche schritt das Gestein aus Abtragstoffen über den Untergrund. Sehr allgemein sind es gröbere Grundsedimente, welche den Anfang machen. Durch den, soweit überhaupt entwickelt, recht gleichartigen Restschotter, der sie aufbaut, erscheinen sie als Gebilde von langsam umlagernder Verwitterung in chemisch kräftig wirksamem Klima. Doch fehlen neben diesen Restschottern nicht örtliche Gerölle.

Eine Beobachtung fällt sehr auf: Die vorangegangene Gebirgsbildung war recht bedeutend. Die kristalline Umprägung in der mittleren Tiefenstufe läßt an durchgreifender Wirkung nichts zu wünschen übrig. *Aber die Folgen in Gestalt eines, diesen Leistungen auch nur einigermaßen entsprechenden Reliefs sind recht kümmerlich;* geringfügig wenigstens gemessen an Grobheit und Mächtigkeit des Abtragschuttes. Denn selten gehen diese Gerölle über Faustgröße hinaus. Selten sind sie zu richtigen, eng gepackten Flußschotterlagern vereinigt; gering ist ihre Mächtigkeit und oft setzen sie aus. Auch spricht das Immerwiedererscheinen dünner Schottereinstreuungen im Bereich des zentralalpinen Schwellengürtels keineswegs für eine rasch verlaufende Abtragung, sondern für den Fortbestand eines Reliefs während der ganzen Bildungszeit der Gruppe III.

Dieses Relief war wenig scharf und blieb so. Doch werden wir die Gesteinsmächtigkeit, welche durch Abtragung entfernt werden mußte, um die mittlere Tiefenstufe, ja vielfach um die Kerne aus Gneis I zu enthüllen, als recht bedeutend veranschlagen müssen. Wo ist denn das ganze oberste Tiefenstockwerk geblieben? Warum finden wir es nicht im Schutt? Warum ist dieser so wenig gleichwertig der vorangegangenen innenbürtigen Umwälzung, Heraushebung und Abtragung?

Es scheint, daß hier die Eigenart des Restschotters eine Antwort ermöglicht. Es dürfte eine sehr kräftige *chemische Verwitterung* die Abbaustoffe bis auf die Quarze zerstört und in gelöstem Zustand oder feinpelitisch abgespült haben. In der Tat: Die feineren Umlagerungsstoffe, die überwiegend feinklastischen Quarzphyllitmassen sind mehrere Kilometer mächtig. Doch muß dieser chemische Abbau auch recht langsam gegangen sein, die zerstörende Verwitterung dauerte *sehr lange Zeit*. Wahrscheinlich übertrifft die vorangegangene Leistung der Kräfte des innenbürtigen Abbaues, rein nach Art des Abbaustoffes und Abtrag des Reliefs beurteilt, die Leistung der außenbürtigen Kräfte. Vielleicht aber veranschlagen wir die Innenwirkungen zu hoch, vielleicht ist die algomanische Falteneinengung mehr flachgründig und nur örtlich stark gewesen?

Hierauf macht uns die allgemeine Lage am Südrand des zentralalpinen Schwellengürtels aufmerksam. Hier vermissen wir weithin entsprechende Grundkonglomerate der Gruppe III und können danach wohl auf eine ursprünglich flachere Abdachung der Schwelle schließen. Außerdem fehlt es hier und auch in den flachen Innensenken der zentralen Höhenzone oft an erkennbarer Ungleichförmigkeit zwischen Gruppe II und III. Nur dort, wo die alten Landschwellen gegen S vorstoßen, wie an der Koralm oder im W des Zillertaler Kerns, finden sich nach R. SCHWINNER auch wieder echte Grundkonglomerate in den übergreifenden Phylliten. Nach allem scheint der II. Akt, welchen wir in der Vorgeschichte der Alpen unterscheiden können, *nicht allzu lebhaft verlaufen zu sein.*

Von überragender Bedeutung aber ist *das alterdkundlich-baugeschichtliche Bild* (Abb. 2), welches sich uns angesichts der Verbreitung der Gesteinsgruppe III geklärt hat. Danach muß in ganz groben Umrissen schon während des jüngeren Algonkiums das Hochgebiet der mittleren und östlichen Zentralalpen an-

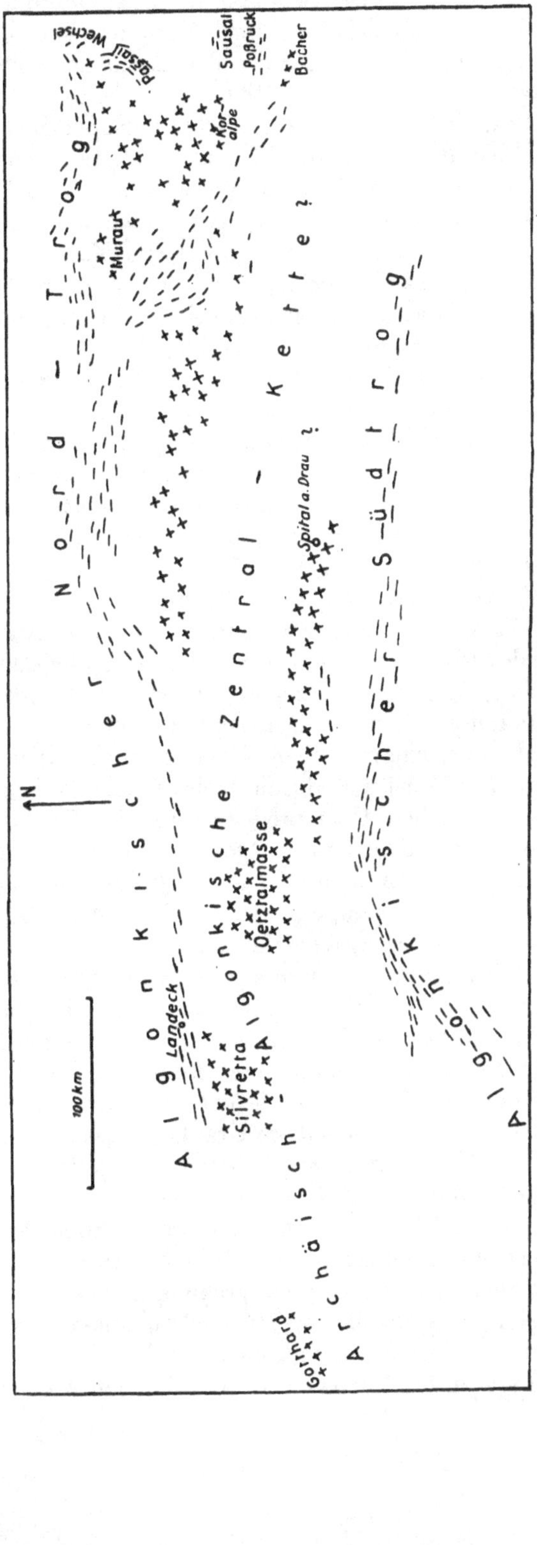

Abb. 2. *Versuch eines Umrisses der ältesten alpinen Zentralschwelle und der algonkischen Haupttroganlagen in den östlichen Alpen.* Dieser variszisch und alpidisch noch stark verlagerten Anlage ist der versuchsweise entzerrte Grundriß von Abb. 6 zugrunde gelegt. Abtragungsgebiete mit Kreuzen, Umlagerungsräume der Quarz- und Phyllitschiefer-Gebiete gestrichelt.

gelegt gewesen sein. Dieses Rückgrat des späteren Gebirges hatte bereits am Abschluß der algomanischen Gebirgsbildung das Bestreben emporzusteigen. Es verlief als „Geantiklinale" über die altkristallinen Gesteinsmassen der tiefsten Umprägungsstufe: Etwa vom Gotthard und von der Silvretta—äußerem Ötztal über die südliche Venediger-Hülle, die Schobergruppe nach Spital a.d. Drau und (?) zur Sau- und Koralpe. Schon damals war eine Ostabdachung vorgezeichnet. Schon damals schlossen sich nach N und S zwei sehr ausgedehnte Meeressenken an, welche zunächst in verhältnismäßig ruhiger Fortentwicklung Schicht um Schicht in sich aufnahmen bis zu mehreren Kilometern Mächtigkeit. Ihr Inhalt wurde auch gleichzeitig von basisch-pazifischen Laven durchzogen, reichlich allerdings nur an wenig Orten. Und erst in späterer Zeit IIIb gab es umfangreichere Lavaergüsse von Quarzkeratophyren (Porphyroide).

Diese Merkmale der nördlichen und südlichen Nachbarschaft der zentralalpinen Urschwelle können wir nur als die Vorbereitungszustände *zweier Geosynklinalen* bezeichnen. Wissen wir doch auch, daß gerade hier die Absenkungen des nord- und des südalpinen Abfuhrstromes tätig waren, welche das nord- und südalpine Orogen schufen. *Die beiden riesigen Phyllitgürtel versanken bereits in algonkischer Zeit;* sie konnten nur so die mächtigen, faziell von unten bis oben so gleichartigen, feinklastischen Sedimentmassen anhäufen.

Die Westfortsetzungen dieser Uranlagen wurden als Casanaschiefer schon erwähnt. Sie verschwinden aber zum großen Teil zwischen Massiven, die sich auf Kosten der Phyllitmulden später einander mehr und mehr genähert haben bzw. den westalpinen Massiv-Ring um ein weites Glanzschieferfeld bilden. Die im O noch breiten Streifen der Quarzphyllite (und Grauwacken) verschwinden heute westwärts an der nordalpinen Narbe immer mehr nach unten (1936, I). Das Zurücktreten im W ist also durch nachträgliche Bewegungen bedingt. In den französisch-italienischen Alpen mögen die riesigen Phyllitmassen des Piemont immerhin neben jüngeren auch noch algonkische Gesteine der Gruppe III bergen. Auf sie schloß H. P. Cornelius 1935, 94, auch für die Casanaschiefer der Err-Julier-Gruppe. Zu ihnen rechnete R. Staub 1948: Malojaserie, Adulagneise, Sesiagneise, Losoneschiefer, Glimmerschiefer der Tambo-Suretta-Decke, Caraleserie des Bernina, Edoloschiefer. Konkordant-epimetamorphe Granite, Porphyre, Diabase, Gabbros und Ultrabasica. — Eine langdauernde Abtragungszeit vor dem Übergreifen dieser Serien über das Algomanische Gebirge hat offenbar im W ausgedehnte Teile von dessen höherer Abteilung der alten Marmore beseitigt.

Sieht man aufs Ganze und scheidet die äußeren, nachträglich hinzugekommenen Teilmassive aus, so stellen diese Uranlagen der beiden alpinen Geosynklinalen mit ihren, den Zentralalpen zugekehrten Ablagerungsgürteln gleichzeitig auch die Innenränder und den *Anfang für die Entwicklung der „Vortiefen"* dar. So wie anfänglich der sich hebende Zwischenstreifen zwischen den beiden im Werden begriffenen Geosynklinalen nach außen seine Abtragungsstoffe ausschickte, die dann neuer Versenkung, Faltung, Umprägung und Gebirgswerdung anheimfielen, ebenso lieferten, wie aus Bd I, 1936 schon andeutungsweise ersichtlich, zunächst Teilschwellen dieser Geosynklinalen, schließlich deren Gesamtschwellenbau ins Vorland und in die Vortiefen den abrollenden Abtragungsschutt.

Auch mit diesen Erfahrungen kehren wir zurück *zu alten Vorstellungen über die gehobenen und alten „Zentralalpen"*, welche im N und S von den jüngeren nördlichen und südlichen Kalkalpen begleitet werden. In neuer, klarer Erkenntnis der Dinge verstehen wir heute besser das, was schon erste Forscher geahnt hatten, und was so schön, aber so vielfach verschleiert, bereits rein äußerlich in der Raumanordnung der Baugürtel, in der Verteilung der Gesteinsumwandlung und im jüngeren Deckfaltenbau angezeigt ist. —

Blicken wir noch auf die jotnischen Gesteine anderwärts in Laurasien, so finden wir da überraschenderweise ganz ähnliche Sedimente und Absatzumstände wie in den Uranlagen unserer alpinen Geosynklinalen. Lassen doch die oft rötlichen und weißen, gleichfalls weit überwiegend klastischen Restsande und Restschotter von ähnlich großer Mächtigkeit im Jotnium Finnlands (Jotnischer Sandstein und Quarzit), Schwedens (Dala-Sandstein), Schottlands (Torridonsandstein), im östlichen Nordamerika (Potsdam-Sandstein, Sparagmit) und in Indien (Vindhyan-System) ganz ähnliche außenbürtige Abtragungsumstände erwarten. Ja sogar hinsichtlich der Äußerungen innenbürtiger Kräfte scheinen Beziehungen zu bestehen: Denn alle diese gewaltigen Quarzsandlager beschließen ebenso wie unsere Gesteinsgruppe III Zeiten großer Unruhe. Sie leiten Ruhezeiten ein, deren weithin einebnende Wirkungen ja auch an dem weiten Übergreifen der kambrischen Flachmeere ersehen werden können.

So fällt denn auch in den Alpen auf, daß während des späteren Algonkiums zwar die Anlage gewaltiger Umwälzungen geschaffen wurde, daß aber zunächst — nach der Gleichartigkeit der Sedimente und dem verhältnismäßigen Zurücktreten der Massengesteine zu urteilen — recht ruhige Zeiten folgten. Die allgemeine geosynklinale Senkung bestand auch; aber sie scheint nicht von starken Durchbewegungen begleitet gewesen zu sein. Stärkere Einengung, kristalline Umwandlung und Einschub großer Schmelzkörper schloß sich offenbar nicht unmittelbar an. Erst gingen die Kräfte zur Ruhe, kaum daß die nach dem Stil des I. und II. Bewegungsaktes auch hier eingeleiteten Ereignisse notdürftig fortgeführt wurden. Dieser III. Akt des großen Dramas verlief im Sand!

IV. AKT DES ABBAUES DER ALPEN

Das Altpaläozoikum
(Untersilur — Unterkarbon; Grauwackengebirge) IV

Mit der Anlage der weiten, einst stark über das heutige Gebirgsmaß hinausragenden Ablagerungsräume für die quarzsandig-tonigen Sedimente der jotnischen Formation, welche das algomanische Flachgebirge lieferte, war eine langdauernde, ruhige Entwicklung der außenbürtigen Ereignisse begonnen. Entsprechend gering war, wie wir hörten, die innenbürtige Leistung im Jotnium und wohl noch im Kambrium.

Sehen wir von dem zentralalpinen, schon damals etwa O-W streichenden Schwellenrücken ab, so dürfte sich der alpine Erdrindenteil noch nicht von der weiteren Umgebung alterdkundlich unterschieden haben. Denn äußerlich kam ja kaum zum Ausdruck, daß der Boden der nord- und südalpinen Sonder-Geosynklinale — beurteilt nach der Schichtmächtigkeit — verhältnismäßig rascher niedersank. Vielleicht war die vulkanische Tätigkeit stärker; aber auch z. B. im Nordtiroler Quarzphyllitbereich fehlte sie fast ganz.

Fauna und Schichtausbildung des alpinen Gotlandiums ähneln so sehr jenen von Innerböhmen (F. Heritsch 1927, 1943), daß eine ziemlich breite Verbindung des Nordalpen-Geosynklinalmeeres mit dem Meer des böhmischen Beckens angenommen werden muß. Da sich eine verbindende Meeresstraße ostwärts über Mähren erst zur Zeit der weltweiten Mitteldevon-Überflutung auftat, wird diese Verbindung westwärts über das untere Inn- und Naab-Gebiet zu suchen sein, wo A. Wurms (1927, 28) kambrischer Schiefer des Fichtelgebirges die Wildschönauer Entwicklung III b mit Diabas- und Keratophyr-Eruptionen fortsetzt. Auch wiederholt sich im Algonkium der Prager Mulde schon vorher die Eigenart der alpinen III a-Gruppe.

Uns ist dieses Verschwimmen frühgeosynklinaler mit außeralpin-geosynklinalen Eigentümlichkeiten im Bereich der schon weitgehend gefestigten Böhmischen Masse in mehrfacher Hinsicht beachtlich. Die älterpaläozoische Meeresverbindung Alpen—Böhmen hatte innenbürtig keine große Bedeutung, so lange sie auch bestanden haben mag. Nach der algomanischen Faltung versank die nordalpine Vortiefe (Geosynklinale) beharrlich und quer zu jener S-N- oder NW-SO-Richtung, trotzdem sie außenbürtig, alterdkundlich kaum in Erscheinung trat.

Die Grundfläche des Altpaläozoikums IV. Letzter Sprung der Gesteinsumwandlung

Trotzdem kein allzu scharfer Unterschied in den Bildungsumständen zwischen den Gesteinen III und IV besteht, können wir doch im unteren Silur eine Grenze ziehen. Äußerlich ist sie gezogen durch einen meist recht ausgeprägten, wenn auch nicht großen Sprung in der Gesteinsumwandlung: Über den viel gleichmäßiger veränderten, nach der Umwandlung meist noch stärker durchbewegten Quarzphylliten und feinquarzitischen Grauwackenschiefern, Quarziten, Serizitschiefern, den noch wechselnd phyllitischen Wildschönauer Tonschiefern mit nur wenig Quarzlinsen und Quarzgängen, den aus Gabbro, Diabas, Augitporphyrit, Quarzporphyr, Quarzkeratophyr etwas umgewandelten Porphyroidschiefern folgt das Altpaläozoikum mit meist fehlender oder nur durch Druck erzeugter Umwandlung. Das ist die Gesteinsgruppe IV der eigentlichen „*Grauwacken*". Druckumwandlung von Kalkstein zu Bändermarmor, phyllitische Zwischenschaltungen gibt es ja auch in jüngeren Formationen. Dagegen fehlen im hangenden Altpaläozoikum Granite, Pegmatite und Aplite, in der südalpinen Geosynklinale auch basische Magmagesteine fast ganz.

Der allgemein sichtbare Sprung der Gesteinsumwandlung von III zu IV kann offenbar nicht erst nach Auflagerung von IV entstanden sein. Bewegender Druck, Durchdampfung von einem Schmelzfluß her, vielleicht gesteigerte Wärme in oberster Tiefenstufe formten III um. Wärmeumwandlung verlangt Überlagerung durch erhebliche Hangendschichten. Diese müßten etwa im untersten Silur vor Absatz des übergreifenden fossilführenden Caradocs abgetragen worden sein.

Die spätere Gebirgsbildung verwischte wohl einen Hauptteil der hiermit verbundenen Erscheinungen. Immerhin sind die übergreifenden Silurschichten (Ashgill, Caradoc, Tremadoc-Quarzit) meist klastisch. In den Karnischen Alpen besteht das unterste Caradoc aus gröberen Sandsteinen und Konglomeraten. In anderen Fällen vermissen wir solche Grenzbildungen. Es liegen dann oft Tonschiefer oben auf Tonschiefer unten, ein Fall, der wegen weitgehender sedimentärer oder tektonischer Grenzverschmierung meist schwer zu beurteilen ist. Weit- und tiefgreifende Schrägflächen kennt man hier einstweilen unter IV nicht. So muß wohl angenommen werden, daß die Versenkung unseres Erdrindenstückes und die Durchgasung von einem die Quarzgänge ausschickenden Schmelzfluß her, welche III umwandelten, in der Hauptsache schon während Ablagerung der mächtigen Gruppe III geschahen. Auch die Durchbewegung dürfte teilweise schon damals in der Tieflage erfolgt sein. Nach Br. Sander 1921 zeigen die Innsbrucker und Brixener Quarzphyllite eine weitgehend parakristalline Faltung. R. Schwinner 1927 und F. Angel & F. Heritsch versetzen 1931, 523, gleichfalls die Phyllitbildung in vorsilurische Zeit. Damit kommen wir wohl um die Forderung stärkerer, langzeitlicher Abtragungsschrägflächen und Schuttbildungen herum, die im Felde nicht erfüllt ist. Vgl. die wichtigen Ausführungen R. Schwinners 1951.

Auf jeden Fall war auch der Abschluß der Ereignisreihe III sanft. Hebung und Abtragung waren schwach, das Vordringen granitischer Schmelzflüsse in dem unsichtbaren Stockwerk ist nur durch Quarzgänge und eine gewisse Mineralisierung angedeutet, höher nicht mehr (Br. Sander 1921). Immerhin fallen auch diese nunmehr angedeuteten Ereignisse nicht aus dem üblichen Rahmen eines Wechsels von Tief- und Hochbauzeit. —

Da wir hier die letzte der Tiefenstufenprägungen besprechen, mag die nicht ganz müßige Frage am Platz sein, *warum die ältesten, aus tiefstem Untergrund emporragenden Gebirgsteile im allgemeinen am stärksten umgewandelt, zugleich in größter Tiefe geprägt sind?* Denn dies rührt ja nicht von einer einheitlichen, gleichzeitigen Entstehung der Tiefenstufentrachten aller Stockwerke in später Zeit her. Wir hörten, daß die durchgreifenden Schrägflächen, die zwischengeschalteten Hochbauzeiten, die Sprünge der Tiefenumwandlung, der Durchbewegung, der Graniteinschübe mit ihren Wirkungen eindeutig hiergegen sprechen.

Im Endergebnis dieses ganzen Treibens *wird die Erdrinde verdickt.* Darin liegt wohl der Hauptgrund jenes Wandels der Umprägung (Tiefenmetamorphose) von der tiefsten bis zur obersten Tiefenstufe: In den ältesten Zeiten war die Erdrinde noch dünn und mußte den absenkenden Strömungen der Tiefe noch viel weitgehender abwärts folgen und unter großer Belastung und Wärme in der Granitbadtiefe vergneist werden. Darum konnte sie auch noch leichter, beim Nachlassen jenes Tiefenzuges, die ganze Entfernung bis zur Erdoberfläche durchmessen, wobei eine noch dünne Kruste auch nahe unter der Erdoberfläche ein Verfließen des aufsteigenden Wulstes, also eine geringere Hochreliefbildung gestattete. Damit wird vielleicht das Zurücktreten von gröberem Abtragungsschutt in ältesten Sedimenten verständlich.

Schwerer und schwerer wurden Absenkung und Aufsteigen bei wachsender Erdrindendicke. Ebenso dürften gleichzeitig die reliefmäßigen Folgen bedeutender, damit die außenbürtigen Kräfte lebhafter, der Schutt gröber geworden sein. So dürfte die heute sprungartig verminderte Tiefenumwandlung vom Gneis über Glimmerschiefer zu Phyllit und zum unveränderten fossilführenden Stockwerk mit anderen Erscheinungen zusammen das Abbild der im Lauf der Gebirgsbildung zunehmenden Erdrindendicke, *und zwar der während der einzelnen Versenkungsakte jeweils gewonnenen Dickenzuwachses sein.*

Die Ausmaße von Senkung und Hebung *unter* der Erdoberfläche werden immer geringer wegen der Erdrindenverdickung, welche mit jedem Akt des Gebirgsabbaues wächst. Die reliefmäßigen Senkungs- und Hebungsbeträge *an der* Erdoberfläche aber werden aus gleichem Grund größer. Auf Verringerung der Ausmaße von Auf und Ab wirkt auch das Tauchgleichgewicht hin: die isostatische Fähigkeit, hochschwimmend zu bleiben, verstärkt sich mit Verdickung der spezifisch leichteren Erdkruste. Immer erfolgreicher, und zwar gleichfalls sprungartig zunehmend, widersteht sie dem orogenen Zug nach der Tiefe.

Verteilung und Eigenart des Altpaläozoikums IV

Die jungalgonkisch angelegten Geosynklinalen der Nord- und der Südalpen entwickelten sich während des Altpaläozoikums langsam weiter.

In der nordalpinen Geosynklinale breiteten sich die Sedimente des „*nordalpinen Grauwackengürtels*“ aus, die am Semmering im O und gegen den Südrand des

Rätikons im W mit kleinen Fetzen, in ausgedehnten Vorkommen aber noch am Liesing- und Paltental liegen, im Bereich von Eisenerz, im Pinzgau und in den Kitzbühler Bergen (Abb. 3).

Auch für die südalpine Geosynklinale sehen wir den Schwerpunkt der heutigen Verbreitung mehr im Osten: in den Karawanken und besonders in den Karnischen Alpen. Das ausgedehnte Muralpengebiet war bereits von den Gesteinen (Phyllite) der Gruppe III, wenn auch oft nicht tiefgründig überschritten worden, abgelagert

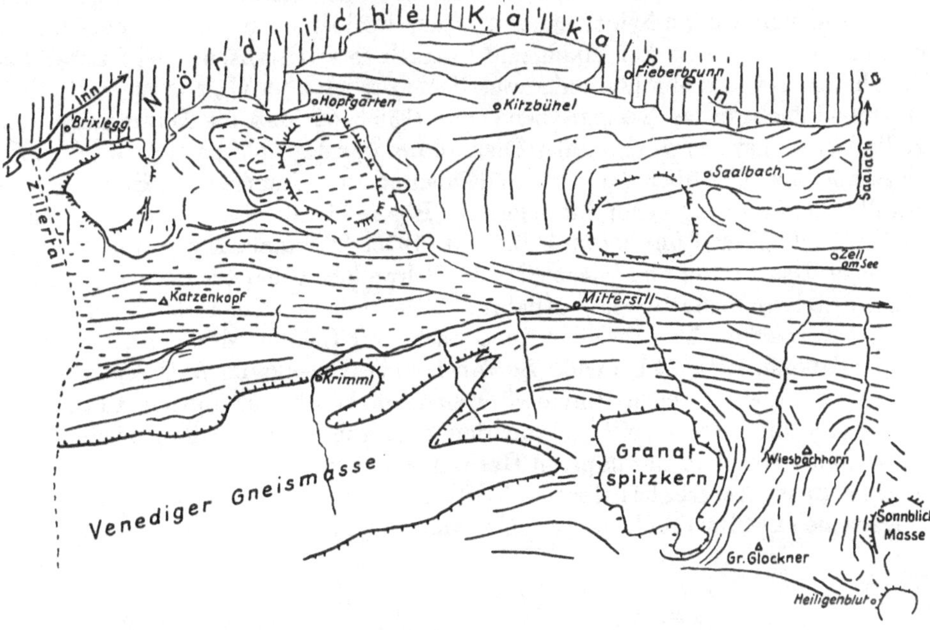

Abb. 3. *Hauptstreichen des Kitzbüheler Grauwackengürtels und der Tauernschieferhülle* (dünne Linien), Quarzphyllit (gestrichelt). Zackenlinien umrahmen Gebiete ruhiger Lagerung bzw. Gneismassive.

in weiten, flachen Schüsseln am Ostende der zentralalpinen Schwelle auf einem nach der algomanischen Faltung nur noch wenig regsamen Erdrindenstück. Unter ähnlichen Umständen breitete sich nun das Altpaläozoikum aus. Es sind heute die Murauer Kalke, Bänderkalke (wohl Devon), mehr oder weniger phyllitische Schiefer des Murauer Beckens, sowie mächtiger, weil schon am Ostende des auslaufenden Schwellenbereichs eingesenkt, das Grazer Paläozoikum.

Im Einklang mit zahlreichen Ansichten zähle ich auch einen großen Teil der

Schieferhülle der Tauern

zu unserer Gruppe IV. Was hierfür spricht, hat F. Heritsch 1919, 155f., bezüglich der Versteinerungsführung zusammengefaßt. Als mitentscheidend hat daneben die Gesteinsausbildung zu gelten, die Lage und das ununterbrochene Hereinreichen der Kitzbühler Grauwackengesteine von N her (H. P. Cornelius 1934).

Je weiter gegen W, desto lückenhafter, dünner sind im Bereich der zentralalpinen Schwelle die von den Nachbargeosynklinalen auf sie jeweils abgeschobenen (eigentlich durch die Schwelle unterschobenen) und erhaltenen Sedimentdecken. Dies trifft wenigstens allgemein zu für den Übergang der mächtigen Quarzit-Phyllit-Reihen im O nach den weniger dicken im Murauer Becken. Dies wiederholt sich vom mächtigen Grazer Paläozoikum an westwärts. Tiefgreifende Abtragung der Hüllen im zentralalpinen Schwellenbereich bis auf den Zentralgneis läßt es von vornherein naheliegend erscheinen, daß in diesem bevorzugten Hebungsbereich nur noch Teile von III über dem lückenhaften II der unteren Hülle liegen. Nur noch Reste von Quarzphyllit, Quarzit, Quarzitschiefer hat man in der oberen Schieferhülle, z. B. zwischen Mauls und Luttach ostwärts anschwellend unter den Kalkphylliten. Quarzphyllite fehlen westlicher örtlich über II ganz, so im Schneebergzug-Vintschgau. L Koelbl bemerkte 1935, 152, daß die Hauptmasse der „Kalkphyllite usw. in horizontaler Diskordanz (stratigraphisch, tektonisch oder beides zusammen)" über die übrigen Einheiten der Unterlage, z. B. auch Altkristallin im S ausgesprochen hinweggreift. Ebenso ist der Bau der oberen Schieferhülle nach H. P. Cornelius & E. Clar 1935, 26, unabhängig von dem der Unterlage. Das stimmt also wieder mit der Schwelleneigenart der Zentralalpen.

Eine durchgreifende Bewegungsbahn zwischen oberer Schieferhülle und nördlichem Grauwackengürtel besteht im O nach den Geländebefunden namentlich von L. Koelbl 1935, 151, nicht. So sagen auch Cornelius & Clar 1935, 10, daß die „dunklen (Fuscher) Phyllite", welche die Hauptmasse des Nordrahmens der Glocknerhüllgesteine bilden, von den paläozoischen Schiefern nördlich der Salzach, also von dem nordalpinen Grauwackengürtel, nicht abgetrennt werden können und wohl ebenfalls paläozoisch (silurisch) sind. Südlich der Salzach nehmen die Gesteine nur allmählich stärkere Umwandlung an, das ist alles.

Das Silur,

die erste versteinerungsführende Formation der Alpen, beginnt mit etwas höheren Stufen des Untersilurs überwiegend klastisch, doch liegen dazwischen auch schon Kalkbänke. Mächtige Diabastuffe, Quarzporphyre, Porphyroide werden von H. Schmidt teils dem jüngeren, teils dem älteren Untersilur zugeteilt. Graptolithen- und Kieselschiefergesteine dürften für das Obersilur trotz kaum 100 m Schichtmächtigkeit doch wiederholt eine bedeutende Meerestiefe anzeigen. Küstenanzeichen sind nicht bekannt, auch nicht gegen die Hohen Tauern, in denen die örtlich in Knollenkalke übergehenden Kalkphyllite fortgehen dürften. Die ganz entsprechenden Schiefergesteine des Kitzbühler Grauwackengürtels sprechen auch für ein ziemlich vollständiges Verschwinden der zentralalpinen Schwelle in dem vorgreifenden Obersilurmeer.

Doch neben allgemeiner, tiefer Senkung brachte das Silur für das Karnische Gebiet zum wenigsten in streichenden Hebungszonen und vorübergehend auch Aufwölbungen. Nach v. Gaertner 1927 liegt über Caradoc ein obersilurisches Grundkonglomerat, gibt es Lücken zwischen Unter- und Obersilur, dem, ebenso wie in Böhmen, die drei untersten Graptolithenstufen fehlen. Man denkt an eine

„takonische" Heraushebung. Ob dies schon gleichbedeutend war mit dem Ausklang einer Bewegungsphase (F. Heritsch 1927, H. Schmidt), kann wohl erst gesagt werden, wenn wirklich eine entsprechende alte Faltung erwiesen ist. Denn orogene Phasen bedeuten für den Geologen nicht wie für den Geographen Reliefhebungen, sondern zunächst einmal Gefügeprägungen.

Immerhin ist es beim Vergleich mit den deutschen Mittelgebirgen, in denen immer mehr eine kaledonische Bewegung erschlossen wird, auffallend, *daß kräftige kaledonische Bewegungen in den Alpen zu fehlen scheinen.* Freilich sprechen auch andere Begleiterscheinungen nicht für solche. Haben wir doch im Silur nur wenig mächtige Sedimente und treten schärfere Fazieswechsel zurück. Zwar fehlen Diabastuffe nicht, aber es gibt auch Quarzporphyre, die für eine Tiefbauzeit nicht gerade bezeichnend sind. Das Obersilur hat nicht grundsätzlich neue Fazies, weitreichende Geröll- und Sandlager fehlen. Dazu spricht die ruhige Karbonatentwicklung des Devons nicht für die mit dem Abschluß erheblicher Gebirgsbildung gewöhnlich verbundene Reliefbewegung oder gar Abtragung.

Doch lassen die im Silur der Nördlichen und Südlichen Grauwackenzone weitverbreiteten pelagischen Graptolithen- und Radiolarienschiefer des tieferen Meeres auf erhebliche und weitausgedehnte Senkungen in diesen beiden Geosynklinalen schließen; auf ruhigere Schelfzustände die weniger verbreiteten Gotlandkalke. Die endemischen Absenkungen, welche wir immer mehr als Begleiterscheinungen tieforogener Verlagerungen erkennen werden, wurden auch von anderer Seite schon als synorogene Äußerungen der *schwachen* kaledonischen Gebirgsbildung angesehen (R. Schwinner 1951, 170). *Die Krustenlage gegenüber dem damaligen Meeresspiegel war aber noch zu tief, als daß das sich gleichzeitig bewegende Baurelief exogen-faziell durch klastische Inselschuttmassen zur Abbildung gekommen wäre.*

Das Devon

ist die Bildungszeit der mehrere 100 m mächtigen, oft erzführenden Riffkalke, welche durch ursprüngliche Mächtigkeitsschwankungen, spätere Abtragung und Tektonik oft in Linsen auskeilen. Alle Abteilungen des Devons können in diesem auffallenden Gestein ausgebildet sein, welches den Schöckelkalk im Hochlantsch nördlich Graz oder in den Karawanken, die Wolajer Dolomiten, den Reichenstein bei Eisenerz, das Kitzbühler Horn, die Klammkalke zum Teil mit Korallen in der nördlichen Schieferhülle ausmacht. Wieweit die Tauernschieferhülle devonische Anteile enthält, ist unklar. Außer Riffkalken erscheinen besonders im weniger ausgedehnten Oberdevon-Meer auch dünne Zephalopodenkalke. Eine Küste lag nicht weit nordwärts von den Karnischen Alpen als erneute zentralalpine O-W-Schwelle. Nördlich von ihr ist das Eisenerzer Devon ungleich ähnlicher dem böhmischen als das bei Graz. Gegen O möchte v. Gaertner 1934 die zentralalpine Schwelle, die im Mitteldevon bedeutend eingeengt war, bereits über Murau-Gurk-Lavanttal nach den Karawanken hin begrenzen. Damit würde wieder ungefähr eine Ostgrenze erreicht sein wie zur Zeit der Quarzphyllitgruppe III. Außerdem würde sich dieselbe Meeresverbindung gegen NW nach Böhmen ergeben.

Weitreichende Schrägflächen und größere Schichtlücken sind im alpinen Devon nicht bekannt.

Insgesamt gemahnen die bisher bekanntgewordenen Fazieswechsel als Folgen von Undationen des Untergrundes vielfach schon sehr an die synsedimentären Bewegungen der ostalpinen Triaszeit. Gotlandische Schelfschwellen versanken zu besonders tiefen Mulden, die wir als Abbildungen flacher tektonischer Mulden ansprechen dürfen und deren *reversiblen Charakter* in solcher baugeschichtlicher Frühzeit wir noch näher studieren werden. Sehr ausgedehnt, aber immer seichtmeerisch und langsam sanken die Bereiche, die sich mit den meist mächtigen Karbonatriffplatten bedeckten. Allgemein verstärkten sich diese Absenkungen im Oberdevon so, daß die sedimentäre Zufüllung nun nicht mehr Schritt halten konnte. Jetzt nahmen die pelagischen Cephalopodenkalke überhand.

Aber es ist schon hier sehr beachtlich, daß in gleicher Zeit doch auch schon erste Landschwellen wie in der Nachbarschaft von Graz emportauchten, wo außerdem im Unter- und Mitteldevon sich Diabase und Tuffe einschalteten. Die Trofajach-Sigmoide wirkte wieder als faziestrennende Schwelle. Eine Mittelschwelle hob sich zwischen kleineren, stärker versinkenden Teiltrögen ähnlich anderen Rippenaufragungen aus Teilstreifen des algonkischen Unterbaues.

Wir sehen hier zum erstenmal ein Beispiel dafür, daß sich mit einer regional beherrschenden, *gesteigerten Senkung eine verschärfte Heraushebung schmaler Teilrippen des Reliefs in Gestalt von Untiefen- und Inselgirlanden verbindet.* Wir haben keinen Anlaß, diese wachsende Reliefbewegung anders zu deuten als oberflächlich zur Abbildung gelangende, überaus langsam-synsedimentär fortschreitende *Strukturbildung orogener Art im tieferen Untergrund.* Sie ist in diesem embryonal anmutenden Frühstadium vielfach noch reversibel. Da sie aber für die Geosynklinalen als den Mutterstätten der großen Einengungsgebirge während deren bekanntlich weit überwiegender Senkungszeit charakteristisch ist und sich in vorbildlich konsequenter Weise, wie wir sehen werden, immer weiter bis zur alpinotypen Struktur-Überanstrengung weiterbildet, *so können wir diese undativen Vorgänge genetisch nicht abtrennen von den orogenen Fortsetzungen.*

Das Unterkarbon

Viel von den bisher für Silur gehaltenen Schiefern hat sich als überschobener Unterkarbon (Kulm-)Schiefer erwiesen. In den Karnischen Alpen, wo die Hochwipfelschichten hierhergehören, haben wir Visé, vielleicht noch tiefstes Namur. VON GAERTNER möchte sogar die Hauptmasse des ostalpinen Paläozoikums zum Kulm stellen und stützt sich dabei auf HABERFELLNERS Ergebnis von Eisenerz 1933 und auf die weite Verbreitung der kulmischen Lydite in oberkarbonischen Konglomeraten, die weithin übergreifen. Wer die mächtigen und gleichfalls so oft versteinerungsarmen Kulmschiefer und Grauwacken des variszischen Gebirges kennt, wird dies für recht naheliegend halten. Kulmschiefer mit Sandsteinbänken, Lyditbrekzien treten auch im Grazer Bergland hervor, geringer umgewandelt als das diabasführende Silur.

Wie bereits angedeutet, sind wir nicht der Meinung, daß erst mit dem Unterkarbon die (bretonische) Orogenese begann. Vermehrte Antiklinalschwellen wurden unterkarbonisch als Inselzüge vom Clymenienkalk bis hinab auf Gotlandium (W. Graz, am Hochlantsch und in den Karnischen Alpen) abgetragen und infolge anschließend erneuter Senkung mit unterkarbonischem Sediment wieder eingedeckt. Die Reliefbewegungen verschärften sich noch mehr nach Amplitude, Böschungswinkel und Beschleunigung, auch nach dem Tempo ihres Hebungs- und Senkungswechsels.

Aber es kann nicht behauptet werden, diese belebten Reliefformen seien etwa das *genaue Abbild* der gleichzeitig in der Tiefe wachsenden Baustruktur. Vergleiche mit Lage und Schärfe der gelegentlich ihrer Köpfung durch supramarine Diskordanzflächen sichtbar gewordenen und somit vor ihrer Emporhebung in der Tiefe bereits entstandenen Struktur beweisen vielmehr, daß es sich hier doch nur um recht verschwommene Abbildung der nach abwärts an Schärfe zunehmenden Struktur in der faziell notierten Reliefformung handeln kann. *Nur allgemein* berichten uns die Sedimente von dem orogenen Fortschreiten in der Tiefe. Nur allgemein nach der zunehmenden Einspülung aus immer zahlreicher werdenden Inselschwellen können wir darauf schließen, daß mit dem wachsenden Gebirgsstau allmählich immer zahlreichere und breitere Inselgirlanden über das Archipelmeer aufragend ihren Randschutt in das flacher werdende Geosynklinalmeer abgaben. Wenn dabei die Grauwacken- oder Kulmsandsteine nach oben oft mächtig anschwellen, so ist damit das gleichzeitig mit den aufsteigenden Antiklinalen fortschreitende und noch immer vorherrschende Absinken der Muldentröge mit ihrer Kulmflysch-Fazies wohl aufgezeigt.

Mit dem Unterkarbon *stehen wir schon mitten in der Tiefbauzeit der starken variszischen Gebirgsbildung*, welche aus dem grundlegenden Wechsel der Fazies gegen das Oberkarbon und aus jener durchgreifenden Schrägfläche entnommen werden muß, mit der das Oberkarbon über die verschiedensten Falten und Decken der altpaläozoischen Gesteinsgruppe IV ganz ungleichförmig hinwegschneidet. Ruhigeren Silurablagerungen entsprach eine höchstens unerhebliche Gebirgsbewegung. Zu dem über 1000 m mächtigen Kulm dagegen gehört die scharfe variszische Bewegung. Wir erkennen wieder einmal die Beziehung des aus den Sedimentmächtigkeiten im allgemeinen erschließbaren Ausmaßes der Reliefsenkung zu dem Ausmaß der jeweiligen Gebirgsbildung.

Die allgemeinen Grundsätze, nach denen sich dieses orogene Werden immer wieder zu vollziehen scheint, habe ich bereits in früheren Publikationen seit meinen Ausführungen auf dem Internationalen Geologenkongreß in Madrid 1926 mehrfach vertreten. Die nachfolgenden Beispiele aus den Alpen, sowie in meiner „Vergleichenden Baugeschichte der Gebirge", die gleichzeitig erscheint, konnten diese Gedanken immer mehr festigen und den Besonderheiten im Erbgang der verschiedenen Gebirgsteile und Gebirge anpassen.

Die variszische Gebirgsbildung und das Oberkarbon

In einem von einer großartigen Gebirgsbewegung stark, oft grundlegend umgeprägten Gebirgskörper, in dem noch ein ältester Bauplan steckt, ist ein Verständnis erst nach langwieriger Kartenaufnahme denkbar. Solche Einzelarbeit liegt heute noch an zu wenig Orten vor, um die grundlegenden Erfahrungen mit dem Hammer zu einem verläßlichen Bauplan zusammenfügen zu können. Immerhin kann eine erste Zusammenschau baugeschichtlicher Art auf Grund der bestbekannten Einzelgebiete für das variszische Alpengebirge versucht werden.

In den Karnischen Alpen

verdanken wir nach der Zusammenfassung von FR. FRECH und den Forschungen der Grazer Geologen eine neue Einzeluntersuchung H. R. VON GAERTNER 1930, und bei Zusammenfassung FR. HERITSCH 1943. Hier erlaubt ein gut erkennbares und gestuftes Oberkarbon-Perm schärfere Gliederung (FR. HERITSCH 1933, 162f.). Eine mächtige, wohl mittelkarbonische Schrägfläche liegt zwischen Oberdevon bzw. Unterkarbon und Oberkarbon. Sie erscheint nach von GAERTNER am Wolajer See freilich geringer. Das Oberkarbon ist auch hier, wie sonst in den Zentralalpen, eine ausgeprägte Geröllschicht, und zwar wieder ein echter Restschotter, der sich zwischen pflanzenführendem Sandstein und Tonschiefer durch Quarz- und Lyditgerölle und wenige örtlich wechselnde Gerölle paläozoischer Gesteine auszeichnet. Die unterkarbonischen Hochwipfelschichten wurden noch in den variszischen Deckenbau mit einbezogen, während die Naßfeldschichten schon über ihn weggreifen. Nach H. SCHMIDT ist mitunter auch eine erste Gebirgsbewegung zwischen Oberdevon und Unterkarbon erkennbar.

Das Gesteins-Stockwerk V über der variszisch gebauten Gesteinsgruppe IV hat nach F. HERITSCH 1933 und seinen Mitarbeitern die auf der nebenseitigen Tabelle ersichtliche Gliederung.

Gegen oben wird das zunächst überwiegend aus verwittertem, umgelagertem Gebirgsschutt bestehende Festlands-Oberkarbon rasch marin. Immer wieder stießen grobe Konglomerate und Pflanzen-Sandsteine, immer wieder echte Meeresbildungen vor — ähnlich den Gosauschichten der Oberkreide! Fusulinenkalk baute dann ziemlich weit gegen W zu die unterpermischen Trogkofelschichten auf, die teilweise faziell in Sandsteine übergehen (MUTSCHLECHNER). Weithin wurden sie über den Meeresspiegel gehoben, so daß entstandene Inseln abgetragen wurden, umgelagert in die mit Schrägfläche auflagernde Tarviser oder Uggowitzer Brekzie. Möglich, daß hieraus eine wohl mittelrotliegende Gebirgsbewegung ableitbar ist. Der Grödner Sandstein würde, wie auch v. GAERTNER 1934, 243, annimmt, in den Karnischen Alpen nur dem höheren Rotliegenden entsprechen.

Der im wesentlichen mittelkarbonische Bau der Karnischen Alpen erschöpft sich nicht in Falten und Schuppen, die teils gegen S, überwiegend aber gegen N gerichtet sind. Im Mittelteil der Karnischen Kette erkannte v. GAERTNER auch Deckenbau. Die Falten wurden von N unterschoben, die Decken von NNO her, wo der Deckenstirnstau liegt.

Die Devonentwicklung verliert von oben nach unten in den drei Decken, also ursprünglich von S (Riffkalkfazies) nach N (Zephalopodenkalk) an Mächtigkeit (1000 auf 50 m). Es bestand somit im S langsam fortschreitende Senkung, gegen N

TRIAS
Bellerophonkalk-Stufe (Kasanstufe) mit asiatischer Tethys-Fauna
Grödner Sandstein, Schiefer. „Verrucano“ mit Rotliegendflora Rote Schiefer, Eruptiva: Spilit, Diabasporphyrit Tarviser (Uggowitzer) Brekzie
Lücke, schwache Gebirgsbildung
Trogkofelkalk, meist Korallenfazies, oft abgetragen. Artinsk-Stufe. Unten Quarz- und Lydit-Gerölle
Rattendorfer oberer Schwagerinenkalk 60—70 m Massenkalk Grenzlandbänke, Sandstein, Schiefer, Kalk 70—80 m Schiefer, Sandstein, unterer Schwagerinenkalk Konglomerat 175 m
obere kalkarme Konglomerate, Sandstein 110 m. Flora dazwischen oft marin obere kalkreiche Kalke, Schiefer, Sandstein, dünnes Konglomerat, 93 m Fussulin. Flora mittlere kalkarme meist Sandstein, dünnes Konglomerat, viel Schiefer 170 m untere kalkreiche Kalke mit Schieferlagen, Sandstein, wenig Konglomerat untere, 316 m. Viel Brachiop-, Korallenkalk, Pflanzen untere kalkarme Schiefer, Sandstein, etwas Lydit- und Quarzkonglomerat Kalk 175 m. Brachiop. Fusulinen. Pflanzen. Anthrazit
Transgression fortschreitend übergreifend. Beginnt im Oberteil der Mjatschkowo-Stufe (Gastrioceras-Stufe)

eine etwas tiefere Meeresrinne, noch weiter im N nach Geröllfunden (F. Heritsch 1930) Annäherung an eine Festlandsschwelle aus Altkristallin und Granodiorit. *Diese hat sich also im Mittelkarbon südwärts unter den in Falten-, dann in Deckenbau übergehenden altpaläozoischen Erdrindenteil hineingeschoben*, wobei die Deckenstirn gestaut und scharf gefaltet wurde. Jenseits dieser südlich-zentralalpinen Schwelle dürfte ein neues Teilbecken die altpaläozoischen Gesteine IV der Schieferhülle aufgenommen und zusammengefaltet haben.

Im Endergebnis müssen die variszischen Karnischen Alpen späterhin im Reliefbild eine kräftige Gebirgsaufragung gewesen sein, die von den Karawanken nach W schmäler werdend bis über Innichen hinaus ging. Dafür spricht neben den ausgedehnten mächtigen und nach Dicke stark schwankenden Geröll- und Sandschüttungen die abweichende Fazies des Mesozoikums im N und S. Dafür spricht zweitens die weitgehende Berücksichtigung, welche spätere Baupläne dieser festen Rippe widmeten.

Darin liegt schon beim ersten der zu betrachtenden Teilstücke des variszischen Alpengebirges ein wichtiger Unterschied gegenüber allen uns aus der algonkischen Bewegungszeit bekannten Begleiterscheinungen: Für letztere ist der Schutt ungleich feinkörniger, gleichmäßiger ausgebreitet, dünner (Rannach-Konglomerat und Quarzit). Restschotter ist es in beiden Fällen. Der algomanische Schwellenrücken war flacher, langsamer abgetragen, einheitlicher. Der ungleich schärferen, durch mächtigere und faziell buntere Profile im Meer angezeigten, innenbürtig beding en Unruhe der variszischen Tiefbauzeit folgte ein rascherer und höherer Reliefaufstieg, eine mächtigere und buntere Schuttverteilung, eine längere, trotz der Abtragung wohl durch weiteres Aufsteigen gesicherte Reliefhochlage, damit eine erheblichere Widerstandsfähigkeit gegenüber späteren tektonischen Angriffen. *Schärfere Bewegungsakte scheinen damit gehärtetere Erbanlagen, wirksam noch in spätere Zeiten hinaus, sicherzustellen.*

Es wurde aber auch zur variszischen Bewegungszeit *noch kein endgültiger Anschluß an die allgemeine zentralalpine Kernschwelle* erzielt. Denn es konnte sich ja dazwischen noch der Sedimenttrog und der Faltenstrang des Drauzuges tief und mit lebhafter Bewegung einsenken.

Noch bis über das Gailtal nach N verfolgen wir die karbonischen Schuttausstrahlungen. Bei Nötsch ist marines Karbon, vermutlich oberes Unterkarbon in Kulmfazies bekannt, das mit bedeutender Schrägfläche ungleichförmig über die Falten des vorsilurischen Quarzphyllits wegschneidet und nach einer unterkarbonischen Faltung die Heraushebung anzeigt. Es folgt pflanzenführendes Oberkarbon. Unter- und Oberkarbon sind steil aufgerichtet und erneut durch eine Schrägfläche abgeschnitten, mit der ein ziemlich ruhig gelagerter Grödner Sandstein übergreift. Eine spätoberkarbonische oder vielleicht mittelrotliegende Heraushebung nach weiterer Faltung erschloß hieraus F. Heritsch 1927.

Blicken wir von den Karnischen Alpen ostwärts, so sehen wir den schmalen Bau der *Karawanken* die Grundzüge variszischer Entstehung fortsetzen. Ausgedehnte oberkarbonisch-permische Abtragstoffe gehen weiter und die gleichen Karbonzüge verlieren sich ostwärts weit h naus im ungarischen Hügelland; sie bauen südwärts auch die breite Abzweigungsregion des Dinarischen Gebirges um Bischoflack-Laibach und im Waatscher Hügelgebiet auf. Weit verbreitet sind die klastisch gefüllten Oberkarbonmolasse-Mulden.

Die Muralpen

Nördlich der variszischen Karawanken folgt als ihre Vortiefe der Nordteil der südalpinen Geosynklinale als Fortsetzung des Drauzuges und dann erst das ältere Hebungsgebiet der Muralpen, welches in seinen flacheren Innenbecken, ähnlich den vermutlich tiefer gewesenen Teilbecken der tieferen Tauern-Schieferhülle, nicht nur altpaläozoische Ablagerungen aufgenommen, sondern diese variszisch auch stark eingeengt, gefaltet und verschoben hat. Auch hier fehlt somit noch die endgültige Verbindung der südgeosynklinalen variszischen Karawanken nach N mit der zentralalpinen Schwellenregion.

Als variszisch bewegte altpaläozoische Überlagerung der Muralpen betrachten wir, abgesehen von kleineren Restvorkommen einer einst wohl sehr zusammenhängenden altpaläozoischen Hülle bei Villach, am Wörther See und von Hüttenberg (Haberfellner 1933) auch Ergebnisse variszischer Bewegung im Bereich der Stangalpe, von Paal-Murau-Neumarkt und im NO das altpaläozoische Bergland nördlich Graz.

Stangalpe-Turrach. Innerkärnten. In den westlichen Gurktaler Alpen lagert über dem Altkristallin mit ausgedehnter Schrägfläche dunkelbrauner, eisenerzführender

Kalk und Dolomit (wohl Devon), Bänderkalk und Kalkphyllit, Phyllit, Grünschiefer, ungleichförmig bedeckt von etwa vermutlich permischem Quarzit und Quarzitschiefer („Verrucano" HOLDHAUS 1932), offenbar triadischem, weißem Dolomit. Die variszische Bewegung schuf hier NW-SO- bis vielleicht O-W-streichende, vielfach gegen N-S abschwenkende Falten und Schuppen des wenig umgewandelten Altpaläozoikums. Unter Zwischenschaltung von zentralalpiner Trias ist darüber von O das wenig berührte, mächtige Festlands-Oberkarbon der Stangalpe geschoben, wieder ein Rest der großen nach- bzw. spätvariszischen Schuttausstrahlungen. Ihre Gerölle von Quarz, Lydit, Phyllit sind teilweise unbekannter Herkunft. Normalerweise wird auch hier das — demnach variszisch gefaltete — Altpaläozoikum durch kaum gefaltetes Oberkarbon (Oberwestfal bis Unterstephan) ungleichförmig überlagert. Es gab somit auch da *eine mittelkarbonische Hauptbewegung mit sehr ausgesprochenem*, vielleicht auch später noch gestörtem *Hauptstreichen*.

Paal-Murau-Neumarkt. Gegen NO, nicht weit vom Stangalpengebiet entfernt, ist nicht Trias, sondern das der phyllitisch-diaphtoritischen Frauenalpreihe ungleichförmig aufruhende Oberkarbon im Paalgraben sehr stark aufgerichtet und verfaltet, wahrscheinlich alpidisch, durch variszisch bewegtes Altpaläozoikum von O her überschoben. Dieses festländische Oberkarbon deutet nicht nur die weite Verbreitung des variszischen Schuttes, sondern auch die Vollendung tiefgreifender Durchbewegung und Druckumwandlung variszischen Alters an. Denn es greift dieser Schutt über das scharf gequetschte und verschobene Altpaläozoikum IV über, das z. B. bei Murau aus vermutlich devonischen, dem Schöckelkalk gleichenden Bänderkalken, darüber den phyllitischen Frauenalpgesteinen, darüber dem wahrscheinlich devonischen, fast nicht mehr durchbewegten Grebenze-Kalk bestehen, im O erneut überlagert von Phyllitschiefern. Weithin herrscht N-S-Streichen. Zusammen mit silurischen Kieselschiefern wird das ganze teilweise, wahrscheinlich mit Schubfläche, durch Porphyroide und Grünschiefer überlagert. Im übrigen grenzt eine mehr oder weniger durchgehende Abscherungsfläche diese ganze in Falten und Decken verformte Gesteinsgruppe IV auch vom liegenden Altkristallin ab. Vgl. A. THURNER 1947.

Trotz vielfacher Bemühungen konnte die sehr verwickelte Lage hier noch nicht geklärt werden. Auch über die doch offenbar einst vorhanden gewesenen Fortsetzungen gegen SO und NW (Radstätter Schuppen-Pongau?) ist nichts Näheres bekannt. Jedenfalls beherrscht eine sehr lebhafte, zur Hauptsache variszische Gebirgsbewegung das Ganze. Sie engte überwiegend in diagonalen oder O-W-Richtungen ein, nicht wie später die Alpen mehr in N-S. Auch der tiefere Untergrund dürfte an der variszischen Bewegung sehr lebhaft teilgenommen haben, denn er löste sich weitgehend von dem sich über ihm stauenden und zusammenschiebenden Oberbau ab.

Schwierige Fragen ähnlicher Art waren auch *im Grazer Bergland* zu lösen. Wir verdanken E. CLAR eine jüngste, durchaus einleuchtende Zusammenfassung der Grundzüge des Baues. Danach bildet der mächtige devonische Schöckelkalk, der nordwärts in eine Kalkschieferfazies übergeht (vgl. die Schieferhülle der Hohen Tauern!), teils über dem Altkristallin, teils über der Passail-Semriacher Phyllitmasse eine nach unten völlig abgelöste, liegende Überfaltungsdecke („Schöckeldecke"). Sie ist ausgewalzt, gegen NNW im Verhältnis vorgetrieben, ihr oberster Schenkel rückte als „Rannachdecke“ noch weiter vor. Vom Hochtrötsch bei Graz reicht sie nordwärts bis in die oberste Schuppe des Hochlantsch. *Es ergeben sich Mindestunterschiebungsweiten aus nordwestlicher Richtung von 20 km.* Das Hauptstreichen geht SW-NO, weiter südwärts aber ist es in Sausal bereits umgebogen zu NW-SO. Auch hier liegt am Boden der Gesteinsgruppe IV einschließlich der Passailer Schiefer ein Geflecht von Abscherungsflächen, das aber wahrscheinlich keine sehr weitreichende Schübe vermittelte.

Es ist sehr beachtlich, daß die letzten Jahre nach Schicht- und Faziesvergleich wie nach Bauart und Baugeschichte *eine wachsende Ähnlichkeit zwischen dem Paläozoikum von Graz und jenem der Karnischen Hauptkette aufgedeckt haben.* Da die Zeit der hauptsächlichsten Innenumformung auch jener der waagrechten Außenverschiebung entsprechen dürfte und außer unterkarbonischen Hochwipfelschichten nichts mehr in den Bau einbezogen wurde, so dürfte *auch für das Grazer Bergland die Hauptdeckenverfrachtung in die variszische Zeit fallen.* Weil zwischen Oberkarbon (Stephan) und der ruhig übergreifenden Gosau keine Schichten bekannt sind, läßt sich der schärfere Nachweis nicht führen. Während R. Schwinner 1933 den Hauptakt aber ins Mittelrotliegende, v. Gaertner 1934 eher ins Oberkarbon (zwischen Saarbrücker und Ottweiler Stufe) stellt, spricht sich E. Clar 1935 für *mittelkarbonisches* („sudetisches“) und nicht mehr für altalpidisches Alter aus, obwohl vielleicht altalpidische, jedenfalls jungalpidische Nachbewegungen gleichfalls nicht fehlen. Ältervariszische Vorphasen sind nach E. Clar angedeutet durch das Übergreifen des Karbons von Gratkorn und am Hochlantsch-Nordabfall auf älter aufgerichtete Schiefer.

Es wiederholt sich somit in allen, dem Muralpen-Altkristallin I, II bzw. dem Quarzphyllit III auflagernden Restvorkommen der altpaläozoischen Gruppe IV grundsätzlich der variszische Bau der Karnischen Hauptkette: Heftig ausgewalzte Liegendfalten und Decken werden allgemein aus N, NO, NW oder von anderer, öfter unklarer Richtung her unterschoben. Nach Ausweis der vielfach durch Druckbelastung umgeformten Gesteine muß der Bau unter einer erheblichen Last anderer Gesteine entstanden sein. Während sich der Karnischen Hauptkette mehr aus NNO eine kristalline Nordschwelle unterschob, haben wir eine bedeutende Unterschiebung des Rennfeldkristallins im NW südostwärts unter seine altpaläozoische Decke für die variszische Zeit anzunehmen. Den tiefgreifenden Umwälzungen variszischer Zeit entspricht anschließend eine außerordentliche Heraushebung, abgebildet durch die weite Verbreitung der Schuttmassen, noch mehr aber durch die tiefe Abtragung einst darüber lagernder Schichten, deren Mächtigkeit, wie gesagt, recht bedeutend gewesen sein muß. Nach Ausweis des Stangalpen- und des Paal-Oberkarbons muß diese Enthüllung wenigstens im W bereits vor dem Oberkarbon weit fortgeschritten gewesen sein.

Nach dem Durchbewegungs- und Verfrachtungsausmaß in der Tiefe (Hinabbau!) einerseits, nach den Beträgen der Heraushebung, Reliefbildung und Abtragung (in der Hochbauzeit) andererseits geben die Reste dieses variszischen Ostalpengebirges alpinen Ausmaßen wohl nicht sehr viel nach. Darum ist verständlich, wenn gleichzeitig auch *im Altkristallin der Muralpen* weithin eine sehr kräftige Druckumwandlung (Diaphtorese) in bestimmten Streifen und besonders im hangenden Teil eingetreten ist. Sie machte keineswegs Halt vor dem Mineralbestand der alten, algomanisch schon massiv gewordenen Schollen, die nun in den variszischen Bau mit hereingenommen wurden. Daraus, daß sie am Rande des gegen das Altpaläozoikum kräftig vorrückenden Stubalpenkristallins I und II nicht nur dieses, sondern auch die altpaläozoische Gesteinsgruppe IV selbst mit ergriff, läßt sich dieses *variszische Bewegungsalter* entnehmen. Und zwar gab es in IV teils zuerst Druckumwandlung, dann weiterreichende Bewegung oder beides zugleich. F. Angel & Fr. Heritsch hatten 1931, 524, diesen Hauptakt der Diaphtorese und der zweiten Gebirgsbildung im Randbogen von Graz zur Mittelkreide („vorgosauisch" im engeren Sinn) gestellt, weil Heritsch glaubte, es liege am Boden des Grazer Paläozoikums eine so weitreichende Fernschubfläche, daß seine Gesteinsumwandlung mit jener der kristallinen Unterlage nicht in Beziehung gesetzt werden dürfe. Doch ist diese Vermutung nach den tektonischen Einzelangaben von E. Clar und R. Schwinner offenbar unnötig.

Damit rückt aber auch hier die letzte Großerscheinung unmittelbar heran, welche bisher noch bei jedem Hauptakt der Baugeschichte in der Schlußphase von uns erkannt wurde: Das Vordringen *umfangreicher Granitschmelzmassen*. F. Heritsch verdanken wir den Begriff der „Ameringkristallisation", entsprechend H. Mohrs Gesteinsumwandlung „M_2" in der obersten Tiefenstufe. Sie fehlt in der nur algomanisch geprägten Gleinalpe mit ihrer älteren „Gleinalpenkristallisation", ist aber neben dieser auch in der Stubalpe vorhanden, verbunden mit umfangreichen Granitkontaktwirkungen. Sie stammen her von den Einschüben der *Amering-Orthogneise: Granit IV*.

Im variszischen Bauplan gehören offenbar nach dem Kräfteplan ursächlich folgende drei Dinge zusammen: Zuoberst die Faltungen, Deckenabscherungen und Walzfaltendecken. Darunter die *Diaphtorese* der altkristallinen Unterlage, welche sich unter dem kälteren Staustockwerk eigenwillig verschob. Zuunterst die große *Magmabewegung*, deren nach oben vordringende Ausläufer die Granit-Batholithe oder -Lakkolithe darstellen. Wenn so gewaltige Schmelzflußkörper oft zu so weitgehender Platzveränderung in der raumerfüllten Tiefe befähigt sind, so muß in dem die Plutone später aufnehmenden Stockwerk ein weitgehendes Auseinanderweichen, eine waagrechte Massenverschiebung stattfinden. *Zum mindesten* hierbei müssen sich die Schürfzwischenlagen gesteigerter Diaphtorese nach oben gegen die kältere, weniger teilbewegliche Dachschicht entwickeln, welche ihrerseits versucht, in Form von Faltendecken den von unten kommenden Stau und die Einengung in der Sprache ihres Stockwerks und ihres Baustoffes zu beanworten.

Damit scheinen mir die sonderbaren *weitreichenden Abscherungsflächen am Boden unserer Gesteinsgruppe IV*, auch die gewaltigen Walzzwischenlagen wenigstens teilweise verständlich, ohne daß die sich in anderen Punkten nicht bewährende Hilfsannahme sehr weitreichender Ferndeckenbewegung oben („Steirische Decke" von R. Staub) nötig wird. Wir brauchen uns nicht zu fragen, „woher?" diese riesigen Ferndecken kamen, die aussehen, als seien sie vom Himmel gefallen, die jedenfalls von den „Dinariden“ nicht kommen können, und welche zumeist Schubdecken des Jüngeren über dem Älteren darstellen. *Wir haben „Unterwälzung“*.

Mit der variszischen Bewegung, Umkristallisierung und Schmelzfluß-Verschiebung war der Bau der Muralpen zur Hauptsache fertig. Das ist aus der ruhigen Lage und fehlenden Umwandlung zahlreicher oberkarbonisch-permischer Überlagerungen zu entnehmen, auch aus dem verhältnismäßig ruhigen Übergreifen der Trias am Possruck, Bacher, Krappfeld und bei St. Paul, der Gosauschichten der Kainach und des Bachers.

Demgegenüber finden wir nur in den von jetzt ab offenbar weiter nach S bzw. nach N verlegten Standorten lebhafter geosynklinaler Betätigung die Trias in den Karawanken stark gefaltet und verschoben, am Drauzug (Rötschach) scharf gestört. Ebenso kräftig verschuppt liegt die Semmeringtrias im Nordgebiet, das bereits an den Verlagerungen, Schuppungen, heftigen Zertrümmerungen algomanisch-variszischer Bauten im N des steirischen Gneisbogens vom Nordrand des Grazer Paläozoikums an teilgenommen hatte.

Jüngere Baupläne greifen wohl allenthalben ein Stück über ältere über. Aber sie besitzen doch immer im wesentlichen ihr eigenes, außerhalb des alten Hauptschauplatzes der Ereignisse gelegenes Hauptfeld. *Nach O, besonders aber nach N und nach S zu verlagerte sich in den Ostalpen allmählich dieser Hauptbewegungsort, die Geosynklinale.* Die dann schon hinreichend bearbeiteten Altgebiete blieben verhältnismäßig ruhig liegen. Sie wurden Zuwachs des Dauerlandes, das nur noch epirokinetische Bewegungen ausführt.

Man kann auch gewiß nicht sagen, es liege eben einfach ein tief abgetragenes Altgebirge vor. Man sehe nur den Stumpf; Stamm und Äste seien längst abgetragen. Sie hätten die gleiche Bewegungsart wie die in der weiteren Umgebung noch erhaltenen Dachschichten. Der Hauptbewegungsort hätte sich nicht von innen nach außen, sondern von unten nach oben verlagert.

Gewiß, das Muralpengebiet ist heute tief abgetragenes Rumpfgebirge und war das zur Hauptsache bereits im Oberkarbon-Perm. Daher können wir seinen Sockelbau untersuchen. Aber noch immer sind doch Reste der Hangendschichten da und dort erhalten geblieben, und diese zeigen eben, wie im Bacher, *flach* gelagerte Trias, ungestörte Gosauschichten und Dazitüberzüge.

Die Muralpen sind der östliche Hauptkern der Alpen. Denn nicht nur gegen S, O und N verlagerte sich nach der variszischen Hauptbewegung die jüngere Beweglichkeit. Auch gegen W ist derartiges angedeutet. Je weiter nach W, desto mehr scheint eine diaphtoritische Durchbewegung des älteren Gebirges zu wachsen, welche nur teilweise variszischen Alters sein kann, denn westwärts nehmen die von O gegen W vordringenden Überschiebungen zu bis hin zum Katschberg, welche an NS-streichenden Schubflächen und Faltenachsen auch noch die Trias mit einbezogen haben. —

Einen Höhepunkt der jungen alpidischen Durchbewegung neben der variszischen treffen wir

„in den Hohen Tauern“.

Der variszische Bau in der Schieferhülle der Hohen Tauern ist noch recht wenig bekannt. Denn Kristallisationen, Graniteinschübe, Durchbewegungen aus verschiedenster Zeit bilden hier noch einen trotz wichtiger Einzelarbeiten unentwirrten Knoten. Aus dem Vergleich mit der innen- und außenbürtigen Abbaugeschichte unserer Gesteinsgruppe IV rings herum entnehmen wir aber als wahrscheinlich ähnliche variszische Vorgänge, also scharfe Absenkung, Faltung und Deckenverschiebung, Kristallisation, umfangreiche Einschübe von Granit IV und Heraushebungen. So geschah die Umprägung älterer Mergel und Kalke in Kalkphyllite, ähnlich wie in den Karnischen Alpen oder nördlich von Graz. So wurden wohl untersilurische Grüngesteine umgeprägt, die Wildschönauer Schiefer zu den „dunklen Phylliten". Wahrscheinlich gerieten auch größere Schuppen der Gesteinsgruppe III, vielleicht auch II (Amphibolite) mit in die Mühle.

L. Koelbl fand für die nördliche Venedigergruppe 1931, 40, daß hier die Lappen und Sediment-„Mulden" im Zentralgneis (eigentlich Granit) nicht tektonisch zu deuten sind, sondern durch Plutoneinschub. Der Granit drang in Gesteine, die wahrscheinlich schon Grauwackentracht besaßen, von unten auf. Er querte dabei als Schmelzfluß verschiedene Stockwerke der Schieferhülle, einschließlich der oberen (östlich vom Gerlostal). Diese wohlbegründeten Ergebnisse widersprechen also L. Kobers und R. Staubs Ansicht, hier lägen rein tektonische Berührungsflächen vor, die durch Stauung und Rückfaltung zu deuten seien.

Solche Graniteinschübe brauchen nun freilich keineswegs erst in tonalitischer (alpiner) Zeit geschehen zu sein. Sehr naheliegend scheint mir in *diesem* Fall spätvariszisches Alter eines Granits IV, währenddessen die Grauwackengesteine auch schon umgewandelt waren. Auch F. Angel & F. Heritsch teilten der vorober-karbonischen Zeit 1931 die meisten „alten Intrusionsmassen" der heutigen Orthogneise zu. Daß freilich außerdem spätere Durchgasung und Umprägung stattfanden im Zusammenhang mit tonalitischen Einschub-Ausstrahlungen, das dürfte nach den Wirkungen der „Tauernkristallisation" u. a. auf die Tribulauntrias klar sein. Damals wurden auch die alten und ältesten Granite noch etwas verändert.

Die ausgedehnten Überfaltungen und Schubdecken der Kalkphyllit- und Kalkglimmerschieferhülle (nach Br. Sander im W, nach H. P. Cornelius u. a. am Glockner) dürften wohl in der Anlage variszischen Alters sein, zumal sich ja nicht nur die gleichen Gesteine, sondern auch deren Bauart, wenn auch abgeschwächt, nach N in den Kitzbühler Grauwackengürtel fortsetzen.

R. Schwinner wies 1933, 118, darauf hin, daß der Rettensteinzug im Kitzbühler Grauwackengürtel von NNW gegen SSO auf die Devonkalke von Hollersbach hinstreicht, von wo variszische Faltenzüge über die Klammkalke zum Pongau-Lungau-Faltenbündel hinscharen mögen, vielleicht auch gegen SO durch das Sonnblick-Gebiet der Hohen Tauern fortsetzen. Eine wahrscheinlich z. T. variszische Bewegungsphase brachte kräftige, rückschreitende Gesteinsumwandlung und die durch L. Koelbl und A. v. Winkler 1923 beschriebenen Bewegungen, welche bisher ohne weitere Begründung der alpinen Zeit zugeordnet waren. Auch dem Verfasser scheinen zwischen den mächtigen Massiven von Hochalm-Ankogl im O und Venediger-Zillertaler im W sehr umfangreiche Bewegungen auf die variszische Zeit zu entfallen. Dafür spricht zunächst vor allem der scharfe Gegensatz der Hauptbewegungsrichtungen in älterer und jüngerer Zeit. Während in diesem Alpenabschnitt die sicher alpinen Schübe und Überdrucke ein ostwestliches Hauptstreichen anstrebten, finden wir gerade zwischen jenen beiden Hauptmassiven im O ein großzügiges NW-SO-Streichen, am Glockner überwiegend N-S-Streichen. Haben wir Anlaß, einen Hauptteil der Zentralgneise im Ankogl- und Sonnblick-Gebiet für algomanischen oder wenigstens variszischen Alters zu halten, so müssen ohne Frage deren Hauptbegrenzungen in NW-SO (Malnitzer Einmuldung und westlich davon) auch schon mindestens variszisch sein. Denn diese Richtungen beherrschen weithin schon die ältesten Gesteinsgürtel. Gleiches gilt auch für die kleinere Granatspitzmasse. Um ihren Gneiskern herum (Glocknerkarte!) wird in einem über 6 km breiten Gesteinsgürtel das allgemeine Streichen — von kleineren Erscheinungen abgesehen — durch sie beherrscht (Abb. 1). Es formt noch weit draußen die allgemeine Kerngestalt ab, nicht nur in der unteren Schieferhülle (Riffldecken zum Teil), sondern auch noch in der benachbart aufruhenden oberen Schieferhülle. Weit aus SO ragt noch bis zum Großglockner das Mallnitzer Hauptstreichen herein. Wie sollte man sich solche Gleichschaltung überaus breiter Randgebiete in dem überwiegend N-S-einengenden alpinen Bewegungsfeld vorstellen?

Daß hier *wirklich ein vom alpinen Plan grundlegend abweichendes, älteres Druckfeld vorliegt,* wird vielleicht noch klarer bei Beachtung der weitverbreiteten N-S-streichenden Walzfalten (E. Clar), Deckengrenzen und sonstigen Richtungen im Glocknergebiet.

Diese Bewegungen können nicht mit der jüngertertiären, allgemeinen Alpenstauchung (Band I, 312) zusammenhängen, denn ihr Gefüge ist wohl durchweg noch *vorkristallin* abgebildet. Ältere Alpeneinengungen mit ihrer ostwestlichen Hauptrichtung können diese sehr grundlegenden Gefügeformen auch unmöglich geschaffen haben. Sehr bezeichnend ist zudem, daß der Gesteinsbestand der Riffldecken, der ostwärts unter der oberen Schieferhülle untertaucht, keineswegs nach deren Ende 6 km ostwärts wieder emporsteigt. Die hier erscheinenden Gesteine der Brennkogl- und Seidlwinkel-Decke passen in keiner Weise.

Offenbar haben wir unter der ungleichförmig darüber weggehenden oberen Hülle *einen alten Bewegungsplan,* in dem die Decken mit N-S-streichenden Schubflächen übereinandergreifen.

Daß dann auch diese Decken später weitgehend verfaltet sind, daß die alpine Bewegung und Umwandlung noch einmal scharf durchgegriffen hat, ist bekannt.

Unklar bleibt noch, wie weit die im NW im Druckschatten hinter den beiden gegen W ausstrahlenden Gneiskernen der Hohen Tauern angehäuften Tauchdecken (Br. Sander 1920) bereits variszisch angelegt waren. Die Zillertaler und Tuxer Gneismasse muß natürlich schon vorhanden gewesen sein. Auch fand v. Winkler den Tauernzentralgneis als starrer gegenüber den plastischeren Hüllen. Aber wir müssen ja, wenigstens für den ältesten Tauernkern, algomanische Bildung annehmen, so daß jene Tauchdecken noch immer variszisch angelegt sein können. Auch zeugt das Vorkommen von Geröllen mit Gneis-Quarzphyllittracht im Oberkarbon des Brenners von bereits variszisch fertigen Gesteinen, die in erheblicher Tiefe, vielleicht gleichzeitig mit jenen Tauchfalten gewalzt und umgewandelt wurden. Quälung und Gesteinsumbildung der zentralalpinen Trias brauchen durchaus nicht gleichzeitig entstanden zu sein. Hat man petrographisch in diesem tieftektonischen Geflecht noch keine Möglichkeit der zeitlichen Trennung, so braucht diese noch nicht zu fehlen. Über die „Tauernkristallisation" vgl. S. 27, 497.

Für die Abgrenzung des variszischen Bauplans gegen unten vom algomanischen spricht nach Br. Sander 1921 „eine gewisse Dissonanz der Zentralgneistektonik mit der Schieferhüllentektonik". Erstere war offenbar algomanisch, letztere jünger, denn es geriet ja auch karbonischer Tonschiefer mit hinein: G. STACHE fand 1872 in kalkarmem Tuxer Tonschiefer eine Sigillaria.

Der nördliche Grauwackengürtel

Der durch 470 km Länge in eindrucksvollem, kaum unterbrochenem Zug mit schwach geschwungenem Verlauf vom inneren Wiener Becken am Semmering bis zu dem noch keineswegs natürlichen Ende im südöstlichen Rätikon nachgewiesene nördliche Grauwackengürtel hat ziemlich verwickelten Bau.

Ostabschnitt: Semmering—Liezen

Im Osten gleicht dieser Gesteinszug einem wild durcheinandergestoßenen Paket von Schuppen und Falten. Diese Unordnung ist, wenn man den ruhigen Gesamtverlauf bedenkt, gewiß kein ursprünglicher — freilich ist auch der Gesamtverlauf später beschnitten. Nach Verfolgung der jüngeralgonkischen Gesteine längs dem Nordrand einer entsprechend gleichartig verlaufenden alpinen Zentralschwelle können wir für Grundanlage und äußeren Umriß auf regelmäßiges O-W-Streichen auch der variszischen Folge rechnen. Verwickelt wurde der Bau erst durch das Hinzutreten heftiger, örtlich und zeitlich nach Kraft und Richtung wechselnder Einengungen, welche sowohl für die variszische wie für die alpine Bewegung zu erweisen sind. Es spielten aber auch eingebaute Massive mit.

Die *variszische* Hauptbewegung ersehen wir aus den übergreifenden Konglomerat- und Sandsteinzügen von Saarbrücker und Ottweiler Alter. Das mit Lyditen verknüpfte, gefaltete *Karbon von Eisenerz* gehört (F. HERITSCH 1933) nach Gestein und wohl auch Alter zu den unterkarbonischen Hochwipfelschichten der Karnischen Alpen. Danach hätten wir eine etwas vor dem Mittelkarbon liegende Hauptfaltung, welche von der mittelkarbonischen Hochbewegung, Abtragung und Schuttbildung gefolgt war. Vielleicht lag auch zu Anfang des Karbons eine verstärkte Tiefenbewegung vor und beziehen sich die von W. HAMMER 1932 beschriebenen flaserigen Ennstaler Kalkbrekzien und devonkalkführenden Konglomerate, welche noch mitgefaltet und umgewandelt sind, auf den wenig verfrachteten Schutt örtlich aus dem Kulmmeer aufgetauchter Inselschwellen.

Daß der Bau variszisch ist (S. 72), ergibt sich auch aus der weitgehenden Unabhängigkeit desselben vom Bau der nördlichen Kalkalpen. Zeigen letztere oft nur schwach gefaltete, steife, meist nördlich geneigte Platten, so ist der unter ihnen liegende Bau scharf gefaltet mit oft rasch gewundenem Streichen und mit häufiger Verschuppung, ja mit weithinziehender Unterschiebung zweier Grauwackendecken. W. HAMMERS Darstellung von 1924 erlaubte deren genauere Erkennung. Ausgedehnt ist die Blasseneck-Porphyroid-reiche silurisch-devonische Decke nordwärts unterschoben durch pflanzenführendes graphitisches Oberkarbon. Dazwischen liegt oft eine Quarzphyllitdecke mit eingeschuppten Fetzen von Altkristallin auf dem gleichen Karbon. So wie im O von Aflenz muß auch in dem Schuppen- und Faltenwerk des *Paläozoikums von Palten-Liesingtal* mit E. SPENGLER 1926, 134 und v. GAERTNER 1934 zwischen dem hangenden erzführenden Devonkalk und dem liegenden Karbon unter den Porphyroiden eine Deckengrenze angenommen werden. Die Deckenbahnen dieser „*oberen Grauwackendecke*“ sind gefaltet, wohl auch geschuppt und überfaltet. Dieses höhere Stockwerk wurde mit Schubsplittern aus diaphtoritischem Kristallin längs der zuerst von F. HERITSCH erwähnten Überschiebung der „Norischen Linie“ (L. KOBER 1912) ziemlich glatt gegen S über eine tiefere Gesteinsmasse geschoben. Der Decken- und Faltenbau des oberen Stockwerks ist offenbar variszisch und älter als die norische Hauptüberschiebung. Doch halten W. HAMMER 1932 und v. GAERTNER auch diese noch nicht für alpidisch, sondern zum wenigsten für angelegt in spätvariszischer Zeit als eine Art Vortiefenüberschiebung südwärts auf Oberkarbonschutt. Vom Triebensteinkalk bei Sunk im W über Thörl bis zum Semmering im O reicht diese großzügige jüngere Unterschiebung allgemein gegen N, an welcher der ältervariszische Bau durch Westphal und die tiefere Grauwackendecke unterschoben wurde. Es scheint mir fraglos, daß hier eine Hauptwirkung der alpinen NNW-Unterschiebung mit einbezogen ist (Band I, 266).

Sehr zu beachten ist dieses Ergebnis von W. HAMMER, welches aus der Beobachtung abzuleiten war, daß die obere Grauwackendecke zwischen Enns und Paltental ein überwiegend nordsüdliches Hauptstreichen hat im Gegensatz zum überwiegend O-W-Streichen der darunter folgenden Phyllit- und Karbondecke. Dies zwingt zur Annahme eines bereits *ältervariszischen*, vielleicht mittelkarbonischen *Überdruckes von O gegen W* und einer dieser folgenden, wohl *am Ende des Oberkarbons einsetzenden N-S-Einengung*. Ebenso schloß G. HIESSLEITNER 1931 für die Radmerstörung (Überdruck aus O), E. SPENGLER 1926 für die westlich gerichteten Überfaltungen am Eisenerzer Erzberg auf variszische Westbewegung, d. h. Unterschiebung von W gegen O. Sowohl die allgemeine O-Unterschiebung wie diejenige gegen N hat sich *in alpidischer Zeit wiederholt;* jedoch in umgekehrter Reihenfolge. Die Falten und die Schubflächenausstriche beschrieben insgesamt einen gegen S vorgewölbten Bogen. Sein Scheitel liegt in den Eisenerzer Bergen, wo der Grauwackengürtel nicht nur am breitesten wird, sondern wo er ganz unzweideutig und nur wenig (durch die Seckauer Masse) gegen NO verschoben die alte algomanische Hauptscharung wiederholt. In deren gegen N geöffnetem Winkel fand der variszische Gürtel Raum und streckte von da einerseits gegen NO über den Semmering, andererseits gegen NW (Richtung Pyhrnpaß—Liezen) seine Fortsetzungen aus. *Den Gesamtverlauf dieses obersteirischen Grauwackengürtels begleiten die Reste des oberkarbonischen Gebirgsbaues.*

Während dieser Grauwackenbogen gegen S zu recht getreulich den ihm algomanisch vorgezeichneten Rahmen abformte, geriet er selbst gegen N hin später in die ungleich unbekümmerter zugreifende Gewalt der Alpiden. Sie benützten wohl ein günstig gelegenes Teilgefüge. Aber den uralten Trofaiacher Bogen gegen S machten sie nicht mehr mit, sie überschnitten diesen vielmehr in O-W, so daß zwar der Bogenscheitel in besonderer Breite erhalten bleiben konnte, daß aber die Nordteile der Bogenflügel, namentlich die des westlichen zur Tiefe hinabgebaut und vom mesozoischen Vorbereitungssediment der Alpen überlagert wurden.

Erst weiter im W taucht unser zunächst variszisch geformter, nördlicher Grauwackengürtel wieder auf: Wiederum nicht, weil der alpidische Nordtrog im Raume der Nordalpennarbe seine allgemeine Richtung verlassen hätte, vielmehr wieder nur deshalb, weil das ältere algomanische Hauptstreichen nur allmählich gegen WSW abbog, und weil von dem Wildstellen- und Schladminger Massiv ab gegen W die weiteren Massive von Hochalm, Ankogel usw. südwärts zurücktreten. Dadurch wurde zwischen dem algomanischen Kerngerüst und dem alpidischen Trog ein Raum frei. In diesem finden wir in besonders breiter Entwicklung neben den Radstädter Tauern und neben der variszisch geformten Schieferhülle vor allem *die breite Grauwacke des Pongaus und der Kitzbühler Alpen.*

Die oberkarbonischen Abtragungsstoffe wurden erneut, und zwar noch voralpidisch bewegt, was entweder für eine jüngst oberkarbonische oder für eine unterrotliegende Verstärkung des Tiefbaues spricht, welcher die mittelrotliegende („frankonische" oder „saalische") Hebungs- und Abtragungszeit nachfolgte: K. A. Redlich 1922 und E. Spengler 1926. Die variszisch-geosynklinale Senkungstendenz reicht WNW noch durch das Salzkammergut und posthum noch weiter, wohl zum Landshuter Molasse-Abbruch.

In den Kitzbühler Alpen

ist es wohl erst der Buntsandstein, dessen Konglomerate über die verschiedensten, älter gefalteten Gesteine übergreift. Bei Fieberbrunn liegen über und unter diesem Konglomerat echte Werfener Schichten, welche eine südlichste Fazies der nördlichen Kalkalpen, jene von Berchtesgaden tragen.

So finden wir im O wie im W *den Bau in der Hauptsache von variszischem Alter.* Sowohl im O, südwestlich Thörl, südlich Eisenerz, wie im W gibt es ausgeprägtes N-S-Streichen, doch gilt, im Gegensatz zu dem zentralalpinen variszischen Gebirge, das mehr ostwestliche Streichen als Regel. Auffallend sind in den Kitzbühler Alpen auch ausgedehnte, fast waagrechte Lagerungen — wieder als Ausnahme gegenüber der meist scharfen Steilfaltung.

Abb. 3 gibt einen Überblick der zum großen Teil offenbar variszischen Hauptstreichrichtungen. Nach den vielen Fallzeichen auf den Blättern Rattenberg—Kitzbühel—Zell am See ergeben sich öfter Gegensätze zwischen dem jetzigen Gesteinsstreichen und dem allgemeinen Umrißstreichen der betreffenden Gesteinseinheiten. Daraus, wie auch aus vielfachen Umwendungen, Kleinfältelungen auch in ruhigeren Gebieten, ist ohne Frage auf die bedeutende alpine Neubeanspruchung des ganzen Gebietes zu schließen. Hierfür spricht auch die nicht seltene Neuangleichung im Streichen an jenes der nördlichen Kalkalpen. *Doch muß der Hauptbau, der schräg von den Kalkalpen überschritten wird, schon älter sein.* Zudem fallen ausgedehntere Gebiete im O und SW von Saalbach (Wildschönauer Schiefer), im S von Hopfgarten (Quarzphyllit) und im SO von Brixlegg (Wildschönauer Schiefer mit Schwazer Augengneis) zusammen mit sehr ruhiger, flacher, wenn auch meist kleingefältelter Lagerung. Daß dieser ruhige Bau mit den allgemeinen variszischen Baubedingungen zusammenhängt, scheint mir deshalb unbestreitbar, weil von diesen Bezirken her weit hinaus auch die Umgebung durch Anpassung des Streichens, namentlich durch Abweichen von dem allgemeinen W-O-Streichen, beeinflußt erscheint. Man kann sich vorstellen, daß jene Teilgebiete dadurch geschützt wurden, daß eine kräftig widerstehende *Massivmasse* jeweils in geringer Tiefe unter ihnen lag. Fetzen einer solchen scheinen z. B. bei Schwaz-Brixlegg auch vorzuliegen. Hier ist ja anscheinend mit der Sohle des Quarzphyllits auch seine Massivunterlage in Gestalt der zertrümmerten „Schwazer Augengneise" (TH. OHNESORGE 1903, 373) an vielen Stellen und mit ausgeprägten Mylonitbegrenzungen emporgeschürft worden. Der Gneisblock wurde meist gegen N und W über die jüngeren Wildschönauer Schiefer geschoben. Die Massivnatur jener Flachgebiete wird auch durch den Vergleich mit dem tatsächlich noch heute im aufgeschlossenen Gesteinsstockwerk sichtbaren Granatspitzmassiv in den Hohen Tauern naheliegend. Denn auch da haben wir um diesen Kern herum, insbesondere gegen O, wo dann bald das Sonnblickmassiv einsetzt, stärkstes Abweichen von dem gewöhnlichen Hauptstreichen in der oberen (und unteren) Schieferhülle. Selbstverständlich ist gerade hier noch eine schärfste alpine Überarbeitung darüber gegangen.

Mit den nördlichen Kalkalpen ist unser nördlicher Grauwackengürtel nicht gemeinsam verfaltet, wenn auch z. B. der Mandlingzug einen weiten Spieß in SW-Richtung von oben her einschiebt. Das jüngere alpine Streichen brachte im allgemeinen ähnliches, aber nicht gleiches Hauptstreichen. Dies gab teils Anlaß zu kräftigen Ausrenkungen und Angleichungen, teils zu scharfen, schrägen Zerreißungen und Schuppen. Die Hauptbewegung ist wohl überwiegend steil nördlich nach abwärts gegangen, im Kitzbühler Gebiet sowie im Pinzgau (F. TRAUTH 1926, 1928). Das ist wohl die spätere *alpine Haupt*wirkung, denn auch die Werfener Schichten sind mit einbezogen. Auf OHNESORGES Blatt Kitzbühel ist dagegen Paläozoikum der Gruppe IV *variszisch* mit OW- bis NO-Streichen überwiegend gegen SSO hinabgepreßt (Überbewegung oben gegen NNW, wohl in Deckenform). R. SCHWINNER 1933 hat eine nordwärts unter den nördlichen Kalkalpen begrabene, wahrscheinlich aber in der nordalpinen Narbe abwärts verschwundene kristalline Längsschwelle wahrscheinlich gemacht. Diese Schwelle hat sich anscheinend ganz allgemein gegen SSO abwärts variszisch unter das Altpaläozoikum hineingezogen, es aufgestaut und in Decken zerblättert, wie dies für eine ähnliche Schwelle im N der Karnischen Alpen angenommen wurde.

Die Westfortsetzung des nördlichen Grauwackengürtels,
welcher vorübergehend unter der Ötztaler Masse bzw. in der Tiefe der nordalpinen Narbe verschwunden war und in jeder Weise den heutigen Tuxer Grauwacken in der Tauernhülle gleicht, hat bereits ihre Gerölle nach N in die Muttekopfgosau (Lechtaler Alpen) geliefert. Diese Gesteine befanden sich damals so wie die von der Ötztaler Masse gleichfalls herangelieferten schon in der gleichen Tracht wie heute. BR. SANDER erkannte 1914, 592, daß sie samt ihrer nachkristallinen Durchbewegung schon vor der Oberkreide nicht allein fertig waren, sondern auch durch Abtragung enthüllt. Ich halte es nun für unmöglich, die hier vorauszusetzenden 3 Hauptereignisse: 1. Kristalline Umprägung, 2. starke Durchbewegung, 3. Hebung mit tiefgehender, also langdauernder Abtragung, alle zusammen der Mittelkreide-Hauptbewegung („vorgosauisch") der Alpen zuzuschreiben. *Dazu fehlt die Zeit.* Zudem finden wir ja die Gerölle von Grauwacken und Quarzphyllit schon in oberkarbonisch-permischen Konglomeraten (Nösslacher Joch, Steinacher Decke).

Folglich müssen auch im W alle drei Ereignisse schon in der nächst älteren Hauptbewegungszeit, nämlich in der variszischen vollzogen worden sein. Und was für den Grauwackengürtel im NW der Ötztaler Masse und im N der Hohen Tauern zutrifft, wird auch in der SO-wärts fortsetzenden Schieferhülle zutreffen.

Die stark nachkristallin durchbewegten Phyllitmassen wurden in der variszischen, während der großen Muralpen-Diaphtorese, und wohl auch wieder während alpiner Zeit zu einem günstigen Hauptbewegungs- und Ablösungsstockwerk zwischen Altkristallin und den weiter außen und oben liegenden, zu unterschiebenden Platten. Das ist aus dem Bau und der Einbeziehung mesozoischer Gesteine ohne weiteres zu entnehmen. Und auch dies hatte in den Zentralalpen seine Fortsetzung. Denn wenn die Tribulauntrias und der Rhät-Lias der Tarntaler und Radstädter Alpen noch umkristallisiert und scharf bewegt wurden, so hat eben die neue alpine Bewegung gearbeitet.

Wir müssen somit die petrographisch im allgemeinen nicht trennbaren Haupterscheinungen zerlegen in ihre Einzelakte, das verlangt der baugeschichtliche Vergleich der benachbarten Gebiete. Weder „Tauernkristallisation" noch „Tauerntektonik" sind Einheiten zeitlicher Art!

Auch Br. Sander hat ja nicht eine, sondern zwei vorgosauische Hauptbewegungsphasen mit zwei verschiedenzeitlichen Graniteinschüben unterscheiden müssen. Von diesen ist *wenigstens* die erste in *variszische Zeit* zu verlegen. Ob die tektonische Tracht des Kitzbühler Grauwackengürtels in der ersten oder in der zweiten entstand, ist Sander fraglich. Auch in dem

Südtiroler Quarzphyllit-(Grauwacken-)Gürtel

steckt ohne Frage eine starke variszische Tektonik. Sie ist vorpermisch, denn Verrucano-Grödner Sandstein greifen mit scharfer Schrägfläche über ihren Bau, der oft NW-Streichen und SW-Einfallen der Faltenschenkel zeigt. Weiter im O hat man wohl mehr ostwestliches Hauptstreichen, das mit den Karnischen Alpen verbindet. Diese Gesteine sind erst jung- bzw. nachalgonkisch entstanden, können also erst in der nächsten großen Gebirgsbildung der Alpen, in der variszischen, ihr Gefüge erhalten haben. In vielem erinnert der Bauplan lebhaft an den der Kitzbühler Grauwacke, auch hinsichtlich der ausgedehnteren Zwischengebiete mit flacherer Lagerung. Demgegenüber ist der benachbarte Gürtel der „Alten Gneise" ungleich schärfer gefaltet: hier hatte schon die algomanische Faltung kräftig vorgearbeitet und wurden später Umformungen nötig.

Ötztaler Alpen und Silvretta

Die beiden großen Kristallinplatten im W des Brenners zu beiden Seiten, im SO und im NW des Unterengadiner Fensters haben, wie schon gesagt, ohne Frage überwiegend algomanischen, also im Algonkium fertiggestellten Bau. Die steil stehenden, meist O-W-streichenden Falten der Silvretta gehen ja an der Nordgrenze ziemlich ursprünglich in den abweichend gebauten Quarzphyllit nach oben über. Der variszische Anteil des Silvretta-Kristallins ist noch unklar, ebenso der damals noch erfolgte Granitzuwachs. An der Versail-Spitze fanden sich in den

Gneis eingefaltete Quarzite mit Calamarien wohl des Oberkarbons. Eine große Schrägfläche mit Lücke dürfte unter diesem Oberkarbon liegen, das später nochmals, vielleicht spätvariszisch, in den Bau einbezogen wurde. Dieser wurde im wesentlichen aber wohl im Oberkarbon fertig.

Auch die Ötztalmasse zeigt meist W-O-Streichen (Abb. 4) mit randlichen Angleichungen an das Streichen des Unterengadiner Fensters und an den Rand der Silvrettaplatte, auch mit den Schlingenbildungen (S. 21) im SO. An einem überwiegend algomanisch fertiggestellten Hauptgebäude dürfte auch hier variszisch umgebaut und angebaut worden sein. Vielleicht ein kräftiger, etwa silurischer O-W-Druck in geringer Tiefe schuf die nachalgonkischen, scharf O-W-streichenden Gänge, gefüllt mit dunkelgrünen, basischen Schmelzen. Noch jünger sind Umkristallisationen unter Stoffzufuhr (Albite und Bildung der Quer-Biotite). Vorher und nachher gab es örtlich kräftige Schieferung und Verruschelung.

Erst nach Bildung der wichtigsten Gefügeformen drang der Stock des Winnebach-Granites ein. Er blieb, wenigstens im kleinen, richtungslos und fällt daher wohl in die Spätzeit der variszischen Bewegung. Er schmolz in ganz ähnlicher Weise den bereits fertigen Schieferbau auf und schloß von ihm Stücke ein wie die Tonalitschmelze etwa des Bergells später im fertigen Alpenbau. W. Hammer bemerkte, daß die Albitknotenbildung, falls sie intrusiv aufgefaßt werden muß, mit diesem letzten Einschub in Zusammenhang stehen kann. Beide sind ja meist nachtektonisch. Immerhin wäre noch spätere Durchgasung außerdem möglich.

Derzeit können wir die nachalgomanische Hauptbewegung nicht trennen in variszische und älter-alpidische. Es wurden ausgedehnte Paragneisgebiete phyllonitisiert, Granite zu Augengneisen oder Serizitschiefern verwandelt. Damals geschah wohl der Aufschub der Glimmerschiefer nördlich auf den Matscher Kamm (N-Vintschgau). Da erst später die granodioritischen Schmelzen eindrangen, die dann ihrerseits meist noch Parallelgefüge erhielten, möchte man sie dem alpinen, die vorangegangene, sehr umfangreiche Phyllonitisierung aber dem variszischen Akt zuzählen. Auf jeden Fall war auch die Phyllonit-Prägung vorgosauisch, da ihre Gerölle mit der heutigen Gesteinstracht schon in den Gosaukonglomeraten des Muttekopfes bei Imst liegen. Vielleicht wurde gleichzeitig mit der Anlage der nordwärtigen Speikboden-Deckenüberschiebung phyllonitisiert, auch mit einer älteren Faltung des Schneeberger Zuges gegen Norden.

„Alte Gneise" und Südalpen-Kristallin

Nicht besser gesichert wie die Zeit der nördlicheren Ereignisse in Fortsetzung der Ötztalmasse ist die jener Phyllonitbildung entsprechende, „nach-Laaser-kristalline" (nachalgomanische) Durchbewegung *im Vintschgauer Schiefergürtel*. Sie ist jedenfalls teilweise vortriadisch, weil die auflagernde Trias nur einen Teil der entsprechenden Bewegungen noch mit ausführte.

Unklar bleiben diese Zeitfragen weiter für den Schneeberger Zug, in dessen Hauptüberfaltung gegen SO auch Gesteine der oberen Schieferhülle (IV) vermutlich in variszischer Zeit mit einbezogen sind, sowie für den Gürtel der „Alten Gneise", welcher gegen SO überfaltet wurde.

Laaser-kristalline Gerölle liegen natürlich schon im Oberkarbon; wir haben ja hier offenbar bereits algomanische Kristallisation vor uns. Variszisch dürfte die fast durchweg in den alten Gneisen entwickelte *nachkristalline Durchbewegung* (*Phyllonitbildung*) wenigstens stellenweise sein. Damit hängt namentlich wohl die Ein-

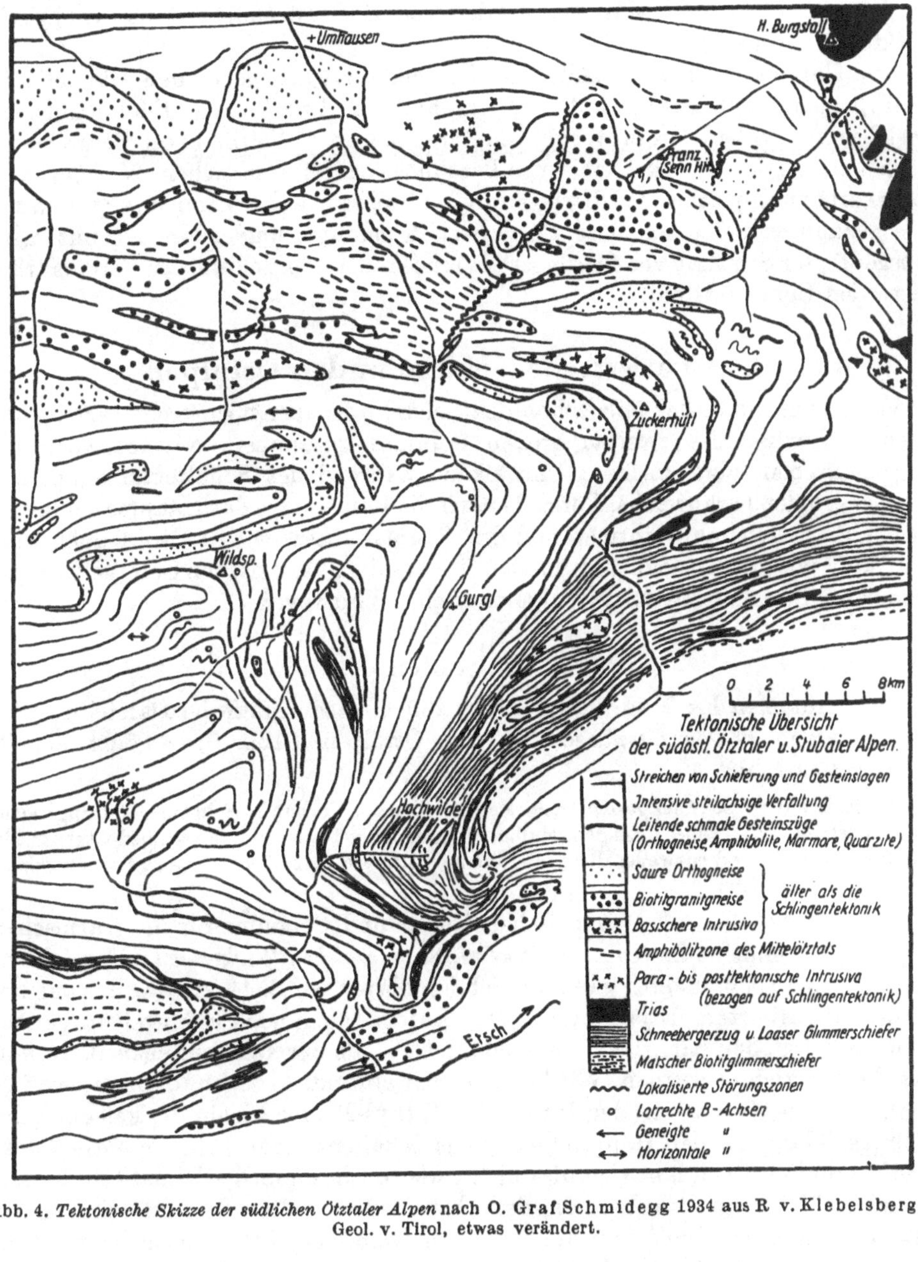

Abb. 4. *Tektonische Skizze der südlichen Ötztaler Alpen* nach O. Graf Schmidegg 1934 aus R. v. Klebelsberg, Geol. v. Tirol, etwas verändert.

faltung von Kalkphylliten IV auf dem Rücken zwischen Ratschinges und dem Jaufental zusammen.

Die stärkeren Abweichungen vom O-W-Streichen in den „Alten Gneisen" südlich der Hohen Tauern, welche mit der jüngeren alpinen Tektonik zusammengerieten, müssen älter sein. Sie werden von E. Clar 1927 auf die variszische Tektonik zurückgeführt.

Von Meran streichen die „Alten Gneise“ südwestwärts gegen den Adamello, im NW begleitet von ausgedehnten Quarzphylliten, Tonale- und Edolo-Schiefern, welche ohne größere Unterbrechungen durch das obere Veltlin in die Bergamasker Alpen und zu deren vorkarbonischen Paragneisen hinüberstreichen. Wo überhaupt oberkarbonisch-permische Überlagerung beobachtet werden kann, da erweisen sich die genannten Schiefergebiete als variszisch gefaltet, ungleichförmig mit meist ausgeprägter Schrägfläche überlagert durch ihren Abtragschutt, das Permokarbon bzw. den Buntsandstein.

Das variszische Gebirge in den Ostalpen

Fassen wir die bisher teils schon deutlichen, teils aber noch recht verschwommenen Umrisse des zweiten großen Gebirges zusammen, welches nach der algomanischen (algonkischen) Umwälzung während des Erdaltertums auf ostalpinem Boden heranwuchs. Versuchen wir die Reihenfolge der Hauptereignisse zu sehen, die Erscheinungsformen und den Bauplan dieses von H. Mohr auch wohl als „tauriskisch“ bezeichneten Ausschnitts aus dem variszischen Gebirge Europas und seine Beziehungen zu dem algomanischen Vorgänger.

Bauzeiten

Wir verdanken Fr. Heritsch 1927, S. 230, eine schematische Darstellung der paläozoischen Bewegungsphasen in den Ostalpen (Abb. 5; ergänzt bei R. Schwinner 1951).

Die darin mit vollschwarz gezeichneten Zeiten sollen das Vorhandensein einer Faltungsphase in dem betreffenden Gebiet anzeigen. Halbausfüllung eines Feldes in Schwarz bedeutet, daß in der fraglichen Gegend entweder diese oder die nächstältere oder nächstjüngere Faltungsphase bewegend eingegriffen hat.

Daß die „*takonische*“, also zwischen Unter- und Obersilur für die Karnischen Alpen angenommene Bewegungszeit *keine umfangreichen Wirkungen* in der Schichtenfolge hinterließ, und oft ganz fraglich ist, hörten wir S. 44. Es war uns das um so bemerkenswerter, als ja weiter in NW-Europa, auch noch in Mitteleuropa und weit südlich in den Sahariden ausgedehnte Gebäude der kaledonischen Bauzeiten des Silurs errichtet wurden. Wir können zwar abrundend sagen, daß eben von N bzw. von S her so weit in das Innere des Tethys-Meeres hinein die kaledonische Gebirgsbildung aus den Hauptfeldern ihres Schaffens nicht mehr wesentlich vorgreifen konnte. Doch läßt sich dies nicht, wie so oft, einfach schematisch der allgemeinen Erfahrung zuschreiben, daß eben in dieser alten Zeit erst einmal der alte laurasiatische Kontinent, im S der gondwanische Kontinent gebaut wurde und Europa also auf Kosten des Tethys-Meeres ebenso gegen S hin wie Afrika gegen N hin durch Angliederung aufeinanderfolgender Gebirgsgürtel in nacheinander folgenden Bauzeiten gewachsen sei. Dieses Lehrschema von „Paläo-, Meso- und Neo-Europa“ kann nur im allergröbsten gelten. Denn wir sahen ja recht umfangreiche Gebirgsbauten im alpinen Raum *bereits zur jungalgonkischen Zeit* aufwachsen. Außerdem sagt uns die heutige Lage der alten Gebirgskörper nicht mehr das gleiche wie in jener vergangenen Zeit der Geologie, in der von großen, waagrechten Massenverlagerungen auf dem Rücken von Unterströmen oder auf dem Weg der Festlandsverschiebung noch nicht die Rede war. Wir können nur sagen, daß in jungalgonkischer Zeit die ältesten der gegenwärtig dem alpinen Körper einver-

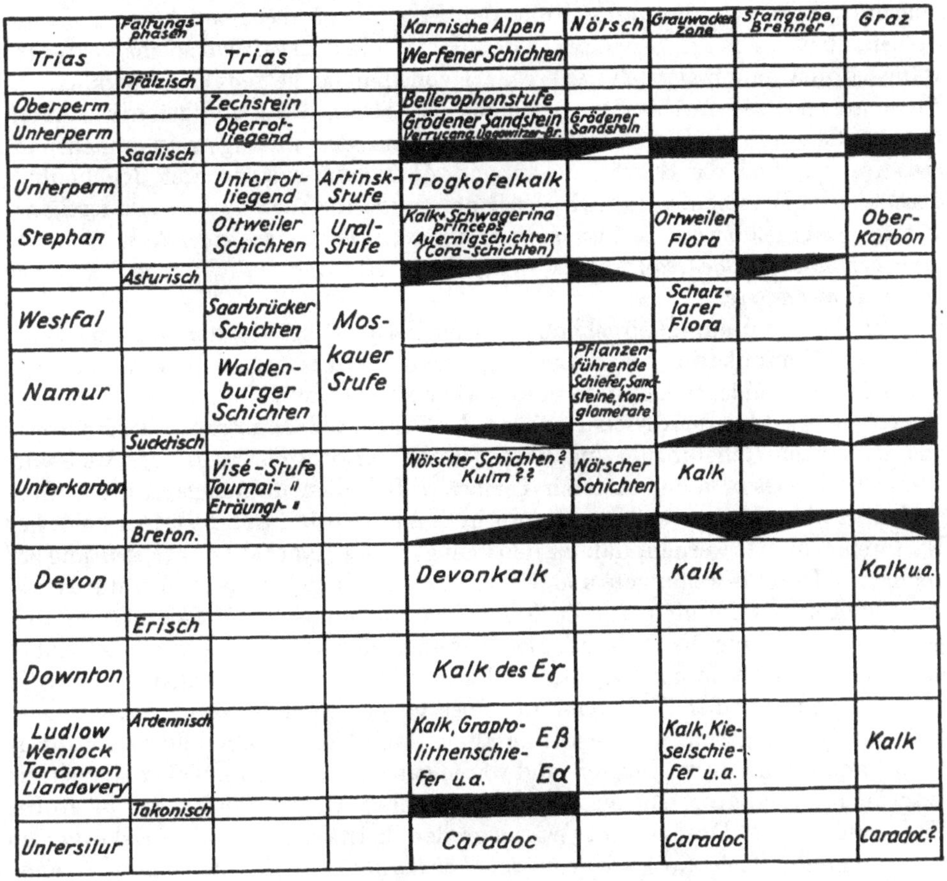

Abb. 5. *Paläozoische Orogenphasen der Ostalpen* nach Fr. Heritsch 1927, 230.

leibten Teilstücke *schon orogen erreichbar* waren, daß aber sehr wenig Teilstücke namhaft gemacht werden können, welche in der großen kaledonischen Bauzeit den Zugriffen der Tiefe unter Gebirgsbildung erlagen.

Festgelegt durch die überaus weitreichende, bezeichnende und mächtige Abtragschuttbildung, welche über einer Schrägfläche die Folge Verrucano-Grödner Sandstein-Werfener Schichten oder Buntsandstein darstellt, scheint nach Abb. 5 außer der vielfach fraglichen altkaledonischen Bauzeit nur noch die jungvariszische im Mittelrotliegenden — wenigstens für einige Gebiete der Ostalpen. Alle anderen Hauptbewegungszeiten können auch etwas älter oder jünger sein, als sie in der Tabellenübersicht erscheinen. Selbst wenn wir die neuesten Erfahrungen hinzufügen, welche namentlich für den scharf geprägten Deckenbau der Karnischen Alpen, den steirischen Grauwackengürtel im NO und das Grazer Bergland Näheres über die Bauzeiten folgern ließen, bleiben uns heute noch immer die größten Unsicherheiten. Die saalische Phase nennt R. SCHWINNER „germanotyp".

Erst bei Erörterung der unstreitig viel besser bekannten alpinen Hauptbewegungen können wir die ganze Fülle der Fragen aufrollen, welche sich darum drehen, ob wirklich die Bauzeiten in den Geosynklinalen zeitlich so eng begrenzte waren, durch „anorogene Zeiten" scharf voneinander getrennt, ob wirklich ein Phasenschema wie in Abb. 5 anzuwenden ist. Schon S. 29, 45 hatten wir Anlaß festzustellen, daß die Bestimmungsart jener Bauzeiten im allgemeinen nicht einwandfrei ist, daß die Schrägflächen und Abtragungsschutte erst den Schlußabschnitt im Bereich des zum Hochrelief emporgestiegenen und bereits fertig gefalteten Gebirgskörpers zu erkennen erlauben, *während die eigentliche Entwicklung, der innenbürtige Gebirgsabbau in der Tiefe, eine unkenntlich lange Zeitspanne vorher durchdauerte.*

Denn daß die Hauptgebirgsbildung *in der Tiefe* erfolgt ist, das bedeutet keine „unnötige Komplikation", sondern ist ganz klar. Wir folgern dies sowohl aus der überaus großen Mächtigkeit der vor und während der Gefügeformung entwickelten Schichten bzw. aus dem Niedertauchen des Meeresbodens in große Tiefen sowie aus der großen Reliefunruhe im Bildungsraum der orogenen Absätze. Auch entnahmen wir dies aus der anderen Tatsache: Bei allen in genügend große Erdrindentiefe hinabgeratenen und darum umkristallisierten Gebirgsteilen kann der Nachweis erbracht werden, daß bei den dem gleichen Hauptakt der Gestaltung zugehörigen Durchbewegungen und Umkristallisationen jeweils zuerst die Bewegung kam und weiterging als die Kristallisationen einsetzten, daß letztere aber alle Durchbewegung überdauerte. Die Bewegungsformen werden gegen Abschluß ihrer Bildung *noch in der Tiefe* kristallin abgebildet. Nicht werden die etwa in geringerer oder großer Tiefe ohne orogenes Gefüge kristallisierten Massen beim Emporsteigen in geringer Tiefe erst gefaltet. Dann hätten sie nämlich nicht mehr die bekannte hohe Beweglichkeit und wären ganz zertrümmert. Sicher kennen wir ausgedehnte Diaphtoresen, also die mechanischen Umformungen der in großer Tiefe und hohen Druck- und Wärmegraden kristallisierten Gebirgskörper in weniger großer Tiefe („*rückschreitende Metamorphose*"). Es läßt sich aber ohne weiteres nachweisen, daß diese Gebirgskörper immer schon vor ihrer ersten Kristallisation oder während ihr in der Tiefe scharf gefaltet und durchgeknetet worden waren. Es läßt sich zweitens zeigen, daß jene Diaphtorese entweder erst in den letzten Hebungsabschnitt des gleichen Bewegungsaktes fällt oder — zumeist — in einen späteren Akt.

Die *Hauptgefügebewegung*, welche wir *Gebirgsbildung* nennen, vollzieht sich somit *in der Zeit der allmählichen Absenkung und der langdauernden Tiefenlage des betreffenden Erdrindenstückes. Wir haben nicht eine „Hochfaltung der Gebirge", sondern den „Abbau der Gebirge"*. So liegt der Fall und nicht umgekehrt.

Um die etwa vorhandene Reihenfolge zu erkennen, in welcher sich während des variszischen Hauptaktes unser großes Drama szenenweise abspielte, bedarf es noch vieler eindringender Untersuchungen. Obwohl auch wir davon überzeugt sind, daß die Erdgeschichte nicht allmählich, sondern mit oft wiederholter stoßartiger Beschleunigung fortschritt, wissen wir doch schon heute, daß sich eine im Schema angedeutete, *kurzdauernde* und gleichzeitige Phasenfolge in diesem Geosynklinalraum nicht nachweisen läßt, denn er müßte sich in Schichtenfolge und Bau schon den ersten aufmerksamen Beobachtern gezeigt haben.

Der innenbürtige Gebirgsabbau

Wir erinnern uns der groben Umrisse des algomanischen Gebirges in Abb. 1. Damit entstand zur Hauptsache das zentralalpine Rückgrat als eine Schwelle, deren Hauptstreichen aber noch nicht überwiegend O-W, sondern oft diagonal war, namentlich im Ostteil eine große Scharung mit *Diagonalrichtungen* (diagonal zum Gradnetz der Erde, also NO-SW, SO-NW) aufwies. Die Widerstandskraft gegen spätere Angriffe war noch nicht sehr verbreitet und mehr schollenartig verteilt. Die Schollen konnten, wenigstens in der Tiefe, noch leicht gegeneinander verschoben und verdreht werden, denn wir bemerken später starke und von Ort zu Ort ungleichmäßig große Raumeinengungen zwischen ihnen. Auch scheinen die Astfortsetzungen, beurteilt nach ihrer später bewiesenen Festigkeit, noch schwächlich gewesen zu sein: das war ein lockeres, wenig tiefgehendes „*Rostgebirge*". Die Richtungen jener Faltentröge regierten zwar noch im Silur und Devon die verbindenden Meereswege z. B. hinüber nach Böhmen. Ja, sie dürften noch in der alpinen Anlage etwa der Weyrer Bögen zu einem späten Ausdruck gekommen sein. Aber mit dem Bauabschluß und mit dem beginnenden außenbürtigen Abbau des algomanischen Gebirges wurde aus dessen Körper jotnisch bereits mit Entschiedenheit ein anscheinend in sich am meisten gefestigtes, *O-W-gestrecktes, zentralalpines Streifenstück herausgeschnitten*. Es blieb hochschwimmend liegen, während sich im N und S von ihm je eine gesonderte Geosynklinale niedersenkte.

Daß die einstweilen im algomanischen (Abb. 1) und dann auch im variszischen Gefügebild (Abb. 6) recht bunt und keineswegs einheitlich aussehende Zentralschwelle in der Tiefe doch eine gewisse Einheit besaß, darf wohl an der gerade in diesem Rückgrat, sonst aber fast nicht entwickelten *Eklogitfazies*, also aus einer Gesteinsreihe größter Tiefenstufenbildung entnommen werden. Sie zieht nach R. Schwinner 1929 vom Bacher über Koralpe, Saualpe, Lieser Schlucht, Schober zum SO-Venediger und noch bis zu den Ötztaler Alpen, die damals gegenüber dem O ja noch ungleich weiter im S und W gelegen haben müssen. Es scheint auch aus der Mächtigkeitsverteilung der jungalgonkisch-älterpaläozoischen Schichtmassen hervorzugehen, daß das einfache und später mehr und mehr herausgearbeitete Bild der O-W-gestreckten Zentralalpen, begleitet von einer N- und S-Geosynklinale aus dem Algonkium trotz aller Teilstörungen im einzelnen doch auch die Geschichte des ostalpinen Erdaltertums mit beherrschte. Denn bei Betrachtung der zentralalpinen Ausbildung fanden wir weithin tiefgreifende Lücken oder Ausdünnung der Hauptgesteinsgruppen II—IV. Demgegenüber zeigten diese weiter im N und S Mächtigkeiten von vielen Kilometern. Wir schließen daraus ganz im allgemeinen auf weit überwiegendes und zumeist durch das ältere und mittlere Erdaltertum fortgesetztes *Senkungsbestreben*, welches schon rein äußerlich in dem weithin mit mächtigen Schichtgruppen fortziehenden *N- und S-Grauwackengürtel* zum Ausdruck kommt. Diese Gürtel setzen die jungalgonkischen Quarzsand- und Tonschlammhäufungen fort. *Sie beweisen das Fortwirken einer nord- und südalpinen Geosynklinale.*

Wenn die Ansammlung von mächtigen Sedimenten auf eine fortschreitende Absenkung des Ablagerungsraumes zurückgeht, so muß sich der Schauplatz dieser Senkung, ganz im allgemeinen gesprochen, *aus dem Kerngebiet der zentralen Ostalpen*, wo er in voralgonkischer Zeit gelegen hatte, vom Jungalgonkium ab, mehr und mehr *gegen N, S und*, nach dem Grazer Paläozoikum zu urteilen, auch *gegen Osten in die zentralalpinen Randgürtel verlagert haben.*

Wenn an den Orten algonkischer Häufung der Sedimente sich gleichzeitig die algomanische Gebirgsbildung anschloß und wenn die variszischen Häufungsgürtel der Sedimente die weiter außen gelegenen Hauptschauplätze der variszischen Gebirgsbildung wurden, so sehen wir hier das schon lange bekannte Bildungsgesetz der Geosynklinalen erneut verwirklicht: Erdrindenstreifen gesteigerter Absatzmächtigkeit, also bedeutenden Absenkungsbestrebens sind zugleich Gürtel der Gebirgsbildung. Auch hierbei ist zunächst nicht die Rede von Hochreliefbildung, von „Hochfaltung", sondern von einem Bau während des Sinkens in der Tiefe bzw. während der Lage in der Tiefe, vom „*Abbau der Gebirge*".

Die Beobachtungen und Zusammenhänge in den Ostalpen bestätigen also schon für die algonkisch-paläozoische Zeit den Hinabbau der Gebirge im allgemeinen, das Gesetz von der geosynklinalen Tätigkeit, jenes von der Verlagerung der Hauptschauplätze derselben im Laufe der Zeit.

Sehen wir nun aber genauer zu, so bemerken wir viele Ausnahmen von diesen Regeln oder wenigstens Abschwächungen derselben und ein Mitlaufen noch sehr wichtiger Begleitvorgänge. Unter ihnen steht obenan

die Verwaltung des algomanischen Erbes in variszischer Zeit.

Der Vergleich der beiden Baupläne Abb. 1 und Abb. 6 läßt ja die bestimmte Folgerung zu, daß sich die variszische Einengung völlig vorbestimmt („konsequent", in „posthumen Bahnen") zu den algomanisch versteiften Bauteilen verhielt. Die Hauptschauplätze der Einengung im Jungalgonkium, die in den zentralen Ostalpen lagen, verhielten sich zur variszischen Zeit zumeist schon widerstandsfähig. Die Nebenschauplätze algomanischer Tätigkeit — soweit man sie als solche überhaupt jetzt schon erkennen kann — beteiligten sich zwar am Ausbau der nachalgonkischen zentralalpinen Reliefschwelle, die noch recht verwaschen und bei Betrachtung der Abbaustoffe von Gruppe III als älteste auftauchte. Aber — so kann man wohl schon jetzt annehmen — den variszischen Tiefenkräften der Einengung gegenüber erwiesen sich jene Nebenschauplätze doch *noch nicht als genügend unterbaut*. Sie konnten ebenso in die sedimentsammelnden Tröge der altpaläozoischen, variszischen Vorbereitungszeit hinabgezogen und da unten dann gefaltet werden, wie dies mit den Randgebieten der algomanischen Versteifungsplatte auch sonst geschah.

Das Bild der allgemeinen, jungalgonkischen Haupttroganlagen im N und S der zentralalpinen Hauptschwelle ist somit einstweilen nur für Schichtbeanspruchungen richtig. Es dürfte auch zutreffen hinsichtlich der *stärksten* Absenkungen. Aber die bislang durch Gesteinsumwandlung erschwerte Hereinverfolgung der variszischen Faltenäste in die Zentralalpen zeigt doch deren spätere Festigung („Konsolidierung").

Die variszischen Faltenzüge beweisen überall Teilverbiegungen, sorgfältige Berücksichtigung von Massivschwellen, die teils derzeit nicht frei entblößt liegen oder nur in kristallinen Fetzen emporgefördert sind (W Kitzbühler), teils — überwiegend — als Granitgneismassive emporragen. Es ist ein kleinzügiges Bild, ein Gewimmel des Streichens, je genauer man es darstellt; kein Ergebnis eines einheitlich weithin gleichschaltenden Gewaltzugriffes, wie ihn dann der alpine Sturm brachte. Wir haben eine bis in zahlreiche Einzelheiten herein verwickelte *Rahmenfaltung*. In Menge liegen die „inneren" Rahmen als widerstandsfähige ältere Klötze umher.

Alte Massen

Die größte ist jene der *Muralpen* zwischen Wildstelle-Schladming, südlicher Koralpe und dem Wechsel. Sie hat sich nach der algonkischen Faltung, welche nach Abb. 1 gerade hier besonders kräftig gewesen war, zusammen mit den wahrscheinlich ebenso algonkisch eingebauten Granitgneismassiven zur variszischen Zeit als wesentlich schon gefestigt erwiesen. Darum waren es ihre *Ränder*, in denen größere Wirkungen variszisch erzielt wurden, denen andererseits die Nachbarschaft sich anschmiegen mußte (Abb. 6).

Die nächste große, sehr lang gestreckte und fraglos noch zu alpiner Zeit im südalpinen Narbenbereich weitgehend verschmälerte Blockmasse erstreckt sich *im S der Hohen Tauern* von Villach und dem Millstätter See bis zu den „Alten Gneisen" Judikariens. Auch diesem Schollenstreifen wesentlich algomanischer Prägung glichen sich im N und S die variszischen Falten an. Sie waren ohne Frage viel breiter als heute. Die alpine Einengung im Bereich der Südalpennarbe wurde in Abb. 6 durch Abrücken des variszischen Streifens Brixener Quarzphyllite — Karnische Alpen — Karawanken („südliche Grauwacke") um 20 km nach S gegenüber dem algomanischen Gerüst Ötztaler Alpen — „Alte Gneise" — Deferegger Alpen berücksichtigt. Außerdem wurde letztgenanntes Gerüst gegenüber den Hohen Tauern um weitere 20 km gegen S (Rückgängigmachen der Speikboden-Schober-Überschiebung!) und außerdem um rund 20 km gegen W (Rückgängigmachen der Brenner-Matrei-Überschiebung!) gerückt. Damit gelangen die Ötztaler Gneise mit den eingeschlossenen Eklogitzügen variszisch in die ungefähre Fortsetzung der Hohen Tauern-Gneise. Die dadurch frei gewordenen Zwischenstücke wird man sich mit schwächerer variszischer Faltung ausgefüllt denken müssen.

Doch ebenso wie der Gürtel der südlichen Grauwacke selbst, beispielsweise im Westteil und im O der karnischen Hauptkette, nicht ununterbrochen und gleichstark fortlief, so entdeckte der variszische Faltungszugriff auch am Ostende des Zuges der „alten Gneise" bei Spittal ein algomanisch noch kaum gefestigtes, breites Erdrindenstück. Zwischen hier und den Gneisen des Millstätter Sees, dort, wo heute die Drau durchbricht, konnte das neue Gesetz der variszischen Faltung sich weithin Geltung verschaffen. Auch R. SCHWINNER nimmt von Villach im SO her gegen NW in das Mölltal und weiter als „Mallnitzer Mulde" quer durch die Zentralalpen einen variszischen Faltenzug an. Damit wurde die in älterpaläozoischer Zeit noch bestehende Schwäche zwischen den granitischen Teilmassiven der östlichen Hohen Tauern aufgezeigt.

Wie zwischen Hochalm-Ankogel- und Sonnblickmasse wand sich aber auch zwischen dieser und der Granatspitzmasse ein variszisches Faltenbündel durch mit SO-NW- bis S-N-Streichen. Ebenso wird das Westende der Venediger und Zillertaler Tauern-Gneismasse in vorbildlicher Umrahmungsarbeit umwunden vom Bau der unteren sowie der oberen Schieferhülle und so vergrößert. Kleinere Teilmassen dürften ebenso umwunden und dem variszischen Gebäude angegliedert worden sein in den Kitzbühler Alpen (Abb. 3).

Das Hauptstrombett, das aber die variszische Tiefenbewegung in den Zentralalpen für den Fluß seiner Faltenwellen noch frei fand, schneidet mit mannigfach mäandernden Wendungen im O des Katschbergs zwischen Hochalmmasse und Muralpenmasse von allgemein SO gegen allgemein NW durch. Der Faltenwurf, der zum großen Teil auch ein alpin überarbeiteter Schuppen- und Deckenstoß genannt werden kann, ist noch wenig klar. Klar aber sehen wir schon heute, daß hier die letzten, größten Möglichkeiten für jüngere Falteneinengung und Durchbrechung der algonkisch noch schwach gelassenen Zentralalpenschwelle bestanden.

Von außerhalb der heutigen Alpen scheinen in unseren Bau zwei Hauptmassen randlich oder doch in deren diagonale Untergrundsanlage posthum hereingewirkt zu haben: im NO die böhmische, im O die pannonische. Erstere zeigt sich wohl an der Vorwölbung in die uralte Trofaiach-Schaarung bei Eisenerz (S. 56 und 1936, S. 314). Letztere scheint sich aus der Gabelung der variszischen Faltenbündel einerseits gegen SO, andererseits gegen NO ableiten zu lassen.

Daß die in das Ganze eingebauten Granitgneismassive nicht erst in der Hauptsache spätvariszisch eingeschobene Schmelzflußmassen sein können, sondern ihre allgemeine Festigkeit und Hochlage bereits algomanisch erhalten bzw. besessen haben, ersieht man an der variszischen Rahmenarbeit um sie herum. Der Faltenwurf hätte natürlich nichts berücksichtigt, was noch nicht da war, sondern erst in ihrer Spätzeit emporsteigen sollte! Vgl. Abb. 8 bei R. SCHWINNER 1951, 172.

Zur Massivgeschichte

Die Eigenart dessen, was man „Massiv" nennt, liegt 1. in der Widerstandskraft späteren Bewegungen gegenüber und 2. in ihrer Steigfähigkeit.

In einer isostatisch bestimmten Erdrinde, welche die Höhenlage ihrer Massen entsprechend dem Tauchgleichgewicht einstellt — was ja erdphysikalisch für die größeren Massen erwiesen ist — wird man die bessere Steigfähigkeit solchen Massen zuschreiben müssen, die spezifisch leichter sind als ihre Umgebung und Unterlage.

Die höheren Widerstände der Massive späteren Bewegungen gegenüber sind nicht allein aus dem Umstand abzuleiten, daß etwa die Hauptkräfte der Einengung in der Tiefe wirken, und daß sich daher jene Platten als die scheinbar festeren erweisen, welche die Fähigkeit haben, sich nach oben in das druckärmere Stockwerk emporzuflüchten. Denn je höher die Oberfläche emporsteigt, desto viel tiefer — nämlich im Verhältnis der Dichteunterschiede zwischen Schwimmkörper und der von ihm verdrängten Masse — muß auch die Unterfläche dieses Körpers hinabtauchen.

Größeres Steigvermögen muß also unter sonst gleichen Bedingungen *auf größere Dicke zurückgeführt werden.*

Und größere Dicke ist es denn auch, vielleicht zusammen mit einer geringeren Beweglichkeit spezifisch leichter, also saurer, silikatreicher Massen, welche die höhere Widerstandsfähigkeit späteren Angriffen gegenüber erlaubt. Von „Totfaltung" braucht hierbei noch keine Rede zu sein. Wenn auch scharfe Faltung dem von uns abgeleiteten Plan der Abbaugeschichte entsprechend eine sehr wichtige und bei Sedimenten nicht abzutrennende Begleiterscheinung im Werdegang der Massive darstellt.

Warum nun, trotz schwächlicher Vorbereitungsfaltung in älterer Zeit, wie wir sie für das Algomanische feststellen können, *vermögen schon während des variszischen Dranges ausgedehnte Teilmassive genügend Widerstand zu leisten?* Diese Frage ist um so wesentlicher, als wir ja später für die alpinen Zugriffe ganz das gleiche Ergebnis von wirksamen Massiven feststellen werden, die erst aus variszischer Zeit stammen. Warum konnten schon während der nächstfolgenden Beanspruchung die Massive a) so schnell, b) so widerstandsfähig gegen die Umgebung, c) oft so rundlich abgegrenzt sein?

Nach dem Vorstehenden müßten die algonkischen Massive rasch, d. h. spätestens bis zum Beginn der variszischen Hauptleistungen widerstands- und steigfähig geworden sein *durch Verdickung*, durch Ansammlung spezifisch leichter Gesteinsmassen vornehmlich nach unten, aber auch nach oben hin. Granite und Granitgneise sind die Hauptgesteine und Kerne dieser Massen. Sie entstanden als spezifisch leichte Spaltungsergebnisse einer Urschmelze mittlerer Zusammensetzung der Tiefe („Stamm-Magma") und wohl auch außerdem durch Umschmelzungen. Was sonst noch an den alten Massiven der algonkischen Zeit teil hat (Gruppe I und II), ist neben gewissen basischen Anteilen ein Sediment, welches aber in großer Tiefe (unterste Tiefenstufe) durch hohe Wärme bei der Granitisation silikatisch durchtränkt wurde, umgeformt zur „altkristallinen Tracht" der „Muralpengesteine".

Die Massive bedeuten mit anderen Worten Ansammlungsräume spezifisch leichter, salischer Schmelzen der Tiefenspaltung (Differentiation), welche zum mindesten während einer Gebirgsbildung lebhaft tätig sein dürfte.

Die Massive bestehen ferner aus Begleitgesteinen, welche durch Schmelzkörpereinschub oder Umschmelzung in bedeutender Tiefe umgewandelt wurden. Da die Massivbildung sichtbares Ergebnis der orogenen Tiefenbewegung ist, muß diese u. a. in der Entwicklung und Ansammlung von Salmassen unter den Massiven bestehen, mit Umschmelzung bzw. Gesteinsspaltung der Tiefe unlöslich verbunden sein. Auch L. Kober hat wiederholt (z. B. 1933, 312) die große Bedeutung der „granitoiden Zone" betont, welche zur Zeit der Gebirgsbildung flüssig wird und den Untergrund der „Deckenzone" aufschmilzt. Diese wird „sialisiert".

Für die Schnelligkeit, mit der Massive sich verfestigen, ist natürlich nur der Zeitpunkt bei der Beurteilung maßgebend, von dem ab die betreffende Salansammlung dick genug war, um sich weitere tektonische Umformungen vom Leibe zu halten, sie als „Rahmenfaltung" an ihren Rand zu verweisen. Dieser Zeitpunkt liegt natürlich je nach der Schärfe des tektonischen Zugriffes verschieden früh. Im übrigen steht für die Massivbildung aber der lange Zeitraum der Absenkung in größere Tiefe und der Tiefenlage während eines Gebirgsbildungsaktes zur Verfügung. Es stand in unserem Fall aber offenbar nicht mehr etwa die spätere nachalgonkische Zeit zur Verfügung, denn die Vorgänge spielten sich in der Tiefe ab (Tiefenumwandlung!). Das Gebirge hob sich nach Abschluß der Gebirgsfaltung, was durch die Abtragung, die erscheinende Flut der Granitgerölle und Quarzsande schon in jungalgonkisch-paläozoischen Schichten erkennbar ist.

Somit sind die Massive zunächst einmal Sammelräume des Sals, welches durch Spaltung (Differentiation) der Urschmelze während der geosynklinalen Tieflage in einer gebirgsbildenden Zeit entstand und plutonisch emporstieg.

Solcher Entstehung entspricht auch, daß die Massive mit Vorliebe *rundliche Umgrenzung* besitzen und sich damit scharf von den im allgemeinen mit gleicher oder ähnlicher Faltungsstärke *weithin fortziehenden Faltenzügen* der Ablagerungströge abgrenzen. Die rundbuckligen Aufwölbungen und die Becken bzw. Senkungsfelder, welche sich beispielsweise in scharfem Gegensatz zu den lang hinstreichenden geosynklinalen Faltensträngen im variszischen Gebirge Mittel- und Süddeutschlands zur oberkarbonischen Zeit einstellten (E. Kraus 1924, 1926), lassen sich damit gut verstehen. Erklärlich wird nun auch das sonderbare, im Plan der Faltenzüge nicht näher begründete Gewimmel der großen und kleinen Teilmassen, welches von der variszischen Einengung so sorgfältig berücksichtigt worden ist und das so weitgehend dem allgemeinen Streichen widerspricht.

Seit algomanischer Zeit wuchsen die Massive heran durch Zuwachs von unten.

Es erscheint in hohem Maße beachtenswert, daß die variszisch geförderten granitischen Schmelzen *in keinem nachweisbaren* Fall in die Senkungs- und Faltungströge emporstiegen, sondern durchweg in schon algomanisch versteifte bzw. in Hebungsräume. Dabei bevorzugten sie weniger die Paragneisbezirke selbst (Ammering) als gerade *die Ränder der Orthogneismassen.* Diese erscheinen als besonders geeignete Nachfüll- und Aufstiegsbezirke für die Tiefenschmelzen. Denn, so läßt sich wohl schließen, unter ihnen liegen eben in der Tiefe die Hauptorte der Magmenspaltung und Aufschmelzung. Ein sehr klares Beispiel solchen Massivwachstums durch Nachdringen granitischer Randeinschübe am älteren, vorwiegend sauren Kern konnte ich aus der mittelrheinischen Masse Vogesen-Schwarzwald 1924/26 erörtern.

Die Massive wachsen noch *durch Angliederung sedimentärer Zuwachsstreifen,* welche bei der randlichen „Vortiefen"-Absenkung und durch die Schmelzfluß-Fernwirkungen umkristallisiert, umgeschmolzen, granitisiert werden. Das Sediment wird dort unten angeschweißt. So wuchs aus Granitkernen und mehr oder weniger stark umgewandelten Trogfalten-Füllungen schon vorvariszisch die Massivgesellschaft, welche wir in Abb. 6 mit senkrechten Schraffen bezeichneten. Die Umwandlung in großer Tiefe, also die Absenkung in diese hinab beweisen die algomanischen Gesteine durch ihre Tracht. Die geringe Menge und die Feinheit der außenbürtigen Abbaustoffe, das Zusammenhanglose der Faltenkerne und die öfter erschließbare Schwäche ihrer Faltung spiegeln andererseits keinen allzu lebhaften Bewegungsvorgang wider. Wenn sich gleichwohl sehr ausgedehnte, mächtige und später vererbte Massive entwickeln konnten, so werden wir wohl den Leistungen der Tiefe, der Granitisierung, Umschmelzung und namentlich der *Magmenspaltung ein ungleich größeres Gewicht bei der Massivbildung zutrauen müssen als dem gewöhnlichen, höher gelegenen Vorgang der Einengung, der Hinabfaltung in lang hinstreichenden Zügen.*

Dieses Ergebnis wird durch die allgemeine Erfahrung wohl bestätigt. Denn die streichenden Hinabfaltungen, also Versenkungen auch der Meeresböden, messen nach der Sedimentdicke vielleicht 5, wenn es hoch kommt 10 km. Es erweist sich aber aus der erdphysikalischen Tiefenbestimmung der Sal-Unterkante in den Kontinenten, daß die Erdrindendicke im Ergebnis stärkerer Gebirgsbildungen von etwa 20 auf rund 50 km zunimmt. Der Großteil der Verdickung der spezifisch leichten Massive, die nach einer ersten Großknotenbildung mit den Faltenstreifen zusammen die Festlandsplatten bilden, *beruht auf dem Zuwachs an granitisch-salischem Belag an der Plattenunterseite.*

Der variszische Faltenplan

Wir versuchen nun die räumlichen Beziehungen der variszischen Bewegungsbilder zu erfassen und entwarfen hierfür die Kartenskizze Abb. 6. Diese Darstellung ist als erste Annäherung noch sehr unvollkommen. Abgesehen von oft mangelnder Kenntnis des Schichtstreichens ist auch mit dieser noch nicht allzuviel gesagt. Es müßten für die variszische Zeit auch die Schubrichtungen und -stärken, die Bauarten (Faltung, Schuppung, Narbenbau, Deckenbildung?) besser bekannt sein. Zudem ist die waagrechte spätere Verschiebungsweite der heute durch die alpinen Einengungsgürtel getrennten variszischen Teilstücke noch nicht genauer festgestellt. In Abb. 6 wurde versucht, wenigstens die gröbsten der späteren Verschiebungen wieder rückgängig zu machen. Die Faltenzüge im O des Katschbergs wurden teilweise einer Skizze von R. Schwinner 1929 entnommen.

Der Variszidenbogen

Das Gesamtbild sieht noch gar nicht nach Zusammenschweißung einer Zentralalpenmasse aus. Weit aus SO streicht vom Balkan der alte Bau der Rhodope im Zuge des Dinarischen Gebirges gegen NW. Zwar hat Fr. Kossmat eine Fortsetzung weniger in das ostalpine Zentralgebirge als in die Ostkarpaten, in das ungarisch-siebenbürgische Grenzgebirge und das slawonische Inselgebirge für wahrscheinlicher gehalten, doch ist es zum wenigsten auffallend, daß wir im SO-Teil des ostalpinen Grundgebirges für die variszische Zeit ein überwiegend nordwestliches Hauptstreichen erkennen können. Freilich liegt dort, wo sich später mit SO-Streichen das Dinarische Gebirge abzweigt, nämlich im Bereich von Laibach-Cilli, das jüngere Paläozoikum mit wesentlich ostwestlichem Hauptstreichen dazwischen.

Wir übergehen diese schwierigen Fragen weiterer Gebirgsverbindungen, die durch Beobachtung zum mindesten einstweilen nicht entschieden werden können. Sie beziehen sich auch darauf, wie das Streichen des Grazer Paläozoikums und der anderen hier im O noch auftauchenden paläozoischen Kerne etwa mit dem Ostteil der Böhmischen Masse oder wie das Streichen im Bereich des Liesing-Paltentals gegen NW mit den Zügen des saxothuringischen Baues zu vereinigen wäre.

Eindrucksvoll dagegen erscheint uns schon jetzt die Art, wie die variszischen Faltenzüge des Grazer Berglandes in flach S-förmigen Kurven den alten Ostalpenbau gegen O abschließen und so eine Kerbe in dem algomanisch versteiften östlichen Hauptblock nachformen. Eindrucksvoll besonders auch die Überkreuzung des Streichens, die Interferenz, welche den variszischen Faltenbau auszeichnet! In der Hauptsache sind es die *diagonalen Richtungen* (*SO-NW und SW-NO*), welche miteinander in Kampf traten, während als dritte die mehr ostwestliche Umlenkung in alpiner Zeit hinzukam. Den variszischen Grundplan formte überwiegend *eine in SO-NW ordnende Hauptkraft*. Dies gilt für den ganzen Bewegungszug vom Bacher, Poßruck und Remschnigg über Bleiburg, Hüttenberg-Klagenfurt, Stangalpe-Murau, die Radstätter Berge, über die Mallnitzer und Glockner-Mulde bis heran an den Kitzbühler Grauwackengürtel. Aber von all diesen Gebieten, namentlich von den erstgenannten, meldeten die aufnehmenden Geologen die kräftige *Mitwirkung SW-NO-richtender Kräfte*. Das heißt, es waren dort, wo die alte algomanische Scharung in Steiermark schon das Zusammentreten und oft sich gegenseitige Übergreifen der Diagonalkräfte anzeigt, auch in variszischer Zeit noch, wenigstens randlich zum algomanischen Block, die gleichen Richtkräfte der Einengung tätig. Schön sind diese Leistungen aus dem Schichtstreichen auf Blatt Unterdrauburg, Hüttenberg-Eberstein (H. Beck 1928) abzulesen. Für das Grazer Bergland wird sogar die in NO richtende Kraft bedeutungsvoller als die in NW einregelnde. Nach den vorhandenen Beobachtungen scheint es mir wahrscheinlich, daß beide Diagonalrichtungen schon Hand in Hand mit der variszischen Gesteinsumwandlung entstanden, zum mindesten auch die NO-Richtung bereits angelegt war, daß aber die sehr ausgeprägten Erscheinungen der Diaphtorese, welche im W des Krappfeldes noch zunehmen, auch schon während einer letzten variszischen Kraftanstrengung den Umbau anstrebten, der dann in alpiner Zeit seine großzügige Fortsetzung fand.

Wir versuchten zwar in dem Kärtchen Abb. 6 nur den älteren Hauptplan der Falten zu zeichnen, doch dürften auch hier noch immer jüngervariszische Fortbauten mitgezeichnet sein, die als solche nicht abzutrennen sind. Im großen ganzen können wir wohl sagen, daß das variszische Hauptstreichen in den östlichen Zentralalpen *von SO gegen NW* verlief.

Überaus großzügig geht demgegenüber das Hauptstreichen der variszischen Falten *in den nördlich und südlich angebauten Grauwackengürteln allgemein O-W*, mit Abweichungen auf lange Strecken in die ONO- und WNW-Richtung, von denen die letztere besonders den Zug der Karnischen Alpen insgesamt beherrscht. Wie schön die nordsteirische Grauwacke die alte algomanische Scharung nachformt, indem im O das Mürztalstreichen, im W das Palten-Liesing-Streichen eingehalten wird, wurde oben S. 56 betont. Auch die von Massivaufragungen ab-

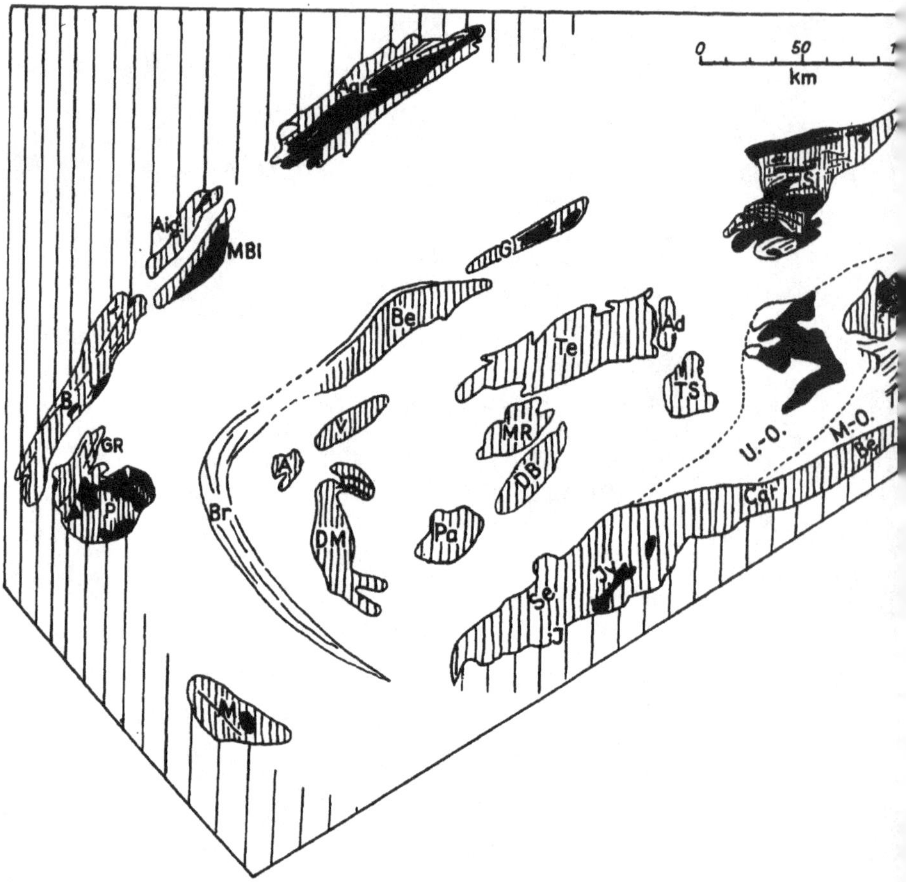

Akademie-Verlag, Berlin
Mdl der DDR am 15. 5. 1961 VIII - K 5 - D - VI - 4/61 Nr. [illegible]

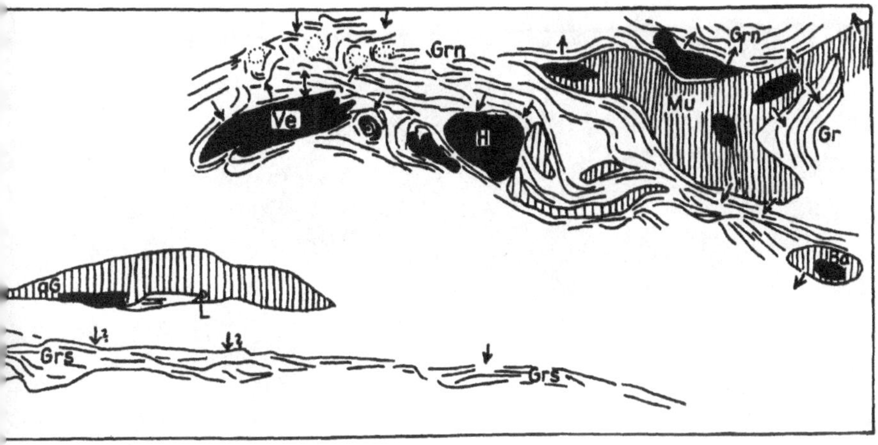

. 6. Der alte Variszidenbogen in den Alpen: Anordnung der variszischen Gebirgsstücke
'erm vor der alpinen Einengung. Eng schraffiert: Massive, überwiegend vor- oder altvariszisch.
n Linien des algomanischen, zum Teil variszischen Hauptstreichens. Linien ohne Schraffur
n das überwiegend variszische Hauptstreichen. Vollschwarz: granitisierte, mehr oder weniger
Kerne. Weit schraffiert: widerstandsfähigeres Vorland. Pfeile deuten die hauptsächlichen
er-Strombewegungen an — entgegen der oberflächennahen Vergenz. *A* Ambin. *Aare* Aare-
iv. *Ad* Adula. *aG* alte Gneise. *Aig* Aiguilles Rouges. *B* Belledonne. *Be* (im W) St. Bernhard-
e. *Be* Bernina. *Br* Briançonnais. *Ca* Campo. *DB* Dent Blanche. *G* Gotthard. *Gr* Grandes
sses. *Gr* (im O) Grauwackenzone. *Grn* Nördl. Grauwackenzone. *Grs* Südliche Grauwackenzone.
vrea. *M* Mercantour. *MBl* Montblanc. *MR* Monte Rosa. *M.-O.* Mittelostalpin. *Mu* Mur-
n. *Oe* Ötztalmasse. *Pa* Paradiso. *P* Pelvoux. *Se* Seengebirge, Sesia. *Si* Silvretta. *Te* Tessiner
Decken. *Ts* Tambo-Suretta. *U.-O.* Unterostalpin. *Ve* Venedigermasse.

hängigen Störungs- und Flachgebiete der Kitzbühler Alpen fielen uns auf. Th. Ohnesorge besprach 1905 den raschen Wechsel zwischen der allgemeinen O-W-Richtung, welche südlich in den Quarzphyllitbergen herrscht, und den Diagonalrichtungen, welche dem Verlauf des heutigen Inntals im NW und der St. Johann-Leoganger Senke im NO entspricht.

In diesen beiden, den nördlichen Teil der Kitzbühler Grauwacken durchkreuzenden Diagonalrichtungen scheinen sich die Richtungen von 2 Hauptzügen Geltung zu verschaffen, die von weither kommen und den zentralalpinen Gesamtbau noch in variszischer Zeit zu verqueren vermochten. Das ist der spätere erithreisch-adriatisch-dinarische Hauptzug und der judikarische Zug. In dem Winkel zwischen beiden Zügen *wölbt sich flach nach N vor der Tauernbogen.* So sehr an ihm auch später noch weitergearbeitet wurde, *so ursprünglich erweist sich doch seine algomanisch-variszische Grundanlage* in dem ganzen Verlauf der alten Kerngesteine und ihrer Hüllen. Von dem Scheitel dieses Bogens in der Granatspitzgruppe an wendet sich sanft, aber unbeirrt das Hauptstreichen mit dem Tuxer und Zillertaler Gneiskern gegen WSW. Es wendet sich in der Fortsetzung, welche die mit gleicher Wendung einbiegenden Züge der „Alten Gneise" und der Schneebergzug (nach Rückgängigmachen der alpinen Verstellungen in Abb. 6) darstellen, noch weiter gegen SW an den jungen Adamellopluton heran. Mit den Tonale- und Edolo-Schiefern streicht der zunächst einmal variszische Faltenplan weiter gegen SW schräg durch die Bergamasker Alpen. Das hohe Alter der judikarischen Richtung stellten wir schon in Band I, 1936, fest. Siehe „Vgl. Baugeschichte" 1951.

Damit haben wir vom Bacher, vielleicht von der Rhodope, herziehend einen gewaltigen Faltenplan der variszischen Zeit, der *als mächtiger Bogen* trotz aller Teilverbiegungen der paläozoischen und mesozoischen Zeit noch heute erkennbar ist. Dieser Bogen vom Bacher über die westlichen Muralpen und östlichen Hohen Tauern wendet sich in deren Mitte und im Kitzbühler Gebirge, um SW-wärts gegen die Bergamasker Alpen weiterzustreichen. Hier zieht er zwar hinab unter die mesozoische Schichtbedeckung der Südalpen, aber gleichlaufende Außenbögen laufen, wie S. 112f. zu sagen sein wird, auch durch die westalpinen Massive und durch die Ivrea-Zone.

Die überaus energischen Umbauversuche der alpinen Kräfte an diesem alten Variszidenbogen formten teils im W und in Judikarien den Bogen noch weiter, teils flachten sie ihn in der Mitte und im SO (Tonale-Pustertal-Karawanken) ab.

Im südlichen Bogeninneren und im nördlich gelegenen Außengebiet herrschen die schon mehr OW gestreckten großen Grauwackengürtel. Weitere Verzweigungen hinaus in die Umgebung, z. B. gegen den vindelizisch-böhmischen Raum sind wahrscheinlich, aber noch wenig gesichert. Die *salische Erstarrung* durch Granitisierung weiter Bogenstücke in den Zentralalpen bewahrte uns die alte Form. Die weniger erstarrten und schon ursprünglich beweglicheren Schiefergebiete bildeten daneben noch die späteren Umbaubestrebungen durch Interferenzen. Aber alle späteren Bauvorhaben mußten doch irgendwie die alte Anlage mit berücksichtigen und ließen sie sogar weithin kaum berührt. *Der alte Variszidenbogen herrschte auch später.*

Die Anlage des variszischen Orogens

Haben wir einen sehr alten, bogenförmigen Grundplan in der Abbaugeschichte der Alpen erkannt, so erhebt sich die Frage, wie er wohl entstanden sein mag. Die variszische Bewegungsgeschichte ist noch weniger geklärt als der Verlauf des variszischen Grundplans. L. KOBER machte 1933 und vorher die Annahme, daß schon in den Varisziden ein dinarischer, gegen S, und ein alpiner, gegen N bewegter „Ast" oder „Stamm" eines einheitlich gedachten Orogens bestanden habe. KUEPPER glaubte nämlich, in dem Paläozoikum der Karnischen Alpen auf eine überwiegende Südbewegung schließen zu können, während v. GAERTNER umgekehrt für eine Deckenbewegung gegen N eintrat. Auch den alten Bau im Gebiet von Eisenkappel deutete L. KOBER als gegen S bewegt, den des nördlichen Grauwackengürtels als nordbewegt. R. SCHWINNER und HERITSCH & KÜHN 1951 zeigen die N-Vergenz.

Für die Karnische Kette müssen wir wohl in der Hauptsache den schönen Darstellungen v. GAERTNERS folgen. Weiter nach W und nach O davon herrscht entweder (oben) mehr Nordbewegung oder überhaupt keine sehr ausgesprochene Einseitigkeit. Gleiches gilt für mittlere Teile der Kitzbühler Grauwacke mit ihren versteckten Teilmassiven, während für südliche Teile eine Überbewegung gegen S, für nordwestliche Teile (Profil von TH. OHNESORGE) eine solche gegen N erkannt ist. Verfrachtungen gegen S nimmt R. SCHWINNER 1925 mit uns (1936, 174) für das Paläozoikum des Brenners an, ED. HARTMANN 1913 für Teile der Tarntaler Berge. Teilweise arbeiteten hier aber starke alpine Bewegungen. Gleichwohl kann schon jetzt für die Kitzbühler Varisziden ungefähr *in O-W ein Scheitelbau* angenommen werden, von dem aus die Gesteine oben gegen S und gegen N „fortbewegt" wurden, ohne daß in der Mitte ein Massenmangel oder ein Abreißen eingetreten wäre. Wir haben daher einen solchen Scheitelbau zurückgeführt nicht auf Überschiebungen, sondern auf *Unterströmungen*, also *Hauptbewegungen in der Tiefe in entgegengesetzter Richtung*. Da dieser Vorgang des Abbaues uns allein solche Baubilder verstehen läßt und jede andere Annahme ausscheiden muß, haben wir auch in Abb. 6 durch die Pfeile nicht etwa die oberflächlich abzuleitenden „Bewegungsrichtungen", sondern die Richtungen der Unterströmungen angezeigt, welche angenommen werden dürfen.

Bestätigt sich das namentlich aus OHNESORGES Aufnahmen geschlossene Gesamtbild, so haben wir also von Schwaz im W über das unausgesprochen hin- und herirrende Streichen über den verdeckten Teilmassiven gegen O bis über Dienten hinaus *einen Scheitelbau und unter ihm einen Abfuhrstrom, welcher die mittlere Narbe eines Orogens geschaffen hat* (1936, 6). Von Schwaz gegen W würde diese variszische Narbe ihre unmittelbare, gleichgerichtete Fortsetzung in der nordalpinen Narbe im Inntalnarbengebiet und unter der Inntaldecke finden. Unklar ist der weitere Verlauf der Variszidennarbe von der Dientener Gegend nach O. Trifft die bisher recht wahrscheinlich gemachte Ansicht zu, daß ein großer Teil der ostwärts bis über den Semmering hinaus beobachteten Überschiebungen und Überfaltungen oben gegen S schon variszisch angelegt war, so muß mit der Fortsetzung unserer variszischen Narbe gegen ONO gerechnet werden, das heißt *gerade in jenem Gebiet, in welchem auch die nordalpine Narbe ostwärts weiterzieht* (Abb. 16).

Man könnte aber auch oder man wird — wahrscheinlich! — *außerdem noch* eine Narbenfortsetzung von Dienten gegen SO nach dem Bacher hin annehmen. Das noch ungeklärte Murauer Stück verwehrt noch weithin den sicheren Nachweis der Bewegungsrichtungen. Vielleicht sind die alten Murauer Decken nach oben ausgeschobene, daher einer Fernwurzel entbehrende *Nahdecken*, deren „Herkunftsgebiet" darum überhaupt nicht angegeben werden kann, weil es unter den Decken selbst in der Tiefe verschwand. Die SO-Fortsetzung eines solchen zentralvariszischen Orogenastes wären in alpiner Zeit die Dinariden.

Die genauere Lage jenes Narbenzuges, zu dem die variszischen Falten zwischen dem Westteil der Hohen Tauern und den Bergamasker Alpen gehört, ist auch noch weiter zu klären.

Gleiches gilt für die Narbenlage im Bereich des südlichen Grauwackengürtels. Doch spricht viel dafür, *daß ungefähr im Zuge dieses Gürtels ein weiterer variszischer Narbenzug zu suchen ist.* Das kann aus dem uneinheitlichen Streichen und vor allem auch aus der für größere Gebiete so auffallend flachen Lage der Quarzphyllite im nordwestlichen Südtirol und im Vicentin (A. Tornquist 1901, 64) abgeleitet werden, welche damit eine Lage wiederholen, wie wir sie in den mittleren Kitzbühler Alpen vorfanden. Weiter nach O darf das sehr regelmäßige Weiterstreichen des Paläozoikums in gerader OSO-Richtung als Kennzeichen eines narbennahen Gebietes angeführt werden. Es wird noch unterstrichen durch die gleichlaufenden paläozoischen Gebiete von Laibach-Cilli. Dazu kommt drittens der Zweifel über die Herkunft der Decken in den Karnischen Alpen und das heutige Zurücktreten ausgeprägt einseitiger Schubrichtungen.

Diese Beobachtungen machen immerhin recht wahrscheinlich, *daß im Raum des südlichen Grauwackengürtels ein südvariszischer Abfuhrstrom den Scheitelbau einer Orogennarbe entstehen ließ*, das heißt: *Ebenso wie die nordalpine, so würde auch die hier später entwickelte südalpine Narbe ihre Vorläuferin in einer variszischen Narbe gehabt haben.*

Unwahrscheinlich aber ist die Ansicht, daß in dem später ostalpinen Raum etwa ein einheitliches Variszidenorogen mit Überdruck (oben) im N gegen S, im S aber gegen N bestand. Von einer Einheitlichkeit sprechen die bisherigen Beobachtungen allein im O, wo anscheinend in der variszischen Hauptbewegungszeit von dem algomanisch verfestigten Hauptmassiv (Muralpenmasse, Abb. 6) aus nach allen Seiten ein Überdruck oben nach innen vorgetragen wurde, das heißt eine ziemlich allseitige Unterschiebung gegen außen, nach seiner Umgebung hin. Aber das wäre ja gerade das Gegenteil eines orogenen Scheitelbaues. Es ist hier bereits in variszischer Zeit der Anfang für den „Zentralalpenbau" gemacht, das heißt für eine verhältnismäßig steife Zentralschwelle mit Hebungsbestreben, welche als trennendes Massiv zwischen umrahmenden, selbständigen Orogenzügen lag. —

Die Gesamtlage ist schon jetzt, wo wir beginnen, die Zusammenhänge aufzuspüren, überaus lehrreich. Ein riesiger variszischer Altbogen der Einengung steht vor uns. Er entstand in Fortentwicklung einer bereits algomanischen Grundlage (Abb. 1). Ihr schloß sich im Bereich der Hauptsammlung des jungalgonkischen Abtragungsschuttes, also einer sich füllenden geosynklinalen Senkungsanlage nordwärts ein breiter Faltenzug an, nämlich der nordvariszische des nördlichen Grauwackengürtels.

Trotzdem sich nun schon der Faltenrost enger drängte, zeigte der variszische Faltenplan noch immer größte Rücksichtnahme auf die verstreuten Massivkerne. *In Auswirkung der jungalgomanischen Grundanlage können wir zu der nördlichen auch schon eine südvariszische Geosynklinale mit eigenem Abfuhrstrom annehmen.* Jedoch waren beide Geosynklinalen noch durch die breite Straße *eines orogenen Astes in SO-NW* schräg durch die heutigen Zentralalpen miteinander verbunden. Auch wand sich ein solcher Teilast im Grazer Bergland noch *ostwärts um die alte Muralpenmasse*, womit deren Massiveigenschaft noch mehr betont wird.

All das sind aber Übergangsgebilde. Sie erläutern uns den Übergang von einem sich mehr diffus und ohne die an bestimmte Orte geknüpften Abfuhrströme sich einengenden Erdrindenteil, in dem mit vorbildlicher Rahmenfaltung nur die bereits eingebauten Teilmassive zu berücksichtigen waren, zu einer anderen Einengungsart *mit scharfen Abfuhrströmen*. Denn der Murauer NW-Ast und der Grazer Abzweig war im Mesozoikum ziemlich weitgehend zur Ruhe und in Hebung gelangt, wodurch die zentralalpine Einheit unter Verkürzung des dinarischen Hauptzuges erstarrt war. *Damit aber zog weiterhin nur noch im N und im S von ihr der nord- bzw. südalpine Abfuhrstrom orogenbildend dahin. Die Abzweigung in den Dinaridenast* aber, welche vorher wohl in dem überaus verwickelt gebauten Radstätter Bewegungsfeld gelegen hatte, *wurde darauf in die östlichen Südalpen verlegt.*

So erkennen wir wie auch die Geschichte der alpinen Abfuhrströme, welche die Alpen letzten Endes als ein Doppelorogen formten, schon weit rückwärts einsetzte, im algomanischen und im variszischen Bewegungsplan.

DAS VARISZISCHE GEBIRGE IN DEN WESTALPEN

Vorbemerkungen

Blicken wir nach W, so sehen wir auch da keine grundsätzlichen Abweichungen. Nur fehlen oft noch die Nachweise der zeitlichen Gliederung in Gestalt weniger umgewandelter, versteinerungsführender Ablagerungen. Darum läßt sich heute noch nicht feststellen, in welchem Maß die alten Massive außer variszisch versteiften auch schon algomanisch gewachsene Anteile enthalten. Was wir hier an Kristallin vorfinden, das erlaubt, abgesehen von dem karbonisch-permischen Schuttmantel, noch keine sichere Zeittrennung. Es ist aber klar, daß die in so vielen Fällen erkennbaren „älteren Anteile" so wie in den Ostalpen überwiegend als algomanische, also algonkisch entstandene Gesteine und Gefüge den „jüngeren" als den variszischen, also überwiegend karbonischen Bestandteilen gegenüberzustellen sind. Ebenso gewiß ist, daß die betreffenden Massive am Ende des Oberkarbons bereits zur Hauptsache fertiggestellt wurden und fortan Bewegungseinheiten bildeten, die gegenüber der Umgebung ihr Eigenleben führen konnten. Eine neue Aufgliederung gab R. Staub 1948.

Daß auch die Entwicklung des westalpinen Erdrindenteils noch im Erdaltertum auf recht ursprünglicher Stufe stand, ist nicht weniger klar. Beweist uns doch die Zusammensetzung der Schmelzflüsse aus jenen alten Zeiten, daß es sich noch um die Förderung einer wenig gespaltenen salsimatischen Urschmelze, des pazifisch-gabbroiden Stamm-Magmas von P. Niggli handelt. Die „Alpengranite", also „Protogine", gehören als Granitgneiskerne von Aare-, Gotthard-, Aiguilles Rouges-, Montblanc-Massiv ebenso wie die meisten der anderen Massive einschließlich der Tessiner Deckenkerne dem Alkalikalkmagma des granodioritischen Stammes an. Mag es daher auch späteren Versuchen vielleicht nicht vollkommen gelingen, den Schleier der Granitisierung mit Kontaktbildung, Durchgasung, Tiefenumwandlung zu durchschauen, der hier weithin das Alter und die Geschichte der Schieferhüllen bedeckt, und das allgemeine, überwiegend paläozoische, voroberkarbone Alter der meisten kristallinen Schiefer auch wirklich nachzuweisen, so bleibt doch die noch ursprüngliche Art der Schmelze als wertvoller Hinweis dafür bestehen, daß trotz mannigfacher Tiefenspaltung (Differentiation) und trotz sehr erheblicher Massivbildung doch weder in algomanischer noch in variszischer Zeit auch die bei der Verdickung vorauseilenden Gebirgsknotenteile *noch keineswegs die Eigenart des kontinentalen Erdrindenzustandes angenommen hatten.* Diesen zu erreichen, das war erst der alpidischen Großumwälzung vorbehalten.

Im einzelnen ist namentlich auf dem Feld der Gefügeuntersuchung nach Br. Sander und W. Schmidt in den Westalpen noch viel Aufhellung zu erwarten.

Bei Verknüpfung mit der tektonischen Geländearbeit werden sich auch im W die verschiedenen Umwandlungssprünge zwischen den alten Gesteinsgruppen noch klarer ergeben. Eine Gruppierung der Para-Gesteine in die Gneise, die mineralreichen Altglimmerschiefer und die Phyllitgruppe wird im Lande von GRUBENMANN-NIGGLI wohl bald zu baugeschichtlichen Folgerungen vordringen. Nicht lange werden wir warten auf eine Trennung der mächtigen Gesteinskörper zwischen alten Gneisen und Triasquarziten, eine Gliederung der „Hornblendeschiefer" in alte und junge Ophiolithe und Tuffe. Vor allem ist der immer noch inhaltreiche Papierkorb der „Casanaschiefer" THEOBALDS auszuräumen. Man ist ja auch in den Ostalpen erst daran, die Verbreitung des Kulms zu erkennen und von den ähnlichen Silurschiefern abzutrennen. In den Westalpen wechsellagern diese „Casanaschiefer" mit dem Karbon der Walliser und Briançonnais-Alpen. Gleichbenannt erscheinen sie nicht nur unter dem Oberkarbon, sondern auch in seinem Hangenden. Im penninischen Raum messen die hierher gestellten Schiefer, Phyllite, Quarzite, verquetschten und umgewandelten Serizitschiefer, Glimmerschiefer und Serizitgneise mehr als 5 km. Ähnlich der gleich umfangreichen Phyllitgruppe III im O mutet das Ganze an wie ein alter Flysch. Die Prasinite und anderen Grünschiefer vertreten die Ophiolithe späterer Tiefbauzeiten. Doch wird man sich darüber klar sein müssen, daß auch hier nicht mit einer einzigen derartigen Flyschzeit zu rechnen sein wird, sondern, nach der Glimmerschiefergruppe, mit einer altpaläozoischen (silurischen) und einer jungpaläozoischen (kulmischen). Nicht das gleiche Alter, sondern nur die gleiche Stufe, auf der sie in der jeweiligen Tiefbauzeit des orogenen Zyklus entstanden sind, prägte diese mehr oder weniger feinklastischen Massen mit ihren Grünsteineinlagerungen oft so zum Verwechseln ähnlich. Lassen wir uns durch Verzicht auf diesen anderwärts schon sehr fruchtbar gewordenen Gedanken die wachsende Einsicht nicht verbauen!

Über dem meist stark umgewandelten Grundgebirge liegt *Oberkarbon*, oft leicht kenntlich durch den Sprung in der Gesteins-Umwandlung an seiner Unterfläche, durch seine Trümmergesteine, durch die eingeschlossenen Anthrazit-Linsen oder -Flözchen. Es zeigt damit den Abschluß einer variszischen Hauptbewegungszeit, die Heraushebung ausgedehnter Gebirgsteile, deren tiefgehende Abtragung und die Sammlung der Abtragungsstoffe in stehenden Niederungsgewässern an. Verstärkt werden solche Folgerungen durch die in den bodenständigen Außenmassiven einschließlich der Südalpen ausgeprägte Schrägfläche (Diskordanz) mit ungleichförmiger Überlagerung, über welche B. G. ESCHER schon 1911 in einer wertvollen Untersuchung berichtet hat. Diese Schrägfläche fehlt auch im unterostalpinen Raum nicht. Grundsätzlich falsch wäre es, die variszische Bewegung aber allein im Bereich dieser Schrägfläche anzunehmen, im penninischen Raum beispielsweise aber nicht.

Näheres, wenigstens über die variszische Baugeschichte, ist der Betrachtung der Einzelmassive zu entnehmen. Es zeigt sich dabei, daß wir neben älteren Bewegungen in der Hauptsache zwei oft gut unterscheidbare Hauptbewegungszeiten der variszischen Gebirgsbildung unterscheiden können: eine *voroberkarbonische*, vor Bildung jener Schrägfläche und weiter *eine nachkarbonische*. Wir betrachten beide Hauptereignisse getrennt.

Der voroberkarbonische Hinabbau

Das Aare-Massiv

gehört als besonders breites und mächtiges Glied zu den bodenständigen Massiven im NW, welche jenseits des Rhone-Durchbruches mit der Massivreihe von Aiguilles Rouges-Montblanc und Belledonne-Grandes Rousses-Pelvoux fortsetzen und durch ähnliches Streichen der eingelagerten Oberkarbonmulden wie durch Ähnlichkeiten im Bau und in der Gesteinsart zusammen dem Vorland zugezählt werden müssen. Dieses wird jenseits der jüngeren, mesozoisch-tertiären Randsenke durch die weiteren Aufragungen der französischen Zentralplatte, des kleinen Serre-Massivs sowie der mittelrheinischen Horste bezeichnet. Aber auch mit den ostalpinen Massiven, z. B. jenem der Hohen Tauern, hat das Aare-Massiv viel gemeinsam.

In allen Fällen haben wir eine umgewandelte Schieferhülle von alpengranitischen Einschubkernen zu unterscheiden, welche in Gestalt ausgeprägter Aufwölbungen (Antiklinalen) mit Teileinschüben zwischen den muldig gelagerten Paragesteinen emporsteigen. So entstand ein ausgeprägter Gürtelbau im Streichen mit 2 bis 3, teils (überwiegend) lakkolithisch-gleichförmig, teils mehr batholithisch-ungleichförmig von den Hangendschiefern begrenzten Aufwölbungen. Die größte Massivaufragung fällt zusammen mit der größten Massivbreite, woraus sich entnehmen läßt, daß erstere *nicht etwa das Ergebnis der Zusammenquetschung*, einer „Hochfaltung" sein kann. Nach unten sind die Schiefer nicht allzu ausgedehnt; meist wenige Kilometer nur tauchen sie, selten muldenartig, meist steil und spitz endend in die alten pazifischen Schmelzflußmassen. Auch das ist kein gewöhnlicher, durch Seitendruck entstandener Faltenwurf, sondern eine *salische Schmelzmassenwucherung*, die aber wohl solche Striche ausnützte, an denen der Massenaufstieg durch vorangegangene Faltung besonders erleichtert war. Hier lagen während der Plutonbewegung *oben* Striche geringeren Druckes. Das Umgekehrte werden wir für den Bau etwa der nordalpinen Molassemulden mit ihren breiten Rundungen nach unten sowie den spitzen und schmalen zertrümmerten Hebungsstreifen oder „Antiklinen" zwischen ihnen erkennen, wo der geringere Druck unten unter den Muldenböden lag.

Welcher Art im einzelnen der Bau des vor- oder altvariszischen Gebirges war, dessen Linien die späteren, großen Schmelzflußaufstiege lenken konnten, ist noch kaum zu sehen. Sicher muß man mit ältesten Kristallinschiefern bereits mit vorvariszischer Mischgesteinsbildung (Migmatisierung), mit tektonischer Verfaltung und mit Einschüben (Injektionen) durch älteste Magmen rechnen. Aus der einfachen Steilstellung kann man auf eine wenig verwickelte Faltung schließen. Die Schmelzaufspaltung (Differentiation) in der Tiefe des Gneisgürtels führte schon früh zu Sondermassen mediterraner Zusammensetzung, während die rein pazifischen Abspaltungen später aufstiegen. Schon vorvariszisch müssen in die bis 8 km Mächtigkeit messende Schieferhülle des zentralen Aare-Granits eine ganze Anzahl basischer und saurer Abspaltungen eingedrungen sein. Diese umhüllenden Schiefer werden also auch vorvariszisches, zum wenigsten altpaläozoisches Alter haben. Die erste variszische Faltung war gefolgt wohl von der Hauptmasse der eingeschobenen Granite. Im östlichen Massivteil erweist sich nach Fr. Weber noch das Unterkarbon mit schwarzen Kulmschiefern, Quarziten, Konglomeraten als einbezogen in den ältervariszischen Hauptbau. Einschlüsse dieser Sedimente enthält bereits der Tödigranit, welcher zusammen mit dem Aare- und Puntaiglas-Granit, also mit den übrigen Hauptgraniten *wohl mittelkarbonisch eindrang.*

Das Gotthard-Massiv

ist bereits in variszischer Zeit von seinem größeren nördlichen Nachbarn abgegrenzt durch die teilweise wohl sicher paläozoischen und nach oben durch Schrägfläche von konglomeratischem Oberkarbon abgetrennten Schiefer des mächtig verschuppten und eingeengten Tavetscher Zwischenmassivs. Im übrigen aber setzt sich der variszische Faltenbau der Aare-Masse fort, durchbrochen, gequert, schief abgeschmolzen oder in seinem Streichen benützt durch weitere, vorober-karbonische Granitaufwölbungen. Diese Antiklinalen zwischen synklinalen Schiefern bilden den Abschluß der variszischen Hauptfaltung und sind bereits variszisch vergneist worden. Eine bedeutende Natriumzufuhr in Begleitung der Alkalikalkgranitisation erinnert stark an den gleichen Vorgang bei der „Tauernkristallisation".

Versteinerungen gingen in der variszischen Umwandlung ganz unter, einschließlich der tonig-feinsandig-dolomitisch-mergeligen Tremola-Gesteine, welche schon vor der variszischen Faltung weitgehend von Granit durchdrungen und verändert worden waren. Damals dürften aber schon beträchtliche Teile, die wohl den algomanischen Ereignissen entstammten, als Gneis (Streifengneis, P. Niggli) bestanden haben. Die alten Gefüge wurden variszisch umgeprägt, so wie dann noch die alpine Umformung eingriff. Alle Kontaktumwandlung, also Plutonbewegung, die zum Gefolge der innenbürtigen Abbauvorgänge gehört, ist älter als Trias.

Trotz solcher, dem Aare-Massiv gleichartiger Baugeschichte *tritt die vorober-karbone Schrägfläche im Gegensatz zum Aare-Massiv stark zurück*, wenn sie auch z. B. im hinteren Val Camadra nicht überall fehlt. Zwischen den Serizitgneisen und Schiefern des Massivs und den ähnlichen Gesteinen oberkarbonisch-permischer Bildung läßt sich oft eine Ungleichförmigkeit nicht oder nicht mehr auffinden. Schon daran, daß im übrigen die wesentlichen Gesteine und Gefügeformen der variszischen Zeit bleiben, ist das mehr äußerlich *Zufällige einer Schrägfläche* (Diskordanz) ersichtlich. Sie konnte sich ja nur bilden, wenn der gefaltete Gebirgskörper über den Wasserspiegel, im allgemeinen dem Meeresspiegel, emporstieg, durch lange Zeit abgetragen wurde und wenn später diese Abtragungsfläche tektonisch nicht mehr erheblich umgestaltet wurde. Erreichte der aufschwellende Gebirgskörper aber den Meeresspiegel nicht ganz, lag er nicht lang genug entsprechend hoch oder geriet er später nochmals in eine Tiefe stärkerer Teilverschiebung, *so fehlt eben die Schrägfläche*, ursprünglich aus außenbürtigen oder anderen Gründen, mitunter durch nachträgliche Zerstörung. *Damit aber ist ein weit vorausliegender Akt der Gebirgsbildung durchaus nicht ungeschehen gemacht.* Er kann sich sehr wohl trotzdem abgespielt haben.

Mangel einer Schrägfläche ist somit durchaus *kein Gegenbeweis gegen eine Gebirgsbildungsphase* — und ein System, das sich allein auf dieses Kennzeichen stützt, ist unvollständig.

Das Aiguilles Rouges-Massiv

im SW des Rhone-Durchbruches erlaubt in der Dents de Morcles-Gruppe sehr aufschlußreiche Einblicke. Sie wurden von M. Lugeon und seinen Schülern ausgewertet. Der in Abb. 7 wiedergegebene Querschnitt stellt die drei „Hauptstürme“ der Gebirgsbewegung dar. M. Lugeon beobachtete 1911 zwei paläozoische Bewegungsphasen, erschlossen aus dem abweichenden Streichen der verschiedenaltrigen Einmuldungen. Der Prarion- und der Pormenaz-Zug tritt mit NS bis N 20° O-Streichen im S schief an das NO-SW-streichende Montblanc-Massiv heran (vielleicht unter diesem durch). Das Montblanc-Streichen gehört, ähnlich dem Streichen anderer Gebiete, die auch keine ungleichförmige Oberkarbonüberlagerung haben wie das Aiguilles Rouges- oder Belledonne-Massiv, sondern eine gleichförmige, zu einer abweichenden, jüngeren Faltungsphase. Diese war aber bereits vor der Trias eingetreten und muß daher *permisch* sein.

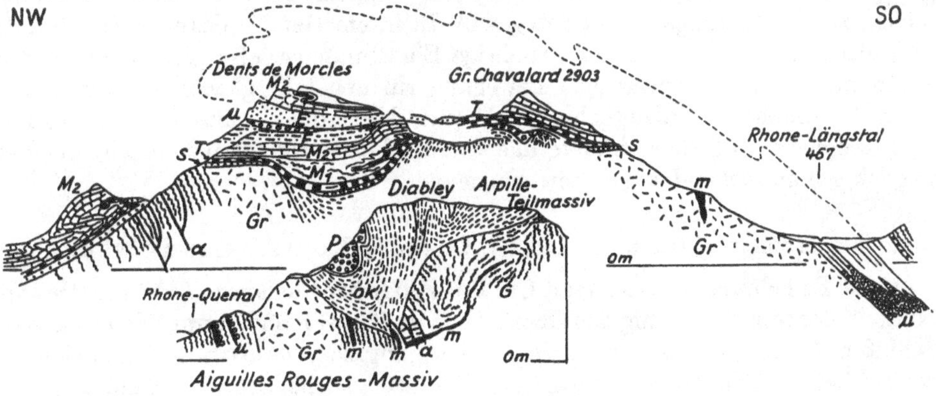

Abb. 7. *Die drei Gebirgsbildungen im Querschnitt der Dents de Morcles*, Schweiz. Nach M. Lugeon 1930 und „Führer“ 1934, 439. *G* Kristallinschiefer mit Marmor m. *Gr* Granit. *α* Aplit. *my* Mylonit. *ok* Oberkarbon (Ottweiler Schichten). *P* Perm. *s* sandige Untertrias. *T* Triasdolomit. M_1 Lias, Dogger, Untermalm. *Ma* höherer Malm. *F* Flysch. *E* Eozän.

Die ältere Faltungszeit, vor dem durch Pflanzenfunde festgelegten Stephan (Ottweiler Stufe) des Oberkarbons bezeichnete Lugeon als „segalaunisch“, die zweite, permische als „allobrogisch“. Die Protogine, welche noch nicht in den stephanischen Konglomeraten des Vallorcine gefunden werden, jedoch Karbonschiefer im Aare-Massiv und im südlichsten Teil der Aiguilles Rouges noch umgewandelt haben, müssen nachoberkarbonisch sein. Zwar hat sich die räumliche Trennung der beiden genannten Phasen nicht bestätigt, wohl aber eine ältere und eine jüngere variszische Phase selbst.

Die vorstephanische Bewegung war keineswegs schwach, sondern wird durch die marmorisierten, von Granit durchaderten und von Hornblendegestein begleiteten Kalksteinbänke dargestellt, deren Mulden unglaublich verwickelte Verfaltung zeigen, soweit sie nicht vom Schmelzfluß aufgezehrt wurden. Wie tiefgehend und nachhaltig diese Faltung, wie raumgreifend die Massenverlagerungen waren, das läßt sich freilich nicht entnehmen. Denn hier vereinigen sich ja die Leistungen dreier Hauptbewegungszeiten (mit der alpinen), und die Kleinbilder magmatischer Durchbewegung brauchen ja noch nicht großartige Tektonik zu bedeuten.

Übrigens kommt der neuere Beobachter N. OULIANOFF 1934, 121, zur Ableitung noch einer ältesten, noch nicht näher festliegenden Faltungszeit, die jene Abbaustoffe nach oben in eine abbaufähige Reliefhöhe erhob, die als Geröll, Sand, Schlamm den Grundbestand der kristallinen Schiefer ergaben. Der Schluß auf diese, entsprechend der Lage in den Ostalpen wohl als „algomanisch“ zu bezeichnende Altfaltung wurde hauptsächlich im Montblanc-Massiv gewonnen.

Das Montblanc-Massiv

hat freilich bisher noch nicht mit Sicherheit größere Gesteinsmassen jener ältesten Bewegungszeiten erkennen lassen. Mannigfach, wenn auch noch ohne Versteinerungen, aber sind dann schon die Vertreter unserer III. und wohl IV. Gesteinsgruppe, die durchweg und meist stark umgewandelt ist. Da leitende Gesteine fehlen, ist die Faltungsart noch ungewiß. In ihrem Gefolge drangen die Granitschmelzen empor und bildeten 5 wichtige Einzelmassive, also gerade den echten Protogin. Die ältere variszische Bewegung riß ungefähr gleichlaufend mit den alten Faltenachsen nordsüdliche Brüche auf, denen die Graniteinschübe folgten. Das Gangnetz der Brüche bildete das variszische Bewegungssystem ab, welches folglich schon vorhanden gewesen sein muß.

Die Massive von Belledonne, Grandes Rousses und Pelvoux

In der Belledonne war es zuerst CH. LORY, der bei Chalance 1880 über Amphibolitschiefer ungleichförmig das Oberkarbon greifen sah und hieraus den richtigen Schluß auf eine voroberkarbone Hauptbewegung zog. Zwar wiederholen sich an zahlreichen Stellen (z. B. Montagne du Collet) gleiche Schrägflächen, aber an vielen anderen fehlt eine solche unter dem Oberkarbon, was nicht auf plötzliches Fehlen der variszischen Erstfaltung, sondern auf spätere Verwischung oder scheinbare Gleichförmigkeit zurückgeführt wird (S. 96). Auch KILIAN & RÉVIL 1904/08, welche unsere heutigen Massive als die Reste der alten „herzynischen“ Kette ansahen, nahmen nach den Pflanzenfunden im Oberkarbon ein vorstephanisches Alter der Bewegung an, die aber nicht die gleichzeitig in der Piemontzone bestehende Geosynklinale und nach P. TERMIER auch nicht den Briançonnais-Gürtel betroffen haben soll, wo jene Schrägfläche fehlt.

In den Grandes Rousses, dem südlichen Anhängsel der Belledonne, stellte dagegen P. TERMIER 1894 trotz des Fehlens einer Schrägfläche zwischen Kristallin und Oberkarbon eine erste variszische Faltung fest. Man schloß diese aus dem Erscheinen grober Gerölle in den Konglomeraten des Oberkarbon und sagte sich, daß nur eine vorausgehende, kräftige Gebirgsbewegung das in diesem Fall notwendige Emporrücken des Gebirgskörpers in ein entsprechend hohes und steiles Relief über dem Meeresspiegel besorgen konnte. Forscher, welche keine Orogenphase ohne Schrägfläche, keine größere Schrägfläche ohne Orogenphase gelten lassen wollen, sind in diesem Fall gewöhnt vor dem Schluß auf eine kräftige innenbürtige Bewegung zu warnen.

Gerölle als Phasenkünder?

Gewiß trifft zu, daß das Hochrelief auch ohne vorhergehende, orogene Gefügebildung, also ohne Faltung oder Deckenverschiebung, aufwächst. Und es ist einer der Gedanken, die ich kontraktionshypothetischen Ansichten gegenüber seit Jahren vertrete, daß es keine „Hochfaltung" gibt, keinen Emporstieg größerer Gebirgskörper gleichzeitig und unmittelbar bedingt durch Faltung. Vielmehr folgt die Hochreliefbildung in großen Zügen den tiefbaulichen, zur Gefügebildung führenden Ereignissen erst nach, früher oder später.

Neben diesen Massenaufstiegen im späteren Abschnitt eines jeden Bewegungsaktes gibt es noch andere, spätere, bedingt z. B. durch Zufuhrströme von Schmelzmassen von unten gegen gewisse Erdrindenteile hin. Immer aber sind doch wohl die größeren Reliefumgestaltungen, in diesem Fall die Reliefaufstiege, nichts als die begleitenden Folgen umfassender Massenverlagerungen der Tiefe (E. Kraus 1928), seien es nun scheinbar solche in geringerer Erdrindentiefe allein, welche wir tektonische oder faltende zu nennen pflegen, oder scheinbar nur solche in größeren Tiefen, die magmatische genannt werden. Eine grundsätzlich-wesensmäßige Trennung beider muß mit Bestimmtheit *abgelehnt* werden, wie ich 1935 klargelegt habe. Denn *Bewegung setzt Kräfte und Platz voraus, Platz aber gleichfalls Kräfte, die ihn schaffen, was in einem massenerfüllten Raum unmöglich ist ohne Verformungen*, die freilich in abweichenden Tiefen abweichend aussehen, die aber baugeschichtlich, dynamisch und somit bei Bildung wissenschaftlich brauchbarer Begriffsbestimmungen unmöglich auseinander gerissen werden können.

Geben wir schon einmal zu, daß die Kraftquelle des Ganzen in der beweglicheren, heißeren Tiefe liegt, weil wir sie außen in der Hartschale nicht finden, so kann uns schon *die Teilausprägung, welche das große Geschehen der Tiefe an der Erdoberfläche* widerspiegelt, nicht als grundsätzlich maßgebend für die Beurteilung sein, ob und wie stark jeweils die innenbürtige Bewegung erfolgte. Denn es ist bis zu einem gewissen Grad zufällig, ob sie sich unter dünner, noch beweglicher Erdhaut oder unter dem mächtigen Panzer eines Kontinents abspielte, ob der betreffende Erdrindenteil noch eben mit wenigen hundert Metern über den Meeresspiegel reichte oder nicht, ob arides oder humides oder nivales Klima oben jeweils herrschte. *Alldies aber ist grundlegend für die Art der Ausprägung orogener Phasen im Schichtmantel und im Relief.* Genau so wenig wie orogene Phasen immer Schrägflächen bilden müssen, *so wenig müssen sie von grober Konglomeratbildung überall begleitet sein.* Andererseits erzählen Schrägflächen von vorausgegangener Gebirgsbewegung, Hochhebung und Abtragung; von Hochlage und Abtragung künden auch Geröllmassen — nicht immer aber beweisen sie vorausgegangene Gebirgsbildung, können sie doch allein z. B. mit Klimaschwankungen (Eiszeiten!) im Zusammenhang stehen. Kräftige Reliefbewegung freilich kann ohne starke Massenverlagerung in der Erdrinde nicht verstanden werden. Da solche Reliefverbiegung oft (bei weitem aber nicht immer!) mit Geröllwanderung und -absatz verknüpft ist, *kann* letzterer auch äußeres Anzeichen für innere Massenverlagerung sein.

Zwei Folgerungen seien aus dieser Seitenbetrachtung festgehalten:

Es gibt sehr verschiedenartige Begleiterscheinungen einer orogenen Phase in der

Erdrinde. Schrägflächen (Diskordanzen) mit ungleichförmiger Auflagerung sind keineswegs die einzigen, sicheren. Ja, sie können, wie wir an den geosynklinalen Trogräumen und ihren Gebilden sehen werden, sogar notwendig fehlen. Je nach dem betrachteten Tiefenstockwerk (Schmelzformen, Umwandlungssprünge!), je nachdem der Erdrindenteil anzusprechen versteht, nach seiner Oberflächenhöhe gegenüber dem Meeresspiegel, je nach Klima, aber auch nach der Entwicklungsstufe in der Stufenleiter des orogenen Zyklus wechseln die sich vertretenden Folgen, die bei richtiger Bewertung alle geeignet sind, die Atemschwingungen, aber auch die Fieberzustände des Erdkörpers zu ertasten.

Und zweitens möge klar werden, daß die Arten, in denen sich die phasenartig beschleunigte Gebirgsbildung ausprägt, im allgemeinen mehr oder weniger lang sich durch die Folgezeit weiterschleppen, daß sie nicht nur während, sondern *oft sehr lang nach Abschluß einer Orogenzeit kräftig weiterwirken können.* Dies betrifft alle mit der entstandenen Reliefgestalt zusammenhängenden Folgen, zu denen neben den Schuttausstrahlungen im Sediment namentlich auch die Schrägflächenbildung gehört. Diese besonders wichtigen Künder der Bewegung dauern um so länger an, je tiefgreifender (und langdauernder also) die betreffende Abtragung einschnitt, je umfassender die Fastebene wurde. Nicht nur weil diese ebenen Schrägflächen im allgemeinen das bereits fertig gefaltete Rumpfgebirge überschneiden, sondern auch wegen der vorauszusetzenden langen Dauer ihrer Bildung wird es nötig die durch sie zu datierenden innenbürtigen Phasenleistungen, *als zeitlich vorausliegend anzusehen. Sie geschahen nicht in der späteren Hochlagezeit mit dem außenbürtigen Abbau, sondern während der vorausgegangenen Tiefbauzeit, während des innenbürtigen Hinabbaues.*

Dies lehren uns als Beispiele Belledonne und Grandes Rousses, denen sich in gleicher Weise das rundliche Pelvoux-Massiv anschließt, und in denen die Schrägflächen der älteren variszischen Gebirgsbildung bald schön auftreten, bald verschwinden und nur durch Geröllagen des Oberkarbons angezeigt sind. Sicher wird an der Beseitigung der Schrägflächen — wenn solche nämlich nicht schon ursprünglich als scheinbare Gleichförmigkeiten gefehlt haben — später oft auch die alpine Verschleifung mitbeteiligt sein. Nur in den Schuttmuldensohlen, die heute nicht sichtbar sind, blieb dann die Schrägfläche aufbewahrt. Aber die Sache gewinnt ein anderes Gesicht, sobald wir sie allgemeiner betrachten. Über die Weite der waagrechten Verlagerung, über die Tiefe, in welche die erste variszische Grundbewegung vorgriff, vermögen wir so lange nichts Näheres auszusagen als es nicht gelingt, den variszischen Bauplan so zu durchschauen, wie in Mitteleuropa. Nur mittelbar läßt uns die nicht allzu eindrucksvolle Menge der Abtragungsstoffe auf ein nicht allzu hohes Gebirgsrelief und dieses wieder als Folge auf eine nicht allzu tief greifende Gewalt der ersten variszischen Orogenphase schließen.

Briançonnais, Piemont und Pennin

Entsprechend dem vorhin Gesagten haben die in der Hauptsache nur nach Schrägflächen (Diskordanzen) urteilenden Forscher einschließlich B. G. Eschers 1911 die bisher vom Aare- bis zum Pelvoux-Massiv besprochenen Erscheinungen auf eine voroberkarbonisch entstandene Gebirgskette bezogen, gegen welche der

Hauptinhalt der alpinen Geosynklinale durch den afrikanischen Kontinent nordwärts vorgetrieben und an dessen Hindernis alles in alpiner Zeit anbrandete. Denn man fand *im Alpeninneren keine voroberkarbonischen Schrägflächen* im Briançonnais, Piemont und Pennin.

Es ist nun aber den eindringenden Forschungen E. ARGANDS u. a. gelungen, zunächst einmal die gewaltigen granodioritischen Plutonmassen der unterpenninischen Decken und die Kerne der höherpenninischen als im wesentlichen variszische Leistungen zu erkennen.

In der hauptsächlich alpin gestalteten Südalpennarbe von *Veltlin-Sesia* finden wir eine riesige, steilstehende und fächerartig teils nach N teils nach S überliegende Injektions-Granitgneismasse. Dieses Aufschmelzungsgebiet entläßt nach N eine flachere, aber anfangs dicker und dicker werdende Schar von übereinanderliegenden Platten granitisch-gneisiger Körper. Diese stoßen mehr oder weniger weit mit oft eingerollter Stirn in die teilweise sehr mächtigen Paragneishüllen paläozoischen und mesozoischen Alters vor. Die Bernharddecke und die unteren Tessiner Decken scheinen weiter im N bodenständige Plutonkerne zu besitzen, geht doch erstere gegen SW in den bodenständigen Briançonnais-Fächer über, der auf der nordalpinen Narbe aufsitzt.

Die Hauptmasse der großen St.-Bernhard-Decke besteht aus „Casanaschiefern", welche offenbar dem älteren und dem jüngeren (unterkarbonen) Paläozoikum entsprechen, denn darüber folgt das anthrazitführende, aus variszischen Baustoffen bestehende Oberkarbon, welches in die Achse des Briançonnais weiterzieht. Diese Casanaschiefer besitzen — in umgewandeltem Zustand freilich — das, was man Kulmfazies nennt, und was ich, ebenso wie die Flyschfazies, als eine Ausbildungsart jener Gesteine ansehe (E. KRAUS 1927), welche sich im geosynklinalen Archipelmeer zur Tiefbauzeit bilden, während sich also in der Tiefe große, Orogengefüge bildende Massenverlagerungen unter dem Meeresboden abspielen. Das Erscheinen dieser Kulmgesteine darf als wichtiger Hinweis auf die variszische Tiefbauzeit gewertet werden. In den Casanaschiefern der Bernharddecke deutete E. WEGMANN 1922/23 eine mögliche Trennung in einen unteren, variszisch gefalteten (glaukophanreichen) und einen wohl oberkarbonisch-permischen Teil an, der sich durch seine Geröllführung unterscheidet.

Die Orthogesteine der *Dent Blanche-Decke* liegen als Kerne in den nordwärts vorgetriebenen (von N unterschobenen) Deckfalten der Paragesteine. Letztere wurden nur in der mittleren, erstere aber in der unteren Tiefenstufe umgewandelt. Es müssen also während der Umwandlungszeit die in größerer Tiefe schon veränderten Valpelline-Orthogesteine unter den in der Mittelstufe veränderten Arolla-Paragesteinen (und deren Ortho-Einschüben) gelegen haben. Dies war lange vor der alpinen Deckenfaltung, welche sehr oft das Lageverhältnis umkehrte und das Ganze ja auch noch über die mesozoischen Bündener Schiefer schob. Jene Tiefen- und Kontaktumwandlung der Hauptgesteine muß wesentlich älter als die alpine Lagerungsumkehr gewesen sein. 1934, 177, verlegte E. ARGAND die Hinüberwälzung der riesigen, granodioritischen Arolla-Gesteinsmasse auf die (neben sauren und basischen Orthogesteinen) großenteils aus Sedimenten wohl des jüngeren Paläozoikums bestehenden Valpellinegesteine in den variszischen Zyklus. Und zwar folgerte er offenbar mit Recht, daß hier keine kalte Deckenverschiebung in einem oberen Stockwerk vorliegt, das die Schmelzwärme bereits verloren hatte, sondern daß sich hier langsam vorschreitende, waagrechte *magmatische Einschübe* mit ausgedehnter Verdauung vorher am Platz gewesener Massen vorarbeiteten. Dies nur *unter gleichzeitiger Lenkung durch die variszische Gebirgsbewegung*. Die Schmelze drang in kleinere und größere Lücken (Unterdruckräume) ein, welche die tektonischen Zerrungen entstehen ließen.

Ohne Frage stehen wir hier vor einem sehr langdauernden, ereignisreichen Geschehen lange vor der alpinen Zeit. Es muß noch vor der triadischen Ruhezeit abgewickelt worden sein, und umfaßte naheliegenderweise in der variszischen Hauptzeit 1. eine sehr bedeutende Absenkung, 2. eine mächtige Durchbewegung, 3. eine grundlegende Ummineralisierung, verbunden mit sehr umfangreichen Schmelzflußeinschüben. Freilich bleibt zunächst ganz unklar, wie weit etwa noch ältere, vorvariszische, vielleicht algonkische Hauptakte schon vorgearbeitet hatten.

E. Argand führte aus, daß die grundlegenden Umformungen und Massenverlagerungen im Unterpennin keineswegs ein Emportauchen des so bearbeiteten Gebirgskörpers allenthalben über die Meereshöhe und seine Abtragung zu einer ungleichförmigen Schrägfläche als selbstverständlich einschließen. *Die Vorgänge sind alles andere, nur keine „Hochfaltung“*. Die Hauptteile der späteren „piemontesischen Geosynklinale“ blieben auch mit ihrer Oberfläche unter dem Meeresspiegel und erhielten Sediment um Sediment aufgeladen, weil der Boden weiter niedersank. Es entstand das Sammelpaket der „série compréhensive“. Fast nur weiter im NW und weiter im SO finden wir jene Schrägflächen, Lücken in der Ablagerungsfolge und Geröllager, welche das Auftauchen der Scheitel streichender Inselketten als „Geantiklinalen“, also Schwellenzüge, verraten. Daneben gibt es eine Menge kleinerer, scheinbar gleichförmiger Lücken mit Stoffen einer Teilabtragung. Es ist klar, daß dort, wo der Schutt in sinkenden Wannen zusammenlief, eher eine Gleichförmigkeit gegen den sinkenden Untergrund entstand. Dort aber, wo der Schutt abgetragen wurde, in den Hochgebieten, gab es überwiegend Schrägflächen. *Diese darf man somit nicht suchen in den Sammelpaketen, den „séries compréhensives“*. H. P. Cornelius hat 1921, 1925 ursprüngliche variszische Schrägflächen auch hier angenommen; sie seien alpin verschliffen. Seine Gründe sprechen freilich nur für die auch von uns für richtig anerkannten variszischen Bewegungsphasen, nicht aber für eine einst überall durchlaufende Schrägfläche. H. Jenny hat 1924 sehr viele Einzelzüge des variszischen Gebirges und dessen Fortentwicklung dargestellt.

Wichtige, tiefgreifende und über große Strecken beobachtete Lücken erwähnte E. Argand aus der Monte-Leone-Decke des Monte-Leone-Ofenhorn-Lappens (geröllführende Kalktrias über Orthogneis) und aus dem nördlichen Flügel der Antigoriodecke von Ossola, wo gleichfalls Kalktrias, teilweise Glanzschiefer unter Vermittlung von Grundkonglomerat auf dem Granit liegen. Von *mechanischen* Scherflächen kann hier wie in anderen Fällen keine Rede sein. G. Dal Piaz meldete 1931 eine andere wichtige Lücke aus der Monte-Rosa-Decke. Diese Lücken, deren Einzelbedeutung aber wohl wechselt, erscheinen besonders in den unterpenninischen

Decken (Nordrand der Geosynklinale) und wiederholen sich wohl in der Surettastirn. Sonst aber fehlt die Ungleichförmigkeit einer umfassenden Schrägfläche zwischen dem kristallinen Grundgebirge und dem oberkarbonisch-permischen Sediment der penninischen Alpen weithin in Graubünden und im Wallis. Doch sind die Gneiskerne der Hauptdecken in den meisten Einzelheiten zu vergleichen mit dem Kern der Hohen Tauern (Tambodecke, Monte-Rosa-, Bernhard-, Tessiner Dekken usw.). Und ebenso entsprechen sich nach Gestein, allgemeinem Alter, Umwandlungsart, Lage weitgehend die Hüllen dieser Orthogesteine: Die Tauernschieferhülle, die penninischen Kernhüllen mit einer tiefsten, stark umgewandelten Gneis-Glimmerschiefergruppe (I, II) der Unteren Hülle, Fedoz-Gesteine, des Margnakristallins, der Valpelline-Gesteine (Dent Blanche), sowie mit einer höheren weniger umgewandelten phyllitischen Gruppe III(—IV) der Maloja- (mit Augengneis) und Arolla-Gesteine; schließlich einer oberen rein „epimetamorphen“, einförmigen „Casanaschiefergruppe“, wohl des jüngeren IV (Kulm).

Übersicht

In noch unvollkommenen Umrissen zeichnet sich in allem ein variszisches Geschehen ab, welches die in den Ostalpen beobachteten Erscheinungen fortsetzt. Ebenso wie im O gliedert es sich in *eine ältere Hinabbauzeit* des unteren und mittleren Paläozoikums, aus welcher mit den Casanaschiefern zum großen Teil wohl kulmische, flyschartige Sedimente überliefert sind. Besonders in den oberpenninischen, südlicheren Decken fällt diese Zeit mangelnder Schrägflächen, tiefer Absenkung und Gefügeformung in der Tiefe durch eine erhebliche Bewegung der ältesten variszischen Gesteine auf, welche basischere, ophiolithische Gesteine der Alkalikalk- und auch teilweise der Alkalireihe nach oben förderte. Umgewandelt liegen sie heute als chloritische oder amphibolitische Prasinite, Eklogite, Serpentine, Chloritschiefer, Talkschiefer vor. Sie werden durchschnitten von Gängen einer jüngeren, sauren Schmelzmassenförderung. Während dieser Tiefbauzeit mit ophiolithischen Ausflüssen muß das Hauptgefüge des variszischen Gebirges in den Westalpen bereits fertiggestellt worden sein. Während der Senkung oder der Tieflage entstand das Gefüge durch den innenbürtigen „Hinabbau“.

Die nun folgende *Hebungszeit* schuf nicht mehr viel Umbauten. Sie ist ausgezeichnet und unverkennbar durch eine in den nordwestlichen Randmassiven noch fast durchweg vorhandene Schrägfläche (Diskordanz) sowie durch den festländischen Abbauschutt des Oberkarbons. Aus ihm ist das vorstephanische (vorottweiler) Alter der variszischen Tiefbauzeit zu entnehmen. Außerdem die Tatsache, daß sich weite Randstücke unseres westalpinen Erdrindenteils im NW und auch im S damals über den Meeresspiegel erhoben hatten.

Als zweite Haupterscheinung dieses Hebungsabschnittes treffen wir überall ganz gewaltige, teils (Außenmassive) mehr batholithisch oder lakkolithisch nach oben eingedrungene granodioritische Schmelzmassen, teils (penninischer Bezirk) gegen NW weit waagrecht vorgeschobene Plutonkörper mit deren Randumwandlung und Ganggefolge an. Weder diese Schmelzen noch ihre Fernwirkungen haben mehr die permische Schutthülle erreicht. *Die Hauptgranitbewegung fällt darum in die oberkarbonische Zeit.*

Den ungeheuren alpinen Verlagerungen und Gesteinsumwandlungen gelang es nicht, die Grundzüge dieses doppelten Geschehens unserer voroberkarbonischen Hauptszene zu verschleiern. Ausgezeichnete Beobachter vermochten die wichtigsten Erscheinungen klarzustellen. So können wir heute das westalpine Beispiel einer Stufe des orogenen Zyklus als neues den von mir 1926 aus dem Werdegang der mittelrheinischen Masse und aus dem alpinen Allgäu abgeleiteten Beispielen anfügen. Der Mangel an Versteinerungen, an Klarheit des alten Bauplans, die Größe der Umwandlungen hinderten einen vollen Vergleich der westalpinen, älteren Varisziden mit den ostalpinen.

Lange vor dem letzten Hauptakt unseres alpinen Schauspiels in Kreide-Tertiär erlebte das westalpine Erdrindenstück noch eine zweite, wiederum zweistufige Szene. Denn die oberkarbonen Abtragungsstoffe wurden nicht erst in alpiner Zeit ihren Mulden zugeführt, sondern schon während der nachoberkarbonen Hinabbauszene.

Der nachoberkarbonische Hinabbau

Bisher streiften wir nur die oberkarbonischen Ereignisse der Westalpen. Sie sind nun zusammen mit den permisch-alttriadischen ins Auge zu fassen. Wir beginnen auch jetzt mit den eindeutigen Beobachtungen in den NW-lichen Randmassiven.

Im Aare-Massiv

untersuchte zuerst Aug. Rothpletz 1880 näher das pflanzenführende Oberkarbon des Tödi und bestimmte nach den Pflanzen dessen Alter, das Fr. Frech (Lethaea I, 1902) noch näher als jenes der Ottweiler Stufe (Unterstephan) festlegte, zu welcher als Oberstephan die in Deutschland zum Unterrotliegenden gestellten Kuseler Schichten zählen. Neue Funde, besonders von B. G. Escher, bestimmte R. Zeiller wegen des Sphenophyllum majus als oberstes Westfal (ob. Saarbrücker Schichten). Unterstephan oder Ottweiler Stufe schien Zeiller trotz des Pecopteris cyathea nicht vertreten zu sein. Es kehrt diese gleiche Flora von St. Etienne der französischen Zentralplatte ebenso im Oberkarbon der Aiguilles Rouges, von Waadt und Wallis wie in Savoyen und im Dauphiné wieder.

Wo immer bisher in den Westalpen oberkarbonische Versteinerungen (Pflanzen) bestimmt wurden, sind immer nur die Schichten eines verhältnismäßig *kurzen Zeitabschnittes* (Obersaarbrücker bis Unterstephan) nachgewiesen. Diese bedeutungsvolle Tatsache zeigt offenbar an, daß in diesem jüngeren Oberkarbon die Bedingungen nicht nur für den außenbürtigen Abbau, sondern auch für die Sammlung und Erhaltung der Abtragsstoffe des vorher in der Hebungszeit geschaffenen Landreliefs besonders begünstigt waren. Da als Grund für diese Ansammlung wegen des humiden Oberkarbons ein Trockenklima nicht in Frage kommt, werden wir mit einer in dieser kurzen Zeit einsetzenden *Muldenbildung* zu rechnen haben. In den Senken sammelten sich nicht nur die stehenden Gewässer und die Pflanzen, die heute als Anthrazitlager vorliegen, sondern auch die öfter bis über 500 m mächtig gewordenen Abschwemmungsstoffe benachbarter Aufragungen. Und diese Senkenbildung werden wir uns als *eine Oberflächenäußerung von innenbürtigen Teilabsenkungen* vorzustellen haben. Das um so mehr, als diese schutt- und pflanzensammelnden Festlandssenken ein ganz allgemeines Hauptstreichen hatten, das oft dem in der vorausgegangenen Orogenphase entspricht. Weithin sind diese oberkarbonischen Kohle- und Schuttmulden zwischen älterem Grundgebirge und flach übergreifendem, höherem Perm-Buntsandstein zu verfolgen (Abb. 8).

Wir haben es also zu tun *mit einer verhältnismäßig kurzdauernden, allgemeinen Muldenbildung im jüngeren Oberkarbon, die im jüngeren Perm abgeschlossen war und als eine neue Bewegungsphase zu werten ist.*

Im Aare-Massiv laufen die Oberkarbonmulden steif geradeaus, ruhig und weiträumig angelegt im Hauptgebirgsstreichen. Erhebliche Überfaltungen, Deckenbewegung oder stärkere Teilverschiebung haben sie vor der Trias nicht betroffen. Wir können sie nur mit den ebenso steifen, gerade fortstreichend und breit angelegten Molassemulden der versinkenden nordalpinen Vortiefe vergleichen und mit ähnlichen Gebilden *auf einem wenig beweglich gewordenen Untergrund.* Ein solcher entstand offenbar schon in der vorausgegangenen voroberkarbonischen Bewegungsphase nicht nur durch Faltung, sondern besonders auch durch die reichliche Granitzufuhr und Gesteinsumwandlung. Die junge Faltung war also schwach.

B. G. Escher hat 1911 die wechselvollen Schrägflächen unter und über dem Oberkarbon im Aare-Massiv, auch am Bifertengrätli im Tödigebiet besprochen (vgl. Abb. 8). Oberkarbones Konglomerat mit Sandstein und Schiefer lagert gleichförmig gefaltet auf dem Tödigranit und Windgällenporphyr, wel-

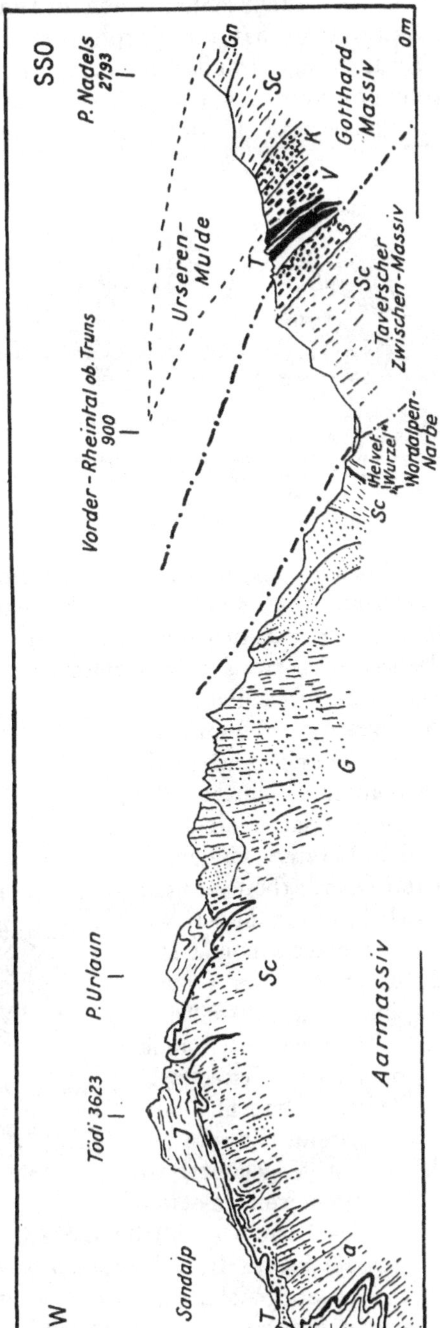

Abb. 8. *Variszische Schrägfläche über dem Gneis des Aare-Massivs* mit eingemuldetem Permokarbon unter autochthoner Trias *T* und Jura *J*. *Gn* Gneis. *Sc* Sericitgestein. *G* Granit. *a* Amphibolit. *V* Verrucano. *s* Schiefer. *K* Konglomerat. Nach Alb. Heim, Geol. d. Schweiz II, Taf. 18.

cher dem Oberkarbonschutt schon in Geröllen einverleibt ist. Aber sein offenbares Ganggefolge hat mit Porphyriten, in einem Fall mit Pegmatit, noch die im übrigen wenig veränderten, im ganzen 200—300 m mächtigen Oberkarbonschichten durchbrochen, die ein kleines, bodenständiges Kohlenlager einschließen. Später drangen auf Klüften weit verbreitete Quarz-Chloritgänge ein. Der Bau des Oberkarbons ist einfach mit einigen südlichen, liegenden Mulden zwischen Gewölben bei östlicher Achsensenkung und einem wenig schräg zum älteren Gebirge liegenden Streichen. Dort, wo zwischen dem kristallinen Grundgebirge und der Trias das Permokarbon gänzlich fehlt, haben wir meist eine vollendete Schrägfläche, in der sich aber nicht nur eine, sondern zwei Bewegungsphasen verbergen (Abb. 9). Diese Schrägfläche ist namentlich am Nordrand des Massivs oft scharf verschuppt, wie man das so schön etwa am Jungfraumassiv im Rottal oder über dem Grindelwaldgletscher (Abb. 10) sehen kann.

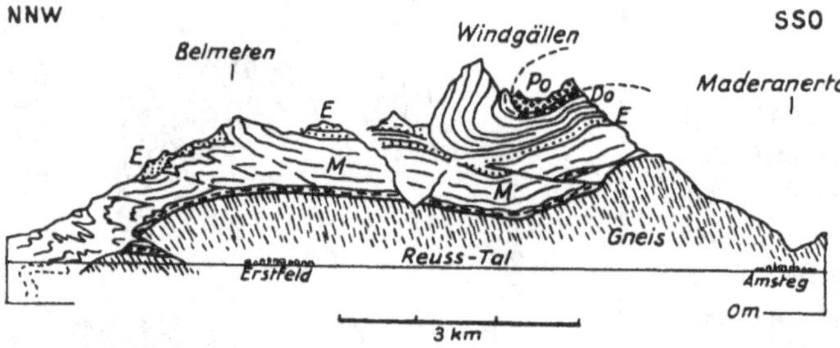

Abb. 9. *Die variszische Diskordanz über dem Aaremassiv-Gneis*, alpin verschliffen. Schwarz über dem Gneis: Trias. Gestrichelt: *Do* Dogger. *M* Malmkalk. *E* Eozän. *P* Porphyr. Nach Alb. Heim und J. J. Jenny in Geol. Führer 1934, 795.

Aug. Rothpletz kannte die Ungleichförmigkeit, mit der die Oberkarbonfalten durch die flachliegende Trias überschnitten werden. Letztere streicht N 75° O, das Oberkarbon streicht mehr östlich. Somit haben wir neben der voroberkarbonischen, hier durch eine — wenn auch topographisch etwas gewellte — Schrägfläche angezeigt, auch *eine vortriadische Bewegungsphase*. Sie ist vermutlich *voroberpermisch*, denn der rote geröllführende Abtragschutt ist in den Westalpen weithin etwas für das höhere Perm einschließlich des Oberrotliegenden Bezeichnendes. Dürfte man voraussetzen, was freilich erst zu beweisen wäre, daß die Bewegungsphasen überall annähernd gleichzeitig waren, so würde unsere voroberpermische Phase naheliegenderweise zu der im Mittelrotliegenden der Lebacher Zeit von Mitteleuropa bekannten frankonischen oder saalischen Bewegungszeit zählen.

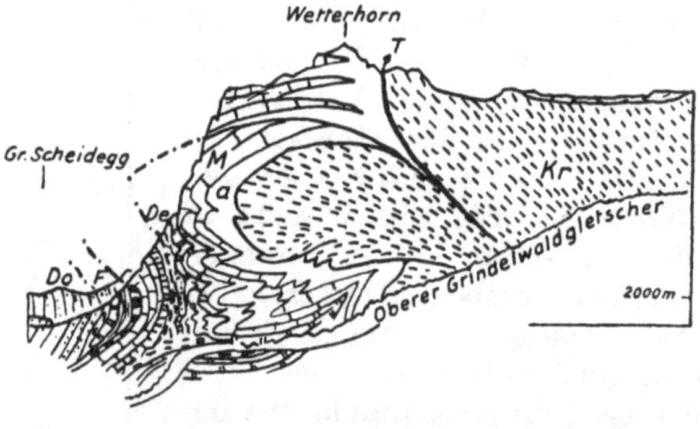

Abb. 10. *Die alpin gestörte, variszische Schrägfläche* bei Grindelwald am Nordabfall des Aaremassivs. Nach W. Scabell und Fr. Müller 1934, 660. *Kr* Kristallinschiefer. *T* Trias-Dogger. *a* Argov. *M* Malm. Oehrlikalk, unt. Valang. Punktiert: obereozäne Mürrenbrekzie. Dick gestrichelt: Obereozänkalk und -schiefer. *F* Flysch. *Do* Dogger der helvetischen Decken.

Mit alpinen Verschiebungen hat diese Bewegung nicht nur wegen der Schrägfläche unter rotem Oberpermschutt, sondern auch deshalb nichts zu tun, weil die wirklich jüngeren Einfaltungen oder Einquetschungen des Mesozoikums zumeist ohne Oberkarbon-Perm unmittelbar ins Grundgebirge erfolgten und im allgemeinen ein ganz abweichendes Streichen besitzen als die voroberpermischen Mulden, denen wiederum zumeist das Mesozoikum fehlt.

Oberkarbonisch-altpermische Mulden beschriebener Art ziehen nun weit durch das Gebirge. Im Aaremassiv sind es zwei Hauptmuldenzüge, im N jene des Wendenkarbons zwischen Gasterengranit und Erstfeldergneis vom Mönch bis zum Spannort, im S jene des Bristenkarbons, die vom Oberalppaß bis zur Faldumalp den Serizitschiefer durchmißt. Den Südrand unseres Massivs begleitet die gleichfalls sehr lange und auffallend steife Urserenmulde, welche vom Karbon des wohl auch schon jungvariszisch gefalteten Tavetscher Zwischenmassivs südwestwärts in das Rhonetal bei Brig fortstreicht. Die gewaltigen Massenverluste zwischen dem Nordflügel dieser Halbmulde und dem unmittelbar angrenzenden Gotthardmassiv (Abb. 6) haben wir 1936 auf das Fortstreichen der Nordalpennarbe zurückgeführt. Wir können hinzufügen, daß bei Herausbildung des Nordrandes an diesem Verlustgebiet *eine jungvariszische Längsstruktur verwendet* worden ist.

In diesem hinabsaugenden Spalt verschwand der Hauptteil des helvetischen Heimatstreifens, aber seine permisch-mesozoische Überdeckung blieb zum großen Teil erhalten. Dieser *permische Abtragschutt* des jungvariszischen Reliefs im N und wohl auch im S wurde nämlich nordwärts ausgeschoben und über die Massive, also über einen Teil seines einstigen Belieferungsgebietes hinweg in den Helvetidentrog verfrachtet. Es ist der Ostschweizer Verrucano von Kt Glarus-St. Gallen. Die 1—2 km mächtig werdende Riesenmasse ist durchweg festländisch. Mehr oder weniger umgewandelte Konglomerate, Brekzien, Quarzit, Sandstein, Tonschiefer machen sie aus, vermehrt um die Zeugen eines sehr lebhaften Vulkanismus: ausgedehnte Quarzporphyr- und Porphyritlaven sowie Tuffe. Die Farbe ist rot, die meist kleinen Gerölle sind unvollständig rund, wenig sortiert. Sie verraten kurze und sehr wechselvolle örtliche Transportwege. Für das gleiche sprechen die Gesteinsarten der Gerölle, Bruchstücke des kristallinen Untergrunds, einschließlich schon des protoginen Aaregranits, der alten Tonschiefer, Sandsteine. Es herrschen aber Porphyrit-, Aplit-, Felsitporphyr; Gneis und Dolomit treten ganz zurück.

Wäre das ganze nicht alpin zu serizitischen Gesteinen verwalzt, so würde es wohl völlig den ortsgebundenen, echten Rotliegendschuttmassen gleichen, wie sie die außeralpinen Nachbarmassive der französischen Zentralplatte, von Serre und vom Mittelrhein, aber auch von Böhmischer Masse, Karpaten, Mitteldeutschland, Spanien und Hohem Atlas umhüllen. Die Übereinstimmung der wesentlichsten Gesteinsmerkmale ist hier überall so groß, daß auch für die westalpinen Massive, die keine altersanzeigende Pflanzen enthalten, mit einem unterpermischen Rotliegendalter zu rechnen ist. Dabei schließen wir aus der recht allgemeinen Erfahrung, daß der riesige Quarzporphyr-Vulkanismus (Thüringer Wald!) erst mit dem Mittelrotliegenden lebhaft losbrach, auch für unser Gebiet auf eine nachstephanische (Cuseler) Bildungszeit. Damit stimmt auch der bekannte, so verbreitete Farbumschlag von den schwärzlichen, grauen Karbon-Unterrotliegend-Gesteinen mit Kohle zu den roten Gesteinen des höheren Rotliegenden und Buntsandsteins. Er wiederholt sich in den Westalpen ebenso wie das auffallende Auftreten der Kupferführung im Perm. Sogar die vermutlich als Pfannenkalke zu deutenden Dolomitlinsen und bänke sowie die Anzeichen kräft ger permischer Rotverwitterung kehren in Einzelheiten wieder.

Die Übereinstimmung mit dem außeralpinen Geschehen wird noch unterstrichen durch die etwas schmächtige, aber gleichfalls dreigeteilte germanische Fazies der Trias, die im helvetischen und bodenständigen Ablagerungsraum herrscht und mit Bänken des Melser Sandsteins (Buntsandstein der Ostschweiz) beginnt. Die liegenden Arkosen und Quarzite sind oft nur einige Dezimeter dick, selten bis 30 m, und gehen tektonisch bereits völlig mit der hangenden Trias, also dem Rötidolomit (meist 10—60 m, teils Rauhwacke) und dem rot-bunten Quartenschiefer, einem bunten Keupermergel mit hellem Quarzitsandstein.

Die gesteinsmäßige, damit im allgemeinen auch baugeschichtliche Übereinstimmung des jungvariszischen Schuttes in- und außerhalb der Alpen ist somit außerordentlich groß. Man darf wohl aus diesen Beobachtungen am Abtragstoff auf eine *die Baugeschichte verursachende Bewegung von weithin gleicher Art schließen.* Baumäßig schließt sich der Rotliegendschutt völlig der weiter übergreifenden Trias an, während die steifen Oberkarbonmulden dem fremd gegenüberstehen. Wir haben eine nachoberkarbonische, vielleicht also nach dem Kuseler Unterrotliegenden in die Zeit der Quarzporphyr-Umwälzungen fallende Bewegungsphase. Damit würde sich wiederum eine kräftig auflebende Tektonik mit einer lebhaft einsetzenden Schmelzmassenförderung vereinigen. *Vor uns steht erneut die Einheit der Erdinnenkräfte* (1934).

Nebenbei fällt uns auf, daß gerade dort, wo die gewaltigen Absenkungen des nordalpinen Abfuhrstromes später zum Ursprungsort der ganzen Deckenverfrachtung wurden, schon in einer Art „Vorahnung" nicht nur eine tiefe oberkarbonische Mulde (Urserenmulde) niederging, sondern daß ebenda auch noch, ablesbar aus den 2 km mächtigen Schuttmassen, im Rotliegenden weiter abgesenkt wurde, während anderwärts oft kaum wenige Meter Rotliegendes oder Buntsandstein abgelagert, also durch eine Senkung aufbewahrt werden konnten.

Das Gotthard-Massiv,

das nun südwärts anschließt, hat nach P. Niggli 1934 nicht nur *eine* „vorherzynische" Faltung und den Einschub bedeutender Granitschmelzen, sowie vor diesem älterer basischer Gesteine — ohne daß man mit Sicherheit diese älteren Phasen auseinanderhalten könnte. Die voroberkarbonischen Falten liegen heute im Ostteil schräg zum alpinen Streichen und besaßen schon voroberkarbonisch ihre Umwandlung in der Gneistiefe. Auch hier kann man nach den vorausgegangenen Gebirgsbewegungen (Tiefbauzeit) wieder einen Schlußabschnitt mit den Haupteinschüben granodioritischer Massen und deren Gangbildungen in der Hochbauzeit unterscheiden. Eine Schrägfläche zwischen Grundgebirge und Oberkarbonsediment hat hier aber vielfach nicht bestanden oder ist später verwischt worden.

Aus den wenigstens randlich eingemuldeten Oberkarbonresten läßt sich, hauptsächlich nach deren Bedeutung im Aaremassiv, außerdem auf eine erneute nachoberkarbonische Einengung schließen. Sie dürfte auch hier von einer jüngstvariszischen Hochreliefbildung gefolgt gewesen sein, denn es strahlten besonders ausgedehnte Permschuttmassen aus. Im Südteil gab es in Oberkarbon-Perm überwiegend Abtragung, teilweise bis auf den Granit, im N, NO und O Absatz der Abtragstoffe. Im Vorland ereigneten sich gleichzeitig porphyrische und diabasische Ergüsse.

Der Verrucanoschutt im O des Massivs setzt die gleichen, wenig verfrachteten Trümmergesteine fort, wie sie nordwärts anschließend in dem helvetischen Heimatstreifen mit besonderer Mächtigkeit gehäuft wurden. Über das Ganze griff das Triasmeer. Seine Absätze sind nicht mehr umgewandelt. Seit der nachoberkarbonischen Bewegungsphase waren hier auch Plutonismus und Vulkanismus zur Ruhe gegangen.

Aiguilles Rouges- und Montblanc-Massiv

Wie für die ältere, so erlauben diese Massive auch für die jüngere Variszidenphase besonders klare Beobachtungen. Der schon in Abb. 7 gegebene Querschnitt durch die Gruppe der Dents de Morcles am NO-Ende des hier gegabelten Aiguilles Rouges-Massivs zeigt über dem voroberkarbonisch gefalteten, granitisierten und umgewandelten Massiv ungleichförmig die Muldenfüllung der von SW heranstreichenden Vernayaz-Mulde mit ihren breiten Flügeln im N schräg über der Fortsetzung des Salantin-Gneises, im S über die stark verkneteten kristallinen Schiefer des gneisig-granitischen Arpille-Teilmassivs greifend. Die rund 1,8 km tiefe Oberkarbonmulde gliedert sich gegen oben in 5 Teilmulden aus Perm.

Die frühoberkarbonische Massivoberfläche ist tief verwittert, stellenweise deutlich laterisiert. Nach der ältervariszischen Bewegung war hier die Schmelze erkaltet, tot. Kein Granit, Aplit, Porphyr, keine Umwandlung von unten erreichte mehr diesen Schuttmantel mit der Flora der jüngeren Saarbrücker und der Ottweiler Zeit, welcher natürlich die vorangegangene Gebirgsbewegung keineswegs zu einer „kaledonischen", sondern viel wahrscheinlicher zu einer vor- oder frühoberkarbonischen stempelt. Lauter Ortsgerölle des lebhaft gewordenen Reliefabtrages setzen den Schutt zusammen. Neben den dunkelgrauen und violetten Tonschiefern, anthrazitflözführenden Sandsteinen, Arkosen, Porphyren finden wir in wildbachartiger Einschwemmung wahrscheinlich von SW her (Renevier) die großen Lager des „Valorcine-Konglomerats" eingestreut. Viele Gerölle von Zweiglimmergranit, Aplit, Porphyr, Biotitgranit, Pegmatit, Glimmerschiefer bis Hornfels, Gneis, wenig Quarzit und Tonschiefer (kein Kalk, noch nichts von Protogin) wurden aus den benachbarten Massiven im SW abgetragen, umgelagert und festländisch niedergelegt. Es gibt nur Landpflanzen; alles ist festländisch und erklärt sich in seiner viele Hunderte von Metern betragenden Mächtigkeit offenbar allein durch *eine während der Ablagerung fortschreitende Muldeneinsenkung.*

Die bekannten, jungvariszischen Einmuldungen wiederholen sich, welche langsam, aber breit und weithin gleichgerichtet zumeist im allgemeinen Untergrundsstreichen je nach Senkungstiefe und verfügbarer Schuttmenge eine wechselnde Masse des damals über die Erdoberfläche wandernden Schuttes einschluckten.

Es wäre unrichtig, diese Mulden als „jungpaläozoische Geosynklinalen" zu bezeichnen. Ebenso unrichtig aber wäre es, ihnen für die Bildungszeit ihrer Füllung jede tektonische Bedeutung abzuerkennen und zu behaupten, es habe aus einer durch innenbürtige Kräfte nicht beeinflußten, rein außenbürtig auf einem starren Relief abgelagerten Schuttdecke erst gegen Ende des Perms eine plötzlich auflebende Faltung diese vorhandenen Sedimentstreifen eingemuldet, während über den Sätteln der einst fortsetzende Schutt abgetragen wurde. Die Zeit wäre „anorogen" gewesen.

In vielen Fällen läßt sich nämlich zeigen, daß die Abtragstoffe nur dort, von der Muldensohle nach außen und oben allmählich übergreifend, abgelagert worden sind, wo sich noch heute die betreffende Muldenfüllung befindet. Dagegen erhielten die Hochgebiete, heute die Sattelzonen, keinen Schutt, sondern sie lieferten solchen ab, waren gleichzeitig daneben die Abtragungsgebiete. Darum sind die Abtragstoffe auch immer ganz ortsgebunden und nicht weit gewandert. Anzeichen für Fernverfrachtung erscheinen erst im Buntsandstein (E. Kraus 1921, –284–).

Die Gesamtlage wie die Einzelheiten lassen keinen anderen Schluß zu als den, *daß während der Ablagerung bereits die Mulden niedersanken.* Dies aber ist eine, freilich äußerlich schwache, *tektonische* Leistung, und die Einmuldung geschah zwar langsam, war aber gleichwohl *orogen.* Wir folgern, daß die oberkarbonisch-altpermischen Falten *bereits während der Einlagerung der Muldenfüllungen entstanden.* Wir folgern, daß die erste Hauptarbeit der jungvariszischen Faltungsphase in einem streifenartig, nämlich in den Muldenböden gesteigerten *Absinken des Reliefs* bestand, nicht aber in dessen Hebung. Es lag schon hoch, denn es war bereits zu Ausgang der voroberkarbonischen Bewegungsphase aufgestiegen. Wäre es noch weiter, wenigstens in den im übrigen bewegungslosen Mulden hochgestiegen, so wäre der Schutt nicht in den Mulden gesammelt worden, sondern *über sie hinweggeschritten.* Denn zum wenigsten in dem humiden oberkarbonischen Pflanzenklima hätte es genug Wasserüberschuß gegeben, um die Abtragstoffe weiter fortzutragen.

Innenbürtige Niederbiegungen hielten also die oft über 1000 m mächtigen Wanderstoffe schon nahe an ihrem Ursprungsort fest. Die Ereignisse in den Vortiefenmulden der Steinkohlenformation oder der Braunkohlenmolasse sind im Grunde auch nichts anderes. In der Tat haben wir ja die ganz entsprechenden Pflanzenansammlungen (Anthrazitlager) in den Westalpen.

Diese bisher viel verkannten Muldenzüge erscheinen uns sehr lehrreich, denn sie erlauben *eine gewisse Einsicht in die Lebensart unseres Erdkörpers.* Schon jetzt zeigt uns ein Blick auf die Hunderte von Kilometern gleichmäßig und ziemlich geradlinig hinstreichenden oberkarbonischen Muldenzüge die offenbare Großzügigkeit eines in Teilmulden absenkenden Zugriffes der innenbürtigen Kräfte. Niemals könnte ja, namentlich der Beginn solcher Absenkung, rein durch die Belastung mit den Schuttmassen erklärt werden, die am Anfang noch fehlten!

Eins ist gewiß richtig: Das Ganze bedeutet für die Erdoberfläche nur einen *embryonalen Faltenbeginn.* Die Kräfte waren nicht stark genug, jedenfalls nicht befähigt, den in der vorausgegangenen variszischen Hauptbewegungszeit anscheinend versteiften, verdickten Erdrindenteil grundlegend umzuformen. Langsam nur, synsedimentär, bogen sich die Mulden nieder zu einer Art Wellblech, das aber wohl überwiegend nur breite Mulden, aber keine gewöhnlichen Faltensättel zwischen ihnen besaß; das auch im großen keine weiteren Teilverlagerungen erfuhr, keine etwa durch Tiefenumwandlung bewiesene, sehr tiefe Absenkung, keine weitgehende Durchdringung mit Plutonen.

Daß aber der *Schmelzfluß dennoch bedeutende Bewegungen* ausführte, wird ersichtlich aus dem gewaltigen, meist quarzporphyrischen Vulkanismus, der gegen den abschließenden Hebungs-Abschnitt nach oben durchbrach. Denn entsprechend der geringeren Absenkungstiefe sehen wir auch nicht Tiefengesteins-, sondern Oberflächengesteins-Bewegung, „*Subsequenz*“. Vgl. H. Stille 1950.

Etwa gleichzeitig mit diesem Aufsteigen des sauren Magmas scheint sich auch hier wieder das Erdrelief selbst gehoben zu haben. Denn die Masse des jungpermischen und Buntsandsteinschuttes ist hier sehr unerheblich. Was wir am Rhone-Durchbruch an Permschutt haben, ist rot, 100—300 m mächtig und nach M. Lugeon 1930 wahrscheinlich nur Unterperm. Es ist im übrigen der gleiche Schutt wie jener des Oberkarbons, und *beide wurden zusammen harmonisch in Falten gelegt*.

Diese Faltung, deren Anfänge also bereits durch die Ottweiler Zeit gehen, muß vor Ablagerung der untersten sandigen Trias beendet gewesen sein, die sich schon gleichförmig der dolomitischen Hangendtrias anschließt, die aber die fünf Permmulden — soweit Perm überhaupt abgesetzt wurde — ungleichförmig quer abschneidet. Vor Absatz der Untertrias muß aber auch schon ein bedeutender außenbürtiger Abtrag vollendet gewesen sein. Denn die Trias legte sich über eine Fastebene, die jedenfalls nicht das reliefmäßige Ergebnis der vorangegangenen, bedeutenden Faltung gewesen sein könnte.

Wenn nun an Stelle eines faltigen Niederbiegens mit Sedimentsammlung in den Mulden, die noch im Unterperm angehalten haben muß, nach der Faltung regional stark abgetragen werden konnte, so ist hieraus offenbar auf eine nach vollzogener Senkung und Faltung einsetzende Emporhebung des Erdrindenreliefs bzw. auf eine bedeutende Senkung der Erosions-Basis geschlossen werden. Da eine starke, den plötzlichen Umschlag von Absatz zu Abtragung bedingende Klimaänderung deutlicherweise nicht in Frage kommt, könnte man als abweichende Deutung höchstens noch die vordringende Meeresabrasion gelten lassen. Doch fehlen Versteinerungen oder sonstige Anzeichen für eine solche. Auch liegt unser Massiv für das jungpermische Meer viel zu unerreichbar weit landeinwärts, und wird man der Abrasion heute nicht mehr eine so bedeutende Leistung zutrauen, zumal z.B. am höchsten Gipfel der Aiguilles Rouges oder im nördlichen Aare-Massiv gleichzeitig eine entsprechende Verebnung entstand, die aber schon durch ihre gewellte Form die Annahme der Abrasion verbietet.

Es ergibt sich, daß auch in unserem Fall in der schwachen nachoberkarbonischen und vortriadischen Bewegungsphase, die entsprechend sonstigen Erfahrungen dem Mittelrotliegenden zufallen würde, und welche M. Lugeon mit „allobrogisch“ bezeichnete, ein Doppeltes zu erkennen ist:

1. eine *niedermuldende Zeit* mit langsamer Absenkung hauptsächlich in Abtragungsschutt-sammelnden Teilmulden. Die anwachsende Erdinnenkraft zog unseren Erdrindenteil unter faltiger Einengung nach unten. Nach Abschluß kam
2. eine *Hebungszeit* mit allgemeiner Heraushebung, daher weitreichender Abtragung des schon gefalteten Reliefs; mit erheblichem Vulkanismus stiegen sauere Schmelzen auf.

Die erste Stufe ist jene des gefügeformenden, *innenbürtigen* Hinab- oder „Abbaues". Die zweite Stufe fällt zusammen mit der Zeit des *außenbürtigen* Abtrages des Gebirges den man auch wohl „Abbau" nennt.

Damit wiederholt sich im Perm die gleiche Doppelung des Abbaues, welche wir bereits S. 87 für die voroberkarbonische Variszidenbewegung kennen lernten. Hinsichtlich der Tiefe der Absenkung, der Schärfe der Durchfaltung, des Umfanges der Granitisierung und Schmelzmassenbewegung aber bedeutet die permische Phase den gleichen Rückschritt der Leistung wie ihn die Mittelrotliegend-Phase etwa im variszischen Mitteldeutschland beweist. Gerade wegen dieser Schwäche, dieser Anfänge, in denen alles stecken blieb, werden die Zusammenhänge besonders klar. Es liegt ein *vergeblicher Versuch vor, das frühvariszisch schon erheblich gefestigte Gefüge erneut in den geosynklinalen Strudel hinab- und hineinzuziehen.* —

Bei weiterer Betrachtung der westalpinen Massive sind immer weitere Abwandlungen immer des gleichen Themas sichtbar. Am *SW-Ende der Aiguilles Rouges*, im Prarion, erscheinen nach B. G. Escher 1911, 31, die gleichen Schrägflächen zwischen Oberkarbon und Triasquarzit bzw. Verrucano (Oberperm).

Wenig und nur geröllfreies Oberkarbon fand sich *im Montblanc-Massiv.* Ähnlich dem Gotthard-Massiv liegt es auch hier überwiegend gleichförmig dem Grundgebirge auf. Perm ist im Inneren überhaupt unbekannt. Doch greift weiter in der Umgebung über steilstehendes Karbon und geröllführendes Perm die flache Trias (Alb. Heim, Geol. d. Schweiz II, 1, 229), was auch hier die spätvariszische Phase anzeigt, die schon 1898 von Duparc & Mrazec angenommen wurde.

Die Südfortsetzung des Montblanc bietet mannigfache Querschnitte bald mit bald ohne die jüngere variszische (permische) Schrägfläche, deren Fehlen aber dann durchaus nicht das Fehlen der Permphase zu bedeuten braucht.

Belledonne, Grandes Rousses, Pelvoux

Die erstgenannten Massive zeigen (Abb. 6) offenbar die weiteren SW-Fortsetzungen der erwähnten Muldenzüge mit entsprechender Schuttfüllung. Das dem Grundgebirge ziemlich gleichförmig eingespitzte Oberkarbon ist nach P. Termier durch die übergreifende Trias quer abgeschnitten. Bei Allevard liegt über dem gefalteten Grundgebirge oder über den oberkarbonischen Konglomeraten, Sandsteinen, Schiefern mit etwas Anthrazit der offenbar schon dem unterpermischen Verrucano angehörende, rötliche und mächtige Allevard-Sandstein. P. Lory, der ihn eher für Vogesensandstein halten wollte, meldet aber von mehreren Stellen deutliche Ungleichförmigkeit zwischen ihm und der Trias. Die hier wiederum gut erkennbare Permfaltung (Kilian & Révil) ist nach dem Genannten sehr kräftig gewesen, denn das Karbon liegt meist sp tz eingeklemmt im Kristallin. Doch dürfte dies zum wenigsten teilweise der alpinen Faltung zur Last fallen. Auch im Aiguilles Rouges-Massiv wurden die Karbonmulden alpin verjüngt und weiter vertieft.

Im kleineren *Grandes Rousses-Massiv* wiederholen sich 2 streichende Karbonmulden, die vortiefenartig beiderseits einer schuttliefernden Hauptkette niedergebo en wurden. Die Westmulde sammelte nur Schieferschlamm, Sand und die Pflanzen der Anthrazitlinsen. Die 2,5 km östlichere erweist sich als viel lebhafter: Grober Geröllschutt, Sandstein, sogar eine, auf einer NS-Linie sitzende Vulkanreihe mit trachytisch-phonolithischen Laven und Tuffen sind hier aufbewahrt. Auch hier hielt P. Termier die permische Faltung nicht für sehr stark, auch hier folgte eine bedeutende Abtragung, also wohl ein Aufsteigen des Gebirges, vor dem Übergreifen der Trias. Diese liegt dort ungleichförmig über dem Untergrund, und zwar jetzt noch flach.

Und gehen wir südwärts, so sehen wir im Westteil der rundlichen *Pelvoux-Masse* die Fortsetzung der beiden Karbonmulden der Grandes Rousses. Ostwärts erhob sich nach P. Termier 1896 wohl wieder ein oberkarbonisches Abtraggebiet, das auch gegen O in eine neue Karbonmulde mit Streichen N 10° O Schutt abgab. Der rote, wahrscheinlich zum Unterperm zu zählende Inhalt der Kerne dieser annähernd N-S-streichenden, parallelen Muldenzüge wurde noch mitgefaltet. Dies war auch hier vor der Abtragung und der dann übergreifenden Trias abgeschlossen. Der ältervariszische, vielleicht außerdem auch algomanische Bau des Altkristallins streicht mehr SW-NO.

Briançonnais, Piemont, Pennin

1—2 km mächtig zieht das anthrazitführende Oberkarbon des Briançonnais-Fächers weit von S nach N und NO in die scharf geschuppte Stirn der Sankt-Bernhard-Decke hinein. Dunkle Tonschiefer, schiefrige und sandig-quarzitische Serizit-Gesteine, Sandsteine, Grauwacken, Konglomerate, Arkosen, dazu Linsen oder lange, verunstaltete Flöze von Anthrazit herrschen in den zumeist wohl westfalischen (Saarbrücker Schichten) Gesteinsmassen. Das Alter der Floren in dem westlichen und nordwestlicheren Gürtel der Außenmassive entspricht dagegen meist dem Stephan (jüngere Ottweiler Schichten).

Bestätigt sich dieser Altersunterschied im allgemeinen, so kann man hier mit einer ähnlichen Verlagerung der schuttsammelnden Oberkarbonmulden von innen gegen außen zu rechnen wie sie im mittelrheinischen Massiv von S nach N stattfand (E. Kraus 1926/28, 25) und noch weiter in der Ruhr-Vortiefe erkannt werden konnte. Es wäre dann also der Achsenteil des Gebirges nicht etwa jünger, wie man aus dem Fehlen der variszischen Schrägflächen (Diskordanz) im penninischen Raum glaubt schließen zu sollen, sondern in seiner Entwicklung ein wenig vorangeschritten gegenüber dem äußeren Massivrahmen.

Ziemlich allgemein wird gleichförmige Lagerung zwischen Briançonnais-Oberkarbon und Trias angegeben; gleiches gilt für die Piemont-Zone. Darum nehmen W. Kilian & J. Révil 1908, 65, an, daß keine Gebirgsbewegung stattfand, sondern während Karbon-Perm-Trias eine ruhige Geosynklinale bestand, Abb. 11.

Da die Ausbildung einer größeren Schrägfläche nicht notwendig mit einer zeitweise beschleunigten Gebirgsbildung verbunden sein muß, kann sehr wohl auch hier eine solche eingetreten sein. Unter dem Meeresspiegel ist dieser Erdrindenteil nun freilich nicht geblieben, denn auch hier haben wir einen sehr breiten, gegliederten und langgestreckten, vortiefenartigen Muldengürtel, der aber keine Meeresreste, sondern festländische Gebilde einschließt. In Savoyen machten sich außerdem viele dioritische Schmelzflüsse breit. Unzweifelhaftes Verrucano fehlt mit Ausnahmen von roten Konglomeraten und Schiefern im Briançonnais-Perm. Können wir schon darum eine schärfere Bestimmung unserer Phase nicht erwarten, so auch deshalb, weil gegen O aus dem normaleren Oberkarbon bald alle Übergänge nach den vieldeutigen „Casanaschiefern" hinüberleiten. Eine etwa früher im Perm zwischen Oberkarbon und Trias vorhandene Schrägfläche konnte hier später besonders leicht verwischt werden. Denn entsprechend dem SW-NO-Streichen weiter auswärts haben wir auch für den Innenteil des Westalpenbogens ein überwiegend SW-NO-liches variszisches Streichen anzunehmen. Legten sich darüber die permisch-mesozoischen Hüllen, so wurden die Schrägflächen nicht allein wegen der besonders scharfen alpinen Durchbewegung zerstört, sondern auch weil letztere in den gleichen Bahnen verlief.

Gleichwohl haben die Beobachter allgemein das Vorhandensein schwacher Faltenwellen und nachfolgender Abtragung in jungvariszischer Zeit für das penninische Deckengebirge erschließen können (Alb. Heim, Geol. d. Schweiz, II 2, 491). Über dessen außenbürtig wieder ziemlich ausgeglichenen Untergrund, von dessen Einebnung uns die oft recht mächtigen permokarbonisch-untersttriadischen

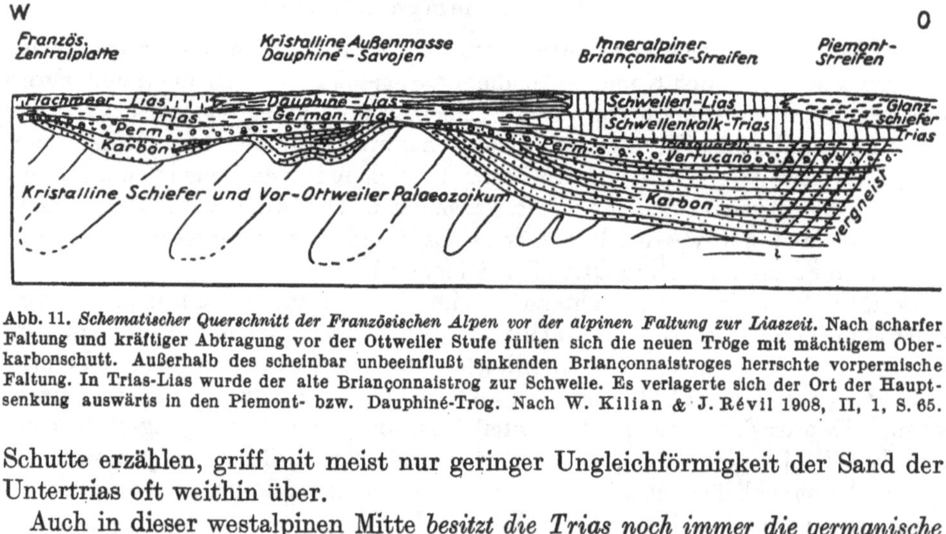

Abb. 11. *Schematischer Querschnitt der Französischen Alpen vor der alpinen Faltung zur Liaszeit.* Nach scharfer Faltung und kräftiger Abtragung vor der Ottweiler Stufe füllten sich die neuen Tröge mit mächtigem Oberkarbonschutt. Außerhalb des scheinbar unbeeinflußt sinkenden Briançonnaistroges herrschte vorpermische Faltung. In Trias-Lias wurde der alte Briançonnaistrog zur Schwelle. Es verlagerte sich der Ort der Hauptsenkung auswärts in den Piemont- bzw. Dauphiné-Trog. Nach W. Kilian & J. Révil 1908, II, 1, S. 65.

Schutte erzählen, griff mit meist nur geringer Ungleichförmigkeit der Sand der Untertrias oft weithin über.

Auch in dieser westalpinen Mitte *besitzt die Trias noch immer die germanische Dreiteiligkeit, so daß sich nicht nur die jungvariszische, sondern auch die triadische Entwicklungsgeschichte von Mitteleuropa bis in die Westalpen fortsetzte.*

Vom Helvetischen und vom Briançonnais gegen SO geht freilich nach E. Argand (Abb. 12) die Trias aus der wohl gegliederten in die nicht nur höher umgewandelte, sondern auch schon ursprünglich abweichende Sammelfazies („série compréhensive") über, welche für das tiefere, beweglichere Innere der Geosynklinale bezeichnend ist und nach ähnlichen Zuständen im Piémont überleitet. Weiterhin gegen SO schloß damals die Schwellenaufragung des unterostalpinen Bildungsraumes an.

Solche Übergänge in eine Sammelfazies werden wir noch klarer, weil in noch weniger umgewandelten Gesteinen aus der helvetischen Flachseefazies des Kreide-Schelfmeeres etwa in Allgäu-Vorarlberg südwärts in die gleichzeitig abgelagerte Kreideflyschfazies wiederfinden.

Die Vertretung von Oberkarbon und Perm in den so stark veränderten *Tessiner Decken* ist ziemlich fraglich. Graphitische Schiefer werden z. B. am Simplon, Konglomeratgneise von mehreren 100 m Mächtigkeit mit karbonatischen Gesteinen im Lebendungneis werden dem Permokarbon, Granatglimmerschiefer am Campolungo werden dem Perm zugezählt.

Weiter ostwärts, *in Graubünden*, fehlen sichere Anzeichen für die variszischen Faltungsphasen im Gegensatz zum Wallis. Wohl haben wir nach E. Argand und

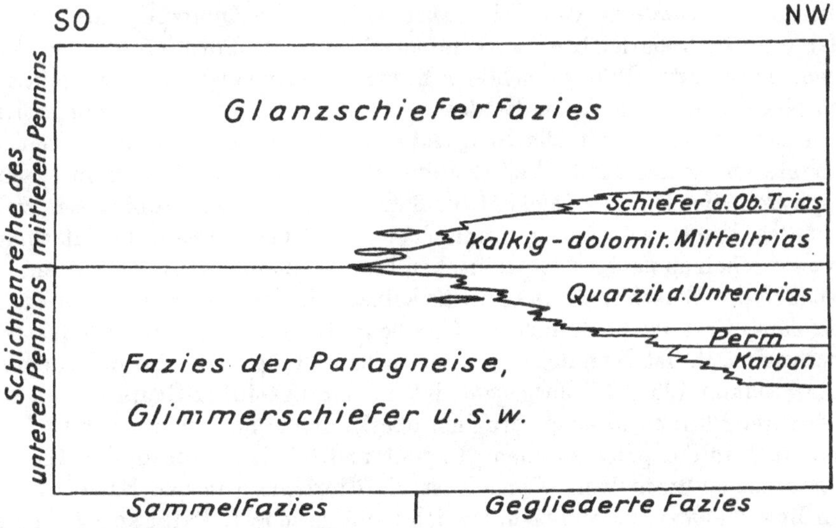

Abb. 12. *Faziesgang im penninischen Ablagerungsraum.* Schema nach E. Argand, 1934, 156.

R. Staub streifenweise Abtragung und Schuttbildung von langen, als Insel-Girlanden aufragenden Teilschwellen. Jedenfalls vermissen wir aber ausgeprägte Schrägflächen. Die schwarzen Graphitschiefer und tonigen Sandsteine zählt man zum Oberkarbon, vielleicht sind sie Silur. Anderes wird mit viel Unsicherheit zum Perm gestellt. Weder nach unten noch nach oben gegen die daraus oft unmerklich hervorgehenden, untersten, Tafelquarzite der Trias lassen sich heute allgemeine Ungleichförmigkeiten erkennen. Vielleicht sind später durch Ummineralisierung solche Flächen verschwunden, doch werden sie auch ursprünglich weithin gefehlt haben, denn wir stehen hier schon mitten in der tieforogenen Flyschfazies, die S. 194 für die Trias zu deuten sein wird. Wir erkennen dann, daß gerade das Gegenteil von Ruhe herrscht, daß die Sedimente nicht weit über den Mutterstätten tiefbaulicher Bewegung so sonderbar geworden sind. Hier liegt bereits der altalpine Unruheherd. Von diesem, noch mit so viel Rätseln belagerten Raum aus gegen SO folgt (Abb. 6) im abgewickelten Zusammenhang der Heimatstreifen des

Unterostalpinen Massiv-Gebietes.

Mit ihm treten wir ziemlich rasch wieder auf festen Boden, in dem viele der zentralmassivischen Eigenschaften wiederkehren, wenn auch die Massivhäupter dieses „unterostalpinen Inselkranzgebirges" (J. CADISCH) oder des „rumunischen Rückens" (C. W. KOCKEL) alpin entwurzelt wurden.

Das Unterostalpin unterscheidet sich bedeutend von anderen Massivgebieten. Rings war es umrahmt von überwiegend phyllitischem Kristallin, dem Parakristallin der Sella-Margna- und Dent Blanche-Decke im W bzw. N, von dem des mittelostalpinen Campo-Languard-Kristallins im O, von den Quarzphylliten der Tonale-Gesteine im SO und des südalpinen Sockels im S. Das Bezeichnende und Besondere, was aber inmitten die unterostalpine Insel ausmacht, ist eine außerordentliche *Ansammlung von Schmelzmassen.* In die Quarzphyllite, „Casanaschiefer", in die vielerlei Gneise, Glimmerschiefer, die Porphyroide und Mergel drangen, meist unter Bildung schöner Berührungsumwandlung, die grauen und grünen Granitmassen u. a. der Errdecke, die Abkömmlinge eines monzonitisch-essexitischen Stammes mit Dioriten, Gabbros, Monzoniten und Banatiten, aber auch bunte und grüne Kalkalkali-Granite, rote und weiße Alkaligranite, Quarzkeratophyre in der Bernina-Decke. Über 3 km werden diese Plutonplatten; *doch es sind Platten,* keine etwa bodenständig hier in die Tiefe erweiterten Batholithe. Teilweise erscheinen neben den pazifischen bereits *atlantische* Abspaltungen.

Bezüglich des Einschubalters herrscht keine Sicherheit. R. STAUB hält die Einschübe, deren Gesteine noch nicht als Gerölle im Oberkarbon auftreten, fast völlig für nachvariszisch. Ist darunter ein mesozoisches Alter gemeint, so steht dem nach H. P. CORNELIUS 1935, 57, entgegen, daß in der Err-Julier-Gruppe doch schon Gerölle dieser Plutone in einem fraglich oberkarbonischen, sicher vortriadischen Gestein, auch in der paläozoischen „Lavantèra-Brekzie", dann in den Lias- und Saluver-Brekzien erscheinen. Danach ist die Einreihung in das Ende des variszischen Bewegungszyklus möglich, freilich nicht gesichert. Dafür spricht die gute Erhaltung und Störung nur durch alpine Bewegungen. Doch könnte immerhin noch ein jungalgonkischer Einschub in Frage kommen, denn die Hüllgesteine sind ausnahmslos vorpaläozoische kristalline Schiefer.

Der Mangel einer für algonkische (algomanisch bewegte) Gesteine durchaus üblichen Vergneisung, der Vergleich mit den gewaltigen variszischen, namentlich voroberkarbonischen Einschüben anderwärts in den Alpen, das Erscheinen der Granitgerölle schon in wahrscheinlich permischen Konglomeraten, aber noch nicht sicher in oberkarbonischen, macht ein Aufsteigen der Schmelzmassen *zu Abschluß des Oberkarbons oder im Altperm* am wahrscheinlichsten. Man denkt an den Tödigranit und andere, jüngste Massiv-Einschübe. Die Vergneisung dürfte bereits jungalgonkisch gewesen sein.

Jedenfalls liegt hier wiederum eine gewaltige Granitisierung, Schmelzfluß-Durchtränkung (Abb. 13), *Verdickung und Festigung eines Erdrindenteils* vor, der sich gegen seine Umgebung hochstrebend und fortan besonders widerstandsfähig verhielt. Darum vermissen wir hier Rotsandschutt-sammelnde Muldenabsenkungen. Was Perm oder Buntsandstein genannt werden kann, hat wenige Zehner von Metern, nur die Eruptivlager der Bernina-Decke sind mächtig. Spät erst konnte hier das Triasmeer eindringen; der Flachgrund bildete bald Lagunen mit Gips, Rauhwacke, und auch später behielt dieses *Inselkranzgebirge* seine Eigenart bei.

Nicht allein der gewaltige Andrang von Tiefen- und Ergußgesteinen spricht für die, vielleicht auch da zweistufige variszische Bewegungsphase. Ebenso bedeutungsvoll ist, trotz der von H. P. CORNELIUS 1935, 126, betonten Gleichförmigkeit des paläozoischen Nair-Porphyroids über den kristallinen Schiefern und unter dem Buntsandstein bzw. der Rauhwacke in der Clavatsch-Schuppe (wohl Bernina-Decke) das Erscheinen der groben Ortsbrekzien; dazu die Unabhängigkeit, mit welcher die wohl oberkarbonischen Schichten gegenüber dem älteren Untergrund auftreten. Namentlich läßt sich die variszische Bewegung aus dem bedeutenden Gegensatz bezüglich Durchbewegung, Verschieferung, Teilfaltung in den paläozoischen Gesteinen im Gegensatz zu der nur örtlich ähnlich behandelten Trias erweisen, die außerdem oft eine geringere Verlagerung erkennen läßt als ihre Unterlage. So ruht der Buntsandstein im N der Err-Decke überall ungleichförmig mit Schrägfläche auf den älterkristallinen Schiefern. Deren Oberfläche ist durch alte Verwitterung ähnlich rot gefärbt wie jene des Aiguilles-Rouges-Massivs.

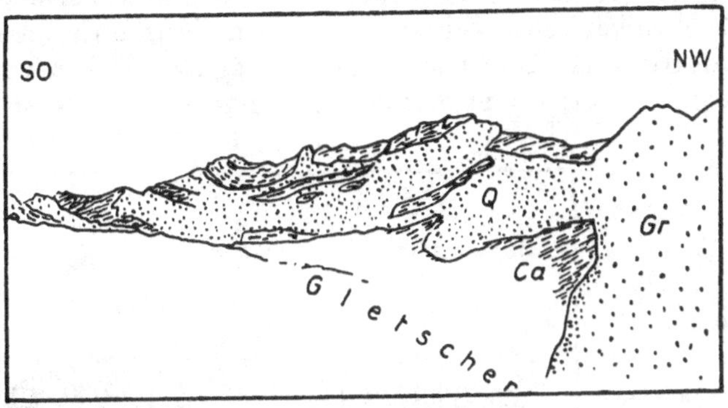

Abb. 13. *Schmelzkontakt zwischen Casanaschiefern Ca und Quarzkeratophyr Q*, bzw. Granit und Banatit *Gr* der Berninadecke am Grat zwischen Diavolezza und Munt Pers, Bernina. Nach R. Staub 1916.

Es gibt Beobachtungen genug, welche einen Höhepunkt der innenbürtigen Kräfte für das ausgehende Paläozoikum im unterostalpinen Raum beweisen. Eine feinere Gliederung in Teilstufen ist noch nicht möglich.

Südalpen

In den Südalpen besteht der Sockel, wie gesagt, überwiegend aus kristallinen Schiefergesteinen. Die Phyllite der Fedoz-Gesteine, der Tonale- und Edolo-Schiefer, der mittelostalpinen Livigno-„Casana"-Schiefer ziehen, durchschwärmt von Diabas- und Porphyritgängen, hinein in die Quarzphyllite der Bergamasker Alpen, während in der Orobischen Antiklinale wohl überwiegend Paragneise liegen. Das Alter dieser Gesteine ist ganz unsicher. Für die Phyllite wird oft paläozoisches Alter angenommen. Jedenfalls sind Tiefenumwandlung und Gebirgsbewegung auch hier alt, vor- oder frühvariszisch. Denn oft auf Schrägflächen, oft auch scheinbar gleichförmig ruht klastisches, geröllreiches und sandiges Oberkarbon-Perm diesem alten Boden auf; vgl. I. I. DOZY 1935.

Luganer Seegebiet. Die Beziehungen des oberkarbonisch-permischen Schuttmantels zu seinem Untergrund verlangen noch manche Arbeit. Selbst an dem lang bekannten oberkarbonischen Pflanzenfundplatz von Manno 4 km NW Lugano, mit seiner Saarbrücker bis Ottweiler Flora fehlt noch die Klärung wie groß die Ungleichförmigkeit zwischen dem kristallinen Liegendschiefer und den groben Karbonkonglomeraten ist (Abb. 14). Mag sie größer oder kleiner sein: Mit dem

Oberkarbon setzte eine grundlegend neue, klastische Ablagerungsruhe ein, die einen bedeutenden Sprung in der Umwandlung zur Folge hatte und für sich schon genügt, um hier überall die voroberkarbone Phase klar werden zu lassen.

Aber auch die schwächere, nachoberkarbone, *altpermische Bewegungsphase* finden wir unzweideutig abgebildet. Ohne Frage ist an vielen Stellen, wie gerade auch bei Manno, das Oberkarbon schon bald nach seinem Absatz auf Brüchen, die es vor Abtragung schützten, in den Untergrund eingesunken (Alb. Heim, II, 2, 822). Es folgten weitere Gebirgsbewegungen. Sie müssen sich vor oder auch während der hochvulkanischen Zeit ereignet haben. Denn über einer viel ungleichförmiger das Altkristallin überschneidenden Schrägfläche sehen wir im Bereich des Luganer Sees eine bis 100 m mächtige Konglomerat-Sandstein- und Tuffmasse („Verru-

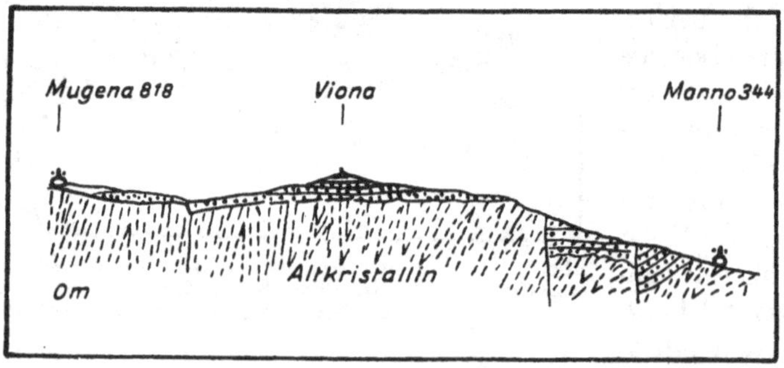

Abb. 14. *Variszische Diskordanzfläche* über dem altkristallinen Serizitschiefer und unter Konglomeraten, Sandsteinen von Ottweiler-Oberkarbon und Perm bei *Manno, Lugano.* Nach P. Kelterborn.

cano“-Grödener Sandstein). Darüber floß zuerst ein mächtiger, dunkelroter Strom von Feldspatporphyrit, dann rote Quarzporphyrlava. Ausgedehnte Tuffzwischenschichten beweisen die Tätigkeit der Vulkane, die zuletzt bis 600 m Schmelzflüsse zutage gefördert hatten. Es folgte eine Zeit kaolinisierender Verwitterung, dann überzog Sand und Geröll der skythischen, oberkampiller Schichten mit Voltzia heterophylla und Servino-Pelit gleichförmig das ganze.

Bergamasker Alpen. Weiter ostwärts lagert ebenfalls meist ungleichförmig (Abb. 15) die vielfach, jedoch zusammen mit Trias gefaltete Permschuttdecke mit Quarzporphyreinschaltungen. Der Boden senkte sich und nahm die pelitisch-sandigen Collio-Gesteine des offenbar marinen Unterperms, dazu den erheblichen Vulkanauswurf (Abb. 15) in Zwischengebieten auf, während es im W (Lugano) und O (Judikarien) außer festländischem Vulkanismus keine Spur mariner Senkung gab. Erst im Nonsberg, also noch weiter im O, hat sich zwischen Porphyrkonglomerate und oberpermischen Grödner Sandstein der Kalk- und Tonschiefer von Tregiovo als weiterer Beweis für eine Teileinbiegung im Unterperm gebildet. Eine Lücke oder Ungleichförmigkeit zwischen diesen unterpermischen Fazies der Teilverbiegung und dem fast überall übergreifenden Verrucano-Grödner Sandstein, Oberperm fehlt im allgemeinen. Nach oben folgt dann die von O nach W langsam fortschreitende Meeresüberflutung der oberpermischen Bellerophonkalk-Oolithdolomit-, Prasokalküberflutung, die mit der Seiser und dann auch der Kampiller Transgression fortsetzt, also mit den Folgen schon alpiner Großverbiegungen.

Die Südtiroler Quarzporphyrplatte bietet uns ein letztes, klares Beispiel für die große Bedeutung der spätvariszischen, permischen Faltungsphase und deren hochvulkanischen Abschluß. Weil sichere oberkarbonische Zwischenschichten fehlen, fällt hier freilich die Ungleichförmigkeit der vor- und jene der nachoberkarbonischen Bewegung, die wohl auch hier beide nicht fehlten, in die gleiche Schrägfläche.

Völlig ungleichförmig zu dem im W von Brixen auffälligerweise überwiegenden NW-streichenden Faltenbau und mit deutlichem Sprung in der Gesteinsumwandlung senkt sich die Quarzporphyrplatte Südtirols flach nach S. Unter ihr treffen wir ganz ähnliche, dem Verrucano zugerechnete, graurötliche Aufarbeitungsstoffe des örtlichen Untergrundes wie weiter im W. Der oft sehr wenig gerundete und weit verbreitete Festlandsschutt füllt Verwitterungslöcher und läßt noch alle Andeutungen eines porphyrischen Vulkanismus vermissen. Wir schließen hieraus, daß *die Faltung des Untergrundes und dessen Abtragung bereits vollzogen waren als sich der erste Vulkan öffnete,* als die verschieden sauren Schmelzflüsse aufstiegen. Die nachfolgenden Bewegungen entfallen zur Hauptsache auf die alpine Zeit.

Wir sehen also erneut, daß zuerst die Faltung und dann erst die große abschließende Schmelzmassenbewegung stattfand.

In bemerkenswerter Übereinstimmung mit der Luganeser Porphyrplatte sind es danach auch in Südtirol zunächst einmal augitporphyrische (melaphyrische) Laven, Tuffe und Tuffkonglomerate, welche die Frühzeit der Ausbrüche ganz beherrschen.

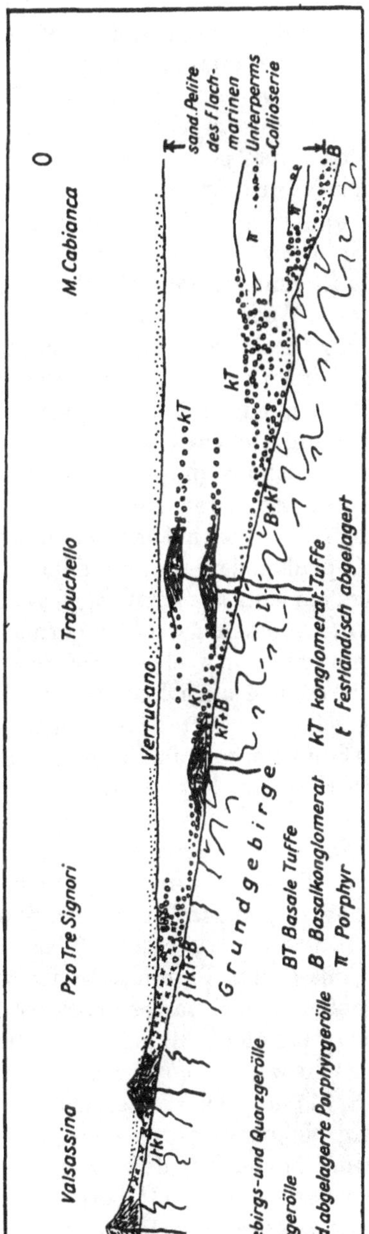

Abb. 15. *Profilschema für die Zeit des Oberperms bei Lugano* nach J. J. Dozy 1935.

Erst nach ihnen, beginnend bei Theis, wo später noch Augitporphyrgänge in den Quarzporphyr drangen, dann aber allgemein und in noch viel größerem Bereich, taten sich die quarzporphyrischen Vulkanessen auf.

Bis zu insgesamt 400—1400 m Mächtigkeit flossen die Lavaströme weithin übereinander, unterbrochen von den Tuffen und Tuffkonglomeraten. Zuletzt noch schnitten Augitporphyrgänge durch. Die Lücke, die eigentlich in den benachbarten Schichtfolgen dort durch den Ausfall der vulkanischen Stoffe entstehen mußte, ist ganz unmerklich. Daraus schließt R. v. Klebelsberg 1935, 306, *auf sehr raschen Ablauf dieser Vulkanereignisse.*

Feststellungen über die Bewegung der Erdrindenoberfläche lassen sich nicht machen. Weder die sonst irgendwie erweisbare Absenkung gleichzeitig mit der Faltung, noch die nachfolgende Hebung ist zur Zeit wahrscheinlich zu machen. Allenthalben fehlen die Anzeichen für eindringendes Meer. Es gibt nur spärliche Festlandspflanzen. Über die verschiedenen Lava- und Tuff-Felder legte sich mit ganz allmählichem Übergang der festländische Abtragstoff des roten Grödner Quarzsandsteins (50—250 m) mit reichlicheren Landpflanzen, seltenen Fischschuppen, Estherien, Lingula, also auch noch ohne Marines. Nur in einer mittleren Lage östlich Auer hat man nach Mutschlechner 1933 eine kalkige Zwischenlage mit Cephalopoden, die zum mindesten beweist, daß vorübergehend die Oberfläche unter dem Meer lag. Im übrigen aber wiederholen sich die Ablagerungsbedingungen des Altrotsandsteins, die im germanischen Buntsandstein weitergehen. Nach oben erst erscheinen in wechsellagerndem Übergang die marinen Bellerophonkalk-Bänke.

Wir können auch hier den mächtigen Vulkanismus in die hochhebende Ausgangszeit jener Permphase stellen, ebenso wie auch die ausgedehnten und mächtigen Schuttmassen als Folgen einer *innenbürtigen, der Phasenfaltung nachfolgenden Relieferhöhung angesehen werden können.*

Eine naheliegende Beziehung eröffnet sich damit, daß Trener 1904 Bruchstücke des Cima-d'Asta-Granits und -Diorits bereits in Quarzporphyrtuffen auffinden konnte. Danach ist dieser Granitpluton, der die Trias nicht mehr verändert hat, *alt- oder vorpermisch.* Ähnliche Funde von Stücken des Brixen-Iffinger Tonalits werden von Br. Sander 1929 bezweifelt. Bleiben hier noch Zweifel, so liegt es für den Cima-d'Asta-Pluton nahe, ihn mit den ebenso und mit ähnlichen Spaltschmelzen auftretenden Masseneinschüben im Unterostalpin und mit den gleichjungen Massivgraniten (Tödi) der Westalpen in Beziehung zu setzen. Dieses Schmelzflußgeschlecht wäre, nach den algomanischen I und II und nach den frühvariszischen III (S. 37) mit „IV" zu bezeichnen. Es schob sich im Gefolge der unterpermischen Gebirgsbildung empor. —

Damit fanden wir den Anschluß der westalpinen an die ostalpine Variszidengeschichte, welche S. 62f. besprochen wurde. Die riesig ausgedehnten Quarzphyllitmassen, teilweise Phyllonite, des Südalpensockels sind offenbar nichts anderes als *die westliche Fortsetzung des großen südlichen Grauwacken-Quarzphyllit-Gürtels.* Er zieht aus dem Untergrund der altpaläozoischen Karnischen Alpen in das Brixener Gebiet herüber, streicht hier überraschenderweise zunächst scharf NW, dann aber ganz allgemein in der großen mittelostalpinen Einheit von NO gegen SW weiter in die Tonaleschiefer, den Untergrund der Bergamasker Alpen und in den „Casanaschiefer"-Sockel des Unterostalpins. So wie allenthalben im O diese Quarzphyllitgruppe über der Glimmerschiefer- und Gneisgruppe als jüngste (III) ruht, so auch im W. So wie sie im O als vor- und frühvariszisch gefaltet und umgewandelt erscheint, so auch im W. Ähnlich stecken in ihr beiderseits neben den im Ausklang der voroberkarbonen Faltungsphase eingeschobenen granitischen Körpern der Gruppe III auch die jüngsten Großplutone der permischen Ausgangszeit. Der Cima-d'Asta-Granit und -Diorit steht der reichen Bernina- und Tödi-Sippe als Gruppe IV gleich. Und konnten schon die oberkarbonischen Tiefengesteine vielfach, teilweise heute als „Porphyroide" vorliegend, bis an die Erdoberfläche vorstoßen, so überflutete in besonderem Maße die permische Sippe IV mit ihren Lavaströmen und Tuffabkömmlingen die trockene Festlandsoberfläche von Sesia und Lugano über Val Trompia und Bozen ostwärts bis in die Karawanken.

So zeichnet sich klar *das Eigenleben des großen südalpinen Grauwackengürtels* ab gegen die verwickelte Schwellen- und Rahmengeschichte des Ostens, gegen die Trog-Geschichte des Westens unserer Zentralalpen.

Übersicht des westalpin-variszischen Abbaues

Bauzeiten

Besser als für die Ostalpen ist es heute im W schon möglich, die Trennung in zwei variszische Hauptphasen der Bewegung zu sehen. Denn mit bedeutendem Sprung in der Gesteinsumwandlung, oft mit scharf ausgeprägter Schrägfläche über älteren Falten, und mit weithin verbreitetem Abtragschutt des vorher entstandenen Festlandsreliefs greift hier im W pflanzenführendes Oberkarbon der Saarbrücker und Ottweiler Stufe über. Seine Lagerung weicht oft bedeutend von der viel schärferen Zusammenfaltung des Untergrundes ab. Auch wurde sie von einer wichtigen, III. Schmelzflußgeneration nicht mehr erreicht, nicht mehr umgewandelt.

Anders als in den Ostalpen gelingt es freilich mangels Versteinerungen und gut erhaltenen paläozoischen Schichten nicht, den Beginn dieser voroberkarbonischen Hauptbewegung festzulegen. Nach dem Vergleich mit dem Osten und Außeralpin ist es sehr wahrscheinlich, daß ein guter Teil der in den Massiven steckenden Gneiskerne nicht erst variszisch, sondern, beim Mangel aller kaledonischen Bewegungsanzeichen — bereits algomanisch gefaltet und umgewandelt worden war. Doch verschwimmen uns einstweilen noch die nötigen Grenzmarken.

Wir wissen nur, *daß die Massive nach ihrem Hauptgefüge schon vor dem Oberkarbon fertiggestellt worden waren.*

Als zweite Hauptbewegung fanden wir eine altpermische. Denn durch sie ist die oberkarbonische und wohl unterpermische (Unterrotliegendes) Schutthülle, ähnlich wie später die der Gosau oder Molasse, erneut gestört. Höhere Rotpermschichten erweisen sich auch als gestört, aber ungleichförmig gegenüber der Unterlage, gemeinsam mit der Hangendtrias in alpidischer Zeit. Diese nachoberkarbonische Bewegung war *bedeutend schwächer als die ältere.* Dies ersehen wir aus dem Mangel mariner Schichten (geringerer Absenkung!) in der Vorbereitungszeit, sowie aus dem Fehlen einer neuen, bedeutenden Tiefenumwandlung des Oberkarbons;

ebenso aus dem Zurücktreten von Tiefengesteinen, die in dem uns zugänglichen Stockwerk überwiegend an der Erdoberfläche ausfließen konnten. Solche und andere Merkmale beweisen eine sehr viel geringere Absenkung. Damit stimmt voll überein die Steifheit, Geradlinigkeit und Einfachheit der Muldenzüge im Oberkarbon-Altperm.

Abbauarten

Ausgezeichnet enthüllen die westalpinen Massive aber auch die Art und Weise, wie sich der Abbauvorgang in den beiden Bewegungsphasen (Akten) abspielte. Jede derselben gliedert sich, soweit überhaupt hinreichende Beobachtungen möglich sind, in 2 Abschnitte. Und dort, wo wir noch nicht genügend wissen, widerspricht die Sachlage keineswegs der gleichen Gliederung.

Wir unterscheiden: 1. eine tiefbauliche Szene,
2. eine hochbauliche Szene.

Jeweils *die Frühzeit* zeichnet sich aus durch abwärts gerichtete Hauptbewegung der Erdrinde, durch oft mächtige Ablagerung, und zwar bereits in Muldenzügen, die folglich damals schon zu entstehen begannen. „Kulm"-Fazies, „Casana"-Schiefer zum Teil erscheinen in mächtigen Paketen. Diese Gesteine sind noch sehr unklar; ebenso die basischen, wenig gespaltenen Ergußgesteine in ihnen. Sammelfurchen nur von Festlandsschutt vertreten diese Vorgänge auf dem schwächer sinkenden, oberflächennäher bleibenden Erdrindenteil während der späteren Permbewegung. Die Tiefenumwandlung der voroberkarbonischen Gesteine beweist weiterhin deren Versenkung. Das ist der *innenbürtige Abbau.*

Trotz der Schwäche der Beanspruchung, oder gerade wegen dieser liegen die Dinge hier am Anfang der unterpermischen Bewegungsphase recht klar. Während der Sedimentation, also offenbar langsam einsetzend und fortschreitend sinkt der Boden und bilden sich gleichzeitig breite und lange Teilmulden. Der Vorgang setzt bereits im Oberkarbon ein, denn die Mulden schließen schon Schutt mit Saarbrücker und Ottweiler Pflanzen ein. Die vorausgegangene Hochbauzeit und deren Abtragung fließt hier also zusammen mit der nachfolgenden Tiefbauzeit. Ob sich dazwischen überhaupt eine Zeit völliger Ruhe einschaltete, das bleibt durchaus fraglich. Die Bewegungen sind nur abgeflaut, schwächer und langsamer geworden — wenigstens hinsichtlich ihrer Wirkungen an der Erdoberfläche, die hier allein beurteilt werden können.

Die jeweilige *Hochbauzeit* brachte kräftige Verwitterung, außenbürtigen Abbau, Schrägflächen- und Schuttbildung. Das alles gab es vorher nicht. Vorher herrschten Faltung, Absenkung, Tiefenumwandlung. Folglich muß die Erdrinde hier emporgestiegen sein, und sie mußte für lange Zeit hochliegend der Abtragung ausgeliefert gewesen sein. Die zweite Haupteigenschaft war das Aufsteigen der Schmelzmassen, seien sie nun überwiegend in der Tiefe stecken geblieben oder oben durchgebrochen. Ersteres sehen wir infolge vorangegangener, tiefer Abtragung für die voroberkarbonische Bewegungsphase; letzteres wegen geringerer Abtragung der schwächer bewegten Erdrinde für die unterpermische Zeit. Auch in diesem Fall werden wir als den *die Ausflüsse begleitenden Tiefenvorgang* ein mehr oder weniger umfassendes *Emporrücken von Plutonen* voraussetzen dürfen.

Wegen des Umfanges der Schmelzmassenbewegung und ihrer wechselreichen Geschichte und andererseits wegen des bedeutenden Betrages der Abwitterung haben wir auch für die Hochbauzeit *eine sehr lange Dauer* anzusetzen. Ob in dieser langen Zeit immer noch bedeutendere Bewegungen vor sich gingen, das wissen wir in den behandelten Fällen freilich nicht.

Die Varisziden im alpinen Raum

Vorbemerkungen

Ein Verständnis der Abbauweise unserer Varisziden im alpinen Feld verlangt zum wenigsten eine Übersicht über die vorausgegangenen, algomanischen Ereignisse, die uns einstweilen nur teilweise und in groben Umrissen zur Verfügung steht. Wollen wir die gegenseitige Lage und Beziehungen der uns erhaltenen variszischen Massive während ihrer Bildungszeit erkennen, so muß andererseits natürlich auch Richtung und Umfang dessen richtig beurteilt werden, was nachfolgend alpidisch zwischen den Massiven verschwand. Und wiederum umgekehrt: Recht verstehen werden wir die alpidischen Einengungen erst, wenn wir die variszische Lage kennen und wissen, was bei den alpinen Bewegungen Erbschaft ist und was neu geschaffen wurde. So kann die Forschung nur allmählich durch Vorantreiben *aller* ihrer Frontabschnitte und durch deren gegenseitige Unterstützung vorwärtsschreiten.

Erst später besprechen wir die alpidischen Vorgänge und begründen dann die (sehr rohen) Kilometerzahlen der Übersicht S. 108, um welche wir in Abb. 6, bei dem Versuch eine erste Annäherung an die variszischen Kartenwirklichkeit zu erreichen, die einzelnen Massive gegenüber ihrer heutigen Lage im Gradnetz der Gegenwart auseinandergezogen haben. Dabei nahmen wir, als ruhenden Pol, für das Montblanc-Massiv eine unveränderte Lage an, die aber natürlich auch nicht bestand. Die heutigen Massivumrisse auf Pauspapier wurden ausgeschnitten und auf einem quadrierten Papier um so viel nach O oder S verschoben, als die alpidischen Einengungen vermutlich betragen haben. Natürlich entspricht diese technisch nötige Aufteilung in die OW- und NS-Anteile der waagrechten Hauptbewegung nur teilweise auch der wirklich befolgten Schubrichtung auf diesem bewegten Meer des „Geoplasmas“.

Wir müssen aber derart zurückverlegen. Schon öfter wurde ja darauf hingewiesen, wie grundfalsch und völlig verzerrt alle unsere kartenmäßigen Wiederholungsversuche vorzeitlicher Erdzusammenhänge *dort* sein müssen, wo nach der Zeit der darzustellenden Zustände zwischen den Gesteinsmassen nachweislich bedeutende Verschiebungen eingetreten sind. Man stelle sich nur vor, in welch ungeheuerlicher Weise das gegenwärtige Gradnetz etwa der Mittelmeerländer verunstaltet werden würde, wenn in ihnen die gleichen Deckenmärsche von 40 und 80 km Weite, Massenverluste über den Abfuhrströmen von gleicher Größenordnung, geringfügigere, spätere Massengewinne von unten durch Plutone oder Zerrungen sich abspielen, wie sie aus der alpinen Geschichte unabweisbar gefolgert werden müssen. Dabei sehen wir noch ab von den wahrscheinlich noch viel umfangreicheren Driftbewegungen mehr oder weniger zusammenhängender Festländer der Nachbarschaft (vgl. E. Kraus 1931, 1950 und unten S. 117f.).

Kenner der Alpen wissen heute von all diesen unvermeidlichen Folgerungen und damit Forderungen an den Entwurf paläogeographischer Karten. Der Erduntergrund ist eben nicht mehr als fest anzusehen. Er gleicht einer durch lange Zeiten scheinbar festliegenden Eisdecke, die wiederholt zerbrach und deren Einzelschollen nun in einem wild bewegten Eisberg- und Packeisfeld sich oft weit gegeneinander verschieben: Alles fließt!

Da hilft es nichts, bei Phantasieflügen in ein Traumland stehen zu bleiben oder, bei mangelnder Phantasie sich einem gefolgerten Wirrwarr zu verschließen, was alle so begründeten Meinungen bald wieder zerrinnen läßt wie Flußeis in der Frühlingssonne. Abneigung gegen „Schwimmerei" hilft nichts. Wir haben uns ins Packeis zu wagen und aus dem Gegenwartsplan der Gebirge, so wie aus deren Abbaugeschichte, zunächst einmal einen ersten Halt in solchem Getriebe zu suchen. Die Gefahren solcher Ersterkundung sind klar. Denn wir können ja heute die wirklichen Einengungsbeträge und -richtungen der alpidischen von den variszischen noch nicht reinlich scheiden, noch viel weniger von algomanischen. Doch regten auch Entdeckungsfahrten an, die noch nicht die ganze Erdkunde des betreffenden Neulandes mit nach Hause brachten! —

Um sie wenigstens erkennen zu können, wurden die (ausgangs des Erdaltertums sicher anders aussehenden) Massivumrisse so gelegt, wie sie wohl nach den variszischen Hauptbewegungen im Perm die damalige tektonische Karte bauten.

Kilometerbeträge bei der Zurückverlegung der alpidisch verschobenen Varisziden-kerne in dem Kärtchen Abb. 6.

Rückverschiebung zwischen	Alpidische Massenverluste der äußeren Erdrinde (km) in Richtung	
	N-S	O-W
Französische Zentralplatte und Serremasse — Belledonne	5	10
Aiguilles Rouges — Montblanc	2	2
Belledonne — Grandes Rousses und Pelvoux	—	8
Pelvoux — Ambin	9	35
Mercantour — Dora Maira	20	55
Ambin — Dora Maira	—	7
Paradiso — Montblanc	79	94
Montblanc — St. Bernharddecke N	65	80
St. Bernharddecke — Dent Blanchedecke	50	60
Dent Blanche — Ivreagürtel	20	—
St. Bernharddecke — Monte Rosa	40	15
Aaremasse — Gotthardmasse	85	60
Gotthard — Tessiner Decken	20	35
Tessiner Decken — Südalpennarbe	55	45
Unterostalpiner Kern — Südalpennarbe	25	—
Aaremasse — Silvretta	85	53
Silvretta — Ötztalmasse	25	30
Ötztaler Masse — Sesvenna (Ortler-Sockel)	5	15
Ötztaler Masse — Venediger Kern	18	22
Alter Gneiszug — Südtiroler (Brixener) Quarzphyllit	20	—
Alter Gneiszug Ost — Karnische Alpen	20	—
Böhmische Masse — Muralpen	50	—

All diese Beträge, die möglichst *Mindestbeträge* sind, können nur sehr bedingt und annähernd richtig sein (vgl. z. B. ALB. HEIM, Geol. d. Schweiz II, 1, 49). Die nachträglichen Gestalt- und Gefügeänderungen der Massive blieben unberücksichtigt. Sicher sind die Bogenvorbiegung der St. Bernharddecke und andere Verbiegungen im allgemeinen erst alpin. Ebenso unbeachtet blieb die nach ihrem Ausmaß schwer zu beurteilende Drehung der wandernden Schollen gegenüber dem Erdgradnetz. Sie kann erkannt werden aus dem Streichen gleicher Züge, aus der Reihenfolge der aufgeschlossenen Schichtzüge, aus der Art der auftretenden Schmelzmassen, aus der Bauart. Unbefriedigend blieben noch manche Abstände, die Breite des Subbriançonnais, der Lechtaldecke, Inntaldecke, des Salzkammergutes, die Abstandsverringerung im Lauf der Zeit.

Bei der Rückverlegung der variszischen Kerne in ihre altpermische Lage zeigt sich, daß doch mindestens zwei heutige Großverbiegungen von noch jetzt zusammenhängenden, längeren Gesteinsstreifen schon im Perm vorhanden gewesen sein müssen und in Abb. 6 zu berücksichtigen waren: Die rundlichen Winkel zwischen Ivreagürtel und Veltliner (insubrischer) Linie und der Bogen zwischen Briançonnais und St. Bernharddecke. Beide Biegungen bestanden im Perm, wurden aber offenbar alpidisch noch verschärft. Ohne die Voraussetzung eines späteren Knickes zwischen Seengebirge und Catena Orobica würde nämlich die Schubweite der Ötztaldecke über die Zentralalpen unwahrscheinlich groß. Ohne die Annahme einer späteren Verbiegung zwischen Briançonnais und St. Bernharddecke wäre der bedeutende Schubweitenunterschied zwischen diesen beiden nicht verständlich.

Die Bogenbildung führt namentlich im W zu eigenartigen Folgerungen. Die Bewegung von Schollen längs den Radien eines Kreisbogens gegen innen setzt die zunehmende Verengung der Radienzwischenräume, also *die gegenseitige Annäherung der vorrückenden Kerne voraus.* Der NW des Westalpenbogens macht durch seine streichenden Einheiten und die noch jetzt ziemlich geradlinige Erstreckung einen recht einheitlichen Eindruck.

Beispiele für kleinere *Querverschiebungen* fehlen freilich nicht. So zwischen Prarion und dem SW-Ende der Aiguilles Rouges. Zwischen diesem nordwestlichen Hauptstück, das aus NW heranrückte, und der Mercantour-Masse, die aus SW kam, dürfte jedoch eine starke Annäherung erfolgt sein. So haben wir denn auch zwischen Mercantour und Pelvoux eine sehr ausgeprägte Deckenbewegung. Andererseits kann die lange Massivaußenreihe im NW keine einfache Bewegung von NW her ausgeführt haben. Denn die Einengungsbeträge vor ihr nehmen von O gegen W in der Schweiz sehr bedeutend zu. Außerdem bewegte sich das südwestliche Ende ja alpin nicht gegen SO, sondern gegen O. Bei einer großzügigen Südbewegung war also der Weg dieses Endes gegen O groß, der des NO-Endes war sehr klein.

Hieraus ist zu schließen, *daß sich das weite nordwestlich, nördlich und westlich anschließende Europa,* dessen Vorwerk hier besprochen wird, *alpin unter einer sehr erheblichen Drehung im Gegensinn des Uhrzeigers heranbewegte.* Es ist die Bewegung des *europäischen Zyklons,* welche ich 1934, S. 442 aus dem europäischen Unterbau abgelesen habe.

Das umfangreiche, mittelostalpine Kristallin hatte im Perm offenbar einen scharf gegen NW vorspringenden Westrand. Dieser darf als „Vaterschwelle“ gelten, welche die in der äußeren Nachbarschaft von SO gegen NW streichenden Falten, also die Folgen der NO-gerichteten Teilunterströmung (1936, S. 33) erzeugt hat. Es liegt entweder rein alpidische Rahmenfaltung vor oder die vererbte Wiederholung einer bereits variszisch erfolgten Einengungsrichtung. —

Doch sind diese mit unserem Entwurf der Zusammenhänge in Abb. 6 sogleich auftauchenden Fragen solche des alpinen Geschehens, das später zu erörtern ist. Jetzt noch weiter vom variszischen Plan!

Die Granitkerne

Bereits oben S. 68 war die Rede von der Massivgeschichte der variszischen Ostalpen. Die gleichen Grundzüge wiederholen sich in den Westalpen, wie auch sonst auf der Erde. Bevorzugte, meist wohl durch starke Absenkung lebendig gewordene Untergrundsteile scheiden viel sauere Spaltschmelzen ab, welche emporsteigen. Das tun sie im allgemeinen offenbar nicht am Platz der überwiegenden Senkung, sondern *daneben*. So wird da und dort neben Bereichen gesteigerter Senkung — wohl auch bei Auftrieb aus größerer Tiefe, unabhängig von solchen, die Erdrinde in oft rundlich umgrenzten Räumen granitisiert, sialisiert, durchschmolzen, umgewandelt, verdickt, widerstandsfähig. Das sind die Kerne der „Massive" in den Ost- und Westalpen.

Je zahlreicher die saueren Kerne sind, je näher sie aneinander schließen, desto tiefer waren wohl die benachbarten Tröge unter Abschmelzung und höher liegender faltiger Einengung gesunken, desto enger waren sie gefaltet bzw. die Stockwerke durch Unterschiebungen voneinander getrennt. Desto kristallin verschmolzener und stabiler aber auch wurden die eingeengten Trogfüllungen, in denen sich die sauren Schmelzen eingenistet haben. Die meisten stecken in den östlichen Zentralalpen, in zweiter Linie stecken sie in dem Außenrahmen, also im nördlichen, nordwestlichen und westlichen Vorland der späteren Alpen einschließlich der langen, westalpinen Außenmassivreihe. Das Innere der Westalpen hatte zunächst, abgesehen von variszischen Pennin-Plutonen, nur seltenere, kleinere Kerne, nämlich die „Zentralmassive" oder die alpin entwurzelten. Ein sehr schönes Beispiel der beginnenden und fortschreitenden Massivbildung lieferte das Unterostalpin für das jüngere Permokarbon.

Ganz deutlich erkennen wir, *daß die Massivbildung in den Ostalpen schon weiter vorangeschritten war als im W*. Sie ist zum großen Teil schon algomanisch. Das mußte seine Folgen haben. Offenbar darum finden wir im Osten:

1. Einen früheren Zusammenschluß zu einer einheitlichen, widerstandsfähigen *Zentralschwelle*.

2. Schelfmeere mit *ruhigem* Untergrund waren schon im Altpaläozoikum möglich und schlugen regelrechte *Kalkschichten* nieder. Dagegen dürften die altpaläozoischen Absätze des Westens sehr küstenfern und dünn geworden sein, unschwer unkenntlich gemacht durch spätere, stärkere Umwandlung.

3. finden wir im O *die Verschiebung des Schauplatzes der Hauptgebirgsbildung* von innen nach außen, nach dem nördlichen und südlichen Randgürtel, wo die voralpinen Abfuhrströme bereits zu arbeiten begonnen hatten. Während sich dabei der zentralere Quarzphyllitgürtel im allgemeinen räumlich und nach seiner Umwandlung, daher nach seinen späteren Schicksalen, noch mehr den Zentralalpen anschloß, sehen wir die etwas jüngeren, altpaläozoischen Grauwackengürtel weiter außen; den nördlichen weiter im N, den südlichen, herausrückend aus der SO–NW-streichenden Lage, in einer Teilwanne weiter im S. Demgegenüber wurde im W der Ort der Hauptleistung aus dem nordwestlichen Massivvorland gegen SO verlagert; von dem Südalpensockel (Phyllit und Gneis, die westwärts stabiler waren) aus auch gegen N und NW hin (Abb. 16).

4. Gegenüber der späteren, ungleich schärferen Bearbeitung, Absenkung, Umwandlung, Verlagerung in dem zurückgebliebenen, piemontesisch-penninischen Raum verhielt sich der *zentrale O allgemein viel widerstandsfähiger.*

5. Die zentrale Ostalpeninsel wurde für die lange Folgezeit, abgesehen von einem jurassischen Teiltrog, zu einem Bereich der außenbürtigen *Abtragung.* Ungleichförmigkeiten, größte und weitreichende Lücken zwischen den Hauptgesteinsgruppen waren die Folgen. Wie gegen den Kern der großen Kontinente in immer neu fortgesetztem Übergreifen seichter Wasserflächen zwischen den zeitlich überwiegenden Festlands- und Abtragungszeiten immer wieder einmal Sedimente vorgeschoben wurden (E. Kraus, 1937, 323), so geschah gleiches gegen das ungleich kleinere und schärfer aufsteigende Schwellengebiet der *Zentralalpen sehr lückenhaft.* Viel geringer, oft kaum angedeutet dagegen finden wir die Schichtlücken in den Geosynklinalen durch die alpinen Revolutionen.

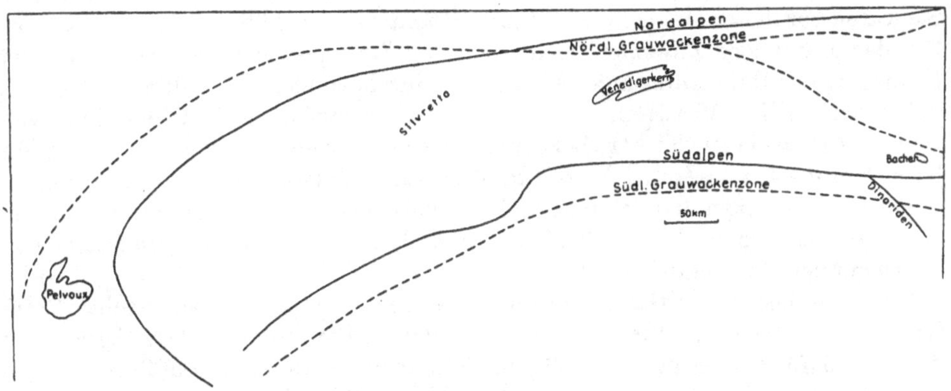

Abb. 16. *Die Lage der hinabbauenden Abfuhrströme* in variszischer Zeit (gestrichelt) und am Anfang der alpinen Zeit (volle Linien).

Der Unterschied zwischen den schon früher widerstandsfähig gewordenen und den noch alpidisch beweglichen und erst allmählich verdickten Erdrindenstücken ist auch hier ganz klar. Übergänge zwischen beiden zeigten sich vom Aare-Massiv über das Gotthard-Massiv nach S (1936, S. 53) oder vom Aiguilles-Rouges- über das Montblanc-Massiv zum M. Chétif und den penninischen Decken im SO. Zu den, freilich nicht immer nötigen, Merkmalen der widerstandsfähigen Massive zählt die Ausprägung einer Schrägfläche der Ungleichförmigkeit. *Sie fehlt den noch zu wenig verdickten, beweglicheren Gebieten des piemontesisch-penninischen Inneren der Westalpen.*

Nachdem die Erkenntnis gewonnen war, daß auch der ganze Westalpenbereich variszisch kräftig bewegt wurde, wäre es ganz unrichtig, jene Schrägfläche als ursprünglich überall entwickelt anzunehmen und aus dem Fehlen jener „Diskordanzen“ auf deren spätere Zerstörung zu schließen.

Der Unterschied zwischen den Kerngebieten und den westalpinen Innengebieten besteht weder, wie man früher glaubte, darin, daß in letzteren die variszische Hauptbewegung überhaupt fehlte, noch darin, daß angebliche Schrägflächen ausgetilgt wären. Er liegt offenbar auch nicht darin, daß beiderlei Bezirke verschieden kräftig bearbeitet wurden. Wir sehen *den Unterschied vielmehr in der abweichenden Entwicklungsstufe auf dem Weg des großen Werdens,* dessen Endergebnis die Verdickung der Erdrinde ist. Jene schon früher hochstrebenden und widerstehenden Massivgebiete waren schon früher kräftig genug zur Tiefe gezogen, granitisiert, verdickt, um später langdauernd hochsteigen zu können und außenbürtig jene Schrägfläche zu gewinnen. Solch fortgeschrittene Entwicklungsstufe konnten die westalpinen Innenteile erst nach erneuter, gewaltiger Versenkung, Umwälzung, Deckenverlagerung in alpidischer Zeit gewinnen.

Dabei wurde auch in schärfst bearbeiteten Gebieten nach den mechanischen Grundgesetzen verfahren. Zu ihnen haben wir fraglos auch die Berücksichtigung der *Rahmenfaltung* zu zählen. Wo Rahmen noch fehlten, da natürlich noch nicht. Nicht „zufällig" sind die Massive der völligen Zerstörung ihres Gefüges und darum auch der Vernichtung ihrer Schrägflächen entgangen (H. P. CORNELIUS 1925, 359). Sie waren vor dieser vielmehr durch ihre *Steigfähigkeit* behütet, die ihnen namentlich der granitische Zuwachs verliehen hatte. Und gerade hierin liegt auch der Grundsatz der Rahmenfaltung. Wir können durchaus nicht die Auffassung teilen, daß zwischen den Massiven, wo sie ursprünglich lagen, die Erdrinde ganz von gleicher Art, also von gleicher Dicke und Massiv-Fortgeschrittenheit war. Vielmehr lagen hier *die baugeschichtlich zurückgebliebenen Erdrindenteile*, die darum in den späteren, alpidischen Strudel noch voll mit einbezogen werden konnten und unten erst durch das Schmelzbad der Tiefe gehen mußten, um gleichwertigere Stücke von kontinentaler Widerstandskraft zu werden.

Die Schwäche dieser Gebiete ermöglichte die lotrechte und waagrechte *Großbeweglichkeit*, die Ausbildung auch tiefreichender „Paraphoren". Das Gefüge gibt uns auch dafür keinen Anhalt, daß jene Schwäche erst durch starke Zerreißungen einer ursprünglich zusammenhängenden und ungefähr gleichstarken variszischen Platte entstand; durch ein Auseinanderschwimmen der Schollen, das anderwärts abgeleitet werden kann. Vielmehr beweisen uns die schon verzeichneten Übergänge von den randlichen Massiven nach innen, auch das gleichzeitige Zurücktreten der Schrägflächen, das gleichzeitige Anderswerden der Sedimentationsfazies u. a. m. *die grundsätzlich abweichende, zurückgebliebene Hinabbaustufe.*

Der alte Variszidenbogen

Man liest manches von einem „Ostalpen"- und einem „Westalpen-Bogen" (z. B. ALB. HEIM, Geol. d. Schweiz II, 1, 37, 46). Beide wurden oft mit zahlreichen, aber keineswegs zusammengehörigen Stücken geschildert, indem man die Gesteinsverteilung der Gegenwart unwillkürlich mit jener der variszischen Zeit verwechselte.

Beide Bögen haben eine gemeinsame, alte und mindestens variszische Grundlage, die nur sehr teilweise in der heutigen tektonischen und orographischen Alpenkarte zum Ausdruck kommt. Auch ALB. HEIM dachte sich 1921 den Alpenbogen bereits als Erbschaft eines ähnlich streichenden Variszidenbogens. Ein Blick auf unsere Abb. 6 lehrt, daß trotz aller Teilbewegung im einzelnen die Anlage der zurückgerückten Altmassive und deren Hauptstreichen doch insgesamt einem flachen, in den Kitzbühler Alpen und Ötztaler Alpen *gegen N vorgewölbten Bogen entspricht.* Seine, um die Kerne gewundenen Ostabschnitte lernten wir S. 73 kennen. Wir sehen, wie im Bogeninneren der südliche Quarzphyllit-Grauwackengürtel im Judikarienstreichen gegen SW abschwenkt, und wie sich die streichenden Hauptlinien, welche allgemein den westlichen Massiven und deren Längsordnung gleichlaufen, durchweg im großen von NO gegen SW hin anordnen.

Noch durch die mesozoische Zeit spricht sich diese Grundanlage deutlich auch im Relief aus. Denn z. B. im helvetischen Raum oder in den Bergamasker und Luganeser Südalpen laufen die Faziesänderungen gleich (1936, 61). *In dieser faziesbestimmenden Wellung schimmert offenbar der variszische Beckenbauplan durch.* Im übrigen aber arbeitete dann die alpine Zeit mit ihren Abfuhrströmen an der *Streckung und ostwestlichen Ausrichtung des alten Bogens* so gut es ging.

Aber es erweist sich ein Hauptstück des Westalpenbogens ebenso wie die dinarische Richtung im Ostalpenbogen *als schon mindestens variszisch vorgebildet.*

Die variszischen Bewegungsrichtungen und Einzelheiten sind im W noch unklarer als im O. Nur das eine scheint heute schon durchsichtig. Wir fanden es S. 75 zum mindesten sehr wahrscheinlich, daß schon der variszische Bau durch einen nordalpinen und einen südalpinen Abfuhrstrom errichtet wurde, der ungefähr im Bereich der beiden Grauwackengürtel lag, aber auch Verzweigungen durch die Zentralalpen hatte. Im W biegt der südliche Grauwackengürtel mit dem alten Bogen gegen SW zurück (Abb. 16). Hier fanden wir einen verhältnismäßig recht widerstandsfähigen Unterbau der Südalpen, der also altvariszisch schon weiter fortgeschritten war. Wir können daraus auf eine besonders kräftige Variszidenbewegung schließen und folglich *auf eine südwestverlaufende Fortsetzung der alten Südalpen,* damit des südalpinen Abfuhrstromes in variszischer Zeit. Sein Wirkungsfeld muß noch sehr breit gewesen sein. Seine ganze SO-Flanke aber fehlt heute an der Erdoberfläche, liegt offenbar begraben draußen in Oberitalien.

Auf der nordwestlichen Westalpenseite erweist sich ein zweiter Hauptzug der variszisch besonders gefestigten Massive. Aare-Massiv-Pelvoux dürften daher wohl als das Rückgrat (einst Scheitel) eines zweiten Abfuhrstromes gelten. Es ist durchaus naheliegend, einen Teil der hier durchziehenden Gneisfächer nicht auf einen alpinen, sondern bereits auf einen variszischen Narbenzug zurückzuführen. *Dieser würde die nördliche Variszidennarbe des Ostens fortsetzen.*

Zwischen nord- und südvariszischer Narbe erstreckt sich das noch weniger weit fortgeschrittene *Innenstück der Westalpen.* Hier hatte die variszische Hinabbauleistung noch nicht genügt, um kontinentale Massivwiderstände zu schaffen.

Auch darin finden wir eine bemerkenswerte Übereinstimmung zwischen Ost- und Westalpenbereich. S. 36 erkannten wir, daß nach Erstarrung des ostalpinen Zentralkörpers die weitere Einengung sich im nördlichen und südlichen Grauwacken-, also Variszidengürtel abspielte, außerhalb der erstarrten Massive. Die alpidische Haupteinengung vollzog sich dann noch etwas weiter im N, wo später der nordalpine Abfuhrstrom schaffte bzw. über dem Stromstrich der Südalpennarbe. Das heißt im Lauf der Zeit verlagerte sich der Schauplatz der Hauptleistungen im N vom Zentralalpenmassiv an gegen außen, im S aber näher an das Massiv heranrückend (Abb. 16).

Genau so in den Westalpen! Hier nur mit dem Unterschied, daß die Massivränder, welchen sich die jüngere Bewegung anpaßte, *nicht innen, sondern außen, im*

NW als Kontinentalrand Europas, und im S (Seengebirge) lagen. Diesen Rahmenrändern schmiegte sich variszisch zunächst einmal der Abfuhrstrom mit seiner Hauptleistung und darum mit besonders verdickten Randstreifen an: es entstand der alte Baustreifen Judikarien-Bergamasker Alpen — Ivrea. Es entstand im NW der alte Hauptmassivrandzug Aare-Pelvoux-Masse. Zwischen beiden aber siedelten sich als Pioniere weiterer Verdickung, zumeist wohl an bereits algomanisch begonnenen Verdickungen der Erdrinde, die granitischen Wucherungen der Teilmassive an.

Als dann die alpidische Zeit auch an die Gesamtverdickung des westalpinen Innenraumes schritt, da wurden diese Teilmassive teilweise — so wie variszisch schon im O — zu Innenrahmen, denen die Neufaltung sich anzuschmiegen hatte; teils wurden sie entwurzelt und zu Decken verschoben.

Bemerkenswerterweise hatten aber die damals wirksamen Unterströmungen nun auch hier nicht mehr ihren Sitz unter den alten variszischen Verdickungsstreifen (Massiven) beibehalten, *sondern von diesen aus weiter innen,* am NW-Rand des Ivrea-Judikarien-Gürtels und am SO-Rand der Aare-Pelvoux-Massivreihe. Diese Verlagerung mag aus Abb. 16 ersichtlich sein. Die Lage der hier gezeichneten Abfuhrstromlinien ist natürlich nur ungefähr und bezogen auf die heute an der Erdoberfläche gelegenen Erdrindenstücke. Da diese insgesamt gleichfalls gewandert sein können, ist damit noch nichts ausgesagt über die Verlegung der Stromorte weiter im Inneren der Erde.

Jedenfalls enthüllt sich auch in dieser, sehr verwickelten Abbaugeschichte immer klarer neben der von H. Stille u. a. mit Recht immer besonders betonten *Rahmenfaltung die Wanderung der Gebirgsbildung.* Diese besteht für uns in einem *Wechsel desjenigen Erdrindengürtels, unter dem jeweils der orogenbildende Abfuhrstrom seine größten Leistungen vollziehen kann.*

DER ALPIDISCHE HAUPTAKT IN DER ABBAUGESCHICHTE DER ALPEN

Vorbemerkungen

Bereits die vorausgegangenen Akte unseres gewaltigen Schauspiels haben zu einer bestimmten Vorstellung von den bezeichnenden Vorgängen geführt, die einander im Lauf der Gebirgsbildung ablösen. Gewiß ist nichts von einer stetigen, nach der Größe der angreifenden Kräfte oder nach dem Umfang ihrer Wirkungen dauernd fortrollenden Entwicklung zu bemerken. Höhepunkte verschiedenster Größenordnung lösen sich ab, getrennt durch längere oder kürzere Zeiten geringerer Bewegung, die grundsätzlich aber nur zeit- oder ortsbedingte Abschwächungen, nicht völlig neue Bewegungsarten bringen.

Und doch schimmerte, trotz der für jene alten Zeiten oft noch so wenig befriedigenden Kenntnis, trotz der späteren Umformungen schon eine Art von Bauregeln durch. Das Geschehen erwies sich keineswegs als regellos, sondern als *sehr planvoll.* Immer wieder folgt im Bereich jenes Erdrindenstücks, das jeweils an der Reihe war, nach einer Vorbereitungszeit der Abschnitt des Tiefbaues, der Absenkung und Einengung, der Gesteinsumwandlung und der Schmelzflußeinschübe. *Es ist der Abschnitt der in die Tiefe bauenden Orogenese.*

Ihm folgte jeweils jener der Hebung eines jetzt erst über den Meeresspiegel emporschwellenden und in der Hauptsache schon fertig gewesenen Gebirgskörpers, verbunden mit kräftiger Abtragung des jungen Reliefs, mit Gefügeänderungen nach dem Baustil des harten (kalten) Baustoffs, mit Einschüben spezifisch leichter Schmelzflüsse und mit deren oberflächlichem Ausfluß. *Der Bauabschnitt des Hochbaus, der Hochlage,* war damit erreicht. In ihm wird ein Teilüberschuß dessen, was vorher innenbürtig zur Tiefe hinab gebaut worden war nun außenbürtig abgetragen.

Der *alpidische* Hauptakt in der Abbaugeschichte unserer Alpen ist ungleich besser und reicher belegt durch wenig veränderte Gesteinsreihen, besser erhaltene Versteinerungen. Er ist nachträglich nicht mehr so sehr verunstaltet. Sein Bau liegt weithin klar. Wir konnten ihn im I. Bd. 1936 darlegen. Erlaubt auch er die gleichen Schlüsse, wie die älteren Akte? Wiederholen sich Ereignisse gleicher Art, erschließbar aus vergleichbaren Gesteinskörpern und Bauformen?

Wir stehen vor einer sehr gründlichen und scharfen Nachprüfung bisher betretener Gedankenwege. Es wird sich erweisen, daß die Mannigfalt der Bewegungsarten überaus groß ist, aber keine grundsätzliche Abänderung, wohl aber weitgehende Ergänzungen und Erweiterungen verlangt.

Voran steht auch hier wieder eine Vorbereitungszeit (Skyth und Anis zum Teil). Teilgebiete der nordalpinen und der südalpinen Geosynklinale eilen dann mit dem Übergang zu lebhafterem Schaffen in Einzelszenen voraus, andere hinken nach. Mit entscheidendem Diktat greifen die außeralpinen Zyklen auch in das geosynklinale Geschehen. Nicht nur die Einzelszenen gliedern sich in *Tiefbau- und Hochbauzeiten;* diese Abschnitte zeigen ebenso auch die Hauptakte. Ja, der Gesamtablauf bis heute kann in solcher Gliederung gesehen werden. Nach einer ersten Unruhezeit im Ladin und einer ersten Bewegungsszene am Ende der Trias beherrscht der Hinabbau die Jura- und Altkreidezeit. In einer Doppelphase tauchen junge Gebirgskörper weithin empor in den abtragenden Luftraum während der Mittelkreide. Eine umfassende Tiefbauzeit folgt in der Oberkreide mit eozäner Hochbewegung und eine letzte Hauptszene gleicher Art waltet im Alttertiär. Die ihm folgende Hochbauzeit leitet über in letzte, gewaltige Abtragversuche. Schutt um Schutt rollt in die Vortiefen, wird dort neu gefaltet und wieder gehoben.

Alldies kann abgeleitet werden aus den sich ablösenden, alterdkundlichen Kartenbildern und den entwicklungsgeschichtlich verstandenen Profilreihen. Wenigstens für die wichtigsten Zwischenzeiten bringen Kartenskizzen nachfolgend zum erstenmal unter möglichster Berücksichtigung der späteren Verschiebungen die betreffenden Zustände.

Zu den paläogeographischen Karten

Abgesehen von ersten hypothetisch-schematischen Versuchen, wie sie etwa E. Argand 1924 für Eurasien unternahm oder von Teildarstellungen bei C. W. Kockel 1921 für die nördliche Kreide, von M. Frank 1930 für Nordschweizer Trias-Lias, stellt der Entwurf unserer alterdkundlichen (paläogeographischen) Karten für die Alpen einen ersten Versuch dieser Art dar. Die gesamten Bemühungen zur gesamtalpinen Alterdkunde mündeten ja immer in Schichttabellen! Das war verständlich, denn bislang konnte niemand von einem tektonischen Alpenplan sagen, daß bei einer Gesamtausglättung der Falten und Rückverschiebung der Decken durch ihn den bekannten Fazieszusammenhängen und -wechseln befriedigend Rechnung getragen war. Dies gilt vielleicht weniger für die Ähnlichkeit zwischen süd- und nordkalkalpiner Trias oder zwischen der Lech- und Inntaldecke und dem Mittelostalpin. Denn hier bestanden ja, wie unsere Bilder zeigen, breite Meeresverbindungen. Dies gilt aber wohl von den unmöglichen gegenseitigen Lagevertauschungen etwa der hochalpinen gegen die Aflenzer Fazies (E. Haug, L. Kober), die in Wirklichkeit schon anfangs so zu einander lagen wie heute (F. F. Hahn 1913, E. Spengler). Und in noch höherem Maß gilt dies von den Sonderbarkeiten der Verpflanzung präalpin-nordkalkalpiner Einheiten nach dem S und O der Alpen.

Unser Versuch ist der erste, weil unser ihm zugrunde gelegter Gedankengang solche Rückverschiebungen der Decken veranlaßt, die, wie sich zeigt, sowohl den Fazieszusammenhängen wie den tektonischen Tatsachen ohne Schwierigkeiten gerecht werden. Band I setzte sie auseinander. Unser Versuch kann aber heute natürlich noch nicht das endgültig-exakte Bild der Heimatstreifen liefern, denn Richtung und Weite der Zusammenschübe sind noch in viel zu wenig Querschnitten befriedigend genau festgestellt. Das aber ist gar nicht so einfach in umgewandelten, teilverschobenen, teilausgequetschten, mitunter in salzigen, tonigen oder geschmolzenen Stockwerken zusammengeschuppten Profilen. In seinem gründlichen und erfolgreichen Erstunternehmen dieser Art gab ARN. HEIM 1916 eine Reihe wichtiger Grundlagen. Zu ihnen kommt die in verschiedenen *Zeiten* wirksame Einengung, welche auch quer zur Hauptrichtung bestimmte, nicht zu unterschätzende Beiträge liefern konnte. Dazu tritt oft Schmelzflußzuwachs in verschieden hohen Stockwerken, treten großzügige Verbiegungen in der Waagrechten, verschieden starke Unterschiebungen in Einzelstockwerken u. a. m. Das ganze läßt sich nur nach den heute erhaltenen, oft sehr kümmerlichen Resten beurteilen. Sie wurden in unseren Kärtchen vergröbert, und dennoch klaffen noch überall Lücken.

Die für eine Entzerrung notwendige Kenntnis späterer Teilverschiebungen besitzen wir noch nicht, weshalb die Darstellung schematisch bleiben und sich an Mindestmaße der Verschiebung halten mußte — vielleicht sogar etwas zu sehr. So z. B. kommt E. SPENGLER 1918, 16 für die ursprüngliche Kalkalpenbreite des Salzkammergutes auf 120 km, während in unseren Karten nur 110 km vom Nordrand der sichtbaren Kalkalpendecke und dem heute sichtbaren Grauwackenrand gezeichnet wurden. Doch war letzterer noch von südlichen Triasfortsetzungen belegt. Auch wurde im N für die nördliche Kalkalpenfortsetzung des Randostalpins weitere, mindestens 20 km Ablagerungsbreite schematisch angenommen. Für die Ursprungsbreite der nördlichen Kalkalpen im Wendelstein-Meridian rechnete K. OSSWALD 1929, 8, über 110 km, wozu noch vielleicht 20 km im S bis zum Grauwackengürtel kommen. Wir zeichneten nur 100 km Breite.

Jeder Spezialforscher dürfte an den Einzelheiten der Karten das eine oder andere zurechtzurücken haben; sie befriedigen auch mich noch nicht. Die langsam fortgehenden Einengungen im Lauf des Mesozoikums waren nicht in Ansatz zu bringen, ebensowenig die Auswalzungen, Zerrungen neben den Falten- und Deckenverschiebungen (vgl. auch S. 108).

Einengung und Dehnung in der wandernden Decke

Die Decken, z. B. die der Helvetiden, haben oft sehr bedeutende *Dehnungen* nach Länge und Breite aufzuweisen. Sie widersprechen grundsätzlich dem überwiegenden Einengungsbestreben. Solche Auswalzung und Ausreckung muß aber im großen und ganzen doch wohl *als annähernd gleichzeitig mit der Einengung*, jedenfalls als in dem gesamten Bewegungsplan mitenthalten verstanden werden. Denn andernfalls hätten sich ohne Frage tiefere Gräben und Horste, Schollenbrüche größeren Ausmaßes längs dem Erdradius ergeben. Beides, Dehnung und Pressung, wirkte aber in flachliegenden Stockwerken, entspricht dem gleichen Bewegungsstil, dem gleichen Bewegungsplan. Nur in einem solchen ist ein scheinbar so gegensätzliches Verhalten zu verstehen.

Wenn mangels steiler, tiefer Zerrbrüche ein Wechsel der Beanspruchungsart *allein in der Zeit*, wie ihn sich z. B. A. ROTHPLETZ dachte, undenkbar ist, so muß er zur Hauptsache Hand in Hand *mit dem wechselnden Raum*, den die Decke durchschreitet, angenommen werden. Das heißt je nach dem Ort, über welchen das wandernde Bewegungsstockwerk jeweils geriet, war die Hauptbewegungsart verschieden. Kam die Decke über hochliegendem oder hochsteigendem Untergrund zu liegen und war ein seitliches Ausweichen der Deckenmasse vor dem Druck möglich, so konnte sich der Massenüberschuß der Decke in waagrechter Richtung unter „Zerrungserscheinungen“ flüchten — vielleicht gegen solche Stellen hin, an denen eine senkrechte Ansammlung möglich war. Gelangte aber die Decke über einen sinkenden Untergrund, so verdickte sie sich unter Faltung, Zusammenschoppung, Teilschuppung im Verhältnis zu ihrer ursprünglichen Ablagerungsbreite.

Für die helvetischen Decken, die aus dem S des Aaremassivs über dieses hinweg auf dessen Nordseite „hinübergewandert“ sind, gilt so ganz allgemein, daß sie im S des Massivs eine ungeheure *Raumnot* erlebten, die ein längeres Liegen dort nicht erlaubte. Weder nach unten gegen den südwärts zur Narbe eingesaugten Untergrund, noch nach der Seite konnten sie ausweichen. Sie mußten sich nach oben abschieben, und erst so ausgeschoben und im Stau des Hangendstockwerks festgeklemmt glitten sie im Verhältnis zu dem südwärts abströmenden Untergrund gegen N. Nun aber schob sich das dank seines Massivcharakters im Verhältnis hochstrebende *Aaremassiv* unter ihnen durch. Sie wurden nun seitlich ausgereckt, unter starker Stoffabschürfung an der Sohle von unten massiert, denn mitschwimmen konnten sie nicht; dies hinderte der mächtige Hangendstau im Scheitel über der Narbe. Der Scheitelstau wird auch den narbennahen, tieferen Gesteinen durch die Mächtigkeit seines Wulstes jene beträchtliche Tiefenumwandlung mit verliehen haben, wie wir sie im Bereich der nord- und südalpinen Narbe sowie zwischen beiden in der kristallinen Tracht der „zentralalpinen Gesteine“ so bezeichnend verwirklicht sehen. Das Ergebnis für die Helvetiden war eine gewaltige Auswalzung und Ausdünnung über dem Aaremassiv. Die tieferliegenden, älteren Schichtglieder der Decke konnten teilweise noch von der Massivrippe südwärts mitgeschürft werden, abgerissen von den höheren Schichtgliedern, von denen sich die gegen S strömende Unterlage immer weiter entfernte. Das heißt die Hangendglieder wurden oben „weit hinaus“ verfrachtet. Dabei gelangten sie aber in das hinter dem Aaremassiv als Vortiefe nachrückende Senkungsfeld, das ihnen eine vielfache Verfaltung, Verschuppung, Deckenvermehrung, kurz eine Verdickung in der *Senkrechten* ermöglichte. Nach dem ersten Großstau und erster Ausschiebung nach oben und der nachfolgenden Auswalzung über dem Massiv also nun eine kaskadenartige Überschoppung, verbunden mit Einwicklung vorderer Deckenteile, die auf stark sinkenden Untergrund gerieten und so etwas an dessen Südbewegung Anteil nahmen; oder mit brandendem Aufbäumen über den Rand einer fast nicht mehr abwärts gehenden Vorlandsplatte (Molasse). Nach dem Bezirk des „tektonischen Schattens“ in der Vortiefe geriet schließlich die ganze Deckenmasse über den nicht mehr abtauchfähigen Rand des germanischen Festlandes, an dem sie sich festrammte. Der gefaltete Festlandsschutt auf diesem Festland stemmte sich, mit dem Kontinent südwärts strebend, gegen die Deckenstirnen, die somit am Ufer der Geosynklinale strandeten: Der Säntis brandete an der harten Molasse-Nagelfluh. Trotz aller Nagelfluhhärte hätte er das nicht nötig gehabt, würde sich auch hier der Untergrund noch gesenkt haben.

Nach diesen klaren Zusammenhängen scheint uns jeder Deutungsversuch mangelhaft, *der nicht die mit der Deckenbewegung gleichzeitige Bewegungsart des jeweils überschrittenen Untergrundes berücksichtigt.* Wir müssen diesem eine ausschlaggebende Rolle zubilligen, nicht allein für die anfängliche Herausbildung der Schichtmächtigkeiten, der Ansammlung von Moränen unter brandendem Eis, der Festlandssande unter brandenden Dünen, der Flußschotter zur Molassezeit, der kohle- oder erdölbildenden Mutterschichten (E. Kraus 1930). Auch die eingeengten und gezerrten Gefügeformen, die Mächtigkeiten der Decken, diejenigen noch der ihrem voranschreitenden Fuß unmittelbar vorgeschütteten Wildflysche werden durch die Hebungen und Senkungen des Untergrundes stark beherrscht. Denn es ist ja ganz unrichtig, den Grundsatz des Tauchgleichgewichts derart zu übertreiben, daß man jede derartige Eigenregung der innenbürtigen Kräfte durch die lastende Auflagerung von Hangendmassen für unterdrückt hält.

In diesem Falle verlören wir ja den, wie sich immer mehr zeigt, durchaus fruchtbaren Gedanken, daß sich eben *diese gleichzeitig mit der Deckenwanderung vollzogene Grundbeweglichkeit in gesetzvoller Weise mit dem Deckenschub selbst verknüpft.* Wir werden bei Betrachtung der alpidischen Baugeschichte noch klarer als bei Beachtung der in Band I mitgeteilten Baugefüge von heute erkennen, daß hier immer nur die Einzelglieder eines großartigen Kraftkreises vorliegen, als hätten wir vor uns die zu einheitlicher Bewegung zusammengeketteten Glieder der Plattenraupe eines vorrollenden Baggers (Abb. in Kraus 1948). —

Soweit schon hier zur Erläuterung unserer Auffassung vom „Leidensweg" einer Decke. Ihn lassen uns nicht etwa aktiv schiebende Hangendplatten über starrem Untergrund verstehen, wohl aber strömende und teilbewegliche Massen unter einer abgespaltenen, aber verhältnismäßig ruhenden Erdrindenhaut.

Leider werden die Schwierigkeiten der alterdkundlichen Darstellung nicht gleichzeitig mit solcher Erkenntnis eines planvollen Kräftespiels gemildert. Erst weitere, messende Teilarbeit wird hier weiterführen. Auszugehen ist vom Entwurf paläogeographischer Karten größeren Maßstabs kleiner Gebiete und kurzer Zeitabschnitte. Erst danach können besser begründete Übersichten erwartet werden.

Daß die laufende Nachprüfung der Bodenbewegung von Zeitabschnitt zu Zeitabschnitt möglich ist, dürfte klar sein. Denn die Erdrindenbewegung formt ja nicht nur das Gesteinsgefüge, sondern ebenso auch das jeweilige Relief. Dieses aber spiegelt sich wider in der Mächtigkeit oder in dem Verschwinden der Absätze, in der wechselnden Ausdehnung bestimmter Fazies, in der Korngrößenverteilung, in dem Faunenwandel, in Art und Änderung der Schmelzflußbewegung, schließlich für die jüngste Zeit noch in den erhaltenen Altformenresten und deren Böden.

Wir werden sehen, daß die unharmonische Bewegung von Stockwerk zu Stockwerk nur gewisse Anteile der Tiefenbewegung, namentlich die *radialen*, im Relief und damit im Sedimentbild zum Vorschein kommen läßt, daß wir also mit starker Verzerrung der Baugeschichte in deren wesentlich außenbürtigen Folgen zu rechnen haben. —

A. Die Vorbereitungszeit

Wie die vorbereitende Einleitung, die Exposition zum alpidischen Schauspiel mutet an, was wir über die Regungen des alpinen Erdraumes für die ältere Trias aus Art und Verteilung ihrer Gesteine entnehmen können.

Wir gliedern das Baugeschehen in eine erste Zeit, in der die Sedimentart noch ganz beherrscht wird von den in fortschreitendem, außenbürtigem Abbau begriffenen Restformen des variszischen Gebirgsreliefs: Skythische Stufe. Weiterhin unterscheiden wir eine zweite, ungleich längere Zeit, welche drei großartige Senkungen und Überflutungen, die anisische, ladinische und norische brachte, eingerahmt von drei ebenso umfassenden Hebungs- oder doch Hochlagezeiten am

Ende der anisischen, während der karnischen und rhätischen Stufe. Diese grundsätzlich voneinander abweichenden Zeitgruppen bedeuten ganz verschiedene Bedingungen für die alpine Bauentwicklung.

1. Die skythische Zeit

Dem Verständnis der Lage zu Beginn der Trias dürfte ein oberpermisches Vorspiel dienen, das auf die SO-Alpen beschränkt blieb.

a) Das oberpermische Vorspiel des Bellerophonkalkmeeres

Wir hörten S. 88, 93, 102, daß der jüngere Mittel- und Oberrotliegendschutt als Verrucano-Grödner Sandstein weithin ungleichförmig über ältere, vorher gefaltete Unterlagen greift. Diese z. B. von E. HAUG 1912, 801, oder FR. KOSSMAT 1913, 118, betonte Erscheinung bezieht sich aber im allgemeinen nicht auf die Sedimentdecke eines Meeres, sondern auf Perm mit Festlandsversteinerungen. Erst die über dem Grödnersandstein gleichförmig folgenden bzw. ihn im O vertretenden Bellerophonkalke des Oberperms zeigen an, daß nun die sandschuttbedeckten Ruinen des variszischen Reliefs auch unter die Höhe des Meeresspiegels hinabgesunken sind; dies aber nicht überall, sondern nur in einem Raum, der schon vorher eine Ausnahme gemacht hatte.

Bereits FR. KOSSMAT fiel es auf, daß alle Vorkommen des oberkarbonischen bis unterpermischen Fusulinen- und Schwagerinenkalk-Meeres beschränkt sind auf einen südöstlichen Gebirgsteil, der von zwei, ihrer Entstehungszeit nach schon weit zurückreichenden ostwestlichen Aufwölbungsgürteln ei geschlossen ist. Der nördliche Wölbungszug zieht von Zell—Eisenkappel—Rußwald in der Fortsetzung des Drauzuges und bewährte sich auch später als wichtige Faziesscheide verschiedener Triasglieder. Der südliche Rückenzug verläuft am Südrand der Steiner Alpen, wo die aus Grauwacken, Phylliten, Grünschiefern bestehende „Aufbruchszone" Hohenegg—Černa dolina gleichfalls merkliche Triasfazies-Wechsel brachte und auch die Landschuttfazies der Pseudogailtaler Ladinschiefer belieferte.

Südwärts davon, im Savekarbon und im südlichen Karstland, fehlen die Zeugen der jüngstkarbonisch-unterpermischen Meeresübergriffe ebenso wie im N der Ostkarawanken in den östlichen Zentralalpen. FR. KOSSMAT schloß hieraus, *daß die Julischen und Steiner Alpen über einer breiten, vorpermischen O-W-Synklinale ruhen.* Aber nicht nur das Eindringen des permischen Meeres, sondern auch die spätere Erhaltbarkeit dieser Meeresreste setzt zum mindesten ein Zurückbleiben bei der Hebung in späterer Zeit voraus. Und die Senkung hielt hier weiter an, denn gerade dieses fragliche Senkungsfeld ist es auch, welches den oberpermischen Meereseinmarsch erlaubte.

Das ist uns deshalb so bemerkenswert, weil wir ja schon aus den Gefügeformen (Band I) den sicheren Schluß hatten ziehen können, daß unter den Julischen und Steiner Alpen *die Südalpennarbe* durchzieht. *Deren bereits bis in das Oberkarbon und Perm zurückreichende Anfänge in Gestalt von besonders betonter Absenkung, die sich immer aufs neue kund tat, können wir somit unzweideutig feststellen.*

Diese gleiche O-W-Senke war es also, und war es *allein*, die dem oberpermischen Bellerophonkalkmeer von SO her im Oberperm den Zutritt erlaubte. Im N des Tonalitzuges, also unserer südalpinen Narbe, fehlt jede Spur dieses Meeres. Hier dürfte die Fazies des Grödner Sandsteins noch im Oberperm weitergebildet worden sein — ebenso wie bei Lugano im W, in den mitteldeutschen Gebirgen während der Zeit des jungpermischen Zechsteinmeeres oder wie die Festlandsfazies in England und Frankreich während des Muschelkalkmeeres.

Aber auch gegen W waren diesem vordringenden Oberpermmeer Festlandsgrenzen gesetzt. Gerade dort, wo heute *die Judikarische Etschbucht* längs der SSW-NNO-streichenden judikarischen Randbrüche zu Ende geht, und wo für so viele Meere des Erdmittelalters die Uferlinie gezogen wurde, dort, wo dann der Buchtinhalt mächtig gegen WNW hinabströmte, auch entsprechende Falten und Schuppen erzeugte, da geht schon das Oberpermmeer zu Ende. In Südtirol, am Schlern in der Pufelser Schlucht am Grödner Tal und im Nonsberg noch gut entwickelt, ändert sich dann die Fazies in eine sandige, von den hangenden Seiser Sandsteinen schwer abtrennbare. Weiterhin gegen N und W aber herrscht schließlich nur noch der festländische „Grödner Sandstein" (Abb. 23, S. 127).

Die Südbegrenzung ist heute unsichtbar. Nach den Vorkommen in der weiteren Nachbarschaft kam das Meer aus SO, also längs der Wanne der dinarischen Narbe heran und trat in die O-W-streichende Südalpenwanne über. E. Kittl fand 1903, 17, die Fortsetzung in Bosnien bei Sarajewo.

Gleichförmig über dem Permschutt und mit zögernder, oft wieder zurückweichender Überspülung ergriff das Meer von diesen unruhigen Wannen Besitz. Wie das oberdevonische Randmeer am nordeuropäischen Altrotsandsteinfestland (E. Kraus 1930, 105) oder das Meer des Muschelsandsteins am französischen Neurotsandstein-Festland (E. Kraus 1921) vortastete, so auch hier unter Wechsellagerung mit dem Sandstein unter häufiger, namentlich anfangs in Venetien, Südtirol, Friaul einsetzender Gipsausscheidung. Sie ist auffallend weit und gleichmäßig verbreitet (E. v. Mojsisovicz 1879, 35). Rauhwacken und Tone bedecken den Gips, und erst nach oben beweisen fossilreiche, bituminöse Bellerophonkalke, ähnlich oft den Stinkkalken des Zechsteins, besonders im N, daß zuletzt doch das Meer seinen Bestand sichern konnte. Es war Pionier in dem trockenen, variszischen Bergland, dessen Klima anfangs immer wieder versuchte, das Wasser lagunär zu verdampfen und diesen Ausläufer des Tethysozeans zu ersticken. Wir finden die Fauna unter ähnlichen Lebensumständen wie jene des Zechsteins, daher die weitgehende Übereinstimmung beider (W. Pfeiffer 1926, 259).

Nur an rascher sinkenden Wannenteilen, wie gelegentlich in den Südtiroler Dolomiten, finden sich bis 200 m Schichtmächtigkeit, im Ternovaner und Idrianer Plateau 100 m, sonst aber meist kaum 50 m. Natürlich spiegelt sich in diesem Wechsel noch das letzte variszische Relief wieder. Von dessen ausgeprägten Mulden, in denen schon der unterste Grödner Sandstein Platz gefunden hatte und Mächtigkeitsunterschiede von bis 300 m erhielt, berichtete G. Mutschlechner 1933 für das nördlichere Südtirol.

Eine gewisse Ausnahme machte auch jetzt das *vizentinische Bergland* am Alpensüdrand. Die geringen Mächtigkeiten des Bellerophonkalks, die oft dolomitischen, konglomeratisch durchsetzten Lagen über dem Grundkonglomerat und dem blockführenden Grödner Sandstein erinnern sehr an den Schluß, den wir oben S. 75 schon aus der flachen Lagerung des vizentinischen Quarzphyllits gezogen haben: daß wir nämlich hier ein gegenüber der nördlichen Umgebung höher strebendes Stabilgebiet vor uns haben, welches noch mehr als viele andere Alpengebiete an die Gesamtlage im deutschen Rotliegend-Zechsteinfeld gemahnt. Auch dieses wurde durch vorangegangene Gebirgsbildung schon weitgehend gefestigt. Ob im Vizentin der Rest eines ehemals im S langsam ansteigenden Uferrandes der südalpinen Geosynklinale vorliegt, kann nicht gesagt werden. Das Abrücken der variszischen Südnarbe gegen N zu ihrer alpidischen Lage (S. 110) gleicht sehr der üblichen Verlagerung fort von einer Massivzone.

Übersicht

Insgesamt herrschte im alpinen Raum vor Beginn der skythischen Zeit die festländische Verwitterung und Abtragung des nachgelassenen variszischen Reliefs. Die wechselvollen Mächtigkeiten dieses Abtragschuttes können nicht ohne weiteres auf Bodenbewegungen zurückgeführt werden, sind wohl überwiegend außenbürtig bedingt. Das ganze Alpengebiet gehörte damals noch, äußerlich wenigstens und alterdkundlich, zu dem gewaltigen Festland, das sich im Gefolge der variszischen Bewegungszeiten entwickelt hatte. Auch das Vordringen eines oberpermischen Meeres im SO wäre zunächst nichts Ungewöhnliches und für die kommende Umwälzung Bezeichnendes. Sehen wir doch etwa gleichzeitig auch das Zechsteinmeer im N gegen ein paläogeographisch vergleichbares Land vorrücken.

Wenn wir dennoch das Vorrücken des Bellerophonkalkmeeres aus SO als ein erstes Vorspiel späterer alpiner Entwicklungen angesprochen haben, so einmal wegen der beträchtlichen Unruhe, die sich aus dem raschen Wechsel der Fazies in diesen Becken kundtat. Die Gleichmäßigkeit und Verbreitung der dünnen Zechsteinbänke steht hierzu immerhin in Gegensatz. Und zum andern: Es ist keine beliebige Stelle, an der das Meer vordringen konnte. Wir erkennen vielmehr im Überflutungsbereich des Bellerophonkalkmeeres den Zug der dinarischen und der südalpinen Senkungsnarbe wieder, das heißt einen Erdrindenstreifen späteren schärfsten Massenverlustes nach abwärts und damit bevorzugter Reliefsenkung in der ganzen nachfolgenden Zeit. Dieser Umstand wird dadurch betont, daß das nun folgende skythische Meer sowohl diese gleiche, noch erweiterte Senke bewohnte wie auch im Zug der nordalpinen Narbenwannen sich breitmachte.

b) Die skythischen Geosynklinalwannen

α) Die südalpine Wanne

Ein Blick auf unsere Abb. 23 zeigt, daß die südalpine Geosynklinale mindestens in den gleichen Grenzen Senkungsgebiet blieb wie während der Zeit der oberpermischen Meeresbedeckung. Haben wir doch ebendort die Hauptentwicklung der unzweifelhaft und ausgeprägt marinen Skythstufe, die als „Werfener Schichten“ von dem „Buntsandstein“ im engeren Sinn als einer festländischen oder wenigstens zweifelhaften bzw. wechselvollen Bildung unterschieden wird. Gegen N dürfte im

Bereich der heute wohl zum Teil durch Absenkung (Narbenschnitt! Band I) verschwundenen Karnischen und Karawankenketten ein Landrücken bestanden haben, der sich auch später noch fühlbar machte und zur skythischen Zeit das Vordringen des Meeres gegen das zentralalpine Festlands- und Inselgebiet im N weitgehend zu hindern vermochte.

Gegen W aber sehen wir einen nicht unbedeutenden Fortschritt im Streichen der Wannenbildung. Diese greift mit marinem Skyth nun auch *westwärts auf die Lombardischen Alpen vor.*

Weithin steht auch jetzt die Schichtausbildung in engster Beziehung zur Unterlage und zur Umgebung. Allenthalben beweisen die Gerölle, Sande, Tone und Pflanzen des Festlandes, zumeist beginnend mit dem gröbsten Grundkonglomerat, Verfrachtungen von Abtragungsgebieten aus. Überall die gleichen Sande, bis hinein in die Beckenmitte. Wegen ihres oft gröberen Korns können sie nicht weit verfrachtet sein. Auch verlor sich nicht die rote Festlandsfarbe. Diese Stoffe rühren offenbar zur Hauptsache von unweit aufragenden, nicht nur am Beckenrand, sondern nicht selten auch im Beckeninneren erschienenen Inselrücken, deren roter, permischer Quarzsandschutt umgelagert wurde. Diese Abtragungsgebiete zeichnen sich durch völligen Mangel an Buntsandstein oder doch nur durch dünne Bänke aus. Sie fehlen z. B. nach M. Vacek 1896, 464, am Val Sugana. Öfter fehlt nur die ältere Skyth-Abteilung der „Seiser Schichten" wie im Innern der Karnischen Hauptkette, während sie nahe daneben südlich bei Pontafel noch vorhanden ist. Am Comersee vermissen wir alles sichere Meeressediment; die Ausbildung des Grödner Sandsteins geht im unterskythischen „Servino" weiter. Der germanische Buntsandstein mit Voltzia heterophylla herrscht weithin an den großen oberitalienischen Seen. Echt meerische Schichten beginnen ostwärts erst am Val Brembana. N. Tilmann meldete vom Trompia-Tal nur Servino, darüber Rauhwacke. Reich an Festlandspflanzen ist das Recoaro-Gebiet (Vizentin).

Gegen oben wird das Korn, ganz im allgemeinen wenigstens, feiner, die Schichtausbildung regelmäßiger; Ortsausbildungen verlieren sich — ganz ähnlich wie im westdeutschen Buntsandstein über dem ortsgebundenen Rotliegenden. Vielfach erscheinen gegen oben mehr karbonatische Bänke. Doch immer noch wurden von den Landaufragungen her auch später noch Festlandspflanzen eingespült.

Dort, wo der Bellerophonkalk die Unterlage bildet, kann die kalkige Meeresfazies auch während der skythischen Zeit anhalten. So in den Karnischen Alpen (Ostfuß des Gartnerkofls) und in der Karawankenkette, besonders an deren Südrand (Steiner und Julische Alpen). Maßgebend dafür war die Senkung, die schon das Bellerophonkalkmeer angelockt hatte. Der tiefste Wannenteil füllte sich mit Kalk, der von den Anfängen in den Bergamasker Alpen ostwärts über Buchenstein und Abteytal nach Venetien, in die Julischen Alpen und südöstlich weiter nach Dalmatien zog. Hier im O vertiefte sich diese Wanne beträchtlich und nahm Cephalopodenkalke in sich auf. In dieser Haupttiefenrinne hatten sich die bedeutendsten Mächtigkeiten (über 400 m im Ternovaner und Idrianer Plateau, in Südtirol) eingestellt; im Höchstfall mißt das südalpine Skyth 1000 m.

Man wird vielleicht sagen, daß dies nicht übertrieben viel ist, wenn man dagegen die 500—1000 m nördlicher Buntsandsteingebiete Mitteldeutschlands hält, wo aber vom Anfang einer umfassenden Geosynklinale keine Rede ist. Wir wollen nicht vergessen, daß jene mitteldeutschen Wannen nur sehr wenig oder gar keine Meeresreste bergen, und daß es sehr auch auf die Abflußlosigkeit des Klimas ankommt sowie auf die jeweils vorhandene, dem Abtrag überlieferte Reliefgröße, ob sich irgendwo viel oder wenig an Festlandsschuttmassen ansammelt. *Die Mächtigkeiten geben also nicht ohne weiteres ein vergleichbares Bild*, namentlich nicht hinsichtlich der Größen stattgehabter Bodenbewegungen. Immerhin muß wohl aus den in mäßigen Grenzen liegenden Mächtigkeiten und aus dem nicht allzu großen Fazieswechsel innerhalb der südalpinen Wanne für die Skythzeit noch auf schwache und wenig lebhafte Bodenbewegungen geschlossen werden. Sie können durchaus noch mit solchen epikontinentaler Art, auf einem Kontinent also, verglichen werden. *Die Kräfte schlummern, nur die embryonale Wannenanlage ist schon da, und sie hat sich gegenüber dem Perm bereits gegen W erweitert.*

Dreigliederung. Im einzelnen zeigt der Wanneninhalt eine deutliche Dreigliederung. Nach Versteinerungen und Gestein läßt sich zumeist eine unterste, sandreichere Abteilung der *Seiser Schichten* von einer höheren, mächtigeren, meist roten und sandärmeren der *Kampiller Schichten* unterscheiden. Die letztere ist reicher an Kalk, Dolomit und Mergel; sie entspricht einem etwas weniger seichten Meer. Doch bemerkt man nicht selten vor dessen Ausbildung am Ende der Seiser Schichten eingestreute Gerölle und andere Anzeichen für eine teilweise Trockenlegung, *einen vorübergehenden Meeresrückzug.* Schön konnte die kaolinische Verwitterungsoberfläche des Porphyrs unter den Kampiller Schichten des Luganeser Gebirges nachgewiesen werden.

Dann vertiefte sich im Verhältnis das Meer rascher. Inselrücken und weite Küstenstriche der nördlichen und westlichen Wannenumgebung (Karnische Alpen, Lugano), welche sich bis dahin noch trocken erhalten hatten, versanken jetzt auch unter dem vordringenden Meer. Diese Transgression zeigt sich im Inneren oft nur durch wachsende Meerestiefe an, welche weitausgedehnte Kalke und Dolomite mit schwankender Mächtigkeit über die Sandmassen breitete.

Die vorgreifenden Kampiller Schichten bildeten oft rote Schneckenoolithe, wechsellagernd mit dünneren, bunten und glimmerführenden Tonlagen, örtlich mit Sandstein. Nach oben vermehren sich noch die Kalksteinbänke, die Fauna wird bei wachsender Meerestiefe reichhaltiger.

Auch außerhalb der Alpen haben wir ungefähr um die gleiche Zeit des Röt einen weitreichenden Vormarsch des Meeres über das Festland des mittleren Buntsandsteins. Wegen dieser Gemeinsamkeit könnte man mit H. P. Cornelius 1925, 304, hieraus auf eine *eustatische* Meeresspiegelschwankung schließen. Doch kommt eine solche allein sicher nicht in Frage. Bestenfalls verschleiert sie nur gleichzeitige, recht bedeutende Teilbewegungen des Landes. Denn die Mächtigkeiten des Buntsandsteins schwanken bekanntlich in weiten Gebieten zwischen 0 und 1 km. Die eustatischen Ausschläge des Weltmeerspiegels aber können nach allgemeiner Erfahrung wohl kaum 100 m nach oben und unten überschreiten. Es wird somit für die betrachteten Gebiete, für Deutschland und die südlichen Alpen, auch *mit einer gemeinsamen Niederbiegung des Bodens* zu rechnen sein, die im einzelnen aber sehr ungleichartig verlief.

Jenem Vorgang weitreichender Niederbiegung im oberen Buntsandstein schloß sich ohne Frage noch eine sehr weitreichende rückläufige Bewegung an, eine allgemeine Heraushebung des Landes, vielleicht eustatisch vermehrt. Dies berechtigt uns, neben der Unterstufe der Seiser Schichten und neben der Transgression zur

Kampiller Zeit *als Drittes noch die Regression gegen Ende der Skythstufe* zu unterscheiden.

Sandig-tonige Seichtmeergebilde mit Bänken von Myophoria costata, M. laevigata erscheinen im Inneren. Noch verbreiteter aber ist der Übergang zu ausgeprägten Lagunenabsätzen, zur Bildung mächtiger Gipslager, Rauhwacken, selbst von Salzen. Sogar ins Wanneninnere (Steiner und Julische Alpen) griffen sie vor. Verstärkte Regression zeigen die Ränder: Im N die Zellenkalke, Rauhwacken, Gipse des Adamellobereichs, im W jene des Nonsbergs und von Judikarien, in der Grigna, im Camonica-Tal; im S die „unteren" Gipse und Rauhwacken des Trompia- und Sugana-Tals, des Vizentins.

Wieder ist es das Hebungsfeld des Vizentins, das mit seinen kaum 10 m sandiger Seiser Schichten und den roten, einförmigen, fast versteinerungsfreien Kampiller Schichten (100 m) unzweifelhaft küstennäher lag als die nördlicheren, mächtigeren Werfener Schichten des Wanneninneren. Wieder entsteht die Frage, ob hier der südliche Anstieg zu einem heute ganz verschwundenen Festland, einer Südbegrenzung unserer südalpinen Geosynklinale begonnen hat.

Genauere Schichtaufmessung wird es einst erlauben, für jede unserer drei Unterstufen getrennt alterdkundliche Karten zu zeichnen, die besser als unser Versuch einer ersten Übersicht die wechselreichen Einzelereignisse der skythischen Südalpenwanne darstellen.

β) Die nordalpine Wanne

Über den stark gefalteten und umgewandelten Grundgebirgsgesteinen, die am Südrand der nordalpinen W-O-Wanne zum Vorschein kommen, ruht völlig ungleichförmig ein Grundkonglomerat und darüber gleichförmig die skythische Stufe. Man hat daher auch die Grundkonglomerate im allgemeinen schon zur Trias gestellt, doch fehlen entsprechende Versteinerungen. Wahrscheinlich verdeckt die Schrägfläche über dem älteren Untergrund die Schichtlücke und der grobe, in langer Zeit aufbereitete Grundschutt Teile des Oberkarbons und Perms. Da Zwischenbildungen unbekannt sind, bleibt der Nachweis einer älterpermischen Bewegung wie in den Westalpen hier unmöglich.

Das Grundkonglomerat. Die Zusammensetzung des Grundkonglomerats entspricht dem permischen Abtrag der nördlichen Zentralalpen einschließlich (und oft allein) des nördlichen Grauwackengürtels. Im O sind es nach E. Spengler 1922 teils Quarzgerölle, teils Gerölle der erzführenden Silur- und Devonkalk-Unterlage, die den Hauptteil bilden. Nach oben wird das Ganze feiner, quarzreicher; doch ist, offenbar von verbliebenen altpaläozoischen Aufragungen, noch im Oberskyth Kalkgeröll abgegeben worden. Abweichungen des Geröllbestandes von der gegenwärtigen Unterlage, z. B. aus Blasseneckporphyroid, erklären sich durch umfangreiche nordgerichtete Unterschiebungen. Anderwärts enthält das Grundkonglomerat im Aflenzer Bezirk auch die Gerölle der Blasseneckreihe (E. Spengler 1919); weiter gegen O auf Blatt Mürzzuschlag werden die Grundkonglomerate viel mächtiger. Im südlichen Salzkammergut treten sie stark zurück. Am Salberg bei Liezen wies H. P. Cornelius 1941 das oft grobe, bald kalk-, bald nur quarzführende Grundkonglomerat aus Bruchstücken der nördlichen Grauwacke zwischen Grauwackenschiefer und Buntsandstein (Prebichlkonglomerat) nach. Haben wir hier erhebliche Schuttmassen, so drang das Meer an benachbarten Stellen allmählich über eine Flachküste nordwärts vor gegen das durch lange Zeit verwitterte vindelizisch-germanische Land, welches sich nun zu einer weiten, flachen Wanne niederbog. Hier brachten die Flüsse nur Glimmersand und roten Tonschlamm. In Küstenlagunen schieden sich Salze und Gipse aus. Sowohl im juvavischen wie im tirolischen Bewegungsfeld (Nordrand) kann auf solche Zustände geschlossen werden.

Anders ist das Bild des „*Prebichl-Konglomerats*" unter der skythischen Stufe und über der ungleichförmigen Schrägfläche, welche die Falten des Kitzbühler Grauwackengürtels abschneidet. Hier lag offenbar der Südrand der niedersinkenden *nordalpinen Wanne, die bestrebt war, sich südwärts zu erweitern.* Mächtige Schuttmassen der Grauwacke und von deren Unterlage wurden ihr entgegen von dem zentralalpinen Festland nordwärts zugeschoben.

Dieser Schutt ist so grob und bunt zusammengesetzt, daß wir ihn mit K. Leuchs 1927, 18, als die Deltavorschüttung von Gebirgsflüssen ansehen müssen, welche ein bergiges und tief zerschnittenes Relief im S entließ. Wie sonst, so verkleinern und verlieren sich auch hier im allgemeinen nach oben die Gerölle. Namentlich vermindern sich die Ortsgerölle. Wahrscheinlich wurde der Bestand, der schließlich in den höheren Bänken abgesetzt wurde, viel länger hin und her geschoben und zerstört, zu Restschotter und Sand verwandelt. Denn nach oben nehmen die Quarze zu. Das gleiche wiederholt sich ja auch in anderen Bundsandsteingebieten (E. Kraus 1921).

Am kalkalpinen Südrand Vorarlbergs, am Arlberg und im Rätikon kehren diese groben, wohl skythischen Grundkonglomerate wieder, nach oben Sandstein und Quarzit.

Leider fehlen Aufschlüsse, welche die Geschichte des vordringenden Meeres in der jungen, nordalpinen Wanne erläutern würden. Aber anders als am Südrand der Südalpenwanne, wo jeder Anhalt fehlt, besitzen wir weiter nördlich doch als Fortsetzung die Aufschlüsse des germanischen Buntsandsteins im N des *vindelizischen Landes.* Dieses muß ein die Nordalpenwanne begrenzender Landrücken gewesen sein, von dem aus sich die Abdachung auch nordwärts zum germanischen Triasbecken senkte. Wahrscheinlich schalteten sich auf dem sehr weiten Zwischenstück mancherlei Reliefformen ein, welche jenes Bild einer beiderseits sanft abfallenden Schwelle im einzelnen nicht aufkommen ließen (W. Pfeiffer 1923; 1926, 260). Jedenfalls herrscht hier im N ganz allgemein *die germanische Festlandsfazies des Buntsandsteins* und wächst seine Mächtigkeit von S gegen N allmählich bis über 1000 m an. Da der tiefste Buntsandstein in der nördlich anschließenden Senke nicht Absatz eines sehr tiefen Beckens ist, so muß sich, ähnlich wie die nordalpine Wanne im S, so auch jene im N des vindelizischen Schwellengebietes während des Buntsandsteins allmählich eingesenkt haben. Über die Grundkonglomerate des hier um sich greifenden Wasserbeckens habe ich 1925, 38, berichtet, ebenda S. 43 von dem südlichen Einzugsgebiet, dem vindelizischen Rumpfgebirge. Die Nachbarsenken im N und S von diesem wurden gleichzeitig von einer sehr großen Schuttmenge des Rückens beliefert, und *ein erheblicher Unterschied erscheint zwischen beiden Wannen nur insofern, als die nordalpine Geosynklinale ihren Namen als Beginn des alpidischen Geschehens sehr wohl verdient.* Sie unterscheidet sich vom germanischen Becken zunächst durch das Vordringen eines offenbar von O kommenden Meeres, also wohl *durch tiefere Lage ihres Bodens* und ihrer östlichen Umgebung. Dagegen kann von dem während des unteren und oberen Buntsandsteins in Süddeutschland vordringenden Wasser kaum gesagt werden, daß es sich um ein echtes Meer handelt, daß also der Boden dieser Becken gleichfalls unter den Meeresspiegel gereicht hat.

Die Werfener Meeresfazies. Abb. 23 läßt die Verbreitung der alpinen untertriadischen „Werfener" Meeresschichten erkennen, soweit dies aus den gegenwärtigen Aufschlüssen einigermaßen möglich ist. Den nach S aufsteigenden Schubflächen entspricht es, daß auch hier der Kalkalpen-Südrand die besten Einblicke erlaubt.

Wo immer man östlich von Fieberbrunn (Kitzbühler Alpen) — Lofer — Ruhpolding, in Salzburg, Nordsteiermark, Ober- und Niederösterreich Werfener Schichten antrifft, da sind sie echt marine Schiefer, grünlich-grau-violettrot, stellenweise mit eingeschalteten Sandsteinbänken, mit *Pseudomonotis clarai* Emm. (Seiser Schichten) und *Natica costata* Mstr., *Myophoria costata* Zenk. (Kampiller Schichten). Kalkbänke mehren sich meist nach oben. Sie sind oft bituminöse, teilweise schneckenführende Oolithkalke wie am Grund der übergreifenden Kampiller Schichten in der südalpinen Wanne. Die Mächtigkeit dieser von A. Rothpletz auch als „Myophorienschichten" bezeichneten Gesteinsreihe schwankt und läßt sich mitunter zu mehr als 500 m bestimmen.

Die Zusammensetzung, welche die Unterscheidung der Seiser und Kampiller Schichten ähnlich wie in den Südalpen nach den Versteinerungen oft zuläßt, ist erstaunlich *gleichartig* und zeigt noch nicht die Fazieswechsel z. B. zwischen einer juvavischen und tirolischen Fazies- und Bewegungseinheit. Hier hat ein ruhiges, gegen O weit geöffnetes Flachmeer sich in der jungen Wanne ausgedehnt, die zwischen den Zentralalpen, deren mehr festländische Buntsandsteinfazies unten zu erwähnen ist, und dem germanischen Buntsandstein- oder Abtragungsraum der vindelizisch-böhmischen Schwellenmasse niedersank. Nach der besonders weiten Verbreitung der für die Kampiller Schichten bezeichnenden Versteinerungen darf einstweilen schon gefolgert werden, daß auch in dieser Wanne, so wie in der südalpinen, *das Meer sich im Oberskyth bedeutend erweiterte* und — nach dem Überhandnehmen der Kalkbänke — sich wohl auch *vertiefte*. Daß dem auch hier am Ende der Seiser Schichten ein gewisses Zurückweichen vorausgegangen war, kann wohl noch nicht als gesichert gelten. Immerhin verspüren wir in der nordalpinen Geosynklinale doch auch den gleichen jungskythischen Meeresvorstoß, den nicht nur die gleichfalls embryonal-geosynklinale Südalpenwanne zeigt, sondern der auch mit der außergeosynklinalen Röt-Transgression über dem festländischen Mittelbuntsandstein des germanischen Bildungsfeldes gemeinsam ist.

Die Buntsandsteinfazies, zu welcher im allgemeinen noch die versteinerungsfreien Grundkonglomerate des Ostteils gehören, schließt sich nun nicht allein gegen N und S *wannenauswärts* an, sondern *auch gegen W* hin. Denn die wenigen Aufschlüsse im N (Iseler bei Hindelang), in der Mitte (Sohle der Inntaldecke) der bayerisch-tirolisch-Vorarlberger Kalkalpen und die etwas reichlicheren an deren aufbiegendem Südrand, lassen überall die bereits von E. Boese 1898, 696, richtig unterschiedene Sandsteinfazies erkennen. Die hier allenthalben unter dem übergreifenden Muschelkalk entwickelten fein- bis grobkörnigen, roten oder entfärbten Sandsteine, die auch oft mit grobem Grundkonglomerat über dem mehr oder weniger kristallinen Grundgebirge einsetzen, zeigen nur selten die Schieferzwischenlagen, welche die Werfener Ausbildung auszeichnen. Am Südrand der Kalkalpen schalten sie sich gegen oben etwas reichlicher ein, so daß auch hier das Zurücktreten der reinen Landeinflüsse deutlich wird.

Daß hier zugleich auch der Kampiller Meeresvorstoß mitgewirkt hat, kann unschwer aus dem mehrfachen Erscheinen von echten „Werfener" Zwischenbänken in höheren Teilen ersehen werden. Nicht nur bei Fieberbrunn, also im Grenzgebiet zwischen Werfener und Buntsandsteinentwicklung, sind es echte Werfener Schiefer, welche den Buntsandstein überlagern und also den Kampiller Meeresvorstoß von O her ankündigen. Auch noch die Mergelkalke bei Schnann und Flirsch am Arlberg führen die *Myophoria costata* der Kampiller Schichten über dem Buntsandstein; die roten Tonschiefer mit grauen Kalkknollen, die auch im Rätikon über dem kieselig gebundenen Buntsandstein mit seinem Grundkonglomerat liegen, die 20 m Kampiller Sandsteine, Schiefer und Dolomite des Ducan (H. Eugster, 1923, 27) über pflanzenführenden Quarzitbänken des festländischen Buntsandsteins — *sie setzen immer nur die gleiche oberskythische Transgression fort*, die wir ebenso in der südalpinen Wanne erkannten, *und die gleichfalls von O gegen W das Meer bedeutend erweiterte*. Nur die Mächtigkeiten der echten Meereslagen verringern sich im W und erscheinen dort allein in den höheren Profilteilen der skythischen Stufe.

Damit erkennen wir die Bedeutung der außeralpinen Röt-Transgressionsbewegung auch für die Bewegungsweise innerhalb der alpinen Geosynklinale.

Leider werden die Zusammenhänge durch die nordalpinen Schubplatten in Nordtirol—Bayern—Vorarlberg zumeist verdeckt. Verfolgen wir nun aber unsere Nordalpenwanne westwärts durch den Heimatstreifen der Klippen und Präalpen nach dem Briançonnais hin, so zeigen sich auch da die zu erwartenden Fortsetzungen. Mehr oder weniger mitbeteiligt treten hier von N her die bodenständigen Massiv-Aufragungen des vindelizisch-germanischen Vorlandes vom Aaremassiv über Aiguilles Rouges—Montblanc bis zur Belledonne und zum Pelvoux in den Alpenbau hinein. Ebenso auch die helvetisch-delphinidischen Heimatstreifen. Sie zeigen denn auch nichts anderes als echt germanische, dreigeteilte Trias-Entwicklung, den festländischen Buntsandstein, auf den Massiven als Abtragungsgebieten dünn oder überhaupt fehlend (Windgälle, Gasteren, Belledonne, Pelvoux), in den Senken verdickt. Der weißliche, oft quarzitische Sandstein („Melser Sandstein") der helvetischen Decken folgt dem Verrucano oder (ungleichförmig) dem Grundgebirge. Er setzt sich fort in den groben Quarziten und grünen Schiefern der Montblanc-Hülle, in den dünnen, aber weit verbreiteten Arkosen und Quarziten der Aiguilles Rouges, welche örtlich ungleichförmig übergreifendes Grundkonglomerat und nach oben am Dent de Morcles bunte Rötschiefer und Dolomite offenbar wieder der Kampiller Röttransgression erkennen lassen.

Dieser lückenhafte Festlands-Buntsandstein der westalpinen Außenmassive, der Dauphinézone und des helvetischen Heimatstreifens ist nichts als *die unveränderte Fortsetzung der im germanischen Bildungsbereich gleichfalls gegen S sehr lückenhaft werdenden Buntsandsteinhülle* von Südvogesen und Französischer Zentralplatte. Hier liegt ja oft erst der Keuper auf dem Grundgebirge (Dijon, N. Langres, Valence). Das Gebiet mit diesem festländischen Buntsandstein, der oft fehlt, setzt nur die in fortschreitender Abtragung begriffenen Schwellengebiete westwärts fort, welche wir im O als böhmisch-vindelizisches Schwellenland bezeichneten.

Ebenso wie dort gegen S die Wanne der Nordalpen-Geosynklinale mit mächtigerem Skyth anschloß, so auch in den Westalpen. Es sind die in den Klippen entfernten und in den Präalpen leider meist nur in kleinen Resten erhaltenen Buntsandsteinvorkommen. Südöstlicher erscheinen im NW wie im SO der Klippendecke nur dünne, einförmige Quarzite. Im Bildungsbereich der Brekziendecke ist nur wenig Buntsandstein bekannt, nach oben mit grauen und roten Spatkalken. Der Hauptbereich dürfte noch eine in Abtrag begriffene Schwelle gewesen sein, die ja auch später noch reichlich Stoffe lieferte. Im Briançonnais werden die oberpermischen roten Verrucano-Konglomerate und Grödner Sandsteine durch ziemlich mächtige Quarzsandsteine mit rötlichen Quarzgeröllen und weißen Quarziten fortgesetzt, zuoberst durch bunte Rötschiefer, wohl als Andeutung der Kampiller

Transgression. Die gleiche Buntsandsteinfazies herrscht auch im Subbriançonnais, nur ist sie hier am Außenrand der Wanne sehr viel dünner.

Die Fortsetzung unserer Skythsenke weist dann gegen SW in die Trias der Seealpen mit den gleichen Buntsandstein-Quarziten. Diese wechsellagern hier aber bezeichnenderweise mit marmorartigen Kalken (Cipollino) und mit grauen und bunten Talkschiefern. Damit erscheint hier ausgeprägter wieder der Meeresbezirk der Kampiller Kalkbänke, wie wir sie, nicht mehr weit im O, auch schon vom Luganeser Buntsandstein erwähnten. Es spricht nichts gegen die Ansicht, *daß hier der Bogen der kalkalpinen Nordgeosynklinale nicht nur in die Triassenke des Ligurischen Apennins, sondern auch in die Südalpengeosynklinale einmündete.* Dies wird noch wahrscheinlicher durch die Gleichartigkeit, mit der in beiden Geosynklinalen nun auch die Regressionsgebilde zu Ende der Skythstufe verbreitet sind.

c) *Die Oberkampiller Regression*

Es spricht für die große Ruhe, welche noch in den skythischen Geosynklinalanlagen herrschte, daß ebenso wie in der südalpinen Wanne auch in allen Teilen der Nordwanne nun die gleichen Erscheinungen des Meeresrückzuges, der Verdampfung des Meerwassers, erscheinen. Mit erstaunlicher Wiederkehr melden fast alle aufgenommenen Profile längs der immerhin über 1000 km langen Nordwanne als Abschluß des Buntsandsteins Gips, Rauhwacke, oft in mächtigen Lagern; nicht selten auch bedeutende Steinsalzausscheidungen, das sogenannte *Haselgebirge.*

Es sieht so aus, als ob der von O gegen W weiter und weiter vorangetragene Meeresvorstoß im Briançonnais-Präalpen-Bogen und in den anschließenden ultrahelvetisch-ultradelphinidischen Heimatstreifen gerade erst angelangt wäre, als schon die Zeit der lagunären Wasserverdampfung gekommen war.

Die roten Brekzien über den Cipollinen und Buntsandsteinquarziten der Seealpen bedeuten wohl diese Regression, ebenso die Rauhwacken und Gipsmassen des Röt von Galibier, Setaz, Pas du Roc im Briançonnais südlich des Arc-Tales, die Gipse und Rauhwacken am Nord- und Südrand der Klippendecke, die sehr mächtigen und ausgedehnten Gipslager (mitunter auch Steinsalz) des Ultrahelvet-Streifens von Bex-Stüblenen, dessen Gips vielleicht teilweise noch zum jüngeren Lagunen-Stockwerk (Rhät ?) gehört, und schließlich die 50—80 m Rauhwacken in der helvetischen Mürtschendecke-Axendecke.

Das alles ist die „*untere Rauhwacke*", welche auch in den Kampiller Schichten der Ducan-Trias angedeutet ist und sich weiter über die mehr oder weniger mächtige Rauhwacke Vorarlbergs ostwärts immer mächtiger werdend namentlich am Kalkalpen-Südrand fortzieht. Ihr gehören die „Reichenhaller Rauhwacken" von Schwaz-Rattenberg-Wörgl an und die mächtig anschwellenden Steinsalzlager von Hall bei Innsbruck, Reichenhall-Berchtesgaden-Hallein-Hallstatt. Langdauernde Senkungen müssen diese Massen von Salzton, Rauhwacke, Dolomit, Anhydrit, Gips und Steinsalz angesammelt haben, welche heute den durch die alpine Durchbewegung noch verworrener gewordenen Baustil der zusammengeschoppten Salzlager aufweisen. Zwar dürfte damals die Hauptsenkung im S längs dem juvavischen Faziesraum erfolgt sein, doch setzten sich die Lagunen mit dünner werdenden Ausscheidungen ebenso auch über den tirolischen Nordrand nordwärts fort, ebenso über Grünau-Lunz gegen Osten.

d) Das zentralalpine Schwellenland

Wir richten den Blick auf den in vieler Hinsicht noch wenig geklärten Alpenstreifen zwischen Nord- und Südgeosynklinale. Wir haben ihn schon einmal mit Rücksicht auf Ausbildung und Verbreitung der beiden alpinen Quarzphyllit- und Grauwackengürtel als eine zusammengehörige Einheit höherer Ordnung angesprochen. Sie wurde vorher und noch nachfolgend in der variszischen Bewegungszeit von SO-NW-streichenden Schwächestreifen und darum Faltungszügen gequert. Ebenso beweist auch jetzt, am Ende der paläozoischen Umwälzungen, das zentralalpine Gebirgsland erneut seine Einheitlichkeit als Schwellengebiet zwischen den beiden Hauptstreifen der Senkung. Diese Einheitlichkeit ist sogar noch größer geworden. Das kann aus dem geringen Wechsel des Skyths vom Bacher bis ins Piemont ersehen werden — soweit sich dieses überhaupt über die späteren Umwälzungen, Zerstörungen, Umwandlungen bis in die Gegenwart herüberretten konnte.

Besonders spärlich sind die Überbleibsel in den östlichen Zentralalpen, denn die hier seit alters vorhandene algomanische und variszische Geosynklinalarbeit hatte die ostalpinen Zentralstücke verdickt und so offenbar aus Gründen des Tauchgleichgewichts zu dauernderer Hochlage, also auch zu starkem außenbürtigem Wiederabtrag vorübergehend aufgelagerter Hüllen verurteilt.

Den paläozoischen Phylliten im West-Bacher lagern rote Verrucano-Konglomerate und Grödner Sandstein, dann offenbar schon dem Skyth angehörende Sandsteine und rote Schiefer auf (J. Dreger 1905, 69). Öfter werden „Werfener Schichten" für die Umgebung des Bachers erwähnt. Es mag sein, daß hier vom O her das Werfener Meer um ein gewisses Stück gegen die niedertauchende Zentralalpenschwelle vorzudringen vermochte, denn Werfener Schichten werden auch noch W von St. Paul und Eberstein angegeben, wo aber bereits die Buntsandsteinfazies, bedeckt von Rauhwacke, überwiegt, die im Bereich der Kärntner Nocke, im Königstuhlgebiet mit seinen Quarzkonglomeraten, Sandsteinen und Quarziten (25 m) herrscht (K. Holdhaus, R. Schwinner 1951, 202).

Soweit die fossilfreien „Semmeringquarzite" wirklich dem Buntsandstein angehören, sind sie offenbar gleichfalls nicht der marinen Werfener, sondern der mehr festländischen Buntsandsteinfazies zuzuteilen. Auch die Radstätter Untertrias ist vielfach umstritten, schon wegen der Schwierigkeit, die dort erscheinenden Quarzphyllite und Quarzite von jenen des höheren Erdaltertums abzutrennen. Aber jedenfalls gibt es keine ausgeprägten marinen Kalklager. Nur zuoberst sind die früher ausschließlich als tektonisch angesehenen Rauhwacken offenbar die Reste mariner Lagunen, die kurz vor dem Muschelkalk erscheinen, als wäre das von der Wanne im N vordringende Meer auch hier erst am Skyth-Ende angelangt — ebenso wie im Briançonnais. Im Tarntaler Mesozoikum werden mit A. Spitz 1918 mächtige, helle Quarzite, öfter mit rotem Quarz, wenigstens in den höheren Lagen zum Skyth gezählt. Über ihnen liegen auch hier serizitisch durchflaserte Rauhwacken und Gipse, die örtlich auch unmittelbar über den Quarzphyllit-Untergrund übergreifen. Sie müssen wohl, teilweise wenigstens, nicht zur „oberen" (Raibler), sondern zur „unteren Rauhwacke" gerechnet werden und setzen somit das lagunäre Regressions-Stockwerk auch hier gegen den Brenner hin fort.

Das gleiche Bild auch im W der Brennersenke, in der Sedimentdecke der Stubaier und Ötztaler Alpen! Nirgends läßt sich eine scharfe Grenze der weithin übergreifenden permischen Verrucano-Rotsandstein-Fazies gegen den offenbar darüberfolgenden Buntsandstein angeben, dessen meist helle Quarzsandsteine, Quarzkonglomerate, Quarzite, Serizitphyllite, weiter im W „Casanaschiefer", wiederum jeden nachweisbar marinen Einschlag vermissen lassen. Rauhwacken, Gips, Dolomitbänke überlagern das Ganze. Sie wurden im allgemeinen zum unteren Muschelkalk gestellt, ebenso wie die Myophorien- (Reichenhaller) Schichten im N. Doch spricht nichts dagegen, daß auch sie die Reste der allgemeinen, lagunären Regression am Ende der Skyth-Zeit sind.

Die gleiche Aufeinanderfolge von weißen Quarziten und Rauhwacken blieb in der eingezwängten Maulser Trias erhalten. Der Quarzit kehrt ostwärts bei Kalkstein wieder. Er wechsellagert mit Schiefern in dem östlich anschließenden Drau-Zug. Bei Lienz und einigen anderen Stellen erscheinen in diesen „Werfener Schichten“ auch einige marine Versteinerungsreste; und das Ganze läßt sich bereits ähnlich gliedern wie in den benachbarten Südalpen. Daher dürfte die in späteren Zeiten als Fazies bemerkbare Landschwelle, die den Drauzug südwärts begleitet, nicht ununterbrochen durchgelaufen sein. Das Meer konnte sich auch in den Heimatstreifen des Drauzuges erweitern.

Die unvollständige tektonische Trennung der Ötztaler Schubmasse von dem Unterengadiner Mittelostalpin spricht sich, wie 1936, S. 180 gesagt wurde, auch in einer wenig abweichenden Triasfazies aus. Das Skyth der Unterengadiner Dolomiten hat Buntsandsteinfazies, darüber Kalkbänke mit unterer Rauhwacke, so daß die lagunären Umstände auch hierher gereicht haben dürften. Sie entwickelten sich ebenfalls an der Sohle der mittelostalpinen Ortlertrias mit Rauhwacken, Eisendolomit und Gips. Es bleibt unklar, ob ihre Unterlage aus Serizitquarzit-Schiefer nur Verrucano ist, oder auch noch in die skythische Stufe hineinreicht. Anzeichen mariner Werfener Schichten fehlen jedenfalls auch hier. Eher lassen auf sie die bunten, wellenfurchenführenden Sandsteine mit kalkigen Tonschiefereinlagen schließen, welche nach W. Salomon im Adamello-Gebiet erscheinen und auch hier wieder von Zellenkalk, Rauhwacke und Gips überlagert werden.

Diese Ausläufer der jungkampiller Transgression bzw. Regression scheinen auch noch in das benachbarte *unterostalpine* Heimatgebiet vorgedrungen zu sein. In der Sassalbo-Mulde zwischen Bernina-Languard- und Campodecken liegen über Quarzit, grünem Phyllit auch Dolomitbänke. Ganz klar wird dies nach den neusten Ergebnissen von H. P. Cornelius 1935, 166, 172, im Bereich der Err-Julier-Gruppe. Hier kann eine südliche und nördliche Teilfazies ausgeschieden werden. In beiden liegt unten roter oder hellgrüner Quarzsandstein mit Konglomerat 10—25 m (oder auch fehlend). Dann folgt wieder die „untere Rauhwacke“, im N nur an wenig Stellen erkennbar, jedoch verbunden mit dunkelgrauen Dolomiten, schwarzen Schiefern, Quarzsand und Quarzgeröllen, wo die Rauhwacke fehlt. Diese skythisch-anisischen Grenzschichten vertreten sehr schön den jungkampiller Vorstoß, der alsbald durch eine Regression mit Lagunenbildung abgelöst wurde. Ungleich mächtiger (bis 100 m, rasch schwankend) werden diese „unteren Rauhwacken“ mit Gips und Dolomit in einem Südgebiet, welches auch Trümmer von Serizitschiefer, Buntsandstein, Albula-Granit zeigt, die entweder tektonisch entstanden oder der Wiederaufarbeitung bei jener Regression entstammen. Ähnliche Überlagerung von Buntsandsteinquarzit durch Rauhwacke wird in der Bernina- und Languarddecke beobachtet, während in der Falknis-Sulzfluhdecke (Unterengadin) nur Quarzite und Arkosen den festländischen Buntsandstein vertreten.

Wenig geklärt schließlich ist die skythische Zeit in dem breiten, inselreichen Ablagerungsraum der *penninischen Decken.*

Hier scheinen aber die Dinge, soweit sie klar liegen, *nur die festländische Buntsandsteinentwicklung* der roten oder weißlichen Quarzite, Arkosen, Sandsteine mit gelegentlichen Schieferzwischenlagen fortzusetzen, welche bisher fast das ganze zentralalpine Skyth erkennen ließ. Schon ursprünglich waren die Mächtigkeiten gering. Sammelmulden fehlten offenbar. Dennoch trifft man fast überall den hellen Buntsandsteinquarzit über dem Grundgebirge. Er wird von einer nicht selten ziemlich mächtigen Folge von Rauhwacken, Gipsen und Dolomiten überlagert, denen dann erst der eigentliche Rötidolomit des Muschelkalks folgt. Mangels Versteinerungen hat man auch dieses lagunäre Zwischenstockwerk meist schon zum Muschelkalk gestellt, doch erscheint es naheliegender, in ihm die Fortsetzung der so überaus weit verfolgbaren „unteren Rauhwacke“, also der Regressionsbildungen am Ende der skythischen Stufe zu sehen. Wie weit diese jeweils in den Muschelkalk hineingereicht hat, läßt sich freilich nicht sagen.

Jedenfalls schließt sich auch hier bis an die spätere Zwischenfazies der Briançonnais-Wanne der festländische Buntsandstein der Zentralalpen an, überlagert von Grauwacken und Gipsen.

e) *Zusammenfassung*

Die Ergebnisse für die zentralalpine Trias sind *überraschend einheitlich.* Es wurde schon mehrfach betont, daß bei allen nachbarlichen Beziehungen gegen N und S doch die Zentralalpentrias eine gut zusammenpassende Einheit bildet. R. v. Klebelsberg (1935, 259) meinte sogar kürzlich, daß sich aus faziellen Gründen die übliche Aufteilung der zentralalpinen Trias in unter-, mittel- und oberostalpine Stücke nicht rechtfertigen läßt. Für die skythische Zeit jedenfalls gilt dies durchaus und kann noch dahin ergänzt werden, daß die für die Zentralalpen bezeichnende, *festländische Buntsandsteinfazies vom Semmering und Bacher bis in den penninischen Raum* zu einer tektonischen Gliederung keinen Anlaß zu geben braucht. Das sagt natürlich deswegen nicht viel, weil diese Fazies ja nur die in sehr viel größeren Nachbarländern gegen N, W und SW entwickelte germanische Ausbildung fortsetzt. In dieses einheitliche Gebiet schlägt nun das von O vordringende Tethysmeer zwei Breschen. Es gelang ihm aber nur randlich im Zentralalpenbereich wirklich für längere Zeit Fuß zu fassen; meist erst dann als bereits wieder die große, spätskythische Regression und Eindampfung einsetzte. Denn allenthalben, auch im penninischen Bildungsraum (die Karte Abb. 23 bleibt hier unvollständig!) legten sich die „unteren" Rauhwacken und Gipse über den Buntsandsteinquarzit.

Es muß freilich bedacht werden, daß jene Salz- und Gipsausscheidungen *nicht notwendig* die Anwesenheit des Meeres voraussetzen. Sie können wohl ebensogut *Salzseen auf dem Festland* bedeuten, so daß die sonderbare Annahme einer ganz vorübergehenden, eben noch fast das gesamte Zentralalpenland überflutenden Transgression unnötig wird. Eine Zeit großer Trockenheit kann jene Pfannendolomite, Anhydrit- und Steinsalzausscheidungen, soweit sie nicht tatsächlich küstennächsten Lagunen des Meeres entstammen, weithin über die Landoberfläche ausgespannt haben.

Sehr gleichartig fanden wir aber auch die Ausbildung im Bereich der beiden Geosynklinalen, welche sich durch gleiche Merkmale von ihrer nördlichen und westlichen Festlandsnachbarschaft mit der Buntsandsteinfazies und ebenso von der davon wenig verschiedenen Zentralalpenentwicklung sehr vollständig abheben.

Zu diesen in der N- und S-Wanne gemeinsamen Zügen gehören: Einmal größere Mächtigkeiten gegenüber der Umgebung und ganz im allgemeinen gegen W zu abnehmende Mächtigkeiten. Und zum anderen: die Werfener Meeresentwicklung im O bereits in der Seiser Unterstufe, gegen W fortschreitend, so daß das Meer in die westlichen Süd- und Nordalpen nur längs der ziemlich schmalen Mittelrinne und erst beim Kampiller Vorstoß vorzudringen vermochte. Zuletzt kam das Meer am weitesten im W an: im Präalpen-Briançonnais-Bogen und dessen ultrahelvetischer Nachbarschaft. Damals aber begann bereits die Zeit der großen Regression und

Eindampfung, welche in so ziemlich allen Profilen der Nord- und der Südgeosynklinale die gleichen Lagunenausscheidungen schuf, am stärksten in den Salzlagern längs dem Südrand der nördlichen Kalkalpen, wo auch später die stärksten Massenverluste nach unten und die folgenschwersten Narbeneinengungen stattfinden sollten.

Die weit ausgreifende *Röt-Transgression* und die Eindampfung ihres weit in die Festländer vorgetriebenen Meerwassers bzw. ihrer Salzseen fand *gleichzeitig auch außerhalb der alpinen Geosynklinale* statt. In gleicher Weise darf die erste, noch nicht so weit greifende *Transgression der Seiser Schichten außerhalb der Alpen annähernd mit der Transgression des Unteren Buntsandsteins im germanischen Bildungsbereich gleichgestellt werden.* —

Für den zur Skythzeit erreichten Stand der alpinen Abbaugeschichte ziehen wir aus dieser Gesamtlage einige Schlüsse:

1. Am Ende der variszischen Gebirgsbewegung teilte die alpine Erdrinde noch weitgehend die Geschicke der übrigen, zur alpinen Zeit dann aber nicht mehr in gleichem Maß geosynklinal umgeformten Teile der europäischen Festlandsplatte. Dies betrifft die Arbeit des Klimas, die Schichtbildung und den außenbürtigen Abtrag.

2. Es herrschte noch die einem kontinentalen Zustand ähnliche Ruhe der inneren Kräfte. *Die Bildung der großen Wannen und Großwölbungen,* sowie der Teilschwellen dürfte *nicht wesentlich rascher* und nicht mit erheblich stärkeren Ausschlägen gegen oben und unten erfolgt sein *als außeralpin.*

3. Neu und gegenüber dem böhmisch-germanisch-französischen Vorland abweichend aber ist das *Vordringen des Tethysmeeres von O, bzw. SO her in zwei,* sich westwärts verflachende und erst im jüngeren Skyth sich gleichfalls vertiefende *Großmulden.* Diese kamen nicht, wie außeralpin, nach ihrer mehr oder weniger vollständigen Füllung durch Sandschutt allmählich zur Ruhe. Vielmehr bedeutet diese sanfte Absenkung hier den Beginn ganz gewaltiger Massenverluste nach abwärts mit all ihren gleich großartigen Folgen.

4. Im Gegensatz zu den mächtigeren und auch durch Serpentinmassen verstärkten Magmabewegungen der Dinariden und in den Kleinen Karpaten gibt es nur wenig diabasisch-gabbroide Schmelzflußbewegungen in der Nähe der alpinskythischen Erdoberfläche. Immerhin, sie fehlt nicht ganz und beweist damit gleichfalls den allmählichen Einsatz der alpingeosynklinalen Umwälzung.

Wer hielte sich da für berechtigt, einen scharfen, entstehungsgeschichtlich begründeten Schnitt zwischen langsamer Grundbewegung und nun angebahnter, gewalttätiger Gebirgsbildung zu ziehen? Wo bleibt die Grenze zwischen einer sogenannten „Epirogenese“ und der Orogenese? —

Wir sehen das mediterrane Tethysmeer längs jener jungen Tröge siegreich und unbeirrt vorstoßen — ein Herold der neuen Zeit, der alpidischen Umwälzung.

2. Die anisische Flut und Senkung

Die skythische Zeit schloß in den Alpen ab mit dem Ende einer Meerestransgression, die infolge von allgemeiner Hebung und wohl auch wegen des trockener gewordenen Klimas in Salzlagunen verdampfte, verebbte. Daß hierfür, wie H. P. Cor-

NELIUS 1925, 364, annahm, allein eine eustatische Ozeanspiegelsenkung verantwortlich wäre, glaube ich deshalb nicht, weil entsprechende Erscheinungen z. B. in den SW-deutschen Profilen fehlen.

Die Kampiller Abwärtsbewegung der Nord- und Südgeosynklinale, die vom O gegen W und vom Wanneninneren gegen außen bedeutende Fortschritte erzielt hatte, war zu Ende. *Nach diesem ersten, sanften Hinabbau erfolgte eine erste, weitgespannte und sanfte Hebung.*

Das nördliche und westliche Vorland und das vindelizische Schwellengebiet

Nun aber setzte mit der anisischen Zeit *ein neuer Teilabbau* ein. Er war noch umfassender und offenbar noch länger dauernd als der erste. Und noch mehr als dieser vermochte er auch die germanischen Bezirke zu erfassen, *denn er fällt ja außeralpin mit der Meerestransgression zusammen, welche gleichfalls von O* (Oberschlesien) *her den Unteren Muschelkalk brachte.*

Aber erneut bestätigte sich der schon S. 126 betonte Gegensatz zwischen den beiden Nachbarwannen des Vindelizischen Rückens im N und S. Für Transgressionen im unteren und oberen Buntsandstein SW-Deutschlands hatten wir S. 126 es mangels beweisender Versteinerungen und für echtes Marin bezeichnender Karbonatbänke — abgesehen von den 1—2 Myophorienbänken M. SCHUSTERS 1936, 6 — zum wenigsten als höchst fraglich bezeichnet, daß jene Wasserbecken als „Meer" zu bezeichnen seien (E. KRAUS, 1921). Dagegen ist die süddeutsche Meerestransgression jetzt für den Unteren Muschelkalk voll belegt. Wir betonen: dies ist *jetzt erst* belegbar. Denn darin liegt der große Gegensatz zwischen der SW-deutschen Wanne und der nordalpinen. Erstere tauchte erst anisisch wirklich unter den Meeresspiegel, letztere tat dies, von O her fortschreitend, bereits im Skyth. Erstere kämpfte sich zusammen mit ihrer Pionierlebewelt (E. KRAUS 1925, 46, 56) im unteren Muschelkalk erst durch die Sand- und Salzmassen des alten Festlandes durch, denn es ist das Meer des Muschelsandsteins (E. KRAUS, 1921, 428). Dies tat das Werfener Meer in der nord- (und süd-) alpinen Wanne schon während der vorangegangenen Zeit: *das „Muschelsandsteinmeer" der Alpen hat schon skythisches Alter, das SW-deutsche erst anisisches.* In diesem Gegensatz der Profilreihen beiderseits des vindelizischen Schwellenzuges spiegelt sich unzweideutig der Fortschritt in der Absenkung der alpinen Wannen gegenüber den außeralpinen wider — *und damit die Geburt der alpinen Geosynklinalen.*

1925, 57, konnte ich zeigen, daß südwärts, mit Annäherung an die alpinen Geosynklinalzustände, bereits in SW-Deutschland eine bemerkenswerte Änderung einsetzte. Wir haben zwar noch insofern überraschende Gleichartigkeit im Verhalten einerseits des skythischen Alpenmeeres, andererseits des anisischen von Elsaß-Lothringen als

1. in beiden Gebieten ganz allgemein der Meeresvorstoß von O her erfolgreich vorgetragen wurde, also eine gegen W wachsende Senkung vorliegt, welche sich — bedeutsam genug! — über einen breiten NW-SO-Streifen Trier-Verona nachweisen läßt.

2. vollzog sich dieses Vordringen in Teilwannen: skythisch in süd- und nordalpiner Wanne, welche etwa in dem genannten Streifen aus ihrer mehr ostwestlichen Hauptrichtung im O in eine mehr NO-SW-liche im W umbiegen, also dort ungefähr gleichlaufen mit den Teilwannen gesteigerter Muschelsandsteinmächtigkeit, die ich 1921, bzw. 1925 Abb. 13, S. 55, für die Teilwannen beiderseits der mittelrheinischen Hebungsachse nach den Sedimentmächtigkeiten darstellen konnte.

Aber auf der anderen Seite verändert gegen SO hin das vordringende Muschelsandsteinmeer Süddeutschlands doch schon sein allgemeines Verhalten. Mit Annäherung an das vindelizische Schwellengebiet verlieren sich nämlich seine Sandmassen, welche es bei gehemmter Transgression (1925, 57) weiter im N zu bewältigen hatte. Hier im S erfolgte das Vordringen nicht mehr transgressiv, sondern als „*Ingression*“. Das heißt der Boden senkte sich vor dem Meere verhältnismäßig rasch, weshalb das vordringende Meer ohne erheblichen Kampf und Umlagerung des Bodens die ihm dargebotene Senke alsbald mit seinen normaleren Binnensedimenten und der zugehörigen Fauna erfüllen konnte.

Diese raschere Senkung im SO der SW-NO-streichenden mittelrheinischen Hebungsachse begrenzt denn auch südostwärts die Muschelsandsteinfazies. An ihre Stelle trat schon hier die so gut wie *sandfreie Karbonat- und Tonfazies des alpinen Muschelkalkmeeres*. Sie entwickelte sich — nach der Fazies und gleichartigen Mächtigkeit zu urteilen — bereits im südlichen Schwarzwald wie wenn sie auf einer verhältnismäßig *rascher sinkenden Platte* entstanden wäre, an der auch ein Hauptstück des anschließenden vindelizischen Schwellengebietes Anteil hatte.

So verschwand im Senkungsfeld des vordringenden Altmuschelkalkmeeres nicht allein, wie 1925, 60, gesagt wurde, die vorher durch sehr lange Zeiten so bedeutsam gewesene Einheit der Mittelrheinischen Masse (E. Kraus 1926; 1928, 28f.), sondern *es versank ebenso auch ein bedeutsamer Teil des vorher im SO mittelbar erschließbaren vindelizischen Schwellenlandes.*

Damit aber erklärt sich auch *das Zusammenfluten* des unteren außeralpinen mit dem inneralpinen Muschelkalkmeer. Wie die Faziesverteilung im germanischen Becken zeigt, kamen die faunistisch-sedimentären Übereinstimmungen während des *unteren* Muschelkalks noch auf dem Umweg über Oberschlesien zustande; erst während des jüngeren Hauptmuschelkalks glichen sie sich unmittelbar im S des mittelrheinischen Gebietes aus. Daher dürfte der vindelizische Schwellenzug zwischen germanischem Binnenbecken und alpinen Geosynklinalen auch *erst im Obermuschelkalk* größere Erfolge erzielt haben. Vorher ist für die Westalpen überhaupt nichts als bestenfalls Rauhwacke und Gips an Vertretung des unteren, mittleren und des älteren Hauptmuschelkalks anzuführen. Denn nach seiner spärlichen Fauna (Innertkirchen) und nach seiner Fazies *entspricht der Rötidolomit wohl nur dem Trigonodusdolomit* — Semipartitus- und fränkischen Grenzschichten, also dem obersten Teil des (oberen) Hauptmuschelkalks im germanischen Gebiet. Somit erweist sich die Notwendigkeit, eine trennende vindelizische Schwelle auch noch für die Hauptzeit der anisischen und noch für einen Teil der ladinischen Stufe anzunehmen.

Noch bis in das letzte Jahrzehnt war es möglich, daß im Gegensatz zu den süddeutschen Geologen vereinzelte Stimmen alpiner Geologen *das Dasein des Vindelizischen Schwellengebietes* von C. W. von Guembel im SW der Böhmischen Masse, dessen Sand- und Schlammlieferung sie freilich nicht leugnen können, dennoch glaubten verneinen zu sollen. Neben weniger genügender Beachtung der süddeutschen Profile und Alterdkunde hängt solche Hartnäckigkeit des Widerspruchs gegen wohl begründete Folgerungen offenbar hauptsächlich mit der ultradeckentheoretisch scheinbar nötigen Verpflanzung der Nordkalkalpen, der Klippen- und Präalpenheimat nach dem S der Zentralalpen zusammen. Die von anderer Seite hiergegen ins Feld geführten und in unserem I. Band gegebenen Gegenbeweise werden vorliegend nun noch weiter vermehrt und bekräftigt. Es wird jetzt wohl Zeit, die seit langem bekannten Tatsachen nicht mehr zugunsten einer Hypothese zu übersehen, die selbst in sich zusammengebrochen ist.

Für den unteren, mittleren und zum Teil oberen Muschelkalk können im W unserer nordalpinen Geosynklinale nur *gründlich abtrennende Landrücken* den großen Gegensatz zwischen süddeutsch-germanischer Reichhaltigkeit einerseits und gänzlicher Verarmung der Schichten im autochthonen und helvetischen Heimatstreifen andererseits erklären. Dieses trennende Gebirgsland reichte ohne Frage von den westalpinen Außenmassiven auch hinüber nach der französischen Zentralplatte. Zu Ausgang der variszischen Zeit und später wiederholt hingen südlichere Schwellen mit dem vindelizisch-böhmischen Schwellenbezirk zusammen als dessen Vorposten in einem sich mehr und mehr alpin verlagernden und verformenden Geosynklinalraum. Damit aber ist das Dasein eines vindelizischen Hauptrückens im N nicht erledigt.

Das Vorfühlen der Absenkung, das muldenbildende Hinabziehen, der innenbürtige Hinabbau also der noch immer hochliegenden und in außenbürtigem Abtrag begriffenen Reste des variszischen Gebirgskörpers machte außeralpin im W unserer Geosynklinale während der anisischen Zeit nur wenig nachweisbare Fortschritte. Das Triasmeer erreichte weder den mittleren Teil des Pariser Beckens noch jenen der Zentralplatte, deren Rand NW Montpellier, also erst westlich der Rhonemündung lag. Weiter breitete sich das Muschelkalkmeer mit Kalken und Dolomiten in der Basse-Provence und in den Basses Alpes (Digne) aus, von da gegen NO und O. Der untere nur gesteinsmäßig, der obere Muschelkalk auch versteinerungsmäßig ist in der Basse-Provence belegt. Hier finden wir die Verbindung zwischen dem mediterran-geosynklinalen, dem ibero-balearischen und nach N auch zum germanischen Muschelkalkmeer, denn die Kalksteine und Dolomite der Provence setzen sich ostwärts auch in den Briançonnais-Bogen fort.

a) *Die anisische Stufe in der nordalpinen Geosynklinale*

Im Briançonnais-Bogen liegen über dem Buntsandsteinquarzit und den Gipsen und Rauhwacken vom Ende der Kampiller Zeit mächtige graue Kalkmassen mit Diploporen und Trochiten des Muschelkalkes, weiter nach N mehr Dolomite (Dauphiné, Savoyen; E. Haug 1912, 874). Transgredierend überschreiten sie unmittelbar das paläozoische Grundgebirge des Belledonne-Massivs und weisen so den Weg, den zum mindesten das Meer des mittleren und oberen Muschelkalks quer durch die Fortsetzung der vindelizischen Schwellen nach dem germanischen Muschelkalkbinnenmeer fand.

Das gleiche Briançonnais-Becken mit seiner ostalpin-mediterranen Fazies hing aber gegen SO auch mit den Seealpen und über den Col di Tenda mit dem ligurischen Apennin und den Apuanischen Alpen (Carrara-Marmor!) zusammen. Die hier fortsetzenden „Grezzoni" (Dolomite und Kalke mit *Coenothyris vulgaris*, *Spirigera trigonella* u. a.) beweisen das.

Ohne erhebliche Änderungen geht der Briançonnais-Muschelkalk gegen NO in jenen *der Präalpen* über. In ihren, dem Wanneninneren entstammenden Deckenteilen (SO-Fazies der Klippendecke) zeigen diese nach einer Zusammenstellung von A. Jeannet, Geol. d. Schweiz, II 2, 595, über der unteren Rauhwacke die schwarzen und roten, dolomitisch-kieseligen Kalke mit der bekannten St. Triphon-Fauna des unteren Muschelkalks, überlagert von dunklem „Wettersteinkalk und oberer Rauhwacke". Gegen NW, rinnenauswärts in der N-Fazies der Klippendecke aber sind untere und obere Rauhwacke mit Gips und sogar schon Sandstein untrennbar vereinigt, ebenso wohl in der SO-wärts anschließenden Brekziendecke. Gleiches meldete E. Haug, der für die unteren, NW-lichen Präalpendecken die Fazies der äußeren Ketten, also des Dauphiné-Vorlandes, verzeichnet. Gleiches stellen wir fest, wenn wir uns aus der präalpinen Heimatwanne, in der weiter ostwärts die Schweizer Klippen zu Hause sind, nach N in das ultrahelvetisch-helvetische, dann bodenständige Massivgebiet begeben. Während die teilweise dem Muschelkalk angehörenden, diploporenführenden Kalke (mit *Spirigera trigonella*) und Dolomite der Klippen auch hier die Ostfortsetzung der kalkalpinen Wanne zeigen, werden sie von den südlichen nach den nördlichen helvetischen Decken zu auch hier ersetzt durch Rauhwacken — einer Verschmelzung von „unteren und oberen" —, die nordwärts zugunsten des darüber einsetzenden Rötidolomits (Oberer Muschelkalk) dünner werden und auskeilen (Arn. Heim, Geol. d. Schweiz II, 1, 273).

Auch gegen S und O dieser ausgezeichnet erkennbaren kalkalpinen Hauptwanne im W finden sich Übergänge hinüber in das *penninische* Heimatgebiet. Im anschließenden Piémont erheben sich die Sattelkerne aus dem Glanzschiefer mit einer noch recht vergleichbaren Fazies. So wies S. Franchi 1896, 1898, im Maira- und Granatal versteinerungsführenden Muschelkalk mit *Encrinus liliiformis* und Gyroporellen nach. Weiter östlich, im schweizerischen Pennin, gehen gleichfalls die normalen kalkalpinen Innenfüllungen der nordalpinen Geosynklinale gegen SO in Rauhwacken über, über denen die schon ladinischen Rötidolomite des helvetisch-autochthonen Bezirks nördlich der Wanne teilweise vertreten werden durch schneeweiße Dolomite, welche im Binnental so schöne Mineralien führen und am Campolungopaß bis auf 200 m anschwellen können. Die Rauhwacke, welche auch hier nicht selten kristalline Gerölle enthält, verbindet sich meist mit Gipslagern. Der Rötidolomit der tiefsten, nördlichsten helvetischen Decken wird südwärts zum Teil von plattigen, dolomitischen Kalken und Marmoren ersetzt, die auch noch in die jüngere Trias emporreichen.

Nur selten erreichen die Triasmächtigkeiten im Pennin mehr als 150—200 m, wodurch sie sich schon rein äußerlich von den größeren Karbonatmächtigkeiten im Inneren der Kalkalpenwanne unterscheiden. Aber im einzelnen dürften die Geländebeobachtungen namentlich von E. Argand und R. Staub zu dem bemerkenswerten Ergebnis geführt haben, *daß eine engere Beziehung zwischen der Triasfazies und dem Deckenbau besteht:* Die Sedimente der in ihre ursprüngliche Absatzlage zurückgeführt gedachten Hauptdecken (St. Bernhard-, Dent Blanche-Decke) zeigen jeweils am Nordteil unter den Bündener Schiefern die mächtigeren Triasdolomite, während diese nach S zu dünner werden, sich in Linsen auflösen und mehr durch Tonschlammfazies ersetzt werden. Es ist dies nur teilweise eine spätere, tektonische Quetschwirkung. Schon ursprünglich dürften gegen die später entstehende *Deckenstirn* hin, welche zugleich mit den noch heute aufgeschlossenen, kristallinen Untergrundstreifen zusammenfällt, *die karbonatischen Flachseeabsätze* niedergelegt worden sein — seien es nun mehr chemische oder mehr biogene gewesen. Rückwärts aber, in den anschließenden, tieferen Meeressenken, überwog mehr und mehr das Tonsediment der Glanzschiefer. Dies gilt namentlich für die jüngere Trias. Einige Striche in Abb. 24, S. 153 sollen dies schematisch für die ladinische Zeit andeuten.

Die Anlage solcher „embryonaler Falten“ bereits im heimatlichen Ablagerungsbereich der Decken ist überaus bedeutsam und wird uns noch weiter beschäftigen.

Über diese Besonderheiten hinaus stellen wir einstweilen fest, *daß die mediterrane Muschelkalkfazies der Provence durch die Bogenwanne des Briançonnais und der Präalpenklippen als Innenstück der nordalpinen Geosynklinale weiter nach O fortzieht.* Sie geht gegen außen in die jeweilige dünnere Vorlandfazies (Dauphiné, Helvet) und damit *in die französisch-germanische Fazies über,* nach innen in die ebenfalls dünnere, piemontesisch-penninische, die Fortsetzung der zentralalpinen.

Wenden wir uns nun zu der *kalkalpinen Muschelkalkfüllung,* welche fortsetzend im Rätikon-Vorarlberg-Nordtirol und in Südbayern-Ober- und Niederösterreich abgesetzt wurde. Überall laufen da die dunklen Muschelkalkbänke des Briançonnais durch. Weiterhin läßt sich als Grundeinteilung der anisischen Stufe nachweisen:

Schichten mit *Ceratites trinodosus;* oben.
„ „ *Rhynchonella decurtata* (Recoaro-Kalk).
„ „ *Dadocrinus gracilis* (Guttensteiner und Reichenhaller Kalk).

Aus dem Versteinerungsbestand ergibt sich, *daß unsere anisische Stufe nur ungefähr dem unteren* deutschen Muschelkalk entspricht, während *der obere Muschelkalk, zu dem auch der Rötidolomit gehört,* bereits wohl dem *Unter- und Mittel-Ladin der Alpen* zu vergleichen wäre.

Daß hier im O die Kalkalpenwanne bedeutend an Breite gewinnt, kann aus dem Auftreten jener gleichen Einteilung auch auf der Silvretta (Ducan), wie in Vorarlberg geschlossen werden. Die dunkelgrauen bis schwarzen Plattenkalke, welche als „Reichenhaller Kalke“ mergelig-sandig oder als „Reiflinger Kalke“ knollig werden, und meist dunkle Hornsteine führen, schwellen von dem südlicheren Wannenrand gegen das Innere in Vorarlberg bis auf 500 m an. Nur ganz selten gibt es randlich noch Einspülungen von Sand und Glimmer.

Nordwärts erweisen die weiterhin auf rund 200 m zurückgehenden Mächtigkeiten auch hier, daß der allmähliche Anstieg zum Wannenrand begann.

Von der fortschreitenden Umlagerung in der Tiefe spricht die Wiederkehr pazifischer Diabasporphyrite und von Tuffen in den Lechtaler Alpen. Im Anschluß an das gleichfalls mit Kontakt dem Guttensteiner Kalk der Lachalpendecke bei

Mariazell von L. HAUSER 1942, 151, mitgeteilte Vorkommen und mit Rücksicht auf ähnlich liegende Porphyrite in Südtirol kann man eine nicht älter als *anisische Eruptionstätigkeit von größerer Verbreitung in beiden alpinen Geosynklinalen* annehmen.

Im kalkhochalpinen Inneren der Nordalpenwanne von Wetterstein und Karwendel häuften sich über den lagunären Ausscheidungen, Sandschiefern, Dolomit-Brekzien des Jungskyths etwa 500—600 m mit bräunlichgrauen Kalkbänken, dann 100 m schneckenführende Knollenkalken, rund 200 m hellere Brachiopodenkalke, schließlich sogar mit dunklen, Kieselknollen führenden Cephalopodenkalken des noch tiefer gewordenen Meeresstriches. Im höheren Anis des Südkarwendels sind die Cephalopoden-Knollenkalke (bis 150 m) heller grau, auch rot und nehmen damit schon die tiefermeerische Hallstätter Entwicklung an.

Wiederholt erscheinen oben mächtige Dolomite, zum Teil sehr umfangreiche Korallen- und Kalkalgenriffe, welche im Bereich der Berchtesgadener juvavischen Fazies die anisische Stufe vertreten können. Südlich davon sank im Salzkammergut der Meeresboden strichweise offenbar noch tiefer ab. Zeigt dort doch der alpine Muschelkalk zwischen den Riffen in ausgeprägten „Kanälen" (z. B. zwischen Reichenhall-Hallein-Hallstatt, in der Obertrias noch ausgeprägter) rötlichen pelagischen Cephalopodenkalk mit Radiolariten der Hallstätter Ausbildung, die Schreieralmkalke. Auch in den Nestern der Riffe finden wir solche rötliche, versteinerungsreiche Schlammreste, die sich folglich ausnahmsweise geschützt auch in flacheren Meeresteilen absetzten.

Die Mächtigkeitsschwankungen der Hallstätter Kalke sind groß und ihre, gegenüber dem Ramsaudolomit verhältnismäßig geringe Mächtigkeit ist nicht etwa Anzeichen für geringere Bodensenkung, sondern nur für die Nichterreichbarkeit jenes Hallstätter Faziesbereichs für mächtigere, die Senkung ausgleichende Sedimente. Die Schlamme wurden nicht rasch genug verdünnt, so daß sich auch die Radiolarienhäufungen der stillen Tiefwassergebiete bilden konnten.

Es ergibt sich als Gesamtbild, daß zwar südwärts im Karwendel, im Berchtesgaden-juvavischen Bezirk, *strichweise tiefere Meeresrinnen* eingesenkt wurden, daß aber daneben auch immer riffbildende Flachmeerstrecken aufragten. Sogar *Inseln* müssen hier gelegentlich mit beträchtlicher Böschung gegen das Zentralalpengebiet emporgestiegen sein, denn nur sie dürften die eingeschwemmten Sande im südlichen Karwendel und am Südrand des Kaisergebirges abgegeben haben. Wenn dieser Inselschlamm die unweit lebenden Riffbildner nicht schädigte und die tieferen Kanäle nicht füllen konnte, so hängt dies wohl mit der *Steilheit der Böschungen* und mit mangelnder Verfrachtung in den zu tiefen Stillwasser-Zwischenstrecken zusammen.

Im S des Salzkammergutes und seines juvavischen Gürtels wiederholen sich die Reiflinger Knollenkalke des nördlichen, tirolischen Raumes; an der Zwieselalm erscheinen nach E. SPENGLER 1918, 22, darin sogar konglomeratische Gesteine und künden so wohl den allgemeinen Anstieg *des südlichen Wannenanstieges* der Nordalpen an. Gleiches zeigt auch die Aflenzer Fazies weiter im O, die sich, mehr allerdings später, aus dem sehr mächtigen, N. vorgelagerten Hochschwab-Barriereriff südwärts durch wachsende Anzeichen der Landnähe (nur noch 150 m Mächtigkeit) entwickelt.

Wir haben somit in einem südlichen, jetzt durch Narbenschnitt weiterhin weggeschnittenen Kalkalpenstreifen (heute zwischen Hall i. T. und Liezen an der Enns nocht sichtbar), eine aus dem üblichen Bild der dunklen Flachmeerkalkbänke herausfallende Fazies mit kräftiger geböschtem, ungleich schärfer gewelltem Relief, das sich nun bildete und — nach dem Wechsel in den Profilen zu urteilen — auch umbildete. Tiefer sinkende Rinnen neben Riffuntiefen, sogar vorübergehend auftauchenden Inseln schalten sich dort ein, wo sich die Kalkalpenwanne südwärts anschickt wieder flacher und ruhiger zu werden. Dieser Herd gesteigerter Unruhe bestätigt sich auch späterhin immer lebhafter. Er ist der Raum der späteren Hauptabsenkungen im nordalpinen Narbenbezirk. Deutlich hebt er sich ab von der ruhigeren Flachmeerentwicklung im N und S, wo das seichtere Meer Gestein und Fauna des flacheren germanischen Binnenmeeres wiederholte.

Im einzelnen gibt es auch da viel Profilwechsel, *doch herrscht noch ziemlich bedeutende Ruhe des Meeresbodenreliefs; die Wechsel dürften überwiegend außenbürtiger Natur sein.*

b) *Die anisische Stufe in den Zentralalpen*

Die meist versteinerungsfreien, umgewandelten und weit auseinanderliegenden Reste im S der nordalpinen Geosynklinale lassen, soweit sie überhaupt sicher anisisch sind, eine Küstenfazies nicht erkennen. Wir stellen fest: Dolomite am Semmering, von Tonflasern durchflochtene, bunte Dolomite und Kalke in den Radstätter Tauern, schwärzliche, dolomitische Kalke am Possruck, Krappfeld, bei St. Paul, Dolomite und Guttensteiner Kalke der Kärntener Nockgruppe, stark erinnernd an die Guttensteiner und Wulstkalke der Gailtaler Alpen (Drauzug, nur örtlich sandige Mergel und Quarzsandstein); dem nordkalkalpinen Anis Ähnliches oder mit rötlichem Kalkschiefer über der unteren Rauhwacke in Mauls, an den Tribulaunen, Kalkkögeln, am Jaggl, Piz Lat (Ötztaldecke) folgend; über Rauhwacken und Gips gleichfalls dunkle Kalke der Ortlergruppe und Rauhwacken, helle Kalksteine, dunkle Dolomite in den Unterengadiner Dolomiten. Dies alles leitet über nach den hellen Kalken und schwarzen Dolomiten der unterostalpinen Sassalbomulde, nach den sehr spärlichen, dunklen Kalken und Dolomiten im S und den hellen Dolomiten, grünen Tonschiefern, dunklen Dolomitbänken im N der unterostalpinen Err-Decke, zu den blaugrauen Dolomiten der Falknisdecke und schließlich wieder zurück zu den Sattelfazies der anisischen Kalke und Dolomite im Pennin.

Diese Aufzählung der zentralalpinen Anisvorkommen zeigt also durchweg Kalke, Dolomite, untergeordnet Schiefer und Rauhwacken. Welche Einzelabteilungen jeweils vertreten sind, kann zwar zumeist nicht gesagt werden. Wohl aber dies: *Keine einzige Ausnahme oder bedeutendere Lücke spricht für allgemeine Küstennähe oder gar für ein größeres Festland im ganzen, weiten Raum der anisischen Zentralalpen.* Wir stehen vor einer *erstaunlich einheitlichen Überflutung des Muschelkalkmeeres* nicht allein in seiner tiefen nordalpinen Geosynklinalwanne, die sich als solche sehr deutlich abzeichnet, sondern *auch weit darüber hinaus nach N und W, sowie über das ganze zentralalpine Schwellenland von einst hinweg.* Freilich ist die hier liegende Schwellenhülle wenig mächtig, meist versteinerungsarm, und erlaubt keine Gliederung in drei Unterstufen.

c) *Die anisische Stufe in der südalpinen Geosynklinale*

Mannigfaltiger gestaltete sich die große Überflutungszeit im Sediment der Südalpen, denn hier herrschte offenbar *größere Unruhe* des Bodens, nicht selten begleitet vom Beginn eines *ganz erheblichen Vulkanismus.* Die meist versteinerungsreichen Bänke der anisischen Stufe erlauben im allgemeinen die Verfolgung der gleichen drei Unterstufen wie wir sie schon S. 138 für die Nordalpenwanne nannten — ein weiteres Anzeichen für das breite Zusammenfluten des Muschelkalkmeeres über die Zentralalpenbereiche hinweg. Aber die Südalpenwanne senkte sich nach der jungkampiller Regression nicht in allen Teilen gleichschnell wieder unter das Meer. So fehlen die Gracilisschichten als unterste Teilstufe in der Etschbucht, in einzelnen westlichen Teilen der lombardischen Alpen und im O des Vizentins. Hier greifen, unter Bildung roter Grundkonglomerate, erst höhere anisische Glieder über den Untergrund.

Dieses rote „Richthofenkonglomerat" im unteren Anis entspricht also einer weiträumigen, entschiedenen *Heraushebung des Meeresbodens* am Ende der skythischen Zeit.

In Südtirol beginnt die anisische Ablagerung mit einem bis 10 m mächtigen geschlossenen Konglomeratlager von bis kopfgroßen Geröllen aus Werfener Schichten und Bellerophonkalk, mitunter sogar von alten Marmoren, übergehend in Sand. Bei Predazzo und Sexten fehlt das Grundkonglomerat auf kurze Strecke. Das Marmolatagebiet zeigt nur Andeutungen und

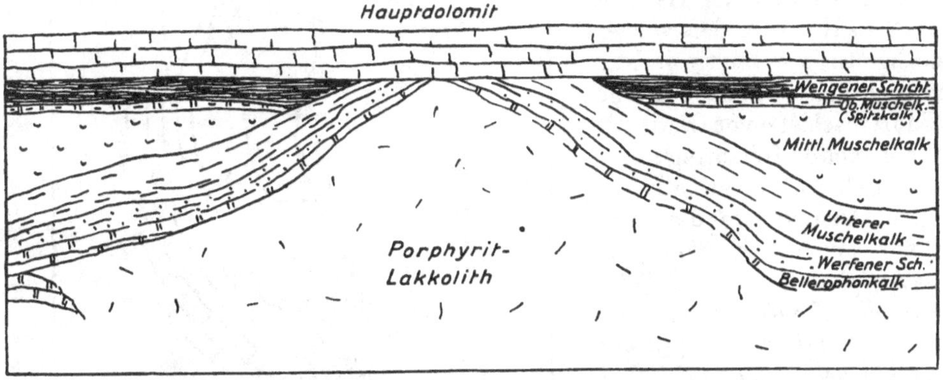

Abb. 17. *Schichtaufwölbung einschließlich unterem Muschelkalk durch den Lakkolith des Monte Guizze* NW Schio (Vizentin), im höheren Muschelkalk vor der alpinen Hauptbewegung. Es entstanden durch Umlagerung aus älterem Gestein die Konglomerate des höheren Muschelkalks, dann siedelte sich das Spitzkalkriff des Oberen Muschelkalks an. Während der nachfolgenden Sedimentations-Unterbrechung breiteten sich die Eruptiva der Wengener Zeit aus. Schließlich deckte Hauptdolomit das Ganze ein.

dürfte damals seine Meeresbedeckung behalten haben. Einschwemmungen von Landpflanzen erfolgten aus dem Festland im N und W. In dieser Binodosuszeit (Untermuschelkalk) häuften sich die bunten, mergelig-bituminösen Kalkbänke, Schiefer, auch Sandsteine, bei Predazzo noch durch die Kampiller Fazies vertreten im östlichen Gebiet (Enneberg, M. Ogilvie-Gordon 1927, 168) bis dreimal mächtiger als im W. Gleichzeitig senkte sich der Meeresboden südlich gegen Fassa und SO gegen Contrin tiefer, wurde pelagischer.

Im Vizentin und auch in Judikarien, wo es schon Riffe gab, ist das älteste Anis wesentlich mächtiger als weiter im N, wo die vorangegangene Hebung länger stand hielt. A. Tornquist beschrieb 1901, 94, über 60 m mächtigen Gracilis-Mergeln und -Kalken teilweise ungleichförmig auflagernd bunte Mergel und sandige Tuffe von Vulkanen, die im S oder SO gestanden haben dürften. Die vielen Festlandspflanzen (*Voltzia recubariensis*) beweisen das örtliche Aufsteigen einer Insel, die dann aber unter 30 m Brachiopoden-Knollenkalken und Dolomiten wieder verschwand.

Noch stärker griff dann *im oberen Anis die vizentinische Regression* um sich. Die Sturiakalke der Trinodosuszeit (Oberer Muschelkalk) laufen in Sande und Konglomerate aus. Diese wurden abgetragen von der Aufwölbung, welche der Faeo-Guizze-Porphyritlakkolith nach Al. Tornquist 1901, 134, emporpreßte (Abb. 17

und 18). K. Hummel hat 1932 gezeigt, daß diese Meeresbodenaufwölbung nicht nur vulkanische Ursachen hat, sondern *einer weitreichenden tektonischen Heraushebung entspricht*, für die W. Salomon 1908, 395, auch im Predazzokalk Anzeichen fand. Der Brachiopodenknollenkalk Judikariens enthält gleichfalls Zwischenlagen von Mergel mit Sand und Landpflanzen.

In dieser Zeit der Hebung im S *senkte* sich das vorher hochgestiegene Südtirol. Nur gelegentlich, wie bei Prags (Fährtenschiefer von O. Abel!) gab es auch da Teilaufragungen und vielleicht einen allmählichen Anstieg aus der südalpinen Wanne. *Weithin griff die Riffplatte des Mendel-Dolomits der Trinodosuszeit ausgleichend über die Zeugen der umfangreichen älteranisischen Meeresbodenbewegungen. Es war eine Zeit der Ruhe und des langsam flacher werdenden Meeres geworden, weithin sogar eine Zeit der Regression.*

Regelmäßiger ist die Folge der 3 Unterstufen und deren Fazies weiter im W von diesem Unruhegebiet, dessen vorangeschrittene Entwicklung schon in der Verbreitung der marinen Seiser Schichten zum Ausdruck gekommen war. Gracilisschichten – Recoarokalk – schwarze Plattenkalke mit *Ceratites trinodosus* im Val Trompia leiten hinüber über den einheitlichen Dolomitstock der Grigna zu den dunklen Plattenkalken mit Myophoria und darüber dem Diploporen-führenden, bituminösen Mendeldolomit am Luganersee. Eine Ammoniten- und Wirbeltier-

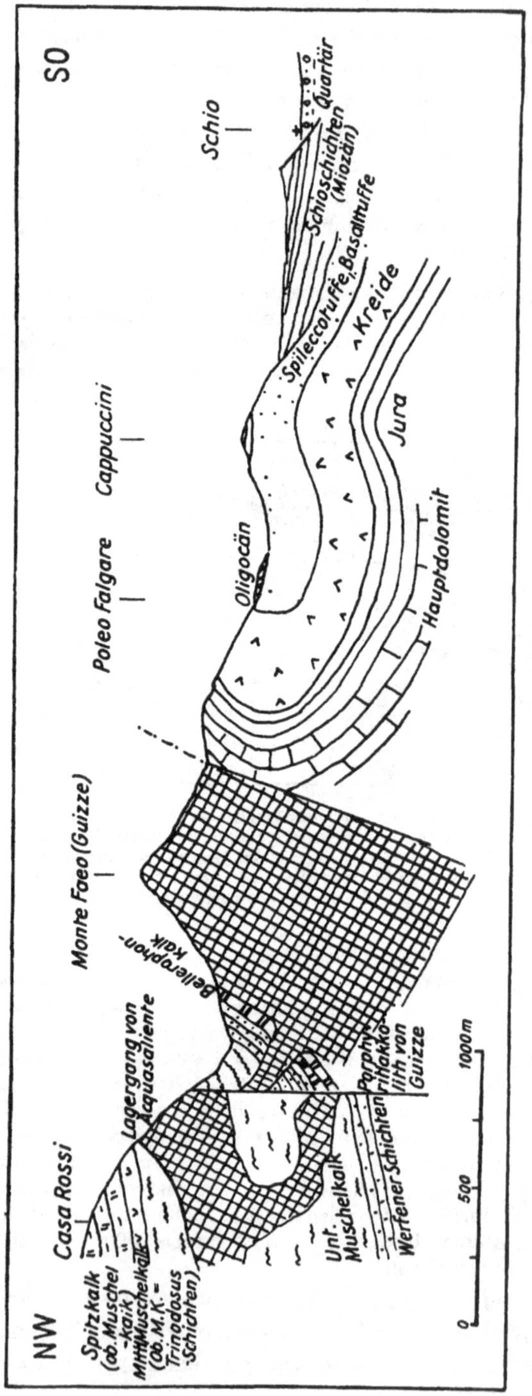

Abb. 18. *Der Gebirgsabfall der Vizentinischen Alpen bei Schio.* Nach A. Tornquist 1901, Fig. 2.

reste führende Grenzbitumenschicht schließt dort gegen das Ladin nach oben ab. Dolomit vertritt etwas nördlicher am Salvatore das Ganze. Der Dolomit nimmt vom O (Grigna 150 m) gegen W (Serpiano 40 m) ab und zeigt schon Sand-, Ton- und Landpflanzen-Einschwemmungen, welche von dem im NW dieses Wannenteils aufragenden Gebiet eingespült wurden.

Fazies und Fauna zeigen aber im südlicheren Wanneninneren noch keineswegs ein Auslaufen der südalpinen Geosynklinale gegen SW hin an. Sie weisen hinüber nach den S. 137 erwähnten anisischen Dolomitvorkommen, die ebenso unnatürlich an der SO-Verlängerung der Briançonnais-Wanne enden und sich teilweise nach dem ligurischen Apennin, teilweise vielleicht in das oberitalienische Seengebiet fortgesetzt haben.

Gegen O geht unsere südalpine Geosynklinale weiter und unterscheidet sich trotz vielfach ähnlicher Flachmeerfazies doch gegenüber den schon zu den Zentralalpen gehörenden Gailtaler Alpen durch bedeutendere Mächtigkeit und mannigfaltigere Fazies. Weit verbreitet sind auch in Karawanken und Julischen Alpen Konglomerate des Muschelkalks, und vielfach begann am Südrand der Julischen und der Steiner Alpen bereits im Anis die Sand- und Tonschlammfazies der Pseudogailtaler Grauwackenschiefer. Im übrigen erreichen im W mehr schwarze Kalke, im O mehr helle, sandige Kalke und Dolomite mitunter recht bedeutende Mächtigkeiten. Helle Kalke überlagern die Gracilis-Schichten in der Provinz Udine. Von den Karnischen Alpen gegen O und am N-Saum der Julischen Alpen beginnen über den Gracilis-Schichten bereits die dolomitischen Tuffe von Raibl-Kaltwasser — neben dem Vicentin das zweite Hauptgebiet der Südalpen, in dem die geosynklinale Schmelzflußbewegung nun einsetzt.

d) *Zusammenfassung*

Der hier nur flüchtig überschaute anisische Entwicklungsabschnitt in der alpinen Abbaugeschichte läßt trotz vieler, noch ungelöster Fragen schon jetzt eine Reihe von Tatsachen festhalten:

1. Nach der allgemeinen Hebung im Jungskyth *versank das ganze alpine Erdrindenstück* einschließlich der damals offenbar nur sehr flachen „Zentralalpen" und des germanischen Binnenbeckens um mehrere 100 m. Denn um so viel vertieften sich die Meere oder so tief wurden die neu gebildeten Meeresteile. Eine allgemeine eustatische Hebung des Weltmeerpegels könnte diese Größenordnung wohl kaum haben. Es fehlt ja auch eine entsprechende, weltweite Transgression. Schon an der Französischen Zentralplatte zeigt sich davon nur noch wenig.

2. Die Landsenkung betraf nicht eine gleichmäßig und langsam versinkende, alpine Großscholle, sondern sie war von Ort zu Ort *wechselvoll*. Das zeigt der bereits bedeutend gewordene Fazieswechsel.

3. Im Bereich der westalpinen Außenmassive legte die Senkung *eine Bresche quer durch den Vindelizischen Rücken*. So konnte der Faunenaustausch die Faziesähnlichkeit des alpinen und außeralpinen Muschelkalks, welche ähnlichen Bildungsumständen zu danken ist, noch erhöhen.

4. Die Senkung verlief nicht wahllos, sondern *in planmäßigem Fortbau vorher schon geschaffener Großformen*. Wieder eilten die Wannen der nord- und südalpinen Geosynklinale voraus, die sich auch jetzt noch deutlich durch Mächtigkeit und Fazies von dem zentralalpinen Schwellen-Seichtmeer sowie von dem germanischen Binnenmeer abheben.

5. Wieder scheint der Bogen der Briançonnais-Wanne die nordalpine Senke nicht

nur mit der apenninischen, sondern auch mit der südalpinen Geosynklinalsenke zu verbinden.

6. Die gesteigerte Wannenabsenkung vollzog sich wieder *unweit der variszischen Hauptnarben* und im Raum der späteren alpinen Hauptnarbenzüge — ebenso wie zur skythischen Zeit.

7. Sie zeigt durch vermehrten Fazieswechsel nicht etwa die gleiche Bodenruhe wie im umgebenden Seichtmeer an, sondern es verband sich *stärkere Absenkung mit gesteigerter Reliefbildung*, welche wir nur aus erhöhter Massenumlagerung in der Tiefe verstehen können.

8. Dies bestätigt der gleichzeitig stark auflebende, bzw. einsetzende *Schmelzmassenverkehr* in der bevorzugt bewegten südalpinen Wanne. Hier hob sich im Anschluß an die folgende Ruhezeit des Mendeldolomits das Gebiet ganz allmählich zu einer ausgedehnten Regression.

9. Die gleichen Geosynklinalteile, welche schon zur Skythzeit zuerst abgesenkt wurden (Werfener Meer!) schritten wiederum in dieser Entwicklung voran. Dies waren *die östlichsten Teile*. Sie waren zugleich die breitesten.

10. *Der zeitliche und räumliche, damit wahrscheinlich auch der ursächliche Zusammenhang zwischen Absenkung und tektonischer Verlagerung ist zur anisischen Zeit vollkommen.*

Wir erkennen den „Abbau der Alpen“. —

An diesen Grundanlagen des alpidischen Bauplanes baute nun die ladinische Zeit sozusagen folgerichtig weiter.

Ein Fazieswechsel greift um sich, der die ostalpinen Räume betrifft, der aber in den westalpinen Fortsetzungen wie auch außergeosynklinal nicht seinesgleichen hat. Damit setzt sich aber jener *grundlegende Gegensatz zwischen den alpinen Geosynklinalen und ihrer Umwelt durch*, welcher im großen ganzen zusammenfällt mit dem Faltungsraum und dem alpin nur wenig bewegten Vorland. Denn die westalpinen Fortsetzungen hinken ja nur zeitlich nach, sind später grundsätzlich das gleiche.

Schon an diesem räumlichen Zusammenfallen, das seit langem bekannt ist, kann man ersehen, *daß die Fazieswechsel in den Alpen irgendwie ursächlich mit der gebirgsbildenden Massenverlagerung in der Tiefe zusammenhängen müssen.* Die alpine Fazies ist irgendwie Spiegelbild innenbürtiger Vorgänge.

Diese allgemeine Erkenntnis muß zunächst einmal klar festgehalten werden. Wenn wir darum nun die ladinischen Gesteinsbezirke durchwandern, so wird dieser Gesichtspunkt immer leitend sein müssen, um so mehr, als wir nun von sehr bedeutenden Gesteinsmächtigkeiten *flach*meerischer Ablagerungen, also von Senkungen, und andererseits von einem in den Südalpen noch mächtiger anschwellenden Vulkanismus erfahren.

3. Die ladinische Senkungs- und Hinabbauzeit (Abb. 24)

a) *Die ladinische Massenbewegung in der Südalpen-Geosynklinale*

Das klassische Gebiet, nach dessen bodenständigen Bewohnern auch unsere Stufe benannt wurde, ist Südtirol. Auf verhältnismäßig engem Raum treffen hier zwei scharf ausgeprägte und auch in dem herrlichen Landschaftsbild der Dolomiten ausschlaggebende Fazies hart aufeinander, diejenige der bis 1 km mächtigen, gelblichweißen Riffplatten und jene der dunklen, tonig-vulkanischen Schlamme.

α) Die Riffplatten Südtirols

Bereits die etwa 100—200 m mächtige Platte des anisischen Mendel-(„Mendola"-)Dolomits hatte die Riff-Fazies weithin ausgebreitet. Aber diese ging im Ladin oft in die Kalkbänke der Buchensteiner Schichten über. Danach erst begann neben den Schlamm- und Vulkan-Fazies der Wengener und Kassianer Schichten die Bildung der Schlern-Dolomit- und Kalk-Riffmassen. Wir gliedern also:

3. Cassianer Schichten, obere Pachycardientuffe (*Trachyceras aon*, *Koninckina leonhardi*). — Schlerndolomit.
2. Wengener Schichten (*Protrachyceras archelaus*, *Daonella lommeli*): — Schlerndolomit; Marmolata- und Latemar-Kalk.
1. Buchensteiner Schichten („Fassan"), unten noch mit *Ceratites trinodosus*, darüber mit *Protrachyceras reitzi:* graue, oft kieselige oder hornsteinknollenführende Wulstkalkbänke mit Pietra verde- (Tuff-) Eruptionen 5—100 m.

F. von Richthofen war 1860 der erste, welcher die Riffe Südtirols als Korallenriffe ansprach. In der Buchensteiner Zeit hatte nach E. von Mojsisovicz 1879, 482, nur der W seine Riffbänke: Primiero- und Schlern-Riff, Marmolata-Riff. Diese schlossen sich in der älteren Wengener Zeit zu der in Abb. 19 dargestellten mächtigen Riffplatte mit zwei gegen NO ausgestreckten Ausläufern zusammen, die wir trotz mancherlei später notwendig gewordenen Abweichungen und Einzelheiten in der Zeichnung wiedergeben. Vom Schlernmassiv gibt Abb. 20 eine Vorstellung. Außerdem siedelten sich an oder bildeten sich weiter die Riffinseln von Geisler Spitzen-Peitlerkofl und der Hochalpe bei St. Vigil im N, des Sextener Riffs im NO, das Langkofel- und Monte Carnera-Riff (O. Caprile) weiter im Inneren.

Die Riffe wuchsen also im allgemeinen weiter nach außen, indem ihre Grundfläche sich teilweise rasch ausdehnte und über dieser sich dann die mächtigen Riffkalkbänke türmten. Am Ende der ladinischen Zeit verschmolz so das große Barriereriff im SW mit jenem im NO.

Die Riffbildner suchten die höheren, Wasserspiegel- und Licht-näheren Reliefaufragungen des Meeresbodens auf, was noch jetzt daran erkennbar ist, daß der jeweilige Riffboden meist bedeutend höher liegt als die Unterlage des benachbarten rifffreien Gebietes. Das Umsichgreifen der Riffbildner zeigt *eine wachsende Verflachung des Meeresbodens an*, welche offenbar die nachfolgende Seichtmeer- und Inselzeit der Raibler Schichten vorbereitete. Andererseits aber ergibt sich aus den bedeutenden, die 900—1000 m öfter überschreitenden Mächtigkeiten der Riffbauten, daß der Untergrund *in Wirklichkeit keineswegs emporstieg, sondern umgekehrt langsam niedersank*. Dies ging nicht gleichmäßig vor sich. Vielmehr sind es im SW die älteren Dolomitmassen, im NO aber die jüngeren, welche bis über 1 km Mächtigkeit anschwollen: die überwiegende Senkung *herrschte anfangs im SW* und dehnte sich erst allmählich auch gegen NO hin aus.

Aber auch im einzelnen herrschte keine Gleichmäßigkeit. Sondern es beweist der von Ort zu Ort sehr verschiedene Beginn der mächtig werdenden Sedimente *eine ganz unregelmäßige Absenkung*. Gleiches bezeugen die Mächtigkeitsschwankungen des Schlerndolomits

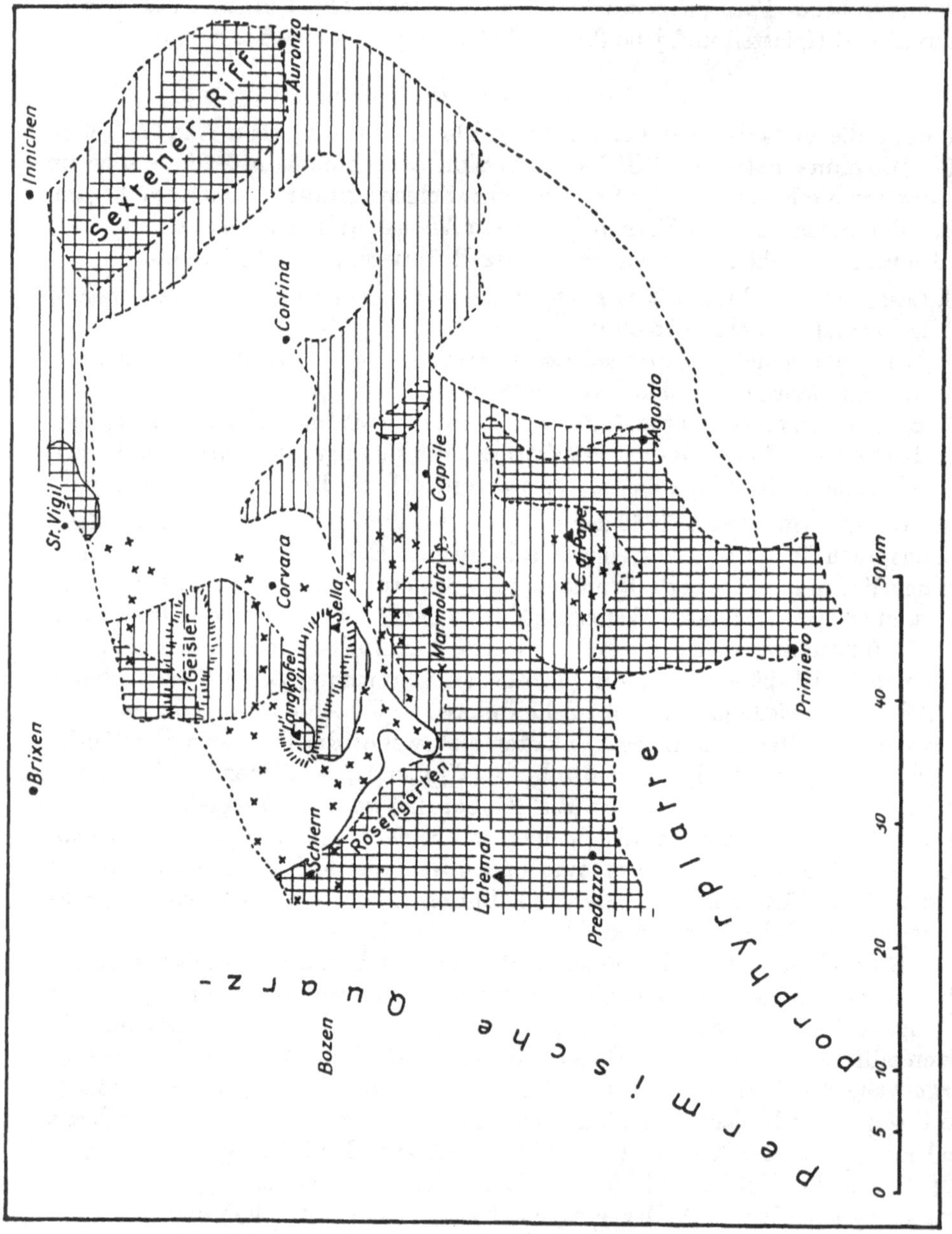

Abb. 19. *Die Dolomitriffe von Südtirol* in der älteren Wengener Zeit (unterladinisch; senkrechte Schraffen) und am Ende der Cassianer Zeit (jungladinisch; nur waagerechte Schraffen). Hauptsächlich nach E. v. Mojsisovics 1879, 482. Kreuze: die Haupteruptionsorte der Mitteltrias, dazwischen die Urschwellen als gestrichelte Rücken.

selbst. So mißt das Langkofelriff fast 1000 m, 3 km östlich davon das Sellariff nur die Hälfte (R. von Klebelsberg 1935, 341). Da noch heute offenbar die Riffböden zumeist höher liegen als die umgebenden Böden der Schlamme und vulkanischen Förderstoffe, für die Riffe aber eine um bis 1 km betragende Senkung während des Wachstums als erwiesen gelten muß, so ist mindestens die gleiche, wahrscheinlich aber eine noch beträchtlichere *Absenkung auch für die Schlammgebiete* zu folgern (v. Mojsisovicz 1879, 487).

Wenigstens einen Teil dieser Abwärtsbewegung kann man auf das Entleeren von Räumen unter den Meeresschlammböden *infolge Schmelzmassenförderung*, also auf nachfolgende Sackung zurückführen. Schon v. Mojsisovicz zeigte 1879, 506, daß die Ausflußstellen der Augitporphyrlaven an der Grenze der Gebiete schwächerer und stärkerer Senkung stehen, daß also *Beziehungen vorliegen zwischen Absenkung und Lavaförderung*. Doch ist das von der allgemeinen Senkung eingenommene Untergrundsvolumen sehr viel größer als der Raum, welchen die entleerten und nach ihrer Masse einigermaßen richtig zu beurteilenden Ausflußgesteine vorher eingenommen haben können.

Daher wird doch ein allgemeiner Massenabstrom, der zuerst im SW, dann erst im NO wirksam wurde, in der Tiefe, aber weniger nach oben die allmähliche tektonische Senkung verursacht haben. Der Platzaustausch mit den nach oben durchgekommenen Schmelzmassen war *ein untergeordneter Vorgang in dem Feld allgemeiner Senkung*. Er betraf in der Hauptsache die Westhälfte der Südtiroler Dolomiten mit den Eckpunkten Predazzo-St. Vigil-Caprile-Massiv der Cima di Pape. Weit darüber hinaus nach O herrschte späterladinisch auch noch die umfangreiche Senkung.

Man wird beachten, daß in der vorangegangenen Zeit, im Perm, das Gebiet der ungleich gewaltigeren Schmelzmassenausflüsse und der offenbar durch sie mitbedingten Reliefabsenkungen noch weiter im W gelegen hatte als das Senkungs- und Ausflußgebiet der vorwiegend unterladinischen Augitporphyrlaven. Ganz im allgemeinen gesehen läßt sich also *eine mit der Zeit fortschreitende Verlagerung des Schauplatzes gesteigerter Magmenbewegung und Einsenkung ableiten*. Im Perm lag der Ort im W. Nach der skythischen und teilweise noch anisischen Zeit einer verhältnismäßigen Ruhe lag er im allgemeinen weiter östlich, wo die Muschelkalkmächtigkeit bis dreimal größer wurde als im W, und am östlichsten lag er in jungladinischer Zeit. Doch zeigt schon das Sextener Riff und zeigen, je genauer betrachtet, desto zahlreichere Teilgebiete auch zu anderen Zeiten eine bedeutende Reliefunruhe — ausgesprochen in der wechselvollen Verschiebung der Faziesgrenzen. Dazu wird eine bedeutende, *unregelmäßige Auf- und Ab-Bewegung erkennbar*.

Die Tiefe war ohne Frage schon in ladinischer Zeit stark beweglich, woraus wir auf eine beträchtliche Stromtätigkeit in der mehr oder weniger schmelzflüssigen Tiefe werden schließen müssen. Ob die gern eine Diagonalrichtung (NW-SO bzw. NO-SW) einschlagenden Faziesgrenzen eine gewisse Richtkraft jener Ströme durchschimmern lassen oder ob sich da nur alte Fugen und Gefüge in neuer Belebung aussprechen, das ist noch eine offene Frage. Jedenfalls hat schon v. Mojsisovicz 1879, 506, erkannt, daß während der älteren Wengener Zeit verhältnismäßig rasche und bedeutende Senkungen eintraten, welche nicht auf gewöhnliche, säkulare Bodenbewegungen zurückgeführt werden können, sondern *auf wellenförmige Falten des Bodens*, also auf eine Art gebirgsbildender Vorgänge. Vielfach war die unregelmäßige Senkung so rasch, daß es selbst den rasch wuchernden Riffbildnern nicht möglich wurde, die schnell wachsende Entfernung zum Meeresspiegel durch Wachstum auszugleichen. Sie mußten weichen und die mannigfachen Schlamme der Wengener und Kassianer Schichten überzogen die zu tief gewordenen Senken.

β) Die Schlammsenken und Vulkane

Mischten sich von in der Ferne tätigen Vulkanen bereits den Buchensteiner Kalk- und Mergelbänken die Tuffe der Pietra verde bei, so brachen nun in den Schlammgründen zwischen den Riffen selbst umfangreiche Augit-Plagioklas-Laven und Tuffe empor, welche die Bänke der Wengener Schichten oft ganz allein aufbauen und noch in den jung-kassianer Bänken eine Rolle spielen. Diese Ereignisse sind in den Dinariden mit ihren gewaltigen inneren Serpentinintrusionen und Grünsteinen noch viel beherrschender.

Auch *die Zusammensetzung dieser südalpinen Eruptivmassen* ist nicht beliebig, sondern in enger Beziehung zu dem erreichten Abschnitt der alpinen Abbaugeschichte zu verstehen. Die zwischen der Buchensteiner- und dem Ende der ladinischen Schlerndolomitzeit geförderten Laven sind Augitporphyrite (Andesite) und bei Predazzo die jüngeren, dichten Melaphyre. Mächtige Lagergänge, aber auch Gänge und Stöcke sind verbreitet und brachen untermeerisch nach M. Ogilvie namentlich auf Spalten längs dem Grödner und Durontal aus. Die Einschübe bzw. Ausflüsse wurden im Lauf der Trias sauer, gingen vom Monzonit über Syenit zu Granit. S. Vardabasso hat 1931 einen Überblick gegeben.

Die Ganggefolge von Monzoni und Predazzo zeigen sowohl pazifische Alkalikalk- als *auch schon atlantische* Alkali-Spaltschmelzen. Es ergibt sich hieraus eine ziemlich fortgeschrittene Spaltung des Magmas in der Tiefe.

Es ist gewiß noch näher zu untersuchen, ob wir in diesem Merkmal wirklich nur ein Entwicklungsstadium zu erblicken haben. Denn es könnte sein, daß schon voralpidisch entstandenes, die Grundlage der bereits verfestigten Teilschollen bildendes Gestein der atlantischen Sippe durch Wiederauflösung und Förderung nach oben in den im übrigen noch unverwandelten Magmabereich der alpidischen Geosynklinale hineingeriet. Die chemische Einheitlichkeit der in Frage kommenden Gesteine scheint mir freilich mit anderen Verfassern (P. Niggli u. a.) in diesem Fall gegen die Annahme allzu weitgehender Migmatisierung zu sprechen.

Jedenfalls wurde auch kürzlich durch H. P. Cornelius (1941, 93) mit Recht betont, daß die Neigung zu atlantischer Spaltung immer wieder beobachtet wird. Vielleicht sind auch nachträgliche Spaltungen im Spiel. Im großen ganzen herrschte aber fraglos in der Trias das pazifische Mischgestein noch vor.

γ) Tiefbauzeiten

Wohl ist zu vermerken, daß der Vulkanismus, ebenso wie die faltende, teilreliefschaffende Bewegungsunruhe (ähnlich wie z. B. im Pennin oder in Spanien), in den *Reliefsenken sitzt* und nicht in den Höhen. Diese Senken, in denen Vulkane wurzeln, sind weit überwiegend untermeerisch und oft verbunden mit Explosionen, welche meerwassernahe Trümmerlaven und Tuffbrekzien schufen (K. Hummel 1928). Nur selten scheint sich ein Vulkanhaupt als Insel über den Meeresspiegel erhoben zu haben, was sich dann wohl aus den mitunter reichlichen Sandzwischenlagen und Landpflanzenresten der Wengener Schichten ableiten läßt. Inselwälder konnten die Vulkane besiedeln, welche sich wohl als steile Kegel allmählich aus den tiefen Schlammrinnen emporgebaut haben. Nicht an die riffbildenden Schwellengebiete sind die umfangreichen Vulkanbauten geknüpft, vielmehr *ohne Ausnahme an die Schlammsenken zwischen den ruhig weiterwachsenden Riffuntiefen*, deren Leben wahrscheinlich durch das Wasser vor allzu schädigenden Einflüssen der tätigen Vulkane behütet wurde. So lebten auch die quartären, gegenwärtig teilweise abgestorbenen Edelkorallenrasen an Siziliens Südküste unweit von heute noch lebhaften, untermeerischen, aber nur selten einmal inselbildenden (Insel Ferdinandea 1831!) Vulkanen der Graham-Bank.

Auch innerhalb der Schlammsenken schließt K. Hummel 1932, 442, aus der Knollenkalkverbreitung auf neu sich bildende Teilschwellen, welche nach den Befunden von Cornelius-Furlani 1926, 44, an der Marmolata vielleicht vorübergehend sogar einmal trockengelegt wurden. Also hatten wir *auch in diesen Schlammsenken keine Ruhe*, sondern gerade umgekehrt gesteigerte Reliefbildung und darum Tiefenumlagerungen: *tektonische, nicht nur vulkanische Bewegungen*. Dagegen blieben ältere, breitere Schwellengebiete, welche schon für die oberanisische Zeit, z. B. im Vizentin oder im Nonsberg festzustellen sind, nach K. Hummel 1932, auch im Unterladin langsam sinkende Riffgebiete. Es sind Stellen zurückbleibender Senkung, „Schwellen" also nur im Verhältnis zu ihrer rascher sinkenden Umgebung; man kann sie „*Relativschwellen*" nennen.

Hieraus wird ersichtlich, „*daß die Riff-Fazies tatsächlich Schwellenfazies ist*". Den Nachweis dieser Tatsache erlaubt ja auch schon die öfter gut beobachtete Übergußschichtung, also die stark abfallende Außenböschung der wachsenden Riffe, deren Abfallschutt sich draußen am Riff-Fuß mit der Schlammfazies der umgebenden Senken verzahnt. Auch beweist ja das ruhige und sehr ergiebige Wachstum der Riffbildner, daß sie immer nahe am besonnten Meeresspiegel gelebt haben müssen und nie von den Schlammströmen überschüttet wurden, die folglich in Hunderte, wenn nicht über 1000 m tieferen Schlammrinnen sich langsam dahingeschoben haben können. Der Ton und Feinsandschlamm rührt zum geringsten Teil von den Riffen, zum überwiegenden Teil ohne Frage aus dem Vulkanismus und von fernen Küsten. Er muß also eine beträchtliche Stromverfrachtung hinter sich haben.

Wenn in der kaum 200 m erreichenden Riffplatte des oberanisischen Mendel-Dolomits eine erhebliche Reliefbildung noch nicht bemerkbar ist und später nicht mehr in der unterkarnischen Dolomitplatte, so widerspricht dies, wie K. Hummel 1932 sehr richtig gegenüber van Houten 1930 bemerkte, keineswegs der kräftigen Reliefbildung gleichzeitig mit den kräftigen Schmelzmassenverlagerungen in der ladinischen Zwischenzeit. Wir sehen vielmehr gerade hierin einen sehr schönen und nicht oft gleich *eindeutigen Nachweis für das Phasenhafte der Gebirgsbildung*. Und wenn vor der ruhigen Mendeldolomitzeit zahlreiche Hinweise auf kräftige Hebungen und Senkungen des Reliefs, gleichzeitig auch schon auf die ersten Schmelzflußbewegungen im älteren Anis vorliegen, so bedeutet uns dies gleichfalls die Wirksamkeit einer im unteren und mittleren Anis tätigen, wenn auch schwachen Phase der Gebirgsbildung. Der jeweils gleichzeitige und nachfolgende, außenbürtige Ausgleich der tektonisch und vulkanisch geschaffenen Reliefunterschiede beweist ja nicht den Mangel jener Reliefformen, sondern nur die verhältnismäßige *Langsamkeit ihrer Bildung* und die *nicht allzu bedeutenden* Höhenunterschiede.

Auch M. Ogilvie-Gordon hat (z. B. 1927, 168, 317) die verhältnismäßig rasch auftretenden Fazies- und Reliefwechsel natürlich auf das Erscheinen „differenzieller Krustenbewegungen" zurückgeführt. In der oberen Buchensteiner Zeit, in welcher Südtirol von heftigen vulkanischen Ausbrüchen erschüttert wurde, war die Gegend innerhalb eines weiten Absenkungsgebietes *zugleich unter waagerechtem Druck*. Sie wurde von WNW-OSO- bis O-W-Spalten durchrissen und verbog sich wellenartig. Und das blieb so während der Wengener und Kassianer Zeit — als alleinige Begründung des schroffen Fazieswechsels. Das Ineinandergreifen der unregelmäßig bewegten Tuff- und Mergelfazies in den Senken mit der Kalk- und Dolomitfazies von untermeerischen Terrassen ist nach Ogilvie-Gordon an den untermeerischen Terrassenabhängen fast immer ,,inkonform". Gewöhnlich schneiden sich die Schichtflächen unter kleinem Winkel. *Eine Unzahl untermeerischer Flachtransgressionen liegt vor.* Bewegungen längs *Brüchen* mit O-W- oder örtlich WNW-OSO-Streichen sind bereits für die Mitteltrias erweisbar, dazu auch schwache Faltung, Hebung und Senkung.

In den Senkungszonen wurde die Erdrinde von Eruptivspalten zerrissen, von gasreichen Schmelzflüssen explosiv durchfahren. Weniger ungestalte, schmiegsamere Mulden wurden, grundsätzlich ganz entsprechend, *im penninischen Raum* zur Jurazeit von gasreichen Ophiolithen durchsetzt. Auch die Hebungsgebiete wurden von Spalten durchrissen. Weder sie noch die gleichzeitigen Flexuren und vulkanischen Durchbrüche erfolgten wahllos, sondern nach M. Ogilvie-Gordon *in ganz bestimmter Beziehung zur tektonischen Lage*. Die Tuffbrekzien und Agglomerate halten nämlich ziemlich *regelmäßige Streifen* ein, die sich meist streng *an die Nordseite der Hebungsgürtel halten*, offenbar weil dies die steilere Seite war und hier auch zur Hauptsache die gleichzeitigen Flexuren und Verwerfungen ansetzten.

Daraus ergibt sich wohl die *Einseitigkeit der ansetzenden Druckkräfte* oben von S her, unten von N. In den Schwellengebieten verhältnismäßiger Hebung häuften sich die Kalk- und Dolomitmassen unter den Riffbildnern gleichzeitig mit dem Absatz der Tuffe und Mergelschlammfazies in den Bezirken der Einbrüche und der vulkanischen Tätigkeit.

Diese *Senkungsstreifen* sind

1. der Strich der Eruptivgesteine von Aschkler Alpe und Grödner Tal,
2. der Strich Seiser Alpe—Duron-Tal, Monte Dona—Buffaure gegen OSO mit Abzweigung gegen O in das Fedajatal (Abb. 20).

Sie werden umrahmt von den Hebungsstreifen der jüngeren Buchensteiner Zeit:

1. Fermeda—Geisler Riff im N,
2. Plattkofel—Langkofel—Sella-Riff in der Mitte und
3. Schlern—Rosengarten—Mantello ostwärts nach Doy de Sora und Mairins (Abb. 35, Bd. I).

Wir werden sehen, daß auch diese Einseitigkeit der Reliefformen und der Sattelschwellen für die penninischen Embryonalfalten der Jurazeit durch E. Argand und R. Staub hatte abgeleitet werden können. Sie spricht für die bereits jetzt formend eingreifende Unterströmung.

Möchte nun der eine oder andere diese Bewegungen *nicht ,,gebirgsbildende"*, orogenetische, sondern ,,epirogenetische" benennen, so mag er dies tun. Wolle er sich nur darüber klar sein, daß er die bereits in diesem Vorbereitungsabschnitt des alpinen Geschehens ganz deutlich erkennbaren Phasen der rascheren Bewegung und Unruhe, welche zu sehr bedeutenden und bezeichnenden Massenverlagerungen führten, losreißt von Vorgängen, die, wie wir sehen werden, im Grunde das gleiche bedeuten, nur kräftiger, wirkungsvoller waren.

In meiner Ablehnung des Begriffs „Epirogenese“ 1923; 1935, 415; 1937, 220; 1937, 379, wendete ich mich gegen die Zerreißung *entwicklungsgeschichtlich und ursächlich zusammengehöriger Vorgänge.* Denn wir wollen uns doch, indem wir einer anfänglich wohl allein möglichen, rein beschreibenden Begriffsbestimmung zuliebe die gebirgsbildenden Vorgänge nur äußerlich nach erkennbarer Stärke bzw. Schnelligkeit, nicht aber nach der Art ihrer Ursachen einteilen, nicht den zum Ziel führenden Erkenntnisweg verbauen. Er geht vom Studium der noch ganz klaren und einfachen Anfangsvorgänge zum Verständnis schließlich auch der gewaltigsten irdischen Umwälzungen. Nur aus dem Werden erschließen wir die Ursachen.

Und was zeigt uns einstweilen die embryonale Äußerung der bewegenden Kräfte sowohl im älteren Anis wie im Ladin? Sie zeigt uns:

1. Die Reliefneubildung, die Schaffung scharfer Fazieswechsel und die Schmelzmassenförderung hebt sich in den ganz deutlichen Phasen

   a) der unter- und mittelanisischen Stufe,

   b) der ladinischen Stufe

von dem ruhigen Geschehen der Südalpenwanne im allgemeinen ab.

2. Diese gesteigerte Unruhe des Meeresbodens ist Folge umfangreicher tektonischer Massenverlagerungen in der Tiefe, welche sich auch schon in Bruch-, schwächer in Faltenbildung äußern. Dem ordnet sich auch der Vulkanismus ein und unter. Wie sich zeigt, hören ja die Bewegungen mit seinen Grenzen nicht auf.

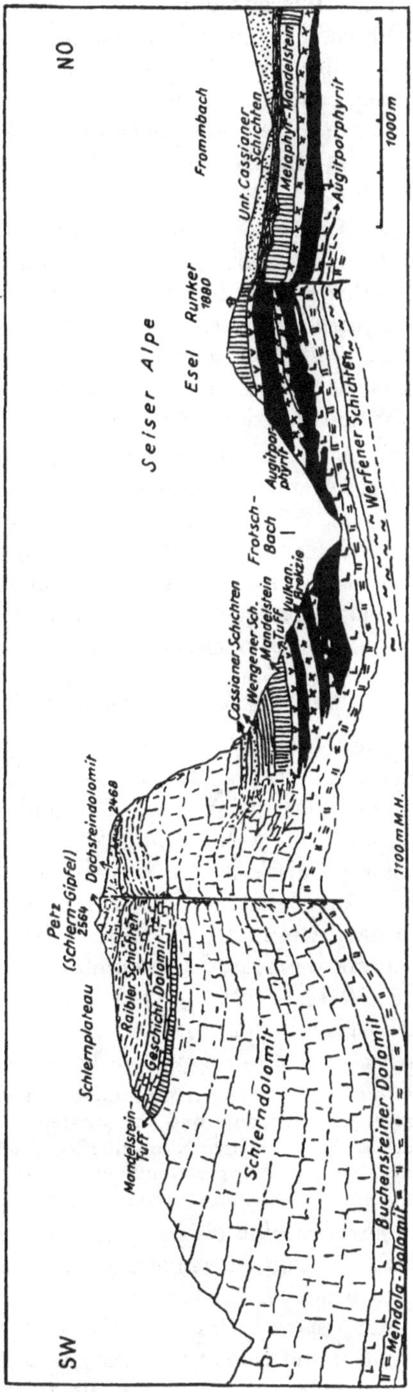

Abb. 20. *Grenze des Schlerndolomitriffes gegen die vulkanische Senke der Seiseralpe.* Nach M. Ogilvie-Gordon 1927, Taf. XXIII.

3. Diese Phasenzeiten sind zugleich *nicht etwa Zeiten des Meeresbodenanstieges*, der Hochreliefbildung, *sondern im Gegenteil Zeiten der allgemeinen Vertiefung der Meere*. Selbst die „Schwellen" sind zunächst nur Streifen, welche bei der allgemeinen Senkung mit, nur langsamer, abwärts gehen; es sind „Relativschwellen". *Die Phasenzeiten sind Tiefbauzeiten* der „Hyporogenese". Denn während dieser Absenkung und Tieflage wird Masse verlagert, umgebaut, dabei orogenes Gefüge geschaffen.

4. Die Phasenzeiten werden getrennt durch ruhigere Zeiten höherer Lage des betreffenden Erdrindenreliefs gegenüber dem Ozeanpegel: Regression am Ende der skythischen, in der oberanisischen, am Ende der ladinischen Zeit. Das sind die *vorübergehenden Hochbauzeiten* — soweit nach Zeiten schwachen Tiefbaues überhaupt weitergebaut wurde.

Das gleiche Ergebnis förderten wir oben S. 26 für die algomanischen, S. 87, 95, 106 für die variszischen Phasen.

5. Es waren zwei im Skyth vorangegangene Zeiten der allgemeinen Absenkung mit nachfolgender Heraushebung (Absenkungszeit der Seiser und jene der Kampiller Zeit), welche sich, soweit bisher erkennbar, nur durch die stoßweise fortschreitende Erstabsenkung der beiden geosynklinalen Wannen auch hinabbauend betätigten. Mit Rücksicht auf die Leistungen der Folgezeit in den gleichen Wannen gewinnen nun auch jene beiden skythischen Großereignisse embryonale Bedeutung für die alpine Abbaugeschichte. —

δ) Die weitere Verbreitung der ladinischen Abbauphase im Süden

Von den Südtiroler Dolomiten aus gegen W und SW setzen in der südalpinen Geosynklinale (Abb. 24) die gleichen Fazieswechsel fort, wenn auch nicht gleich heftig und sich gleich rasch ablösend. Dieselben, oft mächtigen Riffplatten von Schlerndolomit, und Esinokalk, die gleichen Buchensteiner, Wengener und der Kassianer Wulstkalk, die Mergel- und Tuff-Fazies, mitunter verbunden mit Lavadecken. Auffallend ist die Zunahme verschiedener *Erze* in den höheren Teilen der Karbonatplatten, wie sie in den Namen „Calcare metallifero" und „Dolomia metallifera" zum Ausdruck kommt. Die Erscheinung reicht so weit über die ganzen Alpen (Wettersteinkalk!), daß sie wohl mit vulkanischen Durchgasungen gegen das Ende des Ladins im Zusammenhang stehen dürfte. Es mag das also auf eine gewisse *vulkanische Tätigkeit auch unter der nordalpinen Geosynklinale* hinweisen.

In Judikarien haben wir weithin ausgebreitet den Esino-Kalk und -Dolomit, die Tuffe der Pietra verde, Wengener und Buchensteiner Schichten. Im weiteren Umkreis des Adamello folgen über Buchensteiner Knollenkalken die Wengener Schichten, oben mit Tuff. Sie erweisen sich als abgetragen: Inseln tauchten auf, versanken aber dann wieder unter einer übergreifenden Platte von Esinokalk, dunklen Kalken, Schiefertonen.

Im vizentinischen Gebirge um Rekoaro folgen dem Riff des weißen Spitzkalkes (Reitzischichten) mit seiner auf geringe Entfernung rasch wechselnden Mächtigkeit die Buchensteiner „Nodosenmergel" mit Pietra verde-Tuffen und Schmelzflußgesteinen, mächtig im S und O, seitlich durch rote Kalke ersetzt. Erhebliche Senkungen und Hebungen lassen sich erkennen. Die effusiven Wengener Eruptivdecken (Diabase, Porphyrite, Melaphyre) über den Nodosenschichten vertreten *eine große Schichtlücke* bis zum Hauptdolomit. Das Gebiet stieg weithin über den Meeresspiegel und zeigte so wieder klar die allgemeine Regression am Ende des Ladins und noch in der Karnischen Stufe an. Sie setzt sich westlich vom Gardasee in Konglomeraten und Brekzien zwischen Ladin und Karn fort.

Die Schmelzflüsse brachen auch weiter im W gegen das *Trompia-Gebiet* durch, das reichlich Tuffe, Wengener Schiefer mit doleritischem Sandstein aufweist.

Die *lombardischen Alpen* der Bergamasker, Val Camonica, der Dolomitstock der Grigna zeigt gleichen Wechsel von Buchensteiner und Wengener Tuffen, von pflanzenführenden Sandsteinen und von dem nach oben erzreichen Esinokalk. Bodenbewegungen fehlen nicht. Im Luganeser Bezirk entstanden neben dem mächtigen (500 m) Schlerndolomit über der nördlichen Schwelle des Salvatore weiter südlich in dem sich vertiefenden Flachmeer über der Grenzbitumenschicht teils der bituminöse Meridekalk, teils die Gervillien-Daonellen-Bank, bedeckt von dolomitischem Sandstein und auffallend bitumenreichem Meridekalk und -schiefer. Gegen SW herrschte erneuter Anstieg zu einer Dolomitschwelle.

Das 600—700 m mächtige Ladin schließt auch hier nach der Senkung mit einer Regression. Ob diese auch später noch beibehaltene Meride-Bitumenfazies nun in einer flachen Senke zwischen den umgebenden Schlerndolomitriffen entstand oder in einer tonig-bituminösen, etwas tieferen Senke als jene Dolomite, ist unklar. Jedenfalls fällt die Verknüpfung dieser Fazies mit der Sattellage auf, die Abb. 67 zeigt, und die sich durch Herausbildung einer rhätisch-unterliassischen Insel wirklich auch reliefmäßig zur Geltung brachte.

Wandern wir von Südtirol *nach Osten*, so zeigt sich auch hier die Einheitlichkeit des großen geosynklinalen Geschehens.

Im Friaul setzen mächtige dunkle, mergelige Kalke und Schiefer über dem Mendoladolomit fort mit Pietra verde-Tuffen in den Buchensteiner Knollenkalken, weichen, Festlandspflanzenführenden Wengener Schichten, hellen dolomitischen Kalken und Mergeln der Kassianer Schichten bzw. Schlerndolomitriffmassen, ähnlich wie im Val Trompia.

In dem sich ostwärts stark verbreiternden Gebiet, in dem die dinarische Geosynklinale von der südalpinen abzuzweigen beginnt, herrschen neben den überwiegenden Dolomitplatten und dem teilweise erheblichen Vulkanismus die beiden ungefähr *O-W-gestreckten Grundgebirgsrücken*, die bereits vorher angedeutet waren. Der nördliche begleitet den heutigen Südrand der Julischen — Steiner Alpen (Černa — Hochenegg, N. Cilli), der südliche bildet schwache, gleichlaufende Züge. Bei Annäherung an diese „Aufbruchszonen“ finden sich in diesen ladinischen Schichten mehr und mehr Tone und Sande, welche die „Pseudogailtaler Schiefer“ bilden. Östlich Stein führen sie grüne Tufflagen, bei Rabensberg etwas Felsitporphyr, am Westfluß der Menina große Stöcke davon, auch im Kankertal. Diese Grundgebirgszüge wurden nach Fr. Kossmat 1913, 72, in ladinischer Zeit bloßgelegt und gaben in die Umgebung ihren Schutt. Ähnlich ging auch am SO-Rand der Julischen Alpen eine ladinische Transgression über die Gesteine einer alten Schiefermasse. Bei der nachfolgenden Senkung wurde die Obertrias über dieser Schwelle ungewöhnlich dünn. Sonst sind die Mächtigkeiten groß; im N des Triglav zusammen mit Muschelkalk z. B. über 1,5 km.

Also auch hier gab es weithin eine ladinische Senkung, Bildung sehr mächtiger Riffkalkplatten, gleichzeitig Teilbildung von Untergrundsschwellen ungefähr im Streichen der südalpinen Geosynklinale und örtlich bedeutende Schmelzmassenbewegung.

b) *Die ladinische Flut in den Zentralalpen*

Im Drauzug finden wir wenig Abweichungen von dem Ladin der südlich angrenzenden Südalpen. Die gleichen Wengener Posidonomyenschiefer wie in den Steiner-Julischen Alpen und in der Koschuta, die gleichen, gegen oben Blei- und Zink-führenden Schlerndolomite und Wettersteinkalke, im Gurktal dieselben grünen Tuffe zwischen Dolomiten. Einförmige Plattenkalke und Dolomite bei St. Paul, einförmige Dolomite des „Semmering-Kalkes“, einförmige

„Ramsau“-Dolomite im Bereich der Kärntner „Nocke“. Die jüngst in einer wichtigen Untersuchung durch A. Thurner 1935, 199ff. von der Murauer Kalkphyllitgruppe abgetrennten und ganz ähnlich wie die Vorkommen von Innerkrems ostwärts unter höhere Decken hineingeschleppten Triasdolomit- und Rauhwacke-Schuppen haben noch nicht die nötigen Versteinerungen geliefert, um berücksichtigt werden zu können.

Mächtiger und bestimmter ist die Ladinvertretung der *Radstätter Tauern:* Bis über 300 m Dolomite, bedeckt von Gyroporellen-Dolomiten; in den Tarntaler Alpen aber wenig unsichere dunkle Kalke und Schiefer.

Über der Ötztaldecke finden wir als weitere Annäherung zur Ausbildung der nördlichen Kalkalpen unten schon die Partnachschiefer, darüber Wettersteinkalk und -dolomit, am Jaggl 400 m Wetterstein-Diploporendolomit, ähnlich auch bei Mauls, schwarze Kalke mit Diplopora bei Defreggen. In den Unterengadiner Dolomiten ruht über dunklen Schiefern unechter „Wetterstein“-Dolomit 250 bis etwa 600 m, in der Ortler-Gruppe gehört wohl lichtgrauer Dolomit hierher. Von da geht es über in die ähnlichen diploporaführenden Dolomite der Sassalbomulde und der Berninadecke des Unterostalpins. Die Vertreter sind ebenso wie in der Errdecke auffallend dünn und stellen neben den gleichfalls ziemlich dünnen und einförmigen Vertretungen der östlichen Zentralalpen *ein zweites Großgebiet von einstweilen nur geringer Senkung dar.*

Etwas mächtiger sind die Dolomite in der Margnadecke (Averser Weißberg) — M. Dolin — Dent Blanche — Tessiner Decken. Es werden aber gegen N und W im Pennin die ladinischen Vertreter im allgemeinen dünner und eintöniger: Es beginnt der Rötidolomit (S. 135). Mächtiger wurden sie auf Teilschwellen, welche nach E. Argand und R. Staub die gegen N etwas steileren Sättel der embryonalen Falten waren. Mit übergreifendem Grundkonglomerat umhüllt der Triasmarmor im Simplongebiet nach C. Schmidt und H. Preiswerk eine damals aufsteigende Schwelle.

In der westlich folgenden *Briançonnais-Rinne* wird die ladinische Karbonatplatte wieder mächtiger. Es zeigt sich, daß die gleichartige Tracht der Glanzschiefer in ihren unteren Teilen gegen diese Wanne hin in phyllitische Mergel und Kalke der mittleren Trias übergeht. M. Bertrand stellte dies 1894 im Gebirge von Pichery (Haute-Tarentaise) fest und M. Kilian konnte es 1912 bestätigen. Durch die ganze Länge des Briançonnais-Bogens setzen die ziemlich mächtigen Dolomite und Kalke fort als deutliche, vertiefte *Wannenbildung, mit welcher die zentralalpinen Flachseebildungen westwärts abschließen.*

Sichere Anzeichen für Inseln haben sich hier im W nirgends nachweisen lassen.

c) *Ladin der Nordalpen-Geosynklinale*

Die Briançonnais-Wanne geht nach N und NO ohne wesentliche Änderung in das Präalpen-Ladin über: dunkle Diploporenkalke hier wie da. Doch hob sich offenbar die Wanne gegen NW heraus, denn schon im Außenteil der Klippendecke setzen Gipse, Rauhwacken ein, die im Ultrahelvet nordwärts noch fortgehen. Ebenso ist die Teilschwelle der Brekziendecke durch Gips und Rauhwacken ausgezeichnet; auch der SO-Anstieg unserer geosynklinalen Wanne wurde durch die lagunären Zwischenbildungen im Nordteil der St. Bernharddecke ausgezeichnet. Sie laufen am Südostrand des Gotthard-Massivs weiter, während die kalkige Innenfüllung und der lagunäre NW-Rand in der Schweiz durch die spärlichen Reste der Klippen bezeichnet werden.

Der Rötidolomit nordwärts im ultrahelvetisch-helvetischen Gebiet und in der Massivregion entspricht einer binnenmeerischen Flachmeer-Transgression, deren Schichtdicke die 80 m nicht übersteigt, und welche, wie S. 135 gesagt wurde, wohl als südliche Fortsetzung des Trigonodus-Dolomits im Hauptmuschelkalk SW-Deutschlands zu gelten hat. Als Inseln ließ er die Windgälle und das Gastern-Gebiet (Aare-Massiv) frei. Unter einer Dolomitdecke verschwanden auch Belledonnemassiv und Teile des Pelvoux.

Daß das Rötidolomitmeer nur seicht war, ergibt sich aus den häufigen Mächtigkeitswechseln und Auskeilungen, wie z. B. im Aaremassiv von Scheidnössli bei Erstfeld gegen S, SW Erstfeld, an der Windgälleninsel, NO. Chamonix an der Balme-Insel. 10 m über den Innertkirchner Versteinerungen liegen bis 4 m Sandstein im Rötidolomit. Schrägschichtung, Wellenfurchen u. a. sprechen ebenso für Seichtmeer. Schön ist der Übergang aus den gut gegliederten und fossilreichen „Muschelkalkbänken" Süddeutschlands in die sehr eintönigen, fast versteinerungsleeren, dünnen Rötidolomite, also in eine Art Sammelfazies zu verfolgen (M. Frank 1930, 392, 400), welche offenbar wegen langdauernder, ungünstiger Seichtmeerbedingungen entstand, nicht wie andere Sammelfazies des Flysches wegen orogener Störungen.

Wir haben eine Schwellenfazies vor uns, ausgebreitet über dem nur flach untergetauchten Verbindungsstück zwischen böhmisch-vindelizischer Masse und ostfranzösischer Masse. Dieses Zwischenland befand sich seit dem unteren Buntsandstein (Seiser Transgression!) in fortschreitendem Abtrag und war bereits von der Rinne des unteren und mittleren Muschelkalkmeeres durchbrochen worden. Trotzdem *erhielt sich noch immer die Schwelleneigenart.* Darum hatte sich im NW, jenseits des bodenständigen Massivstreifens Aaremasse-Aiguilles Rouges im Vorland, zu Ende der anisischen Stufe, also der Wellenkalk-Transgression, offenbar *eine sehr viel länger dauernde und ausgeprägtere Regression entwickeln können.* Liegt doch draußen im süddeutschen Vorland die ganze bankreiche, meist lagunäre *Anhydritgruppe* des mittleren Muschelkalks. Über diese konnte sich erst allmählich das etwas tiefere und normalere Hauptmuschelkalkmeer, beginnend von Thüringen an über die salzigen Seichtmeergründe südwärts gegen das vindelizische Schwellenland vorschieben. Auf letzterem bildete sich nur die dünne, gleichförmige Rötidolomit- oder Trigonodusdolomit-Fazies des durchsonnten Seichtmeeres.

Sehr zu beachten ist, daß trotz solcher Schwellenstabilität jener allgemeine Süddrang der Hauptmuschelkalk-Transgression auch in den Westalpen fortging: Je weiter nach S, desto später wurde die lagunäre Rauhwackenfazies („Anhydritgruppenfazies") im Helvetstreifen wenigstens durch jene des Rötidolomits verdrängt. *Nicht einmal durch die präalpine, also nordalpine Geosynklinalwanne ließ sich jener Transgressionsdrang hemmen.* Selbst dort, wo im penninischen Heimatstreifen — im Schwellenbereich zwischen N- und S-Alpenwanne — die anisische Transgression nur Rauhwacke bilden konnte und diese mit jener des mittleren Muschelkalks verschmelzen mußte, konnte später die ladinische Rötidolomit-Seichtmeer-Transgression noch durchgreifen.

Wir erkennen somit hinweg über geosynklinale Tröge und Schwellen die transgressive Großtat. Mit ihr wurden freilich die geosynklinalen Teilformen keineswegs aus-

gelöscht; sie verschärften sich im Gegenteil gleichzeitig, was abbaugeschichtlich wohl auf eine gemeinsame Bildungsursache schließen läßt.

Schon vorstehend wurde gesagt, daß die penninischen Teilschwellen sich in der ganzen Zeit kräftig ausprägen konnten: Eine Schwellenfazies aus Rötidolomit herrschte auf den Teiluntiefen der Adulastirn, auf Stirn- und Rückenteil der späteren Tambo-Surettadecke, auf der Stirnschwelle der Margnadecke (Schams), während die umliegenden Teilsenken schon mehr die Schlammfazies der späteren Glanzschiefer dort erhielten, wo später die Hauptmulden im Deckenbau liegen sollten. Mit dem tieferwerdenden Meer im SO vermochten auch die Teilschwellen (Schams, Unterostalpin) dann mehr die normalere Schwellenfazies der Diploporendolomite zu schaffen.

Innerhalb des langsam und unter Teilverbiegungen, die sich bis jetzt nur in dem allmählich geosynklinal werdenden penninisch-unterostalpinen S verschärften, hebt sich das weite ultrahelvetisch-helvetisch-autochthone und das lagunäre Randstreifengebiet im Ladin als Angehöriger des ruhigen germanischen Binnenmeer-Vorlandes ab. Seine Ruhe wird noch geteilt von Teiluntiefen im Unterostalpin und in den östlichen Zentralalpen. Hier erkennen wir noch nicht einen schärferen geosynklinalen Zugriff.

In klarem Gegensatz zu jenen Ruhegebieten finden wir *in der östlichen Fortsetzung der nordalpinen Geosynklinale,* also in der ladinischen Wanne auf Silvrettadecke und im Rätikon, *ausgeprägte Bewegungsspuren.*

Deutlich zeigt die *„mittlere Rauhwacke“* wieder die vorangegangene, in den Südalpen oft so schön zu verfolgende *Regression am Anis-Ende.* Es folgte die ladinische Transgression mit Knollenkalkbänken, unten oft brekziös (bis 200 m), dann mit schwarzen Dolomiten und weißer Dolomitbrekzie, roten Dolomiten (bis 60 m), oben mit hellem Arlbergdolomit (200 m) mit grauen sedimentären Brekzien. Diese (ähnlich den Unterengadiner Dolomiten) häufig eingeschalteten Brekzien sprechen wohl für öfteres Auf und Nieder des Reliefs, so daß der Meeresboden mehrfach wieder aufgearbeitet wurde. Die Beziehungen z. B. im Ducan-Mittelostalpin nach den Süd- und nach den Nordkalkalpen sind recht bedeutend. Sie beweisen ein übriges Mal *das weite Zusammenfluten des ladinischen Flachmeeres von S und N über der zentralalpinen Mittelschwelle.*

Und doch ging dabei nie, auch nicht im vorarlberg-südbayerisch-tirolisch-österreichisch-nordsteirischen Ablagerungsraum der Nordkalkalpen, die Eigenart der Nordalpen-Wanne verloren. Fazies und gesteigerte Mächtigkeiten beweisen das immer weiter betonte Absenkungsbestreben gegenüber der nördlichen und südlichen Umgebung, die innerhalb der allgemeinen Senkung doch im Verhältnis als Schwellengebiet zurückblieb (Relativschwelle).

Die Fazies der ladinischen Kalknordalpen im Westen

besitzt zwar auch die karbonatischen Schwellenabsätze. Aber diese Wettersteinkalke und -dolomite unterscheiden sich von den versteinerungsarmen, seichtmeerischen Kümmerfazies eines Rötidolomits oder von den versteinerungsarmen, uniformen zentralalpinen Karbonatplatten sowohl durch die größere, eine bedeutendere Senkung verratende Mächtigkeit von 1000, ja 1500 m. Sie besitzen auch die andere Eigentümlichkeit, welche die geosynklinale „ostalpine" Trias von der epikontinental-seichtmeerischen unterscheidet, nämlich die reine Kalkalgen- (Diploporen-) und Korallen-Riffwucherung (v. Pia 1940). Da auch bei heutigen Riffen in geringer Tiefe die organischen Überbleibsel weitgehend zerstört werden, braucht uns deren Zurücktreten in vielen Triaskalken nicht ein Zurücktreten des üppigen Riffwachstums zu bedeuten. Es kehren die gewaltigen Schlerndolomit- und Esinokalk-Riffe der südalpinen Geosynklinale in der Nordalpenwanne wieder, ohne daß wir es nötig hätten, gewagte und im Gefüge nicht begründete Deckenkonstruktionen zur Deutung dieser Faziesübereinstimmung auszuführen. Befriedigt doch *die gemeinsame geosynklinale Entwicklung im S und N* alle Bedürfnisse der Erklärung. Dies um so mehr, als der Faziesgang ausgezeichnet den randlichen Anstieg aus der nordalpinen Geosynklinalwanne hinauf nach den Schwellengebieten im N und S widerspiegelt. Schon die Verringerung der Riffplattendicke in den nördlichen Voralpen auf 200 m ist ja bekannt, ebenso die gegen das vindelizische Schwellenvorland zunehmende Einspülung von Ton und Sand z. B. in den nördlichen Vilser Alpen.

Und dazu kommt nun als zweite, auf den Schwellengebieten fehlende Ladinfazies, jene der *Mergelschlammentwicklung der Partnachschichten*, mit der sich die südalpine Rinnen- und Beckenfazies der Wengener-Cassianer Schichten, wenn auch ohne deren vulkanische Zutaten, wiederholt. Wir folgen den schönen Ableitungen von K. Leuchs 1926, 153, 1927, der wiederholt betonte (Wettersteingebirge!), daß ältere Partnachschichten und jüngerer Wettersteinkalk nicht etwa zeitlich streng geschieden seien, sondern zur Hauptsache gleichzeitig entstanden: Auf den untermeerischen Untiefenschwellen im reinen, durchlichteten Wasser die Riffplatten, in den sie umrahmenden Senken mit schwachen Schlammströmen aber die Mergel, welche nach unten und oben, aber auch nach der Seite durch Einschaltung von Kalkbänken alle Übergänge zeigen. So erklären sich die drei beispielsweise im Wettersteingebirge so nah nebeneinander geratenen Schichtfolgen:

Schwelle	Übergang	Becken
Raibler Schichten	Raibler Schichten	Raibler Schichten
Wettersteinkalk	Wettersteinkalk Partnachschichten	Partnachschichten
Muschelkalk	Muschelkalk	Muschelkalk

Dementsprechend wechseln die Mächtigkeiten ziemlich rasch und bedeutend für die Partnachschichten zwischen 35 m (Wendelstein), 70 m (Hohenschwangauer Alpen) und 200 m (Vilser Alpen), 400 m (Wetterstein NO), während im großen *doch immer die Wannentiefe mit 1—1,5 km* gegenüber dem vindelizischen Nordanstieg mit etwa 0 3 km und (gelegentlich auch sichtbar) dem zentralalpinen Südanstieg *gewahrt bleibt.* Die Übergangsausbildung ist besonders weit verbreitet. In Nordtirol gibt es die reine Beckenfazies nach R. v. Klebelsberg 1935, 47, überhaupt nicht. Die Tonschlamme dürften in der Hauptsache Abspülungsstoffe von dem vindelizischen Festland im N sein. So trifft man feine Quarzglimmersandsteine mit Pflanzenhäcksel z. B. am Wendelsteinhaus. Darum bevorzugen die

Partnachschichten auch mehr die nördlicheren Ablagerungsräume (Lechtaldecke im N der Inntaldecke), wo der Wettersteinkalk dünn wird oder (Wamberg) schon ganz fehlt.

Selbst auf die Wettersteinkalk-Schwellenfazies am nördlichen Stirnrand der Lechtaldecke (Ammergebirge) konnten die bunten, sandig-brekziösen Einlagen übergreifen, welche durch C. W. KOCKEL, M. RICHTER & H. G. STEINMANN 1931, 11, gleichfalls als Fernwirkungen des nördlichen Festlandes angesehen werden. Der Wettersteinkalk (Dolomit) beim Bahnhof

Abb. 21. Der Standort des Beschauers Wettersteinkalk der Madlschneid und das kalkalpine Gebirge südlich (links) der eingezeichneten Linie, welche ladinischen Wettersteinkalk *Wk*, norischen Hauptdolomit *Hd*, rhätischen Dachsteinkalk *Dk* und liassischen Hierlatzkalk *Hi* der *tirolischen Staufen-Höllengebirgsdecke* begrenzt, ist durch den sanfter geformten *Flyschgürtel* von N (rechts) unterschoben. Nach käuflichem Lichtbild.

Pfronten-Steinach am Westende des Falkensteinzuges (K. REISER 1922, Karte) enthält nach M. RICHTER, Verh. 1923, 163, meterdicke Schieferbänke, brekziöse Kalke und Sandeinlagerungen, welche auf diese nördlichsten Vorkommen des Wettersteinkalks beschränkt sind und darum von N eingeschwemmt sein dürften.

Aber auch mit südlichen, zentralalpinen Tonschlammeinspülungen kann wohl für die Partnachschichten in den Kalkalpen (Lechtaldecke z. B.) im S der Inntaldecke gerechnet werden. Die Reste der zentralalpinen Trias sind aber für einen Nachweis nicht reichlich genug.

Auch innerhalb der nordalpinen Geosynklinale hielt sich die Schlammfazies noch in der jüngerladinischen Zeit in streichenden Teiltrögen. So konnte K. OSSWALD 1929, 15, in seinen kalkalpinen Hauptschuppen S VI und V statt Wettersteinkalk nur Partnachschichten finden. Er schloß daraus auf eine zwischen die nördlichen und südlichen Plateauriffe eingesenkte, breite und tiefere, gegen ONO streichende Schlammrinne. Gegen sie verzahnt sich z. B. an der Mageswand und Rachelwand (bei Fischbach a. Inn) der Wettersteinkalk mit dunklen Tonlagen.

Es eilten also innerhalb der allgemeinen Wannensenkung Teiltröge voraus, welche zugeführten Tonschlamm erhielten. Es blieben die von Riffbildnern besiedelten Schwellen im Verhältnis zurück.

Daß die Senkenablagerung zwei, ja viermal langsamer ging als die Schwellenbedeckung, ersieht man aus den Mächtigkeitsunterschieden. Denn letztere könnten nur dann allein durch nachträgliche tektonische Ausquetschung der Mergel erklärt werden, wenn entsprechend mächtige Anschoppungsgebiete vorhanden wären. Solche fehlen aber im allgemeinen. Wenn im großen ganzen die Sedimentart der Profile sich wenig veränderte, so können *während der allgemeinen Absenkung die verursachenden Reliefunterschiede* (erosiv herausgearbeitet in Abb. 21) *nicht verschwunden* sein. Neben der Verteilung der außenbürtigen Bedingungen wird hierfür wohl auch die langsam fortschreitende tektonische Verbiegung des Untergrundes, *eine Art flacher Faltung also*, verantwortlich zu machen sein. In manchen Fällen scheint die geringere Mächtigkeit unter den Schlammgründen sogar mit einer späteren verhältnismäßigen Hebung der anfänglich sinkenden Mulden zusammenzuhängen.

Die Schwelle des Reliefs braucht nicht immer ein tektonischer Sattel gewesen zu sein, wie dies in Abb. 22 schematisch angedeutet wurde. Zum wenigsten mit beginnender Wannenabsenkung über dem anisischen Muschelkalk wurden aber, offenbar *durch tektonische Verbiegung*, die Grundanlagen jenes Reliefs geschaffen,

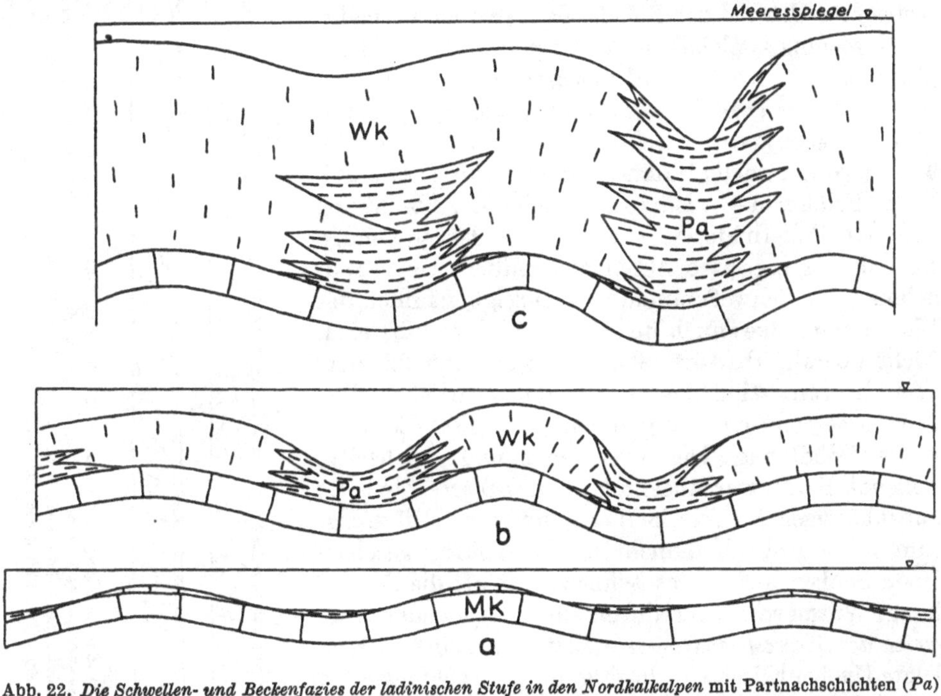

Abb. 22. *Die Schwellen- und Beckenfazies der ladinischen Stufe in den Nordkalkalpen* mit Partnachschichten (*Pa*) und Wettersteinkalk (*Wk*) über anisischen Muschelkalk (*Mk*) in drei aufeinanderfolgenden Zeiten *a*, *b*, *c*. Stark überhöhtes Schema. In den Senken werden durch zugeführten Tonschlamm die rasch wachsenden Riffbildner ferngehalten.

welches seinerseits für den Wechsel von Schwellen- und Senkenfazies maßgebend wurde.

Wir gelangen zu dem Schluß, daß mindestens für die erste ladinische Zeit *mit der Wannenabsenkung gleichzeitig eine tektonische Verbiegung des Untergrundes stattfand.* Denn während der anisischen Zeit haben wir jene Gegensätze zumeist noch nicht. Wenn sie in dem wechselvollen Spiel außenbürtiger, vor allem auch der Lebewelt entstammender Kräfte nicht allmählich untergingen, so sehen wir auch darin wohl mit Recht *die innenbürtige Lenkung des Geschehens.*

Wir sehen in der Teiltrogbildung, welche sich in der Geosynklinale zeitlich und räumlich mit dem allgemeinen, betonten Sinken der Wanne verband, nur einen anderen Ausdruck gleicher Kräfte, *die langsam, aber raumgreifend Masse in der Tiefe verlagerten.* So kehren, in sanfteren Formen, hier grundsätzlich die gleichen Geschehnisse wieder, die sich schärfer und daher verbunden mit erheblichem Vulkanismus S. 150 für die Südalpengeosynklinale hatten ableiten lassen. Mit der Senkung verbindet sich auch in der Nordwanne gesteigerte Unruhe des Reliefs als Ausdruck vermehrter Bewegung, welche die Anfänge des alpinen Bauplanes schafft. *Auch hier also embryonale Anfänge während der ladinischen Tief-Bau-Zeit: „Abbau"*, wie er ja auch in der Senken- und Schwellenverteilung des versinkenden penninischen Raumes erkannt wurde (Abb. 26).

Ein Erlahmen — wiederum zugleich der Absenkung und der Reliefbildung — also wohl der wellenden Bodenbewegung, wird durch das endliche Überhandnehmen der Schwellenbildung angezeigt, nämlich des Wettersteinkalkes auch im ehemaligen Senkenbereich. Nicht überall, aber oft sehen wir nach Abb. 22 links oben in ganz ähnlicher Weise ihn über ehemalige Schlammergelgründe wegreifen wie etwa die Riffplatten Südtirols. Die absenkende und gleichzeitig wellende Kraft war abgeflaut. Nun beherrschten die außenbürtigen Kräfte die Lage, und das Riffwachstum füllte mehr und mehr die innenbürtig geschaffenen Senken aus, da es schneller ist als die Absenkung. Wurde schon hierdurch ein weitgehender *Ausgleich des Meeresbodenreliefs* erzielt, so scheinen dessen letzte Unebenheiten gleichzeitig mit der nachfolgenden Heraushebung zu Beginn der Karnischen Stufe *innenbürtig* wieder rückgängig gemacht worden zu sein.

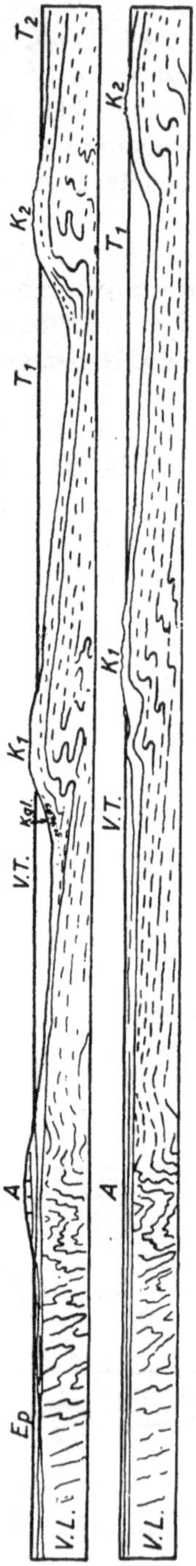

Abb. 26. *Embryonalfalten während der Mitteltrias* (unten) *und des Lias* (oben) *im Entwicklungsgang der Westalpen*. Nach E. Argand 1916, Taf. 3. *V.L.* Fast erstarrtes variszisches Vorland. *A* Kräftige (helvetische) Aufschwellung durch den Deckendruck. *V.T.* Vortiefe im Valais. *Ep.* Epikontinentalmeer. K_1 Erste (Stirn-) Kette: Achse des Briançonnais bzw. Stirn der Gr. St. Bernharddecke. T_1 Erster Trog: „Geosynklinale" des Piemont über der späteren „Monte Rosadecke". K_2 Zweite Kette: Anfang und Stirn der Dent Blanche-Decke. T_2 Zweiter Trog: „Geosynklinale" des Canavese, angeblich Heimat der ostalpinen und oberen präalpinen Decken. *Kgl.* Geröll- und Sandschutt; Telegraphe-Brekzie.

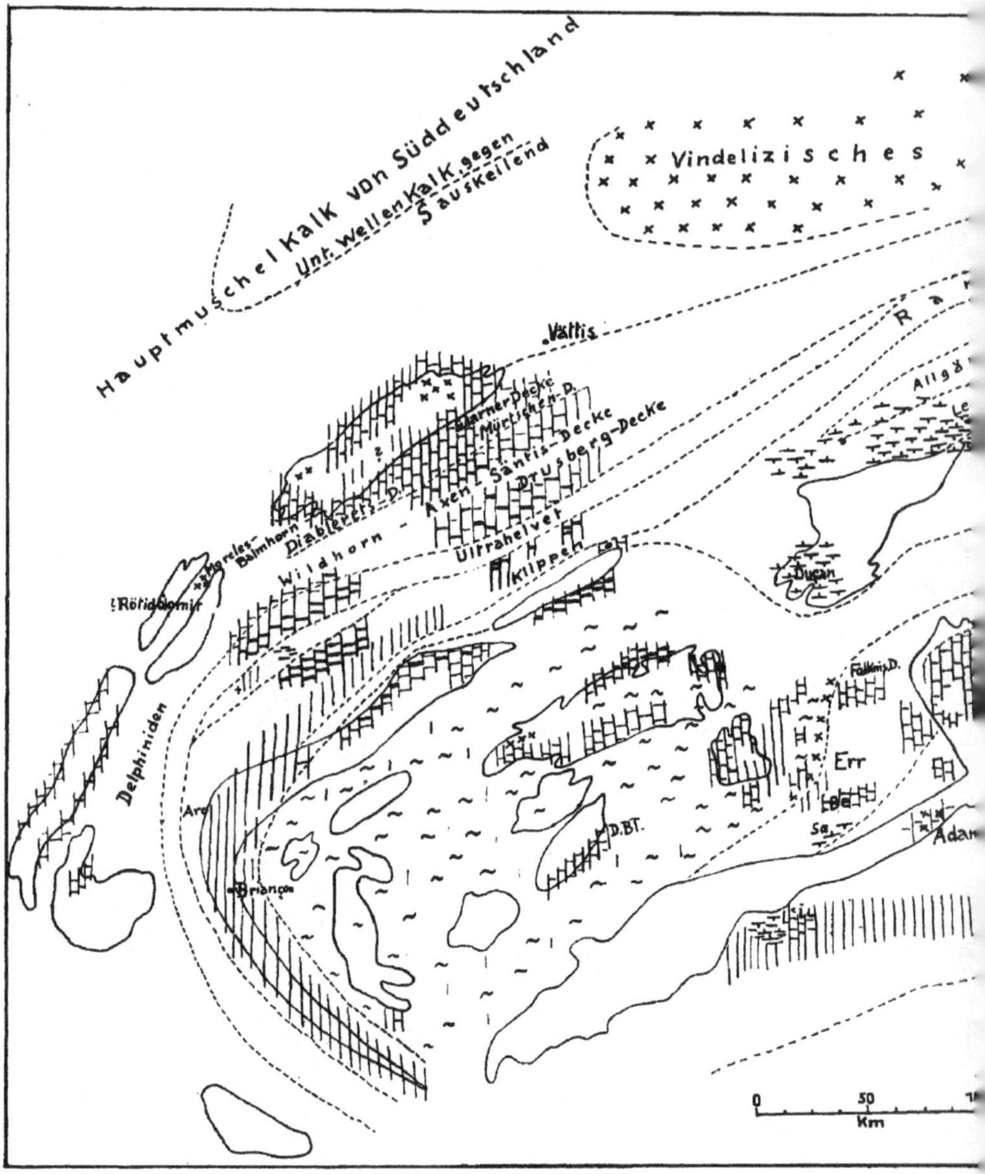

Abb. 24. Die Fazies der Ladinischen Stufe (jüngere
Ramsaudolomit, zentralalpiner Dolomit, Rötidolomit u. a.
Schiefer, Schlammfazies. Partnachschichten, Wengener Sc
Briançonnais-Entwicklung). *6* Sand, Sandsteinfazies bzw. -
9 Arlbergschichten, Reiflinger Kalk. Defregger-, Tarntal, D
porphyr u. a. triadische Eruptivgesteine, Tuffe. *11* Südg
Be Bernina. *D.Bl.* Dent Blanche. *Lu* Lu

Akademie-Verlag, Berlin

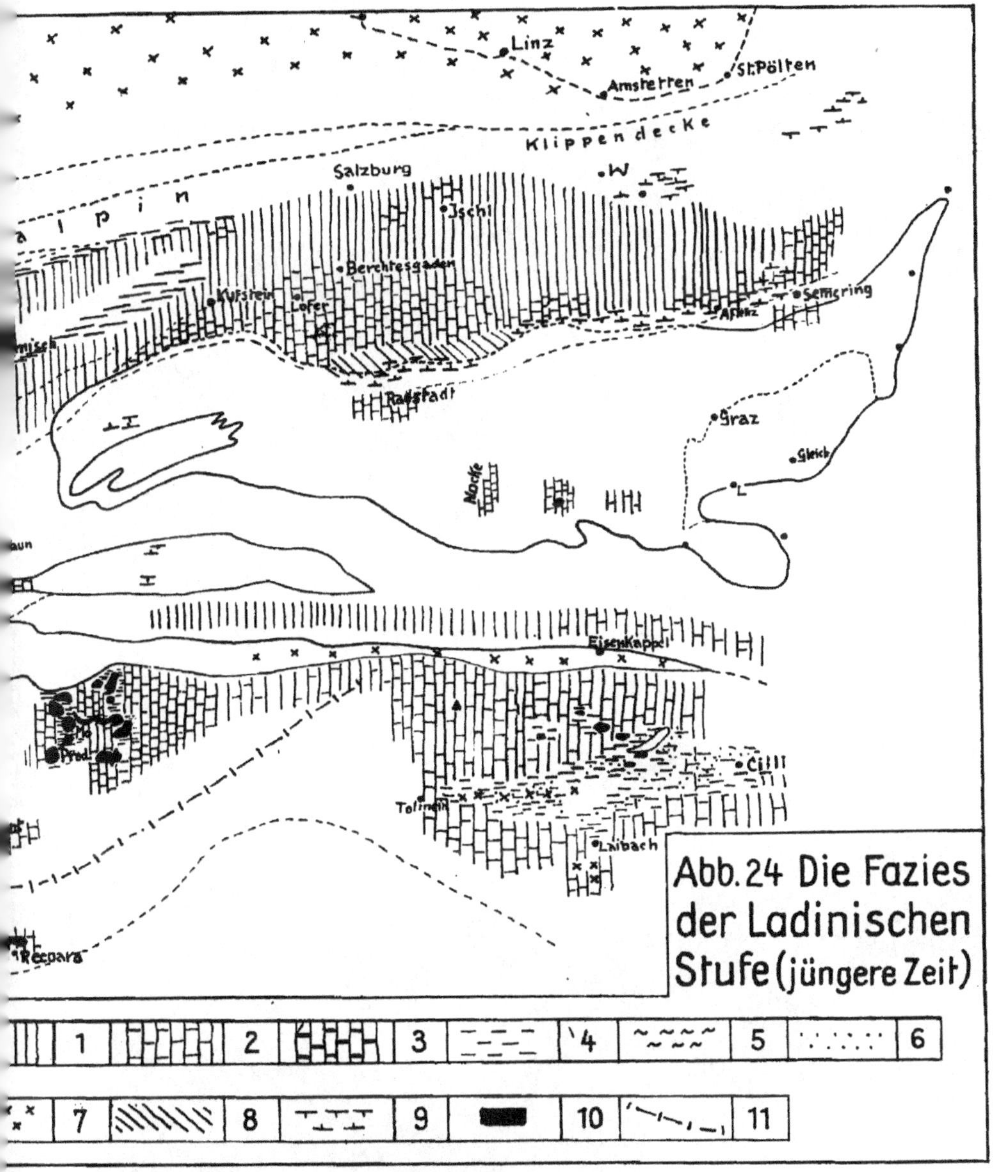

Abb. 24 Die Fazies der Ladinischen Stufe (jüngere Zeit)

scher Riffkalk, Wettersteinkalk. *2* Ladinischer Riffdolomit,
Zellendolomit. Gips und Dolomit im W. *4* Ladinischer
ische Schlammfazies, Glanzschiefer (schematisch; zum Teil
Schichtlücke, vorübergehend Festland. *8* Hallstätter Fazies.
Flaserkalk, Meridekalk. *10* Melaphyr, Augitporphyr, Felsit-
Aufwölbung (mit Konglomerat) im Unteren Muschelkalk.
ni. *Pred.* Predazzo. *Sa* Sassalbo. *W* Wien.

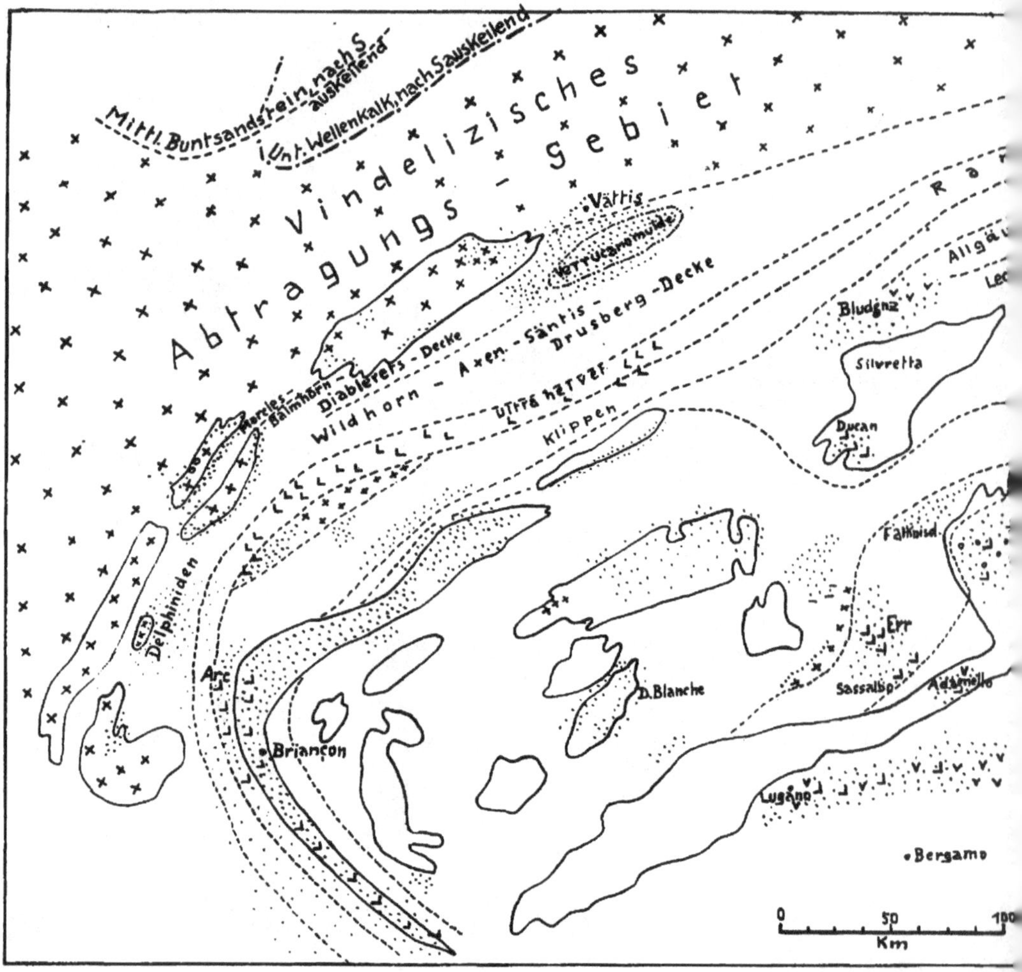

Abb. 23. Die Fazies der Skythischen Stufe in den Alpen. *1* Sandstein, Q
Sandstein, Kalk: marin. *3* Vermutlich Festland: Buntsandstein fehlt ganz ode
wacke: jungskythisch oder mittlerer Muschelkalk. *6* Quarzkonglomerat. *7* kalk
einfacher Linie umgrenzt: Heutige Baueinheiten zur Orientierung. Gestrichelt: S

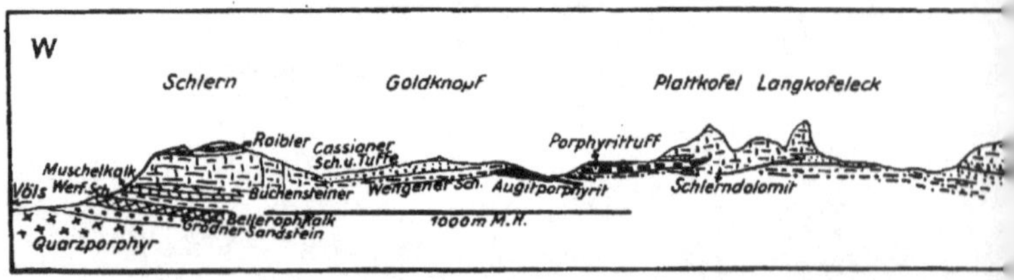

Abb. 25. Profil der westlichen D

Akademie-Verlag, Berlin

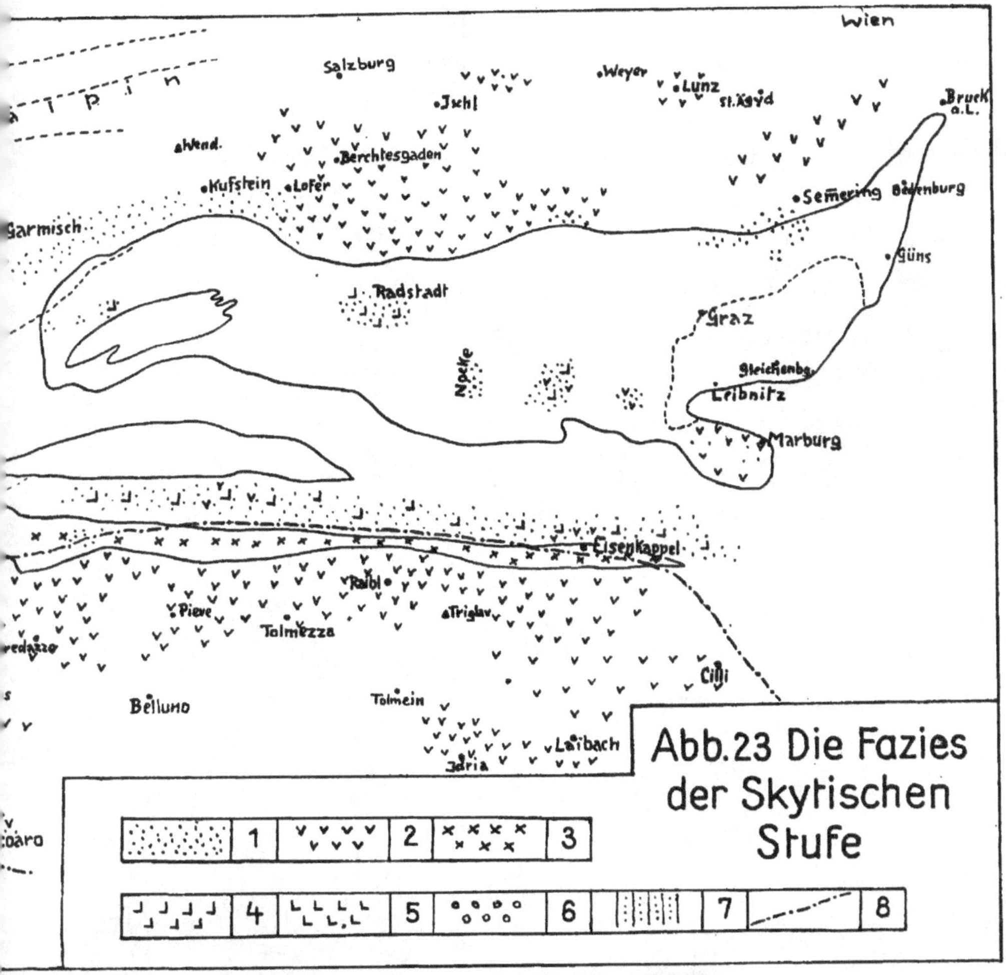

Abb. 23 Die Fazies der Skytischen Stufe

rzwischenlagen „Buntsandstein". Nicht oder wenig marin. 2 Werfener Schiefer,
ihwacke, ganz oben mehr oder weniger kalkig werdend. 5 Gips, Salz, Rauh-
Ungefähre Uferlinie des oberpermischen Bellerophonkalk-Meeres im SO. Mit
(Decken-) Grenzen. Die Breckziendecke im SO der Klippendecke angenommen!

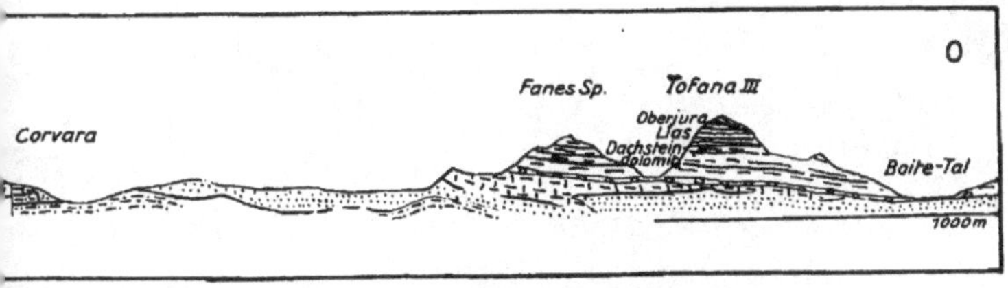

R. v. Klebelsberg 1935. Beil. 10.

Dieser hier nur angedeutete Gedanke muß noch weiter ausgebaut werden. Beim Nachlassen der absenkenden und wellenden Kraft könnte neben den außenbürtigen Kräften ja auch *das Tauchgleichgewicht* der nun entstandenen Massen wirksam geworden sein. Liegt es doch durchaus nahe, die mächtig lastenden Riffmassen jetzt *als hemmende Gewichte beim Wiederaufstieg in Rechnung zu stellen.* Sie stiegen vielleicht weniger rasch als die nicht ebenso stark belasteten Mergelsenken.

Dieser Grundsatz wird für die Abschlußzeiten starker Tiefbauvorgänge jedenfalls sehr bedeutungsvoll. Er kann uns verständlich machen, wieso die nach der gefügeformenden Absenkung (Tiefbau) wieder emporschwellende Erdrinde mit so *flachem* Relief oben ankommen kann. —

In den Vilser Alpen verliert sich gegen W der Wettersteinkalk in Einzelriffen. Wir finden dann dort unten die im Wanneninneren besonders mächtigen Partnachmergel (200 m), meistens darüber bzw. teilweise seitlich von ihnen gleichfalls eine mehr karbonatische Fazies, die jedoch nicht gleich geschlossen, gleich tonrein und gleich mächtig der anderen gegenübersteht. Es sind die 300 bis 400 m mächtigen *Arlbergschichten* mit Rauhwacken. Daß auch hier, ja hier in besonderem Maß, die orogene Unruhe und Massenverlagerung in der Tiefe einsetzte, darf aus dem Auftreten ziemlich mächtiger Melaphyrlaven und -tuffe bei Lech entnommen werden. Sie beweisen erneut, daß die nordalpine Geosynklinale entwicklungsmäßig mit der südalpinen Schritt zu halten bestrebt war. Gleiches zeigt wohl auch die Ansammlung von mancherlei Erzen in den oberladinischen Absätzen (Wettersteinkalk).

Aus der tonreicheren, vielfach dolomitischen, ja oft auch sandigen Ausbildung der ladinischen Stufe im W des Arlberg-Meridians darf auf stärkere Einwirkung benachbarter Festländer im N und wohl auch S, sowie auf flacheres Meer gegen W zu geschlossen werden. Ähnliches folgerte M. Frank 1935, 427.

Auch die Mächtigkeitswechsel des Wettersteinkalks lassen auf wechselvolle Senkung innerhalb seiner Untiefenzone schließen. Wieder liegen die größten Mächtigkeiten mit 1000 und mehr Metern in einem mittleren Streifen der Nordkalkalpen, nämlich in der Inntaldecke von der Heiterwand im W über Hochkarwendel-Kaisergebirge bis ins Berchtesgadener Land hinein im O. Prächtig zeichnete sich so *das stärker versinkende Wanneninnere* gegen die nur mit wenigen 100 m Wettersteinkalk versehenen Randgebiete ab. Und wieder verflachte sich danach die nordalpine Geosynklinale gegen W: Vorarlberg gehörte noch zu dem nur langsam sinkenden Randbezirk!

Im Osten der Salzach

setzt die bajuvarische und tirolische Fazies mit einigen Faziesgliedern fort, welche teils den immer oben entwickelten Wettersteinkalk und -dolomit (Ramsaudolomit) des W zeigen, teils aber wieder bedeutende Anklänge an die südalpine Ladinfazies. Kehrt doch in den ladinischen Ob. Reiflinger Knollenkalken mit ihren Hornsteinknauern und grünlichem Bankbelag die Ausbildung der Buchensteiner Knollenkalke, wenn auch ohne Pietra verde, wieder. Mergeleinlagen oben enthalten Wengener Versteinerungen.

Da die Kalkfazies im O der Stirnschwelle der Staufen-Höllengebirgsdecke folgt, dürfte letztere schon am ladinischen Meeresboden angelegt worden sein.

Im Salzburgischen ist das Diploporenriff bis 700 m dick, und seine Breite beträgt rund 60 km in N-S. Ein Barriereriff im S setzt, mit Unterbrechung bei Neuberg, vom Hochkönig im W über den Hochschwab bis zum Wiener Schneeberg mächtig nach O fort. Es keilt gegen S aus, was wohl, wie F. F. Hahn 1913 meinte, nicht von Salzhorsthebung herrührt, die sich jedoch immer unregelmäßig unter Aufbohrung bezeichnender Diapire (die hier aber fehlen!) und zugleich mit tektonischer Faltung entwickelt; sondern das dürfte auf spätere Wiederabtragung am Ende des Ladins zurückgehen.

Daß jene *Salzpfropfen*, die ja immer nur *Einzelaufwölbungen* sind, hier nicht zur Deutung des kalkalpinen Wannenanstiegs in Frage kommen, zeigt schon die sich ganz allmählich anbahnende „ladinische Reduktion" (F. F. Hahn 1913, 477) zwischen Saalfelden und Hochkönig, zwischen Reiteralm und Lofer. Sie geht auch im O des Dachsteins weiter und führte zum völligen Verschwinden des Ladins, ohne daß der abgeschnittene Ramsaudolomit am südlichen Riffrand irgendwie die Anzeichen seines herannahenden, *natürlichen* Endes erkennen ließe. Die ganz allmählich einsetzende, völlige Lücke liegt im Werfen-St. Martiner Randfeld und ostwärts noch 60 km im Streichen. Über ihr folgt als sehr dünne Platte die Regressions- und Transgressionsbildung der karnischen Carditaschichten, unter denen an manchen Stellen der Nordalpen (Ammergebirge u. a.) deutliche Verwitterungs- und Zerstörungsspuren erscheinen (K. Leuchs & R. Mosebach 1936).

Am Ladinende befinden wir uns somit an einer von vornherein *der Abtragung* verdächtigen Grenze. Möglich, ja wahrscheinlich, daß nach S schon anfangs die ladinischen Riffe dünner blieben, daß wir uns am Südrand des tirolischen Heimatstreifens zugleich am Südrand einer tirolischen Teilwanne befinden, der weniger einsank. Es liegt nahe, daß bei der nachfolgenden altkarnischen Hebung dieser Südrand auch als flache Inselschwelle aufstieg, daher abgetragen wurde. Die Hahnsche Deutung beachtet wohl nicht, daß Strömungen für Riffbauer keineswegs als Hindernis gelten können, Tonschlamm oder vulkanische Tätigkeit aber fehlten. Darum ist die plötzliche, ursprüngliche Unterbindung ladinischen Absatzes nicht wohl verständlich.

Im S des tirolischen setzte also doch wohl das juvavisch-berchtesgadener Ladin teilweise in langsamer Riffsenkung die Kalk- und Dolomitmassen des Anis (Ramsaudolomit, bis 700 m) *fort* — ohne daß man freilich beweisende Versteinerungen für Ladin besäße —, teils ging aber auch die *Rinnenbildung* fort. Denn wir hörten schon, daß eine solche im Anis durch die bunten Hallstätter Kalke in den „Kanälen" gegeben war. Über den Schreieralmschichten des Oberanis folgen (E. Spengler 1918, 382) bis 100 m weiße Plattenkalke mit roten Hornsteinknauern, aber ohne Versteinerungen, welche ich als eine Art „Tiefseerinnen"-Bildung der ladinischen Zeit auffassen möchte, wobei freilich die „Tiefsee" in diesem Fall wohl kaum mehr als 1000—1200 m Wassertiefe gehabt haben dürfte.

Wenn ich im Gegensatz z. B. zu E. Spengler hier doch eine, wenn auch einstweilen versteinerungsmäßig nicht belegte Ladinvertretung annehme, so geschieht dies aus dem allgemeinen Bild der ladinischen Meeresabsenkung. Angesichts des benachbarten mächtigen Riffwachstums, der Abwesenheit bezeichnender „Omissions"- oder Abtragungsflächen erscheint ja das Fehlen von Sediment ausgerechnet im Ladin höchst unwahrscheinlich. Anders freilich liegt der Fall dort, wo bei späterer Hebung im Rhät-Lias Teile ladinischer Absätze nachweislich beseitigt wurden.

In den Hallstätter Rinnen dürften jene rasch versinkenden Teiltröge hier deshalb tiefer geworden und so wenig zugefüllt worden sein, weil Tonschlamme hier weit entfernt vom Vindelizischen Rücken und noch genügend weit vom zentralalpinen Land so gut wie fehlten und das Wanneninnere gerade hier geosynklinal besonders kräftig geformt wurde.

Das Aflenzer Ladin vertritt die Hallstätter Fazies gegen O hin am Kalkalpensüdrand, aber es setzt sie mit seiner, von der zentralalpinen Schwelle beeinflußten Schichtbildung nicht etwa fort. Die Mächtigkeiten sind hier am Südrand der kalkalpinen Wanne bereits stark vermindert: E. SPENGLER führt für das Ladin 1919 nur noch 100 m Ramsaudolomit, darüber etwas knollige obere Reiflinger Kalke und hellen Wettersteinkalk — zusammen 60 m an. Damit kehrt also, soweit sie wenigstens heute sichtbar ist, am Schwellensüdrand unserer Nordalpenwanne eine Randfazies wieder.

d) Überblick der ladinischen Hinabbaubewegungen

Das Bild des ladinischen Entwicklungsabschnitts unserer alpinen Baugeschichte ist überaus geschlossen. Nach der junganisischen Rückflut (Regression) erfolgte ganz allgemein eine vielfach zweigeteilte Vorflut (Transgression). Während dieser Flutzeiten wiederholten, ja vermehrten sich die anisischen Anzeichen innenbürtigen Abbaues und gleichzeitiger Massenbewegungen in der Tiefe. Sie äußerten sich in folgenden Hauptpunkten:

1. Allgemein werden die Meeresteile tiefer, welche die junganisische Rückflut überstanden hatten, was in der süd- *und* nordalpinen Geosynklinale der Fall war. Außerdem erfolgte eine sehr großzügige Neuüberflutung sowohl über weite Reststrecken des Zentralalpenbereichs als auch über breite Randgebiete des vindelizischen Vorlandes.

Wieder ist dabei nicht an eine ausschlaggebende Leistung einer eustatischen Meeresspiegelhebung zu denken. Denn die neuentstandenen, wechselvollen Höhenunterschiede gegenüber dem Meeresspiegel, sowie die Schichtmächtigkeiten, welche weithin 1, ja 1,5 km überschritten, können derart niemals erklärt werden.

2. Der sich weiter entwickelnde bzw. neu entstandene Fazieswechsel spricht für *außerordentliche Reliefumwälzungen und damit für eine umfassende Bodenbeweglichkeit*, welche — untermeerisch, wie sie entstanden war — innenbürtigen Massenverlagerungen entstammen müssen.

3. Die Niederbiegung des *vindelizischen Schwellengebietes* machte noch weitere Fortschritte. Sie steht in gesetzvoller Beziehung zu den Vorfluten (Transgressionen) im germanischen Beckenbereich Deutschlands, in welchem sie nur fortsetzte, was bei der Überflutung der Anhydritgruppenlagunen durch das Hauptmuschelkalkmeer gegen S hin angebahnt war. *Diese Riesenflut war ein Großvorgang*, der die Vindelizische Schwelle, die nordalpine Geosynklinale und noch die penninische Zentralalpenschwelle als untergeordnetere Teilglieder überschnitt. Gleichzeitig erlahmten letztere aber nicht, sondern sie wurden noch verschärft.

Man wird hier an die Leistung *einer umfassenderen, tieferliegenden Grundunterströmung gegen S* denken müssen, welche das Teilgeschehen *in höheren Stockwerken nur im ganzen* durch Absenkung und schärfere Einengung, nicht aber im einzelnen beeinflußte (Bathyrheon 1950!).

4. Wieder eilten die beiden Geosynklinalwannen beiderseits der zurückbleibenden zentralalpinen Schwelle und gegenüber dem zögernden Vorland bei der allgemeinen Senkung voraus. Dies ersehen wir aus der eintönigen, dünnen Rötidolomitfazies auf den seichtmeerischen Schwellengebieten, welche E. Haug als „Antiklinalen" bezeichnet hat.

5. Die geosynklinale Briançonnais-Bogenwanne umrahmt auch jetzt gegen W dieses mittelalpine Schwellengebiet, das aber im SO unter Teilverbiegungen schon mehr und mehr zur Tiefe hinabgebaut wird. *Dieser Bogen verband das mediterrane Tethysmeer von der Südalpenwanne her mit der nordalpinen Senke wie mit dem germanischen Becken des Hauptmuschelkalkmeeres.*

6. Die Orte geosynklinaler Hauptsenkungen sind nicht erheblich gegenüber jenen der skythisch-anisischen Zeit verlagert. *Auch jetzt vermindert sich der Verbiegungstiefgang in der Nordalpenwanne gegen W.*

7. Gleichzeitig und gleichräumig mit gesteigerter Senkung haben wir auch jetzt vermehrten Relief- und damit Fazieswechsel, also *wachsende, faltenbildende Wellung.* Denn die Riffschwellen sind ja keineswegs nur begrenzt durch die Wirkungsbezirke der untermeerischen Vulkane (H. P. Cornelius 1926, 375). Auch dort, wo ladinische Vulkane fehlten, haben wir die Schlammrinnenfazies z. B. der tonigen Partnachschichten oder der tonarmen Hallstätter Kalke zwischen Ramsaudolomitriffen. Vielmehr ist *das Übergeordnete die offenbar durch Unterströmung geschaffene Reliefverbiegung.* Der Vulkanismus beschränkte sich innerhalb dieses viel ausgedehnteren Raumes auf schärfer angegriffene und zerrissene *Muldensohlen.*

8. Der *Einfluß des Tauchgleichgewichts* (Isostasie) tritt zurück in der Hoch-Zeit des Abbaues. Trotz Überlastung durch bis über 1,5 km mächtige Riffkalkplatten bleiben dennoch die Schwellen noch immer zurück bei der allgemeinen Absenkung, eilen die nur mit dünnem Schlamm belegten Senken abwärts voran: Die Kräfte der innenbürtigen Strömung bzw. Massenverlagerung herrschen durch lange Zeiten des Tiefbaues gegenüber den reinen Äußerungen des Tauchgleichgewichtes.

Diese kommen anscheinend erst wieder zur vollen Geltung, *wenn die muldenabsaugenden Kräfte zur Ruhe gingen,* also am Ende der betreffenden Hinabbauzeit. Dann können denn auch die Mulden im Verhältnis wieder rascher aufsteigen als die vorher schwerer belasteten Schwellen. *Die Folge ist ein allgemeiner Reliefausgleich.* Dieser schien schon in der allgemeinen, überraschend weiten Lagunenverbreitung am Ende der Kampiller Senkung zum Ausdruck zu kommen, dann wieder in dem weiten Übergreifen der verhältnismäßig dünnen Mendoladolomitplatte beim Abschluß der oberanisischen Flut und jetzt wieder beim Abschluß der ladinischen an der Ausbreitung der fast zusammenhängenden, aber dünnen und flachmeerischen altkarnischen Algenkalkplatte.

Nicht vor einem Gegenbeweis für stattgehabte, umfangreiche Reliefwellungen stehen wir, sondern vor einem offenbar im Bewegungsspiel tief begründeten Ausgleich.

Abb. 34. Die Fazies der Karnischen Stufe (vorwiege
dolomit. *2* Dolomitfazies allgemein. *3* Reingrabener Tonfaz
Fazies, Sand. *5* Hallstätter Fazies. *6* Festland bzw. abget
Tuff. *8* Überwiegend Rauhwacke, Gips. *9* Rote Bohnerzm
führender Plattenkalk, darauf bunte Kalkmergel mit Sa
der Ostrea-montis-caprilis-Kal

Akademie-Verlag, Berlin
[illegible]

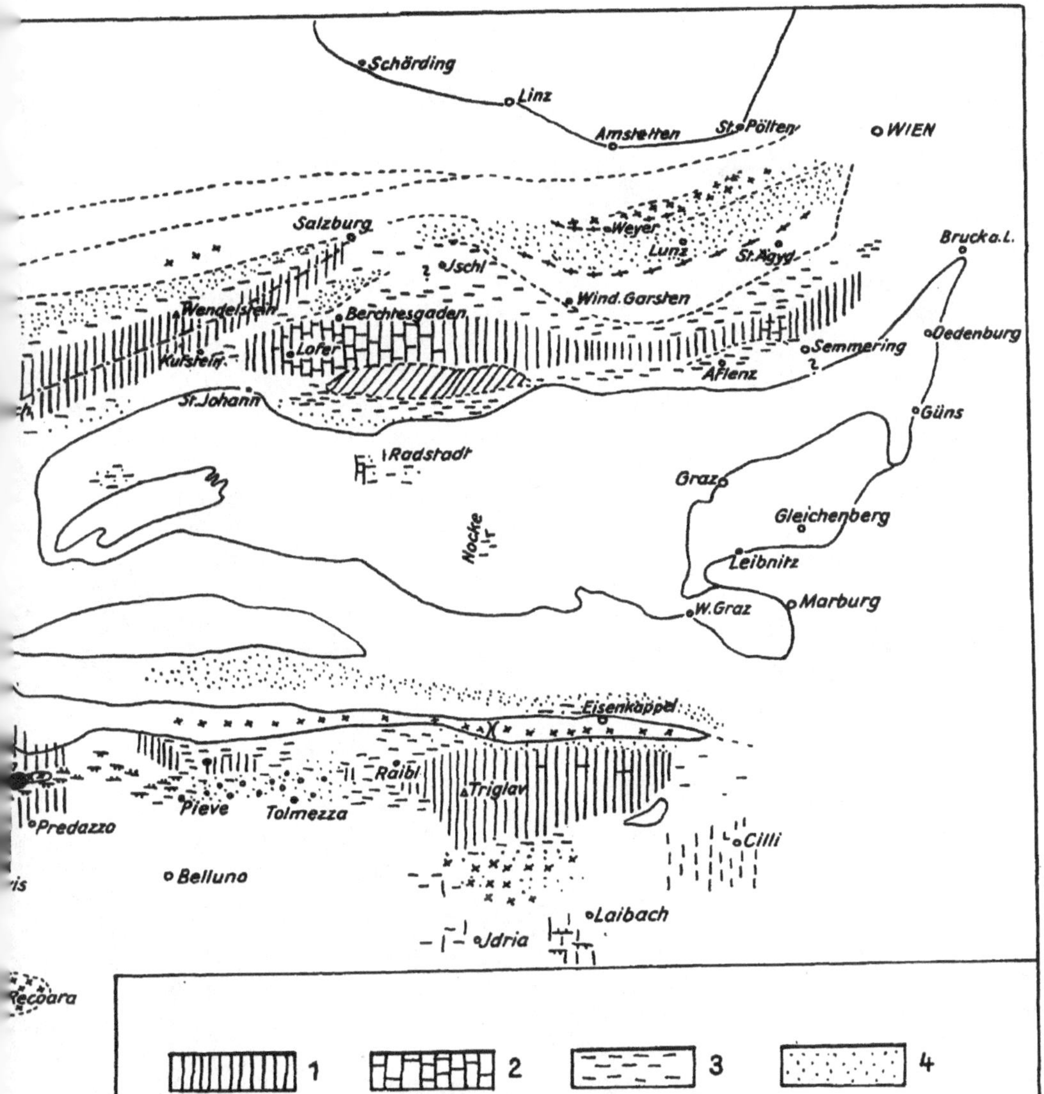

von Wöhrmanns'. *1* Kalk- und Dolomitfazies, Ramsau-
bler Fazies im SO, Aflenzer Fazies. *4* Lunzer und Cardita-
ken; keine Raibler Schichten. *7* Melaphyr, Augitporphyr,
xit, Magnet-Titaneisensand. *10* Geröllführung. *11* Hornstein
12 NW-Rand der Sphärocodien-Riffbänke. *13* Verbreitung
nitzer oder Torer Schichten).

9. Die Teilschwellen erweisen sich als *die Keimanlagen der späteren penninischen Hauptdecken. Der tirolische Trog, der einen deutlichen Schwellen-Nord- und Südrand besaß, wurde später zur Lechtal-Lunzer Bewegungseinheit.* Die Schlammsenken werden, namentlich in den Dolomiten, zu tektonisch schärfer eingeengten und verunstalteten *Zwischenstreifen zwischen für sich mehr einheitlich bewegten Riffschollen.* Über die mechanischen Widerstandsunterschiede der entstandenen Gesteinsarten hinaus *erkennen wir die Keim-Vorbedeutung jener Schwellen und Senken des Reliefs bzw. des beim Abbau, bei der Absenkung zur Tiefe geschaffenen Gefüges für die weiterwachsende Tektonik und damit für den alpinen Bauplan.*

Seine Anlagen entwickelten sich bereits im vorbereitenden Bauabschnitt; oder besser wohl gesagt: in jener Zeit, in welcher das unserer Beobachtung zugängliche Erdrindenstockwerk aus der Sedimentationsart noch keine sehr starken Massenverlagerungen *erkennen läßt.* Denn was sich damals schon in größerer Tiefe abspielte, wissen wir nicht. Wir können es nur erfühlen durch Erschließung der gleichzeitigen Reliefänderungen und Schmelzflußförderungen.

10. Der *Vulkanismus* bestätigt unsere Gedankenwege. Denn auch er blüht wieder nicht wahllos auf an baugeschichtlich beliebigen Orten. Er sitzt allein *in den Senkungsfeldern gesteigerter Bodenbeweglichkeit,* insbesondere in der schon zu anisischer Zeit vorangeschrittenen südalpinen Geosynklinale — nicht anders wie später in den ophiolithreichen Muldengründen des Pennins. Je mehr die pazifischen, noch unvollkommen gespaltenen Urschmelzen mit ins Spiel treten, desto bezeichnender werden die Urformen der tiefbaulichen Gestaltung des Abbaues.

11. Neben Restinseln auf den bodenständigen, granitverdickten Massivrippen von Aaremasse — Aiguilles Rouges — Montblanc *sind es gerade Orte neben gesteigertem Vulkanismus, in denen junge Teilschwellen auch zur ladinischen Senkungszeit über den Meeresspiegel geraten* und kräftigen Abtragschutt liefern können: Im Vizentin, in Südtirol (Festlandspflanzen!) und im SO, wo die Pseudogailtaler Schiefer an den beiden Inselschwellen entstanden. Also auch diese Inselzüge erscheinen gerade an den Brennpunkten innenbürtigen Abbaues und der Massenverlagerung. Sie zeigen, daß die mit diesem Abbau verbundenen, gesteigerten Absenkungen auch Teilschwellen über den Meeresspiegel zu erheben vermögen — *entgegen der allgemeinen Versenkung Teilaufpressungen!*

12. Damit wiederholten sich während ladinischer Zeit die Beweise zeitlicher, räumlicher und daher wohl auch ursächlicher Zusammenhänge zwischen Senkung, tektonischer Massen- und vu kanischer Schmelzflußverlagerung, kurz, unsere *Anzeichen für den fortschreitenden Abbau der Alpen.*

4. Die karnische Doppelflut und Hochbauzeit

Die ladinische Hochflut ist verebbt. Kräftig hatten sich die beiden alpinen Geosynklinalen durch lange Zeit niedergebogen. Scharfe Reliefwellen sprachen für gleichzeitiges Zusammenkrampfen der Wannenböden. Zeit und Ort des lebendig gewordenen Vulkanismus beweisen an den Brennpunkten der Bewegung die Massenverlagerungen, welche, wie ihre Fortentwicklung zeigt, die Keimanlagen des alpinen Baues schufen.

Schon in der spätladinischen Zeit treten die Faziesunterschiede, damit die Reliefwechsel und Massenverlagerungen der Tiefe mehr und mehr zurück. Immer weiter greifen die kalkigen Schwellensedimente auch seitwärts über die tiefer gewesenen Schlammgründe, der Wettersteinkalk über die Partnachmergel, zusammen mit Ramsaudolomit über Reiflinger Knollenkalk, Schlerndolomit und Esinokalk über Buchensteiner Knollenkalke und Wengener Mergelschiefer.

Daraus erkennen wir *zunehmende Ausfüllung der Teilsenken, Zurücktreten der senkenbildenden Kräfte, allgemeines Emporschwellen der Meeresböden gegen den Wasserspiegel. Der Vulkanismus verebbt* nach letzten Versuchen in Cassianer Zeit. Auf den ehemaligen Schwellengebieten deutet die ungleich geringere Mächtigkeit der verkümmerten Dolomitfazies wohl überhaupt schon das baldige Emportauchen über den Seichtmeerspiegel an. *Sichtlich folgen die Massen den statischen Bedingungen des Tauchgleichgewichtes. Der dynamisch störende, orogene Tiefenzug war erlahmt. Statik trat an die Stelle der Dynamik.*

Damit war schon spätladinisch mit dem begonnen, was wir nun „karnische Zustände“ in den Alpen nennen. Erst wenn der Meeresboden weithin schon gegen den Ozeanspiegel emporgeschwollen ist, ja wenn er als Inselgebiet abgetragen wird und so reichliche Abtragstoffe dem folgenden Sediment liefert, erlaubt es ja unsere hauptsächlich auf den Fazieswechsel in den Schichtstapeln angewiesene und darum wenig vollkommene, freilich derzeit fast einzige Art der baugeschichtlichen Forschung, aus dem eindrucksvoll werdenden Sinkstoffwechsel auf neu gewordene Zustände zu schließen.

Anknüpfend an das zuletzt von der Nordalpengeosynklinale Gesagte durchwandern wir erneut das Gebirge, um zu sehen, welche Bewegungsart in dieser ersten, länger dauernden und darum großzügig auch im Sediment verzeichneten Bauzeit in höherer Lage herrschte. Die Faziesübersicht in Abb. 34 soll diesen Zugang von dem zunächst einmal außenbürtigen Geschehen nach dem innenbürtigen Bewegungsspiel erleichtern.

a) *Die karnische Stufe in der Nordalpen-Geosynklinale*

Österreich—Nordsteiermark

Für die karnische Zeit bieten die weit verbreiteten Raibler Schichten mit ihern ausgeprägten Gesteinsunterschieden und darum gut verfolgbarem Fazieswechsel eine besonders günstige Gelegenheit, um die Entwicklung in dieser Nordalpenwanne zu erschließen. Lange (S. v. Woehrmann 1893, 713, G. v. Arthaber 1908, 313) kennt man in den Kalkalpen von Ober- und Niederösterreich sowie der nördlichen Steiermark die vier von N nach S aufeinanderfolgenden Faziesstreifen:

N: Lunzer Fazies mit Sandstein, Kohlenflözen (darüber Opponitzer Kalk) „litoral“.
Reingrabener Schiefer „sublitoral“ — flachmeerisch.
Kalkstein- und Dolomitentwicklung (von Berchtesgaden) — „hemipelagisch“.
S: Reingrabener Schiefer — „sublitoral“. Aflenzer Südfazies.

Die Kohlenflöze, Festlandspflanzen in dem Hauptsandstein „c", der teilweise brackisch wird und erst bei der jungkarnischen Flut durch den Opponitzer Kalk überlagert wurde, machen die Lunzer Fazies der „Carditaschichten" zu einer sehr küstennahen, welche von dem nördlich angrenzenden vindelizisch-böhmischen Land namentlich während der mittleren Hauptzeit der Stufe große Mengen von Sand zugeschoben erhielt. In dieser Zeit der Rückflut dürften sich sogar ausgedehnte Sumpfwälder als Fortsetzung des nördlichen Festlandes im geosynklinalen Bezirk weit südwärts vorgeschoben haben. Vorher aber, während der Absatzzeit der flachmeerischen Aonoides- und Reingrabener Schiefer (80 m) und später, beim Vorstoß des Opponitzer Meeres mit *Ostrea montis caprilis*, der gegen oben und N in lagunäre Rauhwacken und Gipse ausklang (Rückflut!), überwand auch dieser Wannennordrand die reinen Festlandswirkungen. Der mittlere Sandsteinvorschub (80 m mächtig) vom Nordland her geht in die bitumenreichen Reingrabener Tonschiefer mit Kalkbänken über.

Die durch beiderseitige Übergriffe recht verschwommene Linie des Rückganges zwischen Lunzer Sandstein im N und Reingrabener Schieferfazies im S, welche ungefähr der Hauptverbreitung der oberen *Ostrea montis caprilis*-Kalke (Abb. 34) entspricht, bildet ganz schön den Umkreis der damals vielleicht 50 km nordwärts entfernt gelegenen Böhmischen Masse ab. Zugleich läuft sie parallel mit dem zentralalpinen Schwellenrand im S. Die Beobachtungen sind immerhin deutlich genug, um die Beziehung einer solchen Faziesgrenze des Wanneninneren zu deren Umgrenzung aufzuzeigen.

Südwärts keilen dann die vielfach nicht aufgeschlossenen (in Abb. 34 weiß gelassen) Reingrabener Schiefer mit mehreren Bankausläufern zwischen den einheitlich zusammenschließenden, hellen und meist versteinerungsfreien Bänken der *karnischen Kalk- und Dolomitfazies* aus. Diese Hochgebirgs-Riffmasse entwickelt sich von Berchtesgaden-Hallstatt bis hinüber zu den Ramsaudolomiten des Wiener Schneeberges und hat nur noch Kalkzwischenbänke von Cardita-Oolith. Wir sehen wieder das einheitliche, weder von N noch von S durch Festlandseinschwemmungen beeinflußte Algen- und Korallenriffgebiet des *langsam versinkenden Wannen-Inneren*. Schon für die ladinische Zeit lernten wir ja dieses riesige *Barriereriff* in der geosynklinalen Vorsee zwischen Böhmen und Zentralalpen vom Hochkönig bis zum Wiener Schneeberg kennen.

Es gelang E. Spengler 1919, 248, im Aflenzer Faziesbezirk gegen S auf nur 1—2 km Breite das erneute Einsetzen der zwischen die Dolomitplatte einkeilenden drei schwarzen *Reingrabener Schieferbänke* zu verfolgen, sowie deren Überhandnehmen nach dem südlichen Randstreifen der Reingrabener Schiefer hin. Aus der weiten O-W-Verbreitung St. Johann i. Tirol—St. Martin—Dachstein S—Aflenz—Mürztal dieser Schlammschieferfazies, welche durch das Barriereriff von einer Zufuhr aus N abgeschlossen war, schloß Spengler mit C. Diener 1915, 428, auf die südliche, also zentralalpine Herkunft der feinsandig-tonigen Einschwemmungen. Es würde sich demnach einst *südwärts wieder eine Art Lunzer Küstensandsteinfazies* angeschlossen haben. Sie wurde wohl später zum großen Teil durch den nordalpinen Narbenschnitt (Band I, 244) weggeschnitten. Zugleich mit dieser späteren Beschneidung haben wir aber auch schon in der Trias gerade hier schärfere

Faziesunterschiede und Reliefwellen gehabt. So dürfte ja das raschere Auskeilen des Festlandschuttes zu erklären sein. Die Reliefwellen aber lassen wieder auf kräftigere Bodenbewegungen in der Wanne gegen die zentralalpine Schwelle hin schließen.

Zwischen Reingrabener Schiefern im S und Dolomitriffen im N schaltet sich westlich der Aflenzer Fazies die Rinnenbildung der weißen und roten Hallstätter Kalke ein (Raschberg, Warscheneckgruppe S), also die Hallstätter „Tiefwasserrinne".

Wir hörten oben S. 162, daß der südwärts aufbiegende Randstreifen des tirolischen Troges wohl schon im Ladin wenig Dolomit erhielt und dann bei weiterer Aufbiegung während der ersten altkarnischen Rückflut und Aufbiegung durch Abtragung sein Ladin wieder weitgehend verlor. Nach Beendigung dieser Zerstörung muß — etwa gleichzeitig wohl mit der unterkarnischen Überflutung — der Boden in diesem südlicheren Wannenteil rasch abgesunken sein, denn nun legten sich über den abgetragenen Untergrund die Stillwassergebilde der Hallstätter Kalke. *Es liegt eine Art von Wellenschlag des Bodens vor*, denn vor der frühkarnischen Hebung bestand ja hier die ladinische und ältere Senkung. Nach der Hallstätter Senkung aber kam während des Unterlias Hebung und erneute Abtragung. Es ist wohl ausgeschlossen, solch wiederholtes Auf und Nieder durch den einmaligen Vorgang der Salzhorsthebung und -auslaugung zu deuten. Es spielt auch keine wesentliche Rolle, ob und wie wir uns einen wiederholten Wechsel in der Bewegung nach oben und unten vorstellen können, der nach Ausweis der entstandenen bzw. wieder abgetragenen Schichtmächtigkeiten zuletzt Höhenunterschiede von 800 m erreicht haben muß. Schon S. 162f. folgerten wir, daß hier *nicht Salztektonik*, sondern der für lebhaft tätige Geosynklinalgründe bezeichnende, rasche und wechselvolle *Wellenantrieb* wirksam gewesen ist.

Auch hier kann also *nicht gefolgert* werden, daß *die Triaszeit unserer geosynklinalen Nordwanne eine Zeit vollkommener Erdruhe war*. Noch weniger scheint es uns möglich, die äußerst langsame und gleichmäßige Bodensenkung, welche in der gesamten alpinen Geosynklinale die über 1000 m mächtigen Riffplatten des Flachmeeres schuf, als eine isostatische anzusehen (E. Spengler 1918, 53). Denn wie soll man sich dieses Spiel am Anfang vorstellen, wenn die ersten 100 m Kalk abgeschieden werden? Jene Riffverdickung kann ohne langsames Absinken des Bodens nicht weitergehen, aber es wird wohl niemand den ersten, dünnen Kalkkrusten schon die angeblich niederdrückende Wirkung zuschreiben wollen, falls wirklich das Tauchgleichgewicht maßgebend wirkt.

Ohne *tektonische* Senkung, das heißt *zugleich ohne Raumschaffung durch Abfuhr (Abströmung) tieferer Gesteinsmassen von vornherein, die somit eine rein innenbürtige Kraftäußerung sein muß, ist das Ganze nicht vorstellbar*. Das Tauchgleichgewicht ist eben ein ausgleichender Grundsatz und nicht ein die statische Ruhe störender (E. Kraus 1926, 36).

Südbayern—Nordtirol—Vorarlberg. Vindelizien

Gegen W verschwindet die Lunzer Nordrandfazies. Der Umriß der Böhmischen Masse biegt hier gegen NW zurück. Es liegt nahe, daß darum auch die zugehörige Randfazies zunächst gegen N aus dem jetzt in den Nordkalkalpen aufgeschlossenen

Faziesraum verschwindet. Erst W Salzburg stellt sie sich allmählich in Gestalt der küstennahen, tiefbajuvarischen Sedimente mit Gips und Rauwacke wieder ein. Auch hier liegen die Beweise des stärksten Vorstoßes der Landwirkungen mit Sandstein und Landpflanzenresten hauptsächlich unten. Wir schließen aus der Faziesverteilung auf eine einst *etwa von Salzburg gegen Passau vorgedrungene Bucht*, deren NO-Rand das böhmische Land, deren Westrand aber durch das vindelizische Keuperfestland gebildet wurde. Dieses schob sich offenbar gegen WSW näher an die nordalpine Geosynklinale in Allgäu-Vorarlberg heran. Denn im Hohenschwangauer und Ammergaugebiet erscheinen so wie bei Lunz wieder dünne Kohlenflöze. Auch ist in Vorarlberg die Oberabteilung über dem „c" Sandstein (S. 167 und Abb. 27) nur mehr lagunär mit Gips und Rauhwacken entwickelt, die Sandsteine mit Landpflanzen (sogar mit 2 Käfern bei Vaduz) sind besonders

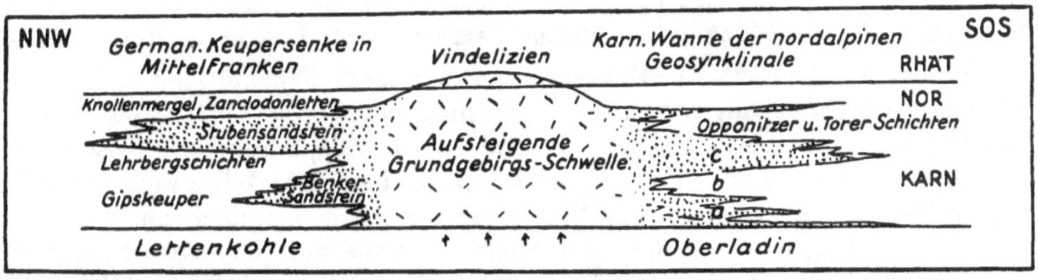

Abb. 27. *Die Sandvorstöße beiderseits der Vindelizischen Landschwelle während des mittleren Keupers.* *a, b, c* Glieder der Karnischen Stufe nach v. Wöhrmann.

mächtig, dafür treten die reineren Kalkbänke zurück. Also auch hier Lunzer Küstenfazies! Bereits für die Wendelsteingruppe konnte K. Osswald 1929, 18, einen scharfen *Vorstoß des schuttliefernden Nordlandes gegen das zurückweichende Geosynklinalmeer* feststellen. Er führte ihn auf eine ziemlich ruckartige Hebung der nördlichen Randgebiete zurück.

Nordwärts fehlen im übrigen alle weiteren Anzeichen des Meeres. Es dehnte sich das sand- und landpflanzenliefernde *vindelizische Schwellengebiet*, das auch gegen das süddeutsche Becken im NW hin Sand und Ton abgegeben hat. Dies haben wir einem in der vorstehenden Aufstellung versuchten Schichtvergleich zwischen alpinen und germanischen Triasstufen zu entnehmen. Hier wurde berücksichtigt, daß der untere Teil der Lettenkohle wahrscheinlich noch mit dem Rötidolomit und Oberladin gleichzeitig ist (M. Frank 1930, 392). Als gesichert hat zu gelten, daß den Raibler Schichten die Hauptbleiglanzbank des germanischen Gipskeupers wegen der gemeinsamen *Myophoria kefersteini* (E. W. Benecke 1898, 140) und wegen der *Myophoria keuperiana* = *M. rosthorni* die Lehrbergschichten entsprechen. Diese u. a. übereinstimmenden Versteinerungen (Zeller, N. Jb B.-B. 25, 106) zeigen, daß die alpine karnische Stufe zeitlich im germanischen Keuper den Schichten von der Oberkante der Lettenkohle bis zu jener des Stubensandsteins gleich steht.

Für einen genauen *Schichtvergleich der beiderseits dem Vindelizischen Rücken angelagerten Keuperschichten* reichen die Versteinerungsfunde noch nicht aus. Bei einem auf die Fazieswechsel begründeten Versuch der Gleichstellung stößt man nicht nur auf die Schwierigkeit, eine sehr breite, aufschlußfreie Strecke überbrücken zu müssen. Es ist auch nötig, Sandsteinvorstöße von dem Schwellengebiet aus zeitlich in Zusammenhang zu bringen, die entstehungsgeschichtlich ganz verschiedenes bedeuten. Daß sie nicht etwa auf zeitweise gesteigerte Feuchtigkeit zurückzuführen sind, geht zunächst aus dem Vorstoß des Benker Sandsteins gerade zur Zeit der salinaren Salz- und Gipskeuperzeit in Mittelfranken hervor (B. v. FREYBERG 1936, 12). Aber es sind im übrigen *beiderseits der Schwelle ohne Frage verschiedenwertige Sandsteine.* Denn im SO haben wir ein flaches Meer mit bald tieferem, bald höher liegendem Meeresboden, demzufolge mit bald weit gegen die Vindelizische Schwelle vordringendem, bald von ihr weit zurückweichendem Ufer. Nordwestlich der Schwelle aber liegt ein Wechsel festländischer Fazies: Hier stößt die gleichfalls sehr schön ausgeprägte Randschwellenfazies gegen NW zeitweise weit, zeitweise nur wenig vor gegen festländische Sedimente, nämlich gegen den salinaren Salz-Gipskeuper, die lagunären Estherienschichten, die Lehrbergschichten, die äolischen Knollenmergel bzw. die roten Letten mit dem Dinosaurier Zanclodon. Wenn die Belebung der gegen das Beckeninnere verfrachtenden Kräfte des Wassers und Windes nicht im wesentlichen durch Klimaänderungen zustande gekommen sein kann, so dürfte nichts anderes in Frage kommen als eine Belebung durch stärker werdendes *Gefälle der Landoberfläche,* also durch stärkere *Heraushebung des Schwellengebietes* und dafür vermehrte Senkung des Beckenbodens.

Wie aber würden sich die Faziesgrenzen in diesem Fall an der südöstlichen vindelizischen Abdachung verschieben? Dies hing ganz ab von der Lage des jeweiligen Meeresufers und der *Lage der Verbiegungs- oder Kippungsachse zwischen dem steigenden Gebiet im NW und dem sinkenden in SO.* Lag diese Achse weiter im NW als das Meeresufer, so konnte das Meer vordringen, hätte freilich mit einer bedeutenderen, ihm jetzt von der wachsenden Schwelle zugeschobenen Schutt zu kämpfen, würde von diesen Sandmassen vielleicht sogar durch Verschüttung am Vorrücken gegen NW gehindert. Liegt die Drehachse etwa in der Uferlinie, so wird sich wenig ändern. Nur werden größere Sandmassen deltaartig das Ufer etwas zurückdrängen. Allein bei einer Achsenlage weiter im Meer selbst würden die Faziesgrenzen stark verschoben. Jetzt würden ja weite, vorher seichtmeerische Böden landfest unter starkem Zurückweichen des Meeresufers. Gleichzeitig müßte die ganze, durch Zufuhr von der wachsenden, schärfer abgetragenen Schwelle bedeutend gesteigerte Sandmasse weit ins Beckeninnere vorstoßen können. *Diesen letzteren Fall haben wir im SO während des Unterkarns und namentlich im Mittelkarn gehabt.* Er trat also bei allgemeiner Verflachung oder Hebung sowohl des Meeresbodens wie auch der Vindelizischen Nachbarschwelle ein. Senkte sich gleichzeitig der Meeresboden, so stieß das schwellenwärts vordringende Meer gegen den beckenwärts andrängenden Sand und wuchs zwar mächtiger Küstensand, aber kein so weitreichender Sandvorstoß. Dagegen begünstigte gerade umgekehrt *eine mit der Schwellenhebung gleichzeitige Beckensenkung* im festländischen NW den Sandvorstoß, denn hier hemmte kein Meeresspiegel. Es könnte hier höchstens ein allzu schnell sinkendes Teilbecken randlich schon zu viel Sand abfangen.

Unser Gedankengang mag die Schwierigkeiten der Vergleiche von Sandvorstößen beiderseits der Schwelle beleuchten, auch den Grund, weshalb in dem Schema der Abb. 27 diese Sandvorstöße nicht als gleichzeitig gezeichnet wurden. Im übrigen stützt sich die Zeichnung auf die durchaus verschiedenen Mächtigkeiten und die derzeit erkennbaren, offenbar ungleichen Vorstoßzeiten.

R. LANG hatte 1911, 242, gute Gründe dafür beigebracht, daß die heutige Schwäbisch-Bayerische Hochebene keineswegs ausreicht für die Größe des Vindelizischen Rückens, wie sie aus dem Umfang seines Sandmantels erschlossen werden kann. *Weit nach S muß das Land in die Alpen hineingereicht haben.* Der starke Massenschwund an den Narben- und Vortiefenschnitten (Band I) der nördlichen Kalkalpen und meine Ansicht (E. KRAUS 1942), daß breite Südstreifen des Vindelizikums später in den ultrahelvetisch-helvetischen Streifen umgearbeitet wurden, wird auch von daher zur notwendigen Annahme.

Unsere *pulsartigen Stöße* brauchen innenbürtig nicht grundsätzlich verschieden zu sein im geosynklinalen und außergeosynklinalen Senkungsgebiet. Die abweichende Lage der Grenzen im jeweiligen Faziesprofil kann sich sehr wohl aus den eben angedeuteten abweichenden Umständen *außenbürtiger Art* ergeben. Diese Deutung möchte ich deshalb empfehlen, weil die hier sichtbar werdenden Stöße der Vor- und Rückfluten, also der Trans- und Regressionen, ja *nichts anderes sind als Einzelbeispiele aus dem pulsierenden Leben unseres triadischen Erdkörpers.* Den mindestens achtfachen Wechsel des Pulsschlages, der außenbürtig in einem entsprechenden Wechsel von Vor- und Rückfluten abgebildet wurde, zeigt unsere Übersichtstabelle auf S. 172.

Zu ihr sei folgendes bemerkt: Die unteren und oberen Begrenzungsflächen der aufgeführten Schichtglieder sind *Flächen gleicher Fazies,* wie ich dies etwa an dem Beispiel der Hauptkonglomeratgrenzen gegenüber den Faziesgrenzen im mittleren und oberen Buntsandstein SW-Deutschlands 1921 ausgeführt habe; und wie dies die weiteren Einzeluntersuchungen immer wieder für alle Zeitstufen ergeben haben. Darum gilt das angegebene Stufenalter jeweils wohl nur *für die Hauptzeit* der Bildungsdauer jener Schichtglieder. Auch die Vor- und Rückfluten, welche die Fazies beherrschen und daher — zumal sie auch die Faunenverteilung regeln — für die Schichtgliederung maßgebend waren, brauchen lange Zeit und können daher nicht in jedem der oft weit auseinanderliegenden Teilgebiete auch nur als annähernd gleichzeitige Vorgänge gelten. Immerhin zeigt ihre Einheitlichkeit und umfassende Auswirkung, *daß es sich um einheitliche Großvorgänge handelt,* die einander ablösten, und welche nach einer jeweils mehr oder weniger beträchtlich fortgeschrittenen Entwicklung der tierischen Stammesgeschichte mit abweichendem Gesamtstreben der Erdrinde nach oben bzw. unten weithin durchgegriffen haben.

Wir können diese stoßartigen Pulsschläge unserer Erdrinde, wie ich sie auch einmal für den Bildungsraum des baltischen Devons, der Molasse und des ostpreußischen Diluviums (E. KRAUS 1925, 718f.) dargestellt habe, *mit dem Tritt einer Marschkolonne vergleichen.* Mit bestimmtem Schritt-Takt geht sie über eine bestimmte Stelle. Dieser Takt wird in unseren Einzelprofilen durch den taktweisen Wechsel von Vor- und Rückfluterscheinungen abgebildet. Aber die zwischen nahe benachbarten Orten noch unmerklichen Zeitunterschiede dieses Taktes *summieren sich über große Strecken,* so daß die gleichzeitig marschierende Truppe hier den Fuß in dem Augenblick niedersetzt, in dem er dort schon gehoben wird. Die Nachprüfung des Versteinerungsbestandes ergibt freilich, daß diese Pulsstöße der Erdrinde *nur in langen* Zeitabständen aufeinander folgen, so daß sie im allgemeinen überall verebbt sind, bevor der neue Pulsschlag einsetzt. *Aus diesem Grund besitzen wir in jenen Pulsschlägen immerhin Uhren, die verwendet werden können, mögen sie auch recht verschieden gehen.* P. ARBENZ kam 1919, 257, zu ähnlichen Folgerungen. —

Stufen	Zonen-versteinerungen	Pulsstöße	Südalpine Geosynklinale	Nordalpine Geosynklinale	Autochthone, helvet., pennin. Westalpen	Germanisches Becken
Rhät	*Avicula contorta*	Vorflut Rückflut	Ob. Dachsteinkalk u. Kössener Schichten	Oberrhätkalk Kössener Schichten	Rhät-Lias	Rhät-Sandstein und -Ton
Nor	*Turbo solitarius*	Vorflut	Dachsteinkalk Hauptdolomit	Haupt-Dolomit / Plattenkalk u. Dachsteinkalk		Zanclodon- u. Knollenmergel (äolisch)
Karn	*Tropites subbullatus*	Rückflut Vorflut Rückflut	Torer Schichten c-Sandstein a-, b-Schichten Raibler Sch.	Gips u. Rauhwacke Opponitzer Kalk Lunzer- C-Sandstein Reingrabener, Carditaschichten	Quarten-schiefer	Stubensandstein Bunte Mergel u. Lehrbergschicht Schilfsandstein Gips- u. Salzkeuper Lettenkohle
	Trachyceras aonoides	Vorflut				
Ladin	*Trachyceras aon*	Rückflut	Cassianer Schichten Schlerndolomit Esinokalk Melaphyre	Wetterstein-Kalk Ramsaudolomit	Rötidolomit-Meer	Bonebeds Hauptmuschel-kalk-Meer
	Daonella lommeli	Vorflut	Wengener Schichten	Partnach-Schichten		
	Protrachyceras reitzi		Buchenst. Schichten			
Anis	*Ceratites trinodosus*	Rückflut	Konglomerat z. T. Mendeldolomit	Meer des alpinen Muschelkalks	Gips und Rauhwacke	Anhydritgruppe
	Rhynchonella decurtata	Vorflut	Alpiner Muschelkalk			Wellenkalk-Meer
	Dadocrinus gracilis	Rückflut	Konglomerat z. T. Rauhwacke Kampiller Sch.			
Skyth	*Natica costata*	Vorflut		Salzlager Obere Werfener Schichten	Festländische Buntsandstein-fazies	Festländischer Voltziensandstein Rötmeer
	Pseudomonotis clarai	Rückflut Vorflut	Rauhwacke Seiser Schichten	? Verflachung Untere Werfener Schichten		Hauptbuntsandstein Meer d. unt. Bunts. (z.T.)
Zechstein	*Productus horridus*	Rückflut Vorflut	Bellerophonkalk	Land	Land	Salzlager } im N Zechstein } im N

Die Puls-Bewegungen in der Triaszeit

Einzelgliederung

Trotz mancher Unvollkommenheiten der v. WOEHRMANNschen Einzelgliederung (1893), die infolge der oft rasch wechselnden Fazies und der nicht seltenen Ausquetschungen gerade des karnischen Bewegungsstockwerks keineswegs immer wiedererkannt werden kann, stellt sie doch die Grundzüge der karnischen Entwicklung in den Alpen gut heraus. Dies wird namentlich aus der Wiederkehr der Hauptabteilungen auch in der südalpinen Geosynklinale ersichtlich. Es werden danach für das Innere der bayerisch-nordtiroler Wanne unterschieden:

II. Die Torer oder Opponitzer Schichten mit *Ostrea montis caprilis*, ein regelmäßiger Bankwechsel von Kalk, Mergel, Dolomit. Beginnend mit Sphaerocodienbänken, besonders gegen oben abschließend mit Rauhwacken. Von einem Strich größter Mächtigkeit und guter Versteinerungsführung (Imst—Reichenhall) nach N und W (Vorarlberg) abnehmend, durch Rauhwacke und teilweise mächtigen Gips ersetzt.

I. Die Carditaschichten, überwiegend mit der Fauna der Cassianer Schichten und mit

c) Zwischen Mergel und Schiefer mit *Myophoria fissidentata* und *Halobia rugosa* zahlreiche Sandsteinbänke, namentlich der Landpflanzen-führende *Hauptsandstein*. Weitester Sandvorstoß gegen S.

b) Helle Kalksteine und Dolomite mit *Megalodus triqueter*; werden gegen N sandig oder keilen ganz aus.

a) Vorwiegend Mergelschiefer mit pflanzenführendem Sandstein. Beckenwärts Sphaerocodienbänke. Die Fauna schwindet gegen N und W fast ganz. Scharfe Grenze nach unten gegen den Wettersteinkalk.

Die Verfolgung dieser Einzelglieder — soweit sie überhaupt möglich ist — lehrt eine Reihe bedeutungsvoller Änderungen in Raum und Zeit.

Zunächst wiederholt sich bemerkenswerterweise noch immer die besonders schon für das Skyth bemerkbare Erscheinung, daß die einzelnen Stockwerke gegen W hin allmählich verkümmern. Die Fauna schwindet, die Landeinflüsse wachsen, das Becken wurde seichter. Ebenso ist auch die Ungunst für normales Meeresleben gegen den nördlichen Rand ganz klar. Der Südrand reicht weit über die früher angenommenen Grenzen hinaus, denn Raibler Schichten des Stubai- und Tarntals bilden noch keineswegs die südlich auskeilende Randfazies. Deren Einsetzen wird hier aber durch reichliche dolomitische Brekzien, sowie durch die gipsführende Rauhwacke an den Tarntaler Köpfen bereits unverkennbar. Ganz klar ist auch die küstenfernere Wannenmitte und deren raschere Senkung in den einzelnen Stockwerken verzeichnet sowohl nach dem Zurücktreten der Landeinschwemmungen wie nach den Mächtigkeiten. Während die Kalkvoralpen etwa 50—300 m mächtige Raibler Schichten zeigen, übersteigt deren Mächtigkeit in den Kalkhochalpen oft die 500, gelegentlich die 700 m.

Bei geringeren Gesamtmächtigkeiten, bei größerer Allgemeinhöhe des Meeresbodens und zeitweilig sehr gesteigerten Landeinflüssen haben wir also *im Grunde doch immer nur den Fortgang der gleichen geosynklinalen Flachwanneneinsenkung.*

Der Übergang von der oberladinischen zur unterkarnischen Senkungszeit ist aber, wie sehr oft nachgewiesen werden kann, kein gleichmäßiger. Dazwischen liegt vielmehr eine *kräftige Heraushebung* (K. LEUCHS & R. MOSEBACH 1936, G. MUELLER-DE LE 1937).

Scharf ist im allgemeinen die Untergrenze der Raibler Schichten gegen den Wettersteinkalk. Wiederholt erscheinen Gerölle von letzterem im Grundkonglomerat der übergreifenden Raibler Schichten. Man hat hier auf Inselrücken zu schließen, die von der Brandung abgetragen wurden. Doch sind dies im Wanneninneren mehr Ausnahmen. Ja, die Festlandseinspülungen der karnischen Zeit konnten im östlichen Bereich der Berchtesgadener Entwicklung überhaupt nicht die Wannenmitte erreichen: Der ladinische Ramsaudolomit setzte sich durch den karnischen und den norischen Dolomit fort. Daß aber näher dem vindelizischen Nordrand der vorher gebildete Wettersteinkalk auch weithin trockengelegt und dann erst bedeckt wurde von dem übergreifenden Raibler Sandstein, ergibt sich aus den zwischen beiden verbreiteten *Brauneisenkrusten und Verkarstungen.*

In den Lechtaler Alpen erkannte O. AMPFERER 1932 *ein solches Festland,* im Allgäu bei Hindelang-Pfronten K. REISER 1922 Verkarstung, Rotverwitterung und Brauneisenbildung auf oberem Wettersteinkalk unter übergreifendem Raibler Sandstein. Im Ammergebirge zeigen schon die obersten ladinischen Kalklagen oft oolithisches Gefüge, sie sind verkarstet, von tiefen Karrenfurchen zerschnitten, die bei Neuschwanstein durch glaukonitischen Küstensand des vordringenden Raibler Meeres gefüllt wurden. Verwitterungsreste und Brauneisen fehlen nicht. In der Staufengruppe N. Reichenhall fand sich mehrfach ungleichförmige Lagerung zwischen Wettersteinkalk und Raibler Schichten, deren unterste Mergel- und Oolithbänke über eine schwach abgetragene Fläche übergreifen (W. ERHARDT 1931, 18). An der Ostflanke des tirolischen Wettersteinsattels im Sengsengebirge S. Reichraming greifen die küstennahen Reingrabener Schichten, die daneben auch auf Partnachschichten liegen können, unter deutlichen Korrosionserscheinungen und Vererzungen auf den Wettersteinkalk über (G. GEYER 1909, 37). In den Radstädter Tauern berichtete W. SCHMIDT 1924 von einer vorkarnischen Landaufragung.

Wenn trotz dieser *weit verbreiteten Heraushebung* des Meeresbodens über den Meeresspiegel doch nachfolgend in der unterkarnischen Zeit hinreichend Gefälle bestand für die Heranschaffung der Quarz-, Feldspat- und Glimmersandmassen, lagenweise mit verkohlten Landpflanzen, so kann dies wohl durch eine *noch bedeutendere Heraushebung der nördlich benachbarten Grundgebirgsschwelle* erklärt werden. Auf die damit verbundenen Massenverlagerungen im Untergrund, welche durch solch kräftige Reliefwechsel abgebildet wurden, machen uns auch die Eruptivgesteine aufmerksam, welche am oberen Lech (Kriegerhorn), sowie auch in den Unterengadiner Dolomiten erschienen. 3—5 m mächtige Melaphyrlager und Tuffe schalteten sich gleichförmig den Schichten ein.

Nach dieser ungleichmäßigen Bewegung, die überwiegend eine von einer Rückflut begleitete Hebung war, folgte *die erste, untermeerische Senkung.* Der versinkende Meeresboden sammelte über sich zunächst noch küstennähere Sedimente (S. 169) (a), dann aber weithin küstenfernere Kalk- und Dolomitfazies (b). Sie ist nach S. v. WOEHRMANN 1893, 736, hauptsächlich an die küstenferne Schwellenfazies des Wettersteinkalks gebunden, während b z. B. in dem Randgürtel der östlichen Nordalpen zu fehlen scheint. Das Wanneninnere wird also in dieser ersten Vorflutzeit erneut betont.

Es folgte während der Bildung von c jene sehr ausgedehnte und wirkungsvolle Zeit der *Rückflut,* also der allgemeinen Hebung, die vor allem den alpinen Raibler Schichten ihre küstennahen Sande und Tone gebracht hat. Sie war umfassender und nachhaltiger als die Hochlage während a. Auch sah sie offenbar ein während der b-Zeit *stärker verbogenes Relief beim Wiederaufstieg* als früher. Denn jetzt wurden ganz außerordentliche Schlamm- und Sandmassen besonders vom vindelizischen Rücken her in das Becken geführt. Das Meer wurde weit zurückgedrängt, sowohl durch die Landhebung wie durch den ihm zugeschobenen Schutt.

Der Hauptsandstein entstand mit seinen, der Lettenkohlenflora noch ähnlichen Landpflanzen. Die Sphaerocodienriffbänke konnten sich für längere Dauer nur noch im Wanneninneren halten. Weit breiten sich die bitumenreichen, dunklen und sandigen Reingrabener Schiefer aus, von Kalkbänken unterbrochen. Darüber stießen, besonders im O, die vindelizischen Sandmassen weit vor; Kohlepflanzen-sammelnde Senken dehnten sich. *Mastodonsaurus giganteus* JAEGER wanderte weit in die Geosynklinale vor.

Aber dann sanken die Landschaften wieder unter das Meer und in der Wanne selbst vertiefte sich erneut der Meeresboden: Die *neue Überflutung* der Torer- bzw. Opponitzer Schichten *beweist erneut Absenkung.* Sie war aber *nicht gleichmäßig,* sondern der höchst wechselvolle Faziesgang beweist für die gleiche Zeit *sehr bedeutende Unruhe.* Im O nur entstanden die Kalkbänke des ruhigeren Wanneninneren. Am schmalen Nordrand in Bayern-Nordtirol-Vorarlberg schwinden die Versteinerungen. Weithin herrschen lagunäre Rauhwacken und Gipslager (vgl. z. B. K. Osswald 1929, 19).

Zuletzt zog sich auch diese zweite karnische Flut wieder zurück. Lagunen-Rauhwacken, Dolomite schlossen die normale Meeresfazies nach oben ab.

Das Karnische Meer im Westalpenbogen und seinem Vorland stand in nahen Beziehungen zu den Ereignissen im südgermanischen Nachbarbecken. Hier setzte am Ende der Hauptmuschelkalkflut ein großes Zurückweichen der Meerwasserflächen ein. Sie zogen sich allmählich, zunächst durch Brackwasser ersetzt, von Südwürttemberg gegen S zurück, vom Tafeljura an mehr gegen SW. Gipsbildende Anhydritlagunen folgten und ließen wohl nur im heutigen Molassestreifen und westlich im Westschweizer Faltenjura Teilsenken mit der Restfauna des Muschelkalkes frei. Weiter und weiter breitete sich das außenbürtige Treiben des Keuperfestlandes über die ehemaligen Meeresgründe aus, so auch über die Reihe der bodenständigen Schweizer Außenmassive.

Winde brachten wohl hauptsächlich rote Staubwolken, Wasserläufe die Tonschlamme und Sande aus dem vindelizischen Hochgebiet im O und dem Gipskeuperland im N, deren Sedimente nun den oft kräftig roten *Quartenschiefer* darstellen. Gelegentlich, wohl in feuchter Zeit, einschneidende Flutrinnen spülten den Schlamm fort, schleppten Quarzsand und Landpflanzen weiter und füllten sich mit ihnen: Auch im Tafeljura, am Aare- und Montblanc-Massiv gibt es eine Art Schilfsandstein mit entsprechenden Pflanzen. Kurzlebige Seen haben wohl die Zwischenbänke von Dolomit, Zellendolomit im Quartenschiefer geschaffen.

Nach R. Lang dürfte der vindelizische Rücken in seinem Südteil recht flach gewesen sein. Während er in der Stubensandsteinzeit von seinem kräftig belebten Relief mächtige Sandmassen, die nach außen feiner körnig werden, weit gegen N und W über das fränkische Land ausschickte (Abb. 27), darin auch die von W. Pfeiffer 1921, 21 in Mittel- und N-Württemberg aufgefundenen Grundgebirgsgeröllager, bedeckte er sich weiterhin und mit seinen Massivfortsetzungen in der Schweiz nur durch feinkörnige Absätze. Ebensolche breiteten sich, oft quarzitisch werdend, auch über den helvetischen Heimatstreifen gegen S hin aus. Aufragende Bergrücken, wie z. B. die Windgälle, ließen sie wohl häufig unbedeckt.

Weit griff diese meist rote Festlandsrinde des „Grès bigarré“ auch im W gegen die französische Zentralplatte über die verschiedensten älteren Gesteine vor, nachdem hier schon das Meer mit *Myophoria goldfussi* an der Rhonesenke bedeutende Fortschritte gemacht hatte. Der bunte Keuper mit Dolomiten, bunten Mergeln, oben mit Gipslinsen liegt über dem Hauptmuschelkalk der Basse-Provence. Noch im Dauphiné und in Teilen von Savoyen herrscht, in Fortsetzung des helvetisch-autochthonen Streifens, also des vindelizischen Rückens die verkümmerte germanische Außenfazies, fehlt der rote Keuperschiefer oft ganz.

Dies ändert sich nun aber, wenn man von dieser „Geantiklinale“ E. Haugs 1912, 875 ostwärts hinabsteigt in die Bogensenke des *Briançonnais* und in die Wanne der Präalpen, mit denen die nordalpine Trias-Geosynklinale fortsetzte. Die Verbreitung der karnischen Stufe ist hier freilich durch Versteinerungen kaum belegt. Rote und grüne Schiefer der Maurienne gehören wohl hierher, dann aber wohl auch gewisse massige oder gebankte Dolomite, welche sich gegen SO in der Triaswanne der Seealpen und des ligurischen Apennins fortsetzen mit grauen, trochitenführenden Kalkbänken über dem Esinokalk, sowie mit ammonitenführenden, schiefrigen Kalksteinen ähnlich wie in Venetien.

Das geht gegen N in den *Präalpen* weiter (Chablais-Freiburger Alpen-Klippen), wo die äußeren, nordwestlicher beheimateten Decken noch alle Übergänge nach der germanischen Vorlandfazies zeigen, oft nur mit Gips, Anhydrit, Rauhwacke. Die inneren Decken aber besitzen bereits die Wannenfazies des Briançonnais. Hier liegt über dem dunklen Diploporen-Wettersteinkalk der Klippendecke die „obere Rauhwacke", örtlich der Sandkalk mit *Myophoria goldfussi* und Mergelschiefer. An der Musenalpe folgt über dem Röti-artigen Dolomit gleichfalls ein Myophoriendolomit, dann pflanzenführender quarzitischer Sandstein, bunter Mergel und obere Rauhwacke. Die Mythenklippe enthält nach A. Jeannet über 25 m schwarze tonig-sandige Mergel (Reingrabener Fazies), sandige Dolomitbänke, unten mit Equisetum, also alles in allem echt ostalpine Raibler Schichten. Diese Entwicklung zeigt mit 71 m der Südrand der Klippendecke. Er steigt an zur Grenzschwelle, auf der und an der die Sedimente der Brekziendecke entstanden: 40 m Anhydrit, Gips, Rauhwacke! Jenseits setzen dann in der südöstlich anschließenden Teilwanne dunkle Mergel, Dolomitbrekzien, Schiefer mit marinen karnischen Versteinerungen in der Simmendecke fort.

Damit paßt auch für die karnische Zeit das Faziesbild der Klippen-Präalpen-Briançonnais-Rinne *ausgezeichnet in die westliche Fortsetzung der nordalpinen Geosynklinalwanne.* Das Zwischenstück liegt noch auf der Silvretta, wo die *Ducan-Trias* ein besonders lehrreiches und nicht weniger als 900 m mächtiges Flachmeerprofil der karnischen Stufe enthält. H. Eugster unterschied hier 1923 von oben nach unten (die S. v. Woehrmannschen Zeichen sind beigesetzt):

II. 300 m tonige, graue Dolomite mit *Tropites subbullatus*; in der Mitte tuffogene Sandsteine schwarz und rot, auch Sandschiefer mit Kohle-Schmitzen. Oben Rauhwacke und Gips

I. c) 400 m mächtige Rauhwacken mit Gips; bunte Tonschiefer und Dolomite.

a/b) 80—90 m Alteinschichten: Dolomite, Zellendolomite, Tonschiefer, teilweise Rauhwacke. Darunter:

120 m Prosantoschichten: Hornsteinführende Kalke, Kalkschiefer, gegen unten stark rot.

Der auffallend plötzliche Einsatz über dem Arlbergdolomit und das Erscheinen kräftig rot gefärbter Einspülungen zeigt wohl eine benachbarte, zu Roterde verwitterte *Inselaufragung* an. Ihr folgte die erste, *unterkarnische Flut und Senkung*, dann sehr ausgeprägt *die Rückflut und Hebung* mit den mächtigen Rauhwacken der c-Zeit; schließlich *die oberkarnische Flut mit Senkung* und zuletzt die *Rückflut* am Ende.

Die Faziesfolge offenbart also die gleiche, doppelte Senkung, begrenzt durch Hebungen, wie sonst auch in der nordalpinen Geosynklinale.

Doch auch zu der südalpinen Geosynklinale bestehen weitgehende Beziehungen: die vulkanischen Tuffe in II, welche ja auch am oberen Lech auftreten, verbreiteten sich im S noch weiter. Gegen unten erscheinen die Fischschiefer von Raibl, die Plattenkalke der Bergamasker Alpen.

b) *Auf der Zwischengeosynklinalschwelle der Zentralalpen*

wird durch die in sie von N weit vorgreifenden, mächtigen Raibler Schichten der Ducantrias für die karnische Zeit eine ausgedehnte Einschnürung und Quersenkung angezeigt. Denn auch die unterostalpinen und mittelostalpinen Faziesbezirke lassen viel Absenkung erkennen und vermitteln so noch weiter den Übergang von der nördlichen zur südlichen Geosynklinale.

Unterostalpin

Die Raibler Schichten der Falknisdecke bestehen unten aus einigen Metern Dolomit, etwa 10 m Gips (c?), darüber einigen Metern grüne Mergel mit Dolomitbrekzien und Quarzitlagen. Die Errdecke zeigt nach H. P. Cornelius 1935, 169f, dem wir folgen, rasch wechselnde Fazies. Nahe der Deckenstirn im N fällt eine grobe Brekzie (bis 10 m) auf aus aufgearbeiteten Gesteinsstücken der tieferen Trias, namentlich aus dem dunklen Dolomit des Muschelkalks mit meterlangen Blöcken. Der Blockschutt liegt in einer SW-NO-streichenden Rinne, welche an der Fuorcla d'Err bis auf den Buntsandstein hinabgreift. Nach oben geht die Bank in massigen Dolomit mit schwarzen Schieferzwischenlagen über, die (ähnlich in den Unterengadiner Dolomiten) schwarze Hornsteine führen können (30—40 m). Zu oberst deuten rote Feinsandschiefer, bunte Dolomitbrekzien und Rauhwacken die jungkarnische Rückflut und Hebung an, der alsbald, in vollständigen Profilen, der Hauptdolomit folgt. Wir haben also hier nur *eine einzige* Überflutung und *Senkung* abgebildet, begrenzt durch zwei Hebungsstockwerke, deren oberes an den Hauptdolomit angrenzt, deren unteres durch eine örtlich ganz ungewöhnlich tiefgreifende Zerstörung und scharfe Schrägfläche mit grobem Grundkonglomerat über den Untergrund greift. Mit Rücksicht auf die sonstigen Profile darf wohl geschlossen werden, daß diese untere Zerstörung der zweifellos kräftig über den Meeresspiegel herausgehobenen Insel der Errdeckenstirn während der älterkarnischen Zeit I, also auch während der älteren Vorflutzeit noch vor sich ging. Jene grobe Brekzie dürfte dem groben Schuttstockwerk der Hauptsandsteinzeit c entsprechen.

Wesentlich feinkörniger ist die südlich von der Stirnfazies entfernte Ausbildung mit dunkelroten, tonigen Schiefern, Feinsandsteinen, häufigen feinen Dolomitbrekzien, grünen Schiefern, bunten Dolomitbänken und einem fraglichen Vorkommen von Diabasporphyrit. Alle bisherigen Erfahrungen machen das Bemühen sehr unwahrscheinlich, solche Erscheinungen auch nur zu einem erheblichen Anteil auf eustatische Meeresspiegelschwankungen zurückzuführen (Fazieswechsel, Sandmassen, rote Verwitterungserden!). Wir haben vielmehr *im Heimatbereich der Errdecke, besonders ihrer Stirn, eine umfangreiche Aufragung gehabt*, welche offenbar durch die lange Zeit des Unterkarns abgetragen wurde. Schon die feineren Sande, Brekzien und Rotschlamme erforderten ausgedehnte Inselrücken der unterkarnischen Zeit, deren Erosion freilich meist nicht sehr tief gegangen zu sein braucht. Ungleich tiefer grub die Verwitterung und Abtragung ihre Furche in der Errdeckenstirn durch eine über 60 m mächtige Schichtfolge bis auf den Buntsandstein hinab. Dies und die sehr groben Blöcke des Schuttes fordern unweigerlich ein *steiles Gefälle*, eine hochragende Böschung der Insel. Nehmen wir mit H. P. Cornelius an, daß eine von einem Fluß angerissene Furche vorliegt, so brauchen wir natürlich auch das zu einem solchen Fluß gehörige Hinterland, d. h. eine Insel von nicht unerheblichen Ausmaßen und einem mindestens die 100 m übersteigendem Gefälle. Dieses abgedachte Inselrelief war vorher, im Ladin, offenbar noch nicht da, muß somit im *Unterkarn neu geschaffen* worden sein. Da der helle Ladindolomit um ein Stück, wohl mindestens 30 m, unter dem Meeresspiegel entstanden sein muß, so haben wir für den Betrag der Mindesthebung auch noch dieses Stück hinzuzunehmen. Also auch danach kommen wir auf mindestens 130 m Hebung. Doch reicht das wohl noch nicht aus. Südlich, im Mittelschenkel der Errdecke, fand Cornelius außer der Dolomitschiefer, Dolomitbrekzien, roten Tonschiefer, Dolomitbrocken auch über faustgroße Milchquarzgerölle. Diese letzteren können natürlich nicht durch das Meer auf die Insel gewandert sein. So müssen sie Abtragstücke der Insel selbst darstellen und rühren offenbar von einer tieferen, konglomeratischen Buntsandsteinbank her, die irgendwo auch noch mit abgetragen wurde.

Ob nun unsere Errdeckenstirnschwelle an dieser selben Stelle später im Lias noch weiter abgetragen wurde, oder dafür andere, inzwischen höher herausgehobene Teilstücke, das ist für die Beurteilung des allgemeinen Bauvorganges belanglos. Ebenso, ob wir der Erscheinung den Namen „epirogen", den ich streiche, oder „orogen" zulegen wollen; auch schließlich, ob die

Erscheinung zeitlich zusammenstimmt mit einer außeralpin erkannten Schrägfläche (Diskordanz), aus welcher auf tektonische Bewegungsphasen fast allein geschlossen wurde. Wollen wir darangehen, aus dem tatsächlichen Werdegang der alpinen Geosynklinalen selbst die Baugeschichte zu erschließen, werden wir uns von dem scheinbaren Zwang einer Einzelheit oder der aus andersgearteten Bezirken verallgemeinerten Begriffsbestimmung frei halten müssen.

In die Berninadecke gehen die bunten Tonschiefer, Dolomite, roten Sandsteine, Rauhwacken, kohligen Sandschiefer und Dolomitbrekzien ebenso fort wie in die Languarddecke und in die Sassalbomulde. Nahe Inselaufragungen schufen offenbar die nötigen Abtragstoffe in diesem Schwellenbereich des „unterostalpinen Inselkranzgebirges" (J. Cadisch).

Mittelostalpin

Die vielleicht 400 m mächtigen Raibler Schichten der Unterengadiner Dolomiten zeigen so, wie im Ducangebiet, wieder *die beiden Überflutungen:* unten dunkle Dolomite und Plattenkalke unter bunten Tonschiefern; oben Dolomite, dazwischen die Zeit der Reliefbildung. Sie brachte hier gleichzeitig vulkanische Förderungen von Diabastuff, Quarzporphyr und anschließend während der Hochlage (c-Abteilung) die lagunären Rauhwacken und Gipse. Das Ganze schließt nach oben wieder mit einer Sandsteinbank als Rückfluterscheinung ab. In der Lischannagruppe scheint das stark verquetschte Raibler Stockwerk nur durch die oberkarnischen Vor- und Rückflutgebilde vertreten zu sein, in der Ortler-Gruppe durch graue Tonschiefer und mitunter Feinsandstein.

Die wenigstens teilweise vollständige Ausbildung und bedeutende Mächtigkeit im Unterengadin bestärkt darin, daß im Grenzgebiet von Ost- und Westalpen von der nordalpinen Geosynklinale über Ducan-Unterengadin *eine breite, verbindende, Quersenke verlief.* Sie lag im O des unterostalpinen Schwellen- und Inselbezirks, fügte sich aber ebenso der allgemeinen Doppelabsenkung wie andere geosynklinale und außergeosynklinale Erdrindenteile auch. Es wurde jedoch, nach den Aufschlüssen des Unterengadiner Fensterinneren zu schließen, einst durch einen westöstlichen Ausläufer des penninischen Bildungsraumes unterbrochen.

Pennin

Jenseits, nordwestlich des unterostalpinen Schwellenbezirks, dehnte sich der penninische Heimatraum, eingerahmt im übrigen von der nordalpinen Geosynklinale, gegen W durch den Briançonnaisbogen. Das eintönige Festlandssediment der rotbunten *Quartenschiefer*, das natürlich in seiner Ausdehnung durch die zwischengeschaltete Meeresrinne in keiner Weise gehemmt war, setzte sich zur Raibler Zeit auch in unserem penninischen Raum fort. Erst randlich finden wir Übergänge nach den umgebenden Flachmeeren; so z. B. die Rauhwacken, Tonschiefer und Dolomitbrekzien von Avers-Splügen in der Margnadecke über dem Rötidolomit.

Die Festlandsfazies des penninischen Raumes paßt sich sehr gut der allgemeinen Erscheinung an, welche auch in den geosynklinalen Füllungen sichtbar wurde, nämlich der allgemeinen Hebung gegen W — oder vielleicht richtiger — der allgemeinen geringeren Senkung dort im W. Vorposten hiervon waren schon die unterostalpinen Inselschwellen. Gegen O hält gewiß die zentralalpine Schwelle auch an, aber sie lag zur karnischen Zeit nicht gleich hoch wie im penninischen Raum und gehörte offenbar zum überwiegenden Teil der südlichen Fortsetzung unseres nordalpinen Geosynklinalmeeres an, zugleich des mittelostalpinen Meeresteils.

Es wurde schon viel darüber geschrieben, wieweit die penninische Trias als „geosynklinal" gelten könne und daß sie eine Ausnahme bezüglich der Regel von der größeren Mächtigkeit und Ozeanität geosynklinaler Schichten bilde (vgl. W. Deecke 1912, Diener 1916, R. Staub 1917, 1934 u. a.). Wir schließen aus der eintönigen und dünnen Fazies des Festlandes mit anderen, daß hier noch nicht der geosynklinal bewegte Zustand, ja noch nicht einmal die Beweglichkeit der zerstückelten und verbiegbaren variszischen Vorlandsplatte Europas erreicht war. *Die geosynklinale Teilbewegung beschränkte sich damals noch auf den Wannenbogen Nordkalkalpen-Briançonnais-Südkalkalpen, der die penninische Scholle gegen W umrahmte.* Die ladinischen Embryonalbewegungen setzten sich somit im Karn noch nicht fort.

Zentralalpine Raibler Schichten

Wenig verschieden von der mittelostalpinen geht die karnische Stufe auf *der Ötztalmasse* fort. Die Sandsteine, Rauhwacken, Sphärocodien-Oolithkalke, Dolomite, Brekzien und Tonschiefer sind zugleich sehr ähnlich der Ausbildung in den benachbarten nördlichen Kalkalpen. Bunt zusammengesetzte Trümmergesteine in den Kalkkögeln lassen vielleicht auf Teilaufragungen in der Nachbarschaft schließen. Am Jaggl wiederholen sich vulkanische Förderungen in einer überwiegend lagunären Seichtwasserfazies von Rauhwacken und Gipsen. In den eingespießten Resten der Maulser Trias wird unsere Stufe wohl durch Tonschiefer und Dolomite vertreten. Ungleich schwellennäher kamen in den Tarntaler Bergen außer Dolomiten und dunklen Tonschiefern Dolomitbrekzien, helle Quarzite und gipsführende Rauhwacken zum Absatz. In der Radstädter Tauern paßt die karnische Vertretung in Gestalt von Schiefern und Dolomitbänken („Pyritschiefer" mit *Cardita crenata* und Korallen) ganz gut zum Südrand der nördlichen Kalkalpen mit ihren Reingrabener Schiefern. Im Kärntner Nock-Gebiet liegen zwischen ladinischem und norischem Dolomit nur etwa 5 m Quarzphyllit, darüber graue Netzkalke, also auch wohl lagunäre Gebilde.

Gegen S zu stimmen die Raibler Schichten der Karawanken-Gailtaler Alpen weitgehend mit den nordalpinen überein, was angesichts der breiten karnischen Überflutung der Zentralschwelle nicht verwunderlich ist. Dunkle Mergel mit Sandzwischenlagen, Bänken von Mergelkalk, Dolomit, Sandstein, Oolithkalken, gelegentlich Landpflanzenresten hier wie da. Reingrabener Schichten, unten mit *Halobia rugosa*, vertreten die erste Meeresvertiefung, graugrünliche Sandsteine, pflanzenführende Sandschiefer und Oolithkalke den Meeresrückzug der c-Zeit, Mergelkalke mit *Ostrea montis caprilis*, bituminöse Dolomitplatten die zweite Vertiefung der *Tr. subbullatus*-Schichten, oben abschließend durch Rauhwacken.

c) *Die karnische Stufe in der Südalpengeosynklinale*

In den Karawanken hart südlich der vorerwähnten Drauzug-Raibler Schichten tritt ein plötzlicher Wechsel der Ausbildung ein. Man schloß (E. v. Mojsisovicz 1874, 86; F. Teller 1887, 261; Geyer 1897, F. Frech in Lethaea II, 393) hieraus auf *eine lang hinstreichende Inselschwelle* in der Karnischen Hauptkette und den Karawanken, wo die Raibler Schichten fehlen. Der Gesteinsgegensatz zwischen den Carditaschichten im N und den grauen Raibler Mergeln mit *Myophoria kefersteini* und roten Schlernplateauschichten im S wird durch gewisse Faunenunterschiede betont. Ebenso enthalten die Raibler Schichten gegen N Randschutt im Raibler und Fellatal, in der Koschuta und am Nordrand der Steiner Alpen. Weil die trennende Schwelle von dem permischen und skythischen Sandstein überschritten wurde und sie daher nicht mehr als Reliefrest des variszischen Gebirges gelten kann, schloß F. FRECH auf eine *tektonische Neubildung* jener Schwelle als eines Inselgebirges etwa in ladinischer Zeit. Während sich nach TELLER an der Koschuta auf 3 km Entfernung ein scharfer Faziessprung bemerkbar macht, ist anderwärts der Sprung in der Ausbildung beiderseits der fraglichen Schwelle ungleich geringer. Auch stimmt nach S. v. WOEHRMANN beiderseits die oberkarnische Torer-Ausbildung ziemlich gut überein. So kann man wohl nicht überall und nicht während der ganzen karnischen Stufe eine gleich vollständige Trennungsschwelle annehmen. Die Kreuze in Abb. 34 geben nur die allgemeine Lage an. Der Streifen dürfte ungleich breiter gewesen und später an dem hier durchziehenden Narbenschnitt (Band I, 281) bedeutend beschnitten worden sein.

Die karnische Füllung der südalpinen Geosynklinale zeigt noch mannigfaltigere Fazies und läßt darum — in Wiederholung der gleichen Art vorangehender Stufen — wohl auf *bedeutendere Bodenunruhe* schließen. Gesellt sich doch zu den Anzeichen neu auftauchender Inselschwellen ein ungleich stärkerer Vulkanismus. Schon die häufigen, kleineren Überflutungsanzeichen in der oberkassianer und älteren karnischen Zeit zeichnen örtliche Bodenschwankungen ab. So beginnen nach F. KOSSMAT 1900 die Kassianer Schichten im Tribusatal über dem Mendeldolomit mit Grundkonglomeraten, mit Schiefern und Kalkbrocken über dem Paläozoikum im Soura- und Idricatal.

Bei Cilli und südlich der Save entstanden über hornsteinführenden Plattenkalken bunte Kalkmergel mit Sandsteinbänken. 400 m mächtige Raibler Sandsteine und Schiefer mit Kalkzwischenbänken liegen im Ternovaner und Idrianer Plateau. In den Steiner und Julischen Alpen, auch im Friaul (Sappada) ging die Senkung der küstenfernen Tiefenrinne langsam weiter, denn es sind überwiegend Kalk- und Dolomitbänke abgelagert. Gegen S gehört wohl ein oberer Teil der Pseudogailtaler Schiefer mit ihren klastischen Einlagerungen, welche eine südliche Schwelle nach N abgab, noch zur karnischen Stufe. Damit wäre hier eine, wenn auch wohl unvollkommene Südgrenze gezogen für den breiten Trog der Julischen und Steiner Alpen.

Gegen O und SO war das Meer offen und setzte so die südalpine bzw. dinarische Wanne fort. Gegen W schiebt sich in die karbonatreichen Profile Mergel und Schiefer. Die *südalpine Geosynklinalmitte* aber ist aus der besonderen, über 500 m betragenden Mächtigkeit von Raibl in Kärnten und auch weiterhin ersichtlich. Hier gliederte man in der ziemlich allgemeinen Mergel-Kalk-Entwicklung der Südostalpen (kalkreiche Reingrabener Ausbildung):

Hauptdolomit

II. Torer Mergelkalke, Schiefer mit Myophoria; über 100 m Vertretung der Zone des *Tropites subbullatus*

Megalodus-Dolomit 100—200 m

I. Schiefer mit *Myophoria kefersteini*, Kalke
Taube Schiefer 200—300 m
Fischführende Schiefer, etwa 50 m.
Erzführender Kassianer Kalk.

I vertritt auch hier die Zone des *Trachyceras aonoides*.

Von westlich Pontafel an gegen S durch das Fellatal wird diese Raibler Kalk Mergel-Fazies im O abgetrennt gegen eine mehr sandige mit vulkanischen Tuffen im W. So wie schon bei Idria 30 m Tuff und Mergelschiefer auftreten, setzen vom West-Friaul ab gegen W die mergelig-kalkigen *Tuffbildungen* ein, *oft verbunden mit Schmelzflußlagern*. Diese Ausbildung herrscht, unterbrochen von der oft versteinerungsarmen Kalk/Dolomit-Fazies (Riffe in den Sextener und Ampezzaner Dolomiten, Überetsch in Südtirol, Lombardei zum Teil), weithin in den westlichen Südalpen.

Es ist überaus bemerkenswert, *daß ungefähr in den gleichen Gebieten kräftige Reliefformen des Meeresbodens neu geschaffen wurden*, die vorher nicht bestanden, und deren Häupter in Gestalt von überwiegend O-W-streichenden Inselzügen über den Spiegel des Meeres aufstiegen. Beweise sind *Schichtlücken*, *größere Mengen von Roterde-Rinden*, welche als rote Schlammfluten dem Sediment der benachbarten Senken einverleibt wurden; dies zusammen mit Sand, Geröll, Landpflanzen.

Diesbezüglich fällt vor allem die Tracht der roten Schlernplateauschichten auf, welche über dem oberen geschichteten Schlerndolomit aus roten, gelben Mergeln und mergeligen Kalken mit Dolomitbänkchen bestehen; eingelagert Konglomeratbänke verschiedenen Korns aus Augitporphyrgeröllen. Mächtige rote und braune Tonmassen mit Bohnerzlagern weisen an der Roterdspitze, z. T. bei Valparola, Sett Sass, am Antelao u. a. auf bedeutende Abspülungen aus einem roterdig verwitterten Inselgebiet hin. Weiter gegen O schalten sich Sandsteinbänke ein und die Erstarrungsgesteine der Schmelzflüsse nehmen an Menge zu. Magnet-Titaneisensand der Auswürflinge ist am Strand der Inselküsten gesammelt worden (Pelmo, Valparola). Festlandspflanzen der Inseln fehlen neben anderen Versteinerungen nicht. Lagenweise führen die Raibler Schichten von Ampezzo Gips. Sie zeigen nach M. Ogilvie-Gordon 1929 als festländische Tuffkonglomerate an einer WNW-OSO-Grenze gegen das flache Meer im N hin eine ausgeprägte Faziesgrenze.

Meist fehlen die Raibler Schichten weithin in Südtirol auf vulkanischen Gesteinen. Gröbere Konglomerate (R. Lepsius 1878, 90) führen an der Mendel meist Quarzite, welche man aus den Zentralalpen abgeleitet hat. Das würde recht große Inseln mit langen Flüssen bedeuten. In SW-Tirol ist teils (Überetsch) ein Übergang in die Kalk-Dolomit-Entwicklung, teils aber nach M. Vacek auch ein Ausfall der karnischen Stufe und eine Schichtlücke zu bemerken. Auch im Vizentin (Recoaro) fehlen die Raibler Schichten, wenn sie nicht durch gewisse eruptive Förderungen vertreten werden.

Die sehr wechselvolle Zusammensetzung der karnischen Stufe *in den Lombardischen Alpen* hat W. Deecke 1885 in einer Erstlingsarbeit erläutert. Von O gegen W wechselt zweimal tuffreiche und tufffreie Ausbildung. Ein kalkig-tuffiges Übergangsprofil gewährt das Brembanatal unter dem Hauptdolomit:

II. Rauhwacke und Gips teilweise mächtig; bunte Mergel, toniger Sandstein.
I. Versteinerungsführende Mergel, Kalkbänke, oben mit *Myophoria kefersteini*; Megalodusdolomit fehlt.
150 m bunter Tuffsandstein, kann gegen Kalk ganz auskeilen; den „tauben Schiefern" von Raibl entsprechend.
15 m fast versteinerungsfreie Plattenkalke, örtlich Saurier- und Fischreste; den Fischschiefern von Raibl entsprechend.
Ladinischer Esinokalk.

Sehr bedeutend schwellen die vulkanischen Tuffsandsteine am Ostufer des Lecco-Sees an, verschwinden gegen O zwischen Seriana- und Scalve-Tal, tauchen wieder auf am Iseosee, besonders im Trompia- und Sabbia-Tal, wo auch Sandstein und Konglomerat verbreitet sind. Diabasporphyrit und Melaphyrlager erscheinen. Schon jener Wechsel von vulkanischen und nichtvulkanischen Gebieten scheint auf Faziesgrenzen hinzuweisen, welche nicht etwa gleich mit dem ostwestlichen Gebirgsstreichen, sondern mehr in N—S verlaufen sind. Ähnlich hat auch A. Frauenfelder 1916, 308, auf mehr quer zum späteren Schichtstreichen liegende Faziesgrenzen für die karnische Zeit geschlossen.

Die unteren Kalke und Dolomite erreichen nach E. Truempy 1930 in der Grignagruppe 200 m und führen unten Knollen von Gagatkohle.

Alle diese Anzeichen starker Fazies- und damit Reliefunruhe können aber keineswegs allein auf die vulkanischen Massenverlagerungen der Tiefe bezogen werden: treffen wir doch ganz entsprechende Reliefwechsel auch dort, wo vulkanische Schmelzen nicht aufgestiegen sind. Andererseits aber hängen natürlich die tektonischen Verbiegungen der Erdrinde fraglos mit Unterströmungen zusammen.

Man hat gesagt, es haben sich doch die untermeerischen Kalk- und Dolomitbänke der Südalpen weithin ausgleichend über die durch das sehr ungleiche Wachstum der ladinischen Ablagerungen entstandenen Reliefunterschiede gelagert, woraus viel eher eine *wachsende Reliefruhe* zu entnehmen sei.

Demgegenüber muß hier neben dem schon oben S. 166 Gesagten (innenbürtiger Reliefausgleich bei Tauchgleichgewicht) darauf hingewiesen werden, daß solche Ausgleiche gewiß in den einen Gebieten vorhanden sind, in den anderen aber im Gegenteil die Beweise für neu geschaffene Reliefwellen vorliegen. Sie gehen zum kleinsten Teil auf vulkanischen Massenzuwachs oder auf ungleich schnelles Riffwachstum zurück, *müssen also tektonische Verbiegungen bedeuten.* Trifft dies aber zu, so kann für die karnische Zeit der Südalpen nicht von einer allgemein zunehmenden Beruhigung der innenbürtigen Kräfte gesprochen werden, sondern nur davon, *daß sich diese an neuen Orten geltend gemacht haben.* Die Orte der Erdrindenverbiegung haben sich gegenüber der ladinischen Zeit verlagert.

d) Die karnischen Bewegungen des Alpenkörpers

Die geosynklinalen Ablagerungsräume haben sich am Ende der ladinischen Zeit ziemlich allgemein herausgehoben. Denn die Grenze gegen die karnischen Schichten ist oft scharf; sie entspricht nicht selten einer Schichtlücke. Zwischen Lech und Loisach verwitterte die neu entstandene Insel aus Wettersteinkalk kräftig; sie verkarstete. Da und dort fanden sich Ungleichförmigkeiten ähnlicher Art auf Inseln aus Schlerndolomit im Süden. Durch heftige Vulkanausbrüche wurde die karnische Zeit in der südalpinen Wanne eingeleitet. Die Karn-Abteilung c griff dann in Südtirol-Venetien weithin über untertauchende Roterde-Inseln, auf denen vorher die Lava floß.

Der altkarnischen Hebungszeit folgte also eine erste Senkung und Überflutung während Abteilung b und teilweise noch c, danach eine Hebung und schließlich eine *jungkarnische Senkung.* Mächtig stieß der Festlandsschutt namentlich von N her in das Flachmeer vor. Insgesamt lassen sich die folgenden Merkmale der karnischen Hauptbewegungen feststellen:

1. Die beiden karnischen Flutsenkungen standen an Ausdehnung, aber nicht notwendig auch hinsichtlich der Tiefe *hinter den ladinischen zurück*. Die Meere erhielten mehr festländische Stoffe; die Schichtmächtigkeiten erreichten meist kaum ein Drittel. In der karnischen Spätzeit überzogen sich viel ausgedehntere Strecken des Meeresbodens beider Geosynklinalen und zwischen diesen mit Krusten von Anhydrit und Rauhwacke. Nur die küstenferneren Wannenteile behielten noch bis in die norische Zeit ihre Dolomitbildung bei.

Eine eustatische Meeresspiegelsenkung könnte die Zunahme der Festlandsschuttmassen, die ausgedehnten Sandlager mit Landpflanzen nicht erklären.

2. Wir beobachten zwar vielfach einen Ausgleich des ladinischen Riffreliefs (Südtirol). Dafür aber entstanden karnisch neue Schwellen und Senken. *An neuen Orten ging die umfassende Bodenbewegung auch jetzt weiter*. Weder vulkanische, noch Riffwirkungen, noch auch die Auslaugungen in salzigem Untergrund können das erklären; *nur innenbürtige Tektonik*.

3. Der Rand des vindelizischen Gebirgslandes im N bog bei Weyer (Oberösterr.) und in den Ammergauer Alpen kräftig gegen S vor. Die von diesem Schwellenland abgegebenen Sandmassen brauchen nicht gleichzeitig nach S wie nach N vorgestoßen haben. Sie können dies auch nicht: waren doch die Absatzbedingungen im festländischen N und im geosynklinal-ozeanischen S ganz abweichend. Zeitweise stärkere Heraushebung der Schwelle schüttelte wohl den Sand mitunter stärker ab. *Wir haben eine pulsartig beschleunigte Bewegung, welche für die Trias mit achtfachem Wechsel erkannt werden konnte.*

4. Trotzdem der vindelizische Sand bis in den tirolischen Faziesraum vorstieß, blieb doch auch jetzt die Eigenart der beiden Geosynklinalwannen ganz klar ausgeprägt. Eine mittlere, küstenferne Karbonatfazies liegt namentlich im NO beiderseits gegen S und N eingerahmt durch küstennähere Streifen. Der Mittelstreifen zeigt mit 400 bis über 600 m Mächtigkeit trotz Mangels an Sinkstoffen der Küste dennoch ungleich größere Schichtdicke, also raschere Senkung. Teilrinnen wurden nur unvollkommen durch Hallstätter Kalke neben den Riffschwellen gefüllt.

Gegenüber den zwei Hauptwannen hob sich das Festland im N und auch im W kräftig heraus. Der allgemeine Geosynklinalanstieg gegen W blieb also erhalten.

5. Ganz deutlich aber ist in das höhere Westgebiet die Wanne des Briançonnaisbogens als Senkungsgürtel um das penninische Festland mit seinen roten Quartenschiefern herumgelegt. Wieder verbindet dieser geosynklinale Muldenbogen wahrscheinlich die nördliche mit der südlichen Geosynklinale. Aber auch im O des Pennins bestand offenbar über unterostalpine Teilsenken, mittelostalpine und Silvrettadecke (mächtiges Ducan-Karn!) zwischen N und S über die Zentralalpenbereiche hinweg eine breite Meeresverbindung.

Die Zentralalpen lagen keineswegs, wie man früher glaubte, überwiegend über dem Meeresspiegel. Vielmehr erlauben die wenigen zentralalpinen Triasreste den Schluß, daß über zentralalpinen Untiefen im allgemeinen noch Seichtmeer flutete. Dies gilt im besonderen für die beiden Senkungszeiten im Unter- und im Ober-Karn, welche nach v. Woehrmann 1893 durch einheitlichere Fauna im N und im S (während Ib und II, nicht aber während a und c) ausgezeichnet waren. Dies schließt also Teilinselschwellen in den Zeiten höherer Lage nicht aus. Solche dürften beispielsweise den Ton und Feinsand nordwärts in jene Kalkalpendecken abgegeben haben, die am weitesten im S ihre Sedimente erhielten.

6. Auch im Karn blieb die Lage der geosynklinalen Hauptsenkung in der N- und S-Wanne noch erhalten, denn die breiten Innenstreifen der küstenfernen Karbonatausscheidungen und die gesteigerten Mächtigkeiten hielten sich im allgemeinen an die Gebiete der ladinischen Senkung, zugleich *an die Hauptstreifen späterer Narbentektonik.*

7. Weniger deutlich als für ältere Stufen können wir für die karnische den Zusammenhang zwischen gesteigerter Senkung und vermehrter Erdrindenverbiegung bzw. auch Schmelzflußverlagerung erkennen. Die Ereignisse lassen sich zeitlich und räumlich noch wenig abgliedern. Auch blieben die Höhenschwankungen nach oben und unten innerhalb der Geosynklinale zu wenig ausgeprägt. Die Zeit überwiegender Hochlage (Abteilung c) brachte aber — nach der umfassenden Reichweite der Sandeinspülungen wenigstens im N zu urteilen — jedenfalls eine Verringerung der Teilverbiegungen. Wahrscheinlich kommt darin die Wiederherstellung der vorher durch ungleichmäßigen Zug nach abwärts gestört gewesenen Tauchgleichgewichts-Höhenlagen zum Ausdruck.

Ein *vorübergehendes Erlahmen der absenkenden und den Boden in streichende Wellenverbiegungen zwingenden Kräfte* mag auch daran ersehen werden, daß die karnischen Faziesgrenzen in manchen Gebieten, besonders in den Lombardischen Alpen, nicht dem allgemeinen Alpenstreichen folgten, sondern quer zu ihm gingen.

8. Der Vulkanismus ist auch jetzt wieder in der entwicklungsgeschichtlich vorausgeeilten und darum beweglicheren südalpinen Geosynklinale gut entwickelt, weniger im zentralen Mittelostalpin, am wenigsten im N.

9. Die raumzeitlichen und damit wohl ursächlichen Beziehungen zwischen gesteigertem Vulkanismus und stärkerer Relief-, also Bodenbeweglichkeit bleiben aber auch im Karn unverkennbar. Stärkste Leistungen dieser Gemeinschaftsarbeit sah *das Innere der südalpinen Geosynklinale.* Wohl ausgeprägte Inselzüge erhoben sich hier in den Lombardischen Alpen, in Über-Etsch, im Bereich der roterdigen Schlernplateauschichten und SW Laibach. Aber auch im unterostalpinen Raum, in jenem der Karnischen Hauptkette und der Karawanken erschienen die *Beweise der Teilschwellen.* Zu ihnen traten die vielfach sehr kräftig schuttliefernden Aufwölbungen des vindelizischen Landes und seiner schweizerischen Massivfortsetzungen im N, sowie des penninischen Raumes im W.

10. Auch für die karnische Zeit kann aus dem raumzeitlichen Zusammenfallen von Faziesänderung, also Reliefwechsel und Bodenbewegung, mit dem Vulkanismus auf einen Bewegungsgang der alpinen Erdrinde geschlossen werden, der zielstrebig fortschritt unter Wahrung ganz bestimmter Grundbedingungen. Es kann keine Rede davon sein, daß die ganze karnische Stufe einer „Hochbauzeit" entsprechen würde. Sie gleicht einer solchen wohl mehr als andere alpine Triasstufen. Doch zeigt auch sie noch, wenngleich in abgeschwächter Form, *zwei klare Ansätze zum formenden Abbau der Tiefe.*

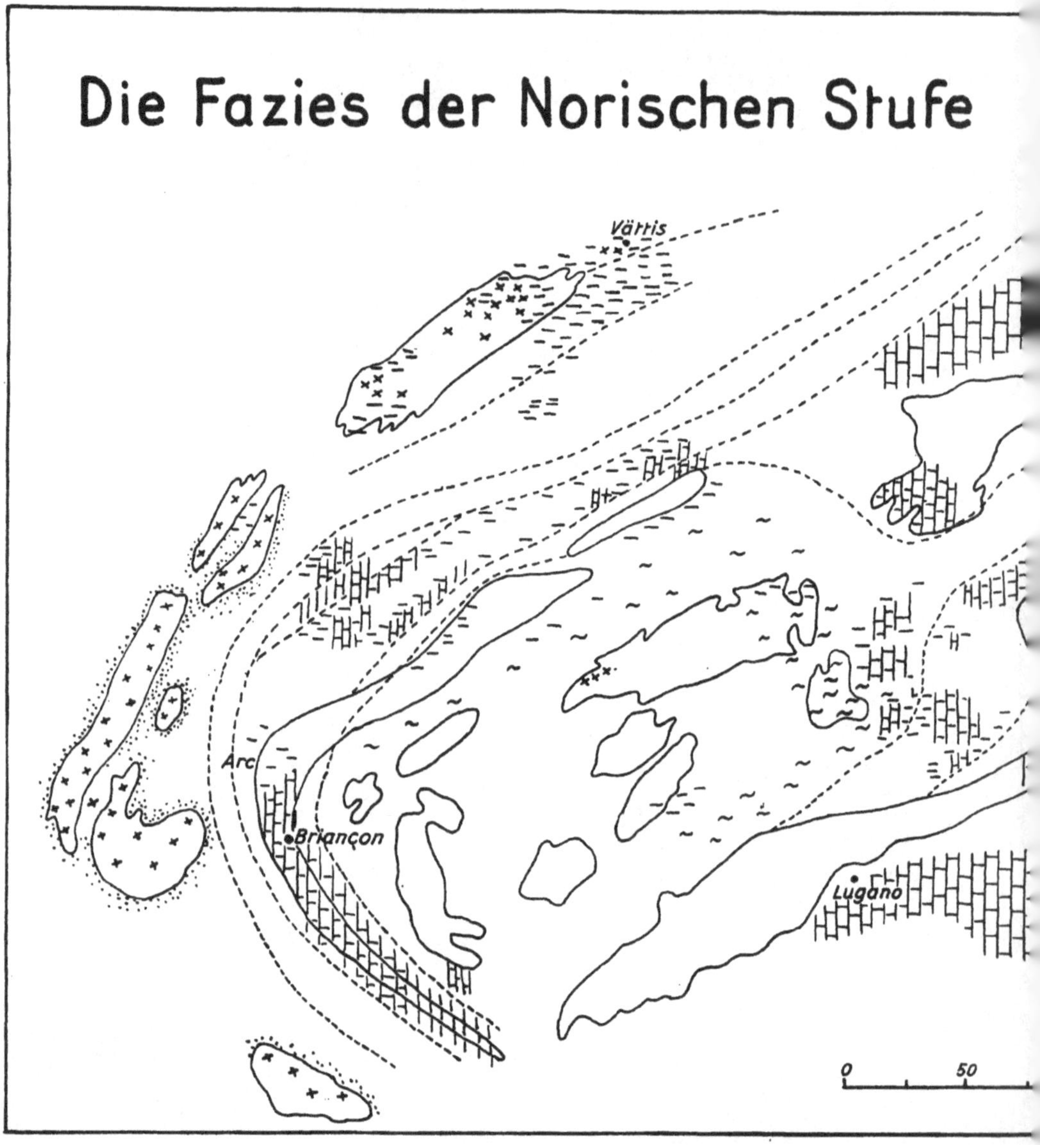

Abb. 36. Die Fazies der Norischen Stufe in den A
Dachsteindolomit. *2* Überwiegend Dachsteinkalk. *3* Korallen
bachkalke. *5* Hallstätter Kalkfazies. *6* Quartenschiefer, Rotsc
Sediment. Die Umrisse der heutigen

ademie-Verlag. Berlin
der DDR am 15. 8. 1961 VIII · K 2 · D · VI · 4/61 Nr. 226

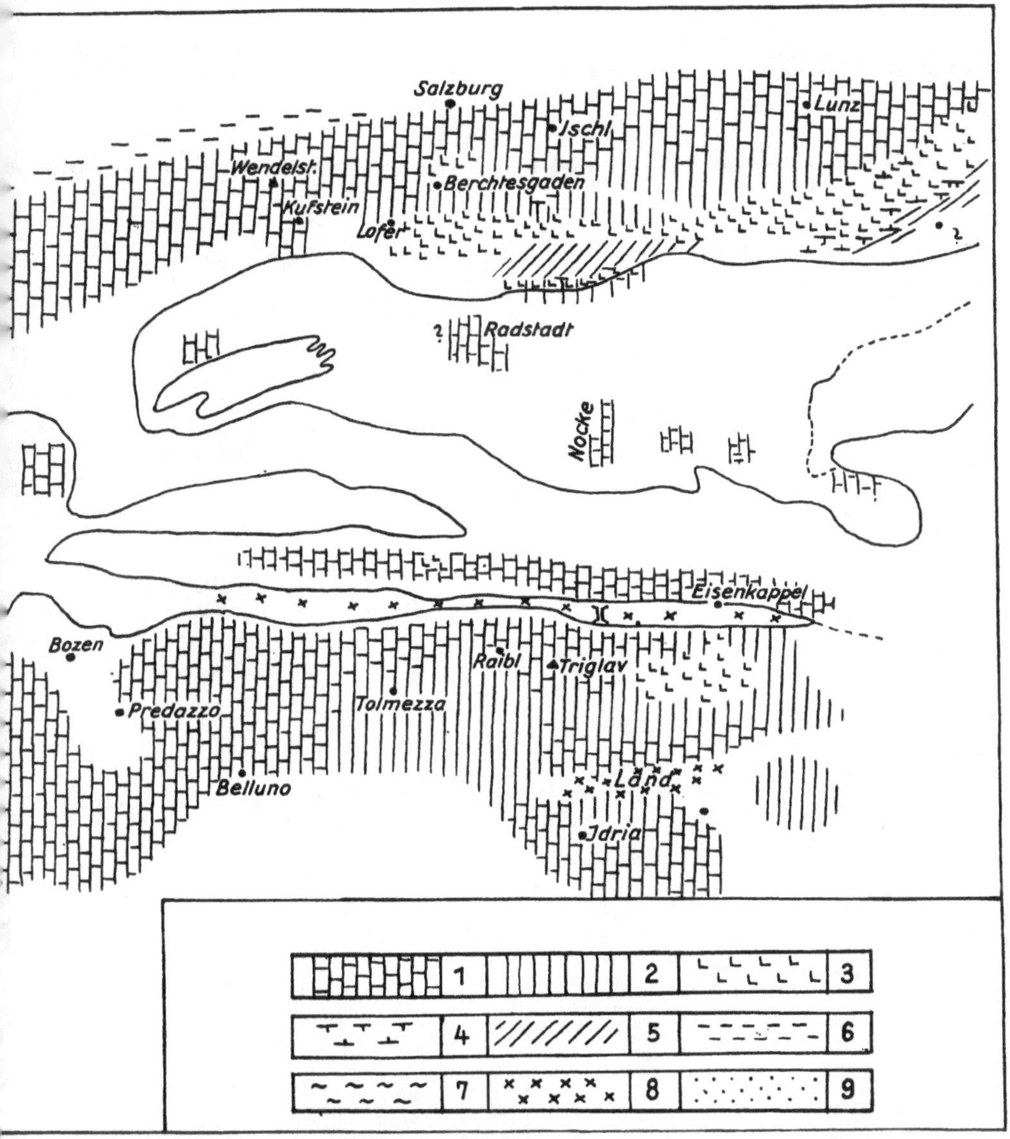

olomit, darauf oft Plattenkalk, Oberer Ramsaudolomit,
Linsen von Hallstätterkalk. *4* Schwarze, Aflenzer, Zlam-
n (festländisch). *7* Glanzschiefer. *8* Festland. *9* Klastisches
d zur Orientierung mitgezeichnet.

5. Die norische Hauptflut

Auf die karnische Zeit mit überwiegender Hochlage und kräftiger Festlandseinwirkung folgte in den alpinen Geosynklinalen *die Hauptzeit allgemeiner Absenkung und Meeresherrschaft* während der norischen Stufe. Sie überspannte das ganze Alpengebiet, also beide Geosynklinalen und weithin auch die zentralalpine Zwischenschwelle, abgesehen von dem penninischen Raum. Damit wiederholte sich in noch einheitlicherer Weise die ladinische Flut.

a) *Die norische Füllung der nordalpinen Geosynklinale*

Überall füllte sich die nordalpine Wanne mit mächtigen, meist ton- und sandfreien Kalk- bzw. Dolomitmassen. Wie ein Blick auf Abb. 36 zeigt, haben sie eine erstaunliche Verbreitung und sehr gleichartige Ausbildung. Es ist der hellbräunlich-grauliche, mehr oder weniger grob gebankte *Hauptdolomit*, der weithin durchzieht und, abgesehen von dem ladinischen Kalk und Dolomit, die meisten der kalkalpinen Berggipfel aufbaut. Sein Hauptbezirk im N ist Vorarlberg-Nordtirol-Wiener Becken. Er liegt dort, wo sich während der vorangegangenen Stufen ein weniger tiefes Meer ausgebreitet hatte. Flachmeer dürfte auch jetzt geherrscht haben, denn wir haben Anlaß, diese dolomitische Ausbildung, welche wohl überwiegend erst nachträglich, diagenetisch, aus bituminösem Kalksediment entstand, in ähnlicher Weise als eine Hinterlassenschaft von durchsonntem Flachmeerwasser anzusehen, wie dies auch für die Dolomite des germanischen Triasbeckens (E. Kraus 1925) oder auch etwa für jene des ostbaltischen Devons (E. Kraus 1931, 338) zutrifft. Anfangs auch innen, später noch gegen die äußeren Wannenteile zu über der küstennäheren Sandsteinfazies der Raibler Schichten herrschten diese dolomitbildenden Bedingungen, während *im Beckeninneren die Kalkfazies* weiterwuchs und sich erhielt.

Diese wird im W durch den *Plattenkalk*, teilweise Plattendolomit, vertreten, welcher im Allgäu kaum 50 m, in Oberbayern-Nordtirol aber schon 200—400 m mächtig die höheren Hauptdolomitteile ersetzt. Im O von Lofer-Reichenhall setzt sich die Kalkfazies fort mit dem gut gebankten *Dachsteinkalk*, der auch dolomitisiert sein, bzw. in (oberen) Ramsaudolomit übergehen kann.

Solcher Übergang vollzieht sich nicht nur von W gegen O, sondern im Salzkammergut auch von N gegen S: Während im N, in dem bajuvarischen Faziesstreifen (Langbathscholle) — Ternberg — Waidhofen a. Ybbs) und im N-Teil des tirolischen Streifens noch der gegen S auf über 1000 m anschwellende Hauptdolomit herrscht, verwandeln sich südwärts dessen obere Teile weiter und weiter herab in Plattenkalk. Rund 28 km südlich vom tirolischen Nordrand verschwinden (im Salzkammergut) die von N hereinreichenden Trübungen im Dolomit und Kalk. Sie verwandeln sich unter weiterer Mächtigkeitszunahme um 200—300 m in hellen Dachsteinkalk und -dolomit (E. Spengler 1918, 33). Damit ist also auch von N her die Dachstein- oder Berchtesgadener Fazies erreicht (vgl. Cl. Lebling 1914, 4). Es setzt aber nun, zuerst nesterweise, südwärts — zunächst von einem Streifen Hochgebirgs-Korallenriffkalk abgetrennt, dann in breiterem Gürtel — der weiße und rote Hallstätter Kalk ein.

Gleiche Übergänge von N her, jedoch auch gegen S zu finden wir vom Hochkönig über das Dachsteingebiet auch noch ostwärts: südlich z. B. in der südlichen Warscheneck-Gruppe bei Liezen und am Südabfall des Gahns.

Die Mächtigkeit des Hauptdolomits steigt z. B. auch auf Blatt Schneeberg-St. Ägyd von der Lunzer Decke (700 m) zur Ötscher Decke (1200 m) und wird unten südwärts durch norischen Hallstätter Kalk, von oben her durch Dachsteinkalk vertreten (Wildalpe). Das sind also weithin durchlaufende Züge.

Darum bedeuten diese streichenden Fazieswechsel Gleiches wie etwa für die karnische Zeit: *sie spiegeln den Verlauf der nordalpinen Geosynklinale wider.*

Ostteil der nördlichen Kalkalpen

Von N wirkte das vindelizisch-böhmische Festland herein durch vorgeschobene grünliche oder rote Tonzwischenlagen, die man da und dort im Hauptdolomit gefunden hat, wie etwa die an die Karpaten erinnernden keuperartigen Lagen im N von Wien. Im N führt der bajuvarische Streifen der Langbathscholle und der tirolische Nordrand (Burgau, v. Pia 1912, 567) Kohleflözchen bzw. Treibholz. Von S her dürften die roten Schlamme wohl auf dem Luftweg hineingeraten sein, welche die bedeutend eingesenkten Hallstätter Rinne zwischen den Korallenriffschwellen aus einem, zu Roterde verwitternden südlichen Kalkfestland erhielten. Denn wegen der nesterweisen Verteilung dieser roten Kalksteine auch in den Riffen, wegen des Reichtums an Zephalopoden ist hier an roten Tiefseeton nicht zu denken. Wie sollten auch in einen solchen Festlandspflanzen wie Pterophyllum hineingekommen sein? Auch erscheint am Südrand noch schwarzer Kalk der Aflenzer oder Zlambach-Entwicklung in Fortsetzung der küstennäheren Reingrabener Schichten des Karns.

Das schließt freilich noch keineswegs eine *sehr kräftige Rinnenbildung zwischen den Riffuntiefen* aus. E. Spengler verglich 1918 die Gesamtlage mit dem heutigen Faziesbild an der NO-Küste von Australien, wo gleichfalls zwischen langgezogenen Riffen eine Absenkung des Meeresbodens unter 1000 m Wassertiefe vorliegt. Die pelagische, gering (kaum 200 m) mächtige Rinnenfüllung, die im tiefen Stillwasser unter guter Erhaltung niedergesunkenen Zephalopodengehäuse sprechen offenbar für eine solche Größenordnung in der norischen Zeit. Sedimentpetrographische Ergebnisse sprechen für seichteres Meer.

Wir gelangen somit zu der gleichen Ansicht wie für die älteren Hallstätter Kalke, welche gleichfalls in nicht allzu großer Entfernung von südlichen Küstenstrichen *ganz deutliche Rinnen zwischen streichenden Schwellenzügen* anzeigen dürften. Nur fehlte hier der reichliche Tonschlamm, so daß die Beckenfazies nicht aus Tonschiefermassen besteht. Der Schlamm des Landes, soweit er überhaupt reichlicher anfiel, wurde irgendwo vorher abgefangen. Vgl. S. 139, 168.

Diese Umstände der Faziesverteilung werden für unsere Fragen nach den norischen Erdrindenbewegungen in dem Augenblick bedeutungsvoll, in dem sie als Äußerungen der Bodenverbiegungen gedeutet werden können. Da dieses Relief außenbürtig nicht geschaffen worden sein kann, *muß es innenbürtige Verbiegungen anzeigen.* Auch im S der östlichen Kalk-Nordalpen müssen solche Schwellen und Senken also auf streichende Sattel- und Muldenanlagen hinweisen. Sie entstanden wiederum *während einer allgemeinen Absenkung.* An ihr hatte auch der weite Hauptteil der Nordalpen-Geosynklinale Anteil, was an den die 1,5, ja 2 km betragenden Mächtigkeiten der norischen Karbonatmassen unschwer abgelesen werden kann. Dies um so mehr, als ja durch große Profilmächtigkeiten die Fazies völlig gleich blieb, ja nach oben nicht etwa auf seichteres Meer, sondern (Plattenkalk, Dachsteinkalk!) eher auf ein etwas tieferes Meer schließen läßt. Wiederum sank über der breiten Wannenmitte der Boden unbeirrt nach unten und belud sich nach Aufbürdung der ladinischen Last nun mit der norischen. Sogar bedeutende Bitumenmassen gerieten so in die Senkungsfalle, wurden dem außenbürtigen Stoffkreislauf entzogen und fein verteilt oder als Bitumenschiefer im Sediment festgelegt.

Aber diese verschluckende Absenkung war wiederum nicht allenthalben von gleicher Stärke. Denn in gewissen Grenzen fallen auch jetzt wieder die faziellen Anzeichen für Küstennähe, zum wenigsten gegen N zusammen mit geringeren Schichtmächtigkeiten, also — bei gleichbleibender Flachwasserfazies — mit schwächerer Absenkung des Wannenbodens in Richtung auf das Festland. Diese Absenkungsminderung ergibt sich ohne weiteres aus dem Schwinden der Mächtigkeiten von 2000 m im Inneren bis auf wenige 100 m im bajuvarischen Nordrandstreifen. Freilich läßt dieses Hauptgebiet der Wannen keine Teilfaltungswellen erkennen wie das südliche Randfeld. Entweder konnte die bereits mit einer mächtigen, starren ladinischen Platte eingedeckte tirolische Mitte nicht feiner verbogen werden oder die Abwärtsbewegung war unter ihr einheitlicher. Vermutlich war beides im Spiel.

Im Westen von Lofer-Reichenhall

verliert sich die erkennbare Teilverbiegung im S, in der Hochgebirgskorallenriff- und Dachsteinfazies, und es herrscht nur der seichtmeerische Hauptdolomit mit seinem in der Wannenmitte am stärksten gewordenen Plattenkalk. Damit *verflacht sich ganz im allgemeinen westwärts das Meer* — eine uns bereits seit der skythischen Stufe bekannte Erscheinung.

Aber auch hier im nordtirolisch-bayerisch-vorarlbergischen Westen war es wieder die *Wannenmitte,* welche sich ungleich bedeutender senkte (1,5—2 km) als die nördlichen und westlichen Randstriche der Geosynklinale. Dabei springt die Mächtigkeit von N gegen S auf verhältnismäßig geringe Entfernung örtlich ziemlich rasch. So im Wendelsteingebiet, wo für S IV mit 110—150 m, für das südlich benachbarte S VI aber 1200—1400 m Mächtigkeit angegeben werden. Auffallend sind die Schwankungen *im Streichen* auch etwa im südlichen Roßstein-Buchstein-Gebiet, wo nach K. Boden 1935 die Mächtigkeiten nach nur 6—8 km auf das Doppelte steigen (von 600—1000 auf 2000 m).

Das sind Anzeichen für *ganz bedeutende Achsenhöhenschwankungen der während der Ablagerung ungleichartig niedersinkenden Mulden.*

Beim Vergleich mit den Mächtigkeiten der ladinischen Zeit bemerken wir zugleich, daß sich der Ort der stärksten Senkung norisch um ein gewisses *Stück nordwärts verlagert hat.* M. Frank (1934, 106, 1935, 431) konnte diese Tatsache aus einer Reihe von Querschnitten ableiten, deren wir hier in Abb. 28 und 29 einige wiedergeben. So lag die ladinische Hauptsenkung für die Lechtaler Alpen an der Heiterwand der Inntaldecke, die norische nördlich davon in der Lechtaldecke, und für die Liasmächtigkeiten ist sie bereits zweigeteilt beiderseits der Schwellenkalkfazies in der Lechtaldecke. Ebenso verlagerte sich der Ort der Hauptsenkung von der Zugspitze (nördliches Übergangsgebiet zwischen Inntal- und Lechtaldecke), wo er ladinisch-karnisch lag, nordwärts in die Lechtaldecke der südlichen Ammergauer Berge, ja im Lias bereits in die nördlich folgende Allgäudecke.

Wieder stehen wir vor zwei Möglichkeiten: Entweder war die Verlagerung eine solche der absenkenden Hauptkraft gegen N oder sie war — bei gleichbleibender Innenwirkung — die Folge der Plattenverdickung, derzufolge nur noch die Außenteile der triadischen Karbonatplatte dem Hinabbau folgen konnten. Weil die Dickenunterschiede der ladinischen Platte in Inntal- und südlicher Lechtaldecke

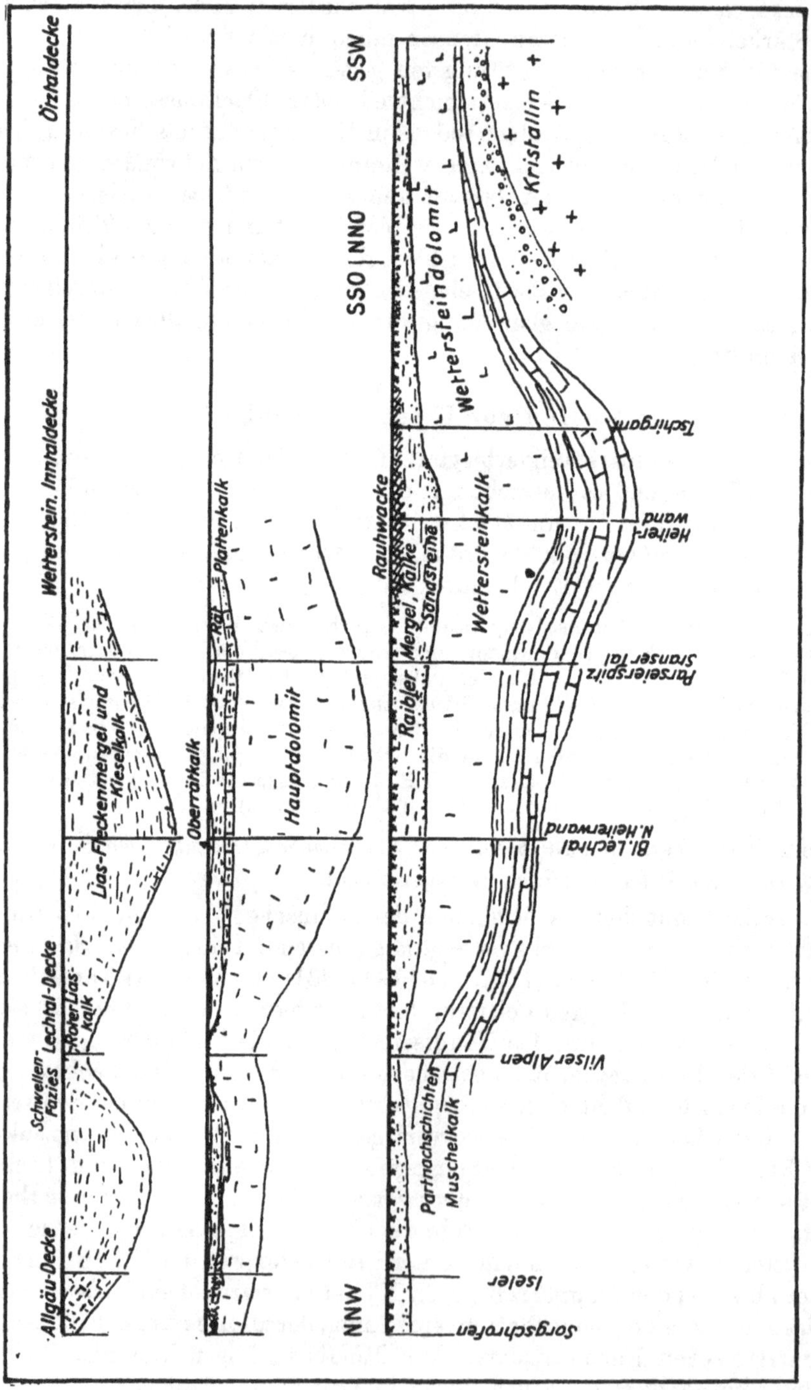

Abb. 28. *Verlegung des Hauptsenkungsortes vom Anis* (unten) *zum Lias* (oben) *gegen N.* Faziesquerschnitt der Nordkalkalpen' im Meridian der östl. Lechtaler Alpen nach M. Frank 1934, Tafel.

nur gering waren, die Verlagerung trotzdem eintrat, wird man sich hier wohl *für die erste Möglichkeit* entscheiden.

Jedenfalls aber sehen wir im Bereich der dicken Platte keine Teilverbiegungen des geosynklinalen Bodens, sondern nur einen einzigen, sich nordwärts verschiebenden Wellenzug. Die Querschnitte Abb. 28 und 29 zeigen im übrigen, daß die Herrschaft dieser Großverbiegungen *durch das Dazwischentreten der Zyklen mit*

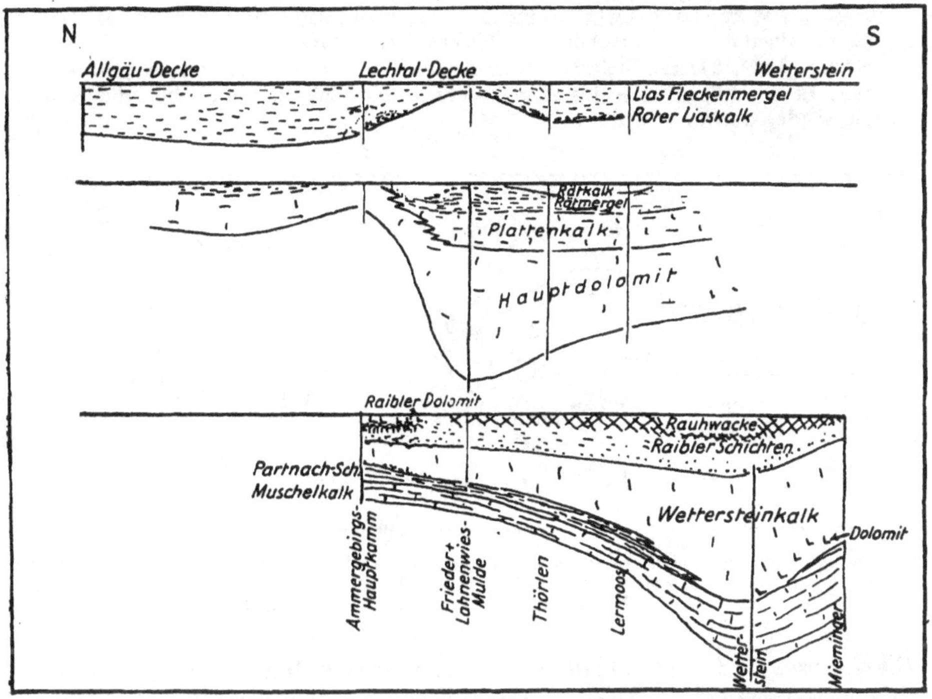

Abb. 29. *Bodenverbiegung im Faziesprofil Anis* (unten) — *Lias* (oben) *der nördlichen Kalkalpen* im Meridian der Zugspitze nach M. Frank 1934, Tafel.

ihren Tief- und Hochbauzeiten in keiner Weise gestört wurde. Auch während (vgl. Mächtigkeiten der karnischen Schichten!) und nach den beiden karnischen Tiefbauzeiten gingen sie, wenn auch mit verlagertem Hauptsenkungsort, weiter.

Daß es auch in diesem Fall unmöglich ist, die über 1,5 km betragenden Mächtigkeiten bei der durch Jahrhunderttausende gleichbleibenden Fazies durch Meeresspiegelhebungen und -senkungen zu deuten, dürfte klar sein. Wir haben also *wirkliche tektonische Bodenbewegungen*, welche ihrerseits unmöglich verstanden werden können ohne entsprechende Massenverlagerung in der Tiefe.

Auch soweit die fortschreitende Auflösung unterirdischer (skythischer) Salzlager mitspielte, müssen ja Bodenbewegungen innerer Art angenommen werden. Andernfalls würden durch die tonigen Auflösungsrückstände bald die Zufuhrwege des Wassers verstopft worden sein. Doch kann auch dann diese Salzauflösung keineswegs die ganz großen Bewegungen erklären, fehlen doch ohne Zweifel entsprechend mächtige Salzlager. Das Übergeordnete war somit in jedem Fall die tektonische Bewegung.

Auch *westlich des Inn* finden wir im N und S die randlichen Einwirkungen des Festlandes auf unsere nach wie vor versinkende Wanne: Im N sind für Vorarlberg-Allgäu-Südbayern an vielen Orten die Zwischenschaltungen von graugrünen oder roten Tonschiefern und Mergeln bekannt geworden (in der Allgäudecke an der Bregenzer Ach sind es freilich nach Benzinger 1929, 428, eingeschuppte Kössener Schichten): SO Hindelang (K. Reiser 1922, 77), SW Pfronten, bei Farchant, OSO Krünn (F. Trusheim 1930, 19), Schliersee (E. Dacqué 1912, 19 in Allgäudecke), Hochfelln (L. Noeth 1926, 431), Kampenwand, Wendelstein (K. Osswald 1929, 24; nördlich Lechtaldecke). Nach dem landnäheren N gibt es nach K. Reiser in der Allgäudecke des Allgäus keinen Plattenkalk mehr (auch die Kössener Schichten werden dorthin sehr dünn).

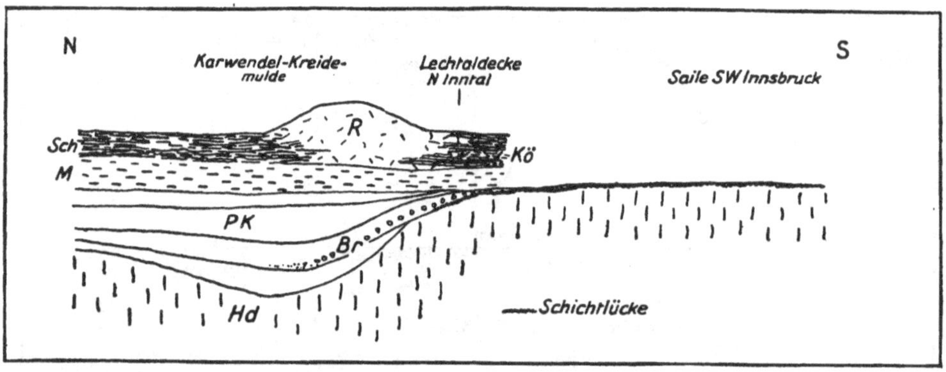

Abb. 30. *Schema der obernorischen und rhätischen Ablagerungen im Karwendelgebirge* nach P. Vollrath 1930, 333, stark verkürzt. *Hd* Hauptdolomit. *Pk* Plattenkalk, darin *Br.* Brekzien. *Kö.* Kössener Schichten, darin *M* Mergel und Kalke. *Sch.* Schiefermergel vorwiegend. *R* Riffkalk.

Die obernorische Zeit brachte der nordalpinen Geosynklinale wieder eine an vielen Stellen *nachweisbare Heraushebung.* Davon zeugen die ausgeprägten Brekzien und Konglomerate im oberen Hauptdolomit und im Plattenkalk sowie die Abtragungsflächen auf beiden.

So hat P. Vollrath 1929, 330, auf die *obernorische Abtragung* des rascher aufsteigenden geosynklinalen Südrandes am Inntal geschlossen und dies in Abb. 30 dargestellt (vgl. Clark, Dissert. 1887, 11). Auf solche wies 1930, 24, besonders wieder F. Trusheim hin. Die im Karwendeltalbereich bis 15 m mächtigen Feinschuttlager mit Korngrößen bis 5 cm können nicht untermeerisch gebildet sein. Sie waren ja nicht nur zu verfrachten, sondern vorher auch loszubrechen, und zeigen an ihrer Form, daß sie bereits hart gewesen sein müssen. Unter dem Meeresspiegel können solche Leistungen und derart mächtige Anhäufungen nicht erwartet werden. Darum muß der Meeresboden wiederholt da und dort in den Bereich des Wellenschlages emporgerückt worden sein. Auf Gleiches weisen die bis 25° betragende Schräg- und Kreuzschichtung hin und die bis 10 cm langen Kalkplattenscherben, die gleichförmig zwischen Plattenkalk liegen und noch weniger unterhalb der Brandung losgebrochen sein können. So sammelte ich z. B. im Hauptdolomit der Lechtaler Alpen wiederholt jene Geröllchen, besonders schön an angewitterten Flächen als gerundete oder runde, Millimeter- bis 1 cm starke Geröllchen erkennbar (Roter Stein bei Berwang).

Auch weiter im O kehren nach K. Leuchs gleiche Erscheinungen im Plattenkalk des Rofans und des Eiberger Beckens wieder. Im südjuvavischen Bezirk wurden, wie oben S. 162 gesagt, ähnlich schon die ladinischen Gesteine abgetragen und in der Zentralalpentrias bis zum Ducan erscheint über dem Hauptdolomit vielfach eine Schichtlücke.

So wie hier gegen die südliche vermehren sich auch gegen die nördliche Wannenumrahmung die Wiederabtragungsspuren in Gestalt von Brekzienzwischenlagen des Plattenkalks (Allgäudecke: Bregenzer Ach-Oberstdorf-Hindelang; Nordrand der Lechtaldecke am Hirschberg bei Tegernsee, nordwestlich Ruhpolding u. a.; M. Frank 1934, 105). Dieser nördliche Wannenrahmen hob sich über den Meeresspiegel und wurde vielfach abgetragen.

Es prägten sich somit N- und S-Rand unserer nordalpinen Geosynklinale wieder ausgezeichnet aus, nicht allein alterdkundlich, sondern auch tektonisch.

Allgemein ist im Nor der rasche Fazieswechsel Dachsteinkalk- bzw. Plattenkalk-Hauptdolomit zu beachten, wie ihn im NO die karnische Zeit, im SO unserer Wanne das Wechselspiel Dachsteinriffkalk-Hallstätterkalk brachte (G. Geyer 1913, 286). Solcher rascher Fazieswechsel in Zeit und Raum innerhalb sehr mächtiger Schichtpakete, wobei aber doch immer wieder zur gleichen Fazies zurückgekehrt wird, *beweist das außerordentliche Festhalten an bestimmten faziesbedingenden Zuständen durch sehr lange Zeit* trotz örtlicher Schwankungen und immer weiter wachsender Mächtigkeiten. Da hierbei die Wiederkehr immer der gleichen Reliefformen und Meerestiefen maßgebend ist, so fällt die Hartnäckigkeit auf, mit der trotz aller allgemeiner Senkung doch die gesteigerte, zur Muldenbildung führende Absenkung hier, die geringere, zur Bildung verhältnismäßig höherer Sättel führende Senkung dort, *also die wellige, faltende Verbiegung beibehalten wurde.*

Vindelizien und Westalpen

Wir versuchten schon oben S. 169 die Schicksale des germanischen Nachbarbeckens mit den Ereignissen im Westteil der nordalpinen Geosynklinale zeitlich zu verbinden, denn es war hieraus ein besseres Verständnis für den Gegensatz außergeosynklinaler und geosynklinaler Bewegungsart zu erwarten. Da Versteinerungen noch zu spärlich gefunden wurden und der Vergleich nach den Gesteinsfazies wegen der selten guten und in den Alpen oft sehr verdrückten Profilstücke nicht recht zum Ziel führen konnte, bleiben noch viele Unsicherheiten.

Es entspricht aber den bisherigen Beobachtungen und der Erfahrung, daß der Vindelizische Rücken keine grundsätzliche Schranke für die großen Vor- und Rückfluten war, wenn wir laut Übersicht S. 172 die große Zeit der Meeresbedekkung und Senkung im alpinen Ladin und Rötidolomitmeer mit jener des Hauptmuschelkalkmeeres gleichsetzten; wenn wir danach auch die folgenden Bildungen und Zeiten verhältnismäßig höherer Lage der Erdrinde gegenüber dem Meeresspiegel (Raibler Schichten der Geosynklinale, Quartenschiefer, germanischer Mittelkeuper) in der Hauptsache zeitlich einander gleichsetzen. Darüber spielte sich dann in beiden Gebieten gleichmäßig, wenn auch unter Verbrauch einer sehr langen Wanderungszeit, der Vormarsch des neues Meeres mit der Rhätfauna ab.

Wegen Mangels an Versteinerungen ist es in den Westalpen noch ganz unklar, wie weit die Erscheinungen des Meeresrückzuges, der Wiederzerstörung des oberen Rötidolomits, der Ablagerung von landpflanzenführenden Sandsteinen und Konglomeraten (Erstfeld, Gadmertal, Lauterbrunnental, Bietschhorn S, Chamonixmulde), also die Hebungserscheinungen auf die karnische oder erst die norische Zeit zurückzuführen sind. Jedenfalls aber bestand zwischen Rötidolomit und Rhätlias überall in diesem autochthonen und noch in den helvetischen Bezirken *Hochlage*, nicht aber geosynklinale Versenkung.

Man kann nun erwarten, daß die allgemeine norische Senkung der nordalpinen Wanne sich auch in deren westalpiner Fortsetzung geltend machen konnte, daß also das Quartenschieferfestland, welches das germanische Keuperland von seinen äolischen Knollenmergeln her südwärts fortsetzend über Tafel- und Faltenjura (M. Frank 1930, 384) und über die Massive hinweg in den helvetischen Streifen und noch im penninischen Raum entwickelte nun im Klippen-Präalpen-Streifen stärker gesenkt worden ist als zu karnischer Zeit. *Dies ist nun in der Tat der Fall.*

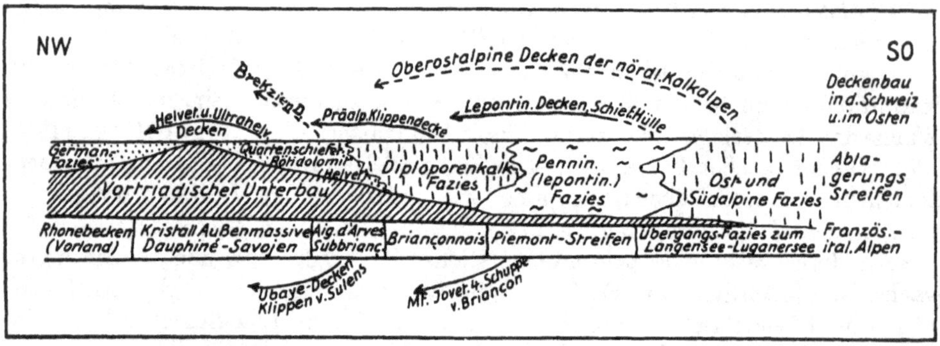

Abb. 31. *Triasfazies und Decken der Westalpen.* Schema der Auffassung von W. Kilian & J. Révil 1908, II, 1, 320. Die *gestrichelten* Pfeile der Deckenverlagerung entsprechen nicht der Auffassung des Verfassers (Begründung 1936, Band I).

Finden wir doch z. B. über den sandig-dolomitischen Raibler Schichten der Zwischenmithen neben roten Tonen, grünen mergelig-dolomitischen Bänken auch graue, oft plattige Dolomitbänke, zusammen 38 m, also einen guten Übergang von einem Land im N und S mit Quartenschiefer in die Klippenwanne mit Hauptdolomit. Kein Wunder, wenn hier die festländische Nachbarschaft noch kräftig mitspricht. Verzahnt sich doch schon der Hauptdolomit im O randlich öfter mit den gleichen Rotschiefern und entspricht es auch dem ganz allgemeinen Grundsatz, an dem auch in den älteren Stufen unbeirrt festgehalten worden war: Aus dem ungleich breiteren, mit küstenfernen und im Inneren sehr mächtigen Dachsteinkalken, weiter westlich nur noch mit dünneren Plattenkalken erfüllten Geosynklinalbecken der Nordalpen im O des Inndurchbruchs entwickelt sich westwärts unter bedeutender Verschmälerung die ziemlich reine Dolomitfazies. Sie bedeutet zugleich wachsende Verflachung und, wegen Mächtigkeitsschwund, auch verminderte Absenkung der kalkalpinen Wanne. Jetzt sehen wir in der westlichen Klippenfortsetzung noch geringere Hauptdolomit-Mächtigkeiten, dafür aber stärkere Anteilnahme festländischer Rotschlamme an der flacheren Wannenfüllung — ähnlich wie in der NO-Fortsetzung in Oberschlesien und in den Karpaten. Und so geht dies auch in der Klippendecke der Präalpen nach W weiter — soweit die nachfolgende Abtragung dies an den erhalten gebliebenen Resten noch erkennen läßt.

Wir sehen den Kampf zwischen dem Meer in der langsam niederstrebenden Senke und dem mitunter, besonders später, wohl während der obernorischen Hebung siegreich vordringenden Stoffwechsel des umgebenden Festlandes mit seinen bunten Mergeln. Am längsten konnte sich der Westausläufer des nordalpinen Geosynklinalmeeres in den nun zuerst sichtbar werdenden beiden Teilsenken der Präalpen-Doppelwanne erhalten, also weniger in dem diese trennenden Absatzraum der Brekziendecke (50 m Dolomit, Kalk unter Mergel) und der nördlichen Klippendecke, sondern mit bis 100 m dolomitischen Kalken in deren Südteil und wahrscheinlich in der südlich an die Brekzien-Teilschwelle anschließenden *Simmendecke* (rauchgrauer Dolomit), wo sich bereits die älteren Triasglieder bedeutend verdickt und durch Senkung zu einer Gliederung nach „ostalpiner" Art auseinandergezogen hatten.

Gleiches bieten die Fortsetzungen: Aus Savoyen berichtete M. Lugeon über dem salinaren Raibler Stockwerk von Hauptdolomit, oben mit Kalk und Rauhwacke, überlagert auch hier von den obernorisch vordringenden Festlandsschlammen der roten und grünen Mergelschiefer unter dem Rhät (Klippendecke). Das geht fort im Briançonnais, wo nach W. Kilian wieder über den Gipsen und Anhydriten des Col du Galibier die feinkörnigen, wohl geschichteten norischen Dolomite des Pas du Roc, darüber die roten und grünen Schiefer der Maurienne unter dem schwarzen Rhätkalk liegen. Der Hauptdolomit ist auch durch Versteinerungen erwiesen und baut zusammen mit ladinischen Diploporendolomiten (Abb. 21, 135; 31, 136) wiederum Bergformen nach Art der Nordkalkalpen. Die geosynklinale Rinne lief weiter gegen SO durch die Seealpen gegen Genua sowie in die Ligurischen Alpen, wo die äußerst mächtigen Dolomite mit *Worthenia solitaria* und *Gervillia exilis* schließlich überleiten zu den berühmten Marmoren von Carrara. Über den ammonitenführenden Kalkbänken, welche den Raibler Schichten Venetiens gleichen, folgen in den Seealpen die kieselreichen grauen Plattenkalke wahrscheinlich der norischen Zeit. Die Lage gegen W hin zeigt Abb. 32. Es ist sehr wahrscheinlich, daß die Zeit der übergreifenden Nor-Senkung das Vorrücken der klastischen Sedimentation gegen die Teilmassive im W brachte (G. Richter 1938, 139).

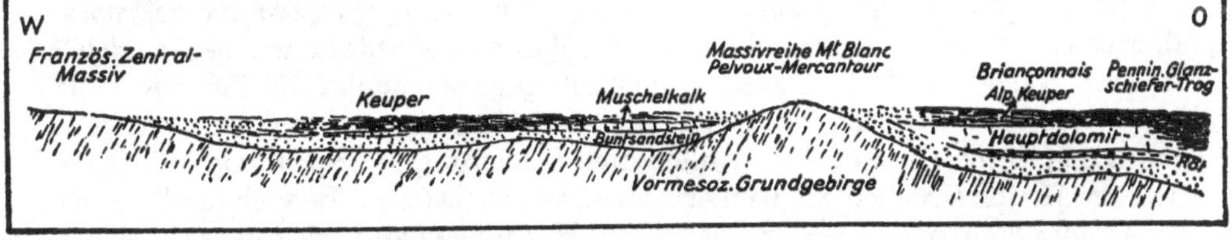

Abb. 32. *Triasfazies zwischen Französischem Zentralplateau und Alpen.* 12fach überhöht. Nach G. Richter 1938, Abb. 33.

Der penninische Innenraum

dieses großartigen geosynklinalen Westalpenbogens scheint nur noch auf den Inselschwellen die rote Festlandsfazies der Quartenschiefer beibehalten zu haben. Dolomitische und kristalline Kalke der Piemontzone gehören nach S. Franchi 1896, 1898 teilweise in Sattelaufragungen unmittelbar unter den Glanzschiefern zur Obertrias (Abb. 33). Aber auch die Hauptmasse der dort verbreiteten Glanzschiefer (Kalkschiefer, Phyllite, Glimmerschiefer) zählt wohl im unteren Teil schon hierher. Die Lage der Dinge ist noch wenig klar. Untergeordnet treten streifenweise Dolomitbänke, dolomitische Brekzien, Sandsteine, Quarzite, auch Gipse auf (zusammen bis 150 m), welche oft in ganz allmählichem Seitenübergang (im SW z. B. nach Ch. Lory) und vor allem nach oben in die Glanzschiefer übergehen. Tiefere Quartenschiefer laufen noch z. B. in der Sittener Zone, am Mont Dolin und im Val Ferrex fort.

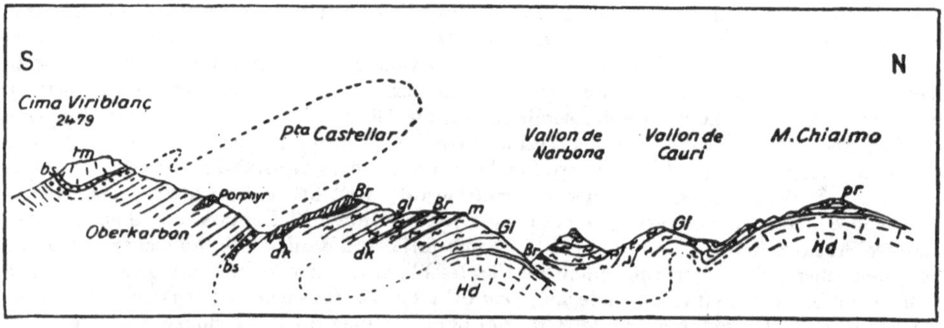

Abb. 33. *Querschnitt durch den Südteil des Piemontstreifens* nach S. Franchi und E. Haug II, 2, 975. Über der oberkarbonen Briançonnais-Achse folgt *bs*, die untere und *tm*, die mittlere Trias. Teilweise an Brekzien *Br* unterschoben besteht die Füllung des Piemonttroges aus Hauptdolomit-Nor-Kalk, mächtigem Glanzschiefer *Gl* des Lias. *dk* dolomitischer Kalk, *m* Marmor, *Pr* Prasinit.

Nach E. Argand und R. Staub ordnen sich auch jetzt die Schwellenfazies der teilweise roterdig verwitterten Inseln in embryonalen Sattelzügen zwischen den breiten Glanzschiefermulden (Abb. 26, S. 160). *Die lange Schelfmeer- und Festlandszeit der penninischen Trias mit ihren eintönigen, dünnen Sedimenten ist zu Ende.* Der Übergang zu der an Abtragstoffen aufragender Teilinseln reichen und sehr wechselvollen Fazies, welche durch die gleichzeitige Bodenbewegung beherrscht wird, ist vollzogen. Wir beachten aber sehr, daß diesen gewaltsamen Teilerscheinungen des penninischen Raumes die ruhige, großzügige Hauptwanne des westalpinen Geosynklinalbogens mit seiner an Festlandsabschwemmungen ungleich ärmeren Kalk- und Dolomitfüllung deutlich gegenübersteht. Es fällt zwar oft schwer, in der fossilfreien, oft mächtigen, aber dem Gestein nach sehr wechselvollen und durch Umwandlung veränderten Schichtfolge der penninischen Obertrias die Hauptschwellen wiederzuerkennen, wie sie etwa im Bereich der Tessiner Decken des Simplons nach C. Schmidt und H. Preiswerk vorliegen. Aber solche Inselschwellen müssen vorhanden gewesen sein. Denn woher sonst wären die riesigen Tonschlamm- und Sandmengen in dem sehr breiten Becken und in den mächtigen Profilen hergekommen? Diese Reliefunruhe läßt wohl schon auf erhebliche Untergrundsbewegung schließen. Nach H. Ph. Roothaan 1918 begann Deckenbildung schon in der Trias.

Innerhalb des penninischen Absatzraumes kann im übrigen nur in den gröbsten Zügen von einer gewissen Annäherung der norischen Fazies aus N und W gegen S und O nach der mächtigeren und klareren Entwicklung im Unter- und Mittel-Ostalpin gesprochen werden. Ein wirklicher Übergang fehlt: auch im S fehlt noch der Hauptdolomit des O und des S.

Wir wenden uns den ostwärts anschließenden zentralalpinen Absätzen des Unter- und Mittel-Ostalpins zu.

b) *Die norische Rinde der Zentralalpen*

Es entspricht der *allgemeinen Abdachung* in den triadischen Ablagerungsräumen der Alpen *von W gegen O*, wenn nun ostwärts mit dem unterostalpinen Faziesraum auch für die Zentralalpen die norische Hauptdolomitfazies einsetzt. Aus den ungeschichteten Dolomiten und Marmoren, welche im Avers, bei Sils und Le Prese in der (?) Margnadecke noch von den bunten Quartenschiefern begleitet sind, entwickelt sich gegen O der Hauptdolomit. Er fehlt zwar, freilich durch spätere liassische Abtragung, oft in den Nordteilen der Errdecke, geht jedoch im S bereits mit 200—300 m Mächtigkeit als bituminöser, grauer Dolomit fort. Seiner randlichen Lage verdankt aber auch er noch die roten Tonschiefer-Zwischenlagen, gegen oben rote Konkretionen am Corn Alv und Piz Bardella (H. P. Cornelius 1935, 180) oder am Berninapaß. In der Berninadecke schwächt sich die Mächtigkeit ab auf 200—150 m. Auch hier ist der Dolomit dazwischen rot und von Quartenschiefer bedeckt, desgleichen in der Languarddecke (Sassalbo).

Diese Rotschieferschlamme des festen Landes sind natürlich nicht notwendig die Ausstrahlungen des germanischen Keuperfestlandes selbst, das hier etwa bis ins Unterostalpin herangereicht hätte (H. P. Cornelius 1935, 192). Sie können ebensogut von rot verwitterten Inselrücken herrühren, welche z. B. als embryonale Inselsättel im penninischen Raum anzunehmen sind, der im übrigen gegen NW durch die präalpine Fortsetzung der Nordalpengeosynklinale abgetrennt war.

Noch weiter im O, *in der mittelostalpinen Bewegungseinheit*, setzt sich der Hauptdolomit von Bernina-Err-Decke, Falknis-Sulzfluhdecke (Unterengadin, Plessur, Rätikon) unter Mächtigkeitszunahme fort. Sehr zu beachten ist, daß hier im Gegensatz zu dem im allgemeinen mehr allmählichen Übergang der norischen aus der karnischen Stufe im N, aber gemeinsam mit dem S, sehr deutliche *Überflutungserscheinungen des vorstoßenden norischen Meeres* ausgeprägt sind.

Zwischen Albula und Livigno schon dürfte die Murtirölbrekzie über Verrucano mit anderen polygenen Dolomitbrekzien am Grunde des (gegen oben mitunter roten) Hauptdolomits auf dieses Vorgreifen hinweisen. Eine Grundbrekzie des Hauptdolomits geht in der Aeladecke weiter, ebenso mit roter Farbe in den Unterengadiner Dolomiten, wo der Hauptdolomit selbst wiederholt Ablagerungsbrekzien zeigt und in der Lischanna schon bis 1000 m Mächtigkeit erreichen kann — soweit er nämlich in der Rhät-Lias-Zeit nicht schon wieder abgetragen wurde. Der Ortler-„Kalk“ vertritt im SO den Hauptdolomit.

Auch im N des penninischen Ablagerungsraumes, auf der *Silvrettadecke* des Ducan-Gebietes, finden wir die gleiche Grundbrekzie des übergreifenden Hauptdolomits in diesem Triasprofil des Ducans, das so schön die Zwischenstellung zwischen nord- und südalpinen Ereignissen sowie den oft nur auf Teilgebiete beschränkten Wechsel von Hebung und Senkung wiedergibt. Hier traf H. Eugster 1923 eine teils feine, teils sehr grobe Grundbrekzie mit kubikmetergroßen Blöcken, zementiert durch roten Tonschlamm des Festlandes. Darüber folgt nach einer über 15 m mächtigen Dolomitbrekzie der Hauptdolomit, welcher Brekzienbänke und Fältelungen, wohl von untermeerischen Abrutschen, aufweist und bis 700 m mächtig ist. Diese ziemlich meeresspiegelnahe Korallen- und Kalkalgenmasse beweist also eine *langdauernde, starke Absenkung* in der SW-Fortsetzung der Nordkalkalpenwanne. Sie folgte einer langdauernden Hebung über den Meeresspiegel mit Abtragung und war von einer ebensolchen, bis 700 m betragenden, aber von

Ort zu Ort nach der Stärke rasch wechselnden Hebung mit Roterdebildung gefolgt, denn z. B. in NO-Richtung schrumpft die Mächtigkeit durch spätnorisch-rhätische Abtragung schon innerhalb von 4 km auf 10 m zusammen. Über etwa 50 m Hauptdolomitbrekzie wurde auch in Mittelbünden, Plessur, Arosa der Hauptdolomit teilweise über 300 m mächtig, vermindert sich aber oft bis auf 25 m.

Es ergibt sich hieraus: Innerhalb nicht allzu langer Zeit haben wir offenbar am gleichen Ort nach tiefer Lage eine Hebung über den Meeresspiegel, danach eine Senkung um mehr als 700 m, hierauf wiederum eine ebensolche Hebung gehabt. *Hier haben stehende Wellen gearbeitet,* langsam, aber unbeirrt. Der Wellenschlag ging ungefähr im gleichen Takt mit der Hauptbewegung des vindelizischen Randgebietes im N (karnische Hebung, Plattenkalkbrekzien!) und mit dem zentralalpinen Nordrand Tirols (Abb. 30). Von dem Wanneninneren unterschied sich dieses südliche Randgebiet nur durch die bedeutendere Heraushebung, welche den frisch gebildeten Hauptdolomit oder Plattenkalk für längere Zeit der Abtragung auslieferte.

Ein viele hundert Meter mächtiger Hauptdolomit zeichnet auch die östlicheren Triasreste auf der Ötztaldecke aus, namentlich Tribulaune und Kalkkögel am Brennereinschnitt. Wie die Ducantrias zwischen Unterengadiner und Rätikon-Entwicklung vermittelt, so mit ihrem Hauptdolomit die Brennertrias zwischen Unterengadiner Mittelostalpin und nördlichen Kalkalpen. Weiterhin ruht über Raibler Schichten mit bis 300 m der Hauptdolomit der Tarntaler Berge, ähnlich wie in den Radstädter Tauern. Die Kärntner Nocke (Königstuhlgebiet) zeigen unter versteinerungsführendem Rät nur gering mächtigen Hauptdolomit, der auch in den kleinen Inselresten weiter nach O zu anhält (A. Thurner 1935, 223).

In den Gailtaler Alpen (Drauzug) ist aber dann der Hauptdolomit wieder, so wie in den Nordalpen und Kalkkögeln, das gipfelbildende Hauptgestein von mehr als 500 m Mächtigkeit. —

Insgesamt kann man von dem norischen Überzug der Zentralalpen sagen, daß er wohl ziemlich vollständig über das ganze mittlere Schwellengebiet hinweg von der nord- zur südalpinen Geosynklinale reichte. Sowohl im W (Pennin) wie im O vom Brenner sehen wir noch sehr deutlich den Fortbestand der zentralen Schwelle, im W wurde diese von dem germanischen Keuperfestland (NW und W) durch den Wannenbogen von Klippen-Präalpen-Briançonnais abgetrennt und versank bereits mit embryonalen Teilmulden.

Im O zeigt die ungleich geringere Mächtigkeit gegenüber der nordgeosynklinalen Füllung das schwellenartige Zurückbleiben bei der allgemeinen Senkung.

Nur zwei umfangreiche Bezirke gesteigerter Senkung engten die zentralalpine Schwelle ein: Die breite Querverbindung zwischen N und S über die unterostalpine, mittelostalpine und Silvretta-Trias hinweg und zweitens die durch die Schichtmächtigkeit betonte Längsfurche der Gailtaler Alpen. Sie ist noch nicht unmittelbar der Anfang der südalpinen Geosynklinale, sondern von deren Wanne durch die alte karnische Schwellenrippe bis in die Karawanken hinein abgetrennt. Das zeigt die deutliche Verminderung der Mächtigkeiten gegen sie, sowie die abweichende Fazies, welche im S einsetzt.

c) *Die norische Karbonatplatte in der südalpinen Geosynklinale*

Südlich der alten Karawankenrippe erscheint ziemlich plötzlich der Dachsteinkalk, der nördlich davon nur im Inneren der Nordalpenwanne östlich des Inn-Durchbruches herrscht. Ganz wie der Dachsteinkalk im N oder wie der Plattenkalk hält er sich — eng mit dem Dolomit verbunden und diesen wohl faziell vertretend — hauptsächlich an die höheren Profilabschnitte, unterlagert oft, aber nicht immer, von Hauptdolomit.

Im S und SW des Laibacher Moores folgt in den inneren Karstfalten über den mit Bauxit beginnenden Raibler Schichten der Hauptdolomit. F. Kossmat unterschied 1910 auf Blatt Bischoflack-Idria zwischen dem nördlicheren Dachsteinkalk und dem südlicheren Hauptdolomit die hornsteinführenden Bačadolomite (600 m) mit annähernd O-W-lichem Verlauf.

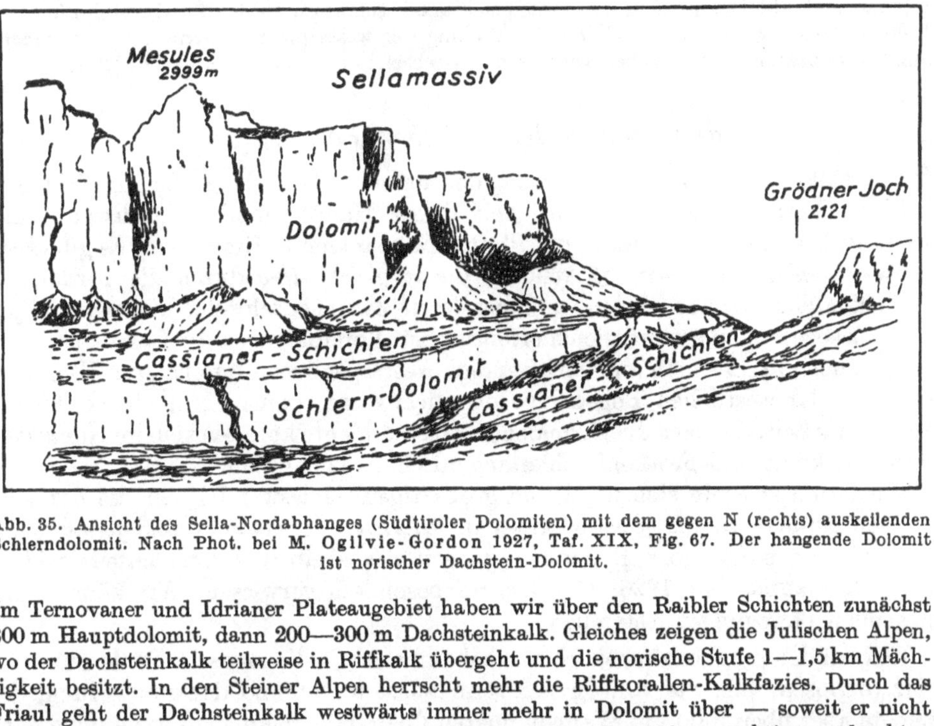

Abb. 35. Ansicht des Sella-Nordabhanges (Südtiroler Dolomiten) mit dem gegen N (rechts) auskeilenden Schlerndolomit. Nach Phot. bei M. Ogilvie-Gordon 1927, Taf. XIX, Fig. 67. Der hangende Dolomit ist norischer Dachstein-Dolomit.

Im Ternovaner und Idrianer Plateaugebiet haben wir über den Raibler Schichten zunächst 800 m Hauptdolomit, dann 200—300 m Dachsteinkalk. Gleiches zeigen die Julischen Alpen, wo der Dachsteinkalk teilweise in Riffkalk übergeht und die norische Stufe 1—1,5 km Mächtigkeit besitzt. In den Steiner Alpen herrscht mehr die Riffkorallen-Kalkfazies. Durch das Friaul geht der Dachsteinkalk westwärts immer mehr in Dolomit über — soweit er nicht schon im O dolomitisch ist. Die gewaltigen Felsmauern des über 500 m mächtigen, gebankten norischen Riffkalkes, welche sich über den Schutt ihrer Fußhalden in den östlichen Dolomiten als die Türme des Cadore, als die Zinnen von Cortina, die dreigipfelige Masse der Tofana, die Türme der Fanes oder die massige Hochburg der Sella (Abb. 35) senkrecht erheben, brausen jedenfalls nicht oder nur wenig mit verdünnter Salzsäure, wenn sie auch, wahrscheinlich schon wegen ihrer abweichenden tektonischen Beanspruchung, ein von dem zerknitterten und oft ganz vergrusten Hauptdolomit der Nordalpen abweichendes, ungleich massiveres Aussehen haben. Westwärts hebt sich der Bau, so daß die letzten Reste der norischen Platte auf dem abgesunkenen Block des Schlern gegen W in die Luft ausgehen.

Waren im O von der karnischen zur norischen Stufe meist Übergänge erkennbar, so zeigen sich gegen W teilweise schon in Judikarien, dann am Suganatal, im Vizentin dazwischen oft Konglomeratlagen von einer jungkarnischen, vornorischen Heraushebung. Hier herrscht der über 500 m starke Hauptdolomit. Nach der langen, durch Schichtlücke bezeichneten Zeit vom oberen Muschelkalk und den Wengener Eruptivgesteinen bis zum Nor setzt im Vizentin Grundkonglomerat, dann Hauptdolomit ein. Seine alte Schwelle versank weiter und weiter. Sie belud sich mit über 1000 m Hauptdolomit, der auch im Adamello-Bereich besonders mächtig wurde.

Mit gleicher Mächtigkeit zieht der Hauptdolomit über den wechselvollen Raibler Schichtgliedern durch die Bergamasker Alpen fort in die obersten Bänke der Grigna-Gruppe am Comer See, in den oberen Dolomit (J. van Houten 1929) am Langensee. Dieser offenbar norische Dolomit ruht über roten, vom Land eingespülten Mergel- und Dolomitbänken der Raibler Schichten, also wieder über küstennahen Bildungen. Am Luganer See ist der 1 km mächtige Hauptdolomit durch die hier bereits im oberen Nor und Rhät wieder einsetzende Hebung und Abtragung mehr oder weniger stark beschnitten (Abb. 67). Ob und wie diese Dolomitplatte weiter gegen SW mit der Füllung der westalpinen Bogenwanne zusammenhing, ist unbekannt. Es sprechen aber viele Faziesbeziehungen für diese Verknüpfung.

d) Übersicht der norischen Bewegungen

Die Kalk- und Dolomitausscheidung der norischen Zeit, die großzügige Einheitlichkeit, Verbreitung und Mächtigkeit dieser Hauptdolomite, Dachstein- und Ramsau-Dolomite, Dachstein- und Plattenkalke setzen in Erstaunen. Es gibt *kein alpin-geosynklinales Sediment,* welches *derart gleichmäßig* durch die nordalpine und südalpine Wanne und noch über deren Zwischenschwelle hinweggriff, ja, welches sogar einen ersten, gleich erfolgreichen Vorstoß gegen die Landherrschaft in dem noch am meisten widerstrebenden Westalpenbogen unternahm. Hier versalzte in der westlichen Bogenrinne das Meerwasser nun nicht mehr so wie zu karnischer Zeit. Sondern die normalen Meeressedimente konnten sich im Nor gegen Festlandsklima und Festlandsschlamme durchaus behaupten.

Wiederum spiegeln sich in diesem großartigen Fazieswandel, der die norischalpinen Absätze *als die geosynklinalen in schärfsten Gegensatz zu den germanischaußeralpinen* stellte, die Bodenbewegungen des alpinen Erdrindenteils wider. Auch K. Leuchs hat 1926, 156, hierauf besonders verwiesen. Wir können die folgenden Bewegungen feststellen:

1. Nach der jungkarnischen Heraushebung umfaßt die norische Stufe nur eine einzige Absenkung. Sie vollzog sich sehr langsam während der Ablagerung, erreichte aber über 1000, im Wanneninneren über 1500 m Ausmaß, ging ohne derzeit erkennbare Unterbrechung unbeirrt weiter und erfaßte sowohl die nord- wie die südalpine Geosynklinale, aber auch zentralalpines Zwischengebiet. Der Großsenkung erlag verstärkt dessen mittel- und unterostalpiner Abschnitt. Auch gingen damals weitere piemontesische Randgebiete am westalpinen Geosynklinalbogen mit hinab.

Damit erscheinen zum erstenmal die beiden alpinen Teilwannen als eine höhere Einheit. Ihrer abweichenden, nichtgeosynklinalen Nachbarschaft wegen durchlebte sie ähnliche Hauptereignisse. Sie verhielt sich als „Doppelorogen“ (E. Kraus 1931).

Die von Ort zu Ort wechselnden und sehr bedeutenden Schichtmächtigkeiten bei gleichbleibender Gesteinsart beweisen unzweideutig, daß auch jetzt den eustatischen Meeresspiegelbewegungen höchstens untergeordnete Bedeutung zufällt.

2. Auch die norische Hauptsenkung sieht in ihrem sedimentären Spiegelbild einstweilen so aus, als ob sie anfangs ohne Rücksicht auf kleinere Teilbewegungen weithin nur eine langsame Niederbiegung der alpinen Erdrinde gebracht hätte. Doch entstanden — nach den ursprünglichen Mächtigkeitsunterschieden schon jetzt zu urteilen — weiterhin auch schwache Teilbewegungen, *Teilverbiegungen.* Sie liegen namentlich wieder, so wie vorher, am Südrand der mächtigen Barriere-Riffplatte der Nordkalkalpen im Hallstätter und Zlambach-Bereich, sowie im penninischen Raum mit seinen Faltenembryonen. Wann und wie stark hier die allgemeine Senkung arbeitete, das ist unbekannt. Denn unsere Erschließungsmethode bewährt sich erst, wenn die betreffenden Erdrindenteile unter den Meeresspiegel tauchen.

3. Erst allmählich konnte der nordwestalpine Teil, der sich dem festländischen Stoffwechsel des germanischen Bereichs angeschlossen hatte (Quartenschiefer — rote Knollenmergel) auch außenbürtig der Geosynklinale zurückgewonnen werden.

Vergleicht man mit dem Auf und Nieder, das auch während der vorausgegangenen Triasstufen herrschte, so zeigt sich, daß die Einzelgebiete unter dem beherrschenden Einfluß *stehender Wellen* ganz langsam auf- und niederstrebten: Abwärts im Anis, dann aufwärts, abwärts im Ladin, dann aufwärts; zweimal ab und auf im Karn und nun wieder abwärts im Nor mit abschließender Hebung.

So verstehen wir die Mächtigkeiten der gebildeten Schichtlager, deren jeweils übergreifenden Fuß und deren oft der Abtragung ausgeliefertes Dach.

Der geosynklinale Zustand unterscheidet sich zunächst von dem nichtgeosynklinalen, epikontinentalen, folglich nicht durch grundsätzlich abweichenden Bewegungsantrieb, sondern nur durch dessen schärfere Ausprägung.

Es schafft der „Puls der Mutter Erde". Wir fühlen ihn hier kräftiger, dort schwächer (E. Kraus 1926/28, 46; 1935; 1937, 220).

4. Die norische Zeit wiederholte die Eigenart der beiden alpinen Geosynklinalen, welche in deren gesteigerter Absenkung besteht und in der geringeren Niederbiegung der zentralalpinen „Schwelle" zwischen ihnen. Wieder haben wir, besonders in der Nordalpenwanne, nicht nur küstenfernere, sondern auch ungleichmäßigere Sedimente gegen die Wannenmitte. Wieder sind geringere Mächtigkeit, größere Eintönigkeit der Ablagerung Kennzeichen der östlichen Zentralalpen, welche aber wohl auch ganz überflutet waren.

Die von O her gegen das bisher sich mehr germanisch, vorlandmäßig verhaltende Westalpenstück immer neu vorgetriebenen Versuche zur Umwandlung in den rein geosynklinalen Zustand hatten bislang geringere Erfolge. *Jetzt stellen wir aber wieder starke Absenkung* der mittelostalpinen und unterostalpinen Heimaträume *fest.* Ja sogar das penninische Festland mußte, soweit erkennbar, zur norischen Zeit mit Teilmulden hinabtauchen unter den Meeresspiegel. Die Festlandsfazies erhielt sich nur noch auf einigen Sattelinseln.

5. Als geosynklinale Vorkämpferin bei der Eroberung des Westens erwies sich wieder die Westfortsetzung der nordalpinen Geosynklinale in Klippen-Präalpen-

Briançonnais, welche erneut in das von germanischem Stoffwechsel beherrschte Land einen breiten Breschenbogen niederdrückte, der wahrscheinlich auch jetzt die nordalpine mit der südalpinen Wanne teilweise verband.

6. Neu für die norische Zeit ist eine einstweilen nur aus den nordalpinen Faziesquerschnitten ersichtliche *Verlagerung des Streifens stärkster Absenkung.* Dieser wanderte aus der Inntaldecke, wo er vorher lag, nordwärts in den Absatzbereich der Lechtaldecke. Ja, wir werden diese Nordverlagerung, auf welche wohl erstmals M. Frank hinwies, für spätere Zeit noch viel ausgeprägter und mit bunteren Begleiterscheinungen fortgehen sehen.

Damit aber *werden unsere bisher stehenden Wellen zu Wanderwellen.* Es entspricht dies ganz dem Verhalten der embryonalen Falten, welches E. Argand und R. Staub für den penninischen Raum abgeleitet haben. In der Folgezeit wird uns das Grundsätzliche dieses Wanderns noch klarer werden.

7. Wieder vollzog sich *die Absenkung nicht etwa im Sinne des Tauchgleichgewichtes.* Man könnte ja — in Übertreibung dieses Grundsatzes — angesichts der Langsamkeit der Bewegung glauben, daß es letzten Endes die wachsende Last der organischen Ausscheidungen sei, welche die Unterfläche der norischen Ablagerungen muldenartig niederdrückte. Aber die riffbauenden Lebewesen konnten ihr üppiges Wachstum ja nicht viel tiefer als 100 m unter dem Meeresspiegel weiterführen. Darum müßte schon eine etwa 50 m dick gewordene Riffkalkrinde niederdrückend gewirkt haben, mehr als eine daneben vielleicht nur halb so dick gewordene, die bei der angeblich isostatischen Absenkung darum zurückblieb. Einen derartigen Feinmechanismus wird bei der Größe der zu überwindenden Festigkeit und Reibungswiderstände wohl niemand für möglich halten. Außerdem würde es ja dem Tauchgleichgewicht völlig widersprechen, daß gerade die nachweislich tiefer und rascher sinkenden Mulden etwa des Hallstätter Kalkes sich *mit ungleich geringer mächtigen* Schichten beladen haben.

Nein, die *Senkung gehorchte nicht dem Tauchgleichgewicht der Massen in der Erdrinde. Sie folgte vielmehr einer Kraft, welche jenes Gleichgewicht überwand.* Und so ist sie denn auch nicht ein statisches, die Ruhelage anstrebendes Element, sondern gerade umgekehrt *ein dynamisches, welches Bau, Relief und Gefüge änderte.* Eine absenkende Kraft und nicht etwa eine hochhebende, ist die in unserer Abbaugeschichte tätige: *Wir haben den Abbau und nicht die „Auffaltung“ des Gebirges.*

8. Vulkanische Begleiterscheinungen der norischen Zeit sind noch unbekannt. Denn die Lagergänge im penninischen Gebirge, die Prasinite z. B. des Bernardinopasses, werden derzeit als jünger gedeutet.

9. So läßt sich denn auch keine Verknüpfung zwischen Schmelzmassenbewegung und gesteigerter Teilverbiegung der Erdrinde für die norische Zeit erweisen, wie dies wegen des raumzeitlichen Zusammenfallens der Vorgänge für ältere Stufen zu zeigen möglich war. Die norische Großsenkung war mehr regional ausgedehnt als teilbewegend.

10. Insgesamt kann die norische Zeitstufe für die Alpen als eine ausgeprägte und *wenig energische Tiefbauzeit* angesprochen werden. Die Hochlage am Beginn, welche in den Südalpen vom Vizentin an nach W ebenso wie in den unter- und

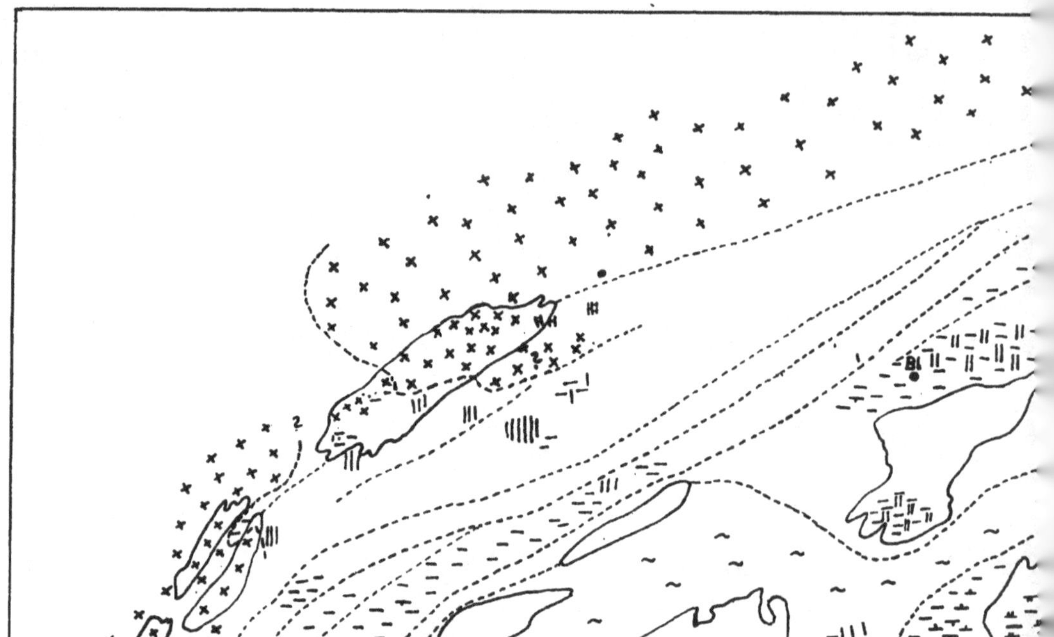

Abb. 43. Die Fazies der Rhätischen Stufe in den Al
Dachsteinkalk (mitunter Dolomit) und mächtigerem Oberrh
merat, Krinoidenkalke, Steinsberger Kalk, gelbe geröllig
6 reichlich dunkle Mergelkalke. *7* Rhät fehlt, vermutlich F
Die heutigen Umrisse der tektonischen

Akademie-Verlag, Berlin

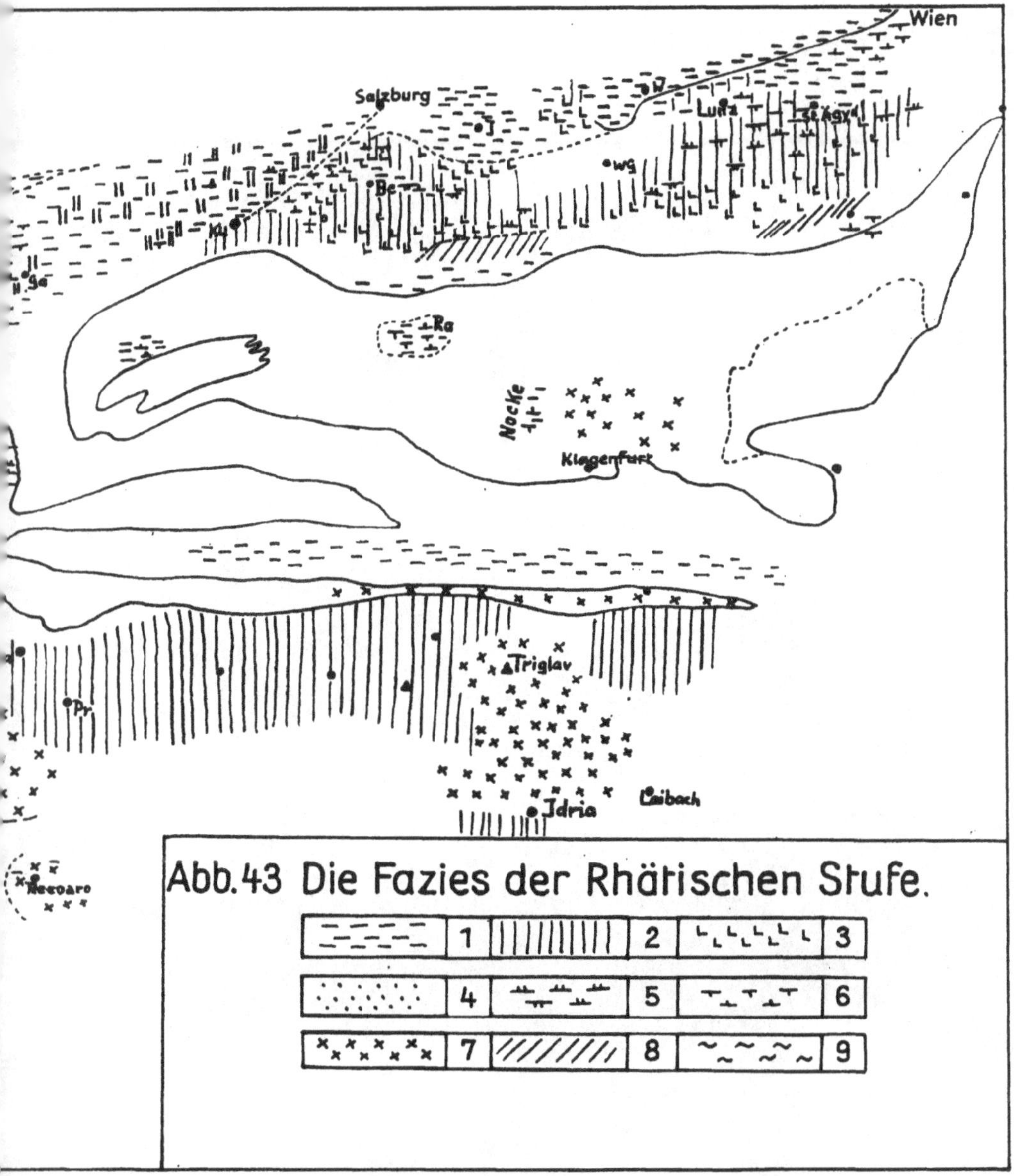

Abb.43 Die Fazies der Rhätischen Stufe.

alkfazies der Kössenerschichten. *2* Kalkfazies von oberem
lk und Riffdolomit. *4* Sandstein. *5* Bunte Kalke, Konglo-
massen des Dachsteinkalks, bunte Starhembergschichten.
ätterkalk-Entwicklung. *9* Vermutlich Glanzschieferfazies.
n zur Orientierung mit eingezeichnet.

mittelostalpinen Profilen aus den Grundkonglomeraten und Brekzien besonders gut ersichtlich ist, wich einer im allgemeinen nur langsam und sanft die Erdrinde verformenden Absenkung. Und diese endete wieder in einer sehr ausgeprägten Hebung mit allgemeiner Rückflut des Meeres.

11. Zum erstenmal kann man für beide Geosynklinalen und ihr Zwischengebiet von einem großen, gemeinsamen Ereignis, nämlich dem der *Senkung des gesamten Alpenraumes* sprechen. Gemeinsames Schicksal schuf zu norischer Zeit *die Alpen als „Doppelorogen"*.

6. Die rhätische Flachmeerzeit

Es bedeutet für den kartierenden Alpengeologen eine Erholung, wenn er aus den mächtigen, versteinerungsarmen Karbonatplatten in die dünnen, aber mannigfachen tonig-sandigen und versteinerungsreichen Stockwerke des karnischen oder des rhätischen Flachmeeres kommt. Bedeuten diese beiden Zeiten aber Hochlage und Nachlassen der absenkenden, einengenden Kräfte? Waren sie für die alpine Erdrinde Zeiten einer gewissen Erleichterung auf dem gewaltsamen Weg der Baugeschichte? Schwächten sich wirklich die Kräfte der Absenkung ab, welche wir als die unsere Erdrinde formenden, hinabbauenden erkannt haben? Sie erlahmten, wie wir sehen werden, keineswegs während der Rhätzeit, so wenig wie während der karnischen Stufe. Das bewegende Leben der Geosynklinale ging weiter. Es stellt sich aber die Frage, warum nun wieder wie im Skyth und Karn so viel mehr Sand und Ton, so verhältnismäßig wenig Kalk und Dolomit abgelagert wurden.

a) Die rhätische Füllung der nordalpinen Geosynklinale

Wir beginnen im NO und bemerken beim Vergleich unserer Kartenskizze Abb.43 mit der auch profilmäßig mannigfach wechselnden Fazies, daß jene Darstellung nur die gröbsten Zusammenhänge andeuten kann. Denn eigentlich müßte ebenso wie für die Raibler Schichten versucht werden, für die teilweise abgliederbaren Unterstufen, deren Gleichzeitigkeit aber oft noch schwerer zu beurteilen ist, gesonderte Fazieskarten zu zeichnen. Es gilt dies freilich noch mehr für die Darstellung der Jurafazies.

Wir haben die „Kössener" Mergelfazies hervorgehoben, weil sie ihren Tonschlamm offenbar von benachbarter Festlandsschwelle erhielt und darum ähnlich der Lunzer Sandsteinfazies, aber nicht so weit wie diese, gegen den Rand des rhätischen Flachmeeres hin allein herrscht. Um die allgemeine Profilzusammensetzung dieser Fazies anzudeuten, sei hier die seinerzeit in der grundlegenden Arbeit von E. Suess aus der Osterhorngruppe südwestlich vom Wolfgangsee im Salzkammergut gegebene verzeichnet. Von oben gegen unten folgen sich:

20 m dunkle Mergelschiefer, oben Kalke mit *Choristoceras marshi*.
12 m dunkle Kalke und Mergelschiefer mit der Kössener Brachiopodenfauna.
25 m Hauptlithodendronkalk von schwankender Mächtigkeit.
70 m graue Lithodendronkalke, fossilreiche Kalke und dunkle Schiefer mit *Terebratula gregaria* u. a.
65 m dunkle Kalke mit Zwischenschiefern und der Fauna des tiefsten Rhäts in Schwaben.
120 m Plattenkalk mit bituminösen Zwischenlagen, Araucarites, Semionotus.

Hier und sonst herrschen zunächst Muscheln, dann die Brachiopoden, zuoberst erst Choristoceras. Diese allgemeine Ausbildung ist bezeichnend für die bajuvarischen und tirolischen Bereiche im N, wo Plattenkalk, häufiger Hauptdolomit bzw. Opponitzer Kalk die Unterlage bilden. In diesem Faziesbezirk verdrängt westlich des Inndurchbruches vielfach der helle „Oberrhätkalk" die oberen Mergelschiefer, ja sie können sogar tiefere Teilstufen ganz vertreten (Berchtesgaden, Hagen- und Tennengebirge, Südteil des tirolischen Streifens, Sonnwendjoch, Wendelstein N; im O etwa südlich der Linie Golling—Grimming—Gesäuse—Mariazell—Ötscher—Wiener Neustadt). Es entwickelt sich jetzt wieder *in streichenden Zügen der Wechsel von hellem Riffkalk und dunklem Mergelschlammsediment*, welch letzteres besonders in der Inntaldecke des Karwendels weit verbreitet ist.

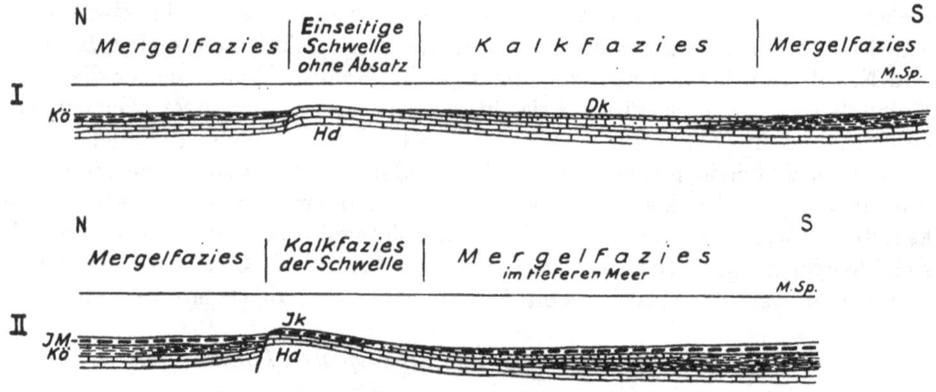

Abb. 37. *Schematisches Profil zur Veranschaulichung der Schwellen- und Beckenfazies* (Kalk- bzw. Mergelschlammfazies) *während des Rhät* (I) *und Lias in den Vilser Alpen.* Ergänzt nach Aug. Rothpletz 1886, 51. Im Bereich der angenommenen Verwerfung bog sich die nördliche Vortiefe allmählich südlich unter die Schwelle. *Hd* Hauptdolomit. *Kö* Kössener Schichten. *Dk* „Dachsteinkalk" (Oberrhätkalk). *JM* Juramergel. *JK* Jurakalk. *M.Sp.* Meeresspiegel.

Der helle, tonfreie *Oberrhätkalk* = „Oberer Dachsteinkalk" schließt sich offenbar *als Schwellenfazies auch hier den Meeresbodenschwellen* an, wie sie im Allgäu, in den Vilser und Lechtaler Alpen, im östlichen Karwendel, besonders im Rofan-Kammerker-Adnet- und Schafberggebiet erschließbar werden, die aber teilweise auch überhaupt keine Schichtdecke erhielten (Abb. 28), während sich in den Senken dazwischen die Kössener Mergelschlammfazies breitmachte. Damit wiederholt sich jetzt die ladinische Schwellen- und Beckenfazies, welche auf streichende Sattel- und Muldenanlagen schließen ließ und sich auch, wie A. Rothpletz 1886 schon für die Vilser Alpen zeigte, noch im Jura als embryonale Faltenkämme weiterentwickelten (Abb. 37). Jüngst hat W. Vortisch wieder auf die Bildung bis 300 m mächtiger Oberrhätriffe in der südlichen Lechtaldecke hingewiesen, welche gegen die Mergelschlammfazies der Schiefer in den Mulden auskeilten. Man kann für die Korallenriffe vielleicht mit 20 m durchschnittlicher Meerestiefe, für die Schlammulden mit mindestens 100—140 m Wassertiefe rechnen. Dabei sanken auch im Rät nicht allein die Mulden, sondern, nach Ausweis

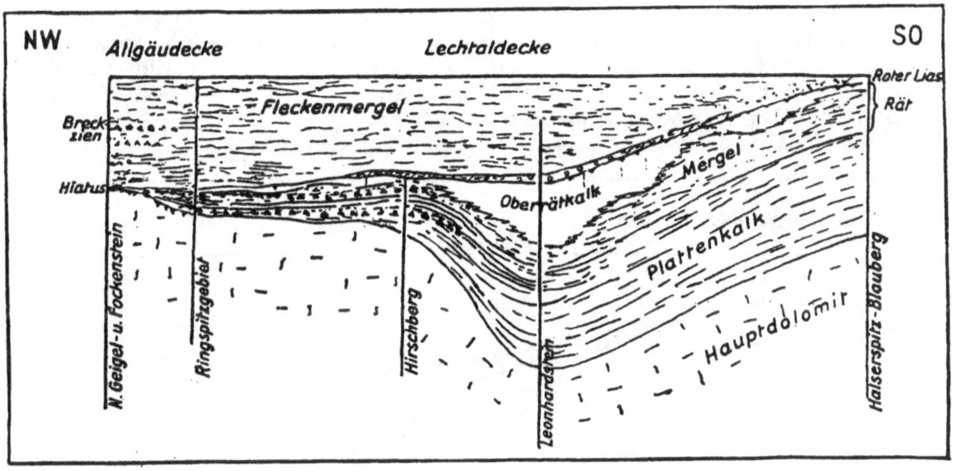

Abb. 38. *Faziesquerschnitt SW vom Tegernsee* (Oberbayern) nach M. Frank 1934.

ihrer großen Riffmächtigkeit, auch die Teilschwellen (Relativschwellen): *Die Verbiegung des Meeresbodens in sanfte Urfalten, welche aus Fazies- und Reliefwandel entnommen werden darf, entstand während allgemein abwärtiger Bewegung, es herrschte Abbau.*

Daß sich auch jetzt, ganz wie bei dem ladinischen Wechsel von Partnachschichten zu Wettersteinkalk eine Ausbreitung der Schwellenfazies auf Kosten der Schlammfazies wahrscheinlich durch allmähliches Erlahmen der Absenkung entwickelte, sieht man gut aus einem Faziesprofil von M. Frank (Abb. 38) 1934, 103. Hier konnte sich der Oberrhätkalk gegen S und N vom Leonhardstein (westlich Wildbad Kreuth) ausbreiten. Als dann nach beendeter Absenkung das mächtig gewordene Rhätsediment, dem Tauchgleichgewicht allein überlassen, sich über den Meeresspiegel erhob, wurde es abgetragen. Es bildete sich über ihm eine Schichtlücke mit Geröllschutt, Roterderinde, und erst die neue, anfangs wieder allgemeine Absenkung im Lias brachte dann zuerst wieder eine Riffdecke und dann infolge weiterer Teilverbiegung eine Schwellenkalk- bzw. Muldenschlammfazies. Auch der Lias wiederholt somit die Schwellen- und Beckenfazies des Rhät (Abb. 39) oder des Ladins (Abb. 22).

Von Ort zu Ort zeigt der Fazieswechsel im Wanneninneren immer wieder veränderte Relief-, also Bodenbewegungen und wohl auch Wasserströmungen.

Schon der Anfang der rhätischen Schichten über dem Hauptdolomit oder Plattenkalk ist oft sehr scharf, z. B. im Vorarlberg mit Schichtlücke versehen; im NO meldete Geyer 1909, 37, Schrägfläche zwischen Wettersteinkalk und Rhät. Die Abtragungsflächen, die roten Verwitterungsrückstände und Karrenbildungen auf dem in seiner Mächtigkeit teilweise stark verminderten Hauptdolomit bzw. Plattenkalk bezeichnen gut die schon oben erwähnte obernorische Heraushebung und Abtragung. Im Osten (Priestingtal, Mürztaler Alpen, Dürrenstein, Ötscher) liegen über aufgearbeitetem Dachsteinkalk und dessen Umlagerungskonglomerat bzw. Verwitterungsboden die Rhätmergel.

Es begann die Rhätsenkung. 100—300 m, oft tonreiche Mergel mit Kalkzwischenbänken, die im Seichtmeer öfter oolithisch wurden, häufig Gerölle aus kurz vorher verfestigten Rhätkalken und Mergeln einschließen, Muschelbrekzien, Trümmerlagen, welche mit roter Farbe an einer südlich vorlagernden Schwelle besonders im Kammerker mächtig werden, finden sich weit verbreitet. Selten erscheinen kleine Gipslagen, häufig Korallenriffbänke. Solche meeresspiegelnächste Bildungen und die Schwellen- und Senkenfazies zeigen deutlich genug die tektonische Unruhe des rhätischen Meeresbodens an.

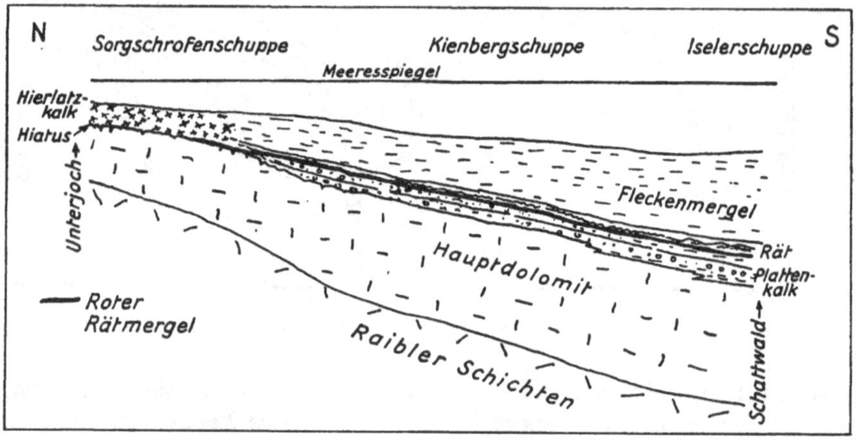

Abb. 39. *Faziesquerschnitt durch die Allgäudecke bei Hindelang*, Allgäu. Abgeändert nach M. Frank 1934, 101.

Schon *die Haupttiefenlinie verlagerte sich.* Noch im Nor war eine solche am tirolischen Südrand wenigstens im O des Hochkönig angedeutet; jetzt im Rhät aber rückte diese Beckentiefe des nordalpinen Troges weiter gegen N in die tirolische Einheit vor, ja schließlich bis nahe an deren Nordrand. F. F. Hahn 1913, 327, fand die Hauptsenkung auf der Linie Karwendelmulde—Rofan—Kammerker—Osterhorngruppe. Hier wurde das Rhät am mächtigsten; hier häuften die Riffbildner größte Schichtdicken an.

Gegen den Nordrand der kalkalpinen Geosynklinale vermehren sich die Beweise der Schwellenaufragungen von Inseln oder Untiefen bedeutend. Die Schichten werden gegen N mergeliger und dünner in der Allgäudecke (Th. Benzinger 1929, 430). Gegen die Stirnschwelle der Lechtaldecke verdickt sich die kalkige Schwellenfazies (Abb. 40). Im Tannheimer Tal erhielt das Sediment offenbar von N her Quarzsand, Glimmer, rote Tonschlamme („Schattwalder Schichten" mit Anodontophora). Weit verbreitet nach O bis über die Namloser Wetterspitze und das Rotlechtal (Lechtaler Alpen) hinaus gibt es rote Schiefer,

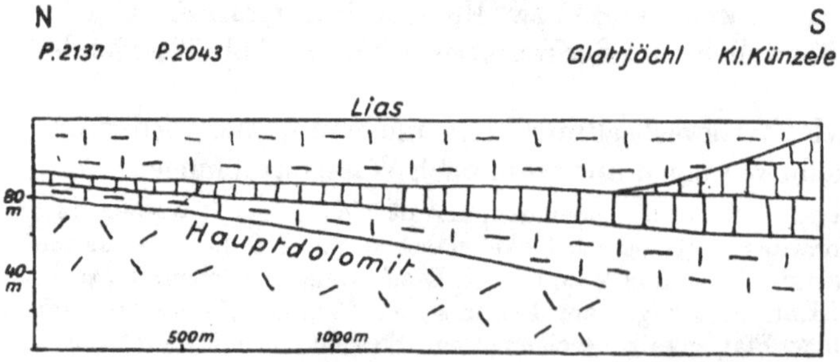

Abb. 40. *Fazies- und Mächtigkeitswechsel des Rhät in der Allgäudecke, NO-Vorarlberg* nach Th. Benzinger 1929, 430. Die Faltung ist nicht berücksichtigt. Senkrechte Striche: Dachsteinkalkfazies, darüber und darunter Kössener Mergelfazies mit Kalkbänkchen. Allmähliche Verdickung der Kalkschwellenfazies gegen den Stirnrand der Lechtaldecke im S.

solche mit Rhätbrachiopoden zwischen Ehrwald und Leutasch und in der Mittenwalder Karwendelmulde. Nicht selten sind, noch häufiger wie im randlichen Hauptdolomit, die zwischengeschalteten Rotmergelschlamme des Festlandes. Vom Imberger Horn bei Sonthofen im Allgäu beschrieb O. M. REIS 1924 zahlreiche Brekzienvorkommen der Kössener Schichten. Vorgelagerte Inseln bzw. das Festland im N wurde zur Rhätzeit abgetragen (Abb. 41). Im Labergebirge fand sich ein feinkörniges Kalkkonglomerat aus umgelagertem Rhätkalk, der hier vorübergehend als Insel und Vorläufer späterer Hebungen emportauchte. Wurde doch ein großer Teil der Kössener Schichten im nördlichen Ammergebirge schon vor dem Lias, offenbar in einer Inselzeit, wieder abgetragen (C. W. KOCKEL, M. RICHTER & H. G. STEINMANN 1931, 35).

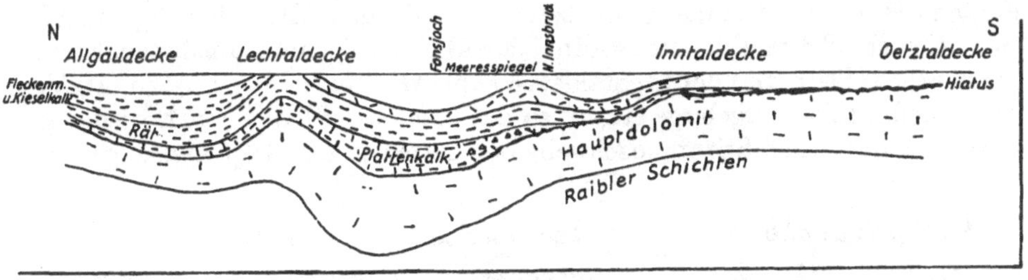

Abb. 41. *Allgemeines Faziesprofil der nördlichen Kalkostalpen* etwa im Meridian von Innsbruck für Nor-Lias.

Im Roßstein-Buchstein-Gebiet östlich der Isar haben die Kössener Schichten nach K. BODEN 1935, 18, in der südlichen Allgäudecke 20—100 m, 2,5 km südlicher 200—300 m, weitere 2,5 km südlicher 500 m. (Vgl. auch M. FRANK 1934, 107). Dabei haben die Oberrhätriffe ihre besonderen Dickenschwankungen: Auf nur 800 m streichende Entfernung in der Seekarkreuzmulde z. B. von 20 auf 200 m anwachsend. Von 200 auf 400 m, von 50 auf 300 m schwellen sie nicht selten in kurzen Abständen an. Ähnliches im Quellgebiet der Bregenzer Ache. Ohne tektonische Störung können sich nach H. PONTOPPIDAN 1911, 3, Plattenkalk, Kössener Mergel und Rhätkalk gegenseitig vertreten. Da die Riffe kaum unter 100 m Wassertiefe wuchsen, gehen diese Schwankungen auch teilweise fraglos auf Rechnung langsamer, tektonisch bedingter Reliefbewegungen während des Absatzes. Auch im Streichen muß also die Sinkgeschwindigkeit recht wechselnd gewesen sein.

Aber auch der im Verhältnis aufsteigende *Südrand* der langsam weiter und weiter versinkenden Nordalpenwanne spricht sich deutlich aus. Dorthin werden die Rhätschichten in vielen Profilen dünner; Anzeichen der Landnähe oder wenigstens der Verflachung in Gestalt von Sphärocodienbänken, Oolithbänken stellen sich ein. Freilich gibt es auch größere Schichtmächtigkeit, jedoch immer mit Seichtwasserfazies. Weithin verlanden die Riffe infolge der oberrhätischen Heraushebung. Rote Verwitterungsrinden und Karrenbildung griffen weiter nach N vor als während der Trockenlegung am Ende der norischen Zeit (P. VOLLRATH 1929, 334), während nördlicher im Wanneninneren die Riff-Fluren wohl noch unter Seichtwasser aushielten.

Weiter gegen O können die Rotmergelzwischenlagen der „Starhembergschichten" zwischen den Bänken des Dachsteinkalkes der Berchtesgadener Fazies zusammen mit den „schwimmenden Scherben" (K. LEUCHS 1927, 53) auf solche Einwirkungen zum wenigsten von roten Inselrücken her bezogen werden. So sagte G. GEYER (Erl. zu Bl. Liezen 1916, 35): „In den grauen oberen Bänken des Dachsteinkalks schwimmen öfter unregelmäßige Scherben und Schmitzen aus einem grellrot, gelb und weiß gebänderten, etwas kieseligen Kalk, welcher wahrscheinlich die Wiederausfüllung von Erosionskanälen einer Art terra rossa bildet." Das setzt also Hebung der über 1000 m mächtigen Dachsteinkalkplatte im S über den Meeresspiegel, deren Abtragung und Wiederversenkung mit Neuauflagerung voraus. Überall wurde durch außenbürtigen Abbau während vorübergehender Lage über dem Meeresspiegel das Rhät nur lückenhaft abgelagert.

Weite Randgebiete unserer Nordalpengeosynklinale waren zu Beginn des Rhät von N bis herein in die Allgäudecke, von S in die Ötztaldecke trockengelegt und wurden im Rhät von dem geosynklinalen Meer her wieder überflutet. Aber immer noch zeigen sich diese randschwellennahen Inseln im Sediment. Massenhaft erscheinen kohlige Landpflanzen zwischen Rhätbänken des Tirolischen, z. B. am SO-Ende des Traunsees. Die Inseln werden immer größer, schließen sich zu randlichen Festlandsstrecken zusammen, bei der raumgreifenden Heraushebung am Rhätende. Ihr schloß sich z. B. der Nordteil der Allgäudecke an. Damals tauchte auch der nördliche Stirnrand der Lechtaldecke (Abb. 41, 42) als Sattelinsel in den Vilser Alpen und im Ammergebirge empor, so daß hier das Rhät vielfach wieder ganz zerstört wurde. Eine Stirnrandschwelle der mitten in der Allgäudecke gelegenen

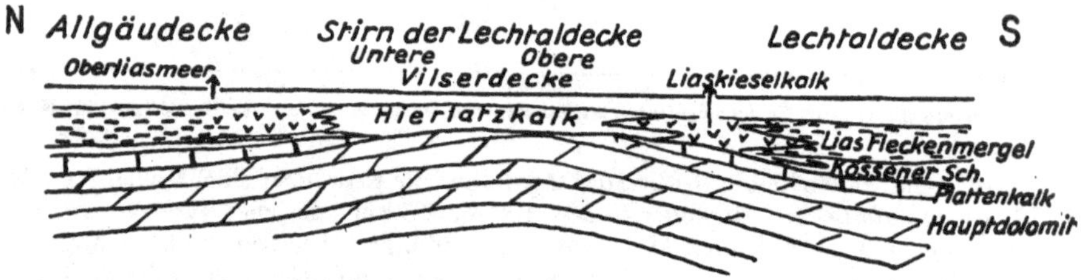

Abb. 42. *Faziesprofil Nor-Lias im SO-Allgäu* nach A. Custodis & P. Schmidt-Thomé 1939, 422.

Iseler Schuppe (Hindelang), die noch heute einen Buntsandsteinfuß an ihrer Schubfläche hat, gab weißen Quarzsand in eine ziemlich dicke Quarzsandsteinbank des Rhäts (K. Reiser 1922, 82). Kleingeröllig sind die Kalkkonglomerate in den Kössener Schichten des Labergebirges, verbreitet Konglomerate in Berchtesgaden-Salzburg. Trockenlegung setzte auch in der Karwendelmulde, in den Steinbergen, im Hagengebirg und Hochkönig ein, so daß rote Verwitterungsschlamme in die Umgebung gelangten. Wir werden die Einzelbilder dieser dann von der Liasflut überschrittenen Karstflächen hier und für weitere Teilstrecken noch betrachten.

Aus den schon mehrfach gegebenen Begründungen, die sich noch vermehren lassen, ist es abwegig, solches Auftauchen über den Meeresspiegel auf das Einsetzen einer angeblich „auffaltenden Druckphase“ (P. Vollrath) zurückzuführen. Vielmehr haben wir auch hier allen Grund, wenn überhaupt, dann *die Zeiten der Senkung* als jene der einengenden, tektonisch formenden Druckkräfte in der Erdrinde zu bezeichnen.

Über all diese, die Einzelbewegungen beleuchtenden Erscheinungen kommt jedenfalls wieder das langsame, jedoch gegenüber den Rändern verhältnismäßig raschere Niedersinken des Wanneninneren auch im Rhät gut zur Geltung. Südlich von den küstenferneren Riffkalk- oder Dachsteinkalkfazies im O von Berchtesgaden treffen wir auch jetzt teilweise noch die Hallstätter Muldenkalke und weiter gegen die zentralalpine Schwelle hin die küstennäheren Schlammabsätze der Zlambachmergel, die sich noch nordwärts zwischen die Hallstätter Kalke einschieben. In ihnen wie in den roten Starhemberg-Zwischenschichten sehen wir erneut den Hinweis auf die südliche Schwellenbegrenzung der nordalpinen Geosynklinale.

Das westalpine Rhät und sein Vorland

Wieder erkennen wir, daß ungefähr gleichzeitig mit der großen norischen Hebung nicht nur das germanische Vorland noch hochlag, sondern daß auch allgemein in der Zeit der großräumigen alpinen Rhätmeerüberflutung das nördliche und westliche Vorland mehr und mehr von S her unter Wasser geriet. Die große Rhätüberflutung innerhalb und außerhalb der Alpen widerspricht der Meinung (E. HAUG), geosynklinales und außergeosynklinales Geschehen deckten sich nicht, sondern sie wechselten miteinander ab bezüglich Hebung und Senkung. Der Unterschied liegt nur in der lebhafteren Antwort, welche ungefähr gleichzeitige Antriebe innerhalb der Geosynklinale erhielten. Das lesen wir ab aus den geringeren Mächtigkeiten und den Anzeichen des Flachreliefs im Bereich des germanisch-vindelizisch-nordhelvetischen Festlandes oder Seichtmeeres gegenüber den ungleich größeren Schichtmächtigkeiten der echten Meeresschichten mit wechselvollem Relief in den Geosynklinalen. H. P. CORNELIUS zog 1925, 420, den gleichen Schluß. Die erdweite Ausbreitung des Rhätmeeres, welche die Sonderstellung des germanischen Binnenbeckens bildete, spricht sich ebenso in der alpinen Geosynklinale aus.

Wie sich freilich der Fortschritt *im einzelnen* räumlich und zeitlich gestaltete, das ist noch nicht ganz klar. Hat sich doch aus den eingehenden Untersuchungen der süddeutschen Geologen P. VOLLRATH, M. FRANK, O. PRATJE u. a. sowie von ERNI und ROLLIER 1910 gezeigt, daß die vorher wegen Gesteinsähnlichkeit dem sandigen Rhät zugeteilten Vorkommen in der Nordschweiz und im W-Jura zum unteren Lias gehören. Wie weit die östlich des Meridians von Rheinfelden, Olten-Lauterbrunnental gemachten Funde der Rhätmeerreste (M. FRANK 1930, 393) aus dem schwäbischen Meer nach S in dasjenige der Nordalpenwanne überleiten, ist noch unklar. Wahrscheinlich bahnte sich hier aber allmählich eine Meeresverbindung über die Bresche zwischen dem westlichen Aaremassiv mit seinem marinen Rhät im Lötschental (Doldenhorndecke) und der Chamonixmulde hinweg südöstlich in die helvetische Axendecke, ins Ultrahelvet und Präalpin an. Der Bereich der ost- und mittelschweizerischen, unterhelvetischen Decken war noch Festland. Von diesem noch sehr ausgedehnten Rhätfestland im NW wurden die Mergelüberzüge, soweit sie als Quartenschiefer-Knollenmergel überhaupt gebildet waren, im Rhät zumeist wieder abgetragen. Zwischen dem germanischen Rhätmeerbecken im NW und der Nordalpenwanne im SO dehnte sich also das vindelizische Land einschließlich des W- und N-Schweizer Jura der autochthonen Außenmassive und der unterhelvetischen Heimatgebiete. Die Bresche quer hindurch zwischen Montblanc und Aaremasse bahnte sich erst allmählich an.

Auch das westliche Vorland der Westalpen sah die Fortsetzung dieses umfangreichen Festlandes und die langsam fortschreitende Überflutung seiner Ränder zur Rhätzeit. Gegen die französische Mittelplatte (Zentralplateau) zu gehen die germanischen Rhät-Tone und Feinsande über in Arkosemassen, ebenso die Kalke und Dolomite des Meeres von Pyrenäen—Südfrankreich—Provence mit seinen schwäbischen Muscheln nordwärts in den Causses und nördlich über Lyon hinaus. Aber noch immer blieb nördlich davon ein Festlandsvorsprung gegen O, dem die Dauphiné-Zone der westlichen Außenmassive angehört, wo Reste des Rhätmeeres ebenso fehlen wie am Ostrand des französischen Zentralplateau.

Im O grenzte dieses Festland an die auch jetzt weitersinkende Fortsetzung der Nordalpengeosynklinale, also an den Briançonnais-Präalpen-Bogen. Schon die Mächtigkeitszunahme von dessen Rhäteinlage zeigt den Übergang von außen gegen die Klippendecke. Die äußeren Präalpen zeichnen sich schon durch Korallen- und Brachiopodenkalke mit zusammen etwa 100 m Mächtigkeit aus. In den inneren Präalpen wachsen die schwarzen Mergel, Tone, Kalksteinbänke mit Korallen und Brachiopoden, dolomitischen Mergeln und Bonebedlagen zusammen bereits auf 200 m an. Im übrigen hebt sich im Rhät aus dem Trog der Klippendeckenheimat allmählich eine erste Teilschwelle empor, gegen die das Rhät und der Unterlias bis auf 0 m auskeilen (Abb. 44). Schön ist auch, so wie S. 176 für die karnische Zeit bemerkt, die SO an die Klippendecke anschließende Schwellenentwicklung der Brekziendecke ausgeprägt: Schalentrümmerlagen, schwarze, Bactrylien-führende Tonschiefer mit Kalkbänkchen, im ganzen kaum 10 m stark.

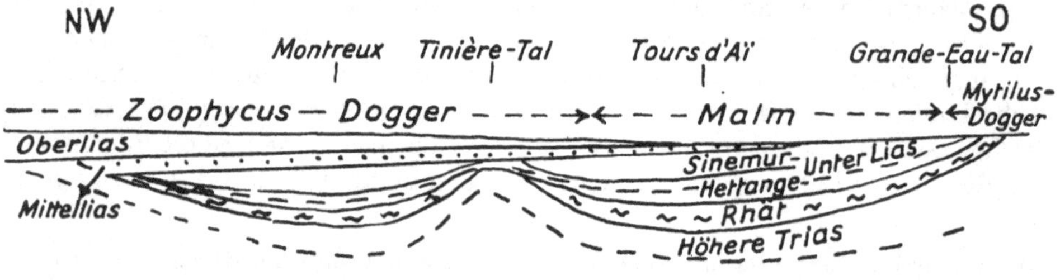

Abb. 44. *Faziesprofil Rhät-Jura in der Klippendecke* zwischen Veveyse und Grande-Eau (Waadtland). Nach Alb. Heim, Geol. d. Schweiz II, 609.

Die Verbindung aus der Rhätsenke der nördlichen Kalkalpen, deren Kössener Fazies sehr ähnlich ist, nach W stellen auch im Rhät die entsprechenden Absätze in den Mittelschweizer Klippen (Stanser Horn u. a.) her mit Schalentrümmerlagen, Schiefer, Bonebeds zuunterst und bis 50 m Mächtigkeit. Von da nach N finden sich Rhätmeerschichten bis in den helvetischen Raum südlich des Walensees.

Diese ganzen, mit der schwäbischen, teilweise karpatischen Rhätfauna versehenen Glieder der Präalpen setzen andererseits gegen S in Savoyen—Maurienne—Briançonnais fort. Kilian meldete schon 1891 die schwarzen, dolomitischen Rhätkalke mit *Avicula contorta* vom Pas du Roc und der Maurienne.

Es ist für die ehemaligen Zusammenhänge der Ereignisse ostwärts nach dem penninischen Raum hin sehr wichtig, daß es im französisch-italienischen Grenzgebiet, wo die Verbindungen nicht wie im NO durch den späteren Schub der mächtigen Bernharddecke völlig zerrissen sind, gelang, die seitlichen Übergänge aus unserer normalen Wannenfazies hinüber nach der penninischen Glanzschieferfazies zu finden. S. Franchi hat 1910 an der Ostgrenze des Briançonnais fossilführendes Rhät unter dem Glanzschiefer des Pas de la Mulatière und des Pas de l'Ours nachgewiesen. W. Kilian & Ch. Pussenot stellten 1912 den seitlichen Faziesübergang der Obertrias und des Lias ostwärts in die Piemontschiefer am Chaberton Massiv fest.

Damit treten wir ostwärts ein *in das penninische Feld der Sammelreihe* („série compréhensive") des alpinen Flysches im weiteren Sinn, zu dem auch die Glanzschiefer und Bündner Schiefer gehören. Und zwar stellt sich nach solchen Übergängen, die schon die mittlere Trias der Briançonnais-Wanne mit jener Schieferreihe verknüpfen, heraus, daß bereits von der Mitteltrias an die Neigung zu dieser besonderen Ausbildungsart im penninischen Raum vorlag. Die tieferen Teile der

Glanzschiefer, von denen wir oben S. 194 hörten, daß sie als bezeichnende Becken- oder Muldenschlammfazies gleichzeitig neben der noch die Schwellen oder Sattelzüge einnehmenden Karbonatfazies entstanden, gehören also in einem schwer festzustellenden Umfang noch der Mitteltrias an. Ob sich in der nachfolgenden norischen Zeit der Hochlage größere Restmulden noch unter dem Meeresspiegel befanden, ist unbekannt. Jedenfalls dürfte sich während der Absenkung zur Rhätzeit wieder weithin im penninischen Raum das Meer mit überwiegender Schlammschieferfazies ausgedehnt haben. Dies ist aus den Verzahnungen mit dem Briançonnais-Rhät zu schließen.

Sehr zu beachten ist, *daß sich die Tonschiefer der Glanzschiefer* („Schistes lustrées") *aus den Muldenfüllungen der embryonalen Faltenwellen ohne Grenze herausentwickeln.* Außerdem werden wir die grundsätzliche Bedeutung erkennen, welche dem *Eindringen dieser Schwellensättel während des Rhät auch schon in den Bildungsraum der Klippendecke* (Abb. 44) *zukommt:* Die Schwellen- und Beckenfazies ist nun auch in den bis dahin anscheinend ruhiger sinkenden Westteilen der nordalpinen Geosynklinale bemerkbar. Die embryonale Faltung, welche zur Obertrias im penninischen Nachbarraum einsetzt, wird auch in der geosynklinalen Wanne erkennbar.

Im einzelnen wird es noch viel Mühe machen, in den durch Wärme und scharfe Bewegung umgewandelten Bündener Schiefermassen mit Hilfe von örtlichen Leitbänken den Schichtvergleich weiter zu entwickeln. Einen kleinen Fund von dunklen Rhätschiefern und Kalken in der oberpenninischen Margnadecke verzeichnete R. Staub am Averser Weißberg. Schiefer mit *Avicula contorta* sind ebenfalls in der Margnadecke gefunden.

Wir treten damit ostwärts wieder in das auch während der Rhätzeit als breite Verbindung zwischen N- und S-Geosynklinale eingesenkte Meeresgebiet der *unter- und mittelostalpinen Decke* ein. Von der Languarddecke, Sassalbo (Puschlav) sind die gleichen Brachiopoden- und Korallenkalke, Kalkschiefer, Dolomitbrekzien und Schalentrümmer des Rhäts bekannt, ähnlich von der Berninadecke. In der Errdecke verfolgte H. P. Cornelius 1935, 182, gleichfalls diese fossilführenden Kalk- und Mergelschiefer, welche bereits der nordalpinen Kössener Entwicklung nahestehen. Es wiederholt sich der Wechsel von der mächtigeren Kalkfazies (? Schwellenbildung, 60—80 m) zu der dünneren Mergelschieferfazies. Natürlich verlangen die Tonschlamme und die mitunter eingeschlämmten Sande das Bestehen eines diese Stoffe, wenn auch aus der Ferne anliefernden Landes, das nur in Gestalt von Inseln aus dem Meer geragt haben kann, denn die Stoffe des vindelizischen Festlandes konnten ja fraglos nicht bis in diesen entfernten Meeresraum kommen. Mit Knollenkalken, Mergeln, Schiefern, Schalentrümmern geht die „Kössener Fazies" nordwärts auch in die Falknis- (Stammerspitz im Unterengadiner Fenster) und Sulzfluhdecke weiter.

Mächtiger wurde im allgemeinen das Rhät *im mittelostalpinen Ablagerungsraum.* Er senkte sich offenbar tiefer. So bauen sich über dem mächtigen Hauptdolomit der Unterengadiner Dolomiten zunächst unter Wechsellagerung 100—300 m „norisch-rhätische Grenzschichten", darüber noch schwarze und rötliche dolomitische Kalke, Schiefer, Hornsteine der Kössener Schichten gleichfalls mit 100 bis 300 m Dicke auf. Liegt hier im allgemeinen, außer am Ostgrat des Piz Laschadurella, das Rhät mächtig und gleichförmig über dem Nor, so finden wir weiter nördlich in der unteren Campo-Aela-Decke nur dünnes Rhät bzw. erst Lias, welche mit Schichtlücke und Grundbrekzie über den Hauptdolomit übergreifen.

Diese *Hochlage und Zerstörung des Untergrundes vor Absatz des Rhät* haben wir auch im Ducangebiet auf der Silvrettadecke, im Vorarlberg und weiterhin, wie S. 203f. gesagt, in der nordalpinen Geosynklinale. Auf der Silvrettadecke schließen sich jenem Gebiet auch die größeren Rhätmächtigkeiten an, welche in Mittelbünden mit 200 m Plattenkalk mit Contorta-Mergeln, darauf sogar mit 140 m Hauptlithodendronkalk, schließlich noch mit 200 m Oberrhätkalk angegeben wurden. Ohne viel Grundbrekzie, aber mit sicher übergreifender Lagerung (Roterde am Strehl!) legten sich im Ducangebiet (Abb. 45) über den Hauptdolomit zunächst mit Rotschlammen 250—300 m Kössener Kalkbänke und Schiefer, darauf 30—50 m Haupt-Lithodendronkalk, zuoberst 300 m knollige, rote Kalke mit grauen Schiefern („Oberrhätkalk", H. EUGSTER 1923). Die Abtragung vor der Rhätzeit hat den sonst 700 m mächtigen Hauptdolomit gegen NO zu auf nur 4 km Entfernung bis auf 10 m beschnitten. Das setzt also örtlich wieder mindestens 700 m Hebung und danach rhätische Senkung voraus.

Nur langsam hebt sich aus dieser rhätischen Quersenke des mittelostalpinen Raumes ostwärts das heraus, was wir zentralalpines Untiefengebiet nennen.

b) Die zentralalpine Untiefe

Die dunklen Kalkbänke, Kalk- und Mergelschiefer der Kössener Schichten gehen ohne große Verschiedenheit in dem Rhät des Ortlers weiter. Auch östlicher im Stubai- und Tarntal finden wir die Kössener Schichten. Doch enthalten sie rötliche, bunte Einschaltungen, öfter Glimmer und Sand, haben (Tribulaun) wechselndere Fazies und namentlich geringere Mächtigkeiten als im W oder N. Das Kössener Flachmeer ging also auch hier noch zwar

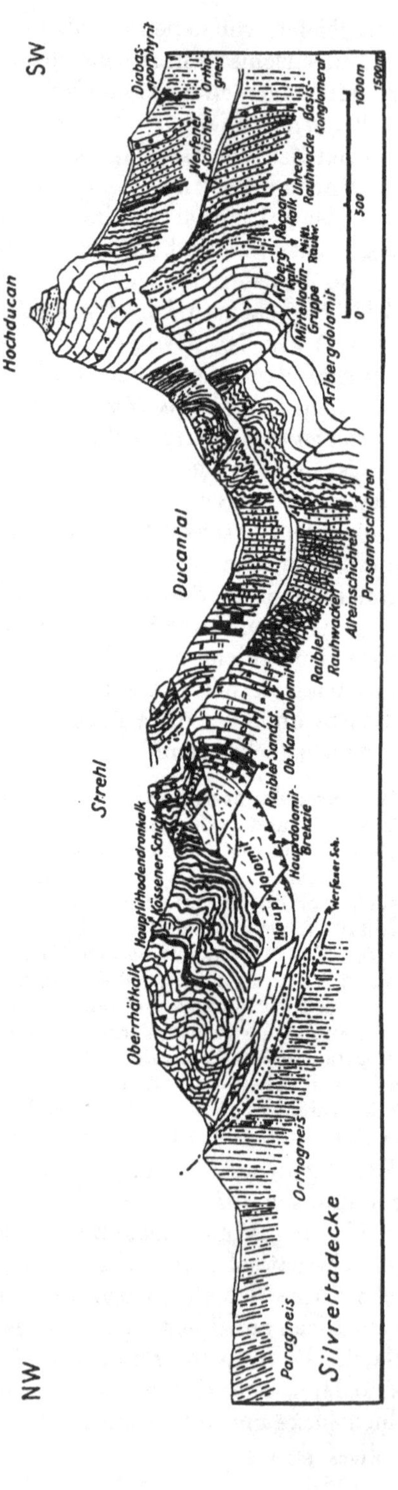

Abb. 45. *Profil durch die oberostalpine Trias der Ducangruppe in Mittelbünden.* Nach H. Eugster 1923, Taf. I.

weiter, aber die Senkung war viel weniger bedeutend als im W oder N, auch zeigen sich Inselabschwemmungen: Die Untiefe der zentralalpinen Schwelle prägte sich schwach, aber deutlich aus. So finden wir denn auch den Fortgang der gleichen Fazies mit Pyritschiefern, Dolomit, Kalk, Schiefer in den Radstädter Tauern, ja noch am Sonnwendstein des Semmering mit ähnlichen schwarzen Kalken, teilweise eisenreichen Dolomiten, Schiefern. Das alles kann durchaus *als südlichere, dünnere Untiefenbildung des nordalpinen Kössener Flachmeeres gelten.* In der weiteren Fortsetzung im Innerkremser Nockgebiet Kärntens konnte Thecosmilia führender Rhätkalk und Rhätmergel über dem Hauptdolomit nachgewiesen werden.

Eine ausgedehntere Insel mag aus diesem Flachmeer in Kärnten herausgeragt haben. Denn die Triasvorkommen *im S der Saualpe* (Eberstein-St. Paul) lassen wohl Reste des Rhätmeeres vermissen (Lethaea II, 1, 390). Jedenfalls folgt dem dortigen Hauptdolomit ungleichförmig erst die Kreide. Aber dann setzt gegen S wieder die ungefähr O-W-streichende Teilsenke von Drauzug (Gailtaler Alpen)-Nordkarawanken-Ursulaberg-Oberdolitsch ein Im W folgen über dem mächtigen Hauptdolomit bzw. Plattenkalk wieder teils mit Wechsellagerung, teils aber mit brekziösem Grundkonglomerat die grauen Mergelkalkbänke mit *Avicula contorta, Terebratula gregaria*, Korallen, die dunklen Mergelschiefer und Schalentrümmer der Kössener Flachmeerschichten. Die Nähe unweit aufragender Inselstreifen zeigen eingespülte Sande, Glimmer, Landpflanzen neben dem Tonschlamm an.

Und so geht das in der Meeressenke gegen O weiter: immer bedeutender Bitumengehalt der dunklen, meist tonigen Sinkstoffe, rascher Schichtwechsel im einzelnen, Flachwasserbildung, ziemlich geringe Mächtigkeiten, Fehlen von konglomeratisch-grobsandigen Bildungen, meist aber gleichwohl Inselnähe; unten wie in den Nordalpen meist versteinerungsarm, gegen oben mehr tonig, muschelreich, dann Korallenlager, schließlich die dicht gefüllten *Terebratula gregaria*-Bänke. Noch höhere Rhätstockwerke der Nordalpen dürften fehlen: Vorzeitig stellten sich Brackwassergebilde mit *Cyrena rhaetica* ein, zusammen mit Bonebed-Resten die Anzeichen für eine in gleicher Weise auch in der südalpinen Geosynklinale einsetzende Landhebung. Es erscheint eine Brackwasserfauna, welche jener von Judikarien und der Lombardei entspricht, was deshalb ungewöhnlich ist, weil vorher die Triasfaunen nicht mit denen der Südalpen, sondern mit den nordalpinen Faunen übereinzustimmen pflegten. Es wurde hieraus der Schluß gezogen, daß die bis dahin in mehr oder weniger Vollständigkeit durchlaufende südliche Trennungsrippe nun im mittleren Rhät niedertauchte und daß dafür die zentralen Ostalpen sich geschlossener als Grenzschwelle zwischen Gailtaler und nordalpiner Meeressenke emporwölbten. Also auch hier im O großzügige, weitgespannte Relief- und Bodenverschiebungen, welche die bisherige Gesamtlage grundlegend änderten.

c) *Das Rhätmeer der südalpinen Geosynklinale*

Die rhätischen Kalkbänke in den Steiner Alpen, in der südlichen Karnischen Kette, im Ternovaner-Idrianer Gebiet und Innerkarst, welche ein wahrscheinlich im Rhät trocken gelegenes, julisches Mittelstück ohne Rhät umrahmen, weichen bedeutend ab von der Kössener Fazies in den Gailtaler Alpen und Karawanken. Ziemlich unvermittelt steht neben letzterer die Fazies der hellen Dachsteinkalke, teilweise wohl auch noch des Hauptdolomits. Der Dachsteinkalk reicht teilweise noch bis in den Unterlias hinein. Die abtrennende Längsschwelle TELLERS in den südlichen Karawanken muß wohl wenigstens für den Anfang noch gefordert werden. Die vermittelnden küstennahen Zwischenbildungen und der Hauptteil der Schwelle selbst dürften durch die massenverschluckenden Narbenschnitte (Band I, 287) entfernt worden sein. Die in den Südalpen häufige, in den Nordalpen aber höchst seltene Rhynchonellina, welche im W der Karnischen Hauptkette und in den Gailtaler Alpen gleichfalls erscheint, zeigt aber wohl für die spätere Rhätzeit, daß jene Grenzschwelle, wie gesagt, verschwand.

Auch *in den Südtiroler Dolomiten* und an der O- und W-Küste des Gardasees haben wir diese hellen Dachsteinkalke, seltener massige Korallenkalke. Wegen der schlechten Versteinerungs-Erhaltung ist das Ganze vom Nor im allgemeinen nicht abzutrennen. Es bleibt aber auch unklar, wie weit diese Fazies nach oben in die Rhätstufe weitergeht. Denn die Oberfläche dieses mächtigen, hellen Kalkes ist stark zerstört, und in den Trümmern steckt eine Menge von sehr wahrscheinlich im Rhät abgelagerten, dann aber wieder ganz abgetragenen dunklen Mergelkalken (R. v. KLEBELSBERG 1935, 370). Bohnerzkörner einer verwitterten Festlandsoberfläche lassen in diesem Schutt auf die lange Dauer der hier eingetretenen Abtragung schließen. Das Ganze kann wohl am besten verstanden werden durch eine kräftige Heraushebung des Dachsteinkalks über den Meeresspiegel und Abwitterung für lange Dauer, durch nachfolgende, weitspannige Senkung und Ablagerung der Kössener Flachmeerfazies, hierauf erneute Heraushebung und völlige Zerstörung bis auf die noch vorhandenen Abtragungsreste.

Der ersten Heraushebungszeit entspricht in dem allgemeinen Schichtprofil Judikariens (Lethaea II, 1, 362) über den dünnen Plattenkalken die Bildung von Brackwasserschichten mit *Cyrena rhaetica* und *Cerithium haueri*, die dann in die schwarzen Kössener Mergelschiefer und Kalke mit schwäbischer Fauna, örtlich auch in Rauhwacken und Brekzien übergehen. Höher folgen helle Korallenkalkbänke mit *Terebratula gregaria*, schließlich, dem Hauptlithodendronkalk entsprechend, ziemlich mächtig der hornsteinführende Kalk oder Dolomit mit *Conchodus infraliasicus*, überlagert von Lias. Die Kössener Kalke, welche in den Südtiroler Dolomiten fast ganz beseitigt sind, blieben hier also noch erhalten und wurden durch ein Übergreifen der hellen Kalkfazies von O her mit mächtigen Kalkbänken überlagert. An der Westseite des Gardasees keilt diese Kalk- und Dolomitfazies westwärts gegen die lombardischen Mergelkalke aus.

Die große Abtragungslücke über dem norischen Hauptdolomit und unter rhätischen Mergelkalken wies in der Brentagruppe zuerst M. VACEK nach (Abb. 46), der am Spinalepaß die Contortamergel in Karrenlöchern des Hauptdolomits vorfand. Über den Mergeln folgen zuerst dunkle Knollenkalke, dann bis über 400 m mächtige, bunte, oolithische Kalke und Dolomite, bedeckt von Oberlias in gleicher Flachwasserfazies. Von da gegen N und SO erweitert sich die große altrhätische Schichtlücke und Abtragung noch gegen das Suganatal und die Lessinischen Alpen. Hierher scheint das Rhätmeer, welches in den Südtiroler Dolomiten nur eine kurze Gastrolle gespielt haben dürfte, überhaupt nicht herangekommen zu sein: Über dem Hauptdolomit greift erst der Lias über (z. B. Trient, Lessinische Alpen), im Nonsberg erst Tithon oder Scaglia. In der Brentagruppe ist, ganz wie am Ducan, auf nur 5 km Entfernung der Hauptdolomit erosiv verschwächt, und zwar von 1200 auf kaum 300 m. Vom SO-Rand der gleichen Gruppe gab R. SCHWINNER 1913 über dünnen, bei Molveno 100 m mächtigen Kössener Mergeln mächtige, tektonisch bis auf 1000 m verdickte helle Rhätkalke an. Die ursprüngliche Mächtigkeit dürfte immerhin 600 m erreicht haben.

Da das Rhät auch im SO-Vizentin fehlt, über den Hauptdolomit gleich der graue, venetianische Unterliaskalk übergreift, und da auch weiter im NW das Adamello-gebiet entweder nur dünnes Rhät oder überhaupt keine Vertretung dieser Stufe zeigt, muß also in dem judikarischen W von Südtirol mit dem Einbau sehr *ausgedehnter, wechselvoller, wenn auch nicht vollständiger Festlandsschwellen* gerechnet werden.

Von Südjudikarien westwärts durch die Lombardei zieht dann bis an den Luganersee wieder die Kössener Mergelkalkfazies. Die Grignagruppe im O des Comer Sees zeigt das Rhätstockwerk, wo erhalten, über den Contortaschichten und *Terebratula gregaria*-Bänken wieder zuoberst den hellen Conchodusdolomit, also wieder das von O her erfolgende Vorgreifen des „Dachsteinkalks" oder „oberrhätischen Kalks". Jenseits des Comer Sees haben wir ebenso am Monte Bré im N über Plattenkalk bis einige 100 m mächtige mergelige Kössener Schichten, wieder bedeckt von Conchodusdolomit, der gegen O fehlt. Nach S zu aber fehlt das ganze

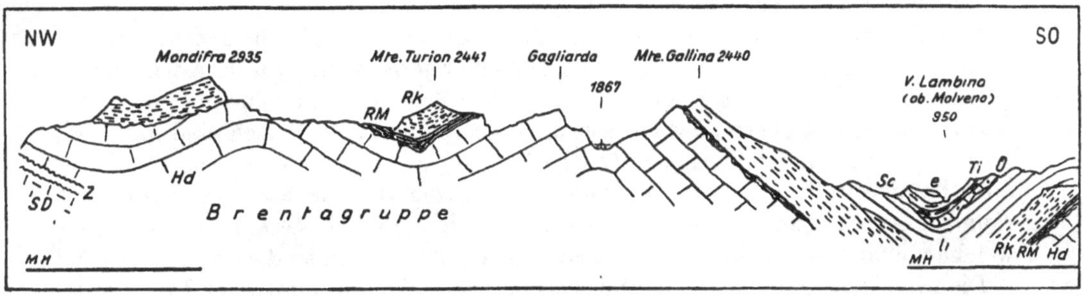

Abb. 46. *Die Diskordanzflächen in der Brentagruppe* nach M. Vacek, Führer Int. Kongr. Wien 1900, Exk. VII. *SD* Schlerndolomit. *Z* Zwischenbildungen von Buchensteinerschichten, Augitporphyrtuff, Raibler Schichten. *Hd* Hauptdolomit, ungleichförmig darüber *RM* Rhätmergel und *RK* Rhätkalk. Über diesen ungleichförmig: *li* graue Kalke des Lias; *O* Lias-Oolith. *Ti* Tithon. *Sc* Scaglia. *e* Eozän.

Rhät: soweit es abgelagert wurde, kam es ähnlich wie in den Südtiroler Dolomiten ganz zur Abtragung, und über den Hauptdolomit greift gleich der brekziöse Hierlatzkalk (Abb. 67). Ja der Hauptdolomit kann im W auch ganz abgetragen sein. Während im O des Luganersees Rhät mit Kössener Schichten ohne Lücke über 1 km Hauptdolomit liegt, ist dasselbe weiter im W auf der im Rhät oder wohl auch noch im Lias aufsteigenden Schwelle gänzlich abgetragen worden.

Für das Gebiet zwischen Luganer- und Langensee erkannte A. Senn 1924, 589, eine ausgedehnte rhätisch-unterliassische Landoberfläche, welche im S von Lugano ihre höchste Emporwölbung hatte. Weiter westlich wurde diese Insel vom Oberrhätmeer beim ersten Transgressionsvorstoß überspült, geriet aber durch erneute Hebung dann wieder in den Abtragungsbereich (Oberrhätreste blieben übrig). Noch weiter im W, gegen den Langensee, gab es dann nach einer unterrhätischen Festlandszeit wieder die Conchodonüberflutung über den Hauptdolomit. Westlich anschließend jenseits des Langensees bestand kein Rhätmeer, dürfte eine große, aus Kristallin gebaute Insel emporgestiegen sein.

Am Ostufer des Langensees bestätigte J. van Houten 1929, 13, das Übergreifen von oberrhätischem Conchoduskalk über Hauptdolomit, andernorts völliges Fehlen des Rhäts zwischen Hauptdolomit und Lias. Das insgesamt rund 80 m mächtige

Rhät endet unter dem Unterlias in einer Verwitterungsrinde von Roterde mit eckigen Blöcken. Auch hier haben wir also wieder für eine wechselnd lange Zeit im älteren Rhät Hebung und Abtragung, dann Senkung in die Rhätmeerabsätze, schließlich wieder langdauernde Hebung und Verwitterung, dann Senkung und neues Vordringen des Liasmeeres: *Hebung-Senkung, Hebung-Senkung wechseln in stehenden Wellen miteinander ab!*

d) *Übersicht der rhätischen Bewegungen*

Ähnlicher wie während der anisischen und ladinischen Stufe, aber anders als im Nor überwog in den rhätisch-alpinen Meeren der Tonschlamm. Der Kalk hat in Bänken und Linsen sowie mit Ton gemischt namentlich in jüngerer Zeit weite Verbreitung. In solcher Fazies bilden sich Bodenbewegungen im allgemeinen gut ab Sie lassen die folgende Übersicht zu:

1. Nicht mit nachweislich oder auch nur wahrscheinlich gleichem Zeitumfang, wohl aber in gleicher Reihenfolge und mit einer jeweils im ganzen Alpengebiet auftretenden Verbreitung zeigte sich eine erste Zeit der Heraushebung und Abtragung höher gelegener oder gehobener Meeresbodenteile; danach eine mittlere Zeit allgemeiner und weitreichender Überflutung; zuletzt wieder eine starke Heraushebung von Teilgebieten zwischen Inseln sowie in benachbarten Schwellenräumen. Auch innerhalb der Flutzeit lassen sich noch Unterstufen erkennen, welche vielfach der N- und der S-Geosynklinale gemeinsam sind.

Die mittlere Senkungszeit scheint beispielsweise für die Südtiroler Dolomiten so kurz, die nachfolgende Hebung so lang gedauert zu haben, daß die dünn abgesetzten Rhätkalkbänke nachfolgend schon wieder ganz abgetragen werden konnten.

Wieder kann eine einfache eustatische Meeresspiegelhebung unmöglich die Mannigfalt der Erscheinungen erklären, deren Gleichzeitigkeit im einzelnen weder nachweisbar noch naheliegend ist. Auch können die zwischen den Triasstufen eingeschalteten Zeiten vorwiegender Hebung offenbar deshalb nicht zur Hauptsache eustatisch sein, weil sie sehr verschiedene Dauer haben.

Eine schärfere stratigraphische Untersuchung müßte erst feststellen, wieweit allgemeine Meeresspiegelschwankungen mit den zweifelsfreien Bodenbewegungen zusammengewirkt haben.

2. Allgemein — in der nord- und südalpinen Geosynklinale, in der präalpinen Klippendecke wie in dem nun weiter und weiter abwärts bewegten penninischen Absatzraum — lassen sich schon jetzt unter günstigen sedimentären Umständen, bei Trennung der Kalk- von der Schlammfazies, teils weiterwachsende ältere Schwellen und Mulden, teils neu entstehende feststellen. Schwellen und Senken aber gingen beide nach abwärts, letztere nur rascher.

Es eilten somit wiederum während einer allgemeinen Abwärtsbewegung die Senken als Mulden voraus: *Die Großmulden bogen sich geosynklinal nieder, wobei sich ihre Teilwannen verschärften.* Teils erhielten sich dabei nachweislich schon vorrhätische Bewegungsformen, also faltige Verbiegungen, teils wurden diese nicht etwa als Mulden bzw. Sättel verstärkt, sondern in ihr Gegenteil verwandelt. *Wir haben somit langsamere oder verhältnismäßig rascher schwingende, stehende Wellen.* Wie weit sie sich wandernd verschoben, das ist noch nicht erkennbar.

Sie eroberten aber im Rhät von O her auch den noch weniger weit fortgeschrittenen Westen, so in der präalpinen Klippendecke.

Manche Teilschwellen wurden schon recht umfangreich und nahmen Umrisse an, die, wenn wir sie für die einzelnen Unterzeiten erst einmal genauer kennen werden, nicht immer parallel dem alpinen Längsstreichen verliefen: judikarische Aufwölbung an der Etsch; östliche zentralalpine Schwelle (Umgrenzung unscharf).

3. An der großen rhätischen Flut hatte auch das außergeosynklinale, germanische Becken Anteil. Freilich läßt hier das langsame Vorrücken von S gegen N mehr auf eine sehr ruhige Kippbewegung schließen, während in der Geosynklinale stärkere und ausgeprägtere Teilbewegungen herrschten.

Im NW bestand noch durch lange Zeit das vindelizisch-germanische Festland, welches erst allmählich im NO des Montblanc-Massivs durchbrochen worden sein dürfte. Im Durchbruch verband die Meeresstraße die Nordalpenwanne mit dem germanischen Rhätbecken (Faunenähnlichkeit; *Avicula contorta!*). Auch das westliche französische Vorland wurde erst allmählich vom Rhätmeer eingeengt.

4. Die nord- und die südalpine Gesamtgeosynklinale sprach sich wieder deutlich aus. Erneut meldete sich das Festland im N durch Einspülungen, Abtragung, geringere Schichtmächtigkeit. Das zentralalpine Schwellengebiet ist wieder zur Hauptsache eine Untiefe mit geringer mächtigen, mehr seichtmeerischen und eintönigen Sedimenten. Jedoch senkte sich westlich vom Brenner das Land stärker zum mächtigen Ducan-Mittelostalpin-Profil des Rhät. Mehr Widerstand gegen die Senkung leistete schon das alte granitisierte Schwellengebiet der unterostalpinen Decken, dessen Relief sich auch bereits schärfer gliederte. Der penninische Raum tauchte mit embryonalen Teilwellen noch mehr nach abwärts. Ein streichender Teiltrog ist aus den Schichtmächtigkeiten für die Gailtaler Alpen und Karawanken anz nehmen. Er grenzte sich südwärts zunächst noch durch eine Randschwelle gegen die südalpine Hauptwanne ab. Doch wurde diese Schwelle später niedergelegt: Die Gailtaler Rhätfauna schloß sich dann nicht mehr jener der nordalpinen, sondern jener der südlichen Wanne an.

Eine Südrandschwelle der südalpinen Geosynklinale ist auch im Rhät nicht sichtbar.

5. Wieder verband die Senke des Präalpen-Briançonnais-Bogens wahrscheinlich die nördliche mit der südalpinen Geosynklinale.

Von den normaleren Sedimenten jener Bogenwanne aus gegen O sehen wir die Verzahnung mit der tonschlammigen Bündner Schiefer- oder Sammelreihenfazies des Piemont. Diese entwickelte sich ihrerseits seitlich aus dem Muldensediment der penninischen Faltenembryonen und zeigt damit wohl an, daß sie *selbst eine mächtige Muldenbildung* ist.

6. Streichende Streifen stärkster Senkung *verlagerten sich auch im Rhät gegen N.* Für die nordalpine Wanne ist einstweilen eine Verlagerung von S gegen N nachweisbar. Es gehen somit die norisch begonnenen Wanderwellen weiter.

7. Wieder erfolgte *die Absenkung entgegen dem Sinn des Tauchgleichgewichtes.* Sinken doch auch im Rhät die von neuem Sediment weniger belasteten Rinnen (Mulden) rascher. Deutlich aber zeigt sich gegen die rhätische Spätzeit hin ein zunehmendes Erlahmen der formenden, innerlich hinabbauenden Zugkräfte gegen unten: Sowohl in der Nord- wie in der Südgeosynklinale griff die Schwellenfazies des Oberrhätkalks oder des höheren Dachsteinkalks weithin vor über die Schlammgründe (Abb. 37, 38, 52, 54, 56) — ähnlich wie etwa der Wettersteinkalk über die Partnachschichten (Abb. 22). In diesem Zustand nur schwacher, weitspanniger Muldensenkung befand sich wohl während der ganzen rhätischen Hauptzeit der östliche Teil der südalpinen Geosynklinale. Es schließt sich denn auch folgerichtig meist das Emportauchen über den Meeresspiegel und die Abtragung an diese Entspannungszeit an.

8. Bestimmte Anzeichen für *vulkanische* Förderungen fehlen.

9. Verknüpfung von Schichtmächtigkeit und Senkung ist nur bei gleichartiger Fazies und annähernd gleich reichlich angebotenen Ablagerungsstoffen möglich. Die Schlammzufuhr vom Festland war offenbar meist wesentlich geringer als (im allgemeinen) die Kalkbildung durch Organismen.

10. Auch im Rhät hält die Tiefbauzeit an, das heißt die Umformung des Bodenreliefs und damit des Baues beim Abwärtsgehen und während einer Tieflage. Gegenbeweise bringt auch das Rhät nicht.

Die allgemeinen Heraushebungen gegen Anfang und Ende der Triasstufen betrafen teils Gebiete schon früherer Hebung, teils erst während des Rhäts emporsteigende Züge, teils ausgedehnte Plateaustücke, deren Faltung erst später erkennbar oder schärfer wird. Ähnlich steht es bei den Senkungen.

In keinem Fall haben wir einen Anhaltspunkt für eine plötzliche, die Geschwindigkeit der Sedimentation bedeutend übertreffende Sattel- oder Muldenbildung. Alle erkennbare Bewegung vollzog sich allmählich und während langdauernder Ablagerung.

Die Verbiegungen können auch wieder ganz rückgängig gemacht, ja ins Gegenteil verkehrt werden. Sie sind durchweg noch ziemlich weit gespannt, nicht viel schärfer als etwa 800 m Hebung auf 5000 m waagrechte Entfernung. Oft liegen sie viel weiter auseinander oder sind flache Kuppeln von 20 oder 50 km Breite und vielleicht bis 500 m Höhe.

Diese Wellen zeigen noch keine schärfere Teilverbiegung, höchstens die Anfänge wirklicher Schrägflächen (mit Winkeldiskordanzen).

Wollen wir ausreichend beurteilen, so wird neben Art und Stärke der angreifenden Kräfte auch der *Art des zu bewegenden Baustoffes* Rechnung zu tragen sein. Sollten die mächtigen, bis über 2 km einheitlich messenden Karbonatplatten der ostalpinen Trias, in der jene Verbiegungen erkennbar sind, bei der Unterdrückung lebhafterer Teilbewegungen nicht erheblich mitbeteiligt gewesen sein? Mit wachsender Plattendicke konnte so einer wachsenden Faltungsfreudigkeit der Tiefe wohl lange erfolgreich widerstanden worden sein.

Wenn man, wohl mit Recht, der Überlastung durch eine Inlandeisplatte von 800 oder 1000 m Mächtigkeit im Quartär schon eine erhebliche Rolle bei der

Dämpfung von Teilbewegungen des Untergrundes zuweist (E. KRAUS 1923), so kommt solche Leistung, entsprechend dem höheren spez. Gewicht, der größeren Steifheit und Mächtigkeit der Karbonatplatten, auch für die alpinen Bewegungen in Frage. Die Sedimentlast vermochte nur die allgemeine Senkung zu verstärken, die allgemeine Hebung aber zu mindern. Teilbewegungen hingegen mußten gedämpft werden, und ihre Formprägung (tektonische Struktur) mußte sich im wesentlichen auf tieferliegende Stockwerke beschränken.

Wieweit also der nur embryonal im Sediment angedeutete Wellenschlag in der alpinen Erdrinde wirklich nur keimhaft die kommende alpine Tektonik andeutet, wieweit er eine oberste, zur Abbildung schon ungleich schärferer Baustrukturen der Tiefe wenig geeignete Rinde betraf, das wird sich nachfolgend zeigen. Jedenfalls haben wir nicht nur stehende, sondern in Fortentwicklung der norischen auch wandernde Wellenverbiegungen im Rhät. Sie lassen auf eine vorher nicht bekannte neue Art der Massenbewegung in einem tieferen Stockwerk schließen.

Abtragungs- und Gleichgewichtszeiten

Bewegungs- und Ruhezeiten. Die Triasformation abschließend, haben wir Anlaß, noch den möglichen Antrieben nachzuspüren, welche jene eigenartige Sedimentverschiedenheit in den einzelnen Stufen brachten: Einerseits während skythischer, karnischer und zum Teil rhätischer Zeit dieses Übermaß von Sand und Ton; andererseits während anisisch-ladinischer und besonders norischer Zeit das Überwiegen der Karbonatausscheidungen.

Man ist gewohnt, Sandreichtum mit Küstennähe und Seichtwasser, Karbonatreichtum mit Küstenferne und tieferem Wasser ungefähr gleichzusetzen. Das kann aber nur sehr teilweise zutreffen. Denn für unsere Fälle müssen wir Meeresgebiete von vielen Hunderten von km² *ohne* sichtbare Küste, aber mit Sand- und Sand/Ton-Sediment annehmen, wobei nicht etwa nur die Ablagerungen eines langsam vordringenden Meeres, sondern auch bereits die eines mit ziemlich festliegenden Küsten ausgestatteten Flachmeeres namentlich im Skyth und Karn vorliegen.

Ebensowenig kann man für die überwiegend durch lichtbedürftige Kalkalgen und Korallen ausgeschiedenen Karbonatmassen immer etwas tieferes Meer oder Küstenferne voraussetzen; im Gegenteil. Es zeigte sich, daß gerade die Schwellenfazies die kalkige war, die Becken- oder Rinnenfazies aber die tonreiche.

Wir sahen auch, daß zwischen die deutlich verwitterte und abgetragene, also inselartig über dem Meeresspiegel gelegene Schichtfläche einerseits und das Karbonatsediment andererseits keineswegs auch nur häufig, geschweige denn regelmäßig Küstensand und Ton eingeschaltet wäre. Solche aber müßten doch zum wenigsten noch in Spuren das allmähliche Emportauchen des kalkigen Meeresgrundes, also das Herannahen der Küste anzeigen bzw. beim langsamen Versinken das Zurücktreten der Küste. Vielmehr liegen die Verwitterungsböden und Karren unmittelbar auf der über den Meeresspiegel geratenen Karbonatschwelle. Auch wird der verwitterte und abgetragene Inselboden dann wieder mit Karbonat, mitunter auch mit etwas Ton und einer wechselnd mächtigen, jedoch *immer örtlich beschränkten* Konglomeratschuttdecke versehen.

Dort, wo nicht Karbonatuntergrund, sondern Kristallin- oder Sandsteinuntergrund zur Inselfläche wurde — wir werden solche Beispiele, die namentlich aus dem (Karpaten-)Flysch schon gut bekannt sind, noch untersuchen —, da gibt es natürlich zunächst meist übergreifendes Geröll- und Sandsediment. Aber auch dieses beschränkt sich in seiner Verbreitung im allgemeinen auf ein örtlich begrenztes Delta neben der Insel. Es kann daher nicht wohl als Quelle für jene oft riesig ausgedehnten Sandbeschüttungen des Meeresbodens angesehen werden.

Ein gewöhnliches Auftauchen über den Meeresspiegel und ein Absinken unter diesen, die Bildung also sanfter, stehender Bodenwellen, kann den Wechsel jener Sand/Ton- und Karbonat-Zeiten nicht erklären, welche ungefähr gleichzeitig jeweils über zwei Großgeosynklinalen, ja auch über deren nachbarliche Schwellen herrschten. Warum aber wanderten im Skyth, im Karn die Sandmassen bis in die Wannenmitten, im Rhät die Tonmassen so gut wie überallhin? Warum wichen Sand und Ton im Ladin, im Nor gänzlich zurück vor den Karbonatplatten? Nicht gegen lang gewanderten und vom Stoffwechsel des Meeres entfärbten und bituminierten Tonschlamm keilt der Hauptdolomit aus, sondern nur gegen den rötlichen Verwitterungsschlamm des nahen Festlandes.

Neben den Teilreliefänderungen am Meeresboden müssen noch andere und für jenen Wechsel maßgebende Umstände eingetreten sein. *Der Wechsel beruht darauf, daß zu Zeiten größere, zu anderen Zeiten geringere Massen von sandigtonigen Sinkstoffen in Bewegung gesetzt, dem Becken zugeführt und in dieses weiter oder weniger weit vorgeschoben werden konnten.*

Es werden wohl nur zwei Hauptanlässe für solches Geschehen denkbar sein: *Entweder Klimaänderungen oder umfassende Änderungen des Reliefs.*

Klimaänderungen könnten die Verwitterung verstärken und deren Ergebnisse vermehrt verfrachten. Sie könnten den Stoffkreislauf auf dem Rücken von Wasser und Wind stark beschleunigen und seine Frachten steigern.

Umfassende *Reliefänderungen* wirksamer Art müßten sein: Großräumige Heraushebung des benachbarten Festlandes, eine Verstärkung also der Gefälle, ein vermehrtes Angreifen der verwitternden oder nicht verwitternden, durch Pflanzendecke mehr oder weniger geschützten Oberflächen. Auch in diesem Fall würden die Kreisläufe beschleunigt, ihre Frachten vermehrt.

Die hier zur Entscheidung führenden Gedankenwege sind verwickelt und auch schon vielfach erörtert. Wir berühren nur wenige, uns naheliegende Hauptpunkte.

Die skythische Zeit hatte jedenfalls im allgemeinen kein besonders feuchtes, eher ein trockenes Festlandsklima. Da wir dem Wind die weite Verfrachtung von Sand (der oft grob ist!) nicht zutrauen können, so kann eine Klimaänderung hier ernstlich nicht in Frage kommen, sondern nur die Wirkung eines kräftigeren Reliefs. Dies schon deshalb, weil ja der Übergang des Buntsandsteins aus den Zuständen im Verrucano und Rotliegenden zum wenigsten das Übrigbleiben erheblicher variszischer Altreliefformen wahrscheinlich macht.

Der Übergang zur anisisch-ladinischen Karbonatzeit war auch kein solcher in Richtung auf trockeneres und darum zu geringerer Verfrachtung fähiges Klima. Vielmehr nahm — worauf schon mehrfach hingewiesen wurde — eben die Reliefschärfe immer mehr ab, so daß die Riffbildner und die anderen kalkabscheidenden Lebewesen des Meeres innerhalb wie auch außerhalb der alpinen Geosynklinalen im allgemeinen durch Versandung und Verschlammung in den Becken nicht zurückgedrängt wurden. Nur die vulkanisch und gleichzeitig tektonisch belebten Bezirke in der südalpinen Geosynklinale verscheuchten örtlich die Riffbildner.

War nun die karnische Sandzeit eine sehr viel feuchtere, so daß auf den Festländern ein verstärkter Abtrag und eine vermehrte Abfuhr gegen die Becken hin erfolgen mußte? Gewiß dürfte die germanische Lettenkohle eine etwas feuchtere Zeit gewesen sein, aber südlich stellten wir fest, daß die karnische Hauptzeit später lag, während des Gips- und Salzkeupers, also gewiß nicht während einer Zeit übertriebener Feuchtigkeit. Ebensowenig hebt sich auch die norische Zeit gegenüber der karnischen durch stärkere Trockenheit ab oder etwa die rätische Zeit der Knollenmergel-Zanclodon-Letten durch größere Feuchtigkeit.

Klimaänderungen können somit keineswegs ausschlaggebend gewesen sein.

So bleiben *großzügige Änderungen des Reliefs;* und zwar vor allem auch auf den Festländern der Nachbarschaft, *also schärfere Heraushebungen.* Sie beschleunigten und vermehrten die Sand- und Tonfrachten. Sie verlagerten und beschleunigten aber wohl auch die Meeresströmungen, so daß jenes Frachtgut weit in die Becken verlagert werden konnte.

Schnellere und stärkere Heraushebung der Hochgebiete ist aber noch nicht gleichbedeutend mit Reliefruhe oder Heraushebung *auch der Meeresböden.* Von Reliefruhe sehen wir weder etwas im Karn noch im Rhät, sondern nur vom Gegenteil. Auch kann die Meeresbodenverflachung schon deshalb nicht erheblich gewesen sein, weil in diesem Fall ja das Großgefälle des Reliefs von den Bergrücken des Landes bis zu den Senken des Meeres vermindert und nicht vermehrt worden wäre. Auf diese *Reliefbelebung* aber kam es vor allem an.

Die Zunahme des Sand- und Tongehalts ist also in den Becken keineswegs gleichzusetzen mit geringerer Wassertiefe. Letztere war offenbar auch nicht geringer als in den Zeiten der überwiegenden Karbonatausscheidungen; eher war das Wasser tiefer, entsprechend den Schlamm-Mulden-Lagen während der Karbonatzeiten.

Und wenn trotz solcher größerer Tiefe und Aufnahmefähigkeit für Sinkstoffe dennoch im allgemeinen keine ebenso mächtigen Sedimente in den Sand/Ton-Zeiten abgelagert wurden wie in den Karbonatzeiten, so war hierfür der ausschlaggebende Grund offenbar *die mangelnde Schuttzufuhr:* Sie ging langsamer vor sich als die Kalkausscheidung der riffbildenden Lebewesen zu anderen Zeiten! Die Mächtigkeitswechsel sind somit nicht etwa nur Abbild der stattgehabten Reliefwechsel, sondern vor allem auch Abbild der zur Einlagerung verfügbaren Sedimentmengen.

Die Zunahme des Sandes ist zunächst nicht Folge des flacher gewordenen Meeresbodens, sondern jenes flachen Meeresteils, der rascher von Sand eingedeckt werden konnte. Dies mag unter etwas tieferem oder auch flacherem Wasser geschehen sein, solang nur die verfrachtenden Kräfte überhaupt noch ausreichten.

Die Umstände im Bereich der alpinen Triasgeosynklinalen lassen uns somit darauf schließen, daß die sand- und tonreichen Stufen des Skyths, Karns und Rhäts (Übergangsbildungen brauchen hier nicht mehr betont zu werden) *Zeiten gesteigerter Reliefgefälle waren.* Daß die karbonatreichen Stufen des Anisladins und Nors solche Zeiten waren, *in denen auf den benachbarten Festländern die Reliefoberfläche mit dem Kräftespiel der Wasser- und Lufthülle der Hauptsache nach im Gleichgewicht stand.* Die erstgenannten Stufen waren Zeiten des außenbürtigen Ungleichgewichts, also vermehrter Umlagerung, die letztgenannten solche des Gleichgewichts, damit auch solche der *Ruhe des abtragenden Geschehens.*

Weil aber die großzügige Reliefänderung nur auf *innenbürtige Massenverlagerung*, also auf einen Fortschritt in der innenbürtigen Abbaugeschichte zurückzuführen ist, so spiegeln sich in diesen Wechseln auch Beschleunigungen und Verzögerungen im Laufe dieser Geschichte wider.

Wenn schon die Zeiten verhältnismäßiger Ruhe Relief- und damit wellenartige Bodenbewegungen ableiten ließen, weil die Wechsel von Schwellen- und Beckenfazies solche besonders leicht nachweisen lassen, so haben wir nicht etwa schwächere, sondern sogar *stärkere Wellungen* dieser Art *auch für die karnische und rhätische Zeit* anzunehmen. Wegen der aus den variszischen Bewegungen noch vererbten Reliefenergie und des abweichenden Klimas scheidet dabei die skythische Zeit zur Hauptsache wohl aus. Beweise aber für die Steigerungen brachte uns namentlich das Bewegungsspiel des Rhäts. —

Insgesamt entsteht vor uns für die Karbonatzeiten eine gewisse Verschwächung der niedersenkenden und wellenden Bewegungskräfte, als deren Abbild eine sanftere, müdere Landschaft. Für die großen Sandzeiten aber schließen wir *auf verschärftes Relief*, nicht nur bezüglich der Einzelwellungen, sondern vor allem auch bezüglich der Festlandsrahmen, welche die gleichzeitig tiefer werdenden Wannen überhöhten. Die Ausschläge nach oben und unten vermehrten sich. Der Hauptraum der Faltung, also der Teilverbiegung, aber lag innerhalb der Geosynklinalen, also in den Senkungsfeldern.

Wir werden sehen, daß sich alle diese Ableitungen für die Folgezeit weitgehend bestätigen. Denn schon hörten wir oben davon, daß es gerade die Tonmulden sind, aus deren Füllungen ohne Grenze nach oben sich allmählich die Glanzschieferflysche herausbildeten. Und gerade die in höchstem Maß aus grobem und feinem Festlandsschutt bestehenden Flysche waren es ja, welche das Höchstmaß der Relief- und Bodenbewegung, also der Gebirgsbildung, begleiteten.

B. Die Ausgestaltung des Faltenwurfes zur Jurazeit

Die triadische Vorbereitungszeit der alpinen Bewegungen wird uns vorbedeutend für das Verständnis späterer, großartiger Umwälzungen. Die keimenden Anlagen der geosynklinalen Formung, welche aus Fazieswandel und Mächtigkeitswechseln ersichtlich waren, wurden während der Jurazeit in überaus bezeichnender Weise weiter ausgestaltet. Weil nun die Grundzüge des alpinen Baues entstehen, gehört unsere Aufmerksamkeit dieser Zeit in besonderem Maße.

Nur wenn wir die feineren Regungen des Faziesganges beachten und im Gelände noch viel gründlicher untersuchen als bisher, werden wir davor bewahrt, die derben Bilder, welche beim Emportauchen des Meeresbodens über den Wasserspiegel in den Schichtpaketen entstehen müssen, als die *einzigen* Anzeichen für Meeresbodenbewegungen und damit für Faltungen anzusehen, ja, das Ausmaß der Ausprägung im Schichtenstoß gleichzusetzen mit der gebirgsbildenden Kraft selbst. Nur dann vermeiden wir den unrichtigen Schluß auf langdauernde Ruhezeiten, welche durch scheinbar plötzliche Hochbewegungen, „Auffaltungen" also, während angeblich katastrophal in kurzen Terminen ablaufenden Phasen unterbrochen werden.

Als Wegweiser zu einer künftigen geosynklinalen Fazieszergliederung sei an Hand eines von F. F. HAHN für die Kammerker-Sonntagshorn-Gruppe gegebenen Faziesschemas zunächst versucht die drei in dauerndem Wechsel begriffenen Hauptgrößen, um die es sich handelt, nämlich die *Schichtmächtigkeit*, die *Faziesart* und die *Meeresbodentiefe* gegeneinander abzuwägen, um so ein Urteil über den Gang der Bodenbewegungen zu gewinnen. Es ist ein *Versuch*, denn der Schluß von der Faziesart auf die Meerestiefe ist noch nicht abgeklärt. Immerhin kann er dieser Abklärung dienen und verbindet er rückblickend die norisch-rhätischen Vorgänge mit jenen des Jura.

Bewegungen in der Kammerker-Sonntagshorn-Gruppe im West-Salzburgischen

Aus oft erörterten Gründen wird sich die Höhenlage des Weltmeerspiegels in Zeiten ungefähr gleichbleibenden Klimas, namentlich beim Fehlen stark vermehrter Vereisungen, nicht um mehr als vielleicht einige Zehner von Metern heben und senken. Daher müßte die jeweilige Entfernung des Meeresbodens vom Meeresspiegel entsprechend der Verdickung der Ablagerungen schneller oder langsamer *abnehmen*. Voraussetzung ist dabei, daß die örtliche Reliefhöhe, gemessen an der Radiuslänge bis zum Erdmittelpunkt, die gleiche blieb.

Schreiben wir also etwa in dem von F. F. HAHN 1910, 412, gegebenen Schema (Abb. 47) der norisch-rhätisch-liassischen Schichten an die ins Spiel getretenen Faziesglieder (Buchstaben) mit Zahlen, die zwar ungenau, aber einigermaßen zu beurteilende jeweilige Meerwassertiefe, so müßten diese Zahlen von unten nach oben ganz allgemein abnehmen. Am schnellsten dort, wo, wie die jeweilige Schichtmächtigkeit zeigt, die Ablagerung am raschesten war. In dem kaum tiefer als 50—100 m unter dem Meeresspiegel abgelagerten Hauptdolomit wäre der Meeresspiegel schon bald erreicht worden. Man weiß längst, daß dieses nicht eintrat, sondern daß die trotz dauernder Schichtverdickung gleichbleibende Fazies eben nur durch eine mit der Ablagerung ungefähr gleichen Schritt haltende *Absenkung* des Meeresbodens denkbar erscheint. Das ist aber gleichbedeutend mit einer entsprechenden Massenverlagerung im tieferen Untergrund, *also mit einer innenbürtigen Bewegung.*

Trotz allgemeiner Zustimmung zu diesem Grundsatz hat man doch die Folgerung aus ihm zumeist nicht gezogen. Denn wenn die im Schichtpaket übereinander folgenden Faziesglieder nicht nur gleichbleibende, sondern sehr wechselvolle, auf verschiedenste Meerestiefen hinweisende Fazies besitzen, so darf ja nicht nur auf eine allgemeine, langsame Absenkung geschlossen werden, sondern *auf ein wechselvolles Spiel der Reliefhöhe und damit auf eine Mannigfalt der Bewegungs-, der Baugeschichte.*

Eustatische Einflüsse, die ja niemals derart wechselnde Fazies bringen könnten, scheiden aus.

Auf der in Abb. 47 gegebenen Grundlage versuchten wir dabei den Einfluß der wechselnden Ablagerungsdicke auszuschalten, indem wir in Abb. 48 die Kurven der jeweils anwachsenden Schichtmächtigkeiten (*T—T*), welche die theoretische Meeresbodengestalt unter Voraussetzung der Bodenruhe (und einer jeweils waagrechten Ausgangsfläche) allein im außenbürtigen Kräftespiel anzeigen würden, vergleichen mit den aus der betreffenden Endfazies zu entnehmenden, „wirklichen“ Meeresbodenformen (*w—w*; *W—W*).

Es zeigt sich dabei, daß die bedeutenden Schichtmächtigkeiten, welche bei seichterem Meer durch die Ausscheidungen der lichtbedürftigen Lebewesen entstehen, für die norische und teilweise noch für die rhätische Zeit ausschlaggebend sind. Wenigstens entspricht die norische *T*—*T*-Linie noch weitgehend der *w*—*w*-Kurve der ursprünglichen Meeresbodengestalt, was auf das Fehlen von Einzelbewegungen während der allgemeinen, die 500—1000 m betragenden, norischen Absenkung in diesem Geosynklinalteil schließen läßt. Die bedeutendere Meerestiefe lag allgemein im SO.

Dies wurde schon gegen Ende der norischen Zeit anders, als nämlich, wie wir S. 200 schlossen, der absenkende Zug zur Tiefe erlahmte und die entstandenen Massen sich höhenmäßig dem Tauchgleichgewicht entsprechend einstellen konnten. Da verschwand die Meerestiefe. Es blieben aber bereits zwei sanfte Meeresbodenwellen in Kurve *W*—*W*.

Zur Vereinfachung sehen wir in Abb. 48, III für die rhätische Zeit von diesen schwachen Verbiegungen ab und bauen die rhätischen Schichtmächtigkeiten auf einer waagrecht gedachten Grundfläche auf. Es zeigt sich ein grundlegender Wandel. Denn während im Nor

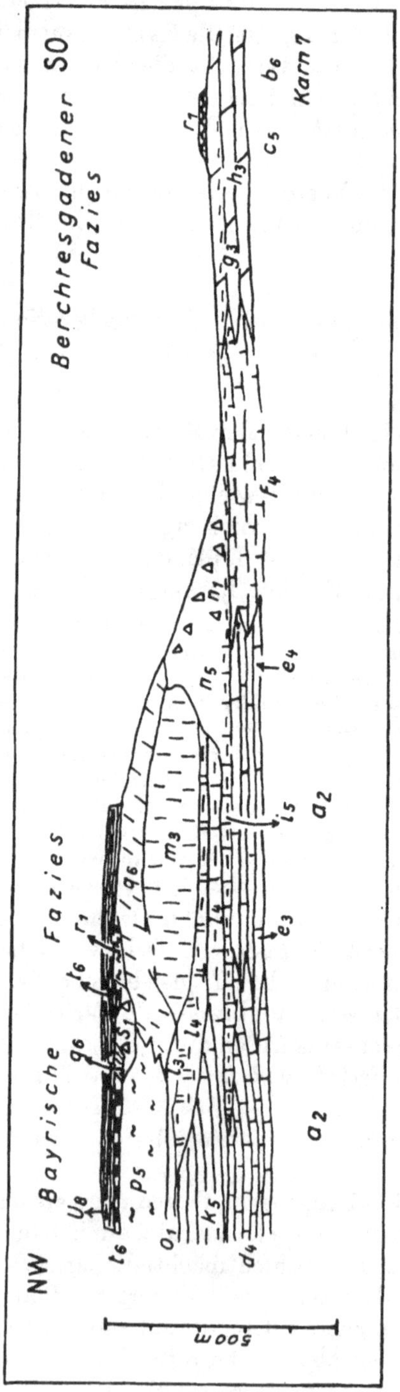

Abb. 47. *Faziesschema Rhät-Lias der Kammerker-Sonntagshorngruppe* (NO-Tirol). Ergänzt nach F. F. Hahn 1910, 412. Die Zahlen geben den ungefähren Meeresspiegelabstand des jeweiligen sedimentierenden Meeresbodens: *1* etwa 0—20 m; *2* rd. 50 m; *3* rd. 100 m; *4* rd. 200 m; *5* 300—500 m; *6* rd. 800 m; *7* über 1000 m; *8* über 1500 m. — *a* Hauptdolomit rd. 1000 m mächtig; *b* unterer Hallstätter Halorella pedata-Kalk 20 m mächtig; *c* unternorische Loferer Schichten 50—150 m mächtig; *d* obernorischer Plattenkalk 50—400 m; *e* Übergangskalk 250 m im W, 350 m im O; *f* bayer. (Loferer) Dachsteinkalk 450 m; *g* Berchtesgadener (Reiteralm-) Dachsteinriffkalk über 250 m; *k* Kössener Mergel 250 m; *l* rhätischer Mergelkalk 250 m; *m* oberrhätischer Riffkalk 150—175 m; *n* bunte Kalke, Korallenkalk, gegen SO Konglomerat und Brekzie (Starhemberg-Schichten, inselnah 100—175 m; *o* graue Lamellibranchiatenkalke bis 2 m; *p* Kieselknollenkalke bis 100 m; *q* bunte Ammonitenkalke 10—15 m; *r* Hierlatzkalke auf korrodiertem Dachsteinkalk bzw. Ammonitenkalk 1—25 m; *s* Mittelliasbrekzien 3—30 m (wahrscheinlich tektonisch zertrümmert); *t* oberliass. Adneter Ammonitenkalk 2—10 m; *u* Radiolarit des höheren Jura. Die abgewickelte, ursprüngliche Profillänge während der Absatzzeit betrug wohl mindestens 25 km, also starke Profilüberhöhung.

für die südöstliche, den Anfang des Berchtesgadener Faziesbezirks darstellende Gegend die größten Meerestiefen herrschten, steigt hier *im Rhät eine Insel auf:* Ablagerungen fehlen, der unterliasische Hierlatzkalk liegt auf kräftig korrodiertem Dachsteinkalk. Dafür hat sich die Lage größerer Meerestiefe gegen NW verschoben (*w—w*), noch etwas weiter offenbar — nach der Schichtverbreitung — am Ende des Rhäts. Die gegen NW vorrückende Insel schob an ihrer gegen NW abfallenden Böschung nicht nur die roterdigen Abschwemmungsstoffe, sondern auch Geröll und Brekzientrümmer, teilweise sehr groben Blockschutt, von der verwitternden Höhe des Loferer Dachsteinkalkes hinab. Dieser rote Inselschutt, der bis 175 m mächtig werden und das ganze Rhät vertreten kann, erinnert stark an die Starhemberger Fazies weiter im O. Von ihm aus strahlten die Rotschlamme auch teilweise noch weit in die schon tiefermeerischen, bunten Kalke aus (n). Der allmähliche Vorstoß der Trümmerfazies gegen NW zeigt wohl eine gewisse Verlagerung der Inselböschung in gleicher Richtung an.

Doch ragte noch vor dem tieferen Kössener Schlamm-Meer im NW eine bei der allgemeinen Absenkung zurückbleibende, darum höhere Riffschwelle empor, auf der sich der oberrhätische Riffkalk bildete. Wie die südöstlicher gelegene Insel die etwas gegen NW vorgerückte Fortsetzung einer jungnorischen Schwelle war, so diese Teilschwelle wohl eine solche des zweiten, bereits im Jungnor erkennbaren Rückens (*W—W* Abb. 48, II). Die zwischen beiden gelegene Mulde hat sich im Rhät verschmälert und vertieft. Ebenso vertiefte sich das Meer im NW unseres oberrhätischen Riffes.

Eine noch geringere Bedeutung als im Rhät kommt der Ablagerungsmächtigkeit im Lias zu, wenn wir aus dem Meeresbodenrelief auf die tektonischen Bodenbewegungen schließen wollen. Die Liasschichten sind dünn, ja sie fehlen im Übergangsgebiet von der bayerischen Fazies im NW gegen die Berchtesgadener im SO. Der Ort einer Schichtlücke hat schon im Rhät bestanden, doch lag er da weiter im SO. Nun ist er weiter nach NW verlagert. Auch ohne daß uns entsprechende Schuttbildungen erhalten wären — die ehemangen Böschungsflächen fehlen heute — dürfte aus jener Lücke wieder auf das zeitweilige Auftauchen bzw. auf den Fortbestand der einst weiter südöstlich gelegenen Insel geschlossen werden. Trifft dies zu, dann hat sich also das Relief mit Schwelle (Sattel) und Mulde *um ein neues Stück gegen NW verlagert.* Zugleich aber hat sich im Unterlias die Mulde gegen NW stark verbreitert (Abb. 48, IV, *w—w*), und erst im Lias-Delta zeigt der über dem dünnen, roten Ammonitenkalk ruhende Krinoideenkalk (F. F. Hahn 1910, 369) Delta-Versteinerungen in einem schnecken- und brachiopodenreichen Nest. Die abgerollten Ammonitenschalen strandeten wohl auf einer Meeresbodenuntiefe in einem Krinoideenwald. Auch Hahn hielt das Ganze für eine seichtmeerische Hierlatzkalkfazies.

Eine solche hatte sich bereits im Unterlias mit roterdigen Verwitterungsresten dort angesiedelt, wo der südöstliche Teil unserer Insel wieder unter den Meeresspiegel hinabtauchte (*w*). Wir schließen daraus, daß im Rhät-Lias sich nicht nur die NW-Abdachung unserer Insel mit ihrer Schichtlücke *gegen NW verlagerte,* sondern daß sie gleichzeitig auch *von SO her fortschreitend abgebaut wurde.* Wir haben mit anderen Worten wieder *eine langsam ihren Ort von SO gegen NW verlagernde Insel-*

schwelle, eine wandernde Welle oder einen „Wandersattel" vor uns. Wo die Inselböschung am Ende des Oberlias lag, das deutet die nach der Sedimentverbreitung gezeichnete Linie *W'—W'* in Abb. 48, IV, an.

Trifft der Schluß aus unseren Krinoideenbankrasen auf eine seichte, aufragende Untiefe zu, so hatte sich inzwischen aber während der Mittellias vorübergehend eine Teilschwelle in die Mulde südöstlich neben die bzw. in Fortsetzung jener Teilschwelle eingebaut, welche für den Unterlias schon durch eine dünne Cardien-Ostreenbank angedeutet wurde. Es ist noch unbekannt, ob sich diese Schwelle, gefolgt von unserer wandernden Insel, im Oberlias bereits nordwestlich aus unserem Gesichtskreis entfernt hat. Aber klar ist schon, daß unser Gebiet größter Meerestiefe, das im Nor von SO in unseren Gesichtskreis tritt, im Karn noch weiter im SO gelegen hatte. Denn dort liegen die karnischen Hallstätter Kalke, welche mindestens tiefermeerischer waren, als die anschließenden Dolomite im NW.

Jedenfalls erlaubt uns der Faziesgang in dem behandelten Alpenteil einstweilen noch unvollkommen, aber doch schon deutlich, *jenes gleiche Wandern der Schwellen und Senken, also teilweise der Sättel und Mulden des Meeresuntergrundes abzuleiten*, welches wir S. 188 für westliche Teile der nördlichen Kalkalpen erkannten, und das auch für die embryonalen Falten des penninischen Alpenteils in der Schweiz schon bekannt geworden ist. Die Mächtigkeiten schwinden, die Bewegungen verschärfen sich im Rhät und Lias. Dabei brauchen wir durchaus noch nicht die Fazies der Zephalopodenkalke als eine „tiefmeerische" zu bezeichnen. Wir hielten uns an mittlere Annahmen, welche am wahrscheinlichsten sind, und haben nur die notwendigen, aber nicht übertriebenen Folgerungen aus dem Fazieswechsel auf die Bodenbewegungen gezogen.

Die wandernden Wellen sind in Abb. 48 stark überhöht. Man bedenke, daß der betrachtete Querschnitt vor seiner tektonischen Einengung mindestens rund 25 km lang war, nach dem Höhenmaß beurteilt aber auf nur 2,7 km zusammengezeichnet wurde. —

Überlegungen der vorgetragenen Art müßten nun in allen Teilgebieten der Alpen mit gleich hinreichenden Aufschlüssen und Versteinerungen herausgearbeitet werden. Das ist in einem Werk unmöglich, das Grundlinien und Übersichten sichern soll. Aber schon hierbei wird sich zeigen, daß die baugeschichtliche Betrachtung der Schichtenstöße nach Art unseres Beispiels neue Einblicke erlauben wird, namentlich bei getrennter Betrachtung der drei Hauptzeiten des Jura.

1. Die Bewegungen des Liasmeeresbodens in der Nordalpen-Geosynklinale

a) *Der kalkalpine Osten*

Abgesehen von zwei Fleckenmergel-Randmulden im N und teilweise im S lassen sich hier zwei nur äußerlich trennbare östliche Hauptabschnitte unterscheiden gegenüber einem ungleich kürzeren Fleckenmergelabschnitt im W des Mittenwalder Isardurchbruches (Abb. 55).

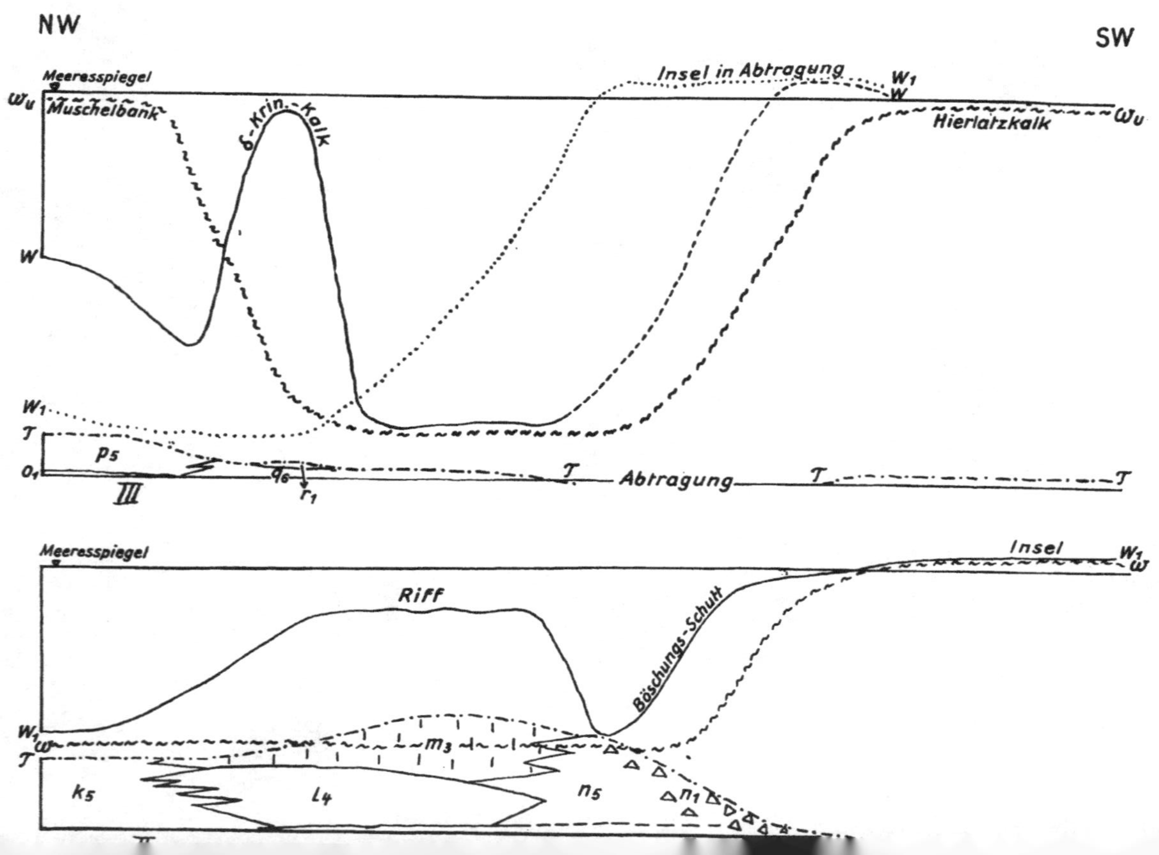
NW
SW
Meeresspiegel
Muschelbank
δ-Krin.-Kalk
Insel in Abtragung
Hierlatzkalk
Abtragung
Meeresspiegel
Riff
Böschungs-Schutt
Insel

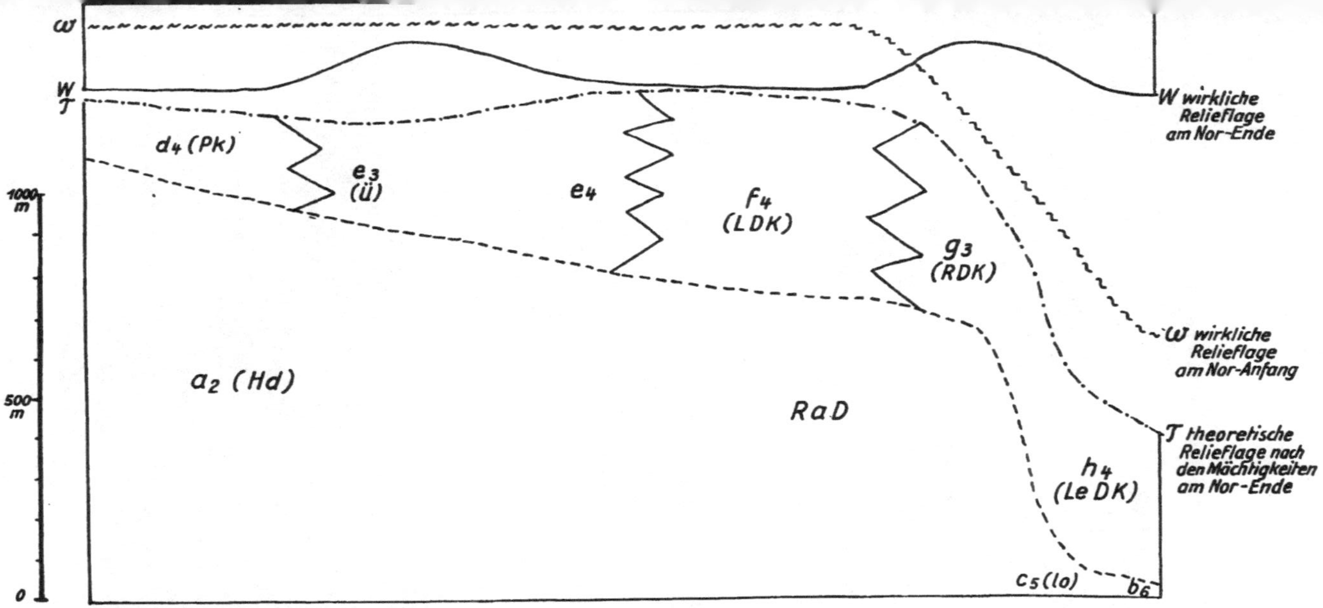

Abb. 48. Untere Abbildung I: Schichtmächtigkeiten und Endrelief in der norischen Zeit. Nach dem Profilschema Abb. 47 für die Kammerker-Sonntagshorngruppe. *Hd* Hauptdolomit; *RaD* Ramsaudolomit; *lo* Loferer Schichten; *Pk* Plattenkalk; *U* Übergangskalk; *LDK* Loferer Dachsteinkalk; *RDK* Reiteralm-Dachsteinkalk; *LeDK* Lerchkogel-Dachsteinkalk. Die unternorische Ausgangslage des Meeresbodens ist als waagrecht angenommen; darüber die Fazies mit den Hahnschen Mächtigkeiten bis zur Linie T—T, welche das theoretische Meeresbodenrelief — beurteilt allein nach den Schichtdicken — am Nor-Ende angibt. Zu vergleichen damit W—W, welche die wirkliche Meeresbodenform anzeigt — beurteilt nach der obernorischen Fazies.

Mittlere Abbildung II: Faziesmächtigkeiten bis T—T, bis zum Anfangsrelief W—W und Endrelief W_1—W_1 in der rhätischen Zeit.

Obere Abbildung III: Faziesmächtigkeiten bis T—T im Lias. W—W wirkliches Meeresbodenrelief gegen Ende des Mittellias, bis W_1—W_1 des Oberlias. W_u—W_u Meeresbodenrelief im Unterlias. Erläuterung auch Abb. 47.

Akademie-Verlag, Berlin
Mdl der DDR am 18.6.1961 VIII-KS-D-VI-4/61 Nr. 286

Abb. 55. Die Fazies der Liaszeit in den Alpen. *1* Allgäu
stenerschichten. *3* Rote Ammonitenkalke, Adneter Kalk, An
Lombardei). *5* Riffkalk, Flachmeerfazies i. a. (Provence, n
tieferen Lias. *7* Inselzüge. *8* Graue Kalke der Südalpen, I
darüber meist roter Ammonitenkalk und -mergel. *9* Gla
We Weyer. *Se* Semmering. *Ra* Radstatt. *T* Tauern. *ID* Innta
A A

Akademie-Verlag, Berlin
MdI der DDR am 15.8.1961 VIII - K 3 - D - VI - 1/61 Nr. 296

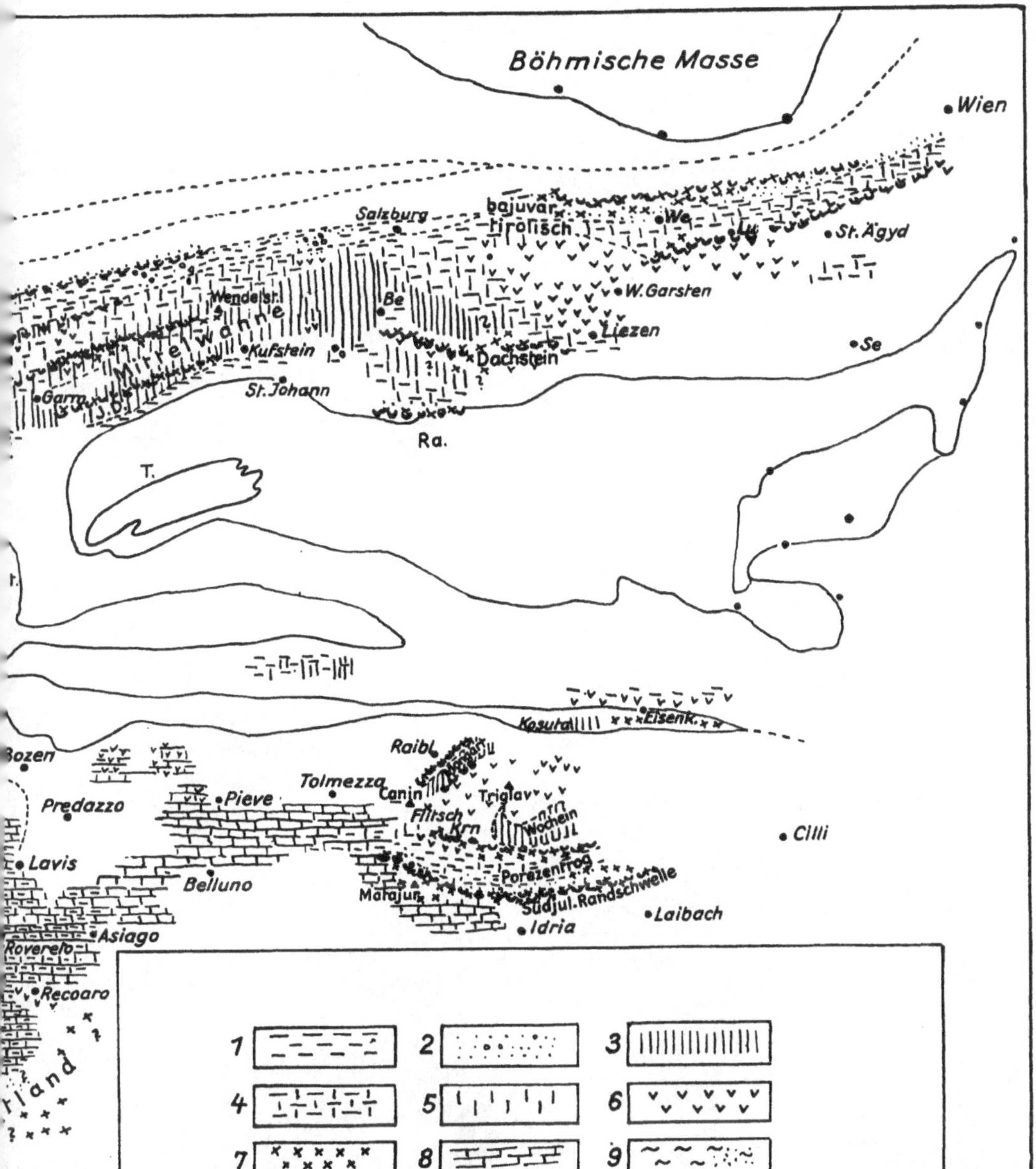

Mergel. *2* Sandstein, Brekzien, Konglomerate (Ringe), Gre-
4 Fleckenmergelkalk, Kieselkalk überwiegend (Nordalpen,
n). *6* Hierlatzkalk auf Untiefen, Muschelbänke, meist im
. Mit Stricheln: Ältere Meeresbucht mit Norigliofazies,
erschiefer, darin Grünsteine (Ophiolithe). *10* Schwellen.
dorf. *Bl* Bludenz. *Du* Ducan. *Qu* Quatervals. *Ad* Adamello.
o.

Ostabschnitt

Es ist seit langem wohl bekannt, daß der Nordrand der Nordalpen-Geosynklinale im niederösterreichischen Osten während der Liaszeit ganz besonders klar ausgeprägt war. Hier liegt die Fazies der Grestener Schichten, welche an der Flyschgrenze im untersten Lias durch den Granitgrus der Arkosen, durch Sandstein, Schieferton, nach oben auch Kohlenflöze an die nördlich angrenzende Böhmische Masse gemahnt. Darüber folgen die Grestener Schiefer mit Lias Alpha-Fauna, die sandigen Grestener Kalke (Oberalpha-Gamma), stellenweise Oberlias, Unter- und Mitteldogger vertretend (F. Trauth 1909, 1928). Diese Ausbildung vergröbert sich zu Schutt von Kristallingeröll, von Gangquarz und Granit im W, am Granitdenkmal für L. von Buch im Pechgraben, nördlich Großraming. Da die gleichen Gerölle auch später mehrfach im Flyschkonglomerat auftreten, handelt es sich um den Schutt einer wiederholt aufgestiegenen Untergrundschwelle (G. Geyer 1904, 1909, 63; P. Solomonica 1933, 208; H. Loegters 1937, 101; E. Kraus, 1944, 203). Der Liasstrand zog sich offenbar am Fuß einer Vorschwelle der Böhmischen Masse nordostwärts nach Mittelmähren.

Südwärts verschwinden Kohlenflöze, Sandsteine, Schiefer und Küstenfauna, welche durch ihre vorherrschend mitteleuropäische, viel weniger mediterran-alpine Ausbildung schon allein die Verwurzelung der nördlichen Kalkalpen am vindelizisch-böhmischen Vorland beweist. Der südwärtige Lias wird kalkig-tonig. Es stellen sich die ammonitenführenden Fleckenmergel und Kalke ein, welche infolge einer während des Lias zunehmenden Senkung auch mehr oder weniger weit nordwärts auf die Küstenfazies vorgriff

A. Spitz schilderte 1910, 368, 419, den Übergang aus dem Küstengebiet des Liasmeeres südlich in die Geosynklinale. An die „unalpine" Vorlandfazies der Grestener Klippen schließt sich die „halbalpine" Allgäufleckenmergelfazies des Kieselkalkgürtels, der in der Liesingmulde kalkig-sandiger Lias mit weniger Hornstein, noch südlicher die Untiefen- und Inselfazies von Hierlatz im unteren, die tiefermeerische der bunten Ammonitenkalke im Oberlias folgt. Im einzelnen *überschreiten die Faziesgrenzen mitunter die tektonischen Schuppen- bzw. Deckengrenzen.* Letztere halten sich nur im großen an die Faziesverteilung, so daß wohl eine allgemeine, nicht aber eine durchweg gültige Beziehung besteht zwischen der die Fazies vorschreibenden Reliefverbiegung und der wachsenden Tektonik, welche die Reliefgestaltung beherrscht.

Ähnlich zieht der Lias *von Wien gegen W.* Von N nach S folgen sich die sandige Küsten-, die Mergel- (Frankenfelser Decke) und die Kalkfazies. Letztere springt bei Weyer (G. Geyer 1909) entsprechend der allgemeinen Gestalt der Weyerer Bögen gebirgswärts zurück, wird aber 100, ja an der Enns bis über 200 m mächtig und herrscht südwärts (Ötscher Decke u.a.). Diese Hierlatzausbildung in der Hauptsache des jüngeren Unterlias greift, besonders in der Lunzerdecke, sehr sonderbar verteilt, ungleichförmig teils auf Kössener Schichten über, teils auf Oberrhätkalk, Dachsteinkalk oder Hauptdolomit mit grobem Grundschutt, welcher aus den verschiedensten Trümmern aufgearbeiteten älteren Gesteins besteht. Übergänge in Krinoideenkalk und Muschelhaufwerk fehlen nicht. Auflagernde Fleckenmergel bzw. rötliche Liaskalke zeigen die fortschreitende Beckenabsenkung. Sie ging rasch vor sich, wo rote Hornsteinlagen bereits die *tiefmeerische Radiolaritfazies* zeigen, welche im übrigen erst im Mittel- und Oberjura überhandzunehmen begann. Westlich Waidhofen im Grenzgebiet zwischen Fleckenmergel im N und Hierlatzkalk im S fehlt der Lias ganz. Da sich hier Oberjura unmittelbar über Trias legte, muß mit einer *Insel,* also einer bedeutenden Sattelaufbiegung während der allgemeinen Senkung im älteren Jura gerechnet werden.

Mittellinie und Südrand

Die bedeutenderen Schichtmächtigkeiten und die Stellen größter Meerestiefe, also der Streifen kräftigster Beckensenkung, liegen im Lias, wie allgemein im Jura um *ein gutes Stück weiter im N als im Nor*, ähnlicher schon wie im Rhät. Ob mächtiger Lias sich gleichzeitig auch südwärts verlagert hat, ist unbekannt. Die obere Schieferhülle kommt in Frage. Es zeigt sich die Spiegelbildlichkeit des Nordalpentroges wenigstens darin, daß im SO von Blatt Schneeberg—St. Ägyd (Göllerdecke) sich an die mittlere Kalkfazies—Hierlatzkalk, darüber 120 m rote Kalke — wieder jene der Fleckenmergel anschließt. Ebenso fanden sich an der Nordseite des Lugauers („auf dem Polster"; Gesäuseberge SO) ungleichförmig über Dachsteinkalk zuerst Hierlatzkrinoideenkalk mit rot zementiertem Brekzienschutt, darauf Fleckenmergel und Hornsteinkalke, die anscheinend ebenso ungleichförmig über Dachsteinkalk übergreifen können, als wäre man am Nordrand der Wanne (Lunzerdecke; O. Ampferer 1935, Fig. 75). F. F. Hahn wies 1913, 328, außerdem allgemein auf die südlich des kalkigen Dürrenstein-Ötscher-Streifens erscheinenden, mächtigen dunklen Schiefer und Kieselkalke als einer südlichen Randbildung der nordalpinen Wanne hin. Sie läuft von Mariazell—Hernstein—Gams—nördlich Steinach—Grimming über die Mitterndorfer Gegend und den Nordrand des Tennengebirges in den Berchtesgadener Kessel.

Unmittelbare Hinweise auf das nicht allzu ferne Südufer oder auf dessen Vorhöhe fanden sich in Gestalt kristalliner Gerölle. So wies an der Kratzalp (Hagengebirge) v. Krafft 1897, 199ff., über mittelliassischem Ammonitenkalk Kalkbrekzien, Sandstein, Quarzgeröll-Konglomerat, bunte Tonschiefer etwa des Oberlias nach. Cl. Lebling fand 1914, 6, in Verbindung mit Geröllen aus Werfener Schichten und Dachsteinkalk am Funtensee Kristallingerölle (Phyllit). Diese Brekzien liegen im östlichen Königseegebiet zwischen liassischem Ammoniten- und Kieselkalk und im Akanthikuskalk der Steingrabenschneid (Schneiderkogel bei Hallstatt; E. v. Mojsisovics 1905, 42).

Die immerhin noch spärlichen Beweise für das Auftauchen von Untergrundsgesteinen im S dürften noch nicht das Südufer der ganzen nordalpinen Geosynklinale anzeigen. Es tritt aber hier in unseren Gesichtskreis ein schuttliefernder Vorgang, dessen Bedeutung wir im Zusammenhang mit den Ereignissen im Oberjura zu bedenken haben werden (S. 328).

Die Heraushebung der mächtigen Triaskalk- und Dolomitriffplatten nahm zu Ende des Rhäts und im untersten Lias derart zu, daß sich dieser Bezirk bedeutendster triadischer Trogabsenkung wohl überall in eine breite, verkarstende Insel verwandelte. Diese wurde mehr oder weniger tief abgetragen. Die in den Karstlöchern und -taschen eingelagerten Verwitterungsreste blieben in Gestalt roter Terra rossa auch nach dem im jüngeren Unterlias einsetzenden Absinken der Insellandschaft unter das Meer erhalten. Auf den felsigen Untiefen lebten dann die Krinoideenrasen, die Brachiopodenscharen und schied sich der weiße oder rote *Hierlatzkalk* aus. Westlich vom Gesäuse greift derselbe teils über geschichteten Dachsteinkalk, teils über karnischen, teils norischen, weißen Korallenriffkalk (südliches Totes Gebirge, Grimming, Warscheneck im S, Abb. 49) unter Ausfall von Rhät und tiefsten Lias. Erst Lias Beta, Mittellias, manchmal sogar erst Oberlias-Hierlatzkalk deckt die sehr unregelmäßig zerfressene Abtragungsfläche mit seinem Klippenschutt. So ziehen die roten Liastaschen verstreut über die kahle, weiße Hochplatte z. B. des Toten Gebirges.

Dort, wo während der langen Inselzeit der Dachsteinkalk bereits ganz abgetragen war, ist der Hierlatzkalk heller und mächtiger (G. Geyer 1916, 36). Länger und höher ragte hier, so sagt wohl die Tiefe der Abtragung, die ausgedehnte Südinsel empor, die nichts anderes als die Ostfortsetzung der Dachsteininsel war. Teilinseln, die im höheren Lias noch verblieben waren, sanken schließlich auch noch nieder und bedeckten sich mit Fleckenmergelschlamm: Oberlias-Fleckenmergel über triadischem Korallenriffkalk oder norischem Hallstätter Kalk! Diese Fleckenmergel aber halten sich deutlicherweise mehr an den Südrand der Geosynklinale, von dem her Strömungen die Tontrübe wohl heranbrachten. Außerdem halten sie sich an eine sehr bedeutsame SO-NW-Meeresrinne von der Mitterndorfer Senke über Aussee, Ischl gegen Salzburg. Diese zweifellos sehr alte, durch juvavische Deckschollen bezeichnete und mit dem diagonalen Gebirgsgefüge (Rand der Böhmischen Masse, des tirolischen Gebiets, Paltentalung!) gleichlaufende Senke geht kanalartig durch zwischen den erst später mit Hierlatzkalk oder Dogger überzogenen Riffplatten von Totem Gebirge-Schafberg bzw. Dachstein-Tennengebirge-

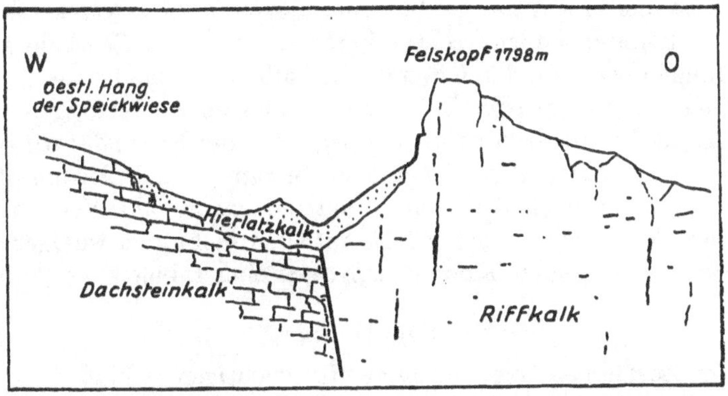

Abb. 49. *Ungleichförmige Auflagerung* von braunrotem Krinoideenkalk (Hierlatzlias) über Dachsteinkalk und Riffkalk in der Warscheneckgruppe (auch östlich vom Felskopf), Meridian von Linz a. d. Donau. Nach G. Geyer 1886.

Hagengebirge. Wir finden sie jetzt durch Fleckenmergel ausgezeichnet (Abb. 50) oder durch tiefermeerische Ammonitenkalke, Adnether Schichten (Osterhorngruppe E. Spengler 1918, 322).

Solches Zusammengehen von ehemaligen Senken und von Schlammfazies, von ehemaligen Untiefen und Klippenkalkfazies bestätigt sich weithin. Schon D. Stur (1871, 476) kannte es und G. Geyer betonte 1886, 233, daß Abweichungen nur durch spätere tektonische Verstellung vorkommen. Er dachte an vorausgehendes, erosives Relief, das auf den Höhen durch Kalk, in den Senken durch Schlamm überdeckt wurde. Denn in langen Zügen wechseln kalkige Fazies der Trias mit weicherer Mergelfazies und boten der Abtragung verschieden großen Widerstand. Aber derart bedeutende Höhenunterschiede waren allein durch Abtragung nicht zu denken. Die Mergelfazies brauchte auch gar nicht erst ausgegraben zu werden, sie lag ja schon in der Trias in den Senken, wo sie, wie wir oben hörten, bereits durch verstärkte Absenkung, also durch Teilmuldenbildung bei allgemeiner Absenkung entstanden waren. Dieser Vorgang verstärkte sich jetzt nur im Lias.

Wir haben den Fortgang der Becken- und Schwellenfazies, weil die langsame Faltenbildung bei allgemeiner Absenkung weitere Fortschritte machte.

Die allmähliche Senkung, welche die nachfolgende Liastransgression erklärt, ging auch später weiter, und zwar nun *rascher als die sedimentäre Eindeckung*. Darum erweiterten sich die Schlammregionen auf Kosten der kalkigen Untiefen: allenthalben griff im Mittel- und Oberlias die Tonfazies auch über die Hierlatzkalke.

Sehr zu beachten ist außerdem der Nachweis, den schon G. Geyer 1886, 260, führte: daß nämlich nicht nur ein erhebliches Relief durch den übergreifenden Lias eingedeckt wurde, sondern auch ein Untergrund, welcher schon ein ausgeprägtes Baugefüge besaß: Am Dachstein muß der Dachsteinkalk bereits vorliassisch verworfen gewesen sein, denn über die Verwerfung und die beiderseits verschieden alten Schollen ging der Hierlatzkalk glatt hinweg (Abb. 49). Überall folgt letzterer als Tapete oder Füllung über dem schon vorhandenen Kluftsystem.

Wir kommen hier einem *vor der Liastransgression fertigen tektonischen Bau auf die Spur*. Doch konnten die senkrechten Verlagerungen jener Zeit keineswegs allein auf Verwerfungen beruhen, deren Seitenteile bald höher, bald tiefer gingen. Denn noch heute fehlen in den meisten Fällen entsprechende Verwerfungen ganz im Zusammenhang mit den uns bekannten Verbiegungen der Erdrinde; wir sehen meist nur kleinere oder größere Faltenbiegungen, Schuppen und Decken. Jene alten, senkrechten Verlagerungen des Reliefs müssen darum auf Verbiegungen und Faltungen zurückgeführt werden, welche mit einer mehr oder weniger ausgeprägten *Massenverschiebung auch in der Waagrechten* einhergingen.

Inselhöhe

In solchem Zusammenhang gewinnen die wichtigen Schlußfolgerungen von O. Ampferer und E. Spengler besondere Bedeutung, welche unten S. 332 besprochen werden und über die Steilböschungen an Tiefseerinnen berichten. Auch kann man nicht annehmen, daß die Kalkplateauinseln immer nur eben flach über den Meeresspiegel reichten, um gerade schon verkarsten zu können. L. Waagen zeigte beispielsweise für das Tote Gebirge 1924, daß die Streifen und Schmitzen des Hierlatzkalks im Dachsteinkalk über 200 m unter die mehr zusammenhängenden Hierlatzkalkvorkommen hinabreichen: über 100 m tief waren diese Klüfte mindestens am Hohen Göll. Folglich müssen die Inseln mindestens 200 m über den Meeresspiegel aufgeragt haben, denn auch heute reichen die Karstschlote nie tiefer hinab als bis zum Meeresspiegel. Außerdem sind die Riffplatten zwar ziemlich starr, aber bei einer Ausdehnung einer Einzelinsel von mindestens 35mal 20 km wird sich die Inselmitte bei dem Bestreben einer gewissen Sattelaufwölbung wohl einige 100 m hoch befunden haben.

Dies schließt noch keineswegs die Ausbildung eines regelmäßigen Entwässerungsnetzes solcher Inseln ein, an denen es angesichts der fehlenden Deltas und weiterer Schuttausstrahlungen offenbar gefehlt hat. Denn die Wasserbahnen mußten in solchen, dem Gesetz der Verkarstung unterliegenden Karbonatplatten *unterirdisch* laufen. Darum gibt es auch nur Schutt der Brandungsklippen und roterdige Verwitterungsrückstände fast allein in den Spalten und Trichtern.

Schließlich ersehen wir die Höhe des Emporstieges unserer an 1500 m allein aus Dachsteinkalk bestehenden Platten aus dem Umfang ihres oberflächlichen Abtrages. Nicht nur (am

Dachstein nach E. Spengler 1918, 315; etwa 250 m) rhätischer, auch norischer, nach G. Geyer selbst karnischer Dachsteinkalk bzw. Dolomit war da und dort entblößt worden, bevor sich im Lias wieder Meeresschlamme zusammen mit eingespülter Roterde an seiner Wiedereindeckung beteiligen konnten. Diese ging keineswegs auf einmal vor sich, sondern unter mehrfachen Rückschlägen. Es hob sich offenbar die überwiegend niedersinkende Untiefe wiederholt, so daß es im tirolischen Nordgebiet am Schafberg und bei Ebensee zu mehrfachen Wechsellagerungen von Hierlatzkalk mit Lias-Schwammkalk und Mergel des tieferen und höheren Unterlias kam. Aber auch hier ist die unterschiedliche Abtragung und damit wohl auch die unterschiedlich lange und bedeutende Heraushebung bzw. Absenkung der Inseln ersichtlich, indem der Hierlatzkalk bald über Schwammkalk-Unterlias, bald über Kössener Schichten und Plattenkalk griff und mit seinen hellrötlichen Krinoideenbänken des Lias Beta, teilweise des Mittellias 100, ja einige 100 m mächtig werden kann.

Ausnahmsweise drang die gleiche Fazies südwestlich vom Traunsee unter Verdrängung des dort üblichen Fleckenmergels sogar nordwärts bis auf die bajuwarische Langbathscholle vor.

Ein Urteil über die *Schnelligkeit der vom Ende des älteren Unterlias an einsetzenden Absenkung* gewinnen wir aus einer Überlegung E. Spenglers 1918, 319. Verlangt doch die Erhaltung der an ihrer Oberfläche scharf und fein zernagten Karstplatte, daß die Senkung nicht allmählich durch die Höhe des zerstörenden Brandungsbereichs hinab vor sich ging, sondern rasch. Ebenso läßt sich häufig zeigen, daß die Hierlatzfazies durchaus nicht überall eine Brandungsbildung mit abgerolltem Schutt ist, sondern ein Absatz klaren Wassers in bereits tieferem Meer. Schon der häufige Übergang in roten Ammonitenkalk spricht dafür. Über die festländische Roterde und deren Erosionshohlformen legte sich sogleich ein Sediment von einigen 100 m Wassertiefe! *Folglich ging die Absenkung um einige 100 m rasch vor sich*, vielleicht so schnell wie die unlängst gelegentlich von Erdbeben in den japanischen Gewässern beobachteten Senkungen gleichen Ausmaßes. Das sind aber alles andere als „epirogen" (übersetzt „festlandsbildend"!) langsam fortschreitende Niederbiegungen. Da diese raschen Absenkungen nicht auf unterirdische Höhleneinbrüche zurückgehen können und sich auf sehr große Inselgebiete erstreckt haben müssen, setzen sie *eine außerordentlich labile Unterkruste mit lebhaft gesteigerten Massenverlagerungen* voraus. Nur von magmatisch-tektonischen Vorgängen können wir derartiges erwarten. Dabei ist für spätere Folgerungen wichtig anzumerken, daß nicht für Hebungen, sondern nur für Senkungen die Anzeichen derartiger Beschleunigung vorliegen.

Doppelfalte im Salzkammergut

Daß die jener raschen Unterliasabsenkung unmittelbar vorausgegangene Riffplattenaufwölbung einer anscheinend nur durch die Riffsteifheit recht unbeholfen ausgefallenen Faltenbewegung entsprach, läßt sich gleichfalls aus den Mitteilungen von E. Spengler (Querschnitt 1918, 37) entnehmen. Fand doch J. v. Pia ganz im N in der bajuwarischen Langbathscholle durchaus keine Ungleichförmigkeit zwischen Plattenkalk-Kössener Schichten-Lias, auch nichts von taschenförmigem Eingreifen. Hier im N, auch noch im nördlichsten Teil des Tirolischen, herrschte Meeresbedeckung, Fortgang also der Senkung während gleichzeitig gegen S die Riffplatte von Höllengebirge-Schafberg-Gruppe als Insel emporstieg: Abb. 50. Das war eine dem nördlichen Stirnrand genäherte Teilaufragung der tirolischen Deckeneinheit mit Kalkschwellenfazies! Gleichzeitig senkte sich dessen 4 km weiter südlich anschließendes Muldenstück, so daß statt der oberen Dachsteinkalke, die dann emportauchten, 150 m graue schwammnadelreiche Kieselkalke, weiterhin in der Osterhorngruppe dünne, bunte Ammonitenkalke (Alpha) bzw. Adnether Schichten und Fleckenmergel (Beta bis Oberlias) der tieferen, gegen NW durchstreichenden Meeresrinne zum Absatz kamen. Noch weiter südlich erhob sich gleichzeitig im untersten Lias die Korallenriffplatte der Dachsteingruppe und verkarstete. Der südlichste Kalkalpenstrich im Werfen-St.-Martiner Vorland zeigt endlich wieder grauen Fleckenmergel des untersten Lias. Hier bewährte sich aufs neue die alte juvavisch-hallstätter Senkung: Genau wie im bajuwarischen N so haben wir hier wieder Gleichförmigkeit zwischen Rhät und Lias, keine Inselbildung, sondern tiefer sinkenden Meeresboden.

Aus allem ersehen wir aber *einen unterliassischen Faltenwurf* mit niedersinkenden Mulden im Bajuwarischen und nördlichsten Tirolischen, einer tiefsten Mulde in der NW-Rinne an der Osterhorngruppe und einer Mulde im juvavischen S; mit aufsteigenden Sätteln im breiten nördlichen, stirnnäheren Gebiet der tirolischen Einheit und in der ebenso breit-ungefügen Dachsteinplatte. Daß diese Faltenbewegung durchaus nicht mit überwiegender „Auffaltung" verbunden war, ist unverkennbar. Denn erstens genügten wenige 100 m der Hebung (abzüglich der oberen Dachsteinkalkmächtigkeit!), um die rhätischen Riffkalke über den Meeresspiegel zu heben. Es brauchte aber mindestens ebensoviel 100 m, um die teilweise mächtigen Muldenfüllungen in einem bedeutend tiefer werdenden Meer zu bilden. Ja, SPENGLER betonte, daß das Meer in der Osterhorngruppe sehr tief war, tiefer als während der ganzen Trias (bunte Zephalopodenkalke mit Mangan-Eisen-Krusten!). Auch muß die Nordküste im untersten Lias weit nach N vorgedrungen sein: Die Langbathscholle hat keinen landnahen Lias, und erst weitere 30—50 km nördlich ist dann die Grestener Küstenfazies in der Klippenzone anzusetzen.

Dieser aufgezeigte Faltenwurf war „unbeholfen". Seine Sättel glichen eher sehr breiten Kofferfalten

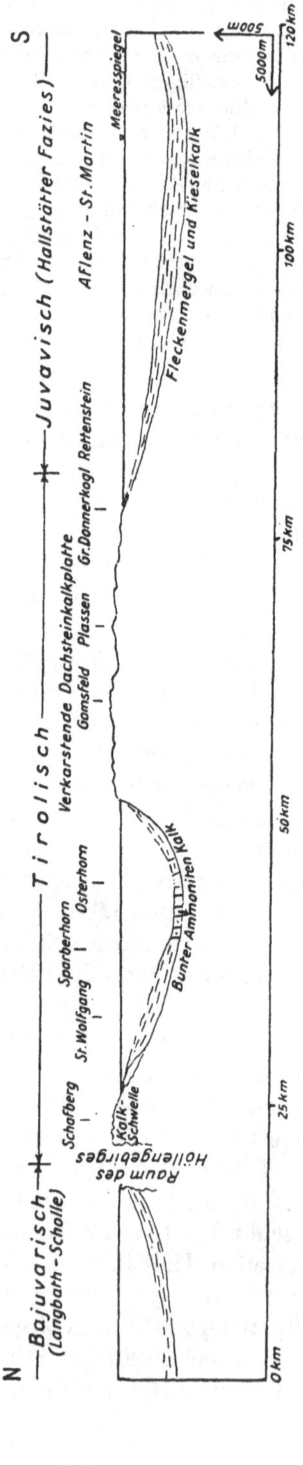

Abb. 50. *Die Doppelfalte im untersten Lias des abgewickelten Faziesprofils des Salzkammergutes.*

mit flexurbegrenzten Plattenstücken. Die zu Ende des Rhät mit neuer Kraft einsetzende, faltende Einengung der Tiefe tat ihr möglichstes, diese steife Kruste zu verbiegen. Sie lag wohl noch im Widerstreit mit dem isostatischen Bestreben der mächtigen triadischen Riffplatten nach oben zu steigen. So konnten deren Hauptstücke, hierdurch begünstigt, zunächst als Sattelteile dem einengenden Senkungsdruck sich entwinden. *Aber schon im Lias Beta war diese Starrheit überwunden.* Mit verstärkter Einengung sank das ganze tiefer und tiefer unter den Meeresspiegel. Gleichzeitig vergrößerte sich der Faltenwurf.

Die Fortentwicklung des flachen Doppelfaltenwurfes im Salzkammergut während der Lias zeigt, *daß die Erdrinde in voller Bewegung blieb.* Ja, sie unterlag, wie wir hörten, sehr raschen Veränderungen. Aus diesen lehrreichen Beobachtungen greifen wir nur noch kurz die weitere Geschichte der wachsenden tirolischen Kalkschwelle im Bereich der Schafberg-Osterhorn-Gruppe heraus (E. Spengler 1911, 205ff.). Sie läßt sich am besten in einer vergröberten Gegenüberstellung überschauen, in welcher die Bildungen der tirolischen Kalkschwelle mit Punktierung hervorgehoben sind:

NNO: Schafberggruppe			Osterhorngruppe: SSW
Tithon, Malm		Plassenkalk über 250 m	Oberalmer Schiefer 790 m
Dogger	Radiolarit	Hornsteinkalk, Beinsteinkogelkalk	Kieselschiefer und Konglomerat 95 m
Mittellias	Rot. Ammon.-Kalk 15 m	Gr. Brach.-Kalk, Hierlatzkalk	Fleckenmergel 82 m Adnether Schicht. 12 m
Lias Beta	Hierlatzkalk 60 m		
Lias Alpha	Ob. Dachsteinkalk	Spongienkieselkalk 150 m	Bunte Ammon.-Kalke 29 m
Rhät	Kössener Schichten		

Man sieht gut, wie diese Kalkschwelle sich von einer nördlicheren Lage im Unterlias in eine etwas südlichere in Mittellias und Dogger verlagerte, um — soweit nicht der Plassenkalk auch noch tektonisch nordwärts vorgedrungen ist — dann wieder nordwärts ein wenig Raum zu gewinnen. Gleichzeitig verschoben sich die benachbart anschließenden Orte der Meerestiefe, die wir als Orte der Muldensenkung aufzufassen haben: Die Osterhornmulde im S wich um ein Stück südwärts zurück, dafür konnte die Meeresrinne, welche sich vom bajuwarischen Nordraum her beginnend mit dem Lias ausbreitete, um ein Stück südwärts gelangen. Wir werden unten S. 324 für den höheren Jura noch ihre allgemeine Bedeutung kennen lernen.

Sehen wir im Lauf der Baugeschichte des Jura solche *Wechsel der Orte von Sattel- und Muldenbildung* so ist klar, daß auch die sich später festigenden tektonischen Gefüge in dieser Zeit *noch nicht durchweg und endgültig festgelegt waren.* Damit verstehen wir auch das bereits von F. F. Hahn 1912, 340, gewonnene, wahrscheinlich freilich übertrieben formulierte Ergebnis, nach dem die faziellen Unterschiede des Raumes bis zur Barrèmezeit sich nirgends streng an die späteren tektonischen Einheiten hielten. Diese Formulierung scheint uns deshalb übertrieben, weil sie zwar für das Salzkammergut Geltung haben dürfte, wo der überwiegend spröde Baustoff auch später weithin eine regelrechte Faltung kaum aufkommen ließ. Doch gilt sie nicht für die embryonalen Deckenränder weiter im W mit ihrer Schwellenfazies.

b) *Mittelabschnitt*

Berchtesgadener Land

Die grundsätzlich geschilderten und an Beispielen erläuterten Umstände der Liaszeit laufen nach W im bayerisch-tirolischen Mittelabschnitt der Kalknordalpen zunächst ohne wesentliche Änderung weiter. Über die Kalkklötze der gesamten Berchtesgadener Fazies im Südteil der tirolischen Einheit ziehen die Spuren der unterliassischen Inseln, welche, beginnend mit Lias Beta, im Mittellias wieder niedertauchten: Dachstein-Tennengebirge-Hagengebirge-Göll-Steinernes Meer (G. Geyer 1886, 260f.) Watzmann-Hochkalter-Leoganger und Loferer Steinberge. Ohne wesentlichen Unterschied verhalten sich ganz gleich die offenbar aus dem Tirolischen später nach oben ausgeschobenen „juvavischen" Plattenstücke von Untersberg, Lattengebirge und Reiteralm.

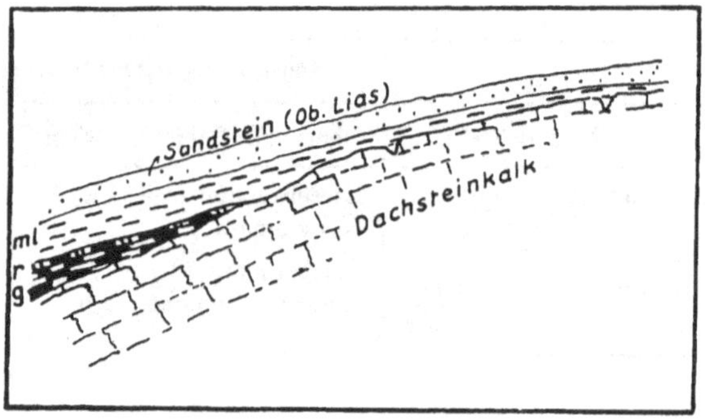

Abb. 51. *Die Lias-Diskordanz am Abhang des Hagengebirges SO Berchtesgaden*. Schema von A. v. Krafft 1897, 221. *g* grauer, *r* roter Dachsteinkalk; *ml* mittlerer Lias.

Ein Beispiel bietet Abb. 51. Sie zeigt die Liastransgression im *Hagengebirge* über die abgetragene Dachsteinkalk- und Riffkalk-Oberfläche, welche nach vorausgegangener Inselheraushebung während mittlerem und oberem Lias langsam verschwand. Ähnlich lang hielt sich bis in den Oberlias hinein der Inselgipfel am Funtenseetauern im Steinernen Meer über dem Meeresspiegel. Da die roten Adnether Ammonitenkalke des Mittellias offenbar in ziemlich tiefem Meer entstanden, sollte man denken, daß zu oberst irgendwelche Sand- und Schuttbildungen in der Schichthülle fehlen. Gerade im Gegenteil aber fand v. Krafft am Fuß der Kratzspitze scharf umrissene Brocken von wieder umgelagertem grauem und rotem Hierlatz-Krinoideenkalk, dazu rote Bodeneinschwemmungen im Mittellias und im Oberlias (bis 10 m) traf er hier überwiegend küstennahe Grestener Sandsteine mit Quarz, Glimmer, ja mit Geröllchen von Quarz, von bunten, wohl Werfener Schiefern und Kalk.

Es ist klar, daß diese Umlagerung des unteren im mittleren Lias trotz des tiefer gewordenen Meeres wohl nicht anders gedeutet werden kann als durch den erneuten *Wiederaufstieg von Inselteilen,* während hart daneben andere im tieferen Meer aushielten. *Die Meeresböschung muß sich sehr verschärft haben.*

Außerdem aber muß hier irgendwie Stellung genommen werden zu der *Herkunft von Gangquarz, Glimmer und Werfener Schiefer,* der wegen seiner teilweisen Hinfälligkeit nicht von weiter Ferne herverfrachtet sein kann, und der nach S. 226 auch am Funtensee weitergeht.

Noch heute fehlt der Oberfläche des Hagengebirges ein Gestein, das diesen Schutt hätte liefern können. Aus der Unterlage des Dachsteinkalks konnte er schon deshalb nicht stammen, weil dann doch auch irgendwelche zwischenliegenden Gesteine mit im Schutt hätten vertreten sein müssen. Erst am SO-Abfall gegen Werfen erscheinen in sehr viel tieferer Lage die skythischen Gesteine, die dem Oberlias jene Quarze und Schiefer abgeben konnten. Das setzt aber eine starke Hebung derselben voraus, ein Emporstülpen südlicher Kalkalpen-Sockelunterlagen über die Höhe der Dachsteinkalkplatte. Heute fehlt eine solche Aufwölbung im S, sie muß wohl abgetragen worden sein.

Es liegt aber hier wohl *keine örtliche*, darum für weitere Schlüsse ungeeignete Beobachtung vor. Denn von dem Hagengebirgs-Oberlias ab zieht nach W ein Oberliasstreifen, der ohne Frage die Fortsetzung einer gleichartigen Muldenfüllung bildet am Nordfuß einer von S her zum wenigsten schlammliefernden Schwelle. Die wertvolle, namentlich durch die Tatkraft von Cl. Lebling zustande gekommene Karte des Königseegebietes verzeichnete dunkle, teilweise überschobene Liasflecken- und Kieselmergel, die hierher gehören, im SW über dem Obersee, SW St. Bartholomae und am Hochkalter. F. F. Hahn fand die Fortsetzung (1913, 16) noch weiter westlich im oberen Saalachgebiet in Gestalt der schwarzen, oft viel Mangan, unten Kiesel-führenden Mergelschiefer (Allgäuschiefer) und Mergelkalke, welche zusammengefältelt etwa 300 m messen.

Dieser „Berchtesgadener Flachwasserbildung", die weiter gegen N fehlt, steht nordwärts gegenüber der küstenferne und tiefermeerischere Adneter Ammonitenkalk (10 m in der Unkenbachmulde, Oberlias am Göll). Hahn erkannte hier bereits (1913, 39) den gegen S verflachenden Beckenrand des tirolischen Gebietes, jenseits dessen dann die juvavischen Bildungsumstände einsetzen. Dagegen senkte sich von hier gegen N die tiefermeerische, weite Mulde, in der später die von S über die Schwelle hinweg beförderte juvavische Decke Platz fand und sich in Resten bis heute erhielt. Diese Mulde sank vom Göll auch westwärts nieder. Denn nach früheren Bearbeitern wies kürzlich J. Kuehnel im einzelnen die große, alte Absenkung gegen das Königseegebiet nach, welche aus der größeren Liasmächtigkeit *ohne* Anzeichen einer Schichtlücke auf dem Dachsteinkalk zu entnehmen ist. Die einst aus dem untersten Liasmeer ostwärts emporragende Göll-Insel überschob dann bei späterer Gelegenheit gegen W diese Senke.

Daß in dem Liasmeer *bedeutende Verbiegungen* des Untergrundes und damit *Böschungsabrutschungen* eintraten, haben die Einzelheiten der roten Adneter Marmore von Lienbach-Adnet mit ihren umgelagerten, verrutschten Bruchstücken gezeigt (O. M. Reis 1935, 94, 102).

Aber auch die südliche Schwelle zwischen der weiten Tirolischen Mulde und dem Bezirk der juvavischen Ereignisse blieb nicht unbewegt stehen. Sie schüttete nicht allein im Oberlias jene Quarzsande, Geröllmassen und Tonschlamme mit Buntsandsteingeröll nordwärts über die Böschung hinab, sondern wanderte auch selbst weiter nach N. Wir werden unten S. 305, 328 hören, warum die hier erstmals auftauchende *Schwelle als Stirnteil der (unteren) juvavischen Decke gelten kann*, welche im Tithon schon am Hohen Göll angelangt war, so daß dort die tithonischen Oberalmschichten über den bereits aufgewölbten und wieder abgetragenen Göllsattel übergriffen und auch schon Gerölle von Hallstätter Kalk und von Werfener Sandstein enthalten. —

Kammerker

Auf sehr bemerkenswerte, schichtparallele Bewegungen im mittleren und höheren Liasknollenkalk mit radiolarienreichem Mergel unter dem Doggerhornstein am Oberen Unkenbach in der Kammerker-Sonntagshorn-Gruppe machte W. Vortisch 1931 aufmerksam. F. F. Hahn hatte 1910, 375, diese bis 30 m anschwellenden Haufwerke von Stücken aus Oberrätriffkalk und den verschiedenen älteren Liasgesteinen für rein *sedimentäre* Brekzie gehalten. Vortisch spricht sie dagegen als die Ergebnisse rein *tektonischer*, schichtparalleler Übergleitungen und Schichtzertrümmerung an. Er schloß auf Überschiebungsdecken von 50—100 km Schubweite! Spuren tektonischer Pressung, Harnische, Umwandlungen, entsprechende tektonische Decken — die Bewegung ging *entgegen* der sichtbaren Tektonik —, auch Teilverwalzungen größerer Hangend- und Liegendteile *fehlen ganz*.

Daher handelt es sich doch wohl um *untermeerische*, öfter wiederholte *Abrutsche an steiler werdenden Böschungen*. Ihr Winkel beträgt bei Böschungslängen von über 1 km heute 30°. Gleichzeitig mit dem Tieferwerden des Meeres, das aus dem zunehmenden Radiolarienreichtum des Sediments geschlossen werden kann, versteilte sich an einer bei der Senkung im Verhältnis zurückbleibenden, nördlichen „Schwelle" das Meeresbodenrelief mehr und mehr. Daher glitt seine Sedimenthaut immer wieder ab und wurde dabei zertrümmert. Dieser langdauernde Vorgang der Reliefversteilung während des Absinkens als Vorbereitung zur Tiefseerinnenzeit der Doggerradiolarite paßt voll und ganz in das bisher gewonnene Bild. Auch hier gingen außen- und innenbürtiger „Abbau" erdbaugeschichtlich Hand in Hand.

Stichproben weiter im W

sichern uns den Überblick. Klar tritt *im Hochfelln-Hochkienberg-Bezirk* (L. Noeth 1926, 442f.) bereits in dem an Triasriffplatten ärmeren, bayerischen Faziesgebiet südostwärts Chiemsee im N die Westfortsetzung der vom Rhät zum Lias aushaltenden Nordrandsenke heraus: Ohne deutliche Unterbrechung folgt den Kössener Mergeln Flachmeerkalk und Mergel, von einer granitischen Nordküste her vermengt mit Quarzsand, Glimmer und teilweise glaukonitischen Lagen, dann Fleckenkalk, schwarzen Krinoideenrasen-Brekzien. Südlicher folgt der Anstieg zu einer ersten streichenden *Teilschwelle* (Hochfelln), die allerdings nur als Untiefe den Oberrhätkalk im Unterlias fortsetzte, um dann mit der Umgebung abzusinken. Dies tat schon vorher die nächstsüdliche Breitmulde, die Westfortsetzung der weiten nordalpinen Mittelwanne, welche bei verhältnismäßig geringer Schichtmächtigkeit mit ihren roten, Ammoniten-Krinoideen-Belemniten-führenden Kalken wohl den ganzen Lias vertritt und sich nun über dem junghätischen Untiefenriffgürtel breit gemacht hatte.

Das *Heuberg-Gebiet* am Inn (W. Eder 1923, 29) setzt die Gesamtlage, namentlich auch des Kampenwandgebietes westwärts fort. In der wohl zur Allgäudecke gehörenden, nördlichsten Muldenfüllung (jetzt zum Sattel gebogen und von Muschelkalk-Wettersteinkalk überschoben) liegen bitumenreiche, schwärzliche Kalke mit Zweischalern, Fleckenmergel und Kalke. In der übergeschobenen Lechtaldecke weiter südlich (Heuberg) spricht sich zunächst eine seichtere Deckenrandschwelle über Oberrhätriffkalk aus durch Überhandnehmen unterer und oberer Kieselkalke, dann erfolgt südwärts die Absenkung zur breiten Mittelwanne der roten Arietenkalke (Spitzsteinfazies), die jenseits der Oberaudorfer Mulde noch in dem Adneter Kalk der später aufgeschobenen, mittleren Kaisergebirgsmulde weiterzieht.

Die verwickelt gebaute Westfortsetzung enthüllt *das Wendelstein-Gebiet*, dessen mühevolle Klärung wir K. Osswald 1929, 38, verdanken. In diesem Meridian verlor sich die Oberrhätriffkalkfazies im N (Nordrandmulde!) früher als im kalkalpinen Inneren. Während genähert der Nordküste (Allgäudecke) noch erhebliche Tonschlammzufuhr und mehr Grestener Küstenausbildung bei geringerer Senkung und Schichtmächtigkeit herrschte, zeigt der nördliche und mittlere Teil der Lechtaldecke die Oberrhätriffe allgemein noch bis zu Beginn der Angulatenzeit; teilweise sogar bis in den oberen Unterlias Alpha 3. Während Alpha 2 aber setzte dann auch hier die erste Absenkung und Bildung dünner, roter Ammonitenkalke ein, wobei sich Untiefen, vielleicht teilweise Inseln, noch längere Zeit über den im übrigen niedersinkenden Meeresboden heraushoben, namentlich im SW: Während, ja *trotz* allgemeiner Senkung, stiegen schmale Teilschwellenzüge empor. Das heißt tektonisch: *Gleichzeitig mit überwiegender Muldenniederbiegung und -vertiefung stiegen schmale Teilsättel auf.*

Südwärts schloß sich in der Lechtaldecke mit raschem Anstieg eine Schwelle an: Die nördlicheren, mächtigeren Kieselkalke der in Faltung begriffenen Muldenfüllung werden südwärts zunächst kieselreicher, dann tonreicher und dünner. Es liegt nahe, dies zurückzuführen auf das Emporschwellen des dort heute vorhandenen großen und breiten Hauptdolomitgewölbes, von dem die Seichtmeer-, vielleicht Insel-Spuren längst abgetragen sind.

Über die Transgression des Liasmeeres auf den Schwellensüdabhang berichtete M. Furlani-Cornelius 1921, 91. Unter mehrfacher Wechsellagerung ging der Oberrhätriffkalk hier in den grauen Plattenkalk wohl des untersten Lias über, der dann aber über dem Meeresspiegel trocken gelegt und verwittert wurde. Roterdeverbundener Kalkschutt des Landes in meterstarken Blöcken entstand am Grund des brekziös übergreifenden Hierlatzkalkes, dann des dichten, roten Kalks, der hierauf infolge einer im Dogger einsetzenden erneuten Hebung der Schwelle zu Kalkknollen umgelagert wurde.

Von dieser wechselvollen Schwelle sank südwärts der Liasmeeresboden rasch zu einer während des ganzen Lias nur mit dünnen, tiefermeerischen, roten Ammonitenkalken belegten, breiten Mulde, der W-Fortsetzung unserer Mittelwanne, ab. Hier haben wir noch heute die breite *Karwendelmulde.* Es liegt nahe, *die Mittelwanne auf die bereits liassische Niederbiegung dieser Hauptmulde zurückzuführen.* Wieweit sich gleichzeitig ein Faltenwurf entwickelte, das ist an dem dünnen, tiefermeerischen Sediment nicht nachzuprüfen.

Die Verlagerung dieses Streifens stärkster Absenkung gegenüber der Lage zur Triaszeit weiter nach N erkannte K. Osswald 1929, 38. Jedenfalls erhob sich südwärts gegen die Fortsetzung der Kaisergebirgs-Pendling-Guffert-Riffplatte zu der Meeresboden. Sein Sediment erstieg in Gestalt der Hierlatzkalk-Untiefenfazies die südliche Inselwelt wie dies ungefähr gleichzeitig auch im ganzen Berchtesgadener und österreichischen Riffbezirk geschah: *Die Riffplatte war wiederum die Schwelle.* Zu Beginn des Oberlias griff dann wieder, als Zeichen *gesteigerter Unruhe und Absenkung*, von N her die Fleckenmergel- und Tonschlammfazies weiter herein. Der rascher von neuem Sediment eingedeckte Schlick fing organische Stoffe in ungewöhnlicher Menge (Epsilon-Posidonien-Bitumenmergel wie in Württemberg!), was die Flecken in den Grabgängen des Sediments ergab. Im N halten die Fleckenmergel an bis in den Dogger.

Auch gegen SO vertiefte und verbreiterte sich das Meer. Dort, wo die Stirn der Lechtaldecke liegt, nimmt auch K. Osswald (zwischen seiner Kalkzone und Vorzone) einen Schwellenrücken an, der während des Lias zum wenigsten noch aus einem Inselzug bestand, denn er gab nach N und S Festlandsabschwemmungen ab. Jedenfalls ist der *Nordrand der Lechtaldecke* (S I und S II bei Osswald) im allgemeinen wesentlich seichtmeerischer, was aber natürlich noch nicht gleich „küstennäher" zu sein braucht. In einer Art nördlicher Vortiefe vor dieser Schwelle erhielt die Allgäudecken-Mulde doppelt so mächtige, mehr flyschartige Schlamme und glimmerhaltigen Sandstein. Sie wird noch unruhiger im Dogger.

Für den *S des Schlierseegebietes* entnehmen wir den Ausführungen von E. Dacqué 1912, 26, daß hier die baugeschichtliche Entwicklung noch im Rückstand war. Soweit dies die zerstückelte Vorzone überhaupt zu sehen erlaubt, scheint die Teilmuldenfazies der Allgäudecke (im N der Ringberg-Kühzagl-Linie) und die Randschwelle südlich gegen die Lechtaldecke sich im Faziesbild des Lias noch wenig herauszuheben. Eine ziemlich gleichartige, tonigere Fazies zieht südwärts bis an den Spitzing- und Grünsee, wo sie — ohne Deckengrenze und *quer* zum Hauptstreichen der später entstandenen Teilfalten — deutlich verfolgbar bereits innerhalb der Lechtaldecke in die südliche Rotwand-Fleckenkalkfazies überfließt. Letztere zeichnet sich, ebenso wie schon ihre rhätische Unterlage, durch viele Kieselausscheidungen aus. Solche, herrührend von Kieselschwammkolonien des Seichtwassers, bezeichnen den Anstieg nicht nur gegen den nördlichen Geosynklinalrand, sondern auch gegen eine südlich folgende Schwelle. Auch die plötzlich im S („Rothwand!") auftauchenden, kräftig roten Schlamme sind als Abschwemmungen jener südlichen Schwelle zu werten.

Ein Faziesquerschnitt für die Zeit des jüngeren Mitteljura Abb. 59 der weiter westlich durch den Risserkogel (K. Osswald 1924, 120) gelegt wurde, zeigt dies deutlich. Hier wird durch den Kieselreichtum die südlich folgende Schwelle unseres bereits im O erkannten Hauptdolomitgewölbes angekündigt, auf welches, wie gesagt, von S die sehr dünnen, roten Kalkbänke der Karwendelhauptwanne im O unter Hierlatz-Grundschuttbildung übergreifen. Diese 9 km breite Schwelle erweist sich als ausgeprägt ungleichseitig mit einer gegen N steilen und kräftig schlammsammelnden Vortiefe.

Diese Hauptdolomitschwelle, welche in der Trias noch langsam, 1,5 km Karbonat sammelnd, versunken war, und die dann aus einer Ur-Breite von 9 km heute auf 5,5 km zusammengeschoben wurde, begann mit dieser Einengung während des allgemeinen geosynklinalen Sinkens *offenbar schon im Lias.* Sie trennte dabei in eindrucksvollster Weise zwei völlig verschiedene Faziesgebiete: Im N bis über 300 m Fleckenkieselkalk, im S nur 6—20 m roten Ammonitenkalk des *ganzen* Lias (Bayrachen-Spitzstein-Fazies) unserer Hauptwanne. Letztere erhielt von N, aber auch von S die roterdigen Abschwemmungen der Liasinseln. Wir deuten diese Schwellen auf unserer Faziesübersicht des Lias Abb. 55 durch Kreuzreihen an. Auch weiter nördlich ist in der Lechtaldecke wenigstens eine kurze unterstliassische Aufragung angedeutet: Die Oberrhätkalk-Rifflinsen, welche — im ausschließlichen Gegensatz fast zur Allgäudecke — den Untergrund der Lechtaldecke bilden, zeigen gegen oben im Risserkogelgebiet bereits mancherlei Anzeichen des Auftauchens (Brandungsschutt, Tonputzen, Pechkohlenflözchen). Bis 4 m tief ist der Kalk dann in der kurzen Inselzeit angewittert und rot verfärbt worden, bevor rote Kalkplatten mit der erneuten Senkung im Unterlias mit scharfer Grenze sehr dünn in Allgäu- und Lechtaldecke sich auflegten. Bei der nun weitergehenden Senkung blieb am nördlichen Ringberg eine Teilschwelle zurück, welche sich mit Bankkalk bedeckte (Abb. 55). Nördlich davon wird der dunklere Lias zunehmend küstennah und weniger mächtig (K. Boden 1915, 182; 1916, 208). In dieser „Ringbergschwelle" zeigt sich wohl schon die Anlage des heute steil auf Jura aufgeschobenen Hauptdolomitsattels zwischen Weissach und Herrenbergeck.

Westwärts (Abb. 55, S. 224) zieht die flache, küstennahe Liasmulde der Allgäudecke mit ihren schwarzen Schiefern, durchaus flyschartigen, jedoch schwammnadelreichen Kieselkalken fast ohne Fleckenmergelkalk fort. Sie erhielt *im Geigerstein-Fockenstein-Gebiet* nach K. Boden 1915, 209, und an der Benediktenwand von der Nordküste grobsandige bis konglomeratische Lagen, sehr ähnlich den Flyschkonglomeraten (Grestener Fazies). Südwärts vermehrt sich nach der Randschwelle gegen die Lechtaldecke hin (Hirschbach-Ringberg-Störung) ein heller Krinoidenkalk und wird teilweise sehr mächtig. Dann folgte südlich die große, vielleicht bereits etwas gegliederte Mulde der Lechtaldecke mit der Fortsetzung der gleichen Kieselkalke, Fleckenmergel wie im O (Abb. 55), in der Schönberg-Rosstein-Mulde 300—450 m anschwellend. Von da ab südwärts aber erfolgte auch hier, 10 km westlicher, wieder der Anstieg zur Insel des großen Hauptdolomitgewölbes (Konglomerat und Pflanzenhäcksel im Tränkgraben). Da sich nordwärts und im Streichen die Schönberg-Liasmulde mit mächtigem Sediment senkte, muß der Kalkschutt schon auf einer südlich anschließenden Schwelle durch Brandung aufgearbeitet und, mit Landpflanzen von da, eingespült sein. Wir stehen also wieder an dem bereits im Lias aufsteigenden Rücken des großen Hauptdolomitgewölbes.

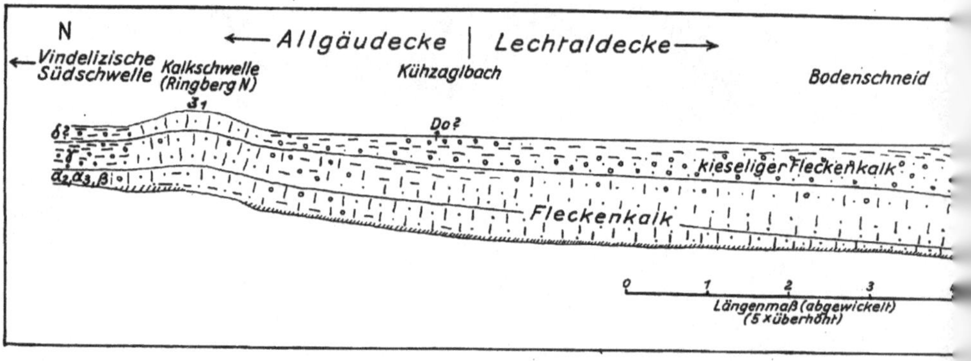

Abb. 59. Profil durch die Nordhälfte der Nordalpe
decke, ungleichseitige Großschwelle in der Lechtaldec

Akademie-Verlag, Berlin

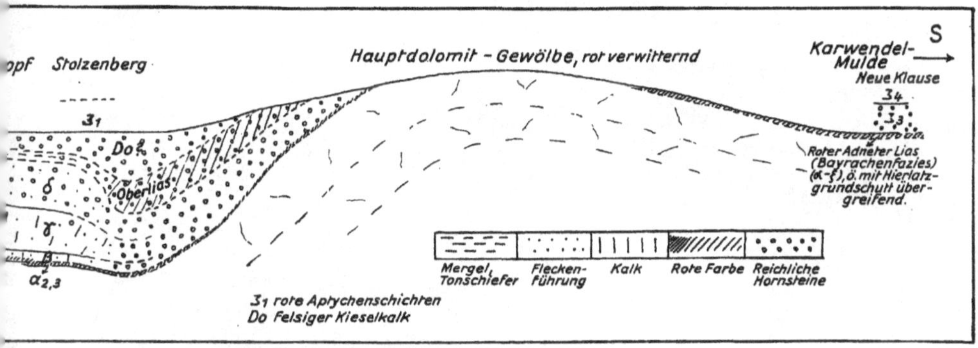

…n Ende des mittleren Jura. Kalkschwelle in der Allgäu-
…her Sattelzüge, die nicht immer an Deckengrenzen liegen.

Aus solchen Beobachtungen schloß schon K. BODEN 1935, 21, und vorher K. LEUCHS auf *erhebliche Bewegungen am Ende des Rhäts und im Unterlias.* Wir dürfen aber nicht vergessen, daß all diese klaren Anzeichen der Bodenbewegung das *Flachmeer* und namentlich die Meeresspiegel-nächsten Ablagerungen betreffen. Fehlen diese Anzeichen an tiefermeerischen Absätzen, so dürfen wir noch lang nicht auf Abwesenheit jener Bewegungen dort schließen. Dagegen werden wir kaum darin fehlgehen, wenn wir die Art und Weise jener reliefändernden Bodenbewegungen, ob sie nun Faltung, Sättel, Mulden, Bruchbildung, Schuppung und Deckenbewegung bedeuten, danach beurteilen, was an der fraglichen Stelle heute an Gefügeformen verwirklicht ist. Und das Verbiegungsausmaß muß jeweils bei Absenkung mindestens der Änderung der Wassertiefe plus Schichtmächtigkeit entsprochen haben.

Das Hauptdolomitgewölbe äußerte sich als meeresspiegelnahe Schwelle vielleicht schon im Nor durch wiederholtes Auftauchen, worauf die von F. TRUSHEIM 1930, 24, 30, erwähnten Konglomeratbänke und -linsen schließen lassen könnten. Ebensowenig fehlt es am Rand der Mittenwalder Karwendelmulde auch im Rhät an kleinen Geröllagen. Im übrigen geht daneben in der Mulde selbst noch bis über den Marmorgraben bei Mittenwald die dünne, rote Kalkhaut der *Hauptwanne* fort.

Südlich dieser Hauptmulde finden wir die Fortsetzung der Lechtaldecke mit triadischen Riffplatten. Darum erhob sich hier auch für die Liaszeit, sowie weiter im O (Berchtesgadener Fazies) der Meeresboden. Sowohl auf den noch im Zusammenhang mit dem N liegenden wie auf den aus dem Körper der Lechtaldecke später aufgestemmten und nach oben, N bzw. W ausgeschobenen Plattenstücken (Pendling-Guffert; Inntaldecke des Hochkarwendels im W) finden wir die gleichen Anzeichen einer unterstliassischen Untiefen- oder Inselzeit. Teils enthalten oberste Fortsetzungen des weißen Oberrhätriffkalks noch Unterliasversteinerungen (Sonnwendgebirge) und beweisen so die Untiefenlage; teils tragen die Oberrhätriffe wieder die bekannte Festlandsverkarstung und Roterdedurchfärbung oder Roterdeschlamme, die sich bei der erneuten Senkung über teilweise zertrümmertem Schuttgrund mit Hierlatzkalk (Kramsach...) mischten (G. GEYER 1884, 335; 1886, 215; C. DIENER 1885, 27; F. WAEHNER 1886, 195; 1903, 114; E. SPENGLER). Dann griff auch hier die allgemeine Senkung nach den hochliegenden Insel- und Untiefenplatten und diese bedeckten sich mit tiefermeerischem rotem Ammoniten-, Brachiopoden- und Krinoideen-führendem Kalk.

Und blicken wir auf die noch weiter südlich unter der Inntaldecke wieder hervorkommenden Liasvorkommen der Lechtaldecke, welche ostwärts durch den großen Narbenschnitt entfernt sind, so sehen wir westlich Schwaz, nordostwärts Hall in Tirol die Vorzeichen des südlichen Geosynklinalrandes. Gegen S zunehmend erscheinen da wieder, so wie gegen den Nordrand hin, über dem roten Unterlias die Fleckenmergel. Das sieht aus wie die Schiefer, welche auch im SO der Berchtesgadener Fazies, am Kaiser auftauchen und bezeichnet überall die unruhigere Wannenrandlage.

c) *Westabschnitt*

Die mittlere Hauptwanne, welche sich aus der nordwestwärts gegen die Salzburger Berge heranstreichenden und noch zum Ostabschnitt gezählten Fleckenmergelmulde unter Abbiegung gegen WSW über Spitzstein-Oberaudorf durch die Karwendelmulde fortgesetzt hatte, läuft nun an der Isar bei Mittenwald aus. Denn was sich weiterhin an breiter Mulde findet, und teilweise von der Teildecke des

Wettersteingebirges bedeckt ist, besitzt die abweichende *Fleckenmergelfüllung*, die bezeichnend ist für den ganzen Westabschnitt der nördlichen Kalkalpen.

Als schwer beschädigten Südteil der Lermooser Juramulde sehen wir den zwischen Wetterstein und Mieminger über Jöcher und durch Fenster fortstreichenden Jurazug an, welcher über 10 m roten Ammonitenkalken des Lias Alpha und Beta mächtige Fleckenmergel und -Kalke (Gamma-Zeta) beherbergt. Sie liegen gegen Scharnitz unmittelbar auf Kössener Schichten und lassen eine klare Schichtlücke vermissen. Damit zeigen sie an, daß zur Rhät-Lias-Wende auch hier die Mulde schon bestand und beibehalten wurde, so wie die Karwendelmulde auch.

Gegen W überschreitet die Mächtigkeit über Lermoos-Berwang hinaus bedeutend die 500 m. Auf Blatt Lechtal hat O. Ampferer 1924, 29, für die Lechtaler Alpen 1932, 37, als regelmäßig eine ziemlich dünne, höchstens 10 m dicke, rote Ammonitenkalk- oder Mergelbank gefunden, die sich oft völlig an den Oberrhätkalk anlegt. Oft aber fehlt sie über Kössener Schichten auch (zwischen Alperschon- und Kaisertal), oder es sind dazwischen Knollen- und Brekzien-Kalk, Hornsteine, mitunter Krinoidenkalke als Spuren einer anscheinend nur örtlichen und nicht zu langen Absatzunterbrechung während Inselbildung zu finden. Es folgen, zu 500—1000 m anschwellend, die Allgäufleckenmergel mit Kalk-, Hornsteinkalk-, sandigen Kalk-, Manganschiefer-, Brekzien- und Krinoidenkalk-Bänken. Sie vertreten Mittel- und Oberlias. Ihre Beziehungen zur Baugeschichte sind noch zu klären. Es verschwindet scheinbar alles unter der allgemeinen, wohl orogen bedingten Uniform. Doch scheinen die von O. Ampferer 1930, 1931 von der Mohnenfluh und vom Flexenpaß erwähnten, bunt zusammengesetzten Schuttbrekzien Ausblicke auf ähnliche Aufragungen im S zu eröffnen, wie wir sie am Stirnrand der juvavischen Decke im S des Steinernen Meeres annehmen mußten. Wie sich dort Bruchstücke von Buntsandstein und Phyllit zeigten, so erscheinen hier im W solche des südlich benachbarten Landecker Phyllitgürtels.

Schon klarer liegen die Dinge nordwärts, in den *Ammergauer Bergen*, für welche die schöne Untersuchung von C. W. Kockel & M. Richter & H. G. Steinmann 1931 wesentliche Beziehungen zwischen Fazies und Bau beibringen konnte.

Wir sahen bereits in Abb. 24, S. 188, daß dort seit der älteren Trias eine langsam und allmählich, aber folgerichtig auf die Schaffung des tektonischen Baues hinzielende Entwicklung herrschte. Deutlich verschob sich eine Faltenwelle in nördlicher Richtung. Es stellen sich aber allmählich außerdem neue Wellen ein. Dies ist aus einem westlicher gelegenen Faziesschnitt, Abb. 52, ersichtlich, der durch die im O nicht mehr sichtbare Hornburgschwelle ergänzt wurde.

Bereits für den Oberrhätkalk war Hauptbildungsgebiet der nördliche Randstreifen der Lechtaldecke (Untere Vilser Decke—Laber). Gleichzeitig aber wurde hier am Rhätende dann stark abgetragen; eine Insel hob sich über das Meer, und nur noch Reste von Riffkalk und Kössener Schichten blieben übrig unter dem bis auf Hauptdolomit schräg übergreifenden Hierlatz-Unterliaskalk, der außerdem öfter einen rotzementierten Grundschutt, nordwärts Neuschwanstein sogar noch Bohnerz überschreitet. Auch konnte sich örtlich Liaskieselkalk unmittelbar auf Oberrhätkalk legen. Das ist die mit allen üblichen Kennzeichen ausgestattete *Stirnschwelle der Lechtaldecke.*

Nördlich von ihr zeichnete sich die Mulde der Allgäudecke durch überwiegenden Fleckenmergelschlamm nicht über Oberrhätkalk, sondern über den Kössener Mergeln aus. Während ostwärts der scharfe, steile Wegschnitt an der Flyschgrenze gegen N die ehemaligen Fortsetzungen verschwinden ließ, konnte C. W. Kockel weiter westlich eine neue Kalkschwelle im N der Allgäudeckenmulde nachweisen: die Hornbergschwelle ostwärts Schwangau mit Hierlatzlias über Rhät. Auch südwärts von der Lechtaldecken-Stirnschwelle änderte sich die Liasfazies. In der Laber- und Ammer-Mulde herrschen wieder Fleckenmergel und Kieselkalke. Letztere erweisen sich erneut als schwellennähere Bildung (Abb. 52), weshalb ihr vermehrtes Auftreten unten und oben in der südöstlichen Ammermulde — offenbar ähnlich wie etwa in der Rothwandfazies (Schliersee-Risserkogel) auf das Aufsteigen einer südlich folgenden Untiefe bzw. Schwelle hinweist. In der Tat erhebt sich hier heute wieder ein breiter, hoher

Hauptdolomit-Plattenkalk-Sattel, genau so wie im S der Rothwand-Fazies. Ja, dieses Hauptdolomitgewölbe hat trotz mancherlei Störungen vom Nordrand der Karwendelmulde her gegen W nicht aufgehört. Es streicht über den Walchensee, überschreitet die Loisach, zieht im S der Ammermulde durch bis gegen Reutte. Es liegt nahe, trotz fehlender Liasreste, diesen großzügigen Sattelbau der nördlichen Kalkalpen für die gleichsinnige Faziesänderung an seinem Nordrand verantwortlich zu machen: *Das Gewölbe war schon während des unteren Lias im Aufsteigen begriffen.*

Südwärts senkte sich der Großsattel zur Lahnenwiesmulde, wie deren Lias-Fleckenmergelfüllung anzeigt. Am Kramerstock fehlen weiterhin Liasreste zum Nachweis der hier wahrscheinlich noch vor der Lermooser Großmulde aufsteigenden Altwölbung. Jedenfalls dürften die nördlicheren Sättel und Mulden schon jetzt für die Liaszeit gesichert sein.

Die embryonalen Falten der Rhätzeit *in den Vilser Alpen* erkannten wir S. 202 als Vorläufer der Bewegungen im Jura. A. Rothpletz stellte 1886/87 für diese ganze Zeit zwei wohl gegeneinander abgegrenzte Fazies fest. Als lange schmale Halbinselbildung zieht über Hohenschwangau — Schwarzenberg — Galgenberg — Roter Stein — Aggenstein die brachiopodenreiche Kalkschwellenfazies, während sich beiderseits dieses, bei der allgemeinen Senkung zurückgebliebenen Sattels die ausgedehntere versteinerungsärmere, aber an Abbröckelungsstoffen reichere Mergelschlammfazies der Mulden des tieferen Meeres absetzte. Mit bis 100 m Mächtigkeit kann der bunte Hierlatzkalk fast durch den ganzen Jura gehen. Er greift teils über Hauptdolomit, teils selten über Dachsteinkalk, Kössener oder sogar einige Meter untersten Lias: Das Auftauchen der Insel geschah teilweise erst nach der Hauptlebenszeit des *Pentacrinus tuberculatus*. Rings um die vom Ammergau als Untere Vilserdecke gegen W vorgestreckte Halbinselschwelle senkte sich die von der gebirgsbildenden Reliefunruhe so oft

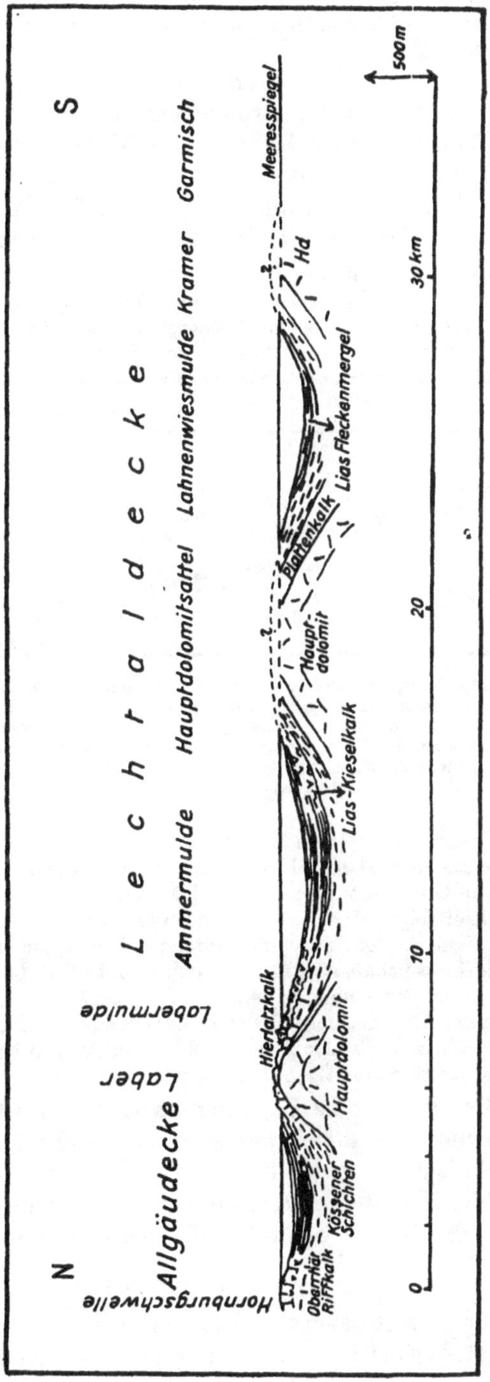

Abb. 52. *Der Faltenwurf während des untersten Lias* im Faziesquerschnitt des Ammergebirges (halb schematisch).

wieder aufgescheuchte Tonschlammwolke nieder und schloß, wie die dunklen Bitumenfarben zeigen, verhältnismäßig rasch die dadurch erhalten bleibenden Lebewesenreste ein (E. Kraus 1930, 230).

Die Unruhe und Gewaltsamkeit, die hier mitspielten, sowie die Kraft, mit der in Zwischenzeiten die Strömungen verlagert wurden, und entfernte Sande heranschleppen konnten, ersehen wir *aus der flyschartigen Tracht*, die in den Mulden und an deren Hängen oft schon angelegt wurde: Fukoiden erscheinen, häufige Wechsel mit dünnen, blaugrauen Mergelkalkbänken mitunter sandige Schiefer, ja dünnplattig-kalkige Sandsteine, undeutliches verkohltes Landpflanzenhäcksel.

1923, 167, erkannte M. Richter den Zusammenhang des Reliefs mit dem Bau. Bedeutet doch jene Halbinselschwelle nichts anderes als *die westliche Fortsetzung der Stirnrandschwelle der Lechtaldecke*, zwischen Ammergebirge und Aggenstein (vgl. Abb. 43). Südostwärts dehnte sich die Flysch-Fleckenmergel sammelnde Mulde der Lechtaldecke, nordwestwärts jene der Allgäudecke. Doch sank letztere offenbar erst nachdem sie noch im untersten Lias weitgehend an der Inselverbreitung teilgenommen hatte: In der Allgäudecke transgrediert weithin der Hierlatzkalk nach erosiver Beseitigung von Plattenkalk, Kössenern und Oberrhätkalk unmittelbar auf Hauptdolomit, wobei noch in der nördlichsten (Sorgschrofen-) Schuppe eine äußere Randschwelle deutlich ausgeprägt ist. Dieser Übergriff scheint auch hier wenigstens teilweise erst im untersten Lias selbst vor sich gegangen zu sein, wie der wiederaufgearbeitete Liaskalkschutt z. B. in Abb. 53 zeigt. Auch weiter südlich greift in der Iseler-Breitenberg-Schuppe der Allgäudecke erst Fleckenmergel auf den Hauptdolomit. Noch südlicher von Hindelang-Thannheim beginnen dann die für die Lechtaldecke der Lechtaler Alpen so bezeichnenden roten Liaskalke und Mergel am Grund der mächtigen Allgäufleckenmergel. Gleichförmig und ohne Anzeichen einer Inselzeit folgen diese schon in der nördlichsten Mulde der Lechtaldecke über Kössener Mergeln. Nur die rote Farbe der untersten Liasbänke erinnert in den Mulden daran, daß gleichzeitig in benachbarten Sätteln aufgewölbte Kalkflächen unter Roterdebildung verkarsteten und ihren Rotschlamm den Mulden zuschoben. Auch mögen die kiesel- und hornsteinreicheren Grundschichten der Fleckenmergel in der Lechtaldecken-Hauptmulde weiter südlich in den Lechtaler Alpen wohl unter Ausfall der Oberrhätkalke gleichförmig über den Kössener Mergeln folgen, ähnlich wie im Ammergau oder südlichen Schlierseegebiet.

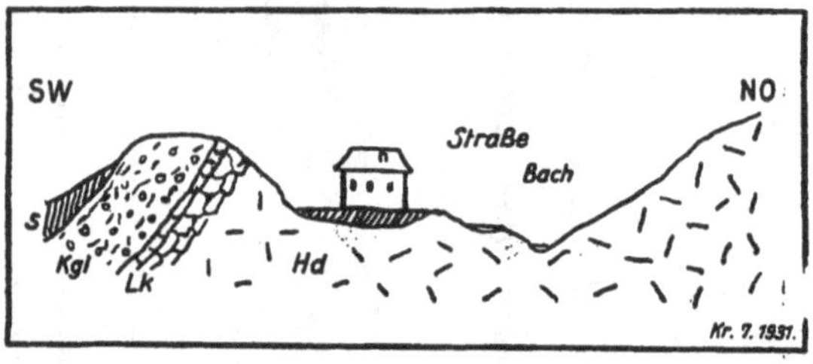

Abb. 53. *Übergreifendes Lias-Konglomerat* nach der frühliassischen Inselzeit in der nördlichsten (Sorgschrofen-) Schuppe der Allgäudecke. Am Ostende des Hotzenberges, S. Unterjoch, Allgäu. *Hd* Hauptdolomit. *Lk* 3 m roter, etwas gequälter Liasknollenkalk. *Kgl* 8 m grobes Konglomerat aus weißem und rotem Kalk. *s* Schutt.

Die altliassische Insel der unteren Vilserdecke hatte sich von dem Lechtaldeckenstirnrand weit westwärts ausgedehnt, war dann aber von N her fortschreitend abgebaut worden und verwandelte sich in die Allgäudecken-Fleckenmergelmulde. Nur deren stirnrandartiger Außenrand blieb verhältnismäßig kalkiger, auch die östliche Schwellenfortsetzung der Vilseralpen.

Die Fleckenmergelfazies

Mit Schlagworten wie „bathyal" oder „litoral" wird man den Liasfleckenmergeln oder „Allgäuschiefern" nicht gerecht. – Von einem sich weniger niederbeugenden geosynklinalen Nordrand im Allgäu schwellen diese von 50 auf über 600 m an.

Es lohnt sich daher nicht, diesbezügliche Meinungsverschiedenheiten im Schrifttum gleich einseitig weiter zu behandeln. Nicht die Meerestiefe oder allgemeine Küstennähe bestimmt diese Sedimenttracht, *sondern die Unruhe der gleichzeitig in der Tiefe weiter hinabbauenden Gebirgsbildung.* Schon die Flecken und deren Überleitung in die Flyschfukoideen (*Chondrites imbricatus* nach TOULA z. B. im Lias bei Wien) spricht mit der verhältnismäßigen Versteinerungsarmut dafür, nicht weniger das schon oben, S. 227 Gesagte. Unser kalkalpiner Westabschnitt hat nicht etwa deshalb ein solches Übermaß von Fleckenmergeln, weil er durchweg tiefermeerischer war als der östliche. Daß hier andere Gründe vorliegen, das ergab sich längst aus den ungezählten Beobachtungen über raschesten, aus späterer Tektonik unerklärbaren Mächtigkeitswechsel; über Brekzien, Sandkalk- und Sandsteinbänke, welche häufige Umlagerung der kurz vorher erst abgesetzten Lias-, Kössener ja Hauptdolomitbänke an Untiefenböschungen oder Inseln beweisen (Himmeleck, südlich Fürschießer, Spielmannsau u. a.); über die Einschaltungen von Krinoidenreichen Bänken, die Rutschungsanzeichen, die oft andauernden Kleinwechsel zwischen Kalk-, Ton- und Kieselüberschuß, über Festlandspflanzenspreu u. a.

Gewiß können die ungewöhnlichen Mächtigkeiten nicht ohne besonders beschleunigte und kräftige Muldenabsenkungen gedeutet werden, aber die daneben immer neu auftauchenden Beweise kräftiger Wasserspülung, ja der Festlandseinschwemmung, sagen, daß gleichzeitig nächst benachbart hochliegende Untiefen, Inseln bestanden oder neu auftauchten. *Fortschreitende Unruhe und Faltenwurf während der allgemeinen Senkung spiegelt die Fleckenmergelfazies wider.* Ich habe sie 1927, 219, 1932, 12f. als Vorläuferin der orogenen Flyschfazies erkannt. Sie ist selbst schon tieforogen, das heißt gleichzeitig mit der und grundlegend beeinflußt durch die fortschreitende Gebirgsbildung in der Tiefe, durch den Gebirgsabbau.

Die Fleckenmergel enthalten bereits wesentliche Merkmale der Flyschtracht und sind, so wenig wie der Flysch selbst, kein bathymetrischer Begriff. Das Aufragen von Teilschwellenzügen der Sättel läßt noch keineswegs die Tiefe der benachbarten Mulden und damit die Steilheit der untermeerischen Böschungen beurteilen. Nur fehlt es, weil die gewöhnliche *Bodenfauna* durch die Unruhe i. a. in die Flucht geschlagen ist, meist an genügend eindeutigen Anzeichen für die Meerestiefe der Mulden. Es mangelt aber nicht an Beweisen für die Steilheit der Böschungen und die dauernde Reliefunruhe, also für den Fortgang des Faltenwurfes, ja wohl auch schon der Deckenverschiebung. Vergessen wir nicht, daß der mächtige Bündner Schiefer der südwestlichen Anschlußgebiete neben den gleichen Kennzeichen, wenn überhaupt, dann fast nur Liasversteinerungen enthält und daß die Eigenart der Glanzschiefer- und Ophiolithmassen nichts anderes bedeutet als die Folge gesteigerter Gebirgsbildung. Die sorgfältige Untersuchung von J. SCHROEDER 1925 über die süddeutschen Fleckenmergel diente der stratigraphisch-alterdkundlichen Klärung, noch nicht den baugeschichtlichen Beziehungen, welche die Lage im Lias erst verständlich machen.

Keine einheitliche „oberostalpine Geantiklinale“

Mit dem Abbiegen des nördlichen Kalkalpenrandes gegen SW, also mit der „Allgäuwendung“ (E. KRAUS 1926, 139) verlieren sich auch im N die noch an der

Hornburg bei Füssen und westlich davon liegenden Spuren nördlicher Kalkschwellensättel der Allgäudecke — trotzdem diese gerade im Allgäu sehr gut und reich in Schuppen gegliedert ist. Die ehemaligen Faziesgrenzen streben westwärts hinaus, gehen aber unter Schuppung in Vorarlberg außen immer weiter verloren, so daß die Allgäudecke im Rätikon überhaupt schon ganz fehlt und nur die Lechtaldecke die Gipfel baut. Die Allgäuwendung, welche mit großen, späteren NW- und W-Bewegungen des Alpenkörpers zusammenhängt, verlief also *quer zur ursprünglichen Faziesanlage, die somit hier nicht als vorbedeutend für die spätere Formung gelten kann.* Es verschwindet ja auch die zerknitterte „Vorzone“ des Ostens mit ihrer stirnwärtigen Steilstellung und mit den Klippen der Lechtal- über der Allgäudecke. Dafür haben wir im W nun die *flacheren* Überschiebungen bereits rückwärtiger Deckenteile. Das habe ich 1932 nachgewiesen.

Wenn trotz dieser klaren Sachlage in dem weiten Fleckenmergelbecken des Westens immer wieder sandig-konglomeratische Lagen und Festlandspflanzenspreu auftreten, so kann dies ebensowenig auf die randlichen Einwirkungen einer „oberostalpinen Geantiklinale“ im N zurückgeführt werden wie etwa die gleiche Brekzienbildung an den mittleren Schwellenzügen weiter im O. Ebenso wenig ist eine einzige derartige „Geantiklinale“ durch die Schwellen am östlichen Nordrand zu belegen. Ganz abgesehen davon, daß trotz der allgemeinen Mächtigkeitsminderungen und der Anzeichen des nördlichen Festlandes in manchen geosynklinalen Stufen solche Anzeichen in anderen Schichtstufen gänzlich fehlen, der Festlandsrand also zu bestimmten Zeiten wesentlich weiter im N lag. Außerdem senkte sich der helvetische Trog spätestens im Jura mit seinen breiten Teilmulden ein zwischen das vindelizisch-germanisch-böhmische Festland im N und einer Schwelle, welche jenen Trog noch gegen die alpine Geosynklinale abtrennte.

Beziehen wir jene nördlichen Festlandseinflüsse nur auf dieses Zwischenland zwischen Helvetisch und Kalkalpin, so zeigt sich, daß bei genauerem Hinsehen eine einzige „oberostalpine Geantiklinale“ auch dann nur wenig Wahrscheinlichkeit für sich hat. Denn deren bisher wiederholt aufgezählte Fernwirkungen erlauben entweder überhaupt keinen Schluß auf eine *bestimmte* Teilschwelle oder sie zwingen mit Entschiedenheit dazu, mehrere *verschiedene* Schwellen anzunehmen. *Der Begriff des „Randostalpinen“ und die Ereignisse der Kreidezeit haben uns darüber belehrt, daß jene einheitlich gedachte „Geantiklinale“ nur eine primitiv-verschwommene Rastvorstellung des Anfangs unserer Kenntnis war.* Mit ähnlichen, noch zahlreicheren Widersprüchen ist, wie ich hinreichend ausgeführt habe, C. W. Kockels Begriff „Rumunischer Rücken“, den dieser in seiner schönen Arbeit 1922, 32, *im S* des Pennins suchte, belastet.

Vorarlberg

Eine Übersicht der vorarlbergischen Lias-Fazies gab J. Gubler 1927, 52. Er stellte fest, daß sowohl in der Lechtaldecke wie in der Allgäudecke der Lias südwärts in der Mulde allgemein mächtiger ist und aus tieferem Wasser abgelagert wurde als nördlicher im Bereich der jeweiligen Deckenstirn (Abb. 54). Von der Allgäudecke betrifft dies die südlichste Teilmulde, nördlichere sind hier nicht mehr erhalten; von der Lechtaldecke den nördlichsten Teil. Außerdem kann man beobachten, daß gegen O im Innern der Lechtaldecke die Fleckenmergel mehr und mehr durch roten Kalk ersetzt werden (Beispiel der Scesaplana-Schuppe, Abb. 56). Dies kann vielleicht auf die stärkere Heraushebung der Schwellen- bzw. Sattel-Züge gegen O zu und auf deren randlich abgegebenen, roten Verwitterungsschlamm zurückgeführt werden. Ähnlich tauchte ja auch die Lechtaldeckenstirn der unteren Vilser Decke am Aggenstein süd-

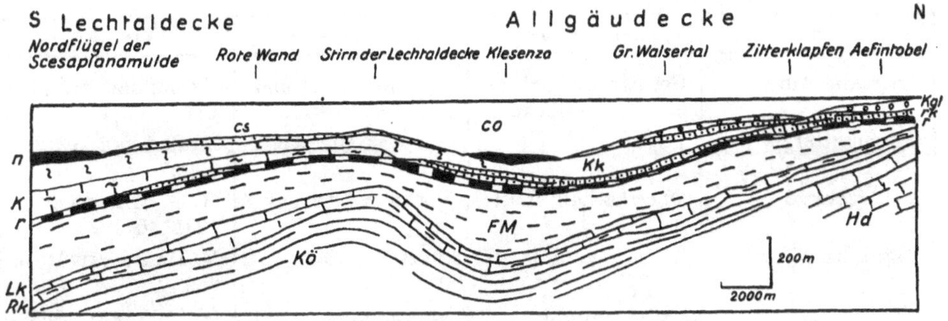

Abb. 54. *Faziesprofil durch die Lechtal- und Allgäudecke in Vorarlberg.* Nach J. Gubler 1927, Taf. I. *Hd* Hauptdolomit, Plattenkalk. *Kö* Kössener Schichten. *RK* Oberrhätriffkalk. *Lk* roter Liaskalk. *FM* Allgäufleckenmergel. *r* Radiolarit. *rk* roter Oberjurakalk. *K* grauer Hornstein – freier Kalk. *Kk* Hornstein führender Kalk. *n* Neokom. *cs* Feinschuttbänke. *Kgl* transgredierendes Konglomerat. *co* Mergel, Schiefer, Sandstein der Oberkreide.

westwärts unter. Der rote Liaskalk wächst im allgemeinen von W (z. B. an Scesaplana 10 m) nach O (z. B. am Formarinsee 40 m) an.

Teilschwellensattelzüge tauchen aber auch in der südlichen Lechtaldecke auf. So transgrediert bei Brand auf feinkörnigen Kalk mit eckigem Grundschutt von grauem Oberrhätkalk der hornsteinführende Unterlias, bedeckt von 200 m Allgäuschiefer. Man erkennt eine Lias-Alpha$_3$-(Sinemur-)Transgression mit roten Kalken zwischen Valbonakopf und Scesaplana. W. O. Leutenegger meldete 1928, 44, die über terra-rossa-gefüllte Taschen des Dachsteinkalks (Oberrhätkalks) mit buntem Grundgeröllschutt (schon aus Liaskalken!) übergreifenden Hierlatzschichten als Fazies der Adnether, bedeckt von sehr gleichförmigen Allgäufleckenmergeln im unteren Brandnertal. P. Arni beschrieb Gleiches aus dem mittleren Rätikon, wo man sehr wohl wieder eine kalkige, dünne Schwellenfazies im N von einer mächtigeren Beckenfazies im S unterscheiden kann. Beide sind getrennt durch die Schubfläche der Wildberg-Scesaplana-Schuppe, das heißt durch eine Schubfläche, welche im Faziesbild *nicht* sichtbar vorbereitet ist (Abb. 57). Der Liasfleckenmergel schrumpft nach Benzinger 1929, 435, von 400 m unter der Lechtaldecke gegen N auf 100 m in der Allgäudecke.

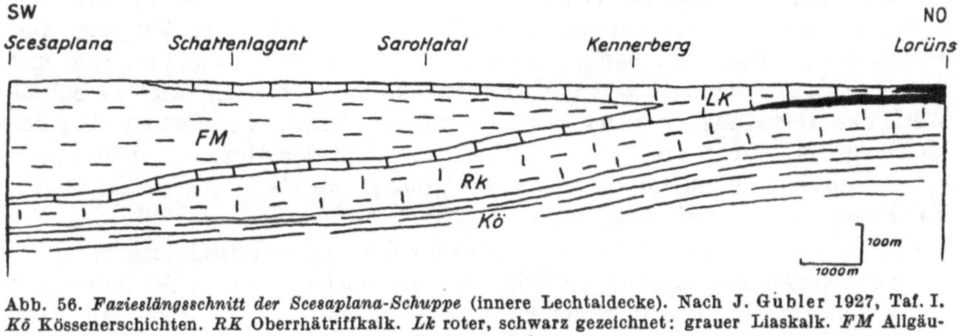

Abb. 56. *Fazieslängsschnitt der Scesaplana-Schuppe* (innere Lechtaldecke). Nach J. Gubler 1927, Taf. I. *Kö* Kössenerschichten. *RK* Oberrhätriffkalk. *Lk* roter, schwarz gezeichnet: grauer Liaskalk. *FM* Allgäufleckenmergel.

Übersicht

Insgesamt tauchen also Inseln und andere Spuren der Bodenbewegung an verschiedenen Orten zu recht verschiedenen Terminen auf (H. Stille 1924, 134). Eine kleine Übersicht gibt die umseitige Tafel:

Ort	Bewegungsart	Bewegungszeit	Verfasser
Lechtaler Alpen	Geringe Diskordanz und Schichtlücke	Zwischen Rhät und Lias	BENZINGER 1929, 434
Ammergebirge	Insel	Vor dem Hierlatzkalk	M. RICHTER 1931, 45, 27
Labergebirge	Oberrhätkalk-Insel	Vor dem Lias	H. G. STEINMANN 1931, 40
Tarntaler Alpen	Transgression von Lias über Vortrias		E. HARTMANN 1913, 259
Rofan	Gebirgsfaltung	Voroberjura	O. AMPFERER 1908, 298
Südostwärts Lengries	Insel auf Hauptdolomitgewölbe	Während Unterlias	K. BODEN 1935, 20
Gebiet Berchtesgaden—Salzburg	Insel	Frühliassisch	K. LEUCHS 1928, 72
desgl.	Insel	Vorliassisch	desgl.
desgl.	Transgression verschiedener Liasstufen (nicht nur Unterlias) über Rhät		desgl.
Dachsteingebirge	Verwerfungen	Vor dem Hierlatzlias	E. SPENGLER 1927, 13
Am Ochsenkogel	Insel aus Dachsteinkalk	desgl.	G. GEYER
Bei Kleinzell, Niederösterreich	Rhättransgression über gefalt. karn. Sandstein	Vor-Rhät	BITTNER 1893, 23
Niederösterreichische Alpen	Hauptstörungen der niederösterr. Alpen	Beginn schon im Rhät	DIENER 1903, 599
Julische Alpen			F. A. HAERTEL 1920

Diese Beispiele wären leicht zu vermehren. Darüber sind wir uns klar: Sie spiegeln, immer nur im sedimentären Bild, einen bestimmten Vorgang: Das Emportauchen von ehemaligem Meeresboden, eine mehr oder weniger weit und tiefgreifende Abtragung und ein Wiederversinken. Letzteres ist nicht wesentlich Werk der Abtragung, so wenig wie außenbürtige Kräfte die Hebung über den Meeresspiegel besorgt haben können. Die Diskordanz der Abtragungsfläche zeigt oft an, *daß eine Faltung vorangegangen war. Alles führte längst zu dem Schluß, daß also Faltung und Reliefbildung zusammenfallen.*

Aber *wann* erfolgten beide? Können wir im Zeitalter der Aktualitätslehre ernstlich noch annehmen, daß der „Termin" (war das nicht ein *langer* Zeitraum?) des Auftauchens unmittelbar dem der Faltung entspricht? Lag jedesmal eine kurzdauernde Faltungsphase vor? Dann hätten wir, wie unsere (ganz unvollständige) Zusammenstellung für Rhät und Lias eben schon zeigte, für so ziemlich alle Unterstufen „Faltungsphasen" bald da, bald dort. Das würde schon gleich der Annahme einer oder nur weniger kurzfristiger Faltungsphasen widersprechen.

Was war denn vorher, bevor die sedimentäre Abbildung der jungen Insel erfolgte? Dürfen wir wirklich, weil für jene Zeit eine feststellende Methode fehlt,

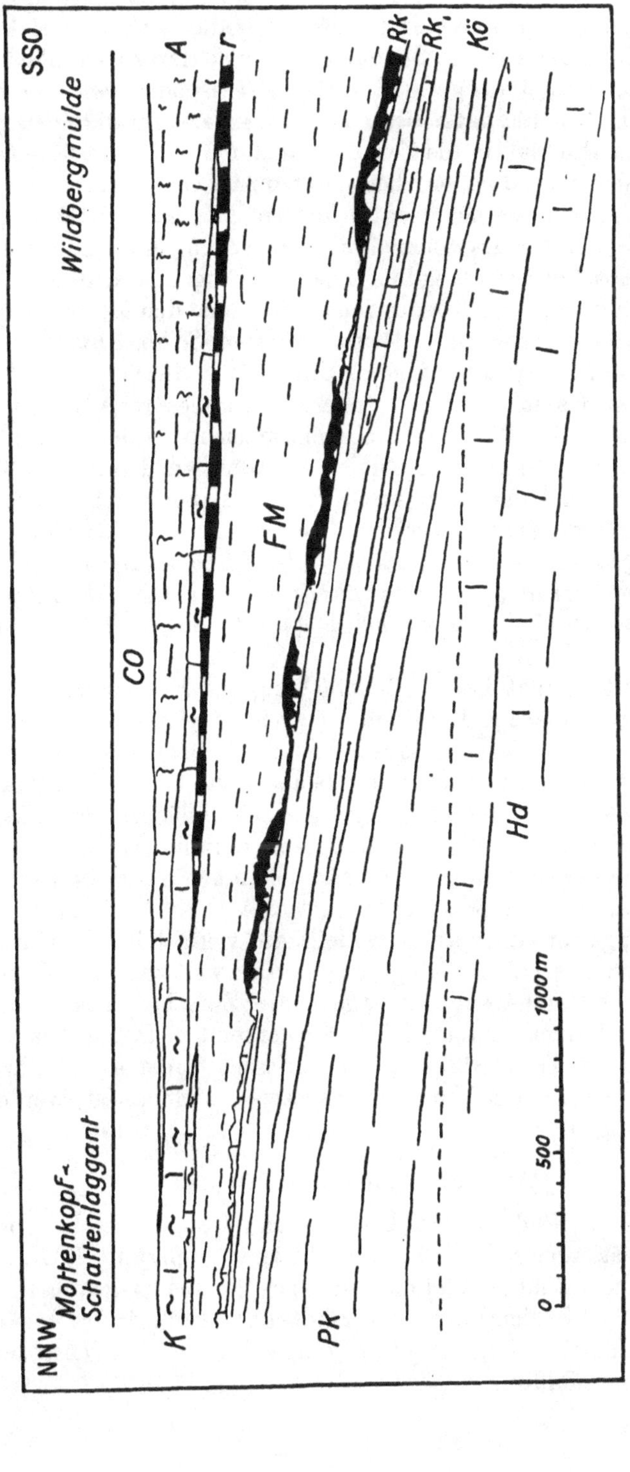

Abb. 57. *Schwellenfazies im N der Wildbergmulde, Lechtaldecke* (Silvrettadecke) im Rätikon. Schichtschema nach P. Arni 1926, Taf. I. *Hd* Hauptdolomit. *Pk* Plattenkalk. *Kö* Kössenerschichten, darin *RK*, Korallenkalk, *Rk* Oberrhätkalk, über ihm verkarstete Oberfläche und (schwarz) Hierlatzbrekzienkalk bzw. Adneterkalk. *FM* Allgäufleckenmergel. *r* Radiolarit (Dogger-Untermalm?). *K* Jurakalk (Lias-Oberjura) *A* Aptychenkalk. *Co* Kreideschiefer.

behaupten, diese Zeit der Relief- und Faltenerhebung am Meeresboden, vielleicht aus 1000 m Tiefe empor, sei kurzfristig, ruckartig-katastrophal vor sich gegangen? Es würde dies völlig der aus den Sedimentmächtigkeiten zu erschließenden Tatsache widersprechen, daß am geosynklinalen Meeresboden *fortdauernd langsame* Bewegungen nach oben und unten bestanden haben. Darum wäre jene Auffassung ein unbegründeter Rückfall in die Zeit der Annahme von Katastrophen.

Da wir also keinen Grund haben, diesen mitzumachen, haben wir aus den Beobachtungen schärfer und bescheidener zu folgern: Die Schrägflächen können uns bestenfalls über einen, für die innenbürtigen Bewegungen bis zu einem gewissen Grad zufälligen Abschnitt aus langdauernden Vorgängen berichten: nämlich über den Zeitpunkt, an dem jene Schwellungen auch einmal den Meeresspiegel erreichten und wann sie dann wieder unter Wasser gerieten. *So lange* man Hebung gleich Faltung setzte, konnte gewiß aus jenen sedimentären Anzeichen der Hebung auf Faltungsrucks geschlossen werden — wobei freilich alles unter den Tisch fiel, bei dem der Meeresboden den Wasserspiegel nicht erreichte — das heißt fast alle Bewegungen, welche nur tiefere Meeresbodenteile betrafen. Bei dem außerdem das Landrelief zwar Höhenänderungen durchführte, die aber durch den Schreibestift des Meeresspiegels auch nicht abgezeichnet werden konnten. Das heißt: *weitaus die meisten Bewegungen konnten überhaupt nach der Diskordanzmethode nicht erkannt werden!* Diese aber war auch *ein untaugliches Mittel, um in den Hauptstätten der Bewegung, nämlich in den Geosynklinalen, das Ruckartige der Orogenese zu erweisen.*

Nachdem wir allen Anlaß haben, Reliefhebung und Faltung vorsichtig auseinanderzuhalten, vermindern sich die einwandfreien, weitreichenden Schlüsse aus jener so einseitig angewandten Diskordanzmethode noch sehr bedeutend. Ganz besonders dann, wenn wir nur einwandfrei beobachtete und im Hangenden wie im Liegenden versteinerungsmäßig gut festgelegte Schrägflächen heranziehen und in allen sonstigen Fällen, insbesondere bei größeren Schichtlücken nicht schon voraussetzen, was wir erst beweisen wollen, daß nämlich immer nur zu bestimmten, kurzfristigen Zwischenzeiten der Boden gefaltet wurde.

Solche Erwägungen erlauben es leider nicht, das vielfach in Übung gekommene, bequeme Schema von verhältnismäßig wenigen, aber weltweit verbreiteten „anorogenen" Zeiten durch Heraushebung kurz gedachter Zwischenphasen der Bewegung der Orogenese, als brauchbar und richtig anzuerkennen. Daß damit die Ansicht vom Anschwellen der Gebirgsbildung zu gewissen, bisher als gleichzeitig aber durchaus nicht erwiesenen Zeiten noch keineswegs abgetan ist, werden weitere Beobachtungen zeigen.

Autochthon der Schweiz

Einer lückenhaften Nordfazies im Unterlias mit Konglomerathorizonten, ohne Mittel- und Oberlias, auch mit nur 10 m Mächtigkeit, steht am SW-Ende des Aarmassivs eine 263 m mächtige Südfazies des ganzen Lias gegenüber ohne Konglomerat und größere Schichtlücken (M. Schenker 1946). Schon im Autochthon haben wir also, ähnlich wie am Aiguilles rouges-Massiv, Anzeichen für bewegte Sattelschwellen und Muldung.

Die autochthone Liasmulde von Arbignon am Rhonetal erfuhr nach R. TRÜMPY 1946, 427, während Oberdomer, Toarc. oder Aalen schon Vorbewegungen, denn hier transgredierte der Dogger unter Beseitigung des Lias bis auf Infralias-Sinemur bereits über 3 flache Mulden mit 12 Grad Winkeldiskordanz. Die spätere Faltung übertrieb dann diese Anfangsformen stark.

d) Der präalpine („romanische") Westen

Blicken wir von den Drei Schwestern am Rätikonwestende der Nordkalkalpen nach W über den Rhein, so finden wir die unmittelbare Fortsetzung der nördlichen Kalkalpen nicht mehr. Wohl aber enthält der über dem helvetischen Gebirgsvorland liegende Wildflysch westlich gegenüber bei *Grabs-Berglitenstein* ungefähr die gleichen Gesteine von Tithonkreide, wie sie auch in den *Balderschwanger Klippen* als Randostalpin erscheinen. Sie setzen sich in tektonisch gleicher Lage durch die *Mittelschweizer Klippen* gegen WSW in die romanischen Decken (Präalpen) fort, deren gemeinsame Fußvorschüttung, wie 1932 und 1936, I, 91, gezeigt wurde, der Wildflysch (Feuerstätter Decke) ist. Die gleichartigen Oberjuravorkommen bauen die Brücke.

Lias treffen wir in dieser, dem kalkalpinen Trograum etwas vorgestaffelten randostalpinen Fortsetzung erst wieder *in den Mittelschweizer Klippen.*

Hier sind aus dem Hettange (Psilonoten- und Angulatenzone, Lias Alpha) des Stanserhorns Sande, darüber flachmeerische Kalke, aus dem höheren Alt- und Mittellias am Buochserhorn ist Schwellenfazies in Gestalt von Spatkalk, Brekzien, Kieselkalken, darüber Mergel und Schiefer bekannt, welch letztere bereits im Oberlias (Toarc.) beginnen. Bei Iberg setzen hierlatzartige, bunte Spatkalke mit oder ohne Brekzienschutt wohl des Lias Beta ein, darüber Eisenoolith. Die wenigen, zerstreuten Vorkommen lassen sich immerhin, wie A. JEANNET (in Geol. d. Schweiz) und E. PETERHANS 1926, Tafel III (Abb. 58) gezeigt haben, trotz ihrer verschobenen Lage zu einem Schwellenzug (Untiefe, vorübergehend auftauchend) zusammenfassen, dem nördlich am Stanserhorn eine Muldenfazies vorgelagert ist, während die Giswiler Stöcke im W wohl einer südlicheren Mulde mit anschließender Schwelle entsprechen. Das Erscheinen der Inselbildungen im unteren Lias und das Überhandnehmen der Mergelschiefer (Fleckenmergel im O!) im höheren Lias — genau wie in den nördlichen Kalkalpen — ist besonders zu beachten.

Wollen wir die Liasvorkommen der Klippen in Schwellen- und Muldenzüge ordnen, so ist dabei die ganz klare Schwellen- und Muldenanordnung des im SW fortsetzenden Hauptteils der Präalpen maßgebend, also in den Freiburger Alpen zwischen Thunersee und Rhone, sowie im Chablais, südlich vom Genfersee-Bogen. Seit längerem ist bekannt, daß hier der Lias Alpha 1, 2 mit Quarzsandstein, darüber mit Kalkstein bei Plan Falcon sich zu über 325 m, in den Tours d'Aï nahe dem Rhone-Quertal zu 350 m anhäufte. Seichtmeerische Mergel, Quarzsandsteine, Sandkalke füllten eine gleichzeitig langsam sinkende, mittlere Mulde. Im Ober-Alpha (Sinemur) und Mittellias stellten sich dann sehr wechselvolle, bunte Echinodermenkalke oder Brekzien (Hierlatzfazies!), teils schwarze Kalke mit Kieselknollen (schwellennahe Fazies der Kalknordalpen!) ein, welche beispielsweise die N- und S-Böschung der mittleren Grammont-Schwelle S_2 begleiten, die selbst von der Hierlatzfazies überrindet wurde (Abb. 44, S. 208). In den anschließenden Mulden (Tours d'Aï, Heitiberg) macht sich, genau wie etwa in der Karwendel- oder in einer Salzkammergut-Mulde die Fazies der Mergel und Schieferkalke breit. Gegen den nördlichen Stirnrand der Klippendecke sehen wir eine äußere Schwelle (S_3) aufsteigen, angezeigt durch öfteren Quarzsandstein am Grund, durch Phosphorit-Versteinerungen, wechselnde Schichtlücken, Echinodermenspatkalke (Abb. 58). Im SO-Teil der Klippendecke finden wir dagegen, soweit noch erhalten, den Oberalpha-, Beta- und Mittel-Lias in Muldenfazies (M_1): Mächtige Mergelschiefer ähnlich wie im Dauphiné oder im Allgäu.

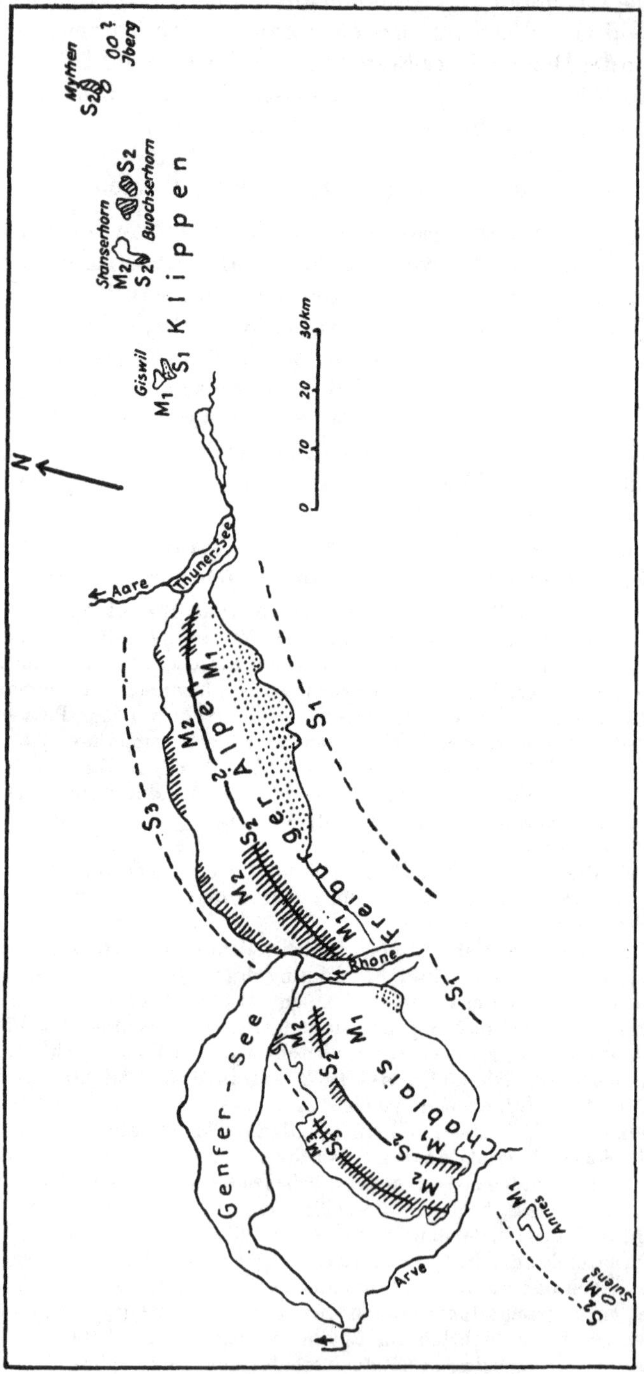

Abb. 58. *Fazies im Lias der Klippendecke* nach E. Peterhans 1926, Taf. III. S_1—S_3 Lückenhafter Lias der Schwellen. M_1—M_3 Vollständiger Lias der Mulden. Dicker Strich: Schwellenachse. Gestrichelt: Schwellenzone. Punkte: Mytilusdogger oder Malm über Trias.

Im Oberlias (und Unterdogger, Aalen-Stufe) der Klippendecke wiederholt sich der Faziesgang der nördlichen Kalkalpen. Die Mergelkalke und Mergel mit Zoophycus (wahrscheinlich einer Schlammtierwohnung, wie sie auch im Flysch vorkommt) und dünnschaligen Schlamm-Posidonien werden schiefrig. Häufig erscheinen echte Fleckenmergel mit Fleckenkalken und, wie auch im O üblich, geht diese ganz vermergelte Fazies in den Dogger einschließlich Gamma, Unterbajoc., empor. Am Langeneck-Grat liegen etwa in Lias Epsilon unten sandige Mergel mit Pflanzenhäcksel, nicht zu unterscheiden von feinem Flyschsandstein.

Es wird somit auch hier unterstrichen, *daß die Fleckenmergelfazies den vorbereitenden Übergang zu der Schütteltischfazies des Flysches bedeutet.*

Gleichzeitig erfahren wir von dem großartigen *Hindurchgreifen dieser orogenen Schlammfazies durch den gesamten kalkalpin-präalpinen Trog* von Wien über das Allgäu bis an die Genfer Arve.

Allenthalben beobachten wir drittens diese *Schichtlücken im Unterlias*, die auch hier im W nach Raum und Zeit recht wechselvollen Ausmaßes sind, die meist unter Ausfall des Alpha den Lias Beta oder Gamma unmittelbar über Trias (oder Rhät) zeigen und die durch ihre Verbreitung auf beiden echinodermenreichen Schwellen S_2 und S_3 (Abb. 58) gleichzeitig den Fortgang der Faltung, vielleicht schon der Deckenbewegung in der Tiefe, sedimentär abzeichnen. Zur Abzeichnung wird entweder auch hier die bunte Hierlatzkalkfazies verwendet oder wir finden an Untiefen korrodierte Oberflächen, eisenschüssige Schichten, Phosphorit-Ballungen, Dolomit-Geröllchen, Bohrgänge (? von Anneliden) und Feinschutt von der seichtmeerischen Natur, wie sie etwa für den Stockhornsattel 1919 von A. Jeannet & E. Gerber nachgewiesen wurde.

Sehr klar wurden diese, teilweise schon durch E. Gagnebin 1918, L. Horwitz 1917, A. Jeannet 1919, F. Rabowski 1919 bekannt gewordenen Schwellen und Mulden zwischen Rhone- und Annecysee-Senke 1926 durch E. Peterhans 1926 herausgearbeitet. Er konnte für den Lias von NW gegen SO fortschreitend folgende Teilfalten der Klippendecke im Chablais unterscheiden (In Klammer sind die Fortsetzungen durch die Freiburger Alpen beigesetzt):

Mulde M_3: Viuz (Arvetal, OSO Genf)—Cervens—Forchet (Drancetal).

Sattel S_3: Môle (Arvetal)—Brasses—Jaland(—Meillerie-Cubly, Montreux, Giswil).

Mulde M_2: Pont de Gys—Forclaz—Contetaz—Dent d'Oche—Rhonetal (—Montreux—Bruns S—Gantrist—Stanserhorn).

Sattel S_2: Somman — Chavanette — Grammont (—Stockhorn — Rotspitz — Mithen). Entstand im Oberalpha, erhielt sich im Dogger und war mehrfach Insel. So liegt Mytilus-Dogger mit Pflanzenresten gleich über Trias. Die Rämsibrekzie von Zwischenmithen mit ihren überwiegend eckigen Triasdolomittrümmern über Trias und Unterkallov, weiter oben auch mit grünen und roten Graniten, Quarzporphyren, ähnlich unterostalpinen Gesteinen und Geröllen der Molasse, lüftet etwas den Schleier über dem tieferen präalpinen Untergrund.

Mulde M_1: Annes, Savoyische Klippen—Geblu(—Aigle—Heitiberg).

Sattel S_1: Tréveneusaz, Rhonetal (—Spielgerten—Giswiler Stock). Entstand im Mittellias, verlor seinen Lias ganz in der Inselzeit vor dem übergreifenden Mytilus-Dogger. Breiteste Schwelle am Klippendecken-Südstrand.

Es ist ganz erstaunlich, wie gleichartig die Einzelheiten der Transgressionserscheinungen im unteren Lias sind, ob wir sie nun auf Dachsteinkalk oder Oberrhätkalk der westlichen Ostalpen, im Salzkammergut und Berchtesgadener Land, im Sonnwendgebirge (Rofan), bei Hindelang, über der Trias am Stockhorn oder bei Tréveneusaz vor uns haben. F. Rabowski beschrieb das Verhalten einer solchen Schwelle im Jura, in der Kreide näher und zeigte, daß sie erst in der trüben Wolke der Couches-Rouges-Schlamme undeutlich wird, daß sie aber *an ganz bestimmte Baueinheiten gebunden* ist, wie dies auch andere Beobachter erkannten. Dadurch wird wohl klar, *daß es wirklich diese selben Sättel waren, welche als Schwellen schon im Liasmeer herausgeformt wurden;* daß also die Entwicklung nicht abriß und etwa in Oberkreide oder Tertiär ganz neu und anderswo ansetzte, sondern zielstrebig verlief. Das gleiche konnten wir auch im O für die normale Fortsetzung, die Kalknordalpen, erkennen, wo freilich die Schwellen mehr Plattenstücke sind, herausgebrochen aus der dort viel mächtigeren Triasriffplatte. Aber die gleiche Roterde, welche sich dort dem roten Hierlatz-Krinoidenkalk beimischte, färbte auch den Sinemur- oder lotharingischen Krinoidenkalk über der geröteten, verwitterten Triasoberfläche in Schwellenteilen der Klippendecke, wo die Sättel schmäler sind und weniger ungefüge Stöcke. Doch erweist sich auch im W, daß die Mulden im allgemeinen breiter waren und auch während der Untiefen- und Inselschwellenbildung, *also während der Sattelhebung sich vertieften.* Es war auch im W in Wirklichkeit *eine echte Faltung.* Sie spielte sich trotz vorübergehender Heraushebung der Sättel doch *überwiegend während einer Abwärtsbewegung des ganzen Erdrindenteiles ab,* denn vorher hatten die breiten Muldengebiete ein seichtermeerisches Sediment. *Es war ein „Abbau“ innerer Art.*

Ungefähr zu gleicher Zeit sehen wir über mehr als 300 km streichender, kalkalpin-präalpiner Troglänge, da und dort nicht ganz gleichheitlich, nach dem Rhät Teilsättel als Schwellen, Untiefen oder Inseln emporsteigen, ausgedehntere Teilmulden mit lückenloser und im allgemeinen tiefermeerischer Schichtfolge niedersinken. Gleichartige Roterdeabtragung befällt die Triaskalk- und Dolomit-Inseln des in Faltung begriffenen, geosynklinalen Archipels. Dann verstärkte sich anscheinend die absenkende Kraft entgegen dem Tauchgleichgewicht — hier früher, dort später — im unteren oder höheren Lias. Daher tauchten dann auch die Inselhäupter wieder unter das Meer:

Vom Wienerwald bis zum Annecysee durchweg das gleiche Schauspiel embryonal-orogener Bewegungen im Lias — ohne daß sie natürlich vom Höllensteinzug bei Wien bis zum Dauphiné auf ihre Sonderausbildung verzichteten. *Gemeinsam ist die prägende Bewegung der Tiefe.*

Der Liasschwellenschutt der Brekziendecke

schließt sich nicht nur tektonisch, sondern auch alterdkundlich im SO an die südliche Randschwelle der Klippendecke an. M. Lugeon hat 1896 ausgeführt, daß der gewaltige, einförmige Schutt, welcher in der „Chablais-Hornfluh“- oder „Brek-

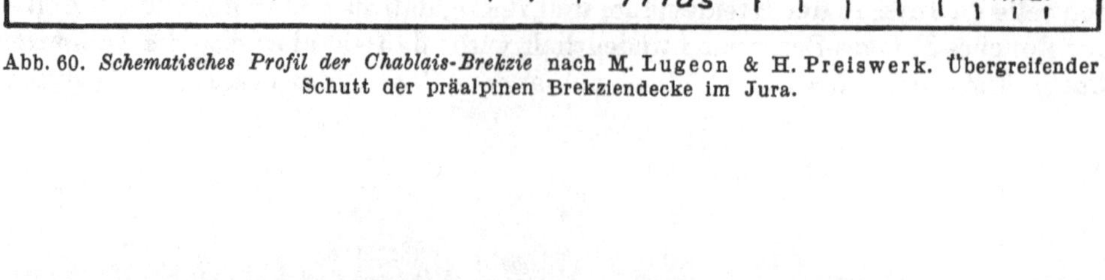

Abb. 60. *Schematisches Profil der Chablais-Brekzie* nach M. Lugeon & H. Preiswerk. Übergreifender Schutt der präalpinen Brekziendecke im Jura.

zien-Decke" als „untere" Brekzie etwa den Lias vertritt, und in den Alpen recht einzigartig ist, von dem allmählichen Abtrag einer im NW aufragenden Schwelle herrührt. Nach Abb. 60 greift, über liegenden Schiefern, dieser Schutt von dem Rhät in der südlichsten Dekkenmulde (N-Chablais) auf die Trias dieser Schwelle ungleichförmig über. Schwarze Kalke (Taninge), Krinoiden- und Sand-Kalke liegen noch im unteren Lias. Die Trümmer, zusammen mit den Schiefern auf 500—1300 m Mächtigkeit geschätzt, bestehen nur aus Vor-Dogger-Gestein: Aus Karbonschiefer, hellem Triasquarzit, buntem Schiefer, dolomitischem Kalk, buntem Dolomit, schwarzem und grauem Liaskalk. Daraus ersehen wir die Zusammensetzung jener über 35 km lang gewesenen Schwelle, *welche wohl zugleich als Stirnschwelle der Brekziendecke und als Südrandschwelle der Klippendecke gelten kann.*

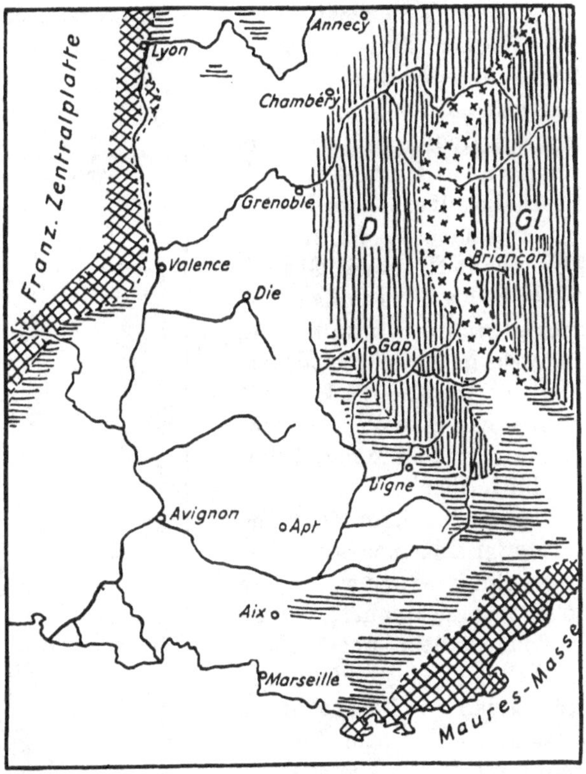

Abb. 61. *Fazies des Mittellias im Rhonebecken.* Sedimente des tieferen Meeres senkrecht, des flachen Meeres waagrecht schraffiert. Schwellenbildungen (Korallenfazies, Schutt, Abtragungslücke) des Briançonnaisstreifens zwischen Dauphinétrog *D* und Piemonttrog *Gl* mit Kreuzen. Nach E. Haug, Handbuch II, 2, 973.

Einer noch südlicheren Trogfüllung gehören die hornsteinführenden Schiefer, kieseligen Kalke und sandigen Kieselschiefer an, welche man aus der *Simmendecke* kennt, und welche für den Lias (und Dogger) die Fazies der nördlichen Kalkalpen wiederholen. Letztere sind ja auch im O gegenüber dem randostalpinen südlicher geschaltet. Der Brekzienfazies entspricht der Tarntal-Lias (S. 282).

e) *Die Briançonnaisschwelle und der Dauphinétrog*

Es ist schon lang bekannt und wurde von W. Kilian, E. Haug, E. Gagnebin und E. Peterhans 1927 u. a. besonders betont, daß der Briançonnaislias Seichtmeer- und Inselbildungen umfaßt (Abb. 61), daß er damit die Schuttausbildung insbesondere der Brekziendecke gegen SW fortsetzt. Korallenriffe, Kalke mit Kalkschutt, in Savoyen „Telegraphe-Brekzie", oder Gryphitenkalk finden hier weite Verbreitung. Die Zeichnung in der Kartenskizze Abb. 61 ist schematisch, ebenso für das Vorland. Teilbrekzienzüge in Tarentaise und Maurienne lassen auf Teilschwellen schließen. Wiederholt dürften die Untiefen zu Inseln geworden sein, liegt doch öfter der Oberjura unmittelbar auf Trias. Am westlichen Abhang dieser großen Schwelle (Abb. 62 „Zwischenfazies“) finden sich im Subbriançonnais-Ultrahelvet die Spatkalke, über Rhätschiefern die weißlichen Kalke des Grammont-Hettange, Gryphitenkalke des Oberalpha (Sinemur), grobe Spatkalke des Beta wie in der Klippendecke, dunkle Mittelliaskalke mit großen Kieselknollen, schließlich wieder präalpiner, heller Echinodermenkalk.

Wenn man überhaupt die Fazies der einzelnen Stufen berücksichtigt — und wie anders sollte man zusammengehörige Erdrindenstücke wegen ihrer im Sediment abgebildeten gemeinsamen, weil benachbart erlebten Schicksale erkennen? — so ergibt sich aus solchen Übereinstimmungen von selbst, *daß die Präalpen im Subbriançonnais ebenso weiter ziehen wie die Schwellen im Raum der Brekziendecke* (und Bernharddeckenstirn: Chapieux-, Versoyen-Tal) *im Briançonnais*, das sehr ähnliche Ultrahelvet in den Ubaye-Decken. Denn zugleich mit den entsprechenden Fazies gehen ja im westalpinen Bogen auch die kalkalpin-romanischen Schwellen- und Muldenzüge weiter — nicht sie selbst meist, wohl aber ihre Vertreter, geprägt unter dem gleichen Gesetz der hinabbauenden, faltenden und schiebenden Tiefe.

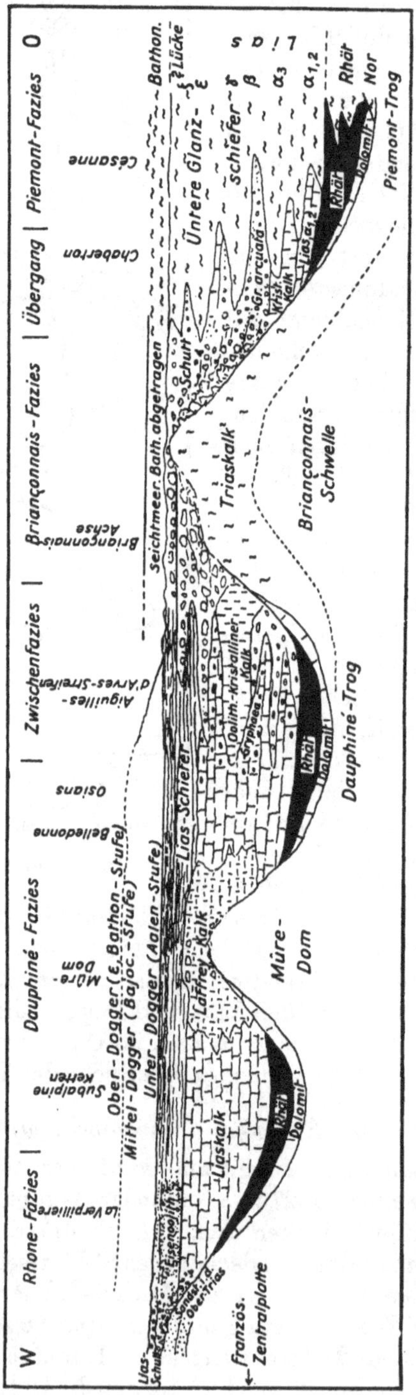

Abb. 62. *Profilschema der Liasfazies in den Französischen Alpen.* Nach W. Kilian aus Kilian & Révil 1912, II, 2, Taf. A. Auf den beiden Hauptschwellen tiefgehende Abtragung; auf dem Müre-Dom der Schwellen-Echinodermenkalk von Laffrey. Von der Briançonnais-Hauptschwelle strömte der Abtragschutt ab, organogene Riffkalke bedeckten die Untiefen, anschließend Kieselknollenkalk und Muschelkalke (schwarz). Ostwärts versank unter starker Hinabbaufaltung der Flyschglanzschiefertrog des Piemont. Westwärts füllten gleichzeitig die schwarzen Schiefermassen den sinkenden Dauphiné- und Vorlandtrog. Die gesteigerte Senkung und Faltung dieser Zeit ist nicht berücksichtigt. Zwischen Müre-Dom und Briançonnais-Achse liegen heute noch 65 km Raum. Von den granitischen Außenmassiven (Belledonne, Pelvoux u. a.) zeigt das Faziesbild noch nichts.

Wir hörten 1936, I, daß die Nordunterschiebung durch die Niesendecke, die am ganzen kalkalpinen Südrand ebenso wie am westlichen Piemont-Trogrand wiederkehrt, ganz gewiß kein Hindernis dafür sein kann, daß wir diese klaren Zusammenhänge anerkennen. Um so weniger, als ja E. Haug u. a. längst erkannt haben, daß von dem auf solche Art mit den Präalpen verbundenen Briançonnais alle Faziesübergänge westwärts bis zum bodenständigen Vorlandlias hinausführen.

Diese Übergänge leiten uns durch den Dauphiné-Trog, welcher die bodenständigen Außenmassive begleitet. Selten werden die Versteinerungen, besonders die Muscheln; die Kieselknollen verschwinden, die tieferen Kalkbänke schließen zu größeren Massen zusammen. Hier, wie so oft in der nordalpinen Geosynklinale, herrscht unten der mehr flachmeerische Kalklias, darüber der Tonschlamm-Mittel- und Oberlias, ja noch der tiefere Schiefer-Dogger. Die Delta-Mergel und jene des Oberlias (und des Unt. Dogger) gehen in einförmige, etwa 1000 m mächtige und meist dunkle Schiefermassen über, wobei die Mächtigkeit gegen N im Dauphiné und in Savoyen anschwillt. Aber noch in diesem tiefgesunkenen Trog muß wohl ein Zwischenspiel der Hebung aus einer korrodierten Schichtfläche im Obergamma über dem Kalklias entnommen werden. Die Grundschuttbänke mit eckigem Granit, gleich über Granit unter Ausfall von Trias-Rhät, der sich in der Umgebung der kristallinen Massivaufwölbung von Rocheray befindet, ähnliche Bildungen bei Laffrey im Drac-Tal (Grundschutt von Quarz, Karbon, Dolomit), ähnlich an der Mure-Massivinsel, welche sich nach P. Lory u. a. mit Karbon und wenig Trias, bedeckt von Angulatenkalk und Trochitenkalk des Mittellias, während des Lias als Dom heraushob, höher im Profil gelegene Glimmerschiefer-Stücke mit grobem Trochitenkalk bei St. Michel en Beaumont sind lauter *Anzeichen für Teilschwellenbildung*, ganz ähnlich jener unter der Hierlatzkalk-Trochitenkalk-Schuttfazies im O. Kristalline Massive von heute, wie etwa der Pelvoux, haben daran noch keinen Anteil; andere Gegenden wie der Umkreis des Montblanc zeigen aber schon Küstenfazies.

Ostwärts vermehren sich am Rand des Dauphiné-Troges gegen die Briançonnaisschwelle hin diese Teilschwellenschutte, die oft mit Krinoiden-Brekzien kalkverbunden sind. Sie nehmen die Ausbildung der kalkgerölligen oder kalkstückigen Telegraphe-Brekzie an (W. Kilian 1891, 108; Triasdolomit- und Kalkgeröll, mitunter solches von weißem Buntsandsteinquarzit und Serizitschiefer, bis 40 cm Durchmesser, Abb. 63), die in Wechsellagerung mit zoogenen Kalk- und mit Mergelbänken steht. Weiter ostwärts durch das Gebirge wandernd treffen wir im O-Briançonnais nur Lias mit mächtigem Brekzienschutt (Prorel bei Briançon) auf Trias liegend und bedeckt von Dogger oder von Brekzien und roten Marmoren des Oberjura. Dieser Schutt gehört zum Bezeichnendsten der Briançonnais-Fazies, *ganz wie jener der Brekziendecke zu dieser*. Er verschwindet ostwärts gegen den Trog der Piemont-Glanzschiefer (Mont Cenis), wie er zwischen Brekziendecke und Penninschiefer, gegen S ebenso verschwindet, wo die großen, streichenden Schubflächen die Zusammenhänge verdecken. Erst im Dogger oder überhaupt nicht mehr im Jura versank jener gewaltige Schwellenzug in größere Tiefe. Er zog mit seinem Schutt von Briançon und Moûtiers in Savoyen (Villette!)-Maurienne-Tarentaise (Mont Jovet)-Meje bis Sérenné in den Basses Alpes. Die Umwandlung aus der Kalkalpentrogsenke der Trias, welche den mächtigen „Briançonnaiskalk" mit seinem kalkalpinen Gebirgsrelief von heute schuf, in die Brekzienschwelle des Lias zeigt Abb. 63. Es ist die noch heute als Bogenachse der Westalpen so eindrucksvoll emporsteigende Karbonschwelle. *Ihr Bau begann*, wie wir sehen, *bereits im Lias*. Doch wurde sie, „je höher sie stieg", desto mehr durch Brandung und Inselabtragung zerstört. Aber es zeigt die Mächtigkeit des Grobschuttes auch hier wieder in Wirklichkeit ein gewisses Sinken, das heißt das übliche: Die Schwellen sind auch in den französischen Alpen eigentlich nur *Teilsättel des sich unter allgemeiner Senkung tektonisch formenden geosynklinalen Erdrindenteiles.* Sie blieben gegenüber den großen und kleinen Teilmulden ihrer rascher sinkenden Nachbarschaft zurück. Sie sanken zumeist auch, nur langsamer als die Mulden. Wir nannten diesen *Bauvorgang während des Sinkens „Abbau“.*

Schon W. Kilian und J. Révil ahnten 1914, II, 110, daß während des Lias bereits die ersten Vorspiele alpiner Bewegung stattfanden, deren Hauptrichtung sie im allgemeinen schon angaben. Die letzten Melaphyrausbrüche der Trias kamen damals während Rhät und Altlias zur Geltung. Im N des Arc-Tales greifen die späteren tektonischen Linien und Schubflächen teilweise quer über die Ordnung der Liasfazies, so daß hier der Zusammenhang der keimenden Anlagen mit den nachfolgenden Hauptbewegungen nicht so klar erscheint. Hier muß, wie 1936, I gesagt wurde, berücksichtigt werden, daß offenbar, genau wie sonst am Südrand des kalkalpin-präalpinen Hauptstreifens *die Lage der hauptsächlichen Einengung, also der nordalpinen Narbe nicht für die ganze Folgezeit gleich blieb, sondern sich zuerst weiter alpeneinwärts, später weiter nach N und W verschob.* Darum das Übergreifen der Piemont-Glanzschiefer, der präalpinen, der Krabachjoch- und juvavischen Decke zuerst weiter gegen NW

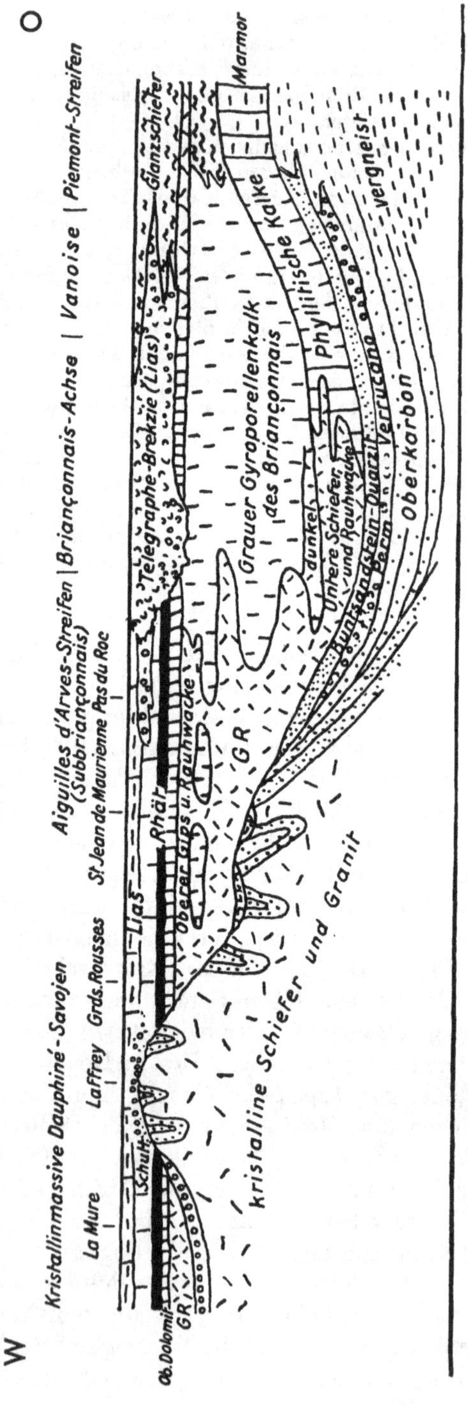

Abb. 63. *Profilschema der Trias- und Unterliasfazies in den Französischen Alpen.* Nach Kilian u. Révil 1908 II, 1, 319. Beiderseits des flachmeerischen Briançonnaistroges verringert sich die Mächtigkeit, setzt im W die kristallinnahe Lagunenfazies *GR* ein, die im O nach einer ersten Schlammtrogbildung erst in der Obertrias beginnt, dann bei der Piemonttrog-Absenkung durch Glanzschiefer ersetzt wird. Gleichmäßige Transgression der oberen Dolomite etwa im Nor. Im Lias Verwandlung der Briançonnaistrogsenkung in die Schwelle der Telegraphe-Brekzie. Der Ostteil (rechts) ist in der Tiefe stark umgewandelt.

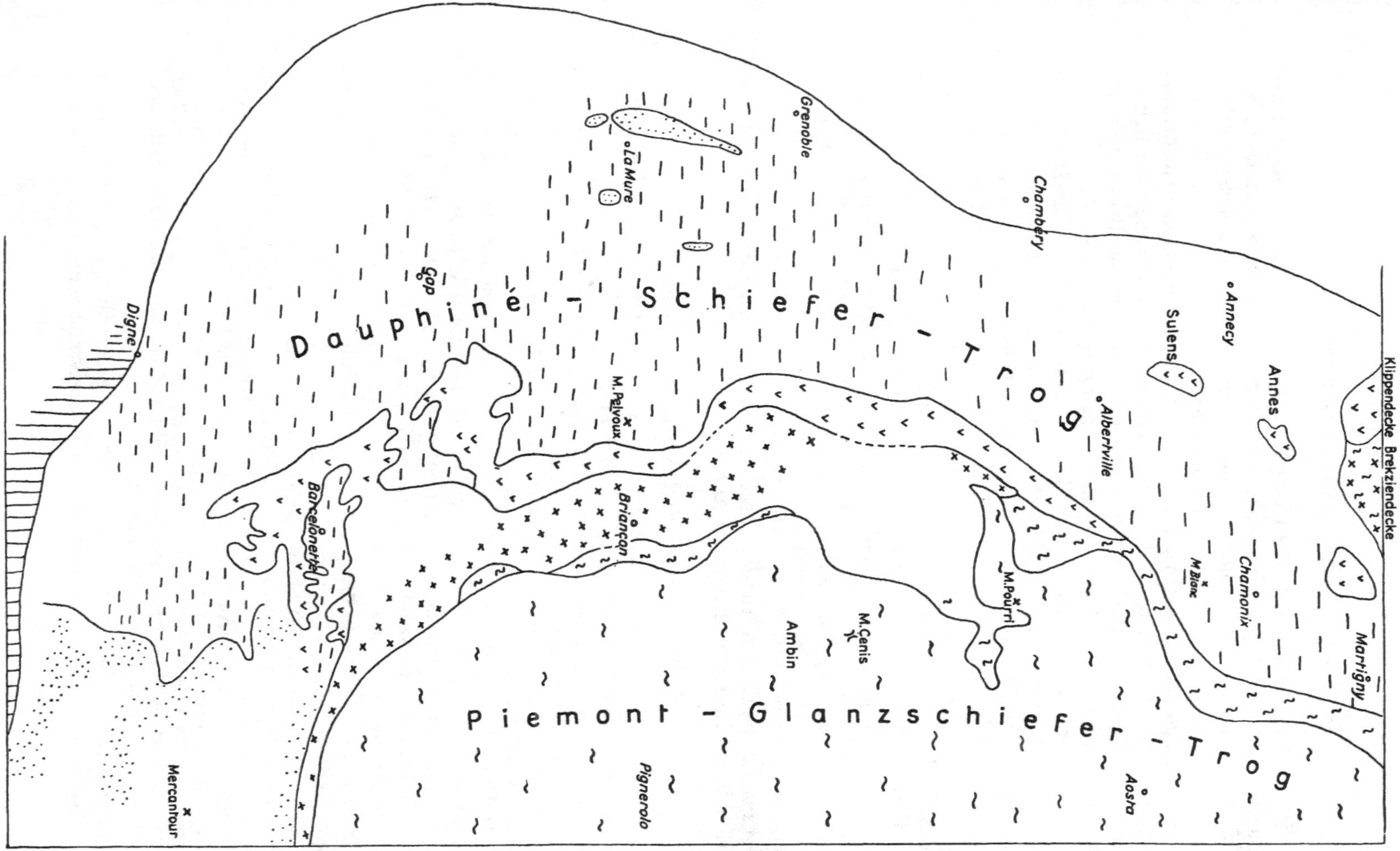

Abb. 64. *Die Liasfazies in den Französischen Alpen.* Kartenskizze nach W. Kilian & J. Révil II, 2, 1914, Taf. B. Im SW und W der Linie Digne—Annecy: seichtmeerische Rhone- und Faltenjurafazies. Waagerecht gestrichelt: tiefmeerische Dauphiné-Schlammtrogfazies (autochthon), darin punktiert: Untiefen- oder Inselablagerungen, mit Haken: Hornstein führend, Riffkalke (Subbrianconnais, zum Teil Decken!). Mit Kreuzen: Kalkschutt des Seichtmeeres bzw. der Inseln (oft Lücken) der Brianconnaisschwelle. Mit senkrechten Schlangenlinien: östlicher Schwellenabfall (soweit nicht überschoben), Bänke von Abtragschutt, kristallinem Kalk zwischen Glanzschiefern. Mit waagerechten Schlangenlinien: Glanzschiefer des penninischen Piemonttroges; im N mit wachsender Einengung gegen W überschoben.

auf die Nordflanke, dann aber das Übergleiten der nördlichen Teile gegen S und O (durch Unterschiebung der Südflanke!). *Wo zuerst die Nordflanke unserer Narbe mit S- bzw. O-Unterschiebung gearbeite hatte, ebenda arbeitete später die Südflanke der gleichen Narbe mit N- bzw. W-Unterschiebung.* Diese Sachlage brachte auch das schon lange bekannte Überschneiden von Urfazies-Grenzen und späteren Bauflächen und verwickelte die Deutung außerordentlich, die aber, wie sich zunächst hier für die Nordalpennarbe zeigt, von Wien bis über Briançon hinaus trotz der Mannigfalt ihrer Teilbilder doch immer gleich bleibt. —

Die „Hierlatzkalk"-bedeckten Teilschwellen gegen den Dauphiné-Trog im W sanken im Altlias mit ihrer breiten Muldennachbarschaft allmählich unter das tiefere Meer. Der Mergelschlamm nahm überhand. Es ist sehr zu beachten, daß diese Zunahme der Mergel im höheren Lias (und unteren Dogger) vom kalkalpinen und präalpinen Raum über Dauphiné durch die Laguedoc bis in die Pyrenäen weitergeht. *Wir vermuten daher ähnliche, die Fazies beherrschende Bewegungen der geosynklinalen Tiefe für diesen ganzen, riesigen Bewegungsraum.*

Im SW des Dauphiné-Troges folgt nach Abb. 64 wieder der Seichtmeerlias. Über rote Schiefer und Rhätkalke lagerte sich der gleiche Gryphitenkalk, Kieselknollenkalk und Lucina-Mergel wie am Anstieg gegen die Briançonnaisschwelle. Gegen S reichen sich beide Seichtmeerabsätze die Hand und bilden den breiten Rand des Maures-Massivs am Mittelmeer. Der Vorlandlias von Digne weiter im W vermittelt schon nach dem Lias der Provence hinüber.

Genauer als die für den Mittellias gegebene Übersicht der Skizze Abb. 55 bringt die räumlichen Zusammenhänge die Abb. 64.

f) Der ultrahelvetisch-helvetische Norden

zeigt für den Lias eine sehr breite und sehr langsam sinkende Trogmulde, welche gegen den germanischen Schwellenrand im N sanft ausläuft.

Nur 2 m stark ist der fossilreiche Schiefer mit Echinodermenschutt, Eisenerz des Oberlias auf dem Aaremassiv und in den unteren, nördlich-helvetischen Decken (*ein* Vorkommen bei Vättis). Erst weiter südlich setzen mit der Erweiterung der Trogwanne in der SO-Mürtschendecke und Axendecke Unter- und Oberlias ein: 100—300 m Sandkalke und Kieselkalke, darüber bis 100 m schwarze Tonschiefer des Oberlias, etwas ähnlich den Bündener Schiefern.

Dieser Querschnitt der Ostschweiz entwickelt sich gegen W entsprechend fort. Die Aaremassivinsel ohne Lias oder nur mit wenig Resten zieht schräg zum Streichen über das westliche Massivende gegen NW über Balmhorn an die Südseite der Aiguilles Rouges. Von diesem Festland (M. Lugeon 1930) her kamen die Sand- und Schlammassen, welche die seichtmeerischen Ablagerungen des helvetischen Troginneren aufstapelten.

Dabei unterscheiden wir auch hier wieder eine untere kalkige, dem Unter- und Mittel-Lias zugehörige von einer überwiegend schiefrigen Abteilung des Oberlias (Toarc.). Kalkig-sandig, teilweise quarzitisch ist auch der Unterlias unter dem schwarzen Oberliasschiefer der wenig verschobenen Morcles-Decke. Ähnliches bieten Chamonix- und Ferrex-Tal, Balmhorn-Torrenhorn (bis 500 m Lias der Grestener Fazies). Noch weiter südlich wird in dem verwickelt gebauten Ultrahelvet (Sattelzone) der Lias mächtig; wieder unten kalkig, oben tonig. Vielfach scheint er mit den Allgäuschiefern übereinzustimmen und enthält neben seinen mitteleuropäischen Ammoniten nicht selten „Chondriten".

Allgemein nimmt die Schieferfazies nicht nur gegen oben, sondern vor allem auch trogwärts gegen S auf Kosten der vom Massivrand südlich ausstrahlenden

Sandsteinbänke zu. Wir erwarten hier südwärts anschließend noch nicht die penninischen Bündener Schiefer, sondern vorher erst die Schwellen und Tröge (Breitfalten) der romanischen Decken. Die während des Lias im N fortdauernde Hebung bei im S fortgesetzter Senkung läßt sich nach M. Frank 1930, 372ff. entnehmen.

Fortdauernde Bodenbewegung, also Relief- und Faltenkrümmung, war uns schon der wahrscheinliche Grund für die weite Ausschüttung der Sande zur karnischen Zeit in den Kalknordalpen. Ähnliches müssen wir wohl auch für die erstaunlichen Brekzienbankmassen des Briançonnais- und Brekziendeckenlias, welche den ganzen westalpinen Mittelschwellenbogen auszeichnen, und für den Südrand des germanischen Vorlandes annehmen. Wir werden sehen, daß diese Sandausstrahlungen hier auch zur Doggerzeit weitergingen.

2. Liasbewegungen im zentralalpinen Raum

a) *Der penninische Faltungsraum*

Hier wurde für unsere Fragen nach der Baugeschichte, insbesondere zur Liaszeit, schon geniale Vorarbeit geleistet. Brachte doch E. Argand für die beiden riesigen Pennindecken, jene des Großen Sankt Bernhard und der Dent Blanche, in seiner grundlegenden Studie von 1916, 168, den fruchtbaren Gedanken zur Geltung, daß *schon während des Erdmittelalters embryonale, in lebendiger Fortentwicklung begriffene Faltenwellen die tiefersinkende Wanne der piemontesisch-walliser „Geosynklinale" gliederten.* Und für das Bündener Rest-Pennin konnte R. Staub ein Jahr später in glänzender Übersicht dies nicht nur bestätigen, sondern *noch weitere solche Faltenwellen bis hin zum unter- und mittelostalpinen Heimatstreifen* erkennen.

Unser bisheriger Weg durch die Fazieswechsel der älteren Formationen hat auf ganz ähnliche Ableitungen geführt — entgegen z. B. zu H. Jenny 1924, 129, für den östlichen Lias. Dies zeigt vielleicht am besten ein Blick auf Abb. 65.

Der zyklische Lias im nördlichen Vorland

Wenn wir schon im nördlichen Geosynklinalteil die orogene Beweglichkeit des Meeresbodenreliefs als Anzeichen für die hier schon zur Liaszeit in Gang gesetzten, faltenden Einengungen erkannten, so mag ein vergleichender Blick über die Liasbewegungen des schon paläozoisch epikontinental gewordenen Vorlandes von Mitteleurpoa auf eine abweichende, jedoch gleichfalls liassische und wenigstens verwandte Reliefbewegung aufmerksam machen.

Zuerst durch W. Klüpfel (z. B. 1916) für Lothringen, dann durch andere (wie H. Frebold 1925, 1926, Fr. Heidorn 1928, K. Fiege 1937) für NW-Deutschland wurde auf die aus der zyklischen Sedimentation besonders des Lias ersichtliche, jeweils weitreichende und ruckartige Senkung hingewiesen, gefolgt von langdauernder, gleichfalls sehr verbreiteter Hebung und Hochlage. Von diesem Ab-und-Auf sagte P. Arbenz 1919: „Zyklische Sedimentation ist für die epikontinentalen Meere die normale Sedimentation".

So gab es kräftiges Ab-und-Auf im Lias Alpha, Beta und Delta, dann wieder im Dogger; dreimalige Gesamtsenkung im Lias Gamma, zweimal im Lias Delta, allgemeinere Hebung zu

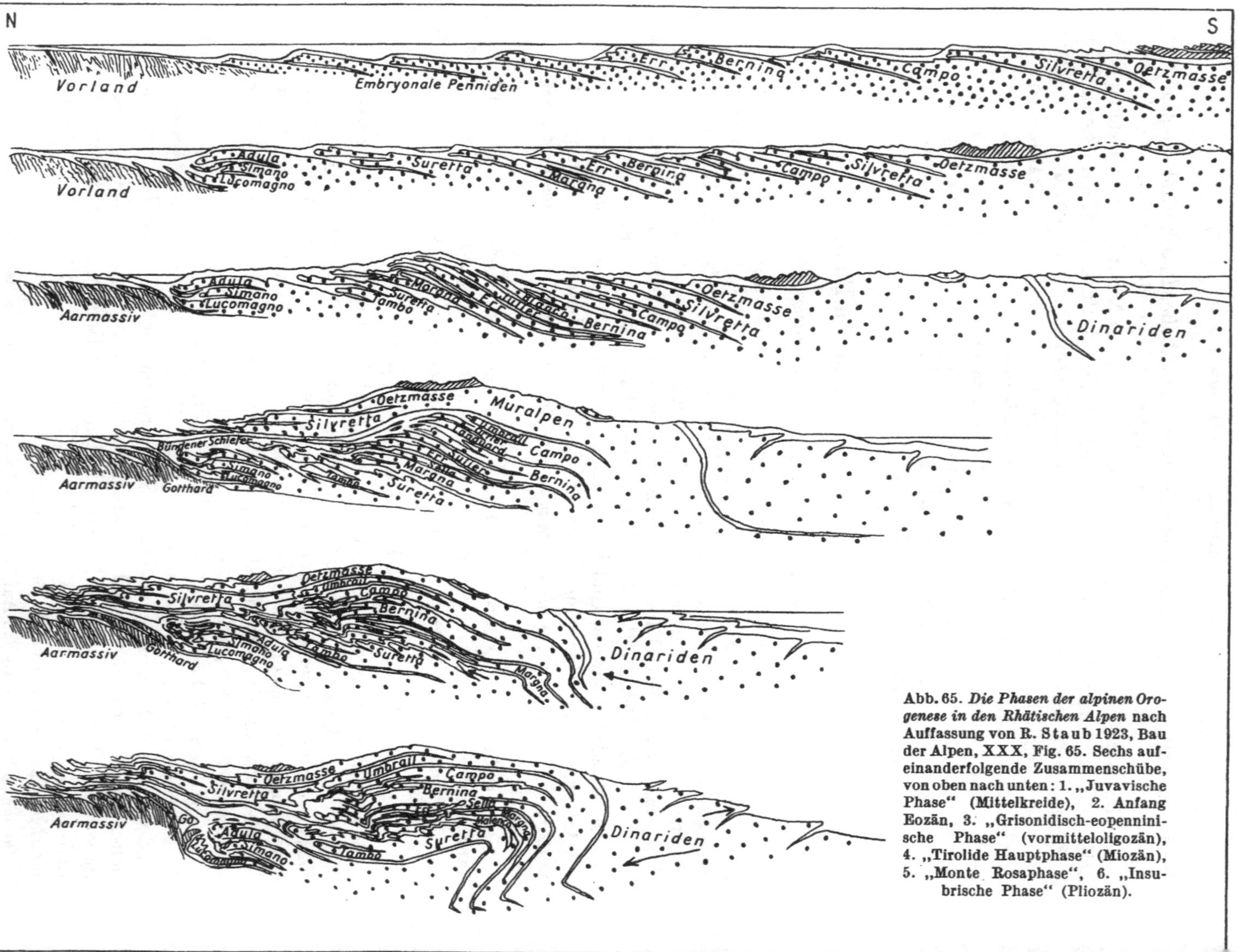

Abb. 65. *Die Phasen der alpinen Orogenese in den Rhätischen Alpen* nach Auffassung von R. Staub 1923, Bau der Alpen, XXX, Fig. 65. Sechs aufeinanderfolgende Zusammenschübe, von oben nach unten: 1. „Juvavische Phase“ (Mittelkreide), 2. Anfang Eozän, 3. „Grisonidisch-eopenninische Phase“ (vormitteloligozän), 4. „Tirolide Hauptphase“ (Miozän), 5. „Monte Rosaphase“, 6. „Insubrische Phase“ (Pliozän).

Zeta-Beginn in Mesoeuropa. An den gleichen, rhythmischen Hauptbewegungen hatten auch die großen Aestuare Ostdeutschlands und Frankens Anteil. Nur daß hier die rasche Senkung nicht durch den plötzlichen Wechsel von Seichtmeerkalk mit oder ohne Aufarbeitungs-(Emersions)Spuren zu tiefermeerischem Tonschlamm gekennzeichnet ist, sondern statt des letzteren durch größere Sandmassen, die Regression an Stelle des Kalks durch Ton, die Ruhelage statt Emersionsspuren und Fossillagern durch Kohlebildung (S. v. BUBNOFF 1935, II, 827). Vorliassisch vermissen wir im Zechstein- und Muschelkalk-Flachmeer noch diese Rhythmen.

Gleichzeitig mit diesen aber wurde Mitteleuropa durch NW-SO streichende Hauptschwellen gegliedert. Allmählich erweiterte sich ein südlicher Niederbruch gegen den vindelizischen O, auch gegen WNW zu, wo mit dem Höhepunkt im Gamma durch Frankreich nach England hinein fast geosynklinale Niederkippungen erfolgten.

Da die regressive Heraushebung keineswegs überall gleich hoch war, verschwinden vielfach die Hochlage-Beweise (H. FREBOLD 1925, 38), namentlich beim Vergleich verschiedener Sonderbecken. Einzelstadien der Zyklen fallen mitunter aus, oft wegen ungünstiger Meerestiefe.

Der Liasmeeresboden im N bewegte sich nicht einheitlich, sondern unter Bildung einzelner Teilverbeulungen. Das steigerte sich noch im Dogger mit seinen Teilschwellen und Teilsenken. Teilmuldung gliederte regionale, vorwiegende Hebung, Teilschwellen auch vorwiegende Senkungen. Doch kann ein ähnliches Bild wohl auch ungleich langer Dauer einzelner Verbeulungen entsprechen (H. FREBOLD 1925, 39, 44). Vorsicht ist also sehr am Platz.

Zeitlich ist zu sagen, daß die Dauer der Hochlagen ohne Sedimentbildung nach W. KLUEPFEL z. B. für Lothringen die Dauer der (tonig-mergelig-sedimentierenden) Tieflage *übertraf*. Die Hochlagezeit war offenbar jene der isostatisch ausgeglichenen Ruhe. Diese wurde jeweils gestört durch eine relativ rasche Absenkung, also wohl durch einen tektonischen Zugriff. Er brachte in häufiger Wiederholung den epikontinentalen Zyklus.

In der penninischen Geosynklinale

wurde während des Lias gefaltet. So sagte R. STAUB 1917: 165: „Das gewaltige Gebäude der Alpen erscheint also nicht mehr als das Werk einer einmaligen, relativ kurzen tertiären Faltungsperiode, sondern die Faltung in der Erdrinde hat im ganzen Mesozoikum nie völlig geruht, und die Anfänge der alpinen Faltung, die ersten Anlagen der alpinen Decken, reichen bis ins Paläozoikum zurück." *Denn immer in der nächsten Umgebung der heutigen Deckenstirnen fand er die Schwellenfazies.* Sie deckt die Sättel, welche als die Vorläufer der Decken selbst zu betrachten sind. *Ein bedeutender Teil des inneren Baugefüges, den wir heute sehen, ist bereits im Lias fertig geworden.* Die Klärung dieser Baugeschichte erscheint uns um so bewundernswerter, als sie auf einem tektonisch so verwickelten und durch die Gesteinsumwandlung so unsicheren Feld gewonnen werden konnte.

Dies ist wohl der Grund, weshalb die große Zahl neuerer Beobachtungen heute gewisse, abweichende Schlüsse fordert. So hat sich der Fortgang paläozoischer Rippenschwellen im Lias usw. nach H. P. CORNELIUS und H. JENNY 1928, 283ff. nicht bestätigt. Immerhin bleibt der Grundgedanke von den wandernden Faltenschwellen als Deckenstirnen.

Zuvor die Beobachtungen in Kürze!

Im Raum von E. HAUGS „piemontesischer Geosynklinale" 1909, das ist das Trogfeld östlich der Briançonnais- und südlich der Bernharddeckenschwelle (einschließlich der Monte-Rosa-Umhüllung und des liegenden Dent-Blanche-Deckenschenkels), entwickelten sich in der höheren Trias (S. 194) und im Lias zwei verschiedene Faziesarten: Einmal die gewöhnliche Fazies (type différencié) eines Wechsels von Bänken der Kalke, kristallinen Kalke, Kalkschiefer, schwarzen Phyllite, Kalkbrekzien, Quarzite. Diese kalkig-brekziöse Entwicklung siedelte sich auf Schwellen an, welche im allgemeinen schon von der Mitteltrias ab beobachtet werden. Zum anderen die Sammelfazies (type compréhensive), welche eine Mischung der verschiedenen Hauptbestandteile (Kalk, Ton, Kieselsäure, Quarzsand) in verschiedensten Übergängen darstellt. Die Sammelfazies ist etwas tiefermeerischer und bezeichnend für die Füllungen der gegenüber den Schwellenstreifen weit überwiegenden Troggebiete.

Im W fand E. Argand die Fortsetzung der Briançonnais-Tarentaise-Telgraphe-Schutte im Stirnbereich der Bernharddecke, und E. Wegmann bestätigte das. Er fand den Hauptschutt zusammengesetzt aus Triasdolomit, nach oben zugunsten von Kalkstücken abnehmend, daneben Quarzitgerölle. Eine in Stirnnähe der großen Bernharddecke bestehende Liasschwelle wurde also außenbürtig lange und kräftig abgetragen. Deutlich ist zu erkennen, daß dabei der Hauptschutt einseitig von der Briançonnais-Bernhardschwelle gegen außen, nach W, NW, N abgeschüttet wurde, die Schwellenfazies aber gegen innen verhältnismäßig rasch in die Trogfazies übergeht.

Entsprechende Schwellenschutte liegen, vielleicht in der Fortsetzung, an der Aduladeckenstirn. Im Scopi- und Piz-Terri-Gebiet haben wir (wahrscheinlich) liassische Echinodermenbrekzienkalke. Basal an den beiden Adula-Teildecken (Tomüllappen, Gravaserie) fand W. Nabholz bei Vals die unterliassische Gryphäa arcuata Lam. ebenso im Val Ferret. Brekzien-Schutt liegt an den Stirnen der Tambo-Surettadecke bzw. in deren Zwischenmulde. Wegen der wahrscheinlichen Bauzusammenhänge bestand weiter westlich vielleicht schon ein streichender Untiefenrücken im Monte-Rosa-Gebiet, welcher nach G. Dal Piaz 1931 in das mit tiefen Schichtlücken versehene Paradiso-Hochgebiet überleitet. Plattenkalk, Quarzit, Kalk und Glanzschiefer, dann dunkle kristalline Kalke und viele, mächtige Trias-Stückbrekzien, Sandsteinbänke des Lias bezeichnen offenbar einen Schwellenrest am Mont Dolin (Dent-Blanche-Decke). Der Übergang von der Schwellen- in die benachbarte Trogfazies geht hier, soweit überhaupt noch feststellbar, nach E. Argand 1916, 170, rascher nach außen als nach innen vor sich. Fortsetzende Schwellenreste haben wir offenbar in der tektonischen Fortsetzung gegen O: in der Stirn der bündnerischen Margnadecke.

Mächtig häuften sich in den Trögen die *Ophiolithe* an. Teils noch flach im Grunde stecken bleibend, teils vulkanisch austretend haben wir die gabbroiden Schmelzen aus Trias, Jura und Kreide nach R. Staub 1922 in ungleicher, aber bezeichnender Verteilung: *die Haupttrogsenken zeigen mehr die basischen Serpentine, die jeweils diesen nördlich vorgelagerten, höheren Deckenteile wurden mehr von den sauren Spaltschmelzen (Diabas, Gabbro) erreicht.* Die nördlichsten penninischen Räume und die nördlich anschließenden Gebiete *mit Ausnahme der Tiefseerinne der Simmendecke* (Oberjura) entbehren der Schmelzflüsse überhaupt (schematische Wiedergabe in Abb. 55).

Eingehend untersuchte (nach einer mir unzugänglichen Abhandlung von P. Niggli & C. Burri 1945) W. K. Nabholz 1945 die Ophiolithfragen im Aduladeckenbereich der Bündnerschiefer. Nur Unter- und Mittellias führen Ophiolith. Ohne daß dies eine Stauung bei Annahme alleiniger Intrusion verständlich machen würde, hören die Ophiolithe nach oben im Oberlias des Tomüllappens plötzlich auf. Dies und die Unmöglichkeit in derart stark epimetamorphosierten, albitisierten Chloritschiefern mit Sicherheit alle Effusionen zu widerlegen, veranlaßt uns *neben Intrusionen auch Extrusionen anzunehmen.* Sie fehlten ja auch sonst nicht nach zahlreichen Arbeiten.

Wenn der Überdruck der bewegten Tiefe genügt hat, daß dieses wasserreiche bewegliche Magma bis *nahe* unter den Meeresboden aufsteigen konnte — was sollte es dann an gelegentlichen Durchbrüchen bis oben gehindert haben? Außerdem fanden sich ja gerade in dem ophiolithführenden tieferen Liasschiefer ungleich stärkere tektonische Bewegungen als in dem ruhigeren, ophiolithfreien Oberlias.

Da wegen der erwähnten tektonischen Verteilung der basischeren und saueren Schmelzen, sowie wegen des Erscheinens der Ophiolithe meist an tektonischen Störungsflächen die synorogene Natur jener Magmenaufstiege in die orogene Bündnerschieferfazies gesichert ist, so werten wir auch jenes Zusammengehen scharfer Durchbewegung mit Ophiolithführung als Anzeichen dafür, *daß die Ophiolithe nicht allein syntektonisch, sondern auch synsedimentär waren*. Das heißt *sie stiegen bereits während Unter- und Mittellias auf* in die absinkende, sich mit der série compréhensive bedeckende Adulatrogmulde, die sich gleichzeitig unter Teilmuldung und Schuppung einengte. R. Staub, H. P. Cornelius, Gansser 1937, W. K. Nabholz 1945 u. a. sind sich darüber einig, daß der Ophiolithaufstieg während der Hauptorogenese geschah.

Man könnte sich freilich auch eine erste Faltungs- und Schuppungsphase der Einengung im tieferen Lias denken, welche die tektonischen Bewegungsbahnen für die Ophiolithe freimachte und danach eine weitere Versenkung und Überlastung durch die Kilometer-mächtigen Schiefer, anschließend durch die pennisch-ostalpine Deckenhäufung. Sie geschah bei der Unterschiebung und Unterwalzung der Penninschiefer unter die höheren Decken. Bei dieser Gelegenheit wurden die Bündnerschiefer epimetamorph zu Kalkglimmerschiefer, Kalkphyllit, Marmor, Quarzit, Gneisquarzit, wurden die Ophiolithe unter Teilmobilisierung dynamisch umgewandelt zu den albitisierten Epidot-, Hornblende- und Chloritschiefern von heute.

Es scheint uns darum im Verlauf der langdauernden geosynklinalen Tieforogenese durchaus möglich, die Ophiolithförderung, welche ja starke orogene Massenverlagerung bereits früh in größerer Tiefe beweisen, mit der Epimetamorphose und der Hauptdeckenbewegung zu verbinden, die sich später angeschlossen hat.

In den südöstlichen Schweizer Alpen gliederte R. Staub die vermutete Dent-Blanche-Schwellen-Fortsetzung („neritisch") der Margnadecke, in der im übrigen auch, wie im W, die „bathyale" Glanzschiefer-Sammelreihe überwiegt (Avers-Oberhalbstein). Stirn und Rücken der Margnadecke haben Kalkbrekzien mit Dolomitschuttstücken, Kalken, Quarziten im Oberengadin. Die Taspinit- und Vizanbrekzie des Schams läßt auf tiefreichende Abtragung des Schwellenscheitels schließen. Kräftig ausgeprägt sind rote Liasbrekzien des Averser Weißbergs, unter dessen Anis-Ladin-Schuppe in der Gelbhorndecke die von O. Wilhelm für Ergebnisse der Kreide-Transgression gehaltenen, bis 500 m mächtigen, polygenen Brekzien liegen. Diese bestehen aus Stücken von Kristallin, Dolomit, Kalk, Tonschiefer und entsprechen offenbar dem über grauen Unterlias transgredierenden höheren Lias in Schwellennähe (vgl. auch J. Cadisch 1934, 159f.). Südwärts auf dem Margnadeckenrücken schwindet die Schwellenfazies (Puschlav, Malenko, Canavese); es herrscht im Trog nur der Glanzschiefer.

Baugeschichtliche Folgerungen

Gehen wir nun an die kritische Auswertung!

Die große, einheitliche Dauphiné-Vortiefe im W der Briançonnaisbogenschwelle wird von dieser her durch mächtigen Schutt versehen. Die NO-Fortsetzung des gleichen Schwellenbogens in der Stirn der Großen-Sankt-Bernharddecke ist von der Fortsetzung der gleichen Vortiefe umrahmt und schob dieser ebenfalls mächtigen Stirnschutt zu. Doch gliedert sich jene Vortiefe durch Einschaltung von Teilschwellen: Die nördliche, mittlere und südliche Schwelle der Klippendecke und jene der Brekziendecke erhoben sich aus der Vortiefe. Diese wird zugleich dann mit ihrem südlichsten Randstreifen besonders tief. Sie empfängt Radiolarienschlamm, Aptychenkalk, basische Schmelzflüsse im Oberjura der gegen SW auskeilenden Simmendecke. Es wird wohl kein Zufall sein, daß die gewaltigste der westalpinen Decken, die in der Sankt-Bernharddecke seit langem erkannt ist, *gerade dort an Schubweite zunimmt*, daß die mächtigsten Schwellenschutte, gehäuft *in der Brekziendecke*, gerade dort sich sammelten, wo die anschließende *Simmenfurche* von allen westalpinen Tiefmeerrinnen zutiefst niedersank, eingeschlossen, ja *umklammert von den beiden gewaltigen Schuttschwellen*. Wenn die Schichtfolge der Simmentiefseerinne gleichzeitig damit plötzlich nach oben abriß, so liegt gewiß der Gedanke nicht fern, daß eben dieser südlichste Teilrandstreifen der hier gegliederten Dauphiné-Präalpen-Vortiefe *als Mulde zuklappte, daß sie sich als erste unter der Riesenlast der Bernharddeckenstirn unter diese hinabschob.*

In der Briançonnais-Achse der Westalpen ist bodenständig (1936, I!) ein gegen NO mit Zwischenräumen sich erweiterndes, ausstrahlendes Rutenbündel (Abb. 55) der penninischen Jungfaltenzüge im Liasmeer zusammengefaßt. Dieses zunächst nur roh entworfene, alterdkundliche Bild scheint nicht ohne Fortsetzung zu sein. Weckt doch das abgewickelte Faziesbild den Gedanken, ob nicht der Massivstreifen des Sankt Gotthard, von dessen Liasdasein wir nichts Rechtes wissen, seiner Lage wegen einmal, wenigstens als untermeerischer Rücken, die Bernhardstirnschwelle fortsetzte. Ob nicht eine andere Fortsetzung durch die Scopi- und Piz-Terri-Kalkbrekzien im Glanzschiefergebiet südlich des Gotthard vorgezeichnet ist und eine dritte durch die Stirnschwellenschutte der Aduladecke. Es besteht ja ziemliche Übereinstimmung darin, diese tektonisch mit der Bernharddecke zu verbinden, und wenn streichend fortlaufender Brekzienschutt fehlt, so kann dies ja auf die etwas geringere Schwellenhöhe im Zwischengebiet zurückzuführen sein. Der Meeresspiegel war eben nicht überall erreicht, die Untiefe aber lief weiter.

Wir hätten demnach *zwischen den westlichen Außenmassiven und jenem der Silvretta im O eine großartige Jungfaltenschar*, die sich in dem Maße verzweigte, als der Reichtum der Teilfazies und die Schärfe der deckenmäßigen Einengung in der Schweiz nachweislich zunehmen. Wieweit dieses westalpine Rutenbündel in dem so schwierig zu beurteilenden Gelände im einzelnen noch heute erwiesen werden kann, steht dahin.

Näherer Prüfung bedürfen auch noch die sehr wahrscheinlichen Schwellenzusammenhänge weiter südlich. Sie wurden von einem Teil des Paradiso über die, ähnlich dem Gotthard vielleicht nur als Untiefe weiterlaufende Monte Rosa zur Tambo-Suretta-Stirn gezogen und von dem erhaltenen Schwellenschutt des Mont Dolin nach der anerkannten Deckenfortsetzung der Margna. Die Hauptmasse der basischen Schmelzflüsse hatte gerade die südlich anschließende Deckentrogmulde bis zum Canavese zum Ziel.

1936, I wurde begründet, warum eine Einzwängung präalpiner oder gar kalkostalpin-bayerischer Heimatstreifen hier im S nicht in Frage kommen kann. Im vorliegenden Buch wird uns klar, *daß die genannten Heimatstreifen in das alterdkundliche Liasbild im N ausgezeichnet hineinpassen*, ja daß dies für die ganze vorausgegangene und folgende Zeit gilt, soweit die derzeitigen Aufschlüsse es überhaupt festzustellen erlauben. —

Eine andere Gedankenreihe muß der kritischen Frage gewidmet werden, ob die tatsächlich erweisbaren *Schwellen- und Jungfaltenzüge wirklich dynamisch-werdende Gebilde im Liasmeer waren*, oder nicht vielleicht nur statisch ruhende Wellen, ob sie vielleicht überhaupt mit dem Werdegang des alpinen Baues nichts weiter zu tun haben. Wenn doch, welche Bewegungsart ihnen wohl zugrunde liegt? Wir wollen vermeiden, in der Freude über das neue Feld, das wir zu überschauen glauben, zu rasche, unvollkommene Schlüsse zu ziehen.

Eins steht fest: Räumlich decken sich im allgemeinen die Schwellenfazies mit den Stirnen der großen Decken (Bernhard-Adula-, Tambo-Suretta-, Dent-Blanche-Margna-Decke), die Trogfazies mit den Rücken und rückwärtigen Mulden der großen Decken. Zugleich besitzen letztere ihre besondere „Fazies" und ihren besonderen Reichtum an ophiolithischen Schmelzflüssen. Solche Regelmäßigkeit kann unmöglich Zufall sein, sondern muß den ursächlichen Grund haben, *daß eben im Faziesbild der Ablagerungen sich das Leben der Tiefe, wenn auch unvollkommen, wiederspiegelt.*

Auch die zweite Tatsache steht fest: Die Brekzienschuttmassen sind in den Gebieten begünstigter Erhaltung viel zu mächtig, trotz ihrer groben Beschaffenheit viel zu ausgedehnt und in den betreffenden Deckenteilen durch Formationen hindurch viel zu hartnäckig wiederkehrend, als daß man annehmen könnte, irgend ein altes, irgendwie entstandenes Relief wurde eben abgetragen, vielleicht weil der Meeresspiegel sich senkte, vielleicht weil eine ganz allgemeine, langsame Hebung das Relief emporstemmte. Nein, wer diese Schuttströme und Massen kennt, der muß ein Mindestmaß sowohl von häufig wiederholter Hebung und in den Nachbarsenken von wiederholter Absenkung annehmen als auch *außerdem eine gewisse waagrechte Verlagerung* der schuttspendenden Schwelle. Untermeerische Rutschungen allein hätten von einer *ruhenden* Schwelle aus niemals so ausgedehnte und ein ruhender Meeresboden hätte niemals so mächtige, weitreichende Grobschutte zustande gebracht wie sie in der Telegraphe-Schuttmasse des Briançonnais, in der Schuttmasse der Brekziendecke heute die Berge formen. Dies war auch E. Haug, M. Lugeon und anderen längst klar.

Also: Die Jungfalten standen nicht irgendwo und irgendwie auf totem Meeresgrund, sondern dieser hob und senkte sein Relief, er verschob nach Ausweis der Schmelzflußbewegungen seine Untergrundsmassen und er verlagerte auch waagrecht, zum wenigsten die Briançonnais-Bernharddecken-Schwelle.

E. Argand und R. Staub wiesen nun weiter darauf hin, daß eine schiefe, ungleichseitige Böschungsform jener wandernden Schwellen aus der ungleichen Schuttverteilung ersehen werden könne. Grober und ausgedehnter Schutt auf einer erhaltenen Schwellenböschung bedeuten Steilheit, starke Abtragung, tektonische Zertrümmerung, Bewegung dieser Schwellenseite. Ein feiner, schmaler Schuttstreifen bedeutet flachere Böschung und tektonische Ruhe. Die Briançonnais-Bernhard-Bogenschwelle läßt diesen Unterschied der stark umschütteten, auswärts bewegten Außenböschung und der flacheren, ruhigen Innenböschung gewiß klar erkennen. Aber Gleiches scheint doch an der Mont-Dolin-Schwelle der Dent-Blanche-Decke nicht nachweisbar zu sein. Wenn die (neritische) Fazies hier rascher gegen die nördliche als gegen die südliche Trogfazies hin verschwindet, so liegt sogar das Umgekehrte vor wie an der Bernhardschwelle: da der breitere Schuttstreifen im SO liegt, so wäre Bewegung und steilere Böschung eher dort zu suchen!

Bei der Verallgemeinerung wollen wir deshalb vorsichtig sein, weil nach der Auffassung, die wir uns von der ganzen Baugeschichte machen mußten, noch keineswegs festzustehen braucht, daß alle Schwellen wie eine schlechtausgerichtete Kompanie in der *gleichen* Richtung marschierten. Überschreiten wir doch mit dem piemontesischen Beckenbereich gegen SO die trennende Scheide zwischen N- und S-Alpennarbe und fragen uns, wo diese, im Grunde beiderseits gegen innen unterschiebenden Narbenscheitel in den einzelnen Formationszeiten gelegen haben. Diese Frage aber wird in dem Augenblick bedeutungsvoll, in dem sich Mittel und Wege zu zeigen scheinen, solche alten, waagrechten Bewegungen zu erschließen.

Sehr zu bedenken ist, daß der große westalpine Briançonnais-Sankt-Bernhard-Bogen, wenn wir die notwendige Mindestabwicklung seines Profils vornehmen, *schon in der ursprünglichen Jungfaltenanlage*, also z. B. während des Lias, ein Halbkreisbogen war. Wie soll man sich, wenn wir aus dem Faziesbild den Nachweis der waagrechten Verlagerung dieses Bogens nach außen führen können, den *Vorgang des Hinausrückens der Schwellenzüge oben denken?* Ist denn dieser Bogen, dessen Briançonnais-Westseite sich bei weitem nicht ebenso nach W bewegte wie die Bernhard-Nordseite nach N, — wie dies geometrisch zu folgern wäre — wirklich gestreckter geworden? *Er wurde im Gegenteil später immer enger!* Wie konnte er gegen NW und N bevorzugt vorrücken, ohne im W abzureißen und Zerrungsbrüche, Gräben und ähnliches zu zeigen? Wir haben 1936, I hierauf hingewiesen. Jetzt sehen wir das Problem in seiner ganzen Schwierigkeit für die gesamte westalpine Baugeschichte vor uns stehen. Jetzt verstehen wir, daß *nur die unterströmende* Bewegung des Vorlandes, der tatsächlich für die einzelnen Zeiten erweisbaren Vortiefen und deren Unterschiebung unter die Decken des Rätsels Lösung bringen kann.

In solchem Zusammenhang könnte der *breitere SO*-Schuttstreifen an der Mont-Dolin-Schwelle sehr wohl auf jene Unterschiebung zurückgeführt werden, welche an der Südflanke der nordalpinen Narbe angenommen werden muß. Doch möchte ich auf diese Unterschiede nicht allzu viel Wert legen. Es werden weitere Beobachtungen abzuwarten sein, bevor die Narbenlage im W für die Liaszeit genauer angegeben werden kann.

Jedenfalls ist allgemein zu sehen, daß sich *im Lias die waagrechte Verschiebung im Meeresbodenrelief an den Decken von heute abspielte*, woraus sich wiederum als sehr wahrscheinlich ergibt, *daß Schwellenverschiebung und Deckenbewegung zusammengehören.* —

Prüfen wir weiter. Gewiß, die Schwellen wanderten also, es verschob sich wenigstens die bogenförmige Hauptschwelle im Verhältnis zu ihrem Vortiefentrog auswärts. Aber könnte nicht vielleicht hier ein Faltenwurf vorliegen, der, nach Art einer Wasserwelle mit Orbitalbewegung, nur den Ort seiner Sättel- und Muldenverbiegung, nicht aber seine Gesteinsmasse auswärts verlagerte? Die Frage ist zu verneinen: Die Hartnäckigkeit, mit der die Schwellenfazies an ganz bestimmten

Deckenteilen durch Formationen hängt, spricht dagegen. Höchstens für einige kalkalpine Triasverbiegungen, in denen wirklich mitunter anfangs Sattel- und Muldenlage vertauscht wurde, könnte dies angenommen werden (S. 199). Jedoch für unsere jüngeren und dem faltenden Geschehen näher gelegenen Erdrindenteile muß schon Sattel und Mulde in der gleichen Decke durch Formationen vom gleichen Gesteinsstück festgehalten worden sein. Wenn nun aber gleichzeitig mit der senkrechten Relief- und Faltenverbiegung auch waagrecht gewandert wurde, so muß die Verschiebung der in sich verhältnismäßig beharrenden Deckenkörper schon damals auf Flächen zwischen Decke und zugehöriger Vortiefe und bei mehreren Wanderschwellen zwischen den Decken vor sich gegangen sein, das heißt *auf den Schubflächen, die sie heute noch trennen.* Mit anderen Worten: *Die Hauptdecken wanderten bereits am Grunde des Liasmeeres. Die Erdrinde engte sich schon damals bedeutend ein.* —

Doch auch hier weichen unsere Gedanken notgedrungen von einer bisher mehrfach ausgesprochenen Vorstellung ab, daß nämlich die Riesenplatte des indoafrikanischen Kontinents von allgemein S her geschoben hätte, und unsere Jungfaltenzüge nichts anderes seien als Frontrunzeln des aufgestauten, „aufgefalteten" Geosynklinalinhaltes. Wäre dem so, dann hätten wir eine grundlegend andere Gesamtlage. *Dann müßten wir nämlich jene Kontinentalplatte im S wirklich sehen,* dürften wir dort nicht das breite Mittelmeer mit seinen weit getrennten Faltengirlanden, Deckenbögen und Tiefmeerflächen haben. Wäre dem so, dann müßte der Massenzuwachs infolge des immer näher heranrückenden Kontinents auch im alterdkundlichen Faziesbild ohne weiteres erkennbar sein. Dann müßten nämlich die Falten nicht, wie sie das aber tun, aus überwiegend *breiten Trogmulden* und aus einzelnen, im Verhältnis *schmalen Schwellenzügen* bestehen, sondern genau umgekehrt müßte die aufgefaltete Erdrinde mit gewaltiger Masse aus dem Meer emporsteigen. Sie tut das Gegenteil! Die Sedimentation hört nicht auf, sondern mächtigen Schutt und Schlamm schlucken jetzt die abtauchenden Muldentröge! Wo bleibt der behauptete, ungeheure Massenzuwachs oben? Wo das Ergebnis der vermeintlichen „Auffaltung"?

Abwärts ging die Masse, da sie nicht aufwärts stieg. *Dort unten* wurde Platz geschaffen durch einen gewaltigen Massenabstrom, der niemals durch das bißchen Wasser und die dünnen Reliefrippen, die auch vorher da waren, jetzt hätte niedergedrückt und fortgepreßt werden können. Wer also hat sie weggenommen? Wer sorgte für das passive Hinabtauchen der großen, breiten Mulden gleichzeitig mit der Fortentwicklung des Faltenwurfs, ja mit dem Weiterwandern der Hauptdecken? Muß der Bewegungsantrieb für dieses ungeheure Kräftespiel nicht in der Tiefe gesucht werden? Liegt es da nicht nahe, anzunehmen, *daß dieser Motor in der Tiefe auch die gleichzeitig sich vollziehenden Relief- und Erdrindenverbiegungen, die Faltungen und Deckenmärsche zur Folge hatte?* —

Und noch anderes fordert die Nachprüfung heraus. Sagt man in der Anordnung der Jungfaltenzüge folge die 3- oder 4-Zahl der präalpinen Wellen im *S des Penninischen,* so muß man sie aber auch ebendort im alterdkundlichen Bild unterbringen (R. Staub 1917, Fig. 2. Auch in seiner Figur S. 137 ließ der Verfasser für die wohl *mindestens* 15 km Breite der Brekziendecke und 35 km der Klippendecke keinen entsprechenden Raum! Man kann hier nicht schon einen neuen Kontinent beginnen lassen. Ist man zudem der Meinung, daß noch weiter südlich die mittelostalpinen, dann die N-Kalkalpen gelegen haben, *so passen diese mit ihrer ganzen geosynklinalen Bewegungsgeschichte ebensowenig zu dem, was man als „Kontinent“ bezeichnen kann.* —

Ein Fortschritt wird auch erst dann zu verzeichnen sein, wenn man sich über „neritisch“ und „bathyal“ klarer geworden sein wird als bisher. Geht es doch nicht an, ersteres etwa mit „Kalkfazies“ gleichzusetzen, was dann den uns überraschenden Gedanken zur Folge hat, den ganzen, riesig mächtigen Inhalt der nordalpinen Geosynklinale mit seiner Bewegungsgeschichte und seinen Tiefseerinnen einfach als riesenhafte „Geantiklinale“ zu bezeichnen. Das hieße die Dinge auf den Kopf stellen; und auch dann würde nicht verständlicher, wieso sich der imaginäre „indoafrikanische“ Kontinent, der doch als Sturmbock gedacht ist, in so dauernder und vorsichtiger Entfernung selbst von jenen großen Decken entfernt hält, die er angeblich am weitesten oben nach N vorgetrieben haben soll in Zwischenmassivtore, welche sich als solche alterdkundlich nicht nachweisen lassen; unter einem Druck, der sich unverständlicherweise in einen „ostalpinen“ und einen „penninischen“ Druck zergliederte, in einen nach N und einen nach NW bis W.

Erst ein klarer Blick auf all diese Dinge eröffnet uns die Sicht auf den weiteren Weg voran.

b) *Die unter- und mittelostalpinen Jungfalten*

zeigen mit einem ursprünglich wohl ungefähr SW-NO-Verlauf die folgende, im NW beginnende Reihe:

Nach dem südpenninischen Trog und den ophiolithischen Massen der Plattadecke in der Margnadecke folgt:

1. Die Errdecken-Stirnschwelle:
Eine breite, in sich gegliederte Schwellenflur mit Errgranit im Kern, die ihre Nachbarschaft durch Formationen hindurch stark beeinflußt hat: durch den kristallinen Schutt im Buntsandstein, den Schutt und die Sandbänke im Muschelkalk, den mächtigen kristallinen, oft überwiegend auch triadischen Schutt im Lias, besonders mächtig an der nördlich abfallenden Böschung, im verkehrten Schenkel, eckig und gerundet, bis weit über kopfgroß. Auch Liaskalk- und Hornsteintrümmer konnte die Schwelle abgeben, was uns zeigt, daß gewisse Schwellenteile erst nach dem Unterlias aus dem Ablagerungsgebiet in die Höhe der Zerstörung gehoben wurden. An der Nordseite des Piz Mulix z. B. transgrediert der Schutt unmittelbar auf den Granit des Faltenkerns. Granit, Phyllit, Quarzporphyr, Triasdolomit sind die häufigsten der stark wechselnden Trümmer.

2. Der Agnelli-Trog:
Rücken der Err- und Sella-Decke mit basischen Ophiolithmassen des Malenko im S. Die Brekzien verlieren sich von NW; die Allgäuschiefer herrschen; Glanzschiefer im Innentrog.

3. Die Berninadecken-Stirnschwelle:
Gleichfalls eine sehr breite, massige und durch lange Zeit schuttliefernde, tektonisch darum wohl recht unruhige Aufwölbung. Aufgearbeiteter Schutt schob sie z. B. an der Nordseite des Piz Julier hinaus. Julier- oder „Sulzfluh“-Granit ist ihr Kern. Südwärts senken sich nur noch schwache Brekzienbänke des untersten Lias in

4. den Mezzaun-Trog Munt Pers (u. a.) mit seinem roten Ammonitenkalk und grauen Algäuschiefer.

5. Die Alv-Languarddecken-Stirnschwelle
mit dem mächtigen Padella-Schuttzentrum. Grober, roter und gelblicher Kalkschutt wurde hier abgetragen. Er steht nach H. P. CORNELIUS 1935, 198, einwandfrei mit dem Unterlias-Kieselkalk in Verzahnung, hat im O mehr Dolomit, im S auch viel Kristallinschutt. Überall liegt er auf Hauptdolomit und geht oft auch unmittelbar aus ihm hervor oder greift in Taschen in ihn nieder — ganz wie der nordalpine Hierlatzkalk, dessen roter Krinoiden-Spatkalk ja gleichfalls vom „Steinsberglias" wiederholt wird. Eine alte Anlagerungsfläche durchzieht den Padella-Ostgipfel: Die Hauptdolomitmächtigkeit von 250 m schwindet auf nur 1 km Abstand infolge Abtragung auf nur 10 m. Um so mächtiger wird hier der Abtragungsschutt. Der nun südostwärts folgende

6. Sassalbo-Trog ist bereits im Lias gedoppelt, indem die Gessi-Teilschwelle die Allgäuschiefer des Murtiröl-Teiltroges im NW von dem Puschlav-Teiltrog abtrennt. Das ist zugleich die Vortiefe zur Stirnschwelle der Campodecke (Lischanna).

Es bewegte sich also eine eindrucksvolle Marschkolonne der *Jungfalten und Jungdecken im unterostalpinen Bewegungsraum des Lias!* Ihre Erkennung war sehr begünstigt. Denn die Fazies erzählt uns, daß am Triasende eine starke, allgemeine Heraushebung und Abtragung stattgefunden haben muß. Nur in den Muldentiefen verblieb das Altliasmeer. Mächtige Schuttmassen legten sich selbst in den tieferen Trogteilen auf den Liasmeergrund. Es zeigt sich aus der Schuttverteilung bereits *ein kräftiger, offenbar deckenmäßiger Zusammenschub.* R. STAUB unterschied am Körper dieser Jungfalten bzw. Jungdecken das Gebiet der Stirnnähe, des Deckenrückens und das der „Wurzelmulde".

Der Liasschiefer der Err-Bernina- und Carungasdeckentröge begann zumeist mit dem Unterliaskieselkalk, auch hierlatzkalkartig mit roten Krinoidenbrekzien, Dolomitstückchen, wenigstens dort, wo sich die Mulde zu Liasbeginn erweiterte und darum die Schichten unter Wegfall des Rhät auf älteren Untergrund übergriffen. Besonders mächtig schwoll der Liasschiefer in der Carungasdecke an. Er zeigt einen sehr bemerkenswerten *Übergang zwischen Allgäuschiefer und Bündener Schiefer* mit den üblichen Kalkbänken, vielen Hundert Metern Mächtigkeit, oft ganz flyschartig mit Fukoiden und ohne sonstige Versteinerungen, teilweise mit sandigen oder Feinschuttbänken. Die *orogenen Flyscheigenschaften* sind, wie wir sehen, in der Hauptsache schon vorhanden.

Besonders mächtig setzten die Schwellenschuttbrekzien im Unterlias ein. Die groben, versteinerungsfreien Grundschuttmassen umhüllen die Schwellen, welche sie lieferten, in rasch wechselnder Zusammensetzung. Sie liegen transgressiv über Trias, Karbon, Kristallin, mitunter auch erst über Liaskieselkalk, schoben sich an den Böschungen bankartig vor oder griffen taschenartig ein. Doch fehlen stärkere Winkel-Diskordanzen. In langen Zeiträumen müssen sie immer neu abgetragen und vorgeschüttet worden sein, wobei sich die Lage der Hauptschuttausstrahlung öfter verschob. Deren erste gab es am Albula-Lappen und in der Berninadecke; andere am Piz Bardella im N der Berninadecke, auch in der Margnadecke; dazwischen einige Teilzentren. Soweit es sich hier um Deckenstirnen handelt, *müssen die heutigen Deckenstirnen so ziemlich den ehemals gebildeten entsprechen.* Denn sie haben sich von ihrem alten Schuttmantel seitdem nicht erheblich entfernt, höchstens noch eine Schubbewegung zusammen mit diesem ausgeführt. Doch scheint auch diese gegenseitige Annäherung im allgemeinen für die unterostalpinen Decken später nicht mehr groß gewesen zu sein, da die Hauptbewegungsflächen zwischen Schwelle und „Wurzel"-Mulde liegen, diese beiden aber faziell noch ganz leidlich miteinander verbunden sind.

Wir erhalten demnach eine Vorstellung von dem sehr vorgerückten Stand der liassischen Baugeschichte!

Daß diese Sattelschwellen sich durch den ganzen Lias, vielleicht durch den Dogger (Val d'Agnelli) hoben, und Schutt spendeten, beweisen die gelegentlich noch zwischen die höheren Liasschieferschlamme vorgeschobenen, feineren, kristallin-dolomitischen Brekzienbänke (Bardella, N-Hang der Errschwelle, Carungasdecke u. a.). Unabhängig von diesen mächtigen, die Schwellen umlagernden Grobschuttmassen fand H. P. Cornelius 1935, 204, in der Berninadecke (Samaden) und in der Albulazone (Mulix) rote, nur aus meist feinem Dolomitschutt (bis faustgrob) bestehende Bänke, welche sehr an die Umlagerungsbänke etwa im Plattenkalk der nördlichen Kalkalpen erinnern. Sie dürften anzeigen, daß auch abseits von den Stirnschwellen mitunter der Triasdolomit im älteren Lias vorübergehend inselbildend etwas aufstieg — wieder ein Streiflicht auf das *ruhelose geosynklinale Relief!*

Der meist eckige Schutt gelangte offenbar — abgesehen von dem Brandungsschutt der Kliffküsten — durch Wildbäche von *bergigen, schmalen* Inseln herab, denn breite Inseln hätten bereits gerollten Schutt abgegeben. Untermeerische Abtragung aber konnte niemals derartige Schuttmassen fördern. Die weitere Verbreitung besorgten dann Abgleitungen an steiler werdenden, weil bewegten Meeresbodenböschungen. Eine Schrägfläche innerhalb der Schuttmassen an der Albulastraße zeigt wohl eine erneute Bewegung an.

Seltener wurden die Schuttlagen im höheren Liasdogger: die Fazies wurde einheitlich tiefermeerisch! Allgemein versank der Boden nicht nur der Tröge, sondern auch jener der Schwellen. Letztere wurden sowohl (vorher) außenbürtig abgebaut wie nun innenbürtig. Wir vergleichen mit dem Hinabsinken der kalkalpinen Tiefseerinnen im Dogger und finden wiederum durchaus keinen Grund anzunehmen, daß mit solcher Verschärfung des Reliefs die tektonische *Ruhe* eingetreten wäre. *Mangelnder Schutt beweist nur die ungenügende Abbildung der Bewegungen*, aber noch nicht deren Zurücktreten. Ebensowenig spricht gegen die liassische Gebirgsbildung auch hier das Zurücktreten schärfer entwickelter Schrägflächen wie H. P. Cornelius 1933, 213, schon sehr richtig ausführte. Eine Ungleichseitigkeit der mäßig flachen, jedoch auch später noch ebenso wirksam bleibenden Schwellen läßt sich an den unterostalpinen Decken des Err-Julier-Gebietes nach Cornelius nicht erkennen.

Gegen NO setzen unsere wandernden Schwellenreihen mit ihren in Einengung begriffenen Trogfurchen offenbar in das Heimatgebiet der *Falknis-Sulzfluhdecken und der Aroser Schuppenzone* fort. Gesteinsbestand und Baugeschichte Südbündens verlängern sich dorthin und bis ins Unterengadiner Fenster. Hier hat sich nach J. Cadisch die Schichtreihe unterhalb (Aroser Schuppenzone) und oberhalb (Falknis-Sulzfluhdecke) etwa des mittleren Jura nicht wie in Mittelbünden-Prätigau getrennt, und haben die Teilpakete nicht ihre Stockwerkslage getauscht, sondern hier ist sie ursprünglich erhalten geblieben. Im Lias dieses östlich-unterostalpinen Bezirks haben wir wiederum die beiden Fazies:

1. eine schlammige *der Mulden*, oft der tiefmeerischen Mulden. Dem Triasdolomit und hellen Rhätkalk bzw. dunklen Rhätmergel folgt ein wiederum teilweise am Grund brekziöser Kalk, sonst aber ein Kieselkalk, darüber Allgäukalkschieferlias, dann Aptychenkalk;

2. eine transgredierende Schuttfazies *der Schwellen*. So greift über den Hauptdolomit der Weißfluhschuppe bei Davos die meist dolomitische Liasbrekzie als wäre man im Hierlatzkalk der nördlichen Kalkalpen: Die grünen Juliergranite der Teilschwellen kommen dann hauptsächlich in den jüngeren Stufen (Falknisbrekzie) zur Geltung.

Die mittelostalpinen Jungfalten

Die südöstlich der unterostalpinen nachrückende Marschgruppe setzt mit der schönen, langen, wenn freilich im Zusammenhang nicht gesicherten Front der Campodecken-Stirnschwelle ein. Sie ist wohl ausgebildet durch die über Karrenoberflächen ihres Hauptdolomits transgredierenden, oft roten Liasbrekzien und Arzo- oder vielleicht besser „Hierlatz"-Spatkalke (Lischanna im NO, bei Scanfs im SW, „Oberbau"). Wiederholt ist dieser übergreifende Kalk selbst wieder aufgearbeitet, umgelagert und zeigt mehrfache Transgressionsvorstöße an dieser Inselschwelle an.

Gegen oben und gegen S verschwinden Schutt und Geröll, ersetzt durch Allgäuschiefer in Mächtigkeiten von 50—500 m (vielleicht einschließlich Dogger). Es beginnt hier der südostwärts anschließende *Quartervalstrog* (Scanfser und Fraele-Mulde, Val Trupchum; „Unterbau"). Hier gibt es mächtiges Rhät, darüber die mächtigen Fleckenmergelschiefer des Unterlias. Eine erhebliche Transgression fehlt am Grund, und wie hoch die Schiefer noch im Jura emporsteigen, ist unklar. Bei Scanfs enthalten sie Sandstein, schwarze Tonschiefer, Fukoiden und sind „Flysch". Für eine einigermaßen befriedigende alterdkundliche Darstellung muß erst die Tektonik und eine entsprechende Abwicklung geklärt sein. Die Anzeichen für die in Abb. 55 angenommene rückwärtige Schwelle müssen sich noch vermehren.

Auch die in Abb. 66 wiedergegebene schematische Profilreihe von A. Spitz und G. Dyhrenfurth 1915, 207, dürfte nach den Untersuchungen von W. Leupold wegen der verschieden gerichteten Schübe im Endbild etwas anders aussehen. Doch gibt sie eine gewisse Vorstellung von dem, was in der Tiefe des durch das Faziesbild sehr unvollkommen wiedergegebenen Reliefs vor sich gegangen sein mag. Weiter und weiter löste sich ein unteres Stockwerk längs der Gipse und Rauhwacken in den Raibler Schichten von der einheitlichen Hangendplatte des Hauptdolomits, welche sich als „Oberbau" zusammenfaltete, während sich in abweichenden Falten auch der „Unterbau" zusammenkrümmte. Das Ganze mag aus Unterschüben zuerst gegen NO, dann gegen SO entstanden sein.

Einer Schwellenbildung dürften die überwiegenden Liaskalke der heute weit im NW liegenden Aroser Dolomiten entsprechen, während Aeladecke, Albulazug und Ortlerdecken die Muldenfazies der Allgäuschiefer aufweisen — wenigstens im Hauptteil dessen, was heute an der Erdoberfläche sichtbar ist.

Der penninische Trograum im Jungfaltenrahmen

Vor dem Verlassen des westalpinen Bewegungsfeldes sichern wir uns noch einen Überblick.

Die alte Hochburg der germanischen, festlandsnahen Fazies im W, gegen welche vom Schlammeer und damit von der absenkenden Gewalt bereits zur ladinischen und rhätischen Zeit erfolgreich Sturm gelaufen worden war, brach im Lias allgemein nieder; wie wir sehen werden, endgültig. Das wird deutlich an dem Überhandnehmen jener Trogschlammfazies, welche die tiefsinkenden und zugleich als Faltenmulden sich erweisenden Teilstufen der nördlichen Kalkalpen, der helvetisch-ultrahelvetischen, der delphinidischen, romanischen, unter- und mittelostalpinen füllte. Besonders eindrucksvoll ist das Überhandnehmen gerade der *Allgäuschieferfazies* in den Kalknordalpen westwärts mit Annäherung an den penninischen

Raum, und es ist bedauerlich, daß die Übergänge teils durch die Abtragung auf der hochschwimmenden Silvretta, teils durch die Versenkung und Überschiebung in der großen Quersenke zwischen Ost- und Westalpen dem Nachweis nicht zugänglich sind. Um so schöner aber entwickeln sich diese Beziehungen weiter im S zwischen der Bündener Schieferfazies in der Margnadecke und den Allgäuschiefern in den unterostalpinen Deckentrögen. — Ein streichender Zaun schließt in Gestalt der Briançonnais-Bernharddecken-Stirnschwelle das penninische Bewegungsfeld gegen W ab. In den kristallinen Altrahmen des Sesia-Seengebirgsgürtels im SSO, der Ötzmasse im O und der Silvretta im N haben wir jedenfalls auch begrenzende Hochgebiete vor uns, die als solche, der Abtragung wegen, jedoch nicht mehr erweisbar sind. Wir werden uns vorzustellen haben, daß hier ähnliche, oft durchbrochene Grenzen lagen, wie sie der Bogenzug der westalpinen Außenmassive zur Zeit wenigstens für Aare-Aiguilles Rouges- und südliche Belledonne-Masse erkennen lassen.

Eindrucksvoll schlingt sich *der Jungfaltenrahmen in Anlehnung an jene festeren Außenklötze um das penninische Senkungsfeld* mit seiner vereinigten Trogfazies. Ein Rutenbündel von Schwellen mit der gebogenen Rutenscharung in der

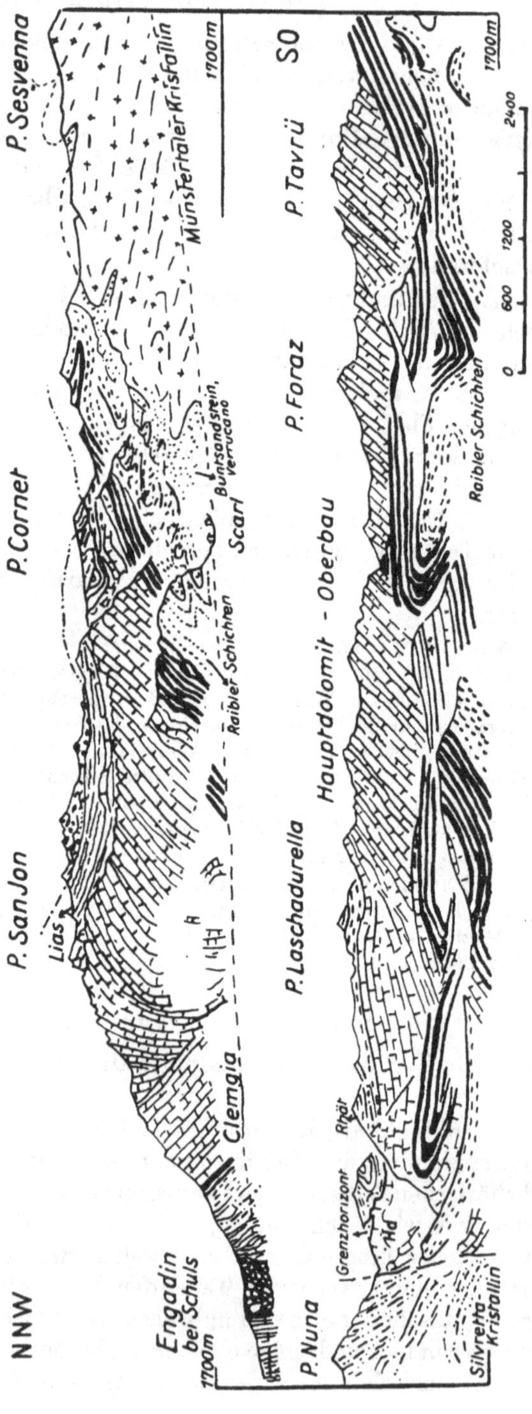

Abb. 66. *Der disharmonische Hauptdolomit-Oberbau der Engadiner Dolomiten* nach Spitz & Dyhrenfurth 1915 aus Alb. Heim, Geol. d. Schweiz II, 2, 734.

Briançonnais-Achsenschwelle und mit den gegen NO sich weit voneinander entfernenden Einzelruten hat sich uns erschlossen. Zaghaft nur, jedenfalls heute nur lückenhaft nachweisbar, tastet die Teilschwellenwucherung durch die Fazies des penninischen Innenfeldes. Erst gegen O schließen sich die Reihen dieser unserer marschierenden Faltenkolonnen. Erst dort, wo die allgemeine Reliefhöhe der Erdrinde ausreichte, konnten sich ihre Inselgipfelreihen hinreichend klar im Faziesbild abzeichnen. Gewaltig wird die Flut der untermeerisch durchgebrochenen oder kurz vorher, steckengebliebenen Ophiolithschmelzflüsse im Inneren und gibt uns ein willkommenes Mittel an die Hand, *Gewalt und Umfang der tektonischen Massenverlagerungen gerade hier zu ermessen.* Sie würde danach *im Kern* ihren Höhepunkt erreicht haben.

Im penninischen Innenraum liegen denn auch die mächtigsten Schlammsedimente, fast fossilfrei, aber oft bituminös, soweit noch randlich sichtbar mit Flyschfukoiden, mit wenig geordneten Hauptbestandteilen von eintöniger, grauer Orogentracht — kurz, mit jenen Haupteigenschaften, welche später die gröbere, schwellennähere *Flyschfazies* (tieforogen) noch deutlicher erkennen läßt. Letztere ist aber schon in den tiefsten, bewegtesten Trogmuldenteilen auch außerhalb des Pennins (Dauphiné, nördliche Klippendecke u. a.) entwickelt.

Im penninischen Innenfeld herrscht außerdem auch *die stärkste Gesteinsumwandlung, eine Druckmetamorphose in der Tiefe.* Hörten wir, daß dort, wo die Muldenschlammfazies entstand, die absenkenden und einengenden Kräfte besonders stark wirkten, so wundern wir uns nicht darüber, daß vermehrter Einengungsdruck die vorher schon mächtig angesammelte Senkungsfazies druckmetamorph weiter bearbeitete. So wie sich die versinkende Vortiefentrogmulde unter starker Druckbeanspruchung der Schiefer ihrer Trogfazies hineinzog unter die „über sie wegschreitende“ Decke mit Schwellenfazies — ebenso kann *der penninische Raum der Liaszeit insgesamt als ein riesiger Trogteil der Erdrinde gelten,* der sich zusammenkrampfte und anschickte, hinabzutauchen unter die benachbarten, „darüber wegschreitenden“ Deckenplatten. Letztere lagen hoch, hatten breitere Schwellenuntiefen, sammelten darum über sich neben dem Schwellenschutt steife Kalk- oder Dolomitplatten. Diese zusammen mit den hochschwimmenden Stabilplatten einer Silvretta, einer Ötzmasse verkeilten sich gegenseitig im äußersten Erdrindenstockwerk und gerieten später weiter und weiter über den penninischen Raum, dessen Schiefer unter der Last und der abwärtspressenden Gewalt die bekannte Druck- und Belastungsumwandlung (Bündener Schiefer-Glanzschiefer, Schistes lustrées) erfuhren. Diese Großumwandlung hält sich streng an das Innere, das von unseren, im ganzen etwas höher liegenden, darum mit ihren Schwellen faziell wohl abgezeichneten Jungfalten und Jungdecken umrahmt wird. Ähnliches erkannten wir 1936, I für das umgewandelte Innere des Tauernfensters und für seine Rahmenplatten, die sich als Flanken der benachbarten Geosynklinalen „darüber“ schoben.

Lage der N- und S-Narbe

Wo lagen in dieser Liaszeit im W unsere *beiden alpinen Hauptgeosynklinalen?* Die nordwestliche Außenflanke der südalpinen Wanne lernten wir in Gestalt der unter- und mittelostalpinen Jungfalten- und Jungdeckenzüge kennen. Da der Untergrund gegen diese Südnarbe angesaugt wurde, schoben sich die hierbei nachgiebigsten Erdrindenteile, nämlich die sinkenden Trogschieferstreifen, allgemein unter die jeweils benachbarte Schwelle herein als deren Vortiefe. Die Schwellenstreifen verkeilten sich oben mit ähnlichen, hochliegenden Decken, weshalb sie dem gleichen Zug nicht ebenso folgen konnten. So mußten sie sich von ihrer jeweiligen Vortiefe *längs der Schubflächen ablösen und marschierten im Verhältnis zu der jeweils südostwärts hinabrückenden Trogschieferunterlage scheinbar gegen NW vor.*

Das ist das normale Bewegungsspiel an der nördlichen Flanke unserer Südalpennarbe, die selbst in bzw. unter den Südalpen lag.

Wo aber lag der westliche Hauptwirkungsbereich der *Nordalpennarbe im Lias?* Ihre Wirksamkeit und danach ihre Lage im kalkalpinen Raum des Ostens ist uns klar. Eine ganze Reihe von Schwellen und Trögen, gebunden an den Bauplan der Großdecken und darum deren jugendliche Vorstufen, ließen sich dort erkennen. Es ließ sich im Westteil des nördlichen, kalkalpinen Geosynklinalstreifens auch ein breiter Fleckenmergeltrog der vereinigten Allgäu-Lechtal-Decke erkennen, der mit wenigen Teilschwellen im N der Silvretta westwärts unseren Blicken entschwand. Dieser Trog kann vom Rätikon an mit ähnlicher Fazies sehr wohl einerseits in die romanisch-(helvetische), andererseits in die NO-penninische Ereignisreihe einmünden — wie dies auch tatsächlich von den mittel- und unterostalpinen Mulden her gegen den SO-penninischen Raum hin geschieht. Dabei geht dieser allgemeinere, alterdkundliche Zusammenhang freilich quer über das Streichen der oberflächlichen Teilstrukturen weg, was vielleicht auf der Lage der den Schwellenverlauf im einzelnen bestimmenden Massivblöcke beruht.

Eine zweite Großtrogsenke, die Mittelwanne, bildete sich weiter südlich im kalkalpinen Geosynklinalraum. Es sieht fast so aus, als ob auch ihr Streben nach abwärts — wiederum nicht ihre oberflächlich fortstreichende Fazies- und Strukturanordnung — sich einst in der Raumenge zwischen den harten Grundplatten der Silvretta und der Ötzmasse hindurch mit dem Senkungsbestreben des penninischen Ausläufers im Unterengadiner Fenster die Hand gereicht hätte. Als ob diese Querstraße vom nord- zum südgeosynklinalen Geschehen, die wir bereits mehrfach (S. 183, 199, 215) erkannt haben, auch jetzt zur Geltung gekommen wäre. Doch steht hier nur die Vermutung, die weiter zu klärende Wahrscheinlichkeit. Den Nachweis kann ich aus den erhaltenen Faziesgliedern noch nicht ersehen.

So erscheint uns die westalpine Liaszeit als die Zeit mächtig vereinigter, angestrengter Kraftwirkungen beider, der nord- und der südalpinen Haupteinengungen.

Es wird erst der neuen Geländearbeiten bedürfen, die mit unseren Fragestellungen zu Felde ziehen, wollen wir mit Erfolg erörtern, in welcher Hauptrichtung jeweils die einzelnen Schwellen und Vortiefentröge sich damals gegeneinander bewegten und wo demnach die von uns auch für die Liaszeit erwarteten, spiegelbildlichen Narbenlagen durchziehen. Aber vielleicht verselbständigten sie sich gerade im Lias zwischen den starren Blöcken scheinbar zu Einzelsträngen, während unten in größerer Tiefe der einheitliche Hauptstrom schräg nach unten weiterfloß.

Einstweilen sehen wir nur, wie sich im kalkapin-romanischen Raum größere Teiltröge bilden, wie sich vor allem ein nördlicher bzw. westlicher kräftig nach außen verlagerte und ein Randstück des germanischen Festlandes in Gestalt des randostalpin-helvetisch-delphinidischen Streifens nach abwärts gebogen wurde. Dafür hob sich gleichzeitig etwa ein Hauptteil des alten Geosynklinalraumes schwellenartig, im W der Briançonnaisbogen, der nordostwärts vor der Silvretta in das verzweigte Rutenbündel der Jungschwellen auslief und so den Westalpen eine gewisse Selbständigkeit verlieh. Weiterhin im O haben wir die verschiedenen, breiten Karbonatplattenschwellen, deren breiteste, innerste vom Bereich der Inntaldecke über die juvavische vom Salzkammergut bis jenseits St. Ägyd die Fortsetzung der alten triadischen Großriffplatte ist.

Alle diese Bewegungen vollzogen sich offenbar *im Nordflankenbereich der nordalpinen Narbe.* Die Schwellen der Deckenstirnen wandern, soweit wir sehen, allenthalben auswärts gegen NW und N. Danach würde der Hauptmassenverlust in der nordgeosynklinalen Narbentiefe damals weit im Inneren gegen die heutigen Zentralalpen hin zu suchen sein. Wirkte sich das durch längere Zeit aus, so verstehen wir, weshalb in älteren Bewegungszeiten auch weit südlich und innen gelegene Decken (Piemontglanzschieferdecke, Bernharddecke, Unterostalpin, Niesendecke, Krabachjochdecke, juvavische Decken) zunächst einmal ihren „Marsch nach N" antraten, das heißt, weshalb sie zunächst vom jeweils nördlichen oder westlichen Vorland her unterschoben wurden. Wenn dann später im Bereich eben dieser Decken die Unterschiebung von S oder O her wirksam wurde (Briançonnais, Niesen, Unterengadiner Nordrand, Unterinntal, südlicher Kalkalpenrand), während weiter im N die entgegengesetzte Unterschiebung weiterging, so werden wir dies auf eine Auswärtsverlagerung des hauptsächlichen nordalpinen Massenverlustes in jüngerer Zeit, also auf eine N- bzw. (im W) W-Verlagerung der Nordalpennarbe zurückführen können. Auswärts finden wir ja auch in der Folgezeit die großen Tiefseerinnen und schuttsammelnden Flysch- und Molassetröge — ganz wie sie sich ja auch im Bereich der Südalpen später nur noch weiter außen als tätig erwiesen.

3. Die Liasbewegungen am Grunde des südalpinen Geosynklinalmeeres

a) Lombardei

Die altkristallinen Höhen des Ivrea-Strona-Seengebirgsstreifens erhoben sich als SO-Abschluß der unterostalpinen Teilmulden und weiterhin des Margna-Dent-Blanche-Deckentroges. Das Altkristallin war zugleich wahrscheinlich die mächtige NW-Randschwelle der südalpinen Geosynklinale während der Liaszeit. Es scheint aber, daß auch dieser Schwellenzug im SW einmal aufhörte und so die Verbindung des Subbriançonnais-Dauphiné-Meeres mit dem südalpinen zuließ.

Jedenfalls transgredieren die wenigen Liasreste (Lias δ) im SW des Luganer Sees auf die verschiedenen älteren Gesteine dieser noch wenig geklärten Schwelle, gegen die auch z. B. das Mittelliasmeer sich verflachte, während sich ostwärts ein erster Trog anschloß (Abb. 55). Zwar greift auch hier nach J. van Houten 1929, 16, überall der Lias über, denn im Jungrhät und untersten Lias lag das Gebiet noch über dem Meeresspiegel und verwitterte zu Roterde mit Bohnerz und Schutt. Das Ganze gehört nach P. Leuzinger 1926 in den Lias Alpha. Aber es war offenbar schon unterer Lias, der die zuerst niedergehende Trogmulde füllte mit nicht weniger als 1500 m mächtigen, eintönig-grauen Kieselkalken der Lombardei. Noch in deren Schwinden auf 200 und 100 m im SW und W erkennen wir den ehemaligen Schwellenanstieg dorthin.

Schuttmassen stellten sich am Langensee ein. Das bis kopfgrobe Konglomerat zwischen den tieferen Liasbänken am Gipfel des Campo dei Fiori füllte nach Leuzinger 1926 eine Rinne, welche von NW her ausgefurcht wurde und diesen Jungschutt erhielt. Van Houten fand eine im Mittellias beschleunigt einsinkende, darum die ungewohnte Mächtigkeit von 300 m über sich sammelnde Mulde mit reichlich fukoidenführenden *Flyschbildungen*.

Eine Teilaufwölbung des Nors bestand zu Liasbeginn nördlich Arolo und wurde erst später eingedeckt. Eine ungleich größere Aufwölbung, welche sich an unseren ersten Trog gegen SO anschloß, ersah A. Frauenfelder 1916, 316f. (Abb. 67) und untersuchte A. Senn 1924, 570f. genauer (Abb. 68). Südlich vom Luganer See lag bereits zur älteren Rhätzeit eine Insel, deren Westteil dann vorübergehend im Oberrhät von Conchodondolomitmeer überflutet wurde, danach aber wieder emporstieg und noch im untersten Lias kräftig verwitterte. Über schöne Einzelheiten der Karstformen, fjordartige Rinnen, über Roterde, Brandungshohlkehlen, Bohrmuschellöcher berichtete A. Senn, teilweise in Abweichung von A. Frauenfelder. Die Großform der Rät-Unterlias-Landoberfläche konnte aus dem verschiedenen Alter und der verschiedenen Mächtigkeit der überliegenden Kieselkalke (Alpha bis Gamma) erschlossen werden. Es zeigte sich ein sanfter Abfall der Inselschwelle gegen W und N, ein rascher (auf 21 km Entfernung um 2 km!) gegen O (Abb. 68).

Der Zusammenhang zwischen der Gestalt unserer altliassischen Landoberfläche (Insel) und dem heute dort noch vorhandenen Bau ist besonders zu beachten. Zwar wurde die Landoberfläche außenbürtig noch besonders geformt, am steileren Abfall gegen O wurde z. B. der Hauptdolomit unter vermehrter Schuttbildung von 300 m auf 50 m abgetragen. Aber *im Großen deckt sich doch diese Landaufwölbung mit der tektonischen Kuppel.* Die Ostneigung des Hauptdolomits beträgt heute 60°, jene des hangenden Kieselkalks 30°. Flacher sind die Neigungen nach W und N. Aber die Hälfte dieser Winkelverstellungen muß nach allem *bereits vor der Lias-Transgression besorgt gewesen sein.* Und wenn wir sehen, daß schon im Ladin der Meridekalk gerade auf der Kuppelhöhe Platz genommen hatte, so scheint hieraus eine Vorbereitung unserer heutigen Tektonik schon für die ladinische Zeit hervorzugehen. Nach der Einheitlichkeit von Raibler-Hauptdolomit dürfte freilich diese erste Vorbereitung in der jüngeren Trias zunächst wenig zur Geltung gekommen sein. Aber *im Rhät entstand dann die Hälfte der heute sichtbaren Verbiegung.* Da zu dieser Zeit auch anderwärts beträchtliche Bewegungen tektonischer Art feststellbar sind, hat es wenig Wahrscheinlichkeit, wenn A. Senn 1924, 589, zur Erklärung das Eindringen des lakkolithartigen Tiefenkörpers annimmt, von dem sonst aber keine Spur erkannt wurde.

Bezeichnende Einzelheiten beobachtete A. Frauenfelder im O des Luganer Sees gegen den Comer See, wo sich ein breiter, tiefer und tiefer sinkender Trog mit einer ziemlich lückenlosen und sehr mächtigen Schichtreihe von den Kössener Mergelkalken und Oberrhätkalken durch den Lias ansammeln konnte. Die grauen, fast fossilfreien Liaskalke gewinnen hier 2—3 km Mächtigkeit. Von diesem *Trog der Alta Brianza* aus sieht man, wie die Transgressionsvorstöße gegen die westliche Inselschwelle mit wachsendem Erfolg vorgetrieben werden. Während des ganzen Unterlias drang das Meer gegen WSW mit Hierlatz-Arzo-Fazies über die korrodierte Landoberfläche vor, bis sich schließlich die Kieselkalke über die tektonisch

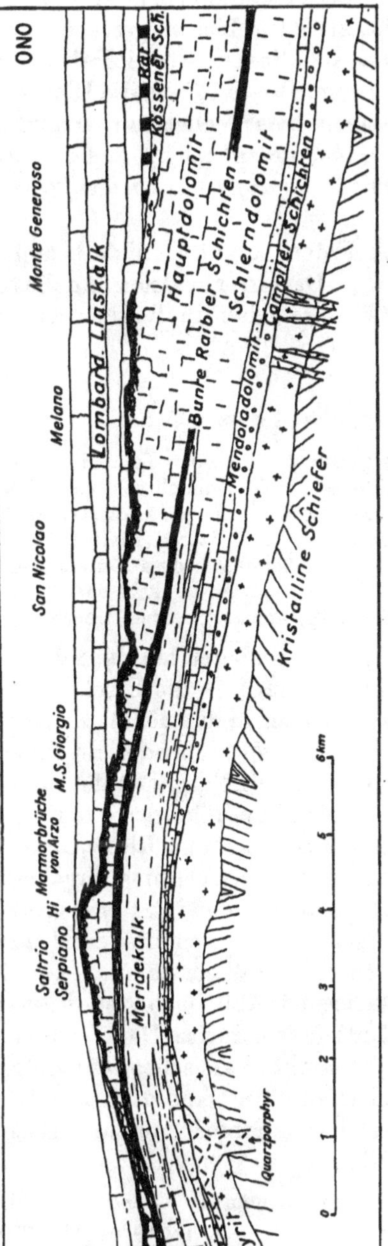

Abb. 67. *Faziesprofil der Tessiner Kalkalpen.* Theoretisch ergänzt nach A. Frauenfelder 1916, Taf. 6. *Hi* auf der Schwelle transgredierender Arzo-Hierlatzkalk.

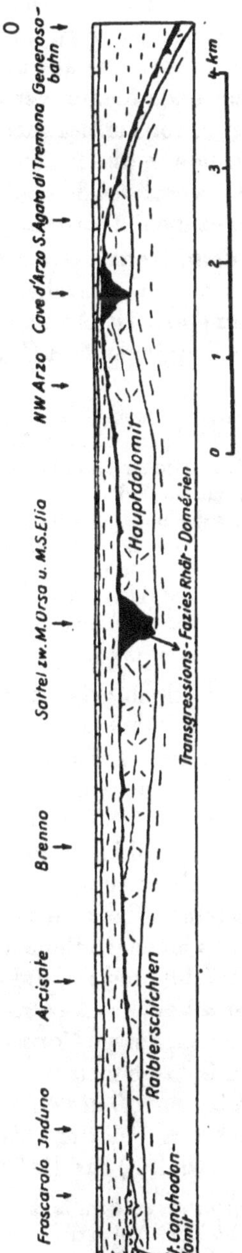

Abb. 68. *Profilschema der Vorliasaufwölbung am Alpenrand S. Lugano* im jüngeren Mittellias (Domer). Nach A. Senn 1924, Taf. 21.

geschaffenen Wellungen legen konnten. Diese waren nicht unbedeutend. Denn was da im O als 1000 m Hauptdolomit, 500 m Rhät, als 800 m Lias aufgestapelt wurde, das fehlte westwärts auf der Insel im S des Luganer Sees. Die östlich absinkende, NS streichende Flexur verteilt sich auf rund 10 km Breite. Wenn die Eindeckung so bedeutender Verbiegungen im Lauf des mittleren Lias möglich war, so muß wohl die Erdrinde in dieser Zeit stillgehalten haben. An dieser Stelle jedenfalls war sie ruhig. *Es grenzt sich deutlich die vorausgegangene Bewegungsphase ab, der die wiederholte Hebung am Triasende gefolgt war.*

Und dann versank das Ganze — Höhen wie Tiefen, soweit sie nicht schon ausgeglichen waren — rascher als die Schichtauflage. Darum erschienen nun die roten Knollenmergel des Ammonitico rosso, die teilweise schon in Radiolarienkieselschiefer übergingen (bei Gavirate).

b) *Etschbucht, Lessinische Alpen*

Trotz zahlreicher Einzelarbeiten und einer nicht gerade verwirrenden Tektonik hat es ein schwierig zu fassender Fazieswechsel bis heute verhindert, im Etschbuchtgebirge und seiner Umgebung die alterdkundliche und danach die baugeschichtliche Lage für die Liaszeit klar werden zu lassen. Bei der grundlegenden Kartenaufnahme von M. Vacek (Blatt Trient u. a.) wurden zu viel Diskordanzflächen gesehen. Immerhin erlauben neuere Untersuchungen (R. Schwinner, B. G. Trener, G. Dal Piaz im O u. a.), sowie die kritische Übersicht J. v. Pias, welche von den Nordlessinischen Alpen ausging, wenigstens einen Überblick.

Der hornsteinführende, dunkelgraue Liaskieselkalk begleitet den Rand der Lombardischen Alpen gegen SO und biegt nordostwärts noch in die Etschbucht vor (Agolasee, R. Schwinner 1917). Hier geht er aber über in die mächtige und vielfach eintönige Schichtfolge der „Grauen Kalke“ Beneckes. In der Etschbuchtmitte gliedern sich diese nach M. Vacek in die tiefere „Norigliostufe“ und die höheren, eigentlichen grauen Kalke. Nach den vielen Landpflanzenresten, Kohle, Cypridinen, dunklen Schieferbänken glaubte v. Pia wohl mit Recht, daß eine Seichtmeerablagerung nahe einem Festland vorliegt. Tonschlamme, brackischen Einschlag und Pflanzeneinspülung erklärt er durch die Einmündung eines größeren Flusses aus einem südlichen Festland. Wenn auch eingeschwemmter Sand im allgemeinen fehlt und Landpflanzen auch einer Insel im NW entstammen könnten, so halten wir doch eine solche Deutung für naheliegend. Abb. 55 deutet dieses südliche Land an, dessen Vorposten die Recoaro-Untiefe sein dürfte. Denn vom vizentinischen Gebirge meldete A. Tornquist nur 50 m unterliassischen, grauen Kalk und darüber nur 10 m weiße Kalke (? Kallov). Hier also liegt eine erhebliche Lücke über stark vermindertem Lias, eine Untiefe, welche das Streben, aufzusteigen, das hier schon (S. 213) für die Trias gilt, erneut belebte.

Im Gegensatz zu dem langsam sinkenden Troginneren hat man im N- und NW-Teil der Etschbucht Untiefen und Schwellen. M. Vacek erkannte in Vorderjudikarien, bei Molveno und westlich Trient unter den Norglioschiefern und Kalken die Ungleichförmigkeit und die Schuttmassen auf der korrodierten Rhätoberfläche. Hier setzen sich die Brekzien unter dem „Saltrio“ der Lombardei fort. Hierlatzfazies wiederholt sich nebst Fauna. Besonders grobgeröllig und grobsandig hebt sich zwischen den sandigen Tonen und Kalksandsteinen noch heute nach M. Vacek 1911, 31, das alte Judikarienmeeresufer ab. Diese nach oben in Mittelliaskalk übergehenden Randgebilde greifen im N (Sulzberg) über Schlerndolomit, im Agolatal teils über Granit, teils über Hauptdolomit. Am Agolasee (westlich Cima Tosa) liegt spätiger, schwellennaher Krinoidenkalk über dem Ausläufer des schwarzen Hornsteinkieselkalks der Lombardei.

Von den Randschwellen im W her verlieren sich aber im Beckeninneren die Ungleichförmigkeiten und Schuttlagen (G. Dal Piaz 1912). Schon am SO-Rand der Brentagruppe fand R. Schwinner 1913 über dem weißen Rhätkalk keine scharfe Grenze gegen die grauen Liasoolithkalke. Die Liastransgression wird südostwärts Trient nach v. Pia 1919 zum großen Teil durch eine Dolomitisierungsgrenze vorgetäuscht, doch liegen in dieser Fuge nach v. Klebelsberg örtlich auch Brekzien mit Glimmerschiefergeröllen. Am Monte Baldo (nordostwärts Gardasee) wechsellagert Obertriasdolomit und weißer Liasoolith, über dem dann die grauen Liaskalke in der reineren Frizzone-Kalkfazies folgen, ähnlich jenen am Pastello (Veroneser Alpen.)

Im nördlichen Hauptteil der Lessinischen Alpen, im Winkel zwischen Suganer- und Etschtal, fehlt nach v. Pia 1949, 123f. auch die Heraushebung und Schichtlücke zu Liasanfang. Den zuckerkörnigen Rhätdolomit, der auch nach dem Lias Alpha emporsteigt, überlagert gleichförmig der Zugna- bzw. Verenakalk, helle Oolithe folgen und dann, dem Oberlias und Unterdogger entsprechend, die grauen Kalke der Noriglio- und Frizzoneschichten. Es liegt also hier eine Trogfüllung vor, welche an der sonst so weit verbreiteten Hebung im Rhät und untersten Lias keinen größeren Anteil nahm. Während sich noch im lombardischen W kräftige Hebungen und Senkungen abspielten und auch am judikarischen Westrand Schwellen aufstiegen und Schutt ostwärts niederrollen ließen, *herrschte hier im SO verhältnismäßige Ruhe. Dies fällt zusammen mit einem auffallenden Zurücktreten bzw. Mangel auch der Brüche, Falten, Überschiebungen.*

Es liegt nahe, beides mit der Widerstandskraft des Festlandsuntergrundes in Verbindung zu bringen, den wir im SO vermuteten.

Sehr geringe Bewegungen können wegen der gleichfalls ungewöhnlich sanften Tektonik ostwärts in den Lessinischen und Feltriner Alpen angenommen werden. Und wenn wir einen guten Teil der heute sichtbaren, immerhin kräftigen Tektonik beispielsweise für die Lombardischen Alpen schon als vorliassisch annehmen mußten, so stimmt die Gegenprobe hier: *Dort, wo die Liasfazies keine erheblichen Bewegungen erkennen läßt, dort liegt auch heute der tektonische Bau noch ganz ruhig* (Querschnitt VI, Tafel 3, 1936, I).

Wie in außeralpinen Vorlands-Schichtfolgen, so stapelte sich ohne erweisbare Lücke in den Lessinischen und Feltriner Alpen eine Schichtstufe nach der anderen (G. Dal Piaz 1907, v. Pia 1919).

Südtirol

Dem norischen, vielleicht noch etwas rhätischen Dachsteinkalk folgen nördlicher, nicht nur nordwärts Trient und etwa im Vizentin, sondern auch in der Schüssel der Südtiroler Dolomiten, die Anzeichen der flachen Heraushebung, Abtragung und Umlagerung am Triasende. Weit verbreitet sind nämlich Grenzgerölle oder Schuttlager (Sella, Hl. Kreuzkofel, Pragser Seekofel, Hohe Gaisl, SO-Ampezzaner Dolomiten), welche nicht nur umgelagerten Dachsteinkalk, der bereits zum großen Teil dolomitisiert gewesen sein muß, sondern auch eckige Bruchstücke grauen Kalkes (wohl Rhät) enthalten. Die fast fehlende Abwinkelung der Umlagerungsfläche gegen die Bankfugen läßt auf eine ziemlich ebene Insel- bzw. Untiefenoberfläche schließen. Gleichwohl muß auch hier die Hochlage lang gedauert haben. Finden sich doch mitunter ausgeprägte Bohnerzgebilde, sowie Geröllchen von Quarz und Quarzphyllit. Letztere zwingen zur Annahme einer Insel, deren Trias- und Perm-Bedeckung schon ganz entfernt war. R. v. KLEBELSBERG gab 1927, 339f. eine anschauliche Schilderung der Trias-Jura-Grenze.

In den nördlichen (Enneberger) und östlichen (Ampezzaner) Dolomiten folgt dann aber als (vor Abtragung bewahrter) Beweis erneuter Absenkung auf diesen Teilschwellen (nämlich westlich Pieve) ein teilweise viele hundert Meter mächtiger, weißlicher bis rötlicher Riffkalk des Unterlias. Nester von weißem bis rotem Hierlatzkalk enthalten mitunter mittelliassische Brachiopoden (Fanes) bzw. Oberliasfauna und halten bis in den Dogger hinauf an (L. KOBER 1908). Es war also ein ruhiges Flachmeer gefolgt, das die Zustände fortsetzte, unter denen sich die Frizzonekalke der Lessinischen Alpen bildeten.

Aus dem Ganzen können wir wohl nicht mehr erschließen, als *die Heraushebung wenig gerundeter, fast waagrechter Tafelschollen oder Kofferfalten mit anschließender, langsamer Senkung und Flachseekalkbildung.*

Gegen O über das Piavebecken hinaus haben wir nach G. DAL PIAZ 1918, 16f. über dem Rhätdolomit ohne erhebliche Unterbrechung grauen Unterliaskalk mit Mergellagen, nach oben abschließend mit roten Mergeln, welche den roten Ammonitenkalken der Lombardei entsprechen, jedoch auch seitlich in graue Kalke übergehen. Ein ruhiges, ziemlich flaches, später sich aber vertiefendes Meeresbecken dehnte sich somit entlang dem heutigen Alpensüdrand gegen O.

Die Jungfalten der Julischen Alpen

Es ist gewiß kein Zufall, daß wir mit dem Übergang in den kritischen Grenzraum zwischen dem Wirkungsfeld der südalpinen und jenem der dinarischen Geosynklinalnarbe nicht nur in ganz bedeutende Schichtstörungen, Überschiebungen, Brüche und Falten eintreten. Gleichzeitig legen die wechselvoll werdenden Jurafazies den Gedanken an den *kraftvollen Beginn dieser Störungen schon während der Jurazeit nahe. Das ungefähre Zusammenfallen der Hauptlinien des Faziesbildes mit den tektonischen Hauptlinien bestärkt in dieser Auffassung.*

Für die verhältnismäßig ruhige Liasfazies der grauen Kalke, Oolithe u. a. in den Venezianer Alpen finden wir ostwärts nur Fortsetzungen in den südlichsten Vorbergen der Julischen Alpen zwischen Stol—Tarcento—Matajur—Kolowrat—Ternowanerwald—Birnbaumer Wald. Auf diesem NW-SO laufenden Randstreifen besteht der Lias, soweit er unter jüngerer Bedeckung überhaupt noch zum Vorschein kommt, aus einem meist mit Lücke auf Hauptdolomit, teilweise auf Dachsteinkalk ruhenden, grauen, einförmigen Liaskalk, der *Megalodus pumilus* führt und dem Südtiroler „grauen Kalk“ entspricht.

Aber wenig nördlich und nordöstlich von diesem Idrica-Gebiet muß im Lias eine erste Schwelle emporgestiegen sein. Denn bei S. Lucia am Isonzo fehlen Lias und Dogger. Schuttführender Oberjura-Korallenkalk greift über ältere Unterlage. Schon O. MARINELLI stellte 1902 diesen unmittelbar anschließenden Schwellenzug vom Ternowaner Hochkarst über Matajur und die Tarcento-Dome fest. *Große alterdkundliche und zugleich baugeschichtliche Bedeutung* kommt, wie besonders F. KOSSMAT zeigte, dieser Schwelle zu, die je nach der Zeit breiter oder schmäler, höher oder tiefer lag (F. HAERTEL 1920, 4; A. v. WINKLER 1920, 52; 1923, 47). Wir wollen sie ihrer Lage wegen als „*Südjulische Randschwelle*“ bezeichnen (Abb. 69, links).

Es handelt sich um die alte Grundgebirgsrippe, welche wir bereits für die ältere und mittlere (Pseudogailtaler Schiefer!), in Resten (norische Dolomitfazies) für die jüngere Trias kennengelernt haben. Zog sie sich doch im Ladin etwa aus der Gegend von Cilli weit im O über den südlichen Außenrand der Steiner Alpen (Krainski reber-Massiv und Blegoš-Sockel) am SO-Rand der Julischen Alpen fort bis zum Tolmeiner Becken, wo sie freilich ab Kirchheim offenbar (1936, I, 245) längs der großen Schubstörung Kirchheim-Tolmein-Karfreit verschwunden ist und sich nur in ihrem Schutt-Erbe, das die Nachbarfazies zeigen, zur Geltung bringt. Dieses ungefähre *Zusammenfallen eines Schwellenzuges mit einer großen, N-gerichteten Unterschiebung*, längs der diese Schwelle teilweise verschwand, ist höchst bemerkenswert. Baugeschichtlich *trennt dieser alte Hebungsstreifen die südalpine Geosynklinale von dem NW-Ausläufer der dinarischen Geosynklinale ab.*

Daß sich diese südwärts etwas vorgebogene Schwelle während der ganzen Liaszeit herausgehoben hat und darum abgetragen wurde, entnehmen wir den Schuttmassen, welche sie immer wieder nordwärts in die benachbarte Trogmulde abgegeben hatte (A. v. WINKLER 1920, 117; 1923, 50). Wir nennen letztere nach dem aus Jura aufgebauten Grenzberg im S des Wocheiner Tunnels den „*Porezentrog*" in der julischen Außenzone oder Voralpenzone.

Den Trog füllt der lange Jurazug von Eisnern—Podberdo—nördlich Tolmein—nördlich Karfreit am Südhang des Wocheiner (Julischen) Dachsteinkalk-Gebirges, im mittleren Isonzo- und im Bačatal mit über 1000 m mächtigem, an Kieselausscheidungen reichem Lias auf höherem Jura (F. KOSSMAT 1907). Bezeichnend für diesen Trog ist, daß im Gegensatz zu den benachbarten Schwellen schon im Unterlias in Gestalt der schwarzen, rötlichen, feinsandigen, landpflanzenführenden Schiefer und Kalkbänkchen der Črnaprst-Schiefer auf dem Dachsteinkalk (Hornsteindolomit) abgelagert wurde. Darüber oder auch gleich auf Dachsteinkalk greifen Fleckenmergel mit Hornsteinkalken, schließlich Liashornstein- und Krinoidenkalke. Von O gegen W wurde unsere Trogmulde tiefermeerisch.

Im N des Porezentroges liegt die mächtige Triaskalkplatte mit den 700—900 m Dachsteinkalk der zentralen Julischen Hauptdecke. Ganz ähnlich wie andere solche Platten (Dachstein) folgte sie nicht ebenso dem Zug nach abwärts wie der Trog, sondern sie strebte wiederholt als Insel nach oben oder erhielt ihr Relief in Flachmeerhöhe, bis die kräftigen Anstrengungen der Tiefe doch auch sie allmählich hinabbauen konnten. Wie

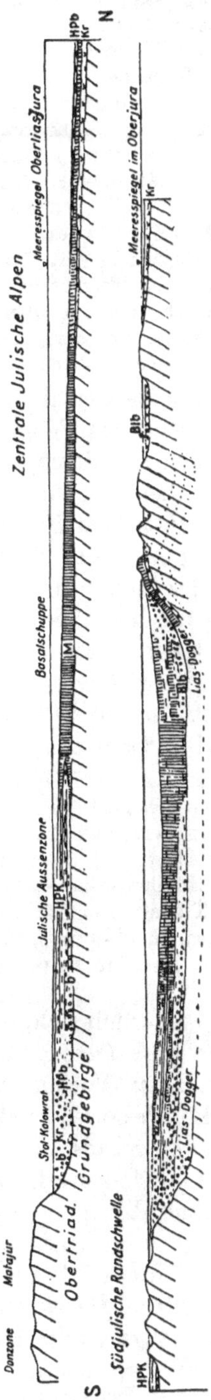

Abb. 69. *Faziesprofil während Lias-Unterdogger* (Profil oben) *und Oberjura* (Profil unten) *in den Julischen Alpen* nach A. v. WINKLER 1923, Taf. III. *HPK* Globigerinenreicher Hornsteinplattenkalk. *HPb* sandigbrekziöser Hornsteinplattenkalk. *b* Brekzienlagen. *Kr* Krinoidenkalk. *M* Foraminiferenreiche rote und graue Kalkmergel. *M* mit waagerechtem Strich: Roter, Hornstein führender Plattenkalk. *Bib* transgredierende Brekzienkalke mit Blöcken.

die Transgressionen zeigen, lag hier Festland, das teilweise bis auf Unternor abgetragen war (Pokluka im NO), bevor das Mittelliasmeer seine Hierlatzkalkfazies, dann teilweise Mergel und kohlige Sandsteine ablagern konnte. Der *Südrand dieser mitteljulischen Platte*, den wir für den Unterlias auf Abb. 55 schematisch als Inselschwelle zeichneten, und der gegen S in den Trog viel Feinschutt abgab, läuft von nördlich Selzach im O über Hradica—Krn—südlich Flitsch—Monte Lavera gegen den Tagliamento-Durchbruch und zeichnet sich durch Betonung des Schwellenbaues besonders im Oberjura aus. Zugleich fällt auch er wiederum zusammen mit einer großen Unterschiebungsfläche gegen N — wiederum ein bezeichnender Hinweis auf die Vorbedeutung der Liasfaziesränder für die tektonische Gefügeformung!

Aus dem Grunde des Porezentroges konnte das Meer gegen NW erst allmählich vorgreifen. Es eroberte sich im Mittellias mit Hierlatzfazies das Wocheiner-, Kerschdorfer- und Pokluka-Gebiet (östlich Triglav) und konnte unter Umlagerung von Roterde einen eisenschüssigen Hierlatzkalk noch im Oberlias weiter über Dachsteinkalk ausbreiten (Krn-Schwelle). Das Meer vertiefte sich nun, wie die über 200 m Fleckenmergel des Oberlias und Unterdoggers zeigen, auch hier: *Wiederum diese Erweiterung und Vertiefung des Fleckenmergelmeeres!*

Durch seine Reichhaltigkeit und seine noch heute zurückgebliebenen Jurareste zeichnet sich das Teilgebiet im NW der Wocheiner Save bis hin zur Bauschiza (nordostwärts Flitsch) aus. Es unterscheidet sich dadurch als Teiltrog mit gesteigerter Senkung von seiner Nachbarschaft, der randlichen Teilschwelle im S und der Julischen Mittelplatte im N. Und wiederum fällt auf, daß diese Mittelplatte von SO und S um ein Stück durch den Wocheiner Jurateiltrog unterschoben wurde: Das schon im Jura etwas höhere, etwas später vom Meer überschrittene Mittelstück liegt auch tektonisch am höchsten, ist die ausgeschobene Zlatna-Studor-Mittelplatte über der einengenden Südalpennarbe (1936 I, 247, 287) geworden. Es ist somit sehr naheliegend, *daß dieser alpine Bauplan bereits zur Liaszeit in Bildung begriffen war* — nicht anders als die Grenzbewegung an der Nord- und Südrandschwelle unseres Porezentroges.

Noch ein zweiter Streifen mit reichhaltigem Jura fällt im NW der Julischen Alpen auf. Er streicht östlich Raibl in SW-NO durch das Mangart- (Manhart-) Massiv und wurde kürzlich durch A. v. Winkler 1936, 63f., genauer geschildert. Wir schließen hier auf eine ziemlich aushaltende Meeresbedeckung über dem triadischen Dachsteinkalk und dem unterliassischen, teils oolithischen Dachsteinkalk, erfahren von einer etwas verspäteten Heraushebung und danach Transgression des Mittellias-Hierlatzkalkes mit Hornstein, von mehrfachen Umlagerungen der älteren Unterlage, dann aber von einer heftigen Absenkung zu Ausgang des Mittellias: bis 15 m schwarzbraune Manganerze und Radiolarienkieselschiefer erscheinen in Linsen.

Hier wiederholt sich, noch gesteigert freilich, die uns längst bekannte, *weit ausgreifende Absenkung der Fleckenmergel-Hauptzeit*, wie sie auch in den Südkarawanken, in der Wochein, in den Venezianer Alpen und vor allem in der Nordalpen-Geosynklinale so eindrucksvoll erschien. Es fällt aber auf und bestätigt die mächtige Unruhe gerade in unserem Mangart-Teiltrog, wenn dann im Oberlias erneut auftretende Hierlatz-Krinoidenkalke mit Schutt und Hornsteingeröll eine *Teilhebung* und Abtragung, dann eine Absenkung eines Inselstriches anzeigen, die im Dogger, ganz im Gegensatz zur Lage der weiteren Umgebung, anhält. Es besteht wohl kein Zweifel, daß ein solcher scharfer Wechsel vom Untiefen- über das tiefe Meer zum Insel-Dasein nichts ist als *die äußere Begleiterscheinung sehr heftiger Gebirgsbewegungen in der Tiefe.*

Und so fand sich denn auch im Mangart-Sockel, den wir wahrscheinlich als ehemals im NW anschließenden Faziesraum auffassen müssen, eine neue, im Jura scharf ausgeprägte Teilschwelle von Sattel-Art (A. v. WINKLER 1936, 65). Greifen doch hier über die verkarstete und mit roten Verwitterungslösungen durchtränkte Dachstein-Oberfläche grobe Schuttmassen, über kopfgrobe Trümmer von aufgearbeitetem Dachsteinkalk, Lias und höherem Jura im Krinoidenschlamm der Hierlatzfazies. Hier also wird *scharfe Heraushebung der nordwestlichen Nachbarschaft und Wiederbedeckung im höheren Jura* angezeigt.

Zwar ist die tektonische Lage und damit die ehemalige, alterdkundliche Heimatlage von Bauschiza-Mangart noch nicht gesichert. Es spricht aber nichts dagegen, daß diese Gebiete schon ursprünglich nicht allzuweit von ihrem heutigen Ort im NW-Teil der Julischen Alpen gelegen haben und zwar wenigstens ungefähr so, wie es in unserer Abb. 55 angedeutet wurde.

Es kommt uns dabei nur auf zweierlei an: einmal zu zeigen, daß sich schon für die Liaszeit ganz *bedeutende Tiefenbewegungen im faziell* notierten Oberflächenbild kundtun. Zum andern, daß diese Unruhestreifen zugleich Streifen besonders *gestörter Baupläne* sind. Denn auch im Mangart-Gebiet haben wir eine Reihe von Schubflächen, zwischen welchen sich die Ablagerungen eines jurassischen Senkungstroges verschoben haben. Wo sich diese heftigen Störungen gegen W verlieren, da schwindet auch die Unruhe im Faziesbild des Lias.

d) Karawanken und Drauzug

Leider verwehrt es der Mangel an irgendwie erheblichen Liasvorkommen, weiter gegen O den Fortgang dieser alten Bewegungen im Bezirk unserer Südalpennarbe zu erkennen. Nur nach NO, im *Koschutazug* und am *Nordrand der Karawanken* blieb Lias erhalten (FR. TELLER 1896, 134). Da erscheinen als kleine Reste am Karawanken-Nordfuß, sich teils eng an die Kössener Schichten, teilweise gleichförmig anschließend, teils (Ostseite des Mißtales) ungleichförmig über Hauptdolomit und Dachsteinkalk, der Unter-, Mittel- und Oberlias. An der einen Stelle folgt der Kalkfazies — ähnlich wie in den Nordalpen oder in der Wochein — jene des Fleckenmergels, anderwärts aber herrscht später Abtragung und setzte sich erst wieder der Oberjura ab. Die Nähe der wahrscheinlich südlich anschließenden und noch aus alter Zeit in Resten überkommenen Karawanken-Schwelle deutet sich in diesen Schichtlücken an.

Im *nördlichen Drauzug* (Lienzer Dolomiten) folgt dem Rhät der Unterlias mit bunten, teilweise hornsteinführenden Kalken und grauen Fleckenmergeln. Als höherer Lias nach einer bunten Brekzie lagerte sich der rote Adneter Mergelkalk ab. Der ostwestliche Teiltrog des Drauzuges erweist sich also auch hier noch, desgleichen die allgemeine Senkung im höheren Lias.

4. Zentralostalpine Liasreste

gibt es im O der schon oben S. 269 erwähnten nur wenige, die als gesichert gelten können. Ich möchte hierzu hauptsächlich nur jene des Tarntals und der Radstädter Tauern stellen.

Ähnlich der magmatektonischen Einheit der Zentralalpenkerne haben wir es bei der Unteren und Oberen Schieferhülle der Tauern zunächst einmal zu tun mit durch Metamorphose und Tektonik geprägten und zusammengeführten Einheiten.

Diese unterscheiden sich erst in zweiter Linie und nur sehr im großen durch verschiedenes Alter ihrer Gesteine. Neben paläozoischen und mesozoischen (? noch alttertiären) Einschüben gehören zu den Kernen wohl sicher auch sehr alte Gneismassivstücke (Tauern-Lagengneis!). Die Gesteine der Unteren Schieferhülle wird man mit Br. Sander vorwiegend zur paläozoischen Grauwackenzone stellen. Gesteine der Oberen Hülle werden im allgemeinen betrachtet als weniger metamorphes Mesozoikum. Darin fanden sich erhebliche Mengen von umgelagerten Rollstücken (Quarzporphyre, Phyllite u. a.) der also älteren Unteren Schieferhülle.

Die große Mannigfalt der sedimentären und magmatischen, meist ophiolithisch-prasinitischen Einzel-Gesteine in beiden Schieferhüllen (unten mit Amphibolith-Habitus z. T.) dürfte aber keineswegs allein durch tektonische Vermischung, sondern — wohl überwiegend — entstanden sein durch primär wechselnde Bildungsbedingungen, also durch Fazieswechsel.

Die Eintönigkeit und Mächtigkeit namentlich der phyllitischen Serien weckt dabei den Verdacht, daß wir es ursprünglich mit orogenen (magmatischen und sedimentären!) Fazies zu tun haben, mit Flysch- und Fleckenmergeltypen. Dieser Gedanke an zentralalpine Orogenfazies aus jungalgonkischer, paläozoischer und mesozoischer Orogenaera wird ja durch die Erfahrung gestützt, daß die ophiolithischen Gesteinsmassen regelmäßige Begleiter des hyporogenen Hauptstadiums der Orogonese sind. Bedauerlicherweise stecken in solchen orogenen Sammelserien schon primär nur wenig Fossilien.

So verharrt die zentralalpine Baugeschichte wohl noch für lange Zeit im Dunkel.

Tarntaler Alpen

E. Clar 1940, Br. Sander 1941 war es durch gründliche Analyse der sedimentären Tarntaler Brekzie gelungen, aus deren Radiolarit-Körner und -Gerölle führendem Horizont die Übergänge aufzufinden nach den Kalkphylliten von Tux—Tarntal—Brenner. Damit ergab sich, auch ohne Leitfossilien, mit Hilfe der sehr wahrscheinlich mittel- bzw. oberjurassischen Radiolarite (gesteinsmäßig übereinstimmend mit jenen der Sonnwendgebirgs-Hornsteine) die stratigraphische Gleichstellung dieses Teiles der Oberen Tauernschieferhülle mit dem Jura.

In anderen, wohl tieferen Teilen der Tarntaler Brekzie fehlen jüngere Gerölle als solche von rhätischem Kössener Korallenkalk und vielleicht etwas Lias. Es kommen Brekzien nur aus Quarzphyllit, Gangquarz, hellgrünlichem Quarzit vom Radstädter Typus und Bänderkalk, dazu von durchbewegtem oder noch nicht durchbewegtem, offenbar im letzteren Fall triadischem Dolomit vor; auch solche ohne letzteren. R. Spitz 1918 und E. Clar erkannten eine Lias-Unterkreide-Serie.

In über 100 m mächtiger Serie, die rasche Wechsel von Kalkschiefer, Bänderkalk, schwarzem, grauem und violettem Tonschiefer, hellem, grünlichweißem Quarzit zeigt (zwischen Lizum und Mölserscharte), beobachtete ich sedimentärkonkordante, also nichttektonische, häufige Einschaltungen von Feinbrekzie bis zu Schuttmassen von grobblockigem, teils rundlichem, teils eckigem konglomeratisch-brekziösem Aussehen. Hier müssen immer wieder von einer, offenbar in etwa NO-Richtung einst am Meeresboden aufgestiegener, umbrandeter Inselschwelle her Schlamm-, Sand-, Stein- und Blockströme zwischen die flyschartig wechselnden Mulden-Sedimente eingeschoben worden sein. Schon offenbar in nachtriadischer Zeit, etwa des Lias, gab es benachbart Inselschwellen aus Quarzphyllit, Eisendolomit, Gangquarz, hellem Quarzit des Radstädter oder Semmering-Typus u. a. Die Schwarzeckbrekzien setzen das nach O fort.

Wenn die tiefer unten in gleicher Serie anstehenden, bräunlichen Kalkrauhwacken ihre von 1 bis 20 cm Größe schwankenden, rundlichen und eckigen Stücke (besonders basal) aus Bänderkalk, Grauwacke, seidigglänzendem Tonschiefer, blaßgrünlichem Quarzit und weißem Gangquarz, wie es scheint, *sedimentär* und nicht erst tektonisch einverleibt erhielten, so dürften solche Schwellen *schon triadisch* in den Zentralalpen bestanden haben; dies im Tarntal.

Mit seiner Unterscheidung verschiedener Brekzientypen aus dem nach Br. Sander im großen einheitlichen Einschüttungsvorgang hat auch R. Schwinner bereits 1935 entsprechende Unterschiede erkannt. Ein noch schwach gebliebener Teil der Zentralalpenschwelle muß während Lias-Oberjura alpinotyp im orogen bewegten Archipel von mächtigem Flyschsediment bedeckt niedergesunken, hinabgebaut und von Ophiolithen durchdrungen worden sein.

Aus der Gleichartigkeit der Liasfaunen im N und S sowie aus der Erscheinung der weiten, hinsichtlich der Fazies so ähnlichen Transgressionen während des Lias schloß man wohl mit Recht auf eine weitgehende Meeresbedeckung für diese Zeit.

Fehlt uns noch die stratigraphische Sicherheit im einzelnen, so kann doch wenigstens im Grundriß schon einiges gesehen werden:

1. Die offenbar orogene Flyschfazies zusammen mit den wohl schon triadischen und dann besonders in Lias und höherem Jura erfolgten Einschüttungen von Inselschwellen in Meeresmulden, sowie mit den ophiolithischen Begleitern verkünden uns schon für Jungtrias-Jura die orogene Tätigkeit im Bereich der Zentralalpen. Eine bereits variszische Vorarbeit dürfte sich in der Grauwacken-Flysch-Fazies (mit klastischen Einlagen aus altem Tauerngneis; Br. Sander 1947) der Unteren Schieferhülle ergeben. Die Obere Schieferhülle ist mesozoischer Flysch + Ophiolith.

2. Die zentralalpine Tektonik ist *mehrphasig*, wie Br. Sander mit anderen 1939 ausgeführt hat: Es wurde im allgemeinen nach einer Streichrichtung in NW-SO (Kern-nah noch in tauernkristalliner Tieflage geprägt) eine in WSW-ONO streichende Struktur geschaffen, nachjurassisch in den Tarntalern, vortauernkrisatllin in Tauern und Schneebergerzug, vorlaaserkristallin am Jaufen, vormesokristallin in Villgratten. Zuletzt prägte sich eine W-O streichende Struktur aus in den Tauern, als Folge jungalpiner Einengung.

3. Die beiden ersten Hauptbeanspruchungen sind überwiegend Folgen größerer Massentransporte „über die Zentralalpen weg", die wir nur als Prägungsfolgen der aktiven Unterstrommassen ansehen können: als „*Unterwälzung*".

Hierbei wurde nach unserer Vorstellung die Untere Schieferhülle (Abb. 125), die Obere Schieferhülle, die Radstädterdecke und die Tarntaler Serie auf dem Rücken des nach N und nach abwärts unter die Nordalpennarbe hinab driftenden Geoplasmas mehr oder weniger weit mitgeschleppt. *Es kam zur Bildung von südvergenten*, liegenden, also gegen N abwärtsstirnenden Deckfalten (Rauris, Fuschertal). Solche bohrten sich mit der Unteren Schieferhülle und deren dunklen Phylliten (Brennkogeldecke, Riffelschiefer) nordwärts in die gleichartigen Fuscher Phyllite (H. P. Cornelius 1935), die in die Wildschönauer Schiefer übergehen. So liegen sie nordwärts unter nördlicheren Fortsetzungen, welche wir als Nordgrauwackenzone kennen und welche die gleichfalls unterscherten Nordkalkalpen tragen. Solches Hinabtauchen geschieht teils senkrecht (E. Braumüller & S. Prey 1943) teils sogar mit nordwärtiger Unterschiebung.

Ob dabei jüngere Schuppen oder Spitzmulden (von sog. „unterostalpinen", Radstädter Elementen) noch mit eingeschuppt wurden oder nicht, das spielt keine, jene Grundtatsachen abändernde Rolle. Diese Grunderfahrung sehen wir darin, daß also auch nach neuesten Ergebnissen gründlicherer Kartierung *zwischen Tauerninnerem im S und Nordkalkalpen im N fast durchweg südvergente, teilweise senkrechte Bewegungsbahnen liegen.*

Nach der Deckenmechanik, welche die Aktivität *oben* sucht, müßte das genau umgekehrt sein. Da müßten wir *Über*-Schiebung gegen N haben, also Weiterförderung der Hangendstockwerke gegen N, am weitesten der Nordkalkalpen. Es ist aber gerade umgekehrt! Oberjura-Kalkphyllit schob sich unter Lias.

Wir sehen ganz allgemein *Unter*-Schiebung gegen N. Die tieferen Teile der Unteren Schieferhülle gingen gegen N voran und schleppten die dabei zurückbleibenden Hangendlasten mit, spießten viele Juramulden nach N hinab.

Es ist völlig ausgeschlossen, daß dieser gesamte Gebirgsbau erst nachträglich aus einem gerade entgegengesetzten, nämlich ursprünglich nordvergenten Deckenbau nach dem nappistischen Vorschlag umgebaut worden wäre.

Die wirkliche Nordvergenz, welche der Nordflanke der Südalpennarbe angehört, setzt erst im S der Tauern von der Mallnitzermulde an ein. Hier im S der Tauerngneiskerne haben diese bei ihrer Annäherung (zu anderer Zeit als bei der Nordunterströmung!) gegen die dann übermächtige Südalpennarbe weniger Hüllmassen mitgeschleift als ihnen dies möglich war gelegentlich ihrer Nordunterwälzung zu anderer Zeit.

4. Infolge ähnlicher Unterwälzungsmetamorphose aus petrographisch vielfach ähnlichem Ausgangsgestein entstand Habituskonvergenz zwischen dem schweizerischen Pennin und den ostalpinen Tauernhüllen. Keine Beobachtung erlaubt daher den Schluß, daß letztere zur penninischen Decke gehörten und an deren Bewegungsart zeitlich und räumlich teilgenommen hätten.

Ebensowenig darf man, wie dies im ersten Überschwang der Deckensucher verstehbar geschah, das zentralalpine Mesozoikum von Radstadt und Tarntal alters- und deckenmarschmäßig mit der unterostalpinen Deckeneinheit der Schweiz vereinigen. Diesbezügliche Einbürgerung in manchen Köpfen ist niemals durch Beobachtung bestätigt worden und geht an der Schema-fremden Alpennatur vorbei.

Nur darin sehen wir Gemeinsamkeiten des W mit dem O, daß in beiden Fällen etwa im Lias schuttliefernde Schwellen sich orogen bewegt haben. Bei Tweng ist ja auch die nach R. Schwinner 1935 der Tarntaler ähnliche Schwarzeckbreckzie bekannt und in Fortsetzung des Radstädter Mesozoikums von E. Clar mit dem zentralalpinen Mesozoikum der Tarntaler verglichen worden. Dieses hat nicht wegen Zugehörigkeit zur gleichen Decke, sondern wegen gemeinsamer Bildung in bewegtem Inselkranz-Archipel „unterostalpinen" Habitus.

5. Übersicht der Liasbewegungen

a) *Im Nordalpenorogen*

Die nordalpine Geosynklinale wird von einem nördlichen und südlichen Fleckenmergel-Randtrog begleitet und hat längs der Böhmischen Masse in Österreich eine ausgesprochene Küstenfazies. Südwärts an Böhmen schlossen sich Inselvorposten dieser Masse und eine Menge Schwellen und Senken an, welche *jugendlich-wachsende Sättel und Mulden* darstellen. Soweit die Einzelfälle bereits klarliegen, wie im Kammerker-Sonntagshorn, in der Schafberg-Osterhorn-Gruppe u. a., lassen diese Falten während Obertrias-Lias eine allmähliche *Ortsverlagerung gegen N* erkennen. Es sind „*Wanderfalten*".

Bei mächtigem Triasdolomit- und Kalk-Untergrund erhalten die Sattelschwellen eine breite, steife Plattform, besetzt mit Hierlatzfazies und voneinander getrennt durch Ammonitenkalksenken. Diese steife und an Flexuren zertrümmernde Jungfaltung zeigt oft *geringe oder keine Lagebeziehung zu den Schubflächen des Schuppen- und Deckenbaues.* Letztere gehen oft quer zu den Faziesgrenzen des Liasmeeres. Bei weniger steifem Karbonatplatten-Untergrund wurden harmonischer verbogene Wanderfalten gebildet.

Daß beiderlei Baubilder der gleichen Kraftanstrengung entstammen, das kann nicht nur aus der ungefähren Gleichzeitigkeit ihrer Entstehung entnommen werden. Außerdem auch aus der sehr ausgeprägten Ungleichförmigkeit, mit welcher verschieden alter, meist dem jüngeren Unterlias angehörender Hierlatzkalk teils auf Kössener Schichten, teils auf Oberrhätkalk, Dachsteinkalk oder Hauptdolomit übergegriffen hat. Auch werden Verwerfungen und längs solcher bereits verstellte Blockschollen vom Lias glatt überschritten: *Das unregelmäßige Relief ist Folge der zertrümmernden Faltung am Ende des Rhäts und im untersten Lias.*

Ähnliches zeigt sich gegen den kalkalpinen Südrand, von dem freilich nur noch sehr viel weniger erhalten geblieben ist.

Die *Mittelachse* stärkster Schichtmächtigkeit und damit erheblichster Senkung hat sich nach der norischen durch die rhätische auch noch in die Liaszeit weiter und weiter *gegen N verlagert.* Am Triasende lag südlich dieser Achse die von ihr vorher gebildete, weit ausgedehnte und sehr mächtige Riffplatte. Gegen Liasbeginn erhob sich letztere als weit ausgedehnter, verkarstender Inselrücken. Die alte, triadische Mergelsenke querte von SO gegen NW über Ischl gegen Salzburg hinaus aber auch diesen Inselrücken noch mit ihrer Fleckenmergelfazies.

Die alte, zur Schwellen- und Beckenfaziesbildung führende Meeresbodenverbiegung ging unter allmählicher Absenkung auch noch im Lias weiter. Diese Niederbiegung konnte durch die Schichtauffüllung nicht ausgeglichen werden. Darum zeigt der jüngere Lias eine fortschreitende Meeresvertiefung. Dabei muß die Absenkung im Unterlias *teilweise recht beschleunigt* verlaufen sein. Obwohl, wie gesagt, der allgemeine Entwicklungsgang der Verbiegung gegen N voranschritt, fanden wir doch insofern eine *rückläufige Teilentwicklung,* als die harte jungtriadische Riffplatte erst allmählich, und zwar von dem (jetzt nördlicher verlagerten) Achsenbezirk kräftigster Leistungen aus südwärts, überwältigt und abwärts gebogen werden konnte: Hier erscheinen daher die niedersinkenden Mulden zuerst im bajuvarisch-nördlichsttirolischen, danach im tirolischen Osterhorn- und schließlich im juvavischen Südbezirk.

Einzelheiten im Hagengebirge-Lofer, untermeerische Großrutschungen u. a. beweisen die gegenüber der Obertrias fortschreitende *Verengung und Verschärfung des Faltenwurfes*. Ja, es zeigte sich, daß nun bereits eine südliche Randschwelle heranmarschierte, welche als *die Stirn der juvavischen Decke* aufgefaßt werden muß.

Jungfalten erscheinen im Kammerker-Hochfelln-Hochkienberg-Heuberg-Wendelstein. Jetzt steigt das große, nordtirolische Hauptdolomitgewölbe mit scharf eingebogener „Teilvortiefe" im N auf und sinkt im S davon die wohl über 100 km lange Struktur der Karwendelmulde. Diese setzt sich ostwärts mit der breiten kalkalpinen Mittelwanne Oberaudorf-Salzburg fort, während an dem gleichfalls sehr langen Nordrand der Lechtaldecke der Kalkschwellensattel aufsteigt als deren Stirnschwelle, um sich nordwärts gegen eine Art Vortiefenmulde in Gestalt des Rückens der Allgäudecke niederzubiegen. Die Ringberg-Kalkschwelle taucht auf, es erscheint der randliche Schwellensand im Geigerstein-Fockenstein und der ungewöhnlich rasche Wechsel von Fazies, Mächtigkeit und Schichtlücken im Roßsteingebiet.

All das leitet in den *westlicheren Faziesbereich* über, in welchem die Mulden überwiegend durch Fleckenmergel eingedeckt wurden. Da stellten sich neue Faltenwellen ein: im N die jetzt aufsteigende Hauptdolomitsattelgirlande der Lechtaldecke, deren Stirnrandschwellensattel gegen die Mulde der Allgäudecke, welche selbst, nur östlich Schwangau sichtbar, eine neue Kalkschwelle formte. Der Schwellensattel des Lechtaldeckenrandes, im N stark eingeengt, wird im N und S bereits von *flyschartig* unruhig werdender Fleckenmergelfazies begleitet. Wiederholte, scharfe Umlagerungen, Werfener Quarzsande, welche das deckenartige Vorrücken der Iseler Schwelle schon für die Liaszeit verraten, überhaupt das Überhandnehmen der auf eine gesteigerte Meeresbodenunruhe in Allgäu-Vorarlberg hindeutenden Allgäuschieferfazies, *bedeuten schärfere Bewegungen in den westlichen Kalknordalpen*. Steiler werden die Böschungen, tiefer die Mulden trotz Weiterbestehens von Inseln.

Solche Inselgirlanden gab es hier, aber keinen Rand einer einheitlich gedachten „oberostalpinen Geantiklinale", welche der ganzen Lage nach mitsamt der Allgäudecke bereits im westlichen Allgäu-Vorarlberg fehlen muß. Wiedererhoben sind die Deckenstirnen der nördlichen Lechtaldecke und eine südliche Teilschwelle der Allgäudecke als Untiefenstreifen, ebenso Teilschwellenzüge in der südlichen Lechtaldecke selbst.

In den Nordschweizer Klippen mit 1, *in den Freiburger Alpen-Präalpen* mit 3 solchen Schwellenzügen der Klippendecke (einschließlich Nordrandschwelle der Brekziendecke) geht in der äußeren (randostalpinen) Kalkalpen-Fortsetzung zur gleichen Zeit die gleiche Jungfaltung gegen W hin weiter. Dieselben späträtischen Heraushebungen, dieselben Roterden und Schichtlücken des untersten Lias, die Hierlatzkalke auf den Schwellen, die gleichen, die *Flysch*-Schütteltischfazies vorbereitende Fleckenmergel-Uniform in den Mulden; die gleiche, fortlaufende Entwicklung der Jungfalten bis zu den Sätteln, Mulden, Deckenrändern der gegenwärtigen Bauform; die gleiche sich daran anschließende, verstärkte Absenkung, kurz: *Auf einer über 300 km hinstreichenden Archipeltroglänge vom Wiener Wald bis zum Annecysee überall die gleiche Grundbewegung im gleichen kalkalpin-präalpinen Bildungsstreifen!*

Und wandern wir in den *Westalpenbogen einwärts*, so erweist sich mit der Rät- und Liaszeit dasselbe Bild: Eine erste, die Mûredom-Schwelle, trennt mit Riffkalk die Muldenfazies der subalpinen Ketten von jener des Dauphiné-Troges. Eine zweite, im Verhältnis zur Nachbarschaft weniger rasch sinkende „Hauptschwelle" des Briançonnais bekrönt sich mit der Telegraphe-Brekzie und trennt zwischen dem Dauphiné-Trog im W und dem Trog der Glanzschiefer auf der italienischen Seite. Hier setzt die im S nicht entwurzelte Brekziendeckenschwelle fort, die sich noch im einzelnen gliedert und deren wiederholtes Auf- und Niedertauchen vielfach gut abgelesen werden kann. In der Subbriançonnais-Zwischenfazies sehen wir die Fortsetzung der äußeren Präalpen. —

Auch in diesem Westalpenbogen ist vielfach ein *queres Übergreifen* der späteren Baulinien über die Anfangsordnung der Liasfazies und die embryonalen Bewegungsformen zu bemerken — nicht anders als am ganzen Südrand des kalkalpin-präalpinen Gürtelstreifens: Wir haben die juvavische, die Krabachjochdecke, die Verschiebungen im N des Arctales oben gegen N bzw. W bereits 1936, I darauf zurückgeführt, daß der Haupteinengungsschauplatz der nordalpinen Narbe im Jura noch weiter innen lag. Erst spät wurde er weiter nach außen, gegen N bzw. W verlegt.

Der nördlich an den kalkalpin-präalpinen Trog anschließende *ultrahelvetisch-helvetische Streifen* sank im S der vindelizischen Aaremassiv-Außenmassiv-Reihe bzw. in deren O nur sanft und nur sehr weiträumig mit kalkigem oder küstennahem Unterlias und mehr schiefrigem, höherem Lias. *Hier herrschte noch viel Ruhe.* Erst die mächtiger anschwellenden, teilweise schon Chondriten führenden Allgäuschiefer im südlichen Ultrahelvet bringen den Übergang zu den randostalpin-präalpinen Jungfaltenstreifen mit gesteigerter Senkung im S.

Noch bewegter als der kalkalpin-präalpine verhielt sich im Lias der an ihn südlich bzw. östlich anschließende *penninische Raum.* Hier konnten E. Argand und R. Staub aus der Verteilung der Schwellen- und Beckenfazies, verglichen mit dem tektonischen Plan, die gleichen embryonalen Liasfalten nachweisen, welche uns schon im kalkalpin-präalpinen Raum auffielen. Die aus der Briançonnais-Schwelle fortsetzende Stirnschwelle der Bernharddecke mit größerer Steilheit der Außenböschung, an der Adula-, an der Tambo-Suretta- und Bündener Margnadeckenstirn, im S das Hinzutreten auch der gabbroiden Schmelzflüsse (in den Mulden mehr die basischen Serpentine, in den schwellennäheren Deckenteilen die mehr sauren Gesteine) und andere Anhaltspunkte ließen uns ein von SW gegen O und NO ausstrahlendes *Rutenbündel von Jungfalten* im penninischen Raum annehmen.

Aus dynamischen Erwägungen erscheint es wahrscheinlich, daß die stärkere neritische Fazies im SO und nicht im NW der Mont-Dolin-Schwelle (Dent-Blanche-Decke) deswegen liegt, weil hier an der Südflanke der nordalpinen Narbe die Unterschiebung gegen NW ging. Dabei wanderten bereits damals am Grunde des penninischen Liasmeeres die Deckenstirnen als äußeres, sehr unvollkommenes Abbild der Schwellenbewegung stärker. Das ist tiefbauliche Einengung durch Unterströmung jeweils der Vortiefenmulden unter die zugehörige, sich relativ darüberwegschiebenden Schwellen. Das ist aber nicht das Stirnrunzeln vor der Front des heranrückenden afrikanischen Kontinents.

Das westliche Mittelstück der großen nordalpinen Einengung, das penninische nämlich, *war im Lias am schärfsten eingeengt.* Das beweisen die auftretenden Grünsteinmassen, die klaren Anzeichen der Deckenstirnwanderung und die Flyschfazies der mächtig gefüllten Mulden. Konvergenzen liegen in Tauern-Radstädtern.

Mit sich anschmiegenden Wellen geht das penninische Jungfaltenbild auch im SO weiter durch *Unterostalpin und Mittelostalpin*, im N ostwärts zum Tarntal.

Die ebengenannten Anzeichen für tiefbauliche Spitzenleistung übertreffen nur wenig die Beweglichkeit in diesem Feld alt und jung aufragender Schwellenklötze. Wir haben noch in der unterostalpinen Err- und Sella-Decke Ophiolithmassen, und wir ermessen an dem Emporsteigen der kristallinen Schwellenkerne bis in die Abtragungsoberfläche der mächtigen Hauptinseln auch sehr bedeutende Höhenunterschiede zwischen Mulden und daneben emporgestiegenen Sätteln. Gleiches entnehmen wir den Übergängen von Allgäuschiefer in Flyschfazies der Mulden sowie der bedeutenden Grobschuttstreuung. Sie zeigt durch ihre Verbreitung den auch im Unterostalpin im Gang befindlichen Deckenmarsch von 3 Deckenstirnschwellen. Es zeigt sich sogar, daß nach Ausstreuung der verschiedenen Liasschuttmassen grundlegende tektonische Verlagerungen hier nicht mehr stattfanden, *daß somit schon im Lias ein Hauptteil des heutigen Baues fertig wurde.*

Wie weit während der anschließenden Senkungszeit im höheren Lias und Dogger da noch weiter gearbeitet wurde, das kann mangels sedimentärer Abbildung in dem tiefer gewordenen Meere nicht mehr ermittelt werden.

Hinter den unterostalpinen marschieren die mittelostalpinen Jungfalten: die Campodecken-Stirnschwelle, die Quatervalstrogmulde, die Liaskalkschwelle der Aroser Dolomiten. Gegen SO dürfte die Schärfe der Einengung vom penninisch-unterostalpinen Raum ebenso abgeflaut sein wie von ihm aus gegen NW zu.

Der westalpine Pennin-Raum schien im Perm und in der Trias eine gesicherte Hochburg des festländischen Stoffwechsels, also der kontinentalen Hochlage. Solange nicht einwandfreie Beispiele dagegen sprechen, scheint dies nicht so sehr auf kontinentaler Vollkonsolidierung als darauf zu beruhen, *daß in diesem Innenwinkel die orogene Kraft erst recht verspätet einsetzte. Es läge also hier kein Beweis für völlige Umwandlung eines kontinentalen in einen geosynklinalen Unterbau vor.*

Jedenfalls erscheint im Lias das penninische Feld als stark bewegter, eingeengter Jungfaltenraum, in welchem sich die mächtig anschwellende Allgäuschiefer-Glanzschiefer-Fazies der bewegten Teilmulden schließlich überall breit machen konnte. Das Hauptfeld der Senkung und Bewegung lag in dem von Grünsteinlaven durchschweißten Kern, dessen stärkste Druckumwandlung zu Glanzschiefer ja keineswegs gerade hier zufällig entstanden sein dürfte.

Ringsum verschoben sich die Sättel und Deckenstirnen des auswärts vorgebogenen Rutenbündels von Inselgirlanden, den äußeren Massivschwellenrahmen nachformend.

Die Marschkolonne der mittel- und unterostalpinen Jungfalten ist offenbar als Folge der gegen SO ansaugenden Unterschiebung an der Nordflanke der Südalpennarbe anzusehen. Die westliche Haupttrogsenkung und Einengung der Nordalpennarbe scheint sich während des Lias *in 2 Hauptstreifen* gegliedert zu haben:

1. in den trotz vorangegangener, triadischer Versteifung durch Karbonatplatten dennoch scharf in Jungfalten und Schuppen untergeteilten präalpinen Raum und

2. in den vorausgehend ungleich weniger versteiften, darum mit beweglicheren Jungfalten, Deckenstirngirlanden und zentralen Grünsteinschmelzen reich durchsetzten penninischen Innenraum. Ihm schlossen sich noch die mit dem Erbe jungvariszischer Teilmassive belasteten und darum mit steileren Bruchböschungen und höheren Flexuren zwischen Teilmulde und Teilschwelle antwortenden unterostalpinen Jungfalten an.

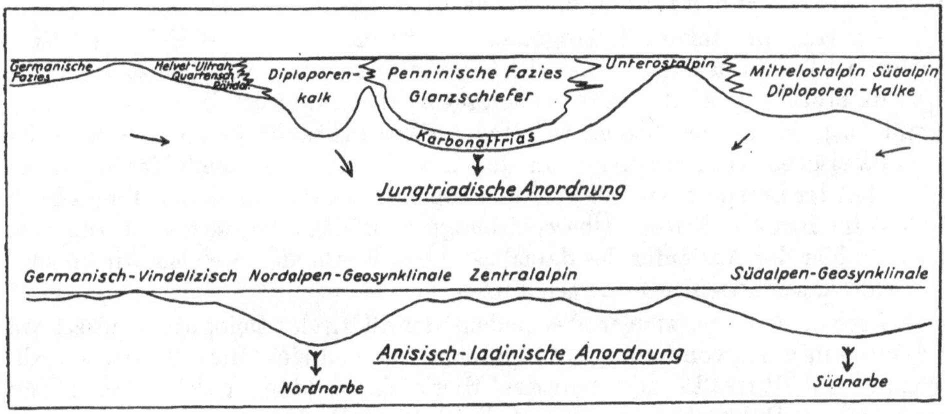

Abb. 70. *Der Umbau der Bewegungspläne während der Trias- und Liaszeit* in schematischen Profilen durch die Schweizeralpen.

Die Inselschwellen scheinen sich im Lias oben hauptsächlich gegen N und NW verlagert zu haben. Dies läßt darauf schließen, daß damals entweder die Lage der nordalpinen Haupteinengung mit lotrecht abwärtigem Hauptmassenverlust weiter südlich unter Zentralalpen und penninischem Raum lag, oder daß sie vielleicht damals weniger steil abwärts als vielmehr schräg gegen S und SO einem dorthin gerichteten Hauptunterstrom der größeren Tiefe folgte. Daraufhin müssen alle Geländebeobachtungen noch ergänzt werden. Jedenfalls wird uns aber so schon jetzt verständlich, wieso derart weit südlich gelegene Hauptdecken wie die der Glanzschiefer des Piemont, die Bernharddecke, Niesendecke, Krabachjochdecke und die juvavischen Decken oben zunächst einmal eine nord- bzw. nordwestwärts gerichtete Hauptbewegung anzeigen. Aus der später erst einsetzenden Hauptunterschiebung dieser Decken in entgegengesetzter Richtung dürfte auf eine Verlagerung der Haupteinengung gegen N bzw. auf ein Steilerwerden der abwärts gerichteten Haupttiefenströmung geschlossen werden.

Den Versuch der Darstellung eines Umbaues der Hauptbewegungspläne während Trias- und Liaszeit im Schweizer Raum gibt Abb. 70.

b) *Südalpenorogen*

Vergleichbar dem massiven Bogenzug der Briançonnaisschwelle im NW bildet der altkristalline Seengebirgsstreifen im SO einen Zaun für das innerwestalpine Feld der Haupteinengung. An ihm liefen von NO her schräg die Jungfalten des Mittelostalpins, dann des Unterostalpins, schließlich des Pennins aus. Er scheint aber dann selbst ausgesetzt zu haben, so daß der Meerestrog des Dauphiné-Subbriançonnais mit dem Meer über dem Streifen der südalpinen Haupteinengung in offene Verbindung treten konnte — ähnlich wie schon in der Trias. (Abb. 55).

Die Einzelheiten der zur Inselzeit abgetragenen Sattelschwellen und der mit mächtigem Schlamm eingedeckten Mulden bezeugen auch für das lombardische Teilstück eine spätrhätische und teilweise noch unterliassische Faltung, welche schon im Ladin eingesetzt hatte und bereits etwa die Hälfte der tektonischen Winkelverstellung besorgt hat, die wir heute beobachten.

Einem langsam sinkenden Troginneren steht im N- und NW-Teil der Etschbucht eine Anzahl beweglicher, am Rhätende abgetragener, von Schutt und Hierlatzkalk bedeckter, randlicher Schwellen aus Rhät, Hauptdolomit, Schlerndolomit, Granit gegenüber. Verschieden weit ragen diese Schrägflächen als Beweise der unterliassischen Teilbewegungen in den Trog hinein, dem auch der nördliche Hauptteil der Lessinischen und Feltriner Alpen angehörte. In diesem Trogbereich treten die Brüche, Falten, Überschiebungen auffallend zurück — vermutlich schützte hier der Ausläufer des damals stabilen Festlandes, welches wir im südöstlichen Anschlußgebiet vermuten dürfen.

Weitgehendes Emporsteigen des Bodens der Südtiroler Dolomitenschüssel am Triasende in Form von flachen Teilschwellen war von einer unterliassischen Absenkung mit Riffkalk- und teilweise Hierlatzkalkbildung gefolgt. Auch hier herrschte viel Ruhe, ebenso noch östlich des Piave-Beckens.

Erst dort, wo auch im heutigen Bau mit Annäherung an die Abzweigung des dinarischen Orogens die Schichtstörungen stark zunehmen, wächst auch die Buntheit des liassischen Fazieswechsels. Während die ruhigere Venezianer Fazies nur nahe dem adriatischen Randstreifen weiterging, griff im Gebirge selbst der Idrica-Liaskalk teils über Hauptdolomit, teils über Dachsteinkalk. Ein durch die Jurazeit mit wechselnder Gestalt bestehender Schwellenzug ragte vom Hochkarst bis hin zu den Tarcento-Domen auf: die südjulische Randschwelle.

Sie ist der westlichste Rest älterer Schwellenzüge, die zwischen der dinarischen und südalpinen Trogwanne bestanden hatten. Gegen Eisnern-Karfreit schloß im Jura die Einmuldung des Porezentroges an, nördlich davon die Dachsteinkalk-Schwellenplatte der zentralen Julischen Alpen. Erst allmählich im Mittel- und Oberlias konnte das sich auch hier dann ausbreitende und vertiefende Meer die Schwellen ersteigen. Ein „Bauschiza"-Teiltrog schloß an, eine Mangart-Mulde bog sich weiter im N nieder.

Das Vorbedeutende des ganzen Baugeschehens liegt auch hier wieder darin, daß die Schwellen der Liaszeit, in diesem Falle von S her, unterschoben wurden, und daß die höchste Inselschwelle zugleich das höchstausgeschobene Stück des Bauplanes ist: *Danach entstand dieser in seiner Anlage offenbar schon zur Liaszeit.*

Anders könnte man das Zusammengehen von Liasfazies und Bau nicht verstehen.

Über alle Teilbewegung der Jungtröge und -schwellen aber herrschte die allgemeine Absenkung, in den Südkarawanken wie in der Wochein, in den Venezianer und Lombardischen Alpen wie in den Dolomiten und namentlich auch in der nordalpinen Geosynklinale. Mit der Senkung breitete das jüngere Liasmeer weithin seine Fleckenmergelfazies aus. Gesteigerte Niederbiegung einer dann sogar Manganerz und Radiolarienkieselschiefer absetzenden Tiefmeermulde fanden wir für das Mittellias-Ende in dem Mangarttrog, dessen Hierlatzfazies und Schutt dann für die Oberliaszeit das Teilemporsteigen, also die starke Jungfaltung gerade auch für die Zeit der allgemeinen Meeresvertiefung beweist. Auch diese Faltung von liassischer Anlage ist Bestandteil des heutigen Baues.

c) *Allgemeine Übersicht*

Treten wir nun noch einen Schritt weiter von unserem gewonnenen Bild zurück und verbinden nur die allgemeinsten Bewegungszüge im Antlitz der alpinen Liasgeosynklinalen miteinander!

Wir sahen, so wie vorher schon für die Triaszeit, die beiden Hauptwannen, die nordalpine und die südalpine, weiter sinken, sich dabei aber schon wesentlich stärker und schärfer in Tröge und diese noch in Teilmulden zergliedern. Eindrucksvoll ziehen nun die Jungfalten durch den Gesamtraum der Nordalpenwanne von Wien zum Annecysee, zum Briançonnais und südwärts noch bis zum Tarntal und in die Radstädter Tauern. Die Schwellen sind zumeist die Untiefen- oder Inselschwellen der größeren Decken, zugleich dort entstanden, wo der Bau noch heute seine Hauptsättel hat — seien es nun die Deckenstirnsättel oder die übrigen Sättel.

Somit war die heutige Tektonik schon im Lias in voller Bildung begriffen. Schon damals hatten sich Decken auf die Wanderschaft begeben.

In den besser bekannten Fällen läßt sich diese Wanderbereitschaft der nördlicheren Jungfalten gegen N bzw. W erweisen. Verlagerung der Schutt-Sammelstätten, großzügige und oft wiederholte Abrutsche an den übersteilten Meeresböschungen, welche auswärts, in der Wanderrichtung liegen, setzten bereits ein. Die Sedimente selbst beginnen in ihrer Tracht zu zeigen, daß sie auf dem beweglichen Reliefrücken der gleichzeitig in einengender Gebirgsbildung begriffenen Tiefe, also „orogen" entstanden sind. Die Fazies der Fleckenmergel bereitet diesbezüglich jene des Flysches vor. Die gesteigerte Einengungskraft in den schlammsammelnden Schiefermulden preßte diese nachfolgend namentlich im penninischen Raum noch weiter unter einer Randschuppenlast dynamometamorph mit Schieferung zu den „Glanzschiefern" zusammen.

Waren während der Triaszeit die Falten teilweise noch zurückbiegbar, bildeten sie also eine Art *stehender* Wellen, und glich damals die Erdrinde noch eher einer durch die beweglich gewordene Tiefe nur massierten Haut, so wurde diese Haut nun im Lias selbst *in bleibende* Falten mitverbogen und längs Schubflächen mitverschoben: *Die formende Tiefenkraft griff jetzt auch die obersten Stockwerke umbauend an* (Abb. 71).

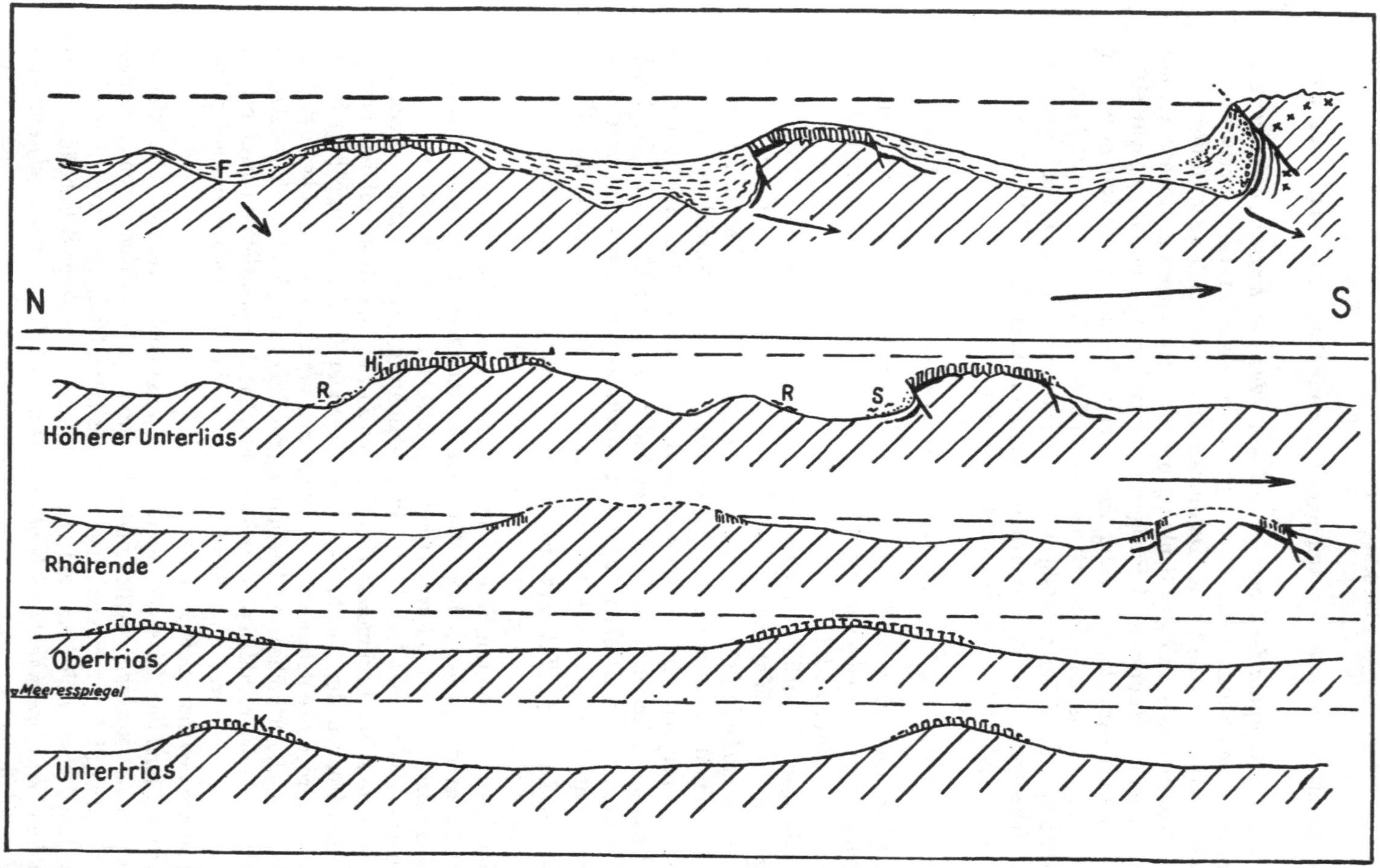

Abb. 71. *Profilschemata der fortschreitenden Jungfaltenentwicklung in Trias-Lias der nördlichen Kalkostalpen.* Fortschreitende Unterströmung, an der die Erdhaut zunächst noch wenig teilnimmt, massiert nur flachwellige Trennungsflächen von Einzelstockwerken. Teilschwellen erhalten dabei Untiefensediment *K*, erste Inseln erscheinen. Mit stärkerer Wellung geraten die versinkenden Muldensohlen in das Stockwerk kräftigerer Unterströmung und werden hier mitgenommen. Dagegen bleiben die höheren Teile in dem verkeilten Hangendstockwerk zurück: Die Schwellensättel legen sich über die sie unterdriftenden, unterschiebenden Trogmulden, welche sich als „Vortiefen" im Tempo ihrer Senkung und der exogenen Sedimentzufuhr mit Sediment füllen. Böschungsschutt *S*, Rutschungen *R*, Hierlatzkalkrinden *Hi*.

In dem nördlich vorgelagerten, damals also noch nicht „alpinen", ultrahelvetisch-helvetischen Streifen geschah dies damals noch nicht. Kaum den Beginn bildete der südlichste, innerste Rand im Lias ab.

Demgegenüber bemerken wir gebirgseinwärts von der nordalpinen Wanne, im westalpinen Pennin und Unterostalpin, einen gewaltigen Fortschritt. Das vorher ziemlich ruhig gelegene und nur in sanften Obertriaswellen verbogene Mittelstück der Westalpen holte mit mächtigem Schwung nach, was es bisher versäumt hatte. Hier, wo — abgesehen von den Einsichten E. Haugs — zuerst die liassischen Jungfalten in ihrer Bedeutung erkannt wurden, zerlegte sich nun die Erdrinde in die weithin fortstreichenden Frontschwellen der großen Decken. Die auswärts benachbarten Haupttröge unterschoben sich ihnen und wurden von mächtigen Fluten der Grünsteinschmelzen belastet, durchdrungen; sie wurden beladen durch Tausende von Metern mächtige Orogenschlamme, die Glanzschiefer von heute. Selbst der variszisch schon vorversteifte Unterbau im Unterostalpin konnte nicht mehr standhalten und wurde in — wenn auch etwas steifere — Sattel- und Muldenstreifen zerbogen oder zerbrochen.

Die südlichsten Jungfalten scheinen hier von S her unterschoben zu sein. Immerhin aber dürfte die Narbe größter Einengung in der nordalpinen Geosynklinale damals recht weit im S gelegen haben, denn die ersten Schübe gingen auch für südlichste der heute noch erhaltenen Kalkalpendecken, auch für den Nordrand des Unterengadiner Fensters, für Niesen- und Glanzschieferdecke, zunächst oben gegen N. Oder richtete sich damals der hauptsächlichste Abfuhrstrom nicht senkrecht nach abwärts, sondern schräg gegen S, so daß die Südflanke unserer Nordnarbe zunächst nur wenig und nur schmal zur Geltung kommen konnte? Abb. 70.

Einstweilen kann schon angenommen werden, daß, im großen gesehen, die Nordverlagerung der Hauptsenkungsachse der Nordalpengeosynklinale, die wir gegenüber der Triaszeit für den Lias erkannten, wohl nur eine Teilerscheinung darstellt. Sie mag durch die Steifheit der triadischen Riffplatte (Inntaldecke-Kaisergebirgsdecke-Berchtesgadener Platten-Hochschwab-Schneebergdecke) bedingt sein, welche ja nur langsam fortschreitend überwunden und in ungefüge Falten gelegt werden konnte.

Von dem sich während der allgemeinen Senkung zusammenkrümmenden Jungfaltenwurf der Nordalpengeosynklinale unterschied sich jener in den (im W damit wohl verbundenen) Lombardischen und in den Julischen Alpen der südalpinen Geosynklinale nur wenig. Fehlt es aber der Nordalpenwanne an einer der Nordflanke *gleichwertig* ausgeprägten und erhaltenen Südflanke, so bei der Südwanne an einer breiten Nordflanke. Nur deren Basalteile blieben uns erhalten. Immerhin, *vorhanden* waren beide Teilflanken auch im Lias, so daß die Doppelorogennatur, die paläozoische Erbschaft, auch für die Liaszeit nicht in Frage steht. Es scheinen damals nur die beiden Narben des abwärtigen Hauptmassenverlustes im Untergrund einander näher gelegen zu haben als vorher und nachher.

Durch größere Widerstandsfähigkeit gegenüber der liassischen Verbiegung zeichneten sich die Dolomiten und die Venezianer Alpen aus: Die gleichen Bezirke verhielten sich im Lias ruhig, welche auch noch im gegenwärtigen Baubild nur geringere Störungen erkennen lassen. Auch danach reicht also der Bauplan in jene Frühzeit zurück.

Überaus eindrucksvoll werden die Bewegungen beider Geosynklinalen *durch ihre gemeinsamen Züge ungefähr zur gleichen Zeit:* Die Teilrelief- und Faltenbildung schon am Rhätende, die anschließende, allgemeine Hebung, Untiefen- und Inselbildung, sowie Abtragung im untersten Lias, die nachfolgende Senkung unter weitergehender Jungfaltenverbiegung mit Deckenverlagerung bei weiterer Ausdehnung des tiefer sinkenden Fleckenmergelmeeres — all das wird durch das ganze Alpengebiet immer wieder beobachtet.

Fortschreitende Beruhigung?

Neben der Bodenbewegung hat man für die Reliefbildung dem Umstand eine übermäßige Rolle zugeteilt, daß im Rhät, angeblich ohne tektonische Mitwirkung, so viele Riffe gewachsen seien, welche tektonisch gebildete Schwellen nur vortäuschen. Und weil während des Lias diese Reliefformen sich allmählich auszugleichen scheinen (die Fazies wird uniformer), hat man den Schluß auf *zunehmendes Erlahmen der Faltung* gezogen.

Dieser *unmittelbare* Schluß vom Sediment auf die Bodenbeweglichkeit vergißt aber, daß, wie schon gesagt wurde, die Bodenbewegungen *nur im Flachmeersediment* besonders auffällig abgebildet werden können, was die gegenwärtigen Meere zur Genüge beweisen. Wenn in den anerkannt tektonisch entstandenen Teilmulden des älteren Lias die Fleckenmergelfazies mit ihrer halborogenen Tracht (E. Kraus 1927) erscheint, und wenn sich anschließend mit fortschreitender und sich erweiternder Meeresvertiefung diese Fazies überall ausbreitete, so beruhigte sich nicht etwa das Meer, sondern *es vertiefte* sich. Gleichzeitig ergriffen also die vorher nur in den Teilmulden gegebenen Ursachen der Senkung und der orogenen Tracht das gesamte Becken.

Gerade die im Mittel- und Oberjura dann einsetzenden Tiefseerinnen und vermehrten Böschungsabgleitungen beweisen weiter das keineswegs außenbürtig erklärbare Fortwachsen des Orogenreliefs.

Wo im jüngeren Jura noch Flachmeerschichten vorliegen (K. Leuchs 1927, 68), wie an der Stirn von Allgäu- und Lechtaldecke, auch da kann man von allem, nur nicht von einem Abflauen des Fazieswechsels und damit hier der Bodenbewegungen sprechen. Und wenn wir, um noch weiter vorzugreifen, 1932 feststellten, daß selbst die Flyschabsätze, an deren orogener Natur heute wohl niemand mehr zweifelt, je tiefer das Meer wurde, um so „normalere“ Fazies in Gestalt pelagischer Kalke und Radiolarite erhielten, so ist dies noch inmitten des späteren Hochbetriebes der einengenden Tiefenkräfte vielleicht der beste Beleg für unsere Auffassung.

Wollen wir wirklich noch den methodischen und grundlegenden Fehler mitmachen und lassen, indem wir die Abbildbarkeit der Bodenbewegungen übersehen, die Liste der gebirgsbildenden Hauptzeiten unserer Erde zu einer Liste jener Zeiten werden, in denen die Flachmeere überwogen bzw. weithin zurücktraten? Damit könnten wir höchstens die kontraktionshypothetisch vererbte Meinung „beweisen“, die Gebirgsbildung sei eine „Hochfaltung“, weil ihr Ergebnis während der Zeiten der Hochlage für Anfangsuntersuchungen allein deutlich erschien. Wirksam könnte solcher Beweis nicht sein.

Die Hauptbewegungszeiten sind nicht jene der Landherrschaft, sondern jene der Senkung, der Meeresvertiefung und Meeresausbreitung in den Geosynklinalen. Die Liaszeit gehört zu ihnen.

Für die außergeosynklinalen Zyklengebiete ist die Dauer von Absenkung und Tieflage *ungleich kürzer als jene der Aufwärtsbewegung und Hochlage.*

H. FREBOLD hat 1927, 234, vorausgesetzt, daß das Bewegungsspiel sich zusammensetze aus

1. ziemlich gleichmäßigen, ganz Mesoeuropa betreffenden Gesamtbewegungen („Totalundulationen", H. STILLES 1922) der Senkung, welche die großen und überall etwa gleichzeitigen *Transgressionen* brachten, sowie der Hebung;
2. aus Teilbewegungen („Spezialundulationen") der Mesoeuropa eingeschalteten, kleineren „geosynklinalen" Einheiten, welche überwiegend und fortdauernd Senkungstendenz haben.

Wenn 1 den Boden aufwärts führt, wird die Absenkung von 2 unwirksam, ja zu schwacher, langsamer Hebung. Führt 1 den Boden abwärts, dann verstärkt dies die Senkungstendenz von 2, sie wird so beschleunigt. Demnach wäre die unmittelbar und unzweifelhaft sedimentär ablesbare Sinkbeschleunigung und die sehr viel langsamere Hebung nur scheinbarer Wechsel in der Tiefenenergie. Auch wird die hypothetische Tendenz der Dauersenkung von geosynklinalen Teilräumen mit Bewegung 2 angenommen.

Der Nachweis dauernd sinkender Teilbereiche wirklich geosynklinaler Art innerhalb des konsolidierten Mitteleuropas dürfte weder gelungen noch wahrscheinlich sein. Auch kann der Zusatz einer so schwachen und allmählichen Senkungstendenz in der Zeit, in der das Gesamtgebiet sinkt, wohl kaum den plötzlichen Sprung von der so lange Zeit (Faunenwechsel!) eingehaltenen Hochlage bis auf die mehrere 100 m betragende Meerestiefe der unvermittelt einsetzenden Tonsedimentation erklären (H. FREBOLD 1927, Abb. 3).

Aus diesen Gründen und mit den Erfahrungen über die wirklich geosynklinal-alpinen Räume versehen, dürfte unsere bereits mehrfach erprobte mechanische Deutung vorzuziehen sein, die gleichfalls mit 2 verschiedenen, wenn auch anders gedachten Tendenzen arbeitet: Eine immer wieder auf die langdauernd eingehaltene, darum offenbar auf Normallage hinstrebende Kraft des Tauchgleichgewichts bringt die sehr langsame, regressive Hebung. Sie wird aber zeitweise aufgehoben und übertroffen durch die plötzlich zugreifende, geosynklinale Kraft der orogenen Absenkung, welche die allgemeinen und annähernd gleichzeitigen Transgressionen schafft, verbunden mit der hier freilich epikontinental schon stark („zur Spezialundulation") gedämpften Teilverbiegung. Diese orogenen Absenkungszugriffe erfolgten nach H. STILLES „epirogenetischer Gleichzeitigkeitsregel" und auch nach den H. FREBOLDschen Feststellungen für den Lias 1927, 237, im wesentlichen *gleichzeitig*, wenn auch mit verschiedener Schwingungshöhe und -dauer.

Im Gegensatz zur sogenannten „HAUGschen Regel" über mit der Außenhebung gleichzeitig wasserschluckende Senkung in benachbarten Geosynklinalen stellte sich auch (H. STILLE 1922, 88; S. v. BUBNOFF 1941, 151) hier für den Lias heraus, daß die Geosynklinalen gleichzeitig mit den außergeosynklinalen Hebungen ebenfalls ansteigen. Raschere Senkung gab es gleichfalls in beiden, den epikontinentalen Schelf- und den geosynklinalen Bereichen, in letzteren sogar vermehrte Senkung.

Weil diese Vorgänge von den echt strukturbildend-orogenen in den Geosynklinalen unmöglich abgetrennt werden können, *müssen sie offenbar auch in den umgebenden Schelfmeeren ebenso gewertet werden.*

Allein die ruhigere und weitspannigere Entwicklung dort hatte bislang dazu verleitet, unter „Epirogenese" etwas Abweichendes zu verstehen.

Die Geo-Synklinale ist keine Geo-Antiklinale!

Weil die ersten, noch embryonalen Keimanlagen am klarsten Auskunft zu geben vermögen über das Grundsätzliche bei der Gebirgsbildung, so soll hier, am Ende der Besprechung des Lias, mit dem die ersten, schärferen Gebirgsbewegungen in der alpinen Baugeschichte erscheinen, das bisher erkannte Grundgeschehen zusammengefaßt werden.

Daß die Regungen der alpinen Geosynklinalen zur Trias- und Liaszeit von vorbereitender Art sind und den aufkeimenden Bauplan bedeuten, das ergibt sich ohne weiteres aus der nachfolgenden Baugeschichte und ist im Grunde auch schon lange bekannt. Den alpinen Geologen ist im allgemeinen klar, daß diese ersten Regungen als erste Abschnitte eines nach dem Kräfteplan zusammengehörigen Ganzen zu gelten haben. Das wird in unserem Buch nur näher erläutert.

Wir ziehen den Schluß, daß es unrichtig wäre, durch eine Begriffsbildung, welche zwischen „Epirogenese“ und „Orogenese“ einen scharfen, grundsätzlichen Schnitt macht, *zu zerreißen, was seinem Werden und Wesen nach untrennbar zusammengehört.* Wir würden uns nur das Verständnis beider Erscheinungsgruppen verbauen, und wir haben es uns tatsächlich schon lange genug verbaut!

Seit meinem Münchener Vortrag in der D. Geol. Gesellschaft 1923 stellte ich die Forderung auf, daß man mit Rücksicht auf den Fortschritt, dem auf die Dauer nur wesensmäßige, also entwicklungsgeschichtlich klar festgelegte Begriffe dienen können, die rein beschreibenden Begriffe aus der Anfangszeit unserer erdbaugeschichtlichen Arbeit streichen müsse. Berechtigung und Notwendigkeit hierzu leite ich aus dem ganz klaren baugeschichtlichen Verhalten der alpinen Geosynklinalen ab.

Denn was sehen wir hier? Nicht etwa nur ausnahmsweise, sondern überall *beginnt die geosynklinale Bewegung mit Senkung der Erdrinde.* Die oft geringe Geschwindigkeit ist dabei zunächst ohne Belang, und auch Hebungen, wenn sie auftreten, geschehen meist langsam.

Die Senke wurde in skythischer Zeit vom Tethysmeer gefüllt, und die füllenden Sedimente zeichnen sich alsbald gegenüber den nichtgeosynklinalen der Umgebung durch größere Meerestiefe und auch durch die unter dem Ozeanspiegel sich mehr und mehr häufenden Flachmeerschichten aus. Es ist ganz richtig: Auch der germanische Buntsandstein ist oft viele Hunderte von Metern mächtig, die Werfener Schichten erreichen seine Mächtigkeit oft nicht; namentlich der Buntsandstein der Westalpen ist im allgemeinen ungleich dünner als der germanische. Das spielt aber für unsere Feststellungen keine Rolle. Entscheidend hat ja nicht die durch außenbürtige Kräfte oft ausschlaggebend mitbeeinflußte Ablagerungsdicke zu sein, sondern *die Bewegungsart des betreffenden Erdrindenteils.* Sie können wir zunächst aus keinem anderen Merkmal ablesen als *aus dem Verhalten der Reliefflächen gegenüber dem nur in langen Zeiten und nur um verhältnismäßig geringe Hubmaße veränderlichen Pegel des Weltmeeres.* Ihm gegenüber ergibt sich aber, daß jene Buntsandsteinmächtigkeiten im allgemeinen *über* dem Meeresspiegel gehäuft wurden — wohl auch durch die Lenkung innenbürtiger Kräfte, aber unter grundsätzlich abweichenden Gesamtumständen, nämlich in *hoher* Schwimmlage. Das sind Umstände, welche nicht zu einer echten, größeren Gebirgsbildung führen und mit dieser also *weder ursächlich noch dynamisch zusammenhängen.*

In all diesen Fällen der mächtigen Häufung von Festlandssedimenten, also des jungalgonkischen Torridon-, Potsdam-, Dala-Rotsandsteins, des devonischen Altrotsandsteins, des Neurotsandsteins (Rotliegend und Buntsandstein, H. Stille 1928), der mesozoischen Angaraschichten und tertiären Hanhaischichten bis zu den quartären Häufungen in abflußlosen Bezirken handelt es sich um Vorgänge *kontinentaler Zustände* im großen *aus der Endzeit einer Gebirgsbildung,* aber nicht etwa um vorbereitende Vorgänge wuchernder Geosynklinalen. Dies ist bekannt und hätte nicht übersehen werden sollen. Darum halte ich es für grundlegend unrichtig, bei jenen Festlandswannen mit A. Born von „kontinentalen Geosynklinalen" zu sprechen. Trotz des Grundunterschieds zwischen „Kontinent" und „Geosynklinale" wurde damit zusammengespannt, was durchaus nicht zusammen gehört. Schon der recht verstandene Wortsinn der „Geosynklinale" oder Erd-*Mulde* hätte warnen müssen. So darf man aber auch „Geosynklinale" und „Meeresgebiet" nicht einfach einander gleichsetzen, wie dies beispielsweise W. Deecke 1912 mehrfach getan hat.

Denn *bezeichnend für eine Geosynklinale sind zunächst Senkung, Stoffhäufung aus den äußeren Kreisläufen in den Senken, und gleichzeitig Gebirgsbildung des besonders beweglichen, im allgemeinen pazifisch durchströmten Untergrundes.*

Durch ihre größere Mächtigkeit, Ablagerungstiefe, Faziesmannigfalt unterscheiden sich schon äußerlich die geosynklinalen Sedimente von den festländischen, „epikontinentalen", in Flachmeeren, auf Schwellen oder „Geo-Antiklinalen":

Geosynklinalen sind keine Geo-Antiklinalen!

Wäre das unzutreffend, dann wäre der so oft noch heute unwillkürlich gebrauchte Gedanke der „*Hochfaltung*" richtig. Danach denkt man sich im Schlepptau der überlebten Kontraktionshypothese die gebirgsbildende Kraft als einengende, allgemeine Gewölbedruckkraft in einer ganz starren Erdrinde. Die Geosynklinalen wären aus irgendeinem Grund deren schwächste Teile, welche bei der Gebirgsbildung ausgepreßt, also hochgefaltet würden. Dem widersprechen aber mehrere, eigentlich schon recht lang bekannte Tatsachen. Einmal die gleichzeitige Senkung und Zerrung an anderen Orten, die Nichtübertragbarkeit der Riesendrucke über kontinentale Räume, dann die Geschichte *jeder,* nicht allein der alpinen Geosynklinale und weiter die Tatsache, daß das Hochgebirgsrelief erst als spätere Folge und beim Nachlassen der gebirgsbildenden Kräfte entsteht.

Das Werden der Urfalten

Die ersten Regungen der gebirgsschaffenden Kraft müßten ja im Fall a der Abb. 72 durch Emporhebung gegen den Ort geringsten Nachbardruckes, also gegen den Luftraum, beantwortet werden. Es würde das Relief eines gebirgsgebärenden Erdrindenteils, also einer Geosynklinale, schon in den ersten Anfängen *nach oben* steigen. Sogleich müßte sich, schon in der Vorbereitungszeit, der Meeresboden weithin über den Meeresspiegel heben, und der Ort der Gebirgsbildung müßte von Anfang an eine Schwelle sein, ein Gebiet außenbürtigen Abtrages. Es gäbe in der Vorbereitungszeit überhaupt keine Meereswanne, keinen Archipel: Es *gäbe überhaupt keine Geosynklinale; sie wäre ja, sobald sie auch nur das geringste mit Gebirgsbildung zu tun bekäme, nicht Geosynklinale, sondern Geo-Antiklinale!*

Man könnte sagen: so schlimm liegt der Fall nicht. Denn man müsse doch die Sache von innen, nicht nur vom Außenstandpunkt des *Menschen* beurteilen. Hohlräume größerer Art kann sich die im Tauchgleichgewicht befindliche Erdrinde nicht leisten. Darum könnte sich doch ein in a gezeichneter, werdender Sattel immer nur erst dann heben, wenn unter ihm der durch das Aufstemmen erzeugte, ansaugende Zug groß genug sein wird, um den emporwachsenden Sattelkern mit zuströmender Gesteinsmasse zu füttern. Diese Masse muß offenbar von

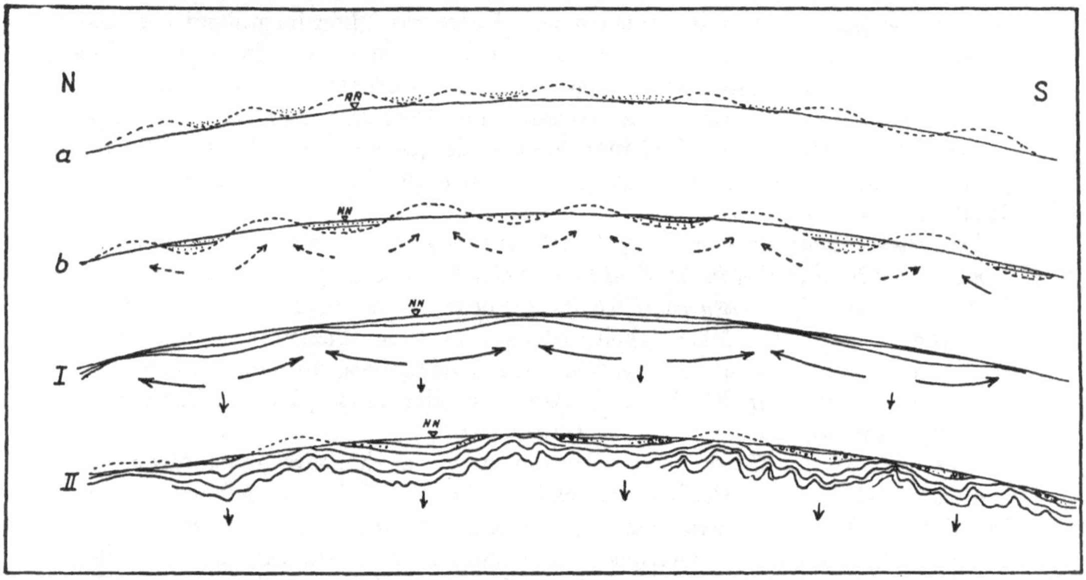

Abb. 72. *Das Werden der Urfalten.* Fall a) (Hochfaltung) und Fall b) (Hochfaltung mit subkrustaler, jedoch passiver Geoplasmaverlagerung) dürften geosynklinal kaum entwickelt sein. Wohl aber erscheint im Ladin Fall I mit aktiver Subkrustalverlagerung. Sie entwickelte im alpinen Lias weiter den Fall II. Abtragschutt ist punktiert.

einer benachbart niederstrebenden Muldenunterlage her geliefert werden (gestrichelte Pfeile in b), die ihrerseits eine Mulde nur bilden kann, wenn unten Platz gemacht worden ist. Aus mechanischen Gründen wäre es somit unbillig, im Bild der aus den Sedimentfolgen zu entnehmenden alterdkundlichen Entwicklung nur nach Abtragungsräumen zu suchen und, wenn solche an den Orten der Gebirgsbildung fehlen, zu folgern, daß es keine Hochfaltung gäbe.

Schön: Dann würde also der in Abb. 72 angedeutete Vorgang b die richtige Hochfaltung darstellen. Er schließt die mit der Erdrindenfaltung unlöslich verbundene und gleichzeitige *Unterströmung* der Gesteinsmassen ein. Freilich als eine angeblich *durch tangentialen Schrumpfungsdruck* erzwungene Begleiterscheinung, nicht als eine verursachende Voraussetzung.

Aber finden wir wenigstens den Fall b in unserer Geosynklinale? Nein! Die geosynklinalen Sedimente lassen zwar ganz gewiß für die Zeit ihrer Bildung auf Teilbewegungen der Erdrinde schließen, auf mehr oder weniger regelmäßigen Faltenwurf mit weiter Spannung. Aber diese Teilbewegung vollzieht sich unter gleichzeitiger, allgemeiner *Senkung*, Entfernung zum wenigsten vom Meeresspiegel, denn die Ablagerungen werden immer mächtiger. Unterscheiden sie sich gerade dadurch von den nichtgeosynklinalen Absätzen, so auch dadurch, daß gleichzeitig die Teilschwellen langsam, nicht so rasch wie ihre Nachbarmulden, niedersinken. S. 308.

Hier berühren wir *den ganz entscheidenden Punkt*, der aus dem Verhalten der Senken- *und* Schwellen-Sedimente z. B. für die Ladinische Zeit der nord- und der südalpinen Geosynklinale bewiesen werden konnte, der außerdem in grundsätzlich gleicher Art aus den Becken-Schwellen-Fazies der anderen besser bekannten Gebirge aus deren Vorbereitungszeit festgestellt ist.

Hätten wir den Fall b, so müßten die Schwellen mindestens um jenes Maß über den Meeresspiegel gestiegen sein, als die benachbarten Mulden unter ihm liegen. Es hätte auch keinen Sinn, daß sich die skythische „Exposition" des alpinen Dramas als eine Neueroberung der beiden alpinen Wannen durch das Meer, also als einleitende *Senkung* vor unseren Augen abspielt. Das Meer brauchte in der langen, bezeichnenden Geosynklinalgeschichte überhaupt nicht zugegen zu sein; es ist aber da. Und wenn es schon da war, so hätte es doch sehr bald aus den sinkenden Mulden verschwinden müssen dadurch, daß diesen von den höheren Nachbarsätteln der Abtragungsschutt um so reichlicher zugeführt worden wäre, je höher sie stiegen. Sogleich also hätte die Füllung der Wanne mit Festlandseinschwemmungen beginnen müssen. Die Schwellen zwischen den Trögen bleiben aber bei der Senkung nur zurück und erhalten darum selbst pelagische Absätze. Es liegt der Fall I in Abb. 72 vor (Pfeile deuten subkrustale, *aktive* Massenverlagerung an).

Dieser Fall ist nun durch die Wirkung eines primären Erdrindendruckes in der Erdtangente undenkbar. Denn solcher Druck kann ja die Gesteinsmasse in der Tiefe, deren Platz durch die sinkenden Meeresböden und die auf ihnen neu entstehenden Sedimente im Geosynklinalgrunde eingenommen wird, nicht wegschaffen.

Auch der *Grundsatz des Tauchgleichgewichtes* kann hier nicht aushelfen. Denn er ist ein Grundsatz der Ruhe und der Erhaltung, steht somit seinem Wesen nach der neuschaffenden Bewegung und der hier überall als wirksam erweisbaren Kraft hemmend entgegen. Er sorgt für Statik, nicht für Dynamik. Die Ablagerung der geosynklinalen Sedimente ist auch nicht Ursache der geosynklinalen Senkung, sondern deren Folge: *Zuerst Senkung, dann Ablagerung, nicht umgekehrt!* Wir hörten im Gegenteil, daß auch die Schwellen- und Senkenbildung — also neben der *allgemeinen* geosynklinalen Wannensenkung auch deren Teilerscheinungen — keineswegs dem Tauchgleichgewicht entsprechen können, sondern gerade unter Verletzung dieses Grundsatzes entstehen. Zeigen doch die Schwellen, trotzdem sie höher bleiben als ihre Nachbarmulden, z. B. in ladinischer Zeit, nicht die dünneren, sondern gerade die dickeren Sedimente! Erst für die nachfolgende Hebungszeit konnten wir die dann zunehmende Ausgleichung des Reliefs auf das Inkrafttreten des isostatischen Grundsatzes beziehen.

Und womöglich noch weniger Anlaß haben wir, den gebirgsbildenden Vorgang irgendwie mit dem Heranrücken einer zusammenpressenden, *ihr Vorland auf-*

pflügenden Kontinentalplatte in Zusammenhang zu bringen (A. Wegener, E. Argand, R. Staub). Warum sollten denn bei solchem Vorgang die geosynklinalen Wannen unter den 50 km dicken Platten niedersinken? Wer gibt ihnen hierfür denn den nötigen Platz? Warum sinken dann auch noch die Teilschwellen? Wo bleibt in diesem Fall die notwendige Einseitigkeit des Gesamtgeschehens in unseren von Schwellengebieten weithin umrahmten Großwannen? Wo bleiben die sedimentären Fernwirkungen in den heranrückenden Festlandsplatten? Und schließlich, wo bleibt in unserem Fall die Kontinentalplatte selbst? Wo ist denn eigentlich Afrika, das angeblich „die" alpine Geosynklinale zusammengeschoben haben soll? An seiner Stelle breitete sich im Erdmittelalter südwärts des alpinen Bewegungsraumes das riesige Ozeanbecken des Tethys. Die beiden geosynklinalen Wannen, deren überaus gesetzvolles und zielstrebiges Werden wir schon bisher so klar verfolgen konnten, führen ein gänzlich anderes Leben. Es paßt auch nicht entfernt zu diesen aus Ruinen der Kontraktionshypothese erwachsenen Vorstellungen.

Was sich aus dem geosynklinalen Werdegang vielmehr für die Triaszeit hat ableiten lassen, ist dagegen ganz klar: Das Tauchgleichgewicht, die Ruhe, ist hier gestört *durch Abfuhr von Gesteinsmasse unter der Geosynklinale. Bei diesem Massenabstrom nicht nach oben, sondern nach unten und dort offenbar nach den Seiten unter hochsteigende Teile oder auseinanderstrebende Kontinente, senkte sich die hangende Erdrinde langsam. Gleichzeitig entstand eine Art Wellenwurf in ihr, abgebildet durch Schwellen und Tröge. Die Vorflutzeit, die Zeit der Absenkung, war die Zeit der Großreliefwellung und damit der Gefügeformung. Die absenkende Kraft hat nicht nur unten Masse entfernt, sie hat zu gleicher Zeit und in gleichem Raum die Erdrinde auch in ihre ersten Sättel und Mulden gelegt.* Und zwar nicht nur in irgendwelche, dann wieder völlig verschwindende Falten, welche für eine erste Vorkeimzeit geringer Zielstrebigkeit in Keimanlagen der späteren Gebirgsbildung bezeichnend sind. Sondern auch in *bleibende* Strukturen in dem durch seine Sedimentbildung dynamisch nachprüfbaren, obersten Erdrindenstockwerk.

Während der Tieflage wird also jeweils der neue Betrag zur Gebirgsentwicklung geleistet. Die Zeit der Hebung und Hochlage dagegen ist die Zeit des isostatischen Ausgleiches, also des Nachlassens der Dynamik, der schaffenden Kraft. Diese ist eine solche *der Absenkung, der Massenabfuhr, der Gefügebildung des geologischen Gebirges.* Ihre Leistung faßten wir zusammen im Wort „Abbau". Es ist ja auch außenbürtig zu verstehen, denn die spätere Folge ist dann tatsächlich auch die Hochreliefbildung des *geographischen* Gebirges, das äußerlich abgebaut wird.

Damit berühren wir die Abtrag-Vorgänge in den Hochbauzeiten, welche nach Ausweis der erst dann allmählich zunehmenden Schuttgesteinsmassen erst als Folgen vorangegangener orogener Leistung erscheinen und sich darum erst spät stärker und stärker auszuprägen vermögen. Einstweilen konnten wir nur die Inselbildung durch verwitternde Schwellenrücken und das Höhersteigen der darum stärker abgetragenen Schwellen feststellen.

Dies vollzog sich in der Untertrias noch schwach. Erst in der karnischen und rhätisch-unterliassischen Zeit wurden die Zeiten der Hochlage kräftiger wirksam. —

Schon nach Kenntnis der Baugeschichte bis zum Lias aber erscheint in hohem Maße bedeutsam, daß kein Grund besteht, die Zeiten der außeralpinen Vor- und Rückfluten grundsätzlich abzutrennen von den alpin-geosynklinalen. *Wir schließen hieraus auf die gemeinsame, innenbürtige Wurzel des jeweiligen Pulsschlages unserer Erde.* Denn soweit eustatische Schwankungen des allgemeinen Weltmeerspiegels mitbeteiligt sind, könnten auch diese höchstens als weitere Folgen ebendieses Erdpulsierens in irgendeiner Art angesehen werden. Da wir die Massenbewegungen der Tiefe als notwendige Voraussetzungen des geosynklinalen Geschehens erkannten, liegt es nahe, sie auch unter den Kontinentalplatten wirksam zu denken und auf sie *das gesamte* Kräftespiel zu beziehen.

6. Die Mitteljurabewegungen

a) *Die Doggertiefseerinnen im kalkalpinen Inselreich*

Grundsätze

Schwerer und unschärfer nur als für das Liasmeer lassen sich mit unseren heutigen Mitteln die Ereignisse der nordalpinen Geosynklinale zur Doggerzeit erfassen. *Die Stratigraphie ist für Flachmeerschichten entwickelt worden.* Langsam nur findet sie über diese hinaus klärende Methoden für die erdgeschichtlichen Schauplätze des Landes im Süßwasser, Moor, Urwald, Gebirge, in Steppe, Wüste, Schnee und Eis. Zögernd nur reicht ihr die Tiefseeforschung die Hand, das ewige Dunkel der vergangenen Ozeantiefen zu durchdringen.

Wir kennen die gründlichen Meinungsverschiedenheiten über Werdegang und Bedeutung der radiolarienreichen, kalkfreien und dünnen Schlamme. Wir wissen, daß, je nach unserer Stellungnahme zu diesen Fragen, die Schlüsse für die Bewegungsart der alpinen Erdrinde in einem besonders denkwürdigen Abschnitt sehr verschieden ausfallen müssen. Es ist darum nicht überflüssig, wenigstens kurz unseren Standpunkt zu begründen. Vgl. G. Steinmann 1905, 51, 1925, 435; K. Andrée 1920, II, 319, 359; 1924, 519; H. P. Cornelius 1935, 228f.; K. Leuchs, Geol. Rundsch. *17*, 156; O. Ampferer ebenda; E. Spengler 1934.

1. Schlamme, welche den Ausgangspunkt zur diagenetischen Formung der Radiolarite bilden können, sind gegenwärtig allein die meist radiolarienreichen, roten Tiefseetone.

2. Ausgedehntere Schlammgebiete dieser Art gibt es nur in Meeresteilen unter 4000—4500 m Tiefe.

3. Die wichtigsten, mit dem roten radiolarienreichen Tiefseeton von heute gemeinsamen Eigenschaften der Radiolarite sind: meist Kalkmangel, rote Färbung (hohe Oxydationsstufe von Eisen, Mangan), allerfeinstes Korn bei Abwesenheit oder nur gelegentlich an Meeresbodenabhängen auftretendem Feinschutt, ein oft sehr hoher Radiolarien- und allgemein SiO_2-Gehalt neben dem Ton. Abzüglich der Radiolarien kommen als Ursachen dieser Eigenschaften unorganische in Frage, welche im Ozean immer nur in großen Tiefen derart vereinigt auftreten werden, im Jura ebenso wie in der Gegenwart.

4. Rasche Reliefverstellungen über mehrere 1000 m, untermeerische Abrutsche von auftauchenden Inseln lassen allein die mit den Radiolariten öfter wechsellagernden Feinschuttbrekzien (meist eckig wegen geringster Frachtweite auf Inseln), örtlichen Transgressionen und Wellenfurchen verstehen. Anscheinend früh gehärtete Radiolarite bilden an steiler und steiler werdenden Abhängen infolge Abrutschens der Schlammdecken Panzer, welche zuletzt in sich zusammenbrachen und als Lawine von eckigem, ziemlich einheitlichem Scherben-Haufwerk über glatte Steilhänge bis in die Tiefseeschlamme hinabrodelten.

5. Inseln, welche mit Steilböschungen bis zu Tiefseerinnen abfallen, gibt es heute namentlich dort, wo Erdbebenreichtum, Vulkanismus, Anzeichen für rasche Hebungen und Senkungen gleichzeitig die geosynklinale Gebirgsbildung der Tiefe beweisen.

6. Nachprüfungen, z. B. im Sonnwendgebirge, ergaben, daß die auftretenden Radiolarien der Radiolarite überwiegend zu den Tiefseeformen gehören.

7. Der Versuch, den SiO_2-Reichtum von vulkanischen Ausbrüchen abzuleiten, erklärt nicht den Kalkmangel. Auch sind die damaligen Laven SiO_2-arm gewesen und fehlen den Süd- und Ostalpen fast ganz.

8. Die Radiolarite wechsellagern meist mit Kalk (Aptychenkalk), welcher gleichfalls in ziemlich großer Meerestiefe abgesetzt sein dürfte.

Der allgemein anzuerkennende Grundsatz der diesbezüglich nicht eingeschränkten Aktualität fordert den Schluß, *daß die radiolarienreichen, kalkarmen Schlamme der alpinen Jurazeit in wohl mindestens 4000 m tiefen Meeresteilen abgelagert wurden, neben denen oft Steilböschungen bis zu Inselhöhen emporstiegen.* Diese Meeresteile hatten höchst unruhiges Relief, so wie auch in den geosynklinalen Archipelen der Gegenwart.

Das Ganze läßt gegenüber Trias und Lias *auf einen noch lebhafteren Faltenwurf schließen mit ungleich tiefer sinkenden Mulden neben den schmalen Sätteln.* Ob diese Mulden nun 4 oder 8 km tief waren, das läßt sich noch nicht sagen, ändert auch nichts daran, daß die mittlere Jurazeit, die überwiegend diese Radiolarite besitzt, lebhafteste Gebirgsbewegung unter Tiefseerinnen sah. Das bleibt auch bestehen, trotzdem das Alter jener kalkschalenfreien Radiolarite nur mittelbar und ungefähr bestimmt werden kann. —

Wieder durchwandern wir den Ost-, Mittel- und Westabschnitt der nördlichen Kalkalpen und sammeln zunächst die wichtigsten Beobachtungen.

Ostabschnitt (Abb. 83, Taf. X)

Im NO erhielt auch der Dogger deutlich die Einspülungen von einem kristallinen Schwellenrücken, welche gegen die Böhmische Masse hin aufragte: schwärzliche Sandkalke, Schiefer (Alpha), darüber die „Neuhauser" grauen, ammonitenführenden *Posidonomya alpina*-Mergel in weiter Verbreitung. Während des Oberdoggers zeigen auftretende Kieselkalke bereits den Beginn der starken Oberjura-Meeresvertiefung an.

Auch zwischen Ybbs und unterer Enns hat man über dem Liasfleckenmergel der äußeren Voralpenketten (Pechgraben-Großraming) braune und grüne, radiolarienreiche Hornsteinbänke, darüber 100 m kieselreiche Plattenkalke, schließlich Krinoidenkalk, Vilser Kalk. Hier lag eine ungewöhnlich rasch zur Radiolarienschlamm – bergenden, großen Meerestiefe absinkende Mulde. Und doch sehen wir hart nördlich schon sich zwischen die Klauskalke glimmerführende Sankdalke, dunkle Zwischenmergel, schon ähnlich dem darüberliegenden Kreideflysch, des Oberdoggers einschieben — also die deutlichen Einflüsse des nördlichen Festlandes hart neben der Tiefmeerrinne!

Aber noch diese von N so stark beeinflußte Schlammulde zeigt mit ihrer Füllung durch Schichtunterbrechungen (Krinoidenbrekzienkalke mit den auf vorübergehenden Teilschwellen abgesetzten Kalk- und Mergeltrümmern) an, daß sie keineswegs gleichmäßig niedersank.

Südwärts folgt der Dogger mit überwiegend kalkiger Ausbildung. Nach vorangegangener Inselzeit versank eine Schwelle: Hauptdolomitgeröllchen im Dogger. Zwischen Ybbs und unterer Enns greift roter Klauskalk über Plattenkalk und Oberrhätkalk mit Mangankrusten führenden Dogger-Oberepsilon-Schichten. In der Gießhübler Mulde südwestlich Wien breiteten sich auf Untiefen im Bathon Klauskalke aus. Westwärts gegen die Enns zeigen in der Frankenfelser Decke rötliche Dogger-Krinoidenkalke Untiefen, also wohl Sattelaufragungen, an.

Am Königsberg, auch südwärts Hollenstein, liegen die Kieselkalkhornsteinbänke teils gleich auf Rhätkalk, teils selbst auf Hauptdolomit. Wir haben eine Transgression des im Alter zwischen Oberlias und Mittelkelloway stehenden, tiefmeerischen Hornsteinkalks: d. h. offenbar *ein sehr rasches Sinken aus Untiefen- und Inselhöhe bis zum Tiefseeboden hinab!* Man kann nicht alles durch basale, tektonische Abscherung deuten!

Anzeichen für Tiefseebildung *fehlen aber im NO noch ganz.* Man findet da allenthalben nur sich vertiefende Teilmulden oder niedersinkende, ehemals hochliegende Stücke. Erst im Malm konnte der einstweilen noch küstennahe Nordstreifen zu größeren Tiefen niedergezogen werden.

Über südlichere Ereignisse berichten uns keine Reste. Wieweit über dem Liasfleckenmergel im N des Lugauers (Gesäuse) die grauen Kalke mit Hornsteinlagen zum Dogger oder schon zum Malm gehören, läßt sich nicht sagen. Doch bahnt sich auch hier die große Absenkung deutlich genug an.

Besser können wir schon westlicher *auf Blatt Liezen* (G. Geyer 1916) für den Dogger sehen. Rotbraune Krinoidenkalke oder rote Knollenkalke mit Mangan- und Eisengehalt des Klauskalkes (Dogger Epsilon) überrindeten die oft korrodierten Dachsteinkalkflächen. Sie setzen die Hierlatz-Klippenfazies fort, sind selbst häufig zertrümmert, enthalten aufgearbeiteten Hierlatzkalk, ja im Warscheneck kleine Quarzgerölle.

Durch ihre übergreifende Lagerung beweisen diese Klauskalke, daß auch im Dogger noch bzw. wieder *Inseln* bestanden, und daß ihrer Bildung lebhafte Verbiegungen vorausgegangen waren. Liegt doch das Sediment teils über Hierlatzkalk, teils über Dachsteinkalk, nur an wenigen Stellen auf Liasfleckenmergeln. Die jeweilige Inselverteilung wird sich kartenmäßig noch gut darstellen lassen (L. Waagen 1924, 51ff.).

Auch der Krinoiden-Brachiopodenkalk (bis 30 m Kallov, Dogger Zeta; Vilserkalk) im Tirolischen bei Windisch-Garsten über Liasmergeln und Klauskalken, unter roten Tithon-Aptychenkalken liegend, gibt um so bessere Einblicke in den Fortgang der Gebirgsbildung, als ja anderwärts der Klauskalk unter Aufnahme roter Hornsteine schon in die Radiolarientiefseefazies übergeht: *Hier noch Fortdauer der Inselhöhe, dort bereits rasches Niedertauchen zur Tiefsee!* Die Fortsetzung der Insel- und Untiefenfazies entspricht wohl der Ostfortsetzung der mächtigen konglomeratischen Klauskalke in der Osterhorngruppe. Sie deutet den nördlichen

Umriß einer *großen Dachsteinkalk-Doggerinsel* an, welche bereits im Lias angelegt war. Sie muß im unteren Dogger sehr ausgedehnt gewesen sein, denn sie bedeckte sich im O während des jüngeren Dogger Epsilon und Zeta mit jenen Untiefensedimenten. Überall, wo noch heute Klauskalke liegen, fehlt an ihrem Grunde Konglomerat und sind die Karrenfelder noch gut erhalten. Daraus schloß L. WAAGEN 1924, 60, auf *sehr schnelles Niedertauchen der großen Salzkammergut-Inseln im Oberdogger.*

Wir ahnen den Kampf der einengenden, in die Tiefe abbauenden Kräfte mit den während der Trias von ihnen selbst in langsamem Sinken außenbürtig ermöglichten, mächtigen Riffkalkplatten. Wechselvoll sind die Entscheidungen dieses Kampfes. Ihr Spiegelbild sind die alterdkundlichen Reliefwechsel, welche auf unserer Fazieskarte für den Dogger kaum angedeutet werden können. Aber auch die verwickelten, alten Schübe, welche man hier als „vorgosauisch" zusammenfaßt, obwohl zwischen sie mindestens eine sehr wirksame und entsprechend langdauernde Abtragung fällt, die zwei Hauptverschiebungszeiten unterscheiden läßt. Die alten Schubschollenreste dürften teilweise schon im Jura verschoben worden sein. Wenn H. VON HAUER bereits 1857 für das Salzkammergut eine Faltungszeit an das Ende des Lias stellte, so dürfte er damit trotz mancherlei stratigraphischer Unvollkommenheit der damaligen Kenntnis nicht so unrecht gehabt haben. Die *Verlagerung am Ende des Lias* ergibt sich aus der von E. SPENGLER 1918 erkannten Unabhängigkeit der Dogger-Malm-Schichten auf dem Dachsteinkalk von denen des Lias.

Die große Dachsteininsel versank in der tirolischen Einheit nach vorangegangener Abtragung Oberlias-Bajoc. zum großen Teil erst im Oberdogger, wird vom Dogger unmittelbar überlagert. Auch südwärts, im juvavischen Streifen, scheint Oberlias, Dogger, Malm bis ans Tithon ganz zu fehlen, nachdem vorher noch in der Plassengruppe ein ruhiges, ziemlich tiefes Meer bestanden hatte. SPENGLER nimmt offenbar mit Recht an, daß auch hier im S die *Dachsteininsel der Mitteljurazeit* geherrscht hat. Während der Sauzei-Zone (Dogger-Obergamma) versank zuerst die nördlicher gelegene Osterhorngruppe mit ihrem Brandungskonglomerat unter das Meer. Erst in der *Oppelia aspidoides*-Zone (höheres Epsilon) versank auch die Gamsfeld- und Dachsteingruppe unter das Meer, wobei die weniger scharf zerschnittene Klauskalkunterlage zeigt, daß die vorangegangene Verkarstung diesmal geringer war als vor der Unterlias-Transgression. Damals geriet auch Mitterndorf, die Platte des Toten Gebirges, im O ins Meer und die hochbajuwarische Langbathscholle im N. Da der Schutt und die Formen des Festlandes auch hier wieder wohl erhalten von dem verhältnismäßig tiefmeerischen Sediment überdeckt wurden, schloß E. SPENGLER, daß die Transgression der Klausschichten einer *sehr raschen und gleichmäßigen Versenkung der ganzen Gegend in große Meerestiefen entspricht;* ähnlich wie bei der Hierlatz-Transgression, aber noch tiefer abwärts. Denn bunte Ammonitenkalke und dann namentlich die sehr verbreitete Fazies der Oberdogger-Malm-Radiolarite legten sich über die Klausschichten u. a. vom Hochbajuwarischen südwärts durch das Tirolische [Schafberg, Osterhorngruppe: Transgression des Dogger Gamma mit mächtigem Konglomerat (J. VON PIA 1919, 118); Sattelaufwölbung im Hinterseegebiet nach SICKENBERG 1931; E. SUESS und v. MOJSISOVICS 1868].

Abb. 83. **Die Fazies der Doggerzeit** (meist des älteren A
im W. *2* Flyschähnliche Schiefer. *3* Fleckenkalk, hornstein
Seichtmeerabsätze im NW, in den Julischen Alpen u. a.
Radiolarit, Hornsteinkalk, tiefmeerisch, daher oft ohne beze
mitunter brekziöser Krinoidenkalk, Klauskalk, Vilserkalk,
kreisreihen. *10* Oolith. Kalk und Dolomit von San Vigilio (
alpina-Meer. *Da* Osterhorn-Da

Akademie-Verlag, Berlin

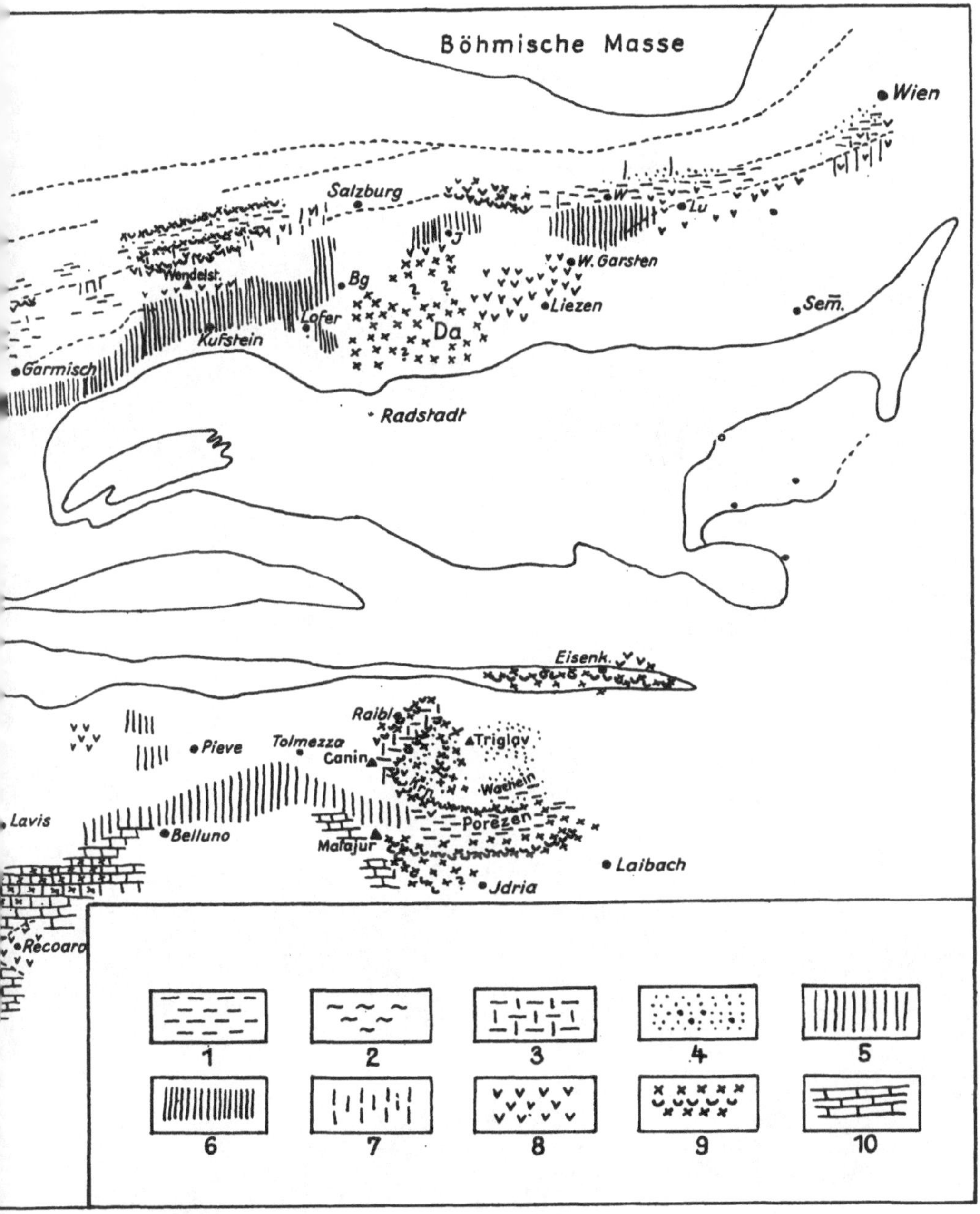

len Alpen. *1* Fleckenmergelschiefer, Zoophycusschichten
ılk (SO Raibl). *4* Sandstein, Brekzie; Konglomerat (Ringe);
ische Ammonitenkalke überwiegend. *6* Radiolariengestein,
n. *7* Riff- und Brachiopodenkalk. *8* Untiefen-Hierlatzfazies,
ı im W. *9* Inselzüge (antiklinale Schwellen), auch die Halb-
ogger) anschließend Festland (Kreuze), danach Posidonomya
dem Bajoc. (Klausschichten).

Die *Schnelligkeit der Senkung* in der Osterhorngruppe *bzw. Hebung der Dachsteingruppe im Oberlias und Unterdogger* dürfte längs einem *Bruch* ermöglicht worden sein, der zugleich eine Steilküste mit den Konglomeraten in der Osterhorngruppe veranlaßte. Erdbebenartig rasche Rucke wiederholten sich, wofür die Konglomeratschicht einmal zwischen Adnetern und Fleckenmergeln am Anfang des Oberlias spricht, zum andern mehrfach im unteren Dogger mit seinen mächtigen Konglomeraten. Die Schieferlagen dazwischen bedeuten nach E. Spengler, Querschnitt 1918, 54, Ruhepausen. Dann erneute, rasche Absenkung im Oberdogger, welche jedoch natürlich durch eine — wie die weltweite Verbreitung der Transgression anzudeuten scheint — gleichzeitige Erhöhung des Weltmeerspiegels nur verstärkt, aber nie voll erklärt werden kann. Denn diese Spiegelhebung müßte ja viel zu rasch und viel zu hoch gewesen sein, über 1, ja 2 km betragen haben, um für sich allein die Änderung in der nordalpinen Geosynklinale verstehen zu lassen. Auch kann sie unmöglich die höchst verschiedenen Senkungsbeträge erklären.

Nein, hier fand eine sehr rasche und kräftige Erdrindensenkung statt während einer erneuten Hinabbauzeit erster Ordnung im höheren Dogger. Zu beachten ist, daß sich diese wieder gleichzeitig, wenn auch viel heftiger, abspielte mit den Senkungen der Festländer unter den Weltmeerspiegel bzw. gleichzeitig mit dessen Ansteigen. Zu bemerken ist auch, daß sich diese Bewegungen unter Faltenverbiegung und Verschiebung längs bedeutender Brüche abspielten, also tektonische Massenverlagerungen, Gebirgsbildungen während des Absinkens, bedeuteten. *Wieder haben wir „Hinabbau"!*

Die Ausbreitung der tiefmeerischen Radiolarite des Mitteljura und damit der geosynklinalen Tiefabsenkung ist erstaunlich. Vom Warscheneck-Hochtor-Sarstein, vom Toten Gebirge-Schober, vom niederösterreichischen Alpenrand zieht das durch das Salzkammergut über den Kessel von Berchtesgaden, das Hagengebirge in die Oberweißbach-Unkenbach-Mulde und noch viel weiter nach W. *Das Senkungsalter ist aber gewiß nicht überall gleich.*

Am Berchtesgadener Salzberg tritt der rote Radiolarit wohl als tiefster Dogger auf, überlagert von 100 m schwarzen Kieselkalken, dann aber 100 m schwarzen, gefleckten Schiefermergeln, schließlich schwarzem Krinoidenkalk (oberster Dogger). Zuunterst bedeuten grüne, bunt zusammengesetzte Feinschuttlagen (südöstlich Bahnhof Berchtesgaden; mit Dolomit- und Triaskalk-, Liashornstein-Stückchen, aber auch Glimmer, rotem Schiefer, Feldspat, Quarz) Abrutsche von einer aus entsprechend alten Gesteinen zusammengesetzten Insel, vielleicht der bis dahin schon vorgerückten *Stirnschwelle der Juvavischen Decke* (S. 233, 328). Bis 100 m mächtige, teilweise hornsteinführende Kalke und sandige Mergelkalke schließen nach G. Haber 1934, 80, auf den Berchtesgadener Hochflächen Hornsteinkonglomerate und Brekzien ein mit eckigen Trümmern von Hornstein, Lias, Dachsteinkalk, Schiefern (wohl des Grauwackengürtels im S). Das sind wohl auch Inselschwellenabrutsche von der juvavischen Bewegung.

Ungleichförmige Überlagerung der Radiolarite auf verschiedenen älteren Schichten haben wir im Kammerkergebiet: über bunten Ammonitenkalken, Kieselknollenkalken, Brekzien des Mittellias, mehr gleichförmig über den Adneter Schichten des Oberlias. Der Mangel an Doggerversteinerungen rührt offenbar her von der Tiefseefazies, die hier auch noch den Malm betraf. Schon F. F. Hahn 1910, 416, führte das *Übergreifen der Tiefseeschichten* über die verschiedensten Schichtglieder *auf gleichzeitige starke und rasche Bodenbewegungen* zurück.

Die weite Vortiefe vor der heranwandernden juvavischen Deckscholle, die wir schon in der Liaszeit aufspürten, hat sich jetzt, wenn auch ungleichförmig, bis zur

Tiefsee abgesenkt. Die unter ihr südwärts abgeflossene Gesteinsmasse mag im S der herannahenden Schwelle zugeströmt sein und die Deckenverschiebung ermöglicht haben.

Die ausgedehnte Tiefseewanne des tirolischen Streifens setzt im wesentlichen die *Mittelwanne* mit den roten Ammonitenkalken der Liaszeit fort. Erst gegen den Nordrand erhob sich der Meeresboden zur kalksammelnden, stirnnahen Schwelle, welche durch Südbayern mit den bezeichnenden Vorkommen der oft überaus brachiopoden- und krinoidenreichen, roten, grauen und weißen Kalke fortzieht: 40 m meist Unterdoggerkalk im Hochfellngebiet, Laubenstein am Priental, Heuberg und Riesenkopf am Inn, bis über 150 m. Nördlich davon füllte sich gleichzeitig die niedergehende Mulde der Allgäudecke am Heuberg mit Fleckenmergelfazies. Aber südwärts herrscht, wie gesagt, die tiefmeerische Hauptwanne mit ihren etwa 15 m mächtigen Hornsteinkalken des Kaisergebirges. Aus diesem tiefen Meer ragten aber auch *noch Untiefen und Inseln* auf. Eine Untiefe bedeutet offenbar der Riffkalk mit Dachsteinkalkfazies, welcher an der Ackernalp bei Kufstein nach R. Folgner (Verh. 1917, 39) bis in die Posidonienschiefer emporreicht. Als Inselspur möchte ich das Fehlen des Doggers *bei Landl* am Südrand des großen Hauptdolomitgewölbes auffassen, welches ja auch im Lias über dem Meer gelegen hatte (S. 237). Nur Aufarbeitungskonglomerat der Oberjurazeit fand hier M. Furlani-Cornelius 1921, 92, über dem Lias. Südlich davon birgt die Karwendelmulde (Mitte der Lechtaldecke) seichtmeerische Reste der Aalen-, vielleicht noch der Bajoc-Zeit, gegen S vermutlich begrenzt durch eine neue Aufragung, denn im Guffertzug und Umgebung fehlt nachgewiesener Dogger. Im N der Karwendelmulde nehmen wir also wenigstens für einen Teil des Mitteljura eine aufragende Schwelle an. Auf eine ähnliche schloß auch K. Osswald 1929, 44.

Nordwärts folgte die weite Tiefmeermulde, welche schließlich gegen die *Stirnrandschwelle der Lechtaldecke* anstieg. Diese ist durch 200 m Doggerspatkalk ausgezeichnet, die westliche Fortsetzung der gleichen Kalke vom Laubenstein-Riesenkopf, außerdem anschließend durch Fleckenkalke wie schon im Lias.

Die Südküste der Allgäudeckenmulde nördlich davon hob sich und rückte im Wendelsteingebiet unter gleichzeitiger, kräftiger Einengung des Ablagerungsraumes erheblich gegen N vor. K. Osswald sagte 1929, 46: „Die Art der klastischen Ablagerungen läßt neben einfachen, mehr oder weniger kontinuierlichen Aufwölbungen auch schroffe, wohl durch große Brüche verursachte Höhenunterschiede vermuten." Es wiederholen sich damit Zustände, wie sie S. 229 für das Salzkammergut nach E. Spengler festgestellt wurden. Dabei wächst die Korngröße der Brekzien in der Allgäudecke zwischen Inn und Isar südwärts an, wo „eine sehr kräftige Hebung und Bloßlegung der älteren Gesteine bis zum Paläozoikum hinunter stattgefunden haben muß". Der abgetragene Schwellenschutt zusammen mit den Landpflanzenresten der Inseln füllte die verflachende Allgäudeckenmulde. Bald nach der Opalinuszone Beta, etwa Oberaalenstufe, setzte das ein und dauerte mit mehrfachen Teilvorstößen vielleicht bis zum Dogger Epsilon.

Wiederum wäre es sehr unrichtig, etwa *aus der Grobheit der Brekzien und Konglomerate auf die Stärke* der Gebirgsbildung schließen zu wollen. Es läßt sich nur das entschiedene Emporsteigen der Südrandschwelle der Allgäudecke bzw. des nördlichen Lechtaldecken-Stirnrandes über den Meeresspiegel ableiten, *sein Vorrücken gegen N* und die Abschüttung seines Abbauschuttes in die vorliegende Allgäudeckenmulde. Noch ungleich erheblichere Faltungen und Schübe können gleichzeitig oder vorher im kalkalpinen Raum vor sich gegangen sein. Nur fehlt der sedimentäre Nachweis, sobald die Bewegung nicht zu einer längeren Erhebung über den Meeresspiegel geführt hatte.

Auch der *Stirnrand der Allgäudecke* überragte damals offenbar schon den Meeresspiegel und gab einen Teil der Quarzgerölle und Quarzglimmersande nach S in die Allgäudeckenmulde (Farrenpoint S mit *flyschartigen* Kalksandsteinen u. a.) ab. Eine schwellennahe Schuttfazies vom nördlichen Heuberg- und Wendelsteingebiet zieht gegen WSW zum Fockenstein mit seinen *flyschartigen* Sandsteinen, Kristallin-Konglomeraten und Brekzien. Dieser Schutt ist am gröbsten gegen die *Lechtaldeckenstirn* zu, die offenbar steiler war als ihre südliche Schwellenabdachung und als der Südabfall der Allgäudeckenschwelle im N. Der genannte Schuttstreifen rührt her von diesem Nordabfall der Lechtaldeckenstirnschwelle.

Anschließend an diese Inselzeit vertiefte sich auch hier das Meer wieder. Die Einmuldung wuchs bis zum Ende des Doggers, während gleichzeitig in der Schweiz die kräftige Oberaalen-Transgression weit nach N vorgriff und wohl auch in Südbayern die genannten Inselschwellen der beiden Decken wieder mehr oder weniger vollständig unter den Meeresspiegel sanken.

Die westliche Fortsetzung dieser Bauglieder ist nocht nicht geklärt. Der Dogger konnte hier in einer auffallenden Lücke noch nicht sicher nachgewiesen werden bzw. liegt über aufgearbeitetem Lias gleich Oberjura, was für den Dogger auf Teilschwellen und deren Inselabbau schließen lassen würde. Nach W. QUENSTEDT wird der Dogger im Tiroler Achental durch Aptychenkalk, darunter durch Fleckenmergel vertreten. Südwärts ist er stratigraphisch reduziert. Auch gibt es wahrscheinlich im Roßsteingebiet Radiolarien und Aptychen führende Tiefmeergesteine. Im südlichen Benediktenwandgebiet wird die Lechtaldeckenschwelle durch einen versteinerungsfreien, rotbraunen Kalk vertreten. MUELLER-DEILE fand am Kochelsee unter der untersten (Mitteldogger-) Radiolaritbank Gerölle. Im S, jenseits des großen Hauptdolomitgewölbes fand sich am Juifen nur dünner, liaskalkähnlicher Mitteldogger, immerhin als Anzeichen für das ziemlich tiefe Meer der Karwendelmulde im Dogger, das sich weiter westlich noch bedeutend vertiefte. Doch kann auch da mangels beweisender Versteinerungen in den Tiefseeschichten der Nachweis nicht geführt werden. So entwickelten sich dann auch südwärts im Sonnwendgebirge sehr radiolarienreiche Tiefseetone wahrscheinlich der Doggerzeit wegen weiterer Vertiefung des Ammonitenkalk-Oberliasmeeres.

Westabschnitt

Treten wir nun wieder in das Liasfleckenmergelgebiet ein, so zeigt sich, daß auch dieses, ja sogar dieses in eindeutiger und allgemeiner Weise *während der Doggerzeit zur Tiefsee hinabgezogen wurde.* So folgen den Oberlias-Fleckenmergeln in den südwestlichen Ausläufern der Lermooser Mulde gegen das Leutaschtal zu die bunten Radiolarienhornsteinkalke. Durch sie brachen mit Berührungsumwandlung die monchiquitischen *Melaphyrgänge des Ehrwaldits* am SW-Abfall des Wettersteins.

Die Ammergauer Berge im N der Loisach setzen westwärts sowohl die Mulde der Allgäudecke mit ihren beiderseitigen Schwellenzügen wie auch jene der Lechtaldecke deutlich fort. Mitten in der Mergelfazies der Allgäudecke beweisen vereinzelt auftretende Doggerspatkalke, daß das Meer anfangs noch wenig tief war. Erst zur Zeit der auflagernden Radiolarite senkte sich diese nördliche Allgäudeckenmulde zur Tiefsee nieder. Die gleiche Fazies, auskeilend gegen Fleckenmergel, zeigt auch der Dogger der nördlichen Lechtaldeckenmulde. Zwischen beiden Mulden setzt die Lechtaldecken-Stirnschwelle der unteren Vilser Decke in der kalkigen Untiefenfazies fort. Im mittleren und oberen Dogger dürfte hier das Fehlen von Ablagerungen wohl auf eine *Inselzeit* hinweisen. Das ist um so bedeutsamer, als ja ungefähr gleichzeitig gegen das Doggerende zu die Mulden daneben zur Tiefsee absanken: Die Schwelle hob sich während die Beckentiefen weiter absanken. Das ist die Hebung der Sättel während der allgemeinen Vertiefung insbesondere der Mulden, *also ein in kräftigem Fortbau begriffener Faltenwurf!*

Die der Lage nach von M. Richter für Dogger gehaltenen Kalke der Lahnenwiesmulde weiter im S sind nach G. Habers Versteinerungsfunden (1934, 79) zum großen Teil Lias. Es scheint, daß sich während des Doggers das große Hauptdolomitgewölbe einschließlich der genannten Mulde noch einmal heraushob, bevor es auch unter das tiefe Meer und seine Radiolarite/Aptychenkalke geriet. Wann dieser Wechsel eintrat, läßt sich nicht sagen. Jedenfalls haben die über Fleckenmergel oder Doggerkalke übergreifenden Radiolarite, welche dann in die Aptychenschichten des Oberjura übergehen, eine ganz außerordentliche Verbreitung von den Wetzsteinbrüchen von Unterammergau (Allgäudecke) bis an den Kalkalpensüdrand.

Wir beachten dabei wohl, daß auch hier — ebenso wie etwa im Salzkammergut oder irgendwo sonst im nordalpinen Geosynklinalraum — der Nachweis sehr hochragender Inseln nicht gelingt. Die Inselsättel stiegen höchstens einige hundert Meter auf über den Meeresspiegel, während die gleichzeitig niederbiegenden Mulden nachweislich Tiefseerinnen bildeten, also mindestens 3—4 km tief wurden. *Die „Mittelebene der Falten"*, die man sich in der Mittelhöhe zwischen den höchsten Sattel- und den tiefsten Muldenumbiegungen waagrecht gelegt denken kann, stieg also auch zur Doggerzeit keineswegs nach oben, was nämlich „Hochfaltung" bedeutet hätte. Vielmehr kann man aus den sich entwickelnden Fazies klar und zweifelsfrei den Schluß ziehen, daß sich *während der Faltenbildung die Faltenmittelebene um 2—3 km gesenkt haben muß.* Wieder bedeutet dies „Tieffaltung" *oder „Hinabbau".* Vgl. S. 297 ff.

Die *Stirnrandschwelle der Lechtaldecke* erweist sich durch ihre bis zu 100 m mächtig werdenden Doggerkalke auch in den Vilseralpen als bei der Senkung zurückbleibender Meeresteil. Wir haben Oolith, Bajos., schwäbischen Dogger Alpha und Beta, dann mittleren Posidonomyen-Krinoiden-Dogger der Klausschichten und oben Brachiopoden-Vilserkalk des Kelloway. Meist hat jeder dieser Kalke sein eigenes Verbreitungsgebiet, woraus schon K. Reiser 1920, 119, offenbar mit Recht auf weitgehende Massenverlagerungen, *also Gebirgsbewegungen während des Doggers* schloß. Im N und S dürfte nach einer längeren oder kürzeren Fleckenmergelzeit die Doggertiefsee-Aptychenkalkfazies mit bunten Radiolarienhornsteinen (etwa 20 m) gleichzeitig die tiefer versunkenen Meeresmuldenteile anzeigen.

In den Pfronten-Hindelanger Schuppen der Allgäudecke und nördlichen Lechtaldecke zeigt sich der spätere, teilweise oolithische Flachseekalk des unteren Doggers wieder von der gleichen, wechselreichen Fazies und Versteinerungsführung wie die Hierlatzfazies. Nur linsenartige Klippen ragten als Reste der mittleren Inseln wieder im späteren Cenomanmeer bei Hindelang heraus. Auch die sichere Vertretung der Fleckenmergel im unteren und mittleren Dogger, wahrscheinlich auch Oberdogger, konnte K. Reiser nachweisen. Die Mächtigkeit im Hirschbachtobel (Allgäudecke) läßt sich auf 250 m schätzen. Gleichförmig schließt sich im allgemeinen wie auch im Bereich der Bregenzer Ache darüber Radiolariengestein und Aptychenkalk des auch hier sich sehr vertiefenden Meeres an.

Gleiches gilt auch sonst weithin für die Vorarlberger Mulden, wo sich nach J. Gubler zwischen Bajos und Kimmeridge keine zeitbestimmenden Versteinerungen finden, was jedoch offenbar die Dauer der Tiefseezeit mittelbar festzulegen erlaubt. Bis zu 20 m Radiolarite entstanden gleichzeitig im mittleren Rätikon. Strichweise müssen aber auch hier Schwellen- bzw. Sättel-Untiefen aufgestiegen sein. Das scheinen die roten Kalke mit schwarzen Trümmern und die Klausschichten z. B. der Schattenlagant-Mottenkopf-Schuppe im Scesaplana-Gebiet anzuzeigen (P. Arni 1926, 65).

b) *Bewegungen im westlichen Doggerflachmeer*

Klippen-Präalpen

Die Tiefseerinne der nördlichen Kalkalpen läßt sich im W des Rheins nur noch in der *Simmendecke*, der südlichsten, am meisten im Streichen der Kalknordalpen fortziehenden Präalpendecke erkennen. Die roten und grünen Radiolarite liegen zwischen Dogger Beta und mittlerem Malm. In Iberg werden sie von feinem, rotem Tiefseeton begleitet. Im übrigen aber fehlen sie den Präalpen und Klippen, von deren östlichem Teil offenbar viel in die Molassegerölle gelangte. Wie weit die Absenkung zur Tiefsee nach W reichte, ist nicht näher bekannt.

Nur bis zur tiefen, mitunter radiolarienreicheren Schlammrinne versank das nördlich anschließende Gebiet der *Brekziendecke*. Die grauen, gelegentlich roten und grünen Tonschiefer über der unteren Brekzie werden wohl mit Recht zum Dogger, vielleicht noch zum Untermalm gestellt. Wir finden sie fast nur im Chablais mit 300 m Mächtigkeit und stellen fest, daß auch hier die häufige *Fukoidenführung* mit Chondrites und Paläodictyon auf *tieforogene Flysch*-Bewegung bereits für den Lias schließen läßt.

In der *Klippendecke* ist die mittlere Liasschwelle S_2 (Grammont, S. 249) zu einer eindrucksvollen, sedimentfreien Inselscheide zwischen dem tiefmeerischeren Zoophycusdogger im NW und dem flachmeerischen Mytilusdogger im SO herangewachsen.

Die Zoophycus- oder Taonurus-Fazies erinnert stark an die Allgäuschiefer und die *flyschartigen* Dachschiefer der Brekziendecke. Der Bau der Taonuruswedel ist wohl nicht auf eine Meeresalge, sondern ähnlich den Flyschfukoiden, zwischen denen er auch vorkommt, auf die Tätigkeit von bohrenden Schlammtieren zurückzuführen. Die mergeligen Kalke, oft gefleckten Mergel, dunklen Schiefer, enthalten nicht selten die *Posidonomya alpina* wie im O und werden von rotem Knollenkalk des Oxford überlagert. Örtlich erscheinen Konglomerate wie z. B. im Ganterist unter dem Makrozephalenlager und über Fukoidenschiefer. Die Gerölle von schwarzem Quarz, Quarzporphyr (ähnlich manchen Molassegeröllen), weißem Kalk, Dolomit, können wohl nur auf eine örtlich aufgetauchte *Inselschwelle* zurückgeführt werden. Ebenso zeigen am Stanserhorn Bohrmuschelreste u. a. die Trockenlegung einer *Insel* an. Die Rämsi-Brekzie der Mithen entspricht wohl einer vom Lias noch bis in den Dogger bestehenden *Insel*. Oft erscheinen sandige Schichten, Landpflanzen, Schuttbänke, Oolithe, doch sind größere Schichtlücken nicht nachweisbar. Ein sehr lebhafter Reliefwechsel und damit *starke Massenverlagerung der Tiefe* ist auch hier sicher anzunehmen. Ziemlich viel Schwemmholz, Zamitesblätter, Kohleschichten in Bathon und Kallov werden von der südlichen Randschwelle S abgeleitet. Über diese transgrediert sandiges Quarzkonglomerat mit Versteinerungen des Kallov, dann Malmkalk sogleich auf Lias.

Die Mytilusfazies im SO jener Schwelle, welche in der Hauptsache Bajos und Bathon vertritt, bezeichnet den SO der Freiburger Alpen. Es handelt sich um eine Seichtmeerbildung, welche über verschieden alte Unterlagen (Muschelkalk, Rhät, Lias Alpha 1, Mittellias mit Korallen-führenden Mergelkalken, Muscheln und Brachiopoden-führenden Kalken, gegen oben Schiefern) übergreift. Je weiter gegen NW, auf um so jüngeren Schichten liegt dieser Dogger. Dabei ist ähnlich wie bei der Hierlatzfazies auf Kalk eine Bevorzugung des triadischen Diploporenkalk-Untergrundes deutlich. Es ist klar, daß von der Zeit vor der übergreifenden Bajosstufe während der langen Mergelschlamm- und Senkungszeit *sehr bedeutende tektonische Verlagerungen* und dann wieder eine Hebung im SO-Teil der Klippendecke stattgefunden haben. Aus der Inselzeit der Hebung stammen die roten Bohnerztone, welche, ganz wie unter dem Hierlatzkalk, über der Trias unter dem Mytilusdogger oder dem Malm auftreten. Kohle und Kohleschiefer zeigen gleichfalls die wiederholte Schwellennähe an. Ganz im S (Tréveneusaz, Spielgerten, auf unserer Fazieskarte schematisch als Inselgebiet) fällt der ganze Dogger zwischen Trias und Malm aus (S_2, vgl. S. 249). F. RABOWSKI hat diese Südschwelle in ihrer Lage während des Mesozoikums 1919, 148, verfolgt. Obermuschelkalk, Obertrias, Rhät, Lias, ja Dogger fehlen je nachdem und beweisen die lange Dauer des außenbürtigen Abbaues. Während der Obertrias noch ziemlich schmal, wird die Inselschwelle im Rhät, Unter- und Mittellias breiter. Nicht etwa genau im Streichen finden sich ihre Strandumrisse im Faziesbild verteilt. Im Unter- und Mitteldogger verschob sich die äußere Stirnböschung der Inselschwelle noch weiter gegen NW. Im Bathon verdoppelte sich die Schwelle. Mytilusdogger füllte den Zwischenraum zwischen den beiden Teilinseln bis ins Oxford. Im Malm tauchte dann das Ganze tiefer und tiefer. Das Relief ist dann kaum mehr zu erschließen.

Erlöschen die Schwellen?

Wenn nun trotz dieser ganz allgemein verbreiteten und bei gründlichen faziell-baugeschichtlichen Untersuchungen ohne Frage noch bedeutend zu vermehrenden Beweisen für die mit der Ablagerung einhergegangenen, starken Bodenbewegungen vom mittleren Dogger ab die nördlichste unserer drei Liasschwellen, später auch andere Schwellen nicht mehr nachweisbar sind, so werden wir doch nicht den Schluß ziehen, daß folglich dort im N Ruhe eingetreten sei. Gerade da haben wir ja noch vermehrte Absenkung und die Vorläuferfazies des Flysches, des Begleiters scharfer Umwälzung. Wir werden vielmehr jenes scheinbare Verschwinden zurückführen müssen auf die dort größer gewordene Meerestiefe, in welcher die Taonurus-Mergelschlamme über viele Hunderte von Metern wechselnder Tiefe weg sich ganz gleichmäßig ausbreiteten.

Man führe hiergegen nicht die auftretenden Landpflanzen, Feinschuttreste u. a. an! Nicht nur tiefer, sondern auch steiler wurden offenbar die Meeresböschungen, darum vermochten noch immer steil aufsteigende, schmale Inselrücken sich zu erhalten. Mit der Senkung verengte sich der Faltenwurf. Die alte Breitschwelle S_2 wurde verschmälert und mit unter den Meeresspiegel hinabgezogen.

An ein Abflauen und Verschwinden der faltenden und vielleicht auch verschiebenden Tiefenbewegung nebst deren Gefügeformen kann um so weniger gedacht werden, als sich ja für sämtliche, überhaupt unmittelbar zu beobachtende Jurameerschwellen der Nachweis (E. PETERHANS 1926, 316) führen läßt, daß sie sowohl im Chablais wie in der Schweiz immer in der gleichen Gruppe von tektonischen Sätteln der Gegenwart verlaufen. Mehr als 250 km weit streichen a) diese Jurameerschwellen und b) am *gleichen* Ort die tektonischen Sattelzüge! Wäre das wohl Zufall? Nein, hier haben wir keine Wahl und ist zuzugeben, *daß die heute sichtbaren Antiklinalzüge wenigstens in den gröberen Zügen schon durch jene Tiefenkräfte angelegt und geformt wurden, welche das Gesetz der Faziesverteilung in den Meeresböden der Jurazeit schrieben.* Aus diesen Schriftproben in dem nun folgenden Faziesgang entnehmen wir, daß jene *Jura-Reliefbewegungen tatsächlich die äußeren, kümmerlichen Anzeichen jener Gebirgsbildung in der Tiefe waren. Diese Schwellen und Mulden sind tektonische Sättel und Mulden; sie blieben dies im großen ganzen bis heute.* Keimhafte Anlagen der Jurazeit wuchsen zum gegenwärtigen Bild an. Gewiß kennen wir weitgespannte Falten der Triaszeit als Beispiele für ein Zurückbiegen, für eine Verwandlung von Sattel in Mulde und umgekehrt. Doch gilt dies nur für sehr weite Spannungen, sehr lange Zeiträume und für das ältere

Triasstadium. Wenn wir von diesen keimhaften Fällen absehen, erweist sich unsere Erdrinde nicht von der Art des Gummi, der heute diese, morgen jene Form anzunehmen vermag. *Im großen steckt ein überaus beharrliches Entwicklungsstreben der Gefüge in unserer Erde.*

Briançonnaisbogen und Vorland

Es wurde schon oben S. 253 bemerkt, daß die präalpine, teilweise ultrahelvetische Fazies mit Hauptelementen gegen SW und S in diejenige des Subbriançonnais und des Briançonnais einbiegt. Dies gilt auch für den Dogger. Der dunkle, einförmige Zoophycus-Doggerschiefer mit *Posidonomya alpina* der Klippendecke, auch der ultrahelvetischen Sattelzone, zieht über die Isère nach S (Abb. 73) bis in die Seealpen und füllt mit bis 400 m Schichten sowohl den tiefmeerischen Schlammtrog des Dauphiné wie die anschließenden Vorlandgebiete. Kalke, aber auch tiefmeerische Radiolarienschlamme fehlen; immer nur diese „terres noires", welche den Wanderer trüb stimmen!

In den beiden äußeren Ubayedecken erscheinen ostwärts seichtmeerischere, mergeligsandige Kalksteine und Schiefer mit Feinschutt und Konglomerat, sowie mit Landpflanzenresten. Man nähert sich hier schon wieder einer Inselschwelle (Abb. 74). Der Mytilusdogger, unten brekziös, darauf schwarze Kalke mit Schnecken und Brachiopoden, geht ganz ähnlich wie in der inneren Klippendecke auch im östlichen Briançonnais weiter. Häufig sind Lücken. Nur gelegentliche, teilweise sehr unsichere Trochitenkalke mit Korallen, Austern zeigen an, daß während des Doggers keine einheitliche Insel im Bereich der Briançonnais-Schwelle bestand, sondern daß doch vorübergehend Teile überspült waren. Zaccagna nahm eine vollständige Schichtlücke zwischen Lias und Tithon an, W. Kilian folgerte Gleiches zum wenigsten für die Ubayedecken und den Streifen des Briançonnais, auf dem Liasschutt gleich von Tithon überschritten wird.

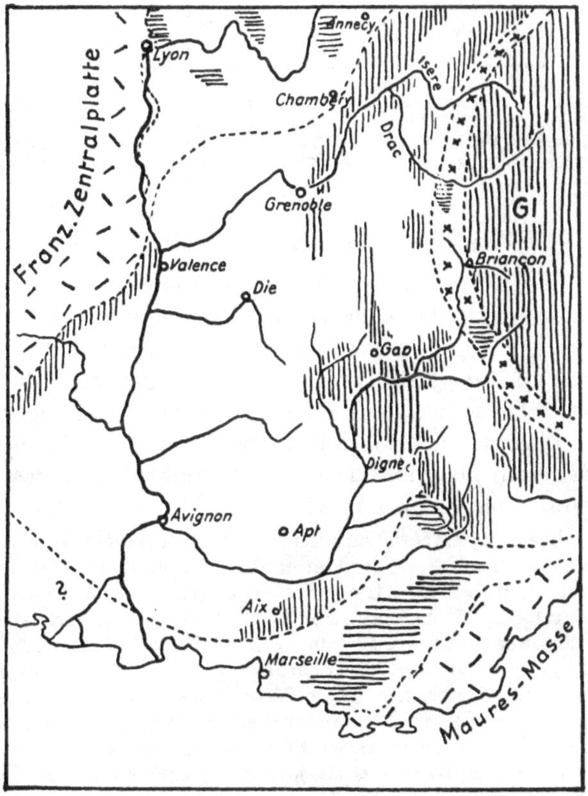

Abb. 73. *Faziesverbreitung des Mitteldoggers im Rhonebecken:* Sedimente des tieferen Beckens senkrecht, des Flachmeeres waagerecht schraffiert. Briançonnaisschwelle mit Kreuzen. Ö davon der Piemonttrog *Gl.* Im N des Dauphinétroges „D" der Faltenjura. Nach E. Haug, Handbuch II, 2, 1020.

Ostwärts von dieser Briançonnais-Schwelle, deren Herausformung als großer Mittelsattel der Westalpen also auch im Dogger weitere Fortschritte machte, senkte sich wieder der Meeresboden hinab zum Piemont-Trog. Schuttbänke keilen dorthin zwischen die Glanzschiefer aus. Vielfach gehen schwarze Bathonkalkbänke seitlich über Kalkschiefer in diese Tonschiefer über.

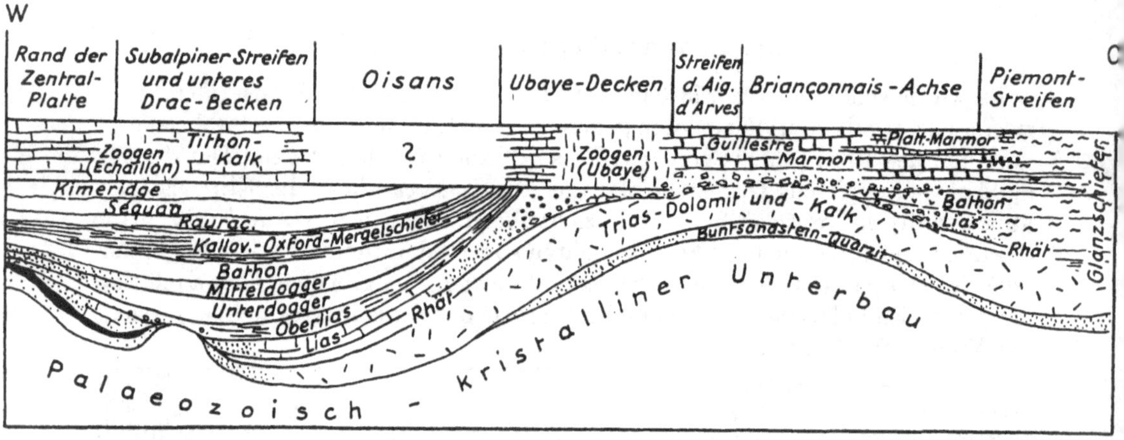

Abb. 74. *Schematisches Faziesprofil des Mittel- und Oberjura in den Französischen Alpen.* Nach W. Kilian & J. Révil 1914, II, 2, 205. Beiderseits der Kalkschwelle des Briançonnais die Tröge von Dauphiné und Piemont. Ungleichförmige Auflagerung des Tithons. Mit Punkten und Haken: Seichtmeerabsätze. Dicke schwarze Punkte: Kalk mit Hornstein. Dicke senkrechte Striche: Kristalliner Marmor. Rhät ist im W schwarz dargestellt.

Ultrahelvetisch-helvetischer Außentrog und Vorlandmassiv

Wegen höchst verwickelter Lagerung und scharfem Massenentzug ruht noch ungewisses Dunkel über unserem Wissen von der nördlichen Fortsetzung des romanischen Ablagerungsraumes. Wir haben 1936, I, begründet, weshalb hier, ebenso wie im N des kalkalpinen Raumes weiter im O, der „ultrahelvetische" Bezirk anzuschließen ist. Die Faziesbeziehungen der Doggerzeit bestätigen dies erneut.

Was treffen wir in der nordöstlichen Fortsetzung des von dunklem Tonschlamm gefüllten Dauphiné-Troges und weiter im N des Zoophycus-Schiefertroges der nördlichen Klippendecke?

Breit und mächtig konnten sich die Absätze der Doggerzeit im Inneren des ultrahelvetisch-helvetischen Troges, der hier nördlich anschloß, entwickeln (Arn. Heim 1916 u. a.). Die mittleren und südlichen Helvetdecken zeigen sehr mächtigen Dogger: bis 500 m beiderseits von Engelberg, Hochstollen, Faulhorn, Berner Oberland. Dabei ist die Fazies im allgemeinen keineswegs tiefmeerisch, oft sogar auffallend gleichmäßig seichtmeerisch. Allein im Unterdogger sah ich an der Gr. Scheidegg nicht weniger als 600 m eisenreichen Schiefer, Sandstein, Echinodermenbrekzie. Diese Mächtigkeit bei Flachmeerschichten bedeutet auch hier eine starke Absenkung des südhelvetischen Troges — wenigstens für die mittlere und westliche Schweiz, denn im Walensee-Fläscherberg-Gebiet schwindet diese Mächtigkeit.

Für den Mitteldogger (Bajos), der graue Schiefer, Kalke, Kieselkalke, Trochitenspatkalke enthält, fällt auf das Erscheinen zahlloser Cancellophycus- oder Zoophycus-Formen im Berner Oberland. „Der Reichtum an Zoophycusalgen scheint für den südlichsten helvetischen Dogger bezeichnend zu sein" (Arn. Heim 1921, II, 286). Hier lieferte raschere Absenkung und darum Eindeckung im älteren Mitteldogger nicht weniger als 400 Schichtmeter und ermöglichte die Erhaltung jener zarten Gebilde. Damit haben wir ganz ähnliche Zustände, wie im rasch gesunkenen Trog der nördlichen Klippendecke mit seinem mächtigen Zoophycusdogger, ähnlich wie im Dauphiné-Trog. Es ist doch wohl die Bildungsnachbarschaft, welche uns solche Übereinstimmung am besten verstehen läßt. Zoophycusreich sind auch die Doggermergel der Randzone von Bulle, und vielleicht bedeuten die hier im ultrahelvetischen S mitunter eingeschlossenen konglomeratischen Kalkbänke und Sandkalke schon den Anstieg zur Stirnschwelle der Klippendecke S[3].

Doch auch da war die Absenkung nicht einheitlich. Auf Teilschwellen, die bei der Senkung in dieser Zeit zurückblieben, ja teilweise als Inselhäupter über den Meeresspiegel gerieten, dürften wohl jene Schwärme von umgelagerten Triasdolomitstückchen zurückgeführt werden, die noch im südhelvetischen Raum auftauchen: Wildhorndecke, westliche Axendecke. Auch fehlt zwischen Bajos und Oberjura (Argov) nicht selten Kallov bzw. Bathon. Es ist der Aufmerksamkeit von P. Arbenz (Schweiz-Führer 1934, II, 102) nicht entgangen, daß diese Lücken Beziehungen zu den Baulinien haben. Beobachtet man sie doch besonders im Kopfgebiet der Wildhorndecke des Berner Oberlandes und in der Axendecke — ähnlich wie etwa im Obernor oder Oberjura der südlichen Kalknordalpen (Karwendel u. a.). Sie sind für P. Arbenz wie für uns *die ersten „Anzeichen der Bildung helvetischer Faltenwellen"*. Genau wie anderwärts können sie dann aber in der tiefmeerischen Oberjura-Fazies nicht nachgewiesen werden, was natürlich nicht beweist, daß sie da verschwunden sind. Denn gegen die Kreide zu erscheinen sie ja dann wieder mit dem Flacherwerden des Meeres.

Unsere ganz rohe Übersicht Abb. 83 für den gesamten Dogger deutet mit Kreuzlinie wenigstens einen Schwellenzug schematisch an.

Und wandern wir im abgewickelten Faziesquerschnitt von den südlichen durch die mittleren in die nördlichen, untersten helvetischen Decken, durch das „Parautochthon" hinauf zu den Massiven von Aare, Montblanc-Aiguilles-Rouges, so fin-

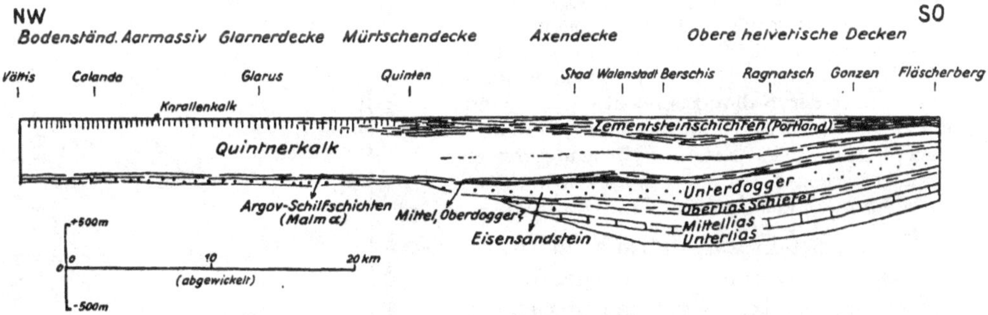

Abb. 75. Schematisches *Faziesprofil des helvetischen Jura der östlichen Schweizeralpen* nach Arn. Heim 1916, Geol. d. Schweiz II, 277.

den wir in ungleich vollständigerer Weise noch heute den Übergang aus der breiten helvetischen Trogwanne hinauf zum Vorlandmassiv. Es entspricht schon der vorangegangenen, liassischen Bewegung, die als großzügige und weitausgreifende Senkung des Bodens fortgeht, wenn wir nun Schicht um Schicht weiter nordwärts vorgreifen sehen ins Vorland (Abb. 75, 76).

Der Ostschweizer Unterdogger (Aalen) mit Opalinusschiefer, darüber Eisensandstein, greift schon vor. Der Schiefer liegt fast überall übergreifend auf Trias des Aaremassivs, der Glarner- und Mürtschen-Decke. Rasch schwillt dann südwärts in der Axen- und Säntis-Decke der Dogger auf 100—400 m an, überwiegend mit Eisensandstein. Im Reußgebiet greifen gleichfalls 5—15 m schwarze Opalinustonschiefer teils über Rötidolomit, teils über Quartenschiefer. Bei Engelberg beginnt der Schiefer mit einer Echinodermenschuttbank. An der Jungfrau noch dünn, gewinnt der Dogger an der Blümlisalp vorübergehend 200 m Opalinusschiefer, um dann südlich von Balmhorn-Gemmi-Leuk eine mächtige westliche Hülle des Aaremassivs zu bilden. Sie besteht im N fast ganz aus Echinodermenfazies, südlich (Torrenthorn) aus schwarzen Tonschiefern, die südwärts bis 500 m Dicke erreichen. Am NW-Rand des Aiguilles-Rouges-Massivs bei Morcles und Mex fehlt der Dogger. Gegen SO trifft man seine Sandkalke, Eisenoolithe, Tone in der Morcles- (Chamosit!) und Dents du Midi-Falte an.

Sehr wechselvoll nach örtlicher Fazies und Mächtigkeit erweist sich also diese übergreifende, durch die ganze Zeit mit Festlandseinschwemmungen versehene Doggerhülle. Die alte *Porphyr-Festlandsschwelle der Windgälle* (Fernigen), gegen welche beiderseits schon der Rötidolomit auskeilte (Abb. 77), bestand als NO-streichende *Insel* noch im Dogger. Bis 60 cm messende Strandgerölle aus Porphyr bestätigen sie im Bajos-Echinodermenkalk. Erst das oberste Bajos griff über den Inselgipfel. Die Parkinsoni-Schiefer können noch nicht auf die Südseite übertreten, aber der Kallov-Eisenoolith leitet dann die von dieser Schwelle nicht mehr beeinflußte Lagerungsfolge ein. Erst das Mitteldoggermeer transgredierte auf den Aaremassivrand auch am Gstellihorn, Doldenhorn, bei Innertkirchen. —

Allgemein fällt auf, daß *der helvetische Oberdogger* so dünn, oft lückenhaft verbreitet ist, sehr im Gegensatz zum tieferen Dogger. Wir erinnern uns, daß gleichzeitig auch im südwestlich benachbarten Präalpengebiet ähnliches auftritt. Während anderwärts, etwa im kalkostalpinen Raum oder auch im mitteleuropäischen Vorland, der Oberdogger die tiefste Einsenkung brachte, scheint hier im Gegenteil eine *Hebung* stattgefunden zu haben, die dann

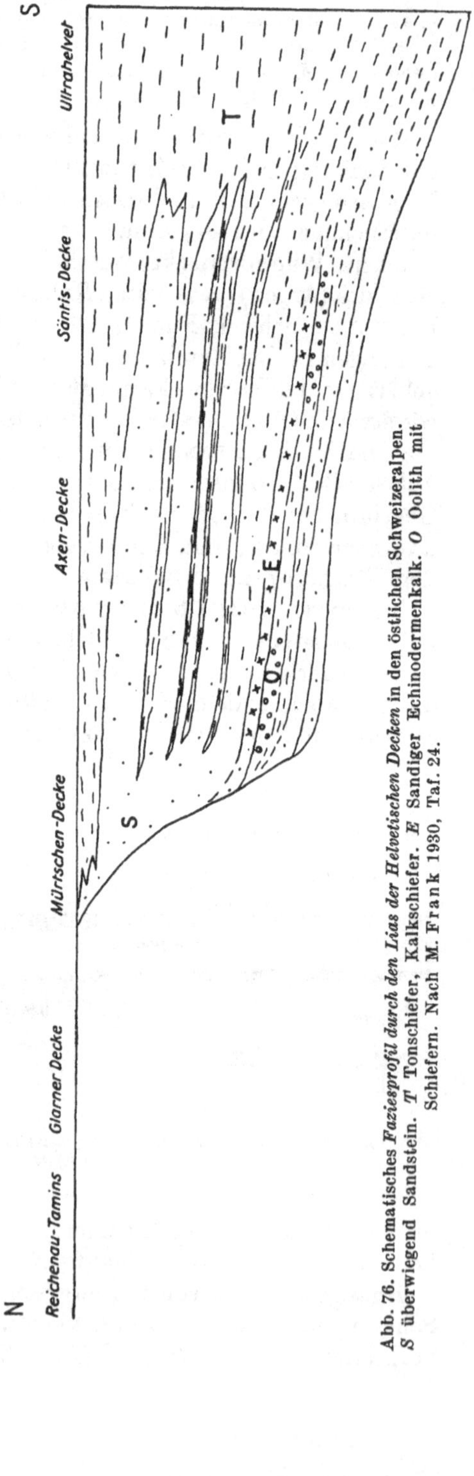

Abb. 76. Schematisches *Faziesprofil durch den Lias der Helvetischen Decken* in den östlichen Schweizeralpen. *S* überwiegend Sandstein. *T* Tonschiefer, Kalkschiefer. *E* Sandiger Echinodermenkalk. *O* Oolith mit Schiefern. Nach M. Frank 1930, Taf. 24.

im Untermalm noch etwas Bestand hatte. Dies ist wohl ein Beispiel dafür, daß die Teilbewegungen *keineswegs überall zu ähnlicher Zeit im gleichen Sinn verliefen*, sondern sich von Ort zu Ort auch recht abweichend verhalten konnten.

Der penninische Bewegungsraum

Während der helvetische Dogger teilweise durch die Menge weit hinaus ins Meer verfrachteter Sandmassen auffällt und hieraus auf bedeutende Reliefunruhe schließen läßt, haben wir in dem ungleich schärfer bewegten penninischen Raum so gut wie keine *nachweisbar* dieser Zeit angehörigen Absätze. Für die Trogmulden wird man sagen, es sei eben das gleiche wie in den kalkalpinen Tieftrögen, wo tiefmeerische Zustände herrschten und der Nachweis darum nicht gelingen kann.

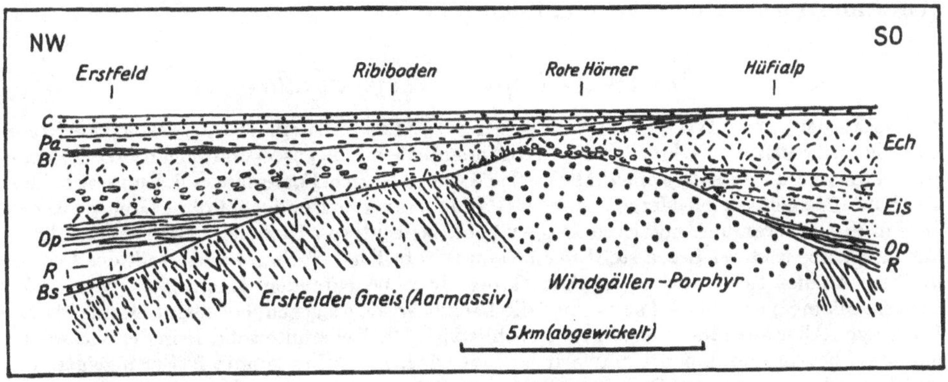

Abb. 77. *Die Eindeckung der Windgälleninselschwelle während des mittleren Doggers.* Nach Arn. Heim aus Alb. Heim, Geol. d. Schweiz II, 1921, 284. *Bs* Untertrias. *R* Rötidolomit. *Op* Opalinusschiefer und *Eis* Eisensandstein des Unterdoggers (Aalen). *Ech* Echinodermenkalk, im NW mit Kieselknauern, des Mitteldoggers (Bajoc.). *Bi* Bifurcatencolith (unt. Eisenoolith, Baj.). *Pa* Parkinsonischichten (Bathon.) und *C* Kallov., Oxford des Oberdoggers, bedeckt von Argov.

Doch sind es keine echten Tiefseerinnen im penninischen Raum, sondern immer nur die Glanzschieferfüllungen von schlammsammelnden Trögen. Wenn hier keine normalen Absätze entstehen, keine normale, wenn auch tiefmeerische Fauna Fuß fassen konnte, und die Abwesenheit irgendwelcher Abtragungsschutte oder von ähnlichem die Deutung der Lücken als Festlandswirkung völlig ausschließt, so werden wir hier wiederum die Schütteltischunruhe, den dauernden Wechsel der Meeresschlammströmungen, die Rutschungen u. a. verantwortlich machen müssen. In der Fleckenmergel-Glanzschiefer-Fazies stecken hier die Vertreter der höheren Lias- und der Doggerzeit!

Und wenn nicht einmal auf den Schwellen fossilführende Normalfazies entstehen konnte, so offenbar deshalb, weil damals eben auch diese Schwellen schon zu tief lagen, um sich gesondert ausprägen zu können. Ohne sichtbare, größere Schrägflächen oder Lückenspuren schließt sich denn auch der Aptychenkalk oder Radiolarit des Oberjura, ja oft erst des Tithons, an die „liassische" Mergelschlammfazies an.

In der orogen aufgewühlten, trüben Schlammwolke verschwinden alle Umrisse des gewaltigen Geschehens der Tiefe.

Das gilt für den ganzen penninischen Raum. Ähnliches gilt aber auch noch für

das Unterostalpin und Mittelostalpin.

Auch hier liegt vielfach die Vermutung nahe, daß sich der Dogger der Mulden unter der Tarnkappe der Glanz- und Fleckenmergelschiefer verbirgt. Doch hier beginnen immerhin schon erste Möglichkeiten das Alter zu bestimmen. In der Sassalbo-Mulde konnte stellenweise ein schwarzer Oxford-Argov-Schiefer nachgewiesen werden. Vor allem aber liegt die Vermutung nahe, daß die höher folgenden Aptychenkalke und radiolarienreichen Gesteine der Mulden bzw. die Brekzienschutte der Schwellen teilweise auch den Dogger vertreten. Wir besprechen diese Ausbildung und die Stellen, an denen der Dogger auf Festlandsschwellen abgetragen wurde, im Zusammenhang mit dem Oberjura.

c) *Die südalpine Geosynklinale*

Jenseits der Sesia—Ivrea—Seengebirgs-Schranke, die wohl auch im Dogger noch als Grenzschwelle zu denken ist, versank der erste Trog im südlichen Langensee- und Luganersee-Gebiet— jedoch wiederum keineswegs mit ähnlicher Tiefe wie im N. Zwei Fazies lassen sich unterscheiden: Der bunte Mergelkalk mit Mergel, zuoberst Posidonomyen führend, geht ohne Grenze aus dem Lias in den unteren und mittleren Dogger über, bedeckt von Radiolarit. Dieser Ausbildung am Langensee und bei Lecco steht der bekannte rote Knollenmergel und -kalk des lombardischen Ammonitico rosso gegenüber. Trotz ihrer bedeutenden Mächtigkeit von 450 m (Bodensenkung!) ist erstere Fazies doch die flachmeerischere gegenüber dem tiefermeerischen Rotmergel. Aber auch hier verschwinden schließlich alle Reliefunterschiede in der Tiefsee, die nun anschließend durch den Radiolarit bezeugt wird. Immerhin konnte A. Senn zeigen, daß im W, nördlich Varese, der Boden durch längere Zeit der Absenkung Stand halten konnte als der O (Mendrisio). Erst allmählich verlagerte sich der Tiefsee-Radiolarit im Bajos gegen W über den ausharrenden Ammonitico rosso.

Wieder also diese, freilich im Faziesbild wenig scharf erkennbaren Relief- und damit Bodenbewegungen! Wiederum nach der Transgression des kalkigen Lias das Überhandnehmen seiner Schlammfazies, teilweise *flyschartig* mit Fukoiden, dann das Tieferwerden der Senken und Schwellen, bis schließlich alles Unterschiedliche in der Tiefsee verschwand. Schon dieser westlichste Teil der Südalpen schließt sich getreu den Geschicken in der nordalpinen Geosynklinale und deren westalpinen Ausstrahlungen an.

Etschbucht-Vizentin-Südtirol-Venezianer Alpen

Der schmale Jura-Schichtrand der Südalpen führt in ein Gebiet des Überganges von Lias zu Dogger, wobei deutsche Geologen mehr Lias-Vertretung, italienische Fachgenossen im allgemeinen mehr Dogger-Vertretung annehmen. Nach einer kurzen Verflachung des Meeres mit pflanzenführenden Tonschiefern, z. B. auf Blatt Trient, breitete sich vom Gardasee (Cap San Vigilio an dessen Ostküste, Dogger Beta) nördlich über das Sarca-Brenta-Gebiet und östlich über Pasubio-Feltre und vielleicht die Venezianer Alpen der oolithische Oberlias- (Toars-) und Unterdoggerkalk gleichförmig über die Unterlage aus. Weiter im N wird diese Kalkplatte lückenhafter. In der Etschbucht fehlen offenbar weithin Dogger Gamma-Epsilon. Im NW der Brenta liegt zwischen Mittellias und fraglicher Majolika kein Dogger, ebenso auf Gardenazza, wo nach L. Kober 1908 eine wohl erst im Malm überflutete *Insel* lag.

Mit den Posidonomyenschichten Südtirols (Epsilon-Zeta) erst kehrte das Meer zurück bzw. breitete es sich weiter aus. Es setzte jedoch dort, wo eine sichere Schichtlücke nicht erwiesen werden kann, also in den tieferen Beckenteilen, auch schon im höheren Dogger mit der oberjurassischen, tiefermeerischen Fazies des Ammonitico rosso superiore ein. Östlich der Etsch, wo der Lias allmählich dünner wird, enthalten diese roten Ammonitenkalke unten bereits eine Dogger-Epsilon-Fauna. Ähnliches, zusammen mit Klausschichten des Epsilon, fand sich am Monte Pastello (SW-Anfang der Lessinischen Alpen).

Während sich die Lückenhaftigkeit bzw. Schichtverdünnung auf der vizentinischen Schwelle auch im Dogger deutlich bemerkbar macht, geht die anscheinend lückenlose und normalmächtige Ablagerung des Doggermeeres nordostwärts durch die Lessinischen Kalktafeln weiter nach den Bergen im N von Feltre und fort durch die Venezianer Alpen. Denn über den dem Unterdogger noch angehörenden Frizzonekalken und -oolithen folgt hier in Linsen das oft mit Posidonomyen-Haufwerk durchstreute Epsilon-Stockwerk bzw. folgen die bunten, meist roten Ammonitenkalke des Oberdoggers, teilweise gegen oben darin massenhaft Belemniten, im O weiße Kalksteine.

Bezeichnend für die *Feltriner Alpen* und östlich davon ist nach G. Dal Piaz, daß hier das Oberlias-Unterdogger-Stockwerk über weißen Kalken und Oolithen durch einen ersten, roten ammonitenreichen Mergelkalk ausgezeichnet ist. Hier also senkte sich offenbar gleichzeitig mit dem Überhandnehmen der Fleckenmergelsenkung in der Nordgeosynklinale der Meeresboden ein erstes Mal. Er hob sich gleichzeitig mit der anderwärts, z. B. weiter im NW, zum Hervortauchen führenden Hebung und erhielt dabei als Untiefenbildung die oberen Oolithe. Dann folgten helle Kalke mit Hornsteinknollen, Radiolarien werden reichlicher im Kallov, und im obersten Oxford gibt es sogar hornsteinreiche Aptychenschiefer, ebenso wie in den nördlichen Lessinischen Alpen. Das heißt, *der Boden versank zur Tiefsee hin.*

Ähnlich ist es im östlichen Südtirol. Der helle, mit roten Fossilnestern durchsetzte Liaskalk geht oben in Riffbildungen des Mitteldoggers (Klausschichten) über. Dort, wo wie auf Puez, Sella, Oberrhät und Unterjura-Kalke fehlen, vertreten dünne Dolomitbrekzien und einige Meter Dolomite teilweise den Dogger. Betrachten wir statt dieser Schwellen die Senken, so finden wir in diesen schon ab Unterdogger die Fazies der roten Ammonitenkalke, welche bald in den Malm hineinragen.

Ähnlich scheint es auch im Piavebecken und weiter in den Venezianer Alpen zu sein. Über den grauen Unterliaskalken geht die rote Mergel- und Ammoniten-Knollenkalkfazies durch die höheren, zumeist noch nicht genauer nachgewiesenen Stockwerke bis in den Malm. Plattenkalke, oolithische und dolomitische Zwischenbänke leiten zum Oberjura über oder gehören schon zu ihm. Die Einzelheiten sind noch wenig klar.

Aus dem Ganzen geht aber wieder einmal eindeutig hervor, daß erstens auch in der Südalpen-Geosynklinale, ebenso wie in der nördlichen, die großen, weltweiten Transgressions- und Regressionsbewegungen mitgemacht wurden: *Die Hebung am Triasende, dann die Senkung, verstärkt im Oberlias-Unterdogger, die Hebung im Mitteldogger, die starke Senkung dann.*

Zweitens wurden auch im Dogger *höher* gelegene Reliefteile *besonders gehoben, tiefer gelegene besonders gesenkt.* Schwellengebiete hatten Aussicht, Insel zu werden und Schichtlücken zu erhalten, Troggebiete aber tiefermeerisch zu werden und fortlaufende Schichtprofile einzuheimsen.

So gelangen wir gleichzeitig zu dem üblichen Schluß, daß auch in den starken Meinungsverschiedenheiten bezüglich der VACEK'schen Diskordanzen dieser Verfasser durchaus recht hatte, wenn er für nördliche und nordwestliche Schwellengebiete deren Vorhandensein verteidigte, wenn aber Forscher aus den Troggebieten andererseits die Lückenlosigkeit der Profile betonten. Damit aber ist weder der eine berechtigt, auf durchgehende Lücken auch anderwärts zu schließen, noch der andere die Lückenhaftigkeit des alpinen Juras zu bestreiten. Beides stimmt, das eine für die Schwellen, das andere für die Tröge. *Denn wir befinden uns in der Zeit rühriger Fortbildung dieses Faltenwurfes.*

Julische Alpen

Die südjulische Randschwelle (S. 278) hat sich im Dogger stark erweitert. Südwestlich von ihr, im Ternowanerwald und westlichen Stol-Zug, ging die Oolithkalkfazies aus dem Lias noch um ein Stück in den Dogger hinein und setzt so jene der Venezianer Alpen fort. Aber weiter im N fehlt es an Doggervertretern, die vielleicht teilweise wieder abgetragen wurden, jedenfalls aber schon verschwunden waren, als sich der Schutt und Riffkalk des übergreifenden Oberjurameeres auflagerte (Idrica W, S. Lucia). Nordwärts jenseits in dem Porezentrog dagegen hat auch der Dogger seine Meeresabsätze. Es herrschen, besonders im mittleren Isonzo-Abschnitt, graue, hornsteinführende Plattenkalke, noch immer mit Sand und anderen feinen Einschwemmungen der benachbarten Schwellen.

Die Krn-Schwelle im N dürfte wenigstens teilweise als Insel, teilweise als Untiefe weiter bestanden haben. Denn erst Oberjura griff über sie weg, und zwar über Dachsteinkalk unter Ausfall von Dogger. Aus der Aufarbeitung von Lias und Dachsteinkalk, sowie aus der ungleichförmigen Überlagerung schloß H. HAERTEL 1920, 6, auf eine geringe Aufrichtung der älteren Juraschichten vor Ablagerung des Oberjuras.

In dem Wocheiner Teiltrog verharrte das Meer auch während des Doggers. Nach den bunten, hornsteinführenden Fleckenmergelschiefern, die nach oben in den Dogger hereinreichen dürften, finden wir aber auch hier die Spuren einer Hebung und der näher heranrückenden Festlandsschwellenküsten. Grüne dolomitische Sandsteine, dazwischen braune Schiefertone, Abschwemmungsreste aus Quarz und basischen Eruptivgesteinen einer paläozoischen Altschwelle, dazu von Festlandspflanzen (Häcksel, Kohlestückchen) erscheinen. Ähnlich im N (Pokluka) und westwärts gegen das Flitscher Becken zu, wo ebenso wie im Krn-Zug und im Mangart-Sockel während Dogger und unterstem Malm das *Festland* herrschte und stärkerer, außenbürtiger Abbau. Aber wieder ist es der Mangart-Teiltrog, der seine Ausnahme machte. Nach der Teilschwellen-Aufsattelung im Oberlias lagerten sich auf dem wieder tiefersinkenden Meeresboden graue Hornsteinplattenkalke mit dunklen Schiefern, gegen oben Brekzienkalke in mehr als 100 m Mächtigkeit ab. Ja, im Oberdogger beschleunigte sich die Absenkung: rote Radiolarite und Hornsteinkalke, wohl noch den unteren Malm vertretend, zeigen uns eine zweite Tiefseezeit an, welche ganz jener der Nordalpen-Geosynklinale entspricht.

Weiter nordwestwärts begleitet in spärlichen Resten der Dogger den Nordrand der Karawanken. Im Gegensatz zum Lias hat der Dogger seine eigene Verbreitung und greift er über verschieden alten Untergrund mit Lücke über. Im O vom Vellach-Durchbruch und weiter östlich davon hat sich roter Klauskalk angesiedelt.

Sonst aber, besonders gegen S, zeigt uns wohl das ungleichförmige Übergreifen von Oberjura auf Lias oder Trias unter Ausfall von Dogger an, daß eine breite Inselschwelle bestand. *Seit dem Mittellias müssen bedeutende Bewegungen eingetreten sein.*

d) Übersicht der Doggerbewegungen

Die Hauptsenkungsachse verschob sich in Mitteleuropa während des Doggers gegen NO. Das Paris-Süddeutsche Becken erweiterte sich, besonders zur Kallovzeit, durch Niederbruch der Vindelizischen Schwelle gegen SO. Hauptsenken lagen im W und O der mittelrheinischen Masse. Der epirokinetische Rhythmus des Ab-und-Auf war in West- und Mitteleuropa noch schärfer als in dem faziell weniger mannigfaltigen Lias geworden. Neue Sedimentationsräume wurden durch Senkungskräfte erkämpft. Es erhielten sich allein noch aufrecht die Schwellen von Ardennen-Böhmischer Masse und jene des Französischen Zentralplateaus.

Südlich bzw. östlich von diesen begannen die Meeressenken nun bereits als Ausläufer von Vortiefen sich dem Geschehen der alpinen Geosynklinalen zuzuwenden.

Mit der fortschreitenden Einsenkung der alpinen Jura-Geosynklinalen wurden auch hier die Sattelschwellen der Inselgirlanden und Untiefen seltener, ja, es erreichten die Muldenböden schon weithin die Tiefseerinnenlage. Während von dem böhmischen Nordsaum der Nordalpengeosynklinale noch immer Landeinflüsse kamen, senkten sich nicht weit südlich bereits unruhig die Teilmulden zu größeren Tiefen, blieben schwellenkalkbelegte Sättel nahe daneben. Solche versanken, oft erst nach längerer Inselzeit im Oberdogger, gleichfalls und wurden zu Muldenböschungen, öfter mit den Anzeichen für rasche Absenkung. Im NO fehlen noch echte Tiefseerinnenfüllungen.

Im Tirolischen werden Liasmergelmulden teilweise zu Schwellenkalkhöhen; Schwellen versinken dagegen auch und werden zu Tiefseemulden. Eine besonders gegen S weit ausgedehnte Dachstein-Doggerinsel, welche im Oberlias und besonders im Unterdogger wieder emporstieg, hielt lange aus, bis auch sie zum größten Teil während des Oberdoggers rasch versank. Bedeutende Verlagerung ließ sich namentlich für das Liasende erschließen. Erdbebenartig beschleunigte Verstellungen, aber auch Ruhepausen zeichneten sich da ab. *Eine scharfe Abbauzeit innenbürtiger Art mit Senkung und Faltung herrschte im höheren Dogger.* Die gleichzeitigen Vorstöße der Flachmeere aus der in dieser Weise arbeitenden Geosynklinale hinaus in die umgebenden Festlandsplatten erkennen wir nur als äußere Begleiterscheinungen dieses gebirgsschaffenden Krampfes.

Eine *Haupt-Tiefseerinne* des tirolischen Streifens zeichnet sich in dem liassischen Felde der Wannenachse ab, aber Teilaufwölbungen bedecken sich auch im Oberdogger noch und wieder mit Krinoidenkalk, ja, sie können Inselschutt in die Nachbarrinnen abgleiten lassen. Kräftig rückte die stirnnahe Inselschwelle der juvavischen Deckenfront nordwärts voran. Allenthalben sind gleichzeitige Faltungen erkennbar.

Noch immer liegt auch die Frontschwelle der bewegten Lechtaldecke höher, bedeckt von fossilreichen Untiefenkalken und nordwärts absinkend zu der Fleckenmergelmulde der Allgäudecke. Das südbayerisch-nordtirolische Hauptdolomitgewölbe liegt noch hoch, beiderseits begrenzt von sinkenden Mulden. Weitere Teilmulden, scharfe, durch Brüche bedingte Böschungen erscheinen am Wendelstein, im Salzkammergut. Paläozoisches Untergrundgestein wird auf den Schwellen im N und S der Allgäudeckenmulde als Zeichen für größere Schwellenhöhe und -Abtragung jetzt entblößt. Auf ungleichen Böschungsabfall, stärker gegen N als gegen S, lassen die Deckenstirnschwellen von Allgäudecke und Lechtaldecke schließen: Auch hier dürfte diese Ungleichseitigkeit ein tektonisches Überliegen *und damit den „Deckenmarsch gegen N"* anzeigen, während gleichzeitig die hart neben den Inselschwellen zur tiefen See absinkenden Mulden die Verschärfung von Relief und Faltung erschließen lassen.

Gegen den nordkalkalpinen Südrand und im westlichen Fleckenmergelraum versank weithin der Meeresboden zur Tiefsee, Melaphyrgänge (Ehrwaldit) setzen auf. *Um 2—3 km geht während der Faltung die Mittelebene der Falten nach abwärts.* Strichweise ragen auch da noch Teilsättel bis in die schwellenkalkausscheidenden Wasserhöhen (Scesaplana) aus der Tiefsee empor, die westwärts in die Simmendecke weiterging. Die bunten, fukoidenführenden Tonschiefer der Brekziendecke (Chablais) deuten dann nördlicher die Fortdauer der Bewegung ebenso an wie die weiterwachsenden Schwellen zwischen den teilweise mit tiefmeerischem Zoophycus-Dogger, teils mit weithin übergreifendem Mytilus-Dogger gefüllten Mulden, welche entlang der gebirgswärts folgenden und mit einer recht wechselvollen Bewegungsgeschichte ausgestatteten Briançonnais-Schwelle auch nach Frankreich weiterziehen.

Ebenso wie weithin schon in den nördlichen Kalkostalpen während des jüngeren Lias versank auch während des jüngeren Doggers allgemein der in Faltung und Verschiebung begriffene Meeresboden. Er wurde mit tiefsee- oder flyschähnlicher bzw. Fleckenmergel-Schlammfazies eingedeckt. Auch hier wäre der Schluß ganz verfehlt, aus der Gleichartigkeit dieser Faziesuniform auf fortschreitendes Erlahmen der einengenden Kräfte zu schließen. *Steiler* wurden im Gegenteil die Rutschböschungen, welche von aushaltenden Inseln Landpflanzen erhielten, tiefer noch sanken die Mulden. Immer enger wurde der Faltenwurf. Und es ist dies genau der gleiche, den wir noch heute an gleicher Stelle im Bau der Gebirgsstücke erkennen.

Nach außen griffen im ultrahelvetisch-helvetischen Raum vom Dauphiné-Trog gegen N und O die orogenen Wirkungen mit dem Zoophycus-Dogger bereits weiter nach N vor als zur Liaszeit. Auch Teilschwellenfaltung läßt sich jetzt erkennen (Wildhorn- und Axendecke). Eine wechselvolle Doggerüberlagerung, welche erst allmählich die Höhen der Inseln überdecken konnte, zeigt das allgemeine Niedertauchen auch am Aaremassiv. Doch scheint während des Oberdoggers außerdem eine Teilheraushebung im Helvet und anschließenden Teil der Präalpen bestanden zu haben.

Auf ungleich häufigere Schütteltischbewegungen und Zusammenkrümmungen läßt der penninische Raum mit seinen Schlammschiefern schließen, während der unterostalpine neben diesen Zuständen wohl auch schon Tiefseerinnen und schuttbildende Schwellen entwickelte.

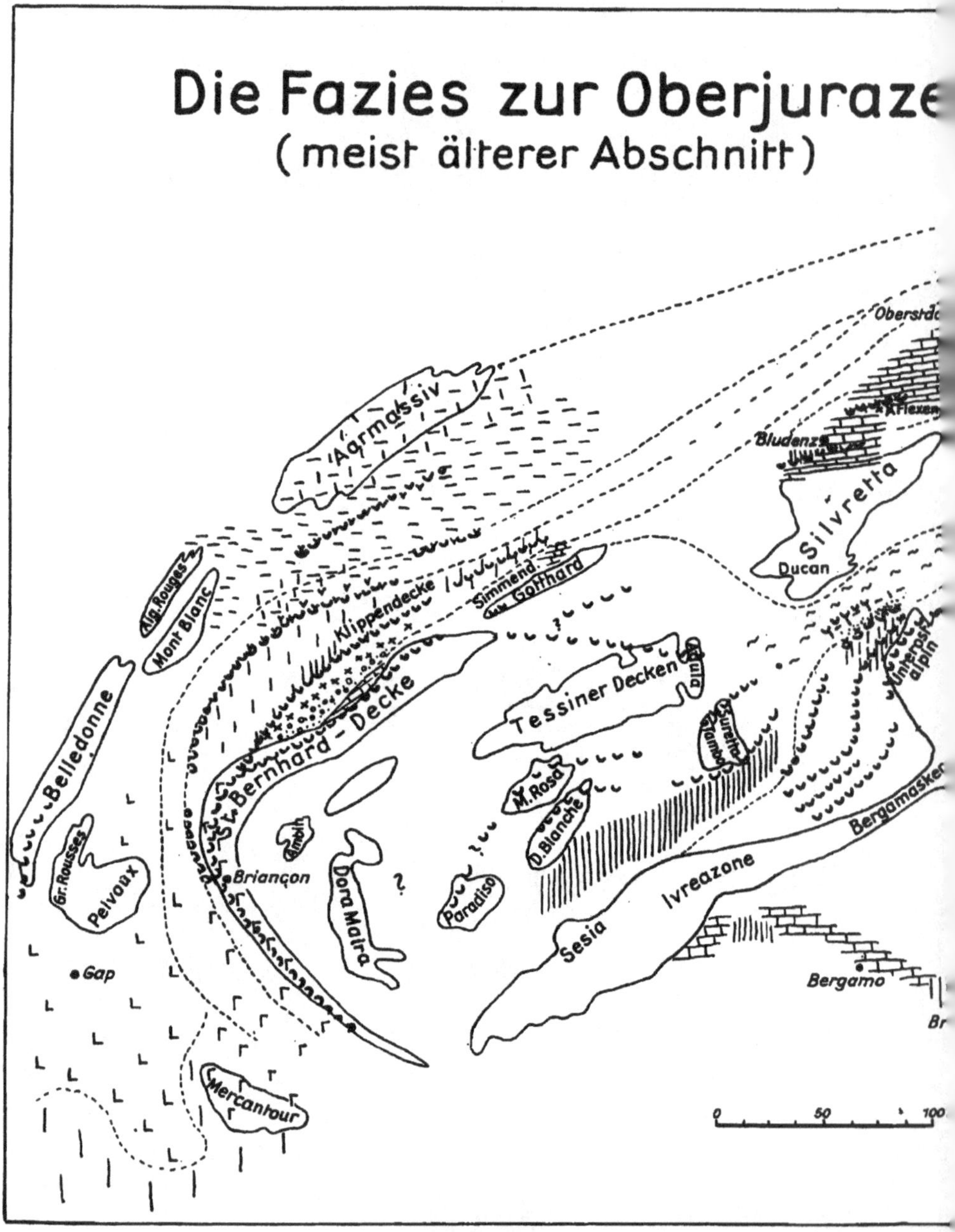

Abb. 87. Die Fazies der Oberjurazeit (meist älterer A
führende Schichten, Oberalmschichten. *2* Pelagische Apty
überwiegend. Radiolarit, meist bedeckt von Kalken des
Anschließend Festland (Kreuze) und Tithontransgression
Nerineenkalk (N der Ternovanerplatte). *6* Brekziöser Unt
mergel, wechselnd mit Aptychenplattenkalk Hornstein (J
lestrekalk, Marmor. *9* Quintnerkalk unter Korallenkalk, Fa
Schiefer. *12* Schwellenzüge zum Teil vermutet. We

Akademie-Verlag, Berlin

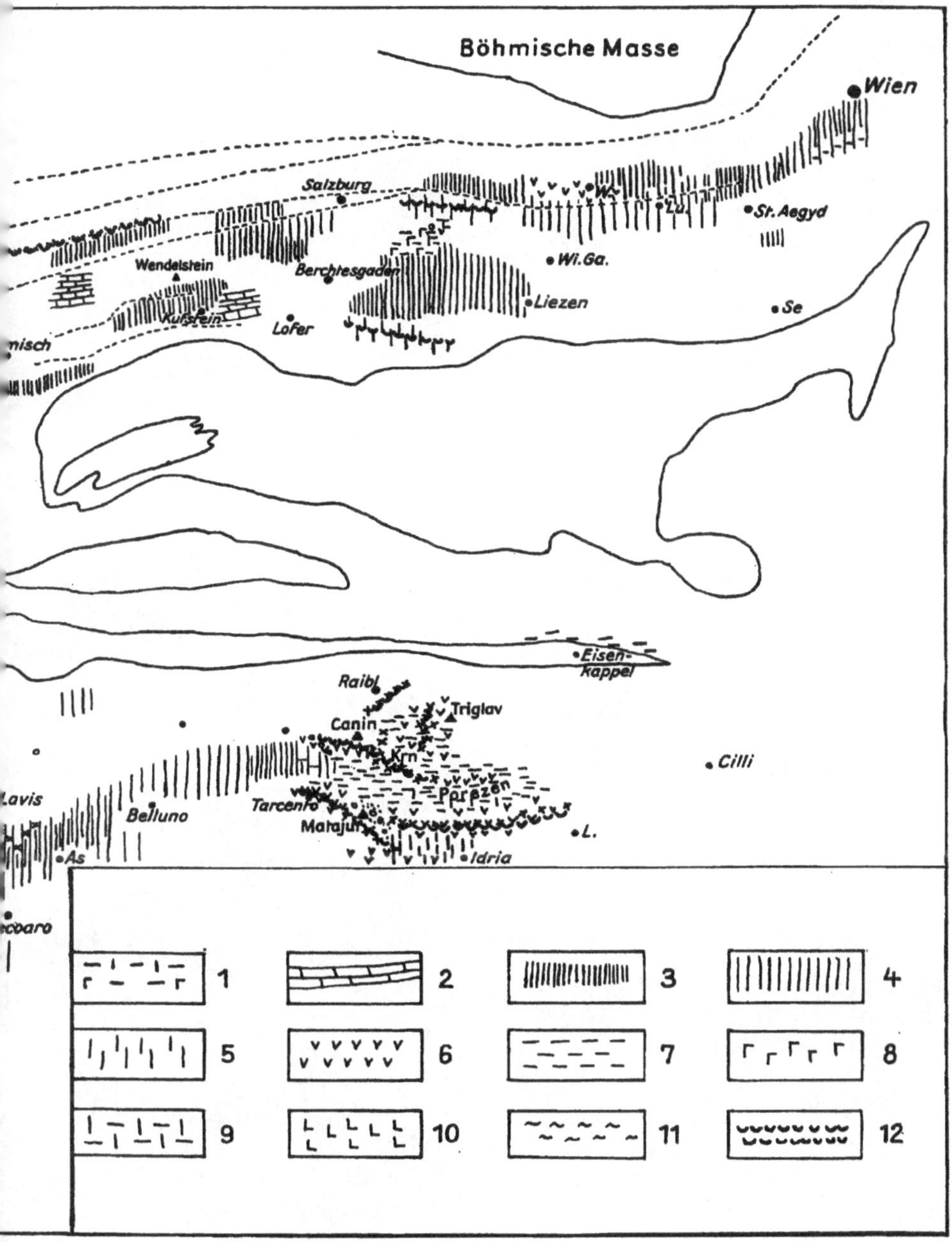

lpen. *1* küstenferne, hemipelagische, mitunter Hornstein ergel überwiegend. Majolika. *3* Tiefsee-Radiolariengestein *4* Kalk, roter Flaserkalk, Acanthicuskalk der Südalpen. berwiegend Riffkalk, Plassenkalk; Sulzfluhkalk, Korallen-icuskalk, Châtelkalk. *7* Mergelschiefer, mitunter Flecken-el), auch Radiolarit, Zementsteinschichten im W. *8* Guil-hon. *10* Korallenkalk, Dolomit, Mergelkalk. *11* Bündener hischen Einzelheiten vgl. F. TRAUTH, 1948 (1950).

In der südalpinen Geosynklinale versank der lombardische Meeresboden unter Weiterformung der Schwellen und Teilmulden, von Hoch- und Tiefgebieten, die sich aber allmählich im tiefermeerischen Sediment nicht mehr klar abzeichnen. Zahlreiche größere und kleinere Schwellen ragten im NW der Etschbucht auf, während im Inneren der judikarischen Trogmulde solche vermißt werden. Soweit das sich hier sanft weiterentwickelnde Jungfaltenrelief hoch genug kam, erhielt es auch hier seine besondere Fazies. Außerdem folgte auch in der Südalpengeosynklinale nach der Heraushebung am Triasende und der allgemeinen, im Oberlias und Unterdogger noch verstärkten Absenkung eine allgemeine Hebung im Mitteldogger und danach verstärkte Senkung zur Tiefsee.

In den viel beweglicheren Julischen Alpen hat sich die julische Randschwelle stark erweitert, der Porezen-Meerestrog aber hielt aus, wenn auch vielfach mit Einschüttungen von den benachbarten Sattelschwellen her. Ebenso blieb das Meer dem Wocheiner und dem Mangart-Teiltrog treu. Auch innen rückte aber, offenbar unter Versteilung des Faltenwurfes, die Inselnachbarschaft mit ihrem Schutt näher. Die Mangart-Mulde versank gleichwohl ein zweites Mal zur Tiefsee.

Bedeutende Bodenverbiegungen müssen vor Absatz und wohl noch während Bildung der wenigen Dogger- bzw. auch noch der Malmreste in den nördlichen Karawanken stattgefunden haben. Diese Schichtreste haben nämlich eine von der des Lias wesentlich abweichende Verbreitung, und sie greifen über recht verschiedenaltrigen, älteren Untergrund über. —

So können wir auch für die Doggerzeit im großen ganzen ein ziemlich gleichartiges Verhalten des geosynklinalen Bodens zum Meeresspiegel feststellen: Nach verhältnismäßig höherer Lage noch in der älteren Zeit eine fortschreitende, allgemeine Meeresvertiefung bzw. Absenkung, die aber in manchen Gebieten wohl durch eine Teilhebung im Oberdogger unterbrochen war. *Während dieser großen Absenkungen ruhte keineswegs die Weiterkrümmung, Neuschaffung und der Weiterbau der Jungfalten. Diese und die Deckenwanderung dürfte vielmehr gegenüber dem Lias im allgemeinen eine noch weitere Steigerung erfahren haben. Die Gebirgsbildung war an den Tiefseerinnen der alpinen Doggergeosynklinalen ebenso im vollen Gang wie an den westpazifischen Tiefseerinnen von heute,* deren Erbbebenstöße und vulkanischen Begleiter uns ja wohlbekannt sind.

7. Die Oberjurahochsee

a) Nordalpen

Über das Jurameer der nordöstlichsten Alpen (Wiener Wald) berichten die zahlreichen, heute als Klippen unter dem Flysch herausragenden, hellen pelagischen Ablagerungen. Sie gliedern sich nach F. Trauth 1928, 1948 in die unteren, dem Kimmeridge und dem älteren Tithon angehörenden roten und grauen, oft Knollen und Zwischenlagen von Radiolarienhornsteinen führenden Kalksteine, mit ihren schweren, daher im Meer rasch zu Boden gesunkenen Aptychen. Diese Bildungen großer Meerestiefe zeigen an, daß die örtlich bereits im Dogger ansetzende Absenkung nun ganz allgemein Platz gegriffen hat und wohl mehr als 3—4 km erreichte. Etwas geringer muß wohl die dann von den obertithonischen, weißen und grauen Kalken mit dunkelgrauem Hornstein angezeigte Meerestiefe gewesen sein. Über die Art der Faltung im einzelnen kann aus den sehr zerstückelten und so tiefmeerischen Klippenabsätzen heute nichts geschlossen werden. Erst die weitere Verflachung zu dem tonreicheren Neokom erlaubte dann wieder das Einrücken der orogenen Fleckenmergelfazies. Immerhin konnten auch im Obertithon konglomeratisch-brekziöse Lagen als Spuren von Teilschwellen beobachtet werden.

Reichliche, rote Radiolarite am Lainzer Tiergarten zeigen also eine Tiefseerinne an, welche sich wohl weiter westlich verflachte. Wenigstens beobachtet man für die gleiche, ältere Malmzeit zwischen Erlauf und Enns, also näher der Böhmischen Masse, mehr die weißlichen, konglomeratisch-brekziösen Kalke.

Die Gewalt der Massenverlagerung in der Tiefe läßt sich *im SW von Wien* sogar noch aus dem Erscheinen eines grünlichgrauen Brockentuffes ermessen. Er steckt als explosiver Ausläufer eines *pikritisch-melaphyrischen Schmelzflusses* in einer ostwestlichen Gangspalte des Mergeldoggers, führt aber bereits rote Aptychenkalke des Malms und stieg wohl im Tithon, vielleicht noch etwas später auf. Der *Serpentin* im Klippenoberjura von Waidhofen a. Y. mag gleichzeitig ausgebrochen sein. Wir haben hier zum erstenmal die von G. STEINMANN so lebhaft betonte Schicksalsgemeinschaft von Tiefseerinne und gabbroid-gasreichen Schmelzflußeinschüben. *Ihre Ophiolith-Radiolarit-Streifen werden wohl mit Recht als Anzeichen stärkster Gebirgsbewegung in den Hauptachsen der Deckengebirge angesehen.* Trifft dies zu, so rückt im Oberjura der Schauplatz scharfer Einengung schon in den Streifen der nordöstlichen Klippen.

Weiter gegen SO im *Höllensteinzug südwestlich Wien* dürfte sich die Oberjura-Tiefsee nicht ebenso fortgesetzt haben. Zwar erscheinen auch hier bunte Aptychenkalkmergel, mitunter Hornsteinkalke, aber auch sandige Schiefer und Zementmergel, namentlich auch Linsen von bunten Acanthicus-Knollenkalken, welche vielleicht sattelartigen Schwellen entstammen.

Diese aptychenführenden Mergelplattenkalke gehen gegen W auf die Lunzer und Frankenfelser Decke (Blatt Schneeberg-St. Ägyd) weiter. Dazu gibt es schon den hellen Plassenriffkalk des Flachmeeres. Auch hier senkte sich, namentlich wohl im Untermalm, der Meeresboden tief ab. Über die Lunzer Decke schwillt nordwärts in der Frankenfelser Decke der Hornsteinkalk und Radiolarit an. Und was hier wieder auf die Schärfe der Bodenbewegungen schließen läßt, das ist das Übergreifen dieser Tiefseebildungen teils über Klauskalke, teils über Liasfleckenmergel. Tiefes Meer ist eben nicht gleichbedeutend mit orogener Ruhe, sondern *eher mit dem Gegenteil. Darum können Tiefseeschichten auch „transgredieren"*.

Das gleiche fand schon 1908 G. GEYER *auf Blatt Gaming-Mariazell.* Hier wechsellagern bunte, aptychenführende Kieselkalke nach oben mit Vilser Kalk. Auch gibt es flachermeerische rote Kalke wohl der Acanthicuszeit. Die Tiefsee hatte bereits im Dogger eingesetzt und dauerte durch den Oberjura. Von ihrer Insel- oder Untiefenhöhe senkten sich bald diese, bald jene Teile, was aus dem wechselvollen Übergreifen der einzelnen Juraglieder ersichtlich ist. Die Tithonzeit brachte lebhaft rote, tonige Knollenkalke mit Ammonitenschalen und Aptychen. Und wiederum liegen auch sie über sehr verschiedener Unterlage: über Vilser Kalk, Lias, Rhät oder selbst Hauptdolomit. Und nordwärts wird der Einfluß größerer Inseln in der Frankenfelser Decke deutlich. Die hellen, klaren Hochseefarben gehen unter in der tonigen Schlammtrübe. Auch wird der Erfolg der Gebirgsbewegungen gegen N zu gut ersichtlich aus der deutlichen Transgression des glimmerführenden Schiefermergels von Tithon über konglomeratischem Acanthicus-Mergelkalk. Schon G. GEYER bemerkte 1909, 59: „die gesamte Lias- und Jura-Serie im Liegenden des Tithons scheint um so vollständiger vorhanden zu sein, je mehr man sich von S her dem Flyschrand nähert". Nordwärts von Weyer und Gaflenz ruhen unter dem Tithon die Jurakalke, ja noch die Diphya-Kalke selbst oft unmittelbar auf dem Rhät, sogar auch Hauptdolomit. Nordwärts schalten sich unter dem Tithon zuerst ein die Vilser Kalke und Hornsteinkalke, dann die Liasfleckenmergel, hierauf die immer mächtiger werdenden Kössener Schichten. Umgekehrt greifen von N gegen S immer jüngere Glieder über, bis endlich das Tithon völlig selbständig auf Trias aufruht.

Man kommt eben aus der *tief sinkenden Nordlandrinne,* wollen wir sie nun „Klippenstreifen" oder „Randostalpin" nennen, mit der Vollständigkeit ihrer Mulden-, im O sogar Tiefseerinnen-Sedimentation *südwärts gegen das aufsteigende Untiefengebiet,* in dem sich die kalkreicheren Vertreter zu bilden gewohnt sind.

Weiter gegen S erscheinen in dem ganzen östlichen Kalkalpenteil meist nur stark gequälte und aus ihrem ursprünglichen Verband gerissene, ortsfremde Schollen des Oberjura. Sie sind vermutlich Zeitgenossen starker Einengung, die längs der Puchberg-Mariazeller Linie und ihrer westlichen Fortsetzung eine scharfe Faltung brachte. Ihre Fazies als Hornsteinkalk und Aptychenkalk zeigt, daß sich auch während dieser Zeit im südlichen Kalkalpenbereich das tiefe Meer dehnte.

Der Oberjurakalk vom Hohen Student in den Mürztaler Alpen (H. P. CORNELIUS 1937, 212ff.; 1939, 165) enthält eckige Bruchstücke aus bunten Werfener Schichten und wahrscheinlich Gutensteiner Kalk, herrührend von benachbarter Alttriasinsel und durch untermeerische Gleitung, also auf steil gewordener Meeresbodenböschung bis in den jedenfalls recht tief liegenden Aptychenkalkschlamm eingebettet. Auch H. P. CORNELIUS schließt hieraus auf *kräftige tektonische Bewegungen in der oberjurassischen Geosynklinale,* da untermeerische Erosion (ARN. HEIM 1924, 1) unmöglich die über 1000 m mächtigen Hangendschichten zwischen Buntsandstein und Oberjura ohne entsprechende Reststoffe und diesbezügliche Anzeichen haben entfernen können. Auch CORNELIUS denkt an einen *Inselsattel in der (juvavischen!) Lachalpendecke* und führt zahlreiche andere Beispiele von Brekzien im Oberjura an, die alle nichts gegen die Tiefseenatur dieser Sedimente, wohl aber alles für deren *syntektonische Entstehung* bedeuten. Ebenso vermutet der Genannte nicht allein eine rein senkrechte Faltungserhebung der Sättel, sondern auch *schärfere Horizontalbewegung* der mindestens embryonal angelegten Lachalpendecke.

Gleiche Gesteine wie im Bereich der Puchberg-Mariazeller Linie zeigt westwärts der Oberjura auf *Blatt Liezen.* Auch hier greifen sie über, teils auf Liasfleckenmergel, teils Klauskalk. Auf ersterem sind sie ungleich mächtiger und schwärzlich (Mitterndorfer Becken); auf letzterem (Totes Gebirge) nur dünn und kräftig rote Radiolarite. Noch in dieser Faziesverteilung drückt sich wohl die alte NW-SO-streichende Senke als beharrlich niederstrebende Mulde zwischen den beiderseits weniger absinkenden Plateaustücken innerhalb des tiefen Meeres aus.

Der etwas höhere Malm ist durch einige 100 m *Oberalmschichten* vertreten. Deren dunkelgraue, hornsteinführende Kalke, darüber aptychenführende, hellere Kalke zeigen im Gegensatz zur kalkarmen Radiolarienschlammunterlage die zunehmende Meeresverflachung an. Sie wird ebenso ersichtlich aus dem Hereinragen von *Schuttausläufern* aus gleichzeitig neu aufgetauchten Inseln: Kalk- und Mergelbrocken, brekziöse Schuttzwischenbänke enthalten die tieferen Lagen nicht selten. Rote Acanthicus-Kalkschuttbrekzie mit Aptychen, sowie Trochitengrus mit Flaserkalken lagerte sich bereits auf. Und schließlich wuchs Flachriffazies des höhertithonischen Plassenkalkes über das Ganze, so wie im W auch auf Blatt Ischl-Hallstatt. Unsere alterdkundliche Faziesskizze Abb. 87, welche hauptsächlich die Zeit des älteren Oberjura zu fassen sucht, kann diese bis über 500 m mächtig werdenden, weißen, oolithischen, Korallen- und Nerineen-Riffkalke beispielsweise am Westflügel des Toten Gebirges nicht wiedergeben.

Eine NO-SW-streichende Mulde im Dogger folgerte O. Ganss 1937 für diese Gegend. Die Plastizität des tektonischen Verhaltens der Radiolarite dürfte deren synsedimentäre Tektonik beweisen.

Die nördliche Randsenke im Bajuwarischen und Nordtirolischen senkte sich auch im *Salzkammergut* zur Tiefsee, wie die Radiolarite und Aptychenkalke anzeigen. Die höheren Oberalmschichten — insgesamt 790 m in der Osterhorngruppe — sind hier auf Blatt Gmunden—Schafberg Fleckenmergelkalke, wechselnd mit Mergelschiefern; daneben gegen oben helle oolithische Kalke. Die anderwärts erst im Neokom zur Bildung von Fleckenmergeln führende Verflachung trat im südlichen Teil der Tiefseerinne nach der Tiefseezeit schon im Tithon ein. Die inzwischen stattgefundenen, kräftigen Bewegungen zeigt auch der übergreifende, untertithonische Plassenriffkalk im nördlichen tirolischen Gebiet (südlich Schafberggruppe) an. Er ruht teils auf Jurakalken, teils anscheinend unmittelbar auf Dachsteinkalk oder Hauptdolomit. Im bajuwarischen (Langbath) und nördlich-tirolischen Bezirk wird er noch von halbpelagischem Tithonflaserkalk bedeckt, ein Zeichen für die erneute *spättithonische Senkung* des mittleren Tiefseerinnenteils, während die Rinne im übrigen von S her schon bedeutend eingeengt worden war.

Überall Schichtlücken, Schrägflächen; Trennung der Verbreitungsgebiete für die Einzelstufen und verhältnismäßig rascher Fazieswechsel — das heißt ein, wenn auch abgeschwächtes *Spiegelbild der starken tektonischen Verlagerungen der Tiefe!*

Noch in der späteren Tektonik brachte sich jene Flachmeerzeit des Plassenkalks an der tirolischen Nordschwelle und jene der weniger flachmeerischen Oberalmkalke im S zur Geltung: Beide wurden mächtige, starre Platten, welche das *gegen SSW unter sie hineingefaltete Vorland* übergleiten mußten, während schon 20 km weiter im O diese mit der Gesteinsart zusammenhängenden Schubflächen aufhören.

Das noch weiter südlich gelegene Faziesgebiet besitzt auffallenderweise keinen mächtigen Oberjura. Die Dachsteingruppe hat nur wenig Reste aus der Radiolarienmeerzeit und im Werfen-St.-Martiner-Südgebiet fehlt es überhaupt an Oberjura. Jedenfalls zeigt *das juvavische Gebiet beträchtliche Wiederheraushebung im Tithon:* Die Riffplatten des Plassenkalkes beweisen den Bestand einer ausgedehnten Untiefe und vorher haben wir auch hier eine bedeutende Schichtlücke. Man könnte sich diese entweder durch eine Festlandszeit erklären, für welche freilich anscheinend recht wenig Abtragungsschutt spricht. Oder man könnte die Annahme machen, daß in jener Zeit des jüngeren Doggers und älteren Oberjuras bereits *die juvavische Deckenwanderung* über die Dachsteinriffplatte vor sich ging, und daß darum erst später und erst auf die Juvavische Decke der Plassenkalk zum Absatz kam. Das würde bedeuten: In der Zeit der großen Schichtlücken hatte sich der nördliche Hauptteil des kalkalpinen Salzkammergutes bereits ein Stück südlich unter das juvavische Faziesgebiet hineingeschoben.

Daß jedenfalls sehr weitgehende Massenverschiebungen vor dieser tithonischen Riffbildung stattgefunden haben müssen, das sieht man ja aus ihrer übergreifenden Lagerung: am Sparberhorn teils auf Hauptdolomit, teils liegen dazwischen noch dünne Oberalmschichten. Gegen deren Bänke keilt auch südwärts das Plassenkalkriff nach der absinkenden Mulde hin aus. Auch hat ja schon F. F. HAHN 1913, 331, erkannt, *daß im Oberjura die Tiefenlinie der nordalpinen Geosynklinale noch um ein Stück weiter nordwärts gegen den hochbajuwarischen Streifen verschoben worden ist.* Haben wir, etwa während des jüngeren Doggers, noch im südlichen tirolischen Teil die Radiolarite, so treten diese in jüngeren Oberjurastufen nur noch, zusammen mit anderen Anzeichen starker Absenkung, weiter im N auf. Das geht so schon von Wien bis ins Salzkammergut und durchzieht auch die bayerischen Alpen, wo teilweise die Radiolarite nicht unten, sondern oben im Oberjura liegen. Dagegen schieben sich zwischen die Radiolarite und das Neokom weiter im S noch 300 bis 500 m und mehr mächtige Knollenkalke und Riffbildungen des seichter gewordenen Meeres.

Während die Absenkung des *Tirolischen* im Dogger nur zögernd, offenbar unter Überwindung der widerstehenden Platten, vor sich ging, eilten nun im Südteil Stücke bei der rascheren Hebung voraus: Sie waren als Sattel- oder Schollenstücke in dem gefalteten Boden auch reliefmäßig hoch, weshalb die von ihnen gebildeten Untiefen umhüllt wurden von den Kalkausscheidungen flachmeerischer Lebewesen. Von dem tirolischen Südrand her konnten solche Untiefenbildungen in der St. Wolfgangmulde bis fast zum tirolischen Nordrand hin vordringen. Die Diceras-Kalke der Osterhorngruppe bedeuten das gleiche wie etwa die nerineenreichen Kalke am Beilstein und Torstein in der Ötscher Decke.

Auf Grund seiner Untersuchungen namentlich in den nördlichen Kalkostalpen schloß L. KOBER schon 1912, *daß die große Deckenwanderung bereits im Jura begonnen habe.* Dabei gehen Deckenbildung und Brekzienbildung, welche sogar mit Tiefseeschichten wechseln, Hand in Hand. Die Brekzienbildung, begleitet von Seebeben, geht teils zurück auf Dislokationen, teils auf Abtragung (Gehängeschutt). In den Randgebieten der einzelnen geosynklinalen Tröge herrscht große Lückenhaftigkeit in den Profilen, und plötzlich können sich Schwellenabsätze einstellen wie z. B. die Klausschichten am Dachsteinplateau.

Im Berchtesgadener Land

baute sich über den tiefmeerischen Radiolarienhornsteinen und Mergeln (soweit sie überhaupt noch gefunden werden) bzw. über einen sehr wechselnden Untergrund, die mächtige Folge grauer, dichter Kalke mit braunen Hornsteinen und Aptychen, manchmal in Fleckenmergel und selbst in lithographiesteinähnliche Ausbildung übergehende, nach oben brekziöse (Kalksand-)*Oberalmschichten.* Auch diese werden durch ihre *übergreifende* Lagerung mit Grundschutt und durch ihre Brekzienschuttbänke zu gewichtigen Zeugen der vorausgegangenen und noch gleichzeitigen Gebirgsbewegungen. Fand doch J. KUEHNEL (1927, 473; 1929) im W des Göllriedels sogar 15—20 m mächtigen Schutt von über kopfgrobem Konglomerat, das mit erheblicher abgewinkelter Schrägfläche über den Dachsteinkalk übergreift (Abb. 78). Die Gerölle bestehen hauptsächlich aus aufgearbeitetem, tirolischem Untergrund: Kössener Schichten, Dogger, roter Lias, Hornstein, Dachsteinkalk (zum Teil mit schwimmenden Scherben) und werden nach oben feiner. Versteinerungen (in geringer Zahl) und gleichförmige Überlagerung durch sicher neokome Schrammbachschichten beweisen das tithonische Alter.

Wir stehen am Nordabfall des Göllstein—Göll-Gewölbes gegen die weite Roßfeldmulde, welche sich über Hallein—Salzburg verbreitert und mit westlich absinkender Achse untertaucht unter die aufgeschobene juvavische Untersberg—Reiteralm-Schubmasse, um jenseits im W als Unkenbachmulde wieder emporzusteigen. Den gewundenen Südrand dieses großen Beckens begrenzt das Göllgewölbe mit dem Tennengebirg—Hagengebirge—Steinernen Meer—Watzmann—Loferer Steinbergen.

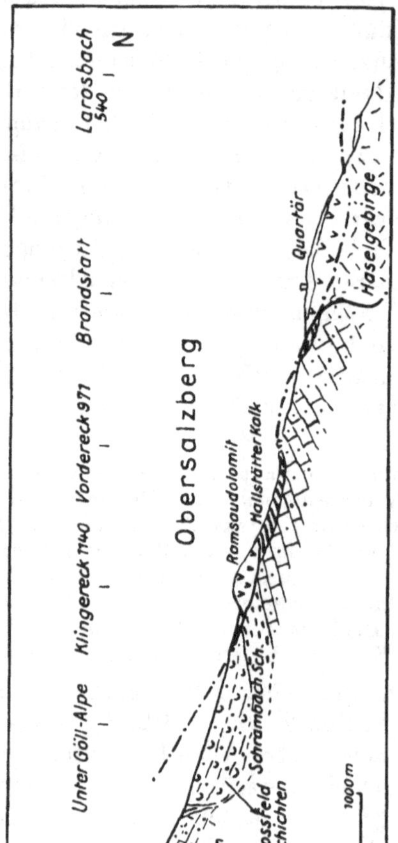

Abb. 78. *Profil der tirolischen Roßfeldmulde*, bedeckt von juvavischen Deckschollen: der tiefjuvavischen Hallstätterdecke (mit karn.-norischem Hallstätterkalk) und der hochjuvavischen Decke (mit skythischem Haselgebirge und Ramsaudolomit) vom SO-Rande der Reiteralm-Untersberg-Schubmasse. Nach Joh. Kühnel 1929 Taf. XXI.

Der Muldeninhalt zeigt entsprechend Abb. 78 *eine doppelte Gebirgsbildung:* 1. die höher-jurassische Aufwölbung des ursprünglich etwa OW-streichenden Göllsattels aus Dachsteinkalk zu einer Insel im Untertithonmeer. Diese Insel wurde kräftig abgetragen und lieferte den Schutt für die angelagerten, 300—400 m mächtigen Oberalmschichten nordwärts in die Roßfeldmulde; 2. die neokome Weiterbildung und Heranschiebung.

Bereits einmal im Unterlias muß jene Göll-Aufwölbung zur Inselbildung geführt haben. Greift doch auch hier, wie wir hörten, der Hierlatzkalk über abgetragene Dachsteinkalk-Oberflächen. Und doch folgte dem, wie die Radiolaritreste am Rande verraten, eine Tiefseezeit neben steil aufsteigenden Sätteln. Nicht nur in OW, sondern auch in NS, gleichlaufend mit dem heutigen Königsee-Becken, also im W des Göllsattels, muß der Meeresboden schon *vortithonisch an Brüchen und Flexuren niedergegangen sein.* Gegen W berechnete J. Kuehnel 1929, 545, eine Achsensenkung von 600 m für das Tithon auf 2,8 km Entfernung. Damit erweist sich nicht nur die weite Roßfeldmulde, sondern auch die Königsee-Senke bereits zu Ausgang des Jura weitgehend vorbereitet.

Die gewaltige Unruhe der Tiefe spiegelt sich außerdem auch hier, ähnlich wie an der Oberjura-Tiefseerinne südwestlich von Wien, in dem Auftauchen *basischer Schmelzflüsse* des juvavischen Gebietes wider (Sillberg im Lattengebirge, Unterscheffau und Voglau im Lammertal). Ähnlich den übrigen ostalpinen Ophiolithen dürften sie während des Mittel- oder Oberjura ausgebrochen sein.

Daß es aber damals nicht etwa nur Eruptionen, hohe Sättel und tiefe Mulden gab, sondern auch *bedeutende Überschiebungen* schon vor sich gingen, kann wohl aus den *fremden* Bestandteilen der Oberalmkonglomerate geschlossen werden. So führte J. KUEHNEL aus dem Umlagerungsschutt der tirolischen Unterlage auch noch Gerölle von rotem, norischem Hallstätter Kalk (mit *Monotis cf. digona*) und von Werfener Sandstein an. Diese groben Grundgesteine können wohl nicht aus der tirolischen Unterlage, wo sie nirgends in erreichbarer Nähe vorkommen, sondern nur *durch Abtrag von einer einst mit ihrem Nordrand über dieser ruhenden, wohl südjuvavischen Deckscholle herrühren.* Deren Abtragschutt, zusammen mit jenem des tirolischen Gewölbes wurde offenbar von einer Insel her gegen die gleichzeitig abgelagerten feinen Tithonkalkschlamme vorgeschoben, gegen welche auch die Schuttbänke heute nachweislich auskeilen. Aber auch haushohe Massen von Dachsteinkalk, jetzt umschlossen von Oberalmer Fein- und Grobschutt, rollten über diese Inselgehänge hinab nordwärts in die benachbarten Senken. Diese dürften, da die Oberalmer hornsteinführenden Kalke wiederholt und ziemlich rasch gegen die Hornstein-Aptychenfazies auskeilen, recht tief gewesen sein. Keilen doch die Aptychenkalkbänke ihrerseits gern gegen die echten Tiefsee-Radiolarite aus.

Die Folgerungen aus dieser Sachlage im Berchtesgadener Land sind recht weitgehend. J. KUEHNEL vermutete 1927, 547, daß schon zur Ablagerungszeit der schwarzen Hornsteinschichten, etwa im mittleren Dogger, *die hochjuvavische Schubmasse nicht nur in das tirolische Göllgebiet verschoben,* sondern auch schon abgetragen worden war bis auf die Ramsaudolomite, vielleicht bis auf die Werfener Schichten. Letztere lagen jedenfalls im tieferen Oberjura spätestens zu Beginn der Oberalm-Transgression frei, ebenso norische Hallstätter Kalke des Tiefjuvavs. „Die große alpine Bewegung der Voroberalmzeit, die die Dachsteinkalke des Göll faltete, hatte offenbar weiter südlich schon zu einer intensiven Tektonik, wohl zu Überschiebungen geführt.“

Man wird diesen Schlußfolgerungen wohl nicht ausweichen können. Nur die Größe der Abtragung und also auch die Länge der notwendigen Abtragungszeit beurteilen wir besser anders. Ist es doch bei Überschiebungsflächen das gewöhnliche, daß sie stirnwärts bis an die Erdoberfläche emporgehen: *Reliefüberschiebungs-Teil!* Gleichzeitig rückt aber auch der mehr oder weniger verschürfte, also nicht nur erosiv, sondern hauptsächlich durch Stirnreibung geöffnete und damit der Abtragung am Deckenrand überlieferte Kerninhalt des Stirnsattels vor und liegt oben. Wenn wir also anisischen Ramsaudolomit und skythische Werfener Schichten schon zur Zeit von Dogger-Oberjura im Abtragungs- und Einzugsbereich der weiteren Berchtesgadener Südumrahmung feststellen, so braucht — halten wir den Grundsatz der Mindestforderung fest — *keine Abtragung einer mächtigen Juvavischen Decke bis herab auf ihren skythischen Untergrund angenommen werden.* Damit schwindet aber eine große Unwahrscheinlichkeit für jene Folgerungen, weil die Abtragung einer vielleicht 2 km dicken Karbonatplatte doch ganz außerordentliche Zeit beanspruchen würde.

Es genügt also anzunehmen, daß nur die *Stirnrandschwelle* mit einem freigelegten skythischen Gewölbekern und norischen Anteilen *im älteren Tithon über den Süd-*

teil des Tirolischen hinweg bereits am Südrand der großen Roßfeld-Unkenbach-Mulde als ihrer Vortiefe angekommen war und über deren südlich ansteigende Böschung ihren Inselschutt nach N hinabschüttete. Dafür spricht die Schichtlücke im Oberjura, welche im südlichen kalkalpinen Streifen gerade für die Schubzeit in Frage kommt (S. 305). Dafür spricht, daß wir bereits für den Lias (S. 233) Vorschüttungen in weiter südlichere Vortiefen beobachteten, welche wohl nur von einer solchen juvavischen Stirnschwelle herabgeschickt worden sein können. Dafür spricht auch die große Zahl der juvavischen Schubdeckenreste (Klippen), welche südwärts vom Berchtesgadener Land gerade dort (Steinernes Meer) sich erhalten konnten, wo die bereits alte N-S-Senke des Königsees verläuft. Am Göll-Hagengebirge vorbei und über das Steinerne Meer hinweg ist also die südjuvavische Schubstraße mit den Resten der von S gekommenen Decke gepflastert.

Alles, was wir als kennzeichnende Begleiter großer Deckenverschiebungen ansehen, liegt vor:

Die nordwärtige Verlagerung der Haupttiefenrinne in Mittel-Oberjura, die Ausbildung einer Vortiefe, im Lias zuerst weiter im S, im Tithon mit Oberalmschichten bereits am Südrand der weiten tirolischen Roßfeld-Vortiefe. Die verschürfte Schichtlücke am Ort und für die Zeit der Deckenwanderung. Die in der alten Achsensenke noch erhaltenen Reste jener wandernden Decke selbst und ihr außenbürtiger Abbauschutt von der wandernden Stirnrand-Inselschwelle. Schließlich die Decke selbst noch dort, wo spätere Absenkung bzw. auch spätere Überschiebung ihre schützende Hand ausgebreitet hielt. Hinzu kommen die Anzeichen kräftiger Faltung und Absenkung während des Deckenmarsches im nördlichen Vorland, selbst die ophiolithischen Durchbrüche aus der Tiefseezeit.

Es würde wohl eine unnötige Erschwerung bedeuten und über die Mindestfolgerungen hinweggehen, wollten wir aber außer der tiefjuvavischen Schuppen *auch die hochjuvavische Platte* von Reiteralm-Untersberg im Geist über das Steinerne Meer von S herwandern lassen. Jedenfalls scheinen beweisende Beobachtungen hierfür weder im Oberjura noch in dem Gefüge sichtbar. Gewiß lag die Reiteralm-Berchtesgadener Decke damals noch erst ununterschoben zwischen der Lofer-Reichenhall-Mulde im N und der Hirschbichl-Ramsau-Roßfeld-Mulde im S und griffen Oberalmschichten bzw. Plassenkalk nach der Hauptbewegung nicht nur über die altjuvavisch herangeschobenen, sondern auch noch über die damals noch tirolischen, oberjuvavischen und über die noch heute tirolischen Unterlagen, welche sich im Verhältnis zur vorangegangenen Drangzeit wieder beruhigten und zur obertithonischen Flachmeerablagerung übergehen konnten. Die weithin als Schutt zu bewertenden Grundschichten des Plassenkalkes am Untersberg-Müllnerhorn hatten bereits F. F. Hahn zu dem gleichen Schluß auf ein fast nach Art der Gosau über *gefalteten* Untergrund weggreifendes Tithon geführt, wie ihn v. Pia und J. Kuehnel zogen und wie ihn M. Schlager 1930 wieder bestätigte. Das gleiche Ergebnis fand E. Spengler am Konglomeratgrund des Plassen, und er zeigte ähnlich O. Ampferer, K. Leuchs, F. Trauth bereits den Weg zum Verständnis der gesamten juvavischen Deckenbewegung (S. 397). Damit wiederholt sich weiter im W der wertvolle Befund von H. P. Cornelius in den Mürztaler Alpen, wo gleichfalls die alttriadischen Schuttmassen der offenbar schon aufgeschobenen Juvavischen Lachalpendecke in den tiefmeerischen, normalen Oberjura eingerutscht sind und so ebenfalls anzeigen, *daß die Juvavische Decke über das Tirolische herangeschoben war.*

Südbayern — Nordtirol

Gehen wir westwärts nach dem südlichen Oberbayern und nach N-Tirol, so verlassen wir die Anzeichen des juvavischen Deckenschubes, nicht aber jene der Tiefseezeit, nach welcher sich im Tithon wieder die Verflachung des Meeres einstellte. Auffallend wenig Reste hinterließ die Tiefseezeit. Weithin läßt sich über Lias oder Dogger überhaupt keine Ablagerung dafür namhaft machen, jedenfalls fehlen Versteinerungen. Das Auftauchen eines entsprechenden, sehr ausgedehnten Festlandes zur Erklärung jener paläontologisch nicht nachgewiesenen Stufen ist ganz ausgeschlossen, denn es würden in diesem Fall Abtragungen, Schuttlager zu fordern sein, welche aber hier unter dem übergreifenden Tithon restlos fehlen. Recht verbreitet sind im bajuvarischen N die tithonischen roten Ammonitenknollenkalke (Ruhpoldinger Marmor), welche nach O. M. Reis 1935, 86, starke Wiederumlagerungen, Sortierungen offenbar infolge von Meeresbodenbewegungen erschließen lassen. Nur in der nördlichsten Mulde des Hochfelln-Gebietes werden sie durch Aptychenschichten ersetzt, womit auch hier innerhalb eines allgemein ziemlich tiefen Meeres *die gesteigerte Senkung der Nordrandmulde* betont ist. Auch senkte sich offenbar nachfolgend der bajuvarische Grund. Denn fast überall greifen die dünnen, obertithonischen, etwas Hornstein führenden Aptychenschichten über. Sie herrschen auch, wahrscheinlich schon vorher, gegen den Inn zu, ohne daß zwischen Allgäu- und Lechtaldecke erhebliche Unterschiede erkennbar wären.

Kammerker-Sonntagshorn

Schon oben S. 221f. haben wir für diese zuerst von F. F. Hahn genauer untersuchte Gebirgsgruppe Näheres, nämlich einen *von SO gegen NW in Nor-Rhät-Lias fortwandernden Faltenwurf* erkannt. Neuerdings hat W. Vortisch weitere, nähere Untersuchungen gemacht, auf welche wir weiter aufbauen können.

Der genannte Verfasser war bemüht, die sehr belangreichen Erscheinungen annähernd *schichtparalleler Gleitbewegungen* in Gestalt von Knollenkalken, Knollen- und Kantenbrekzien, Teilverbiegungen und Gleitflächen in Lias-Dogger-Malm, also hier in einem Hauptbewegungs-Stockwerk von rund 20 m Mächtigkeit zu verstehen. Er wollte sie auf eine entgegen der allgemeinen tektonischen Bewegung etwa von NW gegen SO verlagernde Großüberschiebung und deren Teilerscheinungen mit nicht weniger als 50—100 km Fernverfrachtung zurückführen. Sie sei vor und unabhängig von der späteren Großmuldeneinengung gegen NW unter einer großen (welcher?) Hangendlast vor sich gegangen und an einer in SW-NO streichenden, gegen NW abfallenden Oberrhätkalk-Riffböschung abgebremst worden. O. Ampferer 1927, 219, dachte an juvavischen Schub aus SO.

Der gänzliche Mangel an Rutschharnischen und Rutschstreifen, der Zeitpunkt der Bewegung vor jeder Bildung der gegenwärtigen Tektonik und entgegengesetzt zu deren Richtung, der Mangel irgendwelcher sonstiger, einer solchen Fernüberschiebung entsprechender und üblicher Teilerscheinungen in der ruhigen tirolischen Großmulde von heute macht Vortischs Deutung unwahrscheinlich. Auch scheint ein *sedimentäres* Hineingeraten der Hornsteine u. a. feingeröllig-sandiger Anteile in die fast schichtparallelen und daher zur Verfrachtung quer zum Profil ungeeigneten Bewegungsflächen viel wahrscheinlicher. Das gesamte kolloidreiche und darum sehr bewegliche Schichtpaket dürfte infolge Böschungs-Übersteilung über dem in Embryonalfaltung begriffenen tieferen Untergrund *von unten nach oben fortschrei-*

tend gegen SSO abgerutscht sein. Damit kann wohl alles an Ausquetschung, Teilverschiebung, Schichtparallel-Gleitung, Knollen- und Trümmerbildung, auch das Gegensätzliche zum heutigen Bau, der in diesem Fall nur wenig noch mit der Gestalt der alten Radiolarienhornstein-Tiefseerinne im älteren Malm gemeinsam hat, verstanden werden. —

Der *tirolische Streifen* im Umkreis des Kaisergebirges zeigt für den Oberjura Übergänge aus der Tiefmeerfazies der Hornsteinkalke in die dünnen Aptychenkalke darüber. Hier hob sich also der Boden langsam heraus — nicht anders als gleichzeitig außerhalb der Alpen. Doch blieben die Reliefverbiegungen noch immer bestehen. So konnte M. Furlani-Cornelius 1921 für die Karwendelmulde bei Landl eine Heraushebung und Umlagerung der roten Mittelliaskalke zu tithonischen Knollenkalken nachweisen, als diese bei erneuter tiefer Absenkung über das Relief vorgriffen.

Große Muldentiefen lagen daneben auch jetzt noch mit ONO-Streichen im Nordteil des Pendling—Guffert-Streifens und der Karwendelmulde, wo fast überall das Acanthicus-Niveau, darüber die Aptychenschichten liegen. Über 75 m grauen Kalken mit braunschwarzen Hornsteinen kommt gegen 300 m mächtiger, grauer Tithonkalk, ähnlich wie am Brünnstein, und beweist eine langsame, aber bedeutende Absenkung der Mulde zur Tithonzeit.

Das Hauptdolomitgewölbe nördlich der Karwendelmulde ist durch Malmschichten nicht unmittelbar erschließbar, doch erweisen sich letztere nordwärts gegen die Lechtaldeckenstirn bereits als flachmeerisch und beweisen hier mit ihren Korallenstöcken die Fortdauer der Höhenlage der Schwelle, wenn auch nur untermeerisch. Lebhaftere Bewegungen während des mittleren Malms brachten ausgedehnte, weitere Versenkungen, Überflutungen und wieder nur teilweise schmale Heraushebungen. Die Stirnrandschwelle der Lechtaldecke wurde überschwemmt und konnte keinen Schutt mehr abgeben. Noch im tieferen Kimmeridge halten die verschiedenen, den Fortgang der Relief- und Gefügeformung beweisenden Fazies der roten Radiolarienschichten, der tonigen, ja sandigen Kalke mit vereinzelten Korallen und der ziemlich mächtigen, versteinerungsfreien grauen Kalke an. Vom höheren Kimmeridge ab aber verschwimmen diese Gegensätze über das Tithon bis in die Unterkreide.

Allgäudecken-Oberjura ist im Wendelsteingebiet überschoben, zeigt ziemlich mächtige Rotmergel und Radiolarit. Im S des Schliersees liegen unten rote Knollenkalke (wohl Malm Gamma-Epsilon), am Grund mit schalig-gerölligen Einlagen von hellem Aptychenkalk, der vielleicht umgelagert wurde. Höher oben brachte die Meeresvertiefung die bunten Wetzsteinschiefer mit Aptychen, Hornstein, teilweise Mangan-Kieselschiefer. Die tithonischen Aptychenkalke können faziell seitlich in den rötlichen und grauen Tegernseer Marmor übergehen, welcher nach O. M. Reis 1935, 86f., offenbar in noch weichem Zustand durch Abgleiten wegen einseitiger Hebung des Meeresbodens sein Gefüge erhielt und so die *gleichzeitige Faltenbewegung* der Tiefe anzeigt. In der Lechtaldecke fehlt diese Fazies, findet sich aber ebenso nordwärts vom Fockenstein und im südlichen Benediktenwandgebiet.

Von der Zwischenschwelle zwischen Flysch- und Helvet-Trog kennen wir im *Randostalpin* große Diabasblöcke, Serpentin, von Grünstein durchsetzte Malmkalke, in den *Dürrnbachbrekzien* des Flysches Diabasbrocken als Anzeichen der pazifischen Ausbrüche auch hier an einem nördlichen Inselzug. Sie sind gleichzeitig mit den vortithonischen Ausbrüchen der Südalpen und des Balkans und wohl etwa mit den schon oben für die Ostalpen angegebenen Ophiolithen. K. Osswald nahm 1929, 54, an, daß der ungewöhnliche Eisen- und Mangangehalt von Kimmeridge-Tithon im Bereich der Allgäudecke und noch der nördlichen Lechtaldecke von jenen Ausbrüchen herrühre. Es wiederholten sich jedenfalls die Schmelzflußbewegungen, wie sie im penninischen und unterostalpinen Westraum so reichlich waren.

Nach dieser Zeit der Tieflage, lebhaften Bewegung, Formung und Schmelzflußverlagerung nahm *ein allgemeines Emporschwellen des Meeresbodens überhand.* Das Meer wurde flacher; es zog sich vielfach sogar aus den nördlichen Randgebieten zurück. Darum erschien nun auch wieder die *Stirnrandschwelle der Lechtaldecke:* Feinschuttbänke schoben sich von ihr her wieder über die nordwärts abfallende Böschung gegen die Allgäumulde des Wendelsteins ein.

Aber auch die *nördliche, schuttliefernde Randschwelle* zwischen Tegernsee und Isar zeigte sich erneut. So liegen nordwärts vom Fockenstein gleichförmig zwischen Lias und Flysch 50 m Fleckenkalke, dunkle Schiefer, Sand- und Konglomeratlagen, darüber Fleckenkalke mit roten und dunklen Letten, Quarzsand, Aptychen, Belemniten. Die Gerölle sind alle kalkalpin. Diese Aptychenschichten wechseln auch ostwärts vom Tegernsee (Aalbach) mit feinkonglomeratischen Lagen, ähnlich in den Hohenschwangauer Alpen. Der Meinung, diese Gerölle, da sie „kalkalpin" sind, seien von S gekommen, steht nicht nur die Beimischung von Quarz und anderen Grundgebirgsresten entgegen, die vom N stammen, von woher diese Schuttlagen nur 1 km ab Flyschgrenze hereinragen. Auch wissen wir ja, daß zahlreiche der kalkalpinen Triasstufen mit der Allgäudecke noch keineswegs ihr natürliches, nördliches Faziesende erreichten, sondern noch um ein gutes Stück *nördlicher in das Randostalpin* fortgingen, auf dem offenbar erst Flysch und Helvet zum Absatz kamen. Folglich kann auch der kalkalpine Oberjuraschutt ohne weiteres von einer *nördlichen* Schwelle herstammen (K. Leuchs 1929, 417ff.). Er rutschte von da über steile Böschungen und gelangte in die tiefmeerische Rinne der Allgäudecke, welche dieser Brekzienbänke wegen durchaus nicht flachmeerisch gewesen zu sein braucht.

Die Diagenese (Versteinung) der Radiolarienschlamme zu Radiolariten scheint zu weitgehenden tektonischen Folgerungen zu führen, die aber nicht unwidersprochen bleiben können. Untersuchungen aus letzter Zeit ergaben, daß ähnlich etwa der Nagelfluh-Verkittung die Umlagerung der organischen Kieselsäure im Radiolarienschlammsediment und damit die Hornsteinverkittung allein *bei Wasserentzug des Sediments* möglich sei. Man machte hieraus „Lage über den Meeresspiegel". „Der Zeitpunkt des Beginns derselben (der Radiolaritbildung) erfolgte also erst nach Ablagerung der gesamten Gesteinsserie und nach der Heraushebung aus dem Meere" (K. Boden 1935, 25). Da mehrere Hornsteingenerationen vorliegen, also mehrere Hochlagen über den Grundwasserspiegel, getrennt durch Radiolarienschlickbildung am Tiefseeboden und alles schon im Oberjura fertig war, wie die nicht seltenen Hornsteinbrekzien beweisen, kommt man damit sehr ins Gedränge. Müßte man doch mehrere Emporhebungen über dem Meeresspiegel zum Zweck der (theoretischen) Schlammentwässerung und mehrere Tiefseeversenkungen zwecks (theoretischer) Neuablagerung der Tiefsee-Nasellarien für die Oberjurazeit annehmen. Das wäre ein immerhin auffallender Tanz zwischen 4—5 km verschiedenen Höhenlagen. Da weiter Hornsteine, welche auf Spalten auftreten, nicht beobachtet sind, müßte die Hornsteinbildung bereits vor der Faltung ihren Abschluß erreicht haben, bzw. könnten die mehrfachen Hoch- und Tiefbewegungen keine Spalten gebracht haben. Die Faltung wäre etwas ganz anderes als jene Hoch-Tief-Rucks, welche aber merkwürdigerweise am Gesteinsgefüge spurlos vorbeigegangen wären. Auch wäre die Faltung ein durchaus nachjurassischer Vorgang (entgegen den Auffassungen von F. F. Hahn 1912, 342, L. Kober 1912, 470, F. Heritsch [Handbuch 133], E. Spengler 1918 u. a).

Solche Schlüsse widersprechen dem Bisherigen, sind aber auch nicht nötig. Denn für die SiO_2-Wanderung ist ja nur *Wasserentzug* erforderlich. Und der kann auch anders erfolgen als nur durch tektonische Heraushebung über den Meeresspiegel. Ja, Entwässerung ist bekanntlich der durchaus übliche Vorgang bei allmählicher Neuauflage von Schichten auf den Meeresboden: Allmählich verliert der Schlamm *im Verlauf der Anfangsdiagnose* (E. Kraus 1939) sein Wasser, und die Kieselsäure kann in der Tiefe auf die Reise gehen. Schon während der weiteren Absenkung und Neueindeckung mit Schichten konnten also die Hornsteine wachsen, gleichzeitig mit und teilweise vor der Faltung.

Gehängerutsche an der Karwendelmulde

In seiner gründlichen Schichtgesteinsuntersuchung gab F. Trusheim 1930 für den Inhalt der westlichen (Mittenwalder) Karwendelmulde bemerkenswerte Einzelheiten: Wenn auch die Schlußfolgerungen in unseren Fragen andere sein müssen, so sprechen sie doch auch für eine *sehr lebhafte Bodenbewegung während des älteren Tithons.*

Eine ganze Reihe von Schuttzwischenlagen abgerollter Kalk- und Mergelgesteine des unmittelbaren Untergrundes finden sich an der Vereinsalpe, im Rißtal bei Hinterriß und östlicher. Bei Hinterriß zeigte sich eine ganze Reihe von echten *Flysch*-Merkmalen (Wurmgänge, Fucoiden, gut erhaltene Schichtflächen mit Wurstelbänken, Wellenfurchen, Kreuzschichtung, rasch wechselnder Bankmächtigkeit), welche auf rasche Rutscheindeckung an steilem, radiolarienreichem Meeresbodengehänge schließen lassen. Aptychen, Ammonitenschalen, Belemniten, Schwammnadeln rutschten gleichfalls aus geringeren Tiefen in größere zu rascherer Einbettung und Erhaltung hinab, wie auch natürlich die Abrollung der Kalk- und Mergelgerölle nur in geringer Wassertiefe, wenn nicht an einer Insel vor sich gehen mußte, selbst dann, wenn ein Teil des aufbereiteten Untergrundes noch formbar gewesen war. Diese *untertithonischen Aptychenschichten rutschten* offenbar teilweise an dem heute etwa 75° gegen S geneigten Muldenflügel. Ein Anzeichen „allgemeiner Verflachung des gesamten Meeresbodens“ sind diese Erscheinungen also gewiß nicht, ebensowenig ein Beweis für eine Phase der jungkimmerischen Gebirgsbildung. Wohl aber sind sie ein neues Beispiel für die Rutschungen in dem noch nicht völlig verfestigten Sediment, welche die Folge der fortschreitenden Reliefversteilung bilden an der sich zusammenkrümmenden Relief- und Baumulde, also zugleich die Folge der anzunehmenden Gebirgsbewegung zur Tithonzeit, hier der Schließung der Karwendelmulde.

Die Hornsteinschuttbänke,

welche in etwas höherem Tithon in der Karwendelmulde ostwärts mächtiger werden und besonders südwärts davon im Sonnwendgebirge (Rofan) sehr stark sind, besitzen keine geringere baugeschichtliche Bedeutung.

Es handelt sich um meist mehr oder weniger an Hornsteinscherben und Kalk reiche Schuttmassen. An der Südflanke der Karwendelmulde sind sie mächtiger als an ihrer Nordflanke. Neben den meist unvollkommen gerundeten Trümmermassen des Oberjura erscheinen auch solche des Lias, der Kössener Schichten, des Plattenkalks, gerundete Quarzkörner bis 3 cm Durchmesser, Kalkbankstücke von über 10 cm. Über 15 km, mit Unterbrechung sogar 30 km streichende Entfernung hält diese sedimentäre Schuttbildung ihre Stufenhöhe ein, *rutschte also ungefähr zu gleicher Zeit über die Böschungen hinab,* wobei es sich nicht etwa nur um eine einzige Stufe handelt, sondern fast um den ganzen Jura, das Rhät bis ins Obernor. Es ist daraus zu schließen, *daß neben dem Tithonschlamm auch diese älteren Schichtglieder rutschbereit oben lagen,* was offenbar nur am Rand genügend steil aufragender und einige 100 m tief abgetragener Inselschwellen beiderseits der Karwendelmulde möglich war. Diese Schwellen waren im N das große Hauptdolomitgewölbe, im S der Stirnrandstreifen der Inntaldecke am Hochkarwendel. Beschleunigte Muldenvertiefung und Schwellenerhebung, also *kräftige Faltung* brachte dieses Ergebnis. Ob die Quarze — ähnlich wie am Nordrand der Juvavischen Decken, vgl. oben S. 305 — von dem alten Stirnrand an der Inntaldeckenschubfläche herrühren, ist unklar. Gegen die Auffassung, jener Schutt sei im wesentlichen an Böschungen abgerutscht (O. Ampferer 1908, Ampferer-Heissel 1950, F. Heritsch 1915, L. Kober, R. Folgner 1917, R. Weynschenk 1949) u. a., kann auch nicht der häufige Mangel an Teilfaltung und Quetschungen angeführt werden. Denn diese können nur bei Schichten erwartet werden, welche noch gut im Zusammenhang blieben, bzw. bei zähem, weichem, noch nicht abgerutschtem Böschungsschlamm, also in seltenen Fällen. Wirre, einzelstückige Lagerung herrscht bei weitem vor.

Gleiche Fragen regten vor allem die überaus eindrucksvollen, bis über 100 m mächtigen Hornsteinschuttmassen im tiefmeerischen Radiolarienschlamm *des Sonnwendgebirges* mit ihren gelegentlich gewaltig großen Schichtpaketblöcken an. Entgegen F. Waehners (1903, 118f.; 1935 bei E. Spengler, 99—153) Ansicht von der wesentlich späteren Reibungsbrekziennatur des Ganzen betonten O. Ampferer 1908, H. P. Cornelius 1927 u. a. die sedimentäre Bildungsart. Freilich kann letztere *nur in ursächlicher Verbindung mit gleichzeitiger tektonischer Bewegung verstanden werden* (J. Cadisch 1923, 1934, 169; F. Trusheim 1930, 46) und waren solche alte Gleitschuttlagen die gegebenen Fugen, auf denen spätere tektonische Teilbewegungen sich vollziehen mußten, wenn sie auch nicht den von E. Spengler 1934, 63, 1935 angenommenen Umfang annahmen. Der Hornsteinschutt im Sonnwendgebirge dürfte etwas älter sein als in der Karwendelmulde, so daß auch der tektonische Anlaß nicht zusammenfiel. Vgl. S. 302, unten S. 362 und H. P. Cornelius 1937, 1939.

Die Gleitschuppen des Sonnwendgebirges

(Abb. 79, 80)

Im O des Achensees fielen schon immer die ungewöhnlichen Schuppen mit Stirnumbiegungen auf, welche aus dem Rahmen der kalkalpinen Tektonik heraustreten und von E. Suess (Antlitz III, 2, 1909, 198) als „Gipfelfalten" verglichen wurden mit den Wellen des Sturmwindes, der über die Wipfel des Waldes fegt. Er dachte dabei wohl an den Termierschen Auswalzschlitten, (F. Waehner 1903) und ähnlich E. Spenglers Vorstellung noch 1935.

Doch hatte O. Ampferer schon 1908, den sedimentären Charakter der Hornsteinbrekzie und das vorgosauische Alter der Faltenschuppen erkennend, die letzteren als oberjurassisch entstandene Gleitfalten ohne Beziehung zur Inntaldeckenüberschiebung angesprochen. Freilich suchte er 1921 (in Sander, Z. Geol. d. Zentralalpen) eine mechanische Beziehung zur Horizontalflexur der Karwendelmulde durch Längsstauchung des Gebirges und Drehscheiben-

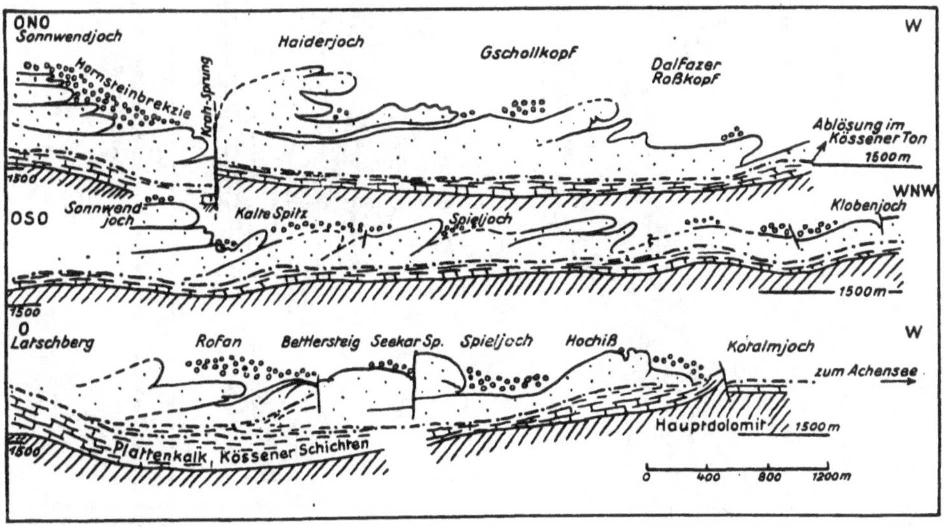

Abb. 80. 3 Profile der *Gleitschuppenfaltung des Sonnwendgebirges* Ö vom Achensee. Die Struktur wird dargestellt durch die Linie des roten Liaskalkes über der Abschürfungszone der rhätischen Kössener Tone. Unterlage: Ruhig gelagerte Trias der Lechtaldecke. Gleich- oder ungleichförmige Überlagerung durch Hornsteinbrekzie (Ringe, soweit erhalten), darauf Oberjurakalk. Schematisch nach Profilen von E. Spengler 1935, Taf. XXIX. Das obere Profil liegt 1—2 km südlich, das untere nahe nördlich vom mittleren Profil.

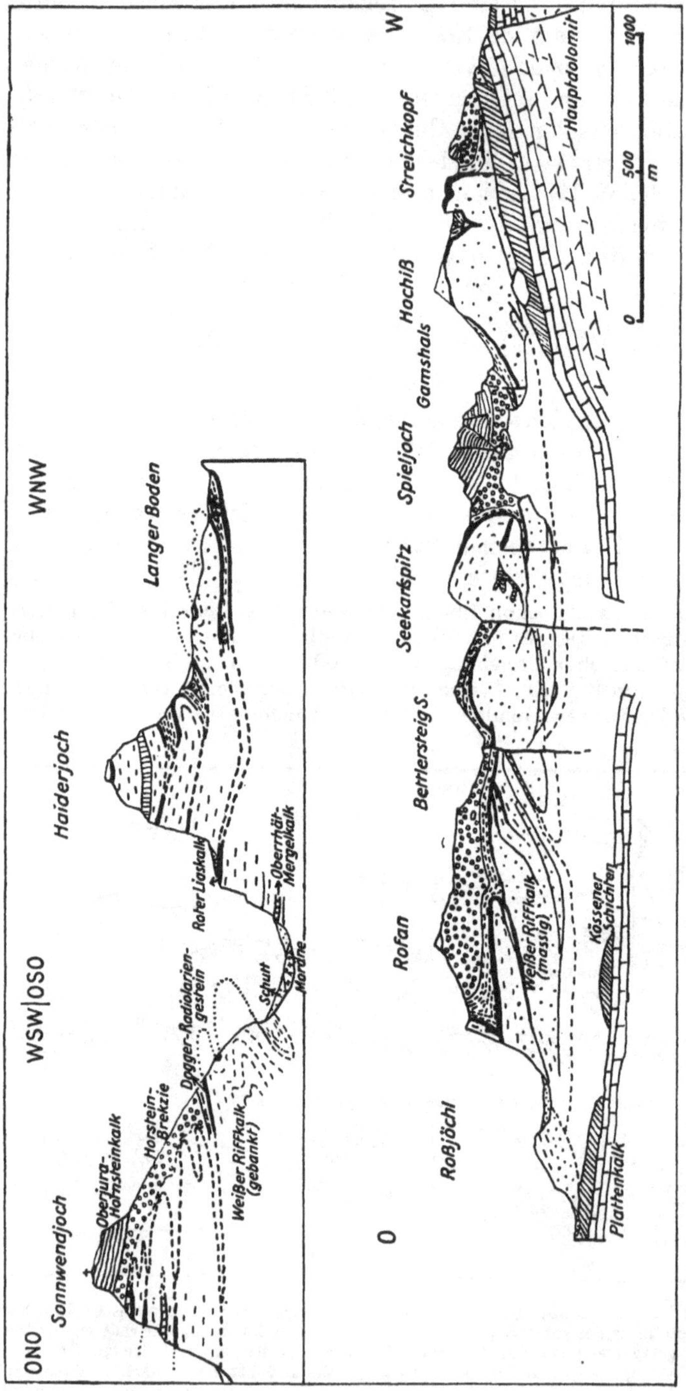

Abb. 79. *Die liegenden Falten und Schuppen* unter dem Schutt der Hornstein-Brekzie, abgeschert über den beweglichen Kössenerschichten *im Sonnwendgebirge*. Nach Fr. Wähner-E. Spengler 1935, Taf. XXIX.

bewegung im Gegenuhrzeigersinn, so daß, trotzdem entsprechende Anzeichen in der umgebenden Struktur fehlen (E. SPENGLER 1935, 5), die ursprüngliche S-N-Schuppung in eine O-W-Schuppung verwandelt worden wäre. Sie sei eine Schleppfaltung, geschleppt unter der darüberwalzenden Karwendelschubmasse (Inntaldecke), die, innerjurasissch angebahnt, vorgosauisch gegen WNW geschoben hätte (1924, 48). Doch ist nach K. LEUCHS 1927, 146, diese Schubmasse gegen N gegangen, und zwar nachgosauisch; auch ist die Gesamttektonik der Umgebung eine O-W-streichende. Aushilfen konnten die Schwierigkeiten nicht beseitigen. Zudem erwies sich die Karwendelmuldenflexur als Axial-Erscheinung.

Wie Abb. 79 und 80 zeigen, greift die jeweils tiefere der Sonnwendgebirgsschuppen weiter gegen W vor als die nächsthangende. Es sind nur meist wenig übereinandergreifende Teilschuppen mit Stirnumbiegung. Dieser „Dachziegelbau" entstand durch Ablösung der ursprünglich 100—200 m mächtigen Oberrhät/Lias-Kalk-Platte über dem plastischen Gleitton der höheren Kössener Schichten.

Da mit Ausnahme der Langer Boden-Falte der rote Liaskalk eines Mittelschenkels fehlt, dürfte (außer dieser Ausnahme) die Schuppenbildung nicht nach Abb. 81, sondern nach Abb. 82 durch Abspaltung erfolgt sein. Das heißt, die

Abb. 81.

Abb. 82.

Druckfortpflanzung durch das Schuppenstockwerk war nicht gleich, sondern sie reichte immer nur bis zur nächst aufreißenden Schrägspalte. Diese trennten zunächst Riffkalkschuppen voneinander, die sich dann ganz langsam übereinander bogen und sattelartige Stirnbögen erhielten. Auch die allein basalen Abschrägungen, teilweise bis auf 0, sprechen dafür. Diese Gesteinsverluste gingen bemerkenswerterweise nur im „harten" Riffkalk unten, nicht auch in den höheren Lagen des Schuppenstockwerks vor sich — obwohl gerade hier die beweglicheren Rotliasbänke und die flachgelagerten Radiolarienschichten hätten dazu einladen müssen. E. SPENGLER sagt darum 1935, 159, sehr richtig, daß eine Auswalzung durch die darüberliegende Oberjurakalkplatte nicht in Frage kommt; doch betrifft dies natürlich auch ein ausquetschendes Abreißen der westlichen Kalkmasse, wie es sich SPENGLER vorstellen würde.

Die gesamte Schuppen-Schubweite von 5—6 km dürfte wegen der Entstehung nicht aus Liegfalten und wegen der Zerrungen nicht erreicht worden sein. Jedenfalls ändert sich außer der Ausbildung auch die Schubweite im Streichen sehr rasch und stark.

Kommt auswalzender Oberjura als Schuppungsursache nicht in Frage, so aber auch eine Unterschiebung nicht durch den Triassockel. Ist dieser doch viel zu einheitlich und wenig gestört, als daß er jenen Formen- und Schubweitenwechsel verständlich werden ließe. Es muß nicht nur ein von der üblichen Tektonik abweichender Formen- und Schubweitenwechsel, sondern auch eine ungewöhnliche Ursache vorliegen, wobei als Hinweis die im gleichen Gebiet vorhandene Faziesbesonderheit der Hornsteinbrekzie dient. Diese bildet eine teils gleich-, teils ungleichförmige Überschüttung der Schuppen im Oberjura, freilich ohne kräftige Erosionsdiskordanz. Das heute im Sonnwendgebirge aufgeschlossene Gebiet ragte offenbar im Oberjura nicht über den Meeresspiegel, erhielt somit keine Inselabtragung, sondern nur Schutt aus der höheren Umgebung.

In seiner ausgezeichneten Schrift über Ostkarwendel 1942 stellte sich auch O. Ampferer (S. 56) die Sonnwendfalten als Gleitschuppen vor zwischen den Kössener Gleitmergeln unten und dem Schutt der Hornsteinbrekzie oben.

Dies ist verständlich, weil sowohl das radiolarienreiche Zwischenmittel der Schuttmassen wie auch deren Radiolarien-Schlick-Unterlage und Oberjura-Überdeckung aus dem tieferen Meere herstammen, während der Hornsteintrümmerschutt, soweit er sedimentär ist, von einem benachbarten aus der Tiefseerinne der Doggerzeit zu Inselhöhe aufsteigenden Gebiet, wahrscheinlich im O, herrührt. Hier wurde der verkieselte Rinnenschutt durch Inselerosion abgetragen und rollte, wenn nicht als Gleitplatten, die in Trümmer gingen, über die Schuppen nach W hinab. Seitdem haben sich die Schuppenstirnen selbst nur noch wenig weiter gegen W verschoben: Zwischen ihnen selbst fehlt die Hornsteinbrekzie — wiederum allein außer in der liegenden Mulde des Langen Bodens. Auch hieran ist ersichtlich, daß die Schuppung schon *vor* der Hornsteinbildung vor sich ging.

Damit fällt der Ort der Schuppung mit jenem der Hornsteinüberrollung in einen untermeerischen Abhang mit W-Gefälle, dessen O-Teil sich aus der Tiefseerinne aufwölbte. Es liegt darum sehr nahe, in dem Übersteilwerden jener Böschung die Ursache für das Abgleiten dieser ungewöhnlichen und allein unter solch besonderen Umständen im höheren Jura auftretenden Dachziegelschuppung zu sehen. Dies um so mehr, als damit das Fehlen der Hangend-Ausquetschung und deren Auftreten allein gegen die Gleitunterlage sogleich verständlich wird.

Wenn die hangende Malm/Neokom-Schichtfolge eine abweichende, ruhigere Tektonik aufweist, so nicht deshalb, weil sie, die Schuppen bildend, 10 km gegen W vorwalzte, sondern weil deren Schichten erst nach Bildung der Dachziegelschuppen auf diesen zum Absatz kamen. Wenn der Liegendsockel recht ruhig lagert, so deshalb, weil er an den mehr außenbürtigen Abrutschungsfolgen der innenbürtigen (rückführbaren) Schrägstellung nur ganz wenig Anteil nehmen konnte. Wenn der Gesamtbau der Umgebung ein O-W-liches Hauptstreichen zeigt, so verstehen wir dies eben als Folge der vor- und nachgosauischen Normaltektonik und brauchen nicht die mechanisch unverständlich gebliebene Annahme einer Drehscheibenbewegung.

Nun wird auch klar, weshalb die Brekzienbildung (Beispiel Streichkopf NW 1935, 81 und Tafel Xa) so wenig gebunden ist an die Hauptbewegungsbahnen der Normaltektonik: Zwar sind auch tektonische Ruschelbrekzien vorhanden, aber doch außerdem überwiegend Brekzien, welche als Rutschungsbrekzien mit jenen nichts zu tun haben, und deren Erscheinen dem erfahrenen Blick O. Ampferers und anderer Tektoniker nicht entgehen konnte. Die Übergänge der Rutschungstektonik in sedimentäre Erscheinungen sind unverkennbar.

Wiederum halten wir uns frei von dem Zwang, eine oberjurassische Gleitschuppung ohne benachbarte Erosionsdiskordanz über ihr ablehnen zu müssen. Denn auch hier fand ein diesmal freilich außenbürtiger „Abbau" statt und keine Heraushebung der *in abwärtiger Richtung* entstandenen Struktur, also auch nicht deren Abtragung.

Die innenbürtige Massenverlagerung aus dem Untergrund der Tiefseerinne im W gegen die aufsteigende Inselschwelle im O schuf das primäre Baurelief. Es wurde übersteil und erhielt damit ein sekundäres Baurelief über den Abgleitschuppen. Dieses wurde zu Oberjurabeginn in der Spätzeit der Gleitschuppung von dem Hornsteinschutt überlagert, und noch weiter besorgten den Reliefausgleich die Schichten des höheren Malms, Tithons und Neokoms. Wir können die Hornsteinbrekzie zum Teil ansehen als Schuppenabgleitung, die sich aber bergsturzartig beschleunigte.

Als Ereignisreihe ergeben sich folgende orogen-sedimentäre Folgen:

1. Gleitschuppung und Stirnrollung am aufsteigenden Untermeer-Hang; also Gesteinszerteilung in tektonischen Formen, auch Knollenkalkbildung.
2. Übergang von 1 in Trümmerbrekzien mit oder ohne noch erkennbarem Zusammenhang der Bänke, mit bereits eindringendem, oft radiolarienreichem Schlammzwischenmittel. Knollenkalk.
3. Bergsturz-Auflösung zu sedimentärer Brekzie, also Zerteilung beim Absturz.
4. Insel- und Strandaufbereitung und abgleitender oder abspülender Transport bis zum sedimentären Absatz; also Kleinzerteilung schon im Inselbereich mit oder ohne Abrollung; Konglomerat- und Sandsteinbildung.

Nachdem sich O. Ampferers Gedanke (1924) von einer Beziehung zu der in Wirklichkeit als axiale Erscheinung erweisbaren Karwendelmulden-Flexur und zu der Inntadeckenverschiebung nach N nicht bewährte, auch nachdem Aushilfen nicht befriedigen konnten, kehren wir also zu der Deutung Ampferers von 1908 zurück. Sie wird allen Waehnerschen und Ampfererschen Beobachtungen sowie auch jenen Spenglers gerecht. Nur die ungewöhnlichen Ableitungen im Kammerkergebiet bei Lofer (S. 329) und die „Tauchfalten" am Spullersalpkopf der Lechtaler Alpen (O. Ampferer 1932, E. Kraus 1946) können mit unseren ebenso ungewöhnlichen Bewegungsformen im Sonnwendgebirge verglichen werden.

Die raschen und kräftigen Formwechsel in einem so gleichartigen Schichtenstoß sind nicht normaltektonisch, sondern verlangen eine Deutung, wie sie unregelmäßig abrutschenden Massen ähnlich Schneebrettern am Steilhang entspricht. Spenglers Einwand, der grobgebankte, weiße Riffkalk wäre für jene Gleitungen und damit verbundene Verbiegungen ohne Überlast zu starr, halte ich deshalb nicht für durchschlagend, weil ich mir nach anderen Erfahrungen über den langsamen Fortschritt von Unterströmungen eine überaus langsame Versteilung der Böschung und dementsprechend einen *äußerst langsamen* Fortschritt der Schuppung vorstellen muß. Tatsächlich beobachten wir ja Verbiegungen, Ausdünnungen und sehr wechselreiche Abscherungen in den tieferen Riffkalkmassen.

Erst jungtertiär ist offenbar die gemeinsame Abkippung von Triassockel und Juraschuppen in allgemein südlicher Richtung gegen die hier in der Unterinntal-Vortiefe verschwundene jüngste Fortsetzung der aquitanen Angerberg-Molasse.

Westabschnitt

Graue, darüber rote Hornsteinkalke und bis 500 m mächtige bunte Aptychenkalke bezeugen die tiefmeerische Zeit und die tithonische Meeresverflachung trotz langsamen Weitersinkens der nordalpinen Geosynklinale auf Blatt Achenkirch—Achensee—Innsbruck, Lechtal. Wie weit diese Meeresteile zusammenhingen oder durch Teilschwellen bzw. Sättel in Mulden getrennt waren, ist jetzt noch kaum erkennbar, weil nur weit voneinander getrennte Muldenfüllungen den Oberjura bergen.

Daß aber auch in diesem Trogteil mit Sattelschwellen zu rechnen ist, die sich im tieferen Meeressediment nur meist kaum abbilden konnten, sehen wir in *den*

Ammergauer Bergen, wo sich die Lechtaldecke stirnwärts heraushebt. Da setzten sich, vielleicht mit Schichtlücke, sogleich auf Hierlatzkalk, in der unteren Vilser Decke *rote Knollenkalke* ab, welche auch von Ruhpolding, vom Marmorgraben der westlichen Karwendelmulde, von Vils, vom Flexenpaß und von Südtirol wohlbekannt sind. Sie gehen im Ammergau nur wenig in die Allgäudecke hinein und verlaufen ostwärts in mehr tiefmeerische Aptychenschichten.

Die vindelizische Nordrandschwelle der Allgäudecke äußerte sich auch im Ammergau durch die in die tiefmeerischen Aptychenkalkmulde von N eingeschütteten schwarzen und grünen Schieferschlamme zusammen mit bis faustgroßen Geröllen von schwarzen Kössener oder Lias-Kalken, Hornsteinstücken und Feinsand. Wir sehen, daß selbst in der Tiefmeerzeit des Oberjura noch die kalkige bzw. im N durch Schutteinschwemmung ausgezeichnete *Schwellenfazies der Allgäudecken-Nordschwelle* Hornburg—Pfronten—Hindelang und der *Lechtaldecken-Stirnschwelle* im Nordflügel der Ammer-Laber-Mulde-Nordrand der Oberen Vilserdecke-Untere Vilserdecke aushält. Und dabei gibt es auch im Ammergau wie bei Vils Anzeichen einer vortithonischen Heraushebung im unteren und mittleren Malm, von Abtragung und einer ungleichförmigen Transgression des Tithons ähnlich der Hierlatztransgression auf der Schwelle. Gleichzeitig waren die benachbarten Mulden im Oberdogger, unteren und mittleren Malm zur Tiefsee abgesunken, weshalb hier altersbeweisende Flachmeer-Lebewesen trotz der gleichförmigen Schichtüberlagerung durch Aptychenschichten nicht nachgewiesen werden können.

Teilschwellen der Allgäudecke

Auf eine Teilschwelle in der Allgäudecke (Iseler Schuppe) weisen die Aufarbeitungskonglomerate von Aptychenkalk in Aptychenkalk südwestlich Hinterstein (O. M. Reis 1924) und am Imbergerhorn hin (H. P. Cornelius 1921, 60). Die NO-Fortsetzung dieser Schwelle in der mittleren Allgäudecke zeigt sich am Südrand der Schattwalder Juramulde (Iseler-Breitenbergschuppe) hart nördlich unter dem Hauptdolomit des Aggensteins, also des aufgeschobenen Lechtaldecken-Stirnrandes. Hier fand K. Reiser 1920, 130, über Fleckenmergel und unter den roten Hornsteinen und Kieselkalken des Oberjura, vielleicht noch zum Dogger gehörend, einige fußstarke Bänke von *rotem Quarzsandstein*. Dieser kann im tiefen Meere weder gebildet noch verfrachtet worden sein. Er sank offenbar von einer Untiefe oder Insel ab, welche roten Quarzsand vermutlich von einer Buntsandstein-Aufragung erhielt. Eine solche ist ja in dem unmittelbar gegen außen anschließenden Breitenberg-Iseler-Sattel über der Schubfläche des Schuppensattels tatsächlich noch jetzt 1,5 km entfernt zu beobachten. Daß wenigstens zeitweise auch eine trockenliegende Insel angenommen werden muß, geht offenbar aus der Beobachtung von M. Richter 1923, 166, hervor. Dieser fand in den Aptychenschichten der unteren (nordwärts anschließenden) Breitenbergschuppe Brekzien eingelagert, welche überwiegend aus bis $^1/_2$ cm großen, teils eckigen, teils gerundeten Quarzkörnern bestehen; daneben Aptychen, Haifischzähne. Kalkgerölle fehlen.

Die Annahme liegt wohl am nächsten, daß der erwähnte Fein- und Grobsand durch Abschwemmung von diesem Iseler-Breitenberg-Sattel gegen N und gegen S herkam, denn eine Herleitung von dem je rund 20 km entfernten N- oder S-Rand der Allgäudecke bzw. von einer Aufragung dort stößt auf Schwierigkeiten. Unsere allein wahrscheinliche Annahme setzt voraus, *daß der Breitenberg-Iseler-Sattel bereits im Oberjurameer, ja schon im mittleren Rhätmeer* (Sandstein W unter dem Iseler in der Allgäudecke: K. Reiser 1922, 82!) *als Untiefen- oder Inselzug bestanden hat.* Dessen Böschung fiel gegen S und SO steil in eine tiefe Reliefmulde des

Meeres ab und wurde von dem Sand überschüttet. Diese Mulde hatte damals wohl schon mindestens 500 m Tiefe, als über den Fleckenmergelschlamm der Quarzsand vielleicht deshalb herabkam, weil durch die Muldenabsenkung bzw. Sattelaufwölbung die Böschung zu steil geworden war. Ihr Winkel hatte in diesem Fall 18°. Berücksichtigen wir einen stärkeren Zusammenschub nach der Oberjurazeit, nehmen wir also statt der heutigen 1,5 km Entfernung etwa eine solche von 2,5 km an und statt der 500 m Meerestiefe vielleicht 1000 m, was für diese feinen Fleckenmergelschlamme durchaus noch denkbar ist, so würde unser Breitenbergsattel damals mit 22° sich in die Mulde niedergesenkt haben. Das sind also durchaus mögliche Zahlen, wie wir sie in vergleichbaren, bewegten Geosynklinalmeeren der Gegenwart, etwa im Sunda-Archipel, ebenso finden.

Diese Reliefverstellung war aber nicht nur zugleich eine Zusammenfaltung. Denn dafür, daß in vorausgegangenen Zeiten durch gewöhnliche Abtragung allein der Buntsandstein entblößt worden wäre, gibt es keine Anzeichen, die man z. B. in Form von Kalkschutt der älteren Trias auffinden müßte. Vielmehr haben wir anzunehmen, daß die Entblößung des Buntsandsteins bereits an der im Jura aufgetauchten Iselerschuppe der tektonischen Verschürfung des Sattelkerns an der Schuppenschubfläche zu danken ist, an welcher allein noch heute der Buntsandstein zutage tritt. Hieraus ergibt sich dann aber, daß jene Sattelschwelle schon die Stirne der Iselerschuppe war und daß diese letztere somit ***bereits während des höheren Jura über ihr nordwestliches Vorland begonnen hatte, sich hinwegzuschieben.***

An dieser günstigen Stelle sind also die Beobachtungen ausreichend, um die Natur einer unserer Oberjurameerschwellen schon *für die Oberjurazeit als Schubmassenstirnrand festzustellen.*

Es folgte auch hier die Tiefsee und damit die Unmöglichkeit, den Fortschritt von Faltung und Überschiebung weiter zu beobachten. Gerade aus den südlich und nördlich (Rother Erzbach) anschließenden Muldengehängen beschrieb RUEST 1885 Radiolarien der Tiefsee, welche von den Radiolariten über unseren Sandsteinen herrühren. Daß andererseits die Hauptbewegung schon vorher nach abwärts ging und sehr unruhig war, ersieht man aus der mächtigen Fleckenmergelfazies.

Auf die Schwellenaufragung noch im Tithon dürfte außerdem das Vorkommen von buntem Tithonkalkmarmor der Hierlatzfazies an der Iseler-Schuppenfläche hinweisen. Hier wiederholt sich der Schwellenkalk des Lias und des Doggers. Da nicht, wie 1932 vermutet wurde, eine Verwechslung mit pelagischem Turonkalk der Oberstdorfer Decke vorzuliegen scheint, bedeutet Ähnliches auch der Marmorkalk am Hangenden Schrofen: nämlich eine tithonische Schwelle am Rand der nördlich gelegenen Sorgschrofenschuppe in der Allgäudecke. Gleichartiger Kalk bezeichnet gegen O die Stirnschwelle der Lechtaldecke (Untere Vilserdecke).

Im übrigen aber hat die Allgäudecke ebenso wie die Lechtaldecke im Allgäu eine sehr ausgeprägte Tiefseezeit erlebt. Davon sprechen die hier im W besonders verbreiteten und verhältnismäßig mächtigen Radiolarite und darüber die dicken Hochsee-Aptychenkalke. Späteres Eintreten der Tiefseezeit im N, vielleicht auch einen Einfluß der Nordküste mag das nordwärts tonigere und dünner werdende, ja schließlich auskeilende Sediment bedeuten. Bemerkenswert ist auch, daß nicht selten die Aptychenschichten der Allgäuer und Lechtaler Alpen undeutlich umgrenzte „Algenflecken" zeigen und damit *Übergänge zur Fazies der Fleckenmergel.*

Wir konnten diese oben S. 241 mit der Fortdauer der Gebirgsbildung in der Tiefe in Zusammenhang bringen. Wir werden auch jetzt aus diesen Flecken auf die Bodentiere in einem wegen der Reliefunruhe für gewöhnliches Benthos ungünstig gewordenen Meeresteil schließen müssen. Es herrscht „Schütteltisch-Fazies".

Einen neuen Beweis für die gleichzeitig emporsteigenden Schwellen dieses unruhigen, tiefen Meeres stellt *die Jurafazies beiderseits des Flexenpasses* im NW des Arlbergs dar. Über dünnen Liasfleckenmergeln erscheinen hier rote (Festlands-Roterde!) Mergel mit kleineren und größeren, meist abgerollten Kalkbrocken, kleingeröllige Rotmergel, rote, oft mergeligsandige

Abb. 84. *Oberjurakalkbrekzie*, durch Roterde (grau im Bilde) verkittet. *Flexenpaß-Fazies über dem Zürser See*, Lechtaler Alpen. Phot. E. Kraus 1943.

Kalklagen, Krinoidenbrekzien, schuttführende Kalksteine verbunden mit Konglomeraten, korrodierten Belemniten, Ammoniten und einer Tithonfauna (Abb. 84). Das Ganze transgrediert über verschieden alten Untergrund bis hinab zum Oberrhätkalk und setzt vorausgegangene Abtragung einer teilweise N-S-Inselschwelle voraus. Vgl. O. Ampferer 1930, 109f.; E. Kraus 1944.

Es zeigt sich aber nordwärts von der oberen gegen die untere Lechtaldecke Th. Benzingers 1929 deutlich ein Übergang aus dieser roten Ammonitenkalkfazies, die im S transgrediert, nach der wohl tiefermeerischen Aptychenkalkfazies, die in der Allgäudecke dünn und tonig wird, und zwischen welche sich hier die Fleckenmergel einschieben. Auch

im Rätikon und mittleren Vorarlberg

wird die Tiefseezeit im allgemeinen mittelbar durch den Mangel flachmeerischer Tierreste vom Bajos bis Kimmeridge in den Radiolariengesteinen zwischen Lias-Allgäuschiefern und den wohl schon tithonischen Aptychenkalken dargestellt. Eine Teilschwelle dürfte mit ihrem Schutt vor der Tiefseezeit an der Scesaplana durch eine Kalkschuttbank mit grauen und schwarzen Kalkstückchen unter dem Radiolarit angedeutet sein (J. GUBLER 1927, P. ARNI 1926, 62). Von der Wildbergmulde ging es dann im Tithon aus der Mulde der mächtigen (180—240 m) Aptychenschichten nordwärts auf die *Teilschwelle* an der Stirn der Mottenkopfschuppe, die durch das Auskeilen der tiefmeerischen Aptychenkalke und dafür nur 50 m mächtigen, mehr riffartigen Malmkalk (Abb. 57) anscheinend schon im Oberjura faziell angedeutet war.

Ähnlich dem Lias verdünnen sich die Absätze des Oberjura nordwärts sowohl in der Lechtal- wie in der Allgäudecke; in ersterer gleichzeitig gegen O. Die Bewegung der Mulden und der Sattelschwellen herrscht nach wie vor. —

b) *Flachsee, Schwellen und Tithontransgression im Westen*

Über den randostalpinen, nördlich vorgeschalteten Malm der radiolarienführenden Aptychenkalke in den Balderschwanger Klippen und von Grabs zieht die kalkalpine Trogfazies westwärts über die *Simmendecke* mit gleichen, bunten, mehr oder weniger kieseligen Aptychenkalken des Kimmeridge-Tithons (-Unterkreide) fort. Basische Schmelzflußgesteine begleiten auch hier die Tiefseerinne, welche aber offenbar gegen WSW auskeilte, denn zwischen der Fazies von Brekziendecke-Briançonnais außen und penninischer Fazies innen fehlt dort eine klare Fortsetzung.

Weitaus die meisten Oberjuragesteine zeigen im übrigen für Klippen und Präalpen das gegenüber dem höheren Dogger und wohl auch tieferen Malm im allgemeinen etwas *flacher* gewordene Meer an. Wir brauchen diese Knollen-, Spat-, Riff-, Ammonitenkalke nicht zu schildern, weisen aber darauf hin, daß es dort, wo zusammenhängendere Schichtfolgen vorliegen, nämlich *in der Klippendecke*, auch hier im W nachweisbar nicht an bedeutenden Tiefenschwankungen fehlte. Hochseeabsätze wechselten mit Korallenriffen, liegen über Mytilusschichten des Doggers, über Lias oder Trias, wobei Grundgerölle nicht häufig sind, wie etwa bei Spielgerten an der Schwelle S_1 (S. 249) von Tréveneusaz, Gummfluh, Spielgerten (F. RABOWSKI 1919, 147). Diese Schwelle zeigt ebenso wie irgendeine rote Hierlatzkalkschwelle des Ostens eisenreiche, rote, tief in die Mitteltriasunterlage eingeflößte Schlamme unter dem übergreifenden Oberjura. Seine Unterlage bilden von Ort zu Ort Oberer Muschelkalk, Obertrias, Rhät. Lias oder Dogger fehlen und zeigen so die lange Dauer der Heraushebung und Abtragung an. Das Ganze spielte sich nicht etwa an einer einmal geschaffenen und dann ruhig dem Verfall preisgegebenen starren Sattelschwelle ab, sondern an einem *beweglichen Gebilde*, wie wir oben sahen. Die Strandlinie lief etwas schräg zum Schichtfallen und Streichen der Falten. Die während des Oberdoggers (Bathon) durch eine Teilmulde gedoppelte Schwelle versank im Malm, so daß die nun folgende Fazies kaum mehr zu unterscheiden erlaubt zwischen einem inneren Korallenriff und einem äußeren, tiefermeerischen Strich. S_3 ist nicht mehr nachzuweisen.

Auch über dem Haupt der Doggerinsel S_2 zwischen Zoophycus- und Mytilus-Doggermeer schlugen im unteren Malm die Wellen zusammen. Der Oxford-Riffkalk der Tour d'Aï begann hier die zoogene Schwellenkalkreihe (Dent d'Oche—Stockhorn—Mithen) bis herauf zum Portland, welches aber dann mit seinen

Ammonitenkalken, bei Leysin mit Calpionellen, wieder einer Meeresvertiefung entspricht.

In der *Brekziendecke* dürfte die obere Brekzie, welche nach E. GAGNEBIN wohl noch in die Kreide emporreicht und im Chablais bis 300 m mächtig wird, in der Fortsetzung unserer Südschwelle S_1 der Klippendecke die Schwellenschutte des Oberjura vertreten. — Über den Oberjura der

französischen Alpen

gab Abb. 74 eine rasche Übersicht. Der Fortsetzung der großen S_1-Breckziendeckenschwelle entspricht *die mächtige Schwellenaufwölbung des Briançonnais.* Die Stufen Oxford, Argov, Lusitan des Untermalms scheinen hier ganz zu fehlen oder werden nach oben allmählich durch seichtmeerischen Guillestre-Marmor vertreten. Erst über diese mehr oder weniger langdauernde Lücke nämlich greift mit Grundschutt in weiter Verbreitung der Obermalm in Gestalt eines verkitteten Schwellenschuttes, des Guillestrekalks: Das im Gr.-Piolit-Massiv durch rote Schuttmarmore („amygdalaires") ausgezeichnete, Duvalia-führende Tithon, der weiße und rote Kalk mit *Aptychus punctatus* von Vallouise Haute-Ubaye, der noch dem Neokom der Klippendecke, dem Biancone-Aptychenkalk der Simmendecke gleicht. Die Inundation wird durch Calpionellakalk, teilweise Ammonitenkalk und Radiolarit bezeichnet.

Wer denkt hier nicht an weißen Plassenkalk, an die mächtigen Oberalmtithonkalke, an den ammonitico rosso superiore? Der im O weinrot werdende Guillestre-Marmor nimmt Bänke von schwarzen oder weißen Kristallinkalken auf, auch von plattigem Marmor mit kieseligen Bändern („Marbres en plaquettes"), die sich seitlich gegen O in die höheren Teile der Glanzschiefer des Piemont verlieren. Diese Abkömmlinge der also auch im Malm aushaltenden östlichen Trogsenkung sehen wir gegen SO (Ubaye, Argentera, italienische Seealpen) in Riffplatten mit Ellipsactinia übergehen.

Es ist nicht möglich, die großzügige *Tithontransgression* zu übersehen, sie etwa zu ersetzen durch die Annahme örtlicher Deckenauswalzung unter dem Tithon.

Sehen wir doch überall ganz deutliche sedimentäre Grundschutt- und Konglomeratbildungen der übergreifenden Tithonbänke. Gehören doch alle Oberjurafaunen im O der Linie Galibier—Guillestre—Col de Vars—Lauzanier—Ventimille und im W der Linie Lautaret—Vallouise—Réotier—Risoul—Jausiers—Lauzanier, abgesehen von den Deckschollen, nach W. KILIAN & J. RÉVIL zum Tithon, Portland. Der Untermalm fehlt gänzlich, ist ersetzt durch seichtmeerische und Küstengebilde, bunt zusammengesetzte Brekzien mit rotem Zement, herrührend von der Inselabtragung auf der herausgehobenen Briançonnais-Achse und westwärts im Subbriançonnais. Denn Gleiches zeigen auch die Reste der Ubaye-Embrunais-Decken, wo der Mitteljura fehlt, während das überschobene Vorland Oxford und Malm ohne Lücke besitzt. Nur im O des westlichen Flyschstreifens, zwischen Galibier und Mercantour können wir diese Schwelle mit ihrer Tithontransgression beobachten. Die Lage erinnert außerordentlich an die Oberalmer Tithon-Übergriffe des Berchtesgadener Landes.

Diese überschrittene Inselschwelle zog sich einst weiter südostwärts durch die italienischen Seealpen, an der NO-Seite des Mercantourmassivs vorbei bis in die Gegend von Nizza. Eine durchaus vergleichbare Tithontransgression fand ich auf den Spuren von W. KILIAN & P. FALLOT auf Mallorka.

Wie gegen O, so senkte sich scharf auch gegen W die Briançonnais-Subbriançonnais-Schwelle und setzte damit, immer neu sedimentsammelnd, die alte Senkung des Dauphinétroges auch im Oberjura fort (Abb. 74). Die Mitte dieses subalpinen Oberjuratroges zog über Gapençais-Diois-Baronnies-Nordteil der Basses Alpes. Gegen die „subpelagische", ammonitenführende Schlammfüllung dieser Senke von Dauphiné-Provence schoben sich von NO und SO die weißen Riffendigungen der Schwellen mit Brekzienbänken von Portlandalter: die seichtmeerischen Montagnole-Kalke Savoyens, deren Fauna ins Obertithon und in die Süßwasserfazies von Bugey unter Wechsellagerung übergehen; die inneralpinen „Pseudobrekzien"- und Riffkalkplatten des östlich anschließenden Hochgebietes.

Langsam und unaufhörlich *sank der Dauphinétrog, rascher als die Schwelle im O*, die oben abgestutzt wurde und gleichzeitig ihre Schichtlücken erhielt, bis schließlich über beide Gebiete infolge allgemeiner Senkung das Tithonmeer seine Absätze ausbreiten konnte — über Schwelle und Senke, so wie über Zentralplateau, Maurienne u. a. Nachbargebiete.

Aber auch in dieser Tithonzeit blieben die beiden Bewegungen weiter im Gang, bogen sich die oben abgestutzten *Sättel*, die gefüllten *Mulden* der älteren Zeit weiter oder es verlagerten sich deren Biegungsachsen. Denn darauf läßt der, einstweilen freilich noch wenig gut faßbare Wechsel von hoch und tief zwischen zoogenen Tithonriffkalken des seichten und Tithon-Biankonekalken des tieferen Meeres schließen. Im N von Grenoble wechsellagern die oberen Bänke des Ammonitentithons mehrfach mit Süßwasser-Purbeck.

Wer möchte hier behaupten, daß Faltenruhe eingetreten sei? Sehen wir doch allenthalben langsamere oder raschere Wechsel der Fazies, Wechsel von hoch und tief, also Massen- und damit Gefügeverlagerungen!

c) *Ultrahelvetisch-helvetischer Trog und kristalline Außenschwelle*

Den Oberdogger des helvetischen Ablagerungsraumes fanden wir S. 314 sehr dünn und lückenhaft. Gleiches gilt auch noch für die Oxfordschiefer. Dieser Übergang aus dem Dogger in den Oberjura ist zu beachten. Denn er scheint uns erneut auf jene Bewegungen hinzuweisen, welche in schwellennäheren Gebieten durch Auftauchen und Wiederversinken von Inseln ungleich klarer dargestellt sind (kalkalpine Teilsättel, Briançonnais). Schon die Verdünnung und Lückenbildung der höheren Doggerstufen zeigt offenbar, namentlich gegen N, die Hebung an.

Kräftigere Meeresströmungen dürften auf flacher gewordenen Untiefen teils Schlamme wieder entfernt, teils deren Neuauflage verhindert haben. Darum wohl greift auch (Arn. Heim, Churfirsten 1916, 554) nach erfolgter Wiederabsenkung der Argov-Malm mit scharfer Unterfläche, wenn auch ohne Grundkonglomerat, aber mit Aufarbeitungsspuren am Grunde (P. Arbenz, Führer 1934, II, 103) weithin über die dünn und lückenhaft gewordene Oberdogger-Oxford-Unterlage weg. Dagegen verschwindet diese Schichtunterbrechung südwärts in dem entweder gleichzeitig noch gesunkenen oder trotz Hebung nicht in die schichtvermindernde Wassertiefe gelangten Troginneren.

Zwei jungkimmerische Brüche zwischen Kiental und Lütschine, drei solche Längsbrüche südlich Interlaken, einen gleichalten Querbruch in der östlichen Faulhorngruppe meldete H. Günzler-Seiffert 1944, 1946. Schollenbewegung, Hebung, Abtragung, Senkung und Transgression durch Valangien schlossen sich an.

Die Faziesänderungen im helvetischen Trog zeichnen sehr schön *das tiefer gesunkene Südgebiet von einem weniger sinkenden Nordgebiet* ab. Der schwarze Oxfordschiefer zuunterst blieb nur im S mächtig erhalten. Erst westlich Engelberg und von da westwärts greift er allmählich schräg über die Baulinien aus den südlicheren in die nördlichen Trogteile über. Mehrere 100 m mißt dieser Schiefer zusammen mit dem Kallovschiefer in dem ehemals südlichsten, ultrahelvetischen Raum der Bovindecke, Sattel- und Randzone.

Die nun folgenden Argov-Schiltschichten, unten ein gefleckter, ziemlich tiefmeerischer, knolliger Ammoniten-Mergelkalk, oben Mergelschiefer, zeigen weitere Vertiefung des Troges. Sie bestätigt sich durch die weitere Ausdehnung ihres Vorkommens. Von der Säntis-Drusbergdecke an gegen S vermergelt der Fleckenmergelkalk im Troginneren, und noch südlicher (Ultrahelvet, besonders Randzone) steigt die knollige Fleckenmergelfazies im Profil wieder nach oben als Anzeichen für den hier näher kommenden Trog-Südrand.

Dem Sequan-Kimmeridge, Unter-und teilweise Ober-Portland (Tithon) entspricht der dunkle, hell anwitternde *Quintnerkalk*, der bemerkenswerterweise nicht wie sonst im S, sondern im N seine größeren, bis 800 m steigenden Mächtigkeiten hat. Die gewaltigen Wandabstürze eines Glärnisch, Tödi, Titlis, Eiger baut ja dieser „Hochgebirgskalk", der im O sich nochmals mit den Vorarlberger Falten der Canisfluh heraushebt. Quintnerkalk ist nicht in allen Teilen tiefmeerisch: Die schwarzen Kieselknollen erinnern an die schwellennahen Lias-Kieselkalke, das Gonzenerz hat flachmeerische Kennzeichen. Freilich entstammen andere Teile gewiß dem tieferen Meer (Ammoniten, Radiolarien, gegen oben Calpionellen!). Aber die gesteigerte Mächtigkeit im N, dort, wo allgemein der Schwellenanstieg ausgebildet ist, spricht nicht für eine allgemeine Tiefmeerbildung. Gegen das Troginnere vermindert sich die Dicke auf 200—100 m, Übergänge leiten hier nach dem klastischen Ammonitenkalk, dem konglomeratischen Châtelkalk mit Aptychen, der wohl ähnlich den konglomeratischen Aptychenkalken etwa der Karwendelmulde an der steil gewordenen Südböschung einer tiefmeerischen Rinne entstand.

Zuoberst liegen die tithonischen Zementsteinschichten (Oberportland) mit schwarzen Mergelschiefern und Kalkbänken, im Trog bis 400 m (Mürtschen-, Axen-, Säntisdecke). Sie gehen nordwärts, also gegen die aufsteigende, kristalline Vorlandschwelle hin, in seichtmeerische, helle Korallen-Nerineenkalke über (Troskalk von Vättis, Glarus). Die Hauptmächtigkeit des Troginneren verläuft *schief* zum Schichtstreichen in W 17—22° S (Arn. Heim) durch Alvier-Axen-Diablerets-Morcles-Decke, und bei St. Maurice kommt die innere Mergelfazies sogar schon auf die Nordseite des Massivs. Ähnlich griffen im Dogger und Oxford die Isopen mehr O-W, die Baulinien mehr ONO-WSW. Entsprechend kommt auch der Trogsüdrand im O nur noch andeutungsweise zur Geltung, nämlich durch Verminderung der Schiefermächtigkeit auf 30 m, während er im ultrahelvetischen W noch besser sichtbar ist: Die Schiefer sind durch Portland-Berrias-Konglomerate ersetzt.

Das Hohmatt-Fossillager in den Melchtaleralpen (E. Rod 1946) zeigt die Eigenschaften einer Schwellen-Kondensation im Kimmeridge neben mächtigerer Muldensedimentation. Hier wurde der Meeresboden verbogen.

Erhebliche *Teilschwellenbildung* des großen helvetisch-ultrahelvetischen Troges scheint für die Malmzeit nicht nachweisbar. Wir werden zwar aus dem Wiedererscheinen der Relief- und Faltenwellen der Doggerzeit während der Kreide schließen dürfen, daß diese auch im Oberjura bestanden, vielleicht sich weitergebildet haben. Doch läßt sich der Nachweis in den meist tiefmeerischen Schichten der Zeit nicht führen. Außerdem befinden wir uns noch ein gutes Stück entfernter von der Narbe als die faltenreichen Kalkalpen-Präalpen.

Die weitreichende, überwiegende Senkung der Argov-Sequan-Kimmeridge-Unterportland-Zeit machte auch im helvetischen Trog einer ziemlich *allgemeinen Heraushebung während des höheren Tithons Platz.* Denn es stellen sich Seichtmeererscheinungen gegen die nördliche Massivschwelle, aber auch gegen die südliche im Ultrahelvet ein: Konglomerate unter dem Zementstein-Oberportland des Bifé, unter dem Öhrlimergel an der Veveyse u. a. Außerdem haben wir im Beckeninneren teilweise Anzeichen für solche Verflachung. Krypto-oolithische Kalke, aufgearbeiteter Schutt, Echinodermenspatkalk, Korallenriffe bezeichnen üblicherweise die nun wieder höher gehobenen Schwellen und vorherigen Inseln. *Die nachfolgende Senkung hat sich hier verspätet.* Im Gegensatz zu der großen, sie begleitenden Tithontransgression etwas höheren Alters südlicher, narbennäherer Alpenteile (Briançonnais-Berchtesgaden), welche demzufolge einen ununterbrochenen Übergang vom Oberjura nach der Unterkreide zur Folge hatten, setzt die Transgression bei uns erst mit den oberportländischen Zementsteinschichten und dann vor allem mit der untersten Kreide ein.

Es sieht so aus, als ob die nördlichere Troglage im helvetischen Raum sowohl eine ruhigere, von Teilschwellen weniger gegliederte Trogsenkung gebracht hätte, die noch der wirklichen Tiefseerinne entbehrte, *und ein Stadium, das im kalkalpin-romanischen Raum schon in der Trias beendet wurde.* Als ob außerdem die einstweilen geringere Schwingungsweite der Relief- und Faltenwellen eine sanftere Ausprägung der Tithonschrägfläche, ja eine zeitliche Verspätung ihrer Ausbildung zur Folge gehabt hätte.

Schwellen, wie sie am germanischen Festlandsrand der Nordbegrenzung uns entgegentreten, sind noch tot, oder haben doch nur ein schwaches, epirokinetisches Leben. Sonst hätten sie nicht im Laufe des Doggers auch für die Flachmeerfazies ziemlich spurlos verschwinden können. Wie weit Gleiches für die südlicheren Teilschwellen gilt, kann noch nicht gesagt werden. Erheblich war ihr Bewegungsantrieb aus der Tiefe jedenfalls nicht.

Der helvetische Raum lag zur Jurazeit noch in der scheinbar gesicherten Festlandsruhe. Allein die äußerste, zunächst nur verebbende Faltenwelle schlug an den Rand des europäischen Kontinents. Nur zögernd entschloß er sich zu einer ersten Niederbiegung des noch kaum gegliederten Troges, den wir als helvetisch-ultrahelvetischen bezeichnen.

d) Das verschwommene Bewegungsbild im penninischen Raum

Schon für den Dogger haben wir eine große Lücke unserer Kenntnis im penninischen Raum feststellen müssen. Nach der großen, alles verhüllenden Schlammfazies erscheinen erst allmählich in den tiefsten Trogmulden die normaleren, tonärmeren Aptychen- und Radiolarienschichten, welche uns wenigstens mit guter Wahrscheinlichkeit sagen, daß hier *tiefmeerische* Zustände im Oberjura eingetreten sein müssen. Mangelnder Tonschlamm infolge allgemeiner Reliefsenkung und weitere Entfernung von Küsten scheint der Grund dafür zu sein, daß nun die Absätze der Tiefseerinnen unverfälschter zum Ausdruck kommen können.

Bunten Schiefer, flaserig verquälten „Hyänenmarmor“ und Radiolarite kennen wir z. B. aus der mittel- und südpenninischen Trogsenke, aus der Dent Blanche-Decke (M. Genèvre) und besonders der Margnadecke. Tiefere Radiolarite der Plattadecke enthalten bunt zusammengesetzte Brekzienschutte mit Glimmerschieferstücken, so daß hier trotz allgemeiner Tieflage doch das Auftauchen einer Inselschwelle mit kristallinem Kern angenommen werden muß. Auch die Schuttmassen aus Kristallin, Dolomit, Kalk, Tonschiefer, welche bis 500 m mächtig transgressiv über Lias in der Gelbhorndecke (Schamserdecken) gefunden wurden, scheinen nach J. CADISCH statt zur Kreide (O. WILHELM 1933) eher zum Oberjura zu gehören. Quarzit, Marmor, noch höher Tonschiefer folgen.

Im übrigen aber dürften die Schwellen in zu großer Meerestiefe weitergewandert sein, als daß sie sich in der Fazies erhalten konnten. *Die gewaltigen gabbroiden Schmelzflüsse,* welche noch zwischen die Oberjuragesteine eingedrungen sind, verdunkeln weiter die baugeschichtlichen Zusammenhänge.

Im Gegensatz zu den südlicheren Trogteilen konnten unter der Margnadecke *in den nördlich-penninischen* von den immer nur mit Liasversteinerungen belegten Bündnerschiefern an niemals jüngere, dem Malm, der Kreide angehörende Ablagerungen nachgewiesen werden. Dies führte Ph. Roothaan 1918 zu der nach ihm auch von H. Jenny 1924, Fr. Hermann 1926 vertretenen Ansicht, daß das Zusammenrücken der Deckenschwellen, die sich über die zwischenliegenden Trogmulden schoben, bereits im Dogger bis zur völligen Überdeckung der sedimentsammelnden Mulden gediehen wäre. *Das kann sehr wohl so sein.*

Einen Gegenbeweis sind jedenfalls diejenigen schuldig geblieben, welche es für zwingend halten, daß das Faltungs- und Schub-Alter *unmittelbar* vor Bildung einer Transgression (auf Schrägfläche mit starker Abwinkelung) anzusetzen sei. Genau so gut kann man doch das Alter der Bewegung höher ansetzen, so hoch, als kein Gegenbeweis oder keine Gegen-Wahrscheinlichkeit vorliegt. Und so stehen im allgemeinen sehr lange Zeiten — je nach Geschmack — zur Wahl. Dieser Geschmack wird aber noch weiter, anscheinend unbewußt, durch die Suggestion geleitet, welche eine scharfe, weit ausgedehnte und oft in anderen Gebirgen *ungefähr* zu ähnlicher Zeit auftretende Diskordanzfläche mit Umlagerungsanzeichen auszuüben vermag. Man glaubte ja hieraus auf einen ziemlich plötzlichen und kurzdauernden Verlauf der Gebirgsbewegung schließen zu dürfen, von der man, wie gesagt, außerdem meint, sie sei unmittelbar vorher entstanden.

Ein tieferes Eindringen in die Baugeschichte unter möglichster Ausschaltung eines schon vor Prüfung seiner Richtigkeit aufgebauten Denkschemas, jedoch unter Ausnützung der durch den Faziesgang uns in Raum und Zeit gegebenen Mittels, schützt vor jener veralteten Kataklysmen-Auffassung. Diese ist durchaus nicht bewiesen, sondern man hat nur die fossilmäßig meist unscharf oder zeitmäßig überhaupt kaum festlegbaren Diskordanzen in ein Schema zeitlicher Bewegungshöhepunkte gepreßt und dabei — wieder offenbar unbewußt und versehen mit kontraktionshypothetischer Erbschaft — die unrichtige Gleichung als selbstverständlich vorausgesetzt: Gebirgsbewegung gleich Hochfaltung. Noch weitere, ganz unbewiesene, jedoch in den Erörterungen bisher hingenommene Voraussetzungen hat man gelten lassen. Zu ihnen gehört vor allem die offenbar unter dem Eindruck des überwältigenden Hochgebirgsreliefs nahegelegte Suggestion, zeitlich und ursächlich sei Reliefform gleich Strukturform. Denn: die Grenzen dieses heutigen Reliefs seien die Grenzen dieses gleichen Gebirges (was aber nicht stimmt). Denn: Sind so Relief und Struktur scheinbar einheitlich, so auch die Baugeschichte. Die gewaltigen Gebilde der Formen und Strukturen vermochten zu suggerieren, das Ganze sei in einem einzigen katastrophalen Schwung entstanden. Die vermeintliche Einheitlichkeit des Ganzen scheint zu dem Schluß zu berechtigen, daß alle Gebirgsteile ungefähr gleichzeitig entstanden wären. Es sei folglich erlaubt, aus den jüngsten, äußersten Bewegungsstrukturen im Faltenjura durch Pliozän für alle Alpenteile als jüngste Hauptfaltung die pliozäne anzusehen.

Die letzten Jahrzehnte haben mit solchen irrigen Anfangsmeinungen aufgeräumt. Besonnene Prüfung wird aber zu vermeiden wissen, daß nun das Kind mit dem Bade ausgeschüttet wird und wirkliche Höhepunkte der Bewegung überhaupt geleugnet werden.

Haben wir festgestellt, daß jener Ansicht von einem völligen Zusammenklappen der Mulden und von der Fertigstellung der penninischen Hauptdeckenbewegung bereits zur Doggerzeit kein irgendwie zwingender Gegenbeweis entgegentreten konnte, so müssen wir doch sagen, daß auch der Beweis hierfür bislang nicht gelungen ist.

J. Cadisch forderte 1934, 211, für den unwiderleglichen Beweis die Beobachtung, daß der Oberjura über die fertigen penninischen Decken weg transgrediere. Man kann nicht sagen, daß andernfalls jene Hauptbewegungen erst in der Kreide oder gar erst im Tertiär vollzogen wurden. Denn der außenbürtige Abtrag oder die innenbürtige Eindeckung der Tröge hat eben irgendwelche Oberjuraschichten — mögen sie gelegen haben wo sie wollen — weggeräumt bzw. nicht zugelassen. Auch würde jene Forderung voraussetzen, daß das übereinandergeschobene Deckenpaket außerdem sich ganz über den Meeresspiegel gehoben habe, abgetragen wurde und dann im Oberjura wieder neue, erhaltbare Schichten bekommen hätte. Solches großzügiges Auf und Ab ist aber *nicht notwendig* mit jener Deckenbewegung verbunden. Die große Faziesübereinstimmung ab Malm zwischen unterostalpiner und helvetischer Fazies spricht aber für starke Annäherung beider auf Kosten der Breite des penninischen Raumes (in Abb. 87 nicht berücksichtigt).

Der einzige Schluß aus dieser Gesamtlage wird wohl der sein: Es ist möglich, vielleicht wahrscheinlich, daß die Baugeschichte im tieferpenninischen Raum bereits gegen den höheren Jura hin zu einer weitgehenden Deckenüberlagerung geführt hat. Der unwiderlegliche Beweis für die schon vor verschiedenen Oberjurastufen vollzogenen, sehr umfangreichen Einengungen ist im nordpenninischen Raum nicht geführt, wohl aber im anschließenden unterostalpinen Raum.

e) *Unterostalpin und Mittelostalpin*

Die gleichen Aptychenkalke (oben) und Radiolarite (unten, so also wie meist im Kalkalpin) des Pennins zogen in den südostwärts anschließenden unterostalpinen Mulden fort, welche demnach gleichfalls in tiefmeerische Lage abgesunken sind.

Alle bereits S. 266 f. genannten Tröge führen diese Absätze einschließlich des Sassalbo- und Quatervals-Troges. Über den dunklen Argovschiefern der Sassalbo-Mulde folgen Oberjurakalke und -brekzien mit bis mehrere Meter großen Kristallinblöcken. Korallen und Belemniten im Bindemittel beweisen die seichtmeerische Natur dieser Riesentrümmer, welche von einer kristallinen Nachbarschwelle herstammen müssen. Es ist die „*Falknisbrekzie*", die auch an die Brekzien der Plattadecke und der Gelbhorndecke im Schams erinnert. Zementsteinschichten und Schiefer des Tithons folgen.

Err-Bernina-Decke. Im Aptychenkalk der Roccabella (Errdecke) fand H. P. Cornelius 1935, 215, zwei Dolomitschuttbänke in weißem Marmor, was schon auf eine schuttliefernde Triasschwelle hinweist. Aber auch vor und bei Bildung des immerhin tiefmeerischen und einst offenbar allgemein verbreiteten Aptychenkalks muß wohl *starke Unruhe der Absatzbedingungen* angenommen werden.

Dieser Kalk liegt in der Platta- und Carungas-Decke ziemlich zusammenhängend vor, doch sehen wir auch hier öfter, aus nichttektonischen Gründen, Radiolarit unmittelbar über Lias greifen. Gegen S aber (Samaden-Julierpaß) fehlt der Aptychenkalk der Errdecke fast ganz. Es mangelt an Spuren späterer Festlandsabtragung, weshalb wohl damit gerechnet werden muß, daß das Relief mit ausschlaggebend war: Entsprechend heutigen Tiefmeerzuständen dürften auf den höheren, nördlicheren Deckenteilen (Stirnschwellen-näher!) die kalkigen Absätze, auf den tieferen des Errdeckentroges aber die manganreichen, kalkarmen Radiolarienschlamme von 50 und mehr Metern abgesetzt worden sein. Letztere sind demnach nicht in allen Teilen jünger, sondern auch gleichzeitig mit dem Aptychenkalk entstanden. Dies zeigt sich auch aus der mehrfachen Wechsellagerung.

Wir können aus diesen Tatsachen wohl den Schluß ziehen, daß die Höhenlage des Trogreliefs keineswegs immer gleich blieb, sondern daß bald die Tiefsee den Radiolarienschlamm, bald die weniger tiefe See den Aptychenkalk brachte. Etwa Gleiches gilt für das Lischannagebiet und Teile der nördlichen Kalkalpen. Vom Dogger durch den Malm bis in die Kreide hinein gab es da und dort Tiefseerinnen. H. P. Cornelius schrieb 1935, 226, sehr richtig: „Müssen wir doch für die Oberjurazeit mit starken tektonischen Bewegungen rechnen, die sich schwerlich nur gerade dort abgespielt haben, wo sie sich uns durch Brekzien oder gar Diskordanzen verraten; und solche Bewegungen können leicht einen Meeresstreifen früher, den anderen später dem Gebiet der Radiolaritsedimentation einverleibt bzw. wieder aus ihm herausgehoben haben.“

Sehr schöne Kristallinschuttbrekzien fand der Genannte (1935, 222) sedimentär in ursprünglichen Bänken dem Radiolarit eingelagert im N des Piz Valetta, im W des Sass Ronzöl bei St. Moritz (G. Steinmann 1925) und in der Plattadecke östlich Flix (Err-Julier-Gebiet). Eckige, teilweise kubikmetergroße Blöcke, meist aber feinere Stücke von Glimmerschiefer, Phyllit, örtlich Granit, Orthogneis in Linsen und Bänken von bis 20 m eingebettet zwischen rotem Radiolarien-Hornsteinschlamm, tiefer unten oder höher im Profil. Das Radiolarien-Bindemittel erwies sich unter Umständen als mechanisch oft nicht beansprucht. Es muß beim Hereingleiten des eckigen Kristallinschuttes ganz plastisch gewesen sein.

Woher aber kamen diese teilweise so groben, eckigen Schuttströme? Ihre südliche Lage in der Errdecke lassen wohl annehmen, daß sie über jene Böschung hinabfuhren, die *gekrönt war von der Stirninselschwelle der Berninadecke*, welche bereits den kristallinen Abtragschutt während der Liaszeit geliefert hatte. Diese Schwelle tauchte also im Malm wieder über den Meeresspiegel und wenn die nur aus Phyllit bestehenden, heute unmittelbar benachbarten Deckenteile nicht allein in Frage kommen, so doch andere, höhere, welche seitdem abgewandert sind oder abgetragen wurden. Die gleiche Böschung erhielt offenbar im Val Suvretta keinen Schutt, der Streubereich jener Inselkrönungen in den Radiolarienschlamm der nördlich anschließenden Vortiefenmulde hinab war eben beschränkt (Cornelius 1935, 230). Von weiteren, nördlichen Inselschwellen her stammt der Schutt in der Plattadecke, im Albulatal.

Wir verdanken der unermüdlichen Leistung von H. P. Cornelius diese prächtigen Beispiele fortgeschrittener Baugeschichte im unterostalpinen Bewegungsraum: Tiefseerinnen werden gleichzeitig mit eigener Teilbewegung von südlich folgenden Inselschwellen durch außenbürtig abgebauten Schutt überrollt. Eine solche Schwelle ist noch heute in Deckenresten erhalten und nichts anderes als die Stirn der Berninadecke. Man wird dem Schluß nicht ausweichen können, *daß diese Versenkung zur Tiefsee, diese Teilbewegung in ihr, dieses Emporschieben der Inselschwelle gleichzeitig und vermutlich auch ursächlich verbunden war mit der waagrechten Annäherung der Hauptdecken aneinander und mit deren Schub übereinander. Gleichzeitig und ursächlich verbunden war der außenbürtige Inselabbau mit der insgesamt überwiegend nach abwärts gerichteten, strukturformenden Hauptbewegung, also mit dem innenbürtigen „Abbau“.*

Fr. Roesli 1944 verdanken wir eine weitere Klärung der schwierigen Faziesfragen am Murtiröl, in der sedimentären Zone von Samaden und am Errkristallin-Nordrand. Nach Ausscheidung von viel Liasschiefer als über Trias transgredierender Cenomanflysch stellte sich die Radiolarit-führende Saluverbrekzie wegen ihrer Beziehung zu Oberjura-Radiolarit als sehr wahrscheinlich oberjurassisch heraus. Vgl. unten S. 405.

Falknis-Sulzfluhdecke und Aroser Schuppen. Aptychenkalk, Radiolarit und außerdem basische Eruptivgesteine bezeichnen den offenbar dem Oberjura angehörenden Gesteinsbestand auch der Aroser Schuppen. Die höheren, bunten Radiolarite enthalten schon tithonische Versteinerungen. Tiefseerinnen bestanden also auch im NO und während des ausgehenden Jura. Die sprunghaften Fazieswechsel des Unterostalpins fanden sich im Oberengadin, im Unterengadin wie im nördlichen Bünden. Sie beweisen die räumlich und zeitlich energisch wechselnden Reliefformen als Folgen starker Massen-verlagernder und Struktur-bildender Tiefenbewegung.

Weiter nördlich in der Viehcalandaschuppe folgt dem Lias bzw. Steinsberger oder Riffdogger ein dunkler Oolithkalk mit Untertithonfauna, dem sich dann der helle, massige tithonische Sulzfluhriffkalk anschließt. Er zieht auch in das Unterengadin hinein und seine dunklen Plattenkalke dürften hier dem Falknis-Oberjura entsprechen. Diese nördlicheren Unterostalpinbezirke entbehren also der Tiefseebildung. Sie besitzen die Schichten einer nördlich gelegenen ersten Schwelle. Vielleicht bahnte sich hier schon der Anstieg zu der zweiten Schwelle an, welche den Schutt für die

Falknisbrekzie

abgeliefert hat.

Mit dem Fukoiden führenden, schwarzen und grünen, mitunter roten Oxford-Argov-Schiefer der *Flyschfazies*, welche ja ebenso später in romanischen und helvetischen Trogtiefen wiederkehren, beginnen in der Falknisdecke bereits jene Schuttbänke aus Triasdolomit, Kalk, Sandkalk, die für den Falknismalm bezeichnend sind. Der mittlere Malm darüber entspricht dem helvetischen Hochgebirgskalk wie ja überhaupt der Schichtbestand der Falknisdecke ganz überraschend an die Bildungsumstände namentlich des helvetischen Bezirks gemahnt, ohne daß man aber hieraus einen Schluß auf gleichen Herkunftsort ziehen könnte, wie man dies trotz größerer Faziesunterschiede für die N- und S-alpine Geosynklinalfüllung glaubte tun zu können.

Auch am Grunde des Mittelmalms gibt es noch massenhaft Fukoiden im Kalkschiefer, Übergänge in Sandkalke, Kieselkalke, Quarzite, Feinschuttkalke, welche zwischen den dichten Kalken und den kristallingerölligen Falknisschuttmassen vermitteln. Letztere nehmen an Menge der Bänke, an Zahl und Korngröße gegen S (SW) zu, während die Gesamtmächtigkeit zurückgeht. Schlieren, Verknetungen, Wickelungsstrukturen verstärken die Übereinstimmung mit den Zuständen im echten *Flyschmeer* (E. Kraus 1935), in dem die untermeerischen Gehänge in Rutschung waren. Über diese tiefermeerische Ablagerung, gegen deren unruhigen Grund hin von S her immer neue Schuttströme vorstießen, legte sich in ruhigerer Zeit des Kimmeridge-Sequan der dickbankige Malmkalk, dessen Mächtigkeit von N gegen S von 300 auf unter 150 m abnimmt. Jedoch in dem nun folgenden Tithon-Plattenkalk finden sich gleichfalls noch immer Einschüttungen von kristallinen Gesteinsschuttmassen und oben von spätigen, feinen Kalkbrekzien, dies obwohl der Gehalt an Radiolarien, Calpionellen und die seewenkalkartige Feinheit auf die recht groß gewordene Meerestiefe des Falknisdecken-Troges schließen läßt. Starke Höhenschwankungen werden durch den zweimaligen Übergang dieser Ausbildung in die weiße Sulzfluh-Riffkalkfazies angezeigt.

Die Gesamtbewegungen, welche hier erkennbar werden, müssen sich bei einem Übermaß an Tonschlamm, der später fehlte, am Grunde und an der südlich zu einer Schwelle oft steil aufsteigenden *Böschung eines tiefmeerischen Troges* gebildet haben. Daß diese südwärtige Schwelle mindestens häufig und durch die ganze vom Lias bis in die Kreide reichende Zeit eine stark abgebaute Insel mit Steilküsten gewesen sein muß, ersehen wir mit D. Trümpy 1916 unschwer aus dem groben Korn des von ihr abgegebenen Schuttes. Alle Korngrößen bis zu 2,5 m und mehr Kantenlänge sind vertreten. Und daß diese Schwelle offenbar die Stirn einer südlich anschließenden unterostalpinen Decke war, ist aus dem Gesteinsbestand (grüner Juliergranit in verschiedenen Abarten, schon mylonitisiert; Diorit wie heute in der Berninadecke; Quarzporphyr-Serizitschiefer-Nairporphyr des Oberengadins, Augitporphyrit wie in der Languarddecke, verschiedene Gneise mit Marmor; Triasdolomite, Kalke, Hornsteine, Schiefer des Lias) ersichtlich. Die bereits vor der Verfrachtung zerquetschten, mylonitisierten Gesteine bezeugen wohl die Beanspruchung, welche sie längs der Schubbahnen *schon während des Deckenmarsches* erlitten hatten. Die immer wiederholten Schuttvorstöße bis weit

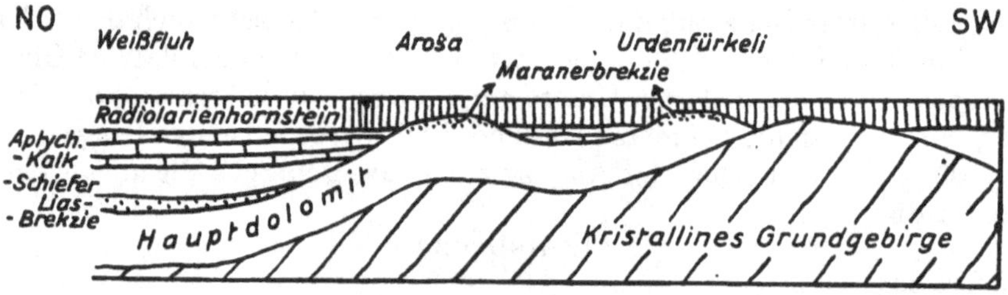

Abb. 85. *Übergreifen des oberjurassischen Radiolarienhornsteins über gefalteten Untergrund in Graubünden.* Nach Profilschema von J. Cadisch u. A. Heim (Geol. Rundschau *15*, 14).

vor in die Trogtiefe, der rasche Übergang vom tiefmeerischen Böschungssediment in Riffkalk, die Beweise der Böschungsrutsche zeigen in jeder Einzelheit *die Gewalt und das Ungestüm der mit dem Deckenvorschub verbunden gewesenen Vertikalbewegungen des Reliefs*. „Die Annahme lebhafter Niveauschwankungen in inneralpinen Gebieten während des oberen Jura läßt sich nicht vermeiden", sagte D. Truempy 1916, 137. Weiter im SO in der Sulzfluhdecke greift die Trias auf die gleich zusammengesetzte Schwelle über. Bei Langwies erscheinen ebenfalls kubikmetergroße Kristallinblöcke in der Falknisbrekzie. Ja, im Gürgaletsch erreichen sie 5 m Kantenlänge (J. Cadisch 1934).

Der Verlauf dieser im S des Falknis- und vermutlich im N des Sulzfluh-Deckentroges durch das Mesozoikum wirksamen kristallinen Schwelle ist nach der Linie der gröbsten Geröllmassen heute etwa NW—SO. Doch kann diese Richtung wegen der verschieden gerichteten Verfrachtung dieser Decken für die Ursprungsrichtung nicht mehr maßgebend sein. Gegen N zeichneten wir als hypothetischen Abschluß gegen den penninischen Raum in Abb. 87 eine weitere Schwellenlinie mit Fragezeichen ein. Das wäre die dritte der hier einstweilen anzunehmenden Schwellenzüge.

Viel erörtert wurde die „Radiolarit-Transgression" der *Maraner Brekzie* in der Aroser Zone. Ähnlich der Sonnwendgebirgs-Brekzie (oben S. 332) greift sie nach J. Cadisch 1923, 1934, S. 169, Abb. 85, ungleichförmig über bereits gefalteten Trias-Jura-Untergrund hinweg, und gehört offenbar dem Radiolarienhornstein des Oberjura an. Sattelaufragungen von Hauptdolomit und am Plattenhorn sogar von

Altkristallin sind in ihrem Zusammenhang mit Dolomit- bzw. Kristallingrundschutt aufgearbeitet (P. ARBENZ 1926). J. CADISCH bemerkte dazu: „Die Transgression muß nach und während orogener Verstellungen vor sich gegangen sein. Nur mit submariner Rutschung kommt man zur Erklärung nicht aus. Auf orogene Vorgänge und subaquatische Abtragung (Exesion) deutet die Tatsache hin, daß überall wo Maraner Brekzie auftritt, Lias und Aptychenkalk fehlen."

Solche „Maraner Brekzie" beschreiben EUGSTER vom Albulatal, H. P. CORNELIUS vom Saluvertal. Letzterer fand 1935 Ophiolithgerölle bereits in sicherem Oberjurakonglomerat der Val Natons, H. GRUNAU erwähnte 1946 aus Dünnschliffen in Oberjura-Radiolarit der Aroser Schuppenzone bereits Serpentin-Chromspinell. Wenn also damit das Erscheinen von Ophiolithen auch bereits in sicheren Oberjurasedimenten erwiesen ist und die Ophiolithe als Begleiterscheinungen kräftiger Gebirgsbildung anzuerkennen sind, so muß eben eine vorgefaßte Meinung fallen, daß eine größere Gebirgsbildung in den Alpen nicht vor der Kreide geschah.

Dabei ist gewiß der Unterschied in der Faziesausbildung zwischen orogenem Flysch und stark orogen beeinflußter Oberjurafazies (Typ Saluver oder Maran), wie ihn F. ROESLI 1944, 379, betonte, zu beachten. Aber er scheint uns kaum zurückzuführen zu sein auf die Bildung *hinter* einem vorrückenden, embryonalen Deckenkörper, wo scharfes Relief wegen geringerer Drucke kaum entstanden sein dürfte. Vielmehr zeigt uns die Wiederkehr gleicher Radiolarienschuttmassen und Abrutschplatten etwa im kalkalpinen Sonnwendgebirge oder bei Lofer, daß wohl *die allgemein tiefere Lage des Meeresbodenreliefs* neben Inseln gegenüber dem Meeresspiegel die ausschlaggebende Rolle spielte. Allgemein waren ja die Schuttüberladenen Flyschmeere viel flacher, ihre schuttliefernden Inseln zahlreicher und breiter.

Also auch weiter südlich, im Bildungsbereich der Aroser Schuppenzone, hatte während des höheren Jura die Gebirgsbildung bereits Falten und Höhenunterschiede geschaffen, welche kristallines Grundgebirge in den Abtragungsbereich über dem Meresespiegel brachte. Der schon abgetragene Schutt wurde, offenbar während und nach einer rasch vollzogenen Absenkung tief unter den Meeresspiegel noch umgelagert. *Die Annahme verhältnismäßig kurzfristiger Senkungen von einigen tausend Metern kann wohl nicht umgangen werden.*

Im Mittelostalpin

der Unterengadiner Dolomiten zeigen die im NW erhalten gebliebenen, stirnnahen Malmreste (Lischanna, Scanfs) den *Fortbestand der Schwellenfazies* auch für den Oberjura an. Abgesehen von dem kleinen Rest Krinoiden-Acanthicuskalk, der unter Ausfall von Dogger unmittelbar auf Lias-Krinoidenkalk liegt, hat man in der Lischannagruppe eine Tithonkalkschiefer-Transgression über Liaskalk oder -schiefer. Es gibt auch Kalk- und Dolomitstücke im Aptychen führenden Tithonkalk bei Plattas, teilweise gerundet und mit brauner Kruste überzogen. Man muß eine lange Festlandszeit dieser *Campostirnschwelle* während des Doggers annehmen und danach eine rasche Versenkung der abgetragenen Stirnschwellen-Inselfläche ins tiefe Meer.

Dagegen haben wir im südostwärts anschließenden *Muldentrog* der Quatervalsdecke im Val Trupchum über den obersten, wohl zum Dogger gehörenden Fleckenmergeln sogleich bunte Radiolarite und Aptychenkalke des Tithons. Die allgemeine Sachlage der Liaszeit hat sich also reliefmäßig nur insofern geändert, als die Schwelle im NW während langer Hebungszeit stark abgetragen wurde und tief versank, die anschließende Trogmulde aber tief blieb, um danach um so tiefer, zur Tiefsee, hinabzusinken. Oberjura des Mittelostalpins von Unterengadin-Bergün-Arosa greift transgressiv über. Hornsteine, Kalke, Mergel dürften sehr stark geböschte und tiefe Absatzräume gehabt haben.

f) Die Tiefseezeit der Südalpengeosynklinale

Bereits für die Doggerzeit sahen wir im Faziesbild alle Ungleichmäßigkeiten des Reliefs und damit alle Spuren baugeschichtlicher Merkmale in der Tiefsee versinken. Radiolarite breiteten sich früher oder später während des Doggers aus. Das wird auch nicht viel besser, wenn im höheren Oberjura neben den Aptychenschichten die Fazies der *Majolika* oder des *Biankone* teils im Unter-, teils im Obertithon erscheint. Die nach G. Steinmann immer noch 3—4000 m Meerestiefe, in der sich dieser untadelig reine, orogene Kalkschlamm mit Hornsteinknollen, Calpionellen und Radiolarien gebildet haben dürfte, ist noch immer zu groß für unsere baugeschichtliche Erkundung. Es mag größere Nachgiebigkeit gegenüber der absenkenden Kraft bedeuten, wenn im Streichen weiter gegen O diese weniger tiefseeische Fazies erst im späteren Tithon einsetzt (Brianza-Ostlombardei).

Daß aber auch hier unter dem sedimentären Uniformmantel des Tiefmeeres sich erhebliche Bewegungen der Tiefe verbergen, zeigt ein Beispiel, das H. Rassmus 1912 von der Alta Brianza anführte. Fand sich doch hier ganz wie im Sonnwend- oder Kammerker-Gebirge Schutt und zwar aus verschiedenen älteren Gesteinen, wie Rhät u. a., in den höheren Aptychenkalken. Auch hier werden wir um die Annahme einer aufgetauchten *Inselschwelle* nicht herumkommen, welche diesen Schutt weithinaus und tief hinab ins Meer vorgeschickt hat.

Sehen wir weiter östlich nach in der breiten NO-SW-streichenden *Etschbucht*. Hier treffen wir vom Troginneren gegen außen eine fortschreitende Transgression infolge Vertiefung des Troges.

Die „Bunten Kalke" greifen mit den belemnitenreichen Oxfordlagern weit über, und das Meer vertiefte sich, denn 15 m rote Ammoniten-Knollenkalke des tieferen Oberjura sind die Zeitgenossen der größten Meerestiefe in der nordalpinen Geosynklinale und anderwärts. Und während das Meer dann außeralpin allmählich wieder zurückging, tauchte auch in unserer Geosynklinale während des höheren Malms der Meeresboden teilweise wieder auf, so daß die Acanthicuskalke in der nördlichen Etschbucht (Trient—Nordbrenta—Nonsberg) stark abgetragen wurden. Zuletzt brachte, als Beweis neuer Vertiefung, das Tithonmeer 3 m rote, Hornstein und Aptychen führende Kalkschiefer, dann 10 m rote Ammonitenknollenkalke, schließlich die feinsplittrige, helle Majolika (Diphyakalk) des Obertithons oder Biankone der Unterkreide.

Meeresvertiefung und -verflachung ohne sichtbare Lücken lassen auch die Profile der *Lessinischen und Feltriner Alpen* erschließen. An das Oxfordstockwerk, welches über Untiefen aus Kalken, in den Senken früher oder später aus Hornstein-reichem Aptychenschiefer des tiefern Meeres besteht (besonders mächtig bei Primolano), folgen die roten Knollenkalke des flachergewordenen Untertithonmeeres und danach die tiefmeerische, oft rote Hornsteine führende Majolika bis in die Unterkreide.

20 m rote Ammonitenknollenkalke meist der Transversarius- und Acanthicusschichten entsprechen der vorletzten (Malm-)Senkung im *östlichen Südtirol*. Bunte, plattige Mergelkalke mit Hornstein vertreten das Diphya-Tithon und schließlich das tiefere Neokom aus der letzten (Tithon) Senkungszeit (Puez). Die roten Acanthicuskalke Venetiens wiederholen sich für die vorletzte Senkung im Malm auch auf der *vizentinischen Schwelle*, die Diphyakalke der Brescianer und Veroneser Alpen, zuletzt die Majolika-Biankone-Bänke der zweiten, tithonischen Senkung. Doch vermissen wir hier die älteren, tiefmeerischen Absätze des Troges.

Noch kräftiger sprechen sich *Schwellen am judikarischen NW-Rand* aus. Nordwestlich der Brenta scheint der Oberjura ganz zu fehlen. Im S dieser Gebirgsgruppe gibt es teils nur Schutt aus dieser Zeit, teils (SO) nur 10—15 m roten Ammonitenkalk, darüber nur 15 m Majolika. Der genannte Schutt in der Süd-Brenta besteht aus Hornsteinstücken in rotem Aptychenschiefer-Bindemittel. Die Schuttlinsen können bis 20 m anschwellen, bedeckt von Majolika. Unter Stenico und bei Agolo liegt bunte Hornsteinbrekzie, ähnlich bei Ballino (Trener 1909, 171), NNW Riva in Judikarien. Hier geht durch die Ballino-Furche eine wichtige Trennung zwischen der lombardischen Fazies im W und jener der Etschbucht-Veroneser Berge im O.

Während hier der Trog ruhiger versank, gab es *im W ein scharfes Nebeneinander von hochgelegenen bzw. hochstrebenden Sattelschwellen und tiefmeerischen Rinnen*. Darum fehlen im W die Acanthicuskalke; sie sind ersetzt durch die tiefmeerischen Aptychenschiefer und darüber in diesem die *untertithonischen Schuttmassen von Ballino*, bedeckt von weißer Majolika. Über 5 km Entfernung ist der Hornstein-Aptychenschutt nachzuweisen. R. Schwinner hat 1918, 165, den Schluß gezogen, daß etwa an der Jura-Kreidegrenze ein Teil des Meeresbodens unter Schiefstellung scharf gehoben wurde. Da die Böschung übersteil wurde, rutschte das halbverfestigte Majolika-Hangende der Aptychenschiefer ab, die *Rutschmasse* wurde faltig gestaucht, zerrissen, in Blöcke und Gerölle aufgelöst und glitt mit dem sie bedeckenden Globigerinenschlamm in die tieferen Meeresmulden. Trener dachte eher an Lockerung des geröllbildenden Sediments durch Meeresuferbrandung. Rund 50 Schichtmeter wurden abradiert am Kopf der flach aufgewölbten Insel, welche aus Oberjura-Hornstein und Aptychenschichten bestand, folglich kurz vorher in großer Meerestiefe gelegen haben muß. Daraus erhob sich eine *Inselschwelle* als Sattel steil nach oben und *untermeerische Gleitungen* ließen den Brandungsabfall in große Tiefe hinabgehen. Auch heute sind ja solche 25°-Böschungen an geosynklinalen Inselabfällen bekannt. Jedenfalls haben wir wieder ein schönes Beispiel orogener Reliefänderung großen Ausmaßes, denn unsere Erfahrungen verbieten es, eine solche Folgerung allein vom Nachweis weit durchlaufender Winkeldiskordanzen abhängig zu machen (R. Teichmueller 1929, 390!).

Am WNW-Rand der Etschbucht sehen wir also mindestens eine äußere Sattelinselschwelle neben einer Tiefseerinne. Schutt rutschte von außen in die Rinne. Die Lage der Steilböschung läßt schließen auf die Einseitigkeit der Bewegung. Die *Vortiefenmulde schob sich anscheinend westwärts unter die Schwelle* und wurde dabei besonders tief. Dies kann das äußere Abbild der Unterschiebung und Unterfaltung gegen W sein (1936, I), die wir hier im Bauplan erkennen. Ungleich einheitlicher und weniger absenkend arbeitete demgegenüber die Tiefe in dem östlich anschließenden, weiten Troggebiet. Hier überwiegen gleichzeitig die senkrechten Verschiebungen im Bauplan.

Die Julischen Alpen

Es ist sehr auffallend, daß während des Doggers und tieferen Malms, in denen sich einige Teiltröge so wie etwa in den Nordalpen oder im Unterostalpin bis zur Tiefsee absenkten, gleichzeitig andere Streifen unserer Geosynklinale höher und geschlossener emporgestiegen sein müssen. Dies ist ja doch der Schluß, den wir aus dem Überhandnehmen der Inseln und dem *mächtigen* Schutt entnehmen müssen, über den nun, beginnend etwa mit dem Kimmeridge das Oberjura-Riffmeer vordringt. Einer gewaltigen Absenkung hier steht dort unweit daneben eine um so schärfere Emporwölbung gegenüber, so daß trotz allem überwiegenden Absinken doch noch immer kräftige Inselschwellen bestehen konnten. Sie waren die Häupter eindrucksvoller Reliefformen und zugleich die Scheitel eines in der Hauptsache nach unten hin ausgeführten Faltenwurfes.

Schon im dinarischen SW des Ternovaner Waldes finden wir 600 m mächtig und sehr ausgedehnt den weißen Korallen-Diceras- und Nerineen-Kalk (Plassenkalk ähnlich mit den Stramberger Tithonversteinerungen) des jüngeren Oberjura. Korallen führende Brekzienkalke des Malms transgredieren nördlich der unteren Idrica über Dachsteinkalk, weiter im W ähnlich am Locovec-Plateau. Konglomeratische Korallenkalke greifen über die Lücke bei S. Lucia. Da und dort erscheinen nach F. KOSSMAT 1907 örtliche Schichtlücken, danach Transgressionen des Oberjura: Die im Dogger südwärts erweitert gewesene *südjulische Randschwelle* wird nun mit Macht und wechselndem Erfolg außenbürtig, aber auch innenbürtig, das heißt, *durch Absenkung, abgebaut.* Diese vorher vom südlichen Ternovanerwald zum Matajur (A. v. WINKLER 1920, 56f.), aber auch von O her dem Matajur zustrebenden Schwellenzüge werden nun allmählich von der Meeresbrandung des ankommenden Oberjurameeres zerschlagen und die abgewinkelten Schrägflächen, mit denen die neuen Schichten nicht nur auf das außenbürtig zerschnittene Relief, sondern auch über die inzwischen offenbar verbogenen Schichtflächen des Untergrundes greifen, lassen auf den Fortgang der Gebirgsbildung im Jura schließen (Stol u.a.). Die Westfortsetzung dieser untertauchenden Schwellen ersah O. MARINELLI 1902 in den Tarcento-Domen mit ihren tithonischen Seichtmeerabsätzen.

Überschreiten wir dieses Schwellenland nordwärts, so gelangen wir wieder in den *Porezentrog* (julische Außenzone). Oberjuraschiefer mit Einlagerungen von Radiolarit und Hornsteinkalken beweisen, daß dieser OW-streichende Trog nicht nur weiter bestand, sondern sich jetzt teilweise zur Tiefseerinne absenkte. Am Südhang des Porezen, im Bačatal, gehen diese Tonschiefer und Hornsteine mit Kalkbänkchen nach oben ohne Grenze in die Kreide über. Von der südlichen Randschwelle gelangte noch mancher Feinschutt in diese Senke. Nach W zieht der Trog mit Hornsteinplattenkalk bei Venzone über den Tagliamento.

Außerordentlich scharf prägt sich die nördlich anschließende *Krn-Schwelle* als Rand der zentraljulischen Deckenplatte im Oberjurasediment aus. „In die tieferodierten Schluchten und Furchen des Dachsteinkalk-(Lias-)Gebirges legen sich aus Trümmerwerk zusammengefügte, gewaltige oberjurassische Blockbildungen ein, in ihrem roten Zement von Krinoiden- und Ammonitenschalen (auch Aptychen) erfüllt (Kimmeridge-Transgression)“ (A. v. WINKLER 1923, 54). Abb. 86 gibt eine Vorstellung von diesen mehrere 100 m tief in die Unterlage eingefressenen Schuttmassen. Bis hausgroß sind die Riesenblöcke in einem rötlichen Mergelkalk-Bindemittel, welches schöne Krinoiden und mitunter Ammoniten der Acanthicusschichten (Kimmeridge) mit einschließt. In WSW-ONO begleiten sie mit Trümmern des Dachsteinkalks, der Liaskalke den Südrand der zentralen julischen Decke, deren von einer gleichlaufenden Schubfläche durchschnittener Rand zwischen Flitscher Becken NO (v. WINKLER 1936, 56, 60) und der Tolminka (nördlich

Tolmein), also *schon im Oberjura als Schwelle auftrat.* Es ist die *Krn-Schwelle.* Sie trennte als Insel bereits Tröge des Jurameeres und war Vorfahre bzw. äußeres Anzeichen für eine wichtige Bewegungslinie des Bauplanes. Auch hier zeigt ein abweichendes Streichen und Fallen der aufliegenden Umlagerungsbrekzie die vorangegangene Gebirgsbewegung des mittleren Jura an. „Hierdurch ist der Nachweis für das Vorhandensein eines mitteljurassischen Gebirges geführt, dessen Bildung vor der Transgression des Kimmeridge bereits abgeschlossen war" (v. WINKLER 1920, 20).

Wieweit diese Krn-Schwelle, an deren Nordabfall besonders viel Schutt liegt, gegen O hin die Trennung des Porezen- von einem Wocheiner Teiltrog besorgte,

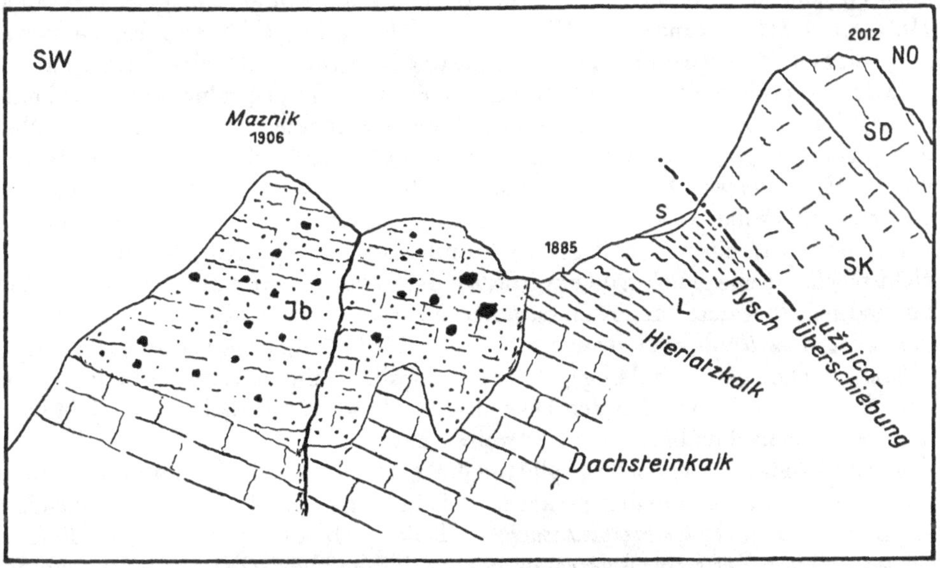

Abb. 86. Profil der *Diskordanz zwischen Dachsteinkalk mit Hierlatzkalk und Oberjura-* (Kimmeridge) *Blockbrekzie Jb* in der Lužnica des Wocheiner Kammes, Julische Alpen. Nach A. v. Winkler 1920, Taf. III, 6. *L* violette, darüber rote Mergel. *s* Gehängeschutt. *SK* unterer Kalk des Schlerndolomits *SD*. In *Jb* Liasmergelschollen (schwarz).

ist noch nicht recht klar. In letzterem und im Pokluka-Teilfeld blieb nur noch sehr wenig Oberjura in Gestalt von roten Aptychenkalken von der Abtragung verschont. Aber viele kleine Reste beweisen, daß wohl über die ganze zentraljulische Platte das Oberjurameer brandend hereinfluten konnte (Versnik, Triglavseen, Nordseite des Krn, oberes Isonzotal). Weithin wurde die Obertrias überschritten, und die Ammoniten-Aptychenkalke mit roten Hornsteinen sagen uns, daß schließlich dieses neu vorgedrungene Meer auch hier recht tief geworden sein muß. In der Bauschiza (nordostwärts Flitsch) legten sich ja über die Hornsteinplattenkalke des Doggers rote Aptychenplattenkalke. Aber auch diese tiefer gesunkene Teilfurche stieg dann empor, ähnlich wie in den Südkarawanken, erhielt brekziöse Krinoiden-Korallen- und Brachiopodenkalke (Kimmeridge-Tithon). Flachsee wechselte mit tiefem Meer und Untiefenlage.

Ein vergleichbares Auf und Ab machte auch der *Mangart-Teiltrog* mit. Auch er war im Oberdogger-Untermalm zu (seiner bereits zweiten) Tiefseelage abgesunken. Dann aber hob er sich, denn der nun folgende Krinoidenkalk-Knollen- und Aptychenkalk des Sequan hat Sand am Grunde als Anzeichen benachbarter Heraushebungen. Solche werden auch höher oben aus vereinzelten Brekzien geschlossen werden müssen.

Damit hatte der Mangarttrog seine erste Schwellenzeit in Obertrias-Unterlias ansteigend bis zum Mittellias; seine erste Tiefseezeit am Ende des Mittellias; die zweite Schwellenzeit im Oberlias, Senkung dann im Dogger zur zweiten Tiefseezeit während Oberdogger-Untermalm, hierauf Hebung zur dritten Zeit benachbarter Schwellen. Später kam dann noch die wahrscheinlich turonische, dritte Tiefseezeit.

Dabei verhielt sich der oberjurassische Mangart *nicht gleichartig*. Vielmehr waren schon damals seine Bewegungen verschieden, je nachdem die Teilstücke der nördlicheren oder südlicheren Baueinheit von heute angehören. Nach A. Winkler-Hermaden 1936, Rundschau 177, senkte sich die heute höher gelegene Bewegungseinheit im Oberjura unter Auflagerung von rotem Hornstein-Radiolarienkalk und Aptychenkalk weiter bzw. lag sie recht tief. Dagegen hatte sich die heute tiefer gelegene Bewegungseinheit entsprechend südlicheren Anschlußgebieten über den Meeresspiegel hinausgehoben, war bis auf den Dachsteinkalk abgetragen worden und senkte sich dann erst wieder unter das Meer, so daß sich dem Relief übergreifend grobe Brekzienkalke mit Krinoiden ein- und auflagern konnten.

Das ist gewiß ein reichhaltiges Programm des Auf und Ab. Es hat jedenfalls nicht alle Trogteile gleichmäßig erfaßt, sondern es flackerte nach Raum und Zeit hin und her. Wie dem im einzelnen auch sein mag: *Unzweifelhaft verbirgt der auf- und niederschwellende Faziesmantel eine sehr lebhafte Gebirgsbildung in der Tiefe.*

Einheitlicher hob sich demgegenüber der wahrscheinlich dem NW angeschlossene Mangartsockel, der für den Oberjura nichts als transgredierende, Krinoiden führende Blockschuttbrekzien aufzuweisen hat. —

Ähnlich anderen, dicken Triasplatten der nördlichen Kalkalpen und des Briançonnais sehen wir auch in den zunächst breit-geosynklinal abgesunkenen Julischen Alpen *eine starke Teilgliederung wachsen*. Teile streben höher empor, werden abgebaut und von Verwitterungsresten, Schutt, Riffen überrindet. Sie bilden schmälere Schwellenstreifen, durch welche große Schubflächen der Deckenbewegung schneiden. Andere Teile versinken, beginnen einen lebhaften Tanz des Reliefs — als Begleiterscheinung wohl der wachsenden Faltung. Einengung hier wie dort, nur nach abweichendem Stil!

In den westlichen Julischen Alpen und Karnischen Alpen bestanden im Dogger und untersten Malm zunächst noch flachere Meerestiefen. In den Feltriner Alpen fand Dal Piaz 1914 eine Kallov-Transgression, während anderwärts das Meer sich vertiefte oder mit dem Oberjura tiefer wurde. In der Julischen Außenzone und der Stolschuppe ostwärts des Tagliamento muß es dagegen vor dem Untersequan zu einer Heraushebung, Trockenlegung und Abtragung des Meeresbodens gekommen sein, denn die anschließende Senkung brachte Trümmerkalke mit umgelagerten Kalkoolithen der Unterlage, mit Muscheln und Chaetetes. Dem schloß sich in ganz Friaul eine weitere Meeresvertiefung unter Bildung von roten Ammoniten-Aptychenknollenkalken an (Feruglio 1925). Während Kimmeridge-Tithon-Neokom herrschte auch in den Westjulischen und Karnischen Alpen tieferes Meer.

Einen Kanon der Jura-Unterkreide-Bewegungen des Meeres, die im wesentlichen tektonisch beherrscht waren, gab im Anschluß an Feruglio 1936, 178, 242, A. v. Winkler. Auch er versuchte die Bewegungen zeitlich möglichst sauber zu zerlegen und dem STILLEschen Schema einzuordnen. Dessen „altkimmerische Phase“ erscheint danach nur schwach, die jungkimmerische jedoch deshalb stark, weil im Oberjura die allgemeine Heraushebung ein Erscheinen der Sattelschwellen über dem Meeresspiegel ermöglichte, damit eine erhebliche Abtragung, Konglomeratbildung. Kurz, damals wurden jene Anzeichen geliefert, nach denen bisher nicht etwa der Anfang oder Höhepunkt, wohl aber die Abschlußzeiten — nicht für alle, aber doch für jene Gebiete registriert wurden, welche Diskordanzen und Gerölle liefern konnten. Dabei zeigte sich, *daß ganz kräftige Faltung, Hebung und Abtragung bereits vor Ablagerung der Kimmeridge-Konglomerate fertig* gewesen sein müssen, nicht erst vortithonisch.

In den Nordkarawanken schließlich blicken unter den Schubdecken vom Schwarzen Gupf und Obir im W bis über den Ursulaberg hinaus im O die Aptychenschichten des Oberjura hervor: Rote Plattenkalke mit Hornsteinlagen, graue Fleckenmergel mit Hornstein am Nordfuß des Kleinen Obir über Liaskalken. Sie sind teilweise sandig, aber auch mit Radiolarit versehen, gehen oft ohne Grenze aus den Fleckenmergeln des Lias nach oben hervor. Die Lage ist ähnlich wie in nordkalkalpinen Mulden: Einer unruhigen Senkungszeit folgte scharfe Absenkung zur Tiefsee bei dauernder Meeresbedeckung. Der nördliche Randtrog der Karawanken senkte sich kräftig nieder.

g) Übersicht der Oberjurabewegungen

Im NO der Kalkalpen-Geosynklinale vertiefte sich nach anfänglicher Teilmuldung allgemein das Oberjurameer. Mehrere Kilometer tief wurden seine Rinnen; über die Frankenfelser Decke im N griff es ruckartig über. Dann stieg sein Boden im Tithon wieder etwas an. Nur Spuren von Teilschwellen hinterließ das tiefmeerische Sediment; sie vermehren sich alsbald dort, wo westwärts über Erlauf und Enns hinaus das Meer flacher wurde.

Tiefseerinnen und Auftauchen gabbroider Schmelzflüsse beweisen, daß der tiefbauliche Hochbetrieb sich nun in den NO unserer Geosynklinalwanne verlagert hat. Teilbewegungen verraten sich aus den wechselvoll übergreifenden Profilen. So griff das Tithon mit südwärts jünger werdenden Lagen vom Doggerkalk bis hinab auf den Hauptdolomit; es wurde hier (Blatt Gaming-Mariazell) der abgetragene und gefaltete Boden also südwärts fortschreitend gesenkt, während er nordwärts in dem randostalpin-bajuwarisch-nordtirolischen Klippenstreifen schon Tiefsee war, aus der er sich noch weiter im NO langsam hob.

Im S der spät überschrittenen Untiefen war der südkalkalpine Streifen zum tiefen Meer abgesunken. Die alte SO-NW-laufende Mitterndorf-Ischler *Hauptmulde erhielt sich.* Sobald, mit den Oberalmer Tithonschichten, im Salzkammergut das Meer flacher wurde, prägten sich auch wieder eindrucksvoll die Beweise der scharfen, *vortithonischen Gebirgsbildung* aus: Nordtirolische Schafberg-Gruppe, Anzeichen des Wanderungsfortschrittes der tiefjuvavischen Decke im S über die Riffplatte Dachstein-Steinernes Meer gegen N an ihrer OW-Vortiefe, der Roßfeld-Unkenbach-Mulde; Einmuldung der NS-lichen Königseemulde, Ophiolithvorkommen im Berchtesgadener Bereich und noch an der vindelizischen Dürrenbachschwelle

Ruhiger war dann erst wieder die Zeit der obertithonischen Plassenkalk-Riffplatte, welche teilweise über Jura, Dachsteinkalk oder Hauptdolomit übergriff.

Gegenüber der Doggerzeit war die Tiefseerinne um ein deutliches Stück weiter nach N verlagert worden, so daß dort die Radiolarite nicht unten, sondern oben im Oberjuraprofil liegen; daß außerdem weiter im S das Tithonmeer gleichzeitig auf vorher gehobenen Schwellen schon Riffbildungen entwickelte. Die nordwärts gerückte Tiefseerinne in Klippen-, Frankenfelser Decke, im Nordtirolischen, Hochbajuwarischen, und in der Allgäudecke wurde teilweise schon im Tithon flacher und ließ wieder die Fleckenmergelfazies hochkommen.

Wir erkannten Teilschwellen-Rutsche in den Ruhpoldinger Knollenkalken, übergreifendes Obertithon im Bajuwarischen während einer Senkung, welcher aber wohl zu gleicher Zeit im südlich anschließenden tirolischen Raum (Wendelstein) eine Heraushebung gegenüberstand. *Im großen wie im kleineren muß sich immer weiter das Relief verbogen haben:* Sedimente des flacherwerdenden Meeres enthüllen nämlich sogleich die Teilverbiegungen, so an der Stirn der *Lechtaldecke* oder an der sandliefernden Schwelle im N der *Allgäudecke.* Auch gegen S vermehren sich die Anzeichen für untermeerische Rutsche, ja für das Zusammenbrechen schon halbverfestigter Hornstein-Böschungsbeläge, teilweise von Inselschutt auf den zu steil gewordenen Faltenschenkeln, in den Hornsteinschuttbänken (Karwendelmulde, Sonnwendgebirge, Kammerker). Neben dem langen und breiten Inselzug des großen Hauptdolomitgewölbes tritt damit auch die *Stirnschwelle der Inntaldecke* Gehängeschutt liefernd in unseren Gesichtskreis.

Westwärts zogen die Schwellen der Lechtal- und Allgäudecke wohl ausgeprägt auch im Oberjura durch Allgäu und Vorarlberg weiter, in den Ammergauer Bergen auch die Anzeichen vortithonischer Inselhebung, -abtragung und Wiederabsenkung; in den Allgäuer Alpen solche von weiteren, neuen Teilschwellen, deren eine auf das Juraalter der Iseler Schuppe bei Hindelang schließen läßt. Die ausgeprägte, allmählich offenbar auch im Allgäu gegen N verschobene Tiefsee empfing öfter jene Unruhe ihres Bodens, welche die Fleckenmergelfazies bei entsprechender Schlammzufuhr und Wassertiefe zur Folge hatte. Gleichzeitig stiegen am Flexenpaß Sattelschwellen empor, die, abgetragen, dann wieder von Tithon übergriffen wurden und, wie 1944 ausgeführt, zur Abspaltung der Inntaldecke mechanisch beitrugen.

In der Simmendecke keilte, zusammen mit basischen Schmelzflußgesteinen, gegen W die kalkalpine Tiefseerinne aus. Die Klippendecke zog mit flachermeerischen, aber wiederum auf bedeutendere Tiefenschwankungen und Teilfaltungen zurückzuführenden Schichten fort. Die S_1-Schwelle (oben S. 249) wurde gedoppelt und im Malm, ebenso wie die S_2-Schwelle, allmählich unsichtbar. In der Briançonnais-Schwelle griff nach einer Inselzeit während des Untermalms neuer Schutt über. Großzügig war auch hier im W die Tithon-Transgression nach einer vorangegangenen Inselzeit; ganz wie im Berchtesgadener Land, wie über der französischen Zentralplatte, in der Maurienne oder auf Mallorca. Sie entstand unter fortdauernder Bodenverbiegung.

Westlich an diese Schwellenachse schloß sich auch im Oberjura die alte, andauernde Dauphiné-Trogsenkung an. Diese ging gegen NO und O weiter, wo zu

Beginn des Oberjura schon deutlich eine erste Sattelheraushebung stattfand. Dann aber vertiefte sich der Meerestrog mit einer mittleren, tiefsten Schlamm- und einer nach N und S anschließenden Flecken-Knollenkalk-Fazies. Eine Tiefseerinne gab es noch nicht. Auf sanfte Bodenbewegungen lassen Einzelheiten des Quintenerkalkes schließen, auf eine *noch nicht* festgewurzelte Erdrindenverbiegung in gleicher Weise der Umstand, daß die Linien gleicher Fazies mehr OW, jene der hier erst späteren Haupttektonik aber WSW-ONO verlaufen. Im höheren Tithon haben wir auch hier, so wie in der mitteleuropäischen Nachbarschaft, ziemlich allgemeine Heraushebung. Sie war aber gegenüber dem bewegteren kalkalpinen Geosynklinalstreifen Briançonnais-Berchtesgaden mit seiner eindrucksvollen Tithon-Transgression zeitlich verspätet.

Ungleich lebhafter ging dafür die Bewegung — soweit sie aus der im N wenig klaren Lage geschlossen werden kann — *im penninisch-unterostalpinen und teilweise mittelostalpinen Raum.*

Neben den tiefmeerischen Absätzen der Rinnen sind uns hierfür Brekzienschutte von den bis auf das Kristallin abgetragenen Inselkernen und gewaltige Massen eingedrungener, gabbroider Schmelzflüsse ein genügender Beleg. Man trifft sie freilich hauptsächlich nur in den südlichen Trogteilen, während der Mangel im Nordpenninischen wahrscheinlich auf das bereits damals erfolgte *Zusammenklappen der Mulden und Zusammenrücken der Deckenschwellen* zurückgeführt werden kann. Jedenfalls zeigen die Schuttmassen und Kristallinblöcke, welche z. B. bei St. Moritz von den Inselhöhen an der Berninadeckenstirn in die Tiefseeschlamme hinabgerollt sind, und die Schuttmassen der Falknisbrekzie in den Flyschschiefern des Oberjuras *die Gebirgsbildung in vollem Gang.* Darum erschien auch, sofern nur hinreichend Abbaustoffe zur Verfügung standen, alsbald die echte *Flyschfazies.*

In der *Südalpengeosynklinale* gingen die Teilbewegungen der oberjurassischen Erdrinde in dem tiefermeerisch werdenden Sediment weitgehend unter. Von ihnen überhaupt zu reden erlauben aber manche Einzelbeobachtungen wie die untermeerischen Böschungsgleitungen an einer Insel der Alta Brianza. In der Etschbucht verbreitete sich infolge jener Vertiefung das Meer, das anfangs im Inneren teilweise Tiefseerinnen bildete. Später stieg allgemein der Meeresboden wieder, und über die teilweise verwitterten und abgetragenen Teilschwellen griff das Meer auch hier bei der großen tithonischen Senkung erneut um sich. Die gleiche Großbewegung des Nieder-Auf-Nieder kehrt in den Südtiroler Dolomiten, in den Lessinischen und Feltriner Alpen wieder. Neben mindestens einer bewegten, mit Böschungsschutt versehenen Sattel-Inselschwelle besaß der WNW-Rand der Etschbucht eine Tiefseerinne, welche sich offenbar der Schwelle gegen W unterschob, was jedenfalls mit dem heutigen Bauplan übereinstimmt. *Dieser wurde also vermutlich schon damals geschaffen.*

In den *Julischen Alpen* stellten wir mit Zunahme der Schichtstörungen gegen O hin gleichlaufend auch für die Oberjurazeit wieder kräftigere Bewegungen fest. Anfänglich noch weit ausgedehnte Inseln werden, unter Einschaltung einer Schichtlücke, danach weithin von einem vordringenden Meer und von dessen teilweise konglomeratischen Flachwasser-Kalkplatten überschritten. Die südjulische

Randschwelle wurde nun durch Faltung und außenbürtigen Abbau wieder scharf eingeengt, und die hierbei entstandenen Schrägflächen (Diskordanzen) zeigen *die vorher weitergegangen gewesene Faltung* an. Der Porezentrog verschärfte sich gleichfalls und wurde zur Tiefseerinne. Tief war die Krn-Schwelle zerschnitten bevor sie das Meer wieder mit Oberjura-Blockschutt, teilweise von Riesenblöcken, umkleidete. Vor der auch hier verbreiteten Tithon-Transgression muß eine Hauptbewegungsphase zu Ende gewesen sein. Die allgemeine Oberjura-Absenkung erlaubte es dem Meere selbst über die zentraljulische Platte ziemlich tiefmeerische Schichten zu breiten. Der zum zweitenmal zur Tiefsee abgesunkene Mangart-Teiltrog hob seinen Boden während des Sequans, wurde im NW begleitet von einem Sockel, der nur durch Blockschuttbrekzien überlagert werden konnte.

In einem die *Karawanken* im N begleitenden Troge folgte nach einer unruhigen Senkungszeit die Tiefsee.

Zusammenfassung

Insgesamt stellen wir für die geosynklinale Alpenbewegung zur Oberjurazeit einen durchaus folgerichtigen Fortgang dessen fest, was schon während des Doggers angebahnt war: Nirgends liegen Beweise für eine auffallende Ruhe und wo Teilfaltungen im Sediment nicht nachweisbar erscheinen, da haben wir tiefes Meer, dessen Absätze sie für jene Zeit nicht abbilden konnten. Oft sind die Beziehungen der Reliefbewegung zu den größeren tektonischen Zügen, zu Falten, Schuppen, und Schubdecken so klar, daß über deren Anlage und Fortentwicklung auch während des Oberjuras ein Zweifel nicht zu begründen wäre. *Brennpunkte des Geschehens* können aus Tiefseerinnen mit hausgrobem Blockschutt, mit Bewegungen gabbroider Schmelzflüsse, teilweise schon mit Flyschfazies, entnommen werden.

Das Großgeschehen rückte merklich nach außen, wenigstens finden wir den Hauptzug der Tiefseerinnen in der Nordalpengeosynklinale bereits wieder wesentlich nördlicher als im Dogger. Erste orogene Schichtprägungen stellen sich nun schon im S des helvetischen und im O des delphinidischen Raumes ein. Dagegen zeigt das Innere der Südalpengeosynklinale, soweit deren Reste überhaupt noch erhalten sind, geringere Bewegung.

Sehr allgemeine Hebungen und danach Senkungen gehen weithin durch und lassen sich teilweise auch mit der im älteren Malm noch fortschreitenden, dann aber verlangsamten und in Hebung verwandelten Großbewegung in der epikontinentalen Nachbarschaft in Beziehung setzen. Entgegen diesen aber haben wir danach in der Geosynklinale nicht weitere Hebung, sondern eine sehr ausgeprägte tithonische Transgression, deren Unterfläche eindrucksvoll die vorausgegangen gewesenen Teilbewegungen enthüllt.

Im einzelnen aber ist der Bewegungssinn von Ort zu Ort doch recht wechselvoll. Neben starken Verspätungen gibt es auch durchaus gegensätzliche Bewegungen, deren System noch weiterer Klärung bedarf.

Mitteleuropäische Oberjura-Bewegungen

Während des Malms verbreitete sich die transgressive Absenkung des süddeutschen Vorlandes noch weiter als im Dogger über die Böhmische Masse hinaus.

Diese geosynklinalen Randflächen wurden im Rhone-Becken, von Schwaben bis Mähren jetzt zu einem Vorschelf der Tethys, welcher gegen den mitteleuropäischen Schollenrand in Riff-Fazies ohne erkennbare Absatzrhythmen auslief.

Für süddeutschen Untermalm bis Mittelkimmeridge deutete K. Beurlen 1926 die drei Großzyklen von Unter-Alpha, Ober-Alpha bis Ober-Beta und Gamma ebenso durch ruckweise Anfangssenkung der Becken unter Verschärfung des emporgestiegenen Beckenrandgefälles, durch allmähliche Beckenzufüllung und stationären Zustand bis zu der Anfangssenkung des nächsten Rhythmus wie sie für die epirokinetischen Senkungsrhythmen etwa des Lias-Flachmeeres als Deutung gegeben wurden. Mit anderen Verfassern nehmen wir jedoch nach der Senkung noch eine sehr langsame, und zwar isostatische Hebung an.

Auch im Portland (Epsilon) hob sich Mitteleuropa. Und zwar vereinigte sich diese Hebung zu Beginn in NW-Deutschland zu der sogenannten kimmerischen Deisterphase, während deren und nach der auch in Baltikum-Polen und im S und W Emersionslücken entstanden.

Eine ähnliche Heraushebung schwacher Faltungen bezeichnete man als NW-deutsche Osterwaldphase an der Grenze von Mittel- zu Ober-Portland (Geol. von Europa II, 905). Die epirokinetischen Hauptwellungen verliefen OW. Die Mittelrheinische Vogesen-Schwarzwaldmasse wölbte sich empor und drängte die Vorschelf-Riffe gegen SO und S zurück, ebenso wie das aufsteigende Französische Zentralplateau gegen NO und O in Richtung auf das alpine Tithon-Meer.

Immer weiter verbreitete sich die lagunär-festländische Obermalm-Fazies über das Vorland, welches mit dem schon alpinen Vorschelf-Bogen in die alpin bewegte Geosynklinale überging.

8. Fortschritte der Baugeschichte im alpinen Jura

Die mechanische Bezwingung der triadischen Karbonatplatten

Während der Triaszeit waren in langsamem Absinken außenbürtig gewachsene Riffplatten von 1,5—2,5 km und mehr Mächtigkeit auf höher gelegenen, zögernd abwärtsgehenden Untiefen von sehr ausgedehnten, streichenden Ausmaßen geschaffen worden. Schon in triadischen Zwischenzeiten war offenbar „versucht worden" durch verschärften und verengten Faltenwurf im Karn, im Rhät diese diagenetisch sehr schnell erstarrten Platten zu verbiegen. Sie hielten lange Stand.

Erst im Lias konnte vermehrtes Zusammenkrampfen der Tiefe größere Teile niederzwingen, welche noch während der Liaszeit auf sattelartigen Inselschollen verkarstet waren.

Die Fleckenmergelzeit besiegelte den ersten, großen Erfolg der niederbiegenden und faltenden Kräfte. Die Platten wurden zertrümmert, niedergerissen. Nur noch Teilsättel konnten sich als Inseln bis in den Oberlias erhalten. Freilich strebten dafür neue, oft ungefüge Sättel nach oben (Hauptdolomitgewölbe, Großriffplatten), während ihre Nachbarschaft um so tiefer nach abwärts ging, sich weiter verschmälerte, denn ihre Unterlage schwand zur Tiefe.

Davon berichtet *die Tiefseerinnen-Verteilung im Dogger*, wo selbst solche Stücke, die noch im Dogger Delta oder Epsilon Riffhochgebiete waren, sich mit tiefmeerischen Schichthäuten belegen lassen mußten. Aber noch immer hielt ein Plattenstück stand und tauchte heraus: Die Dachsteinkalkinsel der Doggerzeit und deren Fortsetzungen nach O und W. *Wenig verbogen wurde sie später als mittleres Riff zur kalkalpinen Mitteldecke ausgeschoben.*

Die Tiefseerinnenzeit bezeichnete den zweiten großen Fortschritt im weiterlaufenden Abbau der massiven Triasriffplatten. Diese bedingten gleichzeitig auch die steife Tektonik der ausgestemmten und ausgeschobenen Platten (Inntaldecke, Wetterstein-, Kaisergebirgs-, Gamsfeld-, Dachstein-, Warscheneck-Platte, Schneebergdecke, Südtiroler Dolomitenplatte).

So hatte sich der planmäßig fortschreitende innenbürtige Abbau während der Triaszeit auf dem außenbürtigen Schauplatz selbst gewaltige Hindernisse gebaut, die er danach nur langsam, in wiederholtem Anlauf und nur in einer Bauart von ganz besonderem Materialstil zu überwältigen vermochte. Noch heute thronen die Wettersteinkalk, Schlerndolomit-, Hauptdolomit-, Ramsaudolomit- und Dachsteinkalkplatten als trotzige Burgen, trotzend auch den außenbürtigen Umformungsversuchen.

Wir erkennen das unendliche Zusammenspiel von außenbürtigem und innenbürtigem Abbau, die unlösliche Verkettung beider im Werden und in den Ergebnissen, nach Gefüge und Formenwelt.

Juraschuttmassen

Schutte begleiten weithin die andauernde tektonische Bewegung in der Jurazeit, mehr als vorher.

Erste Vorläufer waren die altkarnischen Sandmassen (Lunzer Sandstein), und die rhätischen (Kössener) Tonschlamme, die wir oben S. 183 als Kennzeichen gesteigerter Reliefenergie und Unruhe erkannt haben Die bei solcher Bewegung bis zum Rätende erzielten Gefüge- und Reliefergebnisse wurden während des Emporstieges und Wiederabfalles durch die Erscheinungen der Unterlias-Hierlatz-Transgression u. a. enthüllt.

Diese Unruhe der Tiefe steigerte sich dann aber im Lias, Dogger und Untermalm, denn nun erscheinen neben mächtigen Konglomeraten auch tiefmeerisch absinkende Rinnen.

Die Telegraphe-Brekziendecken-Schutte herrschten im ganzen Westalpenbogen, beiderseits von zwei Vortiefenzonen begleitet. Während des ganzen Doggers marschieren Schutte des Aaremassivs vor. Wie auffallend verzahnten sich die Schuttmassen von Oberdogger-Untermalm von Maran, vom Sonnwend- oder Kammerker-Gebirge am Böschungsabfall von Tiefseerinnen mit dem tiefmeerischen Radiolarit! Brekzienbildungen, verbunden mit Seichtmeer- oder Festlandsgebilden anderer Art begrenzten in Lias-Unterkreide den südgeosynklinalen Narbenbereich der Karnischen und Julischen Alpen längs einer südlich gelegenen Schwelle bis hinaus zum dinarischen Karst.

Wenn sich anschließend an diese Hauptbewegungen im Kimmeridge die in der Tiefe geformten Massen heraushoben und soweit dies geschah, zeigte sich der seit dem Unterlias neu erzielte Bewegungsfortschritt in dem Übergreifen der tithonischen Schichten von Mallorca und dem Guillestre-Marmor des Briançonnais bis zu den übergreifenden Oberalmer Konglomeraten des Salzkammergutes.

Die kalkalpine Wanne im Jura

läßt die folgenden Hauptereignisse erkennen:

1. Rhättransgression, weltweite, schwache Senkung (vielleicht auch zum Teil Hebung des Meeresspiegels) nach vorausgegangener, allgemeiner und langdauernder Hebung und Höhenlage gegen Ende der Hauptdolomitzeit.

2. Plötzliches Erscheinen zahlreicher Inselschwellenzüge, die rasch hochsteigen, aber nie sehr umfangreich sind; die daher und wegen der Verkarstung kein Flußsystem entwickeln konnten: Mangel an Deltas, an gerolltem und sortiertem Schutt, Hierlatzkalk rein organogen, durch Brandung bearbeiteter Schutt.

Gleichzeitig ein gänzlich neues tiefermeerisches Rinnensediment, der Lias-Fleckenmergel, im W der Glanzschiefer. Diese werden sehr mächtig und können höchstens mit bituminösen Mergelschiefer-Folgen (Partnach-, Reingrabener, Wengener Schichten) der vorangegangenen Wannenfüllungen verglichen werden. Doch sanken die Liasmassen tiefer und rascher, wurden rascher eingedeckt (Flecken der Bohrtier-Gänge, Bitumen!). Daher fand nicht allgemeine Hebung statt im Unterlias, sondern überwiegende Senkung, kräftige und rasche, unter gleichzeitigem schnellerem Auftauchen schmaler, aber sich kräftig abtragender Inseln. Das bedeutete Versteilung der Böschungen, Faltenwurf des Reliefs. Dies bedeutete aber offenbar auch gesteigerte Verbiegung des Gefüges, wenn auch unvollkommen abgebildet, und bedeutet drittens Faltenwurf während überwiegender Senkung — Hinabbau.

3. Abflauen der Unterliasfaltung, jedoch Fortgang der Senkung, die allgemeiner wurde, so daß auch die Inselhäupter nun wieder zumeist überflutet wurden. Einige neue lassen sich erkennen.

4. Verschärfung der Absenkung bis zur Bildung von Tiefseerinnen; Zurücktreten des tonigen Schlammes, da die bisher schlammliefernden Inseln gleichfalls nach unten hinabgezogen wurden und die Küsten so noch weiter zurücktraten: weltweite Dogger-Transgression.

5. Fortgang dieser Zustände, Verteilung der Gehänge und Tiefseerinnenbildung mit Böschungsrutschen im Oberjura. Nordverlegung der Hauptrinne in den Nordalpen. Aufsteigen gasreicher pazifischer Laven.

6. Wohl eustatische Regression außeralpin und nachtithonisch durch Übergang in schärfere Einengung. Emportauchen von Inselreihen. Füllung der Rinnen mit Neokom-Fleckenmergeln während des Hinauswanderns der Flysch-Inselgirlanden im Ultrahelvet.

Baugeschichtliche Abweichungen

Bei aller Freude über neu Geschautes kann nicht übersehen werden, daß der baugeschichtliche Einblick doch auch für den Jura noch recht unvollständig ist.

Einzelarbeiten müssen einsetzen. Allein für den Lias brauchen wir mindestens 5 Fazies-Sonderkarten für Alpha 1 und 3, Beta, für Mittel- und Oberlias in den nordöstlichen Alpen und anderen Geosynklinalbereichen.

Einstweilen fällt schon im NO *die wandernde Stirnschwelle der juvavischen Dekkenabspaltung* auf: Im Oberlias angekommen am Südrande des Steinernen Meeres und Hagengebirges, lag im Oberjura ein vorauslaufender Faltenwurf vor mit Bruchbildung und Böschungsrutschen, schwarzen ,,Vorhang"-Schlammen, auch mit Ophiolithen (Lattengebirge, Lammermasse) der sich am Göll und Umgebung niederkrümmenden Vortiefe.

Als endgültig fertig angelegt erscheinen im Jura die Hauptdeckengrenzen mit ihren Stirnschwellen, die großen Mulden und die Hauptsattelzüge im inneren Hauptteil. Letztere sind teilweise ausgeprägt ungleichseitig und fallen nach N bzw. außen in eine Art Vortiefe ab. Im einzelnen aber bestehen noch viele Teilfragen. So gab es auch im Jura noch *teilweise keinen gefestigten Zusammenhang* zwischen Fazies- und tektonischer Mulde, zwischen Faziessattel (Schwelle) und Sattelgebiet von heute. Öfter verliefen noch die Faziesgrenzen auch im kalkalpinen Bewegungsstreifen quer oder spitz zum späteren Hauptstreichen des Baues. Manche Schuppenfläche (Rätikon) springt mitten durch gleichartige Fazies auf. Nur schwach prägte sich die Stirnschwelle der Lechtaldecke in Kampenwand-Heuberg-Nordwendelstein, anderwärts ist sie ungleich eindeutiger.

Solche, meist geringfügige Abweichungen von unserem baugeschichtlichen Gedankenschema, das aber sich im großen doch immer neu bewährt, wollen nicht übersehen werden. Sie werden der weiter vordringenden Forschung neue und wertvolle Einsichten bringen können. Einstweilen dürfen wir uns für berechtigt halten, diese *baugeschichtlichen Ausnahmen* teils zu beziehen auf Verspätungen, mit denen da oder dort die baugeschichtliche Reife einsetzte, oder auf disharmonischen Stockwerksbau, so daß Bauvorgänge der Tiefe sich im Faziesbild nur unvollkommen ausprägen können.

C. Die Umwälzungen der Kreidezeit

1. Unterkreide

Vorland

Die letzten Heraushebungen hatten zu Beginn der Unterkreide die Festlandsbildung von Frankreich-Mitteleuropa-Westeuropa gebracht, welche sich weit gegen die alpine Geosynklinale vorschob. Der dieser abgekehrte Schelfrand wurde wiederum durch eine Riffazies, das Urgon von Rhonetal-Schweiz-Vindelizischem Rand, eingesäumt.

Zu den ostwestlich gerichteten Hauptwellungen kamen nun auch nordsüdliche (v. Bubnoff, Geol. von Europa II, 950). Sanfte Gesamtbewegungen herrschten, so eine schwache Hebung im Barrème, eine westeuropäische, in England orogenunruhig, Senkung im Apt, eine osteuropäische NW-SO-Bewegung im Alb.

a) Helvetischer Außenrand

Schweiz

Helvetischer Streifen. Der helvetische Außenstreifen ist wegen günstiger Erhaltung, Versteinerungsführung und begünstigtem Entwicklungsstadium dank der Arbeit gründlicher Forscher in seinem französischen und schweizerischen Anteil zu einem klassischen Bezirk geworden. Die besonders gute Kenntnis der Schichtenfolge und Fazies erlaubt es uns hier, den Regungen des werdenden Alpenkörpers besonders erfolgreich nachzuspüren. Diese bisher üblicherweise als „epirogen" bezeichneten und damit entgegen unserer Auffassung als untergeordnet und abgetrennt von dem alpinen Geschehen behandelten Bewegungsvorgänge gliedern sich, wie sich zeigen wird, *nicht anders als etwa jene der ostalpinen Trias*, wiederum erstens in ein nach Ort und Zeit *wechselvolles* Emporwachsen von Schwellen und Niederbiegen von Senken, also von Teilverbiegungen, und zweitens in eine „*zyklische*" *Folge von Senkungen und Hebungen*, welche für die jeweilige Zeit weithin *gleichartig* sind, und in der wir die Äußerungen des verstärkten bzw. verminderten Angriffes der formenden Tiefenkraft erblicken. Da beide Vorgänge wenigstens teilweise schon in bestimmter Beziehung zu den noch heute vorhandenen Gefügeformen des Gebirges stehen, können wir sie nur als „orogen" bezeichnen.

Auf die Zusammenhänge der reliefbedingten Fazies mit der Baugeschichte Vorarlbergs konnte ich schon 1932 (Kreideflysch, 5, 11, 47) hinweisen.

Im Südhelvet sehen wir öfter ausgezeichnet sowohl das beginnende Vordringen der Ausstrahlung geosynklinaler Bewegungen von der präalpin-ultrahelvetischen Nachbarschaft im S her, wie auch die damit zusammenhängende Verschärfung der scheinbar nur suprakontinentalen Absatzfolge („epikontinentaler" Sedimentationszyklus). Die hier entstandene Schichtreihe von Oberjura, Unter- und Mittelkreide sehen wir in Abb. 88 nach H. J. Fichter 1934, Fig. 13 aus der Drusbergdecke (SO-Helvet). Sie gliedert sich sehr klar, entsprechend jener Absatzfolge, welche nach der dreifachen Wiederholung von Mergel-Kalk im Oberjura bis Öhrlimergel, also Berrias-Oberfläche, eine siebenmalige Wiederholung (zweimal im Valendis, zweimal im Hauterive, dreimal im Barrem-Apt) bis zum Gault im weiteren Sinne (Gargas-Unterkante) brachte.

Siebenmal haben wir am Grunde Feinmergelschlamme mit feinstem Quarzsand, die sich jeweils nach oben vergröbern, und deren Mergel durch gleichzeitig überhandnehmende Kalkbänke ersetzt werden. Sechsmal wiederholt sich so namentlich die offenbar sehr flachmeerische Urgonkalkfazies mit Öhrli-, Valendis-, Oberhauterive-Echinodermenbrekzie, unterem und oberem Schrattenkalk und Brisibrekzie, gegen deren Oberkante zu sich die Seichtmeeranzeichen, ja solche von Inselabtragungen einstellen.

In dem nördlichen autochthonen Massiv-Streifen (Linthtal-französische Alpen) und seiner parautochthonen, teilweise auch unterhelvetischen Fortsetzung gegen S ist — ähnlich wie im Jura — auf rund 20 km Streifenbreite entweder nur wenig und dünne Unterkreide (meist in Urgonfazies) abgelagert und daher später zum großen Teil wieder abgetragen worden oder es wurde überhaupt Unterkreide nicht abgesetzt bzw. gibt es viele Lücken mit Brekzien, verdünnte Schichtfolgen mit glaukonitischen „*Kondensationsbänken*". So kehrt die meist unter 1 m mächtige, Ammoniten führende und glaukonitische Gemsmättlibank über mindestens 200 km streichende Länge (Thun-Pilatus-Canisfluh, aber nicht durchlaufend) immer wieder. Die Bank entspricht in diesem Fall offenbar der Schelfkante in Abb. 89.

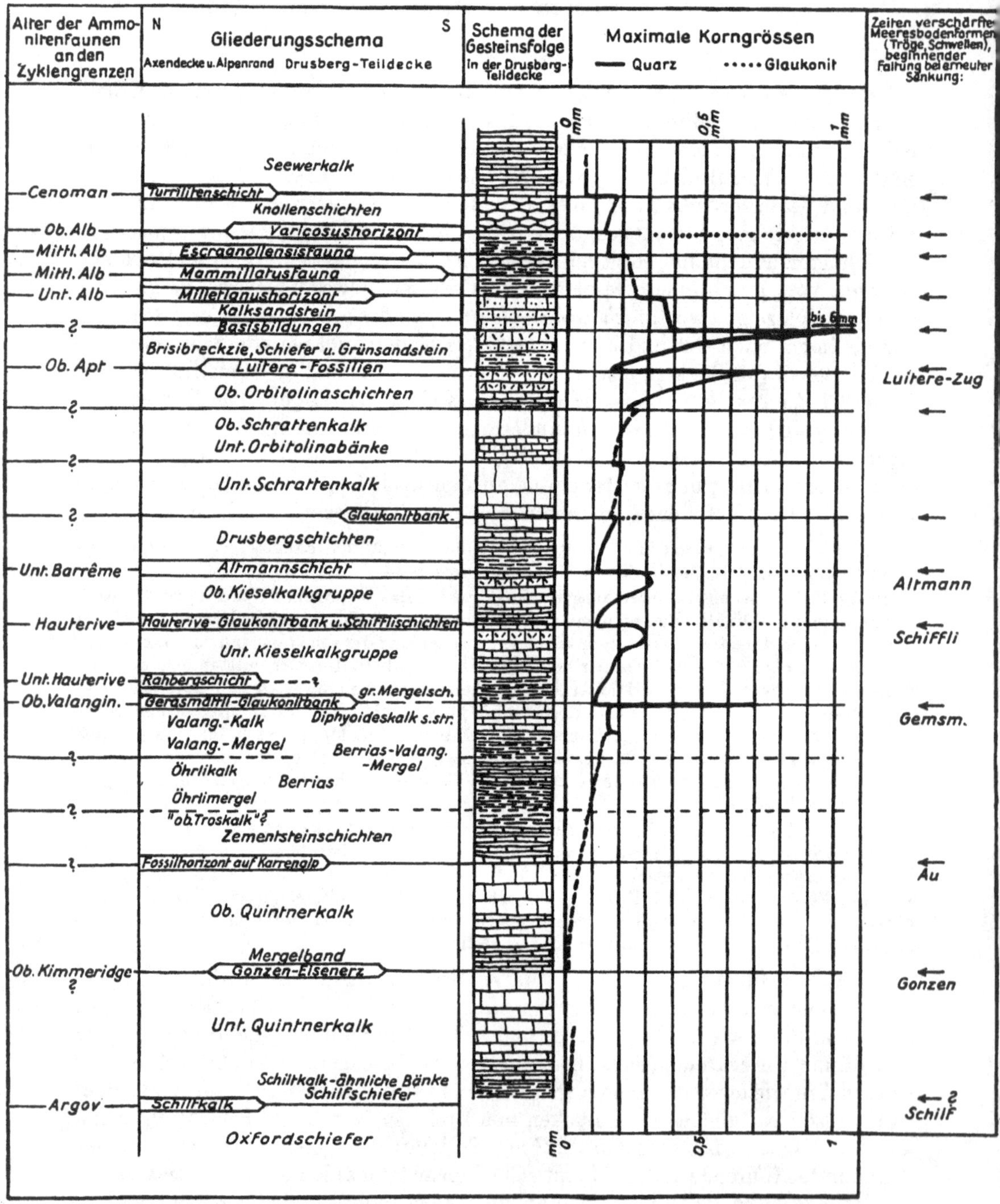

Abb. 88. *Malm/Kreide-Zyklen in der mittel- und südhelvetischen Zentralschweiz.* Nach Fichter 1934, Fig. 13.

Von einem solchen Lückengebiet an schließen sich gegen S die Unterkreidereste allmählich in Schwellenkalken auf etwa 15 km Streifenbreite zusammen und werden dicker: Fortsetzung der Trogsenkung aus dem Jura in die Kreide! Außerdem bemerken wir weiter nördlich noch die kalkige Untiefen-Schwellenfazies, die, meist von unten her, in der Trogtiefe (Säntis-Wildhorndecke) zunehmend durch die tiefermeerischen Mergelschlamme ersetzt wird: Öhrlikalk-Öhrlimergel, Valendiskalk-Diphyoides- und Aptychenkalk; Austern- und Brekzienkalk im N — Ammonitenschiefer im S des Hauterive; Barrem-Apt-Urgon-Kalk im N — Drusbergmergel, südwärts mit Cephalopodenfazies.

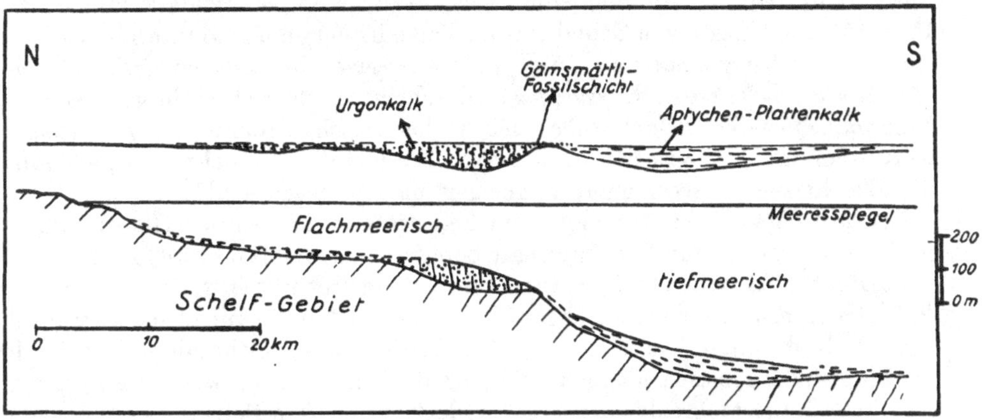

Abb. 89. *Fazieswechsel im helvetischen Valanginien-Kalk:* oben abgewickeltes Faziesprofil, unten Meeresprofil rekonstruiert. Nach Arn. Heim, Geol. Rundschau *15*, 11.

Durch die Schwellen-Trog-Wellung, welche nur tektonisch zu deuten ist, wird also die gewöhnliche, festländische Absatzfolge (H. Frebold 1925) verzerrt, welche — wie man den Ausführungen von A. Buxtorf, W. Kluepfel und H. J. Fichter entnehmen kann — *für jede Teilfolge in rascher Senkung und anschließend langsamer Wiederheraushebung* (bzw. einem gewissen Zurückbleiben bei der weiteren Senkung) *besteht. Dieser pulsartige Bewegungsvorgang der festländischen Erdrinde wird in sinkenden Mulden beim Abwärtsgehen verstärkt, beim Aufwärtsgehen verlangsamt oder unterdrückt.* Umgekehrt wird auf der ruhenden oder gar aufsteigenden Sattelschwelle die jeweils rasche Abwärtsbewegung vermindert oder verhindert, so daß dann hier durch eine Art „*Kondensation*" die sonst bei mächtigerer Ablagerung normale Auseinanderziehung der Horizonte unterbleibt. Vgl. unten S. 456.

Bewegungen, welche gleichfalls in viel zehnfachem, ja über hundertfachem *Wechsel von raschen Senkungsrucks* und Zwischenzeiten verhältnismäßiger Ruhe den höchst auffallenden Sedimentationsrhythmus der „Riginen" im Molassetrog des Allgäus und der Schweiz zu Wege brachten, habe ich bereits 1923 geschildert. Ich erklärte sie mir damals als die von Zeit zu Zeit unter rascher Bruchbildung beschleunigte Absenkung dauernd abwärts gezogener Vortiefenplatten. Diese Vorgänge sind auch im Molassetrog offenbar nicht nur mit einer Niederbiegung, sondern — ähnlich wie in Abb. 88 rechts — mit einer gleichzeitigen Faltung verbunden. Sie können daher wohl nicht mehr als epikontinentale, sondern müssen schon *als orogen-geosynklinale Regungen der Erdrinde* beurteilt werden. Wieweit die hundertfachen Kleinwechsel von Kalk- und Mergel- oder Sandsteinbänken z. B. im Flysch oder in anderen plattigen Profilreihen mit Gesteinswechsel auf sie zurückgehen, wird noch zu untersuchen sein.

In den südhelvetischen Mergelschlammen erscheinen nun beachtlicherweise *Flyschanzeichen:* Sandzwischenlagen, Kriechspuren, örtlich oft stark anschwellende Mächtigkeiten, Bitumenführung (Erdölblasen im rasch eingedeckten und mächtigen Hauterive). Die Spiralen von *Fucus tithonicus* im Diphyoideskalk (Fichter 1934, 15), auch Reste von Chondrites im Valendismergel und Hauterive. *In Richtung auf den Hauptschauplatz der damaligen orogenen Bewegungen verflyscht somit südwärts die helvetische Schichtenfolge.* Erscheint es da unberechtigt, wenn das Herannahen dieser Bodenunruhe auch im helvetischen Raum von mir gefolgert wird, wenn in der Oberkreide, von S nach N allmählich fortschreitend, auch hier die Flyschfazies als sedimentär aufgelagert nachgewiesen wird?

Bei der allgemeinen Absenkung im helvetischen Becken der Unterkreidezeit bleibt im Vergleich zur Nachbarschaft bereits eine erste Teilschwelle zurück zwischen Pilatus-Rädertenstock — Mittel-Churfirsten. Mit nur 40 m Berrias und 50 m Valendis grenzt sie eine nördlichere Churfirsten-Teilmulde mit über 250 m mächtigem Valendis ab, welche dann nordwärts in die Valendis-Schwellenkalkfazies der Säntis-Axendeckenstirn übergeht. Südlich der Pilatusteilschwelle folgt die tiefmeerische Haupttrogmulde der Drusbergdecke mit 330 m Berrias und über 180 m Valendis (Fig. S. 305 in Geol. d. Schweiz). Bis 800 m schwillt das tiefmeerische, sehr einförmige Hauterive in diesem Südtrog Alvier-Drusberg-Brünig-Wildstrubel an. In dem mächtigen Hauterive des Südens ist flyschartig besonders die starke Ungeordnetheit der Korngrößen (Sandeinstreuung, Beimengung von Schwammnadeln, Echinodermenspat).

Über die auch in der jüngeren Unterkreide fortgehende, große Absenkung des helvetischen Troginneren, dessen mächtiger Inhalt zugleich schlammig eingedeckt wurde, während die nördlichen, trograndnäheren Flachmeerausläufer gleichzeitig weniger mächtig und kalkig belegt wurden, gibt Abb. 90 für das Beispiel der Glarneralpen Auskunft. Diese umfassende, allgemeine Trogsenkung, die man „epirogenetisch“ nennen würde, entspricht zeitlich dem schärferen Faltenwurf, der, wie wir sehen werden, in den alpeninneren Teilen entstand und nach der rein beschreibenden Unterscheidung „orogenetisch“ genannt werden würde.

Am Ende des Bedouls (Oberer Schrattenkalk) kam es zu einer allgemeinen, jedoch im N offenbar gesteigerten *Heraushebung* über den Meeresspiegel. Dadurch wurde die Schichtfolge der Unterkreide, je nördlicher desto mehr abgetragen. Bohrmuschellöcher und Schratten durchlöchern heute die ausgehenden Schrattenkalkplatten. Aber bald *senkte sich der Trogboden wieder,* so daß vom Troginneren (Abb. 90) gegen N die verschiedenen „Gault-Abteilungen“ des Oberapt, des Unter-, Mittel- und Ober-Alb, sowie des Cenomans in ganz ähnlicher Weise abradierend, glättend und transgredierend gegen das Nordland vordrangen wie wir sie bei jeder echt epikontinentalen Überflutung kennen (vgl. z. B. E. Kraus 1937 a) 323; 1937 b) 218). Fazieseinzelheiten brachte J. Oberholzer 1933. Wieweit die oft lückenhafte Verbreitung aus dem Fazieswandel und Mächtigkeitswechsel (Brisischichten z. B.!) im einzelnen mit dem Aufsteigen von Sattelschwellen oder mit Muldensinken zusammenhängt, ist vielfach noch unklar.

So fehlt der tiefermeerische Luiteremergel der Drusbergdecke in deren antiklinalem Stirngebiet, schwillt aber von da gegen die südliche Schlammulde an. Daraus kann man auf den *embryonal erscheinenden Einsatz der Drusbergdecke* für diese Zeit schließen. Auch scheint die Verbreitung der tiefer-meerischen Niederischichten zur Hauptsache auf die Senken der Hauptdecken beschränkt zu sein, die als solche somit gleichfalls schon irgendwie erkennbar waren.

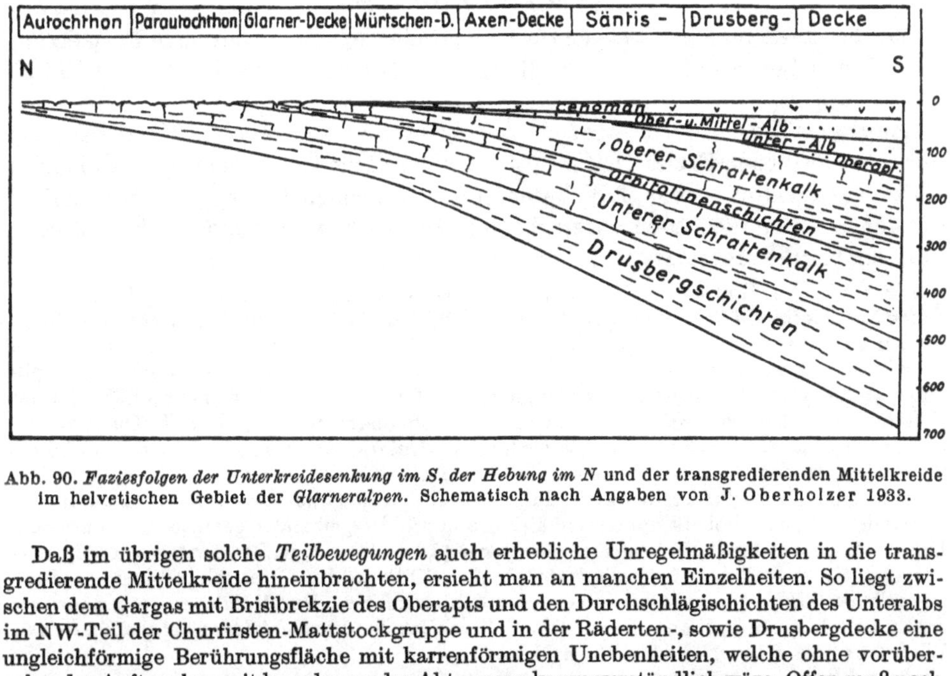

Abb. 90. *Faziesfolgen der Unterkreidesenkung im S, der Hebung im N* und der transgredierenden Mittelkreide im helvetischen Gebiet der *Glarneralpen*. Schematisch nach Angaben von J. Oberholzer 1933.

Daß im übrigen solche *Teilbewegungen* auch erhebliche Unregelmäßigkeiten in die transgredierende Mittelkreide hineinbrachten, ersieht man an manchen Einzelheiten. So liegt zwischen dem Gargas mit Brisibrekzie des Oberapts und den Durchschlägischichten des Unteralbs im NW-Teil der Churfirsten-Mattstockgruppe und in der Räderten-, sowie Drusbergdecke eine ungleichförmige Berührungsfläche mit karrenförmigen Unebenheiten, welche ohne vorübergehendes Auftauchen mit kurzdauernder Abtragung kaum verständlich wäre. Offen muß noch bleiben, wieweit die ungleichförmige Lagerung infolge Fehlens des oberen Unteralbs (tiefermeerische Niederischichten) zwischen Durchschlägi- und Fluhbrigschichten gleichfalls auf Heraushebung, oder eher auf Unterbleiben einer Ablagerung — vielleicht gleichfalls aus Gründen der Bodenunruhe? — zurückzuführen ist.

Je gründlicher der Faziesgang untersucht und mit der Einzel-Stratigraphie verglichen wird, desto reichhaltiger sind die Ergebnisse, welche den stattgehabten Reliefwandel und damit die sich schon damals anbahnende alpine Unruhe im helvetischen Becken wiedererstehen läßt. —

Gehen wir noch weiter südwärts in den bezüglich seiner Faziesstreichrichtungen noch wenig bekannten *ultrahelvetischen Absatzstreifen*, so treffen wir schon eine ungleich größere Faziesunruhe an, wohl ein Spiegelbild der gesteigerten Innenbewegung dieses Gebietes. Aus der westschweizerischen Berrias-Schiefermulde müssen sich *Teilschwellen* erhoben haben: Konglomeratische und groboolithische Öhrli-Austernkalkbänke der Randzone, mächtiges Riesenkonglomerat aus Kalk- und Hornsteingeröllen bei Lenk in der Sattelzone. In dem tiefmeerischen Valendis-Diphyoideskalk der Randzone tauchen ausgesprochene Fleckenkalk- und Fleckenschieferlagen auf, ähnlich die Fleckenkalkbänke am Mont Bifé. Und mit den criocerasreichen Fleckenmergeln des Hauterive (Randzone) bestätigt sich weiter *das Vordringen der Fleckenmergel-Fazies.* Im übrigen herrschte für das Barrem meist der tiefmeerische Zephalopoden-Mergelschlamm der Trogmulde (Plainemorte-Decke, Randzone).

Im großen ganzen kann man für die helvetische Unterkreide der nördlichen Schweiz von einem Gleichlaufen der Linien gleicher Fazies mit dem vorhandenen Faltenstreichen sprechen.

Vorarlberg—Allgäu

Gleiches kann man nicht sagen für die östliche, schmäler werdende Fortsetzung des helvetischen Streifens in Vorarlberg-Allgäu. Hier kommt es öfter zu Einzelabweichungen.

Die großen Züge freilich setzen aus der Ostschweiz fort: Auch in Vorarlberg läßt sich ein nördlicher Faziesstreifen des flachmeerischen und weniger absinkenden Untergrundes von einem südlicheren, im allgemeinen tiefermeerischen und zu tieferer Senkung neigenden unterscheiden. Im N ist, entgegen der Schweiz, keine Fortsetzung des Aaremassivs bekannt geworden.

Die Linie des Haupt-Fazieswechsels zwischen mächtigem Drusbergmergel im S und Schrattenkalk im N (Abb. 91) berührt nur die südlichen Teile der Drusbergdecke von Unterwalden. Sie zieht in der Schweiz noch WO, wendet sich in Vorarlberg von östlich Satteins über First—Hangspitze zunächst breit nach N, dann NO über Schnepfau—Pellingerköpfle gegen O, hierauf südostwärts weiter: Das heißt die Linie geht teilweise *quer über die späteren Teilfalten,* jedoch unter sorgfältiger Aussparung des offenbar *gleichzeitig als Teilwölbung aufsteigenden Canisfluh-Gebietes.* Denn wir können hier eine Unterkreide-Teilaufwölbung, vergleichbar mit derjenigen von Pilatus-Rädertenstock—Mittel-Churfirsten erkennen. Auf der Canisfluhwölbung sind die Öhrlimergel ziemlich dünn, ist der Öhrlikalk nur angedeutet; statt dem tiefmeerischen Diphyoideskalk haben wir hier die durch Mergelbänder geteilte, flachmeerische Urgonkalkfazies; der Valendismergel ist dünn (Arn. Heim & E. Baumberger 1933, 190). Die allseitig auskeilende Riffkalkplatte an der SO-Seite der Canisfluhwölbung ist deren Schwellenkalkkruste inmitten tiefmeerischer Schlammfazies. Durch Valendis und Hauterive erhält sich diese Aufwölbung. Gegen O und S verdickt und verschiefert sich das Hauterive. Wir können das Faziesbild Abb. 91 zeichnen.

Dieses Canisfluhgewölbe, das sich auch heute im tektonischen Faltenbau schön abzeichnet, *begann somit in der Unterkreide.* Die Verbindung mit dem südlichen Sattelschwellenzug Satteins-First zeigt sich aber noch nicht. Dieser Ausbau bzw. Fortbau setzte erst in der Mittelkreide ein. Vielleicht ist Arn. Heims „Zone minimaler Mächtigkeit" (1933, 199) im Hauterive zwischen mittlerer Säntiskette und Ostende der südlichen Säntiskette-Götzisgewölbe eine vergleichbare Teilaufwölbung, die sich weiter im NW, jedoch noch vor dem nördlich vorarlbergischen Schwellenstreifen einschob.

Blicken wir in *das bayerische Allgäu,* so läßt sich aus der Verfolgung jener Linie, in welcher der Schrattenkalk 25 m mächtig ist (E. Kraus, Kreideflysch 1932, 7) entweder ein weiteres, scharfes NO-Vorbiegen der Fazies ableiten, denn der nördlich liegende Grünten hat die gleichen Faziesmächtigkeiten wie die von W her an die Breitach westlich Oberstdorf herantretenden Kreideketten. Oder es ging einst durch Fischen—Sonthofen die Fortsetzung der nördlichen Schwelle Vorarlbergs gegen ONO weiter und die Fazies von Grünten—Pfronten hat sich in einem eigenen, nördlichen Muldentrog abgelagert. Die Apt-Mischfazies im O-Allgäu (Kraus 1932, 8) dürfte auf beträchtliche Bodenbewegung weiter im O schließen lassen, wo aber weiterhin die geringe Aufschlußbreite der helvetischen Gesteine baugeschichtliche Ableitungen undankbar macht.

Insgesamt vermittelt uns Abb. 91 trotz aller möglicher Teilabweichungen doch ein Bild *erstaunlicher Harmonie* zwischen den Fazies der Unter- und Mittelkreide, sowie im Verlauf der hier *erstmals einsetzenden Flachfalten* — kurz gesagt, zwischen den sicher schon der Alt- und Mittelkreide angehörenden Verbiegungen und dem Hauptstreichen und Achsenfallen der Sattelzüge. Ohne Zweifel wurde das hier entstehende Falten- und Deckengebäude erst in der Oberkreide und im Tertiär *ausgestaltet*. Es schmiegt sich ihm aber auch der zum großen Teil sicher jüngere Hauptverlauf des kalkalpinen Überschiebungsrandes, jener der Flyschdeckenränder und des nur im W flacherliegenden Molassesüdrandes in auffälliger Harmonie an.

Da also im heutigen Bild die verschiedenaltrigsten Bewegungen und die umfangreichsten waagrechten Verlagerungen vereinigt sind, kann es nur dadurch zustande gekommen sein, daß *seit alters immer wieder die ererbte Grundanlage des Ganzen wirksam gewesen ist*. Der Erbgang jener Vorgänge, die wir erstmals aus der Fazies des Kreidemeeres, auch für Oberkreide abzuleiten in der Lage sind, ist überaus eindrucksvoll.

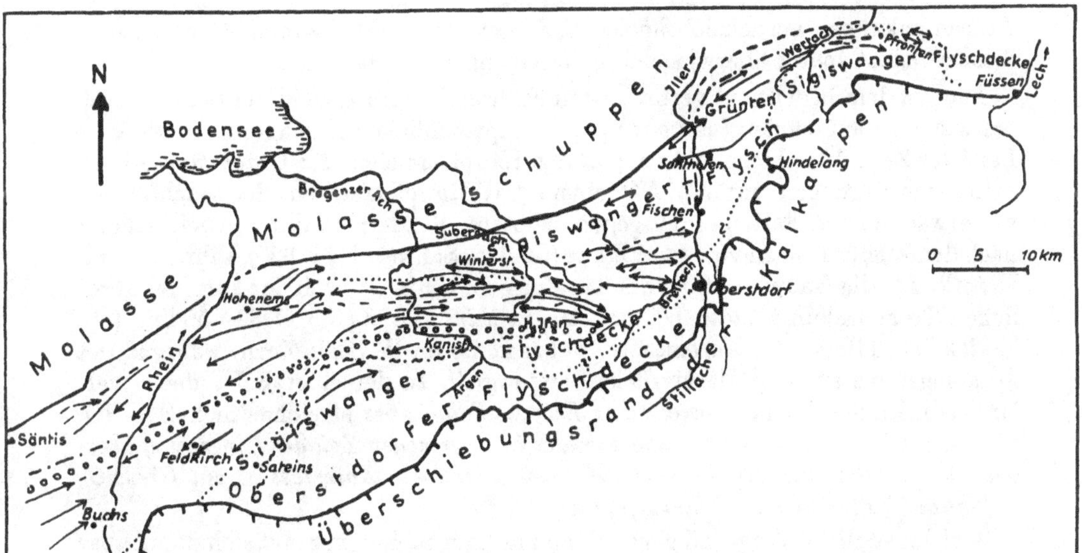

Abb. 91. *Harmonie zwischen der Unter- und Mittelkreidefazies in Vorarlberg-Allgäu und der Grundanlage der helvetischen Falten*, von Sattelstreichen und Achsengefälle. Annäherndes Gleichlaufen der tektonischen Hauptgrenzen. Pfeile: Achsen und deren Gefälle (schematisch). Ringreihe: Grenze zwischen Urgonkalkfazies im N und tiefermeerischer Aptychen-Diphyoideskalkfazies im S.-Valendis. Punkt/Schlangenlinie: Grenze zwischen Schrattenkalk (Apturgonkalkfazies) im N und Drusbergmergel im S. Punktlinie: gibt 25 m-Mächtigkeit von Apt-Schrattenkalk an. Strich/Punktlinie: Nordgrenze der Gamserschichten (Obergargas). Gestrichelte Linie: Nordgrenze des Brisisandsteins (Gargas/Alb.)

Westschweiz—Savoyen

(Abb. 110)

Gegen W erweiterte sich der helvetische Bildungsraum der Unterkreidezeit noch mehr. Denn sein südöstlicher Rand biegt sich mit dem Westalpenbogen weit nach S zurück, während der nördliche Rand über die Reihe der alpinen Massive hinaus in das Ablagerungsfeld des Faltenjura übergeht. Dementsprechend setzt sich der flachmeerische Nordteil aus der Schweiz westwärts in der Faltenjura-Fazies fort, der Hauptteil geht bogenförmig weiter in die französischen Westalpen als Mischfazies (Grenoble), der alpennächste, tiefmeerische Teil ist zu vergleichen mit der Fazies des Dauphiné-Troges. Daher hält auch die geringere Mächtigkeit, das Überwiegen der flachmeerischen Kalkfazies, der Schichtlücken noch in den Faltenjura und in den Außenrand des Westalpenbogens an, während alpenwärts der tiefer sinkende Meerestrog die mächtigeren, tiefmeerischen Schlamme auch im W empfing. *Außerdem verläuft im großen ganzen auch weiterhin die Richtung der Faltenachsen gleich mit jener der Faziesgrenzen.*

Doch dürfen bei diesem Übersichtsbild bezeichnende Abweichungen nicht übersehen werden. Wir bemerkten für die helvetische Kreide rechts des Rheins eine mannigfach verbogene, im großen aber SW-NO gerichtete Hauptanlage der wachsenden Teilschwellen und Tröge, namentlich für den südöstlichen helvetischen Randtrog. Wenn demgegenüber das Achsenstreichen der kurzen Falten überwiegend WO verläuft und die alte Troganlage im Baubild oft mehr nur durch die Achsensenkungen berücksichtigt ist, so hängt dies wohl zusammen mit einer in diesem Gebiet später überwiegend in NS einengenden Hauptkraft.

Auch in dem bedeutend verbreiterten helvetischen Faltenfeld der Schweiz treffen wir noch auf solche Verlagerung der hauptsächlichen Einengungsrichtung im Lauf der Zeit. Aber hier nicht so, daß das Hauptstreichen der Unter- und Mittelkreide-Verbiegungen mit SW-NO einem OW-Hauptstreichen der nachfolgend weiterwachsenden Faltenwellen gegenübersteht. Sondern in der Schweiz scheint nach den Ausführungen von Arn. Heim (Geol. d. Schweiz II, 1, 320) während Jura-Unterkreide die Hauptrichtung der Trogformen, beurteilt nach der Lage der nördlichen Trogböschung, *mehr WO gewesen zu sein.* Sie lag im O 30—50 km (abgewickelt) südlich vom Aaremassiv, während sie im W (Balmhorn) während des Jura sogar bis auf den Massivrücken emporgriff. In derselben Schubdecke verlaufen die Linien gleicher *Fazies* mehr WO, die *Falten* aber streichen mehr SW-NO. *Der älteren WO-Anlage wurde somit später in einer neuen Zeit der Einengung überwiegend parallel dem SW-NO verlaufenden Rande des Aaremassivs ein SW-NO-Gefüge der Falten und Decken aufgeprägt.*

Weil der südliche Trogrand gegen W zu nördlich rückte, verengt sich dahin aber der gesamte helvetische Raum. So wird gut verständlich, weshalb in der Westschweiz der südöstliche Trogrand-Anstieg zur Schwelle gegen das Ultrahelvet, unter gleichzeitiger Verschmälerung der helvetischen Decke, sichtbar wird durch Konglomerate und Sandeinschüttung, Ausdünnung (Bathon, Berrias-Öhrlikalk, Urgonoolith). Es scheint durch dieses Vortreten des ultrahelvetischen Raumes auf Kosten des nördlich angrenzenden helvetischen im W auch mehr Platz für den

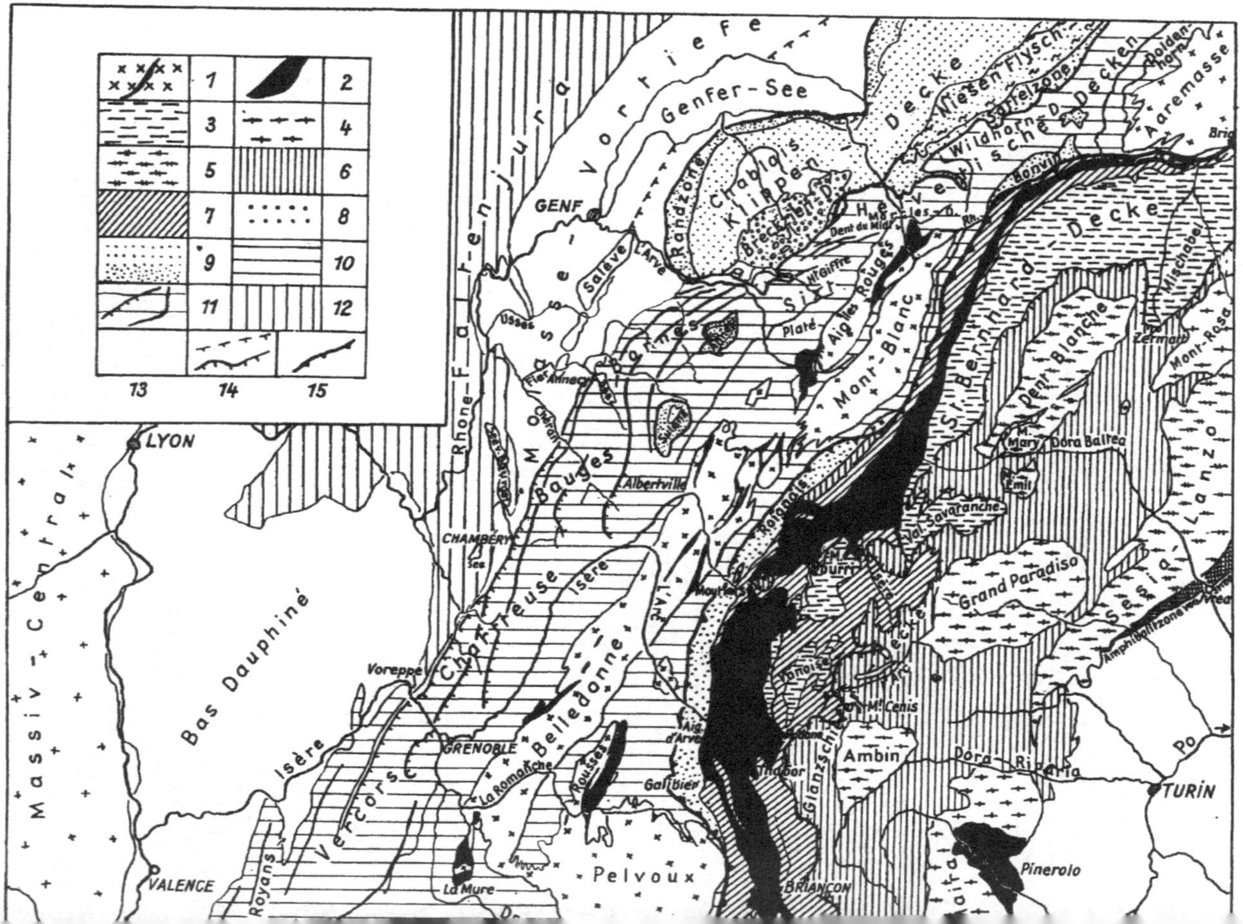
1
2
3
4
5
6
7
8
9
10
11
12
13
14
15
Genfer-See
GENF
Salève
L'Arve
Randzone
Chablais
Klippen
Breccien-D.
Dent du Midi
Niesen-Flysch
Wildhorn-D.
Aaremasse
Brig
Bornes
Mont-Blanc
Aig. les Rouges
St. Bernhard-Decke
Dent Blanche
Mischabel
Zermatt
Mont-Rosa
Dora Baltea
Grand Paradiso
Sesia
Lanzo
Po
TURIN
Pinerolo
Dora Riparia
Ambin
Mt. Cenis
Vanoise
Val Savaranche
Moûtiers
Albertville
Bauges
Annecy
Rhone
Usses
CHAMBÉRY
Isère
Chartreuse
Belledonne
Voreppe
GRENOBLE
La Romanche
Rousses
Vercors
Royans
La Mure
Pelvoux
Galibier
Aig. d'Arves
BRIANÇON
LYON
VALENCE
Bas Dauphiné
Massiv - Central

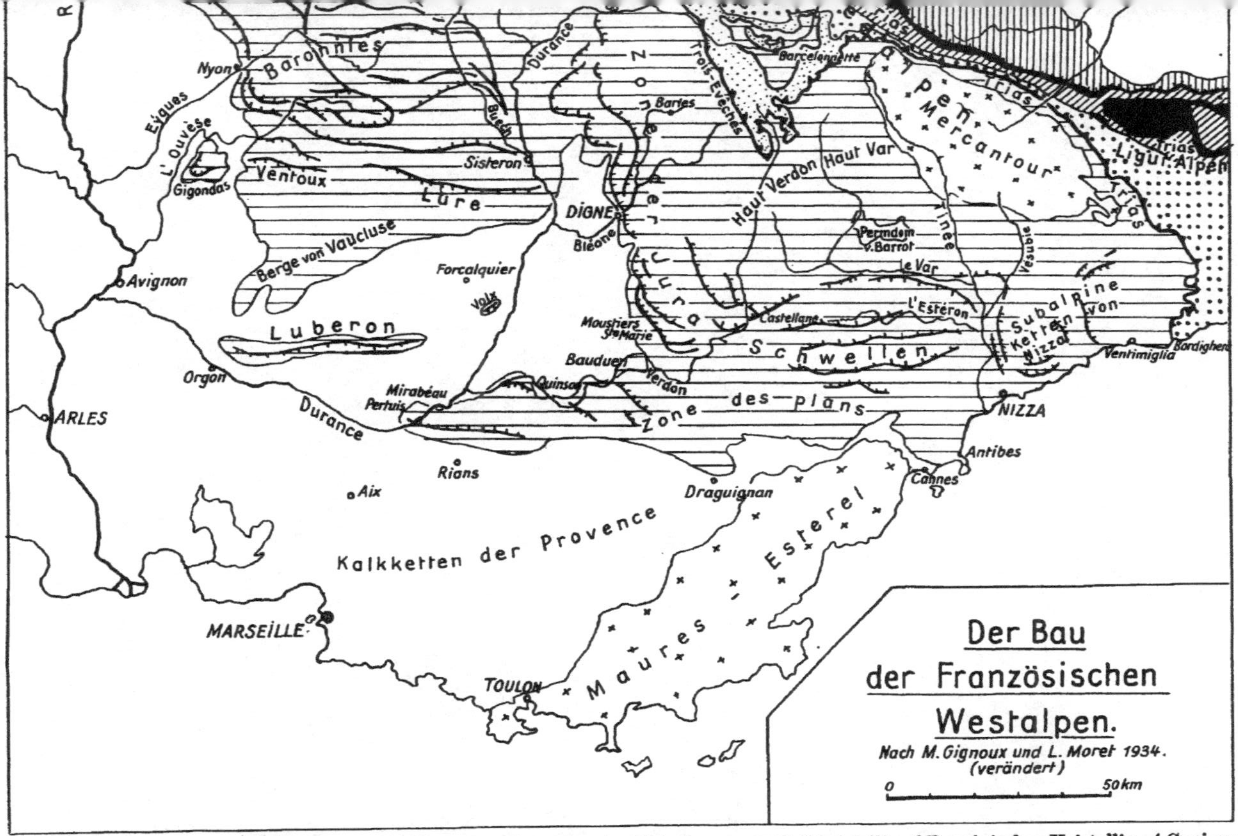

Abb. 110. *1* Variszische oder ältere Kristallinmassive, darin Karbonmulden schwarz. *2* Karbon, zum Teil kristallin. *3* Penninisches Kristallin. *4* Gneismassive der Monte Rosadecke (?), Dora Maira. *5* Dent Blanche-Decke und Sesiazone. *6* Piemontzone der penninischen Glanzschiefer, Schistes lustrés, Ophiolithe, Zone des Kleinen St. Bernhard, Versoyen, Mt. Jouvet, Gets. *7* Ältere Sedimenthülle des Briançonnais-Karbons. *8* Embrunais-Ubaye-Flysch (Briançonnaisdecke). *9* Präalpine und ultrahelvetische Einheiten. Flysch der Aiguilles d'Arves, Pas du Roc, Subbriançonnais, Ultradelphiniden, Sattelzone, Randzone, Niesenflysch. *10* Helvetische Decken. *11* Helvetisch-delphinidisch-autochthones Gebiet, darin Faltenzüge und Schubflächen (gezackt). *12* Faltenjura. *13* Molasse und Quartär. Gestrichelte Zackenlinie: Außenrand der überschobenen Molasse. Zackenlinie: Schubrand der Glanzschiefermasse über dem Briançonnais. Dicke Zackenlinie: Ultrahelvetisch-delphinidischer Überschiebungsrand.

Akademie-Verlag, Berlin

ultrahelvetischen und den südwärts folgenden präalpinen Raum entstanden zu sein. Die Schichtentwicklung ist ja im W viel bedeutender als in der Mittelschweiz.

Andererseits verstehen wir durch dieses ursprüngliche Vorbiegen des Ultrahelvetraumes auf Kosten des helvetischen auch gegen NO die rasche Zunahme der ultrahelvetischen Füllmassen der Kreideflyschtröge von Chur (bzw. heute von Wäggital) an in Prätigau-Vorarlberg-Südbayern (E. Kraus, Schweizer Flysch, Bayer.-öst. Flysch 1932).

Verschmälerte sich gegen W zu der helvetische Heimatstreifen zugunsten des ultrahelvetischen und präalpinen, so griff er dafür noch weiter im W, wie erwähnt, nun immer weiter über Montblanc-Aiguilles Rouges in das dort seitdem bodenständig gebliebene Jura-Kreidefeld (Abb. 92 für Oberbarrem-Unterapt).

Rhone-Bucht

Von da zog nun längs dem äußeren Westalpenrand das Ablagerungsbecken der Unterkreidezeit weiter nach S als „Dauphinétrog" über westwärts Grenoble in das breite vocontische Becken im S des Diois bei Vaison, dessen Hauptachse W-O streicht und das nach O verfließt mit dem gegen SO fortstreichenden Becken der grauen Mergel in den Basses Alpes-Seealpen. Die Trogtiefe verlagerte sich im Lauf der Zeit. Eine rasch sinkende, westöstliche Teilwanne brachte der Lure-Kette ihre große Mächtigkeit (Abb. 93). Die subalpine Wanne lag ungefähr im Raum jener der Jurazeit, doch verschoben sich die Haupttiefen gegen O als ausgeprägtere Vortiefe des sich dort scharf faltenden Streifens, während die westlichen, in den Faltenjura übergehenden Anteile zyklische Seichtmeerabsätze erhielten. Eine Übersicht der Faziesverteilung gab G. Richter 1938, Taf. 11a.

Zwischen W- und O-Fazies liegt die Mischfazies von Grenoble. Die Gesamtlage *war also ganz ähnlich wie im helvetischen Gebiet von Schweiz-Vorarlberg*, wo gleichfalls der (nördliche) Außenteil noch die kalkigen Flachmeerabsätze bekam, der (südliche) Innenteil aber zur schlammigen Vortiefe niedersank.

Da die Unterkreide in den Hochalpen und im N des Pelvoux fast ganz abgetragen ist und das Eozän unmittelbar auf Oxford, Lias oder Trias übergreift, können baugeschichtliche Vorgänge, die wir suchen, im N nicht gut verfolgt werden.

Aber weiter nach S zeigt das westliche Randgebiet der Westalpen in SO-Frankreich eine nach S im allgemeinen an Mächtigkeit bedeutend zunehmende Unterkreide. Besonders sind es im SO des Drômelaufes die von 400 bis 1000 m mächtig anschwellenden, zephalopodenreichen und ohne deutliche Schichtlücke aufeinandergesetzten tiefmeerischen Mergel, welche sich stellenweise sogar zu 1,5—2 km mächtiger Unterkreide ergänzen können, während die gleichzeitig etwa im Pariser Becken abgelagerte Unterkreide nur 50 m mißt.

Die Art der Überlagerung durch den übergreifenden Gault zeigt oft, daß während dieser Senkungszeit nicht unbedeutende Bodenbewegungen vor sich gegangen waren vor Ende des Apt (Abb. 93) bis zum Cenoman. Die grundsätzlichen Ähnlichkeiten in der gegen S zunehmenden Senkung, in der Teilschwellenbildung und in der mit dem Gault einsetzenden Abtragung und Transgression mit den für Schweiz-Vorarlberg geschilderten Bildern im helvetischen Trog (S. 369) fällt sehr auf.

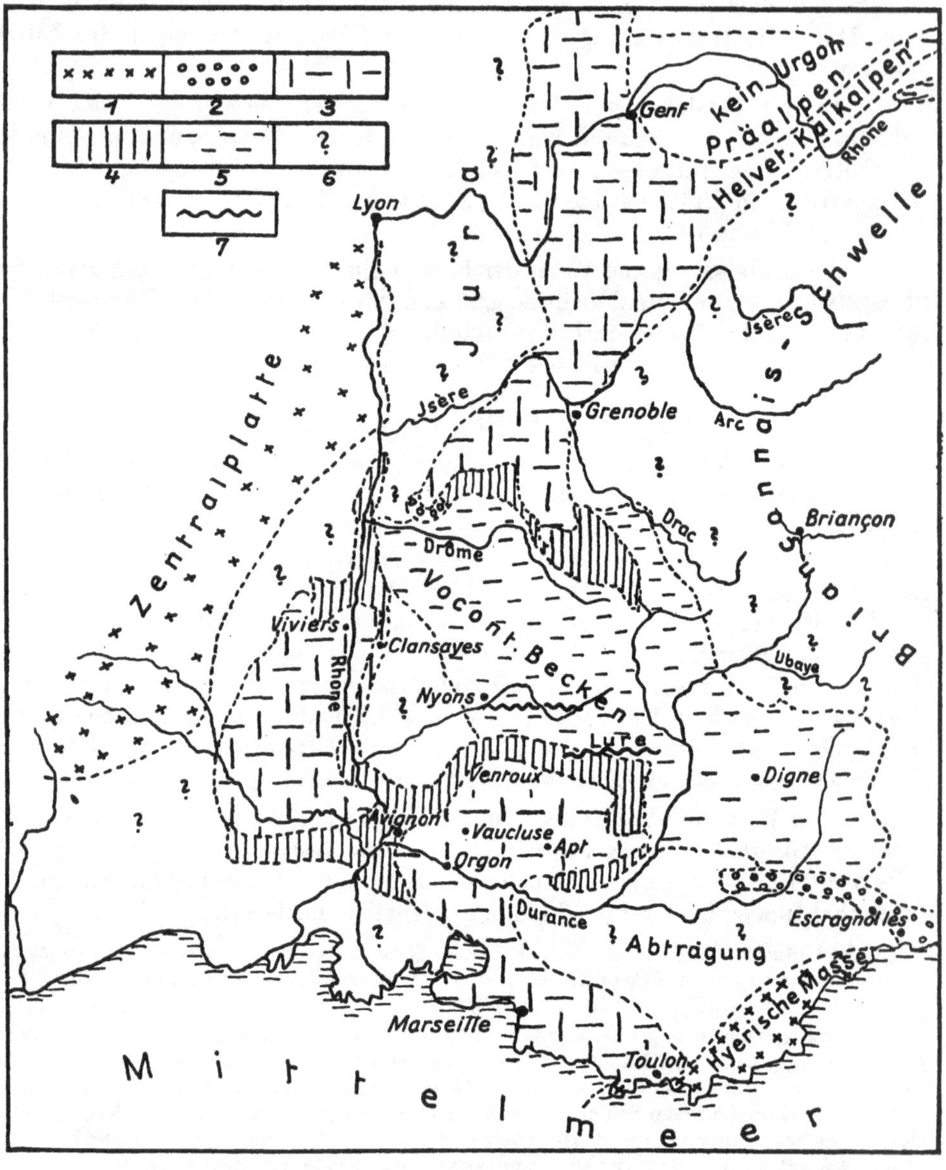

Abb. 92. *Fazies von Oberbarrem und Unterapt in Südostfrankreich.* Nach W. Kilian, Lethaea g. II, 3 etwas ergänzt aus E. Haug. *1* Massive. *2* Glaukonitische Barremfazies; Apt fehlt. *3* Urgonkalk und Orbitolinenmergel. *4* Urgonrandfazies (Muschel- und Kalkschutt, Kieselknollenkalk). *5* Zephalopoden führender Schlamm aus 100—900 m Meerestiefe. *6* Ausbildung unbekannt. *7* Mulden mit stärkerer Senkung in der Unterkreide.

Den südlichen Abschluß dieser westalpinen Unterkreide-Vortiefe von Vivarais-Dauphiné-Provence bildet die wahrscheinlich als randliche Fortsetzung der korsardinischen Masse aufragende Hyerische Masse von Maures-Esterel mit einem mehr oder weniger weit gegen NW über die Durance und nach W zu vorgebauten Vorland. Dieses zeigt nämlich nur lückenhaft seichtmeerische Ablagerung, so bei Escragnolles, wo Anteile des Valendis und das ganze Apt fehlen und über teilweise abgetragenem Barrem gleich Gault folgt.

Auch gegen W war dieses Rhonebucht-Meer durch eine höher ragende Masse, die Französische Zentralplatte, mit vorgeschaltetem, wechselvollem Schelfrand abgeschlossen, dem die Hyerische Masse teilweise die Hand reichte.

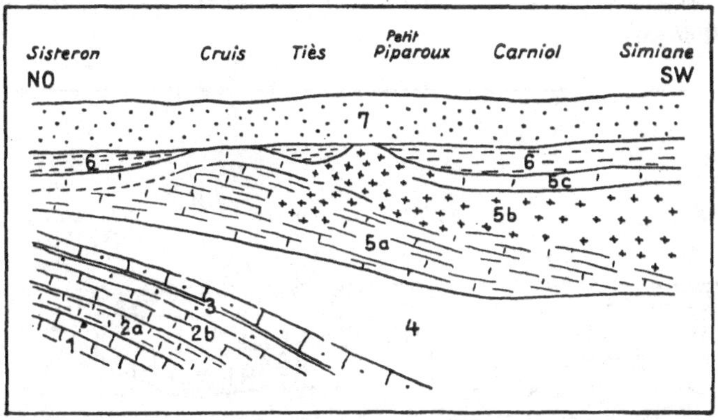

Abb. 93. *Faziesmächtigkeit der Unterkreide in der Montagne de Lure.* Nach W. Kilian aus E. Haug, Handbuch II, 2, 1198. *1* Berrias. *2a* Valendismergel. *2b* Mergelkalke. *3* Hauterive. *4* Barrem. *5a* Kieselknollenkalke. *5b* Urgonkalk. *5c* Graveskalk. *6* Aptmergel. *7* Grüne Gaultsandsteine.

In diesem weiten, das helvetische fortsetzenden Randbecken machte sich unter beträchtlicher Absenkung das Valendismeer breit, auch dort, wo später Flachsee herrschte, wie in den subalpinen Ketten Savoyens oder im Dauphiné. Zu Beginn des Hauterive wurde das Meer flacher und ausgedehnter, senkte sich dann gegen das Barrem erneut, so daß tiefmeerische Bildungen weit übergreifen. Auch auf Schelf im SO (Escragnolles, Castellane) drang das Meer vor (Abb. 92). Dann bildeten sich unter Verflachung randlich Kalkriffplatten. Von seinem Hauptort auf der Provence-Schwelle im S und auf der Vercors—Chartreuse-Schwelle im N aus stieß der flachmeerische Urgonkalk gegen das flacher werdende Becken vor, weniger von S als von N her. Gegen S wich dann schon im Oberbedoul, nach N erst nach diesem der Urgonkalk wieder zurück und im N entstanden sandige Oberaptmergel. Erneute Senkung im Oberapt brachte weitverbreitete Mergel mit pyritisierten Ammoniten.

Die tiefmeerischen Unteraptmergel und andererseits die seichtmeerischen Urgonkalke waren wohl ohne Frage *die Zeugen der damals schon in langsamer Bildung begriffenen Mulden- bzw. Sattelschwellen.* Doch waren diese Verbiegungen offenbar örtlich und zeitlich *noch wenig geordnet.* Immerhin ersehen wir das Überwiegen einer Sattelaufwölbung neben einer östlich anschließenden Trogmulde deutlich für das Ventoux-Gebiet aus Abb. 94. Im übrigen herrschte eine ähnliche Absatzfolge über abwechselnd absinkender und aufsteigender Erdrinde und eine Apt-Transgression wie im helvetischen Raum.

Insgesamt hat bereits J. Jung 1930, 81f. gezeigt, daß sich in dem Raum der Rhonebucht, der im Oberjura als Senkungsfeld zwischen Hyerischer Masse und Zentralplatte gelegen und im Tithon ein tiefmeerisches Innere besessen hatte, während der Unterkreide eine embryonale Faltung erhielt: Die Ventoux-Lure-Falte wurde geschaffen als eine Schwelle, welche die breite Tithonwanne in den vocontischen Teiltrog im N und jenen der Basse Provence im S teilte. Diese Mittelschwelle überzog sich im Apt ebenso mit dem Urgon-Schwellenkalk wie die Schelfränder im S (Hyerische Masse) und im W (Zentralplatte). Diese Prägung war der Anfang jener in der Oberkreide weitergeformten „Grundfalten", welche dann später die besondere Ausbildung der Falten beherrscht haben. Wir finden hier im ganzen eine *ähnlich erzwungene Berücksichtigung der Erbanlage des Bodens vor wie etwa in dem helvetischen Faltungs- und Deckenraum der Schweiz oder in den vorarlbergischen Faltenwellen.*

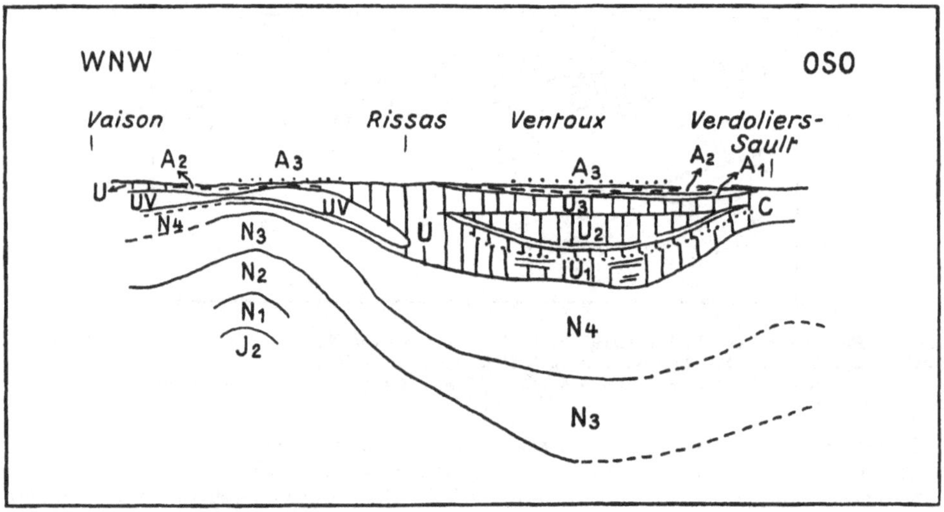

Abb. 94. *Barrem und Apt im Ventoux-Gebiet* (NO Avignon) nach Léenhardt 1883. J_2 Oberjura. $N_{1,2}$ Valendis. N_3 Hauterive. N_4 Barrem. U_{1-3} Caprotinenkalk und Orbitolinenkalk, Urgoapt. *UV* pelagisch-schlammige Zephalopodenkalke von Vaison, Unterapt. A_1 pelagisches Unterapt. A_2 Oberaptmergel ungleichförmig auf Urgon, gleichförmig über *UV*. A_3 Oberaptsand. *C* Schicht „C" von Léenhardt.

b) Ultrahelvetisch-ultradelphinidischer und präalpiner Streifen

α) Die auswärts wandernde Gebirgsbewegung in SO-Frankreich

Wir knüpfen an den eben besprochenen delphinidischen Heimatstreifen SO-Frankreichs an und gehen von da gegen O. Für die Unterkreide gelangen wir in den stark verschuppten Alpenrand, dessen verstümmelte Schichtfolge erst in neuester Zeit bekannt wurde. Der anfänglich als tertiäre Einheit aufgefaßte „Kalkflysch" mußte hier zergliedert werden. Arbeiten von M. Gignoux, L. Moret, D. Schneegans (1933, Assoc. franç. l'avanç. sc. *C.* Rend. 57. Sess. 240f.) danken wir die Klärung.

Im O der verhältnismäßig bodenständigen außeralpinen Falten, deren dunkle, schlammige Dauphiné-Trogfazies die südliche Fortsetzung derjenigen des helvetischen Beckens in der Schweiz darstellt, treffen wir überschoben das Schuppenwerk des bereits inneralpinen „Subbriançonnais" bzw. der Ultradelphiniden mit äußeren und inneren Schuppen, bedeckt von den großen Embrunais-Ubaye-

Decken des Briançonnais. Wir können ein allmähliches, von einigen Rückschlägen begleitetes *Vordringen der östlich benachbarten Fazies gegen W in den ultradelphinidischen Bildungsstreifen* beobachten:

Am Nordrande des Mercantour-Massivs hat man während des Doggers noch Dauphiné-Ausbildung, im Oberjura schon mehr ultradelphinidische Ausprägung. Für die Neokomzeit ist aus den ziemlich dünnen, schwarzen Kalkschiefern mit Belemniten, Aptychen, Fischzähnen, über 100 m hellgrauen Schiefern mit Cancellophycus, Chondrites, den Kalk- und Brekzienbänkchen bereits klar das Hereindringen der flyschartigen Subbriançonnais-Fazies von O her ersichtlich. Vereinzelt fanden sich Urgon-Milioliden, Aptychen, Belemniten. Es bauen sich darüber freilich plötzlich nochmals die Oberkreidekalke auf, welche ein vorübergehendes Zurückweichen der östlichen Flyschfazies gegen O zeigen, denn diese Kalke haben keine Ähnlichkeit mit dem Plattenmarmor und dem schwarzen Flysch des Subbriançonnais.

Es ist dies aber für die Flyschtröge der Oberkreide eine sehr allgemeine Erscheinung, daß in der, zumeist turonischen, Zeit überwiegender Senkung eine Art *pelagischer* Normalablagerungen die Reihe der sandig-schlammigen Flyschschichten unterbrechen. Auch beschreibt M. Gignoux & L. Moret (Ac. Sc. Paris 1934, 1082) diese Globotruncana-führende Schichtfolge schon als höchst bunt zusammengesetzt: Neben Einschaltungen der Rotschiefer (couches rouges) erscheinen dichte Kalkschiefer, Sandkalke, Chondritesschiefer. Die pelagische Schwebstoff-Fazies ist nicht an örtliche Reliefunterschiede geknüpft: solche prägen sich im tieferen Meer nicht entsprechend aus.

Insgesamt ist somit der geschuppte ultradelphinidische Streifen der Kreide bereits *ganz deutlich von orogener Unruhe befallen*, deren Spiegelbild die orogen beeinflußten Schlammassen, Tiefsee-Zwischenlagen und überwiegend Kreideflyschabsätze sind.

Es ist nun sehr bemerkenswert, daß der in das Liegende der Subbriançonnais-Schuppen gehörende Globotruncana-Flysch (Senon) mit seinen schwarzen Schiefern, Sandbänken, mannigfachen Blöcken, großen Schublinsen von Kalkflysch — zum großen Teil Abrutsche oder Abquetschmassen des Subbriançonnais — nichts anderes ist als ein mehr oder weniger gequälter *Wildflysch.* Er hat später beim weiteren Vorrücken auch die Eozänflysche und Kalkbänke des bodenständigen Untergrundes mit aufgearbeitet und sich einverleibt.

Es wurde von mir bereits wiederholt (1932, Schweizer Flysch) begründet, daß unter den orogenen Ablagerungen der Wildflysch jener Absatz ist, der als Fußvorschüttung einer gleichzeitig kräftig vorwandernden Deckenstirn zu gelten hat. In ihm prägt sich das orogene Höchstmaß der Bewegungen in der Tiefe aus.

Über dieser Fußvorschüttung einer von O über das bodenständige Vorland vorrückenden Deckenstirn finden wir als deren Fortsetzung die in Schuppen aufgelöste Subbriançonnaisdecke. Als deren nördliche Fortsetzung haben wir in Band I, 1936, die *Präalpen* erkannt. *Wie diese weiter im N, so liegt auch deren „Subbriançonnais-Stück" im S auf einem zu ihrer Deckenwanderung gehörenden Wildflysch.* Zwischen den Subbriançonnais-Schuppen selbst enthält der schwarze Flysch die später mit eingewalzten Sandstein- und Konglomeratlinsen mit großen Nummuliten, außerdem die aus der noch höheren Briançonnais-Decke eingewalzten Linsen von Helminthoidenflysch (Embrunais-Ubaye-Flysch, die Hülle des Briançonnais-Mesozoikums; Unterkreide fehlt hier). Das Gesagte wird aus nachfolgender Tafel übersichtlich:

W	Bodenständiges Dauphinévorland	Ultradelphinider Streifen	Subbriançonnais-streifen	Briançonnais O (Embrunais-Ubaye)
Eozän	n (obereozäner Kalk)	f (mächtig) Wildflysch	f (schwarzer Flysch, Kalkflysch)	f
Oberkreide	n (*Senonschiefer*)	f (n)	cr m. Inocer. Sandst.	Plattenmarmor
	n (zyklisch;		f	cr-artig
Unterkreide	*embryonale Faltung*)	f	f (Chondritesschief.)	—
Oberjura	n	Kalkschiefer mit *Tiefseefazies*, Radiolarit.? *embryonaleFaltung*	Aptychen u. Belemniten, *Tiefseefazies*, Chondritesschiefer, schw. Schiefer.	n (Guillestremarmor)
Mitteljura	n	n	oben Cancellophycus n Flachmeerkalk, *embryonale Faltung*	n Flachmeerkalk
Lias				*Embryonalfaltung*
Obertrias				„

„n" überwiegend normale Entwicklung; „cr" überwiegend Rotschiefer-Entwicklung;
„f" überwiegend Flysch-Entwicklung

Diese Übersicht zeigt, daß die Briançonnaisdecke zuerst mit der embryonalen Faltung begonnen hat und diese dann von O fortschreitend allmählich ins Vorland hinaus vorgedrungen ist. Man kann sie in der nördlichen Subbriançonnais-Fortsetzung, den Präalpen, besonders gut erkennen. In jedem Bildungsstreifen ab Subbriançonnais folgt dann, gegen W zu jeweils später, ein Absinken zur Tiefsee, mit mangelnder Sedimentausprägung der Teilunruhe, worauf dann die orogen bewegte Unruhe der Flyschfazies in dem flacher gewordenen Meere auch sichtbar einsetzte.

Vor der westlich gelegenen Stirn der Subbriançonnaisdecke haben wir im ultradelphinidischen Streifen ungefähr gleichzeitig das Absinken zur Tiefsee und während der Flyschzeit, welche hier besonders mächtige Ablagerungen schuf, prägte sich der Durchmarsch der Subbriançonnaisdeckenstirn durch Bildung des Wildflysches aus. Zuletzt wurde von dieser nach außen hin vorgreifenden Bewegung das Dauphinévorland erfaßt. Die zyklische Gliederung zeigt für die Unterkreide eine embryonale Faltung, für die Oberkreide das Hinabtauchen in tiefere Schlammtröge damals, als die Decke von O näher herantrat.

Diesen Vorgängen gegenüber spielt die bereits in älterer Zeit embryonal gefaltete Schichtfolge des Briançonnais in Oberjura-Unterkreide eher die Rolle eines meist im Verhältnis hochstrebenden und ziemlich wenig beteiligten Zuschauers. Erst im Eozän nahm dieses hochgestemmte Mittelstück über der zuerst mehr von innen, dann mehr von außen her unterschobenen Narbe gleichfalls an der Flyschablagerung teil, bevor es wohl endgültig zum Gebirgsland wurde.

Insgesamt können wir zweierlei feststellen:

1. Eine Verlagerung der Gebirgsbildungsunruhe von innen (O) nach außen (W) und ungefähr gleichzeitig:

2. Ein Hinauswandern der Subbriançonnaisdecke oder besser „deren Unterschiebung, an der im Laufe der Zeit immer weiter auswärts gelegene Teilstreifen mitbeteiligt wurden". Die Einsatzzeit der Deckenwanderung würde sich nach dem Höchstalter des Wildflysches bzw. schwarzen Flysches bestimmen, das offenbar schon mindestens in das Senon fällt.

β) Verlagerung der Gebirgsbewegung im ultrahelvetischen und präalpinen Streifen der Schweiz

Es wurde schon S. 369 das Hereinragen der Unruheanzeichen von S her in den südhelvetischen Raum während der Unterkreide bemerkt. Daher sind wir nicht überrascht, in dem daran anschließenden ultrahelvetischen Bezirk mit der Rand- und Sattelzone, der Bonvin-Plainemorte-Decke der Westschweiz, sowie in dem noch weiter südlich folgenden präalpinen Streifen der Klippen-, Brekzien,- Simmendecke eine ungleich größere Tiefenunruhe im Schichtenstoß der Altkreide abgebildet zu finden.

Es ist am ultrahelvetischen Rand nicht allein das Auftauchen einer einfachen Schwelle zu erkennen durch die Konglomeratlagen (zum Teil sehr grob) und oolithischen Austernkalkbänke im Berrias oder durch die Schichtausdünnung hier und im Valendis. Die nachfolgende tiefmeerische Ablagerung von Fleckenmergeln, Schiefern und Diphyoides-Aptychenkalk in Obervalendis-Hauterive-Apt beweist für das Ablagerungsgebiet der Randzone wieder eine nachfolgende *kräftige Senkung* (bzw. auch für die Plainemorte-Decke). Die teilweise Wiederaufwölbung läßt sich aus dem Auftreten von Urgonkalk in beiden Einheiten erschließen. Der Höhepunkt der Bewegung aber zeichnete sich dann durch den ultrahelvetischen Habkern-Wildflysch ab, welcher mit seinen Blöcken den Durchmarsch der *Deckenstirn-Inselböschung der Präalpendecke* durch das Foraminiferenschlammeer der Oberkreide erschließen läßt.

Sehr große Unruhe mit kräftigen, untermeerischen Reliefhöhenschwankungen, die offenbar mit starken Raumeinengungen verbunden waren, zeigt der Ablagerungsraum der *Präalpen* selbst an. Schickten sich diese doch während der Unterkreide an, den mächtigen Deckenvorstoß über den ultrahelvetischen Streifen, das heißt also über ihre niedergebogene Nordfortsetzung, in den helvetischen Raum zu unternehmen. Tief sank, nach Überwältigung der vorher die mächtigen Brekzienschuttmassen abgebenden Schwelle, der Ablagerungsraum der Brekziendecke nieder: Bildung von Porzellankalk der älteren Kreide in Fortsetzung der Aptychenkalkschiefer der Simmendecke. Kräftig bäumte sie sich aber daran anschließend, offenbar nach bedeutender Tiefenfaltung, auf: Absätze fehlten dann. Gleichzeitig wölbte sich die NW benachbarte Klippendecke empor (Absatzlücke!), senkte sich aber deren NW-Teil zu einem Trog, der gleichförmige Ammonitenmergel mit Fleckenkalkbänken sammelte: Die hier bestehende Vortiefe, welche wir aus der Lückenlosigkeit der Sammelablagerung erschließen können, ist nunmehr bereits über dem NW-Teil der Klippendecke angekommen! Abb. 95.

Wieder verliert sich die Lesbarkeit der Schichtenstöße, entschwinden die Einzelbewegungen für unsere Methode in dem einförmigen, tiefmeerischen Foraminiferenschlamm der Rotschiefer (couches rouges). Es ist aber sehr zu beachten, daß im ultrahelvetischen Vortiefenbereich der präalpinen Klippendecke, wo jetzt offenbar die Hauptunterschiebung gegen S zu erfolgte — soweit überhaupt noch feststellbar — die Ablagerung auch noch durch die im übrigen zur Heraushebung neigenden, Mittelkreidezeit nicht abriß. Damals dürfte somit *die Hauptvortiefe schon im Ultrahelvet angelangt gewesen sein.*

Dagegen bestand gegen S hin, unter sehr raschem Mächtigkeitsschwund der Unterkreide, in der südlichen Klippendecke, besonders in der Brekzien- und Simmendecke, eine zeitlich an Umfang wachsende Schichtlücke: Im NW und W von Tours d'Ai — Gastlosen greift der Rotschiefer mit Grundfazies (teilweise Cenoman) über Neokom, südlicher sogar über die Abtragungsoberfläche des Oberjura. Der übergreifende Rotschiefer-Grundschutt (wenigstens teilweise Gault nach E. GAGNEBIN 1932) enthält in der Brekziendecke schon Trümmer von Trias und Älterem.

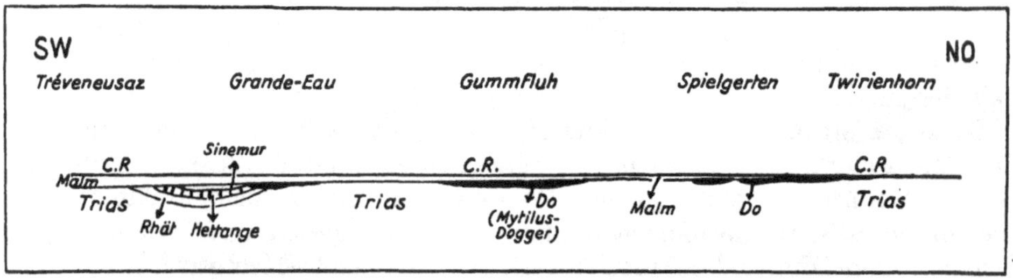

Abb. 95. *Übergreifender Malm und Oberkreide* (couches rouges *CR*) *über den Juramulden* auf einem Längsschnitt am Südrand der präalpinen *Klippendecke.* Nach A. Jeannet aus Geol. d. Schweiz II, 2, 629.

Daß aber gerade *diese Rotschieferfazies sehr bedeutende senkrechte und besonders waagrechte Bewegungen verdeckt*, das ersehen wir aus Einzelheiten: Aus den immer unregelmäßig beigemischten Splittern und Körnern von Quarz, welche dem gewöhnlichen Tiefmeer-Foraminiferenschlamm fehlen; aus den unten und oben den Rotschiefern eingestreuten exotischen Blöcken von Granit, Quarzporphyr, Porphyrit, Muskovitgneis, Quarzit (alles sehr frisch. Tours d'Aï, Vionnaz: benachbarte Inselsattelschwelle!); aus grauen Brekzien- und Flyschzwischenlagen in der Brekziendecke; aus dem Vorkommen tiefermeerischer Foraminiferen bereits in dem Grundschutt der übergreifenden Oberkreide (rasche Absenkung!).

Wenn es oft an einer erheblichen Winkelabweichung zwischen Unterlage und übergreifender Mittelkreide fehlt, so beweist dies nichts für den Mangel starker Einengung in *größerer* Tiefe. Haben wir doch mit zwei Erfahrungen zu rechnen:

1. Beurteilt man nach den allgemeinen sedimentären Spuren, welche die jeweilige Hauptbewegung im Schichtenstoß zurückließ, das heißt nach der Reihenfolge, in welcher diese Bewegung jeweils gerade die obersten Erdrindenteile am Meeresboden stärkstens niederzog, die Baugeschichte nach beistehender Übersichtstafel, so mußte wohl die Vortiefe mit stärkster Bewegung während der Unterkreide bereits durch den Streifen der Klippendecke nordwärts weiterwandern. Das heißt, *die erste Haupteinengung war für die Präalpen schon im Jura, nordwärts anschlie-*

ßend noch während der Unterkreide erfolgt. Die gleichzeitigen und noch nachfolgenden Tiefmeerabsätze hatten die so gebildeten Ungleichförmigkeiten der Schichtlage bereits sedimentär nach oben ausgeglichen, so daß nach dem Auftauchen in der Unter- bzw. Mittelkreide und nach erneuter Absenkung und Rotschiefereindeckung weithin erhebliche Schrägflächen mit Winkelverstellung nicht mehr entstehen konnten.

N	Helvet	Ultrahelvet	Klippendecke		Präalpen Brekziendecke	S Simmendecke
Eozän	Wildflysch Bunte Schiefer		Flysch mit Exotika		z. T. Flysch	Foraminiferen- mergel
Ober- kreide	Jungfaltung		Foraminiferen-Buntschiefer		—	Cenoman —
Unter- kreide		*Tiefmeer- schiefer und -kalke*	NW: *Ammoniten- mergel*, Fleckenkalk		Ob. Brekzie, *Porzellankalk*	*Aptychenkalk und -schiefer*
Oberjura		Schwelle Starker Fa- zieswechsel. Bei Bulle rote Granitgerölle	NW: Ammoni- tenkalk,	SO: Flach- meerkalk,	Ob. Brekzie	*Aptychenkalk*
Mitteljura		Schw. Zoo- phycus- Schiefer	Zoo- phycus- schiefer	Mytilus- Flach- meer	Fukoiden- Tonschiefer	*Tiefsee-Radio- larit*
Lias		—	Junge Faltung		Untere Brekzie	—

2. Die gleichzeitige orogene Bewegung des tieferen Untergrundes ist in dem sich absetzenden Schichtenstoß keineswegs etwa vollständig so abgebildet, wie dies der Stärke der orogenen Reliefschwankung entsprochen hätte. Vielmehr scheinen gerade die stärksten Bewegungen bei bedeutendster Absenkungstiefe unter den Meeresspiegel und darum ausgerechnet während Zeiten geringster Abbildbarkeit im Schichtprofil vollzogen worden zu sein.

Wiederum ist es der *alpeninnerste* Präalpenteil, hier die mit normaleren Sedimenten versehene Simmendecke, der nur so vom weiten die allgemeinen Großbewegungen mitzumachen scheint und im übrigen als über der Narbenmitte der Nordalpengeosynklinale schwimmend scheinbar die Rolle eines weniger beteiligten Zuschauers spielt. Ziehen wir die Möglichkeiten der Tarnung orogener Verlagerung im Tiefseebereich ab, so scheint sich bei der Simmendecke die Eigenart des ähnlich gelegenen Briançonnais (S. 378) zu wiederholen, dessen mächtigere Karbonatmassen wohl ihr Teil zu der geringen Nachgiebigkeit gegen die Absenkung über dem Abfuhrstrom der Narbe beigetragen haben.

Wiederum lag *der Schwerpunkt der Massenbewegung* so wie im Subbriançonnais-Ultradelphinid *während der Unterkreide mehr alpeneinwärts*, hier also südlicher, und *rückte während der Oberkreide rasch nach außen vor.* Hier im ultradelphinidisch-ultrahelvetischen Streifen angekommen, entwickelte sich die Vortiefenwelle zum mächtig unterschiebenden Trog. Dieser sammelte über sich den Wildflyschabfallschutt der nun scharf „vorrückenden" Subbriançonnais-Präalpendecke und begann sich alsbald mit dieser Auflagerung unter die — so im Verhältnis auswärts vorrückende — Großdecke einzuschieben.

Das Ganze nimmt sich aus wie die Eisstauung vor einem Brückenpfeiler bei Eisgang. Das am Pfeiler bereits angesiedelte Eis staut stromaufwärts fortschreitend neu angedriftetes Eis. Dieses legt sich, teilweise unterschiebend, ebenfalls fest und staut nun seinerseits stromaufwärts neue Eisplatten. Dabei strömt das Wasser, auf dessen Rücken die Schollen ankommen, dauernd unter dem ganzen Schuppendach hindurch. *Aber der Hauptort des Staues verlagert sich allmählich stromaufwärts.* Das Wasser ist das tiefere, daher plastisch-strömungsbereite Vorlandsgestein; der „Pfeiler" ist die über der Narbe ruhende oder beiderseits in Unterschiebung begriffene „Narbendecke" (Briançonnais-Präalpen); die Eisschollen sind die nacheinander (hier wegen des *abwärtigen* Unterdrucks) zu einer gewissen Unterschiebung gelangenden Decken.

Die hauptsächliche Staukante lag, ganz grob gesehen, während

	Im Streifen der Französischen Alpen	Im Streifen der Schweizer Alpen	
Oberkreide	im Ultradelphinid	im Ultrahelvet	außen
Unterkreide	im Subbriançonnais	in der Klippendecke	mitte
Jura	im Briançonnais	in der Brekziendecke	innen

Einzelheiten sind aber in vieler Hinsicht bedeutungsvoll.

F. Rabowski hat 1919 für die Klippendecke auf das erneute Emportauchen der schon während des Mytilusdoggers vorhanden gewesenen Sattelschwelle zur Unterkreidezeit hingewiesen, welche die Faziesverteilung beherrschte. Mit dem Cenoman setzte dann die große Rotschiefer-Mergel-Transgression ein, welche teils durch die ungleichförmige Tektonik unter ihrer diskordanten Bodenfläche, teils auch durch die recht verschiedenen Schichtstufen angehörenden Gesteinstrümmer, welche sie einschließt, von der vorangegangenen starken Gebirgsbewegung, von nachfolgender Hebung und Abtragung Zeugnis ablegt. Die Analogie zu der Cenoman-Transgression in den östlich fortsetzenden Nordkalkalpen ist außerordentlich groß. Cenomanflysch wird jetzt im W immer mehr nachgewiesen.

So wie weithin in den nördlichen Kalkostalpen liegt auch in den Präalpen die Unterkreide überwiegend *genähert den äußeren* romanischen Deckenteilen als gleichförmige, gefleckte Ammoniten-Kalkschlammfazies, freilich meist kalkreicher. Weiter nach S und O greifen dagegen die Rotschiefer (couches rouges), z. B. in der Tours d'Aï — Gastlosenzone ungleichförmig über abgetragene Malmoberflächen meist mit Grundkonglomerat.

Bemerkenswert ist der *flyschähnliche Gault* (E. Gagnebin 1932) in der Brekziendecke zwischen oberer (Oberjura) Brekzie und transgredierenden Rotschiefern. Er erinnert sehr an die Gaultvorkommen in flyschähnlicher Fazies von Hindelang und Hohenschwangau.

Für die Klippendecke gibt E. Peterhans 1926 die Verschmelzung der vorher durch eine Mulde getrennt gewesenen zwei Teilschwellen an. Die danach etwa im Cenoman übergreifenden Rotschiefer überschneiden ungleichförmig die vorher bewegten und abgetragenen (korrodierte Oberflächen, Kohlenester!) Bänke von Malm und Neokom. Selbst kristalline Gerölle beteiligen sich mitunter am Grundschutt. Dabei ist aber auch vielfach nur eine Abtragungslücke, aber keine Winkeldiskordanz unter der tiefmeerischen Rotschiefer-Transgression festzustellen. Daß aus einer „Geantiklinale“ dabei eine „Geosynklinale“ wurde, wie E. Peterhans 1926 meinte, ist sehr unwahrscheinlich. Man kann doch wohl nur sagen, das tektonische Relief ist in der tiefmeerischen Foraminiferen-Schlickfazies nicht mehr erkennbar. Daher kann auch die Auffassung von E. Argand und R. Staub, nach der die mesozoischen Geantiklinalketten embryonale Stirnen der grisoniden Decken sind, durchaus ihre Richtigkeit haben (E. Argand 1924, 179). Über das allgemeine Übergreifen der Rotschiefer mit dem Cenoman über aufgearbeiteten Untergrund mit verschiedenerlei Grundschutt in Klippen- und Simmendecke hat B. S. Tschachtli 1930 Einzelheiten veröffentlicht.

γ) *Verlagerung der Gebirgsbewegung in Randostalpin-Ultrahelvet von Vorarlberg-Südbayern, Ober- und Niederösterreich.* Gewisse Einwendungen, welche meinen in diesem Gebiet zur Klärung der Baugeschichte besonders eingehend unternommenen Untersuchungen gegenüber gemacht wurden, veranlaßten mich während Abfassung des vorliegenden Buches zur weiteren Sicherung und Ausgestaltung der Grundlagen erneut zu Sonderarbeiten. Sie erschienen 1941 (Geol. Rundschau), 1942 (N. Jahrb.), 1944 (N. Jahrb. und Nat.-Mus. Linz), 1949 (N. Jb. *90*, B). G. Müller-Deile verdanken wir eingehendere Verfolgung der Schwellengesteine. Ich kann mich daher hier auf eine Übersicht und auf wenige Abbildungen beschränken.

Ich habe nachgewiesen, daß zwischen dem kalkalpinen und dem helvetischen Raum durch die Fazies und Bewegungstypen des ultrahelvetischen Flyschbezirks alle Übergänge, wenn auch durch Deckengrenzen beschnitten, durchlaufen, so daß kein Gedanke an einen zwischengeschalteten penninischen Raum, an unterostalpine Gebilde in dem Hauptgebiet und daher auch *kein Gedanke an die Herkunft der nördlichen Kalkalpen von dem S der Zentralalpen mehr möglich ist.*

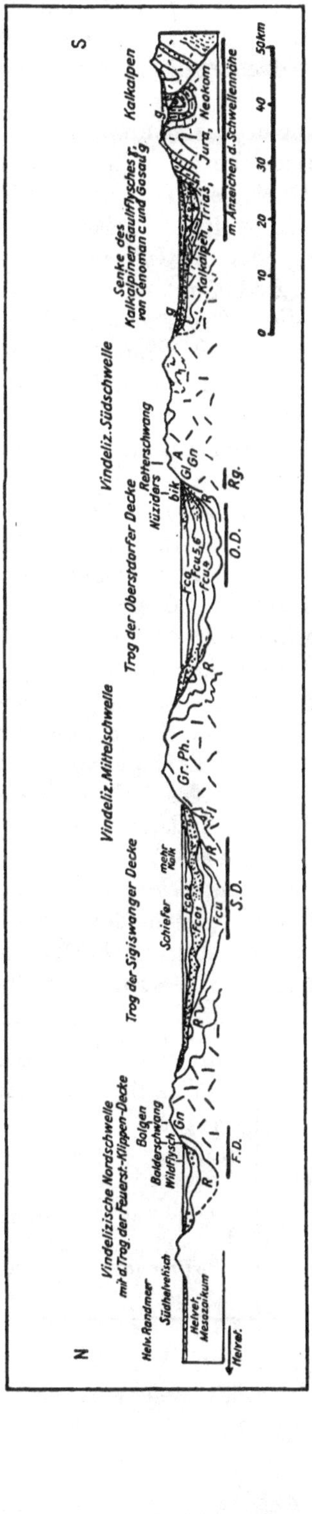

Abb. 96. Idealprofil durch *die ultrahelvetischen Flyschtröge in der Oberkreide des Allgäus.* Die dicken Striche unter dem Profil zeigen an, welche Teile des darüber gezeichneten Flysches an der heutigen Oberfläche erhalten sind. *Gn* Gneis. *Gr* Granit. *Ph* Phyllit. *A* Amphibolith. *Gl* Glimmerschiefer. *R* Randostalpine Trias, Jura. *Fcu* Unterkreideflysch. *Fco* Oberkreideflysch. *bik* Birnwangkonglomerat. *γ* Gault. *c* Cenoman. *g* Gosau. *Rg* Retterschwangschuppe. *O.D.* Oberstdorfer Flyschdecke. *S.D.* Sigiswanger Flyschdecke. *F.D.* Feuerstätter Wildflyschdecke.

Es wurde weiter gezeigt, daß sich das Hauptabsatzgebiet des Kreideflysches, der von mir erstmals erkannt und vom Rhein bis zur Salzach 1932 gegliedert wurde, in drei von S nach N aufeinanderfolgende O-W-streichende *Haupttröge* gliederte, in den Oberstdorfer, den Sigiswanger und den Feuerstätter Trog. Die Trogfüllungen waren ursprünglich voneinander getrennt durch weitere, in die Tröge ihren Schutt abgebende *Schwellen*, bestehend aus kristallinem Untergrund (Granit, Gneis, Amphibolit im W, Phyllit im O) und bedeckt von erheblichen Resten randostalpiner Trias, *so daß sich der ultrahelvetische Bezirk offenbar im wesentlichen auf präalpin-randostalpinem Untergrund*, das heißt hier auf „vindelizischem“ Boden mit seinen drei Vortiefenteiltrögen angesiedelt hat. Die Flyschfüllungen dieser Tröge haben sich genau so deckenförmig untereinander geschoben: die Oberstdorfer Flyschdecke südlich unter die kalkalpine Allgäudecke, die Sigiswanger Flyschdecke unter die Oberstdorfer und die Feuerstätter Wildflyschdecke unter die Sigiswanger — wie wir gleiches schon von den präalpin-ultrahelvetisch-ultradelphinidischen Decken in Schweiz und Savoyen festgestellt haben (Abb. 96 und 105, Taf. XII).

Die Hauptwiderlager bildeten dabei die Inntaldecke, unter die sich als mittelkalkalpinem Karbonatstreifen die Lechtaldecke, dann unter letztere die Allgäudecke südwärts vorschob — alles obere Abspaltungen des gleichen kalkalpinen Sedimentationsraumes, die ineinander übergehen können und bodenständig im N der Zentralalpen beheimatet sind. Die Inntaldecke schwimmt ebenso über der nordalpinen Narbe wie die Simmendecke und Briançonnaisdecke, welche sie nach W nur fortsetzen. Sie kann auch insofern mit letzteren verglichen werden, als sie infolge ihrer *Scheitellage über der Narbe* durch ihre besondere Sedimentgeschichte und Höhenlage (vgl. nachfolgende Übersicht) ebenfalls scharf absticht gegen die Flyschfazies, welche die Decken der nordgeosynklinalen Nordflanke zum mindesten weiter außen auszeichnet.

Genau wie jetzt im W konnte schon vorher für Vorarlberg—Allgäu—Südbayern *die Wanderung der Gebirgsbildung nach außen* 1941, 292, näher dargelegt werden. Die Flyschfazies, welche das äußere Abbild der hauptsächlichen Tiefenbewegung (abgesehen von tiefmeerischer Tarnung) ist, kommt ja, je weiter nach außen desto später, in den Profilen zum Durchbruch:

	Helvetiden	Ultrahelvetische Flyschtröge: Feuerstätter Trog	Ultrahelvetische Flyschtröge: Sigiswanger Trog Oberstdorfer Trog	Kalkalpin
Senon	*Flysch*		Mächtige	Schutttransgression
Turon	Flecken-	Wildflysch	Flysch-	desgl.
Cenoman	mergel		Sedimente	
Alb		*Flysch* trans-		Örtlich flyschartige
Gargas	Normale	grediert auf	*Flysch*	Fleckenmergel
Neokom	Sedimente	Randostalpin		Tiefsee
Oberjura				Liasfleckenmergel

Schließlich haben wir die starke Raumeinengung in S-N für die fortschreitende Kreidezeit erkannt, welche im wesentlichen auf einer Faltung des tieferen Unter-

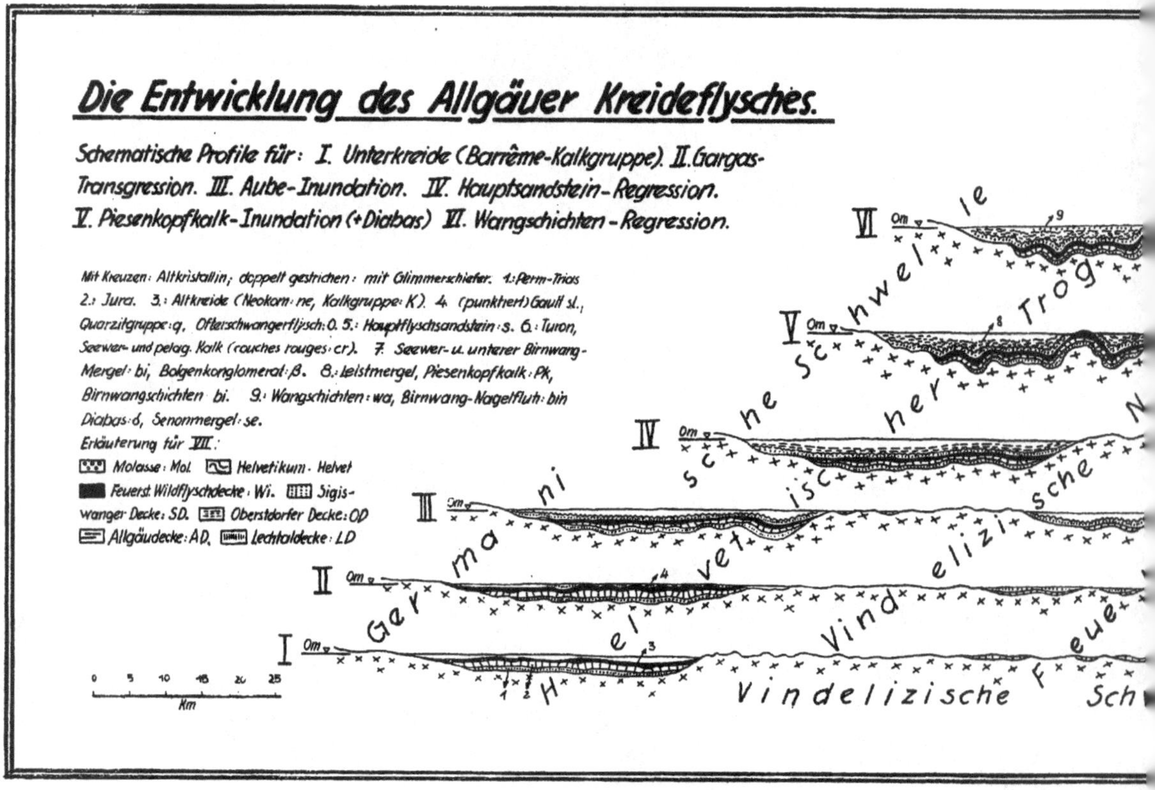

Akademie-Verlag, Berlin

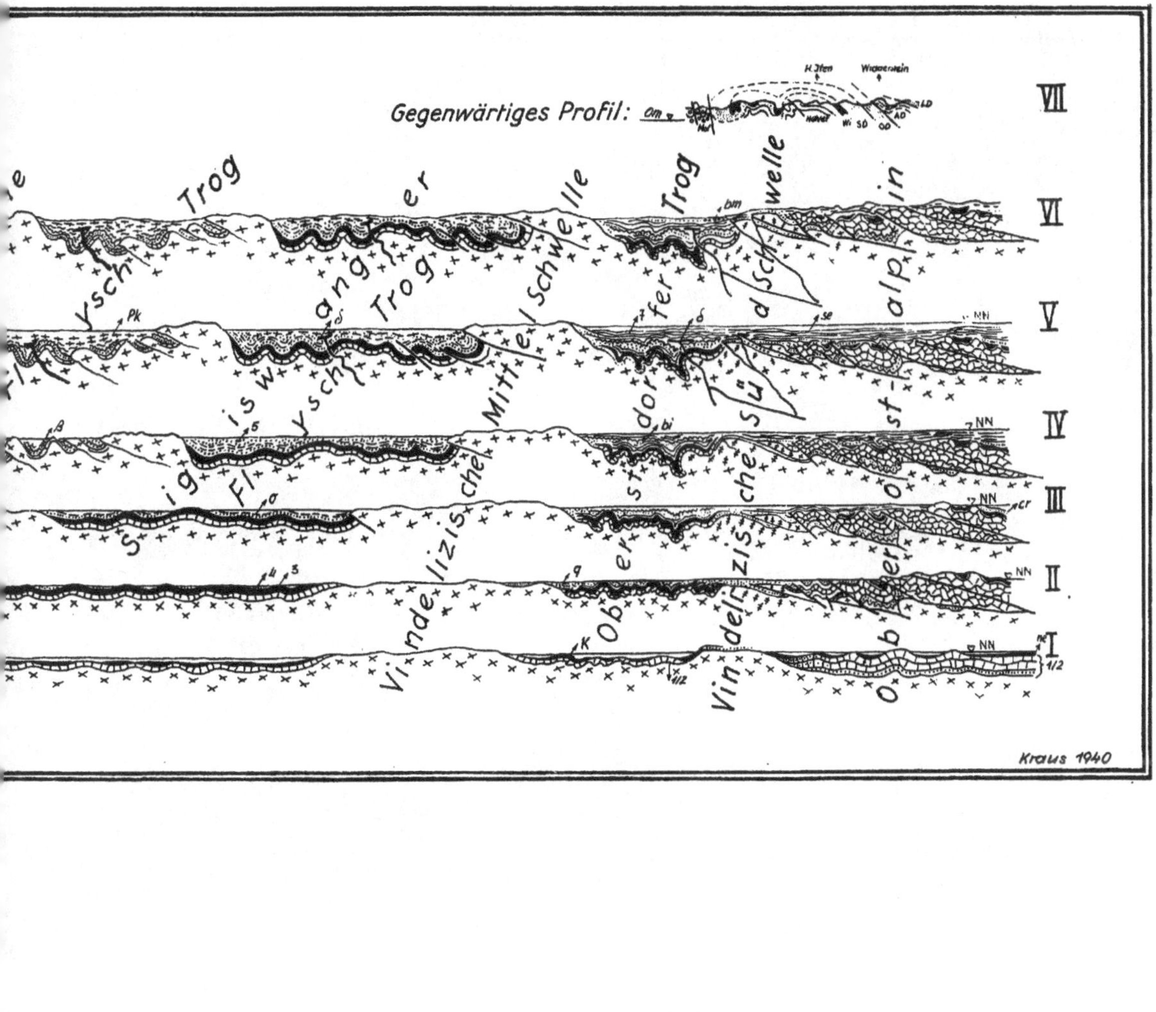
Gegenwärtiges Profil:
VII
VI
V
IV
III
II
I
NN
Trog
Schwelle
Kraus 1940

grundes und auf dem Einandernäherrücken der Inselschwellen zwischen den sich niederfaltenden Trogmulden beruhte. Wir konnten die Abb. 105 zeichnen mit einer schematisch-profilmäßigen Darstellung für die aufeinanderfolgenden Einzelzeiten der Kreide. Welche Teilstücke allein von dem hier Gezeichneten heute noch der Beobachtung an der Erdoberfläche zugänglich sind, deutet unsere Abb. 105 an.

Daß dabei örtlich bereits gewisse Zustände im ultrahelvetischen Flyschmeer einsetzten, wie wir sie für die tumultischen Vorgänge am bewegten, immer weiter überschütteten Meeresbodenabhang einer vorrückenden Deckenstirnschwelle annehmen müssen (E. Kraus, Schweizer Flysch 1932), darauf deutet vielleicht die große Ähnlichkeit der schwarzen und weinroten Gaultquarzit-Schiefermassen im Obergault der Oberstdorfer Flyschdecke hin.

Immerhin gab es echten, blockexotischen *Wildflysch* während der Kreidezeit in den beiden südlichen, ultrahelvetischen Teiltrögen *noch nicht*. Erst im Schwellen- und Klippenbereich der Balderschwanger Klippen, also in der Feuerstätter Wildflyschdecke, dürfte etwa für die höhere Mittelkreide der Wildflysch *die beginnende Großdeckenverschiebung* der ultrahelvetischen Decken (wahrscheinlich mit einem Teil von deren randostalpinem und vindelizischem Untergrund) über nördliche Randschwellen und schließlich im Senon über südhelvetische Mergelschlamm-Vortiefensedimente hinweg bedeuten.

Darum haben wir denn auch in den beiden südlicheren Flyschtrögen, dem Oberstdorfer und Sigiswanger, eine aus der Unterkreide bis in die späte Oberkreide nicht abreißende Flyschsedimentation, die also noch nicht weggeschnitten und beendet worden war durch eine im Gefolge eines Deckenstirndurchmarsches sich darüberlegende Decke.

Ebensowenig fehlt an der durch besondere Gesteine bezeichneten südvindelizischen Randschwelle zwischen Oberstdorfer und Allgäudecke im Retterschwang des Allgäu die der Oberkreide offenbar zufallende Flyschsedimentation. Hier zeichnete sich der Vormarsch einer die Südschwelle überfahrenden Deckenstirn in dem Oberkreidewildflysch der „Retterschwangdecke" aus, bedeckt von der ostalpinen Allgäudecke.

Genau so war es auch im Bereich der wesentlich durch Granitgneis ausgezeichneten Vindelizischen Nordschwelle, über welche die ultrahelvetische Sigiswanger Decke zusammen mit dem schwellennahen Sediment der Feuerstätter Wildflyschdecke erst in der obersten Kreide, teilweise vielleicht erst im Eozän hinwegschritt, nachdem die wildflyschbildende Unruhe aber hier schon von der Mittelkreide an geherrscht hatte. Das Ganze wälzte sich über oberste Fleckenmergel und bereits flyschartig gewordenes Sediment der helvetischen Senonkreide bzw. unterschob sich letzteres nunmehr als Vortiefenbildung der südlich anliegenden Decke, deren Stirn die vindelizische Nordschwelle war.

Wir haben somit für das Allgäuer Alpenrandgebiet zu folgern, daß sich während Unter- und Oberkreide die ableitbare Einengung in der Nähe der Erdoberfläche noch allein auf Zusammenfaltung bezog, daß aber gegen Ende der Oberkreide dann zwei Hauptschubflächen bis empor an die Erdoberfläche aufrissen:

1. Im SO zwischen der Stirn der Allgäudecke und der Vindelizischen Südschwelle, welche abgetragen, verwalzt und überfahren wurde, so daß ihre Wild-

flysch-Fußvorschüttung („Retterschwanger Decke") über den Birnwang-Senonflysch der Oberstdorfer Decke zu liegen kam.

2. Im NW zwischen der Stirn der ultrahelvetischen Sigiswangerdecke und der Vindelizischen Nordschwelle, die gleichfalls unter Abtragung, Verwalzung und Überfahrung verschwand (bis auf glücklicherweise erhaltene Schubbretter und Blockgeröllmassen), um mit ihren Resten im senonen Wildflysch-Vorschutt zu erscheinen, der über die fleckig-flyschig gewordenen Senonmergel des südhelvetischen Streifens geschmiert wurde.

3. Nicht nur diese Unterschiebung des Helvetischen mit der Feuerstätter Wildflyschdecke südwärts unter die Sigiswanger Decke, sondern auch die der letzteren unter die Oberstdorfer Decke begann, da sich mächtiger Sigiswanger Senonflysch (Piesenkopfkalk) noch mitbeteiligte, erst kurz vor dem Ende der Oberkreide.

4. Jede der auswärts liegenden und sich in der Oberkreide zur südwärtigen Unterschiebung anschickenden Deckenvortiefen hatte schon vor Auflagerung des Wildflysch-Schwellenschuttes die Fazies des Flysches, und zwar jene einer tiefen Schlamm-Meerrinne angenommen. *Allgemein verband sich also mit dem Herannahen der Deckenstirnschwelle die besonders tiefe Senkung der Vortiefenrinne*, obwohl genügend Sediment zu deren Zufüllung von der Schwelle her vorhanden gewesen wäre: *Die Senkung ging zu rasch* und sie war unter die Schwelle hinein gerichtet, deren darum übersteil gewordener Böschungsabfall aus ihren gewaltigen und allgemeinen Abrutscherscheinungen ersichtlich wurde.

Der dem Wildflyschabrutsch entsprechende Böschungszusammenbruch dort, wo das Ganze an einer Tiefseerinnenböschung stattfand, wurde durch die jurassischen Radiolaritbrekzien sedimentär dargestellt.

Ob an der Tiefseerinne oder an der Schlammrinne unter einer breiten Inselschwelle — immer waren es rasch sinkende Rinnen, die sich vor dem Fuß der vorrückenden Großdecken-Stirnschwellen unter schärfster Reliefspannung niederbeugten. Dieser nicht zu leugnende, engste Zusammenhang spiegelt uns relief- und sedimentmäßig den Vorgang der *Unterschiebung* an der geosynklinal deckenbewegten Erdoberfläche wider.

Daß aber *die Flyschfazies selbst* schon, auch ohne Wildflysch-Überspitzung, unmöglich verständlich wird, wenn wir nicht die Annahme gleichzeitiger, kräftiger und immer wiederholter orogener Bodenbewegungen machen — wenn auch in Kleinrucks, nur wie auf einem Schütteltisch —, das wurde bereits wiederholt zum Ausdruck gebracht, zuletzt besonders in E. Kraus 1927, 216ff. (Orogener Zyklus) und dürfte inzwischen allgemein anerkannt worden sein. Die Beweise liegen sowohl in der Unsortiertheit der Einzelbestandteile, z. B. in dem so verbreiteten Sandkalk wie in der Allgemeinverbreitung der strukturellen Beweise für kleine, aber immer neue Böschungsrutschungen und innere Umlagerungen in den Flyschsandsteinen und Sandkalken (Wicklungsstruktur von O. M. Reis), in den Sandsteinwülsten (E. Kraus 1935), in dem Bitumenreichtum, der sich besonders in den tektonisch gequetschten Schwarzschiefern mit ausgepreßtem Bitumen steigert, in der Menge der gleichfalls durch rasche Sedimenteindeckung erhalten gebliebenen Lebensspuren auf Schichtflächen (Hieroglyphen) wie der Spuren grabender (darum schalenloser, nicht erhaltbarer) Lebewesen (Fukoiden) und der öfter erhaltenen

Meeresbodensalze, dem Mangel des normalen Benthos und Nektos, in der Mächtigkeit, dem raschen und plötzlichen Wechsel von feinstkörnigem mit grobem und gröbstkörnigem Sediment, den Körnungsbeweisen immer neuer Meeresbodenströmungen.

Mögen Einzelmerkmale dieser Art da und dort auch nichtorogenen Sedimenten zukommen: *die Gesamtheit aber macht die orogene Flyschfazies des geosynklinal bewegten Archipelmeeres aus.*

Groß ist die Übereinstimmung aller dieser hier für das Allgäu erneut angedeuteten Beweise der orogenen Bodenbewegung während der Kreidezeit im ultrahelvetischen, zum großen Teil auf dem randostalpinen Streifen liegenden Flyschabsatzgebiet von Vorarlberg einerseits mit der Fortsetzung unter dem oberostalpinen Rätikon durch noch im schweizerischen Prätigauflysch andererseits. Das wurde 1932, 1942 weiter ausgeführt. Ebenso enthalten die Arbeiten des Verfassers aus diesen Jahren die Nachweise für die im Grunde gleichartigen Orogenvorgänge durch den gesamten südbayerischen Flyschstreifen nach O bis über Salzburg hinaus. Aber noch weiter durch Ober- (1944) und Niederösterreich in den Wienerwaldflysch hinein reichen die entsprechenden Zustände.

Östlich der Salzach, wo der geosynklinale Tiefgang seichter wird, heben sich nur allmählich die randostalpinen, älteren Unterlagen in Gestalt der Jura- und Triasklippen vielfach höher heraus als in Südbayern, wo sie allein in den Balderschwanger und weiterhin westlich in den Schweizer Klippen als „Präalpen" wieder zum Vorschein kommen. Liegen sie im W weit überschoben, so spießen sie sich im O oft nur durch den Flysch empor, so, wie auch in den karpatischen Klippen. Die Achsenlage ist im W hoch, im O tief.

Vom Wienerwald durch Nieder- und Oberösterreich, Südbayern, Allgäu, Vorarlberg und Schweiz bis in das französische Westalpenrandgebiet haben wir somit im Grunde das gleiche: Teils über dem Randostalpin-Präalpin-Subbriançonnais, teils nördlich auf einem nicht näher bekannten Untergrund *breitete sich mit der Unterkreide in der Tracht der Flyschfazies das Ultrahelvet aus. Es trägt alle Zeichen der fortschreitenden Tiefenfaltung und ist so bestimmt.* Größere Deckenwanderungen an der Erdoberfläche zeichnen sich erst während der höheren Oberkreide in Gestalt von Wildflyschen ab. Diese liegen teils unter der Stirn der dann vorgerückten oberostalpinen Decken über Ultrahelvet, teils unter der Stirn der in Bewegung befindlichen ultrahelvetischen Decken oder, wenn auch deren randostalpin-präalpiner Untergrund noch mitgleiten konnte, wenn also die Unterschiebungsfläche tiefer einsetzte, liegt der Wildflysch unter der Stirn der romanisch oder „präalpin" genannten Decken über helvetischem Bezirk.

Überall gab es in der Ultrahelvetkreide *ganz erhebliche Faltung und orogene Unruhe. Überall rollte die Hauptbewegung, soweit überhaupt erkennbar, von innen nach außen ab.*

Von solcher *baugeschichtlicher Einheitlichkeit* sind die Kreidevorgänge im Bereich der einheitlichen Nord- oder Außenflanke der nordalpinen Narbe zwischen Provence und Wienerbecken!

Eindrucksvoll sticht dagegen ab das Verhalten der einwärts folgenden Alpenstreifen, die wir bereits im Briançonnais, in der Simmendecke oder in der oberostalpinen Allgäudecke kennen lernten. Wir haben diese im O mit der Breite der Kalkostalpen noch erhalten gebliebenen Mittelstücke der nordalpinen Narbentätigkeit nach ihrem Verhalten während der Unterkreide noch zu betrachten.

c) *Die Bewegung in der Unterkreide der Kalk-Ostalpen*

Viel wurde schon beobachtet und gesprochen über die „*vorcenomane Gebirgsbildung*“ im Bereich der Kalkostalpen. Denn die geosynklinale Erdrindenoberfläche stieg ein erstes Mal im Oberapt (Gault) weithin über den Meeresspiegel empor. Es folgte eine ausgedehnte Abtragung und anschließend wieder ein Versinken unter den Flachmeerspiegel. Infolge dieser Wiederholung der Bewegung zu gleicher Zeit im helvetischen und teilweise ultrahelvetischen Raum legten sich über das Abtragungsrelief ungleichförmig die neuen, cenomanen Sedimente und bildeten so *die Summe* der vorher bis an diese Abtragungsfläche von unten her emporgediehenen tektonischen Bauformen in eindeutiger Weise ab.

Grundsätzliche Klärung

Nach diesem Schema und unter diesen besonderen, außenbürtigen Umständen, das heißt auf dem Umweg über Ausprägungen im Relief, hat man bisher fast allein auf Umfang und Art der zu einer bestimmten Zeit vollzogenen Gebirgsbewegung geschlossen. Überall dort, wo man dieses *Schema der Abtragungsdiskordanz über gefaltetem Untergrund* in den Profilen nicht auffand, da glaubte man zumeist nicht an die Wirkung einer Gebirgsbildung. Die scheinbare Plötzlichkeit, mit der in solchem Profilbild eine Gebirgsbildung fertig dastand, verführte zu dem falschen Schluß, letztere gehe *kurzfristig* vor sich. Man vergaß, daß die hier als vollzogen erkennbaren, oft sehr umfangreichen Abtragungen von vielen Hunderten, ja mitunter bis über 1000 m Gestein *lange Zeit* gedauert haben müssen, und daß die Unterfläche des neuen, klastischen Sediments *keineswegs etwa als gleichzeitig entstanden angesehen werden kann.*

Für alle sonstigen Zeiten, für welche jene klassische Abbildung deshalb nicht bestand, weil die Gebirgsbewegung entweder zu tief unter dem Meeresspiegel vor sich ging und daher das Ergebnis auch nicht relief- und faziesmäßig an die Sedimentoberfläche als Diskordanz gelangen konnte oder weil die Bewegung im Abtragungsbereich der Luft stattfand — für solche Zeiten glaubte man im allgemeinen orogenetische *Ruhezeiten* feststellen zu können.

Ein weiterer Fehlschluß erwuchs aus jenem Profilschema: Da die Bewegungszeit („orogene Phase“) nur Aussicht hatte, abgebildet und daher festgestellt zu werden, wenn nach der Faltung früher *oder später* die Erdrinde in die Abtragungshöhe emporstieg, so ließ man sich zu dem Schluß verleiten — einem kontraktionshypothetisch naheliegenden Schluß —, daß jede Gebirgsbildung mit Hochbewegung in notwendigem Zusammenhang stehe, die Faltung gleichbedeutend sei mit „Hochfaltung“. Warum dann wieder eine sedimentbringende Senkung kam und daß eine solche mindestens ebensoviel Massenabfuhr im tieferen Untergrund nötig mache wie die vorangegangene Hebung, welche man als Ergebnis der „orogenen Hochfaltung“ ansehen wollte, daran dachte man nicht — wie man überhaupt seit je dem tieferen Untergrund recht Unmögliches zuzutrauen gewohnt war.

Nicht selten ist in Ermangelung jener Schräg-(Diskordanz-)Flächen auch das Auftreten von mächtigeren *Brekzien und Konglomeraten* als Beweis stattgehabter Gebirgsbildung angenommen worden — wenigstens in Fällen, in denen anderswo für die betreffende Zeit eine Schrägfläche bekannt geworden war. Denn man glaubte: Gebirgsbildung ist gleich Hochreliefbildung, folglich ist deren Beweis in Gestalt auftretender Gerölle auch als Kennzeichen für Orogenese aufzufassen. Dabei ist durch die Untersuchung der Altflächen in den großen Gebirgen schon längst gezeigt worden, daß die Gebirgsfaltung und -überschiebung, also geologische Gebirgsbildung einerseits, Emporwölbung zum orographischen Gebirgsrelief, also geographische Gebirgsbildung andererseits, durchaus zweierlei ist, und daß beide zeitlich und teilweise räumlich voneinander abzutrennen sind.

Diese grundsätzlichen Irrtümer, die in Lehrbüchern und tektonischen Arbeiten noch immer eine baugeschichtliche Klarheit verhindern oder vortäuschen, müssen ausgesprochen und klar gemacht werden, wenn wir daran gehen, aus den Tatsachen der ersten, weithin für das Alpengebirge gemeinsamen Cenomantransgression einwandfreie Schlüsse auf die Baugeschichte zu ziehen.

Dann sind wir uns darüber klar, daß der nach dem Emportauchen, Abtragen und cenomanen Niedersinken der Nordkalkalpen durch Cenomanabsätze festgehaltene Zustand des Gebirgsbaues durchaus nicht notwendig *unmittelbar* vorher und schnell entstanden sein muß; daß uns hier vielmehr *nur die Gesamtsumme aller vorausgegangenen Tektonik* während Trias-Jura-Unterkreide plötzlich feststellbar vor Augen tritt, und zwar allein in dem jeweils beobachteten Stockwerk des Gebäudes. In welcher vielleicht gesteigerten Zusammenfaltung oder Verschiebung tiefere Stockwerke gleichzeitig schon angelangt waren, das ist ebensowenig zu sehen wie etwa der Entwicklungsstand von Saigerungen oder Strömungen des Schmelzflusses, welche in noch größerer Tiefe deshalb anzunehmen sind, weil ja keine senkrechten und teilweise waagrechten Großbewegungen ohne entsprechende Verlagerungen in der Tiefe gedacht werden können.

Weiterhin verstehen wir, wenn von uns ein guter Teil der Faltung und Teilüberschiebung nicht erst in das Präcenoman, also in die Gaultzeit, sondern schon — soweit sie nicht für Trias oder Jura nachgewiesen werden können — in die ältere Unterkreide verlegt wird. Dies bewährt sich z. B. dann, wenn zwischen Oberneokom und Cenoman angeblich weithin die Abtragung eines Schichtenstoßes von nicht weniger als 1000 m erfolgt sein soll. Dies würde ja eine vorangehende Heraushebung dieser selben Gebiete um mehr als 1 km über den Meeresspiegel und vorher noch die orogene Gefügebildung bis zu dem aus der Abtragungsfläche später ersichtlichen Stand voraussetzen. Für die verhältnismäßig nicht lange Gaultzeit wären das gewiß unwahrscheinlich viele und lange Ereignisse!

Noch ein anderer Gesichtspunkt gewinnt Bedeutung. Wie vom Verfasser schon mehrfach nachgewiesen wurde, zeigt sich, daß im Schichtprofil vor dem Einsetzen der orogenen Flyschfazies zumeist eine mehr oder weniger mächtige *Fleckenmergel-Entwicklung* bereits mit einigen wichtigen Kennzeichen der Flyschfazies beobachtet wird. Dazu gehört die Eintönigkeit der benthosfeindlichen, oft sehr mächtigen Schlamme, welche in nicht selten fast endlosem Wechsel dünne Zwischenbänke von Kalk einschließen, welche häufig Fukoiden führen (z. B. am Heuberg in der Lechtaldecke), und deren Flecken, wie die Fukoiden, offenbar auf besonders rasche Einbettung zurückgehen, die das dunkle Bitumen vor der Oxydation geschützt hat. Wenn die Flyschfazies anerkannterweise auf die Unruhe der Unterlage des orogen bewegten Meeresbodenreliefs zurückzuführen ist, so wird naheliegenderweise ähnliches in abgeschwächtem Maße auch schon für ihre Vorläuferfazies zutreffen.

Andererseits tauchen zwischen den tiefmeerischen Radiolariten und in den Aptychenkalken immer wieder Fleckenmergel auf und bestehen engste Übergänge und Verknüpfungen von diesen in die Fleckenmergel, so daß auch die Beweise für besonders große Meerestiefe, also orogene Reliefverschärfungen, mit letzteren verknüpft sind.

Aus solchen Gründen beachten wir die Tatsache, daß im Unterkreidemeer der nördlichen Kalkalpen in völlig gleichförmigem Verband aus den tiefmeerischen Ablagerungen des Oberjura zur Hauptsache *Fleckenmergel* hervorgingen mit den üblichen Eigenschaften wie den kleinen schwefeleisenschüssigen Nestchen (meist außen gelb verrostet). Aus dem Nektos sanken die meisten der für die Datierung verwendeten Tierreste (Ammoniten und deren Deckel) in diese schlammigen, unruhigen Tiefen hinab. Ganz wie unter oder zwischen den tiefmeerischen Oberjura-Radiolariten schalten sich auch hier nicht selten und in rascher Folge Sandsteine, Fein- und Grobbrekzien oder Konglomeratbänke ein mit Bruchstücken von Hornsteinen der Jurastufen (Ammergauer Allgäudecke, Gebiet von Tegernsee-Schliersee, Kammerker, Habersauer Tal am Kaiser, Mittenwalder Karwendelmulde mit eingeschwemmter Holzkohle), mit Quarzsand, Glimmer, Landpflanzen u. a., eingespült oder hereingerutscht von benachbarten Inselschwellen. Das waren die Vorläufer der echten Flysch-Schichtwechsel von Sandkalk, Sandstein oder Konglomerat mit Mergel- und Kalkbänkchen. Besonders sandreich sind die Roßfeldschichten des Salzburgischen, die auch Gerölle aus Dachsteinkalk, Lias und Dogger, dazu von Werfener Schichten und Hallstätter Kalk, von Diabasporphyrit, Granit und Gangquarz aus der Göllsattelschwelle erhalten haben. —

Die regionale Verbreitung der Unterkreidebewegung

Verfolgen wir nun durch die nördlichen Kalkalpen von W nach O die wichtigsten Vorkommen der über das bereits gefaltete Gebirge nach dessen Abtragung und bei dessen Wiederversenkung während der Gaultzeit übergreifenden Cenomanablagerungen, so können wir für die betreffenden Stockwerke das schon damals erreichte Mindestmaß an faltender und schiebender Einengung feststellen.

So treffen wir nach einer vortithonischen Faltung und der etwa in die Unterkreide fallenden S-N-Faltung im W in den Lechtaler Alpen, auch in den Thannheimer und Vilser Alpen überall und gleichförmig, unter Ausfall der Unterkreide, über Oberjura-Aptychenkalk, Radiolarit, Tithonkalk, Liasfleckenmergeln, mitunter über Rhät und Hauptdolomit öfter mit Grundschutt das Cenoman. Seine über 500 m mächtigen dunklen Mergel greifen über ein flaches Landrelief teils nur in übergreifender Parallellagerung zum Oberjura, teils unter beträchtlicher Abtragung mit Abtragungstaschen des Cenomans im Aptychenkalk (O. Ampferer 1930, 1932). Daß in der Nachbarschaft bereits Inselschwellen aus Kristallin aufgetaucht waren, scheint sich aus den Zwischenlagen von feinem Konglomerat und Sandstein aus Gangquarz, Grünstein in diesem Kreideschiefer zu ergeben.

Th. Benzinger fand 1929, 439, in der Allgäudecke tiefmeerische Oberjura-Aptychenhornsteinkalke in eng zusammengeklappten Mulden bzw. unter dem schützenden Dach der Lechtaldecke. Nach dieser Einengung wurde das Ganze über den Meeresspiegel gehoben, abgetragen und erneut gesenkt, so daß, offenbar im Cenoman, schwärzliche, dann rote Mergel abgelagert werden konnten. In der südlichen Allgäudecke liegen über dem Aptychenkalk Brekzien, teilweise rötlich, grob, Konglomerate und Mergel ungleichförmig über Oberjura-Radiolarit.

Ähnlich grobe Brekzien und Konglomerate sowie pflanzenführende Sandsteine greifen in dem Nordteil der Lechtaldecke über. Im Südteil liegen mit geringer Schrägstellung über Aptychenkalken schwarze und rötliche Schiefer. Es handelt sich wohl um die Äußerung einer in den Brandungsbereich gehobenen stirnnahen Sattelschwelle.

Daß nicht etwa erst, wie gesagt wird, in der Gaultzeit die Faltung vor sich ging, lehrt uns die Lagerung und Zusammensetzung der freilich nur noch in geringen Resten auffindbaren *Gaultabsätze* zusammen mit allgemeinen Überlegungen. Dieser Flyschgault liegt bei Hindelang im Allgäu und im Umkreis der Vilseralpen. Seine Flyschfazies führt Glimmer und Quarzsand, welche offenbar zusammen mit Landpflanzenresten von einer kristallinen Schwelle eingespült wurden. Außerdem geht der Hindelanger Ammonitengault (Lechtaldecke) *ohne Ungleichförmigkeit*, nur unter Zunahme von Sand, Landpflanzen, Kohleresten aus dem Neokommergel hervor, was sich im Hochfellngebiet wiederholt. Nach dem übertriebenen Schema: „Keine Gebirgsbewegung ohne durchgreifende Diskordanz" könnte also vorher keine Großfaltung stattgefunden haben. Dagegen liegt das zeitlich unmittelbar folgende Cenoman in großer Mächtigkeit ebenda, wenn auch *hier* nicht in normaler Berührung mit Gault, sondern bereits mit größter Ungleichförmigkeit über einem gefalteten und um 1000 Schichtmeter abgetragenen Untergrund.

Das ist ganz unmöglich, um so unmöglicher, als ja der gleichfalls fossilmäßig gesicherte Gault der Hölle ostwärts Hohenschwangau sogar nach oben ohne Unterbrechung, nur unter Aufnahme von Geröllen, in Cenoman übergeht, nicht weit davon aber gleichfalls *ungleichförmig* übergreift.

Folglich muß schon vor der Gaultzeit jene Gebirgsbildung weitgehend fertig gewesen sein, und noch während des Gault gab es gleichwohl sinkende Teilmulden, in deren Flachmeer umgebender Schutt mit Landpflanzen von Gebirgsinseln zusammengetragen wurde. Vielleicht erhielten sich solche Mulden noch bis ins Cenoman oder sie senkten sich nach einer Abtragungszeit zu Ausgang des Neokoms als tektonische und marine Mulden wie in der „Hölle".

Die genauere Untersuchung lehrt uns also hier erneut, jedes einseitige Schema und jeden der Natur fremden Sprung abzulehnen: Flachmeerbedeckung und tektonisches Relief *waren örtlich und zeitlich recht verschieden*. Erst nach der für weite Kalkalpenstrecken langdauernden vorcenomanen Abtragungszeit spiegelt uns die so einheitlich aussehende, jedoch hier früher, dort später einsetzende Cenomantransgression eine Einheitlichkeit vor, die es in Wirklichkeit nicht gegeben hat.

Der *Allgäudecke* von Hindelang—Pfronten sind Neokomfleckenmergel eingeschaltet mit Brekzienbänken aus Kalkbrocken des Oberjura. Die Allgäudecke hatte bereits Sättel, welche bis auf das tiefere Neokom abgetragen sind, wobei im Gegensatz zum Hindelanger Neokom der Gault schon entfernt ist. Überdeckt wird das Ganze schräg (5—40°) von übergreifendem Cenoman: Konglomerate und Brekzien, bis $^1/_2$ m große Blöcke aus Triaskalk, aber auch Quarz, roter und grüner Quarzporphyr, Quarzit, Melaphyr und Diabas. Darüber folgen 100—200 m graue Mergel, oft mit Geröllen oder auch geröllführender Sandstein.

Noch mächtiger ist die Geröll- und Schuttentwicklung *in der Lechtaldecke*, wo bis 200 m mächtige Konglomerate und Grundbrekzien liegen. Dieses Cenoman greift hier schon schräg über Dogger- und Lias-Kieselkalk, Hierlatzkalk, Plattenkalk und Hauptdolomit hinab. Dem entspricht die Gesteinszusammensetzung des Abtragungsschuttes, dessen Unterfläche oft noch die hoch in das Cenoman emporragenden Schichtköpfe der Unterlage zeigt. Das Profilschema Abb. 97 deutet die Lage an.

Wir sehen, daß *die Allgäudecke vorcenoman noch nicht so kräftig gefaltet und nachfolgend noch nicht so hoch gehoben und tief abgetragen war als die südlich folgende Lechtaldecke.*

Im Ammergebirge zeigt das dort besonders reichlich auftretende, oft flyschähnliche Cenoman durch sein ungleichförmiges Übergreifen ebenfalls die folgenden Tatsachen (vgl. Abb. 98).

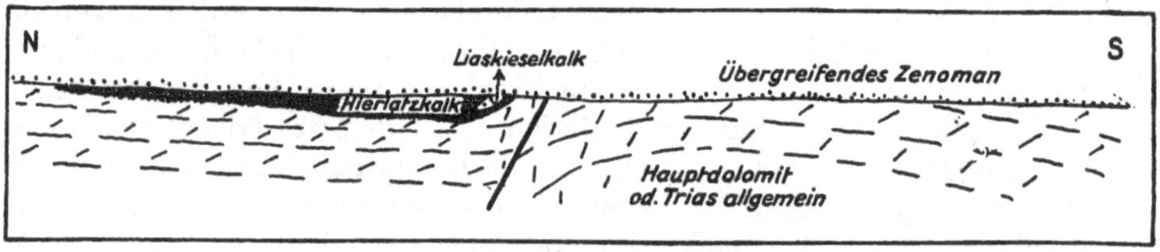

Abb. 97. *Vorcenomanbewegung auf der Stirnschwelle der Lechtaldecke* (Falkensteinzug, Obere Vilser Decke am Himmelreich) SW Pfronten, O-Allgäu. Nach P. Schmidt-Thomé 1939, Abb. 17, 424.

1. Die *Stirn der Lechtaldecke* war bereits tektonisch gekennzeichnet durch stärkere Heraushebung und Tiefenabtragung bis hinab auf den Hauptdolomit. Ebenso ist die Stirn der Allgäudecke weiter im W zwischen Hindelang und Pfronten schon durch bedeutende Heraushebung und Abtragung bis auf den Hierlatzkalk betont, während die südlich anschließende Deckenmulde unter dem Cenoman noch Jüngeres (Jura) aufbewahrt hat. Beide Stirngebiete waren ja schon in der Jurazeit durch ihre Schwellenfazies herausgehoben.

2. Eine recht bedeutende Faltung, verbunden mit einigen Verwerfungen und größeren Schollen-Schrägstellungen, läßt sich für die *Lechtaldecke* unter dem Cenoman nachweisen. Letzteres greift nämlich auf kurze Entfernung über einen durch Verstellung und Erosion veränderten Untergrund, der von Fall zu Fall bis 1 km Schichtmächtigkeit verloren hat.

3. Nach N soll diese Faltung etwas schwächer sein, wenigstens ist die Abtragung für die Allgäudecke nicht in gleichem Maße nachweisbar — wobei natürlich zunächst nur etwas ausgesagt ist über die geringere Abtragung und vorherige Reliefbildung, nicht notwendig auch über entsprechend geringere Faltung oder Verschiebung. Immerhin wiederholt sich damit das gleiche Bild wie im Bereich der Lechtaler Alpen.

4. Die streichenden *Hauptmulden,* welche sich heute finden, *waren schon während der Unterkreide angelegt* und wurden später nur noch weiter eingeengt bzw. teilverbogen und überschoben. Ein der Stirnschwelle nächstsüdlich folgender Sattelschwellenzug kann von den Vilseralpen bis über den Kochelsee nach O verfolgt werden. Bis über kopfgrob, ja zweifußlang und öfter eckig sind die Stücke des Grund- und Randkonglomerats aus den kalkalpinen Bänken Hauptdolomit bis Neokom. Sie wurden als Schuttkegel immer wieder aus dem umgebenden Gebirgsrelief eingespült (Abb. 98). Dabei muß fast das ganze Grobmaterial von S hergekommen sein, was auf einseitig nach N steiler als nach S abfallendes Schwellenrelief schließen läßt: Überdruck oben von S, Unterschiebung aus N!

5. Auch axiale Hebungen und Senkungen können bereits an den Sätteln und Mulden abgelesen werden.

6. Die Reliefunruhe noch während des Cenomans erkennt man an der Hebung, Abtragung und Wiedereinlagerung von cenomanen Sandsteingeröllen. Kleine, auch eine große vorcenomane Verwerfung waren nachweisbar; so neuerdings nach P. Schmidt-Thomé N. der Jachenau.

7. Die sehr flyschähnlichen Gault-Cenoman-Absätze bahnen den Faziesübergang an nach der nördlichen, jenseits der Vindelizischen Südschwelle folgenden ultrahelvetischen, über randostalpinem Untergrund eingesenkten Oberstdorfer Kreideflyschdecke. Auch haben sie ähnliche Quarzporphyrgeröllchen, Quarzgeröll und Sand, sowie Landpflanzen-Einschwemmungen offenbar von jener Grenzschwelle erhalten.

8. Bezüglich der Faltung im Untergrund bestehen ebenso die Übergänge von der Allgäudecke nordwärts in die ultrahelvetischen Kreideflyschtröge (Abb. 98), deren dünner, randostalpiner Triasuntergrund, der seine Gerölle in den Flysch abgab, vielleicht leichter faltbar und niederbiegbar war als der südwärts anschwellende, karbonatsteife der Kalkalpen selbst.

Für die Vilseralpen nahm C. W. Kockel bereits vorcenomane Überschiebung der stirnwärtigen Teildecken der Lechtaldecke (Obere über Untere Vilserdecke) an, da die Schichtreihe der Unteren Vilserdecke mit dem Oberjura abreißt (Abb. 98). Unter diesen Umständen ist verständlich, *wenn schon allgemein auf ein recht bedeutendes Faltengebirge am Ende der Unterkreide geschlossen wurde* (K. Leuchs 1926, 157).

Allgemein fallen in den cenomanen *Mergeln* die meist schön runden Gerölle von ortsnahem, aber auch ortsfremdem Gestein auf. Diese „*Geröllmergel*" können nicht zusammen mit ihrer Mergelumgebung verfrachtet sein, sondern müssen in den schon abgesetzten Schlamm von einer Steilküste hereingerutscht sein. Daher sind sie auch nicht schichtlinsenartig in Bänken und nicht sortiert eingelagert. Solcher Geröllschutt taucht in den verschiedensten Schichthöhen auf, keilt oft rasch aus, ist nicht selten auch eckig. Grob und Fein, zusammen mit Landpflanzenresten, mitunter auch mit Versteinerungsschalen, erscheint ohne Ordnung wie zusammengekehrt und in das nächste flache, aber ruhige Meeresschlammbecken eingeschüttet.

Im kleinen hat man gewiß auch sonst ein anorogen entstandenes Schuttsediment an Berghängen, in Wildbächen, an Brandungsküsten, in Muren oder Wadis. Auf *orogene* Bildungsumstände kann man das erst bei besonderer regionaler und zeitlicher Ausdehnung beziehen. Dann bedeutet solche „*Schuttfazies*" die mangelnde Zeit der Umstellung des äußeren Stoffwechsels auf neue, nämlich plötzlich orogen bedingte Reliefverhältnisse. Es wird immer Zeit benötigt, bis Gefällsausgleiche und normale Transporte mit entsprechender Sortierung möglich werden, auch bis eine

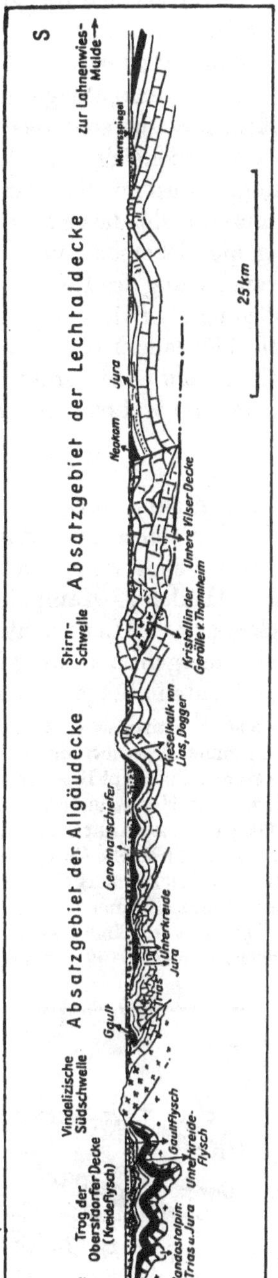

Abb. 98. *Das vorcenoman gefaltete Inselgebiet im Bereich der Ammergauer Alpen zur Cenomanzeit.* Schematisches Sammelprofil ohne genauen Maßstab, überhöht.

orogen vertriebene Lebensgemeinschaft verschwunden und eine neue angekommen ist. —

Für die *mittleren und südlichen Teile der nördlichen Kalkalpen* im W sind *keine sicheren* Cenomanablagerungen bekannt. Es ist daraus wohl zu schließen, daß so weit nach S entweder das Cenomanmeer nicht mehr vordringen konnte oder daß die doch vielleicht in Senken abgelagerten Ausläufer nachfolgend wieder abgetragen wurden. So können auch die Bewegungen der Unterkreide im S mit Cenoman nicht datiert werden. Sie scheinen aber bereits nicht nur zu einer Faltung und Überschiebung (ohne Cenomanüberfahrung!), sondern auch zu einer Heraushebung des Reliefs geführt zu haben. Nach dem Grundsatz, daß die Faltenbewegung überwiegend mit Senkung zusammenhängt, könnte man schließen: Der Mangel eines hier eingedrungenen Meeressediments im S macht eine gewisse Absättigung der Gebirgsfaltung und einen endgültigen Übergang in das hochorogene Baustadium wahrscheinlich.

Wendelstein—Unterinntal—Salzburg

Einen guten, vom nördlichen Alpenrand nach S bis an die Grauwackenzone reichenden Querschnitt durch die Unterkreide bis zum Cenoman hat uns das verwickelte Wendelsteingebiet und die Senke des Unterinntales vermittelt. Ausläufer gegen Heuberg—Kampenwand—Hochfelln—Ruhpolding erweitern dabei den Blick gegen O. Hier reichte das Neokommeer mit seinen tonigen Kalken, grauen Fleckenmergeln und Mergeln, die es gleichförmig über die tiefermeerischen Oberjuraschichten ablagerte, ohne Unterbrechung weithin.

Die südlich-tirolischen Kalkhochalpen (Lechtaldecke) erhielten offenbar von S, besonders im Kammerkergebiet, etwa während der Barrem-Zeit, erhebliche Sandmengen eingeschwemmt. Über Apt liegt Brekzie aus bereits wieder aufgearbeiteten Neokomgesteinen. Hier im Hochfelln-Hochkienberggebiet hat man vollständiges Neokom, auch mit schwarzen Mergeln des Gargas, sehr ähnlich dem ammonitenführenden Gault im W.

Im N werden solche Einflüsse eines benachbarten Hochgebietes erst mit dem Gargas spürbar. Neben der Fleckenmergelbildung ist uns auch das Auftreten der *Flyschfukoiden* am Heuberg außer anderen Kleinerscheinungen Hinweis für das Weitergehen der Bewegung auch während der Unterkreide. Einen Beweis liefert uns wieder das Übergreifen der Gault (?)- Cenoman-Ablagerungen (Abb. 99). Sie liegen genau wie im W gegen den Nordrand zu, also auf der etwa

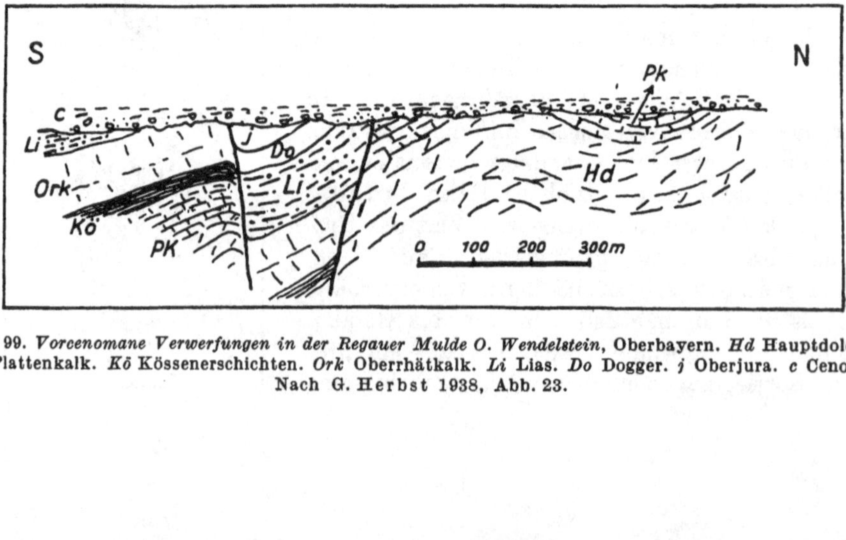

Abb. 99. *Vorcenomane Verwerfungen in der Regauer Mulde O. Wendelstein*, Oberbayern. *Hd* Hauptdolomit. *Pk* Plattenkalk. *Kö* Kössenerschichten. *Ork* Oberrhätkalk. *Li* Lias. *Do* Dogger. *j* Oberjura. *c* Cenoman. Nach G. Herbst 1938, Abb. 23.

der Absatzzone der Allgäudecke entsprechenden „Vorzone“ über ungleichmäßig, nämlich auf Sätteln abgetragenem Neokom. Im N zwischen der eigentlichen Kalkzone und der Vorzone unterschied K. Osswald eine herausgehobene und geröllliefernde Kristallin-Schwelle. Eine südliche Hauptmulde senkte sich gleichzeitig und öffnete so dem nach einer vermutlich allgemeinen Landzeit in über 70 km Breite vordringenden Gaultmeer den Weg (zwischen Punkt *B* und *L* in Abb. 100). Neben schwächeren Sätteln wurde auch der breite Hauptdolomitsattel bis auf den Hauptdolomit herunter abgetragen. Der gebildete Abtragungsschutt zeigt, daß nicht nur Jura, besonders Lias, Rhät und Hauptdolomit, sondern auch Wettersteinkalk da und dort schon angeschnitten war. Der Schutt ist meist eckig, grob oder fein und im allgemeinen ohne Brandungsabrollung. Gegen eine klippenreiche und vielfach steile Riasfelsküste muß sich das Meer nach S langsam vorgearbeitet haben. Erst nach deren Beseitigung wurde das Sediment aufwärts feiner.

Weiter gegen N weisen Quarzsandstein, Sandmergel und gut abgerollte Kristallingerölle (Tegernsee—Schliersee) neben Trias- und Juragestein auf eine kalkalpine Kristallinschwelle zwischen Kalk- und Vorzone, möglicherweise noch auf die Vindelizische Südschwelle zwischen Vorzone und Flyschtrog. Mindestens 40 km weit gelangten jene kristallinen Einspülungen südwärts in das Meer. Im S

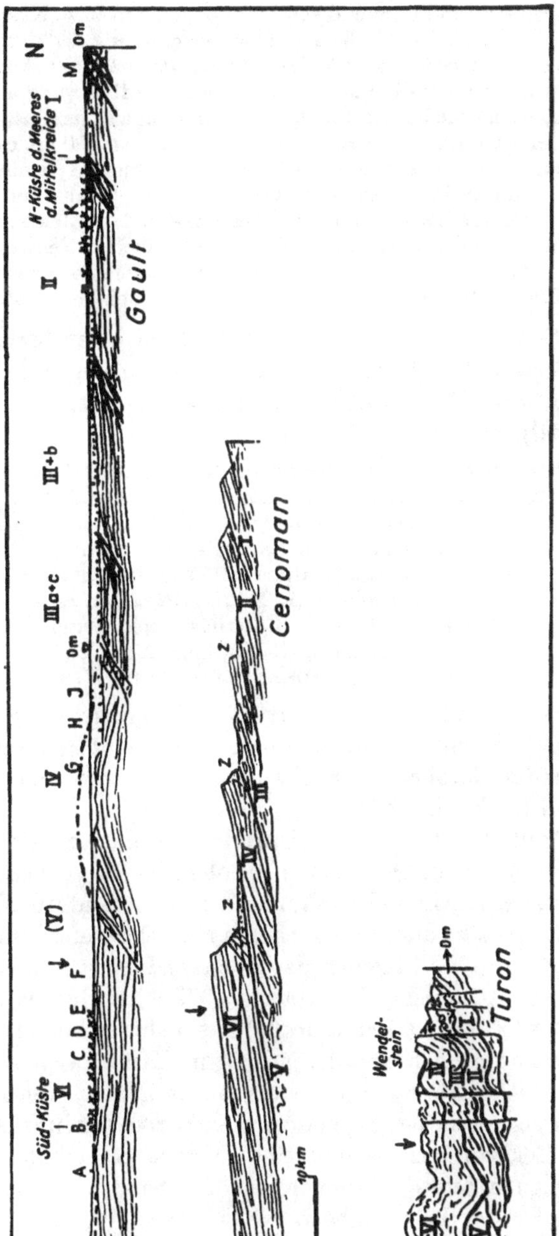

Abb. 100. *Der Zusammenschub der VI Schuppen des Wendelsteingebietes in Mittel- und Oberkreide* nach K. Osswald 1929, 61. VII Guffert-Pendlingschuppe. Kreuze: Küstenfazies. Punkte: Kristalline Gerölle. *z* Meeresbecken während der Schuppung. Die Schuppe VII rückte bis *A* vor, VI bis *H*; IV über III beide bis *K*; II bis *M*. *G* Sattelalm-Regauer Alm. *J* Riesenkopfmulde und südlich.

der großen kalkalpin-tirolischen Schwelle fehlen jene Gerölle aus N. Kohleflözchen bildeten sich längs dem nördlichen und südlichen Schwellen- bzw. Küstenrand (Abb. 100).

Die sehr wechselnde Größe und Zusammensetzung der Gerölle ist ein getreuer Spiegel des oft rasch wechselnden und kräftigen Reliefs, das im S am stärksten war.

Bemerkenswert ist die Vortiefe, welche sich nördlich vor der kalkalpinen Hauptaufwölbung in der Lechtaldecke bildete. Sie füllte sich mit blaugrauem, feinsandig-glaukonitischem Mergel und einzelnen Kalksandsteinbänken des Cenomans (400 m), die von der südlichen Inselküste viel Sand erhielten und schon sehr an Molassemergel erinnern. Nach M. Schlosser 1909 führen sie außer Cenoman- auch gegen 10 v. H. Gault- und etwas mehr Turon-Versteinerungen, wobei die tiefermeerischen Cephalopoden das mittlere, O-W-streichende Muldentiefste auszeichnen, während die nördlichen und südlichen Teiltrogverflachungen Korallen- und Schneckenfauna zeigen. Dieser Teiltrog bestand auch noch während der nachfolgenden Gosauhauptfaltung, ohne daß eine Ungleichförmigkeit den Schichtstapel unterbrechen würde.

Die Cenomanfauna des Unterinntales ist jener des Regensburger Cenomans so nahe verwandt, daß man eine Meeresverbindung, wenigstens vorübergehend, annehmen wird. Es fehlen aber alle Beziehungen zu dem südalpinen Cenomanmeer: Zentralalpeninsel!

Die über mehr oder weniger scharfe Unterkreidefalten übergreifenden Schuttbildungen des Cenomans, die insbesondere von der Vindelizischen Südschwelle (Grenze gegen den Flyschtrog) kristalline Anteile (Gangquarz, Quarzphyllit, Arkose, Diabas, Quarzporphyr), schwärzlich-sandige Mergelschlamme und Landpflanzenhäcksel erhielten, gibt es neben überwiegend örtlichem (teils offenbar randostalpinem!) Trias-Jurageröll an der Kampenwand, am Laubenstein, Hochfelln, bei Ruhpolding (L. Noeth 1926, E. Kraus 1941). Sie greifen ungleichförmig über Hauptdolomit, Oberrhätkalk, Unterlias, Neokom und griffen lappenartig südwärts in das schon etwas höher emporgehobene Gebirgsland. Auch erwiesen sich die nördlichsten Falten der Unterkreide als die flachsten, ganz so wie weiter im W.

Von einer südlich benachbarten Kristallinschwelle stammt die südwärts anwachsende Sandmasse, z. B. in dem sehr mächtigen Neokom der Kammerker mit ortsfremden Geröllen der Kalkalpen, mit chloritischen Schiefern, Adinolen, Landpflanzen (F. F. Hahn 1910).

Sehr auffallend ist in der Unterkreide an der Salzach über den ohne Unterbrechung aus dem Oberjura nach oben hervorgehenden kalkig-*fleckenmergeligen* Schrambachschichten des fukoidenführenden Unterneokoms die zunehmende *Verflyschung*, welche durch die sandigen Mergelschiefer, dunkelgrauen Sandsteine und Konglomerate bis Brekzien der *Roßfeldschichten* gegeben ist. Dieser im Sinn von P. Arbenz 1919 und C. W. Kockel 1922 schon durchaus *orogene Neokomflysch* der tirolischen Einheit (Lechtaldecke) hat mehrere hundert Meter Mächtigkeit. Seine bis über kopfgroßen Gerölle, ja bis 5 m Kantenlänge messenden Blöcke bestehen von tirolischem Gestein aus viel Dachsteinkalk, wenig Liaskalk, viel Radiolarit und beweisen mit den gegen oben sichtbaren, schon wieder umgelagerten Geröllen aus Roßfeldsandstein eine vorübergehende Teilhebung und Inselbildung.

Aber auch bunte Werfener Schiefer, Sandsteine, Hallstätter Kalke der Juvavischen Decke, dazu Diabasporphyrit, Variolit, Granit, Phyllit, Gangquarz gibt es. Damit aber tritt nicht nur die bereits benachbarte (oben S. 327) *Juvavische Decke*, sondern auch eine wohl aus Gestein der heutigen Grauwackenzone bestehende *Untergrundsschwelle* als schuttliefernde Meeresranderscheinung hervor.

J. Kuehnel bemerkte 1929, 548: „Der Überschiebungsvorgang, der wohl während und in unmittelbarem Anschluß an die Ablagerung der Roßfeldschichten stattfand, bewirkte in der Göll-Antiklinale die Abscherung der obersten Dachsteinkalkberge und ihre Anpressung an die Oberalmer Schichten des Südflügels der Roßfeldmulde..." (Abb. 78).

Mit der nach oben fortschreitenden Vergröberung des Sediments zeigen die Roßfeldschichten die spätere Verlandung während der Apt- und Gaultzeit, z. B. für das Salzkammergut, an. Sie sind die jüngsten Ablagerungen der basalen Tirolischen Decke, die aber, nach den juvavischen Geröllen zu schließen, von S her schon bis in deren Nachbarschaft überschoben gewesen sein dürfte durch die Juvavische Decke, an deren Unterfläche jene phyllitischen Gesteine lagen (F. F. Hahn 1913). Diese Decke besitzt, vielleicht infolge der bereits im Zusammenhang mit der Deckenbildung vollzogenen Höherschaltung und Berglandbildung, keine Unterkreideabsätze mehr.

E. Weber 1942, 256ff., schilderte das Durcheinander der Roßfeldflyschmassen mit ihren Sanden, Geröllen, Klötzen und Platten, auch weichen Letten-Fetzen, teilweise als Ablagerung von Schlamm- und Schuttströmen, „die murartig von einer unmittelbar südlich benachbarten Steilküste aus ins Meer abgeglitten sind". Für die höhere Hauterivezeit sagt Weber: „Die juvavische Schubmasse muß darnach bis zur Zeit der Ablagerung der höheren Horizonte der oberen Roßfeldschichten mit einem von den tiefjuvavischen Hallstätter Kalken gebildeten Nordteil bereits bis in das Küstengebiet, d. h. bis in den Bereich der Nordabdachung des Göllgebirgsstockes vorgerückt gewesen sein, während die hochjuvavischen Teile offenbar noch weiter im S lagen, von wo ihre Reste durch die einmündenden Flüsse ins Meer verfrachtet worden sein dürften. Einen Zweifel darüber, daß der Vorgang der Überschiebung der juvavischen Massen noch während und in unmittelbarem Anschluß an die Ablagerung der Roßfeldschichten stattfand, kann es so entgegen Boden (1930, S. 147/148), zum mindesten soweit es sich um die tiefjuvavische Einheit handelt, nicht mehr geben."

Auch die Juvavische Decke hob sich dann heraus. Etwa in der Aptzeit war auch hier wie weithin in den Kalkalpen, wohl wegen eines isostatischen Ausgleichs nach den ersten Faltungs- und Verdickungsvorgängen, während Oberjura-Unterkreide die Erdrinde landfest emporgestiegen.

Im Salzburgischen und Salzkammergut fehlt Cenoman. Die sehr wahrscheinlich aber gleichfalls vorhanden gewesenen Bewegungen der Unterkreidezeit werden erst durch die später zu besprechende Gosau-Transgression deutlich gemacht. Man faßte sie daher als „Vorgosaubewegungen" zusammen, meist zu einer scheinbar einzigen Bewegungsphase.

Anzeichen der neokomen, etwa bis in die Barremzeit reichenden Sattelbildungen, die als Inselschwellen über dem Meeresspiegel erschienen, und Sand abgegeben haben, spüren wir auch hier im nördlichen, hochbajuvarischen Randbereich der Vindelizischen Südschwelle, wo sich, ähnlich wie in der Osterhorngruppe, Sandsteinbänke zwischen die grauen Cephalopoden-Fleckenmergel einschalten (v. Pia 1912, 1913). Die völlige Trockenlegung kam erst etwa im Apt.

Östliche Nordalpen

Mangel der Unterkreide herrscht weithin in den östlichen Nordalpen.

Zwischen die Bänke des hellen Tithon-Neokom-Aptychenkalks schalten sich in der Wiener Klippenregion von Ober-St. Veit und Lainzer Tiergarten nach Fr. Trauth 1928 mitunter einige Meter Konglomerate und Brekzien mit fast bis kopfgroßen, meist aber kleineren Geröllen aus weißem und rotem Malmkalk, schwarzem Hornstein in feinsandigen Mergel ein. Diese sedimentäre Einschüttung stammt offenbar von einem benachbarten Teilgebiet, das über dem Meeresspiegel Inselschutt abgegeben hat hinab in tiefes Meer; ein neues Anzeichen für ein nur tektonisch entstandenes Relief.

Wo dann im Höllensteinzug bei Wien (A. Spitz 1910, 388, E. Spengler 1928, 90; 1931, 528) zum erstenmal wieder sicheres Cenoman auftritt, da liegt diese schon *übergreifend über den Falten einer früheren Faltung*, von der sich deutlich eine zweite Schubphase unterscheidet, die auch noch vorgosauisch war. E. Spengler hat ähnlich wie O. Ampferer für westlichere Gebiete erkannt, daß dem vorgosauisch-juvavischen Haupteinschub (der „Schneebergdecke" mit Fortsetzungen des gleichen Ereignisses bis zur Reiteralp SW Reichenhall) im Bereich der faltungsfreudigen Puchberg-Mariazeller Zone nicht nur eine starke Faltung vorausging, sondern auch noch eine ganz erhebliche Abtragung. Jene Faltung kann nicht mit der späteren Überschiebung in dynamischem Zusammenhang stehen, weil ein solcher fehlt und weil außerdem, die neue Decke über ein bereits stark abgetragenes Faltenland hinwegschritt.

Es ist sehr bezeichnend, daß jene erste und vermutlich vorcenoman der Unterkreide angehörige Faltung sich — wenn auch nicht vollständig, wie H. P. Cornelius für Blatt Mürzzuschlag gezeigt hat, so doch überwiegend — auf Gebiete beschränkte, die nicht durch mächtige ladinische Diploporen-Riffplatten versteift waren. Erst nördlich jenseits des St. Ägider Riffes gibt es in der späteren, weniger steifen Lunzerdecke wieder diese ältere Faltung vor der großen Schubzeit (E. Spengler 1928, 92). Die Aufwölbung der Schöplspitz—Türkrieglspitz-Kuppel gehört der älteren Faltung an. Ebenso eine Anzahl von Querbrüchen an Grachernalm—Kuhschneeberg (erste Bewegung).

Es ist durchaus unklar, wieweit diese erste Faltung doch noch, wenigstens in Teilen, in die Jurazeit zurückgeht. Denn die Abtragung der von ihr geschaffenen Falten war zu Beginn des vorgosauischen Trias-Einschubes bereits soweit fortgeschritten, daß die Abtragungszeit doch recht lang gewesen sein muß. Zwischen dem Rückzug des Unterkreidemeeres und der Cenomantransgression scheint uns eine zu kurze Zeit zu liegen, denn die letzte Meeresbedeckung ist durch Geyer noch für die Gaultzeit nachgewiesen. Auch fehlt an dieser tiefgreifenden Abtragung entsprechender Schutt.

Wenn daher nach der Neokomzeit die Abtragung nicht in vollem Umfang möglich erscheint, dann muß sie vorher in Festlandszeiten erfolgt sein. Dann muß aber noch früher wenigstens der Anfang jener Altfaltung gelegen haben. Als Hauptzeit scheint, da auch aus der Oberjurazeit Küstenbildungen kaum bekannt sind, hauptsächlich der Dogger und teilweise schon der Lias mit ihren erheblichen Schichtlücken in Frage zu kommen. Das würde zu der Folgerung führen, daß bereits während des Lias jene Altfaltung nicht unbedeutend war.

Wieweit die Oberkreide der nördlichen Kalkostalpen unter der Gosau schon mit Cenoman beginnt, ist noch nicht in jedem Fall geklärt (Vetters Erl. 1937, 88). So kann auch noch nicht gesagt werden, welche Falten von der durch E. Spengler 1931, 92, unterschiedenen älteren Faltungsphase unter der übergreifenden Oberkreide z. B. in der (erst später abgelösten) Lunzer Decke schon im Neokom oder im Cenoman entstanden sind.

Ebenso haben wir, wie oben gesagt, nach H. P. Cornelius bereits einen durch scharfes, tektonisch geschaffenes Relief in der tiefmeerischen Dogger-Malm-Zeit kenntlich gemachten „Embryo" der vorgosauisch überschobenen Lachalpendecke im Bereich von Blatt Mürzzuschlag. Es ist daher durchaus wahrscheinlich, daß gleichzeitig mit den anderen vorcenomanen Bewegungen auch eine *erhebliche Fortentwicklung dieser großen Juvavischen Decke* vor sich ging. 1936 versuchte ich diese *durch Ausschiebung* aus ihrer faziell völlig gleichartigen Umgebung, die heute ringsum unter ihr liegt, zu erklären. Denn die Decke befindet sich im Bereich überwiegender Südüberschiebungen und könnte so kaum einseitig gegen N überschoben sein. Doch scheint es auch hier Richtungswechsel gegeben zu haben: N-Vergenz der ö. Radstädter D. zu Beginn der Unterkreide; südlichere Narbenlage im Jura! (H. HÄUSLER 1943, E. SPENGLER 1943, A. THURNER 1947).

Ausschiebung über der nordalpinen Narbe in der Unterkreide

Nach Zerlegung der SPENGLERschen „Schneebergdecke" in nach Richtung und Zeit verschieden bewegte Teildeckenstücke glaubte H. P. CORNELIUS die genannte Schwierigkeit vorhandener Südüberschiebung doch im Sinn einer allgemeinen Nordüberschiebung beheben zu können (1939, 166). In dem Augenblick einer notwendig werdenden Zerlegung nach Richtung und Zeit der Bewegung hat man aber die Anwendbarkeit meiner Ausschiebungs-Ansicht erneut zu prüfen.

Der Einwand von CORNELIUS, am streichenden Ende der ausgeschobenen Decke müsse man das Fortlaufen der *senkrechten* Narbenstruktur im heutigen Aufschluß-Stockwerk ohne weiteres sehen können, verlangt ein wenig zu viel. Warum soll sich die Gesamteinengung, welche zur Ausschiebung der Decke führte, ausgerechnet in dem heute aufgeschlossenen Stockwerk vollzogen haben? Wenn wir schon in nächster Nähe die Ablösungsflächen durch Abschiebung höherer von tieferen Teilstockwerken (oder umgekehrt! Beispiel „basale" Werfener Schichten über Paläozoikum) sehen, so liegt doch wohl nahe, hier einen ähnlichen Mechanismus bei ähnlichen Faziesprofilen anzunehmen, was übrigens CORNELIUS, S. 169, selbst tut („mechanische Ausdünnung durch darüber bewegte Lachalpendecke"). Und warum soll das Ausklingen jener Einengung nicht von unten nach oben stattfinden? Warum vergaß er die tatsächlich im S benachbarten Narbenschnitte und spätere Verschiebung der *aus ihnen* ausgeschobenen Decke?

Im übrigen wäre es unrichtig, aus der Breite der nach oben ausgeschobenen Decke auf den gleichen Betrag der Einengung unter ihr zu schließen. Letzterer kann geringer sein und kann vor allem im Streichen und quer dazu durchaus wechseln. Nehme ich eine *über den ruhenden* Untergrund geschobene oder gerutschte Deckscholle an, so müssen sich, falls sie in sich einigermaßen im Zusammenhang bleibt, alle ihre Teile ungefähr *in gleicher Richtung* und um *das gleiche Maß* voranbewegt haben. Nehme ich dagegen eine im ganzen *ruhende Deckscholle* an, welche, etwa ihrer Starrheit wegen, bei der allgemeinen Einengung des Untergrundes und seiner Umgebung nicht mitmachte, sondern sich von dieser schrumpfenden Nachbarschaft seitlich und darunter ablöste, um wie eine Eisscholle über den Wasserwellen oder über anderem Schollenwerk zu schwimmen, so werden dieser Vorstellung alle jene zahllosen Beobachtungen gutgeschrieben werden können, welche nicht nur für wechselvolle Einengung, teilweise Faltenverankerung mit dem Untergrund, sondern auch *für wechselvolle Verschiebungsweiten einer Decke gegenüber ihrer Unterlage* vorliegen. Das alles spricht also für *Unterschiebung*, gegebenenfalls für mehr oder weniger allseitige Unterschiebung, das heißt *für Ausschiebung.*

Es verlohnt sich, meine diesbezüglichen Gedanken etwas durchzudenken, denn sie scheinen mir anderen Vorstellungen gegenüber hinsichtlich ihrer Anpassungsfähigkeit an die Buntheit unserer tektonischen Bilder weit überlegen zu sein. Es lohnt sich nicht, sie allzuschnell abzulehnen. Die hier für die Entstehung der *Inntaldecke* maßgebenden und beweisenden Beobachtungen und Gesichtspunkte habe ich inzwischen 1949 (N. Jb.) veröffentlicht. Sehr viel in dieser Arbeit Gesagtes trifft auch für die gleichfalls über dem nordalpinen Narbenraum liegende Lachalpendecke zu. Das beantwortet auch E. SPENGLER's 1951 erneuten Einwand.

Bezüglich der Lachalpendecke steht fest, daß sie sich von der ihr unterschobenen Nachbarschaft bzw. heutigen Unterlage faziell so wen'g wie die Inntaldecke von der umgebenden Lechtaldecke unterscheidet, daß ein im S entfernt liegendes Gebiet, von dem her sie geschoben sein könnte, wenigstens nicht wahrscheinlich zu machen ist. Daß in dieser Decke Schubreste — vielleicht herrührend von Reliefüberschiebung — ihres variszischen Untergrundes enthalten sind, welche ebensowenig mit solchem Untergrund im S zusammenpassen wollen — auch nach dem, was sie *nicht* enthalten (Prebichlschichten, Lydit). Dieser fremdartige Untergrund mag der heute unter der Lachalpendecke nicht sichtbare oder bei der Einengung mehr oder weniger nach der Tiefe zu abgewanderte sein. Z. B. paßt auch der Bestand der Gosaugerölle nicht für ein mögliches, südliches Einzugsgebiet. Es scheint, daß er aber mit dem Abbau der teilweise vielleicht schwellenartig im Vorgosaurelief noch vorhanden gewesenen Schubschollen im Bereich der betreffenden Decke zusammenhängt.

Überblick über die kalkalpine Bewegung

Innerhalb der ostalpinen Trias hat man vielfach etwa SW-NO verlaufende Faziesgrenzen. O-W-streichende Sättel und Mulden gab es auch, doch waren sie noch breit.

Noch bis zum Barrem liegen die faziell erkannten Strukturen nicht überall scharf parallel zu den späteren tektonischen Deckengrenzen (F. HAHN 1912). Dies begann erst während der Unterkreidemeer-Absenkung. Da wird die tektonische Einengung zugleich noch schärfer und auch an der Meeresoberfläche reliefmäßig klar. Wieweit in größerer Tiefe schon vorher jene scharfe Faltungsparallele zu den ungefähr ostwestlichen Trogränder bestand, ist unsicher.

Jedenfalls ging die Einengung auf Kosten der ursprünglichen Ablagerungsbreite und mußte erhebliche Verdickung der obersten, spezifisch leichten Erdrinde bringen. Wie *eine isostatische* Folge dieser Verdickung der schwimmenden, leichten Gesteinsplatte erscheint uns daher das vorcenomane Landfestwerden fast der ganzen Kalkalpenmasse, die nur durch eine Transgression des helvetischen Albe-Meeres von N durch die ultrahelvetischen Flyschtröge auf nördlichste Randteile der heute sichtbaren Kalkalpen unterbrochen wurde.

Was sich an *Faltung und Überschiebung schon vorcenoman* ereignet hatte, vermögen wir zum großen Teil nur noch mittelbar *aus der bereits fertigen* Gebirgsstruktur zu erschließen, welche durch die nachfolgende Abtragungsfläche und die Zusammensetzung des Abtragungsschuttes kenntlich wird.

Die bajuwarische Masse (Allgäudecke und nördliche Lechtaldecke) wurde kräftig gefaltet, südlichere Gebiete, deren Triaskalk- und Dolomitplatten ungleich weniger faltungsbereit waren, scheinbar weniger.

Immerhin bog sich auch das tirolische Becken nieder und die juvavische Deckenmasse war aus SSO gegen NNW über die tirolische (Lechtaldecke S, Inntaldecke) Einheit auf mindestens 40 km Förderweite (Werfen—Tumsee) hinweggeglitten, wobei basale Falten und paläozoische Schwellenreste am Grunde mitgeschleift wurden.

So konnte die cenomane Meerestransgression von den ultrahelvetischen Flyschtrögen im N her verhältnismäßig rasch über bereits ziemlich eben abgetragene Landflächen südwärts gegen das Landrelief vordringen und noch dessen tiefere Senken erfüllen.

Dieser Vorstoß dürfte zugleich der Anfang erneuter, scharfer Zusammenfaltung gewesen sein, die noch im Turon weiter ging.

d) *Das zentralalpine Kreidefestland der Ostalpen*

Fehlt schon in den südlicheren Kalknordalpen weithin marine Unterkreide, und müssen wir damit rechnen, daß hier zum wenigsten zur Apt-Zeit einmal bereits überall Festland herrschte, so ist mangels irgendwelcher Unterkreide-Ablagerungen für das zentralalpine Gebiet weiter südwärts noch mehr anzunehmen, daß während der Unterkreide ***Festland*** bestand, wo die Hauptschübe beendet waren.

Entsprechend dem Abreißen der Schichtfolge nach dem Rhätlias-Oberjura in den Tarntalern und Radstädter Tauern und der klastischen, flyschartigen Oberjurakalkphyllitfazies in der Oberen Schieferhülle dürfte die Landoberfläche mit Inselgebieten schon im Jura begonnen haben. Nur die versteinerungsleeren Konglomerate der Tarntaler bzw. der Schwarzeck-Brekzien, welche mit Jura, im O (unbewiesen) mit (?) Altkreide-Brekzien verglichen werden können, sind uns als Reste der langen Abtragungszeit erhalten. Diese Spuren und das Fehlen einer Überflutung selbst in so meeresfreudiger Zeit wie in der Mittelkreide deuten auf erhebliche und zunehmende Reliefhöhen dieser umfangreichen zentralalpinen Insel hin.

Die starken Gesteinsverluste durch verschluckenden Innenabbau, welche zwischen dieser Insel und den nördlichen und südlichen Kalkalpen von heute reliefsenkend eintraten, erklären leicht, weshalb verhältnismäßig nur wenig Schuttausstrahlungen von dieser Gebirgsinsel in die nördlich und südlich benachbarten Faziesgebiete gelangten, die jetzt noch vorhanden sind. Einige solche Schwellenausstrahlungen haben wir bereits oben erwähnt.

Baugeschichtliche Einzelumstände lassen sich bei solcher Sachlage für die Kreidezeit der Zentralalpen nicht ableiten. Wohl aber können wir sagen, daß sich diese als ein orogen zur Hauptsache weit fortgeschrittenes Gebirgsstück heraushoben, welches schon zu ***langdauernder Hebung und Hochlage, das heißt in den hochorogenen Entwicklungsabschnitt übergegangen war.***

e) *Unterkreidebewegungen in den Südalpen*

Wir beginnen die Besprechung im O, denn die hier schon für die Jurazeit festgestellten, sehr starken und wiederholten Reliefänderungen hatten sich als tektonische erwiesen und erschienen in engster Beziehung zu den Decken- und Falteneinheiten, welche noch heute den tektonischen Bau ausmachen.

Während der Kreide wurde ohne Zweifel ***an der bereits weit ausgebauten Anlage dieses Baues stark weitergearbeitet.*** Auch hier erlauben die von A. v. Winkler-Hermaden aufgefundenen und 1936 im Zusammenhang mitgeteilten Beobachtungen wertvollen Einblick.

Die foraminiferenreichen Woltschacher Hornstein-Plattenkalke der Unterkreide mit ihrem tausendfachen Wechsel mit dünnen Mergellagen beweisen ohne Frage *die weitere Vertiefung des ausgedehnten Julischen Geosynklinal-Troges.*

Während diese tiefmeerische Bildung nach N wahrscheinlich in eine weniger tiefe, teilweise glaukonitische Fleckenmergelfazies der zentralen Julischen Alpen (Krn, nordostwärts Flitsch) überging, erhielt der Trog von S her feinere und gröbere Kalksandsteine und verschieden groben Brekzienschutt, Kalkspat-Geröllchen, was nach A. v. WINKLER 1925, 280, alles von einem kalkigen Küstenstreifen im S herabgespült wurde. Es bestand hier eine bis über den Meeresspiegel, also *mindestens 1000 m hoch aufsteigende Südschwelle*, die in ständiger tektonischer Ausgestaltung ihren Schutt nordwärts dem gleichzeitig sinkenden „Vortiefentrog" abgab.

Eine Fortsetzung bzw. Wiederholung dieses südalpinen Geosynklinaltroges mit seinen hornsteinführenden Plattenkalken haben wir dann in der südlichen julischen Außenzone (VIII bei WINKLER) und weiter südwärts vorgreifend am Außensaum der Zone VIII (Ternovaner Wald—Kolovrat).

Auch gegen W sind die Trogstreifen der Julischen Südalpen bis über die Gebiete beiderseits des Tagliamento hinaus tiefmeerisches Senkungsgebiet. Sie erhielten hornsteinführende Biankone-Plattenkalke, während in der Südvorlage der westlichen Julischen und Karnischen Alpen (Zone VIII bei WINKLER) eine untermeerische (im Verhältnis zur Umgebung!) Schwellenzone im Bereich der Trogvorlage VIII (Dome des Tarcento) strandnahe Riffkalke, Diceras- und Nerineen-Seichtwasserabsätze empfing.

Welche Gebirgsbewegungen nun im einzelnen auf die Unterkreidezeit entfallen, das läßt sich für die östlichen Südalpen deshalb schwer sagen, weil die großen Tröge zu tiefmeerisch waren, als daß ihr tektonisches Relief im Faziesbild klar zum Vorschein gekommen wäre, und weil es nicht mehr viel sicheres Cenoman gibt. In dem weithin übergreifenden Senon sind aber so viele Gerölle von Rudisten-, Korallen- und Oolithkalk der Mittelkreide enthalten, daß dieser hiernach z. B. im mittleren Isonzo-Gebiet ursprünglich sehr viel weiter verbreitet gewesen sein muß (A. v. WINKLER 1920, 58). Die Gerölle können heute die Fragen über ungleichförmige Auflagerung auf ein bestimmtes tektonisches Profil nicht mehr klären. Im oberen Teil reichen die Gerölle nach FR. KOSSMAT bis in das Turon empor. Die genannten Kalksteine der Mittelkreide schließen flachmeerisch die tiefermeerische Zeit der Unterkreide ab.

Erst später, mit der Gosau-Skaglia-Transgression zu Ende des Turons und besonders im Emscher, zeigen uns die Profile die vielleicht seit langem, während Lias-Dogger-Malm und Unterkreide entstandene und fortgebaute Tektonik an. Daß sie schon *bald nach Juraende* erneut kräftig einsetzte, das konnte auch weiter im O erkannt werden (F. A. HAERTEL 1920, 6).

Raschen Fazieswechsel im Unterkreidemeer treffen wir mitunter auch weiter westlich in den Südalpen. Vom Monte Cavallo im weiteren Friauler Gebiet meldete K. FUTTERER 1895 die grauen, flachmeerischeren Kalke der Unterkreide, während die tiefermeerische Biankone westlich davon zwischen Piave und dem Alpago auftritt, in den Karnischen Voralpenketten aber wieder nicht erscheint.

Im südlichen und westlichen Vorland der südalpin-dinarischen Zone entwickelte das warme Flachmeer ähnliche rudistenreiche, helle Kalke, so wie auch das Unterkreide-Flachmeer im provençalisch-helvetischen Faltenbereich Urgonkalke ablagerte. Im ersteren Gebiet des Hochkarstes und Triestiner Karstes greift darüber allgemein die Oberkreide, beginnend mit der obercenoman-unterturonen Repener Brekzie und bedeckt von weiteren strandnahen Radiolitenkalken und -brekzien. Einer Verlandung und roterdigen Verwitterung verdanken auf den Kreidekalken von Istrien die Bauxitlager ihre Entstehung.

Die Rudistenfazies der Unter- und Oberkreide reicht NW bis in das Friaul, Tarcento und nach Ostvenetien. Sehen wir von der schwachen Ungleichförmigkeit unter der übergreifenden Oberkreide ab, so dürften hier am Außenrand für die Unterkreidezeit noch keine Anzeichen stärkerer Bodenbewegungen vorliegen. *Bis dahin war die Hauptbewegung noch ebensowenig vorgedrungen wie etwa in die helvetische Außenzone im N oder W.*

Von diesem noch recht ruhigen, warmen Flachmeer im SO unterscheidet sich schon wesentlich *die Kreide von Westvenetien und von der Etschbucht.*

Hier war das Meer, welches die Biankone brachte, wesentlich tiefer, während der Mittelkreide noch verhältnismäßig am flachsten: Rudistenkalke in Mittelvenetien, weiße oder graue Cenomankalke in den Sette communi und den Lessinischen Alpen, bunte Sandkalke und bituminöse Mergelkalke der Etschbucht. Ebenso ist die der weißen Biancone entsprechende, tiefmeerische Majolika der Lombardei, sich allmählich aus ähnlichem Oberjura entwickelnd, bedeckt von flachermeerischen Mergeln und Mergelkalken mit Konglomerat- und Sandstein-Zwischenlagen. In Judikarien setzt diese Majolika fort. So folgt nach Vacek 1899 über Biancone der Berrias-Barrem (?)-Zeit eine große Schichtlücke bis zu der scharf ungleichförmig übergreifenden, senonen Skaglia-Auflagerung. In der Brianza liegen über der Majolika turone, vielleicht schon cenomane Skagliamergelkalke mit Sandstein und auf ein tektonisches Relief hindeutendem Konglomerat: Die Südalpen haben sich im Rückland etwas herausgehoben.

Wir sehen also, daß *die Zeit der großen Transgression und allgemeinen Landsenkung* bzw. auch der „eustatischen“ Meeresspiegelhebung (Cenoman und Turon) hier in den *südlicheren Südalpen gerade umgekehrt weithin noch eine Zeit allgemeiner Verflachung der Meerestiefen war;* so auch in den Nordalpen. Die der Cenoman-Transgression entsprechende Senkung kam zum mindesten weithin erst beträchtlich später.

Wir sehen noch eine allgemeine und wichtige Erscheinung: Obwohl die Hauptfazies der nordalpinen Unterkreide, der Neokom-Fleckenmergel, früher oder später gleichförmig aus den tiefmeerischen Oberjura-Tithon-Absätzen hervorging, entspricht er doch ohne Frage einer erheblichen *allgemeinen Verflachung* des nordalpinen Geosynklinalmeeres. Anders verhält sich trotz der ebenfalls vorhandenen Gleichförmigkeit die südalpine Geosynklinale: Hier gab es in der Unterkreide keine oder keine vergleichbare Heraushebung. Vielmehr entstand die Majolika-Biankone zweifellos in einem etwa ebenso tiefen und küstenfernen Meer wie der Oberjura. Wir werden sehen, daß auch die *Anhaltspunkte* für schärfere Faltung in der südalpinen Unterkreide-Geosynklinale geringer sind; und ebenso schwächer und zögernder war die nachfolgende Heraushebung. Nur selten kam es zu cenomaner oder turoner Inselbildung. Die Mittelkreide war weithin flachmeerisch. Außerdem hören wir davon, daß zur Zeit der nachfolgenden Skaglia-Überflutung die allgemeine Absenkung meist sehr viel tiefer hinabführte. Inselsättel fehlten daher, es fehlten deren Abspülungen in die klarmeerischen, reinen Kalkabsätze und die Schuttzufuhr von der sehr fernen zentralalpinen Hauptinsel. *Das besagt für schwächere Gebirgsbildung aber nichts.*

Mitunter sind auch im S orogene Einwirkungen bekannt. So haben wir in der Unterkreide Venetiens einen nordwärts wachsenden Ton- und Sandgehalt von zentraleren Alpenteilen her. Mojsisovicz wies in seinem Werk über die Südtiroler Dolomitriffe 1879 einen Übergang der mergeligen in sandige und schließlich in konglomeratische Unterkreide nach. R. Teichmueller erwähnte 1929, 391, das mit roten dolomitischen Kalken bzw. mit Grundkonglomerat über Hauptdolomit oder Lias übergreifende Cenoman von Molaro, während nicht weit entfernt noch fossilführende Majolika-Unterkreide erhalten ist. Er schloß auf erhebliche Faltung und Abtragung für vorcenomane Zeit. 1930 konnte Teichmueller das Übergreifen, beginnend mit dem Cenoman und fortgesetzt im Turon, aus örtlichen erosiven Teilsenken über wenig oder auch stärker gefaltetes Grundgebirge feststellen, teils ohne (Brenta u. a.), teils mit Grundgeröll, das am Sasso Rosso bis 400 cbm große Blöcke von hereingerutschten Rhynchonellenschichten umfaßt. Dabei besteht durchaus die Möglichkeit, daß diese Blöcke, ähnlich wie heute am südlichen Felsufer der Krim, nicht 10 oder 100, sondern über 1000 m tief ins Meer hinabgerutscht sind. Gewiß ist die Skaglia nicht überall gleich tiefmeerisch abgelagert, aber die Größe solcher Blöcke allein kann nicht als Beweis für ihre seichtmeerische Bildung gelten.

Auch in den südlichen Alpen ist es nicht anders als in den östlichen Nordalpen: Weil wenig Cenoman gebildet oder erhalten wurde, weil vielleicht die anderwärts den Cenomanschutt aufbewahrende Absenkung hier erst später einsetzte, *kann man den Anteil an vorcenomaner Gebirgsbildung hier nicht festlegen*. Daß aber *erhebliche Gebirgsbewegung* stattgefunden haben muß, das erweisen die nachfolgend zu beschreibenden Bilder der großen Skaglia- bzw. der Gosau-Transgression.

Darf man aus dem Abreißen der Schichtfolge Schlüsse auf den Einsatz überwiegend *hebender Plattenverschiebungen* ziehen, welche den Bau der *Südtiroler Dolomiten* auszeichnen, so würden diese vermutlich als hebende Ausschiebungen und vielleicht als Teilplattenverschiebung hangendster Schuppen gegen NW (Gipfelfaltungen!) zu deutenden Vorgänge (I, 1936, 196) zur Unterkreidezeit begonnen haben.

f) Die Bewegungen im Unter- und Mittelostalpinen Bereich

Wieweit die breite Zentralalpeninsel der Ostalpen nach SW noch in das Mittelostalpingebiet von Ötztal-Campo-Decke hineinreichte, ist schwer zu sagen. Hier gibt es fast keine Kreideablagerungen. Sie setzen erst spärlich in den Unterengadiner Dolomiten und in der Albulakette-Ortlerdecke ein mit dolomitischen und polygenen Brekzien, darüber grünliche und schwarze Tonschiefer („Saluver-Gestein"). Am weitesten im S und heute nahe unter der Campodecke des Sassalbo (Puschlav) in der Languard-Decke liegen wieder die neokomen Fleckenmergel mit Kieselkalken, darüber urgone Tristel-Kalke und -Brekzien, etwas Gaultbrekzie und bunter, gefleckter Foraminiferen-Rotschiefer („Couches rouges").

Man hat (Alb. Heim 1922 II, 723) aus diesen *Rotschiefer*-Vorkommen, die für den Abschluß der Präalpen- und Klippen-Profilreihen besonders bezeichnend sind, auf deren Zusammenhang mit dem Ostschweizer Unterostalpin schließen wollen. Dabei wurde übersehen, daß die gleichen, meist rot gefärbten, foraminiferenreichen Mergelschiefer der Oberkreide auch sonst in den Alpen weithin wiederkehren: südalpine Skaglia, kalkalpine Nierentalschichten, rote Oberkreideflyschmergel des Ultrahelvets, südhelvetische rote Leistmergel.

Eine große Rolle spielen die bekannten „Saluvergesteine" namentlich in der neuerdings von H. P. Cornelius gründlich untersuchten Err-Julier-Gruppe. Ohne tektonische Zwischenfläche liegen hier „über" Radiolariten des Malm-Tithons:

Grobe polygene Saluverbrekzien und -konglomerate; bis 300 m mächtig; *oben*.

Rote und grünliche Saluversandsteine mit roten Tonzwischenlagen und krist. Brekzienlagen; über 10 m.

Dunkle Saluverschiefer, weit über 100 m mit Fein- und Grobsandstein, überall Zwischenschaltungen von bis 6 m mächtigen Brekzienbänken; *unten*.

Kantenrunde Bruchstücke von Julier- und Albula-Graniten, dazwischen viel anderes Kristallin, viel Triasdolomite, Rät- oder Liaskalke, aber keine basischen Gesteine und keine Radiolarite (offenbar bereits von der Schwelle abgetragen!) setzen in raschem Wechsel die Schuttmassen zusammen.

1944, 366, konnte Fr. Roesli in Analogie zum Murtiröl und durch Umdeutung der Piz Nair-Basis sehr wahrscheinlich machen, daß die Saluverserie nicht in die Kreide sondern in den Oberjura gehört.

Während der Oberjurazeit bildete sich danach, offenbar orogen, eine südlich benachbarte Gebirgsinsel mit steilen Abhängen bis zum Meer herab, denn andernfalls wäre der Gehängeschutt in längeren Flußläufen und durch die Brandung an längeren Küstenstrecken besser abgerollt worden. Es handelt sich bei der schuttabgebenden Inselschwelle offenbar um den Weiterbau der bereits während des Lias und des älteren Oberjura ihren kristallinen Schutt abgebenden Sattelschwellen, die im S bzw. SO, also im Julier-Bernina-Massiv, lag (Cornelius 1935, 246). Sie gab in die nördlich folgende Saluversenke den Abtragungsschutt. Mit ungleichförmiger Auflagerungsfläche fanden sich ähnliche Brekzien am Murtiröl und bei Murtèl trigt (hier auf Lias), wo der Schutt vom Albula-Massiv herkam.

Wir halten diese Schuttlieferung nicht für den Abschluß einer orogenetischen Phase, welche diese Schwellen aufbaute, und nach deren Beendigung sich die Rotschiefer (couches rouges) in einer anschließenden Senkungs-Ruhezeit ähnlich den Nierentaler Schichten abgelagert hätten. Denn wir haben das Auftreten tektonogener Phasen (nicht hochreliefbildender Phasen) nach anderen und zahlreicheren Maßstäben zu beurteilen als nur nach Ungleichförmigkeiten und Brekzien, welche doch immer nur dann erscheinen können, wenn außerdem ganz bestimmte *außenbürtige* Umstände eingetreten sind.

Die Rotschiefer-Transgression, welche in der Berninadecke (Deckscholle des Piz Padella NO) mit *Globotruncana linnaeana* nachzuweisen ist, griff über Lias und Oberjura über mit Zwischenlagerungen von Sand und polygener Brekzie von Quarz, Glimmerschiefer, Dolomit. Sie beweist das Fortbestehen jener tektonisch entstandenen und in weiterer Abtragung begriffenen Schwellen, sowie eine gewisse Faltung vor der Oberkreide.

Großartige Kreidetransgressions-Vorgänge, welche also kräftige Faltung, wenn nicht auch Deckenverschiebung, Heraushebung, Abtragung und erneute Wiedereindeckung unter dem Meeresspiegel voraussetzen, sind von J. Cadisch 1926 für das Unterostalpin des *Unterengadiner Fensters* nachgewiesen worden. Dort greift Urgoapt, Gaultquarzit und besonders Cenoman der Falknisdecke über Tasnagranit. Aber auch die wohl cenoman-turonen Rotschiefer (couches rouges) schneiden mit mächtigen bunten Konglomeraten bis auf diesen Granit hinab.

Eine orogene, überwiegend *flyschartige* Fazies zeigt die unterostalpine Falknis-Sulzfluh-Decke in *Plessurgebirge-Rätikon:* Über Sulzfluhkalk des Oberjura hat man flyschartigen Neokom-Sandkalk, Kalkschiefer und Sandstein, darüber Urgoapt-Tristelschichten mit feinpolygenen Brekzien und Kalken, dann Glaukonitquarzit und -sandstein des Gaultflysches, überlagert von turon-senonen Rotschiefern, die im östlichen Rätikon bereits mit Wildflysch wechsellagern.

Bei dieser flyschartigen Kreideentwicklung sehen wir *starke Verwandtschaft zur Kreidefazies im helvetischen Streifen:* in den ultrahelvetischen Kreideflyschtrögen, teilweise in den Präalpen und, wie wir gleich sehen werden, noch in den oberpenninischen Schamser Decken. Neben den schon in 1932, 1936 ausgeführten tektonischen Gründen ist diese Faziesverwandtschaft ausschlaggebend für unsere

Annahme eines sehr *ausgedehnten ostschweizerischen Kreideflyschraumes*, der in südlicher Fortsetzung des ultrahelvetischen Heimatstreifens bereits hinweggriff über den randostalpin-präalpinen Streifen und über die damals offenbar *schon weit nach N beförderten* (von N her untergeschobenen!) oberpenninischen und unterostalpinen Falten. Durch die oben, S. 359 angedeuteten Beobachtungen waren wir ja gezwungen, schon für die Jurazeit eine stark einengende Faltung mit Stirnschwellenbildung wandernder Decken im Pennin-Unterostalpin anzunehmen. *Damit aber hatten sich Helvet-Ultrahelvet im N und Unterostalpin im S auf Kosten ehemals viel breiterer Zwischenstreifen so weit genähert, daß die Fazies-Übereinstimmungen für die Kreidezeit verständlich werden.*

Zu diesen Übereinstimmungen gehören vor allem auch das gleichzeitige Emporsteigen von im S schon kräftig gefalteten Gebirgsteilen während der Mittelkreide und das nachfolgende Niedertauchen mit Übergreifen der Oberkreide. An deren Grund haben wir den Schutt im westlichen Rätikon, Brekzien und Sandstein des Gault oder Schichtlücken im Oberpennin-Unter- und Mittelostalpin oder das Übergreifen auf Tasnagranit im Unterengadin. Schon mehrfach wurde auf die Übereinstimmung dieses Übergreifens der Mittelkreide in den inneren Alpenteilen mit dem Transgredieren von Gault-Cenoman vor allem über die nördlichen Kalkalpen und die östlichen Zentralalpen mit älterer Faltung hingewiesen.

g) Penninische Bewegungen in der Unterkreide

sind jedenfalls schon lange angenommen. Der E. Argand (1916, 345)-R. Staubsche Gedanke von den embryonal sich weiterentwickelnden, liegenden Falten mit Sattelschwellen und Muldensenken vom Lias bis in die Unterkreide hinein (R. Staub 1917, 188) von der mittelostalpinen Campodecken-Stirnschwelle durch Languard-, Bernina-, Err-Margna-Decke (Engadiner Deckengruppe), also auch durch den penninischen Bewegungsraum, hat sich bewährt. Jenny baute aus diesen Vorgängen ein System.

Mag auch noch viel tektonische und stratigraphische Verfeinerung anzubringen sein, im großen ganzen bleiben die Rücken als Stirnschwellenrücken der wandernden Decken das, was sie waren, erhalten sich auch die Senken und gliedern sich nur gelegentlich erkennbar in Teilmuldenbecken, *verwandeln sich die Muldenschenkel in gewaltige Überfaltungen*. Ja, noch mehr: Schon die Großgebiete der Hebung und die der Senkung, welche zu Ende der variszischen Hauptbewegungen entstanden, wurden im Erdmittelalter neu geweckt, wobei sie im wesentlichen ihre alte Bewegungsart neu bewährten. Die alten Hebungsgebiete, die starren Horstmassive und die beweglichen Senkungsfelder blieben auch später erhalten. Es wäre unmöglich, hier eine Grenzlinie etwa zwischen „Epirogenese" und „Orogenese" hineinzutragen. Auch R. Staub 1937 hat die Beschränkung der Orogenese auf das Tertiär aufgegeben. Er sieht den weitgehend zu Decken zusammengeschobenen Pennin-Bau von Adula über Tambo-Suretta bis zum Hochpennin und Unterostalpin und den darauf transgredierenden Kreideflysch, z. B. des Prätigau (L. Kober 1923; H. Ph. Roothaan 1918; Jenny u. a.).

Wir müssen uns aber ebenso darüber klar werden, daß das, was wir von jenem orogenen Geschehen als Niederschlag im Faziesbild erhalten finden, durchaus *kein eindeutiges Maß für die wirklichen tektonischen Vorgänge* sein kann: Das alles ist nur außenbürtige Auswirkung auf dem Umweg über das gleichzeitig sich bewegende tektonische Relief. Gingen die Hauptbewegungen in der Tiefe überwiegend *waagrecht* vor sich — und dies erkennen wir in der Tat aus der heute vorliegenden Tektonik —, so konnte sich gar kein scharfes Relief bilden, das auch nur einigermaßen der Stärke und Dauer der unterirdisch-orogenen Verschiebungen entsprochen hätte. *In diesem Sinn halte ich es daher für unrichtig, von „embryonalen" Faltungen oder Deckenbewegungen zu sprechen. Nur die Fazieswirkungen nehmen sich „embryonal" aus,* weil höchst verschwommen und nur ganz ungefähr abbildend!

Nach den schon jetzt vorliegenden Beobachtungen halte ich es zum mindesten für wahrscheinlich, daß im Laufe dieses langdauernden, scheinbar embryonalen Daseins eine *Haupteinengung* vollzogen wurde, so daß große Teile des penninischen Raumes bereits während der älteren Kreidezeit nicht mehr vom Meer, sondern schon von den benachbarten Decken überlagert wurden, was das Abreißen der marinen Profilfolgen bewirkte. Einerseits hatten sich die penninischen Gebiete gemäß Bd. I, 1936 nordwärts und unter die westliche Fortsetzung der nördlichen Kalkalpen, also unter die Präalpen geschoben, andererseits nach S unter die unter- und mittelostalpinen Bewegungseinheiten eingeschoben. *So schloß sich wohl noch in der Kreidezeit weitgehend das von beiden Seiten über dem penninisch-zentralalpinen Raum vorgezogene Verdeck; anscheinend auch im Tauernbereich.*

Damit war die penninische Schichtenfolge im Piemont-Wallis-Tessin schon mit dem Oberjura, vielleicht teilweise mit der Unterkreide (spätere Abtragung!) zu Ende. Nur im NO (Lugnetz—Oberhalbstein—Prätigau—Unterengadin), wo der vielfach noch ungeklärte Bündener Schiefer und Prätigauflysch liegt, war noch Gelegenheit zu weiterer Kreide-Sedimentation, welche unter Wirkung der fortgehenden Bodenunruhe im flachen, sandigen Meer aus der mächtigen Flyschfazies auf weiter sinkendem Untergrund bestand (P. Nänny 1948, J. Cadisch 1934, 155f.). Dieses Kreideflyschmeer setzte sich vom Dach der zusammenrückenden unterostalpinen Decken im SO durch das Pennin nordwärts fort über das gleichfalls sich einengende Dach der Präalpen-Nordkalkalpen und lagerte auf dem als „ultrahelvetisch" bezeichneten randostalpinen Trogstreifen den besonders mächtigen Kreideflysch ab. Rätikon und Silvretta lagen damals noch Zehner von Kilometern weiter im N bzw. O; sie wurden erst später gleichfalls über dem schrumpfenden Bau einander genähert.

Aus diesem Flyschmeer ragten die tektonisch in Hebung begriffenen Sattelschwellen als Inselgirlanden empor und lieferten für die Konglomerate, Brekzien, Sandsteine, Schiefer die Abtragungsstoffe hinab in die gleichzeitig tektonisch sinkenden Mulden. Es bildeten sich als Hülle dieser im Weiterbau begriffenen Bauelemente der *Klippenflysch* mit vollständigen Profilen in den Mulden, aber mit Lücken oder Schuttmassen in den Sattelgebieten. Über die große Zahl der Inseln dieses ausgedehnten Alpen-Archipels werden wir klarer, wenn wir bedenken, daß in einem hier offenbar vorliegenden Flachmeer mit zahlreichen Teilmulden der

Sandschutt nicht weit gewandert sein kann und daher zur Belieferung der sandreichen Flyschglieder *viele* Inselschwellen nötig waren.

So entwickelte sich hinter der Margnadecken-Stirnschwelle gegen die Mulde der Decke hin:

Rotschiefer (Couches rouges).
Gault-Krinoideenbrekzie, dolomitische Brekzie mit Stücken schon wieder aufgearbeiteter Orbitolinenkalke.
Tristelbrekzienkalke.
Neokome, graue Fleckenmergel und Kalke.

In der mittleren Schwellenfazies der Schamser Decken (Gelbhorndecke, dann Weißbergzone) liegt die O. Wilhelmsche Flyschdecke mit den vermutlich älteren Curvèr-Schiefern und den Schiefern, Kalkbänken, quarzitischen Sandsteinen und Brekzien des Mutterhorn-Flysches, letzterer mit Urgoapt-Orbitolinen, darüber gaultähnliche Quarzite.

Neokom bis Senon finden sich in den Mulden der Bernharddecke. Für weite Gebiete wird tektonischer Abhub und Abschiebung der höheren Horizonte als Teildecke weit hinaus in ein Vorland zur Erklärung des abreißenden Schichtprofils angenommen. Da aber solche Abschiebungen nicht schichtparallel, sondern unter Zurücklassung von Muldenresten vor sich gegangen sein müßte und wir solche weithin nicht finden, scheint diese Erklärung nur teilweise zu entsprechen. Beispielsweise wurde der Schams-Prätigau-Flysch von R. Staub zur Dent Blanche-Decke und Dolin-Antiklinale gestellt. Die Niesenflyschdecke wurde von E. Argand als Teil der Bernharddecke, zugleich als Vertretung der Briançonnais-Geantiklinale angesehen.

M. de Raaf konnte 1934 eine ansehnliche *Schichtfolge der Niesendecke* festlegen. Über Mergelkalk folgt Unterkreide mit Sandsteinen und orbitolinenführenden Spatkalken, Globotruncana-Kalk, Rotschiefer mit Kalkbrekzien, übergreifend bis auf die Trias hinab. Dazwischen kommt sehr mächtiger, junger Flysch. Die Zusammensetzung der Gerölle in den grobklastischen Zwischenlagen spricht für penninischen Untergrund, der sie von Schwellen her geliefert hat. Und zwar kam der Schutt von einer orogen bewegten Sattelschwelle, welche während des Malms versunken sein soll und in der Unterkreide flachmeerischen Sand abgab, bevor eine erneute Senkung während der Oberkreide einsetzte. Dabei glitten die Schuttmassen der Trom-Brekzie in neu entstandene große Meerestiefen ab.

Wir können freilich nicht stehen bleiben bei dem sehr einfachen Bild einer sich bald hebenden, bald senkenden und dadurch „orogenen" Schwelle. Denn — abgesehen davon, daß wir in der Geologie unter „orogen" nicht „hochrelief-bildend", sondern „tektonisch strukturbildend" verstehen, müssen wir vielmehr an die *mechanischen* Möglichkeiten und notwendigen Folgen denken, welche sich mit dem Bilde verknüpfen. Jede Senkung verlangt ja Entfernung tiefer gelegener Massen, jede Hebung aber ein Nachströmen solcher unter den Untergrund der Schwelle.

Mit einem bloßen Sichschütteln einer Schwelle ist es also nicht getan, zumal sich früher oder später einmal herausstellt, daß *inzwischen ganz große Verfaltungen oder Verschiebungen* schon vollzogen worden waren. Jene Tiefenvorgänge, welche wir als die eigentlich bewirkenden deshalb ansehen, weil andere, näher der Erdoberfläche schlechterdings nicht ersichtlich sind, müssen auch in der Umgebung dieser Schwellen Relief- und Strukturänderungen bewirkt haben. Sie dürften z. B. die Ursache für die gesteigerte Senkung der Schwellenvortiefe gewesen sein, welche aus den großen Mächtigkeiten, z. B. des Niesenflysches, abzuleiten ist. Sie können auch unmöglich als allein kleinreliefbildend aufgefaßt werden. Vielmehr können sie sich nur unter weitgehender Überwindung der widerstehenden Sedimentplatte durch Zerreißungen, Faltung, Verschiebung oder Überschiebung ausgewirkt haben. *Die Becken in diesem penninischen, inneren Gebirgsstreifen formten sich also etwa im Lias oder im Malm und in der Unterkreide schon großzügig.*

Dementsprechend dürfte ja auch der penninische *Bündener Schiefer* schon des Lias als Folge gleichzeitiger Bodenunruhe entstanden sein.

Es ist hier aber, um dies erneut zu betonen, nicht etwa an „embryonale", höchst sanfte und langsame, sogenannte „epirogene" Vorläuferbewegungen zu denken, *vielmehr an Hochbetrieb der Gebirgsbildung in der Tiefe.* Im gleichzeitigen Sediment wurde sie nur schwach und verschwommen abgebildet.

h) Übersicht der orogenen Bewegungen in der Unterkreidezeit

α) Grundsätzliche Bemerkungen. Fast noch mehr als für die Zeit der tiefmeerischen Jurafazies haben wir für diejenige der Unterkreide-Fleckenmergel den Eindruck, daß die Schlüsse aus den bekannten und sedimentpetrographisch sowie feinstratigraphisch noch nicht näher verfolgten Fazies auf die Baugeschichte nur ein recht unzureichendes Bild von den wahrscheinlich vollzogenen Gebirgsbewegungen zu zeichnen erlauben. Deren Abbildbarkeit ist dadurch noch sehr beschränkt, daß nur über Reliefwechsel, also über zunächst rein oberflächliche Erscheinungen Auskunft zu erhalten ist. Diese aber können weder die Schärfe noch die Eigenart der bewirkenden tektonischen Vorgänge getreu widerspiegeln. Am wenigsten die überwiegend *waagrechten* Hauptbewegungen und jene in großer Tiefe, welche aber die Struktur gerade am meisten geändert haben müssen. Nur aus dem örtlichen Zusammenfallen von Schwelle und Sattel oder Deckenstirn bzw. von Senke und Muldenbau vermögen wir auf die fortschreitende Bildung solcher Strukturen andeutungsweise zu schließen.

Zum Beispiel können wir uns die Aufgabe heute nicht mehr dadurch erleichtern, daß wir Faltung und Hochbewegung zeitlich, weil mechanisch gleichsetzen. Diese noch aus der reinen Kontraktionshypothese mitgeschleppte Gleichung mußten wir als abwegig ablehnen. Auch können wir dem Erscheinen von Diskordanzflächen in den Profilen heute nur noch eine viel geringere Bedeutung zumessen, als es bisher meist geschah.

Wohlbegründete Zweifel stiegen im Lauf der Untersuchung darüber auf, daß die etappenweise Ausprägung orogener Phasen in den Schichtprofilen wirklich die Folge kurzdauernder und stoßweiser Orogenphasen sei. Es zeigte sich vielmehr, daß hier zunächst *nur der Wechsel günstiger mit ungünstigen Abbildungsmöglichkeiten im Sedimentprofil festzustellen ist.* Denn wir sehen, daß z. B. in der tiefmeerischen Mittel- und Oberjurazeit zwar die orogenen Kräfte ganz besonders scharf die Erdrinde nach abwärts gezogen haben müssen, und daß — erschließbar aus der nachfolgenden Inselabtragung kurz vorher in der Tiefsee abgelegter Radiolarienhornsteine und deren Wiedereinschüttung zwischen Tiefsee-Sedimente — gleichzeitig doch oft auch sehr scharfe, steilgeböschte Sattelinseln gebildet wurden.

Doch, abgesehen von der Tiefseefazies selbst und von zum großen Teil sicher sedimentären Hornsteinbrekzien, gab es keine Möglichkeit, diese damals entstandenen Falten und wahrscheinlich auch Schubbewegungen irgendwie *abzubilden*. Sie erscheinen, wenn wir absehen von der seltenen Kimmeridge-, Tithon- und Unterkreidetransgression, erst sehr viel später, nämlich unter übergreifendem Cenoman, übergreifender Gosau oder Skaglia. Dann freilich erscheinen sie ganz plötzlich als fertig und man ist leicht geneigt, sie als unmittelbar vorher und kurzfristig entstanden zu deuten.

Wo immer aber dank einer verfeinerten Stratigraphie und Fazieskenntnis in reichhaltiger Schichtfolge die Dinge besser geklärt sind, da lösen sich die großen Diskordanzflächen auf in eine Vielzahl kleiner, jedoch für längere Zeit Schritt um Schritt in gleicher Richtung vorstoßender *Teiltransgressionen*. Schöne Beispiele bot uns diesbezüglich die Vielzahl der „Gault"-Transgressionen im helvetischen Raum (S. 369, Abb. 90) und gleiche Beispiele werden wir für die kürzlich durch R. BRINKMANN und seine Schüler näher untersuchte „Gosau-Transgression" erkennen.

Zwei Umstände beachten wir hierbei zunächst: Einmal die Tatsache, daß eine solche Großtransgression, wie das schon vielfach z. B. von E. DACQUÉ besonders betont worden ist, *sehr lange Zeit* gebraucht haben muß und daß nichts falscher ist, als z. B. die unter der übergreifenden „Großfläche" vorliegende Tektonik als gleichzeitig und sogar kurzfristig entstanden anzusehen. Die lange Dauer eines solchen Übergreifens sollte uns ja schon daraus klar sein, daß es erfahrungsgemäß sehr langsam geht mit dem Abtrag von 1000 oder mehr Gesteinsmetern eines Hochgebirgsreliefs, und daß die Ausbildung einer so verhältnismäßig ebenen Rumpffläche, über welche das neue Meer fortschreitend übergriff, noch langsamer geht als die Beseitigung einzelner scharfer Hervorragungen. Wir müssen die Vorgänge der Gebirgsbildung, jene der Hebung, Abtragung, Wiederversenkung und des Neuübergreifens versuchen, viel mehr als *ineinandergreifend und nicht zeitlich voneinander abgesetzt zu verstehen.*

Das zweite, was uns jene Aufgliederung der Groß-Transgressionen in lauter kleine Teilübergriffe lehrt, ist die Vorstellung, daß sich ein orogener Hauptvorgang in dem Maße immer mehr in Einzelaktionen aufzulösen scheint, in dem sich unter den einzelnen Teildiskordanzflächen eine Kontrollmöglichkeit kürzerer Zeitabschnitte ergibt. Je genauer die Stratigraphie, desto kleiner werden *scheinbar* die Äußerungen der orogenen Kraft in Einzelaktionen zerhackt. Das aber ist *höchst unwahrscheinlich.* Nur von der genaueren Schichtkenntnis scheint es schon bei STILLES Phasengliederung abzuhängen, wieweit die großen orogenen Bewegungsgruppen, etwa die alpidische, aufzuspalten sind in orogene Phasen, Unterphasen oder kleinere Rucks.

Diese Aufspaltung erscheint uns nur vorgetäuscht durch das verschiedene Maß der Abbildbarkeit im Sediment und sogar durch das verschiedene Maß derzeitiger Kenntnis seiner Aufgliederung.

Wir kommen zu der Auffassung, *daß in Wirklichkeit die geosynklinal-orogenen Kräfte immer weiter wirksam sind, daß ihr stoßartig-abgehackter Fortschritt im allgemeinen scheinbar ist und nur vorgetäuscht wird durch die wechselnde Abbildbarkeit.*

Daneben wird es aber ein wichtiges Ergebnis unserer Untersuchungen sein, zu bestätigen, daß die Stärke und Eigenart der orogenen Kraftwirkungen sich ohne Zweifel *von einem Schauplatz zum andern allmählich verlagert* und daß auch insgesamt betrachtet *lange Zeiten* der verhältnismäßigen Ruhe neben solchen der Großleistungen stehen, für die Alpen z. B. die verhältnismäßige Ruhezeit in der älteren Trias neben starkem Anschwellen der Gebirgsbildung zur Jura- und Kreidezeit. —

β) Die regionale Verbreitung der Bewegungen. Im helvetischen Raum haben wir für die *Unterkreide* neben den verschiedenen Vor- und Rückfluten (Trans- und Regressionen) ganz ähnliche Teilverbiegungen, Sattelschwellen- und Muldenbildungen kennengelernt wie *für die Triaszeit* im ostalpin-präalpinen Raum. Ja, es erwiesen sich manche der Sättel bereits als beginnende Äußerungen von Deckenstirnteilen und zahlreiche Mulden als Anlagen von Rückenmulden solcher Decken. Das heißt: das im unterostalpinen, penninischen und oberostalpin-präalpinen Raum während des *Lias* einsetzende Relief- und Faziesbild der Deckengliederung und Deckenverschiebung machte sich hier weiter draußen erst *während der Unterkreide* gleichfalls geltend.

Freilich gehen noch einige Faziesstriche (SW-NO gerichtet) im Vorarlberger Meer quer zu den in diesem Fall offenbar erst später angelegten Bauformen von heute, welche O-W streichen. Aus der Parallelität (soweit vorhanden) des Faziesstreichens mit dem Gesamtverlauf des heutigen Generalstreichens der Tektonik schließen wir aber auf dessen zum großen Teil bereits in die Unterkreide zurückreichende Wurzeln. Im Allgäu gab es später O-W- statt anfänglichem SW-NO-Streichen, in der Schweiz später SW-NO- an Stelle des ursprünglichen W-O-Streichens. Aus diesem späteren Abweichen des tektonischen Generalstreichens gegenüber dem anfänglichen Trogfaziesstreichen verstehen wir andererseits die heutige Hauptverbreitung der erhalten gebliebenen Faziesglieder.

Die Fazies muß im schweizerisch-allgäuer Helvettrog schon straffer dem allgemeinen alpinen Generalstreichen angepaßt gewesen sein, als wir dies heute im westlichen Vorland des Westalpenbogens in der ehemals westlichen Fortsetzung des helvetischen Raumes dort vorfinden, wo keine Deckenverschiebungen stattgefunden haben, obwohl auch dort die gleichen Großverbiegungen, Großfaltungen und dieselben Gault-Transgressionen ersichtlich sind: Abb. 110. Es wird daher deutlich, daß die tektonisch nicht scharf weiterbehandelte Region trotz sonstiger gleicher Geschicke auch schon während der Unterkreidezeit abweichenden Reliefcharakter hatte, *woraus auf die genetische Beziehung zwischen diesem letzteren und der orogenen Bewegung auch in der Schweiz geschlossen werden kann.* So fällt auch sehr auf, daß nur der östliche Vokontische Trog mit seiner NW-SO-Richtung dem SW-Stück des heutigen Westalpenbogens folgt und damit dieses Teilstück als das älter angelegte zu erkennen gibt.

In dem helvetischen, nachfolgend immer schärfer gefalteten und deckenverschobenen Raum konnten *Teilrucks der absenkenden bzw. faltenverbiegenden Vortiefenbewegung* erkannt werden, welche vermutlich auf die periodische Überwindung der widerstehenden Festigkeit der zu verbiegenden Gesteinsplatten zurückgehen. Diese Teilrucks begleiten die langsame Sattel- und Muldenbewegung, bei welcher auf den Sattelhöhen Kondensation, in den Mulden aber eine Zonentrennung die Folge sind. Jene Teilrucks können wohl mit der Riginenbildung im Molassetrog der aquitanen Molasse von Allgäu-Schweiz (E. KRAUS 1923) verglichen und müssen schon als „orogene" Begleiterscheinungen gedeutet werden.

Bei Annäherung an den ultrahelvetischen Raum, gegen S in der Schweiz, gegen O in Frankreich, finden wir im helvetischen Streifen zunehmende Faziesunruhe, Vergröberung der Schwellenschutte, Zunahme der Flyschfazies, der Fleckenmergel, zeitweilig stärkere Meeresbodenabsenkung (Diphyoideskalke!).

Im Ultrahelvet, das über nördlich-präalpin—randostalpinem Untergrund liegt, und im heutigen präalpinen Streifen finden wir alle diese Eigenschaften für die Unterkreidezeit noch vermehrt. Und zwar schiebt sich der Hauptschauplatz dieser orogenen Unruhe bzw. auch deren Ausprägung im Sediment während der Kreide *im Westalpenbogen* von O deutlich gegen W. Dabei haben wir in jedem Teilstreifen von O beginnend zuerst „embryonale" Faltung, dann tiefmeerische Fazies, dann Flyschfazies. Als Fußvorschüttung der damals westwärts wandernden Subbriançonnais-Decke stellte sich der Wildflysch ein.

In ähnlicher Weise wanderte die Vortiefe mit stärkster orogener Unruhe und gefolgt von der präalpinen Brekziendecke ab Oberjura durch die Unterkreidezeit (Ankunft in der Klippendecke) bis hinein in die Oberkreidezeit rasch gegen N. Dabei liegt die Simmendecke als südlichster, narbennächster Streifen ebenso hoch und ebenso wenig beteiligt wie die steife Karbonatplatte des Briançonnais: Beide sind „*Narbendecken*", beide wurden wohl über der nordalpinen Narbe nach oben ausgeschoben. Beide bildeten den ältesten Staurand. Er verlagerte sich von hier ab alpenauswärts. Dabei schoben sich die auswärts folgenden, tieferen Decken, je weiter nach außen desto später beim Stau hinab unter die alpeneinwärts folgenden, bereits vorher an ihrem Südrand gestauten und unterschobenen Decken.

Im einzelnen hat besonders die übergreifende cenomane Rotschiefer-(couches rouges)-Transgression viel sichere Anzeichen für die schon ziemlich weit fortgeschrittene Tektonik, für die Entblößung auch alter Gesteine u. a. geliefert.

Gehen wir ostwärts in den *ultrahelvetischen Streifen von Vorarlberg—Südbayern,* der sich über einem Untergrund einsenkte, den wir für das Kristallin gewöhnlich als „vindelizisch", für die Trias als „randostalpin" bezeichnen, so finden wir ihn bereits für die Unterkreidezeit mit *Flyschfazies* bedeckt, die zunächst noch ziemlich wenig Einzelunterschiede der drei sich allmählich immer schärfer herausbildenden, durch Schwellen voneinander abgegliederten Einzeltröge aufweist. Die Zwischenschwellen bildeten die in Aufarbeitung begriffenen Stirnsättel der nordwärts vorrückenden oder besser „der von N her untergeschobenen" und der sich im kalkalpinen Bereich (also an dem im S aufsteigenden, eigenen Untergrund) stauenden Flyschdecken, deren fortschreitende Teilbewegungen in der Absatzunruhe der Flyschfazies abgebildet wurde.

Dabei ist der Einsatz dieser Flyschfazies in nördlicher Richtung fortschreitend immer später festzustellen: Genau so wanderte also hier wohl *die orogene Unruhe vom kalkalpinen durch die ultrahelvetischen Flyschtröge nach N in den helvetischen Bereich,* wo sie im Senon eintraf, ganz so wie etwa *vom Briançonnais aus gegen W oder von der Simmendecke in der Schweiz aus gegen N.*

Neben der wildflyschähnlichen Gault-Flyschfazies in der Oberstdorfer Flyschdecke beweist der Wildflysch der Retterschwanger Decke unter der vorrückenden Stirn der kalkalpinen Allgäudecke und der Wildflysch der Feuerstätter Decke die während der Kreide angebahnte und im nördlichsten (Feuerstätter) Trog in der höheren Kreide weitergetriebene Deckenverschiebung, in diesem Falle der Sigiswanger Flyschdecke. Würde heute an diesen Deckenkörpern auch die präalpine oder randostalpine oder mesozoische Klippenflysch-Unterlage noch mit emporgeschürft sichtbar sein (Beispiel Balderschwang!), so würde man diese heute „ultrahelvetisch" genannten Kreideflyschdecken als „präalpin" oder „randostalpin" oder als „Klippendecken" bezeichnen.

So rollte überall die Hauptbewegung von innen nach außen. Diese großartige Einheitlichkeit würde unorganisch zerstückelt, wollte man z. B. die Fortsetzung der nördlichen Kalkalpen nach W in die Präalpenklippen und in das Briançonnais-Subbriançonnais leugnen wollen.

Als zuerst, schon während der Jurazeit stauende und hoch über der nordalpinen Narbe schwimmende Scheitelstreifen heben sich dabei mit ebenso einheitlichem Baustil die allseits unterschobenen kalkalpinen „*Narbendecken*", wie die Inntaldecke, im W die Simmendecke, noch weiter die Briançonnais-Decke, eindrucksvoll genug heraus. —

Einleitend zur Besprechung der vorcenomanen Gebirgsbildung *in den nördlichen Kalkalpen* waren grundsätzliche Worte zur Klärung der verwendeten Begriffe erforderlich. In den Lechtaler, Thannheimer und Vilser Alpen greift allenthalben über einen schon stark gefalteten Untergrund vom Hauptdolomit bis zur Unterkreide ungleichförmig das Cenoman über. Vielfach war die Faltung schon vor dem Einsetzen des manchenorts übergreifenden Gaults beendet. Letzterer beweist durch seine Überlagerung teils gleichförmig, teils daneben aber auch ungleichförmig, daß, wenn eine ältere Faltung erfolgt war, nicht immer auch eine Diskordanzfläche vorhanden sein muß. Auch ersieht man an der nach der Faltung schon über 1000 m tief eingedrungenen Erosion, daß die Faltungszeit bereits erheblich lang vor der Gaultzeit gelegen haben dürfte.

Im Ammergebirge haben wir, ähnlich wie weiter im W für die Allgäudecke, noch schwächere Faltung und geringere Abtragung als für die südlich folgende Lechtaldecke. Beide Decken sind nach dem Oberjura nun auch in der Unterkreide mit ihrer Stirnschwelle als solche bemerkbar. Die Überschiebung der oberen über die untere Vilser Decke wird bereits für diese Zeit angenommen. Vorcenomane Verwerfungen sind erkannt. Umlagerungen und Flyschfazies innerhalb des Cenomans beweisen die orogene Bodenunruhe, welche in den nördlich anschließenden, vielleicht durch dünneren Trias- und Jura-Untergrund ausgezeichneten Flyschtrögen noch stärker war. Dagegen scheint der Mangel an Cenomansediment im südlicheren, narbennächsten Teil der Kalknordalpen auf die bereits im wesentlichen vollzogene orogene Absättigung und endgültige Heraushebung dieses Innengebietes hinzuweisen.

Ganz ähnliche Verhältnisse zeigen sich O. vom Walchensee, im Meridian des *Wendelsteingebietes* und in seiner östlichen Fortsetzung. Von S kamen Einschwemmungen einer kristallinen, zentralalpinen Inselschwelle, von N, wo zwischen der

Kalk- und Kalkalpin-Vor-Zone Osswalds eine weitere Teilschwelle angenommen wurde, gleichfalls. Südlich von ihr setzte sich das Cenomanmeer des Westens mit gleichen Schuttabsätzen fort, welche ungleichförmig über manche Sättel und Mulden, sowie über ein wechselvolles Relief hinweggriffen. Während des Cenomans dürfte trotz aller Teilschwellen — und unbeschadet auch der Vindelizischen Süd-, Mittel- und Nordschwelle — eine Meeresverbindung mit dem Regensburger Kreidemeer bestanden haben (Archipelmeer!).

Im Salzachtal setzte während der jüngeren Unterkreide die orogene Verflyschung der Roßfeldschichten kräftig ein und beweist nicht nur Schwellenbildung aus tirolischem Untergrund, sondern auch das bereits nahe Herankommen der in Abtragung befindlichen Juvavischen Decke. Die vorübergehende Verlandung etwa während der Aptzeit fehlte auch hier nicht.

Mangel an sicherem Cenoman hindert weiter gegen O bis hin zum Cenoman des Höllensteinzuges bei Wien, zu entscheiden, wie weit die durch das allgemeine Übergreifen erst der Oberkreide-Gosau allgemein erkennbare, starke Gebirgsbildung sich in unterkretazische, vorcenomane und eigentlich vorgosauische zergliedert. Anzeichen dafür liegen reichlich vor. E. Spengler hat eine ältere (vielleicht schon in den Jura zurückreichende) Faltungsphase wohl unterscheiden können von einer jüngeren, jedoch auch vorcenomanen Schubphase.

H. P. Cornelius gegenüber wird meine Anschauung erneut näher begründet, daß über der nordalpinen Verschluckungsnarbe die besonders mächtige und allseitig durch gleichartige Faziesgesteine unterschobene, zum großen Teil in der älteren Kreide bewegte *juvavische Lachalpendecke nach oben ausgeschoben wurde*, und daß sie nicht etwa weit von einem (nicht anzugebenden) Südgebiet herkam: Die Lagerung spricht nicht dagegen, Gestein und Fazies der Lachalpendecke passen nicht zu einem südlichen Heimatgebiet, sondern in ihre heutige Umgebung, deren Untergrund verdeckt bzw. nach unten abgewandert ist. Diese Vorstellung ist sehr viel anpassungsfähiger an die wechselvollen tektonischen Bilder, die wir haben, als eine andere Anschauung. Jungkimmerischer N-Schub mit den Radstädter Tauern ist aber annehmbar.

Für das *zentralalpine Kreidefestland* der Ostalpen gibt es nicht sehr viel unmittelbare Anzeichen. Es erscheint aber als ein orogen schon weit fortgeschrittenes und schon zu langdauernder, hochorogener Hebung durchgedrungenes Gebirgsstück.

Die Unterkreidebewegungen *in den Südalpen* sind gut bekannt für den niedersinkenden, tiefmeerischen Julischen Geosynklinaltrog und seine westlichen Fortsetzungen. Der Trog wurde nordwärts flacher und erhielt aus S Schutt von einer benachbart mindestens 1000 m hoch aufsteigenden Inselschwelle her. Um die Fortschritte des orogenen Fortbaues abzubilden, war die tiefmeerische Plankton-Schwebe-Fazies nicht geeignet, obwohl gerade während ihrer Ablagerung der orogene Tiefenzug besonders scharf gewesen sein muß.

Dagegen ist die südliche Vorlage der Julisch-Karnischen Alpen — vergleichbar dem helvetischen Streifen im N — ruhigeres Flachmeer. Westwärts zeigt vielfach ein rascher Fazieswechsel die Unruhe der Tiefe an. Hier wird das tiefe Biancone-Meer zur Mittelkreidezeit allgemein flach; im N kam es auf Sattelrücken sogar mehrfach zur Inselbildung: Die Heraushebung geschah hier nicht so früh und nicht so stark als etwa in den nördlichen Kalkalpen. Verspätet traf ein die große Skaglia-Senkung und -Überflutung, und ungleich tiefer senkte sich da der Meeresboden, dessen Struktur noch heute nicht so scharf gefaltet und verschoben sich erweist wie die Nordkalkalpen. Nur die Heraussprengung eines besonders starren Mittelteils der Karbonatplatte in den Südtiroler Dolomiten, eine beiderseitige Unterschiebung unter sie und eine Teilplattenverschiebung in ihrem obersten, jetzt zum großen Teil abgetragenen Gipfelstockwerk ist wohl für die Unterkreidezeit anzunehmen, in welcher die Schichtfolge dort abreißt.

Mangels reichlicher Unterkreideablagerungen ist über die Bewegungen *im mittelostalpinen Bereich* wenig zu sagen, mehr über die besonders durch ihre Saluvergesteine (jedoch des Oberjura) ausgezeichneten *unterostalpinen* Decken von Bünden. Hier war die schon vorher begonnene Gebirgsbewegung nach Ausweis des von ihr geschaffenen, im Sediment stark erkennbaren Reliefs in vollem Gang. Die Inselschwellen, im allgemeinen kristalline Deckenstirnen, rückten gegen die sinkenden Vortiefenmulden und überschütteten sie mit Abtragungsstoffen. Die Maraner Radiolarit-Brekzie, die scharfen Ungleichförmigkeiten der übergreifenden flyschartigen Kreide auf dem Tasnagranit des Unterengadins, die gleiche flyschartige Kreide im Plessurgebirge und Rätikon, sie spiegeln alle den weiter fortschreitenden Orogenbetrieb wider.

Daß die Deckenzusammenschiebung namentlich auf Kosten des penninischen Raumes zwischen Unterostalpin im S und Helvet-Ultrahelvet im N bereits stark fortgeschritten war, wird aus der großen Fazies-Übereinstimmung des Kreideflysches in der Ostschweiz und ihrer Nachbarschaft sowie aus der Profilähnlichkeit mit der helvetischen Kreidefolge erschlossen. Gleichartige Schicksale dieser Decken in benachbarten Räumen erklären also wohl allein die großen Übereinstimmungen.

Auch *die penninischen Bewegungen* der Unterkreidezeit sind nur die weiteren Fortsetzungen der schon während der Jurazeit stark fortgeschrittenen Faltungen und Deckenverschiebungen. Der Beweis hierfür ist nur mittelbar und deshalb nur in großen Zügen zu geben, weil das überwiegend schlammige Sediment der Muldengebiete über die Zeiten der Einzelbewegungen die Auskunft verweigert und weil in der Fazies nur der Gegensatz gegenüber den kalkigen Schwellen erkennbar ist, welche zugleich Stirnen der in Bewegung befindlichen Decken darstellen. Weil dies alles nur embryonal *ausgeprägt* ist, hielt man es verständlicherweise früher für Folgen nur embryonaler Gebirgsbewegungen, ohne sich über die Unmöglichkeit ihrer vollkommenen Faziesabbildung klar zu sein, zumal wenn nach Ausweis der hier vorhandenen Metamorphose die Hauptbewegungen in großer Tiefe stattgefunden haben. Zum wenigsten in den Mulden wäre das Kreidesediment erhalten und beim Deckenabschub übriggeblieben — wäre es überhaupt weithin zum Absatz gekommen!

Das weitgehende Abreißen der Sedimentfolge mit der Unterkreide hängt wahrscheinlich mit dem schon damals über penninische Räume vorrückenden unterostalpinen Deckenschub zusammen. Dies wird noch wahrscheinlicher durch die schon erwähnten großen Fazies-Ähnlichkeiten des Kreideflysches. Wir schlossen auf erhebliche räumliche Nachbarschaft dieser *kretazischen* Bildungsräume. Die immer weitergehende orogene Unruhe folgern wir aus der mächtigen, hier aufgestapelten Flyschfazies und aus der großen Anzahl von Schwellen, die wegen der geringen Wegsamkeit von Geröll und Grobsand in den Flachmeeren *als Inseln* den nötigen Flysch-Baustoff abgegeben haben müssen. Diese Schwellen wurden später teils außenbürtig weiter abgetragen, teils durch Teildecken überschoben — so wie auch im nordalpinen Alpenvorland oder in den Karpaten (J. NOVAK u. a.). Gewöhnliche, aufsteigende und niedersinkende Schwellen allein können das Bild nicht hinreichend deuten. Als Beispiel wurde die Schichtfolge der penninischen Margnadecke und der Niesendecke besprochen. Sie alle werden wohl nur verständlich, *wenn wir gleichzeitigen Hochbetrieb der Gebirgsbildung in der Tiefe annehmen.*

2. Die Gebirgsbewegungen der Oberkreidezeit

Zum erstenmal im Verlaufe der alpinen Baugeschichte wurde während der Oberkreidezeit der bereits erzielte Baufortschritt so günstig abgebildet, daß wir *für den Gesamtbereich* der nord- und der südalpinen Geosynklinale in der Lage sind, uns ein klares und — abgesehen von den Zentralalpen — ein recht gleichmäßig gutes Bild über den baulichen Zustand des Gebirges zu machen. Sank doch nach der ersten, nicht allgemein entwickelten Transgression zur Gault- und Cenomanzeit das Gebirge in Turon-Emscher fast überall langsam unter den Meeresspiegel. Dadurch ist nicht nur das Ergebnis der vorausgegangenen Abtragungen, sondern auch das Ergebnis der schon vollzogenen Faltung und Deckenverschiebung nunmehr an der Ungleichförmigkeit zu ermessen, mit welcher das Meeres-Sediment über die „damalige geologische Gebirgskarte" übergriff. Es sind die sich nun ausbreitenden und in ihrer Bedeutung längst bekannten *Gosauschichten* der nördlichen Kalkalpen wie auch die in den Westalpen etwa gleichzeitig übergreifenden *Rotschiefer* („couches rouges"), die hier und in den südlichen Ostalpen übergreifenden *Oberkreideflysch-Schichten*, sowie die roten Foraminiferenmergel der *Skaglia*-Transgression in den Südalpen, welche vielleicht ein erstes Mal das Zusammenwachsen der nordalpinen und südalpinen Schicksale baugeschichtlicher Art zu der *gemeinsamen alpinen* Baugeschichte so recht deutlich werden lassen.

Bewundern wir die sich hier enthüllende Großzügigkeit des Geschehens, so beweist uns aber auch hier näheres Eindringen in die Einzelereignisse, daß sich der gesamte Bauvorgang bei genauerer Schichtgliederung in ein vielgestaltiges, immer weiter *fortschreitendes Werden* auflöst, welches wir an günstigen Stellen schon heute dadurch erschließen können, daß Teil-Rückzüge und Teil-Vorstöße des Oberkreidemeeres, getrennt durch Abtragungszeiten, für mehrere aufeinanderfolgende Zeitabschnitte den jeweils neu erzielten Fortschritt im Sinne des Gesamtgeschehens beleuchten.

Wir beginnen mit dem klassischen Gebiet der Gosau im Salzkammergut und mit der Gosauflysch-Oberkreide östlich davon, wo jene Einzelheiten unlängst besonders gut klargelegt werden konnten.

a) Bauzustand und Baufortschritt in den nördlichen Kalk-Ostalpen

Den stratigraphischen Arbeiten von R. BRINKMANN 1934—36 und seiner Schüler K. GUNDLACH, H. LOEGTERS, W. RICHTER und O. WEIGEL 1937 verdanken wir einen genaueren, zeitlich aufgehellten Einblick in die bereits vorher besonders von E. SPENGLER 1913/14, 1918, von A. SPITZ 1910, 1916, 1919 und von G. GEYER

1907, 1909, 1911, 1913 in den Grundzügen geklärten und ausgewerteten Umstände der Baugeschichte und der Faziesbeziehungen innerhalb des kalkalpinen und ultrahelvetischen Streifens.

R. Brinkmann und Schüler unterschieden allgemein:

oben: Liesenschichten (750 m Flyschsandstein und Mergel des Dan; Spengler 1914), bei O. Kuehn 1930: mit Priorität „Zwieselalmschichten";
Nierentaler Schichten (600 m Foraminiferenmergel u. a. des Maestricht); Felix 1908, Spengler 1914;
Obergosau-Schichten (300 m polygene Brekzien, Sandsteine und sandige Mergel des unteren Oberkampans);
Mittelgosau-Schichten (200—300 m Mergel und Sandstein des Unterkampans);
unten: Untergosau-Schichten (900 m Konglomerat, Mergel, Sandstein des Emschers mit oder ohne Granulatenschichten).

O. Kühn gab 1947 wichtige Revisionen (kein Turon, Bewegungswechsel).

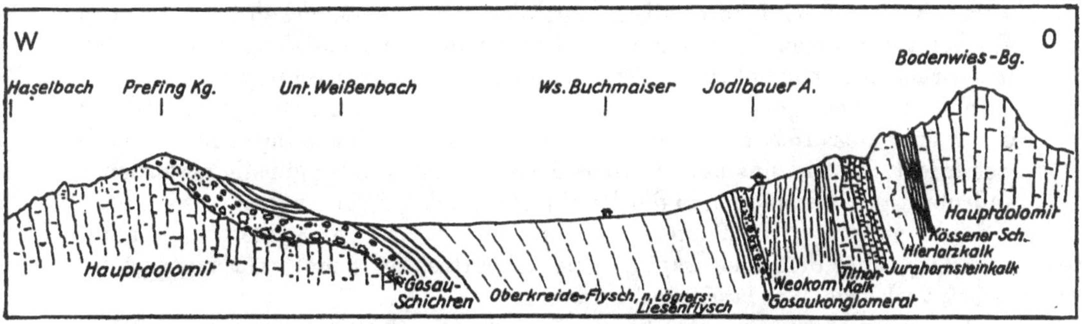

Abb. 101. Profil der *Kreidemulde bei Weißwasser* nach G. Geyer. Verh. g. R.-A. Wien 1907, 59.

Diese zusammen 2,8 km mächtigen Einzelstufen liegen jeweils mehr oder weniger *ungleichförmig und übergreifend* über ihrem tektonisch etwas verlagerten Untergrund. Am meisten transgredieren die unteren Stufen, deren Gesamtübergreifen früher allein berücksichtigt wurde (vgl. Profil bei G. Geyer 1907, 59; Abb. 101).

Dabei zeigt sich, daß das *Innere* der Gosaubecken-Füllungen von heute vielfach eine gleichförmige, nicht sichtbar unterbrochene Schichtfolge aufweist, während die Einzelstufen *gegen außen* nach einem jeweiligen Zurückweichen über neue Abtragungsflächen weit in die Jura-Trias-Umgebung hinaus vorgreifen.

Das betonte O. Weigel 1937, 33, für die Zeit zwischen unterer und mittlerer Gosau (hier sind teilweise Süßwasserschichten und Kohlebildungen zwischengeschaltet), S. 36 für die Zeit zwischen mittlerer und oberer Gosau, S. 26 für die Übergangszeit Obergosau-Nierentaler Schichten und S. 38 bezüglich der gleichförmigen Auflagerung der Liesenschichten.

Gleichzeitig stellte sich heraus, daß von Zeitabschnitt zu Zeitabschnitt teilweise *recht erhebliche tektonische Bewegungen* vollzogen wurden, erweisbar aus Reliefänderungen, ungleich starken Abtragungen und Verwerfungen.

Im Sinne der H. Stilleschen Schule glaubten die Bearbeiter daraus auf ruckartig neu belebte orogene Unterphasen schließen zu dürfen. Die Untergosau soll der „vorgosauischen Phase" folgen. Aus der reichen Zahl von da oder dort einmal nach der Diskordanzmethode außergeosynklinal scheinbar festgelegten Unterphasen verglichen sie jene Bewegungen zwischen Unter- und Mittel-Gosau mit der „Wernigeröder Phase", jene zwischen Mittel- und

Ober-Gosau benannten sie neu als „Ressenphase", jene zwischen Obergosau und Nierentaler Schichten erhielt den Namen „Rußbachphase", jene zwischen Nierentaler und Liesenflysch wurde der „älteren laramischen Phase" zugeteilt.

Dabei zeigte sich, wie gesagt, daß tiefere Beckenteile *gleichzeitig ohne* irgendeine Ungleichförmigkeit (Diskordanz), ja oft ohne Änderung der Fazies bzw. Meerestiefe ruhig ihre Ablagerung weiter erhielten!

Es geht daraus klar hervor, daß auch in so eng begrenzten Gebieten bei mangelnder Heraushebung an oder über den Meeresspiegel *der Fortschritt* der orogenen Bewegung eben *nicht abgebildet wird* und daß *folglich der Mangel einer solchen Abbildung durchaus nicht als Gegenbeweis gegen den Fortschritt jener Bewegungen verwertet werden kann.*

Auch im vorliegenden Fall haben wir keinen Beweis dafür, daß etwa während der Ablagerung jener einzelnen Gosaustufen die orogene Bewegung ruhte und nur einsetzte, als die Hebung des Meeresbodens im Profil oder Sediment abgebildet wurde. Vielmehr wird durch die gelegentlich mit Ausprägung ungleichförmiger Flächen verbundene, also scheinbar ruckartig vollzogene *Abbildung* eine unmittelbar vorher ruckartig vollzogene Orogenphase oder Unterphase *vorgetäuscht.*

In Wirklichkeit ging nach unserer Auffassung die orogene Bewegung während der ganzen Gosauzeit auch nach den vorgosauischen Bewegungen immer noch weiter fort. Sie tritt uns nur für kurze Zwischenzeiten unter günstig gewordenen außenbürtigen Umständen in der Profilfolge erweisbar vor Augen.

Solche günstigen Umstände sind: Geringer Abstand des Meeresbodens unter oder Lage über dem Meeresspiegel; benachbartes, zur Schuttzufuhr geeignetes Relief, vorherige, langdauernde Abtragung.

Wir werden nicht behaupten können, daß die innenbürtigen Bewegungen allein *dann* kurz vorher entstanden seien, wenn sich nachfolgend früher oder später eine außenbürtige Abbildungsmöglichkeit im Schichtenstoß ergab. Dies nämlich wäre letzten Endes die gewiß unhaltbare Forderung an die Natur, wollten wir die Grundlagen jenes übertriebenen Phasenschemas mitmachen. Das wäre etwas zu viel verlangt. Auch O. Kühn sprach 1947, 194, von dem bewegten Relief zur Gosauzeit.

Im Bereich des allseitig von Einbruchslinien umgrenzten Oberkreidebeckens von Gosau lagert die Oberkreide über den Ergebnissen der grundsätzlich schon lang bekannten „*Vorgosauischen Gebirgsbildung*". Nach F. F. Hahn und E. Spengler war die Juvavische Decke mit der auch in der älteren Kreide geschuppten und zu verschiedenen Zeiten gefalteten Plassengruppe zusammen von S auf die tirolische Unterlage des Dachstein- und Gamsfeld-Massivs schon seit langem aufgeschoben (übergreifendes Gosaukonglomerat im oberen Brieltal!).

In seiner Plassen-Monographie wies E. Spengler 1918, 419f., auch Bewegungen nach, welche die bereits erreichte Unterlage zusammen mit der ihr aufgeschobenen Decke gemeinsam betrafen, die jedoch noch nichts zu tun haben mit der dann erst später abgesetzten Gosau: O-W-Mulde der Plassengruppe, Plankensteinverwerfung, 300 m Sprunghöhe der Durchgang-Verwerfung, 200—300 m Sprunghöhe an dem Rettengrabenbruch, Zwieselalmbruch (ähnlich Saalachbruch). Weiter wurde nachgewiesen, daß dieses zerbrochene juvavische Falten- und Deckengebirgsland schon vorgosauisch tief abgetragen war. Über dem Plankensteinplateau müssen mindestens 600 Schichtmeter entfernt gewesen sein. Bis hinab auf die Werfener Schichten wurde vielfach abgetragen, und E. Spengler sagt ohne Zweifel mit Recht, daß auch die gröbsten Grund- und Rand-Konglomerate der Gosauschichten noch lange nicht mit den Blöcken der heutigen groben Gebirgsschuttmassen verglichen werden können. Daher muß auf eine *sehr viel ebenere Abtragungslandschaft als heute* geschlossen werden — abgesehen auch von den Beweisen allgemeinen Übergreifens der Gosauschichten über wohl alle Reliefformen, das schon bei einem kräftigen Mittelgebirgsrelief unmöglich gewesen wäre. Die tiefermeerischen Nierentaler Mergel freilich des Maestricht, welche das Einzelrelief nicht anzeigen, können für diesen Beweis nicht herangezogen werden. Im Gegenteil scheinen diese auf eine fortschreitende Relief-Verschärfung durch die häufig eingeschalteten Brekzienschuttbänke schließen zu lassen. Trotzdem ging das tiefe Maestrichtmeer über die ganzen Kalkalpen.

In der Schafberggruppe waren die Falten vorhanden, war die Plassenkalk-Überschiebung fertig; es waren die Oberalmschichten der Osterhorngruppe überschoben und es war fertig eine liegende Falte in der Dachstein-Schichtfolge der Gamsfelddecke, welche auf die Hallstätter Schichtfolge aufgeschoben war. Die liegende Falte des Höllengebirges lag schon in der Mittelkreide auf der Langbath-Scholle. Die Rettenkogel-Überschiebung war vollzogen. In seinem geologischen Querschnitt durch die Kalkalpen des Salzkammergutes hat E. Spengler 1918 *die „alpine Hauptphase" als vorgosauisch* erkannt, weil der *weite juvavische Nordschub* mit mindestens 35 km Weite hierfür in Frage kommt.

Wir zerlegen diese „alpine Hauptphase", sind wir doch klar darüber, daß sie, wie schon viele Beobachtungen im einzelnen erläutern, nur *der bis zum Emscher erzielten Gesamtsumme* tektonischer Leistung entspricht.

Die allmählichen Fortschritte des tektonischen Baues *während der Zeit der Gosauschichten* lesen wir ab aus Fazieswechsel und Lagerung der einzelnen Gosaustufen.

Danach gab es während der Ansammlung der mächtigen Untergosauschichten (Emscher) in der Mitte eine ruhige („epirogene"!) Senkung, während gleichzeitig randlich die Senkung geringer war, später sogar eine scharfe Hebung und Abtragung der eben erst gebildeten Untergosau bis hinab auf Jura und Trias einsetzte. Diese schon vollzogenen Leistungen können aus dem bei der nachfolgenden allgemeinen Senkungszeit erfolgten ungleichförmigen Übergreifen der Mittelgosau geschlossen werden. Der S-Rand der Böhmischen Masse blieb Land.

Zu dieser Unterkampanzeit senkte sich der Meeresboden wieder, wenn auch nicht so stark wie während des Emschers, und dabei blieben wiederum einzelne Randgebiete zurück oder hoben sich beträchtlich, so daß teilweise die ganze Mittelgosau wieder abgetragen und noch weitere Abtragung besonders im SO bis auf die Trias hinab möglich wurde. Auch im W griffen beim Gratzen auf dem Plankensteinplateau während der nun folgenden neuen Senkung im unteren Oberkampan die Obergosauschichten unmittelbar über Triaskalk, offenbar quer über den inzwischen entstandenen Roßalpenbruch. Daß auch während dieser älteren Oberkampanzeit die gleichzeitige Gebirgsbewegung recht erheblich gewesen sein muß, entnehmen wir einmal aus der vielfach großen Flyschähnlichkeit der Absätze, aus den von O. Weigel mitgeteilten erneuten und erheblichen Verschiebungen im Abtragungsbereich nun auch in einem benachbart auftauchenden, kristallinen Schwellengebiet und schließlich aus der Schrägstellung des ganzen Beckeninhalts mit seiner weit ausgreifenden Faltung. Die genannten Verlagerungen wurden geschlossen aus dem teilweise weiten Übergreifen der Nierentalschichten über die (somit ältere) Randverwerfung, aus der kräftigen Heraushebung der (daher weiter abgetragenen) Gamsfeldmasse im NW, sowie aus der Schutt- und Sand-Zwischenlagerung, welche die Nierentaler Foraminiferenmergel trotz ihrer zweifellos ziemlich tiefmeerischen Ablagerung doch immer wieder von offenbar benachbart aufgetauchten Insel-Sattelschwellen mit teilweise kristalliner Zusammensetzung zugeschoben erhielten. Während der Zeit des danischen Zwieselalm-Flysches zeigt die Fazies das rasche Überhandnehmen solcher orogen beherrschten Zuschüttungen von kristallinen Schwellen her deutlich genug. Und es stört uns, wie gesagt, in keiner Weise, daß in den inneren Beckenteilen sowohl die Nierentaler Mergel wie auch die Dan-Schichten gleichzeitig ohne sichtbare Ungleichförmigkeit und ununterbrochen zur Ablagerung kamen. Die Maestricht-Transgression (bis NO-Afrika) war die größte.

Ein andres, neuerdings feinstratigraphisch näher geklärtes Gebiet liegt weiter östlich im Bereich der so auffällig N-S-streichenden Weyerer Bögen und des L. v. Buch-Denkmals *südostwärts Steyr*. Hier hat H. Loegters 1937 auf Grund der eben mitgeteilten Gosau-Gliederung recht vergleichbare baugeschichtliche Umstände mitteilen können.

Ähnlich wie die Oberkreidestufen bei Gosau von ihrem Beckengebiet aus transgressive Vorstöße in das umgebende, mehr oder weniger abgetragene Faltenland vornahmen, so anscheinend hier schon Cenoman und Unterkreide. Letztere besteht aus schwarzen und bunten Mergeln mit Flysch-Fukoiden, dann aus Sandsteinen, örtlich auch aus kalkalpinen Konglomeraten, welche dann bis hinab auf Hauptdolomit übergreifen. Darüber folgt, soweit im S vorcenoman nicht schon wieder abgetragen, schwarzer Schieferton des Gault und in scheinbar allmählichem Übergang mit weit ausgreifender Entwicklung das Cenoman mit sandigem Mergel und Sandstein, Geröllmergel und Konglomerat. Dieses *Orbitolina concava* führende, über 600 m mächtige Cenoman hat exotische Gerölle, nach H. Loegters nämlich:

30 v. H. Milchquarz und Quarzit, teils Gangquarz, teils vielleicht jungpaläozoische Quarzite.
28 v. H. alpine Kreide und Hornstein, wohl örtlicher Herkunft.
25 v. H. rote und grüne Felsitporphyre, wegen fehlender Metamorphose ohne Beziehung zur Grauwackenzone, vielmehr zu den gleichfalls wohl aus dem kalkalpinen Untergrund stammenden Porphyren an der Rax-Südseite (? jungpaläozoisch).
12 v. H. Granatglimmerschiefer und Feldspat-Glimmerquarzite.
4 v. H. basische Eruptiva, wie Diabas.
1 v. H. Granite, darunter auch solche von der Art des L. v. Buch-Denkmal-Granits, also gleichfalls aus dem benachbarten Untergrund.

Nach einer kalkalpinen Inselschwellenzone, welche die Gerölle in der Unterkreide geliefert hatte, tauchte also nunmehr mindestens eine ausgedehnte, aus grauwackenzonenartigen, jedoch nichtmetamorphen Gesteinen und aus örtlichem Granit bestehende Inselschwelle auf, offenbar *aufgewölbt aus dem nahen Untergrund im N*. Denn der Gehalt an Glimmer sowie an leichter zerfallenden Gesteinen nimmt nach N ebenso zu, wie nach Loegters die Geröllgrößen von Großraming aus gegen N(O) in jener Richtung anwachsen, in der die nachträgliche Überschiebung dieser Schwelle durch den kalkalpinen Vorstoß angenommen werden kann (vgl. Abb. 102).

Diese Schwelle aus exotischem Gestein ist nichts anderes als *die östliche Fortsetzung unserer Vindelizischen Südschwelle* zwischen Kalkalpen (mit Allgäudecke, Cenoman-Randmulde, Cenoman-Klippenzone, Vorzone u. a.) im S und dem *Randostalpin* im N, dessen Schichtfolge ist:

oben: Glimmersandstein des Flysch.
Wahrscheinlich Gault-Glaukonitquarzit.
Schwarze und rote Mergelschiefer, darunter helle Aptychenkalke der Unterkreide.
Subalpiner Jura: Sandiges Tithon-Konglomerat. Malmkalke — glimmerreiche, sandige Mergel und Kieselkalke des Doggers — übergreifend der Grestener Lias.
Granit des L. v. Buch-Denkmals und Granit an der Sohle von weiteren 4 aufgeschürften Schuppen.

Im Sinn einer sauberen Wortverwendung muß diese Schwelle als ein Teil des von C. W. v. Guembel vor langem unterschiedenen, wechselvollen *Vindelizischen Hochgebietes* zwischen kalkalpiner Trias und germanischer Trias benannt werden. Der spätere, unnötige Namen „Rumunischer Rücken" von C. W. Kockel 1922, 154, ist auch deshalb unanwendbar, weil unter ihm von Kockel und M. Richter eine (nicht erweisbare) Fortsetzung des Unterostalpinen Inselkranzgebirges der Schweiz (J. Cadisch) nach O am Südsaum des östlich vom

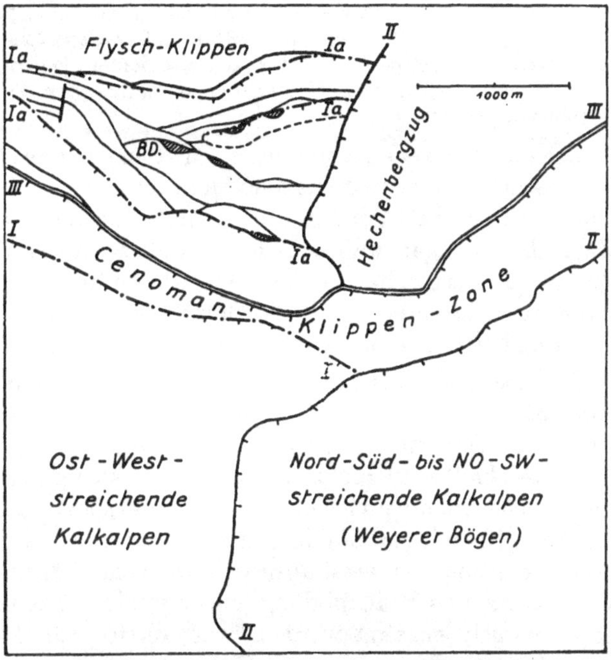

Abb. 102. *Die Reihenfolge der verschieden gerichteten Hauptüberschiebungen im Gebiet des L. v. Buch-Denkmals* (*BD*) *im N der Weyerer Bögen* (Ennsgebiet). *I—III* Reihenfolge der Hauptüberschiebungen: *I* nachcenoman, voremscher gegen N; ebenso wahrscheinlich *Ia* im NW (Flyschklippenzone; darin schraffiert: Granit). *II* nachdanisch gegen W (Weyerer Bögen und Hechenbergzug). *III* wahrscheinlich nacheozän gegen N.

Rhein am Alpenrandgebiet nicht vorhandenen penninischen Meeres und am Nordrand der Kalkostalpen bis zur Böhmischen Masse verstanden wurde. Da dieser Gedanke von der Verfrachtung der nördlichen Kalkalpen über die Zentralalpen gegen N u. a. von mir, von R. Brinkmann und dessen Schülern abgelehnt werden mußte, muß auch diese, davon unlösliche und irreführende Bezeichnung folgerichtig entfallen. F. Trauth hatte 1935 jene Schwelle „ultrapieninisch" genannt.

Zu beachten ist, daß sowohl im Cenoman wie auch im Dan des weiteren Gebietes der Weyerer Bögen mit dem sehr verbreiteten Auftreten exotischer Gerölle die schärfere Ausbildung mächtiger *Flyschfazies* einhergeht. Man kann annehmen, daß sich auch hierin das Anwachsen der tektonischen Bewegungen widerspiegelt, denn solche können nicht nur geschlossen werden aus der kräftigen Heraushebung des vorher noch nicht entblößten, kristallinen bzw. Grauwacken-Untergrundes in einer großen, exotische Gerölle abliefernden Inselschwelle, sondern auch aus der beschleunigten Senkung der Mulden, welche so mächtigen Flyschsandschutt aufnahmen.

Es ist daher auch unannehmbar, wenn behauptet wird, die ganze vorgosauische Gebirgsbildung habe sich in der Festlandszeit *nachcenoman* entwickelt. Ein gewisser Umbau der Tektonik vollzog sich im Cenoman und nachfolgend insofern, als nun neben O-W-streichender Faltungsverbiegung, über welche z. B. die Untergosau am Westrand der Laussa-Großraminger Mulde übergreift, auch eine mehr N-S-streichende Faltung, also der Beginn der Weyerer Bogenrichtung, festzustellen ist. Ein Hauptteil der in Abb. 102 mit I und Ia bezeichneten S-N-Faltungen und Schuppungen dürfte sich schon damals entwickelt haben.

Die bis 900 m mächtigen Gosauschichten im engeren Sinne, von denen im Bereich von Weyerer Bögen-Buchdenkmal nur die Untergosau des Emschers vertreten ist, greifen zwar auch fast überall ungleichförmig über Trias, Jura oder Unterkreide. Es wurden aber in dieser Zeit dort keine exotischen Gerölle geliefert, so daß gegenüber dem Cenoman wieder ein grundlegend abweichendes Abtragungs- und Einzugsgebiet, nämlich nur ein solches aus kalkalpinem Mesozoikum angenommen werden muß. Es wird offenbar auch hierfür die inzwischen tätig gewesene Tektonik verantwortlich zu machen sein. Nur weiter im S, im Gosaubecken von Gams, konnte O. Ampferer 1931 und K. Gundlach in den Grundkonglomeraten der älteren Gosauschichten (und der Nierentalschichten) jene offenbar von dem damals noch aufgeschlossenen kalkalpinen Untergrund abstammenden Porphyr-, Phyllit- und Serpentingerölle nachweisen.

Die langdauernde Abtragung nach Rückgang des Cenomanmeeres und vor Absatz der Untergosau ist aus dem bauxitischen Verwitterungsboden auf der Unterlage des Emschers oder in seinen vielfach roten Konglomeraten ersichtlich. Mit Bodenbewegungen während des Emschers dürfte das vorübergehende Zurücktreten der Meeresabsätze gegen brackische und Süßwasserabsätze, auch Kohlenflöze, zusammenhängen. Solche Süßwasserbildungen liegen bei Gosau in den mittleren und teilweise oberen Gosauschichten.

Daß die Bodenbewegungen auch während des Absatzes der Untergosau-Schichten weitergingen, kann nicht allein aus der Muldenvertiefung des Meeres und aus dem späteren Weiterumsichgreifen der Gosaumergel geschlossen werden. Denn die „*Gosaubecken*" sind nicht, wie die örtlichen Grund- und Randkonglomerate zu zeigen scheinen, überwiegend erosiv, sondern mehrfach nachgesunkene tektonische Graben-, Kessel- und Muldensenken, deren Inhalt infolge tiefer Lage der späteren Abtragung aus einer einst ausgedehnten Schichtdecke entging. Auch ein guter Teil der Faltung und Bruchbildung, die erstmals aus den dann übergreifenden Nierentaler Mergeln erkannt werden kann, dürfte während des Emschers entstanden sein. So entwickelte sich nach H. Loegters südwestwärts Großraming ein neuer O-W-streichender Sattel, im Mündungsgebiet des Pleißa-Baches ein Triashorst. Der genauere Nachweis der Bildungszeit freilich ist nicht zu führen, denn es folgte eine längerdauernde Abtragung.

Als sich mit ähnlichem, wiederum nur kalkalpinem Grundkonglomerat *die Nierentalschichten des Maestricht* ausbreiteten, müssen die Hauptbeckengebiete erneut, und zwar diesmal *besonders tief abgesunken* sein. Gleichzeitig griff auch jetzt das Meer weithin über alle vorhandenen und mehr oder weniger abgetragenen Falten, Verwerfungen und Schubflächen über. Es scheint, daß die Tektonik in der untersuchten Gegend damals keine sehr wesentlichen Fortschritte erzielte, denn wenn wir den Untergrund betrachten, über welchen die alsbald nach dem Maestricht einsetzende Dan-Transgression des Zwieselalmflysches vortrat, so können wir nur aus der Verbreitung der bei der Regression der Nierentaler Schichten noch nicht abgetragenen Nierentalmergel auf ziemlich seichte Mulden und flache Hebungsgebiete schließen. Einige Verwerfungen haben sich außerdem bewegt. Der Bestand des Danflysches läßt kräftigere Heraushebungen von Schwellengebieten aus exotischem Gestein, diesmal aus solchem, wie es heute noch in den Phylliten und Tonschiefern der Grauwackenzone sowie in den Granatglimmerschiefern und Augengneisen der Tauern, also in südlichen, zentralalpinen Gebieten gefunden wird, deutlich erkennen oder wie es uns schon von der Vindelizischen Südschwelle im N mit Felsitporphyren und Quarzbrekzien bzw. vom kalkalpinen Untergrund selbst bekannt ist.

Für diese Zeit spiegelt sich eine Vielzahl nicht unbeträchtlich ausgedehnter *Inselschwellen*, aus dem Untergrund oder randlich aufragend, eines Archipelmeeres in der Flyschfazies wider. „*Exotisch*“ nennen wir deren Gerölle und Sandmassen deshalb, weil sich bis heute kein Schwellengebiet erhalten konnte, welches diese Baustoffe unmittelbar in das Dan-Flachmeer geliefert hat. Denn weder am Nordrand noch inmitten der Kalkalpen finden wir solche Schwellen. Aber auch wenn gleichartige Gesteine in der südlich benachbarten Grauwacken- und Zentralzone auftreten, so muß doch aus den hier noch im Tertiär anzunehmenden, sehr umfangreichen Massenverlusten nach unten und aus der entsprechend starken Längengrad-Verkürzung gerade hier geschlossen werden, *daß diese Liefergebiete nördlichere, heute verschwundene Nachbargebiete* gewesen sind. Anzeichen hierfür ist die Beobachtung, daß zwar viel „Grauwackengestein“ als bis über kopfgroßes Geröll von bunten Porphyren, Quarziten, Hornsteinen, Graniten, von unverändertem Melaphyr und Fetzen von weichem, leicht zerfallendem Phyllit im Becken von Gams, am Nordrand der Haller Mauern—Ennstaler Alpen, aber auch zunächst der heutigen Grauwackenzone gefunden wird, dazu Verrucano, wie er zwischen Kalkalpen und Grauwackenzone zu erwarten ist (O. Ampferer 1933, 34), aber daß ausgerechnet die besonders bezeichnenden und häufigen Porphyroide der heute z. B. südlich der Gesäuseberge anstehenden *Grauwackenzone als Gerölle in der Gosau fehlen.*

Erst *nach* Ablagerung des Zwieselalmflysches, also nach dem Dan, kann die *ältere Phase der O-W-Faltung* (in der Mittelkreide schon angelegt) und O-W-Überschiebung angesetzt werden, welche die Weyerer Bögen zur Hauptsache auszeichnet. Denn der Danflysch nahm bereits ganz an dieser axialen Alpenbewegung teil.

Überblick. Überschauen wir also die beiden derzeit am besten gegliederten Oberkreideablagerungen der Nordkalkalpen, so liegt *kein Anlaß vor, die Baugeschichte in einzelne Rucks von Unterphasen zu zerhacken und diese in die Hebungszeiten einzuzwängen.* Vielmehr verführten die von Zeit zu Zeit dank den durchziehenden Transgressionsflächen möglichen Einblicke in den jeweiligen Entwicklungsfortschritt zu der Vorstellung solcher Unterphasen. In Wirklichkeit sind diese Einblicke zu vergleichen mit Blicken auf das Zifferblatt einer dauernd weiterlaufenden Uhr — wobei aber gewiß nicht behauptet werden soll, daß die Baugeschichte immer mit gleichbleibender Geschwindigkeit weiterging.

Wir kommen somit auf Grund weit genauerer Kenntnis der einzelnen Bewegungszeiten, als sie 1922 möglich war, zu dem gleichen Ergebnis wie der Kossmat-Schüler C. W. Kockel, der 1922, 164, sagte: „Im Bereich des Kettengebirges werden durch derartige [Gosau über Primärrumpf] Transgressionen einzelne Zeitabschnitte herausgehoben und das in ihnen Geleistete durch die Transgressionssedimente ausgezeichnet konserviert. So entsteht das falsche Bild der ruckweisen, in Phasen der Orogenese und solche der Ruhe zerfallenden Gebirgsbildung, das als Katastrophentheorie nicht genügend bekämpft werden kann. Trotzdem hängen dieser Anschauung Heritsch, ja sogar anscheinend noch Arbenz an und unterbewußt, nur nicht recht greifbar, spielt sie eine ungeheure Rolle.“ Vgl. O. Kühn 1947.

Für eine Unterscheidung langsamer, weitspanniger Bewegungen („epirogen“) von kurzdauernden, enge tektonische Strukturen bildenden („orogen“) ist kein Gesichtspunkt anzuführen, der mit dem Wesen der Baugeschichte etwas zu tun hat. *Für die meisten Zeiten gehen diese Bewegungsarten zeitlich und räumlich ineinander über.* Soweit sie jener rein äußerlich beschreibenden Begriffsbestimmung nach als langsame Bewegungen ersterer Art gelten können, sind sie genau so am Fortgang der orogenen Baugeschichte mitbeteiligt wie die engeren Bewegungen zweiter Art.

Daher berühren wir uns weitgehend auch z. B. mit den von Edward W. Berry 1929 und besonders auch von E. Haarmann 1934 gemachten Ausführungen über die Unmöglichkeit der Trennung von ,,Epirogenese" und ,,Orogenese", über die Streichung des ersteren Begriffes, über die Ablehnung einer überwiegenden ,,Hochfaltung" und über die notwendige Kritik an der Methode, durch Diskordanzen orogene Phasen und Unterphasen aufzustellen.

Wechsel der Schubrichtungen. Bezüglich der in der näheren Umgebung des Buch-Denkmals unterscheidbaren Hauptbewegungsrichtungen traten scharfe Wechsel ein. An der in Abb. 102 mit I bezeichneten Nordüberschiebung und OW-streichenden Faltung westlich der Weyerer Bögen nahm das Cenoman noch teil, aber die Untergosauschichten griffen über diese Falten im Emscher bereits hinweg. Wahrscheinlich gehören ins Cenoman bzw. in die Cenoman/Emscher-Zwischenzeit auch starke gleichsinnige Einengungen weiter nördlich im Bereich der Flyschklippenzone um das Buch-Denkmal (I a). Zwar sind die N-S-Elemente der Weyerer Bögen teilweise schon vorgosauisch angelegt, da sie bereits von Untergosau übergriffen werden (A. Spitz 1916). Aber an der Hauptschubbewegung von O gegen W (oben) nahmen die danischen Zwieselalmschichten schon teil; sie muß also *frühestens alttertiär* gewesen sein. So konnte sie die mehr OW-gefalteten und geschuppten westlichen Nachbarteile der Kalkalpen und, mit dem aus Jura-Unterkreide bestehenden Hechenbergzug, die Buch-Denkmal-Schuppen der Flyschklippenzone westwärts überfahren (II). Aus dem Untertauchen aller dieser Strukturen unter die südnördlich gerichtete Kalkalpenhauptüberschiebung ist zu schließen, daß letztere noch später einsetzte (III). Jedenfalls rückten im Tertiär auch die OW-streichenden Falten und Schuppen noch enger zusammen, wie auch aus anderen Beobachtungen eine noch schärfere, spätere OW-Einengung geschlossen werden kann.

Gehen wir von dem tektonisch so auffallenden Gebiet des Buch-Denkmals über die Weyerer Bögen nach S, so treffen wir *im Gebirge um das Gesäuse* durch die dortigen Gosauschichten gleichfalls reiche, baugeschichtliche Belehrung. Gelegentlich der Arbeiten, über welche O. Ampferer 1921, 1931, 1935 berichtet hat, ergaben sich zeitlich auch noch weiter zurückgreifende Wechsel von Meeresbedekkung, Senkung, Faltung und Überschiebung einerseits, von Heraushebung, Verwitterung andererseits:

A. Ausgedehnte Schubbewegungen und Faltungen, bedeckt von Alttrias; offenbar aus Jura- bzw. Altkreidezeit („juvavisch I").

a) Tiefgreifende Abtragung, am Nordrand der Ennstaler Alpen über 1000 m tief bis in den Ramsaudolomit, anderwärts durch den Dachsteinkalk auf den Dachsteindolomit.

B. Zweite große Schubbewegung von S, Einschub der Alttriasmassen, z. B. von Buntsandstein auf Hauptdolomit. Mit Reliefüberschiebungen (ähnlich der Ostseite des Ötschers, am Wurzener Kampl nördlich Pyhrnpaß: „juvavisch II". Durch diesen Einschub wurde ein Südteil der großen alten Abtragungssenken gefüllt; ein Teil aber westliche Liezen, bei Windischgarsten, bei Gams und die große, breite Quersenke, in welche sich später durch Schub von O die Weyerer Bögen vorwölbten, blieb tief, bzw. wurde weiter abgetragen und niedergesenkt in

b) der zweiten großen Abtragung mit kräftiger Bauxitbildung während der Gault-Cenoman-Turon-Zeit, in der das Meer ein erstes Mal wieder in die breiten Senken vordrang und überwiegend örtlichen Gesteinsschutt zugeführt erhielt; außerdem aber auch Ferngerölle wie Phyllit, bunte, harte exotische Gesteine. In einer Zwischenzeit kam es zu Süßwasserbildungen und zum Absatz von Kohle: Untergosauschichten. Die weiteren Oberkreide-Vorgänge sind nicht näher untersucht, sondern sie fallen einstweilen zusammen mit

C. weiteren, kräftigen Gebirgsbewegungen nach Absatz und unter Mitbeteiligung der Gosauschichten, woran sich auch der kräftige O-W-Schub der Weyerer Bögen mitbeteiligte.

In dem *Gosaubecken von Gams* greifen nach R. Brinkmann 1935, 146, sowohl Gosau- wie auch Nierentalschichten mit eigener Transgression über das gefaltete Kalkgebirge, so daß auch hier ähnliche Bewegungen wie im W während der Oberkreide angenommen werden müssen.

Sehr auffallend sind die alten Unterschiebungen der Grauwackenzone des Paltentals nordwärts bzw. nordostwärts unter die Kalkalpen hinein.

Nach Beschreibungen der *Gosauschichten von Windischgarsten* durch G. Geyer 1913, 274, 1916, und O. Ampferer hat sie R. Brinkmann 1936 mit dem Mittel- und Oberkreideflysch der ultrahelvetischen Randflyschzone im N verglichen und aus deren *fensterartigem Auftreten* auf einen sehr weitreichenden Schub der Nordkalkalpen über diese Flyschzone geschlossen. Es sind dagegen Stimmen laut geworden. Ich habe 1942 nach eingehender Geländearbeit feststellen können, daß ultrahelvetischer Vortiefenflysch nicht vorliegt. Vielmehr ist es Flysch, der auf kalkalpinen Decken im Gault und Cenoman bei Vorgriffen aus N abgesetzt wurde. Er wurde anderen Kalkalpen-Decken unterschoben und tritt heute unter solchen fensterartig hervor. O. Kühn 1939, 1947 kam zu gleichem Ergebnis.

Abschnitt östlich der Enns

Wenden wir uns *vom Enns-Gebiet zunächst weiter nach O*, so finden wir auch hier die Fortsetzungen der Kreidebewegungen, welche E. Spengler und J. Stiny (Erl. zu Bl. Eisenerz-Wildalpe-Aflenz 1926) erkannt haben.

Vorpermische oder jüngere, vorgosauische Unterschiebungen gegen O und NO der Grauwackenzone unter die Kalkalpen lassen sich ableiten (Abb. 103). Da hier zwischen Tithon- und Gosauschichten keine Ablagerungen bekannt sind, werden in die lange Abtragszeit vom Jura bis etwa zum Emscher jene starken Gebirgsbewegungen zusammengerechnet, deren Ergebnisse dann tief bis auf Dachsteinkalk-Raibler-Wettersteinkalk-Ramsaudolomit abgetragen deshalb sichtbar werden, weil die marinen Gosauschichten meist mit rotem Grundkonglomerat aus örtlich benachbartem Gestein ungleichförmig über den gefalteten und verschobenen Untergrund weggeschnitten haben. Diese z. B. südlich vom Bucheck flyschartigen Schichten überlagern die bereits vor der langdauernden, bauxitischen Abtragung verschobene „Ultradecke“ der Lachalpendecke von gipsführenden Werfener Schichten und Muschelkalk auf Rhät-Jura des Hochschwab wie die Überschiebung des Plassenkalkzuges nordwärts des Gamstales. Kräftige Schuppenbildung in der Umgebung des Gamser Gosaubeckens, nordwärts Zeller Staritzen und wahrscheinlich auch die beiden Sattelzüge des Hochschwabgebietes setzten nachgosauisch ein.

Die im O der Weyerer Bögen ostwärts kräftig entwickelte *Lunzer Decke* zeigt einen meist recht regelmäßig entwickelten Faltenbau, über welchen z. B. die Lilienfelder Gosauschichten (Abb. 104) mit kalkalpinem und vereinzelt porphyrgerölligem Grundkonglomerat, dann wohl Nierentaler Zementmergeln hinweggreifen. Vielleicht ist auch ein Großteil der Schuppen in der Lunzer Decke schon vorgosauisch. Möglicherweise geschah die Faltung dieser Decke ähnlich wie im Höllensteinzug auch schon vorcenoman und gehört nur die etwas jünger bewegte Annaberger Decke nach E. Spengler 1928, 125, in die Zeit zwischen Cenoman und Gosau.

Südlicher, im Bereich der Puchberg—Mariazeller Linie, haben wir nach dem Genannten 1931 die schon S. 305 erwähnte erste Gebirgsbildung angenommen, welche wohl zu Ende des Rhät und im Lias herrschte und gefolgt war von einer Abtragungszeit im Dogger. Nach einer Senkung, Transgression und Plassenkalk-Ablagerung im Oberjura mit schwach sichtbarer Gebirgsbewegung wurden die Alttriasmassen der ,,Schneebergdecke“ und deren gleichzeitige Fortsetzungen vorgeschoben: nämlich die Deckschollen des Rauhensteins auf der Schneealpe, Schneeberg—Rax—Gahns—Hohe Wand, Deckschollen in der Puchberg—Mariazeller Linie nach W bis Dürradmer, nordwärts Weichselboden, wahrscheinlich fortgesetzt nach O. Ampferer 1931, 286, in den aus Werfener und Gutensteiner Kalk bestehenden Schollen zwischen Salza- und Schwabeltal, nach O. Ampferer 1921 von Hochhäusl und Rotofen, auf Blatt Liezen von Wurzener Kampl und Umgebung von Mitterndorf bis hin zu den juvavischen Deckenteilen im weiteren Westgebiet. Diesen Teilen wurde aus N eine basale, jedoch faziell nicht abweichende Trias-Jura-Unterlage nach Abtragung untergeschoben.

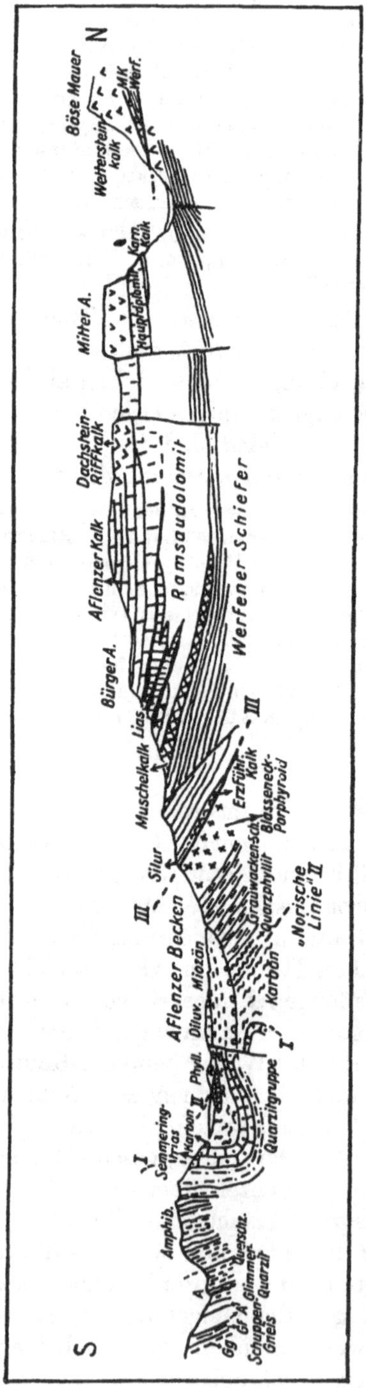

Abb. 103. *Profil durch den* (oben) *südbewegten Kalkalpensüdrand bei Aflenz* nach E. Spengler & J. Stiny, Erl. Blatt Eisenerz. 1926. *I* Unterschiebung von Semmeringtrias unter Karbon. *II* Desgl. von Karbon unter Quarzphyllit. *III* Desgl. von Blasseneckporphyrit unter Silur.

Auf Grund neuerer Kartenaufnahmen von H. P. CORNELIUS 1936, 1939 auf Blatt Mürzzuschlag zeigte sich die Notwendigkeit, auch den Schneeberg, sowie Rax, Hochveitsch, Tonion, Hochschwab zur Unterlage, die erst nachgosauisch verschoben wurde, zu zählen. Die großen ostjuvavischen, also vorgosauischen Schubmassen würden dann als „Lachalpendecke" erscheinen. Zu ihr gehören Lachalpe, Rauhenstein, Hinteralp-Sonnleitstein, Roßkogel-Hoher Student, Deckschollen westlich Mürzzuschlag, dazu solche in der Puchberg—Mariazeller Linie.

Der Lachalpendecke, deren Ränder vielfach durch Gosauschichten bis auf das Basale überschnitten werden, gehören also neben mittlerer und älterer Trias auch ausgedehnte paläozoische und noch ältere Gesteine an, während über die höhere der beiden Grauwackendecken als basaler Unterlage die in sich vielfach abgescherten Werfener Schichten transgredieren, überlagert durch die Triasfolge bis zum Nor. Soweit nicht (wie im W) schon permische Ablagerungen über sie weggreifen, halte ich — mitunter paläozoisch angelegt — die gegen S aufsteigenden Schub- und Schuppenflächen in der paläozoischen und älteren Unterlage, so-

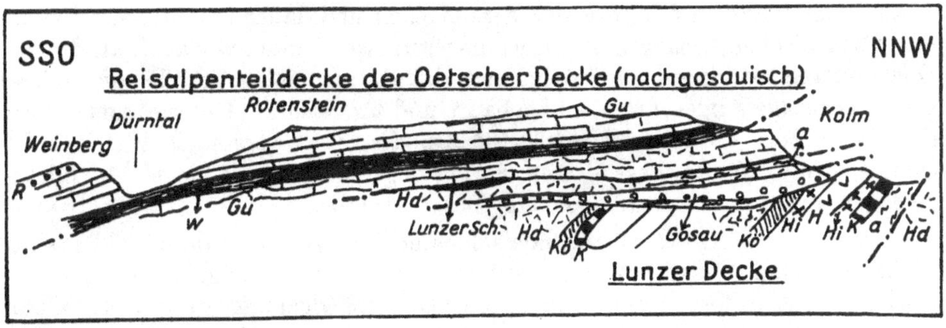

Abb. 104. *Über die gefaltete und geschuppte Lunzerdecke legte sich nach Abtragung die Gosauoberkreide.* Sie wurde unter Vermittlung von Zwischenschuppen tertiär durch die Oetscherdecke (Reisalpenteildecke) überschoben. Nach E. Spengler, Erl. Blatt Schneeberg/St. Aegyd 1931. *a* Aptychenkalk, Neokom. *k* Klauskalk. *Hi* Hierlatzkalk und *H* Hornstein-Krinoidenkalk des Lias. *Kö* Kössenerschichten. *Hd* Hauptdolomit. *R* Ramsaudolomit. *Gu* Gutensteiner und Reiflinger Kalk (Anis). *W* Werfenerschichten.

wie die Überschiebung der Semmeringtrias durch die Untere Grauwackendecke gegen S für im wesentlichen vorgosauisch, vermutlich gleichzeitig und mechanisch zugehörig zu der Hauptbewegung der Lachalpendecke. Diese wurde nach meiner schon oben S. 399 begründeten Auffassung gleichzeitig nach N und wohl auch S „überschoben", d. h. infolge Massenschwundes unter ihr von beiden Seiten her unterschoben, ausgeschoben. Die Einwendungen von CORNELIUS hiergegen beantwortete ich 1945. K. METZ faßte 1938 die „norische" Überschiebung gleichfalls als vorgosauisch auf. Das Sandig-, also Seichtmeerisch-Werden des oberen Neokoms, sein Fehlen weiter im S gegen die nordalpine Narbe zu, wo auch schon der Oberjura lückenhaft ist, wo Gault und Cenoman fehlen, dürfte auf die mit der Ausschiebung der ostjuvavischen Decken zusammenhängenden Bewegungen zurückgehen.

Bei dieser Unterschiebung sind ausgedehnte südlich benachbarte Kalkalpenteile mit ihrer paläozoischen Unterlage gegen N abwärts verschwunden. Das scheint mir nicht nur aus dem Gegensatz der Kalknordalpen gegenüber dem Semmering-(Niedere Tauern-)Mesozoikum hervorzugehen, sondern auch aus der Geröllzusammensetzung der Gosauschichten.

Diese liegen über der stark verschobenen, gefalteten und altabgetragenen Unterlage als (wahrscheinlich; O. KUEHN 1938) Obergosau (Oberkampankonglomerat, darüber graue *Pachydiscus neubergicus*-Mergel) und als Maestricht-Nierentaler Mergel. Die Grundkonglomerate bzw. Grundbrekzien (K. LEUCHS 1933, 280) enthalten neben überwiegend örtlichem Trias- und Jurageröll Stücke aus dem benachbarten, wahrscheinlich dann zugleich erosiv und tektonisch eingesenkten Gebirgsrelief, das auch kräftige Bauxit-Verwitterungsrinden z. B. von Dreistätten, Windischgarsten-Laussa oder vom Untersberg aus der Mittelkreide und älteren Oberkreide trug und abgab (E. Dittler und O. Kuehn 1936, 233). Während die vielen grünlichen Felsitporphyr-Gerölle, die nur in den nördlichen Gebieten vorkommen, und die späteren Sandmassen offenbar auch hier im O der Ostfortsetzung der Vindelizischen Südschwelle entstammen, müssen die Phyllitschiefer und Quarzphyllit-Gerölle der südlichen Krampener Gosau ostwärts Mürzsteg wiederum von einer heute nicht mehr bestehenden und offenbar seitdem nordwärts untergeschobenen Schwellenzone im S der jetzigen Kalknordalpen abgeleitet werden. Denn aus der hier gegenwärtig südlich anschließenden Grauwackenzone können sie wegen ihrer geringen Metamorphose und des Mangels an den in dieser Zone häufigen Lyditen nicht stammen. Auch könnte eine ehemalige, ausgedehntere Bedeckung dieser Grauwacke durch die nördlichen Kalkalpen, welche gewiß im allgemeinen anzunehmen ist, die Sache nicht erklären, weil nun einmal *Gerölle der Unterlage* vorliegen. Diese muß also entblößt gewesen sein.

Außer an *Inselschwellen*, die sich herausheben und daher immer tiefer bis auf den paläozoischen Untergrund abgetragen wurden, denken wir auch an die von O. Ampferer 1916 gewiesene Möglichkeit, daß die exotischen Gerölle aus größerer Tiefe bis zutage aufgeschuppte, abgebaute und umgelagerte Untergrundsgesteine *des eigenen oder nächstbenachbarten Untergrundes* selbst darstellen. Weiterer Zusammenschub könnte diese älteren Herkunftsgebiete, soweit sie nicht voll abgetragen waren, durch Unterschiebung beseitigt haben.

Während der jüngeren Oberkreide schlossen sich jedenfalls dann bald alle zunächst örtlichen Gosausenken bis auf verhältnismäßig wenige Inseln und den Narbenstreifen selbst unter gemeinsamer Meeresbedeckung zusammen. Wahrscheinlich war zur Zeit der höchsten Transgression (Maestricht-Nierentaler Foraminiferenmergel) auch eine *eustatische* Meeresspiegelhebung an den Erscheinungen mitbeteiligt (C. W. Kockel 1922, 143; H. P. Cornelius 1939), die im übrigen aber durch mehr oder weniger fortgesetzte Bodenbewegungen beherrscht wurde.

Daß der *Kalkalpensüdrand* sowohl erosiv schräg beschnitten wie auch tektonisch durch weithin streichende und vielfach schräg zum Kalkalpenbau durchschneidende, steile Störungen (nach meiner Auffassung zusammenhängend mit der nordalpinen Narbe!) sehr stark verschnitten ist, wird niemand leugnen können. Er macht damit auch keinen Unterschied gegenüber dem ähnlich behandelten Kalkalpen-Nordrand z. B. in Südbayern (E. Kraus 1941).

Gegen NO von der Rax über Gahns—Schneeberg—Hohe Wand in die „Neue Welt" westlich Wiener Neustadt hat O. Ampferer 1918 über die Gerölle und den Bau der Gosauablagerungen berichtet. Hier, wo A. Bittner schon 1882 für die weitere Umgebung von Hernstein wichtige Grundlagen geschaffen hatte, liegt jedenfalls in den meist kleineren Vorkommen nach O. Kuehn 1930 *nur obere* Gosau bis herauf zum Oberkampan-Maestricht, während nach R. Brinkmann 1935, 146, in der Gosau der „Neuen Welt" am Fuß der Hohen Wand die unteren Gosauschichten vorliegen, ungleichförmig abgeschnitten durch die mittlere Gosau, während Obergosau bisher nicht sicher nachgewiesen ist und die grauen Inoceramenmergel durch ihr Übergreifen über die Gosaumulde auf das ältere Gebirge ihre Selbständigkeit beweisen. Sie haben bei Krampen unweit Neuberg eine Maestrichtfauna geliefert und vertreten die sonst im ganzen W üblichen bunten Nierentaler Foraminiferen-Mergel. R. Brinkmann wies darauf hin, daß gegen den Alpenostrand die ganze Oberkreide eine küstennähere Ausbildung zeige; die untere Gosau ist sandig-konglomeratisch. *Die baugeschichtlichen Grundlagen scheinen aber auch im O beibehalten worden zu sein.*

Ausgedehnte *vorgosauische Bewegungen* stellte O. AMPFERER nach der Auflagerung der Gosauschichten teilweise wieder bis über das vorher bewegte und bis auf die Werfener Schichten hinunter abgetragene Falten- und Schubgebirge fest. So ergibt sich für die Zeit vor der Oberkreide die große Überschiebung „hochalpiner" über „voralpine" Decken, bewiesen durch die Fenster von Hengst und Ödenhof, die hangende Decke aus Werfener Schichten über den Triaskalken des Gahnsplateaus und die Senkungszone der Rohrbacher Linie am Südrand der „voralpinen" Decke. Diese letzte Senkung ist vielleicht eine oberflächennahe Äußerung der Senkung über der benachbart unten durchstreichenden Nordalpennarbe, gegen welche die Unterschubbewegungen, der Absenkung in der Tiefe folgend, beiderseits also von SO und von NW her gerichtet waren. In die bereits vorgosauische Senkungs- und Erosionsfurche am Höllental drang dann das Gosaumeer ein, dessen Ablagerungen noch später enger zusammengepreßt wurden.

Sehr weit verbreitet ist das mächtig durcheinander geschobene Reibungsstockwerk der Werfener Schichten (mit Schürflingen von Paläozoikum, Serpentin, Triaskalk und Rauhwacke), die sich nach unserer Auffassung schärfer zusammenfalteten und verschoben als die hangenden, gegen unten noch in Schollen, Klippen und Blöcke aufgelösten Triaskalk- und Dolomitplatten. Bis auf dieses große Abscherungsstockwerk der vorgosauischen Hauptschübe hat die nachfolgende Abtragung der Mittelkreidezeit hinabgegriffen, so daß sich in die schon flach gewordenen und tief verwitterten Abtragungssenken die Gosauablagerungen über das darunter weg verschobene und gefaltete Land etwa waagrecht ablagern konnten (Rothengrub, Kambühel, Florianikogl, u. a.; Puchberg—Mariazell). Auch O. AMPFERER nahm keine weitreichenden Überschiebungen, sondern mehr örtliche Bewegungsursachen an. Er zeichnete mehrfach schöne, etwa schichtparallele Abscherungsstockwerke auch zwischen höheren Horizonten (z. B. Rax, Heukuppe). Die von ihm 1916, 137, beschriebenen exotischen Gosaugerölle mit Windkanten, die im Höllensteinzug und übrigens auch im tirolischen Brandenberger Tal nicht fehlen, beweisen zusammen mit den bauxitischen Rotlehmmassen, in denen sie als Konglomerate stecken, die lange Dauer der festländischen Abtragung, die teils in tropennahem, trocken-feuchtem Wechsel-(Savannen-)Klima, teils in trockener, sandreicher Steppenlandschaft geschehen sein muß. Nachfolgende Umlagerung im Wasser hat die Windkanten meist etwas gerundet. Diese exotischen Gosaukonglomerate stammen nach AMPFERER nicht *weit* vom S oder N der Kalkalpen, sondern aus deren eigenem, später überschobenem Untergrund und darin aus den basalen Schubmassen-Teilen vorgosauischer Schübe durch Aufarbeitung und Umlagerung. Besonders massenhaft liegen die Fremdgerölle an der Grenze zwischen „hochalpiner" und „voralpiner" Decke im nördlichen Gosauzug. Diabas, Diabas-Mandelstein, Amphibolithe, Felsitporphyre geben eine gewisse Vorstellung von diesen einst freigelegten und wieder überschobenen Untergrundsstücken.

Der Höllensteinzug südwestlich Wien bringt gleichfalls keine besonderen Abweichungen von dem schon Bekannten, wenn wir von der geringen Verbreitung des sandig-brekziösen, ungleichförmig aufruhenden Cenomans mit *Orbitolina concava* absehen, das seinerseits wieder ungleichförmig, also nach vorangegangener weiterer Gebirgsbewegung von aufgelagerter Gosau bedeckt wurde. R. BRINKMANN hat eine ältere (wahrscheinlich mittlere) Gosautransgression auf Trias mit Porphyr-Grundgeröll unterschieden von einer solchen der Obergosau, welche große Flyschähnlichkeit hat, mit teilweise überaus groben, ja riesen-blockigen Grundbrekzien (Gießhübel) auf Hauptdolomit, Rhät, Jurakalk und -hornstein, Lunzer Sandstein und Cenoman- oder Gosau-Sandstein. Die grauen Nierentaler Kalksandsteine, welche nach oben in bunte Mergel übergehen, transgredieren ihrerseits wieder selbständig. A. SPITZ hat schon 1910, 1919 sehr bezeichnende Einzelbeschreibungen gegeben und besonders auf die Übereinstimmung der höheren Gosaufazies mit dem subalpinen Flysch hingewiesen. Auch westlich Altenmarkt zeigt die Lilienfelder Gosau nach R. BRINKMANN 1935, 148, die übergreifende Obergosau und das mit mächtigen Grundkonglomeraten auf Hauptdolomit übergreifende Nierentaler Maestricht.

Insgesamt *wiederholen* sich also schon heute mehr oder weniger klar gegen O hin die Grundsätze der Baugeschichte, welche im Bereich südlich des L. v. Buch-Denkmals und des klassischen Gosautales aufgestellt werden konnten.

Salzkammergut und Westabschnitt

Prüfen wir nun die Verhältnisse *im Salzkammergut* und weiter in den westlicheren Nordalpen.

Ein bezeichnendes Beispiel hat E. Spengler mit der *Gosau des Wolfgangseetales* 1911 beschrieben. Hier fanden sich übereinander:

4. Graue sandige Mergel, in Nierentaler Mergel übergehend (Maestricht). Darin wahrscheinlich bei Gschwendt ein Gabbro-Vorkommen (Tschermak 1869).
3. Graue Hippuritenkalke (Kampan-Santon).
2. Graue Sandsteine.
1. Bunte Mergelkalke, bitumenreich mit verkohlten Pflanzenresten, Kohlenflözen aus Sümpfen oder Süßwasserseen. Nur örtliche, teilweise mächtige Grundkonglomerate, zumeist kalkalpin.

Und zwar liegen diese Gosauschichten wiederum ungleichförmig über den im wesentlichen schon fertig gewesenen, bereits *tief und eben* abgetragen gewesenen Falten, nicht etwa in deren Muldentiefstem, sondern O-W-streichend und schräg über Jura und Trias, welche vielfach abweichendes Streichen haben. *In der vorgosauischen Faltung war der Druck im W viel stärker als im O. Die nachgosauische Bewegung brachte mehr Schübe.*

Sehr auffallend sind die dem L. v. Buch-Denkmal und dem Granit im Gmundener Flyschkonglomerat entsprechenden Granit- und Tonalit-Blöcke inmitten von Gosausandstein- und Plassenkalkblöcken des Kohlgrabens (Wolfgangseetal). Wahrscheinlich handelt es sich auch hier um die Abkömmlinge einer südlichen Teilaufragung im S der Vindelizischen Südschwelle, die später durch weitere Schübe verdeckt worden ist. Solche exotische Gerölle sind ja auch in der östlichen Gosau durchaus keine Seltenheit, wo sie ebenso gedeutet werden könnten.

Für das *Salzburgische Gebiet* im W hat bereits F. F. Hahn 1912 die Baugeschichte kurz zusammengefaßt. Nach der tiefermeerischen Neokom-Faltungszeit hatten sich die nördlichen Kalkalpen über den Meeresspiegel gehoben. Zwischen Apt und Cenoman gab es, verbunden mit der Alb-Transgression (von N über Obertrias und Jura hinweg) der nördlichen tieferen Randschuppen, die kräftigste Faltung (O-W- bis OSO-WNW-streichend) der nördlichen (bajuvarischen) Teile, welche sich südwärts im Bereich der mächtigeren Triasplatte weniger scharf ausprägte. Aber über das niedergebogene tirolische Becken glitt die juvavische Deckfaltenmasse (Abb. 114) gegen NNW vor, zwischen Werfen und Tumsee 35 km weit, in abgewickelter Breite wohl um mehr als das Doppelte.

Die Juvavische Decke (unterer Teil: *Hallstätter Decke*) mit der unteren Salzlagerstätte von Berchtesgaden—Reichenhall—Hallein, bedeckt von mächtiger Störungszone und dann von Haselgebirge, ruht auf tirolischem Grundgebirge von Trias-Jura-Kreide dort, wo dieses eine breite Muldenzone im N eines Hebungsstreifens gebildet hat. Nach längerer Hebungs- und Abtragungszeit rückte als oberer Teil der Juvavischen Decke nach O. Ampferer 1927, 1936 die *Reiteralmdecke* über diese gleiche, bereits weitgehend abgetragene Decke vor, indem sie diese niederdrückte und verquetschte.

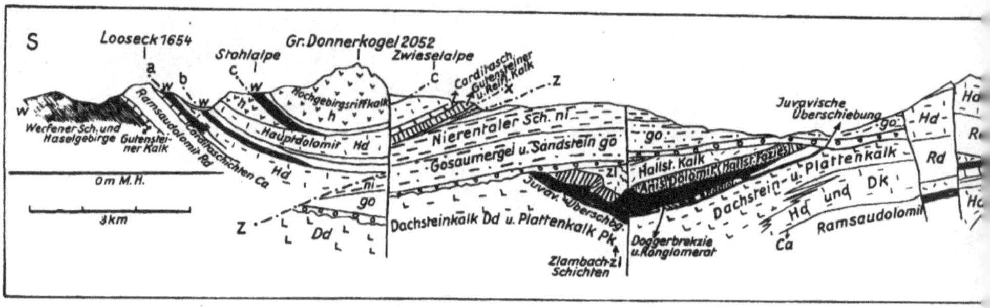

Abb. 114. Profil der Kalkalpen des Salzkamme
schiebung, die tertiäre Gamsfeldunterschiebung, sowi
Das Deckenl

Akademie-Verlag, Berlin

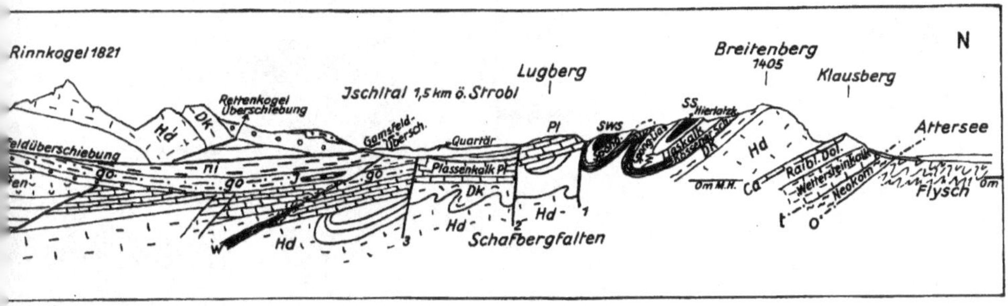

ER 1918, Taf. I: Die vorgosauische, juvavische Unter-
ngen *a*, *b*, *c* im S, die S-Unterschiebungen *t*, *o* im N.
zerbrochen.

Einer langdauernden, kräftigen Abtragungszeit folgte, wieder von N her, die cenomane Meeresüberflutung der bajuvarischen Einheit, wohl erneut verbunden mit erheblicher, gleichzeitiger Gebirgsbewegung. Jedenfalls sehen wir an der nachfolgend entstandenen zweiten Abtragungsfläche und an dem anschließenden Übergreifen des Meeres der Unteren Gosauschichten mit Grundkonglomerat und -brekzien die ungleichförmige Über- oder Anlagerung an Dachsteinkalk. Dabei beweisen die Gerölle aus Dachsteinkalk und Jura der tirolischen Unterlage sowie solche aus der Juvavischen Decke (Untersberg—Reiteralm mit Plassenkalk!), auf deren Gestein die Gosau auch aufruht, daß die *Juvavische Berchtesgadener Masse schon zur Oberkreidezeit im wesentlichen an Ort und Stelle gelegen hat* (Abb. 106).

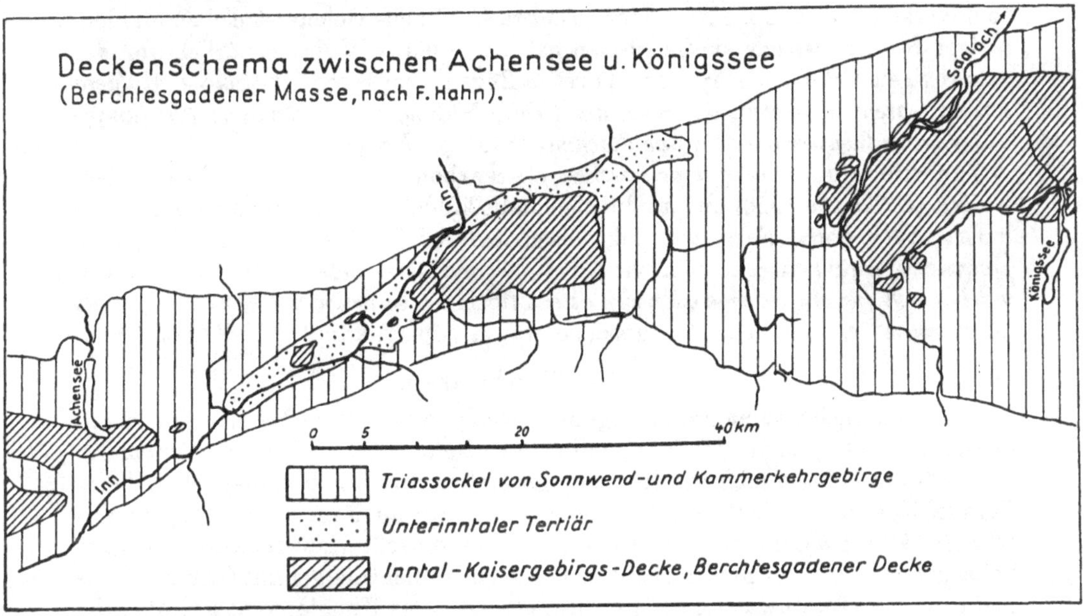

Abb. 106. Nach O. Ampferer, Jahrb. g. R.-A. Wien 1921, 160.

Über den überwiegend aus tirolischem Geröll bestehenden Gosau-Grundkonglomeraten folgen die mergelig-sandigen Glanecker Schichten von E. Fugger 1907, dann blaugraue Inoceramenmergel und schließlich die roten Nierentaler Mergel. Über diesen scheint wulstführender Flyschsandstein an den Liesenflysch (Dan) zu erinnern. Er wird, scheinbar ganz gleichförmig, von Eozän transgressiv überschritten (M. Schlager 1930). Mächtige Geröllager der Gosau kartierte am Südhang der Staufengruppe W. Erhardt.

Eine obere, etwas mergeligere Abteilung der Gosauschichten gliedert sich im juvavischen *Lattengebirge* durch eine schwache, konglomeratführende Ungleichförmigkeit von der unteren Abteilung ab und zeigt ihre Selbständigkeit auch im Bereich der Reiteralm, wo sie unmittelbar in Vertiefungen der Dachsteinkalkoberfläche eingreift.

R. Brinkmann hat auch hier 1935, 148, seine Gosaugliederung wiedererkannt und unterscheidet die mächtige Untergosau mit den Gaisbergkonglomeraten (Unteremscher) und den

Mergeln von Glaneck, die darüber ungleichförmig lagernde Mittelgosau des Untersberger Marmors (Obersanton) mit hellgrauen Hangendmergeln und schließlich die wiederum ungleichförmig übergreifenden Nierentaler Schichten. Er beobachtete deren Übergreifen mit geröllführender, feinsandiger Sohle (darin Gerölle von Untersberger Marmor) über Mittelgosau im Bach südostwärts Hiesl bei Parsch.

Danach würden sich *die Verhältnisse von Weyer und Gosau, die ostwärts anscheinend bis gegen Wiener Neustadt ziehen, auch bei Salzburg wiederholen* und würden entsprechende Folgerungen Geltung haben. Erst nachgosauisch sind ebenso wie etwa am SO-Ende der Nordkalkalpen, nach O. Ampferer 1936 die großen O-W-Schübe (Überschiebung der Gosau von Lofer) und Auffaltungen.

So sehr die Gosaubecken auch vielfach erosiv ausgestaltet und tiefliegende Ausschnitte einer einst sehr weit übergreifenden Oberkreideüberdeckung darstellen, so unverkennbar ist doch auch hier das etwa O-W-liche Generalstreichen muldenartiger Becken, welche sie im großen ganzen füllen — wobei natürlich von der großzügigen Quersenke an den Weyerer Bögen abzusehen ist. *Solche Muldensenken waren die ersten, die nach der Gebirgsbildung und Abtragung für sumpfbildendes Süßwasser oder für das Flachmeer zugänglich wurden.*

Man wird sehr an die *spätvariszischen*, oberkarbonisch-unterpermischen *Kohlenmulden* (E. Kraus 1926) und an die gleichfalls kohleführenden Molassemulden erinnert. Auch deren Form war tektonisch und reliefmäßig bestimmt. In diesen Übereinstimmungen erkennen wir *für die alpine Oberkreide ein Gebirgsverhalten, welches sich für ein Gebirge oder wenigstens für einen bestimmten Gebirgsstreifen als „hochorogen" erweist.* Die Gosaubecken waren „episynklinal" (E. Kraus 1950).

Kaiser—Wendelstein

Wann die nachcenomanen Bewegungen weiter westlich im Bereich von Kammerker—Sonntagshorn, von Ruhpolding (exotisches Geröll über dem Cenoman), an der Kampenwand oder am Heuberg einsetzten, das läßt sich mangels sicherer Gosauablagerungen nicht sagen. Jedenfalls aber war auch im Bereich des *Kaisergebirges* (Abb. 107), im Eiberger Becken eine tektonische Hauptbewegung bereits vollzogen. Die Unterlage der mächtigen senonen Zementmergel mit Grundkonglomerat hält R. Brinkmann 1934 für ältere Gosau. Das Konglomerat hat über die vorher gefalteten Liasmergel von N her schräg übergegriffen und tritt nach O über das Becken noch hinaus bis vor auf gefaltete und abgetragene Untertrias. Die kohle- und hippuritenführende Mittelgosau griff auf die Trias des Pendlingsattels über. Die fossilreichen Brekzien mit Hauptdolomitgeröll und Quarzkörnern auf Hauptdolomit von Breitenau (westlich Kiefersfelden) und von der Südseite des Nusselberges gehören nach M. Schlosser 1909, 351 f. der Untergosau (Coniac.) an.

Im weiteren *Wendelsteingebiet* bestand die Mittelkreide-Schiefermulde der Kalkzone nach der von K. Osswald etwa in das Mittelturon versetzten Gebirgsbildung auch noch bis in die oberturonische Gosauzeit, während deren (in der *Mulde* wieder in allmählichem Übergang) noch bis 200 m mächtiger Sandstein mit einigen groben Brekzien (Blöcke von Hauptdolomit, Rhät und Oberjura) eingelagert wurde. Gleichzeitig mit der noch zu besprechenden Tiefmeerfazies im nordwärts anschließenden ultrahelvetisch-helvetischen Turon spielte sich diese heftigste Phase innerhalb der Kalkzone nach K. Osswald 1928, 64, wie folgt ab:

„Ein starker tangentialer Druck von S 5° O sprengte um diese Zeit (Turon) die obersten 1—3 km der starren Erdkruste in einer nordsüdlichen Breite von weit über 100 km in breiter Front ab. Diese Abscherung reichte im N bis auf den Muschelkalk, im S bis unter den Buntsandstein hinab. Gleichzeitig zerbrach diese Platte, offenbar an schräg nach aufwärts gerichteten Splitterzonen (Fig. 1; Abb. 100 oben) von weithin konstanter Richtung N 80—90° O in lange streifen- oder linsenförmige Schollen, die sich bei weiter dauerndem Druck nach N flach und ohne Faltung dachziegelförmig übereinander zu schieben begannen. Lediglich in der (südlichsten) Schuppe VII kam es zu einer Umbiegung und Einrollung der Schuppenstirn nach unten, eine „liegende Falte" ist aber auch dies nicht. Vor den vorrückenden Schuppen hielten sich in Schuppe IV, III und II noch eine Zeitlang schmale Meeresstreifen (Fig. 2), in die die gewaltigen Schuttmengen von den zersplitternden Nordrändern der Schuppen hineinstürzten und sie auffüllten. Zwischen den Blöcken lagerten sich feineres Zerreibsel und von der Brandung abgerundete Gerölle ab." ... „Man sieht überall ein wirres Durcheinander von oben in den Sandstein eingepreßter Blöcke, die bis 80 m Länge erreichen, dazwischen Feinbrekzien, Sandsteine, Kalk- und Dolomitgerölle in regelloser Verteilung."

Es ist eine Art Wildflyschbildung an der Stirn vorwärts dringender Deckenteile.

„Rasch waren die geringen Meeresreste zugeschüttet und wurden von den hangenden Schuppen noch um einige Kilometer überfahren. Als die Stirn der Schuppe VI sich dem Nordrand der Schuppe I auf etwa 9 km (das ist der 6,5. Teil der ursprünglichen Entfernung) genähert hatte, brach die überlastete, in dieser Zeit nur mehr ganz dünne Erdkruste an langen, ungefähr O-W-gerichteten Linien ein und ließ die ursprünglich flach übereinander liegenden Schuppen I—VI (aber nicht VII) so weit einsinken, daß sie nebeneinander etwa in gleiche Höhe zu liegen kamen. Ihre Stirnränder lagen nun nicht mehr frei, sondern preßten sich versenkt gegen die jeweils nördliche Schuppe als Widerlager. Da aus diesem Grunde ein weiteres Übereinanderweggleiten der Schuppen bei noch immer weiter wirkendem Druck nicht mehr möglich war, wurden jetzt die Schichten zu Falten aufgestaucht. Das Endstadium zeigt Fig. 3: Die Stirn der Schuppe VI hat sich dem Vorderrand der Schuppe I von ursprünglich mindestens 59 km auf 7 km genähert, die der Schuppe VII von ursprünglich mindestens 88 km auf 19 km. Die Dicke der mesozoischen Sedimenthülle war durch den Zusammenschub auf

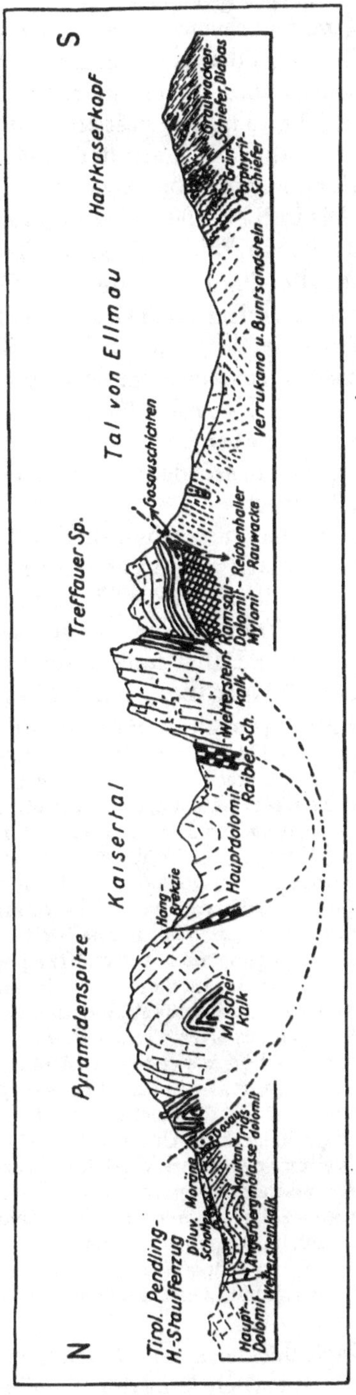

Abb. 107. *Profil der Kaisergebirgsschubmasse im O des unteren Inntales.* Nach O. Ampferer 1921, 162; 1933, 52.

das 2—5fache gewachsen, größere Erhebungen werden dabei aber wegen der tiefen Versenkung der Schubmassen kaum zustande gekommen sein.“

Hier wird der Zusammenhang von Faltung und radialer Tiefenbewegung unter Scholleneinbruch recht klar. Die isostatische Wirkung, die sicher nicht fehlt, wird in den Vordergrund gestellt. Wir ordnen sie dem orogenen Tiefenzug aber unter, der erst allmählich aus dem Stockwerk der basalen Magmaströmung in das Stockwerk anfänglich überwiegender Horizontalbewegung und Zerreißung emporgreift.

„Die in N 80—90° O lang hinziehenden und außerordentlich geradlinigen mittelkretazischen Faltenwellen sind zwischen Inn und Isar noch aufs beste erhalten.“

Die Beschaffenheit der aus Gesteinen der Grauwackenzone herstammenden Gerölle beweisen nach O. Ampferer und Br. Sander, *daß auch dieser Grauwackenzonenteil im S der westlicheren Kalkalpen während des Turons stark zusammengeschoben und tektonisch beansprucht wurde:* Im Gault-Cenoman erweisen sich die betreffenden Gerölle (aus Porphyren, Porphyriten, metamorphen Sedimenten, Quarziten; aber ohne Granit, Gneis, Amphibolit, Granatglimmerschiefer!) noch fast ganz unverdrückt; in der Emscher-Gosau aber sind bereits fast alle tektonisch durchbewegt.

Während und nach dieser Faltung und Verschiebung arbeitete offenbar die Abtragung stark an den ersten und den später vergrößerten Bergländern von der Mittelkreide ab. Gegen den Südrand der Kalkalpen waren zur Emscher-Gosauzeit unter dem Neokom bereits bis 2,5 km Schichten abgetragen. Aber dieses stark abgetragene Relief sank dann gleichfalls unter das Meer, welches unter Bildung roterdiger Grundkonglomerate wieder weithin übergriff.

Für die spätere Oberkreide der Kalk- und Vorzone schließt K. Osswald aus der einheitlichen Ausbildung der Schlammschichten auf größere orogene Ruhe, abgesehen von dem mehr oder weniger stetigen Absinken der geosynklinalen Mulde und vereinzelten, mehr isostatisch zu denkenden Teilbewegungen. Erst für das Maestricht nimmt er wieder stärkere Bewegung an, welche bis ins Dan anwuchs. Wir haben bereits gehört, daß die tatsächlich vollzogene Gebirgsbewegung nicht übereinzustimmen braucht mit ihrer sedimentären Abbildung, sondern wesentlich stärker gewesen sein kann.

Unter Aufarbeitung des Untergrundes und seiner roten Verwitterungsstoffe drang das Emscher-Meer offenbar immer weiter in die Niederungen, Mulden und Talzüge vor, um eine durch Abtragung und Aufschüttung wohl bald verschwindende Riasküste zu bilden, deren Gebiet sich weiter im S durch Flußmündungen, Sumpfkohlebildung, Seicht- und Brackwasser-Absätze kennzeichnete (M. Schlosser 1909). Im Emscher entwickelte der weiter vorrückende Uferstreifen des Meeres reiche Korallen- und Hippuriten-Riffe mit Actaeonellen, während das nördliche, schon etwas tiefere Meer Ammoniten- und Inoceramenreste einbettete. Vielleicht gab es nordwärts noch einige Inselgruppen, so wie weiter östlich. Als eine mehr oder weniger zusammenhängende Insel lag *die Vindelizische Südschwelle* zwischen Vorzone (Allgäudecke) und Flyschmeer. Im Untersanton mit örtlichen, leichten Ungleichförmigkeiten und weiterer Ausbreitung der Meeresvertiefung wurde die Flyschfazies klarer. Lebhaftere Bewegung, besonders raschere Absenkung mindestens im N nimmt K. Osswald während Unter- und Mittelkampan an. Es entstand örtlich küstennah ein recht grober Schutt. Allmählich verschwanden wohl auch im Inngebiet die trennenden Schwellen zwischen Gosau- und Flyschmeer. Schichten und Faunen werden *flyschartig,* die Inoceramen der cripsi-Gruppe entsprechen jetzt jenen des germanischen Oberkreidemeeres bei Regensburg-Ortenburg, mit dem breite Verbindung eintrat.

Nach den neuesten Bohrungen, welche in Niederbayern wiederholt die Oberkreide antrafen, kam das Meer im Mittel- (vielleicht schon Unter-) Turon über mitteleuropäischem Malm in Birnbach, also rund 70 km, und Füssing, also rund 80 km nördlich der heutigen Kreideflyschzone an. Die hierbei und nachfolgend eingetretene starke Absenkung kann aus den 974,2 m Turon-Emscher(?)-Senon entnommen werden, die in Birnbach bei nur (?) 25,3 m Senon erbohrt wurden.

Vindelizische Nordschwelle. Zwischen dem Oberkreideflysch-Meer im S und dem Vorlandmeer bis Ortenburg—Regensburg im N aber muß sich eine Vindelizische Nordschwelle durch lange Zeit schuttliefernd erhoben haben (E. Kraus 1932; 1942, 216ff.). Auf die bereits eingehend untersuchten und a. a. O. mitgeteilten Beobachtungen wird verwiesen. Es hat sich ergeben, daß hier eine bereits granitisch stark durchsetzte und noch von Nord-Ausläufern der kalkalpinen Trias-Jura-Sedimente, also des „Randostalpins" bedeckte Aufragung des Untergrundes aus der nördlichen Grauwackenzone vorliegt. Und weiter konnte Verfasser zeigen, daß die Schwellenaufragung im Stirngebiet der auswärts vorrückenden Sigiswanger Flyschdecke sich gegen N verschob und dort auch noch im Eozän die mit Nummuliten versehenen Schuttsedimente abgegeben hat.

Auch die Vindelizische Mittel- und Südschwelle, alle nach Ausweis der von ihnen abgegebenen Schuttmassen als Aufragungen der mehr oder weniger abgetragenen und porphyrdurchsetzten nördlichen Grauwackenzone anzusehen, wurde 1942 nach Untersuchungen von 1932 näher beschrieben. Sie stellen sich heraus als Beweise des bewegten, oberkretazischen Baureliefs in dem ausgedehnten Archipelmeer. Dessen Flyschfazies läßt gleichzeitig die fortschreitende Falteneinengung des nordalpinen, randostalpinen Untergrundes ableiten. Allgemein schritt dabei die Hauptbewegung von S gegen N, gegen das Vorland voran, welches sich unten gegen die Narbe vorbewegte und so einen gegen auswärts fortschreitend um sich greifenden Stau veranlaßte, verbunden mit jenem Oro-Relief.

Eine letzte großzügige Absenkung und Transgression, örtlich mit Grundkonglomerat, trat in den östlichen Kalkalpen zur Maestrichtzeit ein, wobei diese Nierentaler Überflutung ein Zusammenfließen der Meeresteile in Kalk-, Vor-, Flysch- und Helvet-Zone brachte. Das waren zur Hauptsache keine eustatischen, sondern *eigengeosynklinale Bewegungsergebnisse*, denn sie wechselten von Ort zu Ort, und zwar für die Orogenese in bezeichnender Weise. Gegen Ende des Maestricht verflachte sich das Meer der Kalk- und Vorzone; die Danzeit brachte die große Verlandung. Mächtige Konglomerate im Gosaubecken sprechen vielleicht schon von einer alttertiären, erneuten Hochreliefbildung. —

Im W von dem Eiberger Gosaumeerbecken (Emschermergel) boten die zwei *vom Brandenberger Tal durchschnittenen* und durch das mächtige Wettersteinkalkgewölbe des Guffert-Pendlingzuges getrennten *Gosaubecken* schöne Einzelheiten. Abb. 108 zeigt nach O. Ampferer 1921 einen bezeichnenden Querschnitt durch das nördliche Gosaubecken mit der tiefgreifenden vorgosauischen Abtragung des schon kräftig gestörten Triasuntergrundes und mit den späteren Störungen der Gosaumulde. Auch treten erst allmählich gegen oben hin an die Stelle der ausschließlich aus benachbartem Gestein stammenden Gerölle noch in zunehmender Menge *exotische* Gerölle. Unter ihnen fallen besonders solche von frischem Peridotit-Serpentin auf, die trotz massenhaft anderer Exotika in der südlichen Brandenberger Gosaubucht und auch sonst an keiner Stelle der nordalpinen Gosauschichten bekannt sind. Ganz wie manche Fremdgerölle im O, so geben auch diese erhebliche Herkunftsfragen auf, welche mit den baugeschichtlichen Veränderungen der Einzugsgebiete zusammenhängen müssen.

Ganz wie anderwärts sehen wir auch hier *die jüngeren Gosauschichten immer höher an den Gehängen* des bereits gefaltet, wieder gehoben und tief abgetragen gewesenen Gebirges *emporsteigen;* ganz wie die oberkarbonisch-permischen Becken-

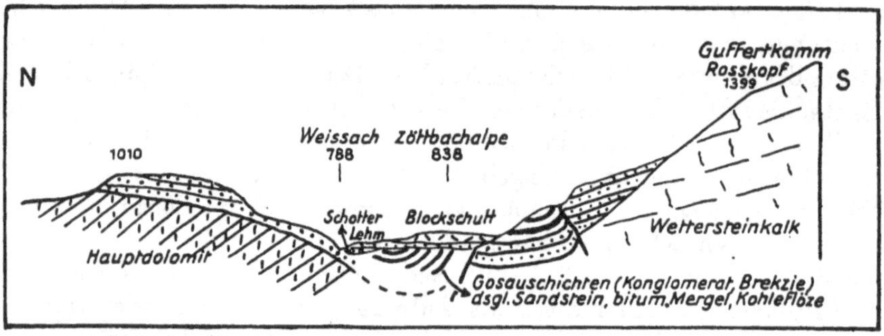

Abb. 108. *Profil durch die Brandenberger Gosauschichten* (N Rattenberg, Unterinntal). Nach O. Ampferer 1921, Fig. 1.

füllungen des Variszischen Raumes. Sie überschreiten an der Brandenberger Ache sogar den großen Wettersteingewölbezug. Weit verbreitet sind höhere rote Senonmergel, welche nach Katschtaler 1935, 179, zum Teil unter starker Grundtrümmer- und Konglomeratbildung übergreifen, was wohl mit der Maestricht-Überflutung, in diesem Fall über ältere Gosau des Emschers, im Zusammenhang steht.

Von dieser Brandenberger Gosau aus bestand gegen W wohl Verbindung zu der Oberkreide am NO- und S-Fuß des *Sonnwendgebirges* (O. Ampferer 1908). Hier beginnt die Ablagerung teilweise nicht mit Geröllfuß, sondern mit kohleführenden Süßwasserbildungen. Auch hier war die Faltung fertig vor der tief eindringenden Abtragung und der nachfolgenden Gosau-Einlagerung. Gerade auch die schönen Gipfelfaltungen und O-W-Gleitungen dieses Gebirgsstockes (S. 333) müssen lang vorgosauisch bestanden haben. Die Druckrichtung in Kreide und Tertiär ging senkrecht zum alten Abgleit-Streichen in S.-N.

Nach H. Särchinger 1939 (Benediktenwand) ist die Lechtaldecke vorgosauisch überschoben und folgte gegen das Alttertiär die Deckenfaltung.

Sehr beachtlich und aus dem üblichen Rahmen ziemlich herausfallend ist die anscheinend ohne erhebliche Ungleichförmigkeit über dem Cenoman zunächst mit gleichartigen Sedimenten folgende Oberkreide in einigen Cenomanmulden der *Ammergauer Alpen.* Hier scheinen einige Mulden seit dem Cenoman so ziemlich beibehalten worden zu sein — etwa so, wie sich weiter im O nur während der Gosauzeit die Innenteile der Mulden dauernd unter dem Meeresspiegel befunden haben und daher keine Ungleichförmigkeit abgebildet wurde. Also liegt auch im Ammergau kein Gegenbeweis gegen stattgehabte Oberkreidebewegungen, zumal auch hier, wie anderswo exotische Gerölle auftauchen und so benachbarte Schwellenbildung mit Quarzporphyrgestein beweisen.

Im Muttekopfgebiet der Lechtaler Alpen liegen weiter gegen W die nächsten, ausgezeichnet aufgeschlossenen und mächtigen Gosauablagerungen.

Noch heute 11 km lang in OW und $2^1/_2$ km breit wurden sie mehrfach beschrieben (O. Ampferer 1930, 1932, E. Kraus 1941), weshalb hier gekürzt werden kann. Es handelt sich um die über 600 m mächtigen, fossilmäßig noch nicht gut geklärten Gosauabsätze einer ausgedehnten O-W-Mulde, die ungleichförmig über steil gefaltetem Hauptdolomit der Inntaldecke übergreift. Die mächtige Gesamtschüttung mit ihrer Unregelmäßigkeit und ihrer Durchmischung von Grob und Fein, ihren zahllosen Schichtrutschungen, ihrem wiederholt eingreifenden, stoßartigen Wiederaufleben kräftiger Wasserströmung, welche den gleichen ungleichseitigen Absatzwechsel wie beim Flysch und in der Molasse brachte, ist ohne Zweifel *ganz wie beim Flysch auf die während der Ablagerung bestehende orogene Unruhe zurückzuführen.* Diese wirkte über die Reliefänderungen auf das Sediment ein, das sogar über hausgroße Bergsturzblöcke aufweist. Diese riesigen Oberrhätkalkblöcke dürften wohl zusammen mit mehr örtlichen Trias-Juragesteinen von der einst viel höheren und dann abgetragenen Beckenumrahmung herabgerutscht sein. Ähnlich wie 1917 Br. Sander habe ich 1941 die auftretenden exotischen Ferngerölle aus einem Grauwackengebirgsteil abgeleitet, welches zur Oberkreidezeit noch viel breiter und höher als heute längs der nordalpinen Klostertal-Inntalnarbe zwischen Silvrettadecke im S und Nordkalkalpen im N aus Quarzporphyr, Grauwackenschiefer, schwarzem Kieselschiefer, Diabas, Verrucano, Buntsandstein bestand.

Mit solchen Zufuhren mußten wir ja auch schon für die niederösterreichischen Gosaubecken rechnen, wobei freilich im O (Gosau im Miesenbachtal, Nieder-Österreich, von Windischgarsten, vom Nagelergut) vielfach auch keine spätere tektonische Durchbewegung der Ferngerölle feststellbar war. Aber darauf hat schon 1924, 41, O. Ampferer hingewiesen, daß die Gosausedimentation sich vom heutigen Verlauf der Südgrenze der Nordkalkalpen und deren südlicher Nachbarschaft als völlig unabhängig erweist. *Später erst also kann der Verlust der die Ferngerölle liefernden nördlichen Grauwackenzone im S der Lechtaler Alpen erfolgt sein; später erst kann sich dafür die Silvretta- und Ötztaldecke dafür nordwärts an die Kalkalpen herangeschoben haben* (Abb. 109).

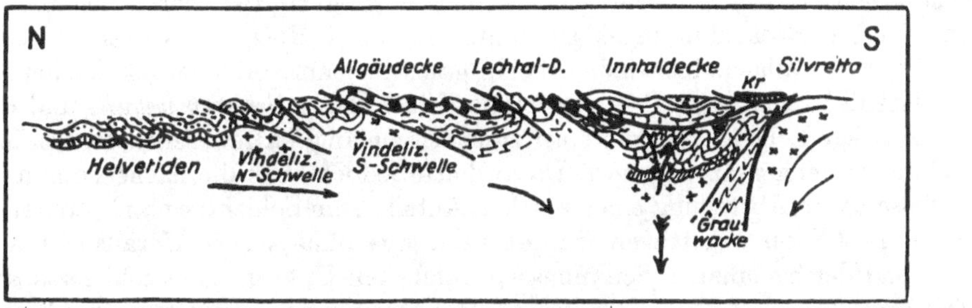

Abb. 109. *Profilschema der Nordkalkalpen am Kreideende für das Allgäu. Kr* Krabachjochdecke.

Nach kräftiger Gebirgsbildung und Abtragung greift über scharfer Diskordanz offenbar die Gosau in Resten auch an Valluga—Eisenspitze—Brazerstein mit brekziösem Ortskonglomerat über senkrechten Hauptdolomit. Phyllitstücke im Kreideschiefer, sehr ähnlich dem Basisphyllit der Lechtaldecke, überschoben vom Hauptdolomit der Mohnenfluh (O. Ampferer 1930, 131) stammen vielleicht von der aufgeschobenen, anfänglich phyllitischen Basis der Kriegerhorn—Mohnenfluh-Decke. Auch hier also spiegeln sich schon *Deckenbewegungen im Kreidesediment.* Das *Eisenspitzkonglomerat* (s. unten S. 444) greift bei Flirsch über mehrere Schubflächen und auf eine überkippte Unterlage über, auf vorgosauischen Gebirgsbau also. Dagegen sind die nördlich benachbarten cenomanen Kreideschiefer mit viel geringerer Ungleichförmigkeit (über Oberjura) in den Faltenbau der Unterlage selbst eingeschaltet. *Danach war die vorgosauische Bewegung alpenauswärts noch schwächer.* Die Hauptbewegungen im Inneren aber bildeten schon die Hauptstörungen, wie denn auch O. AMPFERER gleiches Alter für die Schübe zwischen Lechtal- und Inntaldecke (Gosau fehlt zwischen beiden) annimmt. Vgl. E. KRAUS 1945.

Für die weiter westlich gelegenen „Gosauschichten" ist das Oberkreidealter nur teilweise gesichert, soweit sie nämlich mit Foraminiferen-Rotschiefern verknüpft sind. Mit noch schärferer Ungleichförmigkeit als das Cenoman greift diese jüngere Oberkreide über stärkste Störungen, steilen Hauptdolomit u. a. über. Im *Rätikon* hat H. P. CORNELIUS 1921 die mehrere 100 m dicke Schwarzhornbrekzie (auf Amphibolit-Diorit) mit viel Wildflysch-Kennzeichen wohl mit Recht zur Oberkreide gestellt. Ebenso datierte 1933, 149, O. AMPFERER. In dieser Mittagspitzenzone fand er auf der unteren Schuppe des Silvretta-Kristallins eine tiefgreifende vorgosauische Abtragungsdecke, überkleidet von jener teils auf Kristallin, teils auf Liasfleckenmergel übergreifenden Gosaubrekzie. In dieses Gebiet schob sich später von O als höhere Schuppe der Silvrettagneis des Gweiljoches. Beweise ähnlich tiefgreifender, alter Abtragung fanden sich auch im westlicheren Rätikon. Starke S-N-liche Gebirgsbewegungen waren dem vorausgegangen. —

Auch *für die westlicheren Teile der nördlichen Kalkalpen* haben wir somit folgende Ergebnisse festzustellen:

Im Gegensatz zum Cenoman liegt die „Gosau"-Oberkreide weit übergreifend über sehr viel schärfer gefaltetem, ja weithin stärkst gefaltetem und überschobenem Untergrund. Eine sichere Gleichförmigkeit zwischen cenomanen und gosauischen Beckenbildungen ist kaum einmal (? Holzgau, Beckeninneres) erkennbar. Im allgemeinen haben beide ganz getrennte Ablagerungsflächen bzw. Gebiete der Erhaltung. Dies verweist auf *sehr starke Gebirgsbewegung* und deren reliefmäßige Folgen: Die dem Meer zunächst zugänglich gewesenen Senken haben sich inzwischen ganz verlagert. Daran hatte jedoch auch die nachcenomane und vorgosauische Abtragung einen starken Anteil. Vom Schichtbestand dürften teilweise 1—1,5 km abgetragen worden sein, was ohne starke Heraushebung des während der cenomanen Senkungszeit gefalteten Untergrundes und nach dieser Zeit unverständlich wäre. Wenn die Gosauablagerungen etwa mit dem Emscher begannen, so kommt für diese Hebungs- und Abtragungszeit das Turon in Frage. Aus dem Gosauschutt können wir auf zahlreiche Schwellen von Untergrundsgestein des Kristallins und der Grauwackenzone schließen, welche damals noch an der Erdoberfläche in Abtragung begriffen gewesen sein müssen. *Die Hauptüberschiebungen sind schon vor der Gosauzeit weitgehend fertig gewesen.* Erst spätere Überschiebungen bzw. Unterschiebungen und damit vor allem verbundene spätere gewaltige Massenverluste längs der heutigen Kalkalpen-Südgrenze veränderten allmählich das geologische Oberflächenbild bis auf den gegenwärtigen Stand.

Über die vermutliche Lage dieser Schwellen in cenomaner Zeit und in der Jung-Oberkreide gibt die schematische Abb. 111 Auskunft.

Es ist unsicher, wie weit noch hier im W die nördliche Grauwackenschwelle zwischen Lechtaldecke und Inntaldecke hervorkam, welche weiter im O, wo eine Vertretung der Krabachjochdecke unbekannt ist, den Anfang der noch nicht verschluckten Grauwackenzone im S des Kaisergebirges gebildet haben dürfte. Vergleiche im übrigen E. Kraus 1936, 11f. Die Krabachjochdecke grenzt heute mit älterer Trias längs einer Störungsfläche im S an die Muttekopfgosau. Die dazwischen vermutlich einst gelegene Grauwackenschwelle ist abgetragen und durch Unterschiebung verschwunden. Kohlige Landpflanzenreste fehlen auch hier nicht als Beweise einer unfern gelegenen Inselschwelle, deren Entfernung angesichts der mitunter $^1/_2$ cbm groß werdenden Ferngerölle nicht erheblich gewesen sein kann.

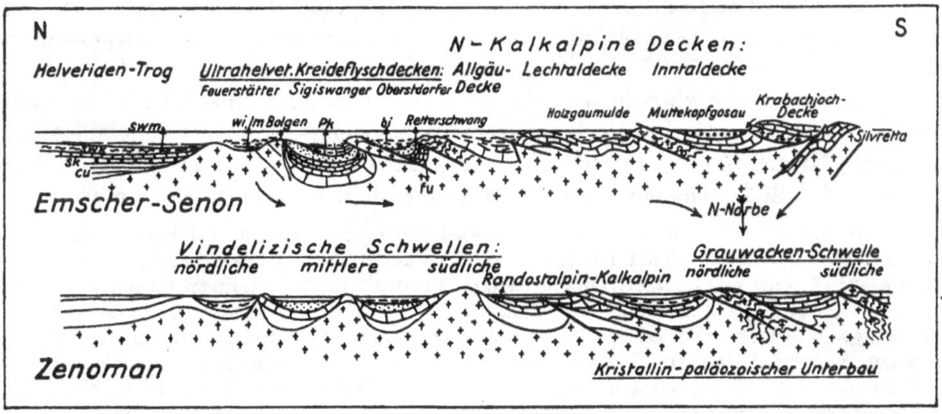

Abb. 111. *Herausbildung der Oberkreidedecken aus dem cenomanen Trog/Schwellenzustand im Allgäuquerschnitt.* Schema. *cu* Unterkreide. *Sk* Schrattenkalk. *Swk* Seewenkalk. *SWM* Seewenmergel. *wi* Wildflysch mit *lm* Leimernmergel. *fu* Unterkreideflysch. *fs* Hauptflyschsandstein. *Pk* Piesenkopfkalk. *bi* Birnwangschichten (Oberkreideflysch).

Zusammenfassung für die nördlichen Kalkalpen

Vorbemerkung. Die Erkenntnis von der Hauptfaltung der Kalkalpen in vorgosauischer Zeit gewannen wir bereits im ersten Jahrzehnt des Jahrhunderts und wurde von den ostalpinen Geologen gut begründet. Seit den Ausführungen von V. Uhlig, A. Spitz, F. F. Hahn, E. Spengler, Fr. Heritsch, O. Ampferer, L. Kober, K. Leuchs u. a. werden die Einblicke immer klarer. Die ungleichförmigen Schichtfolgen, der Versuch einer scharf gegliederten Phasenfolge, die Beachtung der orogenen Flyschfazies und manches andere zwingen teilweise zu abweichenden Datierungen, zu Einschränkungen oder Erweiterungen der Schlüsse über die Baugeschichte. Die sedimentäre Abbildung der Bewegungen kann begünstigt sein und täuscht uns dann vielleicht erhebliche und weitreichende, zugleich scheinbar ruckartige und unmittelbar vorher vollzogene Gebirgsbildungen vor, die vielleicht ungleich schwächer waren als ältere, welche aber im tieferen, reliefstärkeren und küstenferneren Meer oder auch auf dem Festland keine auch nur einigermaßen entsprechende *Abbildung* erhalten konnten.

Wenn beispielsweise in den schönen Zusammenfassungen von K. LEUCHS 1927, 289, mit Recht darauf hingewiesen wird, daß in Jura und Unterkreide ungleich zusammenhängendere, durch Lücken und Transgressionen weniger unterbrochene Schichtreihen entstanden als in der kalkalpinen Mittel- und Oberkreide, so hängt das zunächst mit der allgemein *tieferen* Lage dieses Gebirgsteils unter dem Meeresspiegel gegenüber später zusammen und zugleich mit der besseren sedimentären Wiedergabe der Bodenbewegungen. Bemerkenswert ist, daß auch noch in den inneren Beckenteilen der Oberkreidesenken ähnliche Gleichförmigkeit beobachtet wird, während gleichzeitig randlichere Gebiete Abtragung und neue Meeresüberflutung über inzwischen weiter verbogenen Untergrund erkennen lassen. Aber nach diesen Unterschieden in den Schichtenstößen innen und außen kann man ebensowenig auf Fehlen oder Vorhandensein von Gebirgsstörungen während der Oberkreide schließen wie entsprechende Schlüsse für jene scheinbar ungestörtere Sedimentation in Jura-Unterkreide erlaubt sind.

Nur das eine ist sicher: Früher bearbeitete die Gebirgsbildung das Erdrindenstück in tieferer Lage unter dem Meeresspiegel, später aber in höherer. *Und das ist ein wichtiger, ja durchschlagender Entwicklungsfortschritt in der Baugeschichte.* Daher habe ich ihn 1926 als *Übergang von dem tieforogenetischen nach dem hochorogenetischen Entwicklungsabschnitt eines Gebirges gedeutet.* Er scheint zusammenzugehen mit der fortschreitenden orogenen Tiefenentwicklung, welche spezifisch leichtere Massen in größere Tiefen hinabzog und daher — ohne diesen Zug — entsprechend dem Tauchgleichgewicht später eine höhere Schwimmlage erzwang.

Ob in Jura-Unterkreide die gebirgsbildenden Leistungen kleiner waren und daher mit Recht angesprochen werden können nur als „Vorläufer der mittelkretazischen Orogenese, gewissermaßen als mißglückte Versuche, einen Ausgleich der Spannungen zu schaffen“, das möchte ich durchaus bezweifeln — vor allem mit Rücksicht auf die notwendig anzunehmenden Vorgänge in tieferen Erdrindenteilen und im Schmelzfluß. Während wir nach unseren bisherigen Kontrollmitteln von den älteren überhaupt recht wenig wissen, wäre hinsichtlich der sedimentär abgebildeten Vorgänge der *unmittelbare* Schluß von diesen auf die wirklich vollzogene Gebirgsbildung unkritisch und nicht erlaubt. Wir können unmöglich die Stärke der Orogenese gleichsetzen mit Mächtigkeit und Korngröße auftretender Konglomerate (K. LEUCHS 1927, 293). Solche sind doch zunächst allein Kennzeichen für besonders scharfe Reliefunterschiede und Transportvorgänge an der Erdoberfläche. Läßt sich die Reliefbildung auf Orogenese zurückführen, so können verhältnismäßig geringfügige Sattelbildungen im tieferen Meer oder auf dem Festland überhaupt keine erhaltbare Geröllbildung bringen, im Flachmeer oder am Seeufer jedoch dann ganz erhebliche Konglomerate schaffen, wenn sie nicht allein abgelagert, sondern durch gleichzeitige Absenkung des geröllaufnehmenden Untergrundes auch *erhalten*, ja besonders mächtig erhalten werden konnten. Was aber, wenn die Gebirgsbildung hauptsächlich waagrechte, vielleicht sehr weitreichende und wichtige Überschiebungen brachte; wenn die Schubfläche nicht an die Erdoberfläche emporstieg oder in tieferem Meer endete bzw. die Endigung nicht erhalten ist, auch nicht die reliefüberschiebende Stirnschwelle? Größte orogenetische Leistungen brauchen also dann überhaupt nicht zu sedimentärer, heute sichtbarer Abbildung gelangen oder doch nur in Gestalt der küstennäheren Flyschfazies.

Große Vorsicht halten wir besonders deshalb für angebracht, weil wir die orogene Kraftquelle in der schmelzflüssigen Tiefe und in deren Unterströmungen suchen. Daher rechnen wir nicht etwa mit einer Abnahme der gebirgsbildenden Bewegung nach abwärts, sondern umgekehrt *mit einer Zunahme und einem zeitlichen Vorausgehen der Energieleistungen.*

Nur spät und entsprechend der oft weitgehend „zufällig“ nur gegebenen außenbürtigen Lage abgeschwächt, ganz verzerrt oder überhaupt nicht kommen demnach die gebirgsbildenden Vorgänge an der Erdoberfläche zum Vorschein. Groß können die Relief- und Sedimentärfolgen bei überwiegenden Hebungen und Senkungen sein, gering bei überwiegend *waagrechten* Verlagerungen auf flachen oder steilen Hauptablösungsflächen.

Solche Unsicherheiten der Methodik müssen klar sein: zahlreicher und stärker können die orogenen im allgemeinen gewesen sein als sie sich ausprägen, geringer waren sie sicher nicht.

Regionales. Ausgehend von der klassischen und neuerdings schichtmäßig schärfer erfaßten Oberkreide der Gegend von Gosau im Salzkammergut fanden wir gegen O zu immer wieder das gleiche: Nach einer wechselnd langen Abtragungs-, also Festlandszeit, während Neokom-Ende, Gault und Cenoman, welche örtlich durch die (Gault-)Cenoman-Überflutung unterbrochen war, breiteten sich weite Flachmeere der Oberkreide aus. Sie drangen zunächst wiederum in örtliche, tektonisch und erosiv ausgestaltete Einzelbecken, dann weiterhin über den im Cenoman allein randlich eingenommenen Streifen wohl ganz allgemein über die nördlichen Kalkalpen vor. Ihre Sedimente aber kamen auch nicht in ruhiger, gleichförmiger Folge zum Absatz, sondern es zeigte sich in allen bisher genauer untersuchten und mit entsprechenden Ablagerungen ausgestatteten Gegenden, daß diese Schichtenfolge der jüngeren Oberkreide *in vier verschiedene Einzelunternehmungen* des vorstoßenden Meeres zu zerlegen sei, getrennt durch Heraushebungen, welche oft zur Sumpf-, Kohle-, Süßwasserbildung, ja zur Trockenlegung und kräftigen Abtragung führten.

Derartige Vorgänge sind auch aus den außergeosynklinalen Bezirken allgemein bekannt und brauchen daher nicht ohne weiteres etwas Bedeutsames über die Baugeschichte auszusagen.

Aber sowohl aus der Zusammensetzung der jeweils verfrachteten und abgelagerten Schutte, Geröll- und Sandmassen wie auch aus der beobachteten Ungleichförmigkeit am Grund der jeweils übergreifenden Ablagerungen und schließlich aus der nicht selten auftauchenden Flyschausbildung derselben ergab sich, daß jene so gern als „epirogen“ bezeichneten Folgen langsamer Hebung und Senkung bei entsprechender Meeresbewegung untrennbar verflochten sind mit einer sich gleichzeitig während der Oberkreide abspielenden, mehr oder weniger scharfen Gebirgsbildung, also *mit echter Orogenese.*

Je mehr es uns nämlich die verfeinerte Schichtgliederung erlaubt, den Bauzustand für recht zahlreiche Einzelabschnitte abzutasten, desto mehr zerfallen die anfangs allein unterschiedenen, „wenigen und stark bewegenden“ Hauptphasen in „Unterphasen“. Solche werden scheinbar erschlossen aus der Ungleichförmigkeit der jeweiligen Gebirgsunterlage, über welche übergriffen:

4. das Nierentaler Meer der Maestrichtzeit, welches sich mit dem Zwieselalmflysch während des Dans verflachte und allmählich zurückzog;
3. Das Obergosau-Meer der Mittel- und Oberkampan-Zeit;
2. Das Mittelgosau-Meer der Obersanton-Kampan-Zeit;
1. Das Untergosau-Meer während der Emscher-Untersanton-Zeit.

Es erwies sich aber, daß hierbei keine tektonisch-orogenen Einzelphasen während der Hebungszeiten zwischen den „epirogenen“ oder „anorogenen“ Senkungszeiten der Meeresüberflutung tätig waren. Denn im Beckeninneren blieb vielfach die Meeresbedeckung von einer solchen Transgression zur anderen erhalten und dort wurde profilmäßig auch keine Gebirgsbewegung abgebildet. Es wäre ganz unglaubhaft, daß au gerechnet hier, wo eine Ungleichförmigkeit aus außenbürtigen Gründen nicht möglich war und somit der innenbürtige Fortschritt der Baugeschichte *nicht erweisbar* ist, solche orogenen Baufortschritte gefehlt haben. Also wird das aus den Schichtfolgen scheinbar hervorgehende *Phasen- oder Ruckartige der Unterphasen nur vorgetäuscht.*

In Wahrheit haben wir es mit *ununterbrochenen* — wenn auch wohl, nicht nachweisbar, verschieden starken — *Baufortschritten* zu tun. Diese erscheinen dann deutlich, ja höchst eindrucksvoll, wenn auf- und niederbewegte Erdrinde bald über, bald unter den Meeresspiegel geraten ist.

Dieses Auf-und-Ab der Erdrinde, welches den festländischen Flachmeeren nicht fehlt, das in diesen aber, wie ich z. B. für Vorgänge am baltischen Kernteil von Europa 1937a, 323, nachgewiesen habe, gegenüber der Meeresspiegelhöhe weniger und offenbar auch seltener schwankt, *erweist sich im kalkalpinen Geosynklinalbereich nach Schwingungshöhe und -häufigkeit besonders gesteigert.* Schon daraus folgern wir, daß jene Voraussetzung für außenbürtige Bildung von Ungleichförmigkeitsflächen durch *orogene Bewegung* zustande kommt. Wir schließen dies zweitens aus den angeführten Beobachtungen über die für die gleiche Zeit faziell erschlossene Schwellenformung, welche *tektonische* Sattel- oder Deckenstirnbildung bedeutet, aus Beobachtungen über Senkungen, welche *tektonische* Mulden schufen, über gleichzeitige Tiefseerinnen- oder Flyschbildung, sobald die außenbürtige Gesamtlage solche erlaubte. —

Welche Baufortschritte konnten nun für die nördlichen Kalkalpen der Oberkreidezeit nachgewiesen werden?

Eindrucksvoll erwies sich *der Ausbau des Juvavischen Deckenschubes:*

Die Plassengruppe war vorgosauisch bereits auf die tirolische Unterlage von Dachstein- und Gamsfeld-Masse geschoben. Weitere, die tirolische Unterlage und die schon am Ort liegende Decke gemeinsam betreffende Muldungen, zahlreiche Verwerfungen von bis über 300 m Sprunghöhe konnte E. Spengler nachweisen, gefolgt von einer Abtragung, welche viel hundert Meter Gestein entfernte und eine flachgebirgige Landschaft brachte. Fertig waren die Falten der Schafberggruppe, war die Überschiebung der Osterhorngruppe und die liegende Falte in der Gamsfelddecke; jene des Höllengebirges war bereits überschoben; vollzogen war die Rettenkogel-Überschiebung.

Im Salzkammergut war weiter die nordwärts vorgetriebene „alpine Hauptphase" nach E. Spengler vorgosauisch. Sie umfaßt die Summe der in Jura und Unterkreide geschehenen *Hauptbewegungen.* Der fortschreitend weitere Ausbau der Falten, der Bruchbildung, der Schrägstellungen und Schollenhebungen bzw. -senkungen während der Gosauzeit selbst müssen noch erheblich gewesen sein.

Im Bereich der *Weyerer Bögen* entstand *eine,* wahrscheinlich aber erfolgten *mehrere* Nachcenoman-Voremscher-Überschiebungen, begleitet von starker Faltung und Schuppung gegen N. Die Vindelizische Südschwelle hob sich mehrfach oder für längere Zeit kräftig heraus. Wiederholte Flyschbildung im Cenoman und besonders der Zwieselalmflysch im Dan beweisen gleichzeitige, starke orogene

Bodenunruhe. Auf kräftige orogene Umstellungen der gesamten Abtragungs- und Abfuhrwege deutet das Zurücktreten der Fremdlingsgerölle (exotisch) im Emscher gegenüber dem Cenoman und die fast 1 km tief gefüllten Mulden der Emscherzeit. Nur gegen die heutigen Zentralalpen hin bestand eine längst verschwundene Schwelle, welche in die Becken von Gams—Haller Mauern, Ennstaler Alpen Fremdgerölle lieferte; weitere Bewegungen während der Oberkreide sind nachgewiesen. Nach dem Dan entwickelten sich die Weyerer N-S-Bögen im Zusammenhang mit kräftiger Schubverkürzung in O-W.

Spätestens ab Cenoman ergibt sich aus den Fremdgeröllen (Fr. Trauth 1934, 7) bereits die Nachbarlage von Frankenfelser und Klippenzone.

Im Bereich der *Gesäuseberge* gehören hierher die vielleicht auch juvavisch II zu nennenden Ausbauten (S. 326) mit Reliefüberschiebungen als vorgosauische oder andere, die noch in der späteren Oberkreidezeit entstanden. Fertig war die Überschiebung des Plassenkalkzuges im N des Gamstales, weiter au gestaltet wurde das weitreichende Überschiebungssystem der Lachalpendecke, welche Alt- und Mitteltrias über Obertrias-Jura des Hochschwabs verschob. Die „hochalpine" Decke ist bereits der „voralpinen" aufgeschoben. Hinzu gehören die vorgosauischen und während der Oberkreide ausgestalteten Schub- und Faltenbewegungen von Spenglers „Schneebergdecke" mit ihren westlichen Fortsetzungen und östlichen Ausläufern bis zur Hohen Wand. Wie weit die „nachgosaui chen" Bewegungen noch in die Oberkreidezeit fallen, das ist oft noch unklar. Die Kreidebewegungen des Höllensteinzuges schließen sich an.

In westlicher Richtung stellten wir nach den vorgosauisch fertiggestellten Falten am St. Wolfgangseetal und den in Apt-Cenoman erwachsenen, nördlichen Randschuppen im Salzburgischen fest die stärkste, O-W-streichende Faltung der bajuvarischen Gebirgsteile, die südwärts in den mächtigeren Kalk- und Dolomitplatten weniger scharf ausgeprägt wurden. Über das niedergebogene tirolische Becken hatten sich die juvavischen Deckschollen bereits mehr als 35 km weit vorgeschoben. Nach langer Hebungs- und Abtragungszeit folgte dieser ersten Hallstätter Decke die Reiteralm-Deckenüberschiebung. Die juvavische Berchtesgadener Masse muß schon in der Oberkreide an ihrem heutigen Platz gelegen haben. Doch auch hier sind weitere Kippungen, Faltungen, Verstellungen auch während der Gosauzeit selbst nachgewiesen. Hierzu gehören die gleichlaufend mit älterem Streichen der Unterlage vollzogenen Einmuldungen der späteren Gosaubecken. Unsicher ist die Zeit der jüngeren, nachcenomanen Faltung im Bereich von Kammerker—Ruhpolding—Kampenwand—Heuberg. Sie war sehr stark und fertig vor Absatz des Eiberger Senons im S des Kaisergebirges und gegen das Wendelsteingebiet zu. Kräftige Schübe und Faltungen während des Turons spielten sich in letzterem ab, bedeutende Hebungen waren Voraussetzung für die Abtragung von $2^1/_2$-Schichten-Kilometern, bis in die Oberturonzeit und tiefe Senkungen ließen wiederholt das Meer auch hier weit vordringen. Schräg über eine starke Tektonik griff auch schon die Gosau an der Brandenberger Ache über, wobei erst allmählich Schwellen mit Fremdlingsgestein auftauchten und Geröll in die Oberkreide ablieferten. Fertig war schon eine vorgosauische Faltung im Sonnwendgebirge und in den Lechtaler Alpen, wo die Muttekopfgosau durch starke Sedimentrutschungen, durch Riesenblöcke und Fremdgerölle wiederum von dem Fortgehen solcher Bewegungen noch während der Oberkreide berichtet.

Nicht anders ist es noch weiter im W. Die Holzgauer Senonmergel weisen erhebliche Flyschfazies auf und das Eisenspitzkonglomerat griff über scharfe ältere Tektonik über. Im Rätikon waren gleichfalls ausgeprägte S-N-Gebirgsbewegungen vor Abtragung und Ablagerung mehrfacher Oberkreide-Konglomerate zu bemerken.

Die sämtlichen, oft bis über 100, ja 200 km Länge verfolgten Hauptmulden- und Sattelzüge des bayerisch-tirolischen Alpenteils versetzte K. Leuchs 1927 zum mindesten im Rohbau offenbar mit Recht in seine „mittelkretazische Orogenese". Nehmen wir die in Jura-Unterkreide fallenden ausgedehnten Schübe hinzu, so ergibt sich, *daß die wesentlichste Tektonik, welche wir heute in den nördlichen Kalkalpen sehen, zum großen Teil schon vorgosauisch entstanden sein muß.*

Am Kalkalpen-Südrand haben wir Unterschiebungen gegen N, NO bzw. NNW in der östlichen Grauwackenzone, wo wahrscheinlich die Überschiebung der Semmeringtrias durch die untere Grauwackenzone hierher gehört, im Bereich von Aflenz-Eisenerz, am Paltental. Durch solche Bewegungen muß nämlich sehr viel von dem Einzugsgebiet der Fremdlingsgerölle aus S verschwunden sein, zunächst vorcenoman von wenig geschieferter, später von stärker geschieferter Grauwacke. Auch im W konnte aus den Fremdlingsgeröllen der Gosauschichten auf eine ehemals längs der Südgrenze der Nordkalkalpen, also nächst der nordalpinen Narbe auf eine noch in der Oberkreide bestehende breite und aufgewölbte Grauwackenzone geschlossen werden, die später, offenbar durch Unterschiebung gegen N, verschwunden ist.

Für den Hauptteil dieser nordwärtigen Unterschiebungen am Kalkalpen-Südrand ebenso wie für das Ansteigen der geröllliefernden Schwellen lassen sich Zusammensetzung bzw. Bewegungen in der Oberkreidezeit zum wenigsten wahrscheinlich machen. Daher ergänzen sich nach meiner Auffassung die starken, im heutigen Verbreitungsbild der Kalkalpen weit überwiegenden Nord-Überschiebungen, welche ich für Süd-Unterschiebungen halte, zusammen mit den kräftigen und infolge späterer Verschluckung nur noch lückenhaft erhaltenen Nordunterschiebungen im Grauwackengebiet am heutigen, verstümmelten Kalkalpensüdrand zu dem mehr oder weniger *gleichseitigen Bewegungssystem der während der Kreidezeit stark tätig gewesenen nordalpinen Narbe (Verschluckungszone).* Der Hauptteil der heutigen nördlichen Kalkalpen strömte dieser abwärts von N zu wie von S ein noch erhaltener Randteil (mit „Südüberschiebungen"), zu welchem die Grauwackenzone bzw. auch ein von dieser heute nicht mehr vorhandener, weil verschluckter Anteil gehört. Der wenig faltbare *Mittelteil* aus mächtigen Kalk- und Dolomitplatten über dem Ort des tiefliegenden Narbenzuges und der stärksten Massenverluste *wurde gleichzeitig nach oben ausgeschoben.* Es lassen sich keine Gründe finden, welche beweisen, daß die verbreiteten „Nordüberschiebungen" zu anderer Zeit entstanden als die meisten „Südüberschiebungen" am Südrand.

Es ergibt sich die Dynamik im Bereich der nordalpinen Narbe auch baugeschichtlich als einheitlicher Vorgang.

Bei diesen Hauptbewegungen wurden alle jene Stockwerke des gesamten Gesteinsgebäudes, welche eine geringere Reibung entgegensetzen konnten, durch Hauptabscherungen ausgenützt, insbesondere das Stockwerk der Werfener Schichten. Über diesen lösten sich die meisten Decken von ihrer Unterlage ab, um gleichzeitig in sich einen nach unten und früher oder später auch nach oben geschlossenen Faltenwurf („gefaltete Abscherungsdecke") zu bilden, welcher zur Oberkreidezeit vielfach schon bis auf Wettersteinkalk, Muschelkalk und Werfener Schichten hinab abgetragen wurde.

So unklar sie noch vielfach im einzelnen sind, so enthüllen sich doch für das baugeschichtliche Bild der Oberkreidezeit schon *große Fortschritte gegenüber Unterkreide und Cenoman:* Darum lagerten sich die Gosauschichten weitgehend unabhängig von den Cenomanmulden über neu gefalteten und vielfach stark verschobenen Untergrund. Starke Wirkungen hinterließ die Nachcenoman-Voremscher-Abtragung infolge weitreichender Heraushebungen zur Turonzeit. Damals erhoben sich besonders auch Schwellen aus Grauwackengestein immer höher. Ein großer Teil der Hauptüberschiebungen war schon vorher fertig. Freilich müssen im Tertiär, namentlich am Kalkalpensüdrand und Nordrand noch starke Massenverluste gegen unten zu eingetreten sein. —

Nehmen wir uns nun wieder die eingangs gestellte Frage vor, ob vorcenoman oder vorgosauisch die stärkeren Gebirgsbewegungen stattfanden, so ist, da für die Cenoman- und für die Emscher-Senonzeit im allgemeinen ziemlich gleiche Möglichkeiten sedimentärer Abbildung bestanden, auf folgendes hinzuweisen:

Das Cenomanmeer konnte mit wenig Ausnahmen *nur in die voralpine Zone* vordringen, das Gosaumeer aber überschritt mehrfach wohl fast das gesamte Kalkalpengebiet. Cenoman ruht ungleichförmig meist nur bis hinab auf den Hauptdolomit; Gosauschichten lagern in den Hochalpen jedoch auch schon über entblößter Mittel- und Untertrias, ja ihre Gerölle entstammen einem Untergrund aus Grauwacke oder Kristallin. *Die vorausgegangenen Hebungen waren bedeutender:* die anschließenden Abtragungen drangen ohne Frage vorgosauisch viel tiefer als vorcenoman hinab.

Diese Tatsachen würden zweifellos einen ungleich schärferen Eingriff der Gebirgsbildung vor und während der Gosauzeit bedeuten als vor und während der Cenomanzeit — zumal „vorcenoman" *alle* vorher entstandenen Bewegungen genannt werden. Aber da meistens die Gosauschichten nicht über dem Cenoman liegen, sondern neben ihm, so ist vielfach ganz unklar, wie weit nicht auch in der durch die Gosauschichten überschrittenen Untergrundsstruktur Anteile stecken, welche schon vorcenoman, z. B. auch in der Jurazeit entstanden waren. Immerhin scheint doch auch eine besonders vorsichtige Abwägung dem vielfach schon gezogenen Schluß zuzustimmen, *daß gegen die Oberkreidezeit zu die Faltungsstärke mächtig angeschwollen ist,* wogegen *die Schubweiten schon mehr während der Altkreide überwiegend zurückgelegt wurden.* Sowohl in die Unterkreide- wie auch in die Gosauzeit fielen besonders starke orogene Anstrengungen zusammen mit einem allgemeinen Übergreifen des Meeres über das bereits kräftig gestörte Gebirge.

Das heißt: *Die allgemeine Schwimmhöhenlage der Erdrinde wurde hier zu diesen Zeiten stark erniedrigt.*

Wir beachten, daß wichtige Hauptüberschiebungen und -faltungen erst nach dem Cenoman und vor bzw. während der Gosauzeit fertig wurden. Wenn gegenüber der cenomanen Meeresverbreitung gleichwohl das Eindringen des Meeres in der späteren Oberkreide über fast alle Teile der nördlichen Kalkalpen möglich wurde, so kann das reliefmäßige Ergebnis jenes ersten Höhepunktes der alpinen Orogenese unmöglich eine „Hochfaltung“ gewesen sein. *Es war die reliefmäßige Folge vielmehr eine allgemeine Absenkung unter den Meeresspiegel!*

Wir hatten somit auch während der Oberkreidezeit keine „Hochfaltung“, keinen „Hinaufbau“, *sondern einen Hinabbau oder „Abbau des Gebirges“.*

Dabei schien uns sehr bedeutungsvoll auch der zu formende *Baustoff* gewesen zu sein. Die mittleren, während der Trias langsam, aber sehr langfristig niedersinkenden und darum zu sehr mächtigen Kalk- und Dolomitplatten von insgesamt einigen Kilometern angeschwollenen und erstarrten Plattenteile scherten sich von ihrer vortriadischen Unterlage im Zusammenhang ab und ergaben so die großartigen, in Jura-Unterkreide als *„juvavische“ oder „hochalpine“ bezeichneten Schubplatten.* Diese wurden nach oben zu über dem Streifen schärfster Einengung und Verschluckung mit nach N und S freien, abgebrochenen Bruchrändern als unterschobene Schubmasse *ausgeschoben.* Nur im Streichen beweist diese vielfach noch den ursprünglichen Zusammenhang mit der „tirolischen“ oder „Lechtaldecken“-Unterlage (Entstehung der Inntaldecke nach E. KRAUS 1948!).

Dieser somit sowohl tektonische wie auch reliefmäßige Gegensatz zwischen der weniger karbonatisch-starren, also mehr faltbar gewesenen oberbayerisch-nordtiroler Fazies (Lechtal—Lunzer Decke, voralpine Fazies) und den ungefügen, plateaubildenden Grobplatten einer Inntal- oder Wetterstein- oder Kaisergebirgsdecke, den Massiven der Berchtesgadener Fazies, eines Dachsteins, Hochschwabriffes oder einer Schneebergdecke ist durchaus eindrucksvoll. Nicht selten beruhten unrichtige, erst durch genaue Geländearbeit geklärte Auffassungen über Decken-Zusammenhänge und Schubzeiten nur auf äußeren, durch den Materialbaustil bedingten Ähnlichkeiten.

Damit ist aber keineswegs gesagt, daß jene diagenetische Versteifung der Kalk-Dolomit-Platten, welche der Umformung durch *waagrechten* Druck so sinnfällig Widerstand geleistet haben, nun auch gegen mehr radiale Kräfte eine gleichgroße Verfestigung („Konsolidierung“) brachte. Ebensowenig können wir, wenn sich eine 2—3 km dicke Erdhaut gefaltet und weiter zusammengeschoben hat, eine endgültige Unempfindlichkeit gegen weitere orogene Energien annehmen. Denn für uns liegen die Hauptantriebe in großer Tiefe und vermag daher der mechanische Gesteinsunterschied in der verhältnismäßig dünnen Erdhaut — so sehr er sich auch allein im Fazies- und Profilbild der Sedimente vordrängen mag — *für den alpinen Gesamtbau nicht allzu viel zu bedeuten.*

Von diesem Gesichtspunkt aus stehen wir auch ganz anders etwa zu dem Gedanken der „Rahmenfaltung“ und zur Bedeutung der Schwellenaufragungen („Vaterschwellen“), die nach Ausweis der Alterdkunde auch bald wieder einmal verschwinden, und deren Masse doch auch in der unaufgeschlossenen Tiefe noch immer tektonisch wirksam sein müßte. —

Noch ein anderes ergibt sich aus den vorstehend vorgetragenen Beobachtungen. Würden wir allein die sedimentär mit Sicherheit abgebildeten Orogen-Bewegungen anerkennen, so würden sehr starke tektonische Vorgänge, etwa die großen juvavischen Überschiebungen, welche mittelbar erst in späterer Zeit als bereits seit langem fertig sicher zu erschließen sind, gänzlich, da sedimentär unbemerkt, unter den Tisch fallen. Hieraus sehen wir klar, *daß die Mittel, welche uns gegenwärtig noch die Baugeschichte erschließen, sehr unvollkommen und lückenhaft sein müssen.* Die Möglichkeiten der zeitlichen Unterscheidung und Einordnung hängen eben noch allzu sehr ab von den außenbürtigen Vorgängen in der Nähe des Meeresspiegels.

Überblick der Vorland-Bewegungen im N. Zum Vergleich einen Blick auf Mitteleuropa!

Während der Oberkreide setzte sich cenoman die Alb-Transgression mit NW-SO-gerichteten Verbiegungen fort durch einen N-Vorstoß der alpinen Senke bis Regensburg—Bamberg. Ungewöhnlich tief versanken mit ihren 1—2 km mächtig werdenden Kalkschlamm-Sedimenten innerhalb des epirokinetischen Mitteleuropa die Becken von Lublin, von Dänemark, des Münsterlandes und des Paris-Londoner Beckens. Einer jüngstcenomanen Verflachung folgte in der turonen Labiatus-Zeit eine allgemeine Vertiefung, abgebremst bzw. durch Hebung beendet in der Lamarcki-Zeit. Erneute, ausgebreitete Vertiefung brachte die Scaphiten-Zone, auch die Schlönbachi-Zone. Während des Senons wurde der mitteleuropäische Block im O und S stärker gehoben; im W und N senkte er sich weiter.

Im einzelnen gab es kräftige Teilbewegungen („subherzyne Orogenese") von Trögen und Schwellen in Mitteldeutschland. Während des oberen Mucronatensenons vertrieb allgemeine Heraushebung das Meer in die Teilsenken: während des Dans war nur noch die dänische und die brabanter Senke marin. Ähnlich regressiv wirkende Hebung herrschte in der brackisch-lagunären Rhone-Randsenke, allein unterbrochen durch einige Rudistenriff-Senkungsvorstöße.

b) Die Oberkreide-Bewegungen in den ultrahelvetisch-helvetischen Nordstreifen

α) Abschnitt östlich des Rheins

Vorland-Verknüpfung. Die offenbar einst zusammenhängenden Transgressionen von dem ultrahelvetischen Vortiefentrog zwischen Alpen und germanischem Gebiet der Vindelizisch-Böhmischen Masse aus auf die nördlichen Kalkalpen, die jetzigen tektonischen Zusammenhänge und die Übergänge der Baupläne ineinander *beweisen die Einheit zwischen alpinem und germanischem Raum.*

Schon im Cenoman stieß das Meer von N gegen die nördlichen Teile der Kalkalpen vor und, beginnend mit der Turon-Emscherzeit, ein zweites Mal sogar über fast die ganzen Kalkalpen zwischen Wien und Rätikon. Besonders eindrucksvoll fanden wir die Nierentaler Rotschiefer-Überflutung, welche zum wenigsten in längeren Zwischenzeiten des Maestricht zwischen der Donau im O und dem Rhein im W, weiterhin aber mit den Rotschiefern der „couches rouges" auch die Präalpen bedeckte und nordwärts noch in das Südhelvet eindrang.

Diese Überflutungen bildeten *Flyschsedimente dort, wo die innenbürtige Orogenbewegung räumlich zusammentraf mit außenbürtiger Schuttlieferung und Flachmeer-Entwicklung.* Recht allgemein dehnte sich z. B. im O von Salzburg noch die Dan-Transgression des Zwieselalmflysches bis in die pieninische Zone aus.

Über diese Sachlage gibt es heute keinen Zweifel, so sehr auch man die gründlichen Geländeergebnisse eines G. GEYER oder anderer Verfasser bezweifelt hatte: Oberkreideflysch des ultrahelvetischen Troges, Klippenhüllenflysch und Gosauschichten vertreten sich gegenseitig über den nördlichen Kalkalpenrand hinweg, der durch unser „Randostalpin" im W der Weyerer Bögen und durch die „Klippenzone" im O von diesen gegeben ist. In vollkommener Weise reichen sich die Rotschiefer der kalkalpinen Nierentaler Schichten mit jenen über den Inoceramenflyschmergeln des Flyschtroges die Hand. Schon seit längerem sind diese Dinge im O betont worden und habe ich dies auch nomenklatorisch unterstrichen.

Mit Rücksicht auf die vermeintliche südalpine Herkunft der nördlichen Kalkalpen hat man versucht, auch die aus dem Arbeitsgebiet meiner nordalpinen Flyscharbeiten in Südbayern—Allgäu—Vorarlberg erwachsenen Folgerungen genau gleicher Art für die westlichen Kalkalpen in Frage zu stellen. Meine Arbeiten haben bewiesen, daß mehrere Schichtglieder der ultrahelvetischen Flyschteiltröge faziell nordwärts in den helvetischen Kreidetrog, aber auch südwärts in die kalkalpine Oberkreide übergehen. Abgesehen von den Klippen-Aufspießungen im O erscheinen die nächsten aufgepreßten Scherlinge des ultrahelvetisch-randostalpinen Untergrundes im W zuerst wieder in den Balderschwanger Klippen des Allgäu. Noch weiter im W werden diese Aufragungen bzw. „Aufschuppungen" als „Präalpen" bezeichnet und schließlich als „Subbriançonnais". Trias- und Jura-Fazies sowie fremde (exotische) Gesteine in der östlichen Klippenzone des Wienerwaldes sind nach F. TRAUTH und J. TERCIER von dem westschweizerischen Ultrahelvet nicht wesentlich unterschieden.

Nach diesen Feststellungen sind wir berechtigt, die Zusammenhänge zwischen nördlichen Kalkalpen und Böhmischer Masse durch die nördliche Vortiefe der Oberkreidezeit nach Abb. 112 zu zeichnen. Jüngste Bohrergebnisse sind dabei schematisch mit berücksichtigt.

Alle anderen in Frage kommenden Tatsachen pflichten dem mit fortschreitender Geländearbeit bei. So erwiesen sich von Wien bis in die Lechtaler Alpen die fremden (exotischen) Block-, Geröll- und Sandmassen, ebenso die in den Klippen auftauchenden Gesteine als durchweg dem eigenen Untergrund oder doch ultrahelvetischen Nachbarschwellen entstammend. Diese von G. GEYER 1904, von A. SPITZ 1910, 1916, von O. AMPFERER u. a., später von mir vertretene Auffassung stimmt mit jener überein, welche M. LUGEON 1916 und kürzlich auch J. TERCIER 1936 bezüglich des westschweizerischen Ultrahelvets festgestellt haben. Durchweg sind es, wenn der tektonische Nachweis heute überhaupt noch möglich ist, *Durchspießungen des Untergrundes bzw. Schwellenreste, welche die Fremdgesteine geliefert haben* — ob wir es nun mit nördlichen Kalkalpen zu tun haben, welche im S oder N, im O oder W (Rätikon!) ihre Cenoman- oder Gosau-Hülle durchstoßen haben, oder mit der Klippenzone zwischen Wien und Steyr, mit den Oberstdorfer oder Balderschwanger oder Schweizer (Präalpen-)Klippen: *Der ultrahelvetische (Jura-)*

Kreidetrog hat sich auf dem nördlichen Randgebiet der Kalkostalpen-Präalpen eingesenkt.

Dabei ist sehr zu beachten, daß nur die (südlicheren) Fremdgerölle in der Gosau der Kalkalpen — z. B. von der Neuen Welt bis zum Dachsteingebiet, von Ruhpolding oder von der Kampenwand und dem Muttekopf — eindeutig einen *Untergrund, bestehend aus Gesteinen der nördlichen Grauwackenzone*, beweisen.

Gegen den Nordrand zu aber nehmen die Granite, Gneise, Amphibolite (Wienerwald, L. v. Buch-Denkmal, Retterschwang, Oberstdorf, Bolgen; Granitgerölle und gewaltige Quarz-Feldspat-Glimmer-Massen im Flysch) überhand. Als Ausnahme erscheint allein der Bestand der wahrscheinlich der Vindelizischen Nordschwelle und zwar einer erhalten gewesenen Hülle über dem Kristallin entstammenden Dürrnbachbrekzie von K. Boden 1920 (mit phyllitischem Tonschiefer, Diabas, Grünstein-durchsetzten Kalken und Dolomiten am Tegernsee).

Im ganzen aber erfahren wir aus dieser Sachlage von einem Untergrunds-Übergang gegen N. *An die Füllung der alten paläozoischen Grauwacken-Geosynklinale mit metamorphem Kristallin schloß sich nordwärts vindelizisch-moldanubisch-böhmisches Altkristallin an* (Abb. 112). Die jüngsten Schwermineral-Untersuchungen von W. Richter weisen in die gleiche Richtung, ebenso jene über die oligozänen Glassande. Die näheren Gesteinsvergleiche haben erwiesen, daß die nördlichen, altkristallinen Aufschuppungen nichts mit dem Alpinen zu tun haben, sondern daß sie Stücke bzw. Ausläufer der Böhmischen Masse sind.

Es gibt also eine bestmögliche *Beweiskette für die* von uns vertretene *Ansicht, von der Verankerung der nördlichen Kalkalpen mit all ihren nördlichen Zwischen- und Randgliedern an und auf der Böhmischen Masse.*

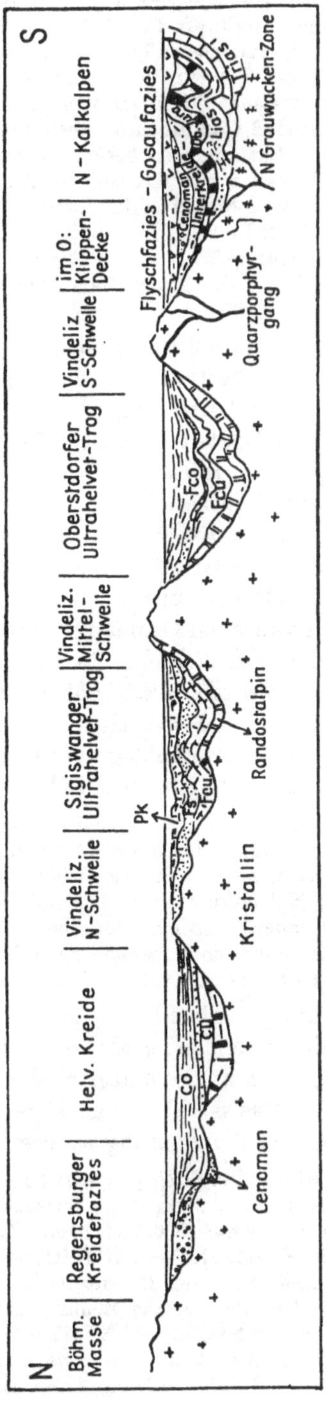

Abb. 112. *Profilschema durch die südbayerische Vortiefe in der Oberkreide. j* Oberjura. *cu* helvetische Unterkreide. *fcu* Unterkreideflysch. *fs* Hauptflyschsandstein. *co* helvetische Oberkreide. *fco* Oberkreideflysch. *Pk* dessen Piesenkopfkalkfazies.

J. Tercier, der zwar gleichfalls den Zusammenhang Kalkalpen-Ultrahelvet zugibt, versuchte 1936,

245, gleichwohl die veraltete, weil trotz aller Versuche unbeweisbare Auffassung von der südalpinen Herkunft der nördlichen Kalkalpen zu retten. Er möchte daher den Untergrund des ultrahelvetischen Flysches als „alpin", nicht als vindelizisch-böhmisch gelten lassen. Er meint, dieser könne nicht moldanubisch-moravisch sein, weil er kein N-S-Streichen habe.

Aber erstens wissen wir von diesem Streichen so ziemlich nichts (vgl. R. SCHWINNER), zweitens muß man die durch tertiäre Massenverluste nach unten (E. KRAUS 1941) stark verringerten Entfernungen berücksichtigen. Drittens kann die moravische Zone z. B. mit dem Granulitstreifen von Krems-Wieselburg aus NO etwa am L. v. Buch-Denkmal sehr wohl in das mehr W-O-Streichen der dortigen Granitaufschuppungen übergegangen sein. J. SCHADLER hat für Blatt Linz a.d.D. wichtige Beobachtungen machen können. Und schließlich kann unmöglich eine sklavische, unbeirrte Beibehaltung früher, längst erstarrter Strukturen der Böhmischen Masse gelegentlich der alpinen Überwältigung und Neubewegung derselben angenommen werden.

Es scheint im übrigen noch Geologen zu geben, die nicht erkennen, daß sich das von C. W. GUEMBEL u. a. als „vindelizisch" bezeichnete Zwischengebiet zwischen „germanisch" und „alpin", zu dem beispielsweise auch der helvetische Trog-Untergrund gehört, kein ein für allemal örtlich festliegender Begriff sein kann, *wenn feststeht, daß der alpine Bereich im Lauf der Zeit nach N vorgegriffen hat.* Was noch zur Triaszeit breites, vindelizisches Höhenland war, allein erreicht von äußersten Vorstößen des alpinen Geosynklinalmeeres, was während des Lias im S die sandreiche Grestener Fazies empfing, das senkte sich spätestens zu Beginn der Unterkreide zum ultrahelvetischen und, nach O fortschreitend, allmählich auch zum helvetischen Großtrog. Dieser Raum gliederte sich aber gleichzeitig durch nördliche und südliche Randschwellen sowie durch innere Einzelaufragungen. *Das sind aber alles höher gebliebene oder verhältnismäßig erhobene Reste jenes Vindelizischen Höhenlandes.* Als solche sind sie auch zu bezeichnen, will man nicht durch neue Namen die Sachlage verwirren (vgl. die Vorgänge bei K. BODEN 1922, 398, bei CL. LEBLING oder bei K. LEUCHS 1928).

Abwegig ist die Meinung, eine Vindelizische Schwelle hätte sich, wenn sie im O des Rheins wirklich bestand, durch ihre Abtragungsstoffe im östlichen Helvetikum unbedingt schärfer ausprägen müssen. Denn abgesehen davon, daß sich wirklich in diesem heute schmalen und dünnen Helvetikum größerer Sand- und Schlammreichtum, im Eozän sogar Blöcke und Gerölle finden, muß man doch berücksichtigen, daß von dem wirklich einst vorhanden gewesenen breiten Faziesbereich nur mittlere, aber fast keine randlichen, mit Schutt versorgten Teile erhalten haben (vgl. E. KRAUS 1941).

Im übrigen aber kann man ohne Frage die Menge der Fremdstoffe von der Schweiz bis nach Wien als höchst bezeichnendes Merkmal des außerdem auch nach der sonstigen Fazies und nach der Fauna recht einheitlichen Ultrahelvet-Streifens ansehen. Das ist aber eine Eigenart, die nicht einer innergeosynklinalen Lage, sondern der Annäherung an die kristalline Platte Europas entspricht.

Bei seinem Vergleich des schweizerischen mit dem österreichischen Ultrahelvet glaubte J. TERCIER das 275 km lange Zwischenstück zwischen Rhein und Salzach überspringen zu können. Er meinte 1936, 236, meine Kartierungsnachweise der Flyschdecken und des Unter- und Mittelkreideflysches mit Leitfossilien, meine begründeten Vorstellungen über die Wildflyschfazies und deren Bedeutung könnten als unnütze Komplizierung des Flyschproblems hingestellt werden. Solche Meinungen führten ihn denn auch zu unrichtigen Ansichten und Fehlern wie in Schichttafel XVIII bezüglich des bayerisch-vorarlbergischen Anteils.

Davon z. B. (S. 229), daß je weiter gegen W, desto später die Flyschfazies in dem ultrahelvetischen Streifen auftrete, kann nach allem, was wir über den südbayerisch-vorarlbergischen Flysch wissen, keine Rede sein. Ebensowenig trifft zu, daß ich im Flysch nur zwei Schichtglieder unterschied, deren unteres der Zementmergel gewesen wäre, daß in Bayern so wie in Österreich die Flyschfazies seit der Kreide, also im Alttertiär, breit entwickelt sei (S. 234), daß die Annäherung der Böhmischen Masse im O dort den Neokomflysch und die frühere Schließung des ultrahelvetischen Troges durch Faltung bedingt hätte (S. 229); denn dieser Unterkreideflysch ist bekanntlich von mir durch Allgäu-Vorarlberg auch bis unter den Rätikon hinein fossilmäßig nachgewiesen worden, das heißt noch weit entfernt von der Böhmischen Masse. Der Neokomflysch des ultrahelvetischen Troges beweist, daß die Meinung, diese Flyschtrogfüllung sei nur der weiter gegen N vorgeschürfte Hangendteil der Klippenzone (mit ganz abweichender Neokomfazies), unrichtig ist, auch wenn ein solcher Gedanke unter den abweichenden Umständen in der Schweiz seine Berechtigung hat. —

Zusammenhang im O. Neben Faziesübergängen ist *als zweites Beweisstück für den Zusammenhang Helvet—Ultrahelvet—Klippen—Kalkalpen* die neuerdings im O immer klarer werdende Erfahrung wichtig, daß die Schubflächen zwischen Kalkalpen—Klippenzone—Flyschzone keine großen Überschiebungen brachten, sondern *nur eine innere Gliederung des Gesamtgebietes bedeuten.* Auch haben die neueren Geländeergebnisse z. B. von G. Goetzinger gezeigt, daß sich die Hauptflyschzone des Wienerwaldes genau so in ziemlich geradlinig WSW-ONO durchlaufende „Aufbruchs"- oder „Scherlingszonen" aufteilt wie die südlich folgende Klippenzone — nur mit dem Unterschied, daß in letzterer, südwärts zunehmend, überwiegend ältere Gesteine (von Trias und Jura), in den ersteren aber jüngere (Oberneokom, Oberkreideflysch, mitunter Granitscherlinge) die Hülle des Oberkreide- bzw. des Eozänflysches durchstoßen haben.

Es entsteht so eine sehr zu beachtende Übereinstimmung mit dem Bau der subalpinen Oligozänmolasse Südbayerns, in der gleichfalls lang und gerade fortstreichende Aufbruchsstreifen oder dort schon richtiger „zertrümmerte, stark zerquetschte Antiklinen" die breiten, wohlgebildeten Molassemulden begrenzen. Es ist darum *auch dem Baustil nach* nicht nur ein Übergang von Kalkalpen-Klippen nordwärts in den östlichen Flyschtrog gegeben, sondern auch eine weitgehende Beziehung dieser nordwärts zur jüngeren Molasse Südbayerns. Über die Bedeutung dieser verschiedenen Bauarten als Glieder einer tektonischen Bildungsreihe wurde 1941 geschrieben und wird nachfolgend Näheres auszuführen sein.

Jedenfalls hatten die großen Verschluckungs-, also Schubbewegungen im Wirkungsraum der nordalpinen Narbe als dynamischem Großsystem während der Unterkreide schon sichtbar begonnen. Diese Vorgänge prägten sich aus im Zusammenrücken der in dem niedersinkenden Ultrahelvetstreifen entstehenden Falten und in der Überbeanspruchung, sowie im Zurückbleiben der Sattelschwellen in der oberflächennahen Klemmschale über der Höhe des Meeresspiegels, zugleich in deren Abtragung bis hinab auf den kristallinen Kern (Abb. 112). Damit waren hier die innenbürtigen Voraussetzungen für die außenbürtige Flyschbildung durch die ganze Kreidezeit zwischen Wien und Rhein gegeben.

Wenn dabei die nördlich gelegene ultrahelvetische Zone den baugeschichtlich fortgeschritteneren Nordkalkalpen durch die Bildung der orogenen Fazies vorauseilte, so scheint der Grund hierfür darin zu liegen, *daß die vindelizisch-böhmische Masse der Neueinbeziehung in den alpin-geosynklinalen Raum durch Absenkung nur sehr langsam und zögernd folgte.* Daher war die Senkung unter den Meeresspiegel geringer, blieben die Insel-Sattel-Schwellen zahlreicher, waren die von solchen abgelieferten Schuttmassen also ungleich größer. Das aber hat mit als Voraussetzung für die terrigen immer überladene Flyschfazies zu gelten.

Erst allmählich scheinen hier die Hauptmulden an den Mittelschenkeln zur Tertiärzeit gerissen zu sein und bildeten sich die Schubflächen, längs welchen die alten Sattelschwellenreste verschwanden und die Kalkalpen über den Flysch, dieser, aufgeteilt in innere Decken, überschoben wurde auf die helvetische Zone. *Die Hauptüberschiebungen vollzogen sich somit hier außen erst im Alttertiär*, denn die Oberkreide ist noch ganz in sie einbezogen.

Aber *schon während der Unterkreide* muß die allgemeine, von dem nordalpinen Massenabstrom ausgehende Einengung unter den steiferen Kalkalpen nordwärts durchgegriffen haben. Sie senkte und faltete die neue, ultrahelvetische Vortiefe unter Flyschbildung. Auch hier können wir wieder einen Vergleich zwischen nördlichen Kalkalpen und östlicher Klippenzone ziehen: Ganz so wie in der Allgäudecke und nördlichen Lechtaldecke oder auch weiter im O das Oberkreidemeer südwärts über einen stark gefalteten Untergrund vorstieß, so lagerte es auch einen „Klippenhüllenflysch" oder die „Seichtwasserkreide" nach Fr. Trauth 1928 über ein vorher schon kräftig gefaltetes Mesozoikum einschließlich Neokom ab, was noch ausgeprägter ist und noch früher bekannt war für die innere pieninische Klippenzone der Karpaten.

Man wolle aber diese Zusammenhänge auch nicht übertreiben. Zwischen den bereits erkannten und kartierten Sonderzonen gibt es *auch erhebliche Schubflächen*. Sie trennen beispielsweise deutlich abweichenden Jura der Kalkalpen von solchem der Klippenzone im O. Solche Schubflächen trennen in den von mir bisher zwischen Rhein und Salzach als durchlaufend nachgewiesenen Flyschdecken zwei in der Hauptsache faziell voneinander wohl zu unterscheidende Flyschprofile, die sich zeitlich vertreten. Nur der Unterkreideflysch ist zunächst recht einheitlich und spricht für ein zunächst noch weniger gegliedertes Meeresbecken (E. Kraus 1942). Auch sind die Glieder des Klippenhüllen-Flysches im Cenoman nicht einfach gleich dem Hauptflyschsandstein oder jene der jüngeren Oberkreide bzw. der Gosau nicht einfach etwa Birnwangschichten (vgl. Abb. 105), welche aus dem ultrahelvetischen Trog südwärts übergreifen — so sehr auch z. B. die Seichtwasserkreide zu ersterem, die Inozeramen- und Kahlenberg-Schichten (G. Goetzinger 1929) zu letzteren Gesteinsbeziehungen aufweisen. Ebensowenig kann von einer Unmöglichkeit (J. Tercier 1936, 227) gesprochen werden, den Flysch des ultrahelvetischen Troges vom Klippenflysch zu unterscheiden, gibt es doch nur in ersterem Unterkreideflysch. Und schließlich mußte auch der Unterschied zwischen dem ultrahelvetischen Vortiefenflysch und dem auf kalkalpinen Decken aufruhenden Flysch, der zwischen diesen bei Windischgarsten und anderwärts fensterartig hervorschaut, von mir 1944 besonders hervorgehoben werden.

Eine gewisse Angleichung der im W fast ganz auf Oberstdorfer und Sigiswanger Flyschdecke verteilten Faziesprofile gegen O und ein allgemeines Zurückgehen der Anzeichen für Schubweite zwischen beiden Decken kann gegen Osten beobachtet werden. Die Flyschzone scheint gegen Österreich zunehmend bodenständiger zu werden. Der kontinentale Unterbau hebt sich gegen O.

Wenn die Verflachung und Verschmälerung der östlichen helvetischen Zone in Südbayern—Oberösterr. ein Zurücktreten und schließlich auch ein Fehlen der Unterkreide gegen O bedeutet, so spricht sich nicht nur *ein allmähliches Übergreifen der Absenkung aus von dem ultrahelvetischen Trog gegen N, sondern damit auch von einem breiteren und älteren helvetischen Troggebiet der Schweiz und Vorarlbergs gegen O:*

Von S und von W her wurde der vindelizisch-böhmische Untergrund Europas also fortschreitend erobert. Gleichzeitig vertiefte sich nordwärts in Teilmulden der ultrahelvetische Trog, wie z. B. die tiefmeerischen Foraminiferen- und Radiolarienreicheren, pelagisch-feinen Piesenkopfkalkbänke (Abb. 131) zwischen dem Oberkreideflysch der Sigiswanger Flyschdecke beweisen. —

Kein Unterostalpin. Damit haben wir die baugeschichtlichen Grundzüge kennengelernt. Unter Hinweis auf meine diesbezüglichen Ausführungen 1932, 1941, 1942, 1944 verzichten wir auf Einzelheiten, betonen aber einen Umstand, welcher bisher dazu verführt hatte, zwischen Iller und Rhein an die Mitbeteiligung „unterostalpiner" Schürflinge an jenen Fremdgesteinen zu glauben, die wir auf die Vindelizische Südschwelle beziehen oder auf Eruptivgänge in der Jura-Kreidezeit der Oberstdorfer Decke beziehen müssen. Bekanntlich hatte man wegen des häufigen Vorkommens von Diabas, Porphyrit und Radiolarit im schweizerischen Unterostalpin eine einfache Gleichung jener Gesteine mit der Oberstdorfer Flyschdecke aufgestellt. Wo also wie bei Oberstdorf oder Hindelang am kalkalpinen Schubrand solche Gesteinssplitter erschienen, da glaubte man Reste dieses Unterostalpins vor sich zu haben. Man übersah dabei, daß der heutige Schubrand aber nicht der durch schwellennahe Trias-Jura gekennzeichnete Rand ist, sondern nur der äußere *Abtragungsrand* (Hindelang—Gaisalpe—Warmatsgund—Bärgunt). Würden diese Vorkommen irgendetwas mit der Vindelizischen Südschwelle als einer *unterostalpinen* Bildung zu tun haben, so würden sie *nicht quer* durch die von der Abtragung schief durchschnittene Allgäudecke ihre Hauptverbreitung besitzen.

Auch würde der in die Molasse hinausgeratene Abtragschutt der unterostalpinen Einheiten in der Schweiz nicht so scharf im O des Rheins aufhören, wären jene Einheiten auch noch im O des Rätikons Bestandteile des nördlichen Gebirgsrandes.

Gehen wir noch, etwa vom Wendelsteingebiet, gegen N durch die Vortiefe der Kreidezeit, so treffen wir zunächst die Vindelizische Südschwelle, bei K. Osswald 1928 „Zwischenzone", welche sich der Genannte für die Mittelkreide und Oberkreide als Liefergebiet großer, unsortierter Massen von kalkigen und kristallinen Gesteinen vorstellt, und zwar meist von ungerundeten Kalken der Allgäudecke (Vorzone), von weichen paläozoischen Schiefern und eckigen Sandsteinen, von harten, gerundeten Eruptiv- und Quarzitgesteinen. Es handelte sich bei der Schwelle nach Osswald um die bereits nahe herangerückte *Stirnrandschwelle der Allgäudecke* (Vorzone). Während gleichzeitig der Cenomanschutt südwärts kräftig gegen die Kalkalpen vorstieß, vollzogen sich nördlich anschließend die orogenen Bewegungen des Untergrundes, welche die Flyschfazies zustandebrachten und jenseits der Nordschwelle im helvetischen Bereich kräftige Sandsteinschüttungen im flachen, glaukonitreichen Meer von Gargas und Alb bereits mit allerlei Teilbewegungen.

Helvetischer Streifen. In diesem helvetischen Trogstreifen stellen wir aus der Schichtenfolge eine sehr beachtenswerte Zwischenstellung zwischen dem zu Ende der Unterkreide stärker reliefierten, teilweise viel Inselschutt empfangenden und fortgeschritteneren Südanschluß und dem flachreliefierten, epikontinentalen Nordanschluß fest.

Nur mit dem sandig-glaukonitischen Meeres-Gault des Ultrahelvets im S sind Gargas- und Albe-Stufe im Helvet zu vergleichen, nicht mit dem germanischen Festland im N. Das dünne, pelagische Helvet-Cenoman im N hat keinen Vergleichspunkt mit dem viele 100 m mächtigen Hauptflyschsandstein des Ultrahelvets oder mit dem übergreifenden Cenoman-Grünsandstein des Germanischen Gebietes — es sei denn die im S raschere Großsenkung. Hinsichtlich des pelagischen Foraminiferen-Turons (Seewenkalk und -mergel) schließt sich der Helvetstreifen schon mehr an ähnlich ausgebildete Zwischenbänke des Ultrahelvetflysches an, als an die immerhin auch nun ein etwas tieferes Meer erweisende Regensburger Turonkreide, welche nun erst in der Lage war, einen transgredierenden Ausläufer ostwärts auf die Pfarrkirchener Scholle Niederbayerns vorzuschicken. In der ziemlich tiefmeerischen, aber auch schon teilweise Flyscheigenschaften annehmenden Turon-Emscher-Senon-Entwicklung des Helvets erkennen wir schließlich weitere Übergänge zwischen dem orogen ungleich unruhigeren Oberkreideflysch im S und den grauen Sandmergeln im N. *Die große Mächtigkeit dieser jüngeren Oberkreide beweist für alle drei Gebiete* die nunmehr bis an die Böhmische Masse durchgedrungene, energische *Absenkung:* Die alpine Geosynklinale hatte einen kontinentalen Randstreifen Europas erobert und zur bewegten Vortiefe niedergebogen.

Im einzelnen fehlen *Beweise der zunehmenden Teilbewegungen im Helvet-Streifen* nicht. An die Stelle einer vorher gleichartigeren Schichtablagerung unter sanfter Senkung im Neokom erscheinen nun über dem Unterapt (Schrattenkalk) in Gault-Cenoman erhebliche Schichtlücken. Entweder fehlt Gargas (Brisisandstein des Oberapt) oder es ist nur zum Teil entwickelt. Über ihm fehlt die Alb-Stufe oder sie wird allein durch die Kondensationsbank der dünnen Kletzenschicht (1 m) vertreten, welche zugleich Cenoman-Versteinerungen führen kann. Die cenomane Über-Turrilitenschicht kann im Allgäu nur mit kaum 1 m erscheinen. Zwar ist der Seewenkalk des Turons weiter verbreitet, aber trotz tiefmeerischerer Ausbildung und Senkung zeigt er unregelmäßig übergreifende Unterfläche und zwischen 0 und 50 m schwankende Mächtigkeit. Die Bewegungskontrolle verliert sich dann in den wechselnd sandigen Leistmergeln (Emscher-Senon) und Wangschichten von je mehreren 100 m Mächtigkeit. Die Leistmergel zeigen im Allgäu öfter schwärzliche und graue Flecken wie die Lias-, Neokom- oder die ultrahelvetischen Leimernmergel. Ebenso vermehrt sich die schwarze Bitumenfarbe, dazu der Feinsandgehalt in Zwischenbänken da und dort erheblich. Dies entspricht *dem allmählichen Übergang aus der helvetischen Normalfazies im helvetischen Raum nach oben in die ultrahelvetische Leimern-Wildflysch-Fazies.* Ihn vermitteln die noch gleichmäßiger dunklen und rauhsandigen, immer etwas glaukonitischen Wangschichten, welche auch schon die Trennung in Sandstein- und in Kalkbänkchen vorbereiten, die dem Flysch eigen ist. Ausgeprägte Glaukonit-Grünsandsteinbänke, ähnlich jenen der Albestufe, können sich einstellen (Oberstdorfer Grünsandstein).

Nach der allgemeinen Unterkreidesenkung spiegeln sich somit in den bildungsmäßig benachbarten Teiltrögen *die Mittelkreide-Hochlage* und die *beiden Oberkreidesenkungen in Geosynklinale und Vorland* sedimentär sehr verschiedenartig wider. Nur teilweise ist die baugeschichtliche Kontrolle möglich. Es bleibt aber im ganzen bei dem großartigen *Entwicklungsfortschritt von innen nach außen* (vgl. oben S. 384).

Jenseits der helvetischen Teilrinne *im nördlich anschließenden germanischen Vorland* schließlich hatten sich während Oberjura-Unterkreide erhebliche Vorcenomanbewegungen entwickelt: Heraushebung des vorderen Bayerischen Waldes um

300—600 m (F. Trusheim 1936, 16), Randspalten an der Böhmischen Masse, Faltenbildung und Schollenkippung in der südlichen Frankenalb (Roll 1937), tektonische Bewegungen in der Altmühlalb; erste Transgression: Tone der Freihölzer und Hollfelder Mulde. Ganz wie in den Kalkalpen auf die ersten juvavischen Großbewegungen und die erste (Gault-)Transgression, waren auch im germanischen Vorland auf diese gebirgsbildende Zeit (Th. Schneid 1915, 29) *Hebungen* mit langdauernder Abtragung (Verkarstung der Malmplatte, Schutzfelsschichten) gefolgt. So konnte bei der nachfolgenden, allgemeinen Senkung (zweite Transgression) bzw. auch eustatischen Meeresspiegelhebung das (jüngere) Cenomanmeer — ganz wieder wie in den angrenzenden Nordalpen — verhältnismäßig rasch über eine stark eingeebnete Landschaft, wohl von SO her, vorgreifen. An der Donau liegt das Cenoman auf dem hellen Neuburger Kalk, gegen Wellheim über Reisberg-Bankkalken und Solnhofer Plattenkalken, bei Nassenfels auf Vertretern des Plattenkalks, bei Wellheim und Konstein auf Frankendolomit. Östlich Regensburg greift der Cenoman-Grünsandstein über verschiedene, vorher gekippte Malmstufen.

Nach neuesten Bohrungen schnitt in der Pfarrkirchener Scholle (im Gegensatz zum SW mit festländischem Katt, zum NO mit Oberkreide) in Niederbayern das Unter- und Mittelturon in Birnbach (an der Rott 15 km O Pfarrkirchen) über zerfressenen plumpen Felsenkalk-Frankendolomit, in Füssing (westlich des Inns, rund 20 km oberhalb Passau) mit vorcenomaner Verkarstung über den etwas jüngeren Kelheimer Diceras-Kalk; vgl. Band II.

Eine (dritte) Großüberflutung setzte damit im Turon ein und brachte der fränkischen und der Donausenke eine langdauernde Meeresbedeckung — entsprechend also der nur wenig späteren Emscher- (Gosau-) Transgression in den Nordalpen.

Das heißt, sowohl die Gault-, die Cenoman- als auch die Gosau-Transgression hatten ihr (im dritten Fall verspätetes) Gegenstück im germanischen Vorlandsgebiet, *das sich annähernd gleichzeitig, wenn freilich abgeschwächt, ähnlich verhielt.* Wir erblicken darin einen Hinweis auf den *dynamischen Zusammenhang* einerseits zwischen der geosynklinalen Senkung, z. B. auch im ultrahelvetischen und noch im helvetischen Trog mit Faltung und Schubbewegung im Herrschaftsbereich des nordalpinen Abfuhrstromes (1936, I) und andererseits mit den Bewegungen des weiteren Vorlandes, welches unterschiebend und sinkend an die Geosynklinale heranrückte und dabei (als bewirkender Faktor oben schon teilweise nachweislich früher!) Brüche, Kippungen, Flexuren, Verbiegungen ausführte.

Die (Vindelizisch-)Germanische Zwischenschwelle zwischen helvetischem und germanischem Jura äußerte sich nach N bis in den oberen Weißjura (Roll 1933, 562). Wieweit ihre Abfallstoffe auch noch in die festländischen Schutzfelsschichten der Unterkreide, in den Cenoman-Grünsandstein und in die oft sandig-schlammig übergreifende Oberkreide des Donaugebietes gelangt sind, das ist noch nicht näher untersucht. C. W. Kockel nahm die ununterbrochene Fortsetzung seines „Rumunischen Rückens" nach der Böhmischen Masse bis Gault-Beginn an. Bezüglich der Bewegungsgeschwindigkeit schloß F. Trusheim 1936, 55, aus der abradierten Jurakalkplatte mit Pholadenbohrlöchern (sie brauchten auf 100 m Plattenbreite mindestens 4 Jahre zur Ausbildung) auf rund 0,6 m je Jahrhundert und auf mindestens 2400 Jahre Transgressionszeit für eine 60 km tiefe Strecke. In der alpinen Geosynklinale hat man es wohl im allgemeinen mit größeren Geschwindigkeiten zu tun.

β) Abschnitt westlich des Rheins (mit Vorarlberg).

Die zunehmende Westverbreiterung des uns erhaltenen Helvet-Streifens erlaubt einen noch besseren baugeschichtlichen Einblick. Fiel für die Unterkreide noch hauptsächlich der Übergang von der nur zögernd sich niederbiegenden, autochthon-germanischen Zone gegen die rascher sinkende und zugleich faltungsbereitere geosynklinal-alpine Fortsetzung auf, konnte der Faziesgang nur wenig Faltung noch erschließen, so wird das nun für Mittel- und Oberkreide anders. Wir greifen unter Hinweis auf schöne Zusammenfassungen durch Schweizer Geologen nur einige Hauptpunkte für den Ostteil heraus.

Das baugeschichtliche Verständnis der Gault- und auch der Oberkreide-Absätze erfordert die kurze Betrachtung jener eigenartigen, schon länger bekannten, aber erst 1933/34 durch die Arbeiten von ARN. HEIM, H. J. FICHTER und einigen andern einer Deutung zugeführten Schichtverminderungen und Fossilhäufungen, welche fast immer nur streifenweise auftreten und Phosphat-Glaukonit-Anreicherung haben. Es handelt sich um die *Schicht-Verdichtung oder „Kondensation“*.

Die Phosphatbildung begann z. B. im Bereich der *südlichen Sattelschwelle Vorarlbergs* (Feldkirch—Breitachklamm) teilweise schon im Unterapt, allgemein im untersten Alb (Abb. 113). Sie breitete sich aus bis zu ihrer größten Ausdehnung im unteren Mittelalb und ging meist noch fort im Oberalb. Rascher Schutz vor Zerstörung der Fossilschalen durch Phosphatbildung dürfte die ungewöhnliche Versteinerungsmenge, eine örtliche Umlagerung (Wurmgänge, fukoidenartige Flecken), dürfte die Fossilmischung aus verschiedenen Horizonten im gleichen, dünnen Lager verständlich machen. Gegen

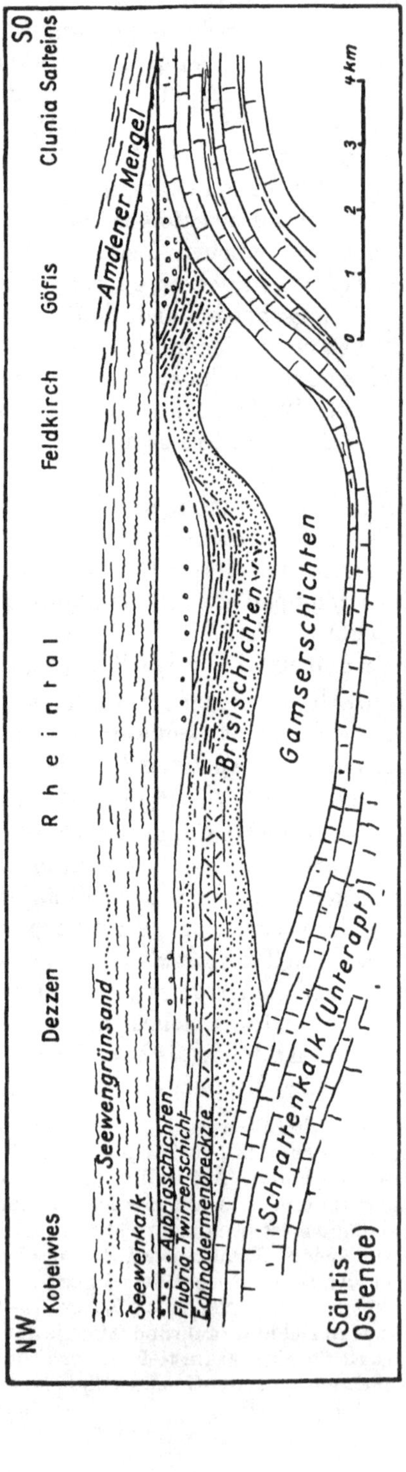

Abb. 113. *Sattelbildung während der Mittel- und Oberkreide am Rheintal* zwischen Säntis-Ostende und Feldkirch nach Abtragung der Falten. Nach Arn. Heim 1934, Fig. 33.

benachbarte Mulden verändern sich diese Verdünnungen, Schichtverdichtungen, -lücken und Grobsande der Sattelzüge, die öfter mit den Beweisen für Seichtmeer- und Inselbildung verbunden sind. In den Mulden vervollständigen sich die Schichten, ordnet sich deren Fossilinhalt der historischen Reihenfolge entsprechend, werden die Bänke mächtiger.

Wir können diese Tatsachen nicht verstehen ohne die *Annahme eines langsamen und regelmäßigen Falten-Wachstums während der Ablagerung* (*synsedimentär*). *Die Sättel waren im Meere Schwellenzüge, die Mulden Meeresbodensenken.* Wir halten Arn. Heims Ansicht, daß es nur verhältnismäßig selten zu wirklichem Auftauchen von Sattelinseln kam, für gut begründet. Nach Beobachtung des südöstlichen Ifensattels (E. Kraus 1932a, 47) behalten wir aber unsere Auffassung bei, daß solche Erscheinungen einem werdenden Faltenwurf entsprechen, was Arn.

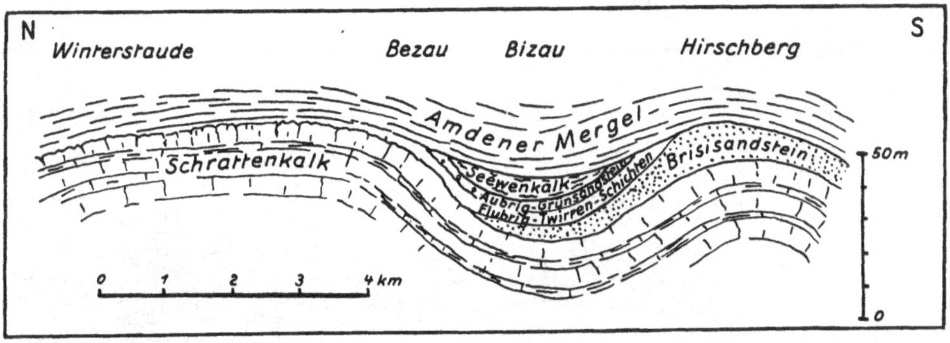

Abb. 115. *Die beiden Mittel- und Oberkreidesättel* (unter Ausfall der Mittelkreide im N) *zwischen Bregenzerach und Subersach* (Vorarlberg) im ausgeglätteten Faziesprofil. Abgeändert nach Arn. Heim 1934, Fig. 321.

Heim 1934 übrigens mehrfach erwog. Nach solchen Gesichtspunkten erschlossen, hob sich auch *ein nördlicher Schwellenstreifen* in Vorarlberg hervor. Dieser begann mit Inselabtragungsformen auf Schrattenkalk im Autochthon von Vättis, machte sich geltend im Parautochthon und in den unterhelvetischen Decken der Mittel- und Ostschweiz, am Südrand der Säntisdecke, um mit 4—5 km ursprünglicher Breite über den Rhein in die 3 N-Schwellen der Vorarlberger Ketten überzugehen. Die in vorbildlichen Faziesuntersuchungen durch Arn. Heim und Mitarbeiter 1934 erschlossenen Einzelheiten zeigen, daß es sich dabei keineswegs um einen gewöhnlichen, einheitlichen Sattelzug handelt, der hier zu bestimmter Zeit errichtet wurde und dann dastand. Vielmehr ist die Baugeschichte recht verwickelt. Eine Vorstellung geben die Abb. 113, 115, 116.

Im W des Rheins wird der südliche Schwellenstreifen des helvetischen Raumes offenbar erst in dem südlichsten (Oberbauen—Schwalmis-) Sattel der Drusberg-Teildecke im S des Vierwaldstättersees nach Oberapt-Abschluß sichtbar (H. J. Fichter 1934, 7, 8, 80). Unter deutlicher Verlagerung der Linien gleicher Fazies gegenüber der Unterkreide hob sich hier nun der vorher versunkene Südtrog heraus: Die Ablagerung wurde dünn, verdichtete sich, nicht mehr gegen NW, wo schon vorher die nördliche Seelisbergfalte entstanden war, sondern gegen SO. In Mittel- und Oberkreide wuchs nun die Oberbauenfalte (konglomeratische Seewenkalk-Fazies). Auf 15 km NW-SO-Entfernung schrumpfte der Seewenkalk von seinen 80 m am Bürgenstock auf 1 m zusammen. Gerade hier griff später die Wangtransgression auf tiefste Gesteine über, ebenso die mitteleozäne Überschneidung. Vorher aber muß die Höhenlage sehr gewechselt haben.

Von den Abtragungserscheinungen auf dem karrig ausgelaugten Schrattenkalk des Buchser Berges zog *die Südschwelle gegen Vorarlberg* nach den Gewölben bei Feldkirch—Clunia—Satteins (Abb. 113) nordostwärts über Hahnenberg—Laterns an die Nordseite des Canisfluh-Gewölbes und ostwärts zu dem von mir 1932 beschriebenen Sattel im SO des Hohen Ifen. Untergargas fehlt so in der Schwellenbergfalte, Gault in Satteins—Übersachsen—Laternser Tal, ostwärts Laterns über Drusbergschichten. Von SO her keilen nordostwärts Feldkirch zuerst die mächtigen Gamser Schichten, dann auch die Brisischichten gegen die Schwelle aus. Weitere Einzelheiten bringt Abb. 113.

Eine ausgeprägte Ungleichförmigkeit liegt teils unter dem Seewenkalk, teils unter den Amdener Schichten und läßt ebenfalls auf Höhenverstellungen schließen. Sattelverlagerungen erkennt man in der Alviergruppe für Anfang Senon. Es nähern sich gegen NO hin in Vorarlberg

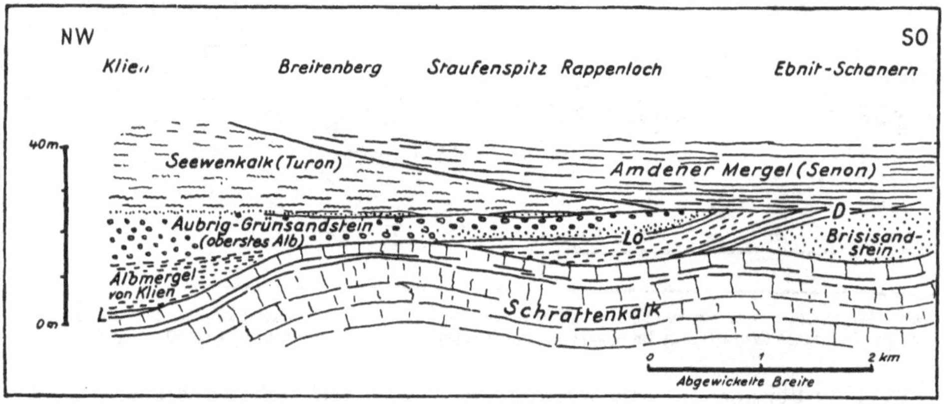

Abb. 116. *Geschichte der nordhelvetischen Sattelschwelle im Faziesquerprofil der Mittelkreide bei Dornbirn*, W-Vorarlberg. Gegen oben zurückgehende Faltenbewegung. Nach Arn. Heim 1934, 247. *L* Luiterezug-Schicht (tiefstes Oberapt). *D* Durchschlägi-Horizont (tiefstes Alb). *Lo* Lochwaldfossilschicht (Alb).

die N- und die S-Sattelschwelle. Dadurch wird die zwischen ihnen zunächst noch liegende, breite Gamserschichten-Mulde immer schmäler und unbedeutender. Umgekehrt entfernen sich beide Sattelzüge westwärts vom Rhein noch mehr und geben damit der reichen Faltengliederung nördlich der Drusbergdecke in Alvier-Churfirsten und südlichem Säntis Raum, während sich gleichlaufend im NW das Säntisfaltenbündel bereichert. Entsprechend der gleichen Abb. 113 senkte sich nach der Oberapt-Alb-Cenoman-Faltung, die sich ja gleichzeitig durch größten Decken- und Fazieswechsel von Ort zu Ort ausdrückte, sowie durch gröbste Sedimentation, zunächst allgemein der Meeresboden. Aber die Faltenbewegung ging weiter (dünner Seewenkalk; ungleichförmige Unterfläche des Seewengrünsandes; Hinabgreifen des Senons zwischen Bregenzer Ach und Subersach bis auf den Schratten-Kalk Abb. 115). Dort, wo während des Oberapt-Cenoman der große Südsattel (Abb. 113 rechts) aufstieg, da greift auch wieder die Senon-Unterfläche bei Satteins fast bis auf den Schrattenkalk, im Faltenbündel von Klaus-Mellau bis auf den Brisisandstein hinab.

Man kann folglich sagen, der Mittelkreide-Faltenwurf ist nicht etwa gummiartig rückgebildet worden; *er befand sich auch zur Turonzeit nicht in Ruhe. Auch da formte er sich folgerichtig weiter unter Aufstemmung der inzwischen wegen allgemeinen Tiefergehens abgelagerten Schichten* bzw. unter Wiederabtragung derselben etwa zur Emscherzeit.

Das südliche Vorarlberg zeigt eine südöstlichste, in der Schweiz nicht vertretene, noch helvetische, die „Argen"-Fazies: Über Drusbergschichten schwarzen Gault-Mergelschiefer mit grünsandigen Kalkbänken und mit einer gegen S von 10 auf 50 m wachsenden Mächtigkeit. Diese wangfaziesähnliche Ausbildung kehrt noch weiter im SO im ultrahelvetischen Flysch unter starkem Anschwellen wieder, nämlich mit vermehrtem Mergel und Sandstein in der Sigiswanger Flyschdecke und mit dunklen, glaukonitischen Quarzitbänken in der Mittelkreide der Oberstdorfer Flyschdecke.

Wangfazies erscheint an der Bregenzer Ache von S her bereits im Oberemscher (L. Riedel 1940).

Es ist unverkennbar: *Je weiter gegen O, desto mehr treten von S her die „ultrahelvetisch" anmutenden und wohl orogen beherrschten Schlammfazies in unseren Gesichtskreis vor.* Gleiches gilt *auch gegen SW für die westliche Schweiz und für das ultrahelvetisch-ultradelphinidische SO-Frankreich (Savoyen).*

Im großen ganzen — freilich mit vielen Ausnahmen im einzelnen — sehen wir aber ein Zusammenfallen des allgemeinen Fazies-Streichens mit dem heutigen Faltenstreichen. Daraus kann man schließen, *daß wenigstens die Grundzüge des Faltenwurfes*, trotz seines noch in geringfügigem Ausmaß aus der Fazies erkennbaren Umfanges, *bereits in der mittleren und höheren Kreide angelegt wurden.* Die Einzelheiten, besonders das Auf- und Niedertauchen der sich gegenseitig im Streichen vertretenden Faltenachsen, sind im Faziesbild anscheinend noch kaum angedeutet. Aber der nördliche Hauptsattelzug vom Säntisostende (Abb. 114) über Breitenberg—(Abb. 116)Winterstaude (Abb. 115) gegen O ist jedenfalls faziell ebenso vorgezeichnet wie der südliche Hauptsattelzug Oberbauen—Satteins—First—Mellau—H. Ifen SO. Auch das heutige Canisfluh-Gewölbe scheint eine entsprechend alte Anlage zu haben, denn die in Mittel- und Oberkreide erkennbar einsetzenden Falten umschlingen es bereits in weitem Bogen. Sie verengen sich stark an seinem Nordabfall und sie erweitern sich östlich davon.

Bei Untersuchung der priabonen Brackwassersumpfkohle ob Kandergrund (Berner Oberland) in der Wildhorndecke zeigten sich zahlreiche, bereits jungkretazisch-alttertiäre Verwerfungen ähnlich den A. Buxtorfschen Störungen (E. A. Ritter & P. Kelterborn 1946).

c) *Geosynklinale und außergeosynklinale Bewegungsstöße* (Vgl. S. 367)

Über die Bedeutung der Absatzfolgen („Sedimentationszyklen") für die Bewegungseigenart im geosynklinalen und außergeosynklinalen Raum haben Marcel Bertrand 1894, P. Arbenz 1919, E. Argand 1924, Arn. Heim 1924 u. a. grundlegende Gedanken geäußert. Für die weitere Verfolgung erscheinen die Beziehungen zwischen dem Verhalten des helvetischen und des ultrahelvetischen Raumes bedeutungsvoll. Wir haben zunächst im helvetischen Bildungsstreifen als stetigen Fazieswechsel in wiederkehrender Folge (A. Buxtorf 1910 für die Bürgenstockkreide, H. J. Fichter 1933, 1934, Abb. 118, linke Hälfte S. 366):

Mergelschiefer und so fort (oben). — B.

Dünne, glaukonitisch-phosphatführende Fossilbank mit Schichtverdichtung und Hochlage. — A.

Flachmeerischer Kalk. Größere Quarzkörner. — C.

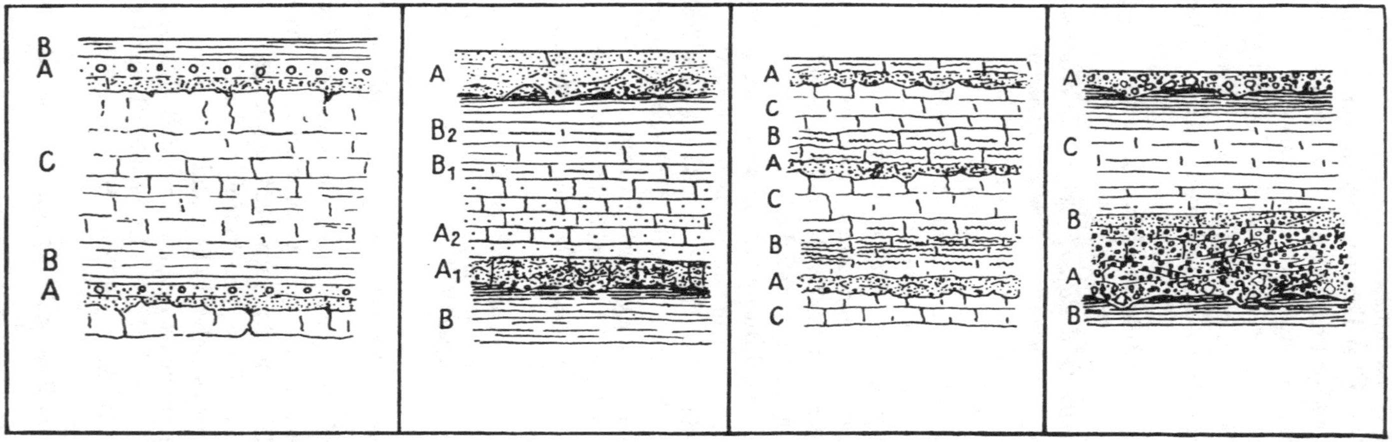

Abb. 118. *Verschiedene Ablagerungsstöße: durch ruckartig beschleunigte Bewegung bedingte, einseitige Wiederholungsschichtung* (asymmetrische Repetition).

Links: Wiederholungsschichtung in der helvetischen Kreide (*A* Glauconit/Phosphatsandstein, Schutt, Inselabtrag, Kondensation. *B* Ton, darüber Mergel, Kalkmergel. *C* Kalk, oben Untiefenkalk mit korrodierter Oberfläche).

Mitte links: Kleinrhythmus im ultrahelvetischen Kreideflysch (A_1 Kalkiger Grobsandstein mit Wicklungsstruktur, Rutschfältelung, welligwulstiger Unterfläche. A_2 Kalkiger Sandstein, dann Sandkalk; $A = 0{,}5 - 2$ m. B_1 Kalkmergel; B_2 Tonmergel, Zementmergel und Fucoidenschiefer; $B = 0{,}5 - 5$ m. Verschärfte, vermehrte Kleinrhythmen der Tieforogenese).

Mitte rechts: Kleinrhythmus im danischen Figuir-Flysch von Hendaye, Westpyrenäen (*A* Flyschsandstein, zum Teil Aufarbeitungsbrekzie. *B* Weicher, phyllitischer Knollenkalk. *C* harter Kalkstein, am Cap du Figuier pelagischer Kalk, durch sandbildende Strömung aufgearbeitet).

Rechts: Riginenrhythmus in der kattisch-aquitanen Molassenagelfluh des Allgäu. (*A* gröbste, zum Teil Wildbachnagelfluh mit Ausgrabungssohle, nach oben etwas feiner, ruhiger, 2—30 m. *B* mittelkörniger Sandstein 0,2—2 m. *C* Altwasserschlick mit Landschnecken 5—40 m).

Wie weit diese Sedimentrhythmen auf Bodenbewegungen zu beziehen sind, muß jeweils geprüft werden.

Mächtigere Mergelschiefer aus tieferem Meerwasser. Sehr kleine Quarzkörner. Übergang nach oben. — B.

Dünne, glaukonitisch-phosphatführende Fossilbank. Große und kleine Quarzkörner. — A.

Der „Sedimentations- oder Emersionszyklus" von W. KLUEPFEL 1916 im Lothringer Jura, welcher nach Hochlage des Meeresbodens während A auf verhältnismäßig raschere, überall etwa gleichzeitige Senkung im Übergang von A zu B und auf langsame Hebung während B—C zurückgeführt wurde, ist hier wieder ersichtlich. Ihn hat P. ARBENZ 1919 mit Rücksicht auf die Wasserbewegungen im Gesamtbecken gegliedert in „Transgressionsphase" A, „Inundationsphase" B und „Regressionsphase" C. H. J. FICHTER nahm „A" als „Zyklengrenze".

Eustatische Bewegungen des Meeresspiegels spielen dabei ohne Frage mit. Sie können aber nicht ausschlaggebend sein, weil wir andernfalls an den gleichzeitigen Küstenablagerungen, welche dies viel deutlicher zeigen müßten, die gleichen, scharfen Wechsel von Wasserbedeckung und Trockenlegung haben müßten; diese aber fehlen. Auch sind die im Faziesbild erschließbaren Höhenunterschiede rascher und teilweise ohne Frage von größerer Sprunghöhe, als daß sie eustatischer Art sein könnten. Zur Genüge ist schon dargelegt, daß durch die allmähliche Sedimentauffüllung der Senken nur ein Bruchteil der im Sediment erkennbaren Meerestiefenverringerung erklärt werden kann, daß folglich während B—C eine allmähliche Meeresbodenbedeckung statthaben mußte. Die Tatsache der wesentlich größeren Absatztiefe von B gegenüber A ist ebenfalls anerkannt. FICHTER bemerkte das *Doppelgesicht der A-Bank:* In ihrem unteren Teil ist sie durch ihre Seichtmeerfauna, ihre gröbsten Korngrößen, ihre Anzeichen für Umlagerungen deutlich der obere Abschluß der Verfrachtungsvorgänge B—C. Dieser kann, wie die Schichtverdichtung (Kondensation) zeigt, oft erreicht werden für die Zeitdauer mehrerer Zonen, teilweise unter Inselbildung. Weil auch Strömungswechsel und andere außenbürtige Vorgänge so mächtige, *regelmäßige* Profilbilder nicht schaffen könnten, liegen, dies wurde schon von Anfang an betont, tatsächlich *regelmäßige Höhenverstellungen* vor. Wegen deren nicht zu bezweifelnder Verknüpfung mit Massenbewegungen und also auch Strukturänderungen des Untergrundes können sie nur als Folgen solcher tektonischer Tiefenvorgänge angesehen werden. *In jener Absatzfolge haben wir somit Bewegungsstöße abgebildet.*

Wie hoch die Hebung jeweils den Meeresboden brachte und wie tief die Senkung, welche Bewegungen der Küsten damit verbunden waren, das sind weitere Fragen. Uns kommt es hier nur auf die Tatsächlichkeit des Bewegungswechsels und darauf an, daß dieser nicht unregelmäßig war, sondern daß in der Tat gegen Ende von A, das rasch in B übergeht, eine im Verhältnis rasche Senkung abgelöst wurde von sehr langsamem Anstieg. Da hierfür weder Belastung noch Entlastung oder ein anderer außenbürtiger Vorgang in Frage kommen dürfte, muß wohl ein innenbürtiger Wechsel von Kraftäußerungen die Absatzfolge regieren:

Ein rascherer Zugriff senkt ab und erlahmt, so daß dann der vorherige Zustand, nämlich höhere Erdrindenlage, allmählich wieder angestrebt und oft für lange Zeit erreicht wird.

Nun ist sehr zu beachten, daß auf dem kontinental gefestigten Untergrund *Mitteleuropas* diese tektonischen Zugriffe, z. B. in Lothringen, offenbar sehr ausgedehnte Meeresbodenflächen *eben und weithin gleichartig betreffen.* Dagegen vereinigen sich diese Stoßanzeichen in dem helvetischen Raum, der sich anschickte, in den alpin-geosynklinalen Bewegungsraum einzutreten, mehr auf *schmale, im wesentlichen der Geosynklinale parallel streichende Hebungsstreifen.* Nur sie waren in der Lage, bei der Senkung verhältnismäßig zurückzubleiben bzw. bald wieder in die Hochlage zurückzukehren. Dagegen sanken die begleitenden Senken rascher und nachhaltiger. *So können wir hier die „embryonale“ Faltenverbiegung ableiten, denn mit ihr sind die späteren Hauptsattel- und Hauptmuldengebiete vorgezeichnet* (Abb. 117).

Dem unteren Teil der A-Bänke kommen alle Merkmale der z. B. im Cenoman über umgebende Festlandsteile vorstoßenden Grundkonglomerate, Brekzien, Sandsteine, der fossilreichen, glaukonitischen Tourtia oder des Grünsandsteins zu.

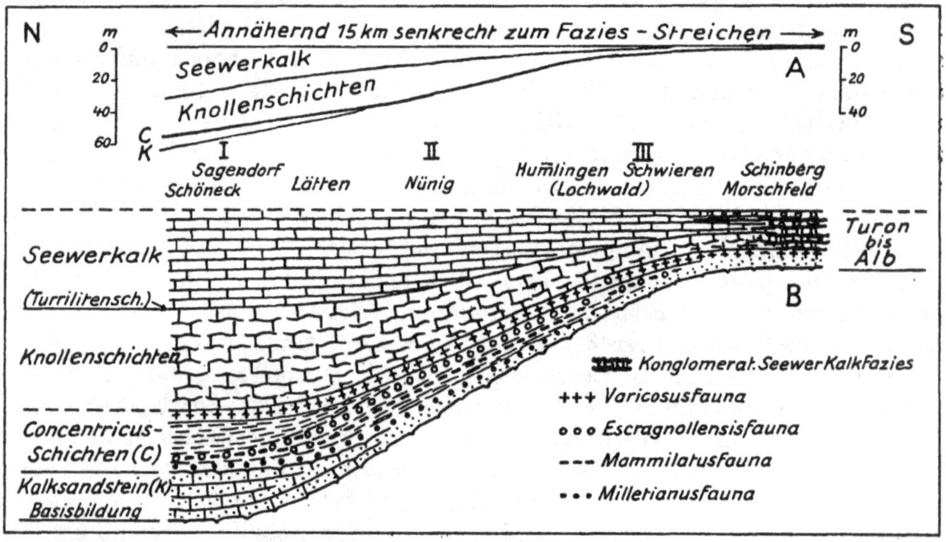

Abb. 117. *Vereinigung der Muldenhorizonte im jungaufsteigenden, südhelvetischen Schwellensattel der zentralschweizerischen Drusbergteildecke während der Mittelkreide. I* Seelisbergfalte der Rädertenteildecke; Ort des Schwellensattels während der Unterkreide. *II* Mittlere (Niederbauenfalte). *III* Südliche (Schwalmis-Schinberg-) Falte. *A* Mächtigkeiten im richtigen Verhältnis. *B* Schematisch aus H. J. Fichter 1934, Fig. 9.

Diese Seichtmeer-Erscheinungen keilen aber von den embryonalen Sätteln her früher oder später gegen die vollständigeren, nicht verdichteten Muldenfüllungen *aus* (Abb. 117).

Man kann sagen: *Im geosynklinalen Flachmeer haben nur die Sattelrücken epikontinentale Bewegung.*

Ziemlich unvermittelt liegen *im höheren Bankteil von A* die tiefermeerischen bzw. die mehr pelagischen Ammoniten, die feinsten Meeresschlamme mit feinstem Quarzsand. Es muß also *noch während des Absatzes von A* die plötzliche, und zwar bis auf die größte Meerestiefe der ganzen Absatzfolge gehende Absenkung eingetreten sein. In A vereinigen sich somit nicht nur die Reste einer längeren Ruhezeit der Hochlage, oft für die Zeitspanne mehrerer Zonen, sondern auch die Anzeichen der Hochlage und der rasch eingetretenen Tieflage.

Unwillkürlich sucht man damit die Schwellenschuttanzeichen der Hochlage und die tiefmeerischen Kennzeichen unserer Radiolaritbrekzien im alpinen Oberjura zu vergleichen. Ebenso greifen nicht selten andere tiefmeerische bzw. pelagische Fazies „transgressiv" über früher hochliegend abgelagerte Sedimente oder über festländisch abgetragenen Untergrund: Seewenkalk über Gault-Grünsandstein, Hallstätter Kalk über Riffkalk, Skaglia über roten Verwitterungslehm ebenso Nierentaler Schichten, Rotschiefer (couches rouges). Es erscheint uns auch in solchen Fällen nur *die verhältnismäßig rasche tektonische Absenkung als mögliche Deutung*.

Genaue Beobachtungen im südhelvetischen Raum (H. J. FICHTER 1934, Abb. 117, 88) zeigen nun, daß in jene einfache Zweigliederung der A-Bänke von den umgebenden Muldenfüllungen her in Zwischenzeiten die entsprechenden Absätze vordringen. Das sind freilich nur dünne Ausläufer, welche von den Mulden immer wieder an den Schwellenabhängen emporstießen, begleitet von der betreffenden Fauna, um dort oben früher oder später bis auf wenige, immer noch nachweisbare Gesteins- und Fossilreste abgetragen zu werden.

Es ergibt sich, daß auch zur Bildungszeit von A auf der Schwellenhöhe keineswegs Ruhe bestanden haben kann. Vielmehr hatte auch diese Höhe Anteil an Senkung mit Schichtablagerung wie an Hebung mit Schichtabtrag und dieses Ab und Auf dürfte wenigstens zeitweise recht erhebliche, nach den heutigen Erfahrungen über rasche Hebung junger Korallenriff-Inseln vielleicht bis Hunderte von Metern betragende Ausmaße gehabt haben. Denn anders wäre die regelmäßige Zwischenschaltung von pelagischem Seewenkalk zwischen Haufwerke zertrümmerter Seewen- und Korallenkalke mit bis 10 cm großen Bruchstücken kaum verständlich. Rein außenbürtige Wechsel dürften dabei nur in zweiter Linie mitbeteiligt gewesen sein.

Aus solchen günstigen, wenn auch nicht sehr häufigen Beobachtungen lernen wir, *daß ein derartiger Schwellensattel seine Höhenlage*, gemessen an den allein erkennbaren Höhenlagen seiner Böschung, *vielfach bedeutend verändert haben muß.*

Und dazu kommt eine zweite, baugeschichtlich bedeutsame Erfahrung: Wenn solches Ab und Auf des Meeresbodens stattfand, so können *die ersterkennbaren, wirklichen Keime der Faltung nicht überall gleich von bleibender Natur gewesen sein,* sondern sie vermochten sich zunächst wenigstens teilweise *zurückzubilden* — wenn freilich aus einem Sattel wohl keine Mulde und umgekehrt geworden sein mag. So entspricht beispielsweise die ab Oberapt wachsende Sattelschwelle zwar im O der heutigen Oberbauenfalte. Die Schwelle verläßt diese aber in der westlichstreichendenFortsetzung und zieht weiter in der Niederbauen-Faltenfortsetzung (Frohnalpstock).

Die ersten, vielleicht auf einen damals noch beweglichen Untergrund zurückzuführenden Anlagen des tektonischen Baues erwiesen sich als *keimhaft anpassungsfähig und als etwas umformbar gegenüber verschiedenartigen Angriffen.* Es scheint dies der gleiche Keimzustand zu sein, den wir bereits für den kalkalpinen Trograum der Triaszeit S. 165, 216 aus den nordwärts laufenden und die Erde fast nach Art stehender Wellen wechselvoll verbiegenden Faltenwellen erschließen konnten (vgl. auch die miozänen Wanderwellen Band II). Wieweit jenes Bild des wandernden Wellenwurfes („Wanderwelle"), der die Erdrinde von unten her massiert (E. KRAUS 1936, 234), zutrifft, müßten Einzelarbeiten klären. Dabei ist auch eine Untersuchung darüber nötig, wieweit wohl stockwerkartige Unterschiede vorliegen, indem kräftige, endgültige Falten in der Tiefe durch ebensolche, wenn auch schwache weiter oben und im Sedimentatoinsrelief zur Ausbildung kommen, oder wieweit solche Abbildung nach oben sich verliert und doch Rückbildungen noch zuläßt.

Eine völlige Sattel-Rückbildung ist im erwähnten SO-helvetischen Raum nicht erweisbar. Wir besitzen nur Stücke des nördlichen Böschungsabfalles mit seinem Ab und Auf. Der Sattelkern aber besaß schon überwiegende Hebung, denn auch die jüngeren Schichten verdünnen sich gegen ihn. Zum bleibenden Sattel war er spätestens während der Jungkreide- also Wang-Transgression gefestigt, welche bereits bis auf den unteren Schrattenkalk des Sattelkerns hinabgriff. Ebenso schnitt die mitteleozäne Transgression hier bis tief nach unten in den Schichtbestand ein.

Weil im großen ganzen die Erdrinde im Tauchgleichgewicht liegt, darf als zutreffend gelten, daß die Meeresboden-Hochlage, da sie besonders lang mit verhältmäßig geringen Ruheschwankungen eingenommen wurde, *die normale ist,* und daß die erstaunlich beharrlichen und regelmäßigen Begleitvorgänge der ganz allmählichen Hebung, wie sie z. B. in der nachgewiesenen Korngrößenzunahme des Sediments jeweils zum Ausdruck kommen, *dieser Normallage zustreben.* Demgegenüber muß die plötzlich eingreifende Senkung als Störung dieses vorhandenen bzw. dauernd angestrebten Gleichgewichtes bewertet werden. Wenn sich im Verlauf derartig absenkender Angriffe außer solcher Senkung nun auch noch die allmähliche Entwicklung und Festigung eines Faltenwurfes erweisen läßt, so liegt nahe, *jener absenkenden Kraft zugleich die Faltung zuzuschreiben.*

Diese senkende Kraft ist die faltengebärende, also die gebirgsbildende, orogene Kraft.

Der jüngste Faunenteil der A-Bänke wäre somit gleichzeitig mit dem jeweiligen Angriffstermin. An ihm wurde nicht nur die Erdrinde nach unten gezogen, sondern sie krampfte sich gleichzeitig auch zusammen. Dem allmählichen Nachlassen des orogenen Krampfes würde die allmähliche, langdauernde Wiederherstellung des orogen gestörten Tauchgleichgewichtes, das „Wiederaufatmen der krampfbefreiten" Erdrinde" entsprechen. Wenn, wie bekannt, die Geosynklinale als Gebirgsmutterstätte beides, die Senkungs- und die Faltungsbereitschaft ihr eigen nennt, so wird damit unser Gedanke nur gestärkt, *daß in jenen embryonalen Einzelheiten tatsächlich Grundvorgänge des geosynklinalen Werdens dargestellt sind.*

Die Bedeutung unserer ungleichseitigen Wiederholungsschichtung im SO-helvetischen Raum wird durch ähnliche Profilbilder im ultrahelvetischen Nachbarraum südwärts (E. KRAUS 1935), im Molasseraum nordwärts (E. KRAUS 1923) oder durch ein Beispiel aus der westpyrenäischen Geosynklinale nach Abb. 118 weiter beleuchtet.

Man muß sich bei Vergleichen freimachen von dem verschiedenartigen, aber unwesentlichen Beiwerk außenbürtiger Stoßabbildung, von dem wechselnden Übermaß an Eindeckungsschutt, daher an Eindeckung, folglich von dem Mangel größerer Relieftiefen, im zweiten Fall des flachen Archipel-Inselmeeres, im dritten Fall des meist pelagischen Ozeanraumes, im vierten Fall eines Flußschotter-Altwasserschlingen- und Deltagebietes. Die (verschiedene) Wahrscheinlichkeit muß noch offen bleiben, wie weit nicht doch außenbürtige Teilerscheinungen wiederkehrender Art mit hereinregieren.

Gemeinsam jenen Bildern ist sowohl die ganz allgemeine Abnahme der gröbsten Korngrößen-Durchmesser in A nach oben zu, wie auch der jeweils ruckartig absenkende orogene Zugriff im Geosynklinalbereich. Ihn verwendete auch J. de Lapparent 1924 für seine Deutung.

Und was im Grunde verschieden ist, liegt in der verschiedenen Zahl der absenkenden Kraftzugriffe. Solche gab es für die helvetische Kreide im ganzen 9 (P. Arbenz), im einzelnen vielleicht 30, für die Molasse viele Hunderte und noch viel mehr für den Kreideflysch und die pelagischen Wechsel der Westpyrenäen. Dabei können auch die entstandenen Gesamtmächtigkeiten teils nach Hunderten (Helvet), teils nach einigen Tausenden von Metern gemessen werden (vgl. auch J. Cadisch 1934, 68).

In allem kommt der Unterschied zwischen einem erst im Anfang stehenden Einbau in den geosynklinalen Kraftbereich (helvetische Kreide), zwischen einem schon fortgeschritteneren, jedoch durch Kontinentnähe gehemmten Vortiefenstadium (Molasse) und einem tieforogenen Hochbetrieb auf das beste zum Ausdruck.

Nehmen wir dazu die *noch seltener*, mit *noch geringeren* Hubhöhen, Gesamtmächtigkeiten und regional ausgedehnteren Zugriffsweiten von Zeit zu Zeit abwärts gezogenen Außergeosynklinalgebiete eines Lothringer Jura, *so sehen wir eine Übergangsreihe* von dem verhältnismäßig ruhigen epikontinentalen Leben der Erdrinde über einen Schelf, der allmählich dem geosynklinalen Treiben verfällt, weiter über eine scharf in Formung befindliche Vortiefe zu einem pelagischen oder Flysch-Hochbetrieb des geosynklinalen Lebens, hier wohl auch mit exogenen Stößen. Es ergibt sich:

Die orogene Kraft ist eine absenkende. Der geosynklinale Bau entsteht bei dieser Abwärtsbewegung, ist also ein Hinabbau oder „Abbau". Zwischen Kontinent und Geosynklinale besteht in baugeschichtlicher Hinsicht kein grundsätzlicher Gegensatz in der Behandlung der Erdrinde. Die Art der Tiefenkraft ist gleich, verschieden nur ihre Stärke. Ihre Wirkung gliedert sich in Einzelrucks. Diese übertreffen an Zahl und Hubhöhe in der Geosynklinale weit jene der kontinentalen Erdrinde. —

Die Baugeschichte war *im helvetischen* Raum noch nicht so weit fortgeschritten, daß auch er Anteil hatte an einer starken vorcenomanen Heraushebung, Abtragung und erneuten Transgression. Nur Reliefänderung im meerbedeckten Raum gab es. Gründliche Auswertung der Globotruncana-Leitformen erlaubte es H. Bolli 1944 zu erkennen, daß die etwa mittelcenomane Lochwaldschicht über verschiedene Stufen des Alb, von tieferen im S auf jüngere im N transgredierte. Es sind Folgen einer weitspannigen Bodenverbiegung. Über den Amdener Schichten, welche im wesentlichen gleichförmig dem Seewen-Turon als Emscher-Kampan folgten, erscheint eine große Ungleichförmigkeit, welche dann noch, auch abgeschwächt zwar, der großen Maestricht-Nierentaler Überflutung im O entspricht. Es ist die mächtige *Wangschichten-Transgression im Maestricht.* Sie spielte sich bezeichnenderweise im *südlicheren* Helvet-Gebiet ab und schneidet gegen S — ebenso bezeichnend — mit schärferer Ungleichförmigkeit durch die Profile. Denn dort im S nähern wir uns ja dem ultrahelvetischen Faziesraum, der auch im O während der Kreide orogen schon kräftiger bewegt wurde, vorangeeilt war.

In Vorarlberg ist das Vorrücken der ultrahelvetischen Fazies gegen N auch dadurch erwiesen, daß hier die Wangtransgression nach L. Riedel 1940 bereits im Oberkampan einsetzte. Dies harmoniert zeitlich mit der großen Untermucronaten-Transgression in NW-Deutschland und in Südfrankreich, die einer Orogenphase folgte. Auch H. Bolli hat 1944 den Transgressionsbeginn schon im Kampan erkannt, ebenso den Übergang der normalen Amdener in die orogene Wangfazies nach S. Im N fand er auch cenomanen Seewerkalk.

Die Wangtransgression schnitt zwischen Rhonequertal und Südbayern im S von Turon bis auf den Schrattenkalk und die Drusbergschichten hinab, beachtlicherweise (abgesehen von Grundkonglomerat, z. B. im Frohnalpstock) so gut wie ohne Grundkonglomerat. Grundschutt verrollte vielleicht teilweise in Senken oder er wurde auch durch vorangegangene festländisch-chemische Verwitterung der gröberen Landoberflächen-Bestandteile zerstört. So entstanden wohl und sind zu deuten — ähnlich wie schon die riesigen Quarzsandmassen der Gaultzeit — die offenbar *als Restsande übrig gebliebenen Quarzsande*, welche besonders zur Wangschichtenzeit, im Oberstdorfer Burgberggrünsandstein u. a. auftreten. Durch solche chemische Abtragung wurden auch schon vor der Transgression die sich langsam weiterbildenden und emporragenden Faltenrücken abgetragen. Diese Quarzsande dürften aus Kristallin herrühren, das, wohl gegen Ende der Kreide, im S gegen das ultrahelvetische Gebiet zusammen mit Verrucano, Buntsandstein aufgestiegen war. So erschloß F. Zimmermann 1936, 64, eine „südhelvetische Geantiklinale“ als eine erste, untersenon erkennbare WSW-ONO-Welle vor der Wildflysch-Vortiefe im SO.

Zwischen Kt. Bern und Unterwalden (Wilerhorn) ließ sich (D. Staeger 1944) die Wangtransgression aus Hauterive im SO bis auf Seewerkalk im NW näher untersuchen. Ein steiler, südhelvetischer Küstenstreifen mit SW-NO-Streichen wurde durch Verwerfungen gestaltet. Von der Landschwelle im N rutschten bis 200 m lange Kreide-Platten in die marine Wangbrekzie hinab.

Trotz längeren Widerstrebens zugunsten einer Rast-Vorstellung spricht man heute auch im W nicht nur von „Kreide-Flysch“, sondern auch von dem in Vorarlberg schon länger erkannten Übergang z. B. der Wangschichten SO-wärts in den Wildflysch.

Dabei haben wir, ähnlich der etwas tiefermeerischen Fleckenmergelfazies *auch die Wang-Fazies*, die in den verschiedensten Abarten („Breitachmergel“ des Allgäu z. B.) mit dem Wildflysch wechsellagert, nicht allein wegen dieser Lage-Beziehung *als rand-orogene Fazies anzusehen.*

Ist für sie doch sehr bezeichnend, daß ihre immer vertretenen Bestandteile, nämlich Kalk, Ton, Sand, Glaukonit, Pyrit, Phosphorit, reichlich Bitumen viel weniger sortiert als in normalen, langsam abgelagerten Sedimenten, sondern *sehr gemischt* zusammenlagern. Das ergibt die Rauhsandigkeit, die oft schon äußerlich auffällt. Der Mangel oder die Seltenheit normaler Fauna, dagegen die oft sehr schöne Erhaltung, die z. B. an Globigerinenschälchen neben den Poren noch die Form der feinen „Uhrrädchen“ erkennen läßt, die Menge an Bitumen, Phosphor und Schwefeleisen lassen alle auf *verhältnismäßig rasche, unsortierte Ablagerung* des trüben, lebensfeindlichen Schlammes schließen. Er wird SO gegen den Wildflysch hin im allgemeinen grobsandiger, kalkärmer.

Beachtlich ist auch, daß die Wildflyschfazies mit ihrem randorogenen Hof der Wangfazies von O quer über die durch das örtliche Relief bedingten Isopenlinien gleicher Wassertiefe vordringt, rascher als sich diese später dann auch am Rhein gegen NNO wenden. Es scheint sich hieraus zu ergeben, *daß die orogene Sediment-Tracht nicht unmittelbar mit dem Baurelief und seinen Veränderungen an Ort und Stelle selbst allein zusammenhängt, sondern daß außerdem eine gewisse Fernwirkung vom Raum der* (sich verlagernden) *kräftigen Gebirgsbildung aus stattfindet.* Wir können uns dies erklären durch die Vermittlung der Meeresströmungen, der Organismen-Abwanderungen, der nur noch planktonischen Bitumen-Häufungen und anderes.

d) Schwankungen in der Richtung des Achsenstreichens

Frühe Richtkräfte begannen aus dem germanisch-vindelizischen Schelf und Vorland durch eine erste Trog- und Urfaltenbildung ein alpin bewegtes Land zu machen. Sie schufen SW-NO- bis WSW-ONO-streichende Verbiegungen und im allgemeinen eine allgemeine Abkippung gegen SO. Dies beweisen die faziesgleichen Linien (Isopen) Abb. 91. Sie unterscheiden sich im W von dem mehr ostwestlichen Verlauf des tektonischen, späteren Hauptstreichens, was zum Ausdruck kommt in dem bekannten, durchweg weiteren Nordvorstoß der südlichen Fazies in Ostschweiz—Vorarlberg—Allgäu gegenüber der Mittel- und Westschweiz. Wir sehen diese Südfazies in folgenden Haupterscheinungen:

1. NO-Vorstoß der Wangschichten-Verbreitung, die zwar teilweise durch die Lutet-Transgression im N beschnitten ist, die aber im Mitteleozän nur dort abgetragen wurde, wo sie schon von vornherein nordwärts auskeilte (Fr. Zimmermann 1936, 52).

2. Der aus orogenen Gründen transgredierende Wildflysch stößt gegen den Rhein im O immer weiter gegen N vor, also schief zu dem im allgemeinen mehr WSW—ONO-Streichen der Faltenachsen. Ja, die ganze orogene Flyschfazies setzt in der Westschweiz im S erst in der ultrahelvetischen Sattelzone, östlicher schon weiter im N, ab Iberg im Südhelvet ein. Ab Vorarlberg greift die Wangfazies, mit und über ihr die Flyschfazies, über die senone Oberkreide schon bis gegen den nördlichen Rand des (sichtbaren) helvetischen Gebietes überhaupt vor. Ähnliches gilt für die Leimern-Fleckenmergel-Fazies, die ja zusammen mit der Wangfazies ganz offenbar eine Vorläuferentwicklung des Flysches ist.

Wenn von mir 1932 auf solche Änderungen und Fazieszusammenhänge hingewiesen wurde, welche in der Schweiz weniger gesehen zu werden scheinen, die aber Fr. Zimmermann 1936, 63, bemängelte, so sollte damit das Zaungewirr unnötiger und erstarrter, oft zu enger stratigraphischer Begriffe zugunsten einer entstehungsgeschichtlichen Übersicht durchbrochen werden.

3. Es entwickelte sich die ultrahelvetische Kreideflyschzone ostrheinisch immer breiter und weiter nach N — ebenso wie die nördlichen Kalkalpen im Gegensatz zu den primär im SW anschließenden Präalpen der Schweiz. Dafür wird der helvetische Streifen von S her ostwärts vom Rhein immer weiter eingeengt.

4. Sehr viel weiter als in der Schweiz stößt der SO-helvetische, mächtige und rote Seewerkalk im Grünten (Allgäu) nach N vor.

Die genannten Faziesänderungen gehen also im allgemeinen etwas schräg zum Verlauf der späteren Hauptfalten. Es liegt darin aber kein Widerspruch gegen den Gedanken, daß beides ursächlich, der Grundlage nach, zusammengehöre. Vielmehr sind alle diese Abänderungen im Faltenstreichen darauf zurückzuführen, daß im N und W noch überwiegend normale Schelfmeer-Ablagerung herrschte, im S und O aber orogene, durch gleichzeitige Untergrundsunruhe und Gebirgsbildung gelenkte. *Erst allmählich stieß während der Kreidezeit diese Unruhe, im Sediment sich ausprägend, westwärts schief durch das Streichen der vielfach mehr W-O laufenden Falten, Transgressions- und Deckengrenzen von heute hindurch.* Die Verlagerung des orogenen Schauplatzes lief also hier vielfach nicht genau senkrecht zum Trog- und Faltenstreichen.

Das bedeutet zugleich, *daß im W der jüngere, im O der ältere Gebirgsteil liegt.* Ganz wie im großen die Westalpen noch eine germanische Perm/Trias-Ausbildung, die Ostalpen schon eine geosynklinal-alpine bekamen, wie im O, wie zu zeigen sein wird, nur die südlichen Teile die gleiche Mittel- bzw. Oberkreide-Transgression über eine bereits weitgehend fertige Gebirgsstruktur erhielten, so kam auch die gebirgsbildende Unruhe des Flysches in der Schweiz erst später aus dem penninisch-präalpinen Raum nach N in den ultrahelvetisch-helvetischen Raum als östlich des Rheins. Die ultrahelvetische Unterkreide der Ostschweiz ist noch flyschfrei, in Vorarlberg haben wir Unterkreideflysch. Die helvetische Oberkreide in der Schweiz ist im wesentlichen noch flyschfrei und die Flysch-Vorläuferin, die Leimernfleckenfazies, ist hier noch ultrahelvetisch. In Vorarlberg hat sie bereits den turonen Seewenkalk erreicht und trifft der Flysch im Senon ein.

Der Wildflysch als Vorschüttungsschutt einer im Archipelmeer voranschreitenden Decke gehört gleichfalls ostrheinisch noch in die Oberkreide, ja es sind von mir 1942 zahlreiche Hinweise dafür gegeben worden, daß er im östlichen Ultrahelvet schon Mittelkreidealter hat — ein Gedanke, der für die Schweiz scharf zurückgewiesen würde.

Allgemein taucht für das Untersenon ab Kampan-Ende im Südhelvet von W bis O eine lange Gewölbeschwelle empor, auf welcher Ober- und Mittelkreide abgetragen wurde, und über die dann die Wangtransgression schräg hinwegschnitt, um ungefähr in dieser Schwellenzone zugleich in Wildflyschfazies überzugehen.

e) *Präalpine Baugeschichte und nördliche Kalkostalpen*

Die Oberkreide der Präalpen bestätigt uns die schon 1936, I wesentlich nach der gegenseitigen Lage der Baueinheiten begründete Ansicht von dem Fortstreichen der Kalkostalpen westwärts in die Präalpen.

Auch hier hat das Studium der Oberkreide bereits große Fortschritte gemacht. Es ist fast durchweg Flysch, was hier übergreift und in Fortsetzung meiner Kreideflyschstudien 1927, 1932 gefunden wurde. Nach M. Lugeon & E. Gagnebin 1941 hat auch hier jede Decke ihren eigenen Flysch, dessen genaueres Alter und Fazies zu erkunden sind. Denn darin spiegelt sich die wechselvolle Reliefgeschichte und zugleich, abgeschwächt, auch die besondere Baugeschichte der Decken in jüngerer Zeit wider.

Klippendecke. Hier, wie allgemein in den Präalpen, tritt die Oberkreide überwiegend in der Fazies der Rotschiefer („couches rouges") auf, jener rötlichen Foraminiferenschlammentwicklung, die wir von den Kalkostalpen aus der

Maestricht-Transgression der Nierentaler Schichten kennen, innerhalb deren aus den Präalpen jedoch versteinerungsmäßig nachgewiesen sind: Cenoman, Turon, Unter- und Obersenon. Immerhin zeigen auch die westlichen Rotschiefer öfter alle Übergänge zur Flyschausbildung, zum oberostalpinen Cenoman, teilweise sogar zur Gosaufazies. Auch darin besteht Ähnlichkeit zwischen W und O, daß in der NW gelegenen N-Zone die Oberkreide nur mit schwacher Ungleichförmigkeit über Neokom übergreift, im S (Gastlosen) der Klippendecke aber über eine unregelmäßig abgetragene Oberfläche des Malms (Chablais, PETERHANS 1926, 314; A. LOMBARD 1940) mit Grundkonglomerat, mit kohligen Schichten, Phosphoritknollen, roten Bodenresten, also unter ganz ähnlichen Erscheinungen, wie wir sie von der Gosautransgression kennen, freilich ohne Winkel-Diskordanzen. Wir müssen also daraus entnehmen, *daß die Vorgosaufaltung hier im W noch nicht entsprechend kräftig gewesen war.*

B. S. TSCHACHTLI hat 1939, 39f. über karrenartiger Malmkalk-Oberfläche ohne Winkelwechsel, aber transgressiv 100 m Rotschiefer des Cenoman-Turon-Senon-Paleozäns ohne sichtbare Unterbrechung in einheitlich pelagischer Mergelausbildung vorgefunden, welche nach oben in alttertiären Flysch übergehen. Aber auch darin gleicht die präalpine der oberostalpinen Baugeschichte, daß gelegentlich zwischen Oberjura und Cenoman noch schwarze, kieselig-sandige Tonschiefer, *wahrscheinlich von einer ersten Gault-Transgression auftreten.*

A. LOMBARD erkannte im Chablais 25 km OSO Genf über dem besonders im W der großen Mieussy-Flyschmulde verwitterten Malm und seinem eckigen Schutt ein rasches Übergreifen teils von Cenoman-Unterturon (Ostteil der Klippendecke; Vésine). Am Chalet Blanc sind den senonen Rotschiefern Brekzien eingelagert, welche die Abwitterung einer bis auf Trias und Kristallin hinab entblößten Nachbarschwelle anzeigen. Teils aber transgredierte erst Untersenon über bohnerzbedeckten Malm oder unterste Kreide.

Die Oberkreide ist baugeschichtlich von Interesse. Bei teilweise großer Mächtigkeit gehen die Rotschiefer in Fleckenfazies, die Vorläuferin der orogenen Flyschfazies, über. Im Senon setzt bereits der, vorwiegend dann alttertiäre, Flysch ein, ausgezeichnet als „Plättchenflysch“ und durch seine hellen Helminthoidenkalke (M. LUGEON & E. GAGNEBIN 1941). Die zusammen mit Flysch aus O durch die Brekziendecke überschobene Oberkreide (Col de la Ramaz) zeigt zum Teil untersenonen Flysch in Radiolarienfazies: Grüne und schwarze Radiolarite und Radiolarienkalke, ähnlich den roten Oberkreide-Radiolariten von Morgon (SCHNEEGANS). Wir haben also die sedimentären Beweise für *die Ausbildung starker, tiefmeerischer Teilrinnen, die sich gleichzeitig mit der einsetzenden, orogenen Flyschfazies absenkten.* Wahrscheinlich handelt es sich um die damals unter die Brekziendecke hinabgeschobene Vortiefenfüllung.

Brekziendecke. Ganz ähnlich fand E. GAGNEBIN 1932, S. 1962 nicht nur couches rouges der Oberkreide über der jurassischen, unteren Brekzie, sondern außerdem über der oberen Brekzie Gault und Rotschiefer, aber auch Unterkreide ohne Fleckenmergel, *so daß die Brekziendecke damit nicht den Kalkostalpen* (Oberostalpin) *zu vergleichen ist, sondern der ultrahelvetischen Kreideflyschdecke von Oberstdorf,* die sich im Allgäu der oberostalpinen Allgäudecke nordwärts anschließt. Das zeigt nachstehender Vergleich:

	Brekziendecke nach E. GAGNEBIN 1932	Allgemeines Profil des Kreideflysch der Oberstdorfer Decke
Senon bis Cenoman	Foraminiferen-Rotschiefer u. Globotruncanakalke; unten zwischen Schiefer: Glimmersandstein	Foraminiferen-Mergel, grau, rot, Sandkalkbänke; unten zwischen Flyschmergel: Glimmersandstein. Birnwangschiefer.
Gault	Glaukonitkalkbänke zwischen Schiefer	Glaukonit. Quarzit- und Sandkalkbänke zwischen Schieferlagen.
Neokom	Plattenkalkbänke im Schiefer	Plattenkalkbänke ohne Hornstein.
	Spätige und dichte Kalkbänke mit Hornsteinknauern	Teilweise spätiger und hornsteinführender Kalkflysch mit *Orbitolina lenticularis.*
Liegend	Obere Brekzie der Brekziendecke	Wahrscheinlich: Randostalpiner Jura und Trias.

Das ist also eine recht weitgehende Übereinstimmung und wohl ein weiteres Zeichen dafür, daß das Randostalpine, also die N-Fortsetzung der Kalkostalpen, welche sich zu Kreidebeginn zum ultrahelvetischen Trog niederbog, *nach W in die Präalpen übergeht.* Die Hauptflyschfazies ist dann Senon-Paleozän. In sie flossen nach W. J. SCHRÖDER 1939 die untermeerischen Gets-Laven ein, wohl auch N. Saanen. Primärkontakt zwischen Radiolarienkieselschiefer und Diabas fand P. ARBENZ.

Simmendecke. Nach J. JEANNET setzt nordwärts Tour d'Aï die höhere Kreide mit drei Orbitolinen-Abteilungen ein und einer Fauna, *welche der kalkalpinen Oberkreide* entspricht, in der Schweiz aber sonst nirgends vorkommt. Das wird überlagert von Rotschiefer. Am Rhonetal finden sich im gleichen Gebiet kristalline exotische Gerölle eingelagert von Granit, Quarzporphyr, Porphyrit, Gneis und Quarzit, als wären es die Fremdgerölle, die uns aus der nordkalkalpinen Gosau lange bekannt sind. B. S. TSCHACHTLI stellte 1939, 43, für die Simmendecke am Jaunpaß fest, daß älteres Mesozoikum lückenhaft umhüllt und über starker Schichtlücke überlagert wird von Cenoman-Turon in Rotflyschausbildung. Hier liegt also „*Klippenhüllenflysch*" so wie etwa auf der niederösterreichischen Klippenzone!

Darüber folgt Kalksandstein- und Konglomeratflysch mit bis 1 cbm-Blöcken und Geröllen von Gneis, Chloritschiefer und Gesteinstrümmern der Simmendecke, gleichfalls von Cenoman-Turon-Alter. Konkordant im cenomanturonen Flysch fand B. CAMPANA Radiolarite. Die Ophiolithe am Jaunpaß sind jünger als Cenoman. *Starke Gebirgsbildung und Abtragung muß der Flyschauflagerung vorausgegangen sein,* welche sich besonders in der Simmentaler Flyschmulde mächtig ausdehnt: *Genau so beginnt in den südlicheren Teilen der nördlichen Kalkalpen die Oberkreide!* Ebenso wie hier geht auch der Flysch der Simmendecke in orbitolinenführendes Cenoman über und ähnlich wie etwa in der Feuerstätter Wildflyschdecke oder in der niederösterreichischen Klippenzone ostwärts Weyer, so bildet auch in der Simmendecke der Flysch die Hauptmasse dieser Decke. Sollte dies alles Zufall sein?

Ganz wie in den Kalkostalpen haben wir gegen Ende der Neokommeer-Zeit ein allgemeines Emportauchen. Ein noch schwächer als im O gefalteter Untergrund wurde abgetragen, teilweise bis auf den Malm hinab (Gastlosen, Roggenstock) und benachbart — nach den Fremdgeröllen zu schließen — wohl auch bis auf Trias und Kristallin. Beginnend mit Gault-Cenoman tauchte dann, wieder im Verhältnis rasch, das Gebiet der Klippen- und der Simmendecke zunehmend unter tieferes Globigerinenschlamm-Meer, das weithin übergriff. Dagegen ist die Brekziendecke als nördlichste in sehr auffallender Übereinstimmung mit der ultrahelvetischen Oberstdorfer Kreideflyschdecke rechts des Rheins, freilich wohl auch mit deren Fortsetzung im Prätigau (E. KRAUS 1932b, 77), durch die ganze Oberkreide hindurch unter dem Meere. Die überraschende Ähnlichkeit der Schichtprofile einerseits im ultrahelvetischen N der Kalkostalpen, andererseits in einem gleichzeitig orogen ebenso bewegten Kreidetrog — zwischen Klippen- und Simmen-Decke — läßt auf die Niederbiegung eines Teilstreifens der Präalpen schließen; genau wie am Nordrand der Kalknordalpen sich der ultrahelvetische Oberstdorfer Flyschtrog auf der randostalpinen Unterlage niedersenkte. Auf die sehr interessanten und verwickelten Bewegungsvorgänge, die bereits in der höheren Kreide die Präalpenstruktur zu bilden begannen, kann hier nicht eingegangen werden. Ich verweise besonders auf M. LUGEON & E. GAGNEBIN 1941, AUG. LOMBARD 1946, B. S. TSCHACHTLI 1939, M. LUGEON 1940. So gab es in den Walliser Alpen schon vor dem Maestricht liegende Falten und Schuppungen von zahlreichen Kilometern Weite. Immer klarer wird die prägosauische Orogenphase auch in den Westalpen!

Wir erkennen jedoch wiederum, *daß die Baugeschichte in den Präalpen gegenüber den Kalkostalpen verspätet war.* Das ergibt sich nicht nur aus der schwächeren Faltung vor der Oberkreide in der Klippendecke. Auch aus der viel stärkeren Absenkung während Cenoman und Gosau: Während die schon stark gefaltete Erdrinde der Kalkostalpen bereits eine höhere, offenbar isostatisch bedingte Schwimmlage erreicht hatte, so daß die Oberfläche über und nahe unter den Meeresspiegel pendelte und die Bewegung gewaltiger Schuttmassen die Folge war, versank das westliche Rotschiefergebiet der couches rouges sehr viel früher in größere Meerestiefe und sammelte, ähnlich der südalpinen Scaglia, über sich den Foraminiferen-Schlick, anschließend Flysch.

Einen ähnlichen Schluß auf Verspätung im W ziehen wir aus dem Wildflyschalter.

f) Wildflysch-Bewegung

Die Wildflyschfazies hängt, wie schon 1932 gezeigt wurde, offenbar mit dem oberflächlichen Ausstrich einer großen Schubdecke, und zwar mit deren Stirnschwellen-Vortiefenschutt zusammen. Als er im O einsetzte, dürften sich dort die großen kalkalpinen Decken in Bewegung gesetzt haben, deren nördliche Ausstriche demnach zunächst in der nördlichen Randzone der ultrahelvetischen Kreideflyschdecke von Sigiswang gegen den helvetischen Trog, also im Bereich der Feuerstätter Wildflyschschwelle von Balderschwang am Randostalpin, außerdem auch im Bereich der Vindelizischen Südschwelle zwischen kalkalpiner Allgäudecke und ultrahelvetischer Oberstdorfer Kreideflyschdecke gelegen haben. Wenn diese Bewegungen, nach dem Wildflyschalter beurteilt (vgl. oben, S. 468 und Junghansen-schichten) teilweise schon zur Unterkreide- und Gaultzeit einsetzten, in der Schweiz jedoch erst zur Zeit der Oberkreide und hauptsächlich im Eozän (Habkern), so ist auch damit der im O ältere, im W aber jüngere Anfangstermin dieser großen Deckenschübe, für den W also des präalpinen, angezeigt. Denn der westliche Wildflysch entwickelte sich an der Nordstirn der Präalpen. Seine Bewegung kann weiter im O verglichen werden mit den Verspießungen, welche die Klippenzone kennzeichnen.

Erst eine weitere, viel südöstlicher gelegene Deckenstirnstaffel, zunächst abgetrennt, entsprach der unterostalpinen, welche über das penninische Gebiet „vorrückte" und schließlich im Südrätikon—Unterengadin endete.

Daß diese Vorgänge, deren näherer Bewegungsbeginn wegen des sedimentär-tektonischen Wildflysch-Durcheinanders nur schwer erkennbar und daher noch viel umstritten ist, unter dem ziemlich tiefen Foraminiferenschlick-Meer der oberkretazischen Rot- und Grauschiefer, also *in besonders tiefer Deckenlage stattfanden*, zeigt im W des kalkalpinen Schuttcenomans die überaus weite Verbreitung der Rot- und Grauschiefer auf diesen Deckenkörpern, von denen aus diese Sedimente immer wieder in die Wildflyschvortiefen als Rotschiefer- oder Leimernschiefer-Zwischenlagen vorgestoßen sind.

Und auch der Meeresteil der Vortiefe nördlich vor der über ihn heranrückenden Deckenstirnschwellen-Front (Inselschwelle) zeigt durch ebensolche graue Foraminiferenmergel (Leimernmergel, Amdener Schichten) seine *gesteigerte Meerestiefe.* Der Wildflysch tránsgrediert nach neueren Ergebnissen in der westlichen Schweiz mit granitischen Fremdgesteinen nicht nur über höhere Rotschlickkreide in tieferen und höheren Teilen der ultrahelvetischen Decke. Es folgt hier über seiner turonkampanen Vorläuferfazies der Leimern-Fleckenmergel und liegt an Schwellen teilweise auch über ultrahelvetischem Malmkalk.

Insgesamt spielte sich die Wildflysch-Deckenbewegung während besonders tiefer Schwimmlage der Erdoberfläche ab. Der Bau gestaltete sich in der Tiefe, es herrschte „Tieforogenese".

Der Wildflysch der *ultrahelvetischen* Sattelzone gehört nach M. LUGEON zum Habkernflysch. Durch das Auftreten der transgredierenden Wangschichten und als Schürfling im subalpinen Flysch (E. GAGNEBIN 1924) ist zur Maestricht-Zeit der Wildflysch auch schon der *helvetischen* Wildhorndecke angeschlossen. Auch sind die Senonmergel der Sattelzone offenbar Fortsetzung der helvetischen Amdener Schichten, wobei in beiden Gebieten die gefleckte Leimernfazies nicht fehlt. In letzterer gibt es exotische Granitbrekzien ganz ebenso wie im Wildflysch, der über Turonkalk nicht anders transgrediert wie später das Eozän.

Solche sedimentäre Verschweißung des ultrahelvetischen und des helvetischen Untergrundes kann wohl nur *durch vorherige Deckenschub-Annäherung beider Einheiten aneinander* verstanden werden, während die exotischen Bestandteile die benachbarte Anwesenheit emporgeschuppter oder aufgefalteter Untergrundteile, also gleichfalls eine starke, vorherige Tektonik bedeuten.

Zum Schlieren-Habkern-Flysch gehört offenbar auch seine durch die Klippendecke gegen NW „hinausgeschürfte" SW-Fortsetzung, nämlich *der Alpenrand-*

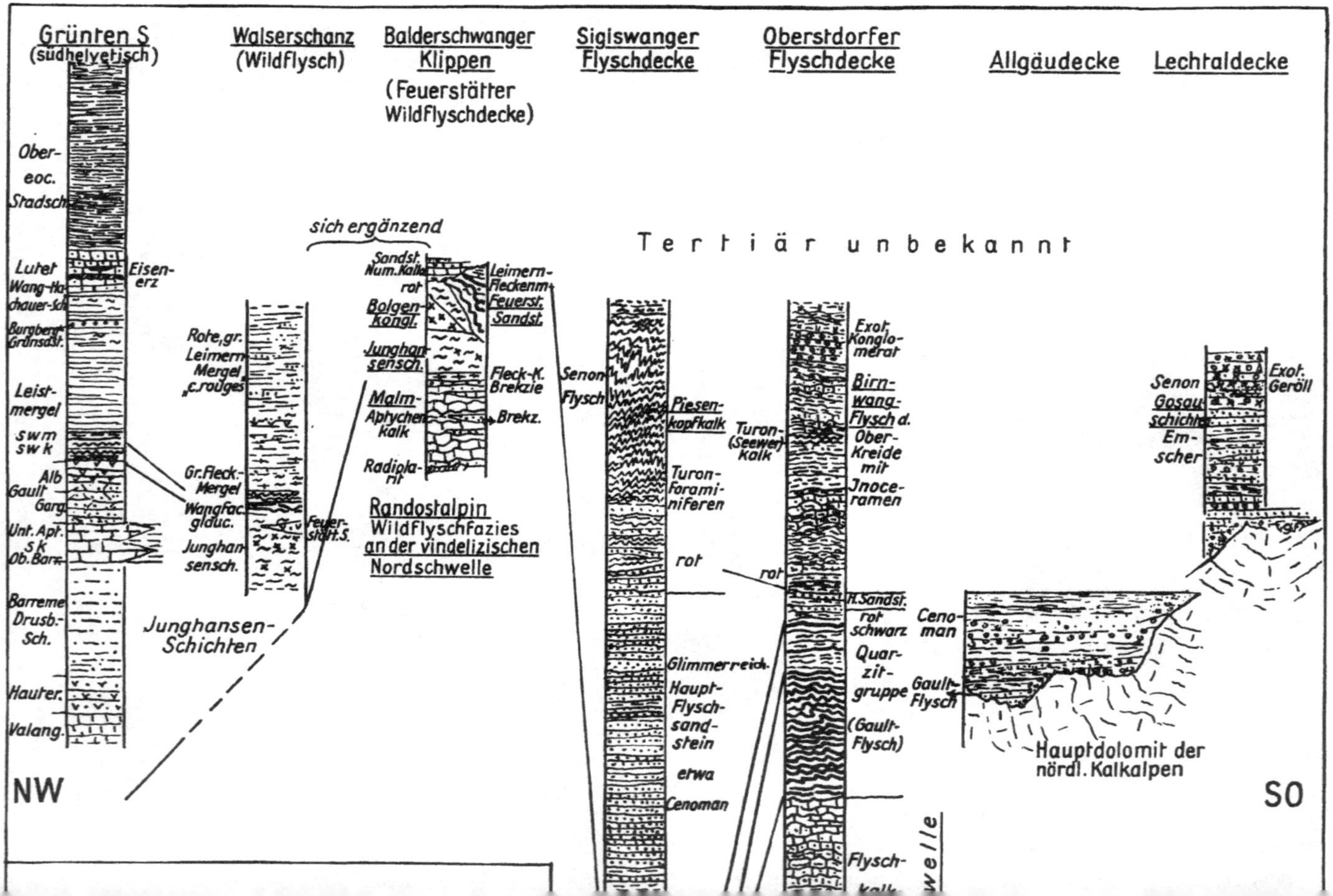
Grünten S
(südhelvetisch)
Walserschanz
(Wildflysch)
Balderschwanger
Klippen
(Feuerstätter
Wildflyschdecke)
Sigiswanger
Flyschdecke
Oberstdorfer
Flyschdecke
Allgäudecke
Lechtaldecke
Ober-
eoc.
Lutet
Eisen-
erz
Leist-
mergel
swm
swk
Alb
Gault
Garg.
Unt. Apt.
sk
Ob. Barr.
Barreme
Drusb.-
Sch.
Hauter.
Valang.
NW
sich ergänzend
Rote, gr.
Leimern
Mergel
„c. rouges"
Gr. Fleck.-
Mergel
Wangfac.
glauc.
Junghan
sensch.
Feuer-
stätt. S.
Junghansen-
Schichten
Sandst.
Num. Kalk
rot
Bolgen-
Kongl.
Junghan-
sensch.
Malm-
Aptychen
kalk
Radiola-
rit
Leimern-
Fleckenm.
Feuerst.
Sandst.
Fleck-K.
Brekzie
Brekz.
Randostalpin
Wildflyschfazies
an der vindelizischen
Nordschwelle
Tertiär unbekannt
Senon
Flysch
Piesen-
kopfkalk
Turon-
Forami-
niferen
rot
Glimmerreich.
Haupt-
Flysch-
sand-
stein
etwa
Cenoman
Turon-
(Seewer)
kalk
rot
Exot.
Konglo-
merat
Birn-
wang-
Flysch d.
Ober-
Kreide
mit
Jnoce-
ramen
H. Sandst.
rot
schwarz
Quar-
zit-
gruppe
(Gault-
Flysch)
Flysch-
Ceno-
man
Gault-
Flysch
Hauptdolomit der
nördl. Kalkalpen
Senon
Gosau
schichten
Em-
scher
Exot.
Geröll
SO

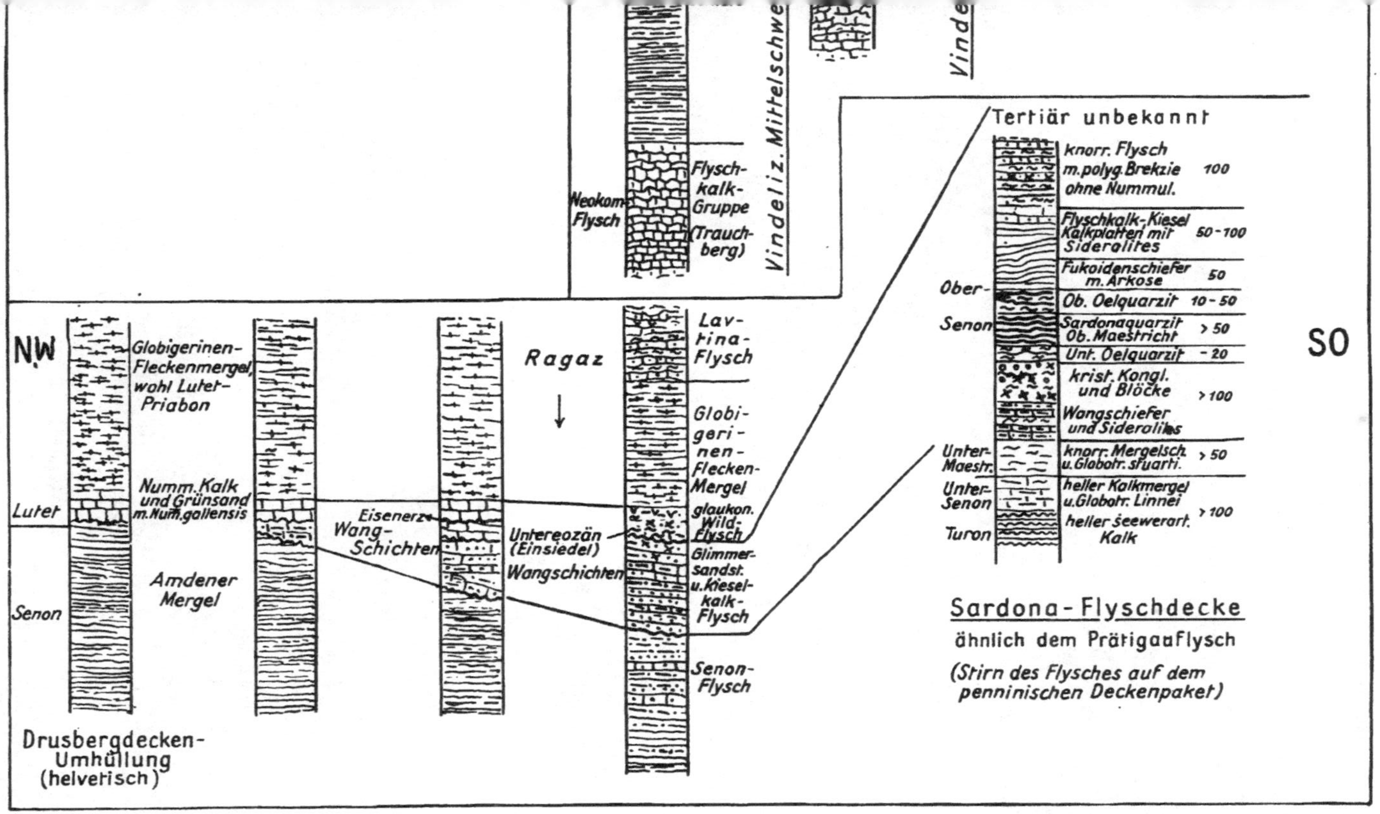

Abb. 127. Vergleich des Faziesüberganges im Flysch des Allgäus vom helvetischen in den kalkalpinen Bereich (oben) mit jenem im Flysch der NO-Schweiz („Glarner Flysch") vom helvetischen in den (?) penninischen Raum. Unten nach Angaben von W. LEUPOLD 1942. Die jeweils südöstlichen liegen überschoben auf den nordwestlichen Nachbarprofilen.

flysch zwischen Genfer und Thuner See. Auch hier geht der Wildflysch über in den kampanischen Leimernkalk mit *Globotruncana linnaeana* CUSHMAN („*Discorbina canaliculata* REUSS", „*Rosalina linnei* d'Orb."). Durch seine sedimentäre und tektonische Umlagerung ist der Wildflysch später mit transgredierenden Lutet-Anteilen (Nummulitenkalk-Bankstücken) durchmischt worden und beweist damit das Weiterwandern der präalpinen Decke auch im Alttertiär.

Aus der gleichen Quelle wie die *tektonisch* eingeschobenen Untergrundsbestandteile, nämlich von Schwellen der eigenen Unterlage oder der nächsten Nachbarschaft des ultrahelvetischen Flysches, stammen auch die offenbar sedimentär einverleibten exotischen Sand-, Geröll- und Blockmassen des Wildflysches — ganz wie dieses schon früher für die kalkostalpine Gosau und für den östlichen Wildflysch angenommen wurde und wie dies für den W 1916 auch M. LUGEON einmal ausgedrückt hat. Zur gleichen Ansicht, entgegen seiner Meinung von 1925, kam 1936, 242, auch J. TERCIER. Denn rote und grüne Granite gibt es im W schon im Lias, im Dogger der äußeren Präalpen, Granit und Gneis im Malmkalk der Grabser Klippe, grüne Granite stecken schon im ultrahelvetischen Jura von Adelboden. Da zur Liaszeit die unterostalpinen (*nicht* die präalpinen!) Decken — so ziemlich die einzigen heute an der Erdoberfläche mit solchen Graniten versehenen Decken, welche für einen Vergleich in Frage kommen — ohne Zweifel noch durch das breite Penninmeer abgetrennt im S lagen, *können diese Granite also nicht unterostalpin sein.* Sie beweisen folglich auch nicht, wie ich auf Grund der nun zurückgezogenen Folgerung von J. TERCIER 1932 glaubte, daß der ultrahelvetische Wildflysch der Stirnschutt der damals bereits im ultrahelvetischen Raum angekommenen unterostalpinen Decken ist. Wir haben noch schärfer abzutrennen zwischen Unterostalpin im SO und Präalpen im N (vgl. unten S. 491).

Jene bunten Granite vom „Err-Bernina-Typ" oder jene von Habkern, die grauen Granite, die Diorite und Alkalisyenite, die braunen und roten Quarzporphyre, Serpentine und Diabase (*auch* nicht unterostalpin!), die Gneise, Chlorit- und Glimmerschiefer gemeinsam mit der ganzen Sammlung mesozoischer Gesteine *im W, sie rühren her von Untergrundsschwellen aus präalpinem Untergrund.* Da *ortsnah*, sind diese „Fremdgesteine" denn auch meist eckig und öfter riesengroß. Die vielfach geltend gemachten Gesteinsanklänge an alle möglichen Faziesgebiete bedeuten also nichts für die Beziehungen zu solchen (als *späterer* Baueinheiten); sie rühren nur her von allgemeinen Gesteinsähnlichkeiten im ausgedehnten, tieferen Untergrund.

Was wir aus dem Ganzen allein erneut mit Sicherheit entnehmen können, das ist die Folgerung: *In den Alpen zwischen Genfer See und Karpaten sind ungeheuer ausgedehnte und wichtige Faziesstücke der ehemaligen Geosynklinale so gut wie ganz nach unten verloren gegangen* (Vgl. E. KRAUS 1941).

Auch das verstehen wir unter „Abbau des Gebirges". —

Ist nun mit diesen Feststellungen das Vorrücken der unterostalpinen Decken über das penninische Gebiet schon während der Kreidezeit hinfällig geworden? Wir glauben nicht. Denn die Ähnlichkeit der unterostalpinen und der ultrahelvetisch-helvetischen Kreide würde sich durch solche frühe Raumverkürzung gut erklären lassen. Auch das Fehlen von sicherer, normaler Kreide in den penninischen Decken und die besondere Ausbildung des Kreideflysches von Oberhalbstein—Schanfigg—Prätigau mit dem konglomeratischen Grenzhorizont (P. Arbenz, G. Schumacher, Th. Glaser, Blumenthal u. a.) und des Niesenflysches würde durch diese frühere Wanderung verständlich werden. Für den Fortschritt dieser Deckenbewegung vor und unter dem flyschbildenden Meeresboden sehen wir freilich so lange nicht klar, bis nicht die metamorphen Bündener Schiefer in ähnlicher Weise profil- und baumäßig bearbeitet sein werden wie in Südbayern. Ausgezeichnete Arbeiten liegen bereits vor (J. Kopp 1923—1933; W. K. Nabholz 1945 mit Lit.; H. Jäckli 1944, 1946). S. 261 begründen wir, weshalb schon tieferliassische Ophiolith- und Strukturbewegung nördlich Rheinwald anzunehmen ist. Sie war begleitet von fortdauernd-unruhiger Absenkung und Sedimenteindeckung der weiträumigen Adulatrogmulde, deren 2—4,5 km mächtige Bündener Schiefer in 3 Teiltrögen sich verengten. Ob das Abreißen der höherjurassischen Sedimentation zusammenhängt bereits mit Deckenüberschreitung von S, ist unklar. Es fehlen uns hier die Indizien für den Umfang der horizontalen Einengung der Tiefe in der sich darüber marin als orogene série compréhensive sedimentierenden Bündener-Schiefer-Fazies. Vgl. unten S. 485.

Südhelvetisch-ultrahelvetische Bewegungsfragen

W. Leupold 1942 verdanken wir eine Abklärung der schwierigen Flysch-Stratigraphie zunächst einmal *des Glarner Flysches und seiner Fortsetzungen nach SW.* Aus den Wildflyschpaketen und -schuppen konnte er für die südliche Fortsetzung des helvetischen Raumes hinein in das „ultrahelvetische“ Faziesgebiet stärkster Orogen-Unruhe wichtige Folgerungen ziehen.

Die Faziesabänderungen gegen SO sind aus Abb. 127 (Taf. XV) ersichtlich und zu vergleichen mit meinem 1932 veröffentlichten Faziesquerschnitt zwischen Helvetiden und Kalkalpen im Allgäu (Abb. 111).

Jenseits der „südhelvetischen Geantiklinale“ Zimmermanns 1936 mit ihren tieferen Abtragungen unter der Wangtransgression erholt sich das Schichtprofil wieder so, daß nur noch wenig Untersenon fehlt. Weiter im W sehen wir, wie sich der Trog der mächtigen, nordhelvetischen Hohgantschichten SO-wärts rasch hebt und wie darüber Priabon-Fleckenmergel unmittelbar auf Wangschichten herab greift (Ultrahelvet der Sattelzone—Wildhorndecken-Rücken). Noch südlicher greift die Priabontransgression sogar, unter Abtragung der Wangschichten, unmittelbar auf turonen Globotruncana-Kalk. Dieses Leimernprofil bildet zusammen mit den schwarzen Wildflyschschiefern den Bestand der Wildflyschdecke im subalpinen Randflysch und über der Pilatus-Hohgant-Randkette sowie in der Sattelzone von Adelboden. Sie ist von der mächtigen Schlierenflyschdecke überschoben.

Bisher hatten wir von dem allgemeinen Absinken des südhelvetischen Troges gehört. Jetzt schließt sich, durch die von S herangeschuppten Profile geklärt, dieser breite Kreidetrog. Sein aufsteigender Südrand wurde im Maestricht bis auf den Malm, in der Schlieren-Untereozänzeit bis auf den Dogger abgetragen. Nach W. Leupold 1942, 284, stieg hier eine südhelvetische Schwellenregion auf, welche seit dem Jura die Sedimente beeinflußte und besonders vor Ablagerung der Wangschichten herausgehoben wurde. *Von dieser „Südhelvetischen Schwelle“ her stammen die ultrahelvetisch-orogenen und Diskordanzprofile im Wildflysch.*

Es ist klar, daß es eine in Abtragung befindliche Schwelle gewesen sein muß, welche die riesigen Massen von Quarzsand, die Gerölle und Blockmassen ab Jura in die ultrahelvetische Fazies abgegeben hat, welche auch, offenbar südwärts, dem Schlierensandsteintrog ihren Sand zuschob.

Die entsprechenden Folgerungen hat Verfasser 1929, 6, 1932, Tafel VI, 1932b, 14, 21, für den Kreideflysch östlich des Rheins gezogen. Es ist dort die „Vindelizische Nordschwelle", deren Zusammensetzung aus ihrem Abfallschutt, z. B. in Balderschwang sehr wohl erschließbar war (1942, 216ff.). Auch östlich vom Rhein beeinflußte diese Schwelle ab Jura die Sedimente: Brekzien und Quarzsand, Granit, Gneis, Glimmerschiefer im Balderschwanger Aptychenkalk, der infolge Toneinschwemmung dem helvetischen Malm zum Teil recht ähnlich ist. Die große Menge der groben und feinen Klastika bis zu einer kilometerlangen Gneisscholle im ultrahelvetischen Wildflysch von Vorarlberg—Allgäu—Südoberbayern stammt von dieser Schwelle. Genau wie über diesem Wildflysch der zunächst scheinbar sehr abweichende Sigiswanger Flysch (Abb. Tafel III, 1936, I) aufgeschoben liegt, so auf dem Wildflysch im W die Schlieren-Gurnigel-Flyschmasse, worauf ich 1932b, 52, hingewiesen habe. Dabei betonte ich aber auch die großen Unterschiede, die es trotz der übereinstimmenden Lagerung nicht erlauben, etwa Schlierenflysch und Sigiswanger Decke zu einer Fazies- oder Deckeneinheit zusammenzuschließen. Es liegen also übereinander (im W nach A. Buxtorf 1943, L. Vonderschmitt & H. Schaub 1943):

Im Westen	Im Osten
Schlieren-Gurnigelflysch 1500 m Alter: Jüngste Kreide-Ypernstufe	Sigiswanger Flyschdecke über 1200 m: Unter- und Oberkreide Südwärts von der Vindelizischen Mittelschwelle die Oberstdorfer Flyschdecke überschoben; über 1000 m mächtig
Unterlage: Wildflysch mit Schutt der Präalpen-Decken kretaz.-paleozän. überschoben auf Leimern-Wildflysch, überschritten von Priabon. Zuunterst überschobenes Helvetikum	Unterlage: Wildflysch mit Schutt der Vindelizischen Nordschwelle und des Randostalpins.

Die weiteren Ableitungen ergeben zwingend, daß man scharf trennen muß zwischen sedimentärem Ablagerungsbereich in einer bestimmten Zeit (hier orogene Fleckenmergel-Flysch-Sedimentation im Kreide-Alttertiär) einerseits und tektonischen Einheiten andererseits (hier Südrücken der Säntis-Drusberg-Decke faziell entsprechend den drei hochhelvetischen Decken der Westschweiz).

Zwei Gründe hierfür liegen auf der Hand:

1. Die Zonen gleicher Fazies laufen nicht gleich mit den späteren Schubflächen- und Faltenrichtungen, sondern werden im O von letzteren durchschnitten; in der W-Schweiz nicht ebenso.

2. Die Wanderzeit der Decken dauerte lange, der Wanderweg war sehr weit. Daher gerieten — abgesehen von wiederholt starken Abtragungen der Decken — die älteren, in südlicheren Faziesgebieten (präalpin, penninisch, unterostalpin) sedimentierten bzw. tiefenmetamorph gewordenen Deckenanteile *durch Überwanderung von Zwischengebieten allmählich in nördlichere.* Hier beluden sie sich sedimentär(-orogen) mit jüngeren Auflagen nördlicher Fazies und jüngerer Tracht. Die Folgen hieraus für die Benennung habe ich 1932b, 101ff. auseinandergesetzt.

Beide Ursachen gehen auf die *Tatsache der synsedimentären Gebirgsbewegung* zurück. Außerdem darauf, daß sich während der langen Wanderzeit die Gebirgsbildung in ihrer Druckrichtung nicht gleich blieb, sondern änderte.

W. Leupold erkannte gleichfalls diese Zusammenhänge, wenn er den Begriff „Ultrahelvet" als Bewegungseinheit streicht. Für uns handelt es sich um die Einsicht, daß *südostwärts „jenseits des helvetischen" Absatzraumes in Kreide-Alttertiär die Hauptdeckenverschübe und Faltungen vor sich gingen,* was sich dort über die Reliefbewegung weg ausgezeichnet ausprägte in der Wang-, Leimernflecken-mergel-, Flysch- und Wildflysch-Fazies mit ihren klastisch-exotischen Massen und Diskordanzen.

Da in diesem Raum allmählich *im O die unterostalpinen Decken, im W die präalpinen mit den penninischen Decken angekommen waren und weiterwanderten,* erhielten sie eine sehr gleichartige und der helvetischen ähnliche Kreide-Alttertiär-Fazies aufsedimentiert. Denn im höheren Senon griff die Gebirgsbildung mit orogenem Sediment auch auf den jetzt schon benachbarten helvetischen Raum über.

Es ist somit zwecklos, nach den Wurzeln dieser erst im N entstandenen Flyschsedimente zu suchen.

Die *Platzschaffung* unter dem die (vielfach über 1 km mächtigen) Flyschmassen aufnehmenden Raum kann man sich wohl so vorstellen: Der große Unterstrom gegen S, welcher juvavisch (in Jura-Unterkreide) das Unterostalpin über das Pennin bis in den ultrahelvetischen Absatzraum vorstaute, entzog dem südhelvetischen Untergrund zunehmend Unterbau-Material. Daher kippte die breite Vortiefe gegen S, infolge des ostwärts vermehrten Abstromes (bei der energischeren „Nordwanderung" des Unterostalpins im O) zugleich gegen SO in Ostschweiz—Allgäu. So sanken im SO weite, vorher über dem Meeresspiegel bis auf Barreme, teilweise Malm abgetragene Landstriche nun tief unter den Meeresspiegel zunächst des unruhigen Wang-, dann des Wildflyschmeeres bis zu dem Priabonmeer-Übergriff.

Zusammenfassend können wir feststellen und in Abb. 128 schematisch zeichnen:

1. Die am Juraende schon weit zusammengeschobenen penninischen Decken werden im O während der Kreide durch die unterostalpinen Decken überwandert.

2. Die penninischen Decken rückten auch weiter im W von der Oberjurazeit ab, innerhalb deren sich die damit verbundene mächtige Brekzienschuttmasse der Brekziendecke gebildet hatte, während der Oberkreidezeit nordwärts über die südlichen Präalpen, und zwar unter dem sedimentierenden Rotschiefermeer.

3. Der Niesenflysch bildete sich gleichzeitig in einer nördlichen Randvortiefe, der Schlieren-Gurnigel-Flysch etwas später in einer untereozän nördlich verlagerten Vortiefe.

4. Mit dem kretazischen Prätigauflysch, der während dieser Wanderungen in Vortiefen und Rückentiefen der penninischen Decken abgelagert wurde, hat der kretazische Niesenflysch große Ähnlichkeit; ebenso mit dem Sardonaflysch (Glarner Flysch), zum Teil mit dem Flysch auf dem Unterostalpin, aber auch schon mit dem Kreideflysch der Oberstdorfer Decke, welche im N der Kalknordalpen über deren randostalpiner Nordfortsetzung abgelagert wurde — ähnlich wie der Niesenflysch in einer nördlichen Vortiefe über der Klippendecke. Die Verbindung zwischen Oberstdorfer und Prätigau-Flysch geht vermutlich über den Gosauflysch der westlichen Lechtaldecke.

5. Die Vortiefen-Wildflyschfazies begleitet inselnah alle diese Deckenwanderungen schon der Kreidezeit, soweit sie nicht unter tieferem Meerwasser (Rotschiefer, Leimernfleckenmergel) vor sich gingen, wie während des Jura (Bündener Schiefer, Oberjura-Radiolarit, Unterkreide-Fleckenmergel).

6. Von Stirnschwellen der Präalpen erhielt der Wildflysch die Blöcke und Gerölle von Kristallin und Klippendecke.

7. Der Oberkreide-Wildflysch, bedeckt von Eozän, geht aus dem südhelvetischen, noch kaum orogenen Sediment gegen SO zum Teil über die randorogene Wangfazies hervor, was im Vorarlberg schon bekannt war.

8. Gegen S, SO ist der Flysch bzw. Wildflysch älter; Tertiärflysch fehlt im Gegensatz zum N (der am südbayerischen Alpennordrand fast nicht mehr erreicht wird). Dorthin drang die orogene Schubbewegung erst später vor.

9. Die Isopenlinien biegen ostwärts gegen den Rhein besonders scharf nach N auf: Im W ist die orogene Fazies und damit die baugeschichtliche Entwicklung noch nicht so weit wie im O des Rheins.

10. Die Schärfe der nordwärtigen Isopenknickung am Alpenrhein weist anscheinend auf die große Abknickung (s. unten S. 491f.) oder Horizontalflexur an der Rheinlinie zwischen Rätikon und Chur hin. Hier ist die von O her unter dem Falknis endende Nordalpennarbe gegen S plötzlich abgerissen und zieht hier erst südlich vom Gotthard-Massiv als helvetische und präalpine „Wurzel" gegen WSW weiter.

g) Westalpenbogen

Was nun die mit Wildflysch verknüpften Bewegungen *in der SW-Fortsetzung der Präalpen* betrifft, welche, wie wir hörten, das Subbriançonnais darstellt, das in einer äußeren, ultradelphinidischen Zone ebenso niedergesenkt und in der Kreide überlagert wurde, wie sich die ultrahelvetische Zone im N auf die Präalpen einsenkte, so haben wir bereits oben S. 378 auf die ganz entsprechenden Vorgänge auch der Oberkreidezeit hingewiesen. Die Gebirgsbewegung rollte dort ebenso von innen gegen außen wie in dem weniger deutlichen Präalpin-Ultrahelvet-Gebiet. Und zwar muß die große Deckenwanderung schon zur Oberkreidezeit im Gang gewesen sein (Abb. 128, Taf. XVI).

Eine weitere Übereinstimmung längs der genannten Zonen bis zu den nördlichen Kalkostalpen liegt darin, daß die Oberkreide auch im französischen W überall auf Jura oder Trias transgrediert. Nur wird hier die Fazies der Rotschiefer der Prä-

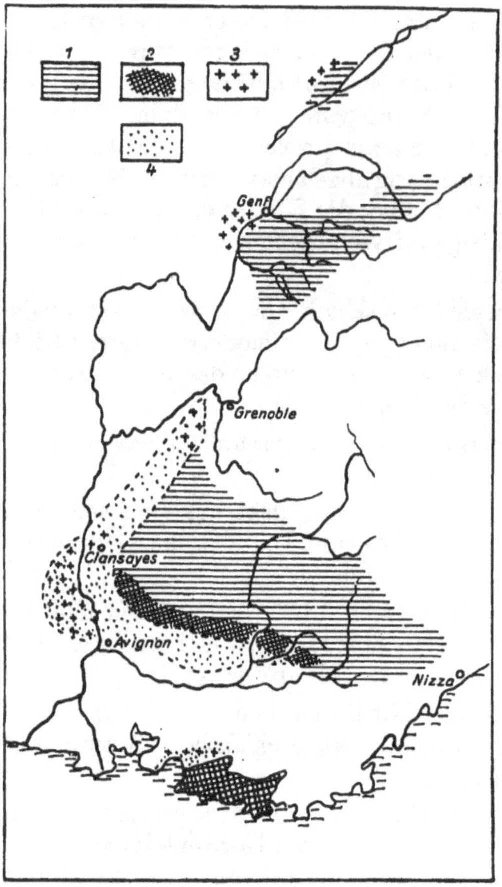

Abb. 119. *Die Faziesverteilung des Oberapt (Gargas) in SO-Frankreich.* Nach W. Kilian, Lethaea g. II, 3, 297. *1* tiefmeerische Mergel. *2* weniger tiefmeerische, provençalische Mergel. *3* Orbitolinenfazies. *4* Sandfazies.

alpen oder von Hochsavoyen ersetzt durch die etwas abweichende, aber gleichfalls pelagische Foraminiferenfazies der Plattenmarmore, der Marbres en plaquettes im Briançonnais-Subbriançonnais, von denen L. Moret & F. Blanchet 1924 mit der *Globotruncana linnei* das Oberkreidealter nachwiesen. Ebenso wie die Scaglia der südalpinen Oberkreide sind auch diese Plattenmarmore nur unten rot, oben grau. Zeitlich entspricht diese Plattenmarmor-Transgression über bereits vorher gefaltete und abgetragene subalpine Faltungsketten wieder *ganz dem Transgressionsvorgang der Gosau* in den Kalkostalpen.

Also im W wie im O die vorgosauische Gebirgsbildung, gefolgt von der Oberkreide-Transgression!

In der Decke II des Briançonnais liegt nach F. Blanchet 1934 unter den übergreifenden Plattenmarmoren eine mehrere 100 m mächtige, nachjurassische, vielleicht der Unterkreide angehörende Brekzie (bei Magdeleine) mit Blocktrümmern aus Trias, aber auch von Radiolariten, roten Tithonkalken und schon roten Plattenmarmoren. Doch auch ohne diesen, die starke vorgosauische Tektonik auch im W beweisenden Grundschutt greifen die Plattenmarmore mit unregelmäßiger, zertrümmerter und geröteter Oberfläche und einem rotschieferähnlichen (Roterde-Verwitterungsboden!) Zwischenmittel über verschieden alten Untergrund, wird also die wichtige Ungleichförmigkeit bewiesen.

Nach oben gehen die Plattenmarmore, welche auch hier nichts anderes sind als eine kalkigere, aber gleichfalls tiefmeerische Vorbereitungsfazies mit einer Zwischenlage von Kalkflysch oder von Brekzien mit kristallinen Bestandteilen, unmerklich in Flyschfazies über.

In der Glanzschieferzone östlich des Briançonnais ist noch keine sichere Unterkreide bekannt. Sie kann wohl noch gefunden werden, so daß das Briançonnais während der Unterkreide dann eine langgestreckte Insel zwischen diesem östlichen Meer und jenem des Vocontischen Grabens des Subbriançonnais im W bildete. Erst

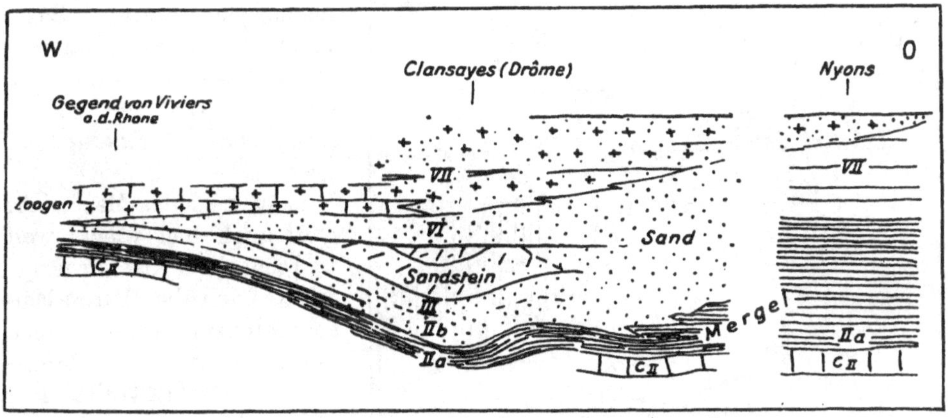

Abb. 120. *Faziesprofil von Oberapt und Gault am Westrand der subalpinen Rhonewanne im SW von Dept. Drôme.* Nach C. Jacob aus W. Kilian, Lethaea g. II, 3, 300. *c II* Unteraptkalk. *IIa* Zone des Hoplites furcatus. *IIb* Zone des Douv. subnodosocostatum. *III* Clansaye-Horizont (Untergault). *IV* Zone des Hoplites tardefurcatus. *V* Zone des Hoplites dentatus. *VI* Zone des Mortoniceras inflatum (Obergault). *VII* Transgredierendes Cenoman der Zone des Acanthoceras rotomagense. Viviers-Clansayes 11 km; Viviers-Nyon 40 km.

mit der Mittelkreide geht das Meer wieder über verschieden tief abgetragene Gebiete der vorgosauisch, also wohl während der unterkretazischen Tieflage entstandenen Gebirgsstrukturen hinweg. *Jedenfalls haben wir eine Reihe echter, vorsenoner Falten im Westteil.*

Die Lage bis zur Rhone veranschaulicht Abb. 119 und 120.

In der alpinen Außenzone kam es im Oberapt zur Heraushebung und Abtragung mit Schichtlücke. Der Clansayes-Horizont des Unteralb brachte eine starke Transgression, deren Reste zusammen mit dem nachfolgend übergreifenden Cenoman-Turon bei anschließender Hebung, z. B. im Isèretal, wieder abgetragen wurden, im Vercors, Diois aber erhalten blieben (vgl. Abb. 121 und 122). Im Devoluy und Diois wurde dann eine kräftige Winkel-Diskordanz ungleichförmig über teilweise

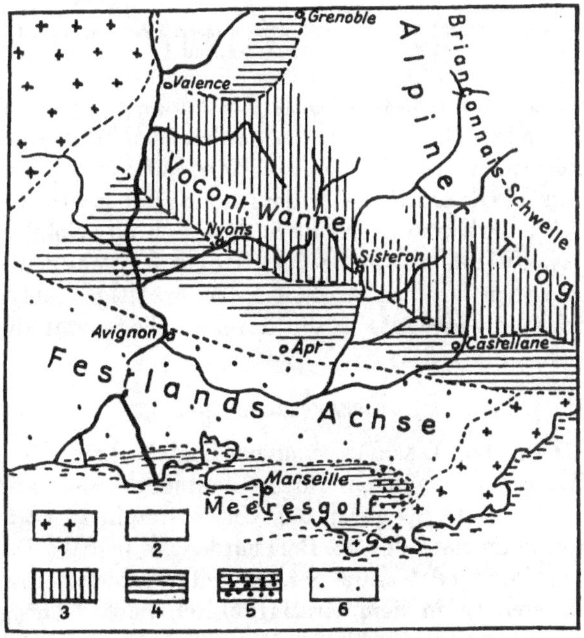

Abb. 121. *Die Cenomanfazies im unteren Rhonebecken.* Aus E. Haug, Handbuch II, 2, 1250. *1* Grundgebirge von Zentralplateau und Hyerischer Masse. *2* Cenoman ist bedeckt oder abgetragen. *3* Meer 100 bis 900 m tief. *4* Seichtmeer. *5* Lagunenbildung. *6* Festland.

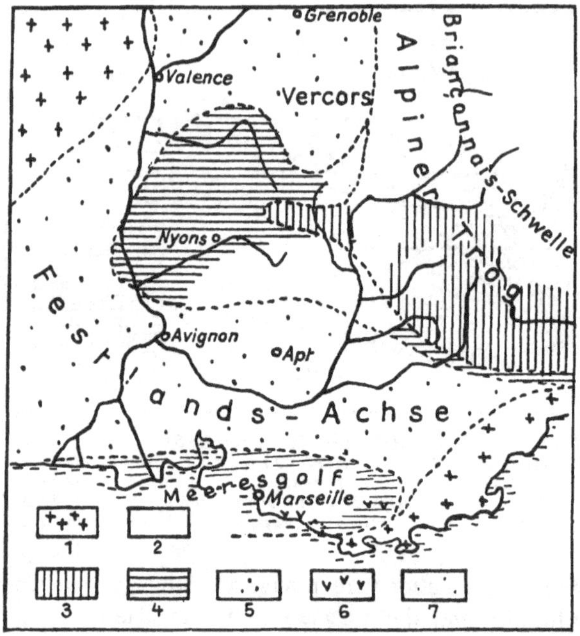

Abb. 122. *Die Turonfazies im Rhonebecken.* Aus E. Haug, Handbuch II, 2, 1251. *1* Grundgebirge. *2* Turon ist bedeckt oder abgetragen. *3* Meer 100—900 m tief. *4* Seichtmeer. *5* Wildbachschutt. *6* Rudistenkalk. *7* Festland.

mächtigem Bauxit (Basse Provence) gegen das immer weiter übergreifende Senon, *also wiederum eine starke „vorgosauische" Faltung* festgestellt.

Spätestens das Maestricht griff auch hier wieder weit und scharf über das vorhergefaltete Land über. Turon-Emscher fehlen weithin wegen eingeschalteter Festlandszeit (E. Haug, Traité II 2, 1315). Die vorhergehenden Kartenskizzen zusammen mit Abb. 123 zeigen, *daß die Bereiche der Hauptbewegung zugleich jene der überwiegenden geosynklinalen Senkung und der tieferen Meere waren. Damit finden wir auch hier am westlichen Alpenrand die Hauptbewegungen und Haupttransgressionen verwirklicht, die wir von den nördlichen Kalkostalpen her verfolgen konnten.*

Weitere Untersuchungen werden auch im W ergeben, daß nicht nur die Faltung, sondern auch die Deckenbewegung auf dieser ganzen Strecke, wenn auch noch mit verschiedener Stärke, bereits zur Kreidezeit tätig war.

Wir erkannten im ultrahelvetisch-ultradelphinidischen Streifen namentlich gegen W hin erhebliche Verspätungen. Solche sind ja noch heute vorhanden, denn so haben wir das Abflauen der gewaltigen helvetischen Deckenbewegung der Schweiz westwärts in die durchaus bodenständigen Falten der Delphiniden zu werten.

k) Oberkreidebewegungen im penninischen Raum

Über dem Lias der Bündener Schiefer bzw. Glanzschiefer von Tessin, Aostatal, Wallis fehlen jüngere Normalsedimente, wenn wir absehen von einem Rest am weitesten im SO gegen das Unterostalpin zu und an der Innenseite des axialen Karbonfächers der St. Bernharddecke in SW. Dagegen sind offenbar Vertreter von Jura und Kreide, getarnt unter Schiefer- und Flyschfazies, weit verbreitet. Sie stecken in dem stratigraphisch noch nicht ganz aufgehellten Bereich der Bündener Schiefer-Flyschmassen, worauf seitliche Übergänge aus dem SW, SO (Margnadecke), NO (Prätigauflysch-Oberstdorfer Kreideflyschdecke), die Versteinerungsfunde und die Ergebnisse einer genaueren Untersuchung des Niesenflysches hinreichend deutlich hinweisen. So wie auch sonst sind wir berechtigt,

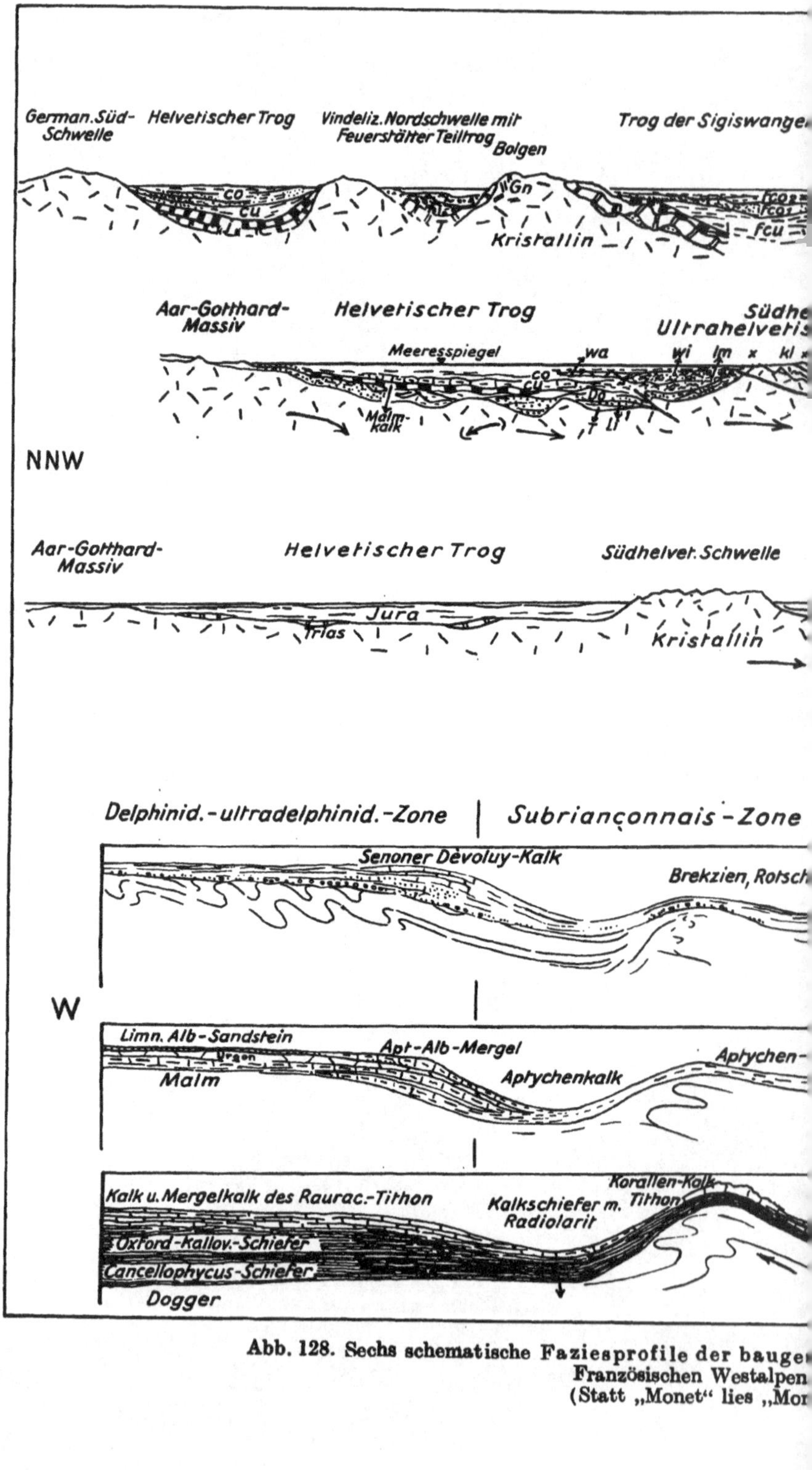

Abb. 128. Sechs schematische Faziesprofile der bauge
Französischen Westalpen
(Statt „Monet“ lies „Mor

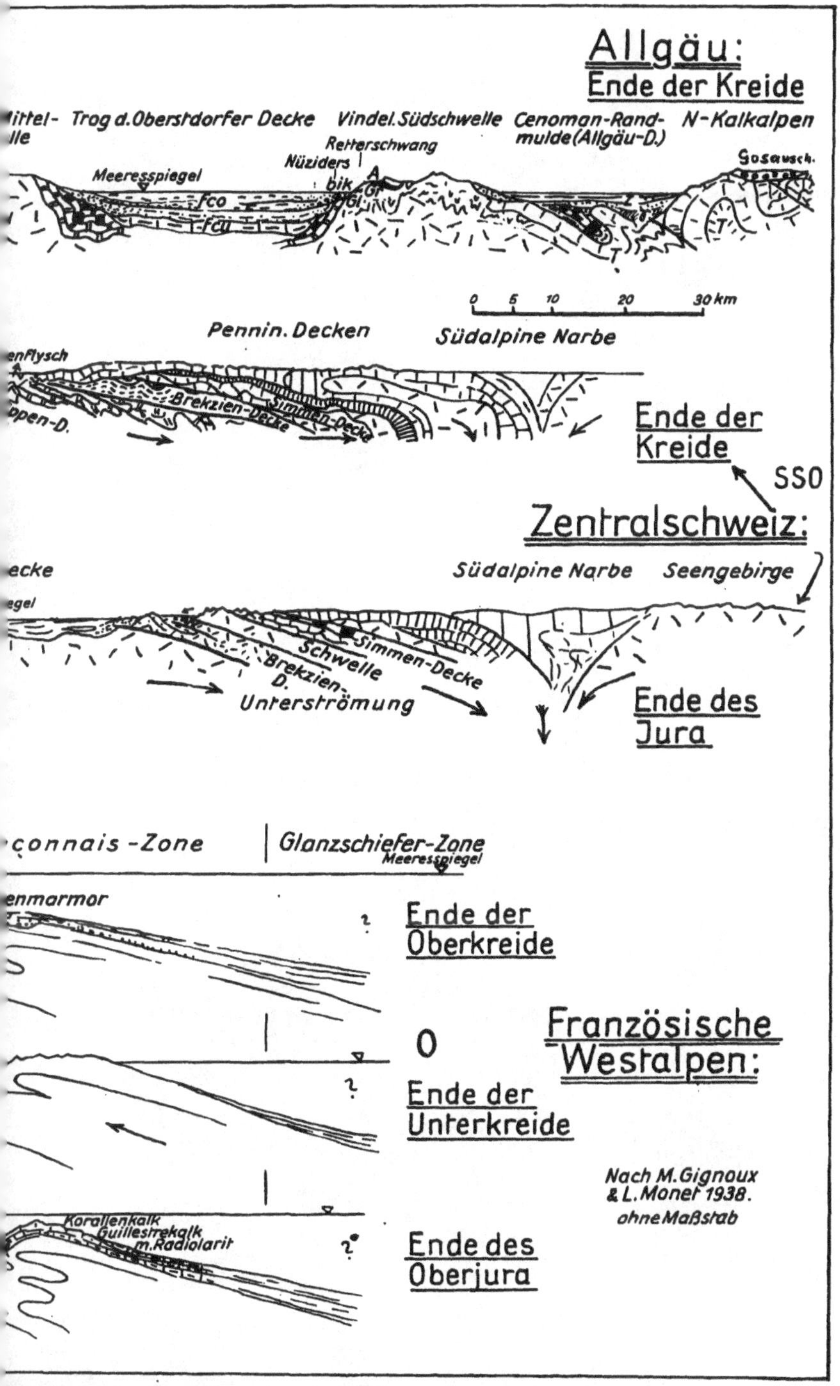

ntwicklung in Oberjura und Kreide: Vergleich der
tralschweiz und Allgäu.
ine" lies „Nordalpine")

diese orogene Ausbildung auf gleichzeitige Gebirgsbildung in der tieferen Unterlage zurückzuführen und so ihren Unterschied gegenüber normaleren Ausbildungen zu verstehen.

Wahrscheinlich ist, beginnend mit der Bündener Schiefer- und weitergehend in der Tiefsee-Zeit des Oberjura, bereits eine starke, tief unter dem Sedimentations-Stockwerk eine Faltung und Deckenbewegung des penninischen Raumes erfolgt, welche das Abreißen der *normalen*, aber nicht der ganzen Schichtenfolge erklärt. Mangels sicherer Schichtzergliederung können wir diese Bewegungen im einzelnen noch nicht auseinander halten. Es wurden nur einige allgemeine Zeitunterschiede, namentlich innerhalb des kristallin verwandelten Bereiches (S. 346, 408) erkannt. Immerhin hat z. B. E. Argand mit R. Staub schon die weitspannige Vorläuferfaltung für diese Zeit am Meeresboden festgestellt. Diese brachte der Geosynklinale zunächst die Hauptbewegungen erster Ordnung, die einander schon mehr oder weniger parallel liefen: Den Trog des Wallis, im W die Schwelle des Briançonnais, den Trog des Piemont, die Schwelle des Dolin, den Trog des Canavese.

Auf den Schwellen dauerten die flachmeerischen („neritischen") Zustände an, welche heute in den Stirnen der großen liegenden Deckfalten liegen. Letztere entstanden durch Übertreibung der Schwellensättel von St. Bernhard- und Dent-Blanche-Decke, die zunächst nur gegen außen (N und W) steil, gegen innen aber flach geböscht waren, woraus sich der *schon damals überwiegend waagrechte, also orogene Ansatz der Kräfte* ergibt, ganz wie auch später während der immer weitergehenden Faltung und Deckenverschiebung. Auch letztere war während des Mesozoikums schon ziemlich weit fortgeschritten und es können sehr wohl variszische und noch ältere Vorarbeiten mit einbezogen

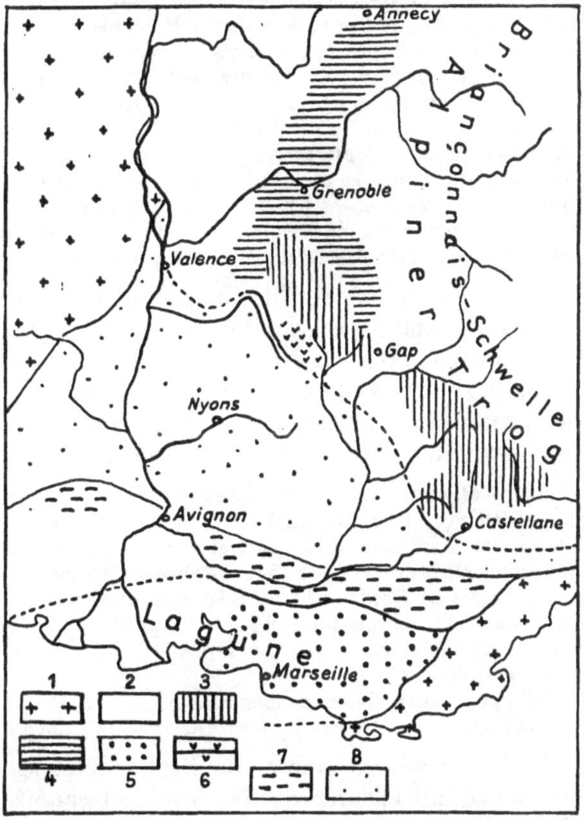

Abb. 123. *Die Faziesverbreitung der Maestrichtstufe an der unteren Rhone* aus E. Haug, Handbuch II, 2, 1314. *1* Grundgebirge. *2* Maestricht bedeckt oder abgetragen. *3* Schichten des tieferen Meeres (100—900 m) gleichförmig über älterem Senon. *4* Maestrichtstufe übergreifend. *5* Süßwasserbildungen gleichförmig über marinem, älterem Senon. *6* Wildbachschichten. *7* Rignacschichten (Dan) übergreifend. *8* Festland.

worden sein (G. Dal Piaz 1931: Teile der „M. Rosadecke", besonders am Gran Paradiso).

Dabei hat E. Argand 1916, zusammengefaßt 1934, 181, Anhaltspunkte gewonnen für die Annahme, daß zuerst die St. Bernharddecke, dann die Dent Blanche-Decke und zuletzt die „M. Rosadecke" (?) ihre Stirnhauptfalte entwickelten, und daß sie in dieser Reihenfolge auch gefaltet und verschoben wurden. Das ergibt also ein Fortschreiten der Hauptbewegung von der Nordalpennarbe innen gegen außen, was sich mit unserer allgemeinen Vorstellung decken kann, daß sich die Massen durch Unterschiebung zuerst narbennah, dann narbenferner anstauen. Von der Streichung der M. Rosadecke sehen wir hier ab.

Was aus der Unzahl von Beobachtungen als baugeschichtlich wichtig herauszuheben ist, wird vielleicht am ehesten der betreffende Geländebearbeiter beurteilen, sofern er einen Blick für Allgemeines hat. Sprechen schon diese Gesichtspunkte für die Vorstellungen von E. Argand 1916 und R. Staub 1917 über den Zusammenhang von embryonalen Faltenwellen des Meeresbodens mit dem vorhandenen Bau, so sollte eine weitere Erwägung auch den besonders vorsichtigen Analytiker zum gleichen Ergebnis führen: Welche Kraft denn anders *als die gebirgsbildende* soll die „epirogenetisch" genannten Gewölbe- und Muldenstreifen geschaffen haben? Was gibt uns denn das verbriefte Recht eine, in ihren Anfangswirkungen langsame Kraft von einer angeblich rascher und kräftiger wirkenden „orogenen" Fortsetzung grundsätzlich abzutrennen? Es ist verkehrte Welt, wenn der Nachweis von der *Zusammengehörigkeit* der unterirdischen Kräfteleistungen verlangt wird. Vielmehr verlangen wir den bündigen Nachweis, daß hinter jenen räumlich und zeitlich ineinander übergehenden Kräfteäußerungen grundsätzlich *verschiedene* Kräfte stehen. Solange dieser Nachweis nicht gelingen will — und wir entfernen uns bekanntlich immer weiter von einem solchen — lehnen wir mit Recht eine unnötige und äußerlich schematisierende Verwicklung unserer Vorstellungen ab.

Damit wird auch den Einwänden von H. P. Cornelius 1925, 424ff. gegenüber E. Argand und R. Staub der Boden entzogen. Gleiches gilt von Einwänden gegenüber den Folgerungen von H. Jenny 1924 (Abb. 124), denen ich in mehreren Punkten zwar nicht folgen kann, deren Grundgedanken von der bereits während des ganzen Jura kräftig beginnenden und in der Kreide schon erheblich fortgeschrittenen Baugeschichte mir aber sehr wohl vertretbar erscheinen.

H. P. Cornelius hielt 1925 folgende Gründe entgegen: 1. Der Übergang aus der gewöhnlichen Briançonnaisfazies nach O in die Sammelschichtreihe („série compréhensive") der Glanzschiefer ist nicht widerlegt, also gibt es in dieser Glanzschieferentwicklung entgegen Jenny wirklich noch jüngere Schichtglieder; 2. gibt es keine zwingenden Beweise für dieses alte penninische Deckengebirge, besonders der tiefmeerisch ausgebildete Oberjura z. B. von Cesana spreche dagegen; 3. steht der ruhige Fortgang der Ablagerung im Oberjura der oberpenninischen Margnadecke ohne Transgression gegen die Ansicht von einer scharfen vorherigen Gebirgsbildung.

Dabei muß man aber bedenken, daß es auf die *Abbildbarkeit* der Gebirgsbildung ankommt und auf die rechte Bewertung der flyschartigen, jedoch tiefmeerischen Glanzschieferfazies.

Auch uns scheint durch die Beobachtungen von Kilian & Pussenot 1912 zusammen mit anderen der Nachweis einwandfrei geführt zu sein, daß von der Mitteltrias bis zur Oberkreide normale Sedimente des W in jene Sammelschichtreihe des Piemont übergehen. Aber letztere ist ja gerade eine tiefmeerische, d. h. *in ihr konnte die gleichzeitige Relief- und Gebirgsbewegung des Untergrundes gar nicht abgebildet werden.* Aus gleichem Grund, weil nicht eine „Hochfaltung", sondern eine „Tieffaltung", ein „Abbau des Gebirges" und kein „Aufbau" mit

Hochrelief über dem Meeresspiegel schon *während* der Faltung vorlag, ist der Mangel an Transgressionen, an Schutt und anderen Land- und Gebirgsrelief-Beweisen durchaus unwesentlich dafür, ob es unter der Meerestiefe im Jura schon Faltung und Überschiebung (Unterschiebung) gab.

Wenn man „Flysch" nach früherer Gewohnheit noch immer gleich „Tertiär" setzt, so kommt man natürlich für den nördlich hinausgeschürften penninischen Flysch zu unwahrscheinlichen Anschoppungen und man sucht unerklärlich vergebens nach den älteren Schichtgliedern. Nimmt man aber „Flysch" als eine orogene Fazies aus beliebiger, wenn auch einem bestimmten baugeschichtlichen

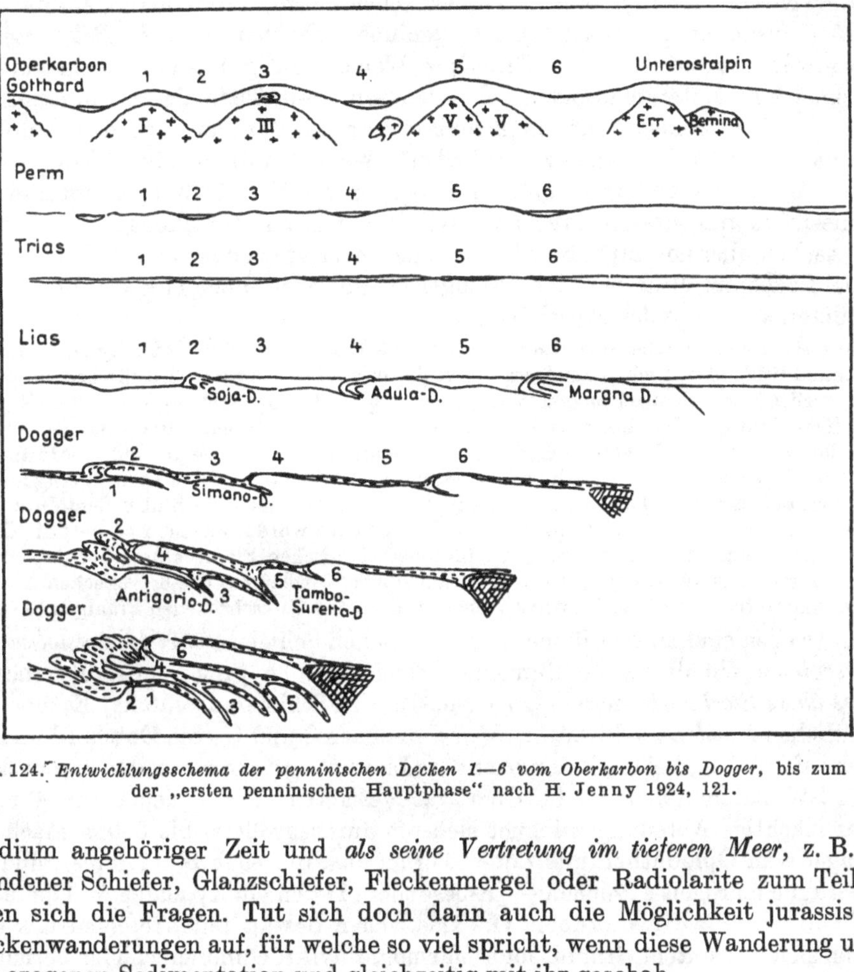

Abb. 124. *Entwicklungsschema der penninischen Decken 1—6 vom Oberkarbon bis Dogger,* bis zum Ende der „ersten penninischen Hauptphase" nach H. Jenny 1924, 121.

Stadium angehöriger Zeit und *als seine Vertretung im tieferen Meer,* z. B. die Bündener Schiefer, Glanzschiefer, Fleckenmergel oder Radiolarite zum Teil, so lösen sich die Fragen. Tut sich doch dann auch die Möglichkeit jurassischer Deckenwanderungen auf, für welche so viel spricht, wenn diese Wanderung unter der orogenen Sedimentation und gleichzeitig mit ihr geschah.

Unsere fortschreitende Begriffsbildung scheint dadurch blockiert zu sein, daß man schon am Anfang des Erkennens — und in diesem stehen wir ja doch — die Möglichkeiten der natürlichen Vorgänge, die wir verstehen wollen, allzu eng sieht, und daß man alles abweist, was in eine einst zu frühester Erkenntniszeit gefaßte und darum allzu primitiv-schematische Meinung nicht passen will, weil es zunächst nicht gleich hundertprozentig bewiesen werden kann. Mit noch viel zu wenig klaren Naturbeobachtungen verallgemeinert der eine dahin, der andere dorthin — eine letzten Endes gefühlsmäßige Tätigkeit! Weil man sich selbst von diesem Fehler nicht hinreichend ausschließen kann, wird man sich selbst zwingen mit einer höchstmöglichen geistigen Beweglichkeit, um nicht zu sagen Unternehmungslust, an die Dinge heranzugehen, selbst möglichst viel von den eigenen Gedanken zu erproben und wieder zu verwerfen, bis auf den verschiedensten Beobachtungsgebieten wie von selbst einem guten Gedanken zustimmendes Echo ertönt. —

Zur Anwendung auf die penninische Kernfrage: Wenn wir sehen, daß diese penninischen Decken sich zunächst einmal schon äußerlich durch die Umwandlung ihrer Gesteine infolge Überlastung und tektonischer Fließbewegung von den stratigraphisch faßbaren, weil aus oberflächennahem, versteinerungsführendem Baustoff zusammengesetzten Alpendecken unterscheiden, *so ist die Bewegung der penninischen Decken eben in der Tiefe klar.* Was berechtigt uns nun zu eindeutigen und einer Kritik standhaltenden Schlüssen von dieser Tiefe, deren Vorgänge wir allein verfolgen können, auf die gleichzeitig an der darüber liegenden Erdoberfläche ablaufenden Vorgänge zu schließen? Wie sollen diese während der ersten großen Absenkung anders ausgesehen haben als wie Verschiebungen unter einem Tiefmeerschlamm, dessen dauernde Reliefänderungen Rutschungen und damit Abwesenheit aller normalen Benthos-Ablagerungen erzwungen haben? Wie anders als bei flacherem Meer die nicht weniger stürmischen, aber nun viel besser abgebildeten Vorgänge der Flyschfazies?

Die fortschreitende Gliederung des Flysches, die Fortsetzung der Kreideflyschgliederung (E. Kraus 1942, 200ff.) von Vorarlberg bis in die W- und S-Schweiz, wird die bereits stückweise vorliegenden Beobachtungen von einem ungleichförmigen Übergreifen des Niesen-Schanfigg-, Prätigau-Flysches über den gefalteten und verschobenen Untergrund vermehren. Zweifellos sind diese Kreide- und Eozän-Flyschmassen der mittleren und nordöstlichen Bündener Alpen selbst später auch wieder gefaltet und verschoben. Aber ebensowenig ist mit Sicherheit anzunehmen, daß dieser Kreideflysch gleichmäßig auch im S über dem Jura zum Absatz kam und später nur tektonisch gegen N verschoben wurde. Vielmehr beweist die Übereinstimmung seiner Ausbildung mit jener im ultrahelvetischen Flyschraum schon jetzt seine Ablagerung bereits im N, benachbart mit den südlichen Ausläufern des helvetischen Absatzraumes und unter Ausfall der im wesentlichen transgressiv überschrittenen Präalpen (S. 415).

Einstweilen sind an den jüngeren penninischen Schiefern *zwei Hauptstockwerke unterschieden,* ein älteres der Bündener Schiefer und ein jüngeres des Flysches.

Das ältere Stockwerk umfaßt Obertrias-Jura in Schieferausbildung. Es sind die eigentlichen *Bündener oder Glanzschiefer,* in denen S und O vom Gotthard und im Schams Gryphäen, Belemniten und andere Liasreste gefunden wurden, und welche gegen SW zu im Piemont die Obertrias vertreten. Diese sicher um 4 Kilometer mächtige Abteilung zeichnet sich oft durch größere, bis 300 m mächtige Einlagen von Ophiolithen und deren Tuffen aus, die nach S zunehmen und — wiederum ein orogenes Zeichen — insbesondere in den embryonalen Mulden nach E. Argand und R. Staub ruhen. Die klastischen Bestandteile treten zurück und häufen sich nur unten. Graphithoid, Marmor, Phyllit, Glimmerschiefer berichten von höheren Belastungsdrucken und Stress-Wirkungen. Vgl. W. K. Nabholz 1945.

Das jüngere Stockwerk des Flysches unterscheidet sich nach den eben angeführten Merkmalen vom älteren: Nach den spärlichen Versteinerungen ist hier wesentlich Kreide, nicht Tertiär, vertreten. Bei ähnlicher Mächtigkeit gibt es fast keine

Ophiolithe mehr; die Flyschtracht wird betont durch eine Unmenge klastisch-exotischer Stoffe des flach gewordenen Inselmeeres. Die Druckumwandlung beschränkt sich auf Bildung von Serizit, etwas Marmor, auf Dachschieferhärtung und nimmt im Prätigau gegen NW ab.

Unter dem Bündener Schiefer-Stockwerk folgt, im allgemeinen ohne scharfen Übergang, ein zweites, älteres und ausgedehntes *Schieferstockwerk*, auch mit Ophiolithen, die eigentlichen Casanaschiefer der paläozoischen Zeit (variszischer Kulm!?), offenbar gleichfalls orogen, jedoch nach oben nicht abgeschlossen durch Flyschfazies. Sondern es sank der westalpine Erdrindenteil gegen ihr Ende zurück in eine Art epikontinentalen Daseins, so daß, wie wir schon hörten, festländisches Oberkarbon und germanische Perm-Trias entstanden.

Die mindestens zum großen Teil älteste, bereits variszisch bewegte und zugleich *tiefste Gesteinsreihe* lernten wir kennen als das aus Graniteinschüben, Gneis und Glimmerschiefer zusammengesetzte Kerngebiet der penninischen Decken mit höchster Gesteinsumwandlung aus größter Tiefe. Oben S. 85 wurde versucht, hier noch zu gliedern. Sediment-sammelnde Absenkung mit Ophiolith-Ausfluß und Durchbewegung, dann Kristallisation in großer Tiefe, schließlich granitische Einschübe und allmähliche Hebung folgten einander. Es ließen sich drei, mit dem variszischen vier Hauptakte des alpinen Schauspiels erkennen.

Nun stehen wir für das penninische Gebiet vor einem neuen, dem fünften Hauptakt. Noch immer schreitet die Druck- und unten die Tiefenumwandlung, verknüpft mit vorheriger und gleichzeitiger Gebirgs-Durchbewegung, von unten nach oben weiter fort. Die tieferen Stockwerke sind auch bei den späteren Bewegungsakten vielfach überarbeitet worden.

Wenn die Bündener (Glanz-)Schiefer-Entwicklung durch die Bewegung unter ihr zu erklären ist — was angesichts der Flacheinschübe und Ausflüsse der Grünsteine, angesichts der keimhaft erkennbaren Faltung u. a. nicht bezweifelt werden kann, so wird ein Hauptteil dieser, somit in der Tiefe vor sich gegangenen *orogenen Unterwälzung gleichzeitig*, also hauptsächlich während der Jurazeit abgelaufen sein. Da keine gewöhnliche Faltung, sondern eine ganz gewaltige, überwiegend waagrecht verlagernde Deckenbewegung vorliegt, so bewegten sich *schon während des Jura diese penninischen Decken*, verengte sich der penninische Raum, bemerkenswerterweise wiederum unter gleichförmiger Einlagerung von eingepreßten ophiolithisch-pazifischen Massen in die Hauptmulden zwischen Bernhard-Adula-Decke, Monte Rosa-Tambo Suretta-Decke, Dent Blanche-Margna-Decke. Es näherten sich relativ die südlichen Teile dem nördlichen Randgebiet des Penninikums.

Wenn die Flyschentwicklung — was wiederum anerkannt sein dürfte — die orogene Unruhe der Tiefe widerspiegelt, so kann ein gleicher Fortgang der Baugeschichte, also die Deckenverschiebung in der Tiefe, jedoch jetzt unter erkennbarer Tektoreliefbildung, *auch noch für Kreide-Tertiär angenommen werden.*

Beachtlich wird, daß das fast völlige Zurücktreten der Grünsteinförderung, also die Teilnahme der pazifisch differenzierten Tiefenschmelze, nun zusammenfiel mit einer vielleicht *um 1—2 km höheren Gesamtlage des Meeresbodens.* Da als Ergebnis der vorangegangenen Gebirgsbewegung nicht nur eine waagrechte Einengung der Erdrinde, sondern eine notwendig damit verbundene Verstauung des oberen Massenüberschusses gegen unten in die spezifisch schwerere Tiefe unter deren Verdrängung anzunehmen ist, so verstehen wir nicht nur das Verschwinden der Förderung dichterer (vielleicht durch Saigerung schon so ziemlich aufgebrauchter?) Gesteine, sondern auch die bedeutendere Höhenlage der Erdrinde während der Flyschzeit: Weil die Erdphysik das Bestehen des allgemeinen Tauchgleichgewichtes beweist, so läuft dieses baugeschichtliche Werden offenbar hinaus auf *eine Verdickung der wenig dick und weniger dicht gewesenen Erdrinde* über dichterem Untergrund und *folglich auf eine allgemein höhere Schwimmlage* (*Krustenoberfläche*) *der verdickten Kruste.*

Aus teilweise noch unvollkommenen alterdkundlichen Tatsachen und aus Überlegungen über die mögliche Kraftquelle der Tiefseesenkungen im mittleren und oberen Jura war schon der Gedanke von der orogenen Leistung der alpinen Geosynklinale bereits zur Jurazeit entwickelt worden. Er gewinnt nunmehr eine weitere Stütze. Die mächtigen Fleckenmergelschlamme des kalkalpinen (oberostalpinen) Lias und der dünne Tiefseerinnenbelag im höheren Jura *erscheinen in ähnlicher Weise als orogene Vorläuferfazies des Kreideflysches wie die Fazies der Bündener Schiefer.* In gleicher Weise sprechen auch Art und Reihenfolge der Umwandlungsvorgänge in den kristallinen penninischen Decken für mesozoisches Alter der alpidischen Hauptbewegungen. L. Rueger hat 1934 gezeigt, daß das Tessiner Penninikum seine tektonische Durchbewegung unmöglich im Tertiär bekommen konnte. Denn *noch nach dieser Durchbewegung* unterlagen die fertig bewegten Deckenkörper einer verhältnismäßig ruhigen *Tiefenumwandlung* ganz riesigen und langdauernden Ausmaßes, der „Tessiner Kristallisation". Sie brauchte lange Zeit; ebenso die nachfolgende Abkühlung, Hebung und tiefreichende Abtragung. *Daher muß ohne Frage die alledem vorangegangene tektonische Deckenbewegung schon ins Erdmittelalter fallen.* Die tonalitischen Einschübe und Auswirkungen sind untergeordneter und waren i. a. später.

Genau die gleiche Reihenfolge hatte Br. Sander u. a. auch für die mittleren Ostalpen festgelegt. Sanders „Tauern-Kristallisation" ist voreozän, wahrscheinlich vorgosauisch, und vor dieser muß auch im O die Hauptdeckenbewegung in der Tiefe vor sich gegangen sein, wie nachfolgend gesagt ist.

Bedenken wir (vgl. oben S. 484), daß die große Durchbewegung beim Abwärtsrücken und (oder) während der Tiefenlage geschah, daß *danach* in tektonischer Ruhe bei gleicher oder noch tieferer Lage die so ziemlich fertige tektonische Struktur kristallisierte und daß *danach erst* der Graniteinschub, die Hebung, Abkühlung, Abtragung kam, so ist klar, *daß der Gebirgsbau entsteht während des Abwärtsgehens und während der Tiefenlage,* daß er aber nicht entsteht während des Hochsteigens.

Wiederum: *Wir haben keine „Hochfaltung", sondern einen „Hinabbau".*

Peterhans hat 1926 versucht, die Ausbildung der penninischen Geosynklinale nach E. Argand 1916 als das jurassische Stoßergebnis der benachbarten Festlandsplatten, von Europa im N und Afrika im S, aufzufassen. Diese Fazies soll flachmeerisch geworden sein, und es sollen sich nach oben ausgepreßte Sättel gebildet haben, wenn die Platten sich einander näherten, die Fazies soll tiefmeerisch geworden sein, wenn sie auseinander wichen. Als die Festlandsblöcke in der Kreide ihre Annäherung beschleunigten, brachen die Sattelböschungen zusammen und verwandelten sich in liegende Deckfalten. Es folgten die großen tertiären Umwälzungen, wobei der Inselschutt der Falten das allmähliche Mittelmeer zufüllte.

Wir stellen uns zwar auch ein Heranrücken benachbarter Erdrindenteile an den Grund der Geosynklinale heran vor — wenn auch nicht gerade jenes der beiden damals noch weit getrennten Festländer. Aber im Gegensatz zu jener Plattenrammhypothese von E. Argand und R. Staub halten wir mit O. Ampferer die *Geosynklinale* für einen Streifen eigener Kraft, welcher die Nachbarschaft ansaugt und so schon die *anfängliche Absenkung* zuwege bringt, welche im Bereich der isostatisch beherrschten Erdrinde ja durch jene Plattenrammung nicht verständlich wäre. —

Werfen wir den Blick auf den *Niesenflysch*, ein trotz solcher verwickelter Natur neuerdings besser geklärtes Beispiel (S. 408) des penninischen Flysches. Wegen seiner Spatkalke und Sandsteine der Unterkreide, welche der Entwicklung der Oberstdorfer Kreideflysch-Decke nahe kommen, wurde er bereits erwähnt. Der Oberkreideflysch zeigt, obwohl wir uns mitten im geosynklinalen Geschehen befinden, auch hier ausgesprochene Ungleichförmigkeit der Auflage: Bis hinunter auf die Trias greifen die Globigerinenkalke mit *Globotruncana linnei*, die Rotschiefer (couches rouges) mit Kalkbrekzien und die glänzenden Schiefer. Die Beziehungen zur nördlich benachbarten Präalpen-Oberkreide, aber auch zu dem dank der fortgesetzten Deckenbewegung schon benachbarten ultrahelvetischen Kreideflysch im N bzw. NO sind klar. Überschnitten wird das Ganze mit Grundbrekzien durch den transgredierenden Eozänflysch, das heißt wiederum durch eine Fortsetzung des Übergreifens im helvetischen Becken. Die Begleiterscheinungen dieser Flyschmassen mit ihren fremden Bestandteilen aus Untergrunds- und Nachbarschwellen bestätigen die penninische Herkunft (M. DE RAAF 1934), welche auch ich 1934 angenommen habe.

Massiv-Leistung

Die einzelnen Teilbögen der Westalpen branden nach E. ARGAND 1916 an nordwestlich vorgelagerten Massiven, die sie seitwärts umfließen. Dieser Verfasser dachte sich dabei einen allgemeinen Überdruck oben aus SO, von dem sich freilich niemand vorstellen kann, wie er entstand. Denn die Hauptvertreter der Deckentheorie behaupteten früher zwar im allgemeinen, daß der bewegende Druck *oben* arbeite, daß z. B. die Bogengestalt der Gebirge (Geol. d. Schweiz II, 1, 46) durch örtliches Vortreiben dieses Druckes oben und durch besondere seitliche Druckhindernisse hervorgerufen sei. Sie wollten es im übrigen der Zukunft überlassen, diese Behauptung theoretisch zu belegen und aus ihr eine verständliche Dynamik abzuleiten. Bei diesen Versuchen stellte sich schon lange (O. AMPFERER 1906) heraus, daß auch jene erste Behauptung durch Beobachtungen nicht bewiesen werden kann. Trotz der, wie er meinte, vernichtenden Kritik, welche ALB. HEIM in seiner Geologie der Schweiz II, 2, 685, noch 1922 den Gedankengängen von O. AMPFERER glaubte widmen zu dürfen und zu müssen, vertreten wir das „fehlergespickte" „Spekulationsgespinst" von AMPFERER mit aller Entschiedenheit, und zwar mit Gründen, die sich immer noch weiter vermehren.

Oben sind keine Kräfte zu finden. So stellen wir uns vor, daß nicht oben die Decken sich den Massiven näherten oder über sie wegwanderten, sondern daß die tief wurzelnden, in alter Zeit gefalteten und kristallin gewordenen Massive dem Massenabstrom unter den jeweils hauptbewegten Alpenstreifen folgend gegen die Deckenflut vorrückten, sie aufstauten, sich unter sie einbohrten und so das gleiche Erscheinungsbild zuwege brachten, welches teilweise auch eine entgegengesetzt heranrückende Falten- und Deckenflut hätte schaffen können.

Dabei ist es, wie schon gesagt, weniger wohl die innere Festigkeit als vielmehr *das Vermögen, hoch zu schwimmen*, welches die Massive über dem Hauptdruck-Stockwerk schützend hochhält, während die leichter abwärts ziehbaren, wahrscheinlich mit einem noch nicht gleich großen Tiefgang spezifisch leichter Gesteine an ihrer Sohle versehenen Muldenmassen in diesem tieferliegenden Druckbereich zu plastischer Bewegung gezwungen werden. Diese Mulden machen insgesamt die beweglich sinkende Geosynklinale aus.

Ungefähr bis in die Breite der autochthonen Massive einschließlich der ostalpinen Nordgrauwackenzone finden wir die inneralpine Überlastungs- und Bewegungs-Metamorphose entwickelt. Sie reicht von der Linie der Südalpennarbe bis zu jener der Nordalpennarbe. Dazwischen herrschte der riesige Massenstau, entstand der „penninische" Struktur- und Umwandlungstyp. Aber nur von den gewaltigsten Deckenhaufen aus, die wir kennen, allein in der Schweiz, vermochten nördliche Randdecken noch über den Massivzaun im N überzuschwappen. Nur hier war die Unterströmung raumgreifend und machtvoll genug.

„Geosynklinale"

Diese Bezeichnung wurde auf mannigfache Gebilde angewandt. Einmal ist es der bewegliche, sinkende Erdrindenstreifen, welcher ein Orogen, ein Falten- bzw. Deckengebirge entwickelt: „Geosynklinale I. Ordnung", gegenüberstehend dem Begriff „Kontinent". Dann nannte man „Geosynklinale" auch breite Hauptteile einer solchen, welche sinken und Hauptdeckensysteme entwickeln, wie die „penninische Geosynklinale". Diesem enger gefaßten Begriff stehen breite, zu gleicher Zeit noch nicht ebenso behandelte Erdrindenteile gegenüber, die also ruhiger, im Verhältnis höher liegen wie etwa die „helvetische Geantiklinale". So hätten wir eine „Geosynklinale II. Ordnung". Drittens gliedert sich, um beim penninischen Beispiel zu bleiben, nach R. Staub 1917 während des Perms das Pennin in

1. nordpenninische Geosynklinale.
2. Adula-Geantiklinale.
3. Mittelpenninische Geosynklinale, in der Trias gedoppelt durch Tambo-Suretta-Geantiklinale.
4. Margna-Geantiklinale.
5. Südpenninische Geosynklinale.

Ähnlich sprach E. Haug schon 1909 von der „vindelizischen Geosynklinale", jener des Valais, des Piemont, jener von Bayern, der juvavischen und der illyrischen „Geosynklinale". Das wären somit nur noch Geosynklinalen und Geantiklinalen III. Ordnung. Sie gliedern sich gegeneinander im allgemeinen als Decken ab, und jede dieser Decken hat nun wieder eine „Stirn-Geantiklinale" und eine „Rücken-Geosynklinale" — somit Gebilde IV. Ordnung. Und wollte man folgerichtig mit dieser Bezeichnungsweise weitergehen, so wäre schließlich auch jeder innerhalb dieser Einheiten entstandene Sattel eine weitere Geantiklinale, jede Mulde eine „Geosynklinale", wobei fleißige Einzelarbeit sicher außer solcher V. Ordnung noch weitere „Ordnungen" zur Welt bringen könnte.

Damit ist zwar der bezeichnende Entwicklungs- und Umbildungsgang von der Geosynklinale I. Ordnung zum geologischen Gebirge als Strukturform recht gut wiedergegeben. Zugleich sind aber die verwendeten Bezeichnungen *völlig entwertet*. Man könnte sie ersetzen durch „Mulde" und „Sattel", „sinkenden oder steigenden Erdrindenteil". Zusammen mit vier von Schuchert unterschiedenen Arten der

Geosynklinalen, weiter mit jenen „Geosynklinalen", welche auch Mulden innerhalb der *kontinentalen* Erdrinde bilden (H. STILLE, A. BORN), hätten wir also hier keine Begriffseinheit mehr, sondern eine uferlos erweiterte Mannigfaltigkeit von Dingen ohne Begriffsbestimmung. Davor schützen uns auch keine Betrachtungen über den Werdegang jener Bezeichnung, sondern allein die nötige Selbstdisziplin.

Im Sinn der notwendigen Klarheit sind solche Mißbräuche abzulehnen.

Wir verstehen unter „Geosynklinale" einen überwiegend sinkenden Bewegungsraum, dessen magmatische und tektonische Entwicklung ein Orogen gebiert.

Vgl. auch C. TEICHERT & M. F. GLÄSSNER 1947.

Prätigauflysch

Wir verdanken neuerdings P. NÄNNY 1948 eine schöne, auf paläontologische Funde und auf Kartierung wohl gestützte Abklärung der bis dahin noch recht labilen Anschauungen über den an 4 km mächtigen Prätigauflysch. Insbesondere die nachgewiesene Umlagerung der VON SEIDLITZschen Orbitolinen in Kampanflysch bringt gegenüber der 1932, 77—88 versuchten, mehr als Anregung von mir bezeichneten Deutung eine befriedigendere Ordnung. Gegenüber dem nun für das Prätigau klarer werdenden Faziesprofil scheinen mir jetzt so bedeutende Unterschiede in der Faziesfolge des Oberstdorfer Kreideflysches zu erscheinen, daß deren Fortsetzung auf die Südflanke der Nordalpennarbe, also ins Prätigau hinein, nicht mehr erweisbar wird.

Die Beziehungen des Prätigauer Kreideflysches zu den vier tektonisch abweichenden, penninischen Flyschmassen im Stätzerhorn-Bereich klären sich nun auch durch die schönen Untersuchungen von H. JÄCKLI 1944, 1946. Der Flysch überlagert den Bündener Schiefer mit einem Hauptkonglomerat, dessen Bestandteile teils von einer nördlichen, teils von einer südlichen Aufschwellung in den Flyschtrog kamen. Diese Wellung ist nur ein tektonischer Hinweis auf diese orogene Schütteltischfazies, entstanden während fortschreitender Tiefeneinengung bis zur großen Liegend-Falte. Die wachsende Fazieskonvergenz mit der helvetisch-ultrahelvetischen Schichtsäule im N deutet die räumliche Annäherung des penninischen Unterbaus in der Kreide an.

i) Unter- und mittelostalpine Bewegungen

wurden bereits oben S. 404f. erwähnt. Die Kreidefazies des Unterostalpins von Plessurgebirge-Rätikon ist überwiegend orogener Flysch. Die ihn bildende orogene Unruhe der Tiefe bedeutet offenbar den Fortgang der unterostalpinen Deckenverschiebung nach N. Sie wird auch durch das Auftreten von bezeichnendem Wildflysch deutlich gemacht, schon in Zwischenlagen über dem Gault, dann besonders höher (meist senon) im Unterengadiner Fenster und Rätikon für die Falknis-Sulzfluh-Decke.

Was aber auch im Unterostalpin wieder durch die neueren Arbeiten von J. CADISCH 1946, FR. ROESLI 1944, 1946 u. a. bestätigt wird, das ist die Erfahrung von der *bedeutend fortgeschrittenen Einengungsstruktur* in der Mittel- und Oberkreidezeit, als die Kreideflysche über sie übergriffen. Im Unterengadin sind ihnen primäre Ophiolithe, auch Radiolarite eingeschaltet (ähnlich am südhelvetischen Sünserjoch (E. KRAUS 1932, 79), im Simmenflysch u. a. O. In der Oberengadiner Errdecke griff cenomaner Flysch über, Oberkreideflysch am Murtiröl. Der Prätigau- und der Niesenflysch, aber auch der südhelvetische Schlierenflysch — sie alle sind mehr oder weniger zeitgerechte Zeugen der präcenomanen und der Prägosau-Bewegungen, mit denen auch schon W. LEUPOLD 1933, M. LUGEON 1938 und R. STAUB rechnen.

Von einem Wiederauftauchen der Faziessäulen der Sigiswanger oder Oberstdorfer Decke im Unterengadin konnte ich mich, nördlich Ardez-Schuls nicht überzeugen. Wohl aber haben wir da gleichfalls den *allgemeinen* Faziesgang vom Urgon über grünsandige Gaultquarzite zu oberkretazischen Foraminiferenschiefern wie im Falknis und im ultrahelvetisch-helvetischen Norden: Die Ablagerungsräume müssen sich schon bedeutend genähert haben!

Die orogenen Saluverbrekzien und schwarzen Tonschiefer gehen auch in der mittelostalpinen Albulakette-Ortler-Decke durch und dürften für diese Decke eine starke Orogenbewegung schon für die Jurazeit erschließen lassen. Für die meisten der durch höhere Decken schon länger nicht mehr geschützten mittelostalpinen Deckenteile ist die Kreide nun bereits abgetragen, weshalb sich keine weiteren unmittelbaren Schlüsse ziehen lassen. Es spricht nichts dagegen, daß wir ähnlich dem Zentralalpin im O auch für das Mittelostalpin auf das Ende starker orogener Bewegung während der Kreidezeit schließen.

Oberkretazische Zusammenhänge zwischen Ost- und Westalpen.

Versuchen wir den oberkretazischen Einengungszustand im W und O des Rheins zu vergleichen.

Nebenstehende Tabelle setzt die beiderseitigen Ablagerungen und deren Unterbauten (unterstrichen) nebeneinander in der Ablagerungsreihenfolge von N nach S.

Die oberkretazischen Hüllschichten, zumeist transgredierend, beweisen mit ihrer überwiegenden orogenen Flyschtracht, daß Reliefunruhe und Einengung synsedimentär fortgegangen sind.

Zwar haben sich die tragenden Unterbauten nach dem allgemeinen Ausweis der erwähnten Fazieskonvergenzen schon stark einander genähert, aber die Verbindung über die Rheinlinie hinweg stößt noch immer auf erhebliche Schwierigkeiten. Denn mit scharfer Horizontalflexur verlagern sich hier die Kennzeichen der Nordalpennarbe aus ihrer WSW-ONO-Richtung in den „racines externes" im S von Aar- und Gotthardmassiv um 40 km nach N in die östlich weiterziehende Fortsetzung nahe dem Südrande der nördlichen Kalkostalpen (1932, 112).

Meine Gliederung von 1932, 1942 des Kreideflysches von Südbayern—Allgäu—Vorarlberg beruht noch auf wenigen, jedoch schon auf hinreichenden Leitforaminiferen. Sie ist somit nicht, wie P. NAENNY 1948, 113, meint, nur angenommen nach lithologischen Vergleichen. So liegt z. B. der Hauptflyschsandstein, der seinen Namen erhielt wegen der Zusammengehörigkeit des kretazischen „Reiselsberger" Ostflysches und des angeblich tertiären westalpinen „Oberzollbrückersandsteins", also entgegen überholten Vorstellungen, stratigraphisch über und unter Kreideflysch. Das ist der Literatur unschwer zu entnehmen.

W	O
Helvetischer Raum	
Pelagische Vortiefe	
Habkern-Wildflysch (priabon) an Gotthard-Südrand: Südhelvetische Schwelle	Feuerstätter Wildflysch (Kreide/Eozän) an Vindelizischer Nordschwelle
Schlieren-Gurnigelflysch (Oberkreide-Ypernstufe) mit Habkernsand	Sigiswanger Kreideflysch Vindelizische Mittelschwelle
Ultrahelvetischer Flysch der Rand- und Sattelzone	Oberstdorfer Kreideflysch Vindelizische Südschwelle mit Retterschwangwildflysch
Präalpine couches rouges und Oberkreideflysch transgredierend über: Klippendecke, Brekziendecke, Simmendecke, Präalpenuntergrund nicht näher bekannt	Transgredierendes Cenoman und Gosau über: kalkalpine Allgäudecke, kalkalpine Lechtaldecke, ausgeschoben: Inntaldecke, Kalkalpin sedimentiert über:
— — — — — — — — — — — — — Nordalpen-	Narbe — — — — — — — — — — — — — — — —
	Nordgrauwackenzone, Silvretta-Decke Mittelostalpin
Niesenflysch (Oberkreide) transgrediert über Nordpennin	Prätigauflysch über nordpenninischen Bündnerschiefern
Piemontesisch-penninischer Ablagerungsraum über penninischem Unterbau	Unterostalpine couches rouges u. Oberkreideflysch über Err-Bernina-Tasna-Unterbau } Mittelostalpin
— — — — — — — — — — — — — — — — Südalpen-Narbe	— — — — — — — — — — — — — — — —
Südalpiner Raum	
(Die betreffenden Unterbauten, einschließlich Oberjura-Unterkreide, dürften bereits weitgehend untereinandergeschoben gewesen sein.)	

Die mir bekannten Blockgesteine und Gerölle von Habkern konnte ich in dem aus vindelizischen Teilschwellen stammenden Schutt nicht nachweisen. Ist der ostrheinische Kreideflysch ultrahelvetisch, so muß er natürlich nicht dieselben Schuttgesteine aus einer gleich zusammengesetzten Nachbarschwelle erhalten haben wie ultrahelvetischer Flysch im W des Rheins.

Schwierigkeiten, die bei einem Vergleich beiderseits der Rheinlinie für die Kreidezeit bestehen, sollten nicht durch unnötige Miteinbeziehung von Unterbaumerkmalen, die vorher aus einer südlicheren Heimat herangekommen waren, vermehrt werden.

Zwar konnte ich 1932 die Fortsetzung der Sigiswanger Kreidefazies über die Schuppen der Hohen Kugel Vorarlbergs, über den Wildflysch der Fähnern (Ostschweiz), wohl auch ins Wäggital zeigen und M. Forrer 1946 fand sie in der östlichen Wildhausermulde. Aber nicht gefunden wurde sie südlich der Nordalpennarbe am Südrande des Rätikons. Auch bestehen zwar gewisse Analogien der

Faziesfolge von Oberstdorfer Flyschfazies zum Prätigau und Unterengadin. Doch genügen diese nicht, um eine hieraus ableitbare, übereinstimmende Baugeschichte oder gar die Verbreitung der Oberstdorfer *Decke* auch im S zu erweisen. Auch westwärts wurde sie bisher nicht gefunden.

So gut der Feuerstätter Wildflysch des O mit dem Habkernwildflysch im W nach der allgemeinen Auflagerung auf höherem Helvetikum und habituell, wenn auch nicht nach den vertretenen Hauptgesteinsarten, miteinander in Beziehung zu bringen sind, so schwierig ist es bisher die südlich folgenden Kreidesedimente zu parallelisieren. Die nachfolgende Deckenbewegung war zu ungleich, im W zu gewalttätig. Die kretazischen Baugeschichten beiderseits der Rheinlinie unterschieden sich wohl zu sehr.

Gleiches trifft auch zu für diejenigen Bauvorgänge, welche sich, bezeugt durch die Kreidehüllen, südlich anschließend über dem heute aufgeschlossenen, jurassisch-triadischen Unterbau abgespielt haben.

Die hierfür maßgebenden couches rouges- und Flysch-Hüllen der Präalpen-Klippen werden weiter studiert. Man wird versuchen müssen, sie in Beziehung zu bringen mit den freilich nur meist in klastischer Cenoman- und Gosaufazies, nicht ebenso weitgehend in Flyschfazies entwickelten Kreideüberzügen der Allgäu-Lechtal-Inntaldecke (E. Kraus 1941). Diese kretazischen Bildungsähnlichkeiten in O und W werden wegen der sehr starken Abtragung in der Ost- und Zentralschweiz wohl nur unter Mithilfe des in die subalpine Vortiefe geratenen Abtragungsschuttes rekonstruiert werden können.

Erschwerend wirkt auch, daß *im O der Nordteil* der Kalkostalpen, als „Randostalpin" eingeengt unter dem ultrahelvetischen Kreideflysch liegend, der unmittelbaren Untersuchung entzogen ist. *Im W aber fehlt der Südteil* der in den Klippen fast ganz, in den Präalpen teilweise entfernten Westfortsetzung unserer „*kalkalpinen Einheit*". Im Westen liegen ja die offenbar dem Rätikon vergleichbaren Äquivalente — abgesehen von der herausgeschürften Simmendecke — tief hinabgesaugt begraben unter dem Riesenschwall der penninischen Decken.

Was hier südlich anschließend über die kretazische Baugeschichte Auskunft geben kann, das konnte als nordpenninischer Niesenflysch nur in der Axialdelle zwischen Aar- und Aig. Rouges/Montblanc-Massiv der Abtragung entgehen. Es hat als Frontblock des penninischen Mammut-Staues die Präalpen bei ihrem Versuch ihn zu unterfahren in einen höchst schwierig zu entziffernden Walzblockbau zerquetscht, im Süden in ein Linsenchaos.

Damit setzt südwärts die tiefere *Walzmetamorphose der Alpen* ein. Sie beginnt epimetamorph im Süden des Rätikons mit dem Prätigau.

Wie unter dem oberkretazisch durch die Niesenflyschmasse aufgefüllten Nordwalliser Senkloch das Heimatgebiet von Helvetiden-Ultrahelvet-Präalpen abwärts in der Tiefe verschwand, so ging unter dem schon jurassisch durch 4 Kilometer Bündenerschiefer und kretazisch unter Zufüllung durch ähnlich mächtige Flyschmassen niedersinkenden Trogloch von Graubünden—Prätigau weiter verloren: Außer der helvetisch-ultrahelvetisch-präalpinen Heimat im Westen der Rheinlinie noch die Westfortsetzung der schon im Klostertal fast ausgequetschten Nordgrauwackenzone mit dem Landecker Quarzphyllit.

Der Tonnageverlust, ausgedrückt in Verlust an geographischer Breite, war im W der Rheinlinie aber viel gewaltiger. Am meisten ging nach unten im Senkungsfeld der heutigen Präalpen verloren, was zwar deren oberflächennäheres Trümmerwerk der Abtragung bis heute entzog. Dabei aber wurde außer der Chablaisbasis auch das Massivstück zwischen Aar- und Aig. Rouges/Montblanc-Massiv verschluckt.

Und ostwärts gegen die Rheinlinie taucht das Aarmassiv wieder unter, jedoch wohl nicht ebenso zusammengestaucht wie im W. Dies kann ersehen werden aus der trotz aller Teilwalzung durch einst vorhandene Deckelplatten im großen sehr ruhigen, flachundativen Lagerung des offenbar über jener Stabilplatte liegenden Prätigauflysches nach P. Naenny 1948, 83, R. Staub 1934.

Allgemein ergeben diese Verhältnisse das genetische Zusammengehen von schärfster und raumgreifendster Tektonik mit langdauernder, tiefster Absenkung einerseits (W. der Rheinlinie) und von weniger gewalttätiger Horizontaltektonik mit weniger tiefer Absenkung, sowie geringerem Massenverlust in Kreide-Tertiär andererseits (ostrheinisch).

Genau dies und die senkrechte Stellung der Narbenstrukturen entspricht dem Gedanken der Unterströmungslehre. —

Die Steilstrukturen im S des Aarmassivs teilen sich in solche nahe dem Oberrheintal Dissentis-Chur (E. Kraus 1948) und solche im S des scharf beschnittenen Gotthardmassivs. Die letzteren setzen über die Terrizone ostwärts in den Sockel von Thalihorn-Crap gritsch fort. Hier, NO. Vals 12 km S. Illanz, zeigt das schöne Profil von W. Nabholz 1945 ein steiles Hinabtauchen der oberen Valserschuppen und des Aullappens von S her, während von N her steil die stark zerschlitzten Platten der Luschania-Terrizone mit ihrer Lugnezschiefer-Unterlage hinabsinken.

Dieser abwärtige Massenschwund, ermöglicht nur durch Abwanderung gegen größere Tiefen, bezeichnet offenbar den *Südast der Nordalpennarbe*. Nappistische Vorstellungen von Aktivität oben versagen auch hier.

Wir haben einen noch oberflächennäheren Anfang stärkerer Massenverluste in größerer Tiefe vor uns. Darüber liegen flach teils über der Schwundzone oben ausgeschobene, teils aber wohl erst bei gleichzeitiger Senkung neusedimentierte Bündnerschiefer, nordostwärts auch unterschobene Baueinheiten des Stätzerhorns, schließlich noch die mächtigen, flachliegenden Flyschschichten des Prätigaus. All das verhüllt die kaum auslotbare Verschluckungstiefe hier im Bereich der horizontal nordwärts umlenkenden Nordalpennarbe.

Oder zerschlagen sich M. Lugeons „racines externes" ostwärts noch weiter? Gewinnen die Anzeichen der tiefen Versenkung unter dem hier anschließenden Silvrettadeckel vielleicht Verbindung mit der Engadiner Linie (1936, 39, 55)?

Wir wissen nicht ob und mit welchen bezeichnenden Strukturen die Nordalpennarbe unter diesem jurassisch-kretazisch gefüllten Loch 40 km nördlicher in die Narbenfortsetzung am Rätikon-Südrand und über den Arlberg fortsetzt. Dort wo die penninischen und unterostalpinen Elemente (letztere in Schuppen rasch aufhörend) endgültig nach N untertauchen, dort wo die helvetisch-ultrahelvetischen Elemente entgültig südwärts steil untertauchen in die nordalpine Verschluckungszone.

Die über jenem Massenschwund aufwärts ausgeschobene, starre Kalkalpenplatte des Rätikons wurde infolge ihres starken axialen Westanstieges über den jenseits der Rheinlinie viel weiter südwärts unterschobenen und dann emporgewölbten Helvetbau längst abgetragen. Nur die Schweizer Klippen setzen unsere kalkalpine Einheit in gleicher Lage westlich fort.

Die überaus bedeutungsvolle *Rheinquerung* dürfte recht alt angelegt worden sein. Die kretazische Orogensedimentation suchte sie zu verhüllen. Die jurassisch-kretazischen Absenkungen in ihrem Raume gehören jedenfalls zu der Arbeitstendenz der Nordalpennarbe, also zu der älteren Haupteinengung in N—S. Nun haben wir aber dann eine ausgeprägte und gerade hier verschärfte Axialneigung von W gegen O. Sie ist offenbar tendenzmäßig abzutrennen von der vorherigen N-S-Einengung unter Absenkung.

Es scheint mir nicht zweifelhaft, daß außerdem das Auftreten der zahlreichen Beweise für Ostunterfaltung und Ostunterschiebung (O. Ampferer 1930—1937, R. Staub 1934, E. Kraus 1936, 52f., 1942, 40 u. a.) von Vorarlberg südwärts weit nach Bünden hinein zugleich mit dem noch ausgedehnteren Achsenabstieg gegen O (1940, 35, M. Blumenthal, P. Naenny 1948, H. Jaeckli, W. Nabholz u. a.) mit 15—20 Grad nicht zufällig ist.

Die alte Schwäche der Rheinquerung dürfte zu einer erheblichen und regional weitgreifenden Unterfahrung der etwas älteren, bereits etwas höher aufsteigenden Ostalpen durch die später in heftiger Absenkung und zugleich in Deckenformung begriffenen Westalpen ausgenützt worden sein. Das war die nach der großen Nordsüdunterströmung und Deckenwanderung ansetzende *Alpenlängsstauchung* (1936, 312). Sie verband sich allmählich mit dem ebenfalls späteren Achsenanstieg gegen W. Er betraf auch die an sich auf Absenkung eingestellte Nordalpennarbe. Auch die Absenkung der Achsen, welche noch den Molasseflüssen den Ausweg in die Vortiefe erleichterte, bzw. deren Gewässer im Raum von Chur sammelte zu einer Hauptrinne (R. Staub 1934, Taf. VI), ging an der Rheinquerung vor sich.

Diese reichte aber wohl sogar bis an die Südalpennarbe im Veltlin. Denn von Osten her allein bis zu ihrem Meridian ist nach 1936, Taf. I, das unterostalpin-grisonide Fazies- und Deckengebiet wirklich *nachgewiesen*; weiter westlich aber nicht. Auch neuere Versuche eine Verbindung des echten, wirklich im S beheimateten Unterostalpins mit dem Briançonnais herzustellen haben keine Beobachtungsgrundlage und keine Wahrscheinlichkeit (Fr. Roesli 1946). Ebensowenig führten die häufigen Bestrebungen die Präalpen-Klippen mit dem Unterostalpin zu verknüpfen zu befriedigendem Ergebnis.

In einem anfänglichen, verständlichen Überschwang glaubte man an die südalpine Herkunft der nördlichen Kalkalpen als des Oberostalpins und vermeinte darum auf dem rechten Weg zu sein, wenn man den von R. Staub so hervorragend geklärten Zwiebelschalenbau der südöstlichen Schweizeralpen theoretisch über die ganze westlichere Schweiz verlängerte. Nach dem aber, was man im Gelände sehen kann, wäre man gewiß nicht auf solche Vermutungen gekommen. Sie wurden bereits 1936, 79, 192, abgelehnt, zusammen mit dem ganzen Ausquetschmechanismus einer „Wurzel“. *Er ist zu ersetzen durch den Versenkungsmechanismus einer hinabbauenden Narbe.*

Übrigens ist ja auch der Charakter der Ivreazone als einer engst zusammengepreßten Wurzelzone (der hier im W fehlenden Grisoniden) nach neuen Schweremessungen (E. Niggli 1946) im NW des Lago Maggiore tatsächlich nicht verwirklicht. Die Schwereantiklinale bei Brissago kann sich quantitativ nicht decken mit einer solch schmalen, tiefreichenden Wurzelzone. Hier steckt ein viel breiterer, dichter Intrusivkörper wie ihn schon 1929 V. Novarese als ein alpintektonisch nur wenig beanspruchtes Massiv ansprechen mußte.

So leiten denn auch die Grenobler Geologen die Präalpen nicht aus den „racines internes" der Südalpennarbe, sondern aus den „racines externes" unserer Nordalpennarbe ab. Zu diesem Ergebnis war Verfasser 1936, 86 ff. gekommen.

Die Aroser Schuppenzone ist bekanntlich ein Schuppengemisch an der Sohle einer großen, der oberostalpinen Decke, die nach abwärts den Schürflingen aus der überfahrenen Unterlage auch aus ihrem Körper Scherlinge beigesteuert hat. Ist die Unterlage aber keine unterostalpine Decke mehr, sondern Ultrahelvet, so hören sehr rasch die unterostalpinen Mitbringsel auf. Wenn bei Hindelang oder Oberstdorf im Allgäu auch porphyritische Gesteine aus dem Untergrund in solchem Schürflingsgemisch vorkommen, die hier zu einem Wildflysch gehören, so beweist dies nichts für Bündener Ophiolithe und schon gar nichts für die unterostalpine Herkunft von solchem Deckensohlschutt, beziehungsweise für die südalpine Abkunft der nördlichen Kalkalpen.

Zur Gleithypothese

Der hochverdiente, kritische Mitorganisator unserer alpinen Deckenlehre, M. Lugeon, hat 1941 für die Alpen und für den Tafeljura, z. T. mit seinem allzufrüh dahingegangenen, großen Schüler E. Gagnebin einer Abgleithypothese für geosynklinale Bauten das Wort geredet, ebenso M. Gignoux, D. Schneegans. Vgl. Tercier 1950.

Schon E. Reyer 1888, H. Schardt 1896, M. Lugeon 1896, O. Ampferer 1930 bis 1936, E. Haarmann 1930 in seiner Oszillationstheorie, R. W. van Bemmelen 1932 in seiner Undationstheorie, M. Gignoux 1938 hatten gleiche Versuche unternommen.

Nach M. Lugeon & E. Gagnebin entstand die alpine Deckenstruktur

1. durch die Kompression des herzynischen Unterbaues, wobei sich die zwei kontinentalen Vorlandsplatten im N und S gegen- und übereinanderschoben, so die Deckenhaufen bildend (E. Argand, R. Staub);

2. durch langsames Abgleiten der Oberflächen-nahen Gesteinsmassen über die Abdachungen des Reliefs, welche jene Einengungen verursacht hatten. Als solche oberflächliche Gleitmassen werden angesehen Präalpen, Helvetiden, Faltenjura und alle E. Argandschen „Plis de couverture". Zur Gleitung traten noch Abtragungen, Überschiebungen, neuerliche Drucke. Insgesamt aber hätten wir eine ungeheure, subaerische Solifluktion vor uns.

Zu den ablehnenden Stellungnahmen gegenüber den früheren Abgleit-Deutungen (z. B. 1931) wurde nicht Stellung genommen.

Die angeführten Begründungen erscheinen verschiedendeutig. Gewiß kennen wir umfangreiche Reliefbewegungen etwa unter arktischem Klima auf ostsibirischen Tonen, Bergsturznischen bis an 30 m Tiefe, submarine Massenabgleitungen besonders im ostalpinen Oberjura. Aber tiefer eindringend als mehrere Zehner von Metern, vielleicht höchstens 100 m wie unter den besonderen Umständen eines durchnäßten Bodens vor Gletscherstau (auf Posener Ton; 25 m dicke Glazialschollen u. a.) kennen wir solche Abgleitungen allein durch Schwerkraft nicht. Kleindivertikulation also ist bekannt *aber nicht Gleitung in tektonischem Ausmaße.*

Dafür sind die Reibungen zu hoch, die Böschungswinkel der möglichen Gleitbahnen zu gering, die Reliefgefälle im allgemeinen auf größere Entfernung zu schwach. Zudem müßte die Gleitdecke seit ihrer Bewegung doch immer schon erosiv zerstört sein und könnte nicht noch heute Berggebiete von bis 2000 m Höhe bilden. Paläogeographisch ließ sich nirgends durch Nachweis von Abtragschutt im Bereiche der erforderlichen, sehr viele Kilometer hohen und steilen Reliefhebungen deren ehemaliges Vorhandensein wahrscheinlich machen.

War es nicht vielleicht nur die mechanische Ausweglosigkeit auch der nappistischen Plattenramm-Hypothese, welche zu solchen seit Rexer abgelehnten Gedanken zurückkehren ließ? Aber das haben wir doch heute nicht mehr notwendig. Brauchen wir doch nur einmal der Gedankenwelt der Unterströmungslehre näherzutreten. —

In diesem Falle erübrigen sich auch die Versuche neben einer aktiven Drucktektonik eine Zug- oder Passivtektonik (H. Günzler-Seiffert 1943) einzuführen. Sie paßt in die Horizontaldruckmechanik oben ebensowenig wie „sekundäre Rückfaltungen“ oder insubrische Rückenstöße.

Denn die Deutung der alpinen Strukturen über einen aktiv bewegten und zwar wechselvoll nach Richtung und Höhenlage, wenn auch überaus langsam strömenden Geoplasma bietet ja nicht weniger — und zwar *mechanisch wohl verstehbare* — Deutungsmöglichkeiten als jene, die wir in der Natur tatsächlich verwirklicht vorfinden. —

k) Zentralalpine Kreidebewegungen der Ostalpen

Abgesehen von den klareren Einblicken, welche die Gosaureste von Kärnten und Steiermark bieten, können aus den östlicheren Zentralalpen nur mittelbare und noch vielfach umstrittene Schlüsse für das tektonische Verhalten während der Kreide gewonnen werden.

Schon mit der Auffassung, welche wir notwendigerweise vertreten, daß die orogenen Antriebe in der Tiefe liegen und von da mehr oder weniger weit nach oben emporreichen, ist erhebliche Unsicherheit verbunden. Haben wir doch mit einem unmerklichen oder stockwerksartig gestuften Abflauen der jeweiligen Gebirgsbewegungen nach aufwärts zu rechnen. Es können in der Tiefe starke, namentlich waagrechte Verschiebungen eintreten, ohne daß sie im Relief und damit im Schichtprofil gleich kräftig oder überhaupt deutlich zum Ausdruck gelangen.

Freilich wäre bei der umgekehrten, bisherigen Auffassung, daß der Kraftantrieb „irgendwo oben“ liege, ähnliches Abflauen nach abwärts der Fall. Auch dann könnten die an der Erdoberfläche ausgeprägten Bewegungsspuren nicht ohne weiteres mit den Kräfteäußerungen der Tiefe zeitlich und stärkemäßig gleichgesetzt werden. Da den Zentralalpen weithin die Kreide fehlt und wir nur die Gesteine größerer Tiefenstufe vor uns haben, muß aber dieser Frage der Gleichstellung irgendwie näher getreten werden.

Heute liegen die Bewegungsspuren der Tiefe in den Zentralalpen *neben* jenen der Oberflächennähe in den nördlichen und südlichen Kalkalpen. Als vermittelnde Brücke könnte in diesen Fragen das Zwischenstockwerk der Grauwackenzonen aushelfen, wenn in diesen über Stärke und Termine der Gebirgsbewegungen eindeutige Klarheit zu schaffen wäre. Ein solcher Brückenschlag ist aber heute noch nicht möglich, es fehlt noch sehr besonders an petrologischen Feststellungen.

Außerdem kann man oft schwer entscheiden, ob eine Durchbewegung und Kristallisation in der Tiefe sich unmittelbar der mit der geosynklinalen Absenkung verbundenen sedimentären Stoffsammlung anschloß oder welcher späteren von solchen Versenkungs- und Umformungsphasen diese Tiefenbewegung und Tiefenumwandlung angehören. Diesbezüglich bestehen 3 Hauptmöglichkeiten:

1. Der gesamte uns sichtbare Gesteinsstock von der Katà- durch die Meso- und Epizone entstammt einer einzigen, wenn auch langdauernden, letzten Senkung, Durchbewegung, Kristallisation und Hebung. Frühere Leistungen sind so ziemlich ausgelöscht. Die klaren Beobachtungen über die oberkarbonisch-permisch-untertriadische Ungleichförmigkeit, über alte Gerölle, über Einbeziehung älterer in jüngere Bewegungssysteme und über nachträgliche Umwandlungen sprechen *gegen* diese Auffassung.

2. Die älteren und ältesten Bewegungen sowie Kristallisationen sind so ziemlich unberührt von nachvariszischen, also alpidischen Vorgängen. Man kann daher aus ihnen für die jüngeren Zeiten nichts mehr entnehmen. Auch dagegen sprechen zahlreiche Beobachtungen über Geröll-Umwandlung, über kristallin-tektonische Beanspruchung harmonisch mit alpidischen Bewegungen und über nachweislich junge Graniteinschübe.

3. In den drei kristallinen Schieferstockwerken sind bereits drei zeitlich und bewegungsmäßig getrennte Senkungs-, Ablagerungs-, Faltungs- und Kristallisationsakte erhalten, welche noch durch ebensolche in variszischer Zeit vermehrt werden. Nach den Ausführungen von W. Hammer, F. Heritsch, R. Schwinner, auch nach den Arbeitsergebnissen von Br. Sander, W. Schmidt, E. Clar, H. P. Cornelius, H. Mohr, F. Angel, A. Tornquist u. a., sowie von Schweizer Verfassern sprechen für diese dritte Möglichkeit mehr oder weniger bestimmt die meisten Beobachtungen. Wir haben deshalb für die ersten Zeiten der Baugeschichte entsprechende Schlüsse zu ziehen versucht.

Nach dem vierten, dem variszischen Hauptbewegungsakt, haben wir demnach einen fünften, offensichtlich der Jura-Kreide als „prägosauisch" oder „juvavisch" angehörenden Hauptakt zu unterscheiden. Es ist zu versuchen, wenigstens in dieser allgemeineren Fassung einen Vergleich zwischen den baugeschichtlichen Erfahrungen in den mehr oder weniger kristallinen Zentralalpen und jenen der anschließenden kalkalpinen Geosynklinalen zu ziehen. Dabei sind wir uns darüber klar, daß baugeschichtliche Vorstellungen in den Kalkalpen nur dann richtig sein können, wenn sie irgendwie mit den Beobachtungen der tieferen, zentralen Stockwerke in Einklang kommen, aber auch umgekehrt. Andererseits können wir nicht erwarten, daß die tektonischen Bewegungsformen unter den abweichenden physikalisch-chemischen Umständen der Tiefe jenen entsprechen, welche der oberflächennahe Bauplan zeigt. Schon die vorkristalline Beweglichkeit der Tiefe warnt davor.

Der Begriff der „Tauern-Kristallisation"

spielt eine große Rolle. Es scheint uns sehr fraglich, ob hier ein einheitlicher Vorgang zugrunde liegt. Zwar kann man einen solchen langdauernden Vorgang annehmen, streng bewiesen aber ist er nicht. Die auftretenden Geröllgneise und Transgressionsflächen *beweisen vielmehr die zeitlich starke Zergliederung petrographisch gleichartiger Gefüge.* Weil während der Bildungszeit von zwei oder drei Gebirgen *unter gleichen Umständen gleiche Gesteine*, Strukturen, Umwandlungen und Granite entstanden, eine petrographische Entwirrung also nicht mehr möglich ist, können aus solchen Untersuchungen auch im allgemeinen keine exakten Beweise oder Gegenbeweise für Schlüsse aus anderen Beobachtungskreisen gewonnen werden. Dies berührt in keiner Weise die bewunderungswürdigen Arbeiten und Ergebnisse Br. Sanders über zeitlich abtrennbare Durchbewegungen. Deren wünschenswerte Verbindung mit der Baugeschichte fehlt uns. Vgl. S. 27.

Maßgebend für unsere baugeschichtlichen Überlegungen ist hier das von Br. Sander mit Recht immer in den Vordergrund gestellte Altersverhältnis zwischen Ende der Kristallisation und Termin der Hauptbewegungen, das heißt die Frage, ob die gebirgsbildende Bewegung nur im plastischen oder auch im kristallisierten, festen Gestein wirksam war:

Auch die granitischen Einschübe, z. B. des „Zentralgneises", können wir keineswegs für gleich alt halten. Eine sorgfältige Prüfung von Ort zu Ort bleibt unerläßlich. So wenig das Höchstalter der alpinen Bewegung im ganzen, wie man anfangs glaubte, sich bestimmt nach dem Alter des am *Alpenrand* noch eben mitgefalteten Jungtertiärs, so wenig bestimmt sich das Alter sämtlicher Graniteinschübe nach dem teilweise sehr wahrscheinlich mesozoischen oder gar oligozänen Alter bestimmter Granite.

Die eigentliche „Tauernkristallisation" wird von Br. Sander als eine durch aufdringende Tauerngranite bedingte Kristallisation, also Erstarrung in der Tiefe, genommen, welche auch das Mesozoikum der Tribulauntrias miterfaßte. Wegen der besonders von H. P. Cornelius geäußerten Bedenken liegt es näher, *diese Kristallisation überwiegend* nicht auf die — an sich gewiß nicht auszuschaltende — magmatische Wirkung, sondern mehr *auf den Umstand größerer Tiefenlage zurückzuführen*.

Auch nach W. Hammer fällt *die Zeit der „Tauernkristallisation" in Jura-Kreide und ist vorgosauisch*. Außer dem Zentralgneis im Tauernkern erfaßte sie noch die Untere Schieferhülle und dauerte länger als deren tektonische Durchbewegung, welche nicht auf eine völlige Abschiebung des Einschubkontakts zwischen Gneiskern und Hülle, sondern nur auf eine nach oben zunehmende Verfaltung und Teilabscherung hinauslief. In einem aufwärts schwächeren Maße ist auch noch die Obere Schieferhülle von „Tauernkristallisation" umgeprägt oder mit zugeführten Stoffen durchsetzt worden. Sowohl im allgemeinen Aussehen wie auch nach der Grünsteinführung gleichen die Kalkphyllite der Oberen Schieferhülle den Bündener Schiefern bzw. umgewandelten Allgäuschiefern.

Die „Tauernkristallisation" trennte nicht etwa eine ältere Nordbewegung von einer jüngeren Südbewegung (oben!), *sondern sowohl im plastischen wie im kristallisierten Zustand gab es die großen Nord- und die großen Südbewegungen*. Beide, auch die Südbewegungen (oben) entstanden schon in großer, noch plastisch gestaltender Tiefe, was bei der von uns angenommenen gleichzeitigen Tiefenmechanik beider in den Narbentiefen nicht wunder nimmt.

Wenn man fragt, welches die *damals überdeckenden Gesteinsmassen* während der großen Versenkungen, der Bewegung und Belastungsumwandlung waren, so können wir nur eine wahrscheinliche, aber nicht zu beweisende Antwort geben;

kommt es doch sehr auch auf die damals an der Erdoberfläche vorhanden gewesenen Umstände an. Wahrscheinlich türmten sich die mächtigen Schiefermassen und die Grünsteinlager, welche wir heute zum Teil noch in der Oberen Schieferhülle haben über dem versinkenden Meeresboden. Außerdem müssen die heute im N und S ansetzenden Schubplatten, die gegen die Zentralalpen nur erosiv endigen, früher viel weiter über den jetzigen Zentralwulst weggereicht haben. Denn hatte die nordalpine Narbe nach unten besonders viel an Tiefenmassen verloren, so mußten sich ihr die zentralalpinen Massen unterschiebend nähern; sie kamen somit unter mächtige Hangenddecken im N und vom N her. Trat Gleiches an der Südalpennarbe ein, so schoben sich die Zentralmassen unter diese hinab und erhielten so die Last der sich gleichzeitig oben stauenden Deckenplatten im S und von S her über sich. Ein Nachlassen dieser ansaugenden Kräfte der beiden Nachbargeosynklinalen konnte jeweils verbunden sein mit Hebung und Abtragung der Hangendlasten: Unterwälzungsstruktur in der Tiefe, dann Hebung.

Ein solches Kräftespiel zwischen zwei sich derart nahe kommenden Orogenen kann nicht auch an den freien Außenflächen eines Orogens, also im Bereich der nordalpinen und der südalpinen Vortiefe angenommen werden. *Daher können die Erscheinungsformen solcher äußerer Deckenbewegungen mit „Stirn" und „Wurzel" nicht selbstverständlich auch in der zentralalpinen Mitte erwartet werden.* In letzterer als dem Wirkungsfeld *beider* Nachbarnarben mit höchst gesteigerter Versenkung, Heraushebung und Abtragung haben wir allein die mehr oder weniger kristallinen Schiefer, die geschieferten Schmelzflußgesteine mit zahllosen Übergängen oder gleichförmigen bzw. fast gleichförmigen Dach- und Sohlflächen, mit Schub- und Scherflächen und Schichtfugen in einem ungeheuer mächtigen Paket (Abb. 125).

Die endlose Mannigfalt von Druck-, Belastungs- und Kontaktumwandlung zeigt, *daß kein einheitlicher Deckenschwall etwa in nördlicher Richtung vorliegen kann:* Hierzu äußerte sich A. v. Winkler-Hermaden 1923 über die vier Tauchfaltendecken von L. Kober im Zentralgneis der östlichen Hohen Tauern. Damit ist das Vorkommen von teildeckenähnlichen Gebilden, wie sie in der Zillertaler und Tuxer Schieferhülle mit unbestimmbarem Verschiebungsbetrag „gegen NW über die" schon vorhandenen Gneismassive gewalzt und tektonisch eingeschuppt wurden, nicht ausgeschlossen — wobei das variszische und alpidische Alter offen bleibt. Auch Br. Sander wollte 1921, 187, nicht von wirklichen Decken, sondern von „Bewegungshorizonten" sprechen.

Meist haben wir Verhältnisse, wie sie der Genannte vom Tauern-Westrand schilderte: *Zunahme* der Kristallinität gegen innen bzw. unten, wo nicht nur ein eingedrungener Granit seine randlichen Wirkungen ausübte, sondern zugleich die wachsende Tiefe; *Abnahme* der Gänge und Brüche sowie der nachkristallinen Verschiebungen; *Zunahme* der Bewegungen vor und während der „Tauernkristallisation", auch der gleichförmigen Verwalzung. Im N und S, also narbennäher, ging auch nach der Kristallisation die Bewegung weiter. *Senkrechte*, generalstreichende Triasdolomitlinsenzüge wechseln im NW der Tarntaler mit ebenso steil verspießten Quarzphyllit-Plattenleisten. Das ist keine horizontale Deckenbewegung!

Die zentralalpine Tiefenleistung alpidischer Zeit flaut gegen die Kalkalpen im N und S ab, in denen wir heute nur die wenig tief hinabgetauchten, oben gestauten Stockwerke finden. Zwischen ihren beiden Abfuhrsträngen im N und S, vielleicht unter deren vereinigter Saugwirkung, versank das ganze algonkisch und variszisch verdickte Zentralgebiet und wurde *einmal durch die Übermacht der Südnarbe gegen S, einmal gegen N hinabgezerrt.*

Bei solcher *Tiefenwälzung* muß es gewaltige Verwalzungen gegeben haben. Vielfache Verwischung von Ungleichförmigkeiten, Umwandlung, Stoffzufuhren, Granitisierung, Stauungen zusammenstoßender Decken von N und S, Einsaugung von Tauchdecken in Teilmulden und mächtige Überbelastung waren die ersten drastischen Folgen an diesen zentralen Gesteinen. Es schlossen sich an Heraushebung, weitere Strömungsabsenkung, nur noch weiter draußen zu seiten des nunmehr schon stark verdickten, darum besser steigfähigen zentralen Schwellenwulstes, bis schließlich die Wirkungen hinauswanderten in die Vortiefen.

Diese Gedanken legen uns *einen Walzbau, keinen Deckenbau* nahe, der hier vorliegt, und den wir 1936, I allgemein zu kennzeichnen versuchten. Dort, wo Abbiegungen des Längsverlaufes dieser Narbenzüge eintraten, wie in Judikarien oder an der Grenze zwischen O- und W-Alpen, mußten sich auch starke Schrägrichtungen einstellen (Torsionsbau in den Dolomiten, Richtungs-

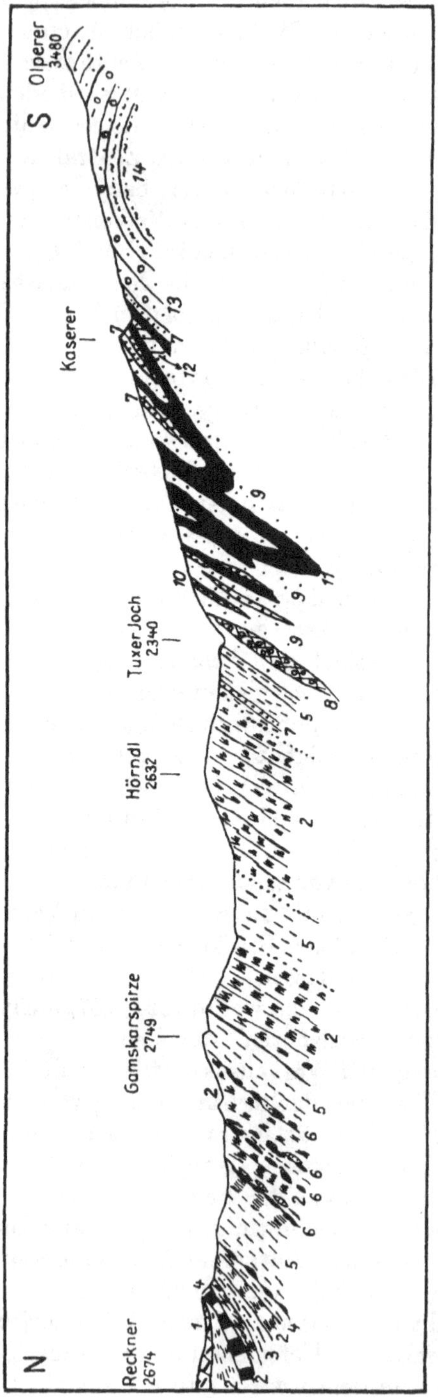

Abb. 125. *Profil* (12 km lang) *vom zentralalpinen Zillertal-Gneiskern nach N* durch Untere und Obere Schieferhülle bis zum Quarzphyllit und dem aufliegenden, zentralalpinen Tarntaler Mesozoikum: Unterwälzungstektonik. Nach Br. Sander, Verh. Wien 1920, Taf. XI, Profil 6. *1* Serpentin. *2* Kalkphyllit. *3* Innsbrucker Quarzphyllit. *4* Tarntaler Trias-Dolomit, ? auch Jura. *5* Kalkarmer Glanzschiefer. *6* Vermutlich Triasquarzit. *7* Quarzit allgemein. *8* Gneismylonit. *9* Tuxer Grauwacke. *10* Amphibolit (Gabbro). *11* Marmor. *12* Greinerschiefer der Unt. Schieferhülle mit Tauernalbit. *13* Phyllit. Gneis- bis echte Quarzphyllite, Geröllgneise, Tuxer Grauwackengneise, periphere Zentralgneise; tektonisches Gemisch dieser Gesteine. *14* B-Gneis. Das Ganze ist als Liegendes der Südflanke unserer Nordalpennarbe nordwärts unterschuppt, hinabgewälzt (S. 283).

wechsel am Engadin!). Solche können auch wiederauflebend nach variszischen oder noch älteren Strukturen entstanden sein, wie im Tauernbereich (E. Clar), in der Schober- und Kreuzeck-Gruppe.

Die Dinge sind so verwickelt und oft noch so ungeklärt, daß wir die zentralalpine Baugeschichte im einzelnen heute nur als Problem für weitere Forschung, noch nicht als Ergebnis einer solchen aufbauen können. Klar liegen die Befunde über durchweg längere Dauer der Tiefenlage mit Kristallisation gegenüber der tektonischen Bewegung für einen großen Teil der Ötztaler Alpen, für die Hohen Tauern und für Hauptteile der Glimmerschiefergruppe (Schneebergzug—Untere Schieferhülle). Das heißt, sehr allgemein hat die Gebirgsbewegung nicht gleichzeitig mit Aufwärts-, sondern *mit Abwärts-Verlagerung* bzw. *in großer Tieflage* die Strukturen geschaffen, so daß ein „*Hinabbau*“ vollzogen wurde.

Den mehrfachen Senkungs- und Faltungszeiten entsprechen auch mehrfache Haupteinlagerungszeiten von Grünsteinen in der jeweils ersten Senkungszeit. Danach ging die Kristallisation noch weiter und entwickelten sich mehrfach granodioritische Einschübe in die jeweils schon fertigen Orogenstrukturen.

Die vorgosauische Hauptbewegung

Im besonderen wird die vorgosauische Zeit als jene des „oberostalpinen Deckenschubes“ angesehen. Da über die unveränderten östlich-zentralalpinen Gosauschichten die nördlichen Kalkalpen nicht hinweggewandert sein können, müßte eine solche Hauptbewegung schon vorgosauisch stattgefunden haben. Wir sahen die Beweise *gegen* die südliche Herkunft der Nordkalkalpen und müssen daher die für jenen Deckenschub maßgebenden Schubflächen als gegen S in dem jetzt abgetragenen Gebiet begrenzte *Walzflächen* betrachten. Ihnen gehören nicht nur die oben gegen S weisenden Schubflächen der südlichen Kalknordalpen, zum Teil die juvavischen an, sondern vor allem die gleichgerichteten, gegen S ansteigenden Schubflächen, welche die Nordgrauwackendecken begrenzen und noch weiter durch den Quarzphyllit in den Zentralalpenbau eingreifen (E. Hartmann 1913, R. Schwinner 1925, E. Braumüller 1939, Radstädter Tauern). *Alle diese nordwärts sinkenden Bewegungsflächen entsprechen der großen, allgemeinen, vorgosauischen Unterschiebung der Zentralalpen unter die hangenderen Teile der nordalpinen Narbe hinein.* Sie gehören also wenigstens zum großen Teil der *vorgosauischen* Bewegung an, der auch, wie wir hörten, die nördlich dieser Narbe gegen N ansteigenden Schubflächen bzw. Decken weitgehend zuzurechnen sind:

Vorgosauisch haben wir beiderseits des nordalpinen Orogens einen gemeinsamen Bewegungsvorgang!

So schieden nach den vorliegenden Untersuchungen F. Angel und F. Heritsch 1931 als Äußerungen der (2.) Bewegungs- und Einschubphase, gleichzeitig mit der Vorgosau-Gebirgsbildung der nördlichen Kalkalpen aus:

Für die Ötzmasse: Diaphthorese und Mylonitbildung an großen Störungsbahnen (nach Hammer teilweise schon vorpermisch), Albitisierung, Graniteinschübe; für den alten Randbogen westlich Graz: die zweite Gebirgsbildung mit Diaphthorese; das oberostalpine Kristallin „übersteigt die Semmeringtrias und das zugehörige Kristallin“ (Unterschiebung des Semmeringgebietes gegen N); für die Hohen

Tauern die erste tektonische Phase; die Folge Altgneis (B) — Quarzphyllit — Paläozoikum — Mesozoikum lag am Ende der Phase schon in tektonischen Serien (SANDER).

BR. SANDER unterschied *zwei vorgosauische Phasen.* Die „Wanderung der Kalkalpen nach N“ — wir sagen: die Unterschiebung der Grauwacken-Tektonite nach N unter die nördlichen Kalkalpen — hat schon in der ersten Vorgosauphase stattgefunden. Während der zweiten Phase geschah die Überschiebung der Ötz-Stubai-Masse, also des ursprünglich Liegenden der Quarzphyllite und Grauwacken, welche ihre Gesteine als Geröll in die Muttekopfgosau geliefert haben, gegen N über den Quarzphyllit. Gleichzeitig wurde das Stubaier Mesozoikum dem kalkalpinen nordwärts so nahe gerückt. Gegen S wurde die Speikbodendecke, nach BR. SANDER nachträglich bewegt (?), in der zweiten Gosauphase verschoben. Die Unterschiebung vom Unterengadiner Fenster aus unter die Ötzmasse, aus N (Quarzphyllit von Landeck) und aus NO ist nach W. HAMMER offenbar vorgosauisch, ebenso wie die Abtrennung der Silvretta von der Ötzmasse oder die Überkippung der Schneebergmulde gegen SSO. Jünger, nach der Tauernkristallisation, war z. B. der Vorschub der Steinacher Decke oder die Verschuppung des Schneebergzug-Nordrandes mit der Tribulauntrias.

Die alpidische Bewegung und die Diaphthorese nimmt nach F. HERITSCH 1927, 188, vom Katschberg, also vom Ostende der Tauern an, *ostwärts allmählich ab.* Die Hohen Tauern haben sich nach O und NO unter das „oberostalpine“ Altkristallin geschoben, welches von Paläozoikum mit wesentlich geringerer Umwandlung überlagert wird, als es im Tauernbereich auftritt. Daraus schloß HERITSCH auf eine geringere alpidische Bearbeitung im O, wo die Bewegungen schon wesentlich älter sind.

Mag auch im einzelnen vieles noch unklar sein, so bleibt doch gesichert, *daß die Vorgosau-Bewegungen* und die diesen wahrscheinlich bald, also noch in der Kreidezeit folgenden *für den Zentralalpenbau wahrscheinlich ungleich mehr bedeuteten als die tertiären Bewegungen,* welche sich hier mehr auf ein weiteres Zurechtrücken und Herausheben beschränkt haben. Diese Auffassung bestätigt sich, wenn wir den in Kärnten und Steiermark *unter den dort erhaltenen Gosaubildungen bereits fertigen Gebirgsbau betrachten.* Wie Abb. 126 zeigt, gibt es hier zahlreiche Oberkreidevorkommen besonders im Krappfeld, am Lavanttal, in der Kainach und am Poßruck.

Westlich vom Floriani-Graben greifen nach H. BECK 1927, 1928 die Mergel, Sandsteine und Kalksteine der Gosau-Oberkreide über das gefaltete und überschobene, außerdem schon in Schollen zerbrochene und stark erodierte Triasgebirge, nordwärts auch über das Paläozoikum.

Die Krappfeld-Gosau zwischen Görschitz und Metnitz (NNO Klagenfurt) ist nach FR. KAHLER 1928 eine vielleicht teilweise schon turone, jedenfalls senone Flachmeer-Schichtfolge, die ohne Anzeichen scharfen Reliefs und ohne Süßwasserbildung aus S oder SO über sehr verschieden alten Untergrund mit Umlagerungsschutt von Phyllit, Quarz, Rudistenkalk ungleichförmig übergriff. Der triadische Untergrund ist schon stark gestört. Im S wurde auch hier die gleiche rote Bauxit-Verwitterungserde wieder mit abgelagert, wie in der Kainacher oder Kreuzgraben-Gosau oder wie sie in der nordalpinen unteren Gosau so oft die vorgosauische Verwitterungszeit anzeigt.

Ganz wie in der nordalpinen Gosau namentlich gegen oben die Flyschtracht weithin einsetzt, so stellte sich auch hier in der Krappfeldgosau neben dem Gosauflysch der mittleren

Abteilung dieser ungleich lebhaftere Absatz aufwärts ein mit Phyllit-, Diabas- und Quarzschutt der Umgebung. Sehr beachtenswert ist dabei der Umstand, daß FR. KAHLER einen mindestens *dreimaligen Ablagerungszyklus der Gosau* erkannte:

Die Folge beginnt jedesmal mit transgressivem Grundkonglomerat, geht in mächtige, gleichmäßige Portlandzementmergel über und schließt mit einem Romanzement-Flyschmergel, versehen mit ausgeprägter Wiederholungsschich-

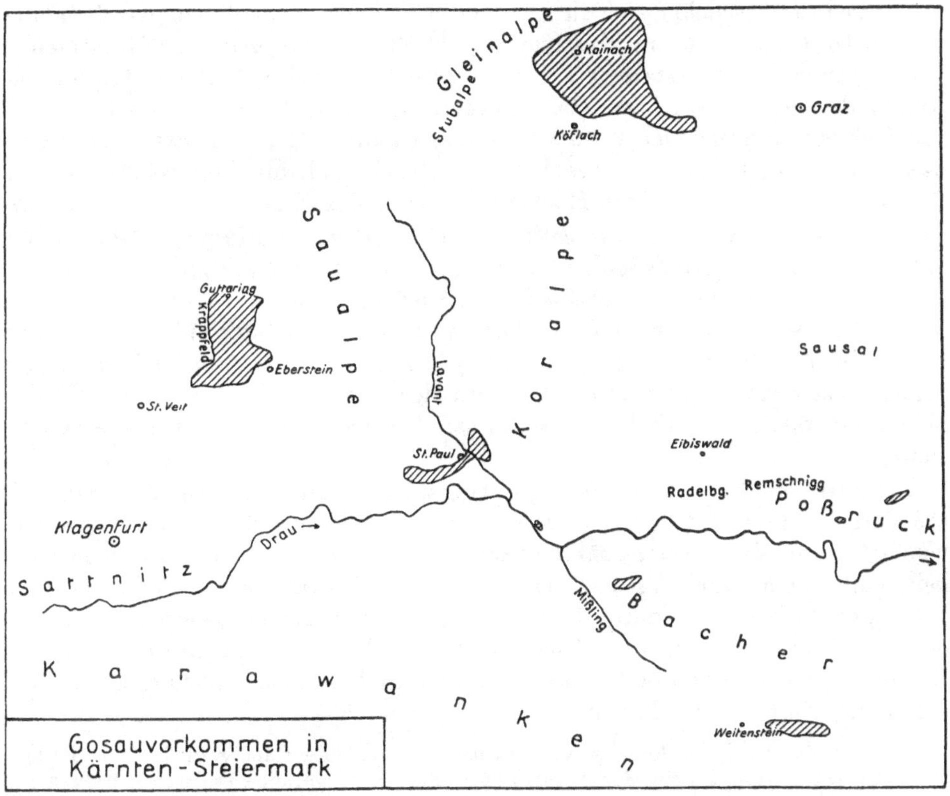

Abb. 126.

tung aus Mergel- und Kalkmergelbänken, mit Kohleresten, Wurmröhren und Fließspuren. Der dritte Zyklus greift basal (bei Wietersdorf) bereits erhärteten Kreidekalk an, der in Grob- und Blockschutt umgelagert wurde. Diese dreifache Schichtfolge erinnert weitgehend an die oben S. 441 geschilderten Teil-Transgressionen der nordalpinen Gosau.

Da auch die Krappfeldgosau als sicher bodenständig anzusehen ist, kann auf Grund so vieler Gemeinsamkeiten der Ausbildung angenommen werden, daß *der Kärntener Untergrund während der Kreide recht ähnliche Schicksale mitmachte wie etwa die nördlichen Kalkalpen*. Auch hier dürfte eine kräftige, gebirgsbildende Bewegung in der Tiefe nach einer langdauernden Hochlagezeit (während der Unterkreide) dieses wiederholte Einsetzen der Flyschtracht und diesen mindestens dreimaligen Ablagerungszyklus bedingt haben.

Trotz der nach A. Kieslinger und Fr. Kahler wahrscheinlichen Nicht-Bodenständigkeit der *Lavanttaler Gosau*, welche demnach, da von N her unterschoben, zur Nordflanke der südalpinen Narbe gehört, läßt sich auch an ihr die gleiche baugeschichtlich zu wertende *Neigung zur Flyschbildung* ähnlich nachweisen wie an der Jesenkoberg-Kreide.

Nur darin unterscheidet sich die Kärntener Oberkreide bedeutender von der nordalpinen Gosau, daß sie im Maestricht nicht die gleiche, mächtige Rotschiefer-Überlagerung der Nierentaler Transgressionszeit mitmachte. Vielmehr folgte nach Absatz der orbitoidesreichen Hangendschichten Abtragung und Festlandszeit, also Hebung, während sich die nord- (und süd-) alpine Geosynklinale gleichzeitig besonders tief und allgemein absenkte. Eine Bruchschollenbildung während dieser Zeit der östlich-zentralalpinen Hochlage leitete in das Eozän über.

Bezüglich der Zeit der *Hauptteklonik in die Murauer Alpen* bestehen weitgehende Meinungsverschiedenheiten. Sie wird teils in die variszische, teils vorgosauisch in die Kreidezeit gestellt. Die „Altdecken" von A. Tornquist 1923 enthalten den noch mitbewegten Jura, aber sie werden schon ungleichförmig von den Gosauschichten überschritten. Die „Jungdecken" der Murauer und Metnitzer Alpen untersuchte A. Tornquist 1916; für sie sprechen auch Holdhaus' Ergebnisse (sehr starke Überarbeitung des variszischen Baues durch kretazisch-tertiäre Bewegungen).

Die ausgedehnten, durch Brüche begrenzten *Gosauschichten der Kainach* (W. Schmidt 1908) auf dem Westrande des Grazer Paläozoikums bestätigen und verstärken die vielen Gesteinsähnlichkeiten und baugeschichtlichen Gemeinsamkeiten mit den nördlichen Kalkalpen. Auch in der Kainach haben wir *Gosauflysch*, vom Coniak bis in das Santon hinein durch Versteinerungen belegt, jedoch mit dem bezeichnenden Sandstein-Tonschieferwechsel, mit Pflanzenresten, Wellenfurchen, Hieroglyphen des *Flysches*. Randlich gibt es neben sehr grober Geröllfazies auch Süßwasserbildungen.

Ganz wie die kalkalpine Gosau ist auch die der Kainach bodenständig. Sie ist keine Klippe (P. Termier), zeigt auch keine Spuren einer einst über sie weggegangenen, großen Kalkalpen-Schubdecke. Die Gosaufazies ist jener der Dinariden fremd, weshalb schon aus diesem Grunde R. Staubs Versuch, das Grazer Paläozoikum als „steirische Decke" den Dinariden zuzuordnen, nicht möglich ist. Weil diese Kainacher Gosau mit der alpinen Streichrichtung (NO-SW) nur schwach gefaltet ist, muß nach Fr. Heritsch 1927, 73, die Anpassung der alten paläozoischen Tektonik an das alpine Streichen schon in der Vorgosau-Gebirgsbildung erfolgt sein.

Als SO-Fortsetzung jener von Kainach können die *Gosaureste des Poßruck* (F. v. Benesch 1914) angesehen werden. So wie am Gurk-Görschitztal und in den Bergen von St. Paul Lavanttal) liegt auch hier über dem schon gefalteten Hauptdolomit ungleichförmig die Gosaukreide, mit Rudistenkalk und Oberkreidemergel.

Die Gosaukreide über den bewegten (? karnischen) Tonschiefern, Werfener Schichten und dem Verrukano auf dem *Bacher Gebirge* ist die gleiche *wie in den inneren Gebirgen der Balkanhalbinsel, in welchen der ganze vorgosauische Gebirgsbau ununterbrochen weiterzieht.*

Daß dem zentralalpinen Bau *nicht* die Stellung des Orogen-Tiefsten zukommt, sondern den nord- und südalpinen Geosynklinalen, das ist, wie schon Fr. Kossmat 1924 zeigte, ja auch aus der *Abnahme des Massen-Defizits östlich der Hohen Tauern unter der Zentralzone* ersichtlich. Der Tiefgang des orogenen, spezifisch leichten Wulstes wird hier *geringer*, und als erste Vorboten der höher liegenden, schwereren Unterlage im O erscheinen offenbar die steirischen Andesit- und Basaltausbrüche sogar schon von atlantischer Ausbildung. Auch dies geht in der vulkanbesetzten, bodenständigen Innenzone der Balkanhalbinsel weiter, ist also ein tiefgreifender und höchst bedeutungsvoller Grundzug des Baues, *der in gleicher Weise bereits vorgosauisch* entstand.

Infolge seiner Lage, eingeengt zwischen den beiden großen, nächst benachbarten geosynklinalen Wirkungsstätten, *scheint der zentralalpine Raum auch besonders früh mit der alpidisch-orogenen Baugeschichte zu beginnen.* Nirgends sonst fehlen Jura und Kreide — abgesehen von Bündener Schiefern, Ob. Schieferhülle und den Flyschmassen der Westalpen. Wir hörten, daß das zentralalpine Mesozoikum im O der schon sehr spärlichen Juravorkommen des nördlichen Mittelostalpins nachweisbare Kreide überhaupt nicht mehr erkennen läßt, weder in den Tarntaler Schiefern noch in der Tarntaler bzw. Schwarzeck-Brekzie. Gewisse Konglomerate oder Brekzien freilich könnten ja noch der Gosau angehören. Erst weiter im östlichen Fortstreichen beweisen die erwähnten Gosauvorkommen die *schon vollzogene Fertigstellung des zentralen Gebirgskörpers:* nichts von Unterkreide, Jura, Oberrhät mehr in dem schon stark bewegten und tief abgetragenen Gebirge! Im Gurk-Görschitz-Bereich, bei St. Paul und am Poßruck ist Hauptdolomit das Jüngste unter der *Gosau. Hier im O ist also die alpidische oberflächennähere Haupttektonik zwischen Oberrhät und vor der Oberkreide entstanden, gehoben und wieder abgetragen worden.*

Bereits nach dem Lias bzw. Oberjura reißt die zentralalpine Schichtfolge auch weiter im W ab, das heißt mit jener Zeit, welche die ersten großen Ausstrahlungen der orogenen Bewegung im N und S brachte. Langdauernde, überwiegende Hebung und Abtragung folgte im Gegensatz zu den überwiegenden Senkungs-, Sedimentations-, Faltungs- und Unterschiebungszeiten, die in den Narbenräumen selbst weitergingen.

So stiegen immer tiefere Baustockwerke — wahrscheinlich isostatisch — in den Zentralalpen an die Erdoberfläche und wurden erosiv enthüllt. Vorbereitet und nach der Tiefe orogen durch Anlagerung verstärkt schon bei dem algonkischen und beim variszischen Hauptakt, erfuhren sie die letzten großen Hauptausgestaltungen schon früh im Jura, um bald zusammenhängende Hochmassive zu bilden. *Diese wurden dann zu Angliederungs-Massen der Zuwachsstreifen im N und S,* von denen aus nur noch gelegentlich eine überwältigende Saugkraft teils von N, teils von S durchbewegend, unterwälzend und unterschiebend hereinfaßte.

l) Oberkreidebewegungen in den Südalpen

1936, I wurde S. 280 f., 288, die schöne tektonische Scheitelung mit von ihr ausgehenden Überschiebungen im N gegen N, im S gegen S (Fr. Kossmat 1913, 112, 125) herausgehoben, wie sie bei A. v. Winkler-Hermaden 1936, Tafel II, als Baueinheit VI zwischen Südtiroler Dolomiten—Auronzo—Tolmezzo—Flitsch—Zlatna Studor—Steineralpen—Menina—Dobrol über 250 km weit in W-O durch die Südalpen zieht. Ich bezeichnete diese Struktur als Narbendecken-Reihe, welche über der Südalpennarbe ausgeschoben wurde. Die steilen, nördlichen Begleitstörungen der Puster-, Gail-, Koschuta- und Donati-Linie unterstrichen noch die tektonische Bedeutung dieses südalpinen Hauptelements.

Mit FR. KOSSMAT 1913, 105, haben wir hierin einen einheitlichen, zusammengehörigen Mechanismus mit N- *und* S-Überschiebung erblickt, dessen Decken ineinander übergehen, und der *gleichzeitig* abgelaufen sein muß, was nach unserer Auffassung allein durch die Verschluckung (abwärtigen Massenverlust) unter der südalpinen Narbe und durch entsprechende Unterschiebung gegen diese von den Seiten her verständlich wird.

Wie sich dieses großzügige Geschehen schon vorher durch gleichlaufende geosynklinale Teilwannen und Teilrücken sedimentär-faziell heraushob, so nun auch während der Oberkreidezeit. Die Beweise sind nicht schwer zu führen.

In den NO-Karawanken wird die *vorgosauische* Entstehung angezeigt durch die Gosaukreide, welche über verschiedene Stufen des mächtigen, gefalteten Jura (westlich Windisch Graz) übergreift. Für die Südflanke hat FR. KOSSMAT 1913, 126, die ersten Beweise beigebracht. Die Mittelkreidebewegung wird nach ihm aufgezeigt durch die Transgression der Radiolites-Brekzien auf Muschelkalk bei Domschale, durch die Lücke zwischen den Woltschacher Plattenkalken (Unterkreide) und dem klastischen Turon-Senon-Flysch in der weiteren Umgebung von St. Lucia, das Übergreifen der Rudistenkreide auf den Jura des Stol, auf Jura und Dachsteinkalk des Matajur und durch das Vorkommen von Dachsteinkalk-Geröllen in der sandigen Kreide des Flitscher Beckens.

Nach v. WINKLER-HERMADEN 1925, 271 ff. schieben sich zwischen die senonen Inoceramen-Bändermergel am Isonzo-Ufer bei St. Lucia und Selo mehrere Trümmerschuttbrekzien und feinere Sandsteinlagen, deren Schutt und Sand von einer im Steigen begriffenen Aufsattelung herabkamen. Die Bändermergel gliedern sich hundertfach in gröbere und feinere Lagen, wobei jede grobe Lage eine besonders grobe Sohle hat, genau wie bei Flyschsandkalken (Abb. 118), wo der Wechsel nicht klimatisch, sondern durch Absatzstörungen infolge beschleunigter Wasserbewegungen und diese wohl vielfach als Stromverlagerungen aus Gründen tektonischer Reliefänderungen zu erklären sind. Es fehlen auch nicht die Wurmröhren des Flyschmergels. Alle Übergänge führen hinüber zur Flyschfazies in größerer Küstennähe. Die Hauptmasse des Friaulischen Kreideflysches stammt von einem großen Flußdelta und geht unter Auskeilen der feineren Lagen in dessen mächtige Konglomeratmassen über. Das Ganze darf als Abbild stärkerer, gleichzeitiger Relief- und Gebirgsbewegung angesehen werden.

In seiner klaren Übersicht der baugeschichtlichen Ereignisse zur Oberkreidezeit hat A. v. WINKLER-HERMADEN 1936 die größeren Zusammenhänge für die Julischen und Karnischen Südalpen herausgearbeitet (Tafel III). Abgesehen von den inneren Alpenteilen, denen die Oberkreide im allgemeinen fehlt, weil wohl weithin schon Festland bestand, sehen wir aus den Hornsteinplattenkalken (im O und im westkarnischen Vorland) bzw. aus den Fleckenmergeln und Fleckenkalken der Unterkreide sich im allgemeinen flachmeerische Rudistenkalke entwickeln. In der Vorlage der Julischen Alpen hob sich die Erdrinde während des Cenomans. Nur in den mittleren Julischen Alpen senkte sich in der mittleren Oberkreide der Meeresboden (Radiolaritbildung), um im Senon die weit bis auf Obertrias über einen vorher schon bewegten Untergrund übergreifenden Foraminiferenmergel und -kalke der Skaglia zu erhalten, die sich auch sonst um diese Zeit breit machten. Dabei sehen wir während der tieferen Oberkreide den Meeresboden ebenfalls keineswegs ruhig lagern. Sondern *die gesamte Oberkreide transgrediert* nach WIONTZEK z. B. im nördlichen Ternovaner Karst *bis auf Jura*, ähnlich der Transgression in den Julischen Alpen und (nach ZENARI 1926) in den westlichen Karnischen Alpen. Weitere Anzeichen unregelmäßiger Bodenbewegungen führte A. v. WINKLER-HERMADEN an.

Besonders bedeutungsvoll und allgemein für die östlichen Südalpen scheint das Zurückweichen des Oberkreidemeeres im Senon und die nachfolgende *Oberkreideflysch-Transgression,* welche WINKLER für die Julischen Alpen betonte ebenso wie FERUGLIO für die südlichen Randgebiete der Karnischen Alpen. Es muß eine weit ausgedehnte Heraushebung über den Meeresspiegel und Abtragung (oder doch wenigstens, wie im Piavebecken von Belluno, weithin eine Untiefenbildung zur älteren Oberkreidezeit) im Senon Platz gegriffen haben.

Da wir freilich Gebirgsbildungsphase und Hebungsphase reinlich auseinander halten, so werten wir diese in den verschiedenen Südalpenteilen anscheinend zu etwas *verschiedener Zeit* (Kampan bis Maestricht) *einsetzende Hebungsphase als eine Zeit des Nachlassens der orogenen Beanspruchung,* nicht aber als eine etwa „subherzyne Orogenphase" (A. v. WINKLER-HERMADEN 1936, II; S. 418).

Ebenso ist nach unseren Erfahrungen (1927) *der Flysch ein orogenes, meist flachmeerisches Sediment,* das seinen Stempel nicht irgendeiner bestimmten Meerestiefe, einem Klima oder sonstigen, die Fauna und Flora, damit das Sediment beeinflussenden Umstand verdankt, sondern der gleichzeitig in der Tiefe vor sich gehenden Gebirgsbildung unfern von geröll- und sandabgebenden Inselzügen. Und wenn sich nach der senonen Heraushebungszeit die Flyschfazies so allgemein in den Julischen und Karnischen Alpen *gegen das Ende der Oberkreide* ausbreitete, so müssen diese Gebirgsteile, zusammen mit ihren Vortiefen (Vorlagen) nunmehr von einer *kräftigen Gebirgsbildung* in der Tiefe erfaßt worden sein. Wenn die Flyschfazies da und dort ersetzt ist durch (oft rote) Foraminiferenmergel, so beweist dies noch nicht das Fehlen solcher Gebirgsbewegung, sondern nur den Mangel an benachbarten, schuttliefernden Inseln und eine für Diskordanzbildung zu beträchtliche Meerestiefe.

Unsere allmählich erwachsene Auffassung vom Zusammenfallen gesteigerter orogener Beanspruchung und vermehrten *Abwärtsgehens* der Erdrinde, also vom „Abbau des Gebirges", wird übrigens in den östlichen Südalpen wiederum gut erläutert: Die obersenone Senkungszeit war die Zeit der Umwandlung des Gebirges aus Land in Meer: Wiederum fallen *Senkung und Gebirgsbildung* zusammen!

Die Größe der Winkeldiskordanz unter dem mit Aufbereitungsschutt der Unterlage übergreifenden Obersenonflysch (Maestricht-? Dan) ist uns dabei ziemlich belanglos, denn die orogene Haupteinengung im Untergrund dürfte erst während der weiteren Flyschablagerung unter dieser weiter fortgeschritten sein. Dafür sprechen klar die von WINKLER so gut verfolgten Brekzieneinlagen (Abb. 129). In der südlichen Vorlage und in der Außenzone der Julischen Alpen griff der Obersenonflysch über die Unterkreide, auch über Oberkreide, Jura und Dachsteinkalk über. Letzterer wurde nach WINKLER 1920, 30, aber auch in den zentralen Julischen Alpen (am Polounik) überschritten. Schon weiter oben haben wir die Unsicherheit der zeitlichen Zuteilung der sich aus solcher später Transgression als bereits vorher vollzogen ergebenden Gebirgsfaltung betont. Ihr schlossen sich während der Flyschzeit weitere an und *die Bewegungen der Kreidezeit haben,* wie schon FR. KOSSMAT feststellte, *die Hauptteile des Gebirgsbaues geschaffen.*

Diesbezüglich scheint uns WINKLERS Entdeckung *von zwei, ja von drei Teiltransgressionen* in dem teilweise sehr mächtigen senonen Skaglia-Flysch-Profil der inneren Julischen Alpen besonders bemerkenswert. Beweisen sie doch ein mehrfaches und ausgeprägtes „Ab-und-Auf" unter und über den Meeresspiegel, das nicht ohne sehr erhebliche Gebirgsbewegung denkbar ist. Diese Vorgänge liegen zeitlich ebenso, mit dem Emscher bzw. Koniak beginnend, wie die von R. Brinkmann und Schülern im Bereich der nordalpinen Gosaubecken unterschiedenen drei

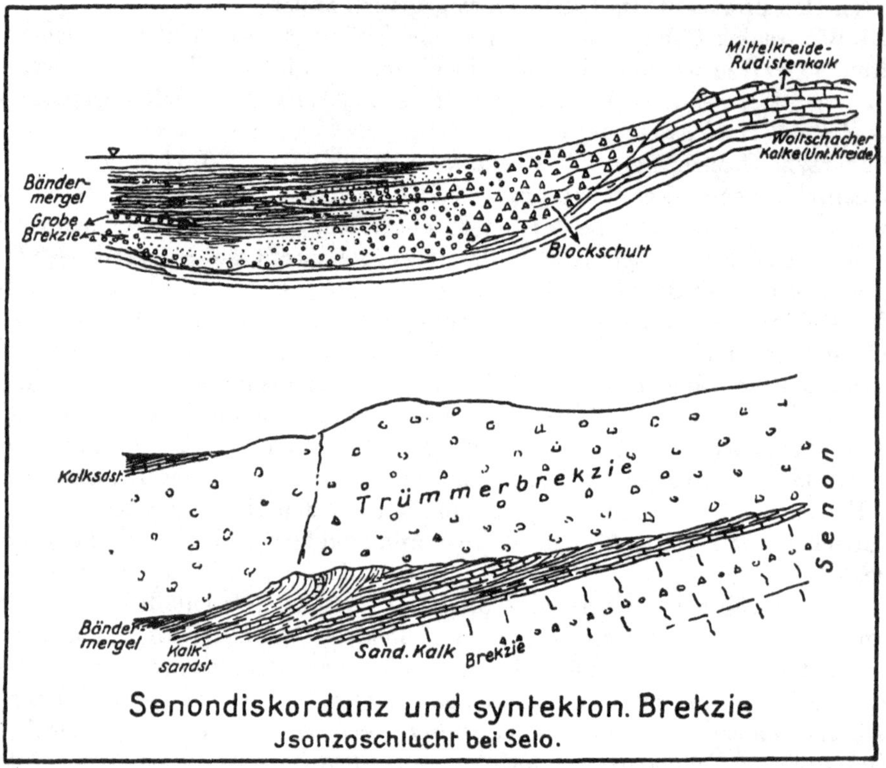

Abb. 129. *Syntektonische Brekzien in Senonprofilen des mittleren Isonzogebietes*, SO-Alpen, besonders in der Julischen Vorlage. Nach A. v. Winkler 1923, 65.

Transgressionen von Unter-, Mittel- und Obergosau (mit Zwieselalmflysch), vgl. S. 417. Die Gosau-Skaglia-Rotschiefer (couches rouges) -Transgressionsstöße bilden weithin ähnlich-zeitliche Gebirgsbildungsstöße ab. Und ganz wie im helvetischen oder nordkalkalpinen Bereich beweist auch in den östlichen Südalpen die übergreifende Flyschfazies die gleichzeitig fortgehende Gebirgsbildung. Die Überreste von Oberkreidebildungen führen uns ja auch aus dem Absatzbereich der Nordkalkalpen durch die östlichen Zentralalpen bis in die östlichen Südalpen.

Das sind sehr wichtige und noch engere Schicksalsgemeinschaften in der nord- und in der südalpinen Geosynklinale, als sie für ältere Zeit als Anzeichen dafür verwendet wurden, daß die Nordkalkalpen von den südlichen herübergekommen wären. Und doch haben wir, jetzt sogar *mit* den Nappisten, welche jenes Hinüberwandern bekanntlich in die mittlere Kreide verlegen möchten — keinen Anlaß, hieraus so gewagte baugeschichtliche Schlüsse zu ziehen! —

Im Gegensatz zu den östlichen und mittleren Julischen Alpen weisen die westlichen Julischen Alpen und die Karnischen Alpen nur überwiegend pelagische Skagliakalke und -mergel von geringerer Mächtigkeit und von viel gleichmäßigerer Fazies auf. Diese Entwicklung reicht häufig, unter Zwischenschaltung von flachmeerischem Korallen-Rudistenkalk etwa in der Mittelkreide, westwärts am Alpensüdrand über die Alpen und Voralpen von Belluno (G. Dal Piaz 1918, 19), über die Lessinischen Alpen bis zum Etschbuchtgebirge. Damit ist aber für diese westlichen Fortsetzungen keineswegs das Zurücktreten gleicher Gebirgsbewegungen wie im O bewiesen. Es war hier das meist tiefmeerische und inselfernere Sediment nur nicht in gleichem Maße (vielfach erscheinen flyschähnliche Sandsteine und Mergelschiefer mit Pflanzen und Inoceramen) zur *Abbildung* solcher Bewegung befähigt. Andererseits kann diese Schlammfazies auch nur Vorläuferin stärkerer Bewegungen sein, wie dies für weiter außen gelegene Randgebiete wahrscheinlich ist. Erst etwa im Dan ließen diese zweifellos nach und war ein allgemeines, wahrscheinlich dem Tauchgleichgewicht entsprechendes Emportauchen der Erdrinde die Folge. —

Wie gesagt, ist die breite *Triasschüssel der Südtiroler Dolomiten* im W von Auronzo die Fortsetzung der über der Südalpennarbe nach oben ausgeschobenen Narbendecken des Ostens. Mit Ende der sandig und flachmarin werdenden Unterkreide reißt die Schichtfolge über dem rund 2,5 km mächtigen, starren Triasgebirge ab. Die obersten, ziemlich dünnen Jura-Unterkreidestufen wurden gemeinsam in gegen SW und W überschlagene Falten gelegt („Gipfelfaltung", L. Kober 1908). Außerdem bilden sie ziemlich verwickelte Schuppen, welche von O. Reithofer 1928 als Reliefüberschiebungen gedeutet werden, da sie über ein bereits nicht unerheblich erodiertes Festland hinweggegangen sein müssen.

Der allgemeinen Heraushebung und Abtragung am Ende der Unterkreide folgte also hier über der südalpinen Narbe nicht mehr die weitgreifende Skagliatransgression, sondern *nur eine kräftige Längsstauchung*. Es dürfte hier das Ergebnis einer Unterschiebung gegen O vorliegen, welche von der Judikarienzone aus die steife Dolomitenplatte gegen O unter eine sich über ihr zu oberst stauende und daher zurückbleibende Teilplatte hineinschob. Der Stau mag vielleicht mit einer ungefähr in N-S wirkenden, gleichzeitigen Einengung über dieser Scheitelung (flache Schüsselverbiegung!) Hand in Hand gegangen sein. Die Ähnlichkeit der Lage mit der Verschiebung der Krabachjochdecke zuoberst über der Nordalpennarbe, unter welcher auch keine Oberkreide mehr liegt, ist erheblich. In beiden Fällen kommen wir für die Verschiebungszeit wahrscheinlich, aber nicht sicher nachweisbar, *auf Mittelkreide*.

Im großen ganzen kam man für die Oberkreide *in den westlicheren Südalpen* zu ähnlichen Schlüssen wie schon Fr. Kossmat in den östlichen. Für *die Lombardischen Alpen* erkannte Rassmus 1913, 100, daß die maßgebende Gebirgsfaltung der Hauptzone *in die Kreide* fällt, nur die äußeren Falten im S sind jünger. In ihrem Senon finden sich Triasgerölle der Hauptzone. Also schon während der Oberkreide haben die südlichen Randzonen, welche der südalpinen Narbe entsprechen, tiefer und ruhiger gelegen als die lombardische Hauptzone und als die schärfer auf- und niedergehenden Julischen Alpen. Erst *allmählich erweiterte sich der Schauplatz der Gebirgsbildung nach außen*, und zwar unter Überfaltung und Überschiebung oben gegen außen (S) bzw. unter Vorrücken der Vortiefen gegen die Narbentiefe — genau so wie dies schon für die Nordflanke der Nordalpennarbe gezeigt werden konnte.

Solche Verlagerung des gebirgsbildenden Hauptstreifens fällt nach unserer Auffassung *zusammen mit der Verlagerung der Haupt-Sedimentationsräume*, denn in dem Begriff „Abbau" fällt stärkere Gebirgsbildung und Absenkung, also Sedimentsammlung weitgehend zusammen. Wenn also, wie schon ein Blick auf eine geologische Übersichtskarte, am besten jene von VETTERS zeigt, Trias und Jura im Bereich der südalpinen Narbe, Kreide und Tertiär — so wie anderwärts in den Alpen — überwiegend bzw. ausschließlich narbenfern in Vorlage oder Vortiefe liegen, so sehen wir darin zunächst den *Ausdruck der wandernden Gebirgsbildung*. Wenn dies zutrifft, so können wir z. B. das Abreißen der Schichtfolgen über den Narbenscheiteln (z. B. Dolomiten) mit der Unterkreide auf weitgehende orogene Fertigstellung schon in diesen innersten Bereichen und auf endgültige Ausschiebung der Decken über ihnen sowie auf eine fortan höhere Schwimmlage zurückführen.

Die fortschreitende Verlagerung der Gebirgsbildung gegen S hat FR. KOSSMAT 1913 für die Kreidezeit schon richtig erkannt. *Die inneren, narbennächsten Gebirgsstreifen gehen orogenetisch voraus.* Im Inneren der Julischen Alpen transgredierte schon der Oberjura, dann transgredierte über die gefaltete Unterkreide Flyschsandstein und Rudistenbrekzie der Oberkreide. Nördlich Laibach greift in der südalpinen Scheitelung gleichfalls die Gosaukreide mit scharfer Ungleichförmigkeit über, welche wir nach Abschluß stärkster Gebirgsbildung über paläozoischem und noch älterem Grundgebirge schon am Bacher-Poßruck und bei St. Paul am Lavanttal fanden. Noch am mittleren Isonzo gibt es über Biankone klastische Flyschoberkreide mit Rudistenkonglomerat, welche die kräftige Gebirgsbildung für diese Oberkreidezeit beweisen.

Gehen wir aber von diesen inneren Gebieten weiter nach S, so kommen wir in Profile, welche keine solche Ungleichförmigkeit im Kreideprofil und keine Kreideflyschbildungen, auch keine Anzeichen für scharfe Senkungs- und Hebungswechsel erkennen lassen. Im dinarischen Gebiet des Küstenkarstes und der italienisch-südtiroler Vorberge folgen ebenso wie in Bosnien gleichförmig übereinander Trias-Jura-Biankone-Skaglia bzw. Seichtmeerkreide, und es vermittelt zuoberst die Liburnische Stufe noch immer gleichförmig gegen den Mittel- und Obereozän-Flysch, dessen Orogenfazies also *hier außen erst im Alttertiär* einsetzt.

Dieses adriatisch-dinarische Vorland war somit während der Kreide noch gesenkt und ruhig gelagert. Es verhielt sich genau so wie das helvetische oder Dauphiné-Vorland der Nordalpennarbe. Immerhin, so wie dort, haben wir auch im südalpinen Vorland erste Anzeichen der kommenden Gebirgsbildung durch einleitende, wenn auch noch ruhige Senkungen: über 600 m Mächtigkeit messen wir an den *flach*meerischen Rudistenkalken. Die nachfolgende Übersicht macht die Wanderung der Gebirgsbildung von innen nach außen klar:

<table>
<tr><th></th><th>Gebirgsstreifen</th><th colspan="2"></th></tr>
<tr><td>N</td><td>Helvetisches Vorland</td><td colspan="2">Normale, teilweise (besonders in Oberkreide) verdickte Schelfmeerkreide. Geringe Diskordanzen. Flysch erst im Eozän; gegen S oberste Kreide als Wildflysch.</td></tr>
<tr><td></td><td>Ultrahelvet-Streifen</td><td colspan="2">Kreideflyschfazies; transgrediert im Neokom auf vindelizisch-randostalpinen Untergrund.</td></tr>
<tr><td></td><td>Nordalpen = Bereich der Nordalpennarbe</td><td colspan="2">Nach tiefmeerischem Mittel- und Oberjura: Neokome Radiolarite, Aptychenschichten, Fleckenmergel (tiefmeerische Senkung). Nach N abklingende Vorcenoman-Faltung (juvavisch). Starke juvavische Unterschiebung und Faltung, Vorgosauhebung, Senonsenkung und weitere Gebirgsbewegung. Wiederholt Flyschfazies, besonders im Dan.</td></tr>
<tr><td>Zwischennarbenland</td><td>Im W: Penninisches Gebiet

Im O: Östliche Zentralalpen</td><td>Im Westen: Lias-Kreide in Bündener Schiefer- bzw. Flyschfazies; Ophiolithförderung. Gleichzeitig Faltung und Großdecken-Verschiebung</td><td>Im Osten: Abreißen der sicheren Schichtfolge mit Liaskonglomerat (wenig zentralalpiner Jura). Starke Faltung, Decken- und Walzbewegung bis zu der im O ungleichförmig übergreifenden Gosau</td></tr>
<tr><td></td><td>Südalpen = Bereich der Südalpennarbe</td><td colspan="2">Nach tiefmeerischem Oberjura: Neokome Radiolarite, Aptychenschichten, Fleckenmergel, Gosau-Skaglia und Oberkreideflysch transgredieren über kräftige Faltung und Deckenverschiebungen. Nach Erosion Senonsenkung und weitere Gebirgsbildung. Senone Flyschfazies in Maestricht? Dan.</td></tr>
<tr><td>S</td><td>Adriatisch-dinarisches Vorland</td><td colspan="2">Normale Kreide der freien Tethys, gleichförmig über Jura und unter Eozän. Teilweise durch Senkung verdickt (über 1,5 km Schichten). Flysch erst im Eozän.</td></tr>
</table>

Von der großzügigen, der Gosau-Transgression in den Nord- und Westalpen entsprechenden Skaglia-Transgression haben wir oben S. 419 schon kurz gesprochen. Dieselbe Ungleichförmigkeit der Auflagerung auf ein vorher schon stark gefaltetes und verschobenes Gebirge, dieselbe zeitliche Verschiedenheit von Ort zu Ort, mit der die Oberflächen wieder unter den Meeresspiegel der Oberkreidezeit gerieten im S wie im N! Aber während im N die foraminiferenreichen Rotschieferschlamme des NO zur Hauptsache erst im Maestricht einsetzten (Nierentaler), haben wir solche gleichartig mit den „couches rouges“ im NW schon während der Mittelkreide der Südalpen.

Ein bezeichnendes Beispiel findet sich in der weiten Umgebung von *Rovereto* (Südtirol). Im Nonsberg und bei Trient, wo Biankone ganz fehlt, liegt Skaglia unmittelbar über Tithon oder Jura-Oolith, weiter südlich auf den grauen Liaskalken. Weit greift die Skaglia nachcenoman nach N vor und krönt noch die hohe Brentakette, wobei sie mit Geröllsohle quer über die verschiedensten älteren Glieder von Rhät bis zum Tithon übergreift. Es gab somit hier *bedeutende Gebirgsbewegung zur Mittelkreidezeit.* Nur ist diese wegen der meist andauernden Meeresbedeckung und dem Mangel an Inseln im Sediment weniger auffällig als sonst (R. TEICHMUELLER 1929, 394).

Ein anderes bezeichnendes Beispiel bildet der *Alpenrand südlich vom Luganersee.*

In der Brianza hat man tiefmeerische Majolika (50 m Tithon-Barrême) schon mit Sandstein- und Konglomeratbänken (? Cenoman, Turon), die im O (Brianza-Ostlombardei) später einsetzen als im W (bei Induno), was schon auf eine Verlagerung der Tiefseerinne hinweist. Gleichförmig folgt darüber der bunte Skaglia-Mergel, bereits geteilt durch mehrfache Sandstein- und Konglomeratbänke (? Cenoman, Turon), schon mit Fukoiden und nach oben zunehmend in den Bankwechsel der Flyschfazies übergehend. Die Koniak-Stufe ist *unterer Kreideflysch* mit Flysch-Mergel, -Sandstein und -Sandkalkbänken. Im versteinerungsführenden Santon hat man mächtiges Konglomerat (von Biandrono, Sirone und von Olona mit Geröll der aufgearbeiteten Majolika, von Radiolarit, Liaskieselkalk, Triasdolomit, Porphyr). Im Kampan herrschen Bankwechsel von Mergel, Fukoiden, Mergelkalk, Glimmersandstein des *oberen Kreideflysches,* welche in bunte Maestricht-Mergelkalke übergehen.

Diese Sand- und Geröllmassen sprechen für das orogene Aufsteigen von Schwellen im N, die schon bis mindestens auf Verrucano herab abgetragen wurden (R. TEICHMUELLER 1929, 392).

Es ist also hier, unter Berücksichtigung der früheren Mitteilungen oben S. 403 nach A. SENN 1924, 606f., klar, daß auf dem Boden der zuerst epikontinental-zyklischen Triasfazies nach der ausgedehnten Liastransgression die immer weiter fortschreitende Absenkung der Erdrinde die tiefmeerische Jura-Unterkreidefazies brachte, in welcher nicht nur die festländische Zyklengliederung unsichtbar wurde, sondern auch der Beginn des großen geosynklinalen Geschehens, der Gebirgsbildung durch die weiträumige Absenkung der randlichen Festlandsplatte eingeleitet wurde. Deutlich wird diese Tatsache, sobald im weiteren Vollzug Teilhebungen von steilen Sätteln Inselschutt in benachbarte, tiefmeerische „Skaglia"-Schlammgebiete brachten (A. SENN 1924, 603), sobald die bezeichnenden Kleinzyklen die orogene Unruhe in der Flysch-Sedimentation abbilden konnten. Dieses Beispiel ist um so beachtlicher, als es die Fortsetzung einer ganz ähnlichen Baugeschichte im Außenrand der östlichen Südalpen zeigt.

Aus dem randlichen Festland im S wurde unter tiefer Abwärtsbewegung geosynklinal-orogenes Faltenland, welches nordwärts der Südalpennarbe näherrückte — nicht anders wie auch der nordalpine Narbenbereich immer weiter die europäische Festlandsplatte angriff, niederbog und einengte.

Der Vorgang des innenbürtigen Gebirgsabbaues und seines fortschreitenden Übergreifens aus den Geosynklinalen in die angrenzenden Festlandsräume ist ganz klar.

m) *Übersicht der Oberkreidebewegungen*

Allgemeine Folgerungen

Im klassischen Gosau-Bereich des Salzkammergutes und in anderen, von Gosauschichten erfüllten Teilbecken ergaben genauere stratigraphisch-tektonische Beobachtungen, daß die bis 2,8 km mächtige kalkalpine Oberkreide höchstens in den inneren Beckenteilen gleichförmig und lückenlos abgesetzt wurde. Beckenauswärts griffen die Schichten der Untergosau im Emscher, jene der Mittelgosau im Unterkampan, der Obergosau im unteren Oberkampan, die tiefermeerischen Foraminiferenschlicke der Nierentaler Schichten im Maestricht und schließlich mitunter (Zwieselalm, Weyer) Zwieselalmschichten als *Flysch* im Dan von diesen Beckeninnenteilen *ungleichförmig* und weit über die inzwischen wiederbewegte Umgebung.

Es enthüllte sich so die *immer weiter gegangene Bauentwicklung während der Oberkreidezeit*, welche auf den Kalkalpen mit flyschbildender Bodenunruhe endete. Reliefänderungen, ungleich starke Abtragungen und Schuttbildungen, Verwerfungen wurden zu Kennzeichen oberflächennächster, sedimentär erkennbarer Art für orogene Innenbewegungen.

Weil gleichzeitig im Beckeninneren *Gleichförmigkeit* der Schichtfolge herrscht, konnte gefolgert werden, daß mangelnde Ungleichförmigkeit nicht als Gegenbeweis gegen den geosynklinal fortdauernden Bewegungsfortschritt gewertet werden kann. Eine solche Meinung hatte bislang die Einsicht in das orogen-geosynklinale Treiben der Erdrinde weitgehend verdunkelt. Die scharfen Schnitte der Ungleichförmigkeit im Sediment täuschen im übrigen nur ruckartige Orogen-Bewegungen, also Phasen in weit übertriebener Weise vor; Phasen, die in Wirklichkeit keineswegs ruckartig verlaufen zu sein brauchen; Bewegungen andererseits, die durchaus nicht auf die Orte günstiger sedimentärer Abbildung beschränkt gewesen sein müssen.

Die ,,vorgosauische Gebirgsbildung" *ist die Summe* aller in diesem Sinn mehr oder weniger erkennbarer Teilbewegungen, welche aber schon sehr viel früher vollzogen sein können, und deren baugeschichtlicher Werdegang gegenwärtig zumeist noch nicht deutlich erschlossen werden kann.

In den nördlichen Kalkalpen,

deren regionale Baufortschritte schon oben S. 439ff. zusammengefaßt wurden, ragt das *Bewegungssystem der juvavischen Decken* eindrucksvoll hervor. Weit nach N zu ruhen während der Oberkreide schon diese Decken über tirolischem Untergrund, wie etwa die stark bewegte und verworfene Plassengruppe über ihre Dachsteinkalk-Vorlage vorgeschritten ist. Ja, sie war in dieser Lage schon tief abgetragen bis auf ein Mittelgebirgsrelief. Eine Vorstellung von dem während der Oberkreide erreichten, aber nicht durch einen einzigen Phasenruck erzielten Entwicklungsfortschritt der Kreidetektonik im Salzkammergut gab E. Spengler, vgl. 1936, I, Abb. 36.

Hier ist bereits über die Hälfte der orogenen Einengung erreicht, die wir heute überhaupt sehen. Nicht nur die im Cenoman vielfach zum Durchbruch kommende Flyschtracht, welche auch von den Gosauschichten immer wieder angenommen wird, sondern auch das aus dem Geröllbestand erschließbare Auftauchen der den Teilbecken benachbarten ,,exotischen" Schwellen, die Grobheit und Mächtigkeit der Trogfüllungen neben diesen ist Beweis *für die hohe Orogen-Energie während der Oberkreide, die sich allmählich weiter und weiter gegen N verlagerte.*

Bezüglich der südjuvavischen Alttriasmassen, welche schon damals im Salzburgischen nicht weniger als 65 km weit (abgewickelt!) von N her sich als unterschoben erweisen, konnten wir uns unter Beachtung weitgehender Ausschiebungen, in vorgosauischer Zeit im allgemeinen der Auffassung von F. Trauth anschließen.

Gleichzeitig oder zu Anfang der Oberkreide bewegten sich die „voralpinen Decken" südwärts hinein unter die hochalpine Einheit. Hierbei wurde das bewegliche Salz- und Tonstockwerk der Werfener Schichten weitgehend als Hauptablösungs- und Reibungshorizont ausgenützt. Ungleich grobklotziger und sperriger als diese dabei mehr breiartig strömende Masse verschoben und verbogen sich über ihr die triadischen Kalk- und Dolomitplatten. Sie wurden in größeren Beckenbereichen während langdauernder Hochlage erosiv ausgeräumt bis auf die alttriadische und paläozoische, exotische Gerölle abgebende Unterlage. Die so gebildeten Einebnungsflächen, sofern sie dann wieder niedersanken, dienten den Gosauschichten als neu aufnahmefähige Teilsenken.

Schon während der Oberkreide muß die Berchtesgadener Masse im wesentlichen ihren Platz eingenommen haben. Während der Ablagerung der Gosauschichten wiederholten sich hier die Teilbewegungen von Gosau, von Weyer, ja vielleicht noch westlich von Wiener-Neustadt. Diese Bewegungen bestanden in einer streichenden, viermal neu einsetzenden Teilwannenbildung, welche — gleichfalls öfter kohlebildend und an den Beckenrändern höher und höher aufgeschüttet — größte Verwandtschaft mit den hochorogenen Oberkarbon-Perm-Becken der spätvariszischen Zeit anzeigt. Auch sie waren „episynklinal".

Mit wechselnder Sicherheit verfolgten wir die vorgosauischen Faltungen westwärts über das Kaisergebirge und über Brandenberg (SO-Karwendel) zu einem wahrscheinlich für das Turon sichtbaren Bewegungs-Höhepunkt im weiteren Umkreis der Wendelsteingruppe. Annähernd in die gleiche Zeit müssen die starken Gesteinsdurchbewegungen in der nördlichen Grauwackenzone fallen. Hatten doch letztere in den Cenomanschutt hinein noch fast *unverdrückte*, in die oberturonischen oder etwas jüngeren Gosauschichten, jedoch schon tektonisch *stark durchbewegte* Gerölle unter tiefgreifender Abtragung abgeliefert. Durch die Maestricht-Dan-Stufe hielten diese Bewegungen mit Unterbrechungen an.

Daß an solchen kräftigen Gebirgsverlagerungen die Oberkreidezeit reich war, das beweist schon allein die fast allgemeine (vielleicht abgesehen vom Ammergau) Neuanlage der Gosaumulden gegenüber denen des Cenomans. *Die Hauptbewegungen* einschließlich jener zwischen Inntal- und Lechtaldecke, auch jener im Rätikon, waren, genau so wie weiter im O bis nach Wien, *vorgosauisch, und zwar überwiegend nachcenoman.*

Dies ging aber nicht unvermindert so weiter, sondern in langdauernden Zwischenzeiten schoben sich dazwischen langsames Aufsteigen und Hochlage des Reliefs. Namentlich erschienen dann ausgedehnte Altgesteins-Schwellen am nördlichen und südlichen Kalkalpenrand entlang, so z. B. gebildet aus einer einst viel breiteren Nord-Grauwackenzone westwärts bis in den Rätikon. Abtragungen von 1 bis über 1,5 km Gesteinsmächtigkeit ergeben sich für diese Zeiten der Hochlage und der verhältnismäßigen Ruhe.

Trotz der damals wohl schon zu drei Viertel fertigen Falten- und Schubbewegungen muß zur Oberkreidezeit *die Breitenausdehnung der Kalkalpen die heutige noch weit übertroffen haben.* Der erst später erfolgte Schwund der Nordrand- und Südrandschwellen zusammen mit einigen heute zwischen den übereinander liegenden Decken beweist dies.

Wir beachten schon jetzt eine gewisse *Ungleichseitigkeit* des so geschaffenen kalkalpinen Baues von heute, welche darin liegt, daß die Südflanke des Nordalpen-Orogens (nordwärtig unterschoben) zusammen mit einem nördlichen und besonders westlichen Hauptteil der nördlichen Grauwackenzone sehr viel verlor; daß dagegen der Nordflanke dieses Orogens offenbar *ein wesentlich schmälerer* Teil zusammen mit der Vindelizischen Südschwelle nach abwärts entzogen wurde. Außerdem hob die spätere Zentralalpen-Aufwölbung von der verbliebenen Südflanke noch einen weiteren, großen Teil in den Zerstörungsbereich der Erosion empor, so daß nur noch ein unterer Rest der im Paläozoikum steckenden Fortsetzungen nordwärtiger Unterschiebungsflächen hier erhalten bleiben konnte.

Darum erscheint uns heute der Kalkalpenbau als im wesentlichen „nordwärts überschoben“. Darum konnte es geschehen, daß man so lange den derart unterdrückten „südwärtigen Überschiebungen und Überfaltungen“ am kalkalpinen Südrand eine untergeordnete, allein nachträgliche Bedeutung zubilligte. Und doch liegen die beiderseitigen Ausschiebungen der mittleren, wenig faltbaren Karbonat-Platten-Decken klar genug zutage und läßt sich auch noch in dem tertiär stark ruinös gewordenen Gebäude die ehemals einheitliche Dynamik der nordalpinen Narbe erschließen.

Im Verlauf ihrer Hauptleistungen sanken, unter Verschärfung des orogenen Teilreliefs, ausgedehnte, geosynklinal streichende Teiltröge mit oder ohne ihre mehr zögernd folgende Nachbarschaft immer weiter unter den Meeresspiegel. *Während der Oberkreide entstand der orogene Bau unter etwa viermaliger Teilabsenkung und in der Tiefenlage. Es war ein Hinabbau.* Das danach allmählich und mehrfach wieder aufsteigende Orogenrelief (Baurelief) wurde während der Oberkreide wiederholt tief abgetragen.

Die unlösbare Verknüpfung zwischen Transgressions- und Regressions-, Senkungs- und Hebungszeiten einerseits, zwischen faltenden und verschiebenden Zeiten — abwechselnd mit hebenden und abtragenden Hauptzeiten andererseits ist uns klar geworden.

Damit aber verknüpfen sich für uns nun die weit ausgreifenden Transgressionen und Regressionen der Erdoberfläche eng mit den Wechseln der orogenen Energie-Stärken wie sie in den Geosynklinalen als den Haupt-Druckmanometern der Erdrinde besonders spürbar werden.

In den Präalpen,

dieser ungleich stärker verunstalteten Westfortsetzung des Nordrandes der Kalkostalpen, trafen wir für die Oberkreide ein baugeschichtliches Entwicklungsstadium an, das beinahe jenem der Kalkalpen, besser, deren nördlicher Fortsetzung, entspricht. Der tiefmeerische Sedimentschleier der präalpinen Rotschiefer (couches rouges), welcher sich im Gegensatz zum O nicht nur im Maestricht, sondern für die ganze Zeit vom Cenoman bis ins Obersenon unter vielfacher Hinwendung zur Flysch- oder zur Gosaufazies ausbreitete, läßt die einzelnen Baufortschritte freilich im allgemeinen weniger gut durchschauen.

Die „Vorgosau-Diskordanz“ ist in der nördlichen Klippendecke noch schwach, in der südlichen nicht geringer als im kalkalpinen O. Die nördlicher abgelagerte

Brekziendecke zeigt ein Entwicklungsstadium, welches jenem der über dem Randostalpin schon in der Unterkreide eingemuldeten Streifen der („ultrahelvetischen") Oberstdorfer Kreideflyschdecke im N der Kalkostalpen entspricht. Die Oberkreide der Simmendecke ist dagegen, verglichen mit dem O, etwas weiter im S einzuschalten. Sie zeigt ein, besonders in der Klippenzone Niederösterreichs, aber auch teilweise in südlicheren Teilen der Kalkostalpen während der Oberkreide verwirklichtes Baustadium.

Baugeschichtlich erweisen sich somit die Präalpen als *gegenüber den Kalkostalpen etwas verspätet*. Die gleiche Verspätung erwies uns das allgemeine Wildflyschalter, das im O am nördlichen Schubrand der Allgäudecke (Retterschwang) und der Sigiswangerdecke (Feuerstätter Wildflysch) wohl schon mit dem Gault-Cenoman einsetzte, in der Schweiz aber erst in der Oberkreide, hauptsächlich im Eozän (Habkern). Denn die Wildflyschfazies ist unsere sedimentäre Abbildung des betreffenden Großdecken-Schubes, also hier der Hinweis auf den früheren Wanderungseinsatz der kalkalpinen und einer östlich-ultrahelvetischen Decke gegenüber dem späteren der Präalpen weiter im W.

So fanden wir auch in dem, die Präalpen durch den Westalpenbogen fortsetzenden

Subbriançonnais

eine ganz entsprechende Gesamtlage. Denn die hier entwickelten Plattenmarmore (Marbres-en-plaquettes) der pelagischen Oberkreide greifen ganz so ungleichförmig wie die Rotschiefer (couches rouges) der südlichen Klippendecke oder wie die Gosauschichten des Ostens über schon vorher gefalteten und abgetragenen Untergrund. Dabei erscheinen weiter im alpeninneren Briançonnais auch die gosauähnlichen, durch Rotlehm geröteten Grundschuttmassen, als ständen wir in den Kalkostalpen. Auch fehlt nicht der Übergang der Oberkreide nach oben in Flyschfazies mit exotischen Einspülungen — lauter bezeichnende Erscheinungen des Ostens!

Die starke vorgosauische Faltung griff im W sogar schon in die alpine Außenzone hinaus. Ihr, freilich sehr abgeschwächtes, Gegenstück auf dem orogen schon weitgehend abgesättigten europäischen Kontinent im N sind die kräftigen vorcenomanen Bewegungen am SW-Rande der Böhmischen Masse, in der Altmühlalb usw. mit nachfolgender Cenoman-Transgression und dann die turone Transgression: *weiteres germanisches Vorland der alpinen Geosynklinale verhielt sich zu ähnlichen Zeiten ähnlich!*

Der ultrahelvetisch-helvetische Nordstreifen

verharrte noch in dem baugeschichtlich gegenüber den Kalkalpen-Präalpen früheren Stadium der an großen Diskordanzen freien *Tieforogenese* des flyschbildenden Archipelmeeres. Aus diesem dauernd marinen, tieforogen höchst unruhigen und auf dem Randostalpin zwischen Wien und Schweiz niedergebogenen Streifen stieß das Oberkreidemeer während der orogenen und transgressiven Hauptzeiten weit vor über Kalkalpen-Präalpen. Diese wurden, je weiter gegen W, um so tiefer und langdauernder abgesenkt. Die Vorstöße brachten nach dem S auch Flysch-Sediment, dann nämlich, wenn der S scharf genug bewegt wurde.

Diese unlöslichen und die Lage der Kalkalpen im N der Zentralalpen schon für die Kreidezeit beweisenden Zusammenhänge haben G. GEYER und F. TRAUTH für den O, konnte ich für Südbayern-Vorarlberg in mehreren Arbeiten festlegen. Auch die Zusammensetzung der in unseren Flyschstreifen ihren Schutt abliefernden Schwellenaufragungen *entspricht der variszischen Zonenanordnung:* Im S der nördlichen Grauwackenzone, gegen N immer mehr dem moldanubisch-SW-böhmischen Altkristallin: *die kretazische Geosynklinale überschritt nordwärts den variszischen Geosynklinalraum.*

Die starke, Flysch-bildende Orogen-Unruhe bezog sich offenbar im Ultrahelvet noch hauptsächlich auf Trog-Teilsenkung und Faltung. Denn da der Oberkreideflysch noch bis zu dem, zwischen Enns und Rhein sehr fraglichen, Eozänflysch mit in die Unterschiebungen einbezogen wurde, können diese Schübe zum wenigsten östlich der Enns und westlich des Rheins erst tertiär sein (Abb. 105; 1936, I).

Im nördlicher gelegenen *helvetischen Streifen* fanden wir demgegenüber einstweilen nur „epikontinental“-ähnliche Flachmeer-Ruhe mit einer langsamen Relief-Faltenbewegung, welche die Kalkostalpen schon zur Triaszeit gezeigt hatten. Nur im S senkte sich eine beginnende Vortiefen-Bildung nieder und erst gegen Ende der Oberkreide begann geosynklinale Flysch-Fazies vorzudringen.

Also: *Je weiter nach N, desto später erscheinen die baugeschichtlich aufeinanderfolgenden Stadien.*

Das ostalpin-triadische Entwicklungsstadium herrschte im helvetischen Streifen noch zur Oberkreidezeit. Dessen Erscheinungen der Schwellen- und Muldenfazies, der Kondensation auf beginnenden orogenen Reliefsätteln, der Sedimentationszyklen und deren orogene Bedeutung als Folgen geosynklinaler, aber auch außergeosynklinaler Bewegungsstöße wurde näher untersucht.

Die absenkende Kraft erwies sich als faltengebärende, welche für die orogene Zeit die isostatisch allein geforderte Lage weitgehend ausschaltet. Erst nach dem Abflauen dieser Kraft wird die unter den orogen neu geschaffenen Umständen neu notwendige Wiederherstellung des Tauchgleichgewichtes möglich.

Der tektonische Bau entsteht, wie immer wieder erkennbar wird, somit während der Absenkung als ein „Hinabbau“, wobei geosynklinale und außergeosynklinale Erdrindenteile nicht grundsätzlich verschieden behandelt werden. Beide unterliegen zahlreichen, mit längeren oder kürzeren Höhepunkten angreifenden Energie-Wellen. Deren Gesamtleistung bringt die Entwicklungs-Stadien zustande, welche von einem geosynklinalen Inneren gegen außen hin die verschiedenen Baustreifen nacheinander erreichen und durchschreiten.

Im penninisch-unterostalpinen Bewegungsraum,

der alpeneinwärts von dem kalkalpin-präalpinen lag, haben wir dementsprechend die tieforogene Flyschfazies bereits früher, im Jura (Bündnerschiefer, Glanzschiefer). Sie ging aber während der Kreide noch weiter. Die Metamorphose der „Tessiner Kristallisation“ dürfte vorgosauisch gewesen sein — ebenso wie die Tauernkristallisation im O. Dabei überdauerten beide die wichtigsten tektonischen Bewegungen, die somit ebenfalls weiter zurückliegen. Wenn gleichwohl, zum wenigsten noch randlich, Oberkreide-, ja Eozänflysch festzustellen ist, so dürfte dieser Flysch mit seiner Unruhe nur das weitere Vorrücken oder Unterschobenwerden des penninischen Baubereichs durch Präalpin- und Massiv-Vorlagen im N und W bedeuten. Gleiches besagt offenbar der unterostalpine Kreideflysch von Plessurgebirge-Rätikon. Die Transgression von Cenoman und von Gosauschichten über das Unterostalpine Inselkranzgebirge zeigt eine starke Übereinstimmung mit der kalkostalpinen Baugeschichte. Flyschtransgressionen werden anscheinend im W allmählich reichlicher beobachtet.

Die allgemeine Ähnlichkeit dieser Flyschprofile mit denen im ultrahelvetischen Streifen ist als Ergebnis des immer fortschreitenden Zusammenrückens und damit Verschwindens der penninischen Massen in die Tiefe hinab zu werten. Demzufolge rückten unterostalpiner und helvetisch-ultrahelvetischer Bereich bis Ende der Kreide immer näher aneinander heran.

Im ostalpinen Zentralalpen-Bereich,

der während der Kreidezeit höher emporwuchs und abgetragen wurde, weshalb im allgemeinen nur Gesteine größerer Tiefenstufe vorliegen, fehlen weithin entsprechende Ablagerungen. Für die magmatisch-metamorphen Gesteine der Tiefe aber haben wir noch keine hinreichende zeitliche Festlegung der baugeschichtlichen Ereignisse. Die teilweise noch wenig faßbaren Gesichtspunkte und mehrdeutigen Beobachtungen *zeigten aber immer, daß auch in den Zentralalpen die Hauptbewegungen „vorgosauisch" waren*, und in Jura-Kreide fielen. Es ist dabei kein Altersunterschied zwischen N- und S-Bewegungen, Falten oder Schüben, aufgefallen.

Wir kamen zu der Vorstellung, daß bei gesteigerter Absenkung in der nördlich benachbarten Nordnarbe die Hauptunterschiebungen im Zentralalpenbereich gegen N, bei gesteigerter Absenkung im südalpinen Narbenbereich diese dagegen südwärts vor sich gingen, wobei die oben ausgeschobenen Nachbardecken jeweils weithin über dem zentralalpinen Untergrund zu liegen kamen. Von ihm wurden sie dann bei nachfolgender Hebung und Abtragung entfernt.

Unter den besonderen Bedingungen zweier sich nahe kommender orogener Narben entstand so unter starken Überlastungen und befördert durch aufsteigende Schmelzflüsse oder Gase der besondere zentralalpine Kristallinschieferbau, den man als „Walzbau" bezeichnen kann.

Dort, wo der allgemeine Narbenverlauf bogenförmig wurde, mußten sich unter solchen Umständen zwangsläufig derart wechselvolle und verwickelte Teil-Stoßrichtungen und Torsionsbau-Formen schräg, ja sogar längs dem geosynklinalen Generalstreichen entwickeln, wie wir sie in der Tat an der abbiegenden Grenze von W- und O-Alpen sowie im Bereich der Dolomiten und des Engadin-Ortler-Gebietes besitzen.

Jedenfalls bewiesen uns die wenigen, östlicheren Gosauschicht-Vorkommen in Steiermark-Kärnten, *daß alle großen Orogen-Bewegungen bereits vorgosauisch vollzogen gewesen sein müssen.* Auch die Zunahme der Flyschfazies und der exotischen Gerölle in der jüngeren Oberkreide gleicht den Gosauvorkommen der nördlichen Kalkalpen oder Präalpen. Es stimmt sogar ein mindestens dreifacher, orogen bedingter Teilzyklus der ungleichförmig übergreifenden Oberkreide des Krappfeldes mit nordalpinen Befunden überein.

Im Bereich der Südalpen

wiederholen sich die *klaren Beweise für die überragende Bedeutung der vorgosauisch abgeschlossenen Orogen-Bewegungen.* Zahlreich sind die durch ungleichförmig aufgelagerte Gosau-Oberkreide bewiesenen Anzeichen der Mittelkreide-Hauptbewegungen: Schichtlücken, Grundkonglomerat, kleinrhythmischer Kreideflysch im Friaul, tiefmeerische Zwischenschaltungen u. a. Dabei fällt mindestens eine große senone Heraushebungs- *und* Abtragungszeit mit verhältnismäßig orogener Ruhe in den gebirgsbildenden Hochbetrieb, der dann während der Jungoberkreide der Karnischen und Julischen Alpen weiterging. Dabei konnten auch hier wieder zwei bzw. drei Teiltransgressionen in dem mächtigen Senon-Skaglia-Flysch gleichzeitig mit den Gosauphasen der Nordalpen erkannt werden.

Westwärts gehen — ähnlich wie westlich des Rheins in den gleichartigen, allzu tiefmeerischen Rotschiefern und pelagischen Kalkabsätzen der Präalpen und des Subbriançonnais — auch im Südalpenbereich die Möglichkeiten solch genauer Datierung der orogenen Oberkreidebewegungen etwas verloren.

Die Absatzfolge reißt in der *Dolomitenschüssel* mit der Unterkreide überhaupt ab; kräftige Unterschiebung in der schräg liegenden Judikarienlinie gegen O brachte hier anschließend eine Gipfelfaltung. Noch weiter im W bewiesen die Lombardischen Alpen die Faltung der Hauptzone während der Kreide. Nur die äußeren Falten im S sind jünger. —

Verteilungsübersicht der baugeschichtlich-sedimentären Stadien während der Oberkreide:

	Orogen-sedimentäres Stadium	Baustreifen
	Normal-Sediment	Helvetisch (nördlicher Hauptteil)
Tief-orogenetische Stadien	desgl. mit Teiltrögen und Teilschwellen	Südhelvetisch, im allgemeinen vorsenon
	Fleckenmergel des tieferen Meeres	Südhelvetisch im Senon
	Flyschfazies ohne Großdiskordanz im Flachmeer	Ultrahelvetisch-Randostalpin-Klippenzone-Präalpen-Subbriançonnais; Südalpen-Vorlage
	Rotschiefer bei tieferem Meer	
	Wildflysch-bildende Hauptdeckenwanderung	Kalkalpen-Nordrand, im O früher als am Präalpenrand
Hoch-orogenetische Stadien	Cenoman-Gosau-Schutt mit oder ohne Flyschtracht, mehrfach über gefaltete und abgetragene Großdiskordanzen übergreifend	Kalkostalpen, Briançonnais, Karnische und Julische Alpen; Dolomiten zum Teil, Pennin, Unterostalpin
	Überwiegend festländische Hochlage, Abtragung; seltener ±randliche Flysch-Transgressionen	Unterostalpin, Pennin zum Teil
Epikontinentale Massivbildung	Festländische Hochlage, Abtragung, Entblößung des Walzbaues	Östlichere Zentralalpen

Insgesamt ist der am Ende der Oberkreidezeit in den Alpen erreichte Entwicklungsstand recht klar und für das Arbeitsfeld der nordalpinen wie auch der südalpinen Orogen-Narbe recht gleichartig. Die nahe Nachbarschaft dieser Haupträume der geosynklinalen Tätigkeit macht dies wohl verständlich.

Für die heutigen Haupteinheiten des Bauplanes waren die Einengungs-Bewegungen durch Faltung und Schub wohl schon zu dreiviertel fertig: für die nördlichen und südlichen Kalkostalpen, für Präalpen, Mittel- und Unterostalpin, sowie für das Pennin. Auch der zentralalpine Bau wird schon als im wesentlichen vorgosauisch erkannt.

Haupt-Baugrundsätze

Scharf und ohne wesentliche Ausnahmen, daher als geradezu gesetzmäßig anzusprechen, prägen sich immer wieder *drei geosynklinale Hauptgrundsätze des baugeschichtlichen Werdens* aus:

1. **Der Grundsatz des planmäßigen Baufortschrittes vom Innern eines orogenen Gebäudes gegen außen.** Die diesbezüglich gleichwertigen Baustreifen (in vorstehender Tabelle übersichtlich gemacht) erreichen demzufolge durch ihren streichenden Gesamtverlauf zu gleicher Zeit so ziemlich das gleiche Entwicklungsstadium. *Darum haben sie* nach Zusammensetzung und Alter ihres Baustoffes ebenso wie nach Gefüge, Relief und Abtragungsfortschritt *große Ähnlichkeiten längs dem geosynklinalen Generalstreichen.* Andererseits unterscheiden sie sich quer hierzu sehr bedeutend; *ihr baugeschichtliches Tempo ist verschieden.*

   Darin liegt der Hauptgrund für die Streifen- oder Zonenanordnung der geosynklinalen Bauten, natürlich auch im gegenwärtigen Entwicklungsstand.

2. **Der „Ab- und Auf-Grundsatz“,** nach welchem Gefüge, Relief und Sedimentfazies geformt werden. Bis zu viermal beobachten wir nachcenoman die alpine Erdrinde in Senkung, verbunden mit Transgressionen und unterbrochen durch langdauerndes Aufsteigen mit Abtragung während der Hochlage und mit Regressionen weit hinaus. *Die Transgressionszeiten inner- und außergeosynklinal entsprechen einander weitgehend.*

3. **Der „Abbau-Grundsatz“,** das heißt die Erfahrung, daß jenes ,,Ab-und-Auf“ nur der äußerliche, *oberflächennahe* Ausdruck der immer neu ansetzenden orogenen Kraft in der Tiefe ist. *Die Summe der das Tauchgleichgewicht jeweils überwindenden Absenkbewegungen, die ohne eine massenabführende, also platzschaffende Unterströmung nicht denkbar sind, machen die Bau- und Umbau-Fortschritte aus. Sie beherrschen somit das Gesamtbild der Geosynklinale.*

Durch Abbau entstanden die Alpen.

Abb. 130. *Störungen im Ofterschwanger Flysch.* Weiler Ach, östlicher Steilhang ö. Gundelsberg, Blatt Fischen, Allgäu.

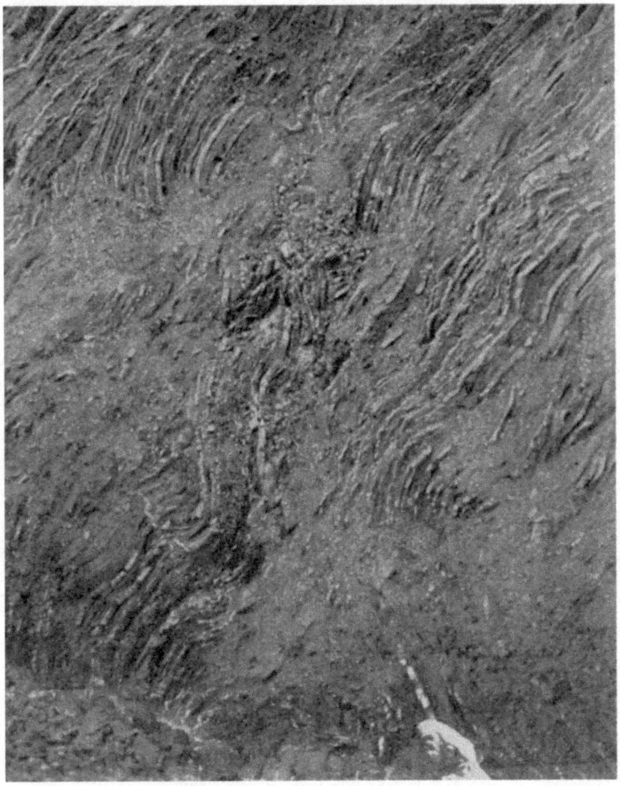

Abb. 131. *Typus des dünnbankigen, gelenkig gefalteten Piesenkopfkalkes* (Oberkreideflysch der ultrahelvetischen Sigiswanger Flyschdecke), Blatt Fischen, Allgäu. Phot. E. Kraus 1925.

Abb. 132. Der steil nach rechts fallende *Piesenkopfkalk wendet sich im Streichen um 180°* (*„Umfaltung“*). Bei 1365 m MH im Hinter-Bolgentobel, Blatt Fischen, Allgäu. Phot. E. Kraus 1925.

Abb. 133. *Flyschähnliche Beweglichkeit der Kalkbankfaltung an der Axenstraße* bei Flüelen (über dem Vierwaldstätter See). Phot. E. Kraus.

Abb. 134. *Fließrinnenwülste an der Unterfläche einer Sandsteinbank im obersten Ofterschwanger Flysch*; f. steil NW, nicht überkippt: Liegendes rechts. Rechter Steilhang des Kindelsbaches sö. Kohlgrub bei 1060 m NN. Phot. E. Kraus.

Abb. 135. Der gipfelbildende, helle Hauptdolomit mit der *Trettachspitze — Mädelegabel — Hochfrottspitze* (Allgäuer Hauptkamm; zurückgewitterter *Nordrand der Lechtaldecke*) überschiebt in Richtung des Beschauers die Liasfalten (dunkel) *der Allgäudecke.* Nach käuflichem Lichtbild.

Abb. 136. *Bergform eines axial kräftig absinkenden Kalkgewölbes:* Der Wettersteinkalksattel der *Hohen Munde* (Mieminger Gruppe) *W über Seefeld, Tirol,* fällt gegen den Beschauer (O) unter das (stark abgetragene) Hangende: Raibler Schichten — Hauptdolomit der Seefelder Axialsenke. Nach käuflichem Lichtbild.

Abb. 137. *Blick von der Scesaplana* (Rätikon 2967 m) *gegen SW* auf Lünersee (nachgesackt über Raibler Gips) und (rechts vom Mittelgrund) auf die Mauer, welche die tiefere, begraste *Flyschbergflur des Prätigaus* abgrenzt. Horizontbildend die Gipfelflur der NO-Schweizer Alpen. Nach käuflichem Lichtbild.

Abb. 138. *Blick vom Frastanzer Sand* (Flysch der ultrahelvetischen Sigiswanger Decke im NW-Rätikon) gegen N auf das unterste *Alpenrheintal* zwischen Feldkirch (unten) und Bodensee (rechts). Bei Feldkirch die unter dem ultrahelvetischen Wildflysch in Beschauerrichtung auftauchenden Faltenwellen (Schrattenkalk u. a.) der helvetischen Kreide. Durch diese bricht die Ill, welche (kanalisiert) gegen NW dem Rhein zufließt. Die Höhen jenseits ihrer Mündung sowie die vom rechten Bildrand vor dem Bodensee in die Ebene vorragenden Bergrücken helvetische Kreidefalten zwischen Säntis und Bregenzer Wald. Dahinter Molasse. Nach käuflichem Lichtbild.

SCHRIFTTUM

Abkürzungen:

BEITR. K. SCHW.: Beiträge zur Geolog. Karte der Schweiz n. Folge.
BORNTR.: Verlag Gebrüder Bornträger, Berlin.
B. REICHSST.: Berichte der Reichsstelle für Bodenforschung, Berlin.
B. SOC. G. FR.: Bulletin de la Société géologique de France.
C.: Centralblatt für Mineralogie, Geologie und Paläontologie.
CR. AK. P.: Comptes rendus de l'Academie des sciences, Paris.
D. AK. W.: Denkschriften der Akademie der Wissenschaften, Wien. m.-nat. Kl.
DISS.: Dissertation an der betreffenden, genannten Hochschule.
ECL.: Eclogae Geologicae Helvetiae (Schriften der Schweizer. Geol. Ges.)
ERL. W.: Erläuterungen zu geol. Kartenblättern der Wiener Bundesanstalt.
FUE.: Geologischer Führer der Schweiz, herausgegeben von der Schweizer Geologischen Gesellschaft bei B. Wepf, Basel 1934.
G. JH.: Geognostische Jahreshefte des Bayer. Oberbergamts (Geologische Landesuntersuchung) München.
G. R.: Geologische Rundschau (herausgeg. von der Geolog. Vereinigung, Bonn a. h.)
JB. PREUSS. LA.: Jahrbuch d. Preuß. Geologischen Landesanstalt Berlin.
JB. W.: Jahrbuch der K. u. K. Geol. Reichsanstalt, der geologischen Staatsanstalt bzw. Bundesanstalt Wien.
INT. G. KONGR.: (C. R. Comptes Rendus) Internationaler Geologenkongreß.
MEM. C. FR.: Mémoire p. explication de la carte géologique détaillée de la France, Paris.
M. GES. W.: Mitteilungen der geologischen Gesellschaft bzw. des Alpenländischen Geolog. Vereins, Wien.
MI. BERN: Mitteilungen der Naturforschenden Gesellschaft Bern.
N. JB. (BEI): Neues Jahrbuch für Mineralogie, Geologie und Paläontologie (BEI: Beilagebände der Abt. B).
SB. AK. W.: Sitzungsberichte der Akademie der Wissenschaften, math.-naturw. Klasse, Wien.
SB. PREUSS. AK.: Sitzungsberichte der Preuß. Akademie der Wissensch., Berlin.
VJ. ZUERICH: Vierteljahrsschriften der Naturforsch. Ges. Zürich.
VW.: Verhandlungen der Reichs-, Staats- bzw. Bundesanstalt Wien.
ZDGEOL.: Zeitschrift der deutschen Geolog. Gesellschaft Berlin (SB Sitzungsberichte, ABH Abhandlungen).
ZGEOM.: Zeitschrift für Geomorphologie, Verlag Gebr. Bornträger, Berlin.

Vergleiche auch die Schrifttums-Übersichten in Bd. I, 1936 und II.

AIGNER, D., Das Benediktenwandgebirge. Landesk. Forsch. Geogr. Ges. München 1912.
AMMON, L. v., Geogr. Beob. aus d. Bayer. Bergen: B, das Zementstein-Bergwerk Marienstein. G. JH. *7*, 1894, 99.
AMPFERER, O., Über das Bewegungsbild von Faltengebirgen. JB. W. *56*, 1906, 539—622.
— Stud. über d. Tektonik d. Sonnwendgebirges. JB. W. *58*, 1908, 281—304.
— & HAMMER, W., Geol. Querschnitt durch die Ostalpen. JB. W. *61*, 1911, 531f.
— Über Kantengeschiebe unter den exotischen Geröllen der niederösterreichischen Gosauschichten. JB. W. *66*, 1916, 137f.
— Geologische Untersuchungen über die exotischen Gerölle und die Tektonik niederösterreichischer Gosauablagerungen. SB. AK. W. *18*, IV, 1918.

AMPFERER, O. Geometrische Erwägungen über den Bau der Alpen. M. GES. W. 1919, 135f.
— Über die Brekzien der Eisenspitze bei Flirsch im Stanzertal. JB. W. *70*, 1920, 1—10.
— in SANDER, BR., Zur Geologie der Zentralalpen. JB. W. *71*, 1921, 198—202.
— Bemerkungen zur Arbeit von R. SCHWINNER, Vulkanismus und Gebirgsbildung. VW. 1921, 101—107.
— Über die regionale Stellung des Kaisergebirges. JB. W. *71*, 1921, 159—172.
— Blatt Lechtal 1 : 75000 ERL. W. 1924.
— Beiträge zur Auflösung der Mechanik der Alpen. JB. W. *74*, 1924, 48: Sonnwendgebirge.
— Beiträge zur Morphologie und Tektonik der Kalkalpen zwischen Inn und Salzach. JB. W. *75*, 1925, 19—44.
— Fortschritte der geologischen Neuaufnahme von Blatt Admont-Hieflau. JB. W. *76*, 1926, 171—197.
— Geologische Profile aus dem Gebiet des Kössener Beckens. JB W. *77*, 1927, 123—148.
— Über den Westrand der Berchtesgadener Decke. JB. W. *77*, 1927.
— Beiträge zur Geologie der Muttekopf-Gosau. VW 1912 und 1930, 181—191.
— Beiträge zur Geologie des obersten Lechtals. JB. W. *80*, 1930, 103f.
— Über das Bewegungsbild der Weyerer Bögen. JB. W. *81*, 1931, 237—304.
— Geologische Karte der Lechtaler Alpen 1:25000. ERL. W. 1932.
— Beiträge zur Geologie des Rätikons. JB. W. *83*, 1933, 137—172.
— Geologischer Führer für das Kaisergebirge. Herausgegeben von der Geol. Bundesanstalt Wien 1933, mit geologischer Karte 1:25000.
— Geologischer Führer für die Gesäuseberge. Ebenda 1935.
— Über die Gleitformen der Glarneralpen. SB. AK. W. *143*, 109, 1934.
— Beispiele von jungen Gleitungen aus Vorarlberg. Jahrb. Geol. B.-A. Wien *86*, 337, 1936.
— Die geologische Bedeutung der Halleiner Tiefbohrung. JB. W. *86*, 1936, 89.
— Über die Begegnung der Ost- u. Westalpen am Rheindurchbruche. SB. AK. W. m. n. Kl. Abt. I, *146*, 1937, 317.
— Grundlagen und Aussagen der Unterströmungslehre. Natur und Volk *69*, 1939.
— Geol. Formenwelt u. Baugeschichte d. östl. Karwendelgebirges. D. AK. W. *106*, 1942.
— Vergleich der tektonischen Wirksamkeit von Kontraktion und Unterströmung. M. GES. W. *35*, 1942, 107—123, Wien 1944.
— herausg. v. W. HEISSEL, Das östl. Karwendel m. geol. K. 1 : 25000. Univ.-Verl. Wagner, Innsbruck 1950.
ANDRÉE, K., Geologie des Meeresbodens. Band II, Gebr. Bornträger, Berlin 1920.
— Das Meer und seine geologische Tätigkeit. In W. SALOMON-CALVIS Grundzügen der Geologie. I, 1924, 519ff.
ANGEL, F. und HERITSCH, FR., Das Alter der Zentralgneise der Hohen Tauern. C. 1931, B, 516—527.
ARBENZ, P., Probleme der Sedimentation und ihre Beziehungen zur Gebirgsbildung in den Alpen. VJ. Zürich *64*, 1919.
— Über das Alter der Saluverkonglomerate und der Juratransgression in den unterostalpinen Decken Graubündens. VJ. Zürich *71*, 1926.
— Einleitung „Helvetiden" in FUE. 1934.
ARGAND, E., Plissements précurseurs et plissements tardifs des chaînes de montagne. Vortrag 1916.
— Sur l'arc des Alpes Occidentales. ECL. *14*, 1916.
— La tectonique de l'Asie. CR. INT. G. KONGR. Brüssel 1924.
— La zone pennique. FUE. III, 1934, 149—189.
— Conditions hercyniennes. FUE. 1934, 176—180.
ARNI, P., Geologische Forschungen im mittleren Rätikon. DISS. Univ. Zürich 1926.
ARTHABER, G. v., Die alpine Trias des Mediterrangebietes. Lethaea geognostica II, 1 (Trias), 223—472, 1908.
ASKLUND, B., Hauptzüge der Tektonik und Stratigraphie der mittleren Kaledoniden in Schweden. Sver. geol. Unders. Serie C, Nr. 417, 1938.
BACKLUND, H., Zum Aktualitätsprinzip. G. R. *32*, 1941, 394—397.

BECK, H., Aufnahmsbericht für Blatt Hüttenberg-Eberstein und Unterdrauburg. VW. 1927, 31—36; 1928, 28—36.
BECK, P., Geologie der Gebirge nördlich von Interlaken. BEITR. K. SCHW. *29*, 1911.
— Über den Bau der Berner Kalkalpen und der Entstehung der subalpinen Nagelfluh. ECL. *11*, 1911, 497—518.
BEDERKE, E., Resurgenzen in der regionalen, magmatischen Entwicklung. G.R. *34*, 1943, 149—153.
BEMMELEN, R. W. VAN, Die Undationstheorie. 1932.
BENECKE, E., Lettenkohlengruppe und Lunzer Schichten. Ber. Nat. Ges. Freiburg i. Br. *10*, 1898, 109—151.
BENESCH, F. v., Die mesozoischen Inseln am Poßruck (Mittelsteiermark). M. GES. W. *7*, 1914.
BENZINGER, TH., Zur Geologie des Quellgebietes der Bregenzer Ache. JB. W. *79*, 1929, 428f.
BERRY, E. W., Shell we return to Cataclysmal Geology? Am. Journ. Sci. *17*, 1929, 11.
BERTRAND, M., Structure des Alpes françaises et récourence de certaines faciès sedimentaires. CR. INT. G. KONGR. Zürich 1894, 163—177.
BEURLEN, K., Stratigraphische Untersuchungen im Weißen Jura Schwabens. N. JB. *56*, 1926.
BITTNER, A., Die geologischen Verhältnisse von Hernstein in Niederösterreich und der weiteren Umgebung. Wien 1882 im Verlag A. Holzhausen.
BLANCHET, F., Montagnes d'Escreins. Grenoble bei Allier p. et fils 1934.
BLATTMANN, S., Deformationstypus der Radstädter Tauern. JB. W. *87*, 1937, 207. Dazu E. CLAR 1937/38.
BLUEHER, H. J., Molasse und Flysch am bayerischen Alpenrand zwischen Ammer und Murnauer Moos. ABH. Bay. Geol. Landesunters. München *16*, 1935.
BODEN, K., Die geologischen Verhältnisse der Veroneser Alpen zwischen Etsch und dem Tale von Negrar. Beiträge z. Paläontologie und Geologie Österreich-Ungarns. Wien *21*, 1908.
— Beiträge zur Geologie der Veroneser Alpen. ZDGEOL. *67*, 1915, 85—105.
— Geologische Untersuchungen am Geigerstein und Fockenstein bei Lenggries. G. JH. *28*, 1915, 195—235.
— Geologische Beobachtungen am Nordrande des Tegernseer Flysches. G. JH. 1920, 1—22.
— Tektonische Fragen im oberbayerischen Voralpengebiet. C. 1922, 372, 198.
— Die geologische Aufnahme des Rosstein- und Buchstein-Gebietes zwischen Isar u. Schwarzenbach. Abh. bayer. Landesunters. München Heft 17/18, 1935.
BOESCH, H., Geologie der zentralen Unterengadiner Dolomiten. Druck b. Börsig A.G. Zürich 1937.
BOESE, E., Beiträge zur Kenntnis der alpinen Trias II. ZDGEOL. 1898, 695.
BOLLI, H., Zur Stratigraphie d. Ob. Kreide in den höheren helvetischen Decken. ECL *37*, 1944, 217—328.
BORN, A., Über jungpaläozoische kontinentale Geosynklinalen Mitteleuropas. Abh. Senckenberg. Nat. Ges. *37*, 507—581, Frankfurt a. M. 1921.
— Erdkrustenbewegungen in Gutenbergs Handbuch der Geophysik III, Berlin 1930.
BOUSSAC, J., Ètudes stratigraphiques sur le Nummulitique alpin. Mém. C. Fr. 1912.
BRAUMUELLER, E., Der Nordrand des Tauernfensters..., M. GES. W. *30*, 1939.
— & PREY, S., Zur Tektonik der mittleren Hohen Tauern. B. REICHSST. 1943, 113.
BRINKMANN, R., Gipfelflur und Lagerstättenstockwerke in den Alpen. Nachr. Ges. Wiss. Göttingen M.-ph. Kl. 1928, 217—232.
— Über Gosau und vorgosauische Gebirgsbildung in den nördlichen Ostalpen G. R. *25*, 1934, 141.
— Zur Schichtfolge und Lagerung der Gosau in den nördlichen Ostalpen. SB. PREUSS. AK. 1934.
— Die Ammoniten der Gosau und der Flysch in den nördlichen Ostalpen. Mitt. Geol. Staatsinst. Hamburg Heft 15, 1935, 1—14.
— Berichte über vergleichende Untersuchungen in den Gosaubecken der östlichen Nordalpen. SB. AK. W. *144*, 1935.
— Über Fenster von Flysch in den nordöstlichen Kalkalpen. SB. PREUSS. AK. *31*, 1936, 12 S.

BRINKMANN, R. & GUNDLACH, K. & LOEGTERS, H. & RICHTER, W., Mesozoische Epirogenese und Paläogeographie in den österreichischen Nordalpen. G. R. *28*, 1937, 438—447.
BRÜCKNER, ED., Über die Geschwindigkeit der Gebirgsbildung und Gebirgsabtragung. „Himmel und Erde" VI, 1893/94.
BUBNOFF, S. v., Über Paraphoren. Scientia, Revue int. de synthèse. Nov. 1932, 287.
— Das Alter der Erde und der Gang der Erdgeschichte. Die Naturwiss. *23*, 1935.
— Alpidische Tektonik. In Geol. Jahresber. III, A (1941), 267—287.
— Geologie von Europa II, 1, 2, BORNTR. Berlin 1930, 1935.
— Über die Gerüstbildung der Erdrinde (Dictyogenese). Die Naturw. Jg. *26*, 1938, 745—755.
— Geotektonik und Rhythmus der Erdgeschichte. Scientia Mailand, 4. Serie 1941, *35*, Mai/Juni 147—153.
BURCKHARDT, C. E., Geologie und Petrographie des Basodino-Gebietes. Schweizer Min.-petr. Mitteil *22*, 1942, 101—188.
BURRI, C. & P. NIGGLI, Die jungen Eruptivgesteine des mediterranen Orogens. I Ophiolithe. Herausgeg. v. Vulkaninstitut Imm. Friedländer. Zürich 1945.
BUXTORF, R. A., Über das mutmaßliche Vorhandensein jungkretazischer oder alttertiärer Störungen (Verwerfungen) in den helvetischen Kalkalpen. ECL. *14*, 1918, 663.
— Über Vorkommen von Leimernschichten in der Unterlage des Schlieren-Flysches. ECL *36*, 1943, 204.
CADISCH, J., Zur Geologie des zentralen Plessurgebirges. ECL. 1923, 493.
— Wildflysch im Unterengadiner Fenster. VJ. ZUERICH *71*, 1926, 26—30.
— Geologie der Schweizer Alpen. Zürich 1934 bei Beer und Co. verlegt.
— Einige Beobachtungen im Klippendeckenflysch. ECL *36*, 1943, 216.
— Über den Flysch der Tasna-Decke (Unterengadin). ECL *39*, 1946, 105.
CLAR, E., Vorbericht über geologische Aufnahmen in der Glocknergruppe. VW. 1930, 121; 1931.
— Vom Bau des Grazer Paläozoikums östlich der Mur. N. JB. (BEI) *74*, 1935.
— Über Schichtfolge und Bau der Radstädter Tauern. 1937/38.
CLOOS, H., Einführung in die Geologie. BORNTR. Berlin 1936.
CORNELIUS, H. P., Bemerkungen zur Geologie des östlichen Rätikons. VW. 1921, 85—90.
— Über einige Probleme der penninischen Zone der Westalpen. G. R. *12*, 1921, 289.
— Zur Vorgeschichte der Alpenfaltung. G. R. *16*, 1925, 350—377, 417—434.
— Die kristallinischen Schollen im Retterschwangtal (Allgäu) M. GES. W. 1921, 1.
— Geologie der Err-Julier-Gruppe. BEITR. K. SCHW. *70*, 1, 1935.
— Zur Seriengliederung der vorsilurischen Schichten der Ostalpen. VW. 1935.
— Geologische Karte des Raxgebietes 1:25000. ERL. W. 1936.
— Eruptivgesteine in den Werfener Schichten der steierisch-niederösterreichischen Kalkalpen. VW. 1936, 187ff.
— Über den Oberjurakalk mit klastischen Beimengungen vom Hohen Student (Mürztaler Kalkalpen, Steiermark). VW. 1937, 212—215.
— Zur Schichtfolge und Tektonik der Mürztaler Kalkalpen. JB. W. 1939.
— Zur Auffassung der Ostalpen im Sinne der Deckenlehre. ZDGEOL. *92*, 1940, 211ff.
— Zur magmatischen Tätigkeit in der alpid. Geosynklinale. B. REICHSST. 1941, 89.
— Die Kontaktfläche Grauwackenzone—Kalkalpen — eine Reliefüberschiebung? B. REICHSST. 1943, H. 9/12, 161—169.
— & FURLANI, M., Die Insubrische Linie. D. AK. W. *102*, 1931.
DACQUÉ, E., Geologische Aufnahme der Gebirge um den Schliersee und Spitzingsee in den oberbayerischen Alpen. Landeskundl. Forsch. Geogr. Ges. München, H. 15, 1912.
DEECKE, W., Beiträge zur Kenntnis der Raibler Schichten in den Lombardischen Alpen. DISS. N. JB. Stuttgart 1885.
— Die alpine Geosynklinale. N. JB. (BEI) *33*, 1912, 831ff.
DESIO, A., La costituzione geol. Alpi Giulie occidentali. Atti Soc. ital. sc. nat. *64*, 1925, 258—308.
DIENER, C., Die marinen Reiche der Triasperiode. D. AK. W. *92*, 1916, 405—549.
DITTLER, E. & KUEHN, O., Über den Bauxit von Dreistätten in Niederösterreich. VW. 1936, Nr. 12, 233f.
DOZY, J. J., Über das Perm der Südalpen. Leidsche Geol. Mededeel. Teil VII, 1935.

DREGER, J., Geologische Mitteilungen aus dem westlichen Teil des Bachergebirges in Südsteiermark. VW. 1905, 65—70.
EDER, W., Das Heuberggebiet und sein Vorland. N. JB. (BEI) *52*, 1923.
ERHARDT, W., Der Staufen. Wiss. Veröff. dtsch. u. österr. Alpenvereins *11*, 1931, Innsbruck.
ESCHER, B. G., Über die prätriadische Faltung in den Westalpen... DISS. T. H. Zürich 1911.
EUGSTER, H., Geologie der Ducangruppe. BEITR. K. SCHW. *49*, 1923.
FAVRE, J., Le Salêve. FUE. 1934. Heft V, 320. Locle 356.
FELIX, J., Studien über die Schichten der oberen Kreideformation in den Alpen und Mediterrangebieten II Gosau. Paläontographica *54*, 1908, 251ff.
FERUGLIO, E., Le Prealpi fra l'Isonzo e l'Arzino. Bull. ass. agr. Friul, Udine 1925.
— Erläuterung geologischer Karte der drei Venetien. Blatt Udine. Uff. Idr. Mag. a. acque Padua 1929, 3—73 (italienisch).
FICHTER, H. J., Die Gesetzmäßigkeiten der zyklischen Gliederung der helvetischen Unterkreide und ihre Anwendung für Albien. ECL. *26*, 1933, 198—203.
— Geologie der Bauen-Brisen-Kette am Vierwaldstätter See und die zyklische Gliederung der Kreide und des Malms der helvetischen Decken. BEITR. K. SCHW. *69*. Lieferung 1934.
FIEGE, K., Untersuchungen über zyklische Sedimentation geosynklinaler und epikontinentaler Räume. ABH. PREUSS. LA. N. F., Heft 177, 1937.
FORRER, M., Über den Flysch der östl. Wildhausermulde. ECL *39*, 1946, 132.
FOURMARIER, Rech. complémentaires sur l'existence d'une règle de symmétrie dans l'architecture de l'écorce terrestre. Abh. INT. G. KONGR. Washington 1933.
FRANCHI, S., Il Retico quale zona di transizione fra la Dolomia principale ed il Lias... valle di Susa. Boll. R. Com. geol. d'Italia *41*, 1910, Band III.
FRANK, M., Beiträge zur vergleichenden Stratigraphie und Bildungsgeschichte der Trias-Lias-Sedimente im alpin-german. Grenzgebiet der Schweiz. N. JB. (BEI) 1930, 325—426.
— Das Wandern der „tektonischen" Vortiefe in den Alpen. C. 1930, B. 8—22.
— Zur Bildungsgeschichte der oberen Trias am Nordrand der Kalkalpen zwischen Oberstdorf und Schliersee. G. R. *25*, 1934, 98—110.
— Zur Fazies und Bildung der Trias in den nördlichen Kalkalpen zwischen Rhein und Salzach. N. JB. (BEI) *77*, 402—440.
FRAUENFELDER, A., Beitr. zur Geologie der Tessiner Kalkalpen. ECL. *14*, 1916, 247—267.
FREBOLD, H., Über zyklische Meeressedimentation. Verlag M. Weg, Leipzig 1925.
— Die paläogeographische Analyse der epirogenen Bewegungen und ihre Bedeutung für die Stratigraphie. Geolog. Archiv IV, 1926, 23. Verlag Oldenbourg, München.
FREYBERG, G. v., Die Randfazies des mittleren Keupers in Mittelfranken. SB. d. Phys.-med. Soz. Erlangen *67*, 1935/36, 167—246.
FURLANI-CORNELIUS, M., Stratigraphische Studien in Nordtirol. VW. 1921, 90—94.
FURLANI, M., Studien über die Triaszonen im Hochpustertal, Eisacktal und Pensertal in Tirol. D. AK. W. *97*, 1919.
GANSS, O., Zur Geologie des westlichen Toten Gebirges. JB. W. *87*, 1937, 331—369.
GAERTNER, H. R. v., Geologie der zentralkarnischen Alpen. D. AK. W. *102*, 1931, 113.
— Die Eingliederung des ostalpinen Paläozoikums. ZDGEOL. *86*, 1934, 241.
GAGNEBIN, E., Description géol. des Préalpes bordières entre Montreux et Semsales. Mém. Soc. Vaudoise des sc. nat. *2*, 1924, Nr. 1.
— Les lacunes du Lias inférieur entre Montreux et le Moléson. Proc.-Verb. Soc. Vaud. sc. nat. 1918, 52—55.
— Sur la présence du Gault dans la nappe de la Brèche du Chablais (Haute-Savoie). CR. AK. P. *194*, 1932, 1902.
— & PETERHANS, E., Les analogies des Préalpes romandes avec les nappes de l'Ubaye. Bull. Soc. vaud. Sc. nat. 1927, 265—283.
GEYER, G., Ein Beitrag zur Stratigr. u. Tektonik d. Gailtaler Alpen in Kärnten. JB. W. 1897.
— Über die Granitklippe mit dem Leopold v. Buch-Denkmal im Pechgraben bei Weyer. VW. 1904, 363ff.
— Über die Schichtfolge und den Bau der Kalkalpen im unteren Enns- und Ybbs-Tal. JB. W. *59*, 1909, 29—100.

GEYER, G., Blatt Gaming-Mariazell 1:75000. ERL. W. 1908.
— Über die Kalkalpen zwischen dem Almtal und dem Traungebiet. VW. 1911.
— Über den geologischen Bau der Warscheneckgruppe im Toten Gebirge. VW. 1913, 267.
— Blatt Liezen 1:75000. ERL. W. 1916.
— Über die Lagerungsverhältnisse der Hierlatzschichten in der südlichen Zone der Nordalpen vom Paß Pyhrn bis zum Achensee. JB. W. *36*, 1886.
— Über die Gosaubildungen des unteren Ennstales und ihre Beziehung zum Kreideflysch. VW. 1907, 55—76.
GIGNOUX, M., Une nouvelle synthèse tectonique des Alpes: L'ouvrage de E. KRAUS, „Der Abbau der Gebirge", Revue de Géographie alpine *27*, Grenoble 1939.
— & MORET, L., Structure de l'anticlinale de Volx et des bassins oligocènes à Manosque et de Fourcalquier. Trav. Lab. géol. Univers. Grenoble *15*, 1930, Heft 2.
— Les grandes subdivisions géol. des Alpes françaises. Ann. de Géogr. Nr. 244, 1934, 337f.
— Un itinéraire géol. à travers les Alpes Françaises des Voreppe à Grenoble et à Maurienne. Ann. Univ. Grenoble 1930.
— Description géol. du bassin supérieure de la Durance. Grenoble 1938.
— La Tectonique d'écoulement par gravité et la structure des Alpes. Bull. Soc. G. Fr. 5. s. *18*, 1948, 739—761.
— Comment les géol. des alpes franç. conçoivent la tectonique d'écoulement. Geol. en Mijnbouw. 12. Jg. 1950, 342—346.
— & MORET, L., Stratigraphie de la bordure externe de la zone du Flysch de l'Embrunais, entre la Durance et le Drac (massifs de Piolit et des Autanes, Hautes-Alpes). C. R. AK. P. 1934, 1081—1083.
— & MORET, L. & SCHNEEGANS, D., Le problème du „Flysch calcaire" dans la région frontale des nappes de l'Embrunais-Ubaye. Assoc. franç. l'av. Sc. C. Rend. 57. Sess. 1933, 240—242.
GILLITZER, G., Geologie des Südgebietes des Peißenberger Kohlenreviers. JB. W. *64*, 1914, 149—188. Wien 1915.
GLAESSNER, M. F., Geologische Studien in der äußeren Klippenzone. JB. W. *81*, 1931, 1—24.
GOETZINGER, G., Aufnahmsbericht über die Flyschzone auf Blatt Baden-Neulengbach. VW. 1929, 45f., 1930, 64—68.
GORTANI, M. & DESIO, A., Erläuterungen zur geologischen Karte der drei Venezien: Blatt Pontebba. Uff. idr. del Mag. alle acque, soz. geol. Padua 1927, 3—75 (italienisch).
GRENGG, R., Über die basischen Eruptivgesteine im Wiener Flysch. VW. 1922, 136—138.
GRUNAU, H., Die Vergesellsch. von Radiolariten u. Ophiolithen in d. Schweizer Alpen. ECL. *39*, 1946, 256.
GUBLER, J., Ètudes géol. dans le Vorarlberg Central. Vincennes bei Paturel 1927.
GUEMBEL, C. W. v., Geologische Beschreibung von Bayern. Verlag Fischer, Cassel 1894.
GÜNZLER-SEIFFERT, H., Beweise für passive Tektonik im Berner Oberland. ECL. *36*, 1943, 219; *37*, 1944, 433; *39*, 1946, 254.
HAARMANN, E., Die Zeitlichkeit der Erdkrustenbewegungen. N. JB. (BEI) *71*, 1934, 48—87.
— Die Oszillationstheorie. Bei F. Enke, Stuttgart 1930.
HABER, G., Vorläufige Mitteilung über Ergebnisse einer Neuaufnahme des Kramer-Not-Frieder Gebirges (Farchanter Alpen). C. 1927, 233f.
— Bau und Entstehung der bayerischen Alpen. D. Landschaftskunde III, 1934, Verlag C. H. Beck, München.
— & HOFFMANN, N., & KUEHNEL, H., & LEBLING, CL., & WIRTH, E., Geologische Karte des Gebirges um den Königsee in Bayern 1:25000. Geol. Abt. Oberbergamt München 1936.
HAERTEL, FR., Strat. u. tekton. Notizen über das Wocheiner Juragebiet. VW. 1920, 1—20.
— Beitr. zur Kenntnis der Juraformation in den Julischen Alpen. DISS. Jahrb. Philos. Fakultät Univ. Leipzig I, 1920, 1—8.
HAEUSLER, H., Zur Tektonik des Grimmings. Mitt. REICHSANST. Wien, *5*, 1943, 19—54.
HAHN, F. F., Geologie der Kammerker-Sonntagshorngruppe. JB. W. 1910.
— Versuch zu einer Gliederung der austroalpinen Masse westlich des österreichischen Traun. V W. 1912, 337—344.

HAHN, F. F., Geologie des oberen Saalachgebietes zwischen Lofer und Diesbachtal. JB W. *63*, 1913.
HAMMER, W., Beitrag zur Kenntnis der steierischen Grauwackenzone. JB. W. *74*, 1924, 7.
— W., Einige Ergebnisse der geologischen Landesaufnahme in den Westtiroler Zentralalpen. G. R. *16*, 1925, 147—160.
— Die Grauwackenzone zwischen Enns- und Palten-Tal (Steiermark). JB. W. *82*, 1932.
HARTMANN, E., Der Schuppenbau der Tarntaler Berge am Westende der Hohen Tauern. JB. W. 1913.
HAUER, FR. v., Ein geologischer Querschnitt der Alpen von Passau bis Duino. SB. AK. W. *25*, 1857, 252—348.
HAUG, E., Les chaînes subalpines entre Gap et Digne. Bull. serv. C. géol. France III, Nr. 21, 1891.
— Les géosynclinaux de la chaîne des Alpes pendant des temps secondaires. CR. AK. P. *148*, 1909 (14. VI.) 1637—1639.
— Traité de Géologie. II. Bei Armand Colin Paris 1912.
HAUSER, L., Ein Diabasvorkommen im Gutensteinerkalk bei Mariazell. C. (A) 1942) 151.
HEIM, ALB., Geologie der Schweiz. Verlag Chr. Tauschnitz, Leipzig 1919—1921.
HEIM, ARN., Die Brandung der Alpen am Nagelfluhgebirge. VJ. Zürich *51*, 1906, 441.
— Monographie der Churfirsten-Mattstock-Gruppe. BEITR. K. SCHW. Lfg. 20, 1910—1917, I, 31, IV.
— Über Abwicklung und Fazies-Zusammenhang in den Decken der nördlichen Schweizer Alpen. VJ. Zürich *61*, 1916, 474—484.
— Zur Tektonik des Aubrig. ECL. *14*, 1917, 676—680.
— Das helvetische Deckengebirge. In ALB. HEIMS Geol. d. Schweiz II, 1921.
— Die Transgressionen des Trias und des Jura in den nördlichen Schweizer Alpen. ECL. *14*, 1916, 228—229.
— Der Alpenrand zwischen Appenzell und dem Rheintal. BEITR. K. SCHW. 53, I, 1923.
— & SEITZ, O., Die mittlere Kreide in den helvetischen Alpen von Rheintal und Vorarlberg und das Problem der Kondensation. Denkschr. Schweiz. Nat. Ges. *69*, Abh. 2. Zürich 1934.
HENNIG, E., Bau und Werdegang der Alpen. Naturw. Wochenschrift *19*, 1920, 337—351.
HERBST, G., Das Alter der tektonischen Bewegung in den Bayer. Alpen. DISS. Univ. Berlin 1939.
HERITSCH, FR., Fossilien aus der Schieferhülle der Hohen Tauern. VW. 1919, 155f.
— Die österreichischen und deutschen Alpen. Hdb. Region. Geol. II, 5, 1915.
— Geologie von Steiermark. Naturw. Ver. f. Steiermark. Graz 1922.
— Zur Geologie der östlichen Zentralalpen. G. R. *16*, 1925, 328—336.
— Geologischer Führer durch die Zentralalpen östlich von Katschberg und Radstädter Tauern. BORNTR. Sammlung geol. Führer *32*, 1926, 156.
— Die vormesozoischen Gebirgsbildungen in den Ostalpen. SB. DGEOL. 1927, 217f.
— Die Deckentheorie in den Alpen. Fortschr. d. Geol. u. Pal. VI, H. 17, 1927.
— Über die Nordgrenze der Karnischen Alpen. Anzeiger AK. W. 1932.
— Die Stratigraphie von Oberkarbon und Perm in den Karnischen Alpen. M. GES. W. *26*. 1933.
— Die Karnischen Alpen. Herausgegeben vom geol. Institut d. Univ. Graz 1936.
HERMANN, FR., Paléogeographie et genèse pennique. ECL. *19*, 1926, 604—618.
HIESSLEITNER, G., Zur Geologie der erzführenden Grauwackenzone von Radmer bei Hieflau. JB. W. *81*, 1931, 49—80.
HOHL, B., Zur Frage der Gerölltone. C. 1934, A, 226—229.
HOLDHAUS, K., Neue Untersuchungen über den Bau des Königstuhlgebietes in Kärnten. M. GES. W. *25*, 1932, 177—194.
HORWITZ, L., Anciens plis dans les Préalpes médianes. Pr. verb. Soc. vaud. Sc. nat. (19. XII. 1917; 20. II. 1918), 211—216.
HOUTEN, J. VAN, Geologie der Kalkalpen am Ostufer des Lago Maggiore. ECL. *22*, 1928, 1—40.
HUMMEL, K., Die Tektonik des Elsgaues. Ber. Nat. Ges. Freiburg i. Br. *22*, 1914.
— Zur Stratigraphie und Faziesentwicklung des südalpinen Mitteltrias. N. JB. (BEI) *68*, 1932, 403—457.
JAECKLI, H., Zur Geol. d. Stätzerhornkette. ECL. *37*, 1944, 1—30.
— Paläogeogr. Studien im tiefpenninischen Flysch des Domleschg und Schams. ECL. *39*, 1946, 109.

JAEGER, R., Grundzüge einer stratigraphischen Gliederung der Flyschbildungen des Wienerwaldes. M. GES. W. *7*, 1914, 122—172.
JEANNET, A., Das romanische Deckengebirge. In ALB. HEIMS GEOL. d. Schweiz II, 2, 1922.
— & GERBER, E., Sur une lacune du Lias inférieur et moyen dans l'anticlinal du Stockhorn (Préalpes bernoises) Pr. verb. Soc. vaud. sc. nat.
JENNY, H., Zur Geschichte des alpinen Faltungsraumes. G. R. *19*, 1928, 1919, 140—147.
— Die alpine Faltung. BORNTR. Berlin 1924. Auch ECL. *18*, 1924.
IMKELLER, H., Die Kreidebildungen und ihre Fauna am Stallauer Eck u. Enzenauer Kopf bei Tölz. Paläontographica *48*, 1901.
JUNG, J., Rapport des plis alpins et des plis pyrénéens dans les chaînes subalpines méridionales. Trav. lab. Géol. Univ. Grenoble *15*, 1930.
KAHLER, FR., Über die faziellen Verhältnisse der Kärntner Kreide. JB. W. *78*, 1928, 145—160.
— Über die Verteilung der Tertiärablagerung im Gebiet der Karawanken. C. 1932, 115.
— Zur Geologie der Karawanken. Anzeiger AK. W. 1932. 239.
— Die Oberkarbon-Permschichten d. Karn. Alpen. Mitt. Nat. Ver. Kärnten *136*, 1947.
KATSCHTHALER, H., Die Gosau von Brandenberg in Tirol. VW. 1935, 172—182.
KAUTS Y, F., Tektonik und Schwereanomalien. Mitt. Erdb. Komm. AK. W. 1924.
KIESLINGER, A., Die Lavanttaler Störungszone, JB. W. *78*, 1928, 490—527.
— Karawankenstudien I. C. 1929, 201—229.
— Vorläufiger Bericht über die Tektonik Mittelkärntens. Anzeiger AK. W. *64*, 1927.
— Bachern und Karawanken. VW. 1931, 111—125.
KILIAN, W. & PUSSENOT, CH., Sur l'âge des Schistes lustrés des Alpes franco-italiennes. C. R. AKAD. P. *155*, 1912, 887—891.
— & RÉVIL, J., Ètudes géol. dans les Alpes occidentales. Mém. explic. carte géol. dét. Fr. I, 1904; II, 1908.
KLEBELSBERG, R. v., Beitrag zur Geologie der Südtiroler Dolomiten II: Die Trias/Juragrenze im „Dachsteinkalk"-Gebirge zwischen Gader und Boite. ZDGEOL. *79*, A, 1927.
— Geologie von Tirol. BORNTR. Berlin 1935; VW. 1931, 40.
KLUEPFEL, W., Über die Sedimente der Flachsee im Lothringer Jura. G. R. VII, 1916, 97.
— Zur geologischen und paläogeographischen Geschichte von Oberpfalz und Regensburg. Abh. Gießener Hochschulges. Verlag Töpelmann Gießen III, 1923.
KOBER, L., Das Dachsteinkalkgebirge zwischen Gader, Rienz und Boita. M. GES. W. I, 1908.
— Bau und Entstehung der Ostalpen. M. GES. W. 1912.
— Das östliche Tauernfenster 1922.
— Der Bau der Alpen. BORNTR. 1923.
— Die erdgeschichtliche Bedeutung der Metamorphiden und der Tauernfenster. C 1933, B, 305—314.
KOCKEL, C. W., Die nördlichen Ostalpen zur Kreidezeit. M. GES. W. *15*, 1921.
— Beitr. zur Grenze zwischen germ. u. mediterr. Meeresbereich im jüngeren Mesozoikum der Ostalpen. SB. Nat. Ges. Leipzig 1922, 29—35.
— & RICHTER, M. & STEINMANN, H. G., Geologie der Bayerischen Berge zwischen Lech und Loisach. Wiss. Veröff. D. u. Österr. A.-V., Heft 10, Innsbruck 1931.
KOELBL, L., Das Tauernproblem in den Ostalpen. G. R. *26*, 1935, 151f.
KOSSMAT, FR., Blatt Haidenschaft-Adelsberg 1:75000. ERL. W. 1905.
— Blatt Wiener Neustadt 1:75000. ERL. W.
— Blatt Bischoflack und Idria 1:75000. ERL. W. 1910.
— Geologie des Wocheiner Tunnels. D. AK. W. 1907.
— Die adriatische Umrandung in der alpinen Faltenregion. M. GES. W. *6*, 1913, 61.
— Die morphologische Entwicklung der Gebirge im Isonzo- und oberen Save-Gebiet. Z. Ges. Erdkunde Berlin 1916, 573, 645.
— Geologie der zentralen Balkanhalbinsel. BORNTR. Berlin 1924.
— Tektonische Bemerkungen zum Isostasieproblem. Sächs. AK. Wiss. Leipzig *78*, 1926.
— Das Erdbild und seine Veränderungen. Hdb. Experim. Physik *25*, II, 1931.
KRAFFT, A. v., Über den Lias des Hagengebirges. JB. W. *47*, 1897, 199—224.
KRAUS, E., Geologie des Gebietes zwischen Ortenburg u. Vilshofen in Niederbayern. G. JH. 1915.

Kraus, E., Von der Westküste des Muschelsandsteinmeeres. C. 1921, 423—431.
— Zur Stratigraphie und Paläogeographie des reichsländischen Buntsandsteins. ZDGEOL. *73*, 1921.
— „Elsaß", I, der Kriegsschauplätze 1914/18, geol. BORNTR. 1924, 154 S.
— „Lothringen", II desgl. BORNTR. Berlin 1925.
— Sedimentationsrhythmus im Molassetrog des bayerischen Allgäu. Abh. Nat. Ges. Danzig I, 1923, 1—25.
— Die Quartärtektonik Ostpreußens. JB. PREUSS. f. 1924, 633.
— Der geomechanische Typus der Mittelrheinischen Masse und der orogene Zyklus. INT. G. KONGR. Madrid 1926, III, 1031—1076, 1926.
— Geologische Forschungen im Allgäu I Molasse. Geol. Archiv IV, 1926.
— Der Orogene Zyklus und seine Stadien. C 1927, 216—233.
— Das Wachstum der Kontinente nach der Zyklustheorie. G. R. *19*, 1928, 353, 481.
— Abteilungstektonik am NW-Rand der Vogesen. G. R. *12*, 1921, 52—57.
— Westalpiner Flysch. Miozän. In Abriß der Geologie von Bayern 1928, 111.
— Die tektonische Geburt von Erdöl und Kohle. CR. Intern. Bergbau-Kongreß, 6. Tagung Lüttich 1930, Sekt. Geologie, 225—238.
— Die Alpen als Doppelorogen. G. R. *22*, 1931, 63—78.
— Faziesstudien im Alt- und Neurotsandstein. Acta univ. latv. math.-nat. Fakultät serie I, 1931, 291—370. Riga 1931.
— Unterströmungstheorie statt Oszillationshypothese. ZDGEOL. *83*, 1931.
— Der nordalpine Kreideflysch. Geol. u. Pal. Abh. N. F. *19*, Jena 1932a.
— Über den Schweizer Flysch. ECL. *25*, 1932b.
— Der bayerisch-österreichische Flysch. Abh. Bayer. Oberbergamt München *8*, 1932c.
— Geologie des Mittelallgäus. N. JB. (BEI) *69*, 1932d, 189—256.
— Überlegungen zur Geodynamik. N. JB. (BEI) *70*, 1933, 393—448.
— Die Einheit der Erdinnenkräfte. N. JB. (BEI) *73*, 1934, 404—464.
— Über Sandsteinwülste. ZDGEOL. *87*, 1935, 354—360.
— Über den ultrahelvetischen Kreideflysch. ECL. *28*, 1935, 45.
— Geodynamik. Aufsatz in „Medizin. Klinik" 1937, Nr. 23.
— Der Bau des Devons in Lettland. N. JB. (BEI) *77*, B, 321—391, 1937a.
— Zur Entwicklungsgeschichte des ostbaltischen Bodens. Schrift. Phys.-Ök. Ges. Königsberg i. Pr., 1937b, 215—222.
— Ausbau der Unterströmungslehre. Forsch. u. Fortschr. *13*, 1937, 139f.
— Mechanische Wirkungen des Wassers... Handbuch d. Geophysik BORNTR. 1940, III.
— Flyschähnliche Oberkreide auf den Kalkalpen. ZDGEOL. *93*, 1941, 299ff.
— Ergebnisse der nordalpinen Flyschforschung. G R. *32*, 1941, 288—303.
— Neue Wege der nordalpinen Flyschforschung. N. JB. (BEI) *87*, 1942, 1—243.
— Über den Flysch und den Kalkalpenbau von Oberdonau. JB. Ver. f. Landeskunde u. Heimatpflege Oberdonau *91*, Linz a. d. Donau 1944, 179—254.
— Über die Entstehung der Inntaldecke. N. JB. (BEI) B 1948.
— Stauvergriesung über der Nordalpinen Narbe. N. JB. M.-H. 1945/48, B, 182—194.
— Das Werk Otto Ampferers. Ebenda 295—316.
Kuehn, O., Die Danien der äußeren Klippenzone bei Wien. Geol. u. pal. Abh. *17*, 5, 1930, 495—572.
— Der Bau des Beckens von Windischgarsten... M. GES. W. *30*, 1937, 260.
— Zur Stratigr. u. Tekt. d. Gosauschichten. SB. AK. W. I, *156*, 181, 1947.
Kuehnel, H., Geologie des Berchtesgadener Salzberges. N. JB. (BEI) *61*, 1927, 447—559.
Kuhn, W. & Rittmann, A., Über den Zustand des Erdinnern und seine Entstehung aus einem homogenen Urzustand. G. R. *32*, 1941, 215—256.
Lahn, E., Der Bau der niederösterreichisch-steierischen Kalkhochalpen (Schneebergalpen). N. JB. (BEI) *71*, 1934, 241.
Lang, R., Das vindelizische Gebirge zur mittleren Keuperzeit. Jahresh. Nat. Ver. Württemberg *67*, 1911, 218—259.
Lebling, Cl., Über die Herkunft der Berchtesgadener Schubmasse. G. R. *5*, 1914, 1f.

LEUCHS, K., Sedimentationsverhältnisse im Mesozoikum der nördlichen Kalkalpen. G.R. *17*, 1926.
— Geologie der Bayerischen Alpen. Teil II der „Geol. von Bayern“ BORNTR. 1927.
— Tiefseegräben und Geosynklinalen. N. JB. *58*, 1927, 273—294.
— Die Oberjura-Brekzien der Aalbachtales ostwärts Tegernsee. C. 1929, Nr. 10, 417.
— Über Brekzien. G. R. *24*, 1933, 273—284.
— & MOSEBACH, K., Die spätladinische Hebung. C. 1936, Nr. 1.
LEUPOLD, W., Neue mikropal. Daten zur Altersfrage der alpinen Flyschbildungen. ECL. *26*, 1933, 295—319.
— Zur Stratigraphie der Flyschbildungen zwischen Linth und Rhein. ECL. *30*, 1937, 1—24,
— Neue Beobachtungen zur Gliederung der Flyschbildungen der Alpen zwischen Reuß und Rhein. ECL. *35*, 1942, 247—291.
LEUTENEGGER, W. O., Geol. Untersuchungen im mittl. NO-Rätikon. DISS. Univ. Zürich 1928.
LEUZINGER, P., Geologische Beschreibung des Monte Campo dei Fiori und der Sedimentzone Luganer See—Valcuvia. ECL. *20*, 1926, 90—157.
LOEGTERS, H., Oberkreide und Tektonik in den Kalkalpen der unteren Enns (Weyerer Bögen-Buch-Denkmal). Mitt. Geol. Staatsinst. Hamburg H. 10, 1937, 85—116.
— Zur Geologie der Weyerer Bögen... Jahrb. oberösterr. Mus. Ver. *87*, 1937.
LOMBARD, A., Les Préalpes Médianes entre le Risse et Somman (Vallée du Giffre, Haute-Savoie). ECL. *33*, 1940, 53—178.
— Présence de l'Aalénien, du Cénomanien supér.-Turonien et du Nummulitique dans la nappe du Niesen (coupe du Simmental). ECL. *39*, 1946, 155.
LUGEON, M., Sur l'âge du grès de Taveyannaz. ECL. *18*, 1923, 219.
— Sur l'origine des blocs exotiques du Flysch préalpin. ECL. *14*, 1916, 217—221.
— Sur l'existence de deux phases de plissements paléozoiques dans les Alpes occidentales. C. R. AK. P. *153*, 1911, 842, 984.
— Trois tempêtes orogéniques. La Dent de Morcles. Soc. Géol. France, Jubiläumsband 1830/1930, 499—512.
— & SCHNEEGANS, D., Sur le diastrophisme alpin. CR. AK. P. *210*, 87—90, 1940.
— Quelques faits nouveaux dans les Préalpes int. vaudoises. ECL. *31*, 1938, 1.
— Sur la Formation des Alpes franco-suisses. C. R. Somm. Soc. géol. de France. 22. I. 1940.
— Hommage à August Buxtorf et digression sur la nappe de Moreles. Verh. Naturf. Ges. Basel *58*, 1947, 108—131.
— & E. GAGNEBIN, Observ. et vues nouvelles sur la géologie des Préalpes romandes. Bull. 72 des Labor. de Géologie, Min. Géophysique et du Musée géol. Univ. de Lausanne 1941, 90 S.
— Une hypothèse sur l'origine du Jura. Bull. Lab. géol. Univ. Lausanne Nr. 73, 1941.
MACHATSCHEK, FR., Über epirogenetische Bewegungen. Bibl.-geogr. Handbücher N. F. Verlag Engelhorn, Stuttgart 1918, 1—35.
— Das Relief der Erde. – I, II, BORNTR. Berlin 1940.
METZ, K., Geologie der Grauwackenzone von Leoben bis Mautern. JB. W. 1938. Auch Mitt. Reichsstelle Bod. W. I, 3, 1940.
— Kartierungen auf Bl. St. Johann a. T. VW. 1947, 38.
MOHR, H., Zur Tektonik und Stratigraphie der Grauwackenzone zwischen Schneeberg und Wechsel. (Nieder-Österreich). M. GES. W. *3*, 1910, 103—213.
MOJSISOVICS, E. v., Die Dolomitriffe von Südtirol und Venetien. Bei Hölder, Wien 1879, 552 S.
— Blatt Ischl—Hallstatt 1:75000 geol. ERL. W. 1905.
MORET, L., Notice explicative d'une carte géologique de la Savoie et des régions limitrophes 1:200000, Grenoble 1928.
— Un Film cinématographique en couleurs sur la formation géol. des Alpes françaises. Sc. nat. Nr. 1, 14—23; Nr. 2, 35—43, 1938 (Acad. sc. Paris).
— & BLANCHET, F., Contrib. à l'étude du Crétacé infr. (Alpes occid.) Le problème des „Marbres en plaquettes“. Bull. Soc. géol. Fr. *24*, 1924, 312.
— & SCHNEEGANS, D., Le problème du Flysch calcaire de la montagne d'Autapie près Colmars (Basses Alpes). C. R. AK. P. 1934, 1639—1641.
MÜLLER-DEILE, G., Flyschbreccien in den Ostalpen u. ihre paläog. Auswertung. N. JB. (BEI) *84*, 1940, 330ff.

MUTSCHLECHNER, G., Geologie der Peitlerkofelgruppe. JB. W. *83*, 1933, 75—112.
— Kartierungen auf Bl. St. Johann a. T. Geol. Bu. Wien 1947, 38f.
NABHOLZ, W. K., Gryphäenfunde in den Schistes lustrés-Serien Bündens und des Wallis. ECL. *36*, 1943, 224.
— Geologie der Bündnerschieferberge zwischen Rheinwald, Valser- und Safiental. ECL. *38*, 1945, 1—120. 5 Taf.
NÄNNY, P., Neuere Unters. im Prätigauflysch. ECL. *39*, 1946.
— Zur Geologie des Prätigauschiefer zwischen Rhätikon und Plessur. Zürich bei Gebr. Fretz A. G. 1948.
NANGEROM, L. G., Geologische Karte der Provinz Varese und Untersuchungen über Geologie, Gestein, Oberflächengestalt der Gegend von Varese. Istituto tecnico, Varese 1932.
NEGRO, W. DEL, Zur Zeitbestimmung des juvavischen Einschubes. G. R. *21*, 1930.
— Semmeringfenster und Alpensynthese. VW. 1931, 137.
NIGGLI, E., Über den Zusammenhang zwischen der positiven Schwereanomalie am Südfuß der Westalpen und der Gesteinszone von Ivrea. ECL. *39*, 1946, 211.
NIGGLI, P., Erzlagerstätten, magmatische Aktivität und Großtektonik. Z. f. Praktische Geologie *36*, 1938, 185.
NOWACK, E., Über Beeinflussung der Sedimentation durch Dislokation. M. GES. W. *12*, 1920, 81—95.
— Studien am Südrand der Böhmischen Masse. VW. 1921, 37—47.
NOWAK, J., Zarys tektoniki Polski, Kraków 1927.
NOETH, L., Der geologische Aufbau des Hochfelln-Hochkienberggebietes. N. JB. (BEI) *53*, 1926, 400.
NOVARESE, V., Erläuterungen zur geol. Karte von Italien 1:100000 Bl. Varese. Uff. geol. Rom 1939.
OBERHOLZER, J., Geologie der Glarner Alpen. BEITR. K. SCHW. 28. Lieferung 1933.
OGILVIE-GORDON, M., Geologische Beschreibung von Gröden—Fassa—Enneberg. Abh. Geol. Bundesanstalt Wien *24*, 1927, Heft 1/2.
— Geologie von Cortina d'Ampezzo und Cadore, JB. W. *84*, 1934, 61—215.
OHNESORGE, TH., Der Schwazer Augengneis. JB. W. *53*, 1903, 373.
— Über Silur und Devon in den Kitzbühler Alpen. VW. 1905, 373—377.
— Aufnahmebericht über Blatt St. Johann im Pongau. VW. 1926, 9.
OSSWALD, K., Das Risserkogelgebiet. G. JH. *37*, 1924, 111—166.
— Geologische Karte und Geschichte der Wendelsteingruppe. Mitt. geogr. Ges. München *21*, 1928, Heft 2, München 1929, 124 S.
PETERHANS, E., Études du lias et des géanticl. de la nappe des „Préalpes médianes" entre la vallée du Rhône et le Lac d'Annecy. D. Schweiz. Nat. Ges. *62*, 2, 1926. 191—344.
PFEIFFER, W., Gerölle im Keuper. Jahresh. Oberrhein. Geol. Ver. 1921, 21.
— Das vindelizische Land. Oehringen 1923.
— Das Vorland der Alpen und die Vorgeschichte der Alpenfaltung. G. R. *17*, 1926, 257f.
PIA, J. V., Geologische Studien im Höllengebirge und seinen nördlichen Vorlagen. JB. W. 1913, 557—611.
— Zur Frage der Lückenhaftigkeit d. alp. Jura, besonders in den Lessin. Alpen. M. GES. W. *12*, 1919, 116—134.
PIAZ, G. DAL, Le alpi feltrine. Mem. R. Istituto Veneto *27*, 9, 1907.
— Studi geottet. sulle Alpi orientali. Mem. istit. geol. Univ. Padua *1*, 1908.
PREISWERK, H. & REINHARDT, M., Geol. Übersicht über das Tessin. In FUE. 1934, 190f.
PREY, A., Über die Möglichkeit der Gebirgsbildung durch den hydrostatischen Druck in der Erdkruste. SB. AK. W. Abt. IIa, *151*, 293—314, Wien 1942.
— Über die Konstitution der Erde und ihrer Kruste. Almanach AK. W. 1943.
RAAF, M. DE, La géologie de la nappe du Niesen entre la Sarine et la Simme. BEITR. K. SCHW. 68. Liefg. 1934.
RABOWSKI, F., Les rides géanticlinales dans la mer de Préalpes médianes aux temps secondaires. Pr.-verb. Soc. vaud. sc. nat. 19. 11. 1919, 147—149.
— Les Préalpes entre le Simmental et le Diemtigtal. I. BEITR. K. SCHW. 35 (1912), 1920.

RAKOVEC, J., Zur Tektonik und Morphogenese der Steiner Alpen. Geogr. vest. *10*, 1934, 110ff.
RASSMUS, H., Beitr. zur Stratigraphie und Tektonik der südöstlichen Alta Brianza. Geol. u. Pal. Abh. N. F. *10*, 5, Jena 1912.
REIS, O. M., Über Konglomerate in den Allgäuer Kössener Schichten. G. JH. 1924, 71.
— Die Gesteine der Münchener Bauten und Denkmäler. Veröff. Ges. bayer. Landeskunde München 1935, 238 S., 41 Abb.
REISER, K., Geologie der Hindelanger und Pfrontener Berge im Allgäu. G. JH. *33*, 1920; *35*, 1922; *36*, 1923.
REITHOFER, O., Geologie der Sellagruppe (Südtiroler Dolomiten). JB. W. *78*, 1928, 529.
RICHTER, G., Die Rolle der epirogenen Schwelle im Faltengebirge. G. R. *28*, 1937, 425.
— Das Grenzgebiet Alpen—Pyrenäen. Beitr. z. Geol. d. W. Mediterrangeb. *19*, Berlin 1939. Abh. Ges. Wiss. Göttingen, m.-ph. Kl. III. Folge, Heft 19, Berlin 1938, 53—352.
RICHTER, M., Beobachtungen am N-Rand der oberostalpinen Decke im Allgäu. VW. 1923, 162—170.
— Über den Bau des Ammergebirges. ZDGEOL. 1925.
— Die deutschen Alpen und ihre Entstehung. „Deutsch. Boden" Bd. 5, BORNTR. 1937.
RICHTER, W., Sedimentpetr. Beiträge zur Paläogeographie der ostalpinen Oberkreide. Mitt. Geol. Staatsinst. Univ. Hamburg, Heft 16, 1937, 59—84.
RICHTHOFEN, F. v., Geognostische Beschreibung der Umgebung von Predazzo. St. Cassian und der Seisser Alpe. Gotha 1860.
RIEDEL, L., Zur Stratigraphie der Oberkreide in Vorarlberg. ZGEOL. *92*, 1940.
RITTER, E. A. & KELTERBORN, P., Über d. Kohlenvorkommen der „Schlafegg" ob Kandergrund (Berner Oberland). ECL. *39*, 1946, 1—20.
ROD, E., Über ein Fossillager im oberen Malm der Melchtaleralpen. ECL. *39*, 1946, 177.
ROESLI, FR., Fazielle und tektonische Zusammenhänge zwischen Oberengadin und Mittelbünden. ECL. *37*, 1944, 355—383.
— Zur Frage der Existenz unterostalpiner, grisonider Elemente im Westalpenbogen. ECL. *39*, 1946, 55, 221—223.
— Sedimentäre Zone von Samaden (Kt. Graubünden). ECL. *38*, 1946, 329.
ROOTHAAN, H. PH., Tektonische Unters. im Geb. d. NO-Adula... VJ. Zürich *63*, 1918, 250.
ROTHPLETZ, A., Die Steinkohlenformation und deren Flora an der Ostseite des Tödi. Abh. Schweizer Pal. Ges. *6*, 1880, Nr. 40.
— Geolog. u. Pal. Monographie d. Vilser Alpen. Paläontographica *33*, 1886.
— Geologischer Querschnitt durch die Ostalpen. 1894.
— Über die Jodquellen bei Tölz. SB. BAYER. AK. d. Wiss. *31*, 1901, 127—165.
— Der Ursprung der Tölzer Jodquellen. Festschrift Bad Tölz 1910.
— Geologische Alpenforschungen III, München 1908.
RUEGER, L., Die Tonalelinie im Tessin. G. R. *23*a, 1933, 119—125.
SACCO, F., Les Alpes occidentales. Turin, Coll. des Artigianelli 1913.
SAERCHINGER, H., Geologie des Benediktenwandgebirges zwischen Glaswandscharte und Isar. N. JB. (BEI) *81*, 1939.
SALOMON, W., Die Adamellogruppe. Abh. Geol. Reichsanst. Wien *21*, I, 1908, II, 1910.
SANDER, BR., Notizen zu einer vorläufigen Durchsicht der von O. AMPFERER zusammengestellten exotischen Gerölle der nordalpinen Gosau. VW. 1917, 138—142.
— Geologische Studien am W-Ende der Hohen Tauern. VW. *70*, 1920, 273—296.
— Zur Geologie der Zentralalpen. JB. W. *71*, 1921, 173—224.
— Erläuterungen zur geologischen Karte Meran—Brixen. „Schlernschriften" *16*, Innsbruck 1929.
— Untersuchungen am tekton. Gefüge des Tauernwestendes. ZDGEOL. *91*, 1939, 326—328.
— Zum Gesteinscharakter der Hornsteinbreccien des Sonnwendgebirges 1941.
— Die allotigenen Komponenten der Tuxer Grauwacken. Naturw.-med. Verein Innsbruck 1947.
SAVORNIN, J., Notes stratigr. sur Cucuron (Vaucluse). B. SOC. G. FR. 4. sér. *3*, 1903.
SCHADLER, J., Aufnahmebericht über Blatt Linz—Eferding. VW. 1936, 73—81.
SCHAFFER, F. X., Geologie der Ostmark. Verlag Fr. Deuticke Wien 1951, 2. Aufl.

SCHENKER, M., Stratigraphische Gliederung der neuen Liasserie am SW-Ende des Aarmassivs. ECL. *38*, 1946, 469.
SCHLAGER, M., Zur Geologie des Untersberges bei Salzburg. VW. 1930. 245—255.
SCHLOSSER, M., Geologische Notizen aus dem bayerischen Alpenvorland und dem Inntal. VW. 1893, 188.
— Zur Geologie des Unterinntales. JB. W. *59*, 1909, 525—574.
SCHMIDEGG, O. Graf, Steilachsige Tektonik und Schlingenbau auf der Südseite der Tiroler Zentralalpen. JB. W. *86*, 1936, 115f.
SCHMIDT, C., Strat.-faunist. Untersuchungen im älteren Prod. Karbon des Gebietes von Witten (Westfalen). JB. PREUSS. LA. für 1923, *44*, 1924, 343.
SCHMIDT, W., Die Kreidebildungen der Kainach. JB. W. 1908.
— Zur Phasenfolge im Ostalpenbau. VW. 1922, 92—114.
— Der Bau der westlichen Radstädter Tauern. D. AK. W. 1924.
SCHNEID, TH., Die Geologie der Fränkischen Alb zwischen Eichstätt und Neuburg a. D. II, Oberkreide. G. JH. *28*, 1915, 29.
SCHROEDER, J., Die jurassischen Fleckenmergel der bayerisch. Alpen. N. JB. (BEI) *52*, 192, 5214.
SCHUSTER, M., Die Gliederung des unterfränkischen Buntsandsteins. II. Abh. geol. Landesuntersuchung München, Heft 23, 1936.
SCHWINNER, R., Der SO-Rand der Brentagruppe (SW-Tirol). M. GES. W. *6*, 1913, 197ff.
— Das Gebirge westlich von Ballino (SW-Tirol). VW. 1918, 149—192.
— Die Niederen Tauern. G. R. *14*, 1923, 26—56; 155—163.
— Scherung, der Zentralbegriff der Tektonik. C. 1924, Nr. 15, 469—479.
— Das Paläozoikum am Brenner. C. 1925, 241—249; 277—280.
— Der Bau des Gebirges östlich der Lieser (Kärnten). SB. AK. W. I; 136, 1927.
— Die ält. Baupläne in den Ostalpen. ZDGEOL. *81*, 1929, 110—120.
— Varistisches und alpines Gebirgssystem. G. R. *24*, 1933, 144—159.
— Der Begriff „Scherung" in der Tektonik. C. 1928, B, 31—43.
— Blatt Birkfeld, geologisch erläutert 1935.
— Die Konsequenz in der tektonischen Entwicklung, erläutert am Gebirgsbau Europas. XVI. INT. G. KONGR. Report (Washington 1933) 1935, 10 S.
— Geröllführender Schiefer und andere Trümmergesteine aus der Zentralzone der Ostalpen. G. R. *20*, 1929, 211, 343.
— Zur Stratigraphie der Tarntaler und der Radstädter Berge. JB. W. *85*, 1935, 51f.
— Zur Gliederung der phyllitischen Serien der Ostalpen. VW. 1936, 117f.
— Das Problem der Isostasie. G. R. *29*, 1938, 1—26.
— Die Zentralzone der Ostalpen. In SCHAFFERs „Geol. der Ostmark", Wien 1951.
SEIDLITZ, W. v., Diskordanz und Orogenese der Gebirge am Mittelmeer. BORNTR. 1931.
— Über den Mechanismus alpiner Bewegungen. Geogr. Mitt. f. Thüringen *39*, 1931.
— Schollenfenster im Vorarlberger Rätikon und im Fürstentum Liechtenstein. M. GES. W. 1911
SENN, A., Beitr. zur Geologie des Alpensüdrandes zwischen Mendrisio und Varese. ECL. *18*, 1924, 550.
SICKENBERG, O., Geologische Untersuchungen in der nördlichen Osterhorngruppe (Salzburg). Anzeiger AK. W. 1931/32.
SOLOMONICA, P., Geologische Untersuchungen im Gebiet des v. Buch-Denkmals. M. GES. W. *26*, 1933, 207—213.
SPENGLER, E., Die Schafberggruppe. M. GES. W. *4*, 1911, 181—275.
— Untersuchung über die tektonische Stellung der Gosauschichten. I. SB. AK. W. *121*, 1913; 1914.
— Ein geologischer Querschnitt durch die Kalkalpen des Salzkammergutes. M. GES. W. 1918, 1—70.
— Die Gebirgsgruppe des Plassen und Hallstätter Salzberges, JB. W. *68*, 1918, 285—474.
— Das Aflenzer Triasgebiet. JB. W. *69*, 1919, 221—254.
— Zur Tektonik des obersteirischen Karbonzuges bei Thörl und Turnau. VW. *70*, 1920, 235ff.
— Beitr. zur Geologie der Hochschwabgruppe und der Lassingalpen. JB. W. *72*, 1922, 155f.
— Über die Tektonik der Grauwackenzone südlich der Hochschwabgruppe. VW. 1926, 127.

SPENGLER, E., & STINY, J., Erläut. zu Bl. Eisenerz–Wildalpe–Aflenz 1:75000. ERL. W. 1926.
— Über die von H. STILLE in der nördlichen Kalkzone der Ostalpen unterschiedenen Gebirgsbildungsphasen. C. 1927, 138f.
— Blatt Schneeberg—St. Ägyd 1:75000. ERL. W. 1931.
— Der zweite Teil von F. Wähners „Sonnwendgebirge". C. 1934, 61—64.
— WAEHNER, Das Sonnwendgebirge II. Verlag F. Deuticke, Wien 1935, 200 S.
— Über den geologischen Bau des Rettensteins (Dachsteingruppe). Mitt. Reichsst. Zweigstelle Wien des Reichsamts für Bodenforsch. *5*, 1943, 55—68.
— Zur Einführung in die tektonischen Probleme der nördlichen Kalkalpen: Das Problem der Hallstätter Decke. Ebenda Heft 5, 1943, 3—17.
SPITZ, A., Der Höllensteinzug bei Wien. M. GES. W. III, 1910, 351—433.
— & DYHRENFURTH, G., Monographie der Engadiner Dolomiten zwischen Schuls, Scanfs und dem Stilfser Joch. BEITR. K. SCHW. *44*, 1915.
— Tektonische Phasen in den Kalkalpen der unteren Enns. VW. 1916.
— Beitrag zur Geologie der Kalkalpen von Weyer. VW. 1919, 88—93.
— Studien über die fazielle und tektonische Stellung des Tarntaler und Tribulaun-Mesozoikums. JB. W. *68*, 1918, 171—204.
— Nachgosauische Störungen am Ostende der Nordkarawanken. VW. 1919, 280f.
STAEGER, D., Geologie der Wilerhorngruppe zwischen Brienz und Lungern (Kt. Bern u. Unterwalden). ECL. *37*, 1944, 100.
STAUB, R., Über Faziesverteilung und Orogenese in den südöstlichen Schweizer Alpen. BEITR. K. SCHW. *46*, 1917, 165—198.
— Der Bau der Alpen. BEITR. K. SCHW. *52*, 1924.
— Stratigraphie der penninischen Zone Graubündens. FUE. 1934, 212.
— Gedanken zum Bau der Westalpen zwischen Bernina und Mittelmeer. VJ. Zürich, *82*, 1937.
— Die Gebirgsbildung im Rahmen der Erdgeschichte. Verh. Schweiz. Nat. Ges. Sils 1944, 25—48.
— Aktuelle Fragen im alpinen Grundgebirge. Schweiz. Min. Petr. Mitteil. *28*, 1948, 422, 442.
— Grundzüge und Probleme alp. Morphologie. Denkschr. Schw. Nat. Ges. *69*, 1934.
— Einige Ergebnisse vergleichender Studien zwischen Wallis u. Bünden. ECL. *31*, 1938.
STEINMANN, G., Geologische Beobachtungen in den Alpen. II. Die SCHARDTsche Überfaltungstheorie... Ber. naturf. Ges. Freiburg i. Br. 1906, 18.
— Geologische Probleme des Alpengebirges. Z. D. u. Oe. Alpenvereins *37*, 1906.
— Gibt es fossile Tiefseeablagerungen von erdgeschichtlicher Bedeutung? G. R. *16*, 1925, 435.
STILLE, H., Studien über Meeres- und Bodenschwankungen. Nachr. Ges. Wiss. Göttingen, m.-ph. Kl. 1922, 83—95.
— Grundfragen der vergleichenden Tektonik. BORNTR. Berlin 1924.
— Die oberkarbonisch-altdyad. Sedimentationsräume Mitteleuropas... Congrès de strat. carbonifère, Heerlen, Lüttich 1928, 697ff.
— Die Entwicklung des amerikanischen Kordillerensystems in Zeit und Raum. SB. PREUSS. AK. Wiss. Ph.-math. Kl. 1936, XV.
— Der subsequente Magmatismus. Miscellanea Academica Berolinensia. Akademie-Verlag, Berlin NW 7, 1950.
STINY, J., Hebung oder Senkung. Stat. Mitteil. 9/10, 1924,
— Zur südlichen Fortsetzung der Weyerer Bögen. VW. 1931, 220—230.
STRIGEL, A., Das süddeutsche Buntsandsteinbecken. Verh. nat.-med. Ver. Heidelberg N. F. *16*, 1929.
STUR, D., Geologie der Steiermark. Graz 1871.
SUESS, E., Das Antlitz der Erde. Verlag Tempsky Leipzig/Wien I—III, 1908.
— & MOJSISOVICS, E. v., Studien über die Gliederung der Trias- und Jurabildungen in den östlichen Alpen Nr. II: Die Gebirgsgruppe des Osterhorns. JB. W. *18*, 1868.
SUESS, FR. E., Vergleichende Orogenstudien. SB. AK. W. 5. VII. 1934.
— Periplutonische und enorogene Regionalmetamorphose in ihrer tektogenetischen Bedeutung. Fortschr. d. Geol. u. Pal. *13*, Heft 42, 1937.

SUTER, H., Geologische Beobachtungen am Massiv der Serre (Frankreich). ECL. 24, 1931, 27f.
TARAMELLI, T., Idrografia des bacino del Tagliamento. Mag. alle acque. Uff. Idr. Venezia 1921, 7—36.
TEICHERT, C. & M. F. GLÄSSNER, Geosynclines: a fundamental concept in Geology. Amer. Journ. Sc. 245, I, 1947, 465, II, 571f.
TEICHMÜLLER, R., Zur Frage des Alters der tektonischen Bewegungen in den südlichen Kalkalpen (westlich des Tagliamento). ZDGEOL. 81, 1929, 381—410.
TELLER, F., Blatt Eisenkappel 1:75000. ERL. W. 1896.
— Erläuterungen zur geologischen Karte der östlichen Ausläufer der Karnischen und Julischen Alpen. ERL. W. 1896.
TERCIER, J., Sur l'extension de la zone ultrahelvétique en Autriche. ECL. 27, 1934.
— Le problème de l'origine des Préalpes. Bull. soc. fribourg. Sc. Nat. 37, 1944.
— La tectonique d'écoulement dans les Alpes Suisses. Geol. en Mijnbouw 12, 1950, 330f.
TERMIER, P., Sur la tectonique de la région Française du Rhône. C. R. INT. G. KONGR. Brüssel 1922, II, 1925, 737f.
— Les nappes des Alpes orientales et la synthèse des Alpes. B. SOC. G. FR. 4. sér. Bd. III, Paris 1904, 711—765.
THALMANN, H., Die regional-stratigraphische Verbreitung der oberkretazischen Foraminiferen-Gattung Globotruncana CUSHMAN 1927. ECL. 27, 1934, 413—428.
THURNER, A., Die Stellung der fraglichen Trias in den Bergen um Murau. SB. AK. W. I, 144, 1935, 199—229.
— Reliefüberschiebungen in den Ostalpen. Fortschr. d. Geol. u. Pal. 14, Heft 48, BORNTR. Berlin 1943.
TORNQUIST, A., Das vizentinische Triasgebirge. Verlag E. Schweizerbart, Stuttgart 1901, 195 S.
— Die Annahme der submarinen Erhebung des Alpenzuges und über Versuche, Vorstellungen über submarine Gebirgsbewegungen zu erlangen. SB. AK. Berlin 1909, IV, 87—104.
— Intrakretazische und alttertiäre Tektonik der östlichen Zentralalpen. G. R. 14, 1923.
— Die Deckentektonik der Murauer und Metnitzer Alpen. N. JB. 1916, (BEI) 1941.
TRAUB, F., Geologische und pal. Bearbeitung der Kreide und des Tertiärs im östlichen Rupertiwinkel nördlich von Salzburg. Paläontographica 1938.
TRAUTH, F., Das Eozänvorkommen bei Radstadt im Pongau. D. AK. W. 95, (1918), 171—278.
— Über die Stellung der „pieninischen Klippenzone“ und die Entwicklung des Jura in den niederösterreichischen Voralpen. M. GES. W. 14, 1921, 105—265.
— Geologie der Klippenregion von Ober-St. Veit und des Lainzer Tiergartens. M. GES. W. 21, 1928, 35ff.
— Die Grestener Schichten der österreichischen Voralpen... Beitr. Pal. u. Geol. Österr. 22, 1909.
— Geologische Studien in den westlichen niederösterreichischen Voralpen. Anzeiger AK. W. 8. III. 1934.
— Die faz. Ausb. u. Gliedg. d. Oberjura in den nördl. Ostalpen. VW. 1948, 145–218.
TRENER, G. B. Über ein oberjur. Grundbrekzienkgl. in Judikarien... VW. 1909, 162.
TROLL, K., Über Bau und Entstehung des bayerischen Alpenrandes. ZDGEOL. 78, 1926, 35ff.
TRUEMPY, D., Geologische Untersuchungen im westlichen Rätikon. BEITR. K. SCHW. 46, 1916.
TRUEMPY, E., Beitrag zur Geologie der Grignagruppe am Comer See (Lombardei). ECL. 23, 1930, 379—487.
TRUEMPY, R., Le Lias autochthone d'Arbignon (Groupe de la lent de Morcles). ECL. 38, 1946, 421.
TRUSHEIM, F. Die Mittenwalder Karwendelmulde. Wiss. Veröff. D. u. Ö. Alpenver. 7, 1930.
— Die geologische Geschichte SO-Deutschlands wd. Unterkreide und Cenoman, N. JB. 75, 1936.
TSCHACHTLI, B. S., Flysch und Couches rouges in den Decken der östlichen Préalpes romandes (Simmental-Saanen). 1941.
— Gliederung und Alter der Couches rouges und Flyschmassen in der Klippen- und Simmendecke der Préalpes am Jaunpaß (Simmental). ECL. 32, 1939, 39.

TSCHACHTLI, B. S., Über Flysch und couches rouges in den Decken d. östl. Préalpes romandes. Thèse, Berne, Mettler & Salz, Bern 1941.
UMBGROVE, J. H. F., The root of the Alps. Proc. Nederl. AK. Wet. 51, no. 7. Amsterdam 1948 (cit. nach M. GIGNOUX).
VACEK M., Über die geologischen Verhältnisse der Umgebung von Roveredo. VW. 1899, 184 ff.
— Blatt Trient 1:75000. ERL. W. 1911.
— & GEYER, G., Blatt Liezen 1:75000. ERL. W. 1916.
VARDABASSO, S., Ricerche geologiche sopra il territorio eruttivo di Predazzo e Monzoni nelle Dolomiti del Trentino. Atl. petr. Mem. Istit. Padova XI, 1931.
VETTERS, H., Über kretazeische Korallen und andere Fossilreste im nordalpinen Flysch. JB. W. *75*, 1925, 1—18.
— Erläuterungen zur geologischen Übersichtskarte von Deutschösterreich. Wien 1937.
VOLLRATH, P., Zur Bildungsgeschichte der obernorischen und rätischen Stufe im Karwendelgebirge. C. Jg. 1929, 326—335.
VONDERSCHMITT, L., Bericht über die Exkursion der Schweiz. Geol. Ges. in den S-Tessin. ECL. *33*, 1940, 205—219.
— & SCHAUB, Neuere Untersuchungen im Schlierenflysch. ECL. *36*, 207, 1943.
VORTISCH, W., Tektonik und Brekzienbildung in der Kammerker-Sonntagshorngruppe. JB. W. *81*, 1931, 81—96.
WAAGEN, L., Zur Stratigraphie und Tektonik des Toten Gebirges. VW. 1924, 51—70.
WAEHNER, F., Zur heterop. Differenzierung des alpinen Lias. VW. 1886. 168—176; 190—200.
— Das Sonnwendgebirge im Unterinntal. Verlag Fr. Deuticke, Leipzig 1903.
WALDBAUER, H., Studien über Hängetäler im Engadin und Bergell. Ostalp. Formenstud. II, 1923. BORNTR.
WANNER, E., Über die Mächtigkeit der Molasseschichten. VJ. Zürich *79*, 1934, 341—361.
WEBER, E., Ein Beitrag zur Kenntnis der Roßfeldsch... N. JB. (BEI) *86*, 1942, 247—281.
WEGMANN, E., Zur Geologie der St. Bernharddecke im Val d'Hérens (Wallis). Bull. Soc. Neuchâteloise sc. nat. *47*, 1922, 5.
WEHRLI, H., Monographie der interglazialen Ablagerung im Bereich der nördlichen Kalkalpen zwischen Rhein und Salzach. JB. W. *78*, 1928, 357—498.
WEIGEL, O., Stratigraphie und Tektonik des Beckens von Gosau. JB. W. *87*, 1937, 11—40.
WEINBERGER, L., Geologie des Mattigtales und seiner Umgebung. Lehrer-Zulass.-Arbeit. Ms. 1936/37.
WEITHOFER, K. A., Die Oligozänablagerungen Oberbayerns. M. GES. W. *10*, 1917, 1—125, 1918.
WEYNSCHENK, R., Beitr. z. Geol. u. Petr. d. Sonnwendgebirges (Tirol). Schlernschr. *59*, Innsbruck 1949.
WINKLER-HERMADEN, A. v., Das mittlere Isonzo-Gebiet. JB. W. *70*, 1920, 11—124.
— Über den Bau der östlichen Südalpen. M. GES. W. *16*, 1923, 1—272.
— Bemerkungen zur Geologie der östlichen Tauern. VW. 1923, 89—111.
— Zum Schichtungsproblem. N. JB. (BEI) *53*, 1925, 271—314.
— Neuere Forschungsergebnisse über Schichtfolge und Bau der östlichen Südalpen I und II. G. R. *27*, 1936, 156; 225.
— Geologische Studien in den inneren Julischen Alpen. C. 1936, 54, 99.
WOEHRMANN, C. v., Die Raibler Schichten. JB. W. *43*, 1893, 617—768.
WURM, A., Zur Paläogeographie der süddeutschen Scholle. C. 1929, 33—40.
WOLFF, F. v., Plutonismus und Vulkanismus. Handb. d. Geophysik. BORNTR. 1930. III, 32 f.
— Der Vulkanismus. I, 1914; II, 1923/29, Verlag F. Enke Stuttgart.
ZENARI, S., Erläuterungen zur geologischen Karte der drei Venetien. Blatt Maniago. Uff. Idr. del Mag. alle acque, Soz. geol. Padua 1929.
ZIMMERMANN, FR., Zur Stratigraphie der Wangschichten zwischen Rheintal und Thuner See... DISS. Universität Bern 1934. Verlag Schenk, Bern 1936.

ORTSVERZEICHNIS

AUTORENVERZEICHNIS

Kolibri 360 GmbH
Ferdinand-Jühlke-Straße 7
99095 Erfurt, Deutschland
produktsicherheit@kolibri360.de